FELIX HAUSDORFF
# Gesammelte Werke

Teilnehmer der Jahrestagung der Deutschen Mathematikervereinigung in Leipzig, 17.-24. September 1922. Von links: FELIX HAUSDORFF, REGINA SCHUR, ISSAI SCHUR, CHARLOTTE HAUSDORFF. Foto: STELLA PÓLYA.

Prof. EGBERT BRIESKORN erhielt 1994 einen Abzug von Prof. GERALD L. ALEXANDERSON (Santa Clara University), dem Herausgeber des *Pólya Picture Album*, Birkhäuser, Boston, Basel 1987. Dort findet sich das Bild, linksseitig etwas beschnitten, auf Seite 61. Für die Wiedergabe wurde das Original hier rechtsseitig beschnitten.

# FELIX HAUSDORFF

## Gesammelte Werke

einschließlich der unter dem Pseudonym Paul Mongré
erschienenen philosophischen und literarischen Schriften
und ausgewählter Texte aus dem Nachlaß

Verantwortlich für die gesamte Edition:

Egbert Brieskorn, Friedrich Hirzebruch, Walter Purkert,
Reinhold Remmert und Erhard Scholz

FELIX HAUSDORFF
# Gesammelte Werke

**BAND IA**
Allgemeine Mengenlehre

**BAND IB**
Biographie

**BAND II**
Grundzüge der Mengenlehre (1914)

**BAND III**
Mengenlehre (1927, 1935)
Deskriptive Mengenlehre und Topologie

**BAND IV**
Analysis, Algebra
und Zahlentheorie

**BAND V**
Astronomie, Optik und
Wahrscheinlichkeitstheorie

**BAND VI**
Geometrie, Raum und Zeit

**BAND VII**
Philosophisches Werk

**BAND VIII**
Literarisches Werk

**BAND IX**
Korrespondenz

# FELIX HAUSDORFF

# Gesammelte Werke

BAND IX

# Korrespondenz

Herausgegeben von
Walter Purkert

# Springer

*Herausgeber*

Walter Purkert
Mathematisches Institut
Universität Bonn
Endenicher Allee 60
53115 Bonn, Deutschland

ISBN 978-3-642-01116-0     e-ISBN 978-3-642-01117-7

Springer Heidelberg Dordrecht London New York

Die Deutsche Nationalbibliothek verzeichnet diese Publikation in der Deutschen Nationalbibliographie; detaillierte bibliographische Daten sind im Internet über http://dnb.d-nb.de abrufbar.

© Springer-Verlag Berlin Heidelberg 2012
Printed in Germany

Einbandentwurf: WMX Design, Heidelberg

Gedruckt auf säurefreiem Papier

Springer ist Teil der Fachverlagsgruppe Springer Science+Business Media (www.springer.com).

# Vorwort

FELIX HAUSDORFF war, insbesondere in jungen Jahren, nach seinen eigenen Worten ein fleißiger Briefschreiber. Er verkehrte nicht nur mit Mathematikern, sondern auch mit Schriftstellern, Musikern, bildenden Künstlern, Theaterleuten, Philosophen, Verlegern und Publizisten. Obwohl wir in diesem Band etwa 250 Stücke an persönlicher Korrespondenz vorlegen können, ist davon auszugehen, daß es wesentlich mehr Briefe von HAUSDORFF und an HAUSDORFF gegeben hat. Vieles davon ist vermutlich nicht mehr vorhanden; z. B. wurden durch die Kriegsereignisse zahlreiche Bestände polnischer Mathematiker, mit denen HAUSDORFF korrespondiert hat, vernichtet. Gewiß ist es uns auch nicht gelungen, alles zu finden, was noch irgendwo im Privatbesitz oder in Archiven schlummert.

Wie aus folgendem ersichtlich ist, muß auch viel an Korrespondenz aus HAUSDORFFs eigenem Besitz als verloren gelten. Nach seinem tragischen Tod am 26. Januar 1942 wurde seine Bibliothek von seinem Schwiegersohn und alleinigem Erben ARTHUR KÖNIG verkauft. Der handschriftliche Nachlaß wurde von einem Freund der Familie, dem Bonner Ägyptologen HANS BONNET, zur Aufbewahrung übernommen. In einem kurzen Artikel im Jahresbericht der DMV 69 (1967), S. 75–76, schilderte BONNET das weitere Schicksal des Nachlasses: „Gerettet waren sie [die Manuskripte] noch nicht, denn im Dezember 1944 zerstörte eine Sprengbombe meine Wohnung und die Manuskripte versanken im Schutt einer zusammenstürzenden Mauer. Aus ihm barg ich sie, ohne auf ihre Ordnung achten zu können, und gewiß auch nicht ohne Verluste. Dann mußte ich im Januar 1945 selbst Bonn verlassen [···]. Als ich im Sommer 1946 zurückkehrte, war das Mobiliar fast völlig verschwunden. Dagegen waren die Papiere Hausdorffs im wesentlichen erhalten geblieben. Sie waren eben für Schatzgräber wertlos. Verluste werden sie immerhin erlitten haben [···]." Man muß annehmen, daß die Verluste, ob sie nun bei BONNET durch die von ihm geschilderten Umstände oder schon vor dessen Übernahme des Nachlasses entstanden sind, insbesondere die Korrespondenz HAUSDORFFs betroffen haben. Nur die Briefe der russischen Mathematiker PAUL ALEXANDROFF und PAUL URYSOHN (bis zu dessen frühem Tod) sind vom Beginn der Korrespondenz 1923 bis zu ihrem Ende 1935 fast vollständig erhalten geblieben. Die übrige erhalten gebliebene Korrespondenz im Nachlaß HAUSDORFFs hinterläßt den Eindruck, als hätten hier ganz zufällig einige Stücke überdauert. Die meisten der für HAUSDORFFs Leben und Werk wichtigen Briefpartner fehlen völlig, d. h. zu den meisten Briefen HAUSDORFFs, die wir hier abdrucken, fehlen die Gegenbriefe.

Zu Beginn der Planungen der Edition der Werke HAUSDORFFs war an einen Korrespondenzband noch nicht gedacht worden. Nachdem die Russische Akademie der Wissenschaften durch Vermittlung von Herrn Prof. ALBERT SHIRYAEV die von ihm aufgefundenen Briefe HAUSDORFFs an ALEXANDROFF und URY-

SOHN der Universitätsbibliothek Bonn geschenkt hatte, war ein Briefwechsel zwischen HAUSDORFF und ALEXANDROFF/URYSOHN verfügbar, der mathematikhistorisch und biographisch von großem Interesse ist, obwohl er einige Lücken aufweist; er konnte als ein guter Grundstock für einen Briefband gelten. Ferner hatte Herr Prof. EGBERT BRIESKORN im Rahmen seiner Studien zur Biographie HAUSDORFFs eine Reihe von Briefkollektionen HAUSDORFFs in verschiedenen Archiven und Bibliotheken entdeckt und Kopien beschafft, u. a. die Briefe an RICHARD DEHMEL, ELISABETH FÖRSTER-NIETZSCHE, DAVID HILBERT, HEINZ HOPF, HEINRICH KÖSELITZ (PETER GAST), GUSTAV LANDAUER, PAUL LAUTERBACH und FRITZ MAUTHNER. Die Förderung der Edition der Werke HAUSDORFFs durch die Nordrhein-Westfälische Akademie der Wissenschaften ab 1. Januar 2002 schließlich ermöglichte eine langfristige Arbeit und somit auch, ausgehend von dem schon vorliegenden Material an Briefen, die Inangriffnahme eines Korrespondenzbandes. Im Laufe der Zeit erhielten wir von befreundeten Kollegen und Privatpersonen Hinweise auf weitere Briefe. Ferner wurde eine Reihe von Briefen durch eine Suchaktion des Herausgebers gefunden. Diese beruhte z. T. auf Listen zum Versand der HAUSDORFFschen Separata, die HAUSDORFF selbst angefertigt hatte und die sich im Nachlaß von ERICH BESSEL-HAGEN in Bonn befanden.

Der vorliegende Band enthält in seinem Hauptteil die persönliche Korrespondenz, zum großen Teil leider nur einseitig die Briefe HAUSDORFFs, weil – wie bereits erwähnt – die Gegenbriefe fehlen. In einem Anhang sind zwei Gutachten HAUSDORFFs sowie dienstliche Korrespondenz abgedruckt. Die Kommentare (Anmerkungen) stammen, wenn in den Danksagungen nichts anderes vermerkt ist, vom Herausgeber.

Ein herzlicher Dank geht an alle, die uns auf Briefe aufmerksam gemacht oder uns Briefe zugänglich gemacht haben; sie sind jeweils in den Danksagungen bei den einzelnen Korrespondenzen genannt. Herzlich danke ich auch allen Kollegen und Freunden, die mich bei der Kommentierung einzelner Stellen unterstützt oder selbst Kommentare übernommen haben; auch dies wird in den Danksagungen im einzelnen nachgewiesen. Schließlich geht ein Dank an die vielen Archive, Bibliotheken und Privatpersonen, die Kopien zur Verfügung stellten und den Abdruck genehmigten. Sie sind bei den jeweiligen Korrespondenzen genannt. Hervorheben möchte ich hier aber die Abteilung Handschriften und Rara der Universitäts- und Landesbibliothek Bonn, die uns in jeder Weise bei der Arbeit mit dem in ihrem Besitz befindlichen Nachlaß HAUSDORFFs unterstützt hat. Und last but not least geht ein herzlicher Dank an Herrn Prof. EGBERT BRIESKORN für die Begleitung der Arbeit an dem Band mit Rat und Tat und für viele hilfreiche Hinweise im einzelnen.

Bonn, im März 2012 WALTER PURKERT

# Hinweise für den Leser

Die persönliche Korrespondenz ist nach den Nachnamen der Korrespondenz-
partnerinnen und Korrespondenzpartner in alphabetischer Reihenfolge ange-
ordnet. Die Briefe sind so abgedruckt wie sie vorliegen, d. h. Versehen sind
nicht korrigiert. Hervorhebungen in Briefen wie Unterstreichungen werden stets
durch Kursivdruck wiedergegeben. Gelegentlich vorkommende erläuternde Bemerkungen in eckigen Klammern stammen vom Herausgeber. Auf jeden Brief
bzw. jede Karte folgen unmittelbar die Anmerkungen. In den Briefen und Karten sind am Rand durch Nummern in eckigen Klammern die Stellen markiert,
zu denen es Anmerkungen gibt. Literaturverweise in den Anmerkungen sind
stets ausgeführt und nicht durch Siglen abgekürzt. Nur Verweise auf HAUS-
DORFFs Schriften werden mit den in der Edition allgemein üblichen Siglen
wie [H 1914a], [H 1902b] usw. angegeben; diese beziehen sich auf das auf den
Seiten XI–XVIII abgedruckte Schriftenverzeichnis HAUSDORFFs. Hinweise auf
Stücke aus HAUSDORFFs Nachlaß enthalten jeweils die Nummer der Kapsel
und des Faszikels entsprechend dem Findbuch *Nachlaß Felix Hausdorff*, welches als pdf auf der Homepage der ULB Bonn zur Verfügung steht. Am Ende
des Bandes finden sich ein chronologisches Verzeichnis der Korrespondenz und
ein Personenregister. Jeder Briefwechsel wird mit einer kurzen Vorstellung des
Korrespondenzpartners eingeleitet. Diese Einleitungen sind lediglich als Hilfe-
stellung für den Leser gedacht; sie enthalten in der Regel keine Hinweise auf
weiterführende biographische Literatur und erheben somit nicht den Anspruch,
Kurzbiographien im üblichen Sinne zu sein.

# Danksagung

Das Erscheinen des Bandes IX der *Gesammelten Werke* FELIX HAUSDORFFs ist
uns Anlaß, denen zu danken, die dieses Werk gefördert haben. Der Deutschen
Forschungsgemeinschaft danken wir dafür, daß sie durch ihre Unterstützung
diese Edition ermöglicht hat. Der Nordrhein-Westfälischen Akademie der Wissenschaften und der Künste gebührt unser besonderer Dank für die weitere finanzielle Förderung der Edition ab Beginn des Jahres 2002 und für den
großzügig gewährten Druckkostenzuschuß. Schließlich danken wir dem Herausgeber des vorliegenden Bandes, Herrn WALTER PURKERT, sowie allen Kolle-
ginnen und Kollegen, die ihn unterstützt haben, für die selbstlose Arbeit. Dem
Springer-Verlag gilt unser Dank für die angenehme Zusammenarbeit und für
die gute Ausstattung des Werkes.

Egbert Brieskorn
Friedrich Hirzebruch
Reinhold Remmert
Erhard Scholz

# Schriftenverzeichnis Felix Hausdorffs

einschließlich der unter dem Pseudonym
Paul Mongré veröffentlichten Schriften

[H 1891] *Zur Theorie der astronomischen Strahlenbrechung* (Dissertation). Ber. über die Verhandlungen der Königl. Sächs. Ges. der Wiss. zu Leipzig. Math.-phys. Classe 43 (1891), 481–566.

[H 1893] *Zur Theorie der astronomischen Strahlenbrechung II, III.* Ber. über die Verhandlungen der Königl. Sächs. Ges. der Wiss. zu Leipzig. Math.-phys. Classe 45 (1893), 120–162, 758–804.

[H 1895] *Über die Absorption des Lichtes in der Atmosphäre* (Habilitations-schrift). Ber. über die Verhandlungen der Königl. Sächs. Ges. der Wiss. zu Leipzig. Math.- phys. Classe 47 (1895), 401–482.

[H 1896] *Infinitesimale Abbildungen der Optik.* Ber. über die Verhandlungen der Königl. Sächs. Ges. der Wiss. zu Leipzig. Math.- phys. Classe 48 (1896), 79–130.

[H 1897a] *Das Risico bei Zufallsspielen.* Ber. über die Verhandlungen der Königl. Sächs. Ges. der Wiss. zu Leipzig. Math.- phys. Classe 49 (1897), 497–548.

[H 1897b] (Paul Mongré) *Sant' Ilario – Gedanken aus der Landschaft Zara-thustras.* Verlag C.G.Naumann, Leipzig. VIII + 379 S. Wiederabdruck des Gedichts „Der Dichter" und der Aphorismen 293, 309, 313, 324, 325, 337, 340, 346, 349 in *Der Zwiebelfisch* 3 (1911), S. 80 u. 88–90.

[H 1897c] (Paul Mongré) *Sant' Ilario – Gedanken aus der Landschaft Zara-thustras.* Selbstanzeige. Die Zukunft, 20.11.1897, 361.

[H 1898a] (Paul Mongré) *Das Chaos in kosmischer Auslese – Ein erkennt-niskritischer Versuch.* Verlag C. G. Naumann, Leipzig. VI und 213 S.

[H 1898b] (Paul Mongré) *Massenglück und Einzelglück.* Neue Deutsche Rund-schau (Freie Bühne) 9 (1), (1898), 64–75.

[H 1898c] (Paul Mongré) *Das unreinliche Jahrhundert.* Neue Deutsche Rund-schau (Freie Bühne) 9 (5), (1898), 443–452.

[H 1898d] (Paul Mongré) *Stirner.* Die Zeit 213, 29.10.1898, 69–72.

[H 1899a] *Analytische Beiträge zur nichteuklidischen Geometrie.* Ber. über die Verhandlungen der Königl. Sächs. Ges. der Wiss. zu Leipzig. Math.-phys. Classe 51 (1899), 161–214.

[H 1899b] (Paul Mongré) *Tod und Wiederkunft.* Neue Deutsche Rundschau (Freie Bühne) 10 (12), (1899), 1277–1289.

[H 1899c] (Paul Mongré) *Das Chaos in kosmischer Auslese.* Selbstanzeige. Die Zukunft 8 (5), (1899), 222–223.

[H 1900a] (Paul Mongré) *Ekstasen.* Gedichtband. Verlag H.Seemann Nachf., Leipzig. 216 S.

[H 1900b] *Zur Theorie der Systeme complexer Zahlen.* Ber. über die Verhandlungen der Königl. Sächs. Ges. der Wiss. zu Leipzig. Math.-phys. Classe 52 (1900), 43–61.

[H 1900c] (Paul Mongré) *Nietzsches Wiederkunft des Gleichen.* Die Zeit 292, 5.5. 1900, 72–73.

[H 1900d] (Paul Mongré) *Nietzsches Lehre von der Wiederkunft des Gleichen.* Die Zeit 297, 9.6.1900, 150–152.

[H 1901a] *Beiträge zur Wahrscheinlichkeitsrechnung.* Ber. über die Verhandlungen der Königl. Sächs. Ges. der Wiss. zu Leipzig. Math.-phys. Classe 53 (1901), 152–178.

[H 1901b] *Über eine gewisse Art geordneter Mengen.* Ber. über die Verhandlungen der Königl. Sächs. Ges. der Wiss. zu Leipzig. Math.-phys. Classe 53 (1901), 460–475. Englische Übersetzung in Plotkin, J. M. (Hrsg.): *Hausdorff on Ordered Sets.* American Mathematical Society, Providence (Rhode Island) 2005, 11–22.

[H 1902a] (Paul Mongré) *Der Schleier der Maja.* Neue Deutsche Rundschau (Freie Bühne) 13 (9), (1902), 985–996.

[H 1902b] (Paul Mongré) *Der Wille zur Macht.* Neue Deutsche Rundschau (Freie Bühne) 13 (12) (1902), 1334–1338.

[H 1902c] (Paul Mongré) *Max Klingers Beethoven.* Zeitschrift für bildende Kunst, Neue Folge 13 (1902), 183–189.

[H 1902d] (Paul Mongré) *Offener Brief gegen G.Landauers Artikel 'Die Welt als Zeit'.* Die Zukunft 10 (37), 14.6.1902, 441–445.

[H 1902e] *W. Ostwald: Vorlesungen über Naturphilosophie* (Besprechung). Zeitschrift für mathematischen und naturwissenschaftlichen Unterricht 33 (1902), 190–193.

[H 1903a] *Das Raumproblem* (Antrittsvorlesung an der Universität Leipzig, gehalten am 4.7.1903). Ostwalds Annalen der Naturphilosophie 3 (1903), 1–23.

[H 1903b] (Paul Mongré) *Sprachkritik*. Neue Deutsche Rundschau (Freie Bühne) 14 (12), (1903), 1233–1258.

[H 1903c] *Christian Huygens' nachgelassene Abhandlungen: Über die Bewegung der Körper durch den Stoss. Über die Centrifugalkraft.* Herausgegeben von Felix Hausdorff. 79 Seiten, mit Anmerkungen Hausdorffs auf den Seiten 63–79. Verlag W.Engelmann, Leipzig 1903. Unveränderter Nachdruck: Akademische Verlagsgesellschaft Leipzig, ohne Jahresangabe.

[H 1903d] *J. B. Stallo: Die Begriffe und Theorien der modernen Physik* (Besprechung). Zeitschrift für mathematischen und naturwissenschaftlichen Unterricht 34 (1903), 138–142.

[H 1903e] *W. Grossmann: Versicherungsmathematik* (Besprechung). Zeitschr. für mathematischen und naturwissenschaftlichen Unterricht 34 (1903), 361.

[H 1903f] *M. Kitt: Grundlinien der politischen Arithmetik* (Besprechung). Zeitschrift für mathematischen und naturwissenschaftlichen Unterricht 34 (1903), 361.

[H 1904a] *Der Potenzbegriff in der Mengenlehre*. Jahresbericht der DMV 13 (1904), 569–571. Engl. Übers. in Plotkin, a. a. O. (s. [H 1901b]), 31–33.

[H 1904b] *Eine neue Strahlengeometrie* (Besprechung von E.Study: *Geometrie der Dynamen*). Zeitschrift für mathematischen und naturwissenschaftlichen Unterricht 35 (1904), 470–483.

[H 1904c] (Paul Mongré) *Gottes Schatten*. Die neue Rundschau (Freie Bühne) 15 (1), (1904), 122–124.

[H 1904d] (Paul Mongré) *Der Arzt seiner Ehre, Groteske*. Die neue Rundschau (Freie Bühne) 15 (8), (1904), 989–1013. Neuherausgabe als: *Der Arzt seiner Ehre. Komödie in einem Akt mit einem Epilog*. Mit 7 Bildnissen, Holzschnitte von Hans Alexander Müller nach Zeichnungen von Walter Tiemann, 10 Bl., 71 S. Fünfte ordentliche Veröffentlichung des Leipziger Bibliophilen-Abends, Leipzig 1910. Neudruck: S.Fischer, Berlin 1912, 88 S.

[H 1904e] (Paul Mongré) *Max Klinger, Beethoven*. Begleittext zur Abbildung der Klingerschen Skulptur in: *Meister der Farbe. Beispiele der gegenwärtigen Kunst in Europa. Mit begleitenden Texten*. E. A.Seemann, Leipzig 1904, Abb. Nr. 4.

[H 1904f] *W. K. Clifford, Von der Natur der Dinge an sich.* Übersetzt von H. Kleinpeter. (Besprechung). Vierteljahrsschrift für wissenschaftliche Philosophie und Soziologie 28 (1904), 241.

[H 1904g] *R. Manno, Heinrich Hertz – für die Willensfreiheit?* (Besprechung). Vierteljahrsschrift für wissenschaftliche Philosophie und Soziologie 28 (1904), 241–242.

[H 1904h] *R. Schweitzer, Die Energie und Entropie der Naturkräfte, mit Hinweis auf den in dem Entropiegesetze liegenden Schöpferbeweis.* (Besprechung). Vierteljahrsschrift für wissenschaftliche Philosophie und Soziologie 28 (1904), 242.

[H 1904i] *C. Stumpf, Leib und Seele. Der Entwicklungsgedanke in der gegenwärtigen Philosophie.* (Besprechung). Vierteljahrsschrift für wissenschaftliche Philosophie und Soziologie 28 (1904), 242.

[H 1904j] *Melchior Palágyi, Die Logik auf dem Scheidewege.* (Besprechung). Vierteljahrsschrift für wissenschaftliche Philosophie und Soziologie 28 (1904), 242–243.

[H 1905] *B. Russell, The principles of mathematics* (Besprechung). Vierteljahrsschrift für wissenschaftliche Philosophie und Soziologie 29 (1905), 119–124.

[H 1906a] *Die symbolische Exponentialformel in der Gruppentheorie.* Ber. über die Verhandlungen der Königl. Sächs. Ges. der Wiss. zu Leipzig. Math.-phys. Klasse 58 (1906), 19–48.

[H 1906b] *Untersuchungen über Ordnungstypen I, II, III.* Ber. über die Verhandlungen der Königl. Sächs. Ges. der Wiss. zu Leipzig. Math.-phys. Klasse 58 (1906), 106–169. Engl. Übers. in Plotkin, a. a. O. (s. [H 1901b]), 35–95.

[H 1907a] *Untersuchungen über Ordnungstypen IV, V.* Ber. über die Verhandlungen der Königl. Sächs. Ges. der Wiss. zu Leipzig. Math.-phys. Klasse 59 (1907), 84–159. Engl. Übers. in Plotkin, a. a. O. (s. [H 1901b]), 97–171.

[H 1907b] *Über dichte Ordnungstypen.* Jahresbericht der DMV 16 (1907), 541–546. Engl. Übers. in Plotkin, a. a. O. (s. [H 1901b]), 175–180.

[H 1908] *Grundzüge einer Theorie der geordneten Mengen.* Math. Annalen 65 (1908), 435–505. Engl. Übers. in Plotkin, a. a. O. (s. [H 1901b]), 197–258.

[H 1909a] *Die Graduierung nach dem Endverlauf.* Abhandlungen der Königl. Sächs. Ges. der Wiss. zu Leipzig. Math.-phys. Klasse 31 (1909), 295–334. Engl. Übers. in Plotkin, a. a. O. (s. [H 1901b]), 271–301.

[H 1909b] *Zur Hilbertschen Lösung des Waringschen Problems.* Math. Annalen 67 (1909), 301–305.

[H 1909c] (Paul Mongré) *Strindbergs Blaubuch.* Die neue Rundschau (Freie Bühne) 20 (6), (1909), 891–896.

[H 1909d] *Semon, Richard, Die Mneme als erhaltendes Prinzip im Wechsel des organischen Geschehens.* (Besprechung). Vierteljahrsschrift für wissenschaftliche Philosophie und Soziologie 33 (1909), 101–102.

[H 1910a] (Paul Mongré) *Der Komet.* Die neue Rundschau (Freie Bühne) 21 (5), (1910), 708–712.

[H 1910b] (Paul Mongré) *Andacht zum Leben.* Die neue Rundschau (Freie Bühne) 21 (12), (1910), 1737–1741.

[H 1911] *E.Landau, Handbuch der Lehre von der Verteilung der Primzahlen* (Besprechung). Jahresbericht der DMV 20 (1911), 2.Abteilung, IV Literarisches, 1. b. Besprechungen, 92–97.

[H 1913] (Paul Mongré) *Biologisches.* Licht und Schatten. Wochenschrift für Schwarzweißkunst und Dichtung. 3. Jg. (1912/13), H. 35, Sp. [20a]–[20b].

[H 1914a] *Grundzüge der Mengenlehre.* Verlag Veit & Co, Leipzig. 476 S. mit 53 Figuren. Nachdrucke: Chelsea Pub. Co. 1949, 1955, 1965, 1978.

[H 1914b] *Bemerkung über den Inhalt von Punktmengen.* Math. Annalen 75 (1914), 428–433.

[H 1916] *Die Mächtigkeit der Borelschen Mengen.* Math. Annalen 77 (1916), 430–437.

[H 1917] Selbstanzeige von *Grundzüge der Mengenlehre.* Jahresber. der DMV 25 (1917), Abt. Literarisches, 55–56.

[H 1919a] *Dimension und äußeres Maß.* Math. Annalen 79 (1919), 157–179.

[H 1919b] *Der Wertvorrat einer Bilinearform.* Math. Zeitschrift 3 (1919), 314–316.

[H 1919c] *Zur Verteilung der fortsetzbaren Potenzreihen.* Math. Zeitschrift 4 (1919), 98–103.

[H 1919d] *Über halbstetige Funktionen und deren Verallgemeinerung.* Math. Zeitschrift 5 (1919), 292–309.

[H 1921] *Summationsmethoden und Momentfolgen I, II.* Math. Zeitschrift 9 (1921), I: 74–109, II: 280–299.

[H 1923a] *Eine Ausdehnung des Parsevalschen Satzes über Fourierreihen.* Math. Zeitschrift 16 (1923), 163–169.

[H 1923b] *Momentprobleme für ein endliches Intervall.* Math. Zeitschrift 16 (1923), 220–248.

[H 1924] *Die Mengen $G_\delta$ in vollständigen Räumen.* Fundamenta Mathematicae 6 (1924), 146–148.

[H 1925] *Zum Hölderschen Satz über $\Gamma(x)$.* Math. Annalen 94 (1925), 244–247.

[H 1927a] *Mengenlehre*, zweite, neubearbeitete Auflage. Verlag Walter de Gruyter & Co., Berlin. 285 S. mit 12 Figuren. 1937 erschien in Moskau: F. Hausdorff: *Teoria mnoshestvch* (Mengentheorie). Kapitel 1 bis 4 und 9 aus [H 1927a] sind wörtlich übersetzt, die restlichen Kapitel hat N. B. Vedenisoff unter Anleitung von Alexandroff und Kolmogoroff teilweise neu verfaßt.

[H 1927b] *Beweis eines Satzes von Arzelà.* Math. Zeitschrift 26 (1927), 135–137.

[H 1927c] *Lipschitzsche Zahlensysteme und Studysche Nablafunktionen.* Journal für reine und angewandte Mathematik 158 (1927), 113–127.

[H 1930a] *Die Äquivalenz der Hölderschen und Cesàroschen Grenzwerte negativer Ordnung.* Math. Zeitschrift 31 (1930), 186–196.

[H 1930b] *Erweiterung einer Homöomorphie.* Fundamenta Mathematicae 16 (1930), 353–360.

[H 1930c] *Akrostichon zum 24.Februar 1930.* In: Walter Tiemann (Hrsg.)*Der Verleger von morgen, wie wir ihn wünschen.* Verlag der Freunde Kirsteins, Leipzig, 1930, S.9.

[H 1931] *Zur Theorie der linearen metrischen Räume.* Journal für reine und angewandte Mathematik 167 (1931/32), 294–311.

[H 1932] *Eduard Study.* Worte am Sarge Eduard Studys, 9.Januar 1930. Chronik der Rheinischen Friedrich Wilhelms-Universität zu Bonn für das akademische Jahr 1929/30. Bonner Universitäts-Buchdruckerei Gebr. Scheur, Bonn 1932.

[H 1933a] *Zur Projektivität der $\delta s$-Funktionen.* Fundamenta Mathematicae 20 (1933), 100–104.

[H 1933b] *Problem 58.* Fundamenta Mathematicae 20 (1933), 286.

[H 1934] *Über innere Abbildungen.* Fundamenta Mathematicae 23 (1934), 279–291.

[H 1935a] *Mengenlehre*, dritte Auflage. Mit einem zusätzlichen Kapitel und einigen Nachträgen. Verlag Walter de Gruyter & Co., Berlin. 307 S. mit 12 Figuren. Nachdruck: Dover Pub. New York, 1944. Englische Ausgabe: Set theory. Übersetzung aus dem Deutschen von J.R.Aumann et al. Chelsea Pub. Co., New York 1957, 1962, 1978, 1991.

[**H 1935b**] *Gestufte Räume.* Fundamenta Mathematicae 25 (1935), 486–502.

[**H 1935c**] *Problem 62.* Fundamenta Mathematicae 25 (1935), 578.

[**H 1936a**] *Über zwei Sätze von G.Fichtenholz und L.Kantorovitch.* Studia Mathematica 6 (1936), 18–19.

[**H 1936b**] *Summen von $\aleph_1$ Mengen.* Fundamenta Mathematicae 26 (1936), 241–255. Engl. Übers. in Plotkin, a. a. O. (s. [H 1901b]), 305–316.

[**H 1937**] *Die schlichten stetigen Bilder des Nullraums.* Fundamenta Mathematicae 29 (1937), 151–158.

[**H 1938**] *Erweiterung einer stetigen Abbildung.* Fundamenta Mathematicae 30 (1938), 40–47.

[**H 1969**] *Nachgelassene Schriften.* 2 Bände. Ed.: G. BERGMANN, Teubner, Stuttgart 1969. Band I enthält aus dem Nachlaß die Faszikel 510–543, 545–559, 561–577, Band II die Faszikel 578–584, 598–658 (alle Faszikel sind im Faksimiledruck wiedergegeben).

# Inhaltsverzeichnis

## Persönliche Korrespondenz

## Gutachten und dienstliche Korrespondenz

# Persönliche Korrespondenz

# Paul Alexandroff / Paul Urysohn

## Korrespondenzpartner

PAVEL (PAUL) SERGEEVICH ALEKSANDROV (ALEXANDROFF) wurde am 7. Mai 1896 in Bogorodsk im Moskauer Gebiet in der Familie eines renommierten Arztes geboren. Nach Gymnasialjahren in Smolensk studierte er ab September 1913 Mathematik an der Universität Moskau. Er war einer der ersten Schüler LUSINS und erzielte 1916 noch als Student ein herausragendes Ergebnis, die Lösung des Kontinuumproblems für Borelmengen (unabhängig von HAUSDORFF). Nach der Promotion 1921 in Moskau begann seine intensive Zusammenarbeit mit P. S. URYSOHN, die inhaltlich von HAUSDORFFs Werk *Grundzüge der Mengenlehre* ihren Ausgangspunkt nahm. Ihre wichtigsten gemeinsamen Arbeiten betreffen die allgemeine Theorie topologischer Räume, insbesondere kompakter und lokalkompakter Räume. Dabei schufen sie den allgemeinen Kompaktheitsbegriff, von ihnen als Bikompaktheit bezeichnet. Nach des Freundes frühem Tod war ALEXANDROFF die führende Figur der von URYSOHN und ihm gemeinsam begründeten russischen topologischen Schule. Ab Mitte der zwanziger Jahre wandte sich ALEXANDROFF unter dem Einfluß von BROUWER, EMMY NOETHER, ALEXANDER, LEFSCHETZ und VEBLEN zunehmend Fragen der algebraischen Topologie zu und versuchte insbesondere, die damals existierende Kluft zwischen mengentheoretischer Topologie und klassischer Analysis Situs zu überbrücken. Er übertrug Methoden der klassischen Homologietheorie auf allgemeinere Räume, schuf eine homologietheoretisch begründete Dimensionstheorie und bewies eine Reihe grundlegender Dualitätssätze. Gemeinsam mit HEINZ HOPF, dem er seit 1927 freundschaftlich verbunden war, schrieb er eine äußerst einflußreiche Monographie zur Topologie (1935 erschienen). Nach dem Krieg befaßte sich ALEXANDROFF mit der Dualitätstheorie nicht abgeschlossener Mengen sowie mit einer Homologietheorie für nicht abgeschlossene Mengen in euklidischen Räumen. Wichtige Beiträge leistete er auch zur Begründung der Theorie der dyadischen Kompakta. ALEXANDROFF war über Jahrzehnte ein beliebter akademischer Lehrer an der Moskauer Universität. Er hatte zahlreiche bedeutende Schüler, unter ihnen A. N. TYCHONOFF, L. S. PONTRJAGIN und A. G. KUROSCH. ALEXANDROFF ist Verfasser einer Reihe von Lehrbüchern, die mehrere Auflagen in verschiedenen Sprachen erlebten. Er starb am 16. November 1982 in Moskau.

PAVEL (PAUL) SAMUILOVICH URYSOHN wurde am 3. Februar 1898 in Odessa in einer jüdischen Bankiersfamilie geboren. Nach Besuch von Privatschulen begann er 1915 an der Moskauer Universität das Studium der Physik. Fasziniert von den Vorlesungen von EGOROV und LUSIN wechselte er zur Mathematik und wurde 1921 Privatdozent an der Moskauer Universität. 1923 wurde er Professor an der 2. Moskauer Universität, dem späteren Pädagogischen Institut. Er arbeitete in den Jahren 1919–1921 auf dem Gebiet der Analysis, vor allem über Integralgleichungen. Danach wechselte er zur Topologie und arbeitete eng mit ALEXANDROFF zusammen; die gemeinsamen Arbeiten fußten vor allem auf den von ihnen eingeführten Begriffen der Bikompaktheit und der lokalen Kompaktheit (s. o.). URYSOHN führte die Klasse der normalen Räume ein; dies sind genau diejenigen Hausdorff-Räume, in denen das Urysohnsche Lemma gilt. Auf URYSOHN gehen wichtige Metrisationssätze zurück: 1. Ein normaler Raum mit abzählbarer Basis ist einer Teilmenge des Hilbertraums homöomorph, also metrisierbar; 2. Ein kompakter Raum ist genau dann metrisierbar, wenn er eine abzählbare Basis besitzt. URYSOHN entwickelte eine Dimensionstheorie für topologische Räume; sein rekursiv definierter Dimensionsbegriff wird heute als kleine induktive Dimension bzw. als Urysohn-Menger-Dimension bezeichnet. Besonders intensiv befaßte er sich mit eindimensionalen Kontinua. URYSOHN kam am 17. August 1924 in Le Batz an der französischen Atlantikküste bei einem Badeunfall ums Leben. Eine Reihe seiner Arbeiten hat sein Freund ALEXANDROFF aus dem Nachlaß zur Publikation vorbereitet.

## Quellen

Die Briefe und Postkarten von ALEXANDROFF/URYSOHN bzw. von ALEXANDROFF allein befinden sich im Nachlaß HAUSDORFFs (Kapsel 61), ebenso der von HAUSDORFF eigenhändig angefertigte Auszug aus seinem Brief an ALEXANDROFF vom 14. 1. 1931. Die Briefe HAUSDORFFs an ALEXANDROFF (mit Ausnahme des Briefes vom 11. August 1924) wurden von Professor A. N. SHIRYAEV zusammen mit vielen weiteren deutschsprachigen Briefen an ALEXANDROFF in der Datscha in Komarovka bei Moskau gefunden, in der ALEXANDROFF und KOLMOGOROFF gewohnt hatten. Diese Briefe HAUSDORFFs wurden 1996 von der Russischen Akademie der Wissenschaften der Universitätsbibliothek Bonn geschenkt und befinden sich jetzt im Nachlaß HAUSDORFF, Kapsel 62. Der Brief HAUSDORFFs an ALEXANDROFF und URYSOHN vom 11. 8. 1924 war im Besitz eines Neffen von URYSOHN, M. S. LIPETSKER. Dieser Brief wurde in russischer Übersetzung von V. TIKHOMIROV veröffentlicht in Woprosy istorii estestwosnanija i techniki 4 (1998), 67–68. Herr TIKHOMIROV stellte der Hausdorff-Edition eine Kopie des Briefes zur Verfügung.

## Bemerkungen

Obwohl ALEXANDROFF die deutsche Sprache sehr gut beherrschte, unterliefen ihm natürlich gelegentlich orthographische und grammatische Fehler. Es kommt auch vor, daß er Worte vergaß oder sich manchmal eines nicht ganz passenden Wortes bediente. Diese Versehen sind nicht korrigiert und nicht gekennzeichnet; die Briefe sind so wiedergegeben, wie sie ALEXANDROFF geschrieben hat. Aus dem Zusammenhang geht auch des öfteren hervor, daß Stücke in der Korrespondenz fehlen; diese müssen als verloren gelten.

## Danksagung

Ein herzlicher Dank für Hilfe bei der Kommentierung geht an Prof. H. HERRLICH, Bremen (Anmerkungen [3]-[7], [9]-[13] zum Brief vom 18. 4. 1923, Anmerkung [3] zum Brief vom 19. 6. 1923), Dr. CH. LEUBE, Sankt Augustin (Anmerkung [2] zum Brief vom 21. 8. 1928) und Prof. J. ELSTRODT, Münster (Anmerkung [4] zum Brief vom 27. 12. 1932).

**Brief** PAUL ALEXANDROFF / PAUL URYSOHN ⟶ FELIX HAUSDORFF

Moskau, d. 18. April 1923,
Twerskaja str., Pimenowski per., 8; kb. 3.

Hochgeehrter Herr Professor!

Schon seit recht langer Zeit strebten wir danach, Ihnen die Ergebnisse, die wir in der von Ihnen geschaffenen Theorie der topologischen Räume gefunden haben, mitzuteilen. Wir erlauben uns die Hoffnung auszusprechen, dass Sie die [1] Gefälligkeit haben werden, uns zu gestatten, hier einige derselben zu nennen. Ein Teil der gewonnenen Resultate haben wir neuerdings in drei Noten („Bull. Internat. de l'Académie Polonaise", 1923) ohne Beweise formuliert; sie bilden [2] die Anfangszüge einer Theorie, deren Darstellung die Redaktion der Zeitschrift „Fundamenta Mathematicae" von uns zu erhalten erwünscht hat.

Das Wesen der kompakten topologischen Räume ist das erste, was wir einer systematischen Untersuchung unterwerfen wollten. In dieser Hinsicht hatten wir zuerst die sogenannten bikompakten Räume herauszuheben, die durch eine jede [3] der drei folgenden äquivalenten Eigenschaften charakterisiert werden können:

1°. Eine jede abnehmende wohlgeordnete Menge nichtleerer abgeschlossener Mengen besitzt einen nichtleeren Durchschnitt

2°. Eine jede unendliche Menge $\mathfrak{M}$ besitzt wenigstens einen vollständigen Häufungspunkt $\xi$ (d. h. dass $\mathfrak{D}(\mathfrak{M}, U_\xi)$ dieselbe Mächtigkeit wie $\mathfrak{M}$ hat, welche auch die Umgebung $U_\xi$ von $\xi$ sein möge)

3°. Der verschärfte Borelsche Satz (vgl. Satz VI, S. 272 Ihrer „Grundzüge…") [4]

Die bikompakten Räume besitzen mehrere bemerkenswerte Eigenschaften, sowohl mengentheoretischer, als auch topologischer Natur. Insbesondere sei auf Folgendes hingewiesen: Jede perfekte Menge besitzt daselbst die Mächtigkeit $\geq 2^{\aleph_0}$. Sie besitzt insbesondere genau die Mächtigkeit $2^{\aleph_0}$, wenn im Raume jedes $F$ ein $G_\delta$ ist. Die letzte Bedingung (immer in bikompakten Räumen), [5] die keineswegs dem Axiom „$F$" (II. Abzählbarkeitsaxiom) äquivalent ist, wohl [6] aber aus dem letzten folgt, hat zur Folge das Axiom „$E$"; sie genügt um mehre- [7] re Mächtigkeitsfragen zu erledigen; z. B. lässt sich, unter der erwähnten Bedingung, jede abgeschlossene Menge in zwei Mengen zerspalten, deren eine perfekt, die andere aber höchstens abzählbar ist. Ebenso besitzt dann jede unabzählba- [8] re Borelsche Menge einen perfekten Bestandteil, folglich die Mächtigkeit $2^{\aleph_0}$. (Die letzteren Sätze gelten allgemein nicht in den dem Axiom „$E$" genügenden bikompakten Räumen).

Zum Weiterschreiten waren uns mehrere Definitionen, insbesondere lokaler Natur, unentbehrlich. Von denen sei nur auf folgende hingewiesen. Wir nennen Charakter eines Punktes $x$ des Raumes $\mathfrak{E}$ die kleinste Mächtigkeit eines vollen Umgebungssystems des Punktes $x$ in diesem Raume (z. B. besitzt ein Punkt eines, dem Axiom „$E$" genügenden Raumes, den Charakter $\aleph_0$ oder 1).

In allen bikompakten Räumen (aber nicht allgemein) ist es auch die kleinste Kardinalzahl einer Menge von Gebieten, deren Durchschnitt der Punkt $x$ ist. Wir nennen einen Punkt $\xi$ singulär im Raume $\mathfrak{C}$ wenn wie gross noch die Mächtigkeit $\mathfrak{m} <$ Mächtigkeit $\mathfrak{C}$ sein möge, in jeder $U_\xi$ Punkte von Charakteren $> \mathfrak{m}$ vorhanden sind. Es gilt dann der Satz:

Jeder bikompakter Raum ohne singuläre Punkte besitzt eine perfekte Teilmenge. Insbesondere besitzt stets ein dem Ax. „$E$" genügender, unabzählbarer bikompakter Raum einen perfekten Bestandteil.

Alle bikompakte Räume besitzen weiter die wichtige Eigenschaft regulär zu

[9] sein, d. h. dass eine jede Umgebung $V_x$ eine $U_{x\alpha}$ enthält; es besteht, nämlich, der Satz: Ein Raum ist bikompakt dann und nur dann wenn er regulär und, als Relativmenge betrachtet, in jedem (grösseren) topologischen Raume abge-

[10] schlossen ist. Man kann analoge Kriterien für kompakte Räume u. dgl. finden.

Neben den kompakten Räumen interessierten uns auch die im Kleinen kompakte (resp. bikompakte) Räume, in denen eine gewisse $U_{x\alpha}$ eines jeden Punktes

[11] $x$ kompakt (resp. bikompakt) ist. Die im Kleinen kompakte (resp. bikompakte) Räume lassen sich durch Adjunktion eines einzigen Punktes zu einem kompakten (resp. bikompakten) Raume ergänzen.

Es bestehen weiter die Sätze:

$1°$. Jeder kompakter dem Ax. „$F$" genügender topologischer Raum ist einem metrischen Raume homöomorph (= ist metrisierbar).

$2°$. Ein im Kleinen kompakter topologischer Raum ist dann und nur dann metrisierbar, wenn er entweder dem Ax. „$F$" genügt, oder sich in eine (unabzählbare) Menge von paarweise fremden Gebiete zerspalten lässt,

[12] deren jedes, als Relativraum betrachtet, dem erwähnten Axiome genügt.

Es ist vielleicht zu bemerken, dass es unter bikompakten Räumen mit abzählbarer dichter Teilmenge sowohl unmetrisierbare dem Ax. „$E$" genügende,

[13] als sogar diesem Axiom nicht genügende Räume giebt.

Unter mehreren anderen Singularitäten, die in topologischen Räumen vorhanden sein können, nennen wir noch folgende zwei, die Räume mit abzählbar vielen Punkten betreffen. Es giebt nämlich erstens zusammenhängende abzählbare Räume, zweitens abzählbare Räume in denen das Axiom „$E$" nicht erfüllt ist.

Zum Schlusse erwähnen wir noch ein paar Sätze aus den Nebengebieten der metrischen Räume und der einfach geordneten Mengen.

$1°.-$ Jede einfach geordnete Menge $\mathfrak{M}$, deren sämtliche (im Sinne von $\overline{\mathfrak{M}}$ oder $\overline{\mathfrak{M}}{}^*$) wohlgeordnete Teilmengen höchstens abzählbar sind, ist von einer Mächtigkeit $\leq 2^{\aleph_0}$.

[14] $2°.-$ Es giebt ein stetiger Ordnungstypus mit lauter $\omega\omega^* -$ Elementen, dessen sämtliche Strecken untereinander, nicht aber dem Linear-Kontinuum ähnlich sind.

3°.– Es giebt metrische und auch metrisch-homogene zusammenhängende Räume, in denen jede abzählbare Menge nirgendsdicht ist.

4°.– Ein jeder der Sätze I – III, V und VIII, § 3 (Kap. VIII) und I, § 4 Ihrer „Grundzüge …“ ist in metrischen Räumen dem Axiom „$F$“ äquivalent; es giebt aber topologische Räume (sogar bikompakte), in denen alle diese Sätze gleichzeitig richtig, das Axiom „$F$“ aber unerfüllt ist.

———

Es ist leider unmöglich alle die Probleme, Vermutungen und wissenschaftliche Bestrebungen, zu denen wir durch Ihre Theorie der topologischen Räume angeregt worden sind, in einem Schreiben mitzuteilen. Darum haben wir uns schon seit mehreren Monaten beschlossen, Sie höflichst zu ersuchen, uns gefälligst gestatten zu wollen, Sie persönlich besuchen zu dürfen, um von Ihnen noch viele andere wissenschaftliche Anregungen empfangen zu können. In letzteren Tagen haben wir endlich die Schwierigkeiten der peinlichen Reisevorbereitungen fast gänzlich überwunden. Unglücklicher Weise aber sind wir unerwartet auf ein neues Hinderniss gestossen, und zwar ist es nämlich recht schwehr in der Deutschen Botschaft Moskau die Einfahrtsbescheinigungen, sogar für die 3. – 4. Monate, welche wir in Deutschland verbringen möchten, zu erhalten. Diese Schwierigkeit würde jedoch beseitigt werden können, wenn ein so hervorragender und allgemein angesehener Gelehrter wie Sie der Deutschen Botschaft in Moskau bestätigt hätte, dass unsere Reise nach Greifswald zweckmässig wäre. [15] Wir haben kaum uns entschliessen können, Sie, sehr geehrter Herr Professor, mit einer solchen Bitte zu belästigen; nur die ausserordentliche Wichtigkeit für uns, uns mit Ihnen wissenschaftlich unterhalten zu können, und die völligste Unmöglichkeit Selbiges auf anderem Wege erlangen zu können, giebt uns die Dreistigkeit, Ihnen von unserer Verlegenheit, aus der nur Sie uns helfen können, ergebenst Mitteilung zu machen. Wir erlauben uns noch Ihnen ergebenst mitzuteilen, dass wir uns soeben auch an das Polizeipräsidium Greifswald mit der Bitte um Einfahrtserlaubnis, ohne welche die Deutschen Visen in Moskau jedenfalls nicht zu erhalten sind, gewendet haben, was wir zu Ihrer gefälligen Kenntnissnahme bringen.

    Wir empfehlen uns Ihnen,
      hochachtungsvoll ergebenst
        Paul Alexandroff, Privat-Dozent a.d. Universität Moskau
        Paul Urysohn, Privat-Dozent a.d. Universität Moskau

Adresse:
Moskau, Twerskaja Str., Pimenowski Per. 8, kb. 3, Herrn Paul Urysohn.

P.S. Ich erlaube mir diesem Schreiben einen Sonderabdruck meiner Comptes–Rendus–Note über die Mächtigkeit der Borelschen Mengen beizulegen, die noch 1916 abgedruckt worden ist. Es war mir sehr schmeichelhaft, später kennen zu [16] lernen, dass das selbe Problem gleichzeitig auch von Ihnen eine äusserst elegante Lösung erhalten hat. Mein Freund, Herr Paul Urysohn, besitzt leider, der [17]

jetzigen Umstände wegen, noch keine Sonderabdrücke seiner zwei Comptes–
[18] Rendus–Noten (t. 175, ss. 440, 481), in denen die Hauptergebnisse seiner, wie
mir scheint, grundlegender topologischen Untersuchungen kurz resümiert sind.

Wiederholt empfohlen

Paul Alexandroff.

## Anmerkungen

[1]  ALEXANDROFF und URYSOHN beziehen sich hier auf HAUSDORFFs Buch
*Grundzüge der Mengenlehre* (1914, s. Band II dieser Edition), in dem HAUS-
DORFF den Begriff „topologischer Raum" eingeführt und eine systematische
Theorie der topologischen Räume entwickelt hatte. „Topologischer Raum" bei
HAUSDORFF ist in heutiger Terminologie gleichbedeutend mit „Hausdorffraum",
denn bei HAUSDORFF ist sein Trennungsaxiom $T_2$ stets Bestandteil der den to-
pologischen Raum definierenden Axiome.

[2]  Es handelt sich um folgende drei Arbeiten: ALEXANDROFF, P.; URYSOHN,
P.: *Sur les espaces topologiques compacts.* Bulletin international de l'Académie
Polonaise des Sciences et des Lettres (A), 1923, 5–8; ALEXANDROFF, P.: *Sur
les propriétés locales des ensembles et la notion de compacticité.* Ebenda, 9–12;
URYSOHN, P.: *Sur la métrisation des espaces topologiques.* Ebenda, 13–16.

[3]  ALEXANDROFF und URYSOHN nannten einen topologischen Raum bikompakt, wenn jede offene Überdeckung des Raumes eine endliche Teilüberdeckung
enthält. Später hat es sich eingebürgert, statt „bikompakt" einfach „kompakt" zu
sagen (den Ausdruck „bikompakt" findet man in ALEXANDROFF/HOPF *Topologie* (1935) und noch lange in der russischsprachigen Literatur). Die berühmte
Arbeit *Mémoire sur les espaces topologiques compacts dédié à Monsieur D.
Egoroff* von ALEXANDROFF und URYSOHN, in welcher ihr Kompaktheitsbegriff
seine endgültige Form erhielt, war 1923 vollendet, wurde aber erst 1929 publiziert (Verhandlingen Koninklijke Akademie van Wetenschappen te Amsterdam,
Afdeeling Natuurkunde, Eerste Sectie, **14** (1929), No. 1, 1–96). Im Vorwort zur
dritten russischen Auflage dieser Arbeit (Moskau 1971) schrieb ALEXANDROFF
rückblickend über seinen und URYSOHNs Einstieg in die allgemeine Topologie
(englische Übersetzung von D. E. CAMERON):

> If Frechet proceeded out of necessity from mathematical analysis in the
> broadest sense of the word, then Hausdorff stood strictly on the basis
> of the theory of sets. First of all his interest was in the logical structure
> of point sets as it existed at the end of the first decade of the current
> century. By means of his own important four axioms of a topological
> space, he hit the target, while giving together with a large collection of
> different possible constructions a sufficiently broad, and at the same time
> really „vigorous", class of spaces, now well known by the name Hausdorff.
> The four axioms and the subsequential addition to them of the axioms

8

of countability permitted Hausdorff in his splendid book „Grundzüge der Mengenlehre" (1914) sufficient latitude to solve the problems of logical analysis and the axiomatical propositions of the theory of point sets.

In this Memoir, P. S. Urysohn and I stood entirely on the basis of the Hausdorff „theory of sets", but the distinction from Hausdorff was that we were interested not in question of the logical analysis of classical theory, but within the newly discovered topological spaces, we saw fascinating new topics of mathematical investigation, and we decided actually to undertake this investigation with all possible systematicness, beginning with that end which seemed to us the most promising – the concept of compactness. (D. E. CAMERON: *The Birth of Soviet Topology*. Topology proceedings **7** (1982), 329–378, dort S. 359–360).

Bei CAMERON ist auch im einzelnen erklärt, warum das *Mémoire sur les espaces topologiques compacts* erst 1929 veröffentlicht wurde, und warum es D. F. EGOROFF und nicht LUSIN gewidmet war (S. 364).

Unabhängig von ALEXANDROFF und URYSOHN wurde der allgemeine Kompaktheitsbegriff auch von L. VIETORIS entwickelt (*Stetige Mengen*, Monatshefte für Mathematik und Physik **31** (1921), 173–204). Der von ALEXANDROFF/URYSOHN und VIETORIS entwickelte Kompaktheitsbegriff hat sich als das bedeutendste Kompaktheitskonzept erwiesen. U. a. ist es im Gegensatz zur abzählbaren Kompaktheit und zur sequentiellen Kompaktheit stabil unter Bildung von Produkten (Satz von TYCHONOFF).

HAUSDORFF hatte in den *Grundzügen*, FRÉCHET folgend, einen Raum $R$ kompakt genannt, wenn jede unendliche Teilmenge von $R$ einen Häufungspunkt in $R$ besitzt. In diesem Sinne verwenden auch ALEXANDROFF und URYSOHN den Begriff „kompakt" in Abgrenzung von ihrem „bikompakt".

[4]  Kompakte Räume im Sinne HAUSDORFFs, welche abzählbares Gewicht haben, sind bikompakt. Das ist gerade die Aussage des „verschärften Borelschen Satzes" (s. Band II dieser Edition, S. 372).

Die drei angegebenen Bedingungen sind in ZFC (Zermelo-Fraenkelsche Mengenlehre mit Auswahlaxiom) äquivalent, nicht jedoch in ZF (Zermelo-Fraenkel ohne Auswahlaxiom). Insbesondere sind die Bedingungen 2° und 3° in ZF genau dann äquivalent, wenn das Auswahlaxiom gilt. Für Analysen des Kompaktheitsbegriffs in ZF siehe u. a. H. HERRLICH: *Axiom of Choice*. Springer Lecture Notes Math., Nr. 1876 (2006), Kap. 3.3 und 4.8–4.10.

[5]  Abgeschlossene Mengen bezeichnet HAUSDORFF mit $F$, offene Mengen, die er Gebiete nennt, mit $G$. Die $G_\delta$ sind Durchschnitte abzählbar vieler offener Mengen.

Bezüglich der Mächtigkeit gilt genauer, daß jeder dem Axiom $(E)$ (s. u.) genügende kompakte Raum höchstens die Mächtigkeit $2^{\aleph_0}$ hat. Allgemeiner gilt, daß die Mächtigkeit $|X|$ jedes unendlichen kompakten Raumes $X$ höchstens $2^{\chi(X)}$ beträgt (wobei $\chi(X)$ der Charakter von $X$ [= Supremum der Charaktere von $X$ in allen seinen Punkten] ist). Siehe A. ARHANGEL'SKIĬ: *An edition*

*theorem for the weight of sets lying in bicompacta.* Doklady Akad. Nauk SSSR
**126** (1959), 239–241 [Russisch].

[6] Das Axiom $(F)$ (zweites Abzählbarkeitsaxiom) lautet bei HAUSDORFF:
„Die Menge aller verschiedenen Umgebungen $U$ ist abzählbar" (Band II dieser
Edition, S. 363). In heutiger Terminologie: $(F)$ gilt in $X$, falls $X$ eine abzähl-
bare Basis besitzt.

[7] Das Axiom $(E)$ (erstes Abzählbarkeitsaxiom) lautet: „Für jeden Punkt $x$
ist die Menge seiner verschiedenen Umgebungen $U_x$ höchstens abzählbar" (Band
II dieser Edition, S. 363). In heutiger Terminologie: $(E)$ gilt in $X$, falls jeder
Punkt von $X$ eine abzählbare Umgebungsbasis besitzt. Siehe zu Anm. [6] und
[7] auch den Artikel *Abzählbarkeitsaxiome* im Band II dieser Edition, S. 757–761.

[8] Wenn jedes $F$ ein $G_\delta$ ist, gilt also der Satz von Cantor-Bendixson. Unter der gleichen Bedingung ist jede Borelmenge höchstens abzählbar oder sie
hat die Mächtigkeit des Kontinuums, d. h. die Cantorsche Kontinuumhypothese
trifft für Borelmengen in einem solchen Raume zu.

[9] Kompakte Räume sind sogar normal und somit nach dem URYSOHNschen
Lemma vollständig regulär. Hieraus folgerte bereits TYCHONOFF, daß die kompakten Räume (bis auf Homöomorphie) genau die abgeschlossenen Teilräume
von Hilbert-Quadern $[0, 1]^I$ sind.

[10] Daß die kompakten Räume genau die regulären $T_2$-abgeschlossenen Räume sind, gilt selbst in ZF. Hingegen sind (sogar in ZFC) sowohl die Klasse der regulären $T_3$-abgeschlossenen Räume als auch die Klasse der $T_2$-abgeschlossenen
(Hausdorff-)Räume echt größer als die der kompakten Räume. Siehe z. B. HERR-
LICH, H.: $T_\nu$-*Abgeschlossenheit und* $T_\nu$-*Minimalität.* Math. Zeitschrift **88** (1965),
285–294.

[11] In lokal-kompakten Räumen besitzt jeder Punkt (wegen der Regulari-
tät) nicht nur eine kompakte Umgebung, sondern eine Umgebungsbasis aus
kompakten Mengen. Diese Eigenschaft erweist sich beim Übergang zu nicht
notwendig Hausdorffschen Räumen als die interessantere.

[12] Zur Metrisierbarkeit kompakter und normaler Räume siehe den Kommentar zu einschlägigen Manuskripten HAUSDORFFs in Band III dieser Edition, S. 759–761. Man beachte insbesondere, daß jeder metrisierbare kompakte
Raum dem Axiom $(F)$ genügt, woraus die Äquivalenz der folgenden Bedingungen folgt:

(1) $X$ ist kompakt und metrisierbar.

(2) $X$ ist kompakt und genügt $(F)$.

(3) $X$ ist einem abgeschlossenen Teilraum des Hilbert-Quaders $[0,1]^{\aleph_0}$ homöomorph.

[13]  Ein einfaches Beispiel eines separablen kompakten Raumes, der $(E)$ nicht erfüllt, ist der Raum $[0,1]^{\mathbb{R}}$.

[14]  Ein Element $a$ einer geordneten Menge $M$ ist ein $\omega\omega^*$-Element, falls in der geordneten Zerlegung $M = P + \{a\} + Q$ die Menge $P$ mit $\omega$ confinal, $Q$ mit $\omega^*$ coinitial ist (s. Band II dieser Edition, S. 186 u. S. 242 ff.).

[15]  ALEXANDROFF und URYSOHN nahmen offenbar an, daß HAUSDORFF noch in Greifswald wirkte. Er war aber seit 1921 Ordinarius in Bonn.

[16]  ALEXANDROFF, P.: *Sur la puissance des ensembles mesurables B*. Comptes Rendus Acad. Paris **162** (1916), 323–325.

[17]  HAUSDORFF, F.: *Die Mächtigkeit der Borelschen Mengen*. Math. Annalen **77** (1916), 430–437. HAUSDORFFs Arbeit ist wiederabgedruckt im Band III dieser Edition, S. 431–438. Im Kommentar zu dieser Arbeit (ebd., S. 439–442) wird auch ALEXANDROFFs Herangehen kurz kommentiert und mit HAUSDORFFs Argumentation verglichen.

[18]  URYSOHN, P.: *Les multiplicités cantoriennes*. Comptes Rendus Acad. Paris **175** (1922), 440–442. Ders.: *Sur la ramification des lignes cantoriennes*. Ebd., S. 481–483.


**Brief**  PAUL ALEXANDROFF / PAUL URYSOHN $\longrightarrow$ FELIX HAUSDORFF

Göttingen, d. 19. Juni 1923.  [1]
Dahlmannstraße, 10 (bei Jahns).

Hochgeehrter Herr Professor!

Wir haben soeben Ihren liebenswürdigen Brief v. 22. Mai erhalten, der uns aus Moskau nachgeschickt wurde. Gestatten Sie uns Ihnen unsern unendlichen Dank auszudrücken, sowie für Ihren, persönlich an uns gerichteten freundlichen Brief, als auch für die außerordentliche Liebenswürdigkeit, die Sie, durch Ihr an die Deutsche Botschaft gerichtetes Schreiben, uns erwiesen haben. Wir haben noch in Moskau zufälligerweise erfahren, daß Sie jetzt nicht mehr in Greifswald, sondern in Bonn wohnen; es ist uns außerordentlich peinlich, daß wir also unser Besuch zu Ihnen für glücklichere Zeiten verschieben müßen. Wir möchten doch Sie bitten, sehr geehrter Herr Professor, uns mitzuteilen, wenn Sie zufällig vor dem 8. August in irgendwelcher unbesetzter Stadt sein werden: wir würden dann sofort dahin reisen.  [2]

Später als bis zu dem 8. August dürfen wir in Deutschland nicht bleiben, denn unsere Sichtvermerke sind nur bis zum 10. August gültig; letztere haben wir zufolge einer Einladung von Professor Dr. E. Landau in Göttingen; als wir Professor Landau mitgeteilt haben, daß wir zu Ihnen schreiben wollen, lies er Sie herzlichst grüßen.

Mit wiederholten Dank
empfehlen wir uns Ihnen
hochachtungsvoll ergebenst

Dr. Paul Alexandroff
Dr. Paul Urysohn

**Hochgeehrter Herr Professor!**

[3] Da der zusammenhängende abzählbare Raum Sie interessiert hat, gestatte ich mir, Ihnen die Konstruktion desselben mitzuteilen.

Definition. Zwei Punkte eines Topologischen Raumes heissen *untrennbar*, wenn jedes Paar sie enthaltender, zu einander fremder Gebiete mindestens einen gemeinsamen Häufungspunkt hat.

In folgendem abzählbaren Raume $E$ sind die Punkte $a$ und $b$ untrennbar:

$$E = a + b + \{a_{ik}\} + \{b_{ik}\} + \{c_i\} \qquad i, k = 1, 2, \ldots$$

$a_{ik}$ und $b_{ik}$ sind isoliert; für die übrigen Punkte sind die Umgebungen folgendermassen definiert:

$$\left. \begin{aligned} V_{c_i}^{(n)} &= c_i + \sum_{k=n}^{\infty} (a_{ik} + b_{ik}) \\ V_a^{(n)} &= a + \sum_{k=1}^{\infty} \sum_{i=n}^{\infty} a_{ik} \\ V_b^{(n)} &= b + \sum_{k=1}^{\infty} \sum_{i=n}^{\infty} b_{ik} \end{aligned} \right\} n = 1, 2, \ldots$$

Um den gewünschten Raum zu erhalten genügt es die vorhergehende Singularität zu kondensieren; in der Tat, ein Raum, in dem ein gewisser Punkt $x$ von jedem anderen untrennbar ist, ist, wie man es leicht beweist, zusammenhängend. Man kann jedoch die Kondensation so einrichten, dass man einen abzählbaren Raum $\mathcal{E}$ erhält, in dem *jede* zwei Punkte untrennbar sind.

Man denke sich dazu abzählbar viele Exemplare des Raumes $E$ hergestellt, die

$$E^1 \ E^2 \ \ldots \ E^{\lambda} \ \ldots$$

heissen; $E^{\lambda} = \{x_k^{\lambda}\}$, wobei an Stelle der Punkte

$$a \quad b \quad c_i \quad a_{ik} \quad b_{ik}$$

12

von $E$ respectiv die Punkte

$$x_1^\lambda \quad x_2^\lambda \quad x_{3i}^\lambda \quad x_{1+3\cdot 2^{k-1}(2i-1)}^\lambda \quad x_{2+3\cdot 2^{k-1}(2i-1)}^\lambda$$

von $E^\lambda$ treten.

Die $n$-te Umgebung des Punktes $x_k^\lambda$ in $E^\lambda$ heisse $V_{x_k^\lambda}^{(n)\lambda}$; wenn $x_k^\lambda$ in $E^\lambda$ isoliert

ist, so ist $V_{x_k^\lambda}^{(n)\lambda} = x_k^\lambda \quad (n = 1, 2, \ldots)$.

Wenn $A$ irgend eine endliche Menge

$$A = x_{h_1}^\lambda + \cdots + x_{h_s}^\lambda$$

eines $E^\lambda$ ist, so setzen wir allgemein

$$V_A^{(n)\lambda} = \sum_{j=1}^s V_{x_{h_j}^\lambda}^{(n)\lambda} \qquad 1$$

Wir identifizieren jetzt einige Punkte der verschiedenen $E^\lambda$, und zwar nach folgendem Gesetz.

Die Menge der Komplexe $[(h_1, \lambda_1); (h_2, \lambda_2)]$, wo $h_1, \lambda_1, h_2, \lambda_2$, positive ganze Zahlen sind, und ausserdem entweder $\lambda_1 < \lambda_2$ oder $\lambda_1 = \lambda_2$, $h_1 < h_2$ ist, ist abzählbar. Sie kann also auf die Menge der positiven ganzen Zahlen $N$ eineindeutig abgebildet werden, und zwar so, dass die Abbildungsfunktion

$$N\begin{pmatrix} \lambda_1 & \lambda_2 \\ h_1 & h_2 \end{pmatrix}$$

die beiden Bedingungen

$$N\begin{pmatrix} \lambda_1 & \lambda_2 \\ h_1 & h_2 \end{pmatrix} > \lambda_1$$

$$N\begin{pmatrix} \lambda_1 & \lambda_2 \\ h_1 & h_2 \end{pmatrix} > \lambda_2$$

in allen Fällen bis auf den einzigen Ausnahmefall

$$N\begin{pmatrix} 1 & 1 \\ 1 & 2 \end{pmatrix} = 1$$

erfüllt.

Wir setzen alsdann

$$x_1^{N\begin{pmatrix} \lambda_1 & \lambda_2 \\ h_1 & h_2 \end{pmatrix}} = x_{h_1}^{\lambda_1}$$

$$x_2^{N\begin{pmatrix} \lambda_1 & \lambda_2 \\ h_1 & h_2 \end{pmatrix}} = x_{h_2}^{\lambda_2}$$

---

[1] uneigentliche Summe (Vereinigungsmenge)

Es ist zu bemerken, dass dadurch nie zwei verschiedene Punkte eines und desselben $E^\lambda$ identifiziert werden. Zwischen den verschiedenen Darstellungen $x_h^\lambda$ eines Punktes der Menge

$$\mathcal{E} = E^1 + E^2 + \cdots + E^\lambda + \cdots$$

giebt es also nur eine, die den kleinsten Index $\lambda$ hat; eine solche Darstellung heisse *normal*.

Wir definieren jetzt, wie folgt, Umgebungen in $\mathcal{E}$. Wir bemerken zuerst, dass wenn $B$ eine Teilmenge von $E^1 + \cdots + E^{\lambda-1}$ ist, so enthält die Menge

$$B \cdot E^\lambda \qquad {}^2$$

höchstens zwei Punkte, also hat das Symbol $V_{E^\lambda \cdot B}^{(n)\lambda}$ einen Sinn (diese Menge ist leer wenn $E^\lambda \cdot B = 0$ ist).

Es sei dann $x_h^\lambda$ irgend ein Punkt von $\mathcal{E}$, den wir normal darstellen; und es sei

$$n_\lambda, \ n_{\lambda+1}, \ \ldots, \ n_{\lambda+\sigma}$$

irgend eine Folge positiver ganzer Zahlen. Wir setzen alsdann

$$n_{\lambda+\sigma+\tau} = 1 \quad \text{wenn} \quad \tau > 0 \text{ ist;}$$

$$V_{x_h^\lambda}^{(n_\lambda)\lambda} = \underset{(\lambda)}{U}{}_{x_h^\lambda}^{n_\lambda}$$

$$\underset{(\lambda)}{U}{}_{x_h^\lambda}^{n_\lambda} + V_{E^{\lambda+1} \cdot \underset{(\lambda)}{U}{}_{x_h^\lambda}^{n_\lambda}}^{(n_{\lambda+1})\overline{\lambda+1}} = \underset{(\lambda)}{U}{}_{x_h^\lambda}^{n_\lambda n_{\lambda+1}}$$

$$\underset{(\lambda)}{U}{}_{x_h^\lambda}^{n_\lambda n_{\lambda+1}} + V_{E^{\lambda+2} \cdot \underset{(\lambda)}{U}{}_{x_h^\lambda}^{n_\lambda n_{\lambda+1}}}^{(n_{\lambda+2})\overline{\lambda+2}} = \underset{(\lambda)}{U}{}_{x_h^\lambda}^{n_\lambda n_{\lambda+1} n_{\lambda+2}}$$

$$\underset{(\lambda)}{U}{}_{x_h^\lambda}^{n_\lambda n_{\lambda+1} \cdots n_{\lambda+\mu}} + V_{E^{\lambda+\mu+1} \cdot \underset{(\lambda)}{U}{}_{x_h^\lambda}^{n_\lambda n_{\lambda+1} \cdots n_{\lambda+\mu}}}^{(n_{\lambda+\mu+1})\overline{\lambda+\mu+1}} = \underset{(\lambda)}{U}{}_{x_h^\lambda}^{n_\lambda n_{\lambda+1} \cdots n_{\lambda+\mu+1}}$$

$$\cdots \qquad \cdots$$

$$\sum_{\mu=0}^{\infty} \underset{(\lambda)}{U}{}_{x_h^\lambda}^{n_\lambda n_{\lambda+1} \cdots n_{\lambda+\mu}} = \underset{(\lambda)}{W}{}_{x_h^\lambda}^{n_\lambda n_{\lambda+1} \cdots n_{\lambda+\sigma}}$$

Jedem Punkt $x_h^\lambda$ von $\mathcal{E}$ und jeder Folge

$$n_\lambda, n_{\lambda+1}, \ldots, n_{\lambda+\sigma}$$

---

[2] Durchschnitt von $B$ und $E^\lambda$

entspricht also ein bestimmtes $W$; jedes solche $W$ betrachten wir als eine Umgebung des Punktes $x_h^\lambda$ in $\mathcal{E}$.

Der Beweis, dass die Umgebungsaxiome $\underline{A}, \underline{B}, \underline{C}, \underline{D}$ erfüllt sind[3], und das der Raum $\mathcal{E}$ die gewünschte Eigenschaft wirklich besitzt, ist zwar recht peinlich, enthält aber gar keine wirkliche Schwierigkeiten. [4]

---

Ich erlaube mir mit selber Post Ihnen einige Sonderabdrücke, die ich neuerdings erhalten habe, zu senden. Der Satz über die einfach geordneten Mengen war leider schon gedruckt als ich Ihren Brief erhalten habe. [5]

Wiederholt empfohlen<br>
Paul Urysohn.

## Anmerkungen

[1] Über den ersten Besuch von ALEXANDROFF und URYSOHN in Göttingen berichtet ALEXANDROFF ausführlich im ersten Teil seiner autobiographischen Skizze: ALEKSANDROV, P. S.: *Pages from an Autobiography*. Russian Math. Surveys **34** (6) (1979), 267–302, dort S. 298–299. Weitere interessante Einzelheiten dazu finden sich bei CAMERON, D. E.: *The Birth of Soviet Topology*. Topology proceedings **7** (1982), 329–378.

[2] Das linksrheinisch gelegene Bonn war 1923 französisch besetzt. Die zunächst sehr restriktiven Einreisebestimmungen wurden später gelockert, so daß ALEXANDROFF und URYSOHN 1924 nach Bonn reisen konnten.

[3] URYSOHNs Konstruktion eines abzählbaren, zusammenhängenden HAUSDORFFschen Raumes ist posthum veröffentlicht in der Arbeit *Über die Mächtigkeit der zusammenhängenden Mengen*. Math. Annalen **94** (1925), 262–295. Ein wesentlich einfacheres Beispiel eines derartigen Raumes wurde später von R. H. BING in der Arbeit *A connected countable Hausdorff space*, Proceedings Amer. Math. Society 4 (1953), 474 angegeben. Diese Beispiele sind insbesondere deshalb interessant, weil reguläre zusammenhängende Räume entweder höchstens ein Element oder aber mindestens $2^{\aleph_0}$ Elemente enthalten.

[4] Gemeint sind die Umgebungsaxiome, die HAUSDORFF für die Definition des Begriffs „topologischer Raum" benutzt hatte (s. Band II dieser Edition, S. 313).

[5] Es ist anzunehmen, daß URYSOHN die im vorigen Brief angekündigten Sonderdrucke seiner beiden Noten aus den Comptes Rendus geschickt hat (s. die letzte Anmerkung zum vorigen Brief). Ferner hatte er offenbar einen Sonderdruck seiner Arbeit *Un théorème sur la puissance des ensembles ordonnés*, Fundamenta Math. **5** (1924), 14–19, beigelegt. Auf diese Arbeit spielt der letzte

---

[3]Das zweite Abzählbarkeitsaxiom ist offenbar erfüllt

Satz des Briefes an. Die Arbeit erschien im ersten Heft des Bandes **5**, welches bereits vor dem Juni 1923 ausgeliefert war (die Arbeit war im Oktober 1922 eingereicht worden). Das letzte Heft des Bandes **5** erschien 1924; somit wurde das Erscheinungsdatum des Gesamtbandes auf 1924 festgesetzt. Dies erklärt den scheinbaren Widerspruch der Jahresangabe 1924 mit dem Datum des vorliegenden Briefes.

URYSOHN hatte in der genannten Arbeit als Antwort auf eine von SIERPIŃSKI 1921 gestellte Frage den folgenden Satz bewiesen: Die Mächtigkeit jeder geordneten Menge, deren sämtliche (auf- und absteigenden) wohlgeordneten Teilmengen höchstens abzählbar sind, ist nicht größer als die Mächtigkeit des Kontinuums. HAUSDORFF muß in einem Brief, der uns nicht vorliegt, darauf hingewiesen haben, daß dieser Satz aus seinen Betrachtungen über $\eta_\alpha$-Mengen unmittelbar hervorgeht. Darauf bezieht sich offenbar der letzte Satz des vorliegenden Briefes. Im Band **6** (1924) der Fundamenta publizierte URYSOHN eine *Remarque sur ma Note „Un théorème sur la puissance des ensembles ordonnés"* (S. 278). Dort heißt es:

> Or M. HAUSDORFF m'a communiqué que ce théorème résulte des considérations qu'il a exposées dans les *Leipziger Berichte* (Bd. 59) et reproduites dans ses *Grundzüge der Mengenlehre* (Ch. VI, § 7 et § 8).

Dann zeigt URYSOHN auf einer halben Seite, wie sein Satz sich aus HAUSDORFFs Theorie der $\eta_\alpha$-Mengen (s. Band II dieser Edition, S. 272–285 und S. 645–674) als Spezialfall für $\alpha = 0$ ergibt

**Brief**   PAUL ALEXANDROFF / PAUL URYSOHN $\longrightarrow$ FELIX HAUSDORFF

Moskau, Twerskaja Strasse,
Pimenowski pereulok, 8; kb. 3.
21. V. 1924.

Hochgeehrter Herr Professor!

Mit größtem Interesse haben wir Ihren geehrten Brief durchgelesen. Ihr so außerordentlich einfacher und eleganter Beweis des Satzes über die $G_\delta$ hat uns [1] desto mehr überrascht, daß er das zweite Abzählbarkeitsaxiom[1] nicht benutzt: obwohl wir immer überzeugt waren, daß der Satz auch allgemein gilt, war es uns klar, daß die alte Methode nicht von dem II. Abzählbarkeitsaxiom zu befreien sei.

Was die unrichtigen Behauptungen im Jahresberichtreferate („beliebige metrische Räume" anstatt der „vollständigen Räume"; – auch ist die Metrisations- [2] bedingung im Referate unrichtig formuliert) betrifft, so sind sie folgendermaßen

---

[1] die Benennung „séparable" scheint uns nicht geradezu glücklich gewählt zu sein (vielmehr können wir aber nicht gegen Ihre Benennung „inséparables" schtreiten!)

entstanden: in Marburg hatten wir Sitzungen von 9. bis 1. und von 3. bis 7; dazu kamen noch mathematische Gespräche im Kafé von 1 bis 3 und von 7 bis 12; nach 4 Tagen dieser Art hat uns Herr Bieberbach vorgelegt die Referate ihm zu geben; da wir am nächsten Morgen nach Moskau fortreisen mußten, blieb uns nichts übrig, als die Referate im Kafé selbst schleunigst fertigzustellen.

Auch die zweite Hälfte des $G_\delta$-Satzes – nämlich, daß eine in einem vollständigen Raume liegende und einem anderen vollständigen Raume homöomorphe Menge ein $G_\delta$ ist – läßt sich allgemein (ohne Axiom $F$) beweisen. Das geschieht auf Grund folgender Überlegung (von P. Urysohn)  [3]

Es sei $E$ vollständig, und einer Menge $A$ des vollständigen Raumes $\mathfrak{R}$ homöomorph (die Vollständigkeit von $\mathfrak{R}$ ist übrigens überflüssig). Wir wollen beweisen, daß $A$ in $\mathfrak{R}$ ein $G_\delta$ ist. Es sei $x$ ein beliebiger Punkt von $A$, und $n$ eine beliebige natürliche Zahl. Wegen der Stetigkeit der Abbildung von $A$ auf $E$ können wir eine positive Zahl $\varepsilon_n^x < \dfrac{1}{n}$ derart bestimmen, daß die Menge $A \cdot S(x, \varepsilon_n^x)$ ($S(x, \varepsilon)$ bedeutet die Menge der Punkte $y$ für die $(x, y) < \varepsilon$ ist) in eine Menge $B_n^x \subset E$ abgebildet werde, deren Breite $< \dfrac{1}{n}$ ist. Wir setzen dann

$$G_n = \sum_{x \subset A} S(x, \varepsilon_n^x)$$

(Vereinigungsmenge über alle $x$ von $A$.)

Offenbar ist $A \subset \prod\limits_{n=1}^{\infty} G_n$.

Es sei anderseits $\xi \subset \prod\limits_{n=1}^{\infty} G_n$. Dann gibt es für jedes $n$ ein $x_n$, so daß $\xi \subset S(x_n, \varepsilon_n)$; $(\varepsilon_n = \varepsilon_n^{x_n})$. Da $x_n \subset A$ und $\varepsilon_n < \dfrac{1}{n}$, folgt hieraus $\xi \subset A_\alpha$.

Es seien nun $n$ und $m$ zwei verschiedene natürliche Zahlen; da $\xi$ im Gebiete $S(x_n, \varepsilon_n) \cdot S(x_m, \varepsilon_m)$ enthalten ist, folgt aus $\xi \subset A_\alpha$ die Existenz eines Punktes $y_{n,m}$ aus $A$ der in diesem Gebiete enthalten ist.

Die Bildpunkte von $x_n$ bzw. $y_{n,m}$ in $E$ seien $u_n$ bzw. $v_{n,m}$. Da $x_n + y_{n,m} \subset A \cdot S(x_n, \varepsilon_n)$, folgt aus der Bedingung für $B_n^x$, daß $(u_n, v_{n,m}) < \dfrac{1}{n}$ ist. Ebenso kommt $(u_m, v_{n,m}) < \dfrac{1}{m}$, also $(u_n, u_m) < \dfrac{1}{n} + \dfrac{1}{m}$, d. h. die $u_n$ bilden eine Fundamentalfolge. Wegen der Vollständigkeit von $E$ konvergieren die $u_n$ gegen einen Punkt $u_\omega \subset E$. Folglich müssen die $x_n$ gegen den Bildpunkt $x_\omega \subset A$ von $u_\omega$ konvergieren. Die $x_n$ konvergieren aber evidendermassen gegen $\xi$, also ist $\xi = u_\omega \subset A$,

$$\prod_{n=1}^{\infty} G_n \subset A, \qquad \prod_{n=1}^{\infty} G_n = A \qquad \text{(w. z. b. w.)}$$

Es wäre noch interessant zu entscheiden, ob die *absolute* Definition der $G_\delta$ (mit Hilfe der *„geschlossenen Umgebungssysteme“* = „système determinant clos")

auch auf den allgemeinen Fall (*aller* vollständigen Räume) ausgedehnt wer-
[4] den kann. In diesem Ideenkreise ist kürzlich von P. Alexandroff eine absolute
(intrinsèque) Definition aller Klassen der $B$-Mengen (in vollständigen Räumen
mit abzählbarer dichter Teilmenge) gefunden worden, die aber naturgemäß viel
[5] komplizierter ist.

Vielleicht wird Sie auch der folgende Urysohnsche Metrisationssatz interes-
[6] sieren:

Damit ein dem II. Abzählbarkeitsaxiom genügender topologischer Raum einem metrischen Raume homöomorph sei, ist es notwendig und hinreichend, daß
daselbst jede zwei elementenfremde abgeschlossene Mengen $F_1$ und $F_2$ durch
Gebiete $G_1$ und $G_2$ *trennbar* seien (d. h. $F_1 \subset G_1$, $F_2 \subset G_2$, $G_1 \cdot G_2 = 0$).
Diese Bedingung ist übrigens in einem anderen Zusammenhange von Herrn
[7] Tietze als Axiom (H) bezeichnet worden.

Wir hoffen bald nach Deutschland und insbesondere auch nach Bonn zu
gelangen, um Sie, hochgeehrter Herr Professor, endlich auch persönlich kennen
lernen zu dürfen.

In dieser Hoffnung danken wir Sie nochmals für Ihr freundliches Schreiben
und empfehlen uns Ihnen

hochachtungsvoll ergebenst

Paul Alexandroff,

Paul Urysohn

## Anmerkungen

**[1]** In der Arbeit *Sur les ensembles de la première classe et les ensembles abs-
traits*, Comptes Rendus Acad. Paris **178** (1924), 185–187, hatte P. ALEXAN-
DROFF den folgenden Satz angegeben: Jede Menge $G_\delta$ in einem vollständigen
separablen metrischen Raum ist mit einem vollständigen separablen metrischen
Raum homöomorph. Der Beweis war nur skizziert; der versprochene ausführliche Beweis ist nie erschienen. In [H 1924] (Band III dieser Edition, S. 445–447)
hat HAUSDORFF einen einfachen Beweis publiziert, der den Satz in größerer
Allgemeinheit liefert, ohne die einschränkende Bedingung der Separabilität (s.
dazu den Kommentar zu [H 1924], Band III, S. 448–453). Zur Fußnote ist zu
bemerken, daß HAUSDORFF ALEXANDROFF und URYSOHN scherzhaft „les inséparables" (die Unzertrennlichen) nannte.

**[2]** Die Jahresversammlung der Deutschen Mathematiker-Vereinigung für das
Jahr 1923 fand vom 20. bis 25. September 1923 in Marburg/Lahn statt. Auf
dieser Tagung hielten ALEXANDROFF und URYSOHN je einen Vortrag, ALEXAN-
DROFF zum Thema „Untersuchungen aus der Theorie der Punktmengen" und
URYSOHN zum Thema „Theorie der allgemeinen Cantorschen Kurven". Kurze
Referate über diese Vorträge erschienen im Jahresbericht der DMV **32** (1923)
im Teil „Angelegenheiten der Deutschen Mathematiker-Vereinigung", S. *68–69*.
Die im Brief an HAUSDORFF genannten Fehler finden sich im Referat über
ALEXANDROFFs Vortrag, insbesondere ist dort der $G_\delta$-Satz (s. Anm. [1]) fälsch-
licherweise für „beliebige metrische Räume mit abzählbarer dichter Teilmen-

ge" formuliert. Vermutlich hatte HAUSDORFF in seinem Brief, der nicht mehr vorhanden ist, dieses Versehen kritisiert.

[3]  Zu URYSOHNs Beweis der Umkehrung von HAUSDORFFs $G_\delta$-Satz s. Band III dieser Edition, S. 449–450.

[4]  Diese Frage wurde 1926 von HAUSDORFF (NL HAUSDORFF : Kapsel 33 : Faszikel 265) und etwa gleichzeitig von N. WEDENISSOFF (publiziert in *Sur les espaces métriques complètes*, Journal de Math. **9** (1930), 877–881) geklärt (s. dazu Band III dieser Edition, S. 450; s. auch in diesem Band den Brief ALEXANDROFFs an HAUSDORFF vom 6. 3. 1927 und HAUSDORFFs Brief an ALEXANDROFF vom 29. 5. 1927).

[5]  Eine Veröffentlichung dieser Ergebnisse konnte nicht ermittelt werden.

[6]  Der Satz von URYSOHN sagt aus, daß ein Raum mit abzählbarer Basis genau dann metrisierbar ist, wenn er normal ist. Das Ergebnis ist posthum publiziert in URYSOHN, P.: *Zum Metrisationsproblem*, Math. Annalen **94** (1925), 309–315. Den Inhalt dieser Arbeit hatte URYSOHN im April 1924 in Moskau und im Juli 1924 in Göttingen vorgetragen.

[7]  TIETZE, H.: *Beiträge zur allgemeinen Topologie I.* Math. Annalen **88** (1923), 290–312, dort im Abschnitt „B. Umgebungen von Mengen. – Trennbarkeitsaxiome", S. 300 ff.

**Postkarte**  PAUL ALEXANDROFF / PAUL URYSOHN ⟶ FELIX HAUSDORFF

28. Juni 1924
Göttingen.

Hochgeehrter Herr Professor!

Seit zwei Wochen sind wir schon in Göttingen, und beabsichtigen hier bis zu den 9. Juli zu bleiben; alsdann fahren wir nach Bonn. Wir hoffen also daß wir Sie am 10. Juli persönlich begrüßen dürfen werden.

Gleichzeitig mit dieser Postkarte schicken wir Ihnen zufällig bei uns übrig gebliebene Korrekturabzüge unserer demnächst zu erscheinenden Annalen-arbeiten, die Sie vielleicht interessieren werden.  [1]

Wir empfehlen uns Ihnen                 Paul Alexandroff
    hochachtungsvoll ergebenst           Paul Urysohn

## Anmerkung

[1] Es handelt sich vermutlich um die folgenden im Band **92** der Mathematischen Annalen hintereinander abgedruckten fünf Arbeiten: ALEXANDROFF, P.; URYSOHN, P.: *Zur Theorie der topologischen Räume.* Math. Annalen **92** (1924), 258–266; ALEXANDROFF, P.: *Über die Struktur der bikompakten topologischen Räume.* Ebd., 267–274; URYSOHN, P.: *Über die Metrisation der kompakten topologischen Räume.* Ebd., 275–293; ALEXANDROFF, P.: *Über die Metrisation der im Kleinen kompakten topologischen Räume.* Ebd., 294–301; URYSOHN, P.: *Der Hilbertsche Raum als Urbild der metrischen Räume.* Ebd., 302–304.

**Brief** PAUL ALEXANDROFF / PAUL URYSOHN ⟶ FELIX HAUSDORFF

3. VIII. 1924,
Bourg de Batz (Loire-Inférieure)
Pension de famille
„Le Val Renaud".

Hochgeehrter Herr Professor!

Nur einige Tage sind wir wieder im Besitze einer gewißermaßen festen Adresse, die ungefähr bis zu dem 30. August gültig ist und die wir uns gestatten Ihnen hiermit mitzuteilen. Den ganzen August bleiben wir also hier, in der südlichen Brétagne, am Ufer des Oceans, wo wir schwimmen und auch ein wenig zu arbeiten gedenken. In dieser letzteren Hinsicht ist es Urysohn gelungen einen (in Ihrem Sinne) vollständigen metrischen Raum mit abzählbarer dichter Teilmenge, der einen jeden anderen separablen metrischen Raum *isometrisch* enthält und außerdem eine recht starke Homogenitätsbedingung erfüllt, zu konstruieren; letztere besteht darin, daß man den ganzen Raum (isometrisch) so auf sich selbst abbilden kann, daß dabei eine beliebige endliche Menge $M$ in eine ebenfalls beliebige, der Menge $M$ kongruente Menge $M_1$ übergeführt wird. Es läßt sich noch beweisen, daß dieser Raum der einzige vollständige separable Raum ist, der diese beide Eigenschaften (die Maximal- und die Homogenitätseigenschaft) besitzt; man dürfte ihn also als den „Universellen metrischen separablen
[1] Raum" bezeichnen.
[2]    Unsere Annalenarbeiten befinden sich schon in Bogenkorrekturen. Ihre freundliche Bemerkung erfüllend nennen wir jetzt *„absolut abgeschlossen"* die früher so ungeschickt als vollständige topologische Räume ausgezeichneten Räume, so daß wir jetzt das Wort „vollständig" nur auf metrische Räume und zwar in
[3] Ihrem ursprünglichen Sinne anwenden; jeder andere Sinn ist also gänzlich zu vergessen. Viel schlimmer steht die Sache mit dem Wort Gebiet. Wir haben uns mit diesem Ausdrucke schon so vertraut, daß es uns ganz unmöglich ist

20

die Gebiete wieder in offene Mengen zu umtaufen. Übrigens, wie wir aus dem 5$^{\text{ten}}$ Bande der „Fundamenta" erfahren, brauchen jetzt Mazurkiewicz, Kuratowski und andere das Wort „domaine" als Gebiet (in Ihrem früheren Sinne), dagegen werden die zusammenhängenden Gebiete als „région" bezeichnet. Vielleicht dürfte man auch im Deutschen das Wort Gebiet für allgemeine Gebiete behalten, und die zusammenhängenden Gebiete *Bereiche* nennen? [4]

Nachdem wir Sie in Bonn besucht haben (von unserem Zusammensein mit Ihnen behalten wir, und werden gewiß noch lange die lebhafteste und beste Erinnerung behalten), waren wir beinahe eine Woche bei Brouwer.

Mit Brouwer haben wir auch über verschiedene Dinge interessante Unterhaltungen gehabt. Es war uns eine große Freude zu erfahren, daß Brouwer, außer seiner logischen Untersuchungen, auch das Interesse für rein mathematische Fragen, insbesondere für die gesamte Topologie (auch in allgemeinen Räumen) vollständig beibehält.

Nachdem wir 4 Tage unterwegs in Paris waren (wo wir aber, wie überhaupt in Frankreich, keinen Mathematiker weder gesprochen noch gesehen haben) sind wir endlich hierhergekommen.

Gestatten Sie, hochgeehrter Herr Professor Ihnen, und Ihrer hochgeehrten Frau Gemahlin, nochmals herzlichst zu danken für den so freundlichen und liebenswürdigen Empfang, den wir in Ihrem Hause erhalten haben.

Mit den besten, hochachtungsvollen Grüßen
an Sie und Ihre Familie
Ihre aufrichtig ergebene
Paul Alexandroff
Paul Urysohn

## Anmerkungen

[1] URYSOHNs Konstruktion wurde in einer posthumen Comptes Rendus-Note angekündigt und grob skizziert: URYSOHN, P.: *Sur un espace métrique universel.* Comptes Rendus Acad. Paris **180** (1925), 803–806. Eine ausführliche Darstellung, von ALEXANDROFF für den Druck vorbereitet, erschien 1927: URYSOHN, P.: *Sur un espace métrique universel.* Bull. Sci. Math. **51** (1927), 43–64, 74–90. HAUSDORFF hatte unabhängig von URYSOHN einen separablen metrischen Universalraum konstruiert (NL HAUSDORFF : Kapsel 31 : Fasz. 166, abgedruckt im Band III dieser Edition, S. 762–765). Er hatte diese Konstruktion in einem Brief vom 11. August 1924 (s. den folgenden Brief) an ALEXANDROFF und URYSOHN mitgeteilt (s. dazu auch Band III dieser Edition, S. 766–769).

[2] S. die Anmerkung zur Postkarte vom 28. Juni 1924.

[3] Die Definition „absolut abgeschlossener" Räume findet sich in ALEXANDROFF, P.; URYSOHN, P.: *Zur Theorie der topologischen Räume*, Math. Annalen **92** (1924), 258–266:

> Ein topologischer Raum heißt *absolut abgeschlossen*, falls er in jedem ihn umfassenden Raume $R$ abgeschlossen ist. (S. 261)

„Topologischer Raum" meint hier Hausdorff-Raum. Der Begriff ist identisch mit dem heutigen Begriff der $T_2$-Abgeschlossenheit: Ein $T_2$-Raum $R$ heißt $T_2$-abgeschlossen, wenn es keine echte $T_2$-Erweiterung von $R$ gibt. In ihrem Lehrbuch *Topologie* von 1935 sprechen ALEXANDROFF und HOPF von $H$-abgeschlossenen Räumen (S. 90). Das „$H$" deutet auf Hausdorff-Räume hin, weil es keinen Sinn hat, von Abgeschlossenheit in beliebigen topologischen Räumen oder in $T_1$-Räumen zu sprechen.

[4]  HAUSDORFF hatte in *Grundzüge der Mengenlehre* herausgearbeitet, wie wichtig der Begriff der offenen Menge für die allgemeine Topologie ist, und er hatte für „offene Menge" den Terminus „Gebiet" eingeführt. Diese Terminologie hat sich allerdings nicht durchgesetzt (zur historischen Entwicklung des Begriffs „offene Menge" s. Band II dieser Edition, S. 720–722). Heute bezeichnet das Wort „Gebiet" eine zusammenhängende offene Menge eines topologischen Raumes; in diesem Sinne hatte bereits WEIERSTRASS im Falle der komplexen Ebene das Wort „Gebiet" benutzt.

**Brief**  FELIX HAUSDORFF $\longrightarrow$ PAUL ALEXANDROFF / PAUL URYSOHN

Bonn, Hindenburgstr. 61
11. Aug. 1924
Sehr geehrte Herren Inséparables!

Haben Sie vielen Dank für Ihren Brief. Ich freue mich sehr, dass Sie mir die längst gewünschte Gelegenheit, Sie persönlich kennen zu lernen, durch Ihren Besuch verschafft und dass Sie Sich in meinem Hause wohlgefühlt haben. Hof-
[1]  fentlich kommt bald ein Wiedersehen zu Stande, sei es in Innsbruck oder wieder in Bonn.

Ihre Mittheilung vom metrischen separablen Universalraum, den Herr Urysohn construirt hat, hat mich sehr interessirt und, da Sie nichts Näheres dar-
[2]  über schrieben, als Aufforderung gewirkt, selbst einen solchen zu finden. Ich nehme als Elemente gewissermassen die endlichen metrischen Räume; genauer die Matrizen

$$\alpha_n = \begin{pmatrix} a_{11} & \cdots & a_{1n} \\ \cdots & \cdots & \cdots \\ a_{n1} & \cdots & a_{nn} \end{pmatrix},$$

wo die $a_{ik}$ den Bedingungen für die Entfernungen $p_i p_k$ von $n$ Punkten zu genügen haben, d. h. $a_{ii} = 0$, $a_{ik} = a_{ki} > 0$ ($i \neq k$; man wird übrigens wohl auch $a_{ik} \geq 0$ zulassen können), und $a_{ij} + a_{jk} \geq a_{ik}$. Als Entfernung $\alpha_m \alpha_n$, wenn $m < n$ und

$$\alpha_m = \begin{pmatrix} a_{11} & \cdots & a_{1m} \\ \cdots & \cdots & \cdots \\ a_{m1} & \cdots & a_{mm} \end{pmatrix}$$

22

ein Abschnitt von $\alpha_n$ ist, wird $a_{mn}$ definirt; die Entfernung $\alpha_m\beta_n$ zweier beliebiger Matrizen wird inductiv (durch den Schluss von $m+n < s$ auf $m+n = s$) definirt mittels

$$\alpha_m\beta_n = \max_{\mu < m, \nu < n} |\alpha_m\alpha_\mu - \beta_n\alpha_\mu|, \; |\alpha_m\beta_\nu - \beta_n\beta_\nu| \qquad (\alpha_1\beta_1 = 0), \qquad (1)$$

(welche Relation für $\beta_n = \alpha_n$ richtig ist). Das Dreiecksaxiom $\alpha_m\beta_n + \beta_n\gamma_p \geq \alpha_m\gamma_p$ wird inductiv (Schluss von $m+n+p < s$ auf $m+n+p = s$) bewiesen; ebenso, dass $\alpha_m\beta_n$ stetige Funktion der $a_{ik}$, $b_{ik}$ ist, und dass also im Raum $U$ dieser Matrizen eine abzählbare Menge dicht ist, z.B. die der $\alpha$ mit rationalen $a_{ik}$. Der durch „Vervollständigung" von $U$ entstehende Raum $V$ ist dann Universalraum für alle separablen Räume; $U$ selbst ist Universalraum für alle abzählbaren Räume, da er zu jedem solchen eine isometrische Theilmenge $\alpha_1$, $\alpha_2$, $\alpha_3$, ... enthält. – Ob $V$ die Homogenitätseigenschaft hat, habe ich noch nicht geprüft. Wenn meine Konstruktion (die ich erst gestern gefunden habe) fehlerfrei ist, wie ich hoffe, wird es mich sehr interessiren, die Ihrige kennen zu lernen. Dieser Raum scheint übrigens sehr curios zu sein. Beiläufig können auch nichtidentische Matrizen dabei als Punkte von $U$ zusammenfallen, z.B. kann $\alpha_3 = \beta_2$ (d.h. $\alpha_3\beta_2 = 0$) sein, aber nur wenn $\alpha_1\alpha_2 + \alpha_2\alpha_3 = \alpha_1\alpha_3$ oder $\alpha_1\alpha_3 + \alpha_3\alpha_2 = \alpha_1\alpha_2$.

Meinen Beweis über Metrisirung *kompakter* Räume habe ich noch nicht an Sierpiński geschickt, weil ich einige Tage später in ganz ähnlicher Weise auch den Satz des Herrn Urysohn (den Sie mir in Ihrem Briefe vom 21. V. mittheilten) bewiesen habe, dass *normale* Räume mit 2. Abzählbarkeitsaxiom metrisirbar sind. Wenn ich für $\overline{A} \subseteq \underline{B}$ oder $A_\alpha \subseteq B_i$ (die abgeschlossene Hülle von $A$ ist im offenen Kern von $B$ enthalten) kurz $A < B$ schreibe, so besagt die Normalitätsvoraussetzung, dass man zwischen zwei solche Mengen stets eine offene Menge $G$ einschalten (interpoliren) kann: $A < G < B$. Danach kann man voraussetzen, dass das Umgebungssystem des Raumes $E$ $\{U_1, U_2, ...\}$ Interpolation gestattet: für $U_p < U_q$ giebt es ein $U_r$ mit $U_p < U_r < U_q$. Für zwei Punkte $x \neq y$ giebt es sicher Umgebungen derart dass

$$x \in U_p, \qquad U_p < U_q, \qquad y \in E - \overline{U}_q,$$

welche Relation kurz $(x, p, q, y)$ geschrieben werde; ich definire dann

$$xy = \max \frac{1}{p+q} \quad \text{für} \quad (x, p, q, y) \quad \text{oder} \quad (y, p, q, x).$$

Dies ist ein „Voisinage": mit $x_ny_n \to 0$, $y_nz_n \to 0$ ist $x_nz_n \to 0$. Denn wäre [3] unendlich oft $x_nz_n \geq \delta > 0$, so gäbe es Zahlen $p$, $q$ derart, dass $(x_n, p, q, z_n)$ (oder $(z_n, p, q, x_n)$) unendlich oft richtig wäre. Interpolirt man dann zweimal: $U_p < U_{q_1} < U_{p_1} < U_q$, so muss mindestens eine der Relationen $y_n \in U_{p_1}$, $y_n \in E - \overline{U}_{q_1}$, d.h. aber

$$y_nz_n \geq \frac{1}{p_1 + q} \quad \text{oder} \quad x_ny_n \geq \frac{1}{p + q_1}$$

23

erfüllt sein. Ebenso einfach ist der Beweis, dass dieser Voisinage einen mit $E$ homöomorphen Raum liefert. – Weitere Ausdehnungen habe ich vergeblich versucht. Ich möchte nun eine kurze Note, vielleicht nur über den zweiten Satz, der ja den ersten umfasst, vielleicht über beide, an Sierpiński schicken; was aber soll ich dabei, lieber Herr Urysohn, über Ihren Beweis des 2. Satzes sagen? Darf ich annehmen, dass er von ähnlichem Charakter wie der Beweis des 1. Satzes ist? Es wäre mir sehr lieb, wenn Sie mir recht bald darauf antworten wollten; Sie können mir wohl auch jetzt schon die Nummer des Bandes der Math. Ann. sagen, in dem Ihre Arbeit „Über die Metrisation der kompakten topologischen Räume" erscheint.

Hoffentlich erholen Sie Sich recht gut. Wir wollen Ende dieser Woche nach Bad Nauheim; Sie können aber weiter nach Bonn adressiren, da ich für Nachsendung der Briefe sorgen werde. Mit herzlichen Grüssen von mir und den Meinigen an Sie Beide

Ihr ergebenster<br>F. Hausdorff

## Anmerkungen

[1]  Die Jahrestagung 1924 der Deutschen Mathematiker-Vereinigung fand vom 21. – 27. September 1924 in Innsbruck statt.

[2]  Zu URYSOHNs und HAUSDORFFs Konstruktion eines metrischen separablen Universalraums s. die Anmerkung [1] zum vorhergehenden Brief und die darin angegebene Literatur.

[3]  Den Begriff „Voisinage" hat M. FRÉCHET in seiner Dissertation eingeführt: FRÉCHET, M.: *Sur quelques points du calcul fonctionnel.* Rendiconti del Circolo Matematico di Palermo **22** (1906), 1–74, dort S. 18. Ein Voisinage auf einer Menge $C$ ist eine Abbildung $C \times C \to \mathbb{R}$ mit folgenden Eigenschaften:

(1)   $(a, b) = (b, a) \geq 0$

(2)   $(a, b) = 0 \Leftrightarrow a = b$

(3)   Es existiert eine positive relle Funktion $f(\varepsilon)$, definiert für positive $\varepsilon$, für die $\lim_{\varepsilon \to 0} f(\varepsilon) = 0$ gilt, so daß aus $(a, b) \leq \varepsilon$, $(b, c) \leq \varepsilon$ stets $(a, c) \leq f(\varepsilon)$ folgt.

Eine Metrik auf $C$ bezeichnet FRÉCHET als „écart". Daß jeder Raum, dessen Topologie durch einen „voisinage" erzeugt wird, einem metrischen Raum homöomorph ist, bewies zuerst E. W. CHITTENDEN in *On the equivalence of écart and voisinage.* Transactions of the American Math. Society **18** (1917), 161–166. HAUSDORFF hat diesen Beweis vereinfacht; er übersetzte „écart" mit „Entfernung", „voisinage" mit „Abstand" (NL HAUSDORFF : Kapsel 31 : Faszikel 164 vom 4. 5. 1924).

Zu FRÉCHETs frühen Arbeiten s. auch Band II dieser Edition, S. 700–702.

[4]  HAUSDORFF hat seine Metrisationssätze nicht publiziert. Die Begründung dafür gibt er in dem Brief, den er am 23. August 1924 in Reaktion auf URY-SOHNs tragischen Tod an ALEXANDROFF richtete (s. insbesondere auch Anmerkung [1] zu diesem Brief).

[5]  Mathematische Annalen **92** (1924), 275–293.


**Postkarte**   PAUL ALEXANDROFF ⟶ FELIX HAUSDORFF
(aus Le Batz, Frankreich)

18. VIII. 1924

Mein lieber Herr Professor!

Ein Unglück ist geschehen – gestern um 5 Uhr nachmittags ist Urysohn im Meere ertrunken.
Ich komme nicht nach Innsbruck, ich habe wirklich keine Kraft dazu; ich fahre sofort zurück, nach Hause. Meine Adresse ist also Moskau Twerskaja Straße, Pimenowski pereulok, 8 kb. 3 (bei Urysohn). Ich werde Ihnen bald einen größeren Brief schreiben, jetzt ist es mir zu schwehr das Herz.
Ihr wirklich ergebener

P. Alexandroff


**Brief**   FELIX und CHARLOTTE HAUSDORFF ⟶ PAUL ALEXANDROFF

z. Z. Bad Nauheim, Haus Kurbrunnen
23. Aug. 1924

Lieber Herr Alexandroff!

Es ist mir wirklich tief schmerzlich, dass ich diese Zeilen an Sie allein richten muss, und dass ein schreckliches Schicksal den Bund der „inséparables" zerrissen hat.
Die Unglücksnachricht hat meine Frau und mich furchtbar erschüttert. Wir hatten Sie Beide liebgewonnen, trotz der Kürze Ihres Besuches …
Wie konnte das Unglück nur geschehen? Ist Ihr Freund durch den Ebbestrom ins Meer hinausgetragen worden? Oder ist er zu heiss ins Wasser gegangen? – Meine Frau erinnert mich daran, wie sie Sie vor dem waghalsigen Baden im Rhein gewarnt hat.

Wieviel haben Sie an dem Freunde verloren, mit dem Sie seit Jahren in fortwährender Gemeinsamkeit des Denkens und Arbeitens lebten! Und wieviel hat die Wissenschaft an diesem noch so jungen und so hochbegabten Menschen verloren, der nicht nur reich an Ideen und Problemen war, sondern auch eine durchdringende, vor keinen Schwierigkeiten zurückschreckende Kraft zur Durchführung hatte! Wenn Sie, lieber Herr Alexandroff, nun Ihre gemeinsamen Arbeiten allein zum Abschluss bringen, so werden Sie darin einen grossen Trost finden und werden Ihrem Freunde, Ihrer Freundschaft das schönste Denkmal errichten.

Mit Schauder vor der Sinnlosigkeit des Schicksals halte ich den Brief in Händen, den mir Urysohn am 16. August geschrieben hat – wahrscheinlich den letzten Brief seines Daseins, einen Tag vor seinem Tode. Ich wollte ihm darauf antworten, dass sein Beweis des Satzes von der Metrisirbarkeit normaler Räume mit zweitem Abzählbarkeitsaxiom so schön und einfach sei und dass er damit die lange und complicirte Arbeit über die Metrisation kompakter Räume so weit überholt habe, dass ich meine Beweise nun nicht mehr der Veröffentlichung für [1] werth halte.

Ich hoffe, dass Sie mir von Moskau aus, wie Sie versprochen haben, ausführlicher schreiben. Dass Sie Ihre Reise abgebrochen haben, ist mir sehr begreiflich; ich werde auch wohl nicht nach Innsbruck gehen.

Bitte sprechen Sie auch der Familie Urysohn unbekannter Weise unsere herzliche Theilnahme aus. Unser ganz besonderes Mitgefühl gilt aber Ihnen, dessen Freundschaft mit dem Verstorbenen uns ja aus eigener Anschauung bekannt ist.

Herzlichst

Ihr

F. Hausdorff

Lieber Herr Alexandroff, die wenigen Stunden, die ich in Ihrer Gesellschaft verbracht habe, haben doch genügt mir ein Bild Ihres Freundes u. Ihrer Freundschaft zu geben, und so begreife ich vollkommen den grossen Schmerz, den Sie bei dem schrecklichen, sinnlosen Unglück empfinden, einen so liebenswerthen Freund zu verlieren. Mein Antheil an Ihrem Unglück ist warm und aufrichtig.

Charlotte Hausdorff

## Anmerkung

[1] URYSOHNS Resultat wurde posthum publiziert in URYSOHN, P.: *Zum Metrisationsproblem*. Math. Annalen **94** (1925), 309–315. HAUSDORFFs Resultate zum Metrisationsproblem (NL HAUSDORFF: Kapsel 31: Fasz. 165) sind im Band III dieser Edition, S. 755–758 publiziert; zum Vergleich der Methoden von HAUSDORFF und URYSOHN s. den zugehörigen Kommentar, ebd., S. 759–761.

**Postkarte**    PAUL ALEXANDROFF — → FELIX HAUSDORFF

24. VIII. 1924
Göttingen

Mein lieber Herr Professor!

Ich bin für einige Tage nach Göttingen gekommen, bleibe hier bis zu d. 1–2–3. September, vielleicht auch bis d. 5$^{\underline{\text{ten}}}$. Wenn Sie mir ein paar Zeilen schreiben wollen, ist meine Adresse *Göttingen, Gosslerstraße, 6$^{\underline{b}}$ Herrn Kowner, für mich.*

Wir badeten uns den 17$^{\underline{\text{en}}}$ beim recht stürmischen Wetter; eine große Welle hat uns getrennt, so daß Urysohn in einen kleinen Busen geworfen war, ich aber war draußen geworfen. Indem ich durch Wind und Wellen eine Strecke weiter getrieben bin, ist es Urysohn gelungen, im verhältnismäßig ruhigen Busen zum Ufer gelangen, und ein Stein mit den Händen zu fassen. Da kam aber eine neue Welle, riß ihn vom Stein ab, und stürzte ihn nachdem mit dem Kopf an den Stein. In dieser Zeit bin ich recht weit von ihm zum Ufer gelangt, und als ich kam zu dem Orte, wo er war, erblickte ich ihn im Wasser, bin zu ihm geschwommen, habe ihn herausgezogen, er aber war schon tot. Ich habe ihn dort in Batz beerdigt. Ich schreibe Ihnen nur diese kurze Karte, Sie wissen [1] doch, daß mein Herz mir wirklich zerbrochen ist.

Ihr Paul Alexandroff.

**Anmerkung**

[1]   Die näheren Umstände des Unglücks schildert ALEXANDROFF im zweiten Teil seiner Autobiographie: ALEKSANDROV, P. S.: *Pages from an Autobiography. Part Two.* Russian Math. Surveys **35** (3) (1980), 315–358, dort S. 318–319.

**Brief**    PAUL ALEXANDROFF — → FELIX HAUSDORFF

Berlin, d. 2. September 1924.

Lieber, tief verehrter Herr Professor!

Es ist heute der letzte Abend meines Aufenthaltes in Deutschland, morgen fahre ich schon weg und werde schon in diesem Augenblick (also nach 24 Stunden) jenseits der deutschen Grenze sein. Ich dachte niemals, daß unsere so freudvoll und glücklich, so hoffnungsvoll und eifrig begonnene Reise ein so furchtbares und unerträgliches Ende haben wird. Bis heute kann ich nicht das Unglück fassen, ich kann mir es nicht in meine bisherige Weltanschauung, in der das Leben durchaus eine *Freude* (vgl. Schiller–Beethoven, IX. Symphonie) war, einordnen, und kann wirklich nicht diese ungeheure Leere im Herzen ertragen. Verzeihen Sie mir, wenn ich vielleicht die Grenzen unserer (zuerst rein wissenschaftlicher) Bekanntschaft durch diesen Brief überschreite; als ich jetzt in meinem so schweren Leiden an die wirklich so schöne, so nahe, und gleichzeitig so unendlich ferne Tage dieses Sommers denke, denke ich sogleich an die besten Augenblicke unserer Reise, und das waren Bonn und Holland.

Ebenso empfand es auch Urysohn. Ich fühle mich also wirklich verpflichtet, Sie noch ein Mal zu danken für die große Freude, die Sie uns beiden erteilt haben und die eine unseren letzten Freuden war. Jetzt ist es mir sehr traurig geworden, weil wir waren ja wirklich immer zusammen, in der Arbeit und in der Erholung, auf der Reise, beim Konzerte, bei jeder Freude und jedem – übrigens seltenem – Kummer. Ein jeder von uns dachte an den anderen wirklich wie an sich selbst, und machte keinen Unterschied zwischen den Interessen des einen und des andern, es waren ja auch gar keine verschiedene Interessen, da alles wirklich gemeinschaftlich war. Ich war wirklich jeden Tag dem Himmel dankbar, daß mir soviel gegeben war – bis Urysohn lebte, hatte ich immer das Empfinden, daß ich, bis er nur da ist, jedes, auch so schwehres Unglück ertragen können werde, jetzt aber plötzlich ist mir das alles entrissen – weil bei jedem Schritte, in jeder Richtung, die möglich ist im Leben, fühle ich meinen schrecklichen Verlust.

Sein wissenschaftlicher Nachlass ist sehr groß. Sie werden wirklich erstaunen wie tief er in die verborgensten Geheimniße der topologischen Raumstruktur eindringen konnte, wenn Sie seine Hauptarbeit „Mémoire sur les multiplicités [1] Cantoriennes" vor Ihren Augen haben werden. Ich hoffe, daß diese Arbeit bald erscheint. In der Topologie der allgemeinen (in metrischen kompakten Räumen) gelegenen Continua wird das eine der größten und bahnbrechenden Leistungen sein; in dieser Topologie der Continua lag immer der Schwerpunkt seiner Interessen, die abstrakte Topologie war für ihn gewißermaßen ein Nebenfach, obwohl er die letzte Zeit sich hauptsächlich mit den abstrakten Räumen beschäftigte.

Jetzt werde ich für die Bearbeitung dieses Nachlasses sorgen. Das wird jetzt die Hauptpflicht meines Lebens sein; aber damit wird man nicht getröstet: die Hauptsache liegt ja darin, daß es unmöglich ist das eine Leben von uns beiden zerreissen, ohne daß dabei auch das zweite zerrißen wird; es gibt ja wirklich unheilbare Wunden.

Ihre Karte nach Göttingen habe ich erhalten, und bin sehr ungeduldig auch Ihren mir nach Moskau gesandten Brief zu erhalten: ich sehne mich jetzt so sehr an menschliche Hilfe und Unterstützung, obwohl ja eigentlich, wenigstens hier, im irdischen, keine Hilfe möglich ist.

Unsere Annalenarbeiten erscheinen – wie Blumenthal mir schreibt, im näch- [2] sten Hefte, Mitte September. Ich werde Ihnen natürlich die Separata schicken.

Gerade jetzt, diese Tage, sollten wir in Tirol wandern, und dann sollte auch Innsbruck kommen – so viel frohes war vor uns. Jetzt ist alles vorbei.

Von meinem ganzen Herzen sage ich Ihnen, Ihrer Frau, dem ganzen Deutschland mein dankbares und wehmütiges „Lebet wohl".

Ihr Paul Alexandroff.

## Anmerkungen

**[1]** URYSOHN, P.: *Mémoire sur les multiplicités Cantoriennes.* Fundamenta Math. **7** (1925), 30–137; URYSOHN, P.: *Mémoire sur les multiplicités Cantoriennes (suite).* Fundamenta Math. **8** (1926), 225–359.

**[2]** Es handelt sich um die fünf Arbeiten im Band **92** (1924) der Annalen, die in Anmerkung [1] zur Postkarte vom 28. Juni 1924 im einzelnen genannt sind.

**Brief**  PAUL ALEXANDROFF $\longrightarrow$ FELIX HAUSDORFF

Le Batz (Loire – Inférieure), 2. VIII. 1925

Lieber, hochgeehrter Herr Professor Hausdorff!

Verzeihen Sie mir erstens daß ich Ihnen nicht mit Tinte und Feder, sondern mit Bleistift schreibe – ich schreibe Ihnen am Strande, oder besser gesagt, auf den Felsen, beim Baden, an der selben Stelle wo wir das vorige Jahr immer stundenlang in der Sonne saßen, arbeiteten, badeten und eigentlich fast unsern ganzen Tag verbrachten. Hier, an dieser Stelle ist uns nichts schlechtes passiert: das Unglück geschah an einem andern Orte, wo wir nur 4 Male gebadet haben. Hier waren auch unsere letzten Arbeiten durchgedacht und manche Pläne weiterer Arbeit und mancher anderen Lebensfreuden waren hier, zwischen Sonne, Stein und Meer, besprochen.

Jetzt sitze ich hier ganz allein, und ebenso herrlich wie im vorigen Jahre ist das wunderbare Blau des Meeres und der weiße Wellenschaum ...

Ich bin erst gestern abends hierher angelangt, wo mich Herr Urysohn schon erwartete und mir Ihren lieben Brief überreichte.

Nun bitte ich Sie mir entschuldigen zu wollen, daß ich Ihnen nichts das ganze Jahr geschrieben habe – ich wartete immer, ich werde Ihnen doch etwas anderes schreiben können, als eine bloße Wiederholung meines Briefes aus Berlin: ich wartete, daß ich irgendwie meinen schrecklichen Verlust in meiner Seele durcharbeiten werde. Es ist mir aber bis jetzt nicht gelungen: heute sind genau 50 Wochen vom Todestage (17. VIII) meines Freundes verflossen, und ich bleibe noch immer so, außer den Gleisen des Lebens obwohl ich sehr gut weiß, daß, in welcher Weise es auch sei, das Leben doch als eine gewiße Pflicht gegeben ist, und daß also, solange bis man im Leben steht, man alle zum Leben notwendigen Kräfte sich irgendwie schaffen muß. Damals, als ich Ihnen meinen ersten Brief schrieb, war ich noch ganz betäubt, und hatte noch gar nicht das Gefühl, *was* ich verloren habe. Und jetzt fühle ich es bei jedem Augenblicke und die Einordnung dieses Schicksalschlages in das gesamte Leben trotz allen Bemühungen gelingt mir noch immer nicht.

Als ich nach Moskau kam (Anfang September) habe ich sehr bald erstens meine Arbeit am Nachlasse begonnen, zweitens mir sehr viele Mühe gegeben um in Moskau einen kleinen Kreis von Studenten zu bilden, die in meiner Vorlesung und hauptsächlich im von mir geleiteten topologisch – mengentheoretischen Seminar sich allmählich in unserem Wissenschaftszweige sachverständig machten, und aus denen, wie ich hoffe, eine gewiße Anzahl von neuen Arbeitern auf unserm Gebiete entstehen könnte. Das ist natürlich eine große Trostmöglichkeit die mir geschenkt ist, und ich unterschätze sie gar nicht, aber die Hauptsache ist ja, daß dieses fröhliches, blühendes, strahlendes Menschenherz nicht mehr da ist, und das kann man eben nicht fassen. Das Dasein selbst meines Freundes spendete so viel Glauben an die Schönheit und Erhabenheit des menschlichen Lebens und der menschlichen Seele, daß man wirklich dem Schicksal diese Grausamkeit noch immer nicht verzeihen kann ... Einen jeden persönlichen Verlust *muß* man im Stande sein ertragen zu können, hier aber handelt es sich für mich um eine Erschütterung einer ganzen Weltanschauung, die doch das Leben und das Schicksal als etwas a priori Gutes betrachtete, und jetzt kann ich mir nicht eine Welt denken, wo dieser Tod etwas Gutes wäre, obwohl natürlich solche Welten „axiomatisch" konstruierbar sind (und Beispiele solcher Konstruktionen sind mehr oder weniger von allen Religionen gegeben). Meine Hauptfrage bleibt immer: „wie durfte das geschehen", und in welcher Weise bleibt das Leben gut, vernünftig und pflichtgemäß, wenn in ihm solche Dinge geschehen können. Und auf diese Frage habe ich noch immer keine Antwort.

In sehr vieler Arbeit ist mir der Winter verflossen. Schon im Herbst wußte ich, daß ich ein Rockefeller Stipendium nach Holland zu Brouwer bekommen werde. (Dieses Stipendium würden wir beide bekommen haben). Anfang Mai bin ich nach Holland gekommen und blieb da bis Ende Juli. Den 20. Juli bin ich fortgefahren, war 4 Tage in Göttingen (wo ich einen Vortrag, eine Art resumé über unsere gemeinschaftliche Arbeit gehalten habe. Hier in Frankreich besuchte ich zuerst Fréchet (der mir die ganze Reise nach Frankreich ermöglicht hatte, ebenso wie im vorigen Jahre unser beiden Reise; damals wollten wir ihn aber auf der Rückreise besuchen).

Meine Rückreise nach Amsterdam (wo ich den ganzen Winter bleiben werde) will ich dieses Mal über Paris – Köln machen um Sie, lieber Herr Hausdorff besuchen zu können. Ich werde also in Bonn entweder ganz dicht vor dem Anfange des Wintersemesters (also anfang Oktober) sein, oder in der Mitte vom September – letzteres falls ich nach Danzig gehe (wo Menger ein Referat
[1] über Dimensionstheorie halten wird, und wo ich eigentlich deswegen sein sollte).

Den ganzen August bin ich jedenfalls hier in Batz, vielleicht auch später wenn ich nach Danzig nicht gehen werde, werde ich vielleicht im September ein wenig in Frankreich zu Fuß wandern.

Da ich nur gestern spät Ihren Brief erhalten habe und heute noch nicht zur Arbeit gekommen bin, lasse ich die Antwort auf den mathematischen Teil Ihres Briefes einige Tage warten. Alle Sätze scheinen mir sehr plausibel, die Beweise werde ich mir in den nächsten Tagen rekonstruieren versuchen; ich wollte Ihnen aber schon sofort auf Ihren Brief etwas zur Antwort schreiben.

Die Fortsetzung meines Briefes folgt also in paar Tagen. Jetzt geh ich in's Wasser – es ist die höchste Flut.

Viele herzlichste Grüsse an Sie und Ihre Frau Gemahlin, auch unbekannter Weise namens Herrn Urysohn, der Sie sehr für Ihren an ihn gerichteten Brief danken läßt.

Ihr aufrichtig ergebener
Paul Alexandroff.

P.S.  Sie beglückwünschen mich mit meiner Professur. Ich danke Ihnen sehr dafür, nur ist es wieder eine sehr traurige Angelegenheit: zuerst wurde mein Freund Professor a. d. II. Universität ernannt und jetzt nach seinem Tode habe ich diese Stellung ererbt. Ich erwarte also nicht viel Freude davon!

### Anmerkung

[1]  Die Jahresversammlung der Deutschen Mathematiker-Vereinigung für das Jahr 1925 fand vom 11.–17. September 1925 in Danzig statt. Im vorläufigen Programm der Tagung waren für den 15. September ein Vortrag von MENGER „Bericht über die Dimensionstheorie und speziell über die Lehre von den Kurven und Flächen" und ein Vortrag von ALEXANDROFF „Grundlagen der Topologie" vorgesehen. Beide Vorträge haben nicht stattgefunden (s. *Bericht über die Jahresversammlung in Danzig*, Jahresbericht der DMV **34** (1926), Abschnitt „Angelegenheiten der Deutschen Mathematiker-Vereinigung", S. *121–153*).

**Brief**  PAUL ALEXANDROFF ⟶ FELIX HAUSDORFF

18. VIII. 1925. Le Batz (Loire - Inférieure).

Sehr geehrter, lieber Herr Hausdorff!

Nur heute bin ich endlich zur Antwort auf den mathematischen Teil Ihres Briefes gekommen, und leider kann ich auf Ihre Fragen keine bestimmte Antwort geben. Es ist mir, wie ich hoffe, zwar gelungen die Beweise Ihrer Sätze mir zu rekonstruieren, die Frage über ihre Verschärfungsfähigkeit bleibt aber für mich offen. Wenn ich Vermutungen aussprechen darf, so scheint mir, daß [1] die Fälle 2, 3 jedenfalls keiner Vereinfachung fähig sind – nach allem dem, was über $A$-Mengen geschrieben ist scheint es, daß man überhaupt als Regel betrachten kann, daß in diesem ganzen Ideenkreise die $B$-Mengen nur als seltene Ausnahmefälle erscheinen. Das betreffende Beispiel dürfte aber sehr schwierig sein, und das glaube ich aus folgendem Grunde. Ihr Problem (wie Sie auch selbst mich aufmerksam machten) hat eine gewiße Analogie mit einigen Untersuchungen von Urysohn, und zwar hat mein Freund bewiesen, daß die Menge

aller erreichbaren bzw. geradlinig erreichbaren Punkte einer beliebigen abge-schlossenen Menge (in $E_n$) immer eine $A$-Menge ist. Er hat auch sehr einfa-ches Beispiel im dreidimensionalen Raume konstruiert, wo eine abgeschloßene Menge als Mengen der erreichbaren bzw. geradlinig erreichbaren Punkte eine $(A - B)$-Menge hat $((A)$ aber nicht $(B)$-Menge). Für die Ebene aber ist ihm ein derartiges Beispiel trotz vielen Bemühungen nicht gelungen, wohl aber für eine unendlich vielblättrige Riemannsche Fläche. Das alles wird bald publiziert
[2] werden.

Was den Fall 5 betrifft so glaube ich mich zu erinnern daß Sierpiński oder Mazurkiewicz etwas analoges über Konvergenzpunkte der Funktionen*folgen* ge-macht haben: Sie haben nämlich gezeigt, daß Ihr Satz über die Konverg-punkte
[3] der Fu-folgen zu keiner weiteren Präzisierung Anlaß gibt. Mein Moskauer Kol-lege, Herr Stepanoff hat auch seit langer Zeit eine Arbeit an die „Fundamenta"
[4] eingereicht, wo auch nahestehende Probleme behandelt waren. Nun glaube ich ob nicht analoge Methoden auch auf den Fall $f(x, y)$ anwendbar wären, um beweisen zu können, daß (4), und vermutlich also auch (5) definitive Sätze aussprechen. Ich weiß nichts näheres darüber, weil ich augenblicklich nicht im Besitze der notwendigen Arbeiten bin.

Ich erinnere mich nicht ob ich Ihnen geschrieben habe, daß man alle $A$-Mengen und nur $A$-Mengen erhält, indem man die $A$-operation so abändert, daß man wie gewöhnlich alle Ketten $F_{i_1}, F_{i_1 i_2} \ldots F_{i_1 i_2 \ldots i_k} \ldots$ betrachtet, von der Kette aber zu ihrem „Kerne" nicht durch Produktbildung sondern durch
[5] eine der folgenden Operationen übergeht.

1° Bildung des oberen abgeschlossenen Limes (in Ihrem Sinne; wir nannten das „limite topologique supérieure: $\overline{\mathrm{lt}}_{k \to \infty} F_{i_1 i_2 \ldots i_k}$)

2° „ „ *unteren* „ „ $(\underline{\mathrm{lt}} F_{i_1 i_2 \ldots i_k})$

3° also, bei konvergenten Folgen, Bildung des topologischen Limes $(\overline{\mathrm{lt}} = \underline{\mathrm{lt}})$.

Diese Sätze dürften in manchen Fragen (wie Erreichbarkeit usw.) Anwendung finden.

Ich habe auch noch im vorigen Jahre eine *intrinseke* (innere) Charakterisie-rung der Borelschen Mengen von jeder Klasse $\alpha$ (in Ihrem Sinne: $F_\sigma, G_\delta \ldots (\sigma \delta)$ $\ldots$, wobei $\alpha < \Omega$ gemeint ist) gefunden. Diese Charakterisierung ist, wie es auch zu erwarten war, ziemlich kompliziert, aber, was die Hauptsache ist, wird alles
[6] auf Eigenschaften gewisser Systeme von natürlichen Zahlen zurückgeführt.

In den wenigen Augenblicken die ich von meiner Hauptarbeit – Herausgabe des Nachlasses meines Freundes – frei habe, beschäftige ich mich jetzt mit Sachen wie Zusammenhangszahlen der allgemeinen Kurven usw. Darüber hoffe ich Ihnen bei meinem Besuche zu erzählen.

In den Fundamenta, VII sind die ersten 2 (mehr einleitende) Kapitel des ersten Teiles der Hauptarbeit von Urysohn „Mémoire sur les multiplicités Can-toriennes" endlich erschienen. Sobald ich die Separata haben werde, werde ich

Ihnen sofort selbige schicken. Diese Arbeit (deren 2$^{\text{ter}}$ Teil schon ich herausgebe) scheint mir wirklich eine neue Epoche in der Topologie zu öffnen ... Gestern war der Jahrestag des Todes meines Freundes ...

Mit den besten und herzlichsten Grüssen an Sie und Ihre Frau Gemahlin bin ich Ihr aufrichtig ergebener Paul Alexandroff.

P.S.  Herr Lusin hat noch immer nichts umfassendes über die $A$-Mengen publiziert. Neuerdings hat er eine Reihe von Comptes Rendus Noten veröffentlicht, wo er den ganzen Stoff von einem ganz andern Gesichtspunkt aus behandelt und auch in mancher Richtung *weiter geht*. [7]

Soviel ich weiß, glaubt er im Herbste Paris besuchen.

Da ich nicht weiß, ob Ihre, in Ihrem Briefe angegebene Nummerierung Ihrer letzten Sätze einen festen Charakter hat, bringe ich sie Ihnen in Erinnerung.

(2) Geradlinige Annährung in passender Richtung

(3) Geradlinige Annäherung in jeder Richtung

(4) Annäherung in einem festen Winkelraum

(5) Annäherung in einem *passenden* Winkelraum

Einer meiner Moskauer Schüler (Herr Tumarkin) hat vor kurzem die ganze Urysohnsche Dimensionstheorie auf nicht abgeschlossene Mengen (= auf nicht kompakte metrische separable Räume) übertragen, was nicht nur nicht selbstverständlich war, sondern in manchen Fällen zu sehr unerwarteten Ergebnißen führte. [8]

U. a. hat er folgenden bemerkenswerten Satz gefunden

Jede (in einem metrischen separablen Raume gelegene) Menge ist in einer $G_\delta$ Menge *gleicher* Dimension enthalten.

(Der Satz hat einen *absoluten* Inhalt, weil alle metrische separable Räume als Teilmengen eines bestimmten kompakten Teilraumes des Hilbertschen Raumes betrachtet sein können). Es folgt daraus, daß jeder metrische sep. Raum in einem vollständigen Raume gleicher Dimension *topologisch* enthalten ist. Nun fragt es sich, ob man nicht im letzten Resultate „vollständig" durch *kompakt* ersetzen könnte? Die Tumarkinschen Untersuchungen machen dies daher sehr wahrscheinlich, weil die metrischen Räume in bezug auf die Dimension alle diejenigen Eigenschaften unerwarteter Weise besitzen, die Teilmengen der metr. kompakten Räume derselben Dimension haben.

Gibt es vielleicht für jeden separablen metrischen Raum $E$ einen kompakten metrischen Raum $\tilde{E}$ („kleinste $E$ enthaltender komp. Raum") so daß, falls $E^*$ ein kompakter metrischer Raum ist, der eine dem Raume $E$ homöomorphe Teilmenge enthält, so enthält $E^*$ auch eine zu $\tilde{E}$ homöomorphe Teilmenge. ($\tilde{E}$ würde also sozusagen die „absolute abgeschlossene Hülle" von $E$). Ich weiß nichts darüber, es gibt aber eine Reihe in diesen Ideenkreise liegender Fragen, und mir scheint daß diese Tumarkinsche Arbeit vielleicht den ersten Schritt einer Serie von Untersuchungen ist.

Ich bringe Ihnen noch die Urysohnschen Dimensions*definitionen* in Erinnerung. Die leere Menge hat die Dimension $-1$. Vorausgesetzt, die $n$-dimensionalen Mengen (bzw. Räume) wären schon definiert. Dann hat der topologische Raum

$R$ im Punkte $\xi$ die Dimension $n+1$ ($\dim_\xi R = n+1$), falls man ein (dem Punkt $\xi$ im Raume $R$ definierendes) Umgebungssystem angeben kann so daß sämtliche Umgebungen (höchstens) $n$-dimensionale Begrenzungen haben. (Dabei wird natürlich vorausgesetzt, daß $\dim_\xi R$ nicht $\leq n$ ist)

Falls der ganze Raum $R$ aus Punkten $\xi$ mit $\dim_\xi R \leq n$ besteht, und wenigstens ein Punkt existiert, wo $\dim_\xi R = n$ ist, so ist $\dim R = n$, d.h. die Dimension des ganzen Raumes $= n$.

(Urysohn hat bewiesen, daß für die Euklidische Räume $E_n$ in diesem Sinne $\dim E_n = n$ ist, daß ein *ebenes* Kontinuum dann und nur dann von Dim 1 ist, falls es in der Ebene nirgendsdicht ist usw).

Sehr viele Fragen könnte man über alle diese Dinge stellen, obwohl sehr vieles von Urysohn selbst erledigt war.

Mit wiederholten Grüssen

Ihr P. A.

## Anmerkungen

[1]  Es handelt sich, wie der weitere Text des Briefes zeigt, um Sätze über Suslinmengen, also um Themen aus der deskriptiven Mengenlehre. Dieses Gebiet hat HAUSDORFF im Zusammenhang mit der Vorbereitung seines Buches „Mengenlehre" zunehmend interessiert (s. dazu die historische Einführung zu *Mengenlehre*, Band III dieser Edition, S. 1–15). Aus HAUSDORFFs Nachlaß läßt sich nicht mehr rekonstruieren, welche Vermutungen oder Sätze er an ALEXANDROFF im Hinblick auf die Frage gerichtet hat, welchen Typs die Menge der erreichbaren Punkte einer abgeschlossenen Menge ist (wobei verschiedene Arten der Erreichbarkeit betrachtet werden können). Es gibt im Nachlaß nämlich nur ein einziges einschlägiges Manuskript (NL HAUSDORFF : Kapsel 33 : Fasz. 238), datiert vom 24. September 1925; es ist also nach dem hier vorliegenden Brief entstanden. Dort betrachtet HAUSDORFF abgeschlossene Mengen $F$ in der euklidischen Ebene und beweist folgenden Satz:

> Die Menge der Punkte von $F$, die überhaupt geradlinig erreichbar sind, d.h. Endpunkte einer $F$ nicht treffenden Strecke, bilden eine Suslinsche Menge (P. Urysohn).  (Bl. 1v)

Der Begriff der Erreichbarkeit geht auf SCHOENFLIES' Untersuchungen zum Jordanschen Kurvensatz zurück (s. SCHOENFLIES, A.: *Die Entwickelung der Lehre von den Punktmannigfaltigkeiten*. Teil II. Jahresbericht der DMV, 2. Ergänzungsband, Teubner, Leipzig 1908, S. 176 ff.).

[2]  URYSOHN, P.: *Sur les points accessibles des ensembles fermés.* Koninklijke Akademie van Wetenschappen te Amsterdam. Proceedings of the Section of Sciences **28** (1925), 984–993.

[3]  ALEXANDROFF spielt hier auf folgende Arbeit an: SIERPIŃSKI, W.: *Sur l'ensemble des points de convergence d'une suite de fonctions continues.* Fundamenta Math. **2** (1921), 41–49. HAUSDORFF hatte in *Grundzüge der Men-*

genlehre, S. 397, aus seinen allgemeinen Sätzen über Folgen reeller Funktionen der Klasse $(M, N)$ für Folgen stetiger Funktionen (hier ist $(M, N) = (G, F)$) geschlossen, daß die Konvergenzmenge einer solchen Folge eine Menge $F_{\sigma\delta}$ ist. SIERPIŃSKI hat in der genannten Arbeit bewiesen, daß umgekehrt jede lineare Menge $F_{\sigma\delta}$ als Konvergenzmenge einer Folge stetiger reeller Funktionen einer reellen Variablen aufgefaßt werden kann. Diesen Satz hatte allerdings schon H. HAHN bewiesen, was SIERPIŃSKI entgangen war (HAHN, H.: *Über die Menge der Konvergenzpunkte einer Funktionenfolge*. Archiv der Mathematik und Physik **28** (1919–1920), 34–45).

[4]  STEPANOFF, W.: *Sur les suites des fonctions continues*. Fundamenta Math. **11** (1928), 264–274.

[5]  Zur Definition der $A$-Operation s. HAUSDORFF, *Mengenlehre*, S. 91 (Band III dieser Edition, S. 135). Zur Definition des oberen bzw. unteren abgeschlossenen Limes s. *Mengenlehre*, S. 146 (Band III dieser Edition, S. 190 und Kommentar, S. 369–371). Historische Anmerkungen zur $A$-Operation finden sich im Band III dieser Edition, S. 377–378.

[6]  Eine Veröffentlichung dieser Ergebnisse konnte nicht nachgewiesen werden.

[7]  LUSIN, N: *Sur un problème de M. Emile Borel et les ensembles projectifs de M. Henri Lebesgue; les ensembles analytiques*. Comptes Rendus Acad. Paris **180** (1925), 1318–1320 (Historische Betrachtungen); Ders.: *Sur les ensembles projectifs de M. Henri Lebesgue*. Comptes Rendus Acad. Paris **180** (1925), 1572–1574; Ders.: *Les propiétés des ensembles projectifs*. Comptes Rendus Acad. Paris **180** (1925), 1817–1819; Ders.: *Sur les ensembles non mesurables B et l'emploi de la diagonale de Cantor*. Comptes Rendus Acad. Paris **181** (1925), 95–96; Ders.: *Sur le problème de M. Emile Borel et la méthode des résolvantes*. Comptes Rendus Acad. Paris **181** (1925), 279–281.

[8]  TUMARKIN, L.: *Zur allgemeinen Dimensionstheorie*. Koninklijke Akademie van Wetenschappen te Amsterdam. Proceedings of the Section of Sciences **28** (1925), 994–996 (Kurzfassung ohne Beweise). Ausführliche Darstellung in: TUMARKIN, L.: *Über die Dimension nicht abgeschlossener Mengen*. Math. Annalen **98** (1928), 637–656.

**Brief** PAUL ALEXANDROFF $\longrightarrow$ FELIX HAUSDORFF

Le Batz (Loire-Imférieure)
27. X. 1925

Lieber und hoch verehrter Herr Hausdorff!

Ihre, mir aus der Schweiz zugesandte Karte habe ich rechtzeitig erhalten, und danke Ihnen sehr dafür.

Ich hoffe Sie in den ersten Tagen des Novembers besuchen zu können, und würde Ihnen sehr dankbar sein, wenn Sie mir schreiben wollten, ob mein Besuch zu dieser Zeit Ihnen passend ist.

Da Bonn auf meiner ganzen Reise von hier aus bis Amsterdam mir als der einzige feste Punkt erschien, so habe ich mir erlaubt, 2–3 meiner nächsten Verwandten Ihre Adresse zu geben, für die an mich bestimmten Briefe. Da die Zahl dieser Briefe eine nur sehr geringe sein könnte, so hoffe ich, daß Sie durch den Empfang dieser Briefe nicht gestört sein werden. Jedenfalls bitte ich Sie sehr um Entschuldigung.

Hier in Batz bleibe ich spätestens bis zum 1 November, und werde dann 1–2 Tage in Paris bleiben, wo ich eine Karte von Ihnen erhalten hoffe.

Ich bitte Sie mir per Adresse von Monsieur Marcel Orbec, Avenue de la Motte Picquet, 57$^{\underline{bis}}$ Paris (XV) senden zu wollen.

Über viele mathematische Dinge möchte ich Ihre Meinung und Ihren Rat fragen, und auch sonst, würde es für mich eine so große Freude sein, Sie wieder sehen und sprechen zu dürfen.

Von Mitte September bis auf den 24. Oktober war ich verreist – zuerst 12 Tage im Hochgebirge, in den Pyreneen, und nachdem beinahe einen Monat war ich am Mittelländischen Meere, dicht an der Spanischen Grenze, wo ich die ganze Zeit in einem kleinen Fischerdorfe Collioure saß und ziemlich viel arbeitete.

Hoffentlich hatten Sie schöne Tage in der Schweiz, die Ihrer Gesundheit wohl getan haben. Dadurch wird auch sicher Ihre Arbeit an Ihrem Buche, auf das wir, russische Mengentheoretiker, mit einer so großen Ungeduld warten, wesentlich
[1] gefördert.

Mit den besten und herzlichsten Grüssen an Sie und Ihre Frau Gemahlin

bin ich Ihr aufrichtig ergebener
Paul Alexandroff

## Anmerkung

[1] Gemeint ist HAUSDORFFs Buch *Mengenlehre* ([H 1927a]).

36

**Brief** PAUL ALEXANDROFF $\longrightarrow$ FELIX HAUSDORFF

Blaricum (Nord-Holland), Noolsche Weg, Villa Cornelia
10. XI. 1925

Sehr geehrter und lieber Herr Hausdorff!

Hiermit schicke ich Ihnen die Photobilder von Urysohn, die Sie haben wollten, und gleichzeitig schicke ich Ihnen auch die C.–R.–Noten von Urysohn und von Herrn Lusin. [1]

Ich bin gut nach Holland gekommen, und war um 5 Uhr schon hier, in Blaricum. Der Zug ging doch von Köln–Deutz durch Emmerich – Zevenaar (natürlich [2] aber nicht Dortmund) nach Utrecht – Amsterdam. Ich vermißte nur sehr, daß mein letztes Rheinbad mißlungen war!

Gestatten Sie mir, lieber Herr Hausdorff, Ihnen, ebenso wie Ihrer Frau Gemahlin, nochmals meinen herzlichsten Dank auszusprechen für die, von Ihnen mir erwiesene Gastfreundschaft. Ich hatte so gute Tage in Ihrem Hause, wie ich sie selten wo haben kann, und nicht nur aus Höflichkeitsgründen will ich Ihnen dafür meine dankbare Gefühle aussprechen.

Nun werde ich hier den ganzen Winter bleiben. Morgen beginnt meine Vorlesung in Amsterdam.

Mit den herzlichsten Grüßen an Sie, Ihre Frau Gemahlin und Ihre ganze Familie bin ich

Ihr aufrichtig ergebener
Paul Alexandoff

[Der Brief enthielt drei kleinere Fotos, auf denen URYSOHN mit ALEXANDROFF, mit BROUWER und mit einer weiteren Person zu sehen ist, sowie ein größeres Foto von URYSOHN allein. Die beigelegten Fotos sind erhalten geblieben und werden am Ende dieser Korrespondenz reproduziert.]

### Anmerkungen

[1] URYSOHN, P.: *Sur un espace métrique universel.* Comptes Rendus Acad. Paris **180** (1925), 803–806. Die fünf LUSINschen Noten sind in Anmerkung [7] zum Brief vom 18. 8. 1925 genannt.

[2] Blaricum war der Wohnort von L. E. J. BROUWER. Zu ALEXANDROFFS Aufenthalt in Blaricum s. Teil 2 seiner Autobiographie: ALEKSANDROV, P. S.: *Pages from an Autobiography. Part Two.* Russian Math. Surveys **35** (3) (1980), 315–358, dort S. 322–324.

**Brief** PAUL ALEXANDROFF ⟶ FELIX HAUSDORFF

Blaricum (Nord-Holland) Noolsche Weg, Villa Cornelia
29. XI. 1925.

Sehr geehrter und lieber Herr Hausdorff!

Vielen Dank für Ihren Brief, auf den ich mit so großer Verspätung antworte. Ihr neuer Beweis des Baireschen Satzes hat auf mich einen wirklich sehr großen Eindruck gemacht: ich hatte immer das Gefühl, daß es für diesen rein „deskriptiven" Satz einen entsprechenden Beweis geben muß, aber daß dieser Beweis von so einer geradezu klassischen Einfachheit sein darf wie der Ihrige, und daß er den ganzen Inhalt des Satzes auf elementare topologisch–mengentheoretische
[1] Dinge zurückführt – habe ich nie gedacht. Pro domo mea freue ich mich auch,
[2] daß ich ja auch Recht hatte, indem mir der Lebesguesche Beweis so antipatisch war: jetzt sieht man, wie weit er vom eigentlichen Wesen der Sachen entfernt war!

Was die Lusinschen Noten betrifft, so macht auf mich einen besonders unbe-
[3] greiflichen Eindruck dieses „nous ne savons pas et *nous ne saurons jamais*" –
[4] das ist ja zum ersten Mal, daß man in der Mathematik so ein „Ignorabismus" deklariert, und dabei es *gar nicht* begründen versucht (man dürfte ja eventuell nach den Worten „ne saurons jamais" in Klammern „car tel est notre plaisir"
[5] mit einer Zitat auf Louis XIV hinzufügen, was übrigens dem ganzen Stil der Noten ganz gut passen würde!)

Mir tut es auch sehr Leid, daß Lusin, dessen Geisteskraft ich ja sehr gut kenne, sich jetzt mit solchen Sachen begnügt.

Meine Vorlesung in Amsterdam habe ich sofort nach der Rückkehr hierher begonnen, und es freut mich sehr, daß sich doch viele für diese abstrakten Sachen interessieren.

Dann geh ich noch von Zeit zu Zeit nach Amsterdam wegen Symphonie–Konzerten, übrige Zeit aber bin ich immer sehr beschäftigt, hauptsächlich noch immer mit dem Nachlasse von Urysohn, dessen Bearbeitung ich jedoch nach 1–2 Monate zu Ende bringen hoffe.

Hoffentlich beginnt bald die Drucklegung Ihres Buches?

Einstweilen grüsse ich Sie, lieber und verehrter Herr Hausdorff, und Ihre Frau Gemahlin auf's herzlichste.

Ihr aufrichtig ergebener
Paul Alexandroff.

## Anmerkungen

**[1]** Es handelt sich um Satz VIII auf S. 255 in HAUSDORFFs Buch *Mengenlehre* (Band III dieser Edition, S. 299; s. auch den Kommentar, ebd., S. 390–391).

**[2]** LEBESGUE, H.: *Sur les fonctions représentables analytiquement.* Journal de Math. (Ser. 6) **1** (1905), 139–216, dort S. 182.

**[3]** nous ne savons et nous ne saurons jamais: wir wissen (es) nicht und wir werden (es) niemals wissen (französische Version von „ignoramus et ignorabimus", s. nächste Anm.). Zum genauen Wortlaut und zum sachlichen Zusammenhang von LUSINS Äußerung s. Band III dieser Edition, S. 29.

**[4]** Ignoramus et ignorabimus: Berühmt gewordener Ausspruch von EMIL DU BOIS-REYMOND, erstmals geäußert 1872 in seinem Vortrag „Über die Grenzen des Naturerkennens" auf der Versammlung der Gesellschaft Deutscher Naturforscher und Ärzte in Leipzig.

DAVID HILBERT hat in seinem Vortrag „Mathematische Probleme" auf dem II. Internationalen Mathematikerkongreß im August 1900 in Paris (HILBERT, D.: *Gesammelte Abhandlungen*, Band III, Springer, Berlin 1935, 290–329) ein Ignorabimus in der Mathematik abgelehnt; es heißt bei ihm:

> Diese Überzeugung von der Lösbarkeit eines jeden mathematischen Problems ist uns ein kräftiger Ansporn während der Arbeit; wir hören in uns den steten Zuruf: *Da ist das Problem, suche die Lösung. Du kannst sie durch reines Denken finden; denn in der Mathematik gibt es kein Ignorabimus!*

Unter Lösung verstand HILBERT die Erledigung des Problems,

> sei es, daß es gelingt, die Beantwortung der gestellten Frage zu geben, sei es, daß die Unmöglichkeit seiner Lösung und damit die Notwendigkeit des Mißlingens aller Versuche dargetan wird.

**[5]** car tel est notre plaisir: denn das ist unser Wille: Schlußformel der Verordnungen der französischen Könige seit Ludwig XI. (1472 offiziell eingeführt). Diese Schlußformel sollte den Anspruch der französischen Könige unterstreichen, aus eigenem Willen Recht zu setzen.

## Brief PAUL ALEXANDROFF ⟶ FELIX HAUSDORFF

Meine Adresse (gültig die nächsten 2–3 Wochen)
Berlin, postlagernd.                                  Berlin, 4. IV. 1926

### Lieber und sehr geehrter Herr Hausdorff!

Vielen Dank für Ihre Karte, auf die ich mich sehr gefreut habe; inzwischen haben sich meine geographischen Koordinaten ziemlich gründlich geändert (wenn auch nur für eine verhältnismäßig kurze Zeit), und zwar bin ich seit einigen Tagen in Berlin, wo ich bis zu den letzten Apriltagen wahrscheinlich bleiben werde.

Wahrscheinlich kehre ich dann Ende April für eine Woche nach Blaricum zurück, und jedenfalls bin ich spätestens den 5 Mai in Göttingen, wo ich beinahe das ganze Semester (bis Mitte Juli) verbringen werde. Nachdem wollte ich (am 15 Juli $\mp\varepsilon$) Sie in Bonn für 1–2 Tage besuchen, und dann über Holland nach Frankreich gehen. In Frankreich bleibe ich bis Ende September, d. h. bis zur Düsseldorfer DMV–Tagung. Wenn es Ihnen paßt, könnte ich meinen Besuch bei Ihnen bis dahin vertagen, da ja Bonn so nahe von Düsseldorf liegt. Vorausgesetzt, daß das Ihnen keinen Unterschied macht, dürfte der eine oder der andere Plan auch von meinen materiellen Verhältnissen abhängen – es ist ja möglich, daß mir zu große Umwege bei meiner Reise nach Frankreich zu teuer ausfallen werden, und dann werde ich die Reise *nach* Frankreich direkt machen müssen, und Ihnen dann im September meinen Abschiedsbesuch (für eine längere Zeit!) abstatten. Zum 1 Oktober kehre ich jedenfalls nach Moskau zurück.

[1]    Es freut mich sehr zu vernehmen, daß die zweite Auflage Ihres Buches endlich dem Drucke übergeben ist: es warten ja so sehr viele Menschen auf dieses Buch, insbesondere auch in meiner Heimat; der Verleger soll also nicht allzuviel Zeit weiter verlieren, er dürfte ja auch auf einen guten geschäftlichen Erfolg rechnen (auch in Amerika und in Polen, hoffentlich endlich auch in Deutschland werden ja rasch viele Exemplare verkauft).

Ich werde mich besonders interessieren um (unseren Novembergesprächen entsprechend) eine Korrektur Ihres Buches mitlesen zu dürfen.

Wahrscheinlich haben Sie in Locarno bereits Brouwer getroffen, und ich hoffe,
[2]    daß die formalistisch – intuitionistischen Besprechungen in einem, der Gegend, wo sie geführt werden, entsprechenden Geiste geführt werden; obwohl die Mög-
[3]    lichkeit eines diesbezüglichen Locarno – Pactes ziemlich aussichtslos scheint! Ich persönlich bin, nach meinem Aufenthalte in Holland, wenn auch Formalist geblieben („das Wesen der Mathematik liegt", nämlich für mich ausschließlich „in
[4]    ihrer Freiheit", insbesondere auch weil die Mathematik für mich hauptsächlich eine Kunst, und beinahe keine *Erkenntniß* ist – ich glaube ja überhaupt an keine Erkenntnißmöglichkeit in dieser Welt!), so bin doch so weit, um das *Interesse* des Intuitionismus, insbesondere als eines bestimmten Stiles in der mathematischen Kunst, aber auch als eines (von meinem Standpunkte aus ziemlich hoffnungslosen, also um desto mehr) heroischen Versuches aus der Mathematik eine *Erkenntniß* zu schaffen, im vollen Maße anzuerkennen …

Im Nachbarzimmer wird der Trauermarsch aus der „Eroica" gespielt; und ich denke eben daran, daß dieser Trauermarsch allein eigentlich mehr *wirkliche* Erkenntniß enthält, als die ganze Wissenschaft, die Mathematik samt Formalismus und Intuitionismus inbegriffen. So empfinde wenigstens ich die Sache; schon aus diesem Grunde werde ich mich niemals *ernst* um die sogenannten Grundlagen der Mathematik interessieren: praktisch wird man ja durch die sogenannten Paradoxien des Unendlichen in keiner interessanten und wichtigen mathematischen Konstruktion verhindert, und das ist das einzige was braucht …

Nun habe zu lange philosophiert. Dazu bin ich aber schon allein durch die *Vorstellung* Ihres Zusammentreffens mit Brouwer angeregt worden; ich hoffe, daß dies Zusammentreffen *selbst* sich als zu wertvolleren Dingen anregend erweisen wird: mit größter Spannung erwarte ich deshalb wenigstens eine gemeinsame Postkarte von Ihnen und Brouwer!

Mit den besten und herzlichsten Grüßen an Sie und Ihre Frau Gemahlin bin ich einstweilen

Ihr aufrichtig ergebener
Paul Alexandroff

## Anmerkungen

[1] Gemeint ist HAUSDORFFs Buch *Mengenlehre* ([H 1927a]). Es war als zweite Auflage der *Grundzüge der Mengenlehre* deklariert, in Wirklichkeit aber ein vollkommen neues Buch (näheres dazu im Band III dieser Edition, S. 10–15).

[2] Es läßt sich nicht belegen, ob ein Treffen HAUSDORFFs mit BROUWER in Locarno tatsächlich stattgefunden hat. Zu HAUSDORFFs Stellung zu den Grundlagenfragen der Mathematik s. den entsprechenden Essay von P. KOEPKE im Band I dieser Edition; s. ferner HAUSDORFFs Manuskript „Der Formalismus" im Band VI dieser Edition und den zugehörigen Kommentar.

[3] Vom 5.–16. Oktober 1925 fanden in Locarno (Schweiz) Verhandlungen zwischen dem Deutschen Reich einerseits, Frankreich, Belgien, Polen und der Tschechoslovakei andererseits statt; als Grantiemächte waren Italien und Großbritannien beteiligt. Der Vertrag wurde am 1. Dezember 1925 in London unterzeichnet, ging aber als Locarno-Pakt in die Geschichte ein. Er trat am 10. September 1926 mit der Aufnahme Deutschlands in den Völkerbund in Kraft. Das wichtigste Ergebnis war die völkerrechtliche Anerkennung der neuen Westgrenze durch das Deutsche Reich.

Mit der Anspielung auf den Geist von Locarno bringt ALEXANDROFF die Hoffnung zum Ausdruck, daß sich die unversöhnlich gegenüberstehenden Positionen HAUSDORFFs und BROUWERs in Grundlagenfragen nicht auf deren persönliches Verhältnis auswirken mögen. Eine Übereinkunft, einen „Locarno-Pakt", hält er für ausgeschlossen. In der Tat lehnte HAUSDORFF den Intuitionismus strikt ab; er fand z. B. in seiner Korrespondenz mit FRAENKEL (Abdruck unter „Fraenkel" in diesem Band) starke Worte gegen die Intuitionisten: in einer Postkarte vom 9. 6. 1924 spricht er von der „sinnlosen Zerstörungswuth dieser mathematischen Bolschewisten"; in einer Karte vom 20. 2. 1927 nennt er den Intuitionismus „Kastratenmathematik".

[4] Das Zitat ist ein berühmter Ausspruch GEORG CANTORs. CANTOR hatte sich im Teil V seiner Arbeit *Über unendliche lineare Punctmannichfaltigkeiten* (Math. Annalen **21** (1883), 545–586; Ges. Abhandlungen, Springer-Verlag, Berlin 1932, 165–204) u. a. auch mit LEOPOLD KRONECKERs Ansichten über die Grundlagen der Mathematik auseinandergesetzt, ohne KRONECKER explizit zu nennen. KRONECKER forderte, manche Ideen der Intuitionisten vorwegnehmend, von Definitionen und Sätzen ihre Entscheidbarkeit in endlich vielen

Schritten. Sein Ideal war das konstruktive Verfahren; reine Existenzbeweise wie die WEIERSTRASSschen Schlußweisen in der Analysis oder CANTORs Beweise in der Theorie der transfiniten Zahlen lehnte er ab. Bei CANTOR heißt es in der o. g. Arbeit, nachdem er ihm selbstverständlich und natürlich erscheinende Forderungen an einen mathematischen Begriff, die seiner Ansicht nach keine Gefahr darstellen, formuliert hat:

> Dagegen scheint mir aber jede überflüssige Einengung des mathematischen Forschungstriebes eine viel größere Gefahr mit sich zu bringen und eine um so größere, als dafür aus dem Wesen der Wissenschaft keinerlei Rechtfertigung gezogen werden kann; denn das *Wesen* der *Mathematik* liegt gerade in ihrer *Freiheit.* (Ges. Werke, S. 182)

Daß CANTOR mit dieser Passage tatsächlich auf KRONECKER anspielte, geht aus einem Brief an MITTAG-LEFFLER vom 20. 10. 1884 unzweifelhaft hervor (s. PURKERT, W.; ILGAUDS, H.-J.: *Georg Cantor.* Birkhäuser-Verlag, Basel 1987, S. 113).

**Postkarte**   PAUL ALEXANDROFF ⟶ FELIX HAUSDORFF

Göttingen, Friedländerweg, 57 (*nicht* 37!)
13. V. 1926

Lieber und sehr geehrter Herr Hausdorff!

[1] Vor paar Tagen habe ich Ihre liebenswürdige Karte vom 8. V., und heute die erste Korrektursendung erhalten. Auf beides habe ich mich sehr gefreut. Die Korrektur werde ich in den nächsten 2 – 3 Tagen erledigen, und dann sie sofort Ihnen schicken; ich glaube kaum, daß dieser Anfang Ihres Buches mich zu vielen Bemerkungen veranlassen wird: diese ersten Kapiteln der Mengenlehre liegen ja so endgültig kristallisiert vor, daß man sich da kaum wesentliche *mathematische* Meinungsverschiedenheiten denken kann.

[2] Ich danke Ihnen nochmals sehr, daß Sie mir die Gelegenheit gegeben, ein Ihrer erster Leser zu werden. Übrigens, merke ich bei meiner jetzigen Vorlesung in Göttingen, daß ich Ihre erste Auflage bereits auswendig zitiere (so dirigieren gute Dirigenten z. B. die Beethovenschen Symphonien auch ohne Partitur!)

Ich freue mich sehr hier eine systematische Vorlesung über Topologie zu halten, obwohl diese Freude, wie jede andere, immer letzten Endes einen traurigen Unterton. Das Interesse für den ganzen Fragenkomplex der mengentheoretischen Topologie, vor allem für die Urysohnsche Dimensionstheorie ist hier *sehr* groß; Urysohn selbst hat nur den ersten Anfang dieses Interesses und der mit ihm verbundenen Anerkennung seiner wirklich hochbedeutender mathematischen Leistung erlebt.

Ich komme ein wenig auch zur eigenen Arbeit. Der Urysohnsche Nachlass ist, bis auf Kleinigkeiten, fertig.

Viele herzliche Grüße an Sie und Ihre Frau Gemahlin von Ihrem aufrichtig ergebenen

Paul Alexandroff

## Anmerkungen

[1] Es handelte sich um die Korrekturen zu HAUSDORFFs Buch *Mengenlehre* ([H 1927a]); s. dazu auch Band III dieser Edition, S. 10–15.

[2] Gemeint ist mit der „ersten Auflage" HAUSDORFFs Buch *Grundzüge der Mengenlehre* ([H 1914a]); zur Rezeption dieses Werkes s. Band II dieser Edition, S. 55–59.

## Brief PAUL ALEXANDROFF ⟶ FELIX HAUSDORFF

Göttingen, 4. 7. 1926.

Lieber und hochverehrter Herr Hausdorff!

Ihr Brief hat mir eine sehr große Freude gemacht, insbesondere auch deshalb, daß ich die ganze Zeit das Gefühl habe, daß ich bei weitem nicht mit der Sorgfalt und Hingabe die Korrekturen Ihres Buches lese, wie ich es beabsichtigte, und wie ich es sicher getan hätte, wenn ich nicht so fürchterlich von Tausend verschiedenen Sachen in anspruch genommen wäre, wie es jetzt – aus eigentlich mir selbst nicht ganz klaren Gründen – geschieht! Ich dachte deshalb, daß Sie mit meiner Teilnahme an dem Korrekturlesen sehr unzufrieden sein sollten, und schämte mich sehr deswegen.

Daß Sie nur sehr wenige meiner Bemerkungen berücksichtigen werden ist mir weder unangenehm, noch unerwartet: ich habe mir erlaubt, alles, was mir beim Lesen Ihres Buches einfiel auch aufzuschreiben, eben weil ich alle meine Bemerkungen als einen Rohstoff betrachtete, von dem Ihnen VIELLEICHT (aber im allgemeinen, sicher nur sehr weniges), von Nutzen sein dürfte: vor allem ist ja bei einer solchen Lektüre (wenigstens, für mich) der Uebelstand der, dass der Ueberblick über das ganze Werk fehlt, und man infolgedessen oft Bemerkungen macht, deren Dummheit bei der nächsten Lieferung offensichtlich wird, und über die man sich nachdem selbst ärgert; mir ist es leider sehr oft bei Ihrem Buche so gegangen. Wie dürfte ich nun voraussetzen, daß Sie allen diesen Bemerkungen Folge leisten werden?!

Erlauben Sie mir also auch weiter alles aufzuschreiben, was mir im Augenblicke des Lesens als das beste erscheint, ohne daß ich auch den mindesten Anspruch erhebe, daß dies scheinbar beste sich als solches im nächsten Augenblick erweist.

Was nun speziell meine Bemerkungen über den metrischen bzw topologischen Standpunkt betrifft, so vergessen Sie ja nicht, lieber Herr Hausdorff, daß ich in [1] dieser Frage durchaus nicht objektiv sein kann, vor allem deshalb nicht, daß ich mit der ersten Auflage Ihres Buches mit tausenden innigsten Fäden verbunden bin, ja sogar, daß mir dieses Buch vielleicht das liebste in der ganzen Literatur ist, daß ich, infolgedessen oft eine, sogar gut motivierte, aber nicht unentbehrliche Abänderung, im buchstäblichen Sinne schmerzhaft empfinde. Durch diesen subjektiven Grund würde ich mich, natürlich, nicht leiten lassen, wenn ich nicht überhaupt der Meinung wäre (für deren Entstehen Sie allerdings eine gewiße Verantwortung tragen!), daß unter den, bis jetzt bekannten, Eigenschaften der Punktmengen die topologischen doch die interessantesten sind: außer der Topologie im engeren Sinne des Wortes, deren Gebiet allein jetzt über alle Grenzen wächst (ohne leider dabei zusammenhängend zu sein!) fällt ja auch die ganze sogenannte deskriptive Mengenlehre (Baire, Lebesgue usw) unter den Begriff der topologischen Eigenschaften, und wenn man alles das ausschließt, bleibt ja tatsächlich weniger als 50% der Punktmengenlehre übrig (verzeihen Sie mir bitte diese Kalkulation: ich wollte gern sehen, wie das Zeichen % in meiner Schreibmaschine aussieht, und hatte keine andere Gelegenheit dazu; was übrigens den Gebrauch dieses scheußlichen Instrumentes betrifft, so seien Sie mir bitte dafür nicht böse: ich bin dazu auf Grund meiner sehr stark zugenommenen Kurzsichtigkeit ernsthafter ärztlichen Vorschrift gemäß gezwungen).

Was meine Arbeit betrifft, so bin ich mit dem Nachlaß von Urysohn (bis auf sehr unwesentliches) fertig; auch selbst arbeite ich an verschiedenen, im allgemeinen, recht schwierigen Fragen (mit noch dahinbleibendem Erfolg!) die sich alle darauf beziehen, um die bis jetzt bestehende tiefe Schlucht zwischen der [2] allgemeinen (mengentheoretischen) und der klassischen Topologie auszufüllen, wodurch, wie ich hoffe, noch manches im topologischen Aufbau unseres alten, uns vom lieben Gott gegebenen Raumes, sich klären dürfte.

Sehr viele Anregung zur Durchführung aller dieser Pläne, zu der zum Teile ganz neue Methoden erforderlich sind, verdanke ich dem hier über das Sommer-[3] semester bleibenden jungen Berliner Mathematiker Hopf, der ein ganz hervorragender Topologe ist (er hat manche Brouwerschen Sachen ganz merkwürdig weitergeführt und mit wesentlich neuen Methoden ergänzt); auch persönlich ist er ein sehr netter Mensch, was ja auch für rein wissenschaftliche Beziehungen eine notwendige Bedingung bildet.

Meine Reisepläne sind die folgenden:
Vom ersten August ab bin ich in Batz bis zum Ende August; nachher fahre ich wieder nach Collioure (an der Küste des Mittelmeer in Frankreich, wo ich auch [4] im vorigen Herbste war); da bleibe ich bis Düsseldorf, bei welcher Gelegenheit ich auch Sie besuchen hoffe.

Einstweilen aber grüße ich Sie, lieber Herr Hausdorff, und Ihre Gattin auf's herzlichste.

Ihr sehr ergebener<br>
Paul Alexandroff.

# Anmerkungen

**[1]** HAUSDORFF hatte sich in seinem Buch *Mengenlehre* fast ausschließlich auf metrische Räume beschränkt, obwohl er ja selbst in den *Grundzügen der Mengenlehre* die allgemeine Theorie der topologischen Räume geschaffen hatte. Zu HAUSDORFFs Motiven und zu den Reaktionen auf diese Einschränkung s. Band III dieser Edition, S. 15–19 und S. 32–35.

**[2]** Die allgemeine oder mengentheoretische Topologie und die klassische Analysis Situs entwickelten sich lange weitgehend unabhängig voneinander; erst relativ spät setzte eine Synthese ein. Zu dieser Thematik s. in der historischen Einführung zu *Grundzüge der Mengenlehre* den Abschnitt „Zur Aufnahme mengentheoretisch-topologischer Methoden in die Analysis Situs und geometrische Topologie", Band II dieser Edition, S. 70–75.

**[3]** HEINZ HOPF (1894–1971) habilitierte sich 1926 in Berlin und war von 1931 bis zu seiner Emeriierung 1965 Ordinarius an der ETH Zürich. Er war seit seinem Göttinger Aufenthalt 1926 mit ALEXANDROFF befreundet. Aus der Zusammenarbeit beider Forscher ging das Buch ALEXANDROFF/HOPF: *Topologie I* (Springer, Berlin 1935) hervor, ein Standardwerk der mathematischen Literatur.

**[4]** Die Jahrestagung der Deutschen Mathematiker-Vereinigung für das Jahr 1926 fand vom 19.–26. September in Düsseldorf statt.

**Ansichtskarte**   PAUL ALEXANDROFF ⟶ FELIX HAUSDORFF

Undatiert, Poststempel vom 13. 7. 1926. Die Karte zeigt einen Blick vom Hainholzhof bei Göttingen nach Osten.

Die in Göttingen tagende, augenblicklich sich im Zustande eines topologisch gruppentheoretischen Spazierganges befindende Locarno Konferenz sendet Ihnen bei der Gelegenheit des glücklichen Abschlußes ihrer Tätigkeit beste Grüße.
[Es folgen die Unterschriften:]
L. E. J. Brouwer, E. Landau, H. Hopf, Malz, P. Alexandroff, Koppenfels, E. Noether, Heinrich Grell, G. Feigl, Bessel-Hagen, Mahler, H. Busemann

**Brief** PAUL ALEXANDROFF $\longrightarrow$ FELIX HAUSDORFF

Smolensk, 26. 12. 1926.

Lieber und sehr verehrter Herr Hausdorff!

Sie sind vollständig berechtigt, auf mich sehr böse zu sein, weil ich so plötzlich von Ihrem Horizonte verschwunden bin.

Die Sache war so: als das Sommersemester in Göttingen zu Ende war, ging ich in den ersten Augusttagen nach Frankreich, wo ich zuerst in Batz, und dann im Süden, im Gebirge und an der See, zuletzt in Korsika, bis zum Ende September blieb. Besonders die Pyränen und Korsika, wo ich mit zwei Freunden, Hopf (Berlin) und Neugebauer (Göttingen) gewesen bin, waren als Reisezweck wirklich herrlich. Inzwischen kamen die Korrekturen Ihres Buches immerfort nach Göttingen (das Nachsenden machte große Schwierigkeiten, weil meine Adresse sehr unbestimmt war), und als ich sie endlich empfangen habe, war es schon zu spät, darauf irgendwie in aktiver Weise zu reagieren, so daß schließlich ich nur den ersten größeren Teil Ihres Buches (bis etwa zu den Suslinschen Mengen) ordentlich mitgelesen habe. Anfang Oktober bin ich nach Moskau zurückgekehrt, wo auf mich eine derartige Fülle von allerlei Arbeit wartete, daß ich erst heute, dank den Ferien, dazu gekommen bin, um endlich den längst geschuldeten Brief Ihnen zu schreiben. Hoffentlich glauben Sie mir, lieber Herr Hausdorff, daß diese äußerlichen Umstände auch tatsächlich nur äußerliche gewesen sind, und nehmen mir mein langes Schweigen und meine Untreue Ihrem Buche gegenüber nicht allzuübel.

Ich hoffe ganz bestimmt auch den nächsten Sommer nach Deutschland kommen zu können (ich werde ja wieder das ganze Semester in Göttingen vortragen), und dann werde ich Sie ganz bestimmt besuchen, wenn Sie nichts dagegen haben. Ich denke immerfort und sehr herzlich an die Tage meiner Bonner Besuche zurück, und möchte sehr gerne sie nochmals wiederholen.

Hoffentlich haben Sie meine Separatasendung erhalten. Insofern es mir meine verschiedenen Pflichten erlauben, arbeite ich weiter in der Richtung der Synthese der mengentheoretischen und der kombinatorischen Topologie.

Ich benutze die Gelegenheit, um Ihnen und Ihrer Frau Gemahlin meine besten Glück- und Gesundheitswünsche zum Neujahr auszusprechen und bin mit vielen herzlichen Grüßen

Ihr aufrichtig ergebener
Paul Alexandroff

P.S.   Augenblicklich bin ich in Smolensk, wo ich die Ferien bei meiner Mutter verbringe. Mitte Januar kehre ich nach Moskau zurück, wo meine Adresse nach wie vor lautet:

Moskau, Twerskaya, Pimenowski per. 8, kw. 5.

Ich möchte gerne wissen, wann erscheint Ihr Buch, auf das wir alle in Moskau mit großer Ungeduld warten.

Mit wiederholten Grüßen
Ihr P.A.

[Unter Alexandroffs Unterschrift steht von Hausdorffs Hand: „beantw. 22/1 27".]

## Anmerkungen

[1] OTTO NEUGEBAUER (1899–1990), bedeutender Astronomie- und Mathematikhistoriker. Er wirkte bis zur Emigration 1933 in Göttingen, danach in Kopenhagen und von 1939 bis zu seiner Emeritierung an der Brown University in Providence (R. I.).

[2] S. dazu Anmerkung [2] zum Brief vom 4. 7. 1926.

**Brief** PAUL ALEXANDROFF ⟶ FELIX HAUSDORFF

Moskau, Twerskaja, Pimenowski pereulok, 8, kb. 5.
6. 3. 1927.

Lieber und hochverehrter Herr Hausdorff!

Herzlichen Dank für Ihren Brief und für die freundliche Zusendung Ihres Buches! Wenn Ihr Brief manchen – leider wohlverdienten – expliziten Vorwurf enthält, so habe ich nun umsomehr Ihre zweite Sendung, Ihr Buch, mir selbst zu einem – impliziten – Vorwurf gemacht, denn so viel Gewissen bleibt mir doch noch übrig, daß ich, ohne mich sehr zu schämen, kaum Ihr von mir so schlecht verdientes Geschenk annehmen kann; umsomehr danke ich Ihnen für dasselbe.

Nur in einer Hinsicht kann ich Ihnen nicht Recht geben: Sie schreiben mir, daß ich „nicht den geringsten Versuch" gemacht habe, bei meiner Anwesenheit in Düsseldorf Sie zu besuchen. Das war nun tatsächlich nicht meine Schuld: wenn Sie gesehen hätten, wie ich im letzten Augenblick des Kongreßes atemlos direkt aus Korsika (wegen furchtbar unbequemer Dampferverbindung) erschien (mein Vortrag selbst war auf den letzten Tag telegraphisch verschoben), um in Düsseldorf kaum 24 Stunden verbringen zu können; wenn Sie außerdem berücksichtigten, daß am 1 Oktober mein Pass ablaufen sollte, und ich demgemäß spätestens am 30 September nach Berlin kommen mußte; daß ich in den 2–3 übrig gebliebenen Septembertagen noch eine Reise nach Holland machen mußte, weil unerwarteter Weise Brouwer nicht nach Düsseldorf gekommen war, und ich mit ihm tausend Sachen wegen verschiedener mit der Herausgabe des Nachlasses von Urysohn verbundener Angelegenheiten vor meiner Abreise nach Moskau ganz dringend besprechen mußte – wären Sie selbst überzeugt, daß es sich nicht um einen Mangel von Iniziative, sondern um eine physische Unmöglichkeit jeder, selbst der geringesten, Verlängerung meines Aufenthaltes in Ihrer Gegend handelte. Dass der Schnittpunkt unserer Weltlinien diesmal imaginär geworden ist, betrübt mich wirklich sehr, ich kann aber nicht die Schuld dafür auf mich nehmen, sondern fühle mich genötigt, dieselbe der Unvollkommenheit der, die Metrik dieser traurigen Welt bestimmenden Gleichungen, zuzuschreiben; daß es aber im nächsten Sommer anders gehen wird – hoffe ich vom ganzen Herzen!

Das an Herrn Lusin bestimmte Exemplar Ihres Buches habe ich ihm, allerdings nicht persönlich, aber mit garantierter Sicherheit, überreicht: eine persönliche Uebergabe war durch eine Erkrankung Herrn Lusin's (Blinddarmentzündung) verhindert; seine Gesundheit gibt zwar jetzt keinen Anlaß zu irgendeiner Unruhe (die Operation ist mit einem sehr guten Erfolg gelungen), er hat sich aber von seiner Erkrankung noch nicht ganz erholt, sodaß er einstweilen nur von seinen nächsten Bekannten besucht wird.

Die Bemerkung über die Erweiterung der Charakterisierung der vollständigen Räume mittels der geschlossenen Umgebungssysteme hat auf mich einen umsogrößeren Eindruck gemacht, daß dasselbe Resultat und offenbar mit demselben Beweise während der Weihnachtsferien von einem unserer jungen Moskauer To-
[1] pologen, Herrn Wedenissoff, gefunden war (ich bekam die Nachricht von seinem Beweise während meines Aufenthaltes in Smolensk, einige Tage nachdem ich Ihnen meinen letzten Brief versandt habe.) Ich halte diesen Satz für wichtig (wenn auch sein Beweis im allgemeinen Falle viel einfacher ist als mein ursprünglicher Beweis für den Fall der separablen Räume, mit dessen ausführlicher Publikation ich solange gewartet habe, bis ich mir diese Arbeit, zu meinem großen Vergnügen, nun ersparen kann!), ich glaube also, daß es durchaus zweckmäßig wäre, den vollen Beweis zu publizieren. Ich würde Ihnen besonders dankbar sein, wenn Sie mir Ihren diesbezüglichen Standpunkt mitteilen wollten, und vor allem, ob Sie es für angebracht finden, daß Herr Wedenissoff, der ja seinen Beweis unabhängig gefunden hat, denselben mit selbstverständlicher Erwähnung Ihrer Priorität auch seinerseits publiziere.

Demnächst hoffe ich Ihnen einige neue (noch nicht erschienene) Comptes–
[2] Rendus–Noten zusenden zu können (deren ausführliche Ausarbeitung ich in die Annalen einreichen werde); auch für die Zusendung Ihrer Separata würde ich
[3] Ihnen sehr dankbar sein. Die Arbeiten von Hurewicz (er hat auch wunderschöne dimensionstheoretischen Sachen) gefallen auch mir ausgezeichnet; leider habe ich bis jetzt noch keine Gelegenheit gehabt, ihn persönlich kennen zu lernen.

Mit den besten und herzlichsten Grüßen an Sie, lieber Herr Hausdorff und Ihre Frau Gemahlin, bin ich Ihr     aufrichtig ergebener

Paul Alexandroff

## Anmerkungen

[1] S. dazu Anmerkung [4] zum Brief von ALEXANDROFF/URYSOHN an HAUS-DORFF vom 21. 5. 1924.

[2] ALEXANDROFF, P.: *Une définition des nombres de Betti pour un ensemble fermé quelconque.* Comptes Rendus Acad. Paris **184** (1927), 317–319. Ders.: *Sur la décomposition de l'espace par des ensembles fermés.* Ebenda, 425–428. Ders.: *Une généralisation nouvelle du théorème de Phragmén-Brouwer.* Ebenda, 575–577.

[3] WITOLD HUREWICZ (1904–1956) promovierte 1926 bei HANS HAHN in Wien. Bis Ende 1926 veröffentlichte er folgende Arbeiten: *Über eine Verallgemeinerung des Borelschen Theorems.* Math. Zeitschrift **24** (1925), 401–421. *Über Schnitte von Punktmengen.* Koninklijke Akademie van Wetenschappen te Amsterdam, Proceedings of the Section of Sciences **29** (1926), 163–165. *Über stetige Bilder von Punktmengen.* Ebenda, 1014–1017.

In Math. Annalen **98** (1927) publizierte HUREWICZ einen *Grundriß der Mengerschen Dimensionstheorie* (S. 64–88). Die beiden letzteren Arbeiten hat ALEXANDROFF für das *Jahrbuch über die Fortschritte der Mathematik* besprochen.

**Postkarte**   PAUL ALEXANDROFF ⟶ FELIX HAUSDORFF

Göttingen, Friedländerweg, 57
25. V. 1927

Lieber und hochverehrter Herr Hausdorff!

Nun bin ich seit 10 Tagen wieder in Göttingen (und bereits seit 20 Tagen in Deutschland, ich war nämlich diesmal ziemlich lange in Berlin).

Hoffentlich haben Sie meinen ziemlich langen Brief, den ich Ihnen Weihnachten geschrieben habe, rechtzeitig bekommen: in ihm schrieb ich Ihnen u. a. auch über eine mathematische Angelegenheit, die sich auf eine Arbeit eines meiner Moskauer Schüler, Herrn Wedenissoff bezog, und über die ich gerne Ihre Meinung kennen möchte. Auch dankte ich Ihnen in diesem Briefe für die freundliche Zusendung Ihres Buches. [1]

Hier halte ich Vorlesung (diesmal über die Topologie der Euklidischen Räume beliebiger Dimension), und habe auch ein topologisches Seminar, das sich der Teilnahme ganz hervorragender junger Mathematiker erfreut (so v. d. Waerden, v. Neumann, Lewy, u. a.).

Ich hoffe Sie in diesem Sommer ganz bestimmt besuchen zu können, ich möchte aber gerne auch jetzt noch etwas von Ihnen hören, ich weiß ja gar nicht, wie es Ihnen augenblicklich geht.

Mit vielen herzlichen Grüssen an Sie und Ihre Gattin

Ihr aufrichtig ergebener
Paul Alexandroff

[Am Rand hat Hausdorff notiert: „Antw. 29. 5."]

## Anmerkung

**[1]** S. dazu Anmerkung [4] zum Brief von ALEXANDROFF/URYSOHN an HAUS-DORFF vom 21. 5. 1924.

**Brief** FELIX HAUSDORFF ⟶ PAUL ALEXANDROFF

Bonn, Hindenburgstr. 61
29. 5. 27

Lieber Herr Alexandroff!

Ihren Brief vom 6. März (nicht von Weihnachten!) habe ich wohl erhalten. Ich hatte damals Grippe, darauf kam Besuch von Greifswalder Freunden, und schliesslich verreisten wir bis Anfang Mai; daher blieb Ihr Brief unbeantwortet liegen, was ich freundlich zu entschuldigen bitte.

Sie haben mir ja nun ausreichend erklärt, warum Sie im Oktober 1926 nicht nach Bonn kommen konnten. Auf Ihren Besuch in diesem Sommer freuen wir uns sehr; hoffentlich kommt nicht wieder etwas dazwischen. Sie können mir dann, wenn Sie wollen, ein Privatissimum über Dimensionentheorie halten, in der mich gleich zu Anfang eine Doppeldefinition von Menger sehr irritiert (eine absolute Definition von $\dim_x A$ mit Hülfe der Umgebungen von $x$ in $A$, und eine relative, wo $A$ in einem Raume $E$ liegt und die Umgebungen von $x$ in $E$
[1] betrachtet werden.)

Dass meine Verschärfung Ihrer $G_\delta$ – Arbeit (C. R. 178) Ihnen gefällt, freut mich sehr. Ich hielt die Sache für zu kurz und zu unerheblich, um sie zu publicieren. Für einen Anfänger liegt es anders, und darum meine ich wie Sie, dass Herr Wedenissoff seinen Beweis veröffentlichen solle. Ob und wie er mich
[2] dabei erwähnen soll, möchte ich Ihnen zur Entscheidung überlassen. Zu Ihrer Information lege ich Ihnen meine Darstellung bei, die ich im Oktober 1926 gefunden habe (ich habe in der gestrigen Niederschrift statt „système détermin-nant" oder „volles Umgebungssystem" (Mengenlehre 1927, § 40) den Ausdruck
[3] „Basis" acceptiert, den ich inzwischen – bei wem? – gelesen habe). Nur für den unwahrscheinlichen Fall, dass meine Formulierung wesentlich anders und etwa einfacher sein sollte, als bei Wedenissoff, würde ich an die Möglichkeit denken, auch mein Blättchen zu publicieren.

Für die Separata besten Dank; die 4, die ich Ihnen gestern zurücksandte, hatten Sie mir schon von Moskau geschickt.

Herr Lusin hat mir für das Buch bisher nicht gedankt. Ob es ihn wohl är-
[4] gert, dass ich die $(A)$-Mengen Suslinsche Mengen genannt habe? In der Arbeit Ens. analytiques (Fund. Math.), die ich grösstenteils sehr schwach finde, hat er
[5] ja die Vaterschaft auf Lebesgue übertragen. Wirklich schön sind aber seine neu-

en Beweise für die beiden Hauptsätze, die ich – nach Mitteilung von Sierpiński – noch in mein Buch aufgenommen habe. [6]

Hoffentlich verschluckt Russland und Polen ungeheure Mengen meines Buches, damit ich meinem Verleger imponiere!

Es wird Sie interessieren, dass ich am 19. Mai Grosspapa geworden bin; meine Tochter hat ein Knäblein zur Welt gebracht. Mutter und Kind befinden sich vortrefflich. [7]

Herzliche Grüsse, auch von meiner Frau. Grüssen Sie auch Hilbert und Landau bestens.

Ihr ergebener<br>F. Hausdorff

## Anmerkungen

**[1]** MENGERs Dimensionstheorie wurde erstmals publiziert in MENGER, K.: *Über die Dimensionalität von Punktmengen*. Monatshefte für Mathematik und Physik **33** (1923), 148–160, und MENGER, K.: *Über die Dimension von Punktmengen. Teil II*. Monatshefte für Mathematik und Physik **34** (1926), 137–161. Die von HAUSDORFF genannten Definitionen finden sich am Beginn von Teil II, S. 138–139. Vgl. auch MENGER, K.: *Bericht über die Dimensionstheorie*. Jahresbericht der DMV **35** (1926), 113–150. Über HAUSDORFFs viele Jahre währende Auseinandersetzung mit Themen aus der Dimensionstheorie s. den Essay von H. HERRLICH, M. HUŠEK und G. PREUSS: *Hausdorffs Studien zur Dimensionstheorie*, Band III dieser Edition, S. 840–853.

**[2]** Die Arbeit von WEDENISSOFF erschien 1930: WEDENISSOFF, N.: *Sur les espaces métriques complètes*. Journal de Math. **9** (1930), 877–881. Darin wies WEDENISSOFF mit folgender Bemerkung auf HAUSDORFFs Priorität hin: „Hausdorff est parvenu aux mêmes résultats en octobre 1926, sans les avoir publiés."

**[3]** HAUSDORFFs Manuskript über die Verschärfung des $G_\delta$-Satzes datiert vom 28. 10. 1926 (NL HAUSDORFF: Kapsel 33: Faszikel 265). Auf Bl. 2v dieses Manuskriptes hat HAUSDORFF notiert: „Etwas bessere Fassung (28. 5. 27 an Alexandroff geschickt)." Er hat dann kurz die Verbesserungen gegenüber dem ursprünglichen Text notiert. Eine Umgebungsbasis heißt geschlossen, wenn aus $U_1 \supseteq U_2 \supseteq \cdots$ folgt $\cap \overline{U}_n \neq \emptyset$. Der $G_\delta$-Satz lautet dann: „Für $E$ = abs. $G_\delta$ ist Existenz einer geschlossenen Basis notw. u. hinr." HAUSDORFF hat sich mit diesem Gegenstand viel später noch einmal beschäftigt: Auf Bl. 2v dieses Faszikels findet sich eine wesentliche Vereinfachung des Beweises für die Hinlänglichkeit der Existenz einer geschlossenen Basis, datiert vom 24. 3. 1938.

Im übrigen sei zu diesem Thema auf die bereits mehrfach erwähnte Anmerkung [4] zum Brief von ALEXANDROFF/URYSOHN an HAUSDORFF vom 21. 5. 1924 verwiesen.

**[4]** Im Teil 1 seiner Autobiographie berichtet ALEXANDROFF, daß er HAUS-

DORFF dazu angeregt habe, die analytischen Mengen Suslinmengen zu nennen; es heißt dort:

> When Uryson and I visited Hausdorff in the summer of 1924 and talked a lot with him, particularly about descriptive set theory, Hausdorff put the question to us directly: what should one call the new sets that Luzin was popularizing everywhere under the name of ‚analytic'. I firmly replied to Hausdorff that Suslin (who had died nearly five years before) was the first mathematician to prove that it was really a matter of new sets, whereas I had spent almost two years trying to prove that there are no such new sets and had only come up with a new definition of the old class of Borel sets. Therefore, I declared, these sets should be called Suslin sets. After some hesitation Uryson backed me up, Hausdorff agreed to our joint proposal and in the new edition of his „Mengenlehre" they were called Suslin sets. (ALEKSANDROV, P. S.: *Pages from an Autobiography.* Russian Math. Surveys **34** (6) (1979), 267–302, dort S. 286).

Zur Geschichte der Entdeckung und Benennung der Suslinmengen s. auch LO-RENTZ, G. G.: *Who Discovered Analytic Sets.* Mathematical Intelligencer **23** (4) (2001), 28–32.

**[5]** LUSIN, N.: *Sur les ensembles analytiques.* Fundamenta Math. **10** (1927), 1–95. LUSIN nimmt dort Bezug auf LEBESGUE, H.: *Sur les fonctions représentables analytiquement*, Journal de Math. (Ser. 6) **1** (1905), 139–216 (s. zu LEBESGUEs Arbeit auch Band III dieser Edition, S. 6–7). Bei der Konstruktion einer Funktion, die in seinem Sinne nicht analytisch darstellbar ist, hatte LEBESGUE als Hilfsmittel eine lineare Punktmenge $E$ konstruiert, die sich später als Suslinmenge, welche keine Borelmenge ist, herausstellte. LUSIN schrieb über die Bedeutung der Konstruktion von $E$:

> $\cdots$ c'est cet ensemble auxiliaire $E$ de M. H. Lebesgue qui est lui-même un *ensemble analytique* ne faisant pas partie de la famille des ensembles mesurables $B$, et que dans sa construction est contenue, comme dans un germe, toute la théorie des ensembles analytiques. (Ebd., S. 1)

**[6]** Es handelt sich um einen Nachtrag zu § 34, 2 (Sätze III und IV) von HAUSDORFFs Buch *Mengenlehre* ([H 1927a], S. 276–277). In der zweiten Auflage der *Mengenlehre* ([H 1935a]) ist dieser Nachtrag in den § 46 eingearbeitet (Band III dieser Edition, S. 333–334). Als Quelle gibt HAUSDORFF 1927 an: „Briefliche Mitteilung von W. SIERPIŃSKI."

**[7]** FELIX HAUSDORFFs einziges Kind, die Tochter LENORE (NORA) (1900–1991) heiratete im Juni 1924 den Astronomen ARTHUR KÖNIG (1897–1969). Das erste Kind der Familie KÖNIG war der Sohn FELIX, geb. am 19.5.1927. FELIX KÖNIG ist am 4. April 1973 gemeinsam mit seiner Frau ELLEN bei einem Autounfall ums Leben gekommen.

**Postkarte**  PAUL ALEXANDROFF ⟶ FELIX HAUSDORFF

Göttingen, 22. VII. 1927.

Lieber und hochverehrter Herr Hausdorff!

Schon lange bin ich im Begriffe, Ihnen zu schreiben und Ihnen für Ihren liebenswürdigen Brief zu danken, wenn es bis jetzt nicht geschah, so ist daran (wie leicht zu vermuten!) meine Faulheit Schuld: noch immer habe ich die für Sie bestimmte Kopie der Arbeit von Wedenissoff nicht fertig; dies geschieht [1] aber jetzt wirklich in wenigen Tagen. Den letzten Stoß zum Schreiben dieser Karte erbrachte der Besuch von Knaster + Kuratowski, die so begeistert von Ihnen reden, daß ich unwillkürlich in die Tage des ersten Besuches bei Ihnen mich versetzt fühlte.

*Ich möchte Sie spätestens in den ersten Augusttagen besuchen, d. h. sofort nach Semesterschluss*; schreiben Sie mir ob, wann und wohin Sie verreisen; ich habe so tausend Themata, über die mich mit Ihnen zu unterhalten für mich ein wahrer Genuss wäre.

Am 20 September fahre ich nach Amerika (Princeton = Alexander + Veblen + Lefschetz), bis dahin bin ich in Frankreich. (Das Schiff fährt ab *Le Havre*). In der Erwartung Ihrer Antwort bin ich mit vielen herzlichen Grüssen an Sie und Ihre Frau

Ihr aufrichtig ergebener
P. Alexandroff.

**Anmerkung**

[1] ALEXANDROFF hat für HAUSDORFF offenbar eine handschriftliche Kopie der kurzen Arbeit von WEDENISSOFF angefertigt; gedruckt erschien die Arbeit erst 1930 (s. Anmerkung [2] zum vorhergehenden Brief von HAUSDORFF an ALEXANDROFF).

**Brief**  PAUL ALEXANDROFF ⟶ FELIX HAUSDORFF
auf Kopfbogen der Savannahline, Ocean Steamship Company of Savannah

25. XII. 1927

Lieber und sehr verehrter Herr Hausdorff

– herzlichen Weihnachtsgruß und beste Neujahrswünsche an Sie und Ihre Frau Gemahlin!
Augenblicklich befinde ich mich auf einem Dampfer der mich aus New York bis nahezu nach Florida für die Weihnachtsferien transportiert. Die Seereise

dauert 2 Tage und 3 Nächte und ist sehr schön, zumal das Wetter geradezu herrlich und das Meer ruhig ist, so daß insbesondere von der Seekrankheit keine Rede sein kann.

Den ganzen Herbst von 1 Oktober bis vor 2 Tagen verbrachte ich in Princeton; mit diesem Aufenthalt bin ich sehr zufrieden, und kehre dahin auch für die zweite Hälfte des Jahres (bis Mitte Mai) zurück. Von den dortigen Mathematikern macht insbesondere Alexander einen geradezu faszinierenden Eindruck – ich habe selten eine solche Kombination von fantasie- und einfallreichster geometrischer Intuition einerseits und logischer Schärfe und Prägnanz gesehen. Dazu ist er auch persönlich ein überaus netter, schlichter leicht zugänglicher und liebenswürdiger Mensch, was den wissenschaftlichen und menschlichen Beziehungen zu ihm angenehm und leicht macht.

Auch die beiden anderen führenden Gestalten der Princetoner Mathematik – Veblen und Lefschetz (letzterer ist übrigens in Moskau geboren) sind mathematisch *sehr gut* und persönlich sympatisch. So gestaltet sich die Princetoner Atmosphäre sehr günstig; insbesondere hoffe ich, hier wirklich viel Neues zu lernen.

[1]　　Sofort nach den Ferien werde ich die Arbeit an meinem Buche anfangen, und fürchte, daß diese mich innerlich und äußerlich stark in Anspruch nehmen wird.

Nun würde ich mich sehr freuen, auch von Ihnen, lieber Herr Hausdorff, wieder einmal zu hören. Hoffentlich hatten Sie schöne Ferien in der Schweiz; wie geht es Ihnen jetzt gesundheitlich?

Meine Neujahrwünsche für Sie sind dies Jahr besonders herzlich und auf-
[2]　richtig, da Sie ja in diesem Jahre Ihren 60 Geburtstag begehen. Trotz allen Bemühungen konnte ich das genaue Datum Ihres Geburtstages nicht feststellen, so daß mir nur übrig bleibt, Sie bei Jahresbeginn auch zu Ihrem Geburtstag zu beglückwünschen, und ich tue es in diesem Briefe vom ganzen Herzen!

Mit vielen schönen Grüssen

Ihr aufrichtig ergebener

Paul Alexandroff.

PS.　Aus den Approximationssätzen, die ich Ihnen im Sommer erzählt habe ergibt sich *sehr leicht* folgende Charakterisierung der $\lambda$-dimensionalen kompakten abgeschlossenen Mengen im $R^n$:

„Eine $F \subset R^n$ ist dann und nur dann $\lambda$-dimensional (im Urysohn–Mengerschen Sinne), wenn bei jedem $\varepsilon > 0$ jede $n - \lambda - 1$-dimensionale Hyperebene $R^{n-\lambda-1} \subset R^n$ mittels weniger als $\varepsilon$ betragender stetiger Abänderung („$\varepsilon$-Deformation") von $F$ sich von Punkten von $F$ *befreien* läßt, und es wenigstens eine $R^{n-\lambda} \subset R^n$ gibt, die sich bei hinreichend kleinem $\varepsilon$ auf die soeben geschilderte Weise von Punkten von $F$ nicht befreien läßt."

### Anmerkungen

[1]　Gemeint ist das Lehrbuch der Topologie, welches ALEXANDROFF schließlich mit HEINZ HOPF verfaßt hat und welches 1935 bei Springer erschienen ist.

**[2]** HAUSDORFF beging am 8. November 1928 seinen 60. Geburtstag.

**Brief** PAUL ALEXANDROFF ⟶ FELIX HAUSDORFF

[Der Brief ist bis auf kleinere Korrekturen und Einfügungen maschinenschriftlich; oben links steht folgende handschriftliche Notiz: „Für die Zusendung Ihrer
neuen Arbeit (Crelle) danke ich Ihnen bestens. Hoffentlich haben Sie auch ei-   [1]
nige Separata von Urysohn und mir, die ich vor Kurzem Ihnen geschickt habe,
richtig erhalten." ]                                                             [2]

30 Murray Place, Princeton, New Jersey.
20. IV. 1928.

Lieber und hochverehrter Herr Hausdorff!

Herzlichen Dank für Ihren Brief vom 12. IV! Er enthält wieder einmal einen
wohlberechtigten Vorwurf („wenn Sie – worauf ich eigentlich gehofft hatte –
... ein Lebenszeichen gegeben hätten"!), auf den ich nur mit einem stummen
Erröten antworten konnte – in der Hoffnung, daß Sie indessen meine Schuld
vergeben haben! Ich freute mich aber wirklich sehr über Ihren Brief.

Der Beweis, den Sie für den (von Niemytzki und Tychonoff erst im Winter
1926–27 bewiesenen) Satz, daß ein in jeder Metrik vollständiger Raum notwendig kompakt ist, bereits in 1925 erbracht haben, finde ich insbesondere
deswegen interessant, daß Sie ihn durch die Lösung eines (in diesem Falle ja
ganz natürlichen) Erweiterungsproblem erhalten.                                  [3]

Dabei hat der Niemytzki–Tychonoffsche Beweis (trotz seiner Kürze – kaum
mehr als $1\frac{1}{2} - 2$ Seiten) den wesentlichen methodischen Mangel, insofern „trans-
zendente" Hilfsmittel zu benutzen, als er wesentlich auf einer Anwendung den
von Urysohn und mir bewiesenen („*allgemeinen*") Metrisationssatzes (Comptes
Rendus, 177) beruht. Wenn Sie mir meine diesbezügliche Meinung zu äußern   [4]
erlauben, würde ich mich dringend für die Veröffentlichung Ihres Beweises aussprechen: ich halte den Satz für prinzipiell interessant und für das Verständnis
des Wesen der Kompaktheit durchaus wichtig; schon das allein würde genügen,
einen (von jeglichen Metrisationssätzen unabhängigen) Beweis als sehr wünschenswert zu betrachten. Ihr Beweis bietet aber noch das hohe Interesse eines
sehr eigenartigen Erweiterungssatzes; ich würde einen solchen Satz bestimmt
publizieren. Die Arbeit von Niemytzki und Tychonoff ist Mitte dieses Winters   [5]
entweder in die „Fundamenta" oder in den „Récueil Mathematique" der Moskauer mathematischen Gesellschaft eingereicht worden: ich habe das druckfertige
Manuskript gelesen und den Verfassern diese beiden Zeitschriften empfohlen,
ich weiß aber nicht, welche von diesen Zeitschriften sie vorgezogen haben – auch  [6]
ich bekam nämlich von ihnen kein weiteres Lebenszeichen!

Die letzten Sierpinskischen Sachen halte auch ich für sehr interessant. Insbesondere finde ich, daß es sehr wichtig ist, zu wissen, daß es für alle Komplementärmengen zu den Suslinschen Mengen eine gewisse „Standard–Menge" gibt – in dem Sinne, daß jedes Komplement als ein stetiges Bild dieser „Standard-[7] Menge" aufgefasst werden kann. Wissen Sie übrigens etwas darüber, wie sich die Sachen verhalten, wenn man nur eineindeutige und (in einer Richtung) stetige Abbildungen betrachtet? M.a.W.:

Gibt es eine Menge $\underline{M}$ von der Art, daß jede Komplementärmenge zu einer Suslinschen Menge ein *eineindeutiges* stetiges Bild der Menge $\underline{M}$ ist? – oder gibt es unter den Komplementärmengen eine besondere Klasse sozusagen „quasi–Borelscher" Mengen (die sich dann durch die letztere Eigenschaft auszeichnen würden)?

In diesem Augenblick – da ich die Sierpińskische Arbeit nicht vor mir habe – weiß ich nicht, ob nicht die Antwort auf meine Frage implizite bereits bei Sierpiński selbst gegeben ist.

Ich persönlich interessiere mich immer mehr und mehr für einen kombinato-[8] rischen Aufbau der Dimensionstheorie; es ist geradezu überraschend, wie viele – scheinbar mengentheoretische Eigenschaften – geometrischer Gebilde letzten Endes kombinatorischen Ursprunges sind und zwar in einem anderen Sinne, als ich noch vor Kurzem dachte; gänzlich unerwartete Zusammenhänge treten auf diesem Wege manchmal als Sätze, öfter als Probleme – auf – bis zu Zusammenhängen mit der Theorie der Knoten! Hoffentlich, sehen wir uns verhältnismäßig bald: es wäre mir überaus interssant, über viele Dinge aus diesem Gedankenkreis Ihre Meinung zu wissen.

Aus dem beigefügten Programm einer New Yorker Tagung können Sie schließen, wie stark die topologischen Interessen (allerlei Art) die amerikanischen mathematischen Gemüter beherrschen (– was die nicht mathematischen Gemüter der Amerikaner betrifft, so werden sie auch anderweitig stark in Anspruch genommen – so durch den Fußball, Bridge, immer neue Tänze und die mit den letzteren wohl im Einklang stehenden, immer mehr gegen Null konvergierenden Bekleidungsmoden der Damen!)

Ich bleibe hier bis zum 25. Mai – an welchem Tage ich mit dem Dampfer „Carmania" wieder nach Europa zurückkehre. Am 4. Juni hoffe ich bereits in Göttingen zu sein (wo ich wieder den ganzen Sommer, d. h. den Rest des Sommersemesters) zu verbleiben beabsichtige.

Sehr gerne möchte ich Ausführlicheres von Ihnen hören. Wie war es in Italien? Hoffentlich haben Sie Sich dort gut erholen können? Wie geht es Ihnen jetzt gesundheitlich? Auch möchte ich sehr gerne wissen, welche Vorlesungen Sie im kommenden Sommersemester halten werden. Haben Sie irgendwelche bestimmte Pläne bezüglich des Bologneser Kongresses? Diese Frage interessiert mich auch von einem allgemeineren Standpunkte aus, weil ich über dieselbe sehr verschiedene Gesichtspunkte aus Deutschland mitgeteilt bekomme, die mich geradezu verwirren: die einen sagen, es wäre für deutsche Mathematiker durchaus angebracht, an diesem Kongresse teilzunehmen, die anderen betrach-[9] ten eine solche Teilnahme beinahe als ein Verbrechen! Ihre Meinung darüber wäre mir sehr interessant.

Mit den besten und herzlichsten Grüßen an Sie und Ihre Frau Gemahlin

Ihr aufrichtig ergebener
Paul Alexandroff.

PS. Als Adresse für den Sommer genügt: Göttingen, Weender Landstr. 2, Mathematisches Institut der Universität (nähere Adresse werde ich rechtzeitig angeben).

[Als Beilage lag dem Brief das Programm des 260. „Regular Meeting" der AMS bei, welches am 6. und 7. April 1928 in New York City stattfand.]        [10]

## Anmerkungen

**[1]** HAUSDORFF, F.: *Lipschitzsche Zahlensysteme und Studysche Nablafunktionen.* Journal für reine und angewandte Mathematik (Crelle) **158** (1927), 113–127 ([H 1927c]), wiederabgedruckt mit Kommentar im Band IV dieser Edition, S. 469–486.

**[2]** Außer den drei in Anmerkung [2] zum Brief vom 6. 3. 1927 genanten Comptes-Rendus-Noten, die ALEXANDROFF an HAUSDORFF schicken wollte, könnte es sich um Separata der folgenden in den Jahren 1926 und 1927 erschienenen Arbeiten gehandelt haben: ALEXANDROFF, P.: *Simpliziale Approximationen in der allgemeinen Topologie.* Math. Annalen **96** (1926), 489–511. Ders.: *Über kombinatorische Eigenschaften allgemeiner Kurven.* Ebenda, 512–554. Ders.: *Über stetige Abbildungen kompakter Räume.* Ebenda, 555–571. Ders.: *Sur la dimension des ensembles fermés.* Comptes Rendus Academie Paris **183** (1926), 640–642. Ders.: *Sur les multiplicités cantoriennes et le théorème de Phragmèn-Brouwer généralisé.* Ebenda, 722–724. Ders.: *Darstellung der Grundzüge der Urysohnschen Dimensionstheorie.* Math. Annalen **98** (1927), 31–63. ALEXANDROFF, P.; URYSOHN, P.: *Über nulldimensionale Punktmengen.* Math. Annalen **98** (1927), 89–106. URYSOHN, P.: *Sur les classes (L) de M. Fréchet. (Note posthume rédigée par Paul Alexandroff.)* Enseignement Math. **25** (1926), 77–83. Ders.: *Exemple d'une série entière prenant, sur son cercle de convergence, un ensemble de valeurs non mesurable B.* Comptes Rendus Academie Paris **183** (1926), 548–550. Ders.: *Beispiel eines nirgends separablen metrischen Raumes.* Fundamenta Math. **9** (1927), 119–121. Ders.: *Une propriété des continus de M. Knaster.* Fundamenta Math. **10** (1927), 175–176. Ders.: *Sur un espace métrique universel I, II.* Bulletin des Sciences Mathématiques (2) **51** (1927), 43–64, 74–90. Ders.: *Über im kleinen zusammenhängende Kontinua. (Aus dem Nachlaß herausgegeben von Paul Alexandroff.)* Math. Annalen **98** (1927), 296–308.

**[3]** Die Manuskripte zu HAUSDORFFs Erweiterungssatz vom November und Dezember 1925 sind in HAUSDORFFs Nachlaß vorhanden: NL HAUSDORFF : Kapsel 26b : Faszikel 95, Bll. 39–55. Das letzte dieser Manuskripte stammt vom

22. 12. 1925. Hausdorff formuliert dort seinen Erweiterungssatz folgendermaßen ($A$ und $\overline{A}$ sind metrische Räume):

F sei in $A$ abgeschlossen und mit einer beschränkten Menge $\overline{F}$ homöomorph. Diese Homöomorphie lässt sich zu einer Homöomorphie zwischen $A$ und einem (geeigneten) Raum $\overline{A}$ erweitern. (A. a. O., Bl. 39)

[4] ALEXANDROFF, P.; URYSOHN, P.: *Une condition nécessaire et suffisante pour qu'une classe (L) soit une classe (B)*. Comptes Rendus Academie Paris **177** (1924), 1274–1276.

[5] HAUSDORFF hat seinen Erweiterungssatz erst 1930 publiziert: HAUSDORFF, F.: *Erweiterung einer Homöomorphie*. Fundamenta Math. **16** (1930), 353–360 ([H 1930b]), Wiederabdruck im Band III dieser Edition, S. 457–464. Im Kommentar zu dieser Arbeit (Band III, S. 465–469) wird u. a. auch auf die Ursache der verzögerten Publikation und auf das Verhältnis von HAUSDORFFs Arbeit zu der von NIEMYTZKI und TYCHONOFF eingegangen.

[6] NIEMYTZKI und TYCHONOFF wählten für die Publikation die Fundamenta Mathematicae: NIEMYTZKI, V.; TYCHONOFF, A. N.: *Beweis des Satzes, dass ein metrisierbarer Raum dann und nur dann kompakt ist, wenn er in jeder Metrik vollständig ist*. Fundamenta Math. **12** (1928), 118–120. HAUSDORFF hat in [H 1930b] kurz darauf hingewiesen, daß der von NIEMYTZKI und TYCHONOFF „auf anderem Wege" bewiesene Satz „eine einfache Konsequenz" aus seinem Erweiterungssatz ist ([H 1930b], S. 359; Band III, S. 463).

[7] Die beiden einschlägigen Arbeiten von W. SIERPIŃSKI zu diesem Thema sind: SIERPIŃSKI, W.: *Sur les projections des ensembles complémentaires aux ensembles (A)*. Fundamenta Math. **11** (1928), 117–122. Ders.: *Sur une propriété des complémentaires analytiques*. Bulletin International de l'Académie Polonaise des Sciences Mathématiques et Naturelles. Serie A: Sciences Mathématiques. Jahrg. 1927, Cracovie 1928, 449–458.

[8] Eine zusammenfassende Darstellung der von ihm in dieser Richtung erzielten Ergebnisse gab ALEXANDROFF in: ALEXANDROFF, P.: *Dimensionstheorie. Ein Beitrag zur Geometrie der abgeschlossenen Mengen*. Math. Annalen **106** (1932), 161–238. Diese umfangreiche am 23. 5. 1931 bei den Annalen eingegangene Arbeit ist aus einer Vorlesung hervorgegangen, die ALEXANDROFF im Sommersemester 1930 in Göttingen gehalten hat. Die wichtigsten Resultate ohne Beweise sind 1930 in zwei kurzen Noten publiziert worden: ALEXANDROFF, P.: *Sur la théorie de la dimension*. Comptes Rendus Acad. Paris **190** (1930), 1102–1105; Ders.: *Analyse géométrique de la dimension des ensembles fermés*. Comptes Rendus Acad. Paris **191** (1930), 475–477.

In der klassischen Monographie *Dimension Theory* von W. HUREWICZ und H. WALLMAN (Princeton University Press 1941) wird ALEXANDROFFs Theorie im Kapitel VIII „Homology and Dimension" behandelt; in der Einleitung dieses

Kapitels heißt es:

> The main goal of this chapter is the characterization of dimension by algebraic properties (Theorem VIII 3) due to Alexandroff. (A. a. O., 2. Aufl., Princeton 1948, S. 108)

In einer Fußnote verweisen HUREWICZ und WALLMAN auf die oben zitierte Annalenarbeit. Zur Geschichte der Dimensionstheorie s. auch Band III dieser Edition, S. 840–853.

[9]  Der 8. Internationale Mathematikerkongreß fand im September 1928 in Bologna statt. Zu den Nachkriegskongressen 1920 und 1924 waren deutsche Mathematiker nicht eingeladen worden. Der Präsident des Bologneser Kongresses, SALVATORE PINCHERLE (1853–1936), hatte sich dafür eingesetzt, daß die Deutschen wieder zugelassen waren. Die Einladung aus Bologna hatte im Vorfeld des Kongresses unter einigen deutschen Mathematikern eine heftige Kontroverse ausgelöst: Die Göttinger Mathematiker unter Führung HILBERTs sprachen sich für eine Teilnahme aus; die Berliner Mathematiker mit L. BIEBERBACH an der Spitze waren, unterstützt von dem Holländer BROUWER, für einen Boykott. HILBERTs Position setzte sich weitgehend durch: Deutschland stellte mit 76 Teilnehmern die stärkste ausländische Delegation in Bologna (s. dazu auch den einleitenden Artikel von N. SCHAPPACHER in *Ein Jahrhundert Mathematik 1890–1990. Festschrift zum Jubiläum der DMV*. Vieweg, Braunschweig 1990, 1–82, dort S. 55).

[10]  Das Programm ist publiziert in Bulletin of the AMS **34** (1928), 419–432.

**Brief**  FELIX HAUSDORFF ⟶ PAUL ALEXANDROFF

Bonn, Hindenburgstr. 61
14. Juni 1928

Lieber Herr Alexandroff!

Hoffentlich sind Sie wohlbehalten in dem verrücktesten der fünf Erdteile gelandet, wo ich Sie herzlich willkommen heisse. Ich rechne wieder auf den traditionellen Besuch in Bonn!

Für Ihren ausführlichen Brief aus Princeton, die Karte aus Chicago und die 7 Separata (von Ihnen und Urysohn, Hopf und Pontrjagin) danke ich Ihnen bestens.

Ihr Interesse für meinen Erweiterungssatz freut mich sehr, aber vielleicht halten Sie ihn für topologisch, während ich ihn von vornherein nur für metrische Räume aufstelle. Mein Beweisprincip ist wieder so eine witzige Entfernungsdefinition wie bei den $G_\delta$ in vollständigen Räumen; wenn $F$ in $A$ abgeschlossen und mit $\overline{F}$ homöomorph ist, wird $A$ in einen Raum $\overline{A}$ ummetrisiert derart, dass $F$ in $\overline{F}$ übergeht. Leider muss ich bis jetzt $\overline{F}$ als beschränkt voraussetzen ($A$ *kann* ich als beschränkt voraussetzen) und kann mich nicht zur Publication entschliessen, so lange ich diese Voraussetzung nicht beseitigt habe, die doch

[1] wahrscheinlich unnötig ist.

In den Osterferien war ich mit meiner Frau in Italien, vier Wochen in Levanto, wo sich zum Schluss ein Mathematikerkongress entwickelte (Hensel, Courant, Neugebauer, H. Lewi) und dann drei Wochen in Rom. In Levanto war schlechtes Wetter und in Rom Autotobsucht, Wind und Staub, sodass ich dort eine Angina bekam und mich erst jetzt allmählich von der Erholung erhole. Ich lese jetzt algebraische Zahlen 4 stündig, werde aber vermutlich nicht in grössere Tiefen eindringen können, da ich eine Woche später angefangen habe und infolge katholischer Feiertage viele Stunden ausfallen. (Heute wieder, diesmal

[2] wegen eines Studentenausflugs zur Kölner Pressa!) Ich freue mich über den neuen Kollegen Toeplitz, mit dem ich – obwohl er sich für Mengenlehre nicht interessiert – doch mehr Berührungspunkte habe als mit den übrigen Bonner

[3] Mathematikern. – Die Sache mit Bologna ist wohl mehr Gefühls- als Verstandesangelegenheit; ich werde nicht hingehen, würde es aber wahrscheinlich auch

[4] sonst nicht getan haben, da ich das sommerliche Italien als sichere Anwartschaft auf Darmstörungen betrachte. Nun hoffe ich Ihre Fragen alle beantwortet zu haben.

Ich muss wohl doch noch auf meine alten Tage (ich werde wirklich am 8. Nov. 60 Jahre alt!) Topologie lernen, was insofern eine Zeitverschwendung ist,

[5] als ich damit lieber bis zum Erscheinen Ihres Buches warten sollte. In Ihrer Arbeit über simpliciale Approximationen (Math. Ann. 96) habe ich dieser Tage ein Versehen bemerkt, das – wenn ich Sie nicht missverstanden oder mich sonst geirrt habe – zu einer Verschärfung der Approximationsbedingungen nötigt, um

[6] Ihren Hauptsatz aufrechtzuerhalten. Der Beweis der Ungleichung (15) ist nicht richtig, da in (20) statt $k$ der Index $r$ stehen müsste. Ein nachher folgendes Beispiel zeigt, dass (15) in der Tat nicht richtig zu sein braucht, wonach die Überdeckungen (22) keine $(\varepsilon, n+1)$–Überdeckungen mit beliebig kleinem $\varepsilon$ darstellen und der Schluss auf $\dim R \leq n$ wegfällt, und dass in der Tat $n$-dimensionale Komplexe einen mehr als $n$-dimensionalen Raum approximieren können.

Ein kompakter metrischer Raum $C$ werde mit einer Folge von Überdeckungen

$$C = \Phi_1^m \dotplus \Phi_2^m \dotplus \cdots \qquad \text{(endlich viele abgeschlossene Summanden)}$$

versehen, von denen nur vorausgesetzt wird:

($\alpha$) Zwei verschiedene Punkte $x, y$ gehören für hinlängliches grosses $m$ niemals demselben Summanden $\Phi_s^m$ an.

Damit werde ihr simplicialer Raum $R$ gebildet, dessen Punkte die Ketten

$$\xi = (S_1(x), S_2(x), \ldots) = f(x)$$

sind, wo $S_m(x)$ die Menge aller Indices $s$ mit $x \in \Phi_s^m$ bedeutet. Da für $x \neq y$ wegen ($\alpha$) schliesslich $S_m(x) S_m(y) = 0$ ist, ist $f(x) \neq f(y)$, $R$ schlichtes Bild von $C$. Ferner ist $R$ stetiges Bild von $C$, also mit $C$ homöomorph. Denn ist $\varepsilon_m(x)$ die Entfernung des Punktes $x$ von der Summe derjenigen $\Phi_s^m$, die $x$ nicht enthalten, (wenn $x$ in allen $\Phi_s^m$ enthalten ist, sei etwa $\varepsilon_m(x) = 1$), so folgt aus $xy \leq \varepsilon_m(x)$ : $S_m(y) \subseteq S_m(x)$, und also für hinlänglich kleines $xy \; (< \varepsilon_1(x), \ldots, \varepsilon_m(x))$ : $y \in U_m(x)$.

$C$ wird also in Ihrem Sinne simplicial approximiert, und wenn wir $C$ mit $R$ identifizieren, so ist $\Phi_s^m$ die Menge der $x$, deren $m^{\text{te}}$ Koordinate $S_m(x)$ den Eckpunkt $s$ enthält. Ist $\delta_m = \max\limits_{s} d(\Phi_s^m)$ der grösste Durchmesser der Summanden bei der $m^{\text{ten}}$ Überdeckung, so haben Sie $\delta_m \longrightarrow 0$ behauptet; dies wird widerlegt, wenn wir zeigen, dass $(\alpha)$ ohne diese (zwar hinreichende, aber nicht notwendige) Bedingung erfüllbar ist.

Ich ziehe in der $xy$-Ebene eine Schar äquidistanter Parallelen $y = ax + bk$ ($a > 0$, $b > 0$ und fest, $k = 0, \pm 1, \pm 2, \cdots$), die die Ebene mit Streifen

$$P_k : \qquad bk \leq y - ax \leq b(k+1)$$

überdecken. Damit zwei Punkte $x_1, y_1$ und $x_2, y_2$ demselben Streifen angehören, muss für $x = x_1 - x_2$, $y = y_1 - y_2$

$$\mid y - ax \mid \leq b$$

sein. Lassen wir die Parameter $a$, $b$ eine Folge $a_m$, $b_m$ beschreiben, wodurch wir Streifen $P_k^m$ erhalten; damit die beiden Punkte im selben Streifen der $m^{\text{ten}}$ Überdeckung liegen, muss

$$(*) \qquad \mid y - a_m x \mid \leq b_m$$

sein. Nimmt man z. B. $a_m \to 0$, $b_m \to 0$, $\dfrac{b_m}{a_m} \to 0$ an, so ist die Ungleichung $(*)$ (bei 2 verschiedenen Punkten) nur für endlich viele $m$ möglich, denn für unendlich viele $m$ folgt $y = 0$, $|x| \leq \dfrac{b_m}{a_m}$, $x = 0$. Ist nun z. B. $C$ das Quadrat $0 \leq \genfrac{}{}{0pt}{}{x}{y} \leq 1$, so erhalten wir eine Folge von Überdeckungen

$$C = \underset{k}{\mathfrak{S}} \, CP_k^m = \underset{k}{\mathfrak{S}} \, \Phi_k^m,$$

die $(\alpha)$ erfüllen und wobei stets $\delta_m \geq 1$. – Da hierbei jedes $x$ höchstens zwei Mengen $\Phi_k^m$ der $m^{\text{ten}}$ Überdeckung angehört, sind alle Komplexe $\mathcal{K}_m$ eindimensional und approximieren doch einen zweidimensionalen Raum!

Man muss also den Begriff der simplicialen Approximation so verschärfen, dass die Bedingung $\delta_m \to 0$ erfüllt ist. Das lässt sich so (und auch wohl nicht anders) machen, dass man Ihre Bedingung

4°.  Für zwei verschiedene Ketten $(S_1, S_2, \ldots)$ und $(T_1, T_2, \ldots)$ ist schliesslich $S_m T_m = 0$

zu einer *gleichmässig* geltenden umwandelt (die natürlich erst dann ihre Stelle finden kann, nachdem Sie $R$ als topologischen Raum nachgewiesen haben), nämlich:

5°. Für zwei disjunkte abgeschlossene Mengen $\Phi$, $\Psi$ des Raumes $R$ giebt es eine Zahl $m_0$ derart, dass für je zwei Ketten aus $\Phi$ und $\Psi$

$$S_m\, T_m = 0 \quad \text{für } m \geq m_0.$$

Es ist leicht zu sehen, dass diese Bedingung zur Gültigkeit von $\delta_m \to 0$ (im irgendwie metrisierten Raume $R$) notwendig und hinreichend ist. Notwendig: sobald $\delta_m$ kleiner als die untere Entfernung zwischen $\Phi$, $\Psi$ ist, gehören zwei Punkte von $\Phi$ und $\Psi$ nicht mehr demselben $\Phi_s^m$ an. Und hinreichend: Wären unendlich viele $\delta_m \geq \delta > 0$ und etwa (bei passender Numerirung) $\Phi_1^m$ vom Durchmesser $\geq \delta$, so sei $x_m$, $y_m$ ein Punktpaar aus $\Phi_1^m$ mit $x_m y_m \geq \delta$, ferner bei Beschränkung auf eine Teilfolge $x_m \to x$, $y_m \to y$, $xy \geq \delta$. Seien dann $\Phi$, $\Psi$ die Mengen der Punkte, die von $x, y$ eine Entfernung $\leq \dfrac{\delta}{3}$ haben. Dann ist unendlich oft $x_m \in \Phi$, $y_m \in \Psi$, und die $m^{\text{ten}}$ Koordinaten von $x_m$, $y_m$ haben die Ecke 1 gemein, im Widerspruch zu 5°.

Diese Rettungsmöglichkeit für Ihren Hauptsatz freut mich weit mehr als die Entdeckung des Versehens, denn es wäre schade gewesen, wenn sich Ihre schöne Idee, die gerade wegen ihrer abstrakten Fassung meinem Geschmack besonders zusagt, nicht hätte halten lassen.

Übrigens lässt sich wohl das Ganze vereinfachen, wenn man die Zwischenstationen der Gruppen und ausgezeichneten Folgen ganz übergeht und direkt auf die Ketten lossteuert. Also: $\mathcal{K}_1$, $\mathcal{K}_2$, ... sei eine Folge von Komplexen; $S_m$, $T_m$ bedeuten Simpla $\in \mathcal{K}_m$. Gewisse Folgen

$$s = (S_1, S_2, \ldots)$$

werden als Ketten bezeichnet, mit folgenden Postulaten:

1° Für jedes $S_m \in \mathcal{K}_m$ kommt ein $T_m \supseteq S_m$ in einer Kette vor. (Das ist übrigens unwesentlich und bedeutet nur, dass man den kleinstmöglichen Komplex $\mathcal{K}_m$ betrachtet, der alle wirklich vorkommenden $S_m$ enthält.)

2° Wenn alle Abschnitte $(S_1, \ldots, S_m)$ einer Folge $(S_1, S_2, \ldots)$ Abschnitte von Ketten sind, so giebt es eine Kette $t = (T_1, T_2, \ldots)$ mit $T_1 \supseteq S_1$, $T_2 \supseteq S_2$, ... Sodann käme das vorhin genannte Trennungspostulat 4° und schliesslich 5°.

Für eine Folge von Überdeckungen

$$C = \underset{s}{\mathfrak{S}}\ \Phi_s^m$$

werden die Ketten wie oben: $\xi = (S_1(x), S_2(x), \ldots)$ definiert.

Noch eine sprachliche Schlussbemerkung: die Bezeichnung Simplex ist im Deutschen unerfreulich, wegen des zweifelhaften Geschlechts (der oder das?) und des Plurals (die Simplexe, Simplices, Simplicia?). Ich würde statt dessen Simplum, Simpla vorschlagen, was genau so gutes Latein ist wie Simplex. Dass der scheinbare Gleichklang zwischen Simplex und Komplex (simplex, gen. simplicis; complexus, gen. complexus) dann wegfällt, ist nicht zu bedauern. Wenn eine Autorität wie Sie in einem Buche das durchführen würde, wäre es bald allgemeiner Gebrauch!

Grüssen Sie Göttingen, besonders Hilbert, Courant und לנדאו, und seien Sie [7] selbst, auch von meiner Frau, herzlich gegrüsst von Ihrem F. Hausdorff.

## Anmerkungen

[1] Nach langen Bemühungen gelang es HAUSDORFF, seinen Erweiterungssatz ohne diese Voraussetzung zu beweisen, und er publizierte die Resultate in Fundamenta Mathematicae ([H 1930b]); s. dazu auch Anmerkung [5] zum vorhergehenden Brief.

[2] „Pressa" war die Kurzbezeichnung für die Internationale Presseausstellung, die in Köln am 12. Mai 1928 eröffnet wurde und sechs Monate dauerte. Die Ausstellung zählte etwa 5 Millionen Besucher.

[3] OTTO TOEPLITZ (1881–1940) war Ordinarius in Kiel, als er im Herbst 1927 den Ruf nach Bonn als Nachfolger von EDUARD STUDY erhielt. Er nahm zum Sommersemester 1928 seine Lehrtätigkeit in Bonn auf.

[4] Zum Internationalen Mathematikerkongreß in Bologna s. die Anmerkung [9] zum vorhergehenden Brief.

[5] Es klingt für einen heutigen Leser merkwürdig, daß HAUSDORFF, der 1914 in seinem Buch *Grundzüge der Mengenlehre* die allgemeine Topologie als eigenständige mathematische Disziplin begründet hatte, 1928 schreibt, er müsse Topologie lernen. Er meinte hier mit „Topologie" die kombinatorische bzw. algebraische Topologie. Ihr stand er lange sehr skeptisch gegenüber (s. dazu den Essay von E. SCHOLZ: *Hausdorffs Blick auf die entstehende algebraische Topologie*, Band III dieser Edition, S. 865–892, insbesondere Abschnitt 1, dort S. 865–870).

ALEXANDROFF hatte die Arbeit an einem Buch über Topologie begonnen; diese Arbeit mündete in das bekannte Werk *Topologie I* von ALEXANDROFF und HOPF, Springer-Verlag, Berlin 1935.

[6] HAUSDORFF nimmt hier Bezug auf ALEXANDROFF, P.: *Simpliziale Approximationen in der allgemeinen Topologie.* Math. Annalen **96** (1926), 489–511. ALEXANDROFFs langfristigem Ziel folgend, die kombinatorischen Eigenschaften gewisser Klassen von Punktmengen zu untersuchen, bestand die Grundidee dieser Arbeit darin, jeder kompakten Menge eines topologischen Raumes eine Folge (abstrakter) Komplexe zuzuordnen, die einer Reihe von Bedingungen (Axiomen) genügt. Solche speziellen Folgen nannte ALEXANDROFF approximierende Spektren. Dabei werden $n$-dimensionale Mengen durch Folgen $n$-dimensionaler Komplexe, aber nie durch Folgen von Komplexen niedrigerer Dimension als $n$ approximiert. ALEXANDROFFs Hauptsatz in dieser Arbeit (S. 495) besagt, daß

genau die kompakten metrisierbaren topologischen Räume durch ein approximierendes Spektrum definiert werden können.

HAUSDORFF weist im folgenden durch die Konstruktion eines Gegenbeispiels nach, daß die bei ALEXANDROFF auf S. 500 angegebene Ungleichung (15) im allgemeinen nicht gilt. Das Gegenbeispiel zeigt, daß es bei ALEXANDROFFs Fassung des Begriffs des approximierenden Spektrums passieren kann, dass ein zweidimensionaler Raum (Quadrat in der Ebene) durch eine Folge eindimensionaler Komplexe approximiert wird. Zugleich zeigt HAUSDORFF, wie man den ALEXANDROFFschen Begriff des approximierenden Spektrums verschärfen muß, damit dessen Hauptsatz erhalten bleibt (s. dazu auch den in der vorigen Anmerkung genannten Essay im Band III dieser Edition, speziell S. 870–871).

Zum Verhältnis von klassischer Analysis Situs und allgemeiner (mengentheoretischer) Topologie, insbesondere auch zu ALEXANDROFFs Bemühungen um eine Synthese, s. auch BRIESKORN, E.; SCHOLZ, E.: *Zur Aufnahme mengentheoretisch-topologischer Methoden in die Analysis Situs und geometrische Topologie*, Band II dieser Edition, S. 70–75.

[7] Hier schreibt HAUSDORFF den Namen „Landau" mit hebräischen Buchstaben. Dies mag eine scherzhafte Anspielung darauf gewesen sein, daß LANDAU dem Zionismus nahestand. Wenn es sich auf LANDAUs jüdische Herkunft bezogen hätte, hätte HAUSDORFF auch den Namen „Courant" hebräisch schreiben müssen.

**Brief** PAUL ALEXANDROFF $\longrightarrow$ FELIX HAUSDORFF

Göttingen, Friedländerweg, 59. Den 18. VI. 1928.

Lieber und hochverehrter Herr Hausdorff!

Herzlichen Dank für Ihren Brief, der mich natürlich sehr aufgeregt hat.

Sie haben gewiss recht – das von Ihnen gefundene Versehen in meiner Ar-
[1] beit über die abstrakten Simplizialapproximationen nötigt – *wenn man bei der in der erwähnten Arbeit dargestellten Methode der Simplizialapproximationen bleibt* – zu der von Ihnen vorgeschlagenen Verschärfung meines Trennungsaxioms (für deren Mitteilung ich Ihnen zu einem umsogrößeren Dank verpflichtet bin) und diese Verschärfung (wie Sie es auch selbst schreiben und durch Ihr – auch an sich interessantes – Beispiel bewiesen haben) ist, wenigstens inhaltlich *nur* auf die von Ihnen vorgeschlagene Weise möglich. Ich könnte hierzu höchstens nur noch bemerken, daß – wie aus Ihrem Beweise des Hinreichens des Zusatzaxioms 5 folgt, letzteres – wenn ich mich nicht irre – in einer ein wenig abgeänderten und den Definitionen meiner Arbeit vielleicht besser angepassten Form ausgesprochen werden könnte: bei Ihrem Beweise benutzen Sie ja

tatsächlich nur die Eigenschaft des „Kettenraumes", daß es zu je zwei verschiedenen Punkten $x$ und $y$ eine Zahl $k$ und zwei zueinander fremde Umgebungen $U(x)$ und $U(y)$ gibt, so daß aus $x' \subset U(x)$, $y' \subset U(y)$ folgt, daß die Punkte $x'$ und $y'$ höchstens $k$ „benachbarte" Koordinaten haben. Vermöge des in meiner Arbeit gegebenen Umgebungsbegriffes würde es also genügen, dem Axiom IV folgende verschärfte Form zu geben:

Axiom IV. Zu je zwei verschiedenen Ketten

$$(4) \qquad S_{1,i_1},\ S_{2,i_2},\ \ldots,\ S_{n,i_n},\ \ldots$$

und

$$(5) \qquad S_{1,j_1},\ S_{2,j_2},\ \ldots,\ S_{n,j_n},\ \ldots$$

gibt es eine Zahl $m$ und eine Zahl $k$, so daß zwei Ketten

$$S_{1,p_1},\ S_{2,p_2},\ \ldots,\ S_{n,p_n},\ \ldots$$

und

$$S_{1,q_1},\ S_{n,q_2},\ \ldots,\ S_{n,q_n},\ \ldots$$

deren erste $m$ Elemente der Reihe nach echte oder unechte Teilsimplexe der entsprechenden Elemente von (4) bzw. (5) sind, höchstens $k$ benachbarte Elemente haben.

Auf diese Weise soll auch die heilige Zahl 4 – die sowohl durch die Anzahl Ihrer Axiome des topologischen Raumes, als auch durch die Anzahl der Elemente, der Jahreszeiten, der Temperamente, der Himmelsrichtungen, der Gradzahlen der lösbaren Gleichungen, der notwendig auftretenden Punkte mit fünfpunktig berührender logarithmischer Schmiegspirale, der Extremitäten bei Mensch und Tier usw. genügend kanonisiert ist, – gerettet werden!

Das alles bezieht sich wie gesagt auf den Fall, wenn man an der Approximationsmethode meiner Arbeit aus Annalen 96 festhalten will. Nun habe ich aber die Methode selbst in diesem Winter abgeändert – und zwar ohne ihren abstrakten Charakter auch im Geringsten zu zerstören. Diese neue Methode, die zu dem (in der beigelegten Comptes–Rendus–Note in voller Ausführlichkeit [2] definierten) Begriffe des *Projektionsspektrum* führt, unterscheidet sich von der alten nur dadurch, daß statt einer beliebigen Folge von unendlich fein werdenden Ueberdeckungen des kompakten metrischen Raumes $F$ sogenannte *Unterteilungsfolgen* dem ganzen Aufbau zugrunde gelegt werden.

Unter einer Unterteilungsfolge von $F$ verstehe ich dabei eine Folge von $\varepsilon_m$-Ueberdeckungen ( $\lim\limits_{m \to \infty} \varepsilon_m = 0$ )

$$(1) \qquad P_1,\ P_2,\ \ldots,\ P_m,\ \ldots$$

wobei die (endlich viele!) Elemente dieser Ueberdeckungen sich so numerieren lassen, daß die Elemente von $P_m$ die abgeschlossenen Mengen $F_{i_1 i_2 \ldots i_m}$ sind, wobei

$$F_{i_1 \ldots i_m} = \sum_{i_{m+1}} F_{i_1 \ldots i_m i_{m+1}} \qquad \text{(und natürlich } \delta(F_{i_1 \ldots i_m}) < \varepsilon_m\text{)}$$

ist. Der Satz, daß zu jeder höchstens $n$-dimensionalen $F$ eine solche Unterteilungsfolge (1) existiert, *daß jede Ueberdeckung $P_m$ eine Ordnung $n + 1$ hat,* rührt von Hurewicz her (einen Beweis für diesen Satz hat er allerdings bis jetzt noch nicht veröffentlicht). *Dieser Satz folgt überdies aus dem Satz I* des zweiten Kapitels meiner neuen Arbeit „Untersuchungen über Gestalt und Lage abgeschlossener Mengen"; den Durchschlag der ersten Hälfte dieses zweiten Kapitels, wo dieser Satz, sowie alle übrigen, für die Begründung des Projektionsspektrum notwendigen Tatsachen bewiesen sind, füge ich diesem Briefe bei, ebenso wie die Einleitung zur ganzen Arbeit (diese Arbeit befindet sich seit 2 Monaten im Druck in den „Annals of Mathematics" – übrigens, als die erste seit dem Kriege eingereichte deutsch geschriebene Arbeit; erscheinen soll sie Ende Dezember). Ich schicke Ihnen nur die erste Hälfte dieses zweiten Kapitels, weil ich seinerzeit dummerweise in den Durchschlag keine Formeln eingetragen habe; nun besteht aber der zweite Teil des Kap. II (der dem Beweise des bereits in den letzten Seiten des ersten Teiles und in der C. R. –Note ausgesprochenen „Homöomorphiesatzes" gewidmet ist) fast ausschliesslich aus Formeln, und die alle jetzt einzutragen, wäre für mich eine furchtbar anstrengende und langwierige Arbeit (wo ich doch kein Original habe).

Wenn man nun konsequent *nur Unterteilungsfolgen* betrachtet und sie zur Grundlage der Spektrumkonstruktion macht, so werden die Komplexe des Spektrums einfach durch simpliziale Abbildungen miteinander verbunden. Wenn man sich auf *diskrete* Komplexe beschränkt (in denen ein Simplex die endliche Menge seiner „Eckpunkte" ist) – wie das in der Approximationstheorie durchaus das Richtige ist – so ist eine *simpliziale Abbildung eines Komplexes* $K$ auf den Komplex $Q$ eine Operation, die darin besteht, daß jedem Eckpunkt $a$ von $K$ ein bestimmter Eckpunkt $f(a)$ von $Q$ zugeordnet wird, so daß 1) wenn $a_{i_1}$, $a_{i_2}$, ..., $a_{i_s}$ Eckpunkte *eines* Simplexes von $K$ sind, sind die *(nicht notwendig verschiedene)* Eckpunkte $f(a_{i_1})$, $f(a_{i_2})$, ..., $f(a_{i_s})$ Eckpunkte *eines* Simplexes von $Q$; 2) Für jedes Simplex $B$ von $Q$ gibt es mindestens ein Simplex $A$ von $K$, so daß $B = f(A)$ ist. (Dabei sind auch die Seiten der Simplexe von $K$, $Q$ als Simplexe dieser Komplexe zu betrachten). (Die simplizialen Abbildungen sind in Fußnote (4) der ersten Seite der C. R. –Note definiert.) Diese Abbildungen sind eben die „Projektionen"; dadurch wird der Kettenbegriff auf eine viel natürlichere und einfachere Weise eingeführt, die meisten Axiome fallen überhaupt weg (weil sie aus dem Begriff der simplizialen Abbildung automatisch folgen), und *das Trennungsaxiom – wenn ich mich nicht irre – bedarf keiner Verschärfung.* Der Begriff des Projektionsspektrums und des durch ein solches Spektrum definierten Raumes befindet sich auf S. 8–10 der Einleitung, sowie in der Comptes Rendus–Note, der Beweis des Approximationssatzes auf den Seiten 5–8 des „zweiten Kapitels", um keine Kleinigkeit unbewiesen zu lassen, habe ich eben noch eine Seite 8a hinzugefügt, wo einige, auf der Seite 8 als „leicht beweisbare" bezeichnete Tatsachen in allen Einzelheiten bewiesen werden. Hoffentlich ist in dieser neuen Auffassung des Approximationsbegriffes alles in Ordnung!

Wenn auch durch die von Ihnen vorgeschlagene Verschärfung des Trennungsaxioms bei der ersten Fassung des Approximationsbegriffes einerseits und durch die inzwischen entstandene zweite Fassung dieses Begriffes andererseits, der Begriff selbst wohl im vollem Maße in Ordnung gebracht ist, ändert das nichts an der Tatsache, daß in meiner Arbeit aus den Annalen 96 ein Fehler steht, und daß er von Ihnen zum ersten Mal entdeckt worden ist. Es ist also jedenfalls notwendig, die entsprechende Berichtigung erscheinen zu lassen. Mir wäre es am liebsten, wenn neben Ihrem Zusatzaxiom und dessen Begründung durch Ihr Beispiel (welches ich übrigens auch an sich interessant finde), auch gesagt wäre, daß auch eine andere Auffassung des Approximationsbegriffes besteht, die das Trennungsaxiom in seiner ursprünglichen *Form* (wenn auch natürlich mit einem anderen Inhalte) aufrecht zu erhalten erlaubt und die – unabhängig von Ihrer Kritik und sogar vor ihr – (in meiner C.R.–Note) publiziert worden ist. Vielleicht könnte man dabei auch die Definition des Projektionsspektrum geben – ich finde sie auch sonst ganz hübsch, jedenfalls hat sie mir viel Freude gemacht – und wegen der Beweise auf die Arbeit in den „Annals" verweisen (die übrigens wahrscheinlich noch früher erscheint, als diese Berichtigung). Nun ist natürlich die Frage, ob Sie selbst diese Note als eine – wirklich berechtigte! – Kritik meiner Arbeit in die Annalen einreichen, oder ob Sie es mir überlassen, eine Berichtigung zu veröffentlichen, wo ich den Tatsachen entsprechend sage, daß Sie mich auf die Notwendigkeit der (folgenden) Verschärfung des Trennungsaxioms in freundlicher Weise aufmerksam gemacht und diese Notwendigkeit durch das (folgende) Beispiel begründet haben, usw. Ob der eine oder der andere Weg vorzuziehen ist – bitte ich Sie zu entscheiden.    [4]

Das ist aber noch nicht alles: der durch Ihre Kritik (oder besser gesagt durch meinen, Ihre Kritik hervorgerufenen Fehler) ausgelöste Trubel geht noch weiter: in einer vor Kurzem erschienenen Arbeit „Ueber das Verhalten separabler Räume zu kompakten Räumen" (Proceedings Amsterdam, 30, S. 425) hat Hu-    [5] rewicz den schönen Satz bewiesen, daß es zu jedem separablen Raum $R$ von der Dimension $k$ einen kompakten Raum $F$ von derselben Dimension gibt, welcher eine dem Raume $R$ homöomorphe Teilmenge enthält. Nun besteht der Hurewiczsche Beweis darin, daß er von einer Folge von unendlich fein werdenden und überdies gewissen Nebenbedingungen genügenden (endlichen) Ueberdeckungen von $R$ ausgehend einen im meinen Sinne „simplizialen" Raum $F$ konstruiert, der den gewünschten Bedingungen genügt. Den Nachweis, daß $\dim F = k$ will Hurewicz dadurch geführt haben, daß er zeigt, daß er in meinem Sinne durch $k$-dimensionale Komplexe approximiert wird, wobei er natürlich nur die bei mir angegebene Trennungsbedingung verifiziert. Durch Ihre Kritik kommt daher – wenigstens formal – auch der Hurewiczsche Satz in's Schwanken: ich habe mir noch nicht überlegt, ob bei der Hurewiczschen Konstruktion das verschärfte Trennungsaxiom von selbst erfüllt ist, bzw sich leicht erfüllen läßt; ohne weiteres leuchtet das mir jedenfalls nicht ein. Trotzdem glaube ich kaum, daß die Rettung auch dieses Satzes große Schwierigkeiten machen wird: Hurewicz hat auch für separable nicht kompakte Räume Unterteilungsfolgen konstruiert; wenn man diese Unterteilungsfolgen auch noch die Nebenbedingungen erfüllen lassen kann, von denen Hurewicz in seiner Arbeit spricht, so liefert die Anwendung des Projektionsspektrums sofort das erwünschte Resultat. Ob aber diese Nebenbedingungen auch bei Unterteilungen erfüllt werden können, kann ich einstweilen noch nicht entscheiden, weil ich die nirgends publizierte Hurewiczsche Konstruktion der Unterteilungen nicht kenne (da sie für nicht kompakte Räume gilt, muß sie von der meinigen wesentlich verschieden sein, weil ich aus meiner Konstruktion die Voraussetzung der Kompaktheit jedenfalls nicht ohne weiteres ausschliessen kann). Andererseits sind aber die Hurewiczschen Nebenbedingungen so selbstverständlich und natürlich, daß ich mir nicht vorstellen kann, daß sie bei einer einigermassen vernünftig konstruierten Ueberdeckungsfolge nicht in Erfüllung gebracht werden können. Jedenfalls will ich (nachdem ich Ihre Antwort auf diesen Brief bekomme) baldigst dem Hurewicz über diese Sachen schreiben in der festen Hoffnung, daß er auch seinen Satz in Ordnung bringen können wird.

Wenn man die menschliche Freude messen könnte, würde man sie auch über beliebige Geschehnisse integrieren können und so imstande sein, in jedem einzelnen Falle festzustellen, ob dieses Integral positiv oder negativ ausfällt. So glaube ich, daß auch rein *subjektiv*, dieses Integral auch im Falle des mathematischen Teiles Ihres Briefes für mich einen durchaus positiven Wert hat – *rein subjektiv* – d. h. abgesehen von der Tatsache der nun festgestellten Wahrheit. Das, was ich sogar während des Lesens Ihres Briefes als eine Freude empfunden habe, war die Tatsache, daß Sie mit einer so großen Aufmerksamkeit diese meine Arbeit gelesen haben und sie – trotz des in ihr enthaltenen Versehens – offenbar dieser Aufmerksamkeit wert hielten! Es gibt gewiss keinen Mathematiker, dessen Meinung und dessen Geschmack in diesem ganzen Gebiete ich höher schätze, als die Ihrigen; es gibt nur sehr wenige Mathematiker, deren Meinung ich der Ihrigen gleichstelle, und deswegen war in der ganzen Aufregung für mich auch etwas enthalten, was meine mathematische Stimmung sogar erhob – im guten Sinne des Wortes, – so daß ich Ihnen – von jedem Standpunkt ans – gefühls- und verstandsmäßig – für Ihren Brief sehr aufrichtig und sehr herzlich danke!

[6]     Jetzt über „Simplum" und „Simplex"! Ich persönlich würde mich ohne weiteres an die von Ihnen vorgeschlagene Terminologie – deren Begründung für mich durchaus überzeugend ist – anschliessen. Ich glaube aber nicht, daß sie ohne Schwierigkeiten und gewaltige Widerstände sich durchsetzen wird: die Menschen sind furchtbar konservativ und in ihrem Konservatismus nichts weniger als vernünftig!

Nun ist augenblicklich die Situation die, daß sämtliche kombinatorischen Topologen der beiden Kontinente sich an das Wort Simplex gewöhnt haben und sich kaum davon abgewöhnen lassen werden; ich weiß nicht, ob es Ihnen bekannt ist, mit wieviel Mühe ich den Kampf für die – uns selbstverständlich erscheinenden Bezeichnungen – wie Punkte mit kleinen, Mengen mit großen Buchstaben, abgeschlossene Mengen mit $F$ udgl – gelegentlich, und zwar im Kreise durchaus vernünftiger Leute – führen muss! Besonders schlimm war das in Amerika; übrigens, können sich die Leute dort nicht einmal das Fahrenheitsche Thermometer abgewöhnen! Ich glaube, daß die schönsten Arbeiten auf dem Gebiete der kombinatorischen und halbkombinatorischen Topologie in den nächsten Jahren mit ziemlicher Gewißheit von Hopf zu erwarten sind; da er auch ein Buch über die Topologie der Mannigfaltigkeiten schreibt, würde es natürlich vollständig genügen, ihn für die von Ihnen vorgeschlagene Reform zu gewinnen; jedenfalls werde ich das versuchen.

Der Brief ist so lang geworden, daß für Persönliches weder Platz, noch Zeit bleibt. Nur eines möchte ich Ihnen noch schreiben: es freut mich ganz besonders, daß Sie auch diesmal mir vorschlagen, Sie zu besuchen. Das ist eigentlich auch für mich zu einer Tradition geworden, und dabei zu einer der angenehmsten. Ich danke Ihnen sehr und werde – wenn nicht irgendwelche ganz unerwartete Hindernisse dazwischen kommen, was ja hoffentlich nicht geschieht – ganz bestimmt kommen. Da ich von hier während des Semesters nur schwer weg kann (diesen Sommer habe ich – außer eines ziemlich umfangreichen topologischen Seminars gemeinsam mit Hopf – noch ein mehr oder weniger elementares Kolleg über reelle Funktionen [deskriptive Theorie], was mich natürlich veranlasst, Propaganda für Ihr Buch zu machen!) – kämen für mich, wenn das Ihnen gut passt, für eine Reise nach Bonn vor allem wieder die ersten Tage des August in Betracht. Bitte schreiben sie mir, ob Ihnen diese Zeit genehm ist.

Mit herzlichstem Gruß an Sie und Ihre Frau Gemahlin<br>Ihr<br>Paul Alexandroff

## Anmerkungen

[1] S. dazu Anmerkung [6] zum vorhergehenden Brief.

[2] ALEXANDROFF, P.: *Sur l'homéomorphie des ensembles fermés.* Comptes Rendus Acad. Paris **186** (1928), 1340–1342.

[3] ALEXANDROFF, P.: *Untersuchungen über Gestalt und Lage abgeschlossener Mengen beliebiger Dimension.* Annals of Mathematics **30** (2) (1928), 101–187.

[4] Die Entscheidung fiel dahingehend, daß HAUSDORFF ALEXANDROFF die Berichtigung überließ; diese erschien im Band 101 der Annalen: ALEXANDROFF, P.: *Bemerkung zu meiner Arbeit „Simpliziale Approximationen in der allgemeinen Topologie".* Math. Annalen **101** (1929), 452–456. Die kurze Note beginnt mit folgenden Worten:

> In seinem Briefe vom 14. VI. 1928 hat mich Herr Hausdorff in liebenswürdiger Weise auf ein (von Herrn Hausdorff gleichzeitig beseitigtes) Versehen in meiner Arbeit „Simpliziale Approximationen in der allgemeinen Topologie" aufmerksam gemacht. (S. 452)

Es folgt dann die von HAUSDORFF vorgeschlagene Verschärfung der Trennungsbedingung für zwei Ketten. In einem zweiten Paragraphen gibt ALEXANDROFF das HAUSDORFFsche Gegenbeispiel an, eingeleitet durch die folgende Bemerkung:

> Mit Erlaubnis von Herrn Hausdorff gebe ich hier seine diesbezüglichen Überlegungen im wesentlichen wörtlich wieder. (S. 453)

Schließlich weist ALEXANDROFF auf seine zweite Fassung des Konzepts der Simplizialapproximationen hin:

> Noch vor den kritischen Bemerkungen von Herrn Hausdorff und also unabhängig von ihnen habe ich (in den Arbeiten „Sur l'homéomorphie des ensembles fermés" und „Gestalt und Lage abgeschlossener Mengen"), eine andere Form der abstrakten Simplizialapproximationen gegeben, die wesentlich einfacher ist als die ursprüngliche, und die überdies zu keiner, dem Einwand von Herrn Hausdorff analogen Bemerkung Anlaß gibt, [···] (S. 454–455)

[5] HUREWICZ, W.: *Über das Verhalten separabler Räume zu kompakten Räumen.* Koninklijke Akademie van Wetenschappen te Amsterdam. Proceedings of the Section of Sciences **30** (1927), 425–430. Das Hauptergebnis dieser Arbeit war folgender Satz: Jeder separable metrische Raum von einer endlichen Dimension $n$ ist mit einer Teilmenge eines ebenfalls $n$-dimensionalen kompakten metrischen Raumes homöomorph. Der Beweis beruhte auf ALEXANDROFFs Darstellung kompakter metrischer Räume durch approximierende Spektren. Später gab HUREWICZ für diesen Satz einen Beweis, der auf geschickten sukzessiven Ummetrisierungen beruhte: HUREWICZ, W.: *Über Einbettung separabler Räume in gleichdimensionale kompakte Räume.* Monatshefte für Mathematik und Physik **37** (1930), 199–208. Ob die erneute Beschäftigung mit dem Beweis des HUREWICZschen Einbettungssatzes auf HAUSDORFFs Kritik an der ursprünglichen ALEXANDROFFschen Methode beruhte, muß offen bleiben; HUREWICZ sagt dazu nichts.

[6] Die folgenden Bemerkungen sind eine Antwort auf HAUSDORFFs „sprachliche Schlussbemerkung" am Ende des vorangegangenen Briefes.

**Brief** FELIX HAUSDORFF ⟶ PAUL ALEXANDROFF

Bonn, Hindenburgstr. 61
1. 7. 28

Lieber Herr Alexandroff!

Ich hätte Ihren ausführlichen Brief vom 18. 6. gern etwas früher beantwortet, bin aber gerade in letzter Zeit durch „äussere Kräfte" abgelenkt worden (Steuererklärungen, Fakultätssitzungen u. dgl., allerdings auch zwei erfreuliche Störungen, nämlich Fahrten nach Koblenz und Köln zur Aufführung der

8. Symphonie Mahlers, die ich über alles liebe!) Um die beiden Hauptpunkte vorwegzunehmen, bitte ich Sie,

1) die Berichtigung Ihrer Arbeit in den Math. Annalen Ihnen überlassen zu dürfen, [1]

2) Ihren Besuch in Bonn, auf den ich mich sehr freue, auf den frühsten möglichen Termin und jedenfalls in die „erstesten" (primissimi) Tage des August zu legen, da wir wohl am 6. August verreisen.

Die Projektionsspektra – auf Unterteilungsfolgen beruhend – sind, soviel ich sehe, meinem Einwand nicht unterworfen und bedürfen keines verschärften Trennungsaxioms. Ich hatte sie auch zuerst als Remedur ins Auge gefasst, glaubte aber dabei wegen der Ordnung der Überdeckungen auf Schwierigkeiten zu stossen, die – wie ich aus Ihrem Brief ersehe – durch den Satz von Hurewicz überwunden sind.

Wie steht es mit den Durchschlägen, die Sie mir freundlich beigelegt haben? Ich nehme an, dass Sie sie zurück wünschen, aber vielleicht darf ich sie bis zu Ihrem Besuch behalten. Sie sind ein bischen schwer zu lesen, wegen ihrer Unvollständigkeit und wegen der Korrekturen, aber einen Begriff von Ihren Ideen und der Schönheit dieser Untersuchungen habe ich doch bekommen. Überhaupt sind Ihre Arbeiten die ersten, die in mir eine Neigung zur Topologie erweckt haben. Die kombinatorische Topologie hielt ich früher für etwas unfassbar Langweiliges, und das Colloquiumbuch von Veblen war nicht geeignet, [2] dies Vorurteil zu besiegen. Der Artikel von Alexander (Transact. 28), den Sie [3] mir wohl empfohlen haben, bringt ja grosse Vereinfachungen, scheint mir aber recht schlampig geschrieben; z. B. kann ich in § 14 keinen Beweis finden, dass die Zusammenhangszahlen bei Unterteilung eines Komplexes invariant bleiben; in § 11, 12 glaubt man zunächst, dass *alle* Elementarteiler der betr. Matrizen Torsionszahlen und topologische Invarianten sind, während dies doch nur von denen $> 1$ gilt, u. s. w. Jedenfalls ist aber meine Liebe zur Topologie erwacht und wird früher oder später einmal durch eine Vorlesung über dies Gebiet abreagiert werden müssen. [4]

Der Passus Ihres Briefes über das „positive Integral" der hedonistischen Wirkung meines Schreibens hat mir besondere Freude gemacht; ich glaube, Ihre Schlussfolgerung, dass ich Ihre Arbeiten mit grosser Aufmerksamkeit lese und sie dieser Aufmerksamkeit für wert halte, trifft genau das Richtige!

Also, denken sie an die Kalenden des August!

Mit herzlichen Grüssen

Ihr

F. Haussdorff

[Bemerkung am oberen Rand des Blattes:] Beim Schreiben der Adresse bemerke ich das erste Mal, dass Sie und ich durch homöomorphe Endsilben (droff $\approx$ dorff) verknüpft sind.

### Anmerkungen

[1]  S. dazu Anmerkung [4] zum vorhergehenden Brief.

[2] VEBLEN, O.: *Analysis Situs.* AMS Colloquium Lectures, vol. V. AMS Publ., New York 1922, 1931².

[3] ALEXANDER, J. W.: *Combinatorial Analysis Situs.* Transactions of the AMS **28** (1926), 301–329.
Zu dieser Passage über die kombinatorische Topologie s. den schon mehrfach erwähnten Essay von E. SCHOLZ: *Hausdorffs Blick auf die entstehende algebraische Topologie*, Band III dieser Edition, S. 865–892, dort insbesondere S. 865–874.

[4] Im Sommersemester 1933 hielt HAUSDORFF erstmals eine Vorlesung über *Kombinatorische Topologie*. Seine eigenhändige Ausarbeitung ist im Band III dieser Edition, S. 893–953, vollständig abgedruckt. Ein Kommentar dazu findet sich in dem in Anmerkung [3] genannten Essay, S. 875–879.


**Brief**  PAUL ALEXANDROFF $\longrightarrow$ FELIX HAUSDORFF


(Diese Adresse ist gültig bis zum 24. VIII.)
Batz (Loire–Inférieure), 9. 8. 1928.

Lieber und hochverehrter Herr Hausdorff!

Also ist aus meinem Besuch für dieses Jahr nichts geworden! Ich kann Ihnen nicht sagen, wie sehr mich das betrübt.

Das ganze Sommersemester lang hatte ich eine komplizierte Zahnbehandlung (mit Brückenbau u. dgl.); nun schien aber alles in Ordnung zu sein, nur bestand mein Zahnarzt darauf, ich solle noch einen Tag bleiben, damit er das Funktionieren einer großen (6 Zähne ersetzenden) Brücke ausführlich kontrollieren und mich von eventuellen unangenehmen Sensationen sichern kann. Diese Gründe leuchteten mir durchaus ein, ich blieb einen Tag länger und schickte Ihnen mein erstes, eine Verzögerung von $1^{\text{em}}$ Tage ankündigendes Telegramm. Die Brücke funktionierte an sich tadellos, nur fingen die ihr gegenüberliegende (bis dahin untätige) Zähne zuerst ein wenig, dann immer stärker zu schmerzen. Die Untersuchung ergab eine (unter dem Einfluss des durch's Einsetzen der Brücke ermöglichten Kauens) akut gewordene Entzündung des Nerves, welche eine sofortige, etwa 3 Tage lange Behandlung erforderte; ich könnte zu Ihnen also *frühestens* Sonnabend abends kommen, also am 5. VIII. abends, und das war natürlich schon zu spät.

Hier bleibe ich bis zum 24–25. August und fahre dann über Südfrankreich [1] allmählich nach Bologna. Wo verbringen Sie Ihre Ferien? Vielleicht könnten wir uns irgendwo noch treffen (obwohl mir diese Möglichkeit – nach Ihrer in einem Briefe geschilderten Abneigung gegen Italien im September – ziemlich aussichtslos erscheint). Es ist wirklich sehr traurig, daß mein Besuch aus so dummen Gründen ausfallen musste.

Hier ist es augenblicklich geradezu fabelhaft schön – blauer Himmel und blaues in großen ruhigen Schwingungen bewegtes, selbst in seiner Ruhe gewaltiges und großartiges, sowohl von der Nordsee, als umsomehr von der Méditerranée so gänzlich verschiedenes Meer – schon lange hat es nicht einen so großen, berauschenden Eindruck auf mich gemacht. Trotz der Sonne – keine Hitze, immer ein leichter, erfrischender Wind. Es ist wirklich sehr, sehr schön hier ...

Ich habe angefangen, an meinem Buche zu schreiben.

Die Durchschläge von meiner Arbeit aus den „Annals" werde ich brauchen; [2] wenn Sie dieselben auf Ihrer Reise mithaben (was ich eigentlich nicht annehme), würde ich Ihnen sehr dankbar sein, wenn Sie sie mir noch hierher schicken könnten, *aber sehr dringend ist das nicht.* Wenn Sie sie also nicht mit haben, oder mithaben und gerne behalten wollen, bitte ich Sie mir diese Durchschläge wenn möglich in den ersten Oktobertagen direkt nach Moskau (*Moskau VI; Twerskaja, Pimenowski pereulok, 8, kb. 5*) zu schicken: in Moskau werde ich nämlich diese Sachen ziemlich wesentlich für mein dortiges Seminar brauchen.

Jedenfalls wäre ich für eine Nachricht von Ihnen sehr dankbar: es entsteht plötzlich eine so klaffende Unstetigkeit in den Schnitteigenschaften unserer Weltlinien, die bis jetzt eine so schöne Periodizität aufwiesen, es ist wirklich schade darum!

Herzlichen Gruss an Sie und Ihre Frau Gemahlin
und besten Ferienwunsch an Sie Beide
von Ihrem aufrichtig ergebenen
Paul Alexandroff

PS.    Hoffentlich haben Sie das soeben erschienene Separatum einer neuen Arbeit von mir („Zum allgemeinen Dimensionsproblem") aus den „Göttinger Nachrichten" bekommen?    [3]

## Anmerkungen

[1] ALEXANDROFF nahm am 8. Internationalen Mathematikerkongreß vom 3.–10. September 1928 in Bologna teil (*Atti del Congresso Internazionale dei Matematici*, Tomo I, Nicola Zanichelli, Bologna 1929, S. 35). Er hielt dort am 4. September 1928 in der Sektion II-B einen Vortrag *Das Dimensionsproblem und die ungelösten Fragen allgemeiner Topologie* (Ebd., S. 93). Der Vortrag ist in den *Atti del Congresso* ··· nicht abgedruckt. Zum Inhalt gibt es einige stichpunktartige Angaben in der Broschüre *Congresso Internazionale dei Matematici. Argomenti delle Comunicazioni*, Nicola Zanichelli, Bologna 1928. Sie lauten folgendermaßen:

> Entwickelung des topologischen Raumbegriffes in den letzten Jahren. Der Dimensionsbegriff und die Beziehungen zwischen mengentheoretischen und kombinatorischen Methoden in der Topologie. Folgerungen bezüglich der topologischen Struktur der Euklidischen Räume. Kritik des heutigen

Zustands der Dimensionstheorie. Das allgemeine Dimensionsproblem und die mit ihm zusammenhängenden weiteren Fragen, als Richtungslinien für die weitere Entwickelung der allgemeinen Topologie. (S. 43)

**[2]** ALEXANDROFF, P.: *Untersuchungen über Gestalt und Lage abgeschlossener Mengen beliebiger Dimension.* Annals of Mathematics **30** (2) (1928), 101–187.

**[3]** ALEXANDROFF, P.: *Zum allgemeinen Dimensionsproblem.* Nachrichten von der Gesellschaft der Wissenschaften zu Göttingen, Math.-physik. Klasse, Jahrgang 1928, 25–44.

**Brief** PAUL ALEXANDROFF ⟶ FELIX HAUSDORFF

Batz (Loire-Inférieure), 21. 8. 1928.

Lieber und sehr verehrter Herr Hausdorff!

Heute nur einen kurzen Begleitzettel zum beiliegenden Manuskript, welches ich – falls Sie sich mit ihm einverstanden erklären und erst nach Eintreffen Ihrer [1] diesbezüglichen Antwort – in die Annalen einreichen will. Gleichzeitig gehen Durchschläge davon an die Herren Hurewicz und Frankl (in Wien): letzterer schrieb mir vor kurzem, daß er gerade dabei ist, meine Arbeit zu lesen; beiden schreibe ich gleichzeitig, daß das Manuskript erst nach Ihrer Aeusserung in die Annalen eingereicht wird und bis dahin also einen provisorischen Charakter hat.

Uebermorgen fahre ich nach Cassis sur mer (in der Nähe von Marseille), wo ich auf das italienische Visum warten werde (das noch immer ausbleibt), und im Falle, daß ich es erhalte, fahre ich aus Cassis direkt nach Bologna.

Bis auf weiteres ist meine Adresse: *poste – restante, Cassis sur mer (Bouches du Rhône)*; aus Cassis werde ich Ihnen noch bestimmt schreiben. Ich war dort auch im vorigen Jahr, es ist ein sehr schön gelegener kleiner Ort und bereits auf dem Bahnhofgebäude kann man folgende (in provençalischer Sprache verfasste) Verse von Frédéric Mistral lesen:

„Tu, qu'a vist Paris, Cuolego,

Si non a vist Cassis –

[2] Pos dire: ren a vist!"

Hier war es wundervoll die ganze Zeit; nur gestern Abend wurde das Wetter stürmisch und der Ozean hat sich einmal wieder in seiner grausamen Großartigkeit gezeigt.

Herzlichen Gruß an Sie, lieber Herr Hausdorff, und Ihre Frau Gemahlin.

Ihr aufrichtig ergebener

Paul Alexandroff

74

PS.   Hoffentlich haben Sie meinen ersten Brief (den ich sofort nach Ankunft hierher Ihnen geschrieben habe) rechtzeitig erhalten?

## Anmerkungen

[1]   Es handelt sich um das Manuskript zu ALEXANDROFF, P.: *Bemerkung zu meiner Arbeit „Simpliziale Approximationen in der allgemeinen Topologie"*. Math. Annalen **101** (1929), 452–456. Zum Inhalt dieser Note s. Anmerkung [4] zum Brief ALEXANDROFFs an HAUSDORFF vom 18. 6. 1928.

[2]   Das groß geschriebene „Cuolego" ergibt keinen Sinn; es ist weder Ortsname noch Eigenname. Vermutlich ist ALEXANDROFF beim Lesen, Abschreiben oder bei der brieflichen Wiedergabe ein Versehen unterlaufen und es heißt „cuo lego" (à qui je lis, à qui je dis). Dies vorausgesetzt, lautet die Übersetzung:
Du, der Du Paris gesehen hast, dem sage ich,
Wenn Du nicht Cassis gesehen hast,
Kannst Du sagen: nichts hast Du gesehen!
   FRÉDÉRIC MISTRAL (1830–1914) ist in bäuerlicher Umgebung in der Provence aufgewachsen; die Schönheit der provenzalischen Landschaft hat ihn besonders geprägt. Seine Bindung an diese Landschaft hat MISTRAL zu einem der Begründer der literarischen Bewegung des *Félibre* werden lassen, deren Ziel es war, Sprache, Kultur und Geist der Provence zu erhalten. MISTRAL erhielt 1904 den Nobelpreis für Literatur.
   Cassis sur mer, ca. 15 km östlich von Marseille, ist ein beliebter Ausflugsort und hat an Sommertagen bei ca. 8.500 Einwohnern bis zu 35.000 Besucher.


**Drucksache**   PAUL ALEXANDROFF ⟶ FELIX HAUSDORFF
Adressiert: Herrn Prof. Dr. F. Hausdorff, Hotel Beaurivage, Locarno, Schweiz. Poststempel vom 4. 10. 1928.


Göttingen, den 1. Oktober 1928.

Von jetzt an bis mindestens Anfang Mai lautet meine Adresse folgendermaßen:

## Moskau 6
Staropimenowski per., 8; kw. 5.
U.S.S.R. (Russland).

Die im Jahresbericht d. Deutsch. Math. Ver. angegebene frühere Form dieser Adresse: Moskau, Twerskaja, Pimenowski per., 8; kw. 5. ist auch gültig.
                                       Professor Paul Alexandroff.

**Brief** PAUL ALEXANDROFF ⟶ FELIX HAUSDORFF
(auf Kopfbogen des Hotels „Schmidt's Hotel Berliner Hof")


Berlin NW 7, den 4. X. 1928

Lieber und sehr verehrter Herr Hausdorff!

Die letzten Oscillationen meiner Reise klingen ab! Von jetzt an schreiben Sie mir bitte Moskau 6, Staropimenowski 8, kw. 5 (das ist eine neue Form derselben alten Adresse, die Sie übrigens in Gestalt einer gedruckten Postkarte bekommen haben sollten).

Vielen Dank für Ihren Brief und die ihm beigelegten Durchschläge meiner Arbeit. Alles in bester Ordnung erhalten!

Herzlichen Gruß an Sie und Ihre Frau Gemahlin und auf Wiedersehen – hoffentlich in 1929!

Ihr aufrichtig ergebener
P. Alexandroff


**Brief** PAUL ALEXANDROFF ⟶ FELIX HAUSDORFF


Moskau, 20. 12. 1928

Lieber und sehr verehrter Herr Hausdorff!

Erst jetzt komme ich dazu, Ihnen einen schon längst zugedachten Brief zu schreiben: es ist wirklich ein Jammer, wie wenig Zeit ich habe, und das ist die einzige Ursache meines so langen Schweigens.

Nun fange ich mit einer Nachricht an, deren Inhalt mich schon längst betrübt: den nächsten Sommer (zum ersten Mal seit 1922) komme ich nicht nach Deutschland! Es wäre – aus vielen Gründen – schwer, zu erreichen, daß ich auch meinen nächsten Sommerurlaub in Deutschland verbringen könnte: einmal muss auch ich Pause in meinen Reisen machen; und wenn überhaupt, dann besser doch diesen Sommer, den ich dann dem Schreiben meines Buches widmen können werde.

Umsogrößer meine Hoffnung, daß ich 1930 wieder nach Deutschland komme, und dann komme ich auch bestimmt nach Bonn, und keine Zahnärzte der Welt werden mich von diesem Besuch zurückhalten können. Aber trotzdem, es ist mir schon sehr traurig, daß ich den nächsten Sommer nicht hin kann: allmählich habe ich doch in Deutschland einen Kreis von nahen Freunden – verschiedenster Alter – gefunden, und ich vermisse ihn sehr in der Ferne. Wohin ich im Sommer reise – weiß ich einstweilen noch nicht, wahrscheinlich doch an die Kaukasische Küste des Schwarzen Meeres, obwohl auch einige exotische Reiseziele, wie z. B.

ein im mittelasiatischen Hochgebirge gelegener salziger Riesensee und sogar die Küste des Stillen Ozeans (Umgebung von Wladiwostòk) nicht ausgeschlossen sind.

Das Mengersche Buch hat meiner Meinung nach alle Vorteile und Nachteile eines zum großen Buch gewordenen Enzyklopädieartikels, welcher sich von einem eigentlichen Enzyklopädieartikel dadurch unterscheidet, daß nicht nur sämtliche Sätze eines wissenschaftlichen Gebietes, sondern auch sämtliche Beweise aller dieser Sätze wiedergegeben sind. Die Darstellung befriedigt mich nicht immer: von dem Verfasser eines solchen Buches könnte man ja schließlich doch verlangen, daß er den ganzen Stoff in einer durchgedachten und durchgearbeiteten Form dem Leser präsentiert, und das ist meiner Ansicht nach leider nicht immer der Fall: die Wiedergabe des Spernerschen Beweises ist ja wirklich einfach schlecht, meine Sachen über die Simplizialapproximationen und über die $\varepsilon$-Ueberführungen sind ohne jede persönliche Färbung seitens des Verfassers wiedergegeben, so daß der Leser dieser Kapitel des Buches eigentlich keinen Vorzug im Vergleich mit dem Leser meiner Arbeiten hat; dabei sind meine diesbezüglichen Arbeiten garnicht so schön geschrieben, daß man sie nicht besser schreiben könnte: man könnte das alles viel schöner und eleganter darstellen, als ich es anno 1925 und anno 1926 getan habe! Auch die Tatsache, daß Menger den Fehler, auf den Sie mich hingewiesen haben, nicht bemerkt hat, sondern erst durch meinen Brief an Hurewicz auf ihn aufmerksam gemacht worden ist, ist auch nur eine Bestätigung des eiligen und überstürzten Tempo, in dem das ganze Buch geschrieben zu sein scheint. Was ich noch sehr im Buche vermisse, ist ein einheitlicher Gedanke, der die ganze Darstellung zentralisiert und ordnet; anstatt dieses einheitlichen Gedankens tritt ein ziemlich oberflächliches Philosophieren des Verfassers vor, welches oft in einen Lobgesang der Umfangreichheit seiner Theorie ausartet. Der Pathos, den im Verfasser der große Umfang seiner Schöpfungen auslöst, ist manchmal köstlich und der letzte Absatz des Buches (S. 318) erinnert beinahe an die letzten Worte des Evangelium St. Johannis!

Auch die Auslassungen auf S. 243 über die topologische Invarianz finde ich sehr merkwürdig; das ist eben so ein typisches Beispiel der Mengerschen mathematischen Philosophie. Aber alle diese Kritik bitte ich Sie sehr unter uns bleiben zu lassen – sie ist ja schließlich nur eine Aeusserung eines persönlichen Geschmacks!

Dagegen wäre ich Ihnen sehr dankbar, wenn Sie mir einige kritische Bemerkungen zu meiner letzten Arbeit „Zum allgemeinen Dimensionsproblem" machen wollten. Ihre Meinung über den dort angenommenen allgemeinen Standpunkt wäre für mich von einem überaus großen Werte. Gleichzeitig schicke ich Ihnen ein zweites Exemplar dieser Arbeit in welcher ich einige Bemerkungen hinzugemacht und einige sinnstörende Druckfehler verbessert habe. Uebrigens hat Pontrjagin (hier in Moskau) einerseits und der sehr begabte Frankl (in Wien) andererseits den Beweis der Aequivalenz der beiden Dimensionsdefinitionen für alle abgeschlossenen Teilmengen des dreidimensionalen Raumes erbracht. Der Beweis beruht auf folgendem Satze aus der Knotentheorie, der nach meiner Ansicht an sich einen großen Fortschritt in dieser Theorie bedeu-

[1]

[2]

[3]

[4]

[5]

[6]

[7]

[8]

tet: *Zu jedem singularitätenfreien geschlossenen Polygon des dreidimensionalen Raumes kann man eine* (ebenfalls singularitätenfreie) *geschlossene Polyederfläche finden von der Eigenschaft, daß das Polygon auf dieser Fläche liegt UND SIE* (IN ZWEI STUECKE) *ZERLEGT.* Aus der Aequivalenz der beiden Dimensionsdefinitionen im Falle der Teilmengen des dreidimensionalen Raumes und aus meinem Satz V („Zum allg. Dimensionsproblem") folgt sodann, daß jede zweidimensionale abgeschlossene Teilmenge des dreidimensionalen Raumes ein Teilgebiet dieses Raumes zerlegt.

[9] Nun steht leider das allgemeine Problem über die Aequivalenz der beiden Dimensionsdefinitionen noch unberührt vor uns. Seine Lösung betrachte ich als einen der wichtigsten Schritte, die in der modernen Topologie zu machen wären; es fehlt mir aber jede Methode zur Lösung dieser Frage. Uebrigens würde aus dem Aequivalenzsatz ohne Mühe der allgemeine Produktsatz folgen, d. h. die Formel

$$\dim(F_1 \times F_2) = \dim F_1 + \dim F_2$$

[10] (Produkt – im Steinitzschen, oder besser gesagt, im Descartesschen Sinne)

Was weniger allgemeine Topologie betrifft, – haben Sie Gelegenheit gehabt, die neue Arbeit von Marston Morse in Amer. Trans., 30, Heft 2 „The foun-
[11] dations of a theory in the calculus of variations in the large" gesehen – eine wunderschöne Anwendung der Topologie an die Analysis bester Sorte, zu sehen? Und dann hat noch einen großen Eindruck auf mich die Arbeit von van
[12] Dantzig und van der Waerden über homogen-metrisierbare Räume gemacht (dasselbe Heft der Hamburger Abhandlungen, wie das in dem der Spernersche Beweis des Pflastersatzes enthalten ist). Man sieht übrigens den Einfluss der Göttinger Sommersitten auf die Arbeit von v. Dantzig und v. d. Waerden: zum ersten Mal wird in der mathematischen Literatur eine Fläche (die dreimal ge-
[13] lochte Kugel) „offiziell" als *die Badehose* bezeichnet. In der Anregung zu den Grundlagen einer solchen Terminologie wird sich wohl am meisten die Tätigkeit meines zweisemestrigen Göttinger topologischen Seminars geäußert haben!

Und endlich zum Schluss: Sie haben sicher von dem Hilbert – Brouwer – An-
[14] nalen – Skandal schon gehört; was halten sie davon? Es ist schon jedenfalls eine peinliche Sache, insbesondere auch wegen ihrer Rückwirkungen auf die inneren Verhältnisse in der deutschen Mathematik – ich meine z. B. den Gegensatz Göttingen – Berlin, der sich dadurch unerfreulicherweise nur weiter zuspitzen
[15] wird. Auch das natürlich nur unter uns.

Nun auf Wiedersehen, lieber Herr Hausdorff – auf Wiedersehen in zwei Jahren! Es fällt mir schwer, dieses Letztere zu schreiben, wo es mir zu einer inneren Gewohnheit, ja zu einem seelischen Bedürfnis geworden ist, Sie in nicht allzu großen Abständen regelmäßig zu sehen. Es ist für mich nicht unerwartet, daß ich jetzt erst in 2 Jahren nach Deutschland kommen kann; und es ist mir direkt schmerzhaft daran zu denken, daß das Wiedersehen mit meinen Freunden drüben nicht so bald geschehen kann, wie ich es haben möchte. Es ist jedoch nichts daran zu ändern.

Herzlichen Gruß an Sie und Ihre Frau Gemahlin von Ihrem aufrichtig ergebenen

P. Alexandroff

## Anmerkungen

[1] MENGER, K.: *Dimensionstheorie*. Teubner, Leipzig u. Berlin 1928.

[2] SPERNER, E.: *Neuer Beweis für die Invarianz der Dimensionszahl und
des Gebietes*. Abhandlungen aus dem Mathematischen Seminar der Universität
Hamburg 6 (1928), 265–272. Der Kern dieser Arbeit ist ein erstaunlich einfacher Beweis des auf LEBESGUE zurückgehenden „Pflastersatzes" für beschränkte
Mengen mit inneren Punkten des $n$-dimensionalen euklidischen Raumes. Die
hier von ALEXANDROFF kritisierte Wiedergabe bei MENGER findet sich auf den
Seiten 251–254 seiner *Dimensionstheorie*.

[3] ALEXANDROFF, P.: *Simpliziale Approximationen in der allgemeinen Topologie*. Math. Annalen 96 (1926), 489–511. Die Arbeit ist unterzeichnet mit
„Le Batz (Loire Inférieure), August 1925"; sie ist am 10. 9. 1925 bei den Annalen eingegangen. In MENGERs Buch ist der Inhalt im Kapitel V, Abschnitt 7
„Über die Definition kompakter Räume durch Komplexe", S. 182–193, wiedergegeben. S. zu dieser Arbeit von ALEXANDROFF auch Anmerkung [6] zum Brief
HAUSDORFFs an ALEXANDROFF vom 14. 6. 1928.

Der Begriff der $\varepsilon$-Überführung wird definiert in ALEXANDROFF, P.: *Über den
allgemeinen Dimensionsbegriff und seine Beziehungen zur elementaren geometrischen Anschauung*. Math. Annalen 98 (1928), 617–636. Die Arbeit ist im August 1926 in Le Batz fertiggestellt worden und am 10. 10. 1926 bei den Annalen
eingegangen. Den Inhalt verarbeitet MENGER im Abschnitt 6 „Über die Defor-
mierbarkeit abgeschlossener Mengen in gleichdimensionale Komplexe", Kapitel
VIII der *Dimensionstheorie*, S. 271–279.

[4] S. dazu Anmerkung [6] zum Brief HAUSDORFFs an ALEXANDROFF vom
14. 6. 1928 und Anmerkungen [4] und [5] zum Brief ALEXANDROFFs an HAUS-
DORFF vom 18. 6. 1928.

[5] Die Schlußpassage des MENGERschen Buches lautet folgendermaßen:

> Es sei zum Abschluß noch bemerkt, daß gleich der Dimension auf Grund
> des im vorangehenden entwickelten Prinzips der Betrachtung von Umge-
> bungsbegrenzungen noch viele andere wichtige gestaltliche Eigenschaften
> der Raumgebilde definitorisch erfaßt werden können und daß die dimen-
> sionstheoretischen Methoden, vor allem die in diesem Buch entwickelten
> Methoden zur geeigneten Modifikation von Begrenzungen, wichtige Aus-
> sagen über die gestaltliche Struktur der Raumgebilde in vieler Hinsicht,
> nicht bloß hinsichtlich ihrer Dimension ermöglichen. Speziell für die Kur-
> ven und Flächen können der Dimensionstheorie parallellaufende Theo-
> rien entwickelt werden (vgl. meine Grundzüge einer Theorie der Kurven,

Math. Ann. *95*, sowie die anknüpfenden Abhandlungen, Math. Ann. *96*, und Fund. Math. *10*), welche weiten Einblick in die gestaltlichen Eigenschaften und Zusammenhänge dieser niedrigstdimensionalen Gebilde gewähren. Die diesbezüglichen Ergebnisse sind so umfangreich, daß ihre Darstellung den Gegenstand eines eigenen Buches bilden wird. (S. 318)

Die letzten Worte des Johannes-Evangeliums sind die folgenden:

> Es sind auch viele andere Dinge, die Jesus getan hat; so sie aber sollten eins nach dem anderen geschrieben werden, achte ich, die Welt würde die Bücher nicht fassen, die zu schreiben wären. (Kap. 21, Vers 24)

**[6]** S. 243 des Buches *Dimensionstheorie* enthält einen kurzen Abschnitt „Historisches" (der Abschnitt beginnt auf den letzten Zeilen von S. 242):

> Der Satz von der topologischen Invarianz der Dimension ist, wie man sieht, eine unmittelbare Folge des Dimensionsbegriffes und des Begriffes der topologischen Abbildung. Mit Absicht haben wir ihn jedoch nicht unter die unmittelbaren Folgerungen aus der Definition aufgenommen, sondern erst an dieser Stelle, also nach der Entwicklung der fundamentalen Theoreme der Dimensionstheorie, bewiesen. Es tritt hierdurch nämlich die Unabhängigkeit der Theorie von diesem Satz in volle Evidenz. Und es sollte hier kein Vorschub geleistet werden dem aus historischen Gründen (nämlich durch Herübernahme elementargeometrischer Überlegungen in die Punktmengenlehre) entstandenen Vorurteil, daß der Invarianz einer Eigenschaft gegenüber einer Transformationsgruppe und insbesondere der topologischen Invarianz einer Eigenschaft übermäßige Bedeutung zukomme. Wäre die Dimension nicht topologisch invariant, so würde dies höchstens der Wichtigkeit der topologischen Abbildungen Abbruch tun, die ganze im vorangehenden entwickelte Dimensionstheorie bliebe hierdurch jedoch unberührt. Tatsächlich läßt sich auch für topologisch nichtinvariante *gestaltliche* Eigenschaften eine recht umfangreiche Theorie entwickeln, so vor allem für die *Konvexität* und verwandte Eigenschaften (vgl. meine Theorie der Konvexität, Math. Ann *100*, 1928). – Daß endlich der oben bewiesene Satz von der Invarianz der Dimension von einem in der vordimensionstheoretischen Topologie so genannten Satz ganz verschieden ist, wird bei Besprechung dieses letzteren Satzes (S. 268 f.) auseinandergesetzt werden.

Diesen letzteren Satz behandelt MENGER unter der Überschrift „Klassischer Satz von der Invarianz der Dimensionszahl" auf S. 266–270; er formuliert ihn folgendermaßen: *Die Intervalle des $R_n$ und $R_m$ sind für $n \neq m$ nicht topologisch aufeinander abbildbar.* (S. 266)

**[7]** ALEXANDROFF, P.: *Zum allgemeinen Dimensionsproblem.* Nachrichten von der Gesellschaft der Wissenschaften zu Göttingen. Math.-physik. Klasse, Jahrgang 1928, 25–44.

**[8]** ALEXANDROFF hatte in der in Anmerkung [7] genannten Arbeit damit begonnen, einen Dimensionsbegriff auf homologietheoretische Begriffe zu gründen. Er definierte dort die „geometrische Dimension" eines Raumes folgendermaßen:

> Es sei $F$ ein beliebiger kompakter metrischer Raum. Wenn $r$ die größte nicht negative ganze Zahl ist von der Beschaffenheit, daß ein $r$-dimensionaler nicht identisch verschwindender Zyklus in $F$ existiert und daselbst homolog Null ist, so heißt die Zahl $r + 1$ die geometrische Dimension von $F$. (S. 30)

Den Begriff des $r$-dimensionalen Zyklus hatte L. VIETORIS eingeführt in: VIETORIS, L.: *Über den höheren Zusammenhang kompakter Räume und eine Klasse von zusammenhangstreuen Abbildungen.* Math. Annalen **97** (1927), 454–472. Dabei ist von Wichtigkeit, daß dieser Begriff auf kombinatorischen Eigenschaften beruht und (ungeachtet seiner Benennung) nicht von dimensionstheoretischen Begriffen abhängt. F. FRANKL und L. PONTRJAGIN haben in der Arbeit *Ein Knotensatz mit Anwendung auf die Dimensionstheorie*, Math. Annalen **102** (1930), 785–789 (eingegangen am 8. 4. 1929), gezeigt, daß für kompakte Teilmengen des $\mathbb{R}_3$ die kleine induktive Dimension nach URYSOHN und MENGER mit der ALEXANDROFFschen „geometrischen Dimension" übereinstimmt.

Später fußte der homologietheoretische Zugang zum Dimensionsbegriff auf der Charakterisierung der Dimension durch Fortsetzung stetiger Abbildungen in Sphären bzw. auf dem HOPFschen Fortsetzungssatz (s. dazu auch Anmerkung [8] zum Brief ALEXANDROFFs an HAUSDORFF vom 20. 4. 1928).

[9]   ALEXANDROFF meint hier die Äquivalenz der kleinen induktiven Dimension mit dem von ihm eingeführten Dimensionsbegriff (s. die vorhergehende Anmerkung [8]). Zu verschiedenen Dimensionsbegriffen und zur Frage, für welche Räume sie gegebenenfalls äquivalent sind, s. den Essay *Hausdorffs Studien zur Dimensionstheorie* im Band III dieser Edition, S. 840–853, und die dort angegebene Literatur.

[10]   Zur Geltung des Produktsatzes für verschiedene Dimensionsbegriffe s. den in der vorhergehenden Anmerkung [9] genannten Essay.

[11]   MORSE, M.: *The foundations of a theory in the calculus of variations in the large.* Transactions of the AMS **30** (1928), 213–274. Diese Arbeit war in der Tat für die Entwicklung der Variationsrechnung im Großen von grundlegender Bedeutung; s. dazu BOTT, R.: *Marston Morse and his mathematical works.* Bulletin of the AMS **3** (1980), no. 3, 907–950, und die zahlreichen dort angegebenen Literaturhinweise.

[12]   DANTZIG, D. VAN; WAERDEN, B. L. VAN DER: *Über metrisch homogene Räume.* Abhandlungen aus dem Mathematischen Seminar der Universität Hamburg **6** (1928), 367–376. VAN DANTZIG und VAN DER WAERDEN versuchen hier mittels homotopietheoretischer Methoden notwendige Bedingungen dafür

aufzustellen, daß ein metrischer Raum eine transitive Gruppe von Isometrien zuläßt.

[13] Es war allgemein bekannt, daß EMMY NOETHER und ihre jüngeren Kollegen und Schüler sehr gerne schwimmen gingen; auch ALEXANDROFF teilte als Gast in Göttingen diese Leidenschaft.

[14] ALEXANDROFF spielt hier auf den von HILBERT veranlaßten Ausschluß BROUWERs aus der Redaktion der Mathematischen Annalen ab Band 101 (1929) an. Diese Vorgänge sind bis in alle Einzelheiten dokumentiert in DIRK VAN DALEN: *Mystic, Geometer and Intuitionist. The Life of L. E. J. Brouwer 1881–1966.* Vol. 2 *Hope and Disillusion.* Clarendon Press, Oxford 2005, Abschnitt 15.3 „The war of the frogs and the mice", S. 599–616.

[15] Eine gewisse Rivalität zwischen den beiden in Deutschland über viele Jahrzehnte führenden mathematischen Zentren Berlin und Göttingen geht bis in die 50-er und frühen 60-er Jahre des 19. Jahrhunderts zurück, als B. RIEMANN in Göttingen und K. WEIERSTRASS in Berlin die Funktionentheorie auf ganz unterschiedliche Weise begründeten (zu den verschiedenen Zugängen zur Funktionentheorie s. HURWITZ, A.; COURANT, R.: *Funktionentheorie.* Springer-Verlag, Berlin 1922, insbesondere die Bemerkungen im Vorwort, S. V–VI). Die Rivalität zwischen Berlin und Göttingen blieb über lange Zeiträume virulent und nahm teilweise heftige Formen an; in der im folgenden angegebenen Literatur sind verschiedene Aspekte dieser Geschichte behandelt: BIERMANN, K.-R.: *Die Mathematik und ihre Dozenten an der Berliner Universität 1810–1933.* Akademie-Verlag, Berlin 1988, dort insbesondere S. 150–152, 164–167, 305–308; ROWE, D.: *Episodes in the Berlin-Göttingen Rivalry, 1870–1930.* Math. Intelligencer **22** (2000), 60–69; Ders.: *Klein, Hilbert, and the Göttingen Mathematical tradition.* In: OLESKO, K. M. (ed.): *Science in Germany: The Intersection of Institutional and Intellectual Issues.* Osiris 5 (1989), 189–213; Ders.: *Mathematics in Berlin, 1810–1933.* In: BEGEHR, H. G. W.; KOCH, H.; KRAMER, J.; SCHAPPACHER, N.; THIELE, E. J. (eds.): *Mathematics in Berlin.* Birkhäuser-Verlag, Basel 1998, 9–26.

**Brief** FELIX HAUSDORFF ⟶ PAUL ALEXANDROFF

Bonn, Hindenburgstr. 61
4. Jan. 1929

Lieber Herr Alexandroff!

Das beiliegende Dankschreiben gilt dem Vorsitzenden des topologischen Vereins, aber ausserdem danke ich Ihnen noch unter vier Augen – die Auszeichnung hat mich wirklich sehr, sehr erfreut. Mein Stern geht tatsächlich im Osten,

d. h. in Moskau auf; Sie wissen wohl – wenn es nicht auch auf Ihre Anregung zurückzuführen ist! – dass mich die Moskauer Mathematische Gesellschaft zum Mitglied gewählt hat.

Ihren Brief vom 20. Dec. kann ich heute nur provisorisch beantworten, da mir durch den Weihnachtsbesuch meiner Geschwister das Ferienarbeitsprogramm [1] (Vorlesung, Seminar, Prüfungsarbeiten) etwas in Rückstand gekommen ist. Der angekündigte Ausfall Ihres Besuches für 1929 ist mir sehr schmerzlich, zumal da ich schon im letzten Jahr um diese Freude – auf die ich schon ein Gewohnheitsrecht zu haben glaubte – durch dentistische Unfälle verkürzt worden bin. Beim nächsten Mal wird also ein dreijähriges Intervall zu konstatieren sein, und das Bewusstsein, dass ich in meinem Alter mit Triennien etwas sparsam sein muss, hat etwas Bedrückendes.

Ihre und meine Ansicht über das Mengersche Buch ist ja annähernd dieselbe! Die Äusserung S. 243 über die topologische Invarianz erinnert lebhaft an die eines katholischen Philosophen: wenn Glaube und Wissenschaft einander widersprechen, ist es schlimm für die Wissenschaft! [2]

Ihre Arbeit über das allgemeine Dimensionsproblem habe ich noch nicht so [3] gründlich begriffen, um Ihnen etwas Erhebliches darüber sagen zu können. Ihre Vorbemerkungen über positive und negative Definitionen finde ich ein bischen Lusinesk; der Hauptunterschied ist doch nur der, dass Menger–Urysohn die Un- [4] gleichung $\dim \leq n$, Sie die Ungl. $\dim \geq n$ definiren; zu $\dim = n$ ist beide Male etwas „Negatives" hinzuzufügen; bei Ihnen steckt sogar in der Grunddef. etwas Negatives, der *nicht identisch verschwindende* Zyklus (dieser Begriff hat mir übrigens Kopfzerbrechen verursacht, zumal da ich Ihre Comptes Rendus–Note 186, p. 1696 nicht besitze, ich glaube ihn aber jetzt verstanden zu haben). Den [5] Namen „geometrische Dimension" würde ich lieber durch „kombinatorische Dimension" ersetzen. Auf eine Äquivalenz der beiden Dim.begriffe ist doch, soviel ich verstanden habe, höchstens nur für kompakte und vielleicht halbkompakte Mengen zu rechnen. Dass das Problem, diese begrenzte Äquivalenz zu beweisen, so schwierig ist, scheint mir für die Fruchtbarkeit Ihres Begriffes zu sprechen.

Aber allen diesen prima vista-Bemerkungen, besonders wo sie kritisch sind, bitte ich keinen grösseren Wert beizulegen; ich hoffe, bald wieder einmal Zeit zur Vervollkommnung meiner topologischen Einsicht zu gewinnen.

Mit herzlichen Grüssen, auch von meiner Frau,

bin ich Ihr ergebener

F. Hausdorff

[Anmerkung am oberen Rand des ersten Blattes:] Von dem Hilbert-Brouwer-Annalen-Skandal weiss ich gar nichts! [6]

# Beilage zum Brief vom 4.1.1929

Bonn, Hindenburgstr. 61
4. Januar 1929

Herrn Prof. Dr. Paul Alexandroff, Moskau.
Sehr geehrter Herr Kollege!

Ihre freundliche Mitteilung, dass mich der Topologische Verein an der Universität Moskau einstimmig zum Ehrenmitglied erwählt hat, hat mich ausserordentlich erfreut, und ich danke dem Verein, insbesondere Ihnen als dem Vorsitzenden, für diese Auszeichnung herzlichst. Es ist mir eine grosse Genugtuung, dass meine Bemühungen um exakte Grundbegriffe in der Punktmengenlehre in Ihrem Kreise so rückhaltlose Anerkennung gefunden haben, und ich verfolge mit freudiger Anteilnahme den gewaltigen und umfangreichen Aufbau der mengentheoretischen Topologie, den Sie und Ihre Schüler auf jenen Grundlagen errichtet haben und noch weiter auszugestalten im Begriff sind. Dieser Gemeinschaft topologisch interessierter Mathematiker künftig mit anzugehören ist mir eine hohe Ehre.

Hochachtungsvoll

Ihr sehr ergebener
Felix Hausdorff

## Anmerkungen

[1] FELIX HAUSDORFF hatte zwei Schwestern, MARTHA, verehelichte BRANDEIS (geb. 19.12.1869) und VALLY, verehelichte GLASER (geb. 21.6.1874). Beide Schwestern lebten mit ihren Familien in Prag. VALLY GLASER wurde nach Theresienstadt deportiert und starb dort am 5.7.1944. MARTHA BRANDEIS ist vermutlich in Auschwitz ermordet worden; nachgewiesen ist, daß ihr Sohn Ludwig am 28.10.1944 von Theresienstadt nach Auschwitz deportiert wurde und dort umkam.

[2] S. dazu Anmerkung [6] zum vorhergehenden Brief ALEXANDROFFs an HAUSDORFF.

[3] S. dazu die Anmerkungen [7] und [8] zum vorhergehenden Brief ALEXANDROFFs an HAUSDORFF.

[4] „Lusinesk": Anspielung auf N. LUSIN, der in seine mathematischen Arbeiten zahlreiche allgemein-methodologische, philosophische und historische Bemerkungen einzustreuen pflegte.

[5] ALEXANDROFF, P.: *Sur les frontières de domaines connexes dans l'espace à n dimensions.* Comptes Rendus Acad. Paris **186** (1928), 1696–1698.

[6] S. dazu Anmerkung [14] zum vorangehenden Brief ALEXANDROFFs an HAUSDORFF.

**Brief** PAUL ALEXANDROFF $\longrightarrow$ FELIX HAUSDORFF

Auf einem Wolga-Dampfer, 10. 7. 1929.

Lieber und hochverehrter Herr Hausdorff!

Es ist schon wieder eine ganze Ewigkeit vergangen, seitdem ich Ihnen meinen letzten Brief geschrieben habe. Ich habe schon längst das Bedürfnis, Ihnen zu schreiben; nun bin ich aber während des Semesters nicht dazu gekommen – ich weiß nicht, wie das kommt, ich werde immer fauler und fauler in rebus postalibus. Das Ende des Semesters (bei uns Anfang bis Mitte Juni) verlief in furchtbarer Hetze, so daß ich wirklich ganz abgespannt war – keine passende Zeit zum Schreiben nicht formaler Briefe! – und am 15. Juni habe ich mich endlich von Moskau losgerissen und unternahm mit zwei jüngeren Kollegen (einer von ihnen ist der Ihnen wahrscheinlich bekannte Kolmogoroff) eine Ruderfahrt ein großes Stück der Wolga hinunter (von Jaroslawl bis Samara, za 1300 Km.). Diese Ruderfahrt dauerte bis vorgestern und war wirklich wunderschön. Die russische Natur gerade hier, an dem großen Fluße, hat einen ruhigen und beruhigenden Rhythmus und eine überzeugende Ursprünglichkeit, die mir bis jetzt unbekannt war (ich bin nie früher östlicher von Moskau gewesen). Besonders manche Sonnenauf- und Untergänge gehören zu den schönsten Natureindrücken, die ich in der letzten Zeit erlebt habe. Von gestern an, nachdem die Bootfahrt zu Ende war, fahre ich mit dem Schiff bis zur Mündung der Wolga (Astrachan) weiter, um von dort aus ebenfalls auf Wasser (Kaspisches Meer) den Kaukasus zu erreichen. Dort will ich bis Ende September (also bis zum Beginn des Semesters) bleiben, und zwar bis Mitte August an einem 1900 gelegenen sehr großen See (der Gocktscha–See) in Transkaukasien (wo man in einem alten, verlassenen Kloster wohnt) und dann an der Küste des Schwarzen Meeres. Dieser ganze Aufenthalt soll dem Schreiben meines Buches gewidmet sein, in dessen allerersten Kapiteln ich leider noch immer stecke! Sie sehen also, ich mache diesen Sommer wirklich große Reisen und will durch Natureindrücke die mir schon längst lieb und notwendig gewordenen, dieses Jahr aber leider nicht erreichbaren menschlichen Eindrücke ersetzen! ...

Der Winter verging rasch, in vieler pädagogischer (nur wenig wissenschaftlicher) Arbeit. Dass Frl. Noether diesen ganzen Winter lang Moskau durch ihre Anwesenheit ziehrte, ist Ihnen (wie ich aus Ihrer Unterschrift auf einer Ansichtskarte schließe!) wohl bekannt. Für uns alle war diese Anwesenheit eine große Freude und der russischen Mathematik wurde damit viel gedient: es gelang Frl. Noether, ein sehr großes Interesse gerade für das Gebiet zu gewinnen, dessen Fehlen für die Moskauer Mathematische Tradition eine klaffende Lücke bedeutete – ich meine die Algebra. Selbstverständlich bedeutete für mich persönlich die Anwesenheit von Frl. Noether sehr Vieles und psychologisch wurde ja dadurch die zweijährige Pause wesentlich verkürzt ...

Aber auch sonst war diesen Winter in Moskau mathematisch ziemlich viel los: zwei junge Mathematiker, Lusternik und Schnierelmann, haben endlich eine, wie scheint, endgültige Lösung des Problems der geschlossenen geodätischen
[1]  Linien auf Flächen vom Geschlecht Null gebracht. Kolmogoroff hat eine wirklich wundervolle Theorie der allgemeinen Maßbestimmungen konstruiert (wird in den Annalen erscheinen), die naturgemäß einerseits eine allgemeine Theorie des Integrals, andererseits bedeutende Anwendungen auf die prinzipiellen Fragen
[2]  der Wahrscheinlichkeitstheorie liefert. Endlich (wenn auch nicht zuletzt) sind die topologischen Resultate von Pontrjagin und dem jungen Wiener Frankl (der jetzt in Moskau arbeitet) zu erwähnen. Hier gibt es sehr viel Neues, über das ich Ihnen gerne ein wenig referieren möchte.

1. Frankl und Pontrjagin haben (gemeinsam) bewiesen, dass für abgeschlossene kompakte Teilmengen des $R^3$ die beiden Dimensionsbegriffe übereinstim-
[3]  men: ich glaube, ich habe Ihnen darüber schon geschrieben: der Beweis beruht auf einem elementaren, aber trotzdem merkwürdigen Satz aus der Knotentheorie, der unbegreiflicherweise bis jetzt unbekannt blieb, nämlich, daß jedes (geschlossene singularitätenfreie) Polygon des $R^3$ auf einer (geschlossenen singularitätenfreien) Polyederfläche liegt, *wobei die Fläche vom Polygon zerlegt wird*. (Die Behauptung besteht also darin, daß man zu jedem Polygon mindestens eine Fläche so finden kann, daß ...).

2. Frankl hat bewiesen, daß diejenigen Teilmengen des $R^n$ ($n$ beliebig), die
[4]  in *einem* Sinne $n-1$-dimensional sind, es auch im *anderen* sind.

3. Pontrjagin hat eine Teilmenge (Teilmenge immer = kompakte abgeschlossene Teilmenge) des $R^4$ konstruiert, die im Urysohn–Mengerschen Sinne zwei-
[5]  dimensional, in meinem Sinne dagegen eindimensional ist!

4. Pontrjagin hat ferner gezeigt, daß für meinen Dimensionsbegriff der „Produktsatz" gilt (d. h. daß die Dimension des abstrakten Produktes zweier kompakter metrischer Räume gleich der Summe der Dimensionen ist). Die Gültigkeit dieses Satzes für den Urysohn–Mengerschen Dimensionsbegriff bleibt leider noch immer unbewiesen; es erheben sich sogar Bedenken inbezug auf die
[6]  Richtigkeit dieses Satzes für die U–M–Dimension.

5. Jetzt kommt aber vielleicht das ganz Verblüffende: Pontrjagin hat gezeigt, daß es *unendlich viele sachlich verschiedene* Dimensionsbegriffe gibt (die man erhält, in dem man die von mir *modulo 2* vorgeschlagene Definition *modulo n*,
[7]  $n$ beliebig, betrachtet), die *allen* folgenden Bedingungen genügen:

1) $\dim R^n = n$

2) wenn $\dim F_k \leq n$ ist, so ist auch $\dim \sum_k F_k \leq n$ (der „Summensatz")

3) der Produktsatz

4) Das Brouwersche Invarianzprinzip (d. h.: man kann nicht durch beliebig kleine stetige Abänderungen („kleine Transformationen") die Dimension einer festgegebenen beliebigen Menge erniedrigen).

Angesichts dieser Ergebnisse bekommt das Problem der axiomatischen Begründung der Dimensionstheorie eine besondere Schärfe.

Außerdem hat Pontrjagin sehr wichtige Resultate auf dem Gebiet der rein kombinatorischen Topologie bekommen: er hat nämlich gezeigt, daß die beiden fundamentalen topologischen Dualitätsgesetze – der Dualitätssatz von Poincaré – (und seine Veblensche Verschärfung) und der Dualitätssatz von Alexander eine topologische Anwendung eines und desselben ganz allgemeinen algebraischen Prinzips sind – ein sehr befriedigendes Ergebnis, welches Vieles klärt und vereinfacht!                                                                                  [8]

Ich freue mich im Voraus, einmal – hoffentlich in weniger als 13 Monaten! – über diese und verschiedene andere Gegenstände mit Ihnen sprechen zu dürfen. Ich denke so oft an unsere „mathematische Abende" zurück – sie brauchten aber auch nie *rein* mathematisch zu sein und waren es auch nie – und sie bleiben, und werden auch immer bleiben unter den kostbarsten und reinsten, genußreichsten Erinnerungen, die ich besitze ...

Nun habe ich Ihnen allerlei erzählt von den Dingen, die mein Moskauer Leben diesen Winter füllten. Ich möchte aber so gerne hören, wie es Ihnen, lieber Herr Hausdorff, ging und geht, wie verbrachten Sie den Winter, was für Pläne haben Sie für den Sommer. Sie werden ja meinen Brief gerade zu der Zeit bekommen, zu der man Ferienpläne bereits gemacht hat. Welche sind diese bei Ihnen heute?

Meine Adresse ist bis auf Weiteres:
> USSR Republik Armenien
> *Elenowka* am Goktscha-See, postlagernd.

Da es sich um ein ganz winziges Nest handelt, wo die Postbeamten kaum über die Kenntnis des lateinischen Alphabets verfügen, empfiehlt sich die Adresse mit russischen Buchstaben zu schreiben, so:

Армения
Еленовка на озере Гокча
До востребования. Проф. П. С. Александрову.

Ich werde also auf Ihre mir so teure Nachrichten warten und verspreche Ihnen, lieber Herr Hausdorff, in der Zukunft nicht mehr so unverschämt wie diesmal zu sein und nicht ein halbes Jahr Sie ohne jedes Lebenszeichen meinerseits zu lassen.

Mit vielen herzlichen Grüßen an Sie und Ihre Frau Gemahlin
                              Ihr aufrichtig ergebener Paul Alexandroff

### Anmerkungen

[1] LUSTERNIK, L.; SCHNIRELMANN, L.: *Existence de trois géodésiques fermées sur toute surface de genre 0.* Comptes Rendus Acad. Paris **188** (1929), 534–536. Dieselben: *Sur le problème de trois géodésiques fermées sur les surfaces de genre 0.* Comptes Rendus Acad. Paris **189** (1929), 269–271. Mit dem Beweis

der Existenz dreier geschlossener Geodätischer auf Flächen vom Geschlecht Null lösten LUSTERNIK und SCHNIRELMANN ein berühmtes Problem von POINCARÉ. S. auch LUSTERNIK, L.; SCHNIRELMANN, L.: *Méthodes topologiques dans les problèmes variationnels. I: Espaces à un nombre fini de dimensions.* Actualités scient. et industr. 1934, Nr. 188, 5–51. Dies ist eine Übersetzung von *Topologicheskie metody v variatsionnykh zadachakh*, erschienen 1930 in Moskau. Weitere Teile dieser Arbeit sind nicht erschienen.

[2]  KOLMOGOROFF, A.: *Untersuchungen über den Integralbegriff.* Math. Annalen **103** (1930), 654–696. KOLMOGOROFF stellt zunächst fest, daß es nicht möglich sein wird, einen universellen Integralbegriff zu schaffen, der alle bekannten Integralbegriffe als Spezialfälle enthält. Er entwickelt dann zwei allgemeine Integrationstheorien mit dem Ziel, dadurch möglichst viele der bekannten Theorien zu umfassen.

Die von ALEXANDROFF angedeuteten Anwendungen auf die Wahrscheinlichkeitstheorie werden in dieser Arbeit kurz erwähnt, aber nicht ausgeführt. In seinem für die moderne Wahrscheinlichkeitstheorie grundlegenden Werk *Grundbegriffe der Wahrscheinlichkeitsrechnung*, Springer-Verlag, Berlin 1933, benötigt KOLMOGOROFF zur Definition des Erwartungswertes einer Zufallsgröße das Lebesgue-Integral auf einem beliebigen Wahrscheinlichkeitsraum. Er verweist an der entsprechenden Stelle aber nicht auf seine eigene Arbeit, sondern auf FRÉCHET, der das Lebesgue-Integral auf einem meßbaren Raum $(\Omega, \mathfrak{A}, \mu)$ als erster eingeführt hat: FRÉCHET, M.: *Sur l'intégrale d'une fonctionelle étendue à un ensemble abstrait.* Bulletin société mathématique de France **43** (1915), 248–264.

[3]  S. Anmerkung [8] zum Brief von ALEXANDROFF an HAUSDORFF vom 20. 12. 1928.

[4]  FRANKL, F.: *Charakterisierung der $(n-1)$-dimensionalen abgeschlossenen Mengen des $R^n$.* Math. Annalen **103** (1930), 784–787.

[5]  Damit ist gezeigt, daß das Ergebnis von FRANKL und PONTRJAGIN (vgl. Anmerkung [8] zum Brief von ALEXANDROFF an HAUSDORFF vom 20. 12. 1928) im allgemeinen nicht gilt, d. h. im allgemeinen stimmt die von ALEXANDROFF eingeführte Dimension nicht mit der kleinen induktiven Dimension überein.

[6]  PONTRJAGIN, L.: *Sur une hypothèse fondamentale de la théorie de la dimension.* Comptes Rendus Acad. Paris **190** (1930), 1105–1107. Gegenstand dieser Arbeit ist der Produktsatz der Dimensionstheorie:

$$\dim(X \times Y) = \dim X + \dim Y$$

PONTRJAGIN bemerkt zunächst, daß dieser Satz für den von ALEXANDROFF eingeführten Dimensionsbegriff und dessen Verallgemeinerungen (s. die folgende Anmerkung) leicht zu beweisen sei. Dann konstruiert er im vierdimensionalen euklidischen Raum zwei kompakte Mengen $F'$, $F''$ mit ind $F' = $ ind $F'' = 2$, ind $(F' \times F'') = 3$. Dabei ist ind$(F)$ die kleine induktive Dimension im Sinne von MENGER und URYSOHN. Der Produktsatz gilt also für die MENGER-URYSOHNsche Dimension selbst für kompakte Räume nicht. Dieses Ergebnis von PONTRJAGIN lag im Juli 1929, als ALEXANDROFF den vorliegenden Brief schrieb, offenbar noch nicht vor; es zeigt, daß ALEXANDROFFs Bedenken berechtigt waren.

[7] ALEXANDROFF publizierte diese Resultate unter Nennung der Urheberschaft von PONTRJAGIN in: ALEXANDROFF, P.: *Sur la théorie de la dimension.* Comptes Rendus Acad. Paris **190** (1930), 1102–1104.

[8] PONTRJAGIN, L.: *Über den algebraischen Inhalt der topologischen Dualitätssätze.* Math. Annalen **105** (1931), 165–205. Die große Bedeutung dieser Arbeit wurde sofort erkannt; so gibt es über ihren Inhalt ein ungewöhnlich ausführliches Referat im *Jahrbuch über die Fortschritte der Mathematik* (Band **57** (1931), 717–720). S. auch PONTRJAGIN, L.: *The general topological theorem of duality for closed sets.* Annals of Mathematics (2) **35** (1934), 904–914.


**Brief**  FELIX HAUSDORFF $\longrightarrow$ PAUL ALEXANDROFF

Bonn, Hindenburgstr. 61
8. 3. 30

Lieber Herr Alexandroff!

Bevor ich übermorgen verreise, will ich Ihnen noch ein Lebenszeichen senden und insbesondere für das Mémoire sur les espaces topologiques compacts herzlich danken. Diese schönen Untersuchungen, mit denen Sie und Urysohn Ihre [1] mengentheoretische Laufbahn begannen, erinnern mich an den ersten Brief, den Sie Beide mir 1923 schrieben, und an Ihren ersten Besuch im folgenden Jahre, der für den armen Urysohn auch der letzte sein sollte ... In Bezug auf die Todesart hat er gewiss ein glückliches Los gezogen. In diesem Winter starb Study [2] nach schrecklichen Leiden (Karzinom!); wenn man das mit ansehen musste, beneidet man Diejenigen, die ein schnelles und unerwartetes Ende finden. Wir waren in den letzten Jahren sehr befreundet, und ich habe ihn als Mathematiker und höchst originellen Geist sehr geschätzt, obwohl er sich gegen grosse Gebiete der modernen Mathematik absperrte. Ich weiss nicht, ob Sie eine seiner letzten Arbeiten, über die Antinomien, gelesen haben; ich hatte mit ihm darüber lan- [3] ge Kontroversen, da ich fand, dass er die Sache zu leicht nahm. Privatim halte ich die Antinomien (nebst dem ganzen Intuitionismus) zwar auch für Unsinn; wenn man aber schon in die Diskussion eingreift, muss man schärfere Waffen anwenden als Study getan hat.

Im Sommer schrieb ich Ihnen einen Brief an die angegebene Adresse (Ele-nowka oder so ähnlich), den Sie anscheinend nicht erhalten haben; vielleicht ist es mir nicht gelungen, die russischen Buchstaben richtig nachzumalen. Wenn ein solcher Fall, dass man russisch adressieren muss, wieder einmal eintreten sollte, so legen Sie doch Ihrem Brief ein adressiertes Kuvert bei!

Zur Topologie habe ich den ganzen Winter über keine Zeit gefunden. Augen-blicklich interessieren mich am meisten die Resultate, die Lusin in den neusten Comptes–Rendus–Noten ausgesprochen hat, leider ohne Beweise und ohne jede Andeutung der Beweismethode. Z. B. dass eine ebene Borelsche Menge, die von jeder Geraden $x = $ const. in höchstens abzählbar vielen Punkten geschnitten wird, als Projektion auf die $x$-Achse wieder eine Borelsche Menge liefert (davon habe ich übrigens den Beweis rekonstruiert) und dass sie als Summe abzählbar vieler disjunkter Borelscher Mengen darstellbar ist, deren jede sich *schlicht* auf die $x$-Achse projiziert.

[4]

[5]

[6]

Kennen Sie Herrn I. Maximov (Pally)? Er schickte mir Manuskripte, die ich wegen ihrer masslosen Komplikation nicht genau lesen konnte, gegen deren Richtigkeit ich aber grosse Bedenken habe. Sein letzter Brief – den ich nicht mehr beantwortet habe – schien zu zeigen, dass er meine Einwände nicht ver-standen hat.

Das Wintersemester war sehr anstrengend, und ich werde mit meiner Frau wahrscheinlich zur Erholung nach Menton gehen. Wenn Sie mir aber hierher schreiben, wird mir der Brief nachgeschickt. – Hoffentlich kommen Sie in diesem Jahr wieder nach Deutschland!

Mit den herzlichsten Grüssen von uns Beiden

Ihr

F. Hausdorff

## Anmerkungen

[1] ALEXANDROFF, P.; URYSOHN, P.: *Mémoire sur les espaces topologiques compacts dédié à Monsieur D. Egoroff*. Verhandlingen Koninklijke Akademie van Wetenschappen te Amsterdam, Afdeeling Natuurkunde, Eerste Sectie, **14** (1929), No. 1, 1–96. Diese Arbeit war bereits 1923 vollendet, wurde aber erst 1929 publiziert (s. dazu Anmerkung [3] zum ersten Brief dieser Korrespondenz vom 18. 4. 1923).

[2] EDUARD STUDY (1862–1930) war von 1904 bis zu seiner Emeritierung 1927 ordentlicher Professor der Mathematik in Bonn. Er erlag am 6. 1. 1930 einem Krebsleiden. HAUSDORFF war ein guter Kenner von STUDYs mathe-matischem Werk; insbesondere schätzte er dessen lückenlose Exaktheit. Er hat STUDYs Hauptwerk *Geometrie der Dynamen. Die Zusammensetzung von Kräf-ten und verwandte Gegenstände der Geometrie*, Teubner, Leipzig 1901–1903 (in mehreren Lieferungen) ungewöhnlich ausführlich und sehr wohlwollend bespro-chen: HAUSDORFF, F.: *Eine neue Strahlengeometrie*. Zeitschrift für mathema-tischen und naturwissenschaftlichen Unterricht **35** (1904), 470–483 (Abdruck mit Kommentar im Band VI dieser Edition). Auf der Trauerfeier für EDUARD

STUDY am 9. Januar 1930 hielt HAUSDORFF die Trauerrede ([H 1932]; Wiederabdruck im Band VI dieser Edition).

[3]  STUDY, E.: *Die angeblichen Antinomien der Mengenlehre.* Sitzungsberichte der Akademie der Wiss. zu Berlin, Jahrgang 1929, 255–267. STUDY ging in
dieser Arbeit von der CANTORschen Mengendefinition aus: „Unter einer ‚Menge‘ verstehen wir jede Zusammenfassung $M$ von bestimmten wohlunterschie-
denen Objekten $m$ unserer Anschauung oder unseres Denkens (welche die ‚Elemente‘ von $M$ genannt werden) zu einem Ganzen.“ (*Beiträge zur Begründung
der transfiniten Mengenlehre.* Math. Annalen **46** (1895), 481–512, dort S. 481).
STUDY glaubte nun, etwa die RUSSELLsche Antinomie mit der Feststellung aus
der Welt geschafft zu haben, daß der Begriff einer Menge, die sich selbst als
Element enthält, „gegen ein elementares Gesetz allen Denkens verstoßend“ im
Widerspruch zu CANTORs Definition steht.

[4]  LUSIN, N.: *Sur le problème des fonctions implicites.* Comptes Rendus
Acad. Paris **189** (1929), 80–82. Ders.: *Sur la représentation paramétrique semi-
régulière des ensembles.* Ebenda, 229–231. Ders.: *Sur un principe général de
la théorie des ensembles analytiques.* Ebenda, 390–392. Ders.: *Sur les points
d'unicité d'un ensemble mesurable B.* Ebenda, 422–425. LUSIN; N.; SIERPIŃ-
SKI, W.: *Sur les classes des constituantes d'un complémentaire analytique.*
Comptes Rendus Acad. Paris **189** (1929), 794–796.

[5]  Dies ist ein Spezialfall von Théorème I in der Note: LUSIN, N.: *Sur
la représentation paramétrique semi-régulière des ensembles.* Comptes Rendus
Acad. Paris **189** (1929), 229–231. Der Satz lautet bei LUSIN folgendermaßen:

THÉORÈME I. – La projection orthogonale $E$ d'un ensemble $\mathfrak{E}$ mesurable
$B$ situé dans l'espace à $m$ dimensions sur un espace à $m'$ dimensions,
$m' < m$, est mesurable $B$ si chaque point de $E$ est la projection d'une
infinité au plus dénombrable de points de $\mathfrak{E}$.

In HAUSDORFFs Nachlaß findet sich kein Manuskript mit der hier erwähnten
Rekonstruktion eines Beweises für den LUSINschen Satz.

[6]  Dies ist der Inhalt von Théorème II in der in Anmerkung [5] genannten
Note LUSINs. LUSIN hat auch dies Theorem etwas allgemeiner für Projektionen
aus einem $\mathbb{R}^m$ in einen $\mathbb{R}^{m'}$ mit $m' < m$ formuliert.

**Brief** PAUL ALEXANDROFF ⟶ FELIX HAUSDORFF

[Der Brief ist von ALEXANDROFF versehentlich falsch datiert; es muß
30. 3. 1930 heißen, denn EDUARD STUDY ist am 6. Januar 1930 verstorben.]

30. III. 1929.

Lieber und hochverehrter Herr Hausdorff!

Nicht Ihr, sondern mein Brief vom letzten Sommer muß verloren gegangen
sein: ich habe den Ihrigen rechtzeitig im Kaukasus erhalten und bewunderte
noch Ihre russische Handschrift! Ich habe ihn auch von dort aus (Elenowka am
Gocktscha–See), also noch im August, beantwortet, und diese Antwort haben
Sie nicht bekommen: es herrscht also nicht immer und nicht überall das Sym-
metrieaxiom! Ich habe auch selbst während des Winters vermutet, daß irgend
ein Brief verloren gegangen sein muß, am wahrscheinlichsten, doch der meinige,
da er aus einer gänzlich transzendenten Gegend geschickt worden ist – und ich
hatte es schon längst vor, Ihnen wieder zu schreiben, bin aber nicht dazu gekommen, einerseits natürlich wegen des Lasters der Faulheit, andererseits aber auch
infolge eines überkondensierten Winters, der insbesondere wegen der übermä-
ßig vielen organisatorischen Tätigkeiten (unser mathematisches Institut wurde
vollständig reorganisiert) manchmal beinahe unerträglich wurde. Erst seit etwa Anfang März habe ich einigermaßen mehr Ruhe und endlich auch Zeit zum
eigenen Arbeiten bekommen. Die Reorganisation des Instituts bestand (außer
dem Wechsel der leitenden Persönlichkeiten) hauptsächlich darin, daß die Anwendungen, die bei uns bis jetzt gänzlich vernachlässigt waren, jetzt die zentrale
Stellung erhalten haben, und auch im vielen anderen noch. Jedenfalls kostete
das uns allen sehr viel Nervenkraft (und auch sehr viel Zeit) . . .

Ich hoffe sehr, daß ich den kommenden Sommer Deutschland – und dann
natürlich Sie – werde besuchen können. Jedenfalls sind alle Reisevorbereitungen
im vollen Gange, hoffentlich bleiben sie nicht ohne Erfolg. Ihr Haus steht oft
vor mir in meinen Gedanken und die langen Gespräche, die wir miteinander
geführt haben, wie überhaupt die Tage, die ich bei Ihnen verbringen durfte,
gehören zu meinen schönsten und lebhaftesten Erinnerungen.

Ihre Nachricht von Studys Tode hat auf mich einen großen Eindruck gemacht:
nicht, weil ich mich durch diesen Tod für mich persönlich berührt fühlte – ich
habe ja Study nur ein einziges Mal gesehen (als ich mit Ihnen zusammen ihn
in Bonn besuchte) – sondern weil diese so überaus energievolle Persönlichkeit
zu dem langsamen und qualvollen Tod, den Sie mir geschildert haben, in einem zu krassen Widerspruch stand. Ich glaube zwar fest daran, daß der Tod
im allgemeinen nur eine Koordinatentransformation darstellt, der in der *reellen* Welt nichts (Reelles) entspricht; aber ein Tod bleibt stets ein Verlust, der
öfters sehr schwer zu ertragen ist, und ich kann mir sehr gut vorstellen, daß
eine Persönlichkeit wie Study schwer zu vermissen ist. In irgendeiner Hinsicht
erinnert mich Study an Brouwer – das, was man allgemein die Brouwersche

Verrücktheit nennt (und die weit über den Intuitionismus reicht!!) besass ja in einem gewissen Maße auch Study; und trotz dieser Verrücktheit ist ja Brouwer nicht nur eine eindrucksvolle, sondern in mancher Hinsicht eine reizende Persönlichkeit, und wenn der Umgang mit ihm manchmal kompliziert und direkt schwierig ist, so gibt es ja auch immer wieder Augenblicke, in denen man dem Schicksal dankt, daß man diesem Menschen in seinem Leben begegnet hat. Menschen zu verlieren ist wohl das grausamste, was man zu erleben hat, und dass dies eine Notwendigkeit ist – diesen Gedanken kann ich eigentlich auch jetzt nicht ordentlich assimilieren ...

Ich habe mich seit einiger Zeit so eingerichtet, daß ich etwa die Hälfte meiner Zeit nicht in Moskau selbst, sondern in einer von Moskau 30 Km. weit gelegenen Sommer (bzw. Winter-)frische verbringe: sonst würde ich wahrscheinlich überhaupt nicht fertig mit dem Moskauer Betrieb. Die Zeiteinteilung ist also die, daß ich in jeder „Dekade" (die bei uns die Wochen ziemlich gründlich ersetzt zu haben scheinen) 5 Tage in Moskau und 5 Tage auf dem Lande verbringe. Die Moskauer Tage sind natürlich gänzlich besetzt, von Morgen bis zum Abend; dafür aber habe ich die übrige Hälfte für mich. Diese Methode hat sich sowohl für mein Allgemeinbefinden, als auch speziell für mathematisches Arbeiten durchaus als lohnend erwiesen. Die ganze Zeit, die ich hier bin, laufe ich täglich auf Schiern (habe übrigens auch einige Male in (größeren) Eislöchern im Fluss gebadet, was bei Wintersonnenschein ein ganz besonderes Vergnügen ist) und lebe überhaupt im Gefühle einer engen Verbundenheit mit der Natur – etwas, wovon man sich in einer Großstadt ganz abgewöhnen kann. Meine postalische Adresse bleibt natürlich die Moskauer.

Was die Mathematik betrifft, so habe ich endlich die seit langer Zeit ersehnte [1] Einordnung der gewöhnlichen (Brouwer–Urysohn–Mengerschen) Dimensionstheorie in meine kombinatorischen Begriffsbildungen erhalten: der gewöhnliche Dimensionsbegriff erweist sich dabei als *Grenzfall* meiner kombinatorischen Dimensionen: Sie erinnern sich vielleicht, ich definiere die kombinatorische Dimension (modulo 2) als die größte Zahl $r$ von der Eigenschaft, daß es in der Menge einen $r-1$-dimensionalen „Vollzyklus" gibt, der in einem gewissen Sinne wesentlich („nicht identisch-verschwindend") ist und in der Menge berandet. Dabei versteht man unter einem Vollzyklus eine Folge von (aus immer feiner werdenden Simplexen aufgebauten kombinatorischen Zyklen (mod. 2). Wenn man statt mod. 2 alles modulo $m$ macht, erhält man eine Dimension modulo $m$. Wenn man aber unter einem Vollzyklus („*nach variablen Moduln*") eine Folge

$$Z_1^{r-1}, \ Z_2^{r-1}, \ \ldots \ Z_k^{r-1}, \ \ldots$$

kombinatorischer Zyklen versteht, wobei $Z_k^{r-1}$ ein $(r-1)$-dimensionaler Zyklus modulo $m_k$ ist, und mit Hilfe dieser Zyklen die Dimension genau so, wie ich es für mod. 2 mache, definiert, *erhält man die Urysohnsche Dimension!*

Aus diesem Satz folgen viele weitere Sätze, die die Dimension geometrisch charakterisieren, so z. B. dieser Satz: Es sei $F \subset R^n, \dim F = r$; wenn $G^n$ ein beliebiges Gebiet des $R^n$ ist, welches einem Kugelinnern homöomorph ist, und $K$ irgendein außerhalb von $F$ und innerhalb von $G^n$ gelegenes höchstens $n - r - 2$-dimensionales Polyeder, so läßt sich eine solche gleichzeitige stetige Deformation von $F$ und $K$ finden, daß alle Punkte von $F - G^n$ fest bleiben und daß während dieser Deformation $K$ innerhalb von $G^n$ und zu $F$ fremd bleibt und sich schließlich auf einen Punkt zusammenzieht; *dagegen existiert stets ein* $n - r - 1$-*dimensionales Polyeder (und sogar ein* $n - r - 1$-*dimensionaler orientierter Polyederzyklus* $\Gamma^{n-r-1} \subset G^n - F$), das in $G^n - F$ auf diese Weise nicht auf einen Punkt zusammengezogen werden kann, also in einem gewissen Sinne mit $F$ in $G^n$ verschlungen ist. Aus diesem Satz folgt z. B. daß eine $F$ im $R^n$ dann und nur dann $n - 1$-dimensional ist, wenn $F$ keine innere Punkte enthält und ein Gebiet des $R^n$ zerlegt. In diesen Ideenkreis gehört noch folgendes Resultat:

Wir sagen, $F \subset R^n$ ist in $a$ $r$-dimensional unbewallt, wenn man zu jedem $\varepsilon > 0$ ein $\delta > 0$ finden kann, derart, daß jeder in $S(a, \delta) - F$ gelegene $n - r - 1$-dimensionale (orientierte) Zyklus in $S(a, \varepsilon) - F$ (im gewöhnlichen, orientierten Sinne) homolog Null ist. Nun ist $F \subset R^n$ dann und nur dann $r$-dimensional (im klassischen Sinne), wenn es in jedem Punkt bei jedem $r' > r$ $r'$-dimensional unbewallt ist und mindestens in einem Punkt $a$ ein $r$-dimensionales Hindernis bildet (ich sage, $F$ bildet in $a$ ein $r$-dimensionales Hindernis, wenn $F$ dortselbst nicht $r$-dimensional unbewallt ist, d. h. wenn es ein solches $\varepsilon$ gibt, daß man bei jedem $\delta$ in $S(a, \delta)$ einen $n - r - 1$-dimensionalen Zyklus finden kann, der in $S(a, \varepsilon)$ nichts berandet).

Was hier einigermassen unerwartet ist, ist die Tatsache, daß sich die Dimension gleichzeitig auf dem Homologiewege und auf dem Wege der stetigen Zusammenziehungen (der Homotopien) charakterisieren läßt: gewöhnlich führen ja diese beiden Wege zu ganz verschiedenen Dingen. Was übrigens die Charakterisierung mittels der stetigen Zusammenziehungen betrifft, so ist hier wesentlich, *gleichzeitige* Deformationen von $F$ und $K$ zuzulassen (obwohl man stets verlangen kann, daß die Verrückungen, die dabei die Punkte von $F$ erleiden, beliebig klein seien): wenn man alle Punkte von $F$ festhalten wollte, würde man ja schon in den Antoineschen Beispielen stecken bleiben (eine nulldimensionale $F$ würde im $R^3$ mit einer Kreislinie verschlungen sein können).

Vielleicht langweile ich Sie mit diesen Geschichten, ich konnte aber nicht um, Ihnen sie zu erzählen: ich freue mich sehr über diese Resultate, weil ich eine sehr lange Zeit nach ihnen gesucht und nur mit großer Mühe erst die richtigen Formulierungen und dann die Beweismethoden gefunden habe. Der Schlüssel zu allen Beweisen besteht in folgender ganz simplen Bemerkung: es liege eine stetige Abbildung $f$ von $F$ auf den $n$-dimensionalen Würfel $K^n$ vor (dabei ist $F$ ein beliebiger kompakter metrischer Raum, $n$ eine beliebige natürliche Zahl). Sei $F'$ die Menge derjenigen Punkte von $F$, die dabei auf den Rand von $K$ abgebildet werden. Als zulässig mögen solche stetige Abänderungen der Abbildungsfunktion $f$ erklärt, welche die Abbildung in den Punkten von $F'$ *nicht ändern.* Wenn man nun durch eine zulässige Abänderung der Abbildung $f$ erreichen kann, daß ein Punkt von $K^n$ von Bildpunkten von $F$ befreit wird, möge die Abbildung unwesentlich heißen, sonst wesentlich (bei wesentlichen

Abbildungen ist also auch nach beliebiger stetigen Abänderung von $f$, welche $f$ in allen Punkten von $F'$ festhält, der ganze Würfel Bild der Menge $F$). Man beweist nun ganz leicht, daß jede mindestens $r$-dimensionale und nur eine solche abgeschlossene Menge auf den $r$-dimensionalen Würfel wesentlich abgebildet werden können, und daraus ergibt sich alles. Wenn man übrigens die Menge $F'$ durch einen Punkt $\xi$ ersetzt (d. h. wenn man vom topologischen Raum $F = G+F'$ zum topologischen Raum $F = G+\xi$, wobei $\xi$ eingeführt wird mittels der Umgebungserklärung $U(\xi) = [U(F') - F'] + \xi$, $[U(F')$ ist eine beliebige offene Menge in $F$, die $F'$ enthält]), so wird die so abgeänderte Menge $F$ auf die $n$-dimensionale Sphäre *wesentlich* abgebildet, d. h. so, daß man keinen Punkt der Sphäre durch eine stetige Abänderung der Abbildung von Bildpunkten befreien kann. Man kann also in einem gewissen Sinne jede $r$-dimensionale abg. Menge zu einem „geschlossenen Sack" von derselben Dimension $r$ machen und gerade diese Art der „Geschlossenheit" läßt sich durch Zyklen nach variablen Moduln charakterisieren.

Eine sehr interessante Lage ergibt sich mit dem sogenannten „dimensionstheoretischen Produktsatz". Man beweist leicht diesen Satz für die Dimensionen mod. $m$; was aber die Urysohnsche Dimension betrifft, so hat für diese Pontrjagin den Produktsatz neulich durch ein Gegenbeispiel widerlegt: es gibt [2] im vierdimensionalen Raum zwei zweidimensionale Mengen $F_1$ und $F_2$, deren Produktraum dreidimensional ist: die eine Menge hat nämlich nach dem Modul 2 die Dimension 2, nach allen übrigen Moduln aber die Dimension 1; die zweite Menge hat nach dem Modul 3 die Dimension 2, nach allen übrigen (insbesondere nach dem Mod. 2) die Dimension 1. Der Produktsatz gilt immer, wenn die Werte des variablen Moduls, die für die eine und andere Menge auftreten, dieselben sind, sonst gilt der Produktsatz im allgemeinen nicht.

Was den Herrn Maximoff betrifft, so ist mit ihm, glaube ich wenigstens, nicht Vieles anzufangen. Seine mathematischen Ideen konnte ich nie recht verstehen, und da er schon nicht in allzujugendlichen Jahren steht, so hoffe ich kaum, daß man ihn zu irgendetwas vernünftigem in der Mathematik wird erziehen können. Er scheint längere Zeit Lusin mit seinen Entdeckungen das Leben schwer gemacht zu haben; jedenfalls, nachdem Lusin voriges Jahr nach Paris verreist ist, kam der Maximoff zu mir und sagte, Lusin hätte ihm geschrieben, er solle sich in allen mathematischen Sachen nicht an ihn, sondern an mich wenden: das war schon ein ziemlich böses Zeichen! Jedenfalls bombardierte mich der Maximoff das ganze vorige Jahr mit allerlei mathematischen Betrachtungen, mit denen ich nur selten einen Sinn verbinden konnte. Das wurde mit der Zeit so arg, daß ich ihm eines Tages gesagt habe, er möchte sich doch lieber an Lusin wenden, der ja die Autorität in diesen Dingen ist. Ich vermute, daß ihn Lusin darauf hin vielleicht an Sie wegempfohlen hat. Tun Sie doch dergleichen und empfehlen Sie ihm irgendeinen anderen Kollegen, den Sie gerne zur Geduld erziehen möchten! Nur bitte, lieber Herr Hausdorff, schicken Sie ihn nicht zu mir zurück! Uebrigens war Herr Maximoff – bevor er sich der Mathematik zugewandt hatte – mohammedanischer Priester!

Schreiben Sie mir bitte, wie Ihre diesjährige Frühjahrsreise verlaufen ist. Sie schreiben mir nichts von Ihrer Gesundheit; darf ich daraus schließen, daß Sie sich recht wohl fühlen?

In der Hoffnung auf unser baldiges Wiedersehen schicke ich Ihnen und Ihrer Frau Gemahlin meine herzlichsten Grüsse.

Ihr aufrichtig ergebener

P. Alexandroff.

## Anmerkungen

[1] ALEXANDROFFs in jahrelangen Bemühungen um die Dimensionstheorie erzielten Resultate fanden eine zusammenfassende Darstellung in der umfangreichen Arbeit *Dimensionstheorie. Ein Beitrag zur Geometrie der abgeschlossenen Mengen.* Math. Annalen **106** (1932), 161–238 (s. dazu auch Anmerkung [8] zum Brief ALEXANDROFFs an HAUSDORFF vom 20. 4. 1928). Alle im hier vorliegenden Brief nur angedeuteten Resultate sind in der genannten Arbeit ausführlich dargestellt. ALEXANDROFFs Sicht auf die Dimensionstheorie formulierte er in der Einleitung zu dieser Arbeit folgendermaßen:

> Erst die tatsächliche Anwendung des kombinatorischen Homologiebegriffes auf die allgemeinen mengentheoretischen Gebilde erlaubt uns festzustellen, daß die Dimensionstheorie gar keine Theorie für sich, sondern lediglich der erste Paragraph einer noch in ihren Anfängen stehenden allgemeinen Untersuchung der Berandungs- und Schnitt- (insbesondere Verschlingungs-) Konstruktionen in abgeschlossenen Mengen ist und als solche auch aufgebaut werden soll. (S. 163)

Die weitere Entwicklung der Dimensionstheorie hat gezeigt, daß dieser Standpunkt doch etwas einseitig ist (s. Band III dieser Edition, S. 840–853 und die dort angegebenen neueren Monographien über Dimensionstheorie).

[2] S. dazu Anmerkung [6] zum Brief ALEXANDROFFs an HAUSDORFF vom 10. 7. 1929.

**Postkarte**   PAUL ALEXANDROFF ⟶ FELIX HAUSDORFF

Göttingen, Calsowstr. 57

27. VI. 1930

Lieber und hochverehrter Herr Hausdorff,

soeben war Toeplitz hier und ich freute mich sehr, wieder etwas von Ihnen zu hören. Hoffentlich haben Sie meinen Brief, den ich Ihnen im März geschrieben habe, richtig erhalten? Schreiben Sir mir bitte ein Wort hierüber.

Ich freue mich riesig auf unser hoffentlich bevorstehendes Wiedersehen. Ich bleibe in West–Europa vermutlich bis Weihnachten und zwar bis zum Ende des

S.–Semesters in Göttingen. Dann fahre ich höchst wahrscheinlich nach Frankreich und kehre Ende Oktober, gegen den Beginn des Wintersemesters, nach Deutschland zurück.

Ich werde vor dem 1. August unmöglich Göttingen verlassen können (ich habe noch am 30. Kolleg). Da Sie Anfang August (wie mir Toeplitz sagt) verreisen, glaube ich, daß es am besten ist, ich besuche Sie auf dem Rückwege aus Frankreich, also Ende Oktober. Es ist natürlich sehr lange zu warten! Schreiben Sie mir bitte auch hierüber.

Und viele herzliche Grüße an Sie und Ihre Frau Gemahlin.

Ihr aufrichtig ergebener    P. Alexandroff

<br>

**Postkarte**    PAUL ALEXANDROFF ⟶ FELIX HAUSDORFF

7. 7. 1930

Lieber Herr Hausdorff!

Herzlichen Dank für Ihre Karte! Wenn Sie tatsächlich vor dem 10. Aug. nicht verreisen werden, wird sich die Sache doch wohl so arrangieren lassen, daß ich Anfang August – so etwa am 5. – zu Ihnen komme. Ich freue mich nämlich auf unser bevorstehendes Wiedersehen so sehr und so lange, daß ich auch nur sehr ungerne es bis zum Anfang des Wintersemesters verschieben würde, und dies nur unter dem Druck einer force majeure täte.    [1]

Daß Ihr Homöomorphiesatz jetzt in voller Allgemeinheit vorliegt, freut mich sehr. Übrigens: ich bin jetzt Mitglied der Hauptredaktion des Recueil Mathématique de Moscou und richte an Sie im Namen der ganzen Redaktion die Bitte, uns gelegentlich irgendeine Arbeit von Ihnen für den Recueil einzureichen. Den Homöomorphiesatz haben Sie nun einmal an die Fundamenta geschickt, daran ist nun also nichts zu wollen, ich hoffe aber sehr, daß Sie eine Ihrer nächsten Arbeiten doch bei uns werden publizieren wollen.    [3]    [2]

Mit vielen herzlichen Grüssen, auch an Ihre Frau Gemahlin

Ihr
P. Alexandroff.

### Anmerkungen

[1]    force majeure: höhere Gewalt.

[2]    HAUSDORFF, F.: *Erweiterung einer Homöomorphie.* Fundamenta Math. **16** (1930), 353–360. Wiederabdruck mit Kommentar im Band III dieser Edition, S. 457–469.

[3]    HAUSDORFF hat in „Recueil Mathématique de Moscou" keine Arbeiten veröffentlicht.

**Postkarte** PAUL ALEXANDROFF ⟶ FELIX HAUSDORFF

31. VII. 1930.
Göttingen, Calsowstr. 57

Lieber und hochverehrter Herr Hausdorff!

Vielen Dank für Ihre Karte; ich muss Ihnen aber leider mitteilen, daß ich nach sorgfältiger und reifer Überlegung doch zum Entschluss gekommen bin, meinen Besuch bei Ihnen bis November zu verschieben: ich habe noch so furchtbar viele Sachen zu erledigen, daß ich selbst bei der größten Anstrengung unmöglich vor dem 8–10 August mich von Göttingen losreissen können werde, insbesondere weil ich noch eine kurze Reise nach Berlin wegen Pass- und Visumangelegenheiten einschalten muss. Im Prinzip wusste ich es auch immer, nach Ihrer ersten Karte dachte ich, daß ich vielleicht doch noch es irgendwie schaffen werde, Sie noch vor den Ferien zu besuchen, jetzt sehe ich aber, daß es doch nicht geht. Es ist für mich ein schwerer Entschluss, unser Wiedersehen auf 3 weitere Monate hinauszuschieben, dann wird es aber in aller Ruhe und Gemütlichkeit geschehen können, und nicht in dieser Stimmung der Hetze und des Umsturzes, in der man bei Semesterschluss in Göttingen zu sein pflegt. Meine weiteren Pläne sind: etwa am 10 August über Süddeutschland (München + Schwarzwald) nach Frankreich zu reisen und etwa am 25. VIII. nach Collioure zu kommen. Ich schreibe Ihnen noch aus Göttingen und bitte auch Sie um Angabe Ihrer Adressen. Schreiben Sie mir bitte Ihre Reisepläne. Nochmals herzlichen Dank und herzlichen Gruss an Sie und Ihre Familie.

Auf Wiedersehen in 5 Monaten.             Ihr P. Alexandroff

**Postkarte** PAUL ALEXANDROFF ⟶ FELIX HAUSDORFF

Göttingen, Calsowstr. 57
8. VIII. 1930

Lieber Herr Hausdorff,

herzlichen Dank für Ihre Karte. Ich sitze nun noch immer in Göttingen zwischen zu begutachtenden Manuskripten, Vorlesungsausarbeitungen, Korrekturen, nicht beantworteten Briefen usw. Also einstweilen Adresse noch immer Göttingen! Auf dem Laufenden meiner Adresse werde ich Sie fortwährend halten und bitte um das gleiche.

Den *Un*sicherheitskoeffizient meines Novemberbesuches bitte ich – bis auf Zugunglücke, Weltrevolution, Weltuntergang u. dgl. – als *Null* zu betrachten – ich würde einfach eine der Hauptaufgaben meiner gegenwärtigen Reise als missglückt betrachten, wenn ich heimkehren müsste, ohne Sie besucht zu haben. Mir liegt ja wirklich sehr viel daran!

Also – auf immerhin baldiges Wiedersehen – und die herzlichsten Grüsse an Sie, Ihre Frau Gemahlin und Ihre Tochter (die ich ja – wenn auch flüchtig – bei Ihnen einmal kennen gelernt habe.)

Ihr aufrichtig ergebener
P. Alexandroff

**Postkarte**   PAUL ALEXANDROFF ⟶ FELIX HAUSDORFF

13. IX. 1930

Lieber und hochverehrter Herr Hausdorff,

meine Adresse ist bis Anfang Oktober

Sanary sur mer (Var)
Hotel – Pension de la Gorguette
Frankreich.

Dann fahre ich – auf dem Umweg über Batz, wo ich etwa 8 Tage bleiben werde – nach Paris und von dort über Bonn nach Göttingen. Um meine Rückreise *eventuell* möglichst früh antreten zu können, bitte ich Sie, mir mitzuteilen, von wann an Sie wieder in Bonn sind. Ich möchte auch gerne etwas von Ihrer Reise hören.

Ich konnte erst am 15. VIII. Göttingen verlassen, war dann etwa 8 Tage in Bayern (München und Spitzingsee, ein sehr netter kleiner See) und bin schließlich über Ulm und Freiburg nach Frankreich gekommen. Nach einer kurzen Wanderung in Savoyen bin ich hierher gekommen und sitze hier und arbeite an meinem Buch. Diese Reise mache ich zusammen mit Herrn Kolmogoroff, dessen Name Sie wahrscheinlich aus seinen Arbeiten kennen. Herr Kolmogoroff will Sie ebenfalls besuchen, aber erst einige Monate später, da er den größten Teil des Winters in Paris bleibt.

Mit den herzlichsten Grüssen an Sie und Ihre Frau Gemahlin

Ihr P. Alexandroff.

**Ansichtskarte**　Paul Alexandroff ⟶ Felix Hausdorff
[Die Karte zeigt die Fassade der Kathedrale Notre Dame de Paris.]

Park Hotel,　　　　　　　　　　　　　　　　　　　24. X. 1930.
36, rue Desnouettes
　　Paris (15$^e$)
(NB: Paris – poste restante erreicht mich auch!)

Lieber Herr Hausdorff! Herzlichen Dank für Ihre Karte. Ich habe bereits französisches Ausreise-, belgisches Durchreise- und deutsches Einreisevisum in der Tasche, es ist also alles in Ordnung. Mein Besuch bei Ihnen erfährt aber, wenn es Ihnen recht ist, doch eine Translation von *einem* Tage, so daß ich erst am 28. *oder* 29. nach Bonn komme (nach der Angabe des hiesigen Reisebureaus um 18$^h$, 47$^m$), dann aber bis zum *1. XI.* bleiben kann (der Zug soll um 13.21 abgehen). Das „oder" wird wahrscheinlich schon morgen eliminiert, so daß Sie im Laufe der nächsten 24 Stunden (nach dem Empfang dieser Karte) endgültigen Bescheid wissen. Das dreijährige „komplementäre Intervall" ist also zu meiner großen Freude wirklich zu Ende! Mit herzlichem Gruss an Sie und Ihre Frau Gemahlin

　　　　　　　　　　　　　　　　　　　　　　Ihr P. Alexandroff
(Ich erscheine also kurz nach 7 Uhr abends bei Ihnen zu Hause)

**Ansichtskarte**　Paul Alexandroff ⟶ Felix Hausdorff
[Die Karte zeigt einen Blick durch den unteren Bogen des Eiffelturms auf den Trocadero.]

Park–Hôtel,
36, rue Desnouettes
Paxis (15$^e$).　　　　　　　　　　　　　　　　25. X. 1930

　　　　　　　　　Lieber Herr Hausdorff,

wenn ich keine Gegenäußerung Ihrerseits erhalte, komme ich also am 29. X. abends um 6 Uhr 47 in Bonn an und erscheine kurz nach 7 Uhr abends bei Ihnen. Wenn Ihnen das recht ist, würde ich bis zum 1. XI. bleiben (mein Zug nach Gttg geht übrigens um 12.05 über Köln ab).

Wenn ich nichts von Ihnen in Paris höre, nehme ich also an, daß Sie mit all' diesem einverstanden sind.

Auf Wiedersehen in wenigen Tagen und herzlichen Gruss an Sie und Ihre Frau Gemahlin.

　　　　　　　　　　　　　　　　　　　　　　Ihr P. Alexandroff

**Postkarte**   PAUL ALEXANDROFF ⟶ FELIX HAUSDORFF

Göttingen, Calsowstr. 57.
2. XI. 1930.

Lieber Herr Hausdorff!

Heute möchte ich Ihnen nochmals danken für die Herzlichkeit, mit der ich in Ihrem Hause aufgenommen wurde und die lange in meiner Erinnerung bleiben wird.

Das „inverstanden" des Telegramms ist doch „einverstanden" gewesen und es scheint, daß mir mein Urlaub bis zum 1. IX. 1931 verlängert sein wird. Die Frage ist noch nicht ganz entschieden, sie muss noch in einigen Instanzen die endgültige Approbation finden, man kann immerhin jetzt mit ziemlicher Sicherheit auf ein positives Resultat hoffen.

Mit herzlichem Gruss an Ihre Frau Gemahlin und Sie

Ihr P. Alexandroff

PS.   Die drei Musikabende, die Sie mir gegeben haben, haben mich besonders gerührt. Nochmals herzlichen Dank dafür! Meine neue Uhr geht ausgezeichnet. Die ungünstige Konstellation der drei Zeiger wird sich wahrscheinlich (nach dem Gesetz der großen Zahlen) erst in einigen Jahrtausenden wiederholen, (sie hängt ja von den Anfangslagen der Zeiger ab, die geändert wurden), und mehr brauche ich nicht!


**Ansichtskarte**   PAUL ALEXANDROFF ⟶ FELIX HAUSDORFF
[Blick auf ein historisches Fachwerkhaus in Göttingen (Weenderstr. 59).]

Göttingen, Calsowstr. 57.
30. XII. 1930

Lieber Herr Hausdorff,

herzliche Wünsche zum Neujahr – Ihnen und Ihrer Frau Gemahlin!

Ich hatte schon längst vor, Ihnen zu schreiben, kam aber nicht dazu, weil ich die ganzen zwei Monate meinem Urlaubproblem gewidmet habe und ununterbrochen schreiben und telegraphieren musste – ein erfreulicher Zustand! Die Frage ist noch immer schwankend – jetzt allerdings zwischen 1. III. und 1. IX. Inzwischen bekam ich eine Einladung, für 3 Monate nach Princeton zu kommen (1. März – 1. Juni). Abgesehen davon, daß die Reise sowohl wissenschaftlich, als auch an sich mir sehr interessant und lohnend erscheint, ist sie noch mit einem Honorarangebot von 3000 Dollars verbunden, was gerade jetzt sehr angebracht ist. Trotzdem weiß ich noch immer nicht, ob ich diese Einladung werde annehmen können. Allerdings muss sich in den allernächsten Tagen (vielleicht schon morgen) diese Angelegenheit klären, d. h. ich muss ein Telegramm aus Moskau bekommen. Dann schreibe ich Ihnen wieder.

Herzlichsten Gruss an Ihre Frau Gemahlin und Sie

Ihr aufrichtig ergebener P. Alexandroff

[auf der Bildseite der Ansichtskarte:]
Schreiben Sie mir doch bitte, wie es Ihnen geht (auch gesundheitlich). Ich setze mein Baden noch immer fort; es bekommt mir ausgezeichnet.

[1]    Haben Sie schon das neue Lefschetzsche Buch gesehen?

## Anmerkung

[1]  LEFSCHETZ, S.: *Topology.* American Math. Society colloquium publications, vol. XII. AMS, New York 1930.


**Postkarte**   PAUL ALEXANDROFF $\longrightarrow$ FELIX HAUSDORFF

Göttingen, Calsowstr. 57.<br>13. I. 1931.

Lieber Herr Hausdorff,

wenn Sie sich im neuen Jahr einen neuen Bauch wünschen, so wünsche ich mir neue Zähne: die „passive" Zahnheilkunde ist mir ja beinahe zu einem Nebenberuf geworden, und gerade jetzt leide ich an einer Kieferentzündung (die übrigens als eine Fortsetzung immer derselben Behandlung anzusehen ist, die mich einmal hinderte, Sie zu besuchen).

Sonst auch wenig angenehmes: ich habe vor einigen Tagen eine Nachricht aus Moskau bekommen, daß mein Urlaub verlängert ist, und daraufhin an Princeton zugesagt. Jetzt ergibt sich aber, daß die Nachricht erst eine vorläufige war und noch keine endgültige Entscheidung der Frage darstellt. Allerdings *müssen* in den nächsten 5–8 Tagen wirklich endgültige Entschlüsse gefasst werden. Diese werde ich Ihnen dann mitteilen.

[1]  Ich schreibe jetzt die dimensionstheoretische Arbeit, deren Inhalt ich Ihnen im wesentlichen erzählt habe. Sie ist für die Annalen bestimmt. Außerdem ist es Hopf, Pontrjagin und mir gelungen, einen wirklich einfachen Beweis für den entscheidenden Verschlingungssatz zu geben, aus dem dann die Dualitätssätze für den Fall $F \subset R^n$ sich in angenehmer und durchsichtiger Weise ableiten

[2]  lassen.

Lassen Sie bitte wieder etwas von Ihnen hören.

Herzlichsten Gruss an Ihre Frau Gemahlin und Sie.

Ihr aufrichtig ergebener<br>P. Alexandroff

# Anmerkungen

[1]  S. dazu Anmerkung [1] zum Brief ALEXANDROFFs an HAUSDORFF vom
30. 3. 1930 (von ALEXANDROFF irrtümlich auf den 30. 3. 1929 datiert).

[2]  S. dazu ALEXANDROFF, P.; HOPF, H.: *Topologie*. Springer-Verlag, Berlin
1935, Kap. XI „Verschlingungstheorie. Der Alexandersche Dualitätssatz", insbes. § 3 „Die Existenzsätze der Verschlingungstheorie" (S. 426–440). Die einzige gemeinsame Veröffentlichung von ALEXANDROFF, HOPF und PONTRJAGIN
(Compositio Math. **4** (1937), 239–255) hat Fragen der Dimensionstheorie zum
Gegenstand.


**Auszug aus einem Brief**   FELIX HAUSDORFF ⟶ PAUL ALEXANDROFF

[Der Auszug ist von HAUSDORFF eigenhändig angefertigt; der gesamte Brief
ist nicht mehr vorhanden.]

Aus einem Brief an Alexandroff, 14. 1. 31

Es handelt sich um die Homologien nach einem Modul $m$, die ja in Ihren dimensionstheoretischen Untersuchungen eine fundamentale Rolle spielen. Bei Ihrem
Besuch im Oktober 1930 haben wir diesen Gegenstand berührt, aber nicht zu
Ende gebracht; ich sagte, dass die Behandlung bei Alexander ganz falsch sei    [1]
und dass ich überhaupt gegen den Fall eines $m \neq$ Primzahl grosse Bedenken
hätte. Nun, in dem eben erschienenen Buch von Lefschetz ist die Sache noch    [2]
genau so falsch!

Denken wir uns für die $(p+1)$-, $p$- und $(p-1)$-dimensionalen Polynome    [3]
(Ketten, Formen) des Komplexes solche Basen $X, A$; $Y, B$; $Z, C$ gewählt, dass
die Begrenzungsrelationen die kanonische Form haben (zunächst ohne Modul)

$$(1) \qquad X_1 \to e_1 B_1, \ldots, X_r \to e_r B_r, \quad A_1 \to 0, \ldots, A_s \to 0$$

$$(2) \qquad Y_1 \to f_1 C_1, \ldots, Y_\rho \to f_\rho C_\rho, \quad B_1 \to 0, \ldots, B_\sigma \to 0$$

Also: $A$ die $p+1$-dim. Zyklen, $X$ die Nichtzyklen, $e_1 \,|\, e_2 \,|\, \cdots \,|\, e_r$ die Elementar-
teiler, $r + s = \alpha_{p+1}$ Anzahl der $p+1$-Simpla; $B$ die $p$-dim. Zyklen ($\sigma \geq r$),
$Y$ die Nichtzyklen, $f_1 \,|\, \cdots \,|\, f_\rho$, $\rho + \sigma = \alpha_p$. Die $p$. Bettische Zahl $R_p$, d. h. die
Maximalzahl unabhängiger Zyklen $B$ ($B_j$ unabhängig, wenn $\sum \beta_j B_j \sim 0$ nur
für $\beta_j = 0$ besteht) ist $\sigma - r = \alpha_p - \rho - r = \alpha_p - r_p - r_{p+1}$ in der üblichen
Bezeichnung.

Für den Modul $m$ wird die Unabhängigkeit (Lefschetz, S. 34 oben) so erklärt:
$\sum \beta_j B_j \sim 0 \bmod m$ (d. h. $\sum \beta_j B_j$ ist mod $m$ der Begrenzung eines $\sum \alpha_i X_i$
kongruent) nur für $\beta_j \equiv 0 \pmod{m}$; die Maximalzahl $R_p(m)$ der mod $m$
unabhängigen $B$ ist die $p$. Bettische Zahl mod $m$. (S. 35). Ist $r_0$ die Anzahl der

103

nicht durch $m$ teilbaren $e_i$, $\rho_0$ die der nicht durch $m$ teilbaren $f_j$, so ist die Formel (33) auf S. 42 identisch mit

$$R_p(m) = R_p + (\rho - \rho_0) + (r - r_0) = \alpha_p - \rho_0 - r_0\,.$$

Man hätte also einfach $r$, $\rho$ durch $r_0$, $\rho_0$ zu ersetzen, statt aller Elementarteiler nur die nicht durch $m$ teilbaren beizubehalten (bei Alexander hiess es gar: nur die Elementarteiler $< m$ beizubehalten!).

Wie steht die Sache nun? In (1) werden die letzten $X_{r_0+1}, \ldots, X_r$ Zyklen mod $m$; wir werfen sie daher zu den $A$ hinüber und schreiben

(3) $\quad X_1 \to e_1 B_1, \ldots, X_{r_0} \to e_{r_0} B_{r_0}, \quad A_1 \to 0, \ldots, A_{s_0} \to 0 \pmod m$

mit $r_0 + s_0 = \alpha_{p+1} = r + s$. Ebenso in (2) mit $\rho_0 + \sigma_0 = \alpha_p$

(4) $\quad Y_1 \to f_1 C_1, \ldots, Y_{\rho_0} \to f_{\rho_0} C_{\rho_0}, \quad B_1 \to 0, \ldots, B_{\sigma_0} \to 0 \pmod \mu$

Nach Lefschetz wäre also $\sigma_0 - r_0$ die $p$. Bettische Zahl mod $m$.

Nun erkennt man zwar, dass wirklich $B_{r_0+1}, \ldots, B_{\sigma_0}$ mod $m$ unabhängig sind, also $R_p(m) \geq \sigma_0 - r_0$. Aber die Gleichheit, die bei nichtmodularer Betrachtung oder für $m = $ Primzahl besteht, ist bei zusammengesetztem $m$ durchaus nicht richtig. Ich gebe ein einfaches Beispiel. Die Gleichungen (1) (2) mögen lauten

$$X_1 \to 3\, B_1, \quad A_1 \to 0, \ldots, A_s \to 0$$
$$Y_1 \to 2\, C_1, \quad B_1 \to 0, \ldots, B_\sigma \to 0\,.$$

$(r = \rho = 1)$ Nach dem Modul 6 repräsentieren sie zugleich (3) und (4); es müsste $R_p(6) = R_p = \sigma - 1$ sein.

Das Polynom $B = \eta\, Y_1 + \sum_1^\sigma \beta_j B_j$ ist ein Zyklus mod 6, wenn $2\eta \equiv 0\ (6)$; es ist $\sim 0$ mod 6, wenn $B \equiv 3\,\xi\, B_1$ mod 6, also

$$\eta \equiv \beta_2 \equiv \cdots \equiv \beta_\sigma \equiv 0 \pmod 6, \quad \beta_1 \equiv 0 \pmod 3\,.$$

Nun sind aber die $\sigma$ Zyklen mod 6

$$3\, Y_1 + B_1, \quad B_2, \ldots, B_\sigma$$

unabhängig. Denn $\beta_1(3 Y_1 + B_1) + \sum_2^\sigma \beta_j B_j \sim 0$ verlangt:

$$3\,\beta_1 \equiv \beta_2 \equiv \cdots \equiv \beta_\sigma \equiv 0\ (6), \quad \beta_1 \equiv 0\ (3)\,,$$

[4] woraus auch $\beta_1 \equiv 0\ (6)$ folgt. Also ist $R_p(6) > \sigma - 1$.

# Anmerkungen

[1] ALEXANDER, J. W.: *Combinatorial analysis situs.* Transactions of the AMS **28** (1926), 301–329.

[2] LEFSCHETZ, S.: *Topology.* American Math. Society colloquium publications, vol. XII. AMS, New York 1930.

[3] Detaillierter dargestellt sind die folgenden Ausführungen in HAUSDORFFs Manuskript *Euklidische Komplexe*, Bll. 23–32 (NL HAUSDORFF : Kapsel 35 : Fasz. 401; die Blätter 23–24 und 29–32 von Fasz. 401 sind im Band III dieser Edition, S. 977–980 abgedruckt).

[4] HAUSDORFFs Kritik ist von ALEXANDROFF an ALEXANDER und LEFSCHETZ übermittelt worden. Am Ende des Blattes 32 des in der vorigen Anmerkung genannten Manuskripts hat HAUSDORFF später notiert:

> Meine Einwände (an Alexandroff mitgeteilt 14. 1. 31) haben den Erfolg gehabt, dass Alexander und Lefschetz die Sache überlegt haben. Vgl. A. W. Tucker, Modular homology charakters, Proc. Nat. Ac. of Sc. 18 (1932), S. 471, Anm. 4.

HAUSDORFFs Beschäftigung mit den Bettizahlen modulo $m$, der Inhalt seiner Kritik, die Reaktion in Princeton auf seine Einwände sowie die weitere Entwicklung sind eingehend dargestellt im Abschnitt 5 *Homologiegruppen. Kritik an „Bettizahlen modulo m"* des Essays *Hausdorffs Blick auf die entstehende algebraische Topologie*, Band III dieser Edition, 865–892, dort S. 877–879.

**Brief**   PAUL ALEXANDROFF ⟶ FELIX HAUSDORFF

Göttingen, 1. II. 1931.
Calsowstr. 57

Lieber und sehr verehrter Herr Hausdorff!

Entschuldigen Sie mir bitte, dass ich erst heute Ihren Brief beantworte: die ganze letzte Zeit war ich so furchtbar beschäftigt mit den Angelegenheiten meiner Amerika-Reise. Nach langem hin und her und nach unendlichem Telegraphieren nach Osten und Westen bin ich schliesslich so weit, dass ich den nächsten Donnerstag, also am 5. Februar, mit der „Albert Ballin" von Hamburg nach New-York fahre. Am 13. soll ich schon dort sein und am 15. meine Tätigkeit in Princeton beginnen. Am 28. Mai fahre ich zurück und bin am 5. Juni voraussichtlich wieder in Hamburg.

Mein Urlaub ist leider nur bis zum 15. Juni verlängert worden, so dass ich gerade noch ohne Verspätung zurückkehren kann, ich hoffe aber doch, dass ich im Juni noch einen kurzen Besuch bei Ihnen werde einschieben können.

Ihre Kritik an Lefschetz ist wieder ein Beweis dafür, wie wenig Lefschetz – trotz aller seiner wirklich hervorragenden Verdienste – fähig ist, eine systematische Darstellung einer Theorie sich lückenlos zu überlegen. Sachlich ist mein Standpunkt der folgende. Auf die Formel $R = \alpha - \rho - r$ (mod $n$) lege ich keinen besonderen Wert, ich finde dass man sie eigentlich nie braucht und es ist nach meiner Ansicht kein besonderes Unglück, dass sie für den Fall eines zusammengesetzten $m$ nicht gilt. Das einzige, was im Fall modulo $m$ wichtig ist, ist nach meiner Meinung *der Begriff* der Bettischen Gruppe modulo $m$ und die beiden Dualitätssätze – von Poincaré und von Alexander, samt der zugehörigen Verschlingungssätze, auf denen der Beweis des Alexanderschen Dualitätssatzes beruht. *Das alles ist richtig*, auch für einen zusammengesetzten Modul und neuerdings von Hopf, Pontrjagin und von mir so einfach bewiesen worden, dass die ganze Sache so dargestellt werden kann, dass wirklich jeder Mathematiker
[1]  sie verstehen wird. *Das ist auch das einzige, was ich für meine dimensionstheoretischen Untersuchungen brauche, so dass sie durch die Lefschetzschen Fehler keineswegs beeinträchtigt werden.*

Was aber durch Ihre Kritik wahrscheinlich hinfällig gemacht wird, ist die Euler–Poincarésche Formel für den Fall der zusammengesetzten Moduln, denn sie scheint mir wesentlich von der von Ihnen widerlegten Formel (bzw. ihrem Aequivalent für die Ränge der betreffenden Abelschen Gruppen) abhängig zu sein. *Ich würde die Sache bestimmt an Lefschetz schreiben;* nun ist allerdings die Schwierigkeit die, dass Lefschetz am 5. oder 7. Februar nach Europa (und zwar, wie ich glaube, in erster Linie nach Italien) reist – ich weiss also nicht, nach welcher Adresse man ihm schreiben soll; ich werde aber das in Princeton
[2]  sofort erfahren und Ihnen dann mitteilen.

Der arme Lefschetz: es ist schon eine schwierige Sache, Bücher bzw. Arbeiten zu schreiben, von denen man weiss, dass Sie sie lesen werden – da bleibt kein Fehler unbemerkt, und man hat keine Hoffnung, mit Redensarten wie „wörtlich so, wie ...", „wie sofort ersichtlich ..." usw. durchzukommen!

Wenn ich auch ein kurzes Wort von Ihnen noch auf deutschem Boden empfangen könnte (das dann direkt nach dem Dampfer „Albert Ballin", Hamburg, zu adressieren wäre), wäre ich Ihnen sehr dankbar. Meine weitere Adresse ist: Department of mathematics, University of Princeton. Princeton, New Jersey, U.S.A

Herzlichen Gruss an Sie und Ihre Frau Gemahlin!

Ihr aufrichtig ergebener

P. Alexandroff

[Randbemerkung von HAUSDORFF zum letzten Absatz: „3. 2. 31 Postkarte"]

## Anmerkungen

**[1]** S. dazu Anmerkung [2] zur Postkarte ALEXANDROFFs an HAUSDORFF vom 13. 1. 1931.

**[2]** S. dazu Anmerkung [4] zum vorhergehenden Auszug aus einem Brief HAUS-DORFFs an ALEXANDROFF vom 14. 1. 1931.

**Brief** PAUL ALEXANDROFF $\longrightarrow$ FELIX HAUSDORFF
[auf Kopfbogen von „Schmidt's Hotel Berliner Hof"]

Berlin NW 7, den 15. VI. 1931

Meine Moskauer Adresse ist:
    Moskau 6
Staropimenowski per. 8 kw. 5.

Lieber Herr Hausdorff,

es ist leider wieder nur zu einem Abschiedsgruss, nicht zu einem Abschieds*be-such* gekommen: ich hatte zwar immer die Hoffnung, wenigstens für einen halben Tag nach Bonn zu kommen, das scheiterte aber endgültig, als ich die Einladung für 2 Vorträge in *Zürich* angenommen habe. Es war mir ohnehin notwendig – schon allein des Buches wegen – Hopf ausführlich zu sprechen; ich dachte [1] aber zunächst, dass wir uns auf Deutschem Boden treffen würden und dass sich dieses Treffen irgendwie mit einer Reise nach Bonn vereinigen liesse. Jetzt aber läßt sich nichts mehr einschieben und ich muss definitiv nach Moskau.

Ich komme mit einer Verspätung von mehr als 14 Tagen nach Moskau zurück; ich hoffe aber, dass diese Verspätung (die ich wirklich gut begründen kann) zu keinen unangenehmen Konsequenzen führen wird.

Ich hörte (von Cohn-Vossen, den ich vorgestern in Göttingen gesehen habe), [2] dass Ihre Magenbeschwerden noch immer anhalten und das betrübt mich sehr. Schreiben Sie mir doch bitte ausführlich, wie es mit Ihrer Gesundheit steht und ob das Sanatorium, wo Sie um Ostern einige Zeit verbringen wollten, Ihren Erwartungen entsprochen hat.

Mit meiner Reise nach Amerika bin ich sehr zufrieden. Alexander hat übrigens seinen (und Lefschetz') Fehler (mit modulo $m$) verbessert. Ich mache die Sache nach wie vor gruppentheoretisch, indem ich einfach beweise, daß die $r$-dimensionale Bettische Gruppe modulo $m$ die direkte Summe

$$B_m^r = T_{(m)}^{r-1} + B_{(m)}^r$$

ist, wobei $T^{r-1}$ bzw. $B^r$ die $r-1$-dimensionale Torsions- bzw. Bettische Gruppe („ohne Modul") ist, und $(m)$ – in Klammern – bedeutet, dass man die Relation

$mx = 0$ einführt (m. a. W. wenn $G$ eine beliebige Abelsche Gruppe ist, so ist $G_{(m)}$ die Differenzgruppe $G - mG$, wobei $mG$ die Untergruppe von $G$ ist, die aus allen $m$-fachen Elementen von $G$ besteht).

[3]

Ich hoffe, dass der erste Band des Buches von Hopf und mir in den nächsten 4 Monaten endlich druckfertig wird.

[4]

———

Was meine nächste Reise nach West–Europa betrifft, so hoffe ich sehr, sie an den Züricher internationalen Kongress anknüpfen zu können (also September 1932). Ich hoffe also insbesondere Sie bei dieser Gelegenheit wieder besuchen zu dürfen, so daß mein Abschied diesmal für die „normale" Dauer von $1\frac{1}{2}$ Jahren gilt. Ich denke wieder an die schönen Tage, die ich bei Ihnen verbracht habe, danke Ihnen und Ihrer Frau Gemahlin nochmals herzlich. Alles Gute, vor allem aber eine Bessserung Ihrer Gesundheit wünsche ich Ihnen von ganzem Herzen.

Ihr P. Alexandroff.

## Anmerkungen

[1]  HEINZ HOPF war kurz zuvor zum Ordinarius für Mathematik an die ETH Zürich berufen worden. Er wirkte in dieser Stellung bis zu seiner Emeritierung im Jahre 1965.

[2]  STEFAN COHN-VOSSEN (1902–1936) war zu dieser Zeit Privatdozent mit besoldetem Lehrauftrag an der Universität Köln.

[3]  S. dazu den Paragraphen „Die Bettischen Gruppen modulo $m$" in ALEXANDROFF, P.; HOPF; H.: *Topologie*, S. 218–228.

[4]  Band I der *Topologie* von ALEXANDROFF/HOPF erschien erst 1935; weitere Bände sind nicht erschienen (s. zur ursprünglichen Planung insbesondere den folgenden Brief und die zugehörige Anmerkung [3]).

**Brief**  PAUL ALEXANDROFF ⟶ FELIX HAUSDORFF

Moskau 6
Staropimenowski 8 kw. 5
22. IX. 1931

Lieber Herr Hausdorff!

Es sind wieder mehrere Monate vergangen, ohne daß ich Ihnen geschrieben habe. Indessen bin ich wieder nach Moskau gekommen; in der ersten Zeit nach meiner Rückkehr hatte ich so viel zu tun, daß ich zum Schreiben von Briefen überhaupt nicht gekommen bin. Nachher fuhr ich nach dem Kaukasus und blieb dort einige Wochen z. T. in solchen glücklichen Gegenden, wo es überhaupt noch keine, bzw. nur solche Postverbindungen gibt, bei denen die Briefe mit Ochsen befördert werden. Diese Sachlage genügt vollkommen, um einem nicht allzufleissigen Menschen die verderbliche Idee einzuflüstern, er dürfe hier auf das Schreiben der Briefe verzichten! Auf diese Weise haben sich alle Briefe, die ich im Laufe des Sommers schreiben müsste, bis auf die jetzige Saison, die bei uns – sowohl klimatisch, als auch semestriell – schon richtiger Herbst ist, verschoben.

Die Frage, die ich heute an Sie als erste und wichtigste richten möchte, ist die nach Ihrer Gesundheit. Die Nachrichten darüber, die ich von Ihnen bekam, waren alles andere, als beruhigend. Ich wäre Ihnen insbesondere sehr dankbar, wenn Sie mir auch eine genauere ärztliche Diagnose mitteilen könnten, damit ich mir (nachdem ich evtl. einen bekannten Arzt hierüber frage) wenigstens ungefähr eine Vorstellung von dem Charakter und den Gefahren Ihres Leidens machen könnte. Sie schrieben mir gelegentlich von der Eventualität eines chirurgischen Eingreifens; welcher Art sollte dieses Eingreifen sein und was sollte, genau gesprochen, dadurch beseitigt werden? (ein „Hinzufügen" kommt ja bei chirurgischen Operationen leider nur selten in Frage!).

Eine zweite Frage lautet: „Wie und auf welche Weise verbringen Sie Ihre Ferien"; diese Frage hat leider einen zu engen Zusammenhang mit der ersten, um eine allzugünstige Antwort erwarten zu lassen.

Sie haben wahrscheinlich ein Exemplar der Korrektur meiner längeren dimensionstheoretischen Annalenarbeit bekommen, wenigstens habe ich die Redaktion darum gebeten (gleichzeitig mit dem Einreichen der Arbeit): bei manchem Gespräch haben Sie Ihr Interesse an diesen Untersuchungen in einer Form gezeigt, die mir den Mut gegeben hat, zu hoffen, daß Ihnen vielleicht angenehm sein wird, die vollständige Darstellung schon in Korrekturform zur Hand zu haben. Uebrigens schrieb mir Hopf von einer Arbeit von Borsuk, die eine gewisse Berührung mit den Resultaten meines § 5 (insbes. Satz der Nr. 74 (Fahne 54) und der 5. Hauptsatz (Nr. 81, Fahne 59)) aufweist: Borsuk soll bewiesen haben, daß eine $F$ den $R^n$ dann und nur dann zerlegt, wenn sie sich wesentlich auf die $S^{n-1}$ abbilden lässt. Ich beweise einerseits mehr, andererseits weniger als das. Mehr, weil ich beweise, daß es zu einer $r$-*dimensionalen* $F \subset R^n$ dann und nur dann einen $n - r - 1$-dimensionalen Zyklus in $R^n - F$ gibt, der in $R^n - F$ nicht berandet, wenn sich diese $F$ auf die $S^{n-1}$ wesentlich abbilden läßt (ich beweise also nicht nur einen Zerlegungs- sondern einen Verschlingungssatz, der den Zerlegungssatz als Spezialfall enthält, wenn man $r = n - 1$ setzt). Weniger, weil ich die Voraussetzung über die Dimension der betreffenden $F$ machen muss (*mein* Zerlegungssatz lautet (bei der Spezialisierung $r = n - 1$): eine $n - 1$-*dimensionale* $F \subset R^n$ zerlegt den $R^n$ dann und nur dann, wenn sie sich wesentlich auf die $S^{n-1}$ abbilden läßt, während Borsuk diesen Satz ohne jede Voraussetzung über die Dimension von $F$ beweist). Es freut mich sehr, daß diese Sachen immer mehr und mehr Interesse finden und daß man zu ihnen auf verschiedenen Wegen kommt – die Beweismethoden von Borsuk sollen von den meinigen ganz verschieden sein.

[1]

[2]

Der erste Band des topologischen Buches, welches Hopf und ich schreiben, konvergiert allmählich zu einem hoffentlich glücklichen Ende. Er wird im wesentlichen aus folgenden fünf Kapiteln bestehen:

1. *Polyeder und Komplexe* (enthaltend außer elementaren Sachen über Polyeder die sogenannte kombinatorische Topologie der Komplexe, d. h. die Bettischen Gruppen – auch modulo $m$ –, die Unterteilungen, die Pseudomannigfaltigkeiten usw, ohne Invarianzbeweise). Die Theorie der simplizialen Abbildungen wird ebenfalls in Kap. I dargestellt.

2. *Topologische Invarianzsätze und anschließende Begriffsbildungen.* Außer der Invarianz der Dimensionszahl, der Bettischen Gruppen, des $n$-dimensionalen Gebietes, der Pseudomannigfaltigkeit (und ihrer Orientierbarkeit) wird hier auch der sogenannte Zerlegungssatz für abgeschlossene Mengen bewiesen, der den $n$-dimensionalen Jordanschen Satz als Spezialfall. Im Anschluss an die Invarianz der Dimension wird hier ferner der allgemeine Brouwer–Urysohn–Mengersche Dimensionsbegriff eingeführt; die einfachsten dimensionstheoretischen Sätze sowie die Definition der Bettischen Zahlen für abgeschlossene Mengen werden ebenfalls in diesem Kapitel gebracht.

3. *Stetige Abbildungen.* Hier wird eine Einführung in die Theorie der stetigen Abbildungen der Polyeder (einschließlich der Lefschetz–Hopfschen Fixpunktformel) gegeben. Ferner wird ziemlich ausführlich der Fall der sphärischen Mannigfaltigkeiten behandelt. Auch die Vektorfelder kommen in dieses Kapitel. Es wird überhaupt eines der anschaulichsten und leichtesten Kapitel des Buches sein und sich durch verschiedene Beziehungen zu der Differentialgeometrie und zu den Differentialgleichungen auszeichnen. Uebrigens kommen mehrere wichtige Sachen über stetige Abbildungen (z. B. eine ausführliche Theorie des Abbildungsgrades) z. T. noch im zweiten Kapitel zur Darstellung.

4. *Verschlingungssätze.* Das Kapitel beginnt mit einem zweiten Beweis des Jordanschen Satzes für sphärische Mannigfaltigkeiten, und zwar wird dieser Satz in einen allgemeineren Verschlingungssatz eingeordnet, welcher besagt, daß es zu einer $S^r \subset R^n$ in $R^n - S^r$ im wesentlichen (bis auf Homologie) einen einzigen $n - r - 1$-dimensionalen Zyklus gibt, welcher mit der gegebenen $S^r$ verschlungen ist. Darauf folgen dann die allgemeinen Sätze über verschlungene Zyklen und schließlich der Alexandersche Dualitätssatz (der zugleich einen dritten Beweis des Jordanschen Satzes liefert).

5. *Homologieinvarianten abgeschlossener Mengen.* Hier wird die Theorie der Zyklen und Berandungen in abgeschlossenen Mengen und im Anschluss daran die auf dem Homologiebegriff aufgebaute Dimensionstheorie entwickelt (im wesentlichen so wie in meiner oben genannten Annalenarbeit). Selbstverständlich kommen hierher auch die Untersuchungen von Pontrjagin – über den Produktsatz und die Verschiedenheit der durch die Dimensionsbegriffe mod $m$ ($m = 0, 2, \ldots$) dargestellten topologischen Invarianten.

Vom zweiten Bande (der der allgemeinen Topologie gewidmet werden soll) sind zwei Kapitel („Der axiomatische Aufbau des topologischen Raumbegriffes" und „Die bikompakten Räume") bereits fertig. Das werden wahrscheinlich die letzten Kapitel des Bandes sein. Beginnen soll der zweite Band mit der Theorie der kompakten metrischen Räume (einschließlich der Projektionsspektra und des Mengerschen Einbettungssatzes), auf die dann eine dimensionstheoretische Untersuchung der metrischen separablen Räume und das Metrisationsproblem folgen sollen. Der dritte Band wird ausschließlich der Topologie der Mannigfaltigkeiten gewidmet sein. [3]

Mit den herzlichsten Grüßen an Sie und Ihre Frau Gemahlin

Ihr aufrichtig ergebener<br>
Paul Alexandroff

[handschriftlicher Nachtrag:]
Die wenigen Tage, die ich im letzten Herbst bei Ihnen verbracht habe, bleiben lebendig in meiner Erinnerung. Hoffentlich wird es mir gelingen, Sie im nächsten Jahr wieder zu besuchen.

## Anmerkungen

[1] ALEXANDROFF, P.: *Dimensionstheorie. Ein Beitrag zur Geometrie der abgeschlossenen Mengen.* Math. Annalen **106** (1932), 161–238.

[2] BORSUK, K.: *Über Schnitte der n-dimensionalen Euklidischen Räume.* Math. Annalen **106** (1932), 239–248.

[3] Der zweite und der dritte Band des geplanten Werkes sind nicht erschienen. Der 1935 schließlich erschienene erste Band der *Topologie* von ALEXANDROFF/HOPF enthält in einem ersten Teil zwei Kapitel aus der allgemeinen Topologie: 1. „Topologische und metrische Räume", 2. „Kompakte Räume". Die übrigen Teile 2, 3 und 4 des Buches bringen in etwa den Stoff, den ALEXANDROFF in seinem Brief unter den Punkten 1.–4. skizziert hat.

**Brief** FELIX HAUSDORFF $\longrightarrow$ PAUL ALEXANDROFF

Bonn, Hindenburgstr. 61<br>
7. Okt. 1931

Lieber Herr Alexandroff!

Sie haben als Briefschreiber offenbar ein chronisch schlechtes Gewissen, also auch in Fällen, wo Sie unschuldig sind. Diesmal war ich in Ihrer Schuld, da ich Ihren Brief vom 15. Juni aus Berlin (kurz vor Ihrer Rückkehr nach Moskau) nicht beantwortet habe. Sowohl für diesen als für den letzten Brief vom 22. Sept. möchte ich Ihnen nun gleichzeitig Dank sagen.

Zu eigentlichen Besorgnissen um meine Gesundheit, wie Sie sie in freundschaftlicher Teilnahme äussern, ist glücklicherweise kein Grund. Bei allen Untersuchungen, die im Laufe der letzten anderthalb Jahre gemacht worden sind

– auch wieder in den letzten Wochen bei unserm neuen Internisten und zwar
mit exaktester Gründlichkeit – war der Befund negativ (was in der Mediziner-
sprache soviel wie günstig heisst); so hat sich nichts Malignes ergeben. Leider
nur ändert das nichts an der Tatsache, dass meine Darmbeschwerden – mag es
sich nun um nervöse Spasmen oder um Reste einer katarrhalischen Entzündung
handeln – jetzt mit wenigen Unterbrechungen bereits ein Jahr dauern und meine Lust am Leben gründlich beeinträchtigen. Der genannte Internist hofft aber
die Sache beseitigen zu können, und in letzter Zeit fühle ich mich mit dauernder
Belladonnabehandlung (bei welcher der Magendarmkanal im entgegengesetzten
Sinne wie gewöhnlich orientiert zu denken ist) wirklich besser. Nun aber genug
von diesem elenden corpus, das leider die Urvariable ist, von der alle andern
abhängen.

Die Korrektur Ihrer neuen Dimensionen–Arbeit habe ich mit bestem Dank
[1] erhalten. Sie kennen ja meine Stellung zu diesen Dingen: ich bewundere Sie
und alle die jüngeren Forscher, die sich in den obersten Etagen dieses Wol-
kenkratzers mit solcher Sicherheit bewegen, dessen Fundamente in keiner mir
bekannten Darstellung mir wirkliches Vertrauen einflössen. Das wird ja nun
anders werden, wenn das Buch von Ihnen und H. Hopf erschienen sein wird,
auf das ich mich ganz enorm freue. Es ist eigentlich merkwürdig, dass die
komb. Top. solchen Zauber auf mich ausübt, obwohl ich im Grunde meines
Herzens – wie Sie schon aus meinem Buch von 1914 ersehen – gegen die ap-
[2] proximierenden Polyeder immer eine Abneigung hatte. Mein Ideal wäre, ganz
wenige Sätze zu haben (z. B. den Fixpunktsatz für Simplexe u. dgl.), die kombinatorisch bewiesen werden, dann aber genügen, um eine rein mengen- und
abbildungstheoretische Topologie mit
[der Rest des Briefes ist nicht mehr vorhanden]

## Anmerkungen

[1] Es handelt sich um die schon mehrfach erwähnte Arbeit ALEXANDROFF,
P.: *Dimensionstheorie. Ein Beitrag zur Geometrie der abgeschlossenen Mengen.* Math. Annalen **106** (1932), 161–238. Siehe zu dieser Arbeit auch Anmerkung [8] zum Brief ALEXANDROFFs an HAUSDORFF vom 20. 4. 1928 und Anmerkung [1] zum Brief ALEXANDROFFs an HAUSDORFF vom 30. 3. 1930 (von
ALEXANDROFF irrtümlich auf den 30. 3. 1929 datiert).

[2] Siehe dazu SCHOLZ, E.: *Hausdorffs Blick auf die entstehende algebraische Topologie*, Band III dieser Edition, S. 865–892.

**Postkarte**  PAUL ALEXANDROFF —→ FELIX HAUSDORFF
[die Karte ist in München abgeschickt und gestempelt]

Absender: bei Frl. Prof. E. Noether
Göttingen
Stegemühlenweg 51$^{III}$

München, 27. X. 1932

Lieber Herr Hausdorff!

Herzlichen Dank für Ihre Karte; das Gutachten über Baer schicke ich Ihnen doch erst aus Göttingen; ich will mich zuerst mit Baer selbst in Verbindung setzen, um ein möglichst gutes Bild von seiner gesamten bisherigen mathematischen Leistung zu haben. Sie hören also bald wieder von mir.

[1]

Mein Fuß hat sich zuerst nach Ankunft in Zürich plötzlich in einer unbegreiflichen Weise verschlimmert – ich weiß nicht, aus welchem Anlass. Die Entzündung ging aber plötzlich weiter. Ein guter Arzt ordnete mir intensive heiße Bäder und sehr wirkungsvolle heiße Umschläge mit einem neuen amerikanischen Lehmpräparat an. Dank der Frau Hopf, die diese ganze Behandlung durchführte, ging dann die Schwellung zurück, so daß ich meine Reise fortsetzen konnte. Es geht mir jetzt wieder besser, die ganze Zeit sitze ich bewegungslos mit diesen Lehmkompressen und habe keine Schmerzen. Für übermorgen bin ich schon in der Göttinger Chirurgischen Klinik angemeldet, die mir hoffentlich endgültige Besserung bringt.

Diese Tage bin ich mit meinem Bruder zusammen (das ist auch der Zweck meines Aufenthaltes in München) Die Freude des Wiedersehens war groß; der Schmerz des morgen bevorstehenden Abschieds – wieder für unbestimmte Zeit – ist aber wohl noch größer, und ich muss mich schon heute zusammenfassen...

Jetzt erwarte ich ein Wort von Ihnen nach der obigen Adresse.

Viele herzliche Grüsse an Sie und Ihre Frau Gemahlin.

Ihr PA

**Anmerkung**

[1] Es ging um ein Stipendium der Rockefeller Foundation für den Mathematiker REINHOLD BAER (1902–1979), der von 1928 bis 1933 als Privatdozent in Halle/Saale wirkte. BAER emigrierte 1933 zunächst nach England, dann in die Vereinigten Staaten. BAERs Frau MARIANNE (Heirat 1929) war die Tochter des Leipziger Verlegers GUSTAV KIRSTEIN (1870–1934), mit dem HAUSDORFF in seiner Leipziger Zeit freundschaftlich verkehrt hatte. BAER hat HAUSDORFF zum 70. Geburtstag am 8. 11. 1938 eine umfangreiche Arbeit gewidmet: BAER, R.: *The Significance of the System of Subgroups for the Structure of the Group.* American Journal of Mathematics **61** (1939), 1–44; vgl. auch die Briefe BAERs und seiner Frau an HAUSDORFF aus Anlaß von dessen 70. Geburtstag in diesem Band.

**Brief** PAUL ALEXANDROFF $\longrightarrow$ FELIX HAUSDORFF

7. XI. 1932

Göttingen, Stegemühlenweg 51$^{\text{III}}$

bei Frl. Noether.

Lieber Herr Hausdorff!

Herzlichen Glückwunsch und Gruss zu Ihrem 64. Geburtstag (am 8. XI – das stimmt doch?).

Ich habe Ihnen bis jetzt nicht geschrieben, weil ich gleichzeitig ein Gutachten über Baer Ihnen schicken wollte; nun erwarte ich von Baer selbst ein Verzeichnis und Übersicht der wichtigsten Resultate seiner Arbeiten um mit möglichst wenig Mühe ein möglichst gutes Gutachten schreiben zu können; ich habe darüber an Baer schon geschrieben und rechne damit, daß ich heute oder morgen
[1] diese Materiale bekomme.

Mein Fuß ist in Behandlung bei dem hiesigen Ordinarius für Chirurgie, der den ausdrucksvollen Namen *Stich* trägt. Er sticht aber glücklicherweise nicht in meinen Fuß, sondern behandelt ihn mit sanfteren Mitteln und verspricht in $\leq 14$ Tagen endgültige Genesung. Die Zahl 14 ist übrigens sacramental – alle Ärzte, die im Laufe dieser 2 Monate meinen Fuss behandelt haben, waren in *einem* einig – daß er in 14 Tagen wieder gesund sein wird! Diesmal scheint aber der Weg der *endgültigen* Besserung wirklich angetreten zu sein – von Entzündung des Zellengewebes ist nur noch ganz wenig übrig geblieben, so daß jetzt wohl tatsächlich die Heilung der Wunde beginnen kann, und die braucht gewiss nicht mehr als 14 Tage. Ich will aber auf keinen Fall die lange Rückreise nach Moskau antreten, bevor der Fuss ganz gesund ist. Hoffentlich darf ich das!

Ich benutze die kurze mir noch bevorstehende Zeit um mit meinem Bruder Briefe zu wechseln – ein Nachklang an unser so kurzes Zusammensein in München ...

———

Hier halte ich einen kurzen Vortragszyklus über Zerlegung des Raumes durch abgeschlossene Mengen (also Ideenkreis des Jordanschen Satzes, alles für beliebige abgeschlossene Mengen, aber ohne Verschlingung, also ganz elementar). Ausserdem muss ich im Courant's Seminar über topologische Hilfsmittel zur
[2] Variationsrechnung im Grossen (Arbeiten von Morse) berichten und spreche morgen in der Math. Gesellsch. über verschiedene Koeffizientenbereiche in der
[3] Topologie (einschließlich der neuen Pontrjaginschen Sachen). Durch alle diese Veranstaltungen wird nicht nur der Wissenschaft, sondern auch der Sanierung meiner Finanzen gedient!
[4] Schreiben Sie mir bitte, wie Sie Ihre Vorlesung begonnen haben, und für welche Anordnung des Stoffes Sie sich entschlossen haben.

Im Übrigen hoffe ich, daß es Ihnen und Ihrer Frau Gemahlin gut geht, daß vor allem (auch ich klopfe unter dem Tisch!) Ihr gesundheitliches Wohlbefinden auch weiter anhält. Das ist auch mein Hauptwunsch zu Ihrem Geburtstag!

Viele herzliche Grüsse!     Ihr P. Alexandroff

PS. Die Aussicht, daß die schönen Bonner Anlagen sich noch um einige Taitelbäume bereichern sollen freut mich sehr!          [5]

## Anmerkungen

**[1]** S. dazu die Anmerkung [1] zur vorhergehenden Postkarte.

**[2]** S. dazu Anmerkung [11] zum Brief ALEXANDROFFs an HAUSDORFF vom 20. 12. 1928.

**[3]** S. dazu Anmerkung [8] zum Brief ALEXANDROFFs an HAUSDORFF vom 10. 7. 1929.

**[4]** Im Wintersemester 1932/33 las HAUSDORFF „Reelle Funktionen und Maßtheorie" (NL HAUSDORFF : Kapsel 17 : Faszikel 53; zum Inhalt s. den Brief HAUSDORFFs vom 18. Februar 1933 und die zugehörige Anmerkung [5]).

**[5]** Es ist unklar, worauf ALEXANDROFF hier anspielt. „Teitelbaum" ist ein jiddisches Wort und bedeutet "Dattelpalme". Möglicherweise wollte man damals in Bonn, etwa im botanischen Garten, Palmen aufstellen.

„Teitelbaum" ist ein in jüdischen Familien häufig vorkommender Familienname. Es könnte sich hier auch um eine Anspielung auf einen bevorstehenden Besuch von ALFRED TARSKI (1901–1983) handeln; allerdings ist über einen solchen geplanten oder stattgefundenen Besuch nichts bekannt. TARSKI hieß ursprünglich ALFRED TEITELBAUM und hatte 1923 seinen Nachnamen in TARSKI umändern lassen. In einer seiner ersten Arbeiten, die er gemeinsam mit BANACH verfaßte, verallgemeinerte TARSKI HAUSDORFFs paradoxe Kugelzerlegung (Banach-Tarski-Paradoxon). Zu Fragen der Kardinalzahlarithmetik hat es nachweislich briefliche Kontakte zwischen TARSKI und HAUSDORFF gegeben. In NL HAUSDORFF : Kapsel 31 : Faszikel 161 (datiert 15.–16. 4. 1924) beweist HAUSDORFF nach vorbereitenden Sätzen die Alephrelationen (4):

$$\text{Für } \aleph_\gamma \geq \overline{\beta} \quad \text{ist} \quad \aleph_{\alpha+\beta}^{\aleph_\gamma} = \aleph_\alpha^{\aleph_\gamma} \cdot \aleph_{\alpha+\beta}^{\overline{\beta}}$$

und (5): Für eine Limeszahl $\beta$ ist

$$\prod_{\eta < \beta} \aleph_{\alpha+\eta} = \aleph_{\alpha+\beta}^{\overline{\beta}}.$$

Dabei ist $\overline{\beta}$ die Mächtigkeit von $\beta$. Am Schluß dieser Note (Bl. 3) schreibt HAUSDORFF: „(Die Sätze (4) und (5), letzterer für $\alpha = 0$, sind mir von A. Tarski mit Aufforderung zum Beweise mitgetheilt worden. Brief vom 24. 3. 1924). Brief an Tarski, 20/4 24". Faszikel 161 ist im Band I dieser Edition vollständig abgedruckt (mit Kommentar von U. FELGNER).

115

**Brief** PAUL ALEXANDROFF ⟶ FELIX HAUSDORFF

Göttingen, Stegemühlenweg 51
(bei Frl. Noether)
9. XI. 1932

Lieber Herr Hausdorff!

Heute nur ein paar begleitende Worte zu dem Gutachten über Baer! Baer hat mir das Verzeichnis seiner Arbeiten geschickt, daß Ihnen vielleicht auch nützlich sein dürfte – als Proposer haben Sie ja ein besonders ausführliches Gutachten zu schreiben. Dieses Verzeichnis wird aber augenblicklich von Frl. Noether gebraucht, welches – in Erfüllung des in Ihrer Karte enthaltenen Wunsches – ebenfalls ein Gutachten (und zwar über die algebraischen Arbeiten von Baer) schreibt. Sie erhalten also dieses Verzeichnis gleichzeitig mit dem Gutachten von Frl. Noether. (Es wäre natürlich viel vernünftiger, wenn Baer das Verzeichnis seiner Arbeiten gleich in mehreren Exemplaren getippt hätte – er braucht es ja für Rockefeller allein in *drei* Exemplaren, und sollte eigentlich Ihnen mehrere Exemplare zur Verteilung unter den major men schicken; der Gebrauch der Schreibmaschine scheint ihm aber unbekannt zu sein, er zieht es vielmehr vor, – wie ich graphologischen Studien entnehme – seine Frau die ganze lange Liste abschreiben zu lassen. Auf diese Weise habe ich endlich verstanden, wie die Menschheit auf die Idee eines Harems gekommen ist: ein junger Araber, der sich etwa zur Zeit von Harun al-Rashid um ein Rockefeller-Stipendium beworben hätte, brauchte zum Abschreiben seiner Arbeiten bei der Kompliziertheit des arabischen Alphabets tatsächlich mehrere Frauen!)

Ich sehe gerade, daß ich Ihre Frage über die Adresse Tisdales nicht beantwortet habe. Die Adresse ist:

Doctor W. E. Tisdale,
Rockefeller Foundation
20, rue de la Baume
Paris (VIII).

Ueber Baer werde ich noch mit Courant und vielleicht auch mit Tisdale selbst (der voraussichtlich im Laufe des Novembers nach Göttingen kommt) sprechen.

Gestern habe ich – nach einer Pause von mehreren Monaten – wieder einmal Kammermusik gehört – und zwar ein Schubert–Octett (ich weiss nicht, ob es ein einziges oder mehrere gibt). Das war sehr schön.

Viele herzliche Grüsse, auch an Ihre Frau Gemahlin
Ihr P. Alexandroff.

PS. Frl. Noether, welches in diesem Augenblick gerade nach Hause gekommen ist, läßt Sie sehr grüssen; sie hat das B.–Arbeiten–Verzeichnis schon ausgenutzt, so daß ich es diesem Brief beifügen kann. Im übrigen wird Frl. Noether Ihnen in den nächsten Tagen schreiben und ihr Gutachten zuschicken.

Herzlichst Ihr
PA

**Brief** PAUL ALEXANDROFF ⟶ FELIX HAUSDORFF

Göttingen, 17. XI. 1932.
Stegemühlenweg 51.
(bei Frl. Prof. E. Noether)

Lieber Herr Hausdorff!

Herzlichen Dank für Ihren Brief. Schon 2 Tage ist mein Fuss heil, und ich wollte Ihnen noch gestern einen recht fröhlichen Brief schreiben – denn es ist tatsächlich eine große Freude, nach 65 (= 1000001) Tagen wieder einmal in den ungestörten Besitz dieses Organs zu treten. Und nun ist heute meine vergnügte Stimmung wieder getrübt – und zwar durch eine (angina-artige) Halsentzündung, mit der ich heute erwachte, und die im Laufe des Tages sich leider nicht gebessert hat. (Schon gestern abend war ich nicht ganz gut disponiert, ging deshalb auch gleich zu Bett, obwohl ich erst Ihnen schreiben wollte). Ich habe nun wirklich einmal Pech auf dieser Reise – und die Teufel, die Ratschlag hielten, haben es diesmal verstanden, mir tatsächlich ununterbrochen Gräßlichkeiten in den Weg zu schieben; wo ich, glaube ich, eine Halsentzündung zum letzten mal vor mehr als 10 Jahren gehabt habe! Na, das sind langweilige Geschichten. Wenn alles in den nächsten Tagen vergeht – und darauf hoffe ich – werde ich den nächsten Mittwoch nach Berlin und dann in zwei Tagen nach Moskau reisen. Ich sollte übrigens noch eine kurze Zwischenlandung in Warschau machen, wo Ende November – außer Mazurkiewicz, Sierpiński und Knaster – auch Kuratowski anwesend sein wird, das ist aber jetzt auch ungewiß. Und aus vielen Gründen kann ich nicht gut länger als bis Ende November außerhalb Russland bleiben – schon deshalb, weil sonst tatsächlich ein Wirrwarr in meiner Unterrichtstätigkeit entsteht.

In Göttingen ist das öffentliche Interesse z. Z. dem Problem gewidmet, ob Weyl in Göttingen bleibt, oder nach Amerika geht. Er selbst kann sich noch immer nicht entschließen. Es ist ihm eine Professur an dem neugegründeten Abraham–Flexner–Institut – wo er – neben Einstein (der den Ruf schon angenommen hat) – auf dem amerikanischen Mathematiker–Himmel eine absolute Ausnahmestellung haben würde ...

Das Gutachten von Frl. Noether werden Sie inzwischen bekommen haben; aber machen Sie Sich bitte keine Sorgen – *so sachlich*, wie das Noethersche

Gutachten, braucht ein Gutachten wirklich nicht zu sein. Und der Fall, daß ein Rockefeller–Begutachter alle (oder auch nur die Mehrzahl) der Arbeiten des betreffenden Aspiranten gelesen hätte, ist bestimmt seit der Gründung dieser Stiftung noch *nie* vorgekommen.

Zur Wiedererhaltung meiner Gesundheit werde ich – dem Rate von Noether folgend – einen Tee mit gutem deutschen Kirschwasser trinken, und mich danach in's Bett legen, wo ich höchstens noch etwas 1001 Nacht lesen werde. Wie Sie sehen, stehen mir mehr so Altherrengenüsse bevor (während ich gestern früh noch die Hoffnung hatte, heute den Wiedergewinn meines Fusses durch ein Schwimmbad in der Leine zu feiern, und mir zu diesem Zweck auch schon eine Badehose *mit Zwickel* zurechtgestellt habe)!

Ich schreibe Ihnen noch bestimmt aus Göttingen; verzeihen Sie mir, daß dies ein so langweiliger Brief geworden ist. Viele herzliche Grüsse an Sie und Ihre Frau Gemahlin.

Ihr P. A.

PS.   Schreiben Sie mir doch bitte über Ihre Vorlesung; das interessiert mich
[1]   sehr. Frl. N. läßt sehr grüssen.

### Anmerkung

[1]   Siehe dazu die Anmerkung [4] zum Brief ALEXANDROFFs an HAUSDORFF vom 7. 11. 1932.

**Brief**   PAUL ALEXANDROFF $\longrightarrow$ FELIX HAUSDORFF

Moskau 6
Staropimenowski pereulok 8 kw. 5
12. XII. 1932.

Lieber Herr Hausdorff,

nun bin ich wieder in meiner Heimat! Die erste Zeit gibt es naturgemäß eine furchtbare Hetze, denn ich habe Vieles, was in den drei Monaten rückständig geworden ist, jetzt in Eile nachzuholen. Auf diese Weise gibt es mitunter Tage, an denen ich tatsächlich von früh bis zum späten Abend kaum einen freien Augenblick habe. Selbst mit dem Um- und Aufräumen von Manuskripten, Separata usw. bin ich noch immer nicht fertig.

Es ist hier schon kompletter Winter und alles bedeckt mit Schnee. Es fiel sogar diesmal ein so „schwerer" Schnee, daß große Äste und sogar einzelne kleinere Bäume unter seiner Schwere brachen. (Das kam allerdings, weil der Schnee bei einer Temperatur $0° + \varepsilon$ fiel und es dann sofort sehr kalt wurde, so daß die Schneemassen zu hartem Eis wurden, auf welches nachher wieder große

Schneemassen gefallen sind und *hängen blieben*). Die Landschaft um das kleine Häuschen auf dem Lande, das ich, wie Sie wissen, bewohne, sieht ganz verzaubert aus – es ist überall Schnee, Schnee, Schnee in überwältigenden Mengen, und alle Bäume sind verschüttet. Man hat sogar Angst, daß man eines Morgens nicht aus dem Hause hinaus können wird – die Hexen pflegen bekanntlich sich in solchen Fällen der Schornsteine zu bedienen!

Nur ist dieser Zauber ein ganz anderer, als den wir zusammen am Lago Maggiore erlebt haben, als wir von der Madonna del Sasso nach unten blickten – das alles (allerdings auch die Pâtisserie, die wir im Café Schenker genossen haben) kommt mir jetzt tatsächlich wie ein unwirklicher Traum vor.

Die Flüsse sind alle zu, vom Baden in ihnen ist also nicht die Rede. Sonst geht es mir gut; ich habe allerdings auch keine Verdauungsstörungen zu befürchten, denn die Objekte des betreffenden physiologischen Prozesses fehlen glücklicherweise! Aber was zur Erhaltung der Gesundheit nötig ist, kann man sich schon besorgen.

Mathematisch ist das Leben in Moskau wieder ganz rege; ich bin allerdings noch nicht ganz drin.

Der „grosse Schnee", der gefallen ist, hatte hier, auf dem Lande, nur eine unangenehme Konsequenz – elektrische Leitungen aller Art sind hinuntergerissen, deshalb fehlt insbesondere das elektrische Licht und man sitzt mit Petroleumlampen – solange, bis die Leitung wieder in Ordnung gebracht ist; – hoffentlich geschieht dies in einigen Tagen. Aber es ist still und ruhig in der Umgebung – so still, daß man überhaupt kein Geräusch wahrnimmt. Wenn ich nicht so viel gerade jetzt zu erledigen hätte, könnte ich – da ich nicht so viel beten muss wie die Mönche in Madonna Sasso – ganz gut arbeiten. Ich komme aber in den nächsten Wochen bestimmt noch nicht dazu. Hoffentlich einmal später.

Ich hoffe sehr auf ein baldiges Wiedersehen mit Ihnen – etwa in einem Jahre; und denke sehr oft an Sie. Schreiben Sie mir bitte, wie es Ihnen geht. Die kurze Zeit, die wir zusammen waren, empfinde ich jetzt – aus der Ferne – wieder in einem ganz neuen Aspekt.

Viele herzliche Grüsse an Sie und Ihre Frau Gemahlin. Hoffentlich fühlen Sie sich gesundheitlich wohl?

Herzlichst Ihr<br>
P. Alexandroff

PS. Schicken Sie mir bitte ein Bild von Ihnen, auch von Ihrer Frau. Ich wollte Sie schon längst darum bitten.

**Brief** PAUL ALEXANDROFF ⟶ FELIX HAUSDORFF

27. XII. 1932
Moskau 6
Staropimenowski per. 8 kw. 5.

Lieber Herr Hausdorff!

Viele herzliche Grüsse und Glückwünsche zum Neujahr und zum vergangenen Weihnachtsfest. Hoffentlich geht es Ihnen gut; ich habe allerdings schon Grund zur Besorgnis, denn in Moskau habe ich noch keinen einzigen Brief von Ihnen erhalten.

Seit meinem letzten Briefe gibt es nicht viel Neues, worüber ich Ihnen berichten könnte. Ich war vor kurzem in einem wundervollen Konzert (Klavier-Abend)
[1] von Borowski (vor kurzem konzertierte er auch in Berlin) – Bach, Beethoven, Schumann (Etudes symphoniques). Besonders bezaubert bin ich von den Etudes symphoniques, die diese ganzen Tage mich in ihrem Bann halten.
[2] Pontrjagin hat neue sehr schöne topologische Sätze bewiesen. Die Vermutungen über die verschiedenen Koeffizientenbereiche, die ich in Ascona hatte, haben sich bestätigt und zwar in der denkbar weitgehenden Weise: die Bettischen Gruppen eines kompakten metrisierbaren Raumes $F$ in bezug auf einen *beliebigen* Koeffizientenbereich $J$ sind durch die Bettischen Gruppen von $F$ in bezug auf den Koeffizientenbereich der modulo 1 reduzierten reellen Zahlen *vollständig definiert*. Daraus ergeben sich sehr weitgehende Konsequenzen, so daß – falls das Buch von Hopf und mir jemals eine zweite Auflage erleben soll –, diese wieder ganz anders aussehen wird, als die noch nicht fertige erste! Wir haben uns – trotz der Schönheit und des bahnbrechenden Charakters der neuesten Resultate, die nun bewiesen sind – doch entschliessen müssen, auf ihre Wiedergabe im Buche zu verzichten, sonst würde dieses Buch tatsächlich niemals fertig werden. Aber für die „zweite Auflage" ist schon reichlich neuer
[3] Stoff vorhanden!
Übrigens noch eine mathematische Frage, die mir heute Kolmogoroff gestellt hat. Kann jede messbare ebene Menge $M$ durch eine Abbildung $f$, bei der die Entfernung keiner zwei Punkte vergrößert wird (die also u. a. stetig ist) in einen ebenen Polygonbereich verwandelt werden, dessen Flächeninhalt sich vom Mass der Menge $M$ beliebig wenig unterscheidet? Evtl. wird zugelassen, daß die Menge $M$ in endlich viele Summanden *vor der* Abbildung zerlegt, und
[4] daß jeder derselben *für sich* abgebildet wird.
[5] Wie entwickelt sich übrigens Ihre Vorlesung?
Meine Vorlesung beginnt am 15. Januar. Ich lese „Prinzipielle Fragen der analytischen Geometrie" und „Topologie der stetigen Abbildungen".

Viele herzliche Grüsse an Sie und Ihre Frau Gemahlin, der ich ebenfalls meine schönsten Neujahrswünsche sende.

Herzlichst Ihr
P. Alexandroff.

120

# Anmerkungen

[1] ALEXANDER BOROWSKY (1889–1968) absolvierte das Konservatorium in Sankt Petersburg und lehrte danach von 1915 bis 1920 am Konservatorium in Moskau. 1921 verließ er Rußland und hatte als Pianist sensationelle Erfolge in Europa sowie in Nord- und Südamerika. Ab 1941 lebte er in den USA. 1956 wurde er Professor an der Boston University.

[2] PONTRJAGIN hat einige seiner Ergebnisse bereits auf dem Internationalen Mathematikerkongreß 1932 in Zürich vorgetragen: PONTRJAGIN, L.: *Der allgemeine Dualitätssatz für abgeschlossene Mengen.* Verhandlungen Kongreß Zürich 1932, 2, S. 195–197. Allgemeinere Resultate veröffentlichte er 1934: PONTRJAGIN, L. S.: *The general topological theorem of duality for closed sets.* Annals of Mathematics (2) **35** (1934), 904–914.

[3] Wegen der Zeitumstände ist eine zweite Auflage der *Topologie* von ALEXANDROFF/HOPF nie erschienen. Es gab 1965 und 1972 unveränderte Nachdrucke bei Chelsea in New York. Der Springer-Verlag gab 1974 einen berichtigten Reprint des Werkes heraus.

[4] Diese Fragen stehen in engem Zusammenhang mit neueren Entwicklungen auf dem Gebiet der Maßtheorie, über die im Folgenden berichtet wird.

Zunächst fixieren wir die Terminologie: Es seien $A$ eine Teilmenge des metrischen Raums $(X, d)$ und $f : A \to X$ eine Abbildung. Wir nennen $f$ eine *Lipschitz-Abbildung* (der Ordnung 1 mit der Lipschitz-Konstanten 1), falls $d(f(x), f(y)) \leq d(x, y)$ für alle $x, y \in A$. Gilt sogar für alle $x, y \in A$ die Ungleichung $d(f(x), f(y)) \leq \varepsilon\, d(x, y)$ mit einem positiven $\varepsilon < 1$, so heißt $f$ eine *Kontraktion* (genauer: $\varepsilon$-*Kontraktion*). Gestattet $A$ eine (disjunkte) Zerlegung $A = A_1 \cup \cdots \cup A_m$, so dass $f \mid A_i$ eine Lipschitz-Abbildung ist für alle $i = 1, \ldots, m$, so nennen wir $f$ eine *stückweise Lipschitz-Abbildung*. Entsprechend werden stückweise *($\varepsilon$-)Kontraktionen* erklärt. Das Lebesgue-Maß im $\mathbb{R}^n$ bezeichnen wir mit $\lambda^n$.

Nun können wir KOLMOGOROFFs Fragen wie folgt formulieren:

(A) *Kann man jede (Lebesgue-)messbare Menge $M \subset \mathbb{R}^2$ (von positivem endlichem Maß) durch eine Lipschitz-Abbildung $f : M \to \mathbb{R}^2$ auf einen ebenen Polygonbereich abbilden, dessen Flächeninhalt sich von $\lambda^2(M)$ beliebig wenig unterscheidet?*

(B) *Kann man evtl. eine Abbildung wie unter (A) mit Hilfe einer stückweisen Lipschitz-Abbildung herstellen?*

KOLMOGOROFFs Anfrage erfolgt vor dem Hintergrund seiner Arbeit *Beiträge zur Maßtheorie*, Math. Ann. **107** (1932), 351–366; englische Übersetzung: *On measure theory*, in: Selected works of A. N. KOLMOGOROV (V. M. TIKHOMIROV, ed.), Vol. I, 161–180, Kommentar dazu ibid. 430 f., Dordrecht etc.: Kluwer Academic Publishers 1991. Während sonst vielfach von Maßen auf dem $\mathbb{R}^n$

die *Translationsinvarianz* oder *Bewegungsinvarianz* gefordert wird, betrachtet KOLMOGOROFF a. a. O. Maßfunktionen $\mu$, die *monoton* sind in dem Sinne, dass gilt

$$\mu(f(E)) \le \mu(E)$$

für alle Lipschitz-Abbildungen $f : \mathbb{R}^n \to \mathbb{R}^n$ und alle Suslin-Mengen $E \subset \mathbb{R}^n$. Allerdings erwähnt KOLMOGOROFF in der genannten Arbeit die Fragen (A), (B) nicht, so dass ihm diese Probleme nach ALEXANDROFFs Zeitangabe vermutlich gegen Ende des Jahres 1932 in den Sinn gekommen sind. Es scheint unbekannt zu sein, ob KOLMOGOROFF selbst einen Beitrag zur Antwort auf die Fragen (A), (B) geliefert hat. Wir wissen auch nicht, ob HAUSDORFF eine genauere Antwort gegeben hat. Überliefert ist lediglich ein Brief HAUSDORFFs an ALEXANDROFF vom 18. 2. 1933, in dem der Schreiber unter Hinweis auf die zeitliche Belastung durch seine Vorlesung mitteilt, er habe noch nicht über die „Frage nach der Abbildung meßbarer Mengen auf Komplexe nachgedacht".

Unter (A) wird von der Lipschitz-Abbildung $f$ lediglich vorausgesetzt, dass sie auf $M$ definiert ist. Es bedeutet aber keine Einschränkung der Allgemeinheit, wenn man gleich verlangt, $f$ sei auf ganz $\mathbb{R}^2$ definiert. (Entsprechendes gilt für die „Komponenten" der stückweisen Lipschitz-Abbildung unter (B)). Das folgt sogleich aus einem bemerkenswerten *Satz von* M. D. KIRSZBRAUN: *Ist* $A \subset \mathbb{R}^m$ *und* $g : A \to \mathbb{R}^n$ *eine Lipschitz-Abbildung (bzw. $\varepsilon$-Kontraktion), so existiert eine Fortsetzung* $h : \mathbb{R}^m \to \mathbb{R}^n$ *von* $g$, *die ebenfalls eine Lipschitz-Abbildung (bzw. $\varepsilon$-Kontraktion) ist.* (Dabei wird unterstellt, dass die Metriken in $\mathbb{R}^m$ und $\mathbb{R}^n$ mit Hilfe von Skalarprodukten definiert werden; s. H. FEDERER: *Geometric measure theory*, Berlin etc.: Springer-Verlag 1969, S. 201 f.)

*Die Antwort auf Frage* (B) *ist positiv.* Das ergibt sich unmittelbar aus folgendem Satz, den der Verf. einer freundlichen Mitteilung von M. LACZKOVICH (Budapest) vom 18. 6. 2009 verdankt.

**Satz.** *Jede messbare Menge* $M \subset \mathbb{R}^2$ *von positivem Maß lässt sich durch eine stückweise Kontraktion auf ein Quadrat beliebiger Größe abbilden.*

*Beweis.* Die Fragestellung ist eng verbunden mit einem schwierigen Problem, das erstmals von M. LACZKOVICH aufgeworfen wurde:

$(P_n)$ *Gibt es zu jeder messbaren Menge* $A \subset \mathbb{R}^n$ *von positivem Maß eine Lipschitz-Abbildung von* $A$ *auf einen Würfel (oder eine Vollkugel) im* $\mathbb{R}^n$?

(Siehe hierzu die folgenden Arbeiten von M. LACZKOVICH: *Equidecomposability of sets, invariant measures, and paradoxes*, Rend. Inst. Mat. Univ. Trieste **23** (1991), 145–176 (1993); *Paradoxical decompositions using Lipschitz functions*, Real Anal. Exch. **17** (1991/92), 439–444 und Mathematika **39** (1992), 216–222; *Paradoxes in measure theory*, in: Handbook of measure theory (E. PAP, ed.), Vol. I, 83–123, Amsterdam: North-Holland 2002.)

Für $n = 2$ wurde $(P_2)$ erstmals von D. PREISS 1992 in einem unveröffentlichten Manuskript *positiv* entschieden. J. MATOUŠEK bewies folgende „universelle" Version: *Es gibt eine universelle Konstante* $c > 0$, *so dass zu jeder messbaren Menge* $E \subset \mathbb{R}^2$ *vom Maße* 1 *eine Lipschitz-Abbildung* $f : \mathbb{R}^2 \to [0, c]^2$

*existiert mit* $f(E) = [0, c]^2$ (s. J. MATOUŠEK: *On Lipschitz mappings onto a square*, in: The mathematics of PAUL ERDÖS (R. L. GRAHAM et al., eds.), Vol. II, 303–309, Berlin etc.: Springer-Verlag 1997; auch in Algorithms Comb. **14** (1997), 303–309). Da trivialerweise eine Lipschitz-Abbildung von $\mathbb{R}^n$ auf die Einheitskugel im $\mathbb{R}^n$ existiert, liefert auch der Satz von MATOUŠEK eine positive Antwort auf $(P_2)$.

Ist nun $M \subset \mathbb{R}^2$ eine messbare Menge positiven Maßes, so lässt sich $M$ nach PREISS und MATOUŠEK zunächst durch eine Lipschitz-Abbildung $f$ auf ein Quadrat $P \subset \mathbb{R}^2$ abbilden. Ist ferner $Q \subset \mathbb{R}^2$ ein Quadrat beliebiger Größe, so existiert nach W. SIERPIŃSKI (*Sur un paradoxe de M. J. von Neumann*, Fund. Math. **35** (1948), 203–207; auch in Œuvres choisies, tome III, 591–595, Warszawa: PWN 1976) eine surjektive stückweise Kontraktion $g : P \to Q$, und dann ist $g \circ f : M \to Q$ eine stückweise Kontraktion von $M$ auf $Q$. Damit ist der Satz bewiesen. –

Wir haben oben gesehen, dass eine positive Antwort auf $(P_2)$ eine positive Antwort auf Frage (B) impliziert. Nach einer brieflichen Mitteilung von M. LACZKOVICH *zieht umgekehrt auch eine positive Antwort auf eine der Fragen* (A), (B) *eine positive Antwort auf* $(P_2)$ *nach sich*. Das gilt sogar unter einer erheblich abgeschwächten Voraussetzung, und zwar für alle Dimensionen:

**Proposition.** *Angenommen, zu jeder kompakten Menge* $K \subset \mathbb{R}^n$ *von positivem Maß existieren eine (nicht notwendig disjunkte) Zerlegung* $K = \bigcup_{i=1}^{\infty} K_i$ *und Lipschitz-Abbildungen* $f_i : K_i \to \mathbb{R}^n$ $(i \in \mathbb{N})$, *so dass* $\bigcup_{i=1}^{\infty} f_i(K_i)$ *einen inneren Punkt enthält. Dann ist Frage* $(P_n)$ *positiv zu beantworten.*

*Beweis* (M. LACZKOVICH). Es sei $A \subset \mathbb{R}^n$ eine messbare Menge positiven Maßes. Dann existiert eine kompakte Teilmenge $K \subset A$ von positivem Maß, und zu $K$ existieren laut Voraussetzung eine Zerlegung $K = \bigcup_{i=1}^{\infty} K_i$ und Lipschitz-Abbildungen $f_i : K_i \to \mathbb{R}^n$, so dass $\bigcup_{i=1}^{\infty} f_i(K_i)$ einen inneren Punkt hat. Nach dem Satz von BAIRE gibt es einen Index $j \in \mathbb{N}$, so dass $f_j(K_j)$ *nicht* nirgends dicht ist. Es gibt daher einen Würfel $Q \subset \mathbb{R}^n$, so dass $f_j(K_j)$ dicht ist in $Q$. Nach dem oben erwähnten Satz von KIRSZBRAUN kann $f_j$ zu einer Lipschitz-Abbildung $h : \mathbb{R}^n \to \mathbb{R}^n$ fortgesetzt werden. Die Menge $h(K)$ ist kompakt und umfasst $f_j(K_j)$, also auch $\overline{f_j(K_j)}$ und damit $Q$, d. h. es gilt $h(A) \supset Q$. Nun konstruiert man leicht eine Lipschitz-Abbildung $g : \mathbb{R}^n \to \mathbb{R}^n$ mit $g(\mathbb{R}^n) = g(Q) = Q$, und dann bildet die Lipschitz-Abbildung $f := g \circ h$ die Menge $A$ auf den Würfel $Q$ ab. –

Für $n = 1$ (s. u.) und $n = 2$ (s. o.) ist die Voraussetzung der Proposition erfüllt, aber für alle $n \geq 3$ ist offen, ob die Annahme in der Proposition zutrifft. (Trivialerweise gilt in der Proposition auch die umgekehrte Implikation.)

*Die Antwort auf die Frage* (A) *scheint offen zu sein.* Zwar liefert der Satz von MATOUŠEK eine Lipschitz-Abbildung von $M$ auf ein Quadrat, aber es besteht keine Hoffnung, die Konstante $c$ im genannten Satz beliebig nahe bei 1 wählen zu können, denn eine Kreisscheibe vom Flächeninhalt 1 (Durchmesser $2/\sqrt{\pi}$) lässt sich nicht durch eine Lipschitz-Abbildung auf ein Quadrat abbilden, dessen

Flächeninhalt beliebig nahe bei 1 liegt, da die Diagonale im Einheitsquadrat die Länge $\sqrt{2} > 2/\sqrt{\pi}$ hat.

*Für alle $n \geq 3$ ist die Frage $(P_n)$ ebenfalls offen.* Für $n = 1$ ist dagegen $(P_1)$ in trivialer Weise positiv zu beantworten: Ist nämlich $A \subset \mathbb{R}$ eine messbare Menge positiven Maßes, so wähle man $a > 0$ so groß, dass $\lambda^1(A \cap [-a, a]) > 0$ ist, und setze $f(x) := 0$ für alle $x \leq -a$ und $f(x) := \lambda^1(A \cap [-a, \min(a, x)])$ für $x > -a$. Dann ist $f$ eine Lipschitz-Abbildung von $A$ auf ein kompaktes reelles Intervall, also ist $(P_1)$ zu bejahen. Hat hier $A$ überdies endliches Maß, so wählen wir zu vorgelegtem $\varepsilon > 0$ die Zahl $a$ so groß, dass $\lambda^1(A)$ um höchstens $\varepsilon$ von $\lambda^1(A \cap [-a, a])$ abweicht, und erkennen: Für $n = 1$ ist auch das Analogon von (A) positiv zu beantworten. Auch das Analogon des obigen Satzes ist im eindimensionalen Fall richtig, d. h. es gilt: *Jede messbare Menge $M \subset \mathbb{R}$ von positivem Maß lässt sich durch eine stückweise Kontraktion auf ein kompaktes reelles Intervall beliebiger Länge abbilden.* Zum Beweis bilden wir zunächst $M$ wie oben mittels einer Lipschitz-Abbildung $f$ auf ein kompaktes Intervall $K$ positiver Länge ab. Nach einem Satz von J. VON NEUMANN (s. S. WAGON: *The Banach-Tarski paradox*, Cambridge: Cambridge University Press 1985, second ed. 1986, S. 105) existiert zu jedem kompakten Intervall $I \subset \mathbb{R}$ eine stückweise Kontraktion $g$ von $K$ auf $I$, und dann leistet $g \circ f : M \to I$ das Gewünschte. –

Problem $(P_n)$ kann man entsprechend für das $k$-dimensionale Hausdorff-Maß im $\mathbb{R}^n$ formulieren und fragen: *Gibt es zu jeder (in Bezug auf das $k$-dimensionale Hausdorff-Maß) messbaren Menge $A \subset \mathbb{R}^n$ von positivem $k$-dimensionalem Hausdorff-Maß eine Lipschitz-Abbildung von $A$ auf eine $k$-dimensionale Vollkugel?* Diese Frage scheint für $n > k \geq 2$ offen zu sein. *Für $k = 1, n = 2$ ist die Antwort negativ.* Der Beweis dieser Aussage ist durchaus nicht einfach. Er wurde im Anschluss an A. G. VITUŠKIN, L. D. IVANOV und M. S. MEL'NIKOV (*Incommensurability of the minimal linear measure with the length of a set*, Dokl. Akad. Nauk SSSR **151** (1963), 1256–1259 = Soviet Math., Dokl. 4 (1963), 1160–1164) erbracht von T. KELETI: *A peculiar set in the plane constructed by Vituškin, Ivanov and Melnikov*, Real Anal. Exch. **20** (1) (1994/95), 291–312, der bewies: *Es gibt eine kompakte Teilmenge des $\mathbb{R}^2$ von positivem 1-dimensionalem Hausdorff-Maß, die nicht mittels einer Lipschitz-Abbildung auf ein kompaktes reelles Intervall (positiver Länge) abgebildet werden kann.*

Einen ausführlicheren Bericht über die hier angeschnittenen Fragen gibt J. ELSTRODT: *Alte Briefe – aktuelle Fragen. Aus Hausdorffs Briefwechsel*, Mitt. Dtsch. Math.-Ver. **18**, H.3 (2010), 183–187.

[5] S. dazu die Anmerkung [4] zum Brief ALEXANDROFFs an HAUSDORFF vom 7. 11. 1932.

**Brief** PAUL ALEXANDROFF ⟶ FELIX HAUSDORFF

Sobald ich ein gutes Bild
von mir finden werde, werde ich es
Ihnen sofort schicken

22. I. 1933
Moskau.

Lieber Herr Hausdorff,

nun habe ich wieder Ihnen einen ganzen Monat nicht geschrieben, obwohl ich jeden freieren Tag daran dachte. Es verschob sich aber immer wieder.

Vielen herzlichen Dank für Ihren Brief vom 21. Dezember und für Ihr Bild. Es ist sehr gut, Sie sehen auf ihm wirklich so aus, wie ich Sie kenne; ich meine vor allem den Gesichtsausdruck. Und für alles, was Sie in Ihrem Briefe schreiben, danke ich Ihnen sehr. Aber bitte, schicken Sie mir nur keine Süssigkeiten. Erstens werden dieselben fast sicher verlorengehen – gedenken Sie nur des langen Weges und der sicherlich vielen Mäuse in Polen! Ausserdem ist mein Zuckerbedarf wirklich vollständig gedeckt. Ausser purem Zucker besitze ich noch grosse Bestände von Honig. Ausserdem gibt es Nüsse zu kaufen, und Nüsse mit Honig schmecken sehr gut. Ich danke Ihnen nochmals sehr, aber seien Sie nur beruhigt, es geht mir ganz gut.

Das Wetter spielt hierzulande tatsächlich eine viel grössere Rolle als im „faulen Westen". Nach dem grossen Schneefall, von dem ich Ihnen berichtete, gab es lange Wochen mit ununterbrochenem Tauwetter. Erst vor kurzem ist wieder ein wenig Schnee gefallen, und dann kam die grosse Kälte – gestern und vorgestern hatten wir $-32°$ draussen und morgens $+4°$ drinnen – dies in dem kleinen Landhäuschen, in dem ich meine meiste freie Zeit verbringe, in meinem Moskauer Zimmer ist es wärmer. Heute ist $-28°$ draussen. Aber mit guten wollenen Sachen, hohen Filzstiefeln, allerlei pull–overs und schließlich einem warmen Schlafrock ist es ganz gemütlich und nicht kalt. Meine tägliche Gymnastik mache ich auf der Veranda, allerdings mit einem Trainings–Anzug und nicht bloss mit einer Badehose (wie noch vor kurzem) bekleidet. Das Baden findet aber jetzt zu Hause statt, also weder im Fluss, noch am Brunnen (es gibt einen solchen im Garten). Auch die Verpflegung ist in Ordnung – ausser den schon erwähnten Zucker, Honig und Nüssen, bin ich sowohl mit Butter, Milch, Brod, verschiedenen Grützen und auch Äpfeln versehen, mit Kartoffeln und Kohl und mehr brauche ich bei meinem vegetarischen Geschmack nicht. Wenn diese Verpflegung auch bescheidener ist als die der vegetarischen Pension in Ascona, so gibt es in meiner nächsten Nähe kein muhendes Geschöpf! Das tut mir manchmal sogar leid, denn ich würde sehr gerne eine Kuh besitzen, anstatt täglich die Milch bei nicht allzu nahe wohnenden Menschen holen zu müssen. Soweit über die „irdischen Genüsse"! Die geistigen sind insofern in einer schlechteren Lage, als ich die ganze Zeit am langweiligsten aller Kapitel meines + Hopfs Buches arbeiten muss: Eigenschaften des $R^n$, konvexe Polyeder, ihre Unterteilungen u. dgl. Es habe der Leser vom Nichtlesen dieses Kapitels [1] dieselbe Freude, wie ich sie hätte, wenn ich es nicht zu schreiben brauchte! Im

„Gelehrtenhaus", wo ich an den Tagen, an denen ich in der Stadt bin, zu Mittag esse, gibt es eine gute Lesehalle, wo man Mengers Kurventheorie und das Berliner Tageblatt lesen kann. Da ich zuhause weder das eine, noch das andere besitze, ist es ganz erfreulich!

[Der Brief hat keine Grußformel und keine Unterschrift, so daß man vermuten kann, daß ein Teil davon verloren ist.]

## Anmerkungen

[1] Es handelt sich um Kapitel 3 in ALEXANDROFF/HOPF: *Topologie*, überschrieben mit „Polyeder und ihre Zellenzerlegungen" (S. 124–154).

[2] MENGER, K.: *Kurventheorie*. Teubner-Verlag, Leipzig-Berlin 1932.

**Brief** FELIX HAUSDORFF $\longrightarrow$ PAUL ALEXANDROFF

Bonn, Hindenburgst. 61
18. Febr. 1933

Lieber Herr Alexandroff!

Ich bin selbst von der Tatsache ganz überrascht, dass ich Ihnen seit Weihnachten nicht geschrieben habe, und kann sie nur mit einem mangelnden Zeitmassgefühl erklären (offenbar habe ich die Zeit mehr topologisch als metrisch empfunden); jedenfalls hat sie ihren Grund weder in verminderter herzlicher Gesinnung noch – wie Sie vermuten – in getrübter Gesundheit. Es geht meiner Frau und mir bei bescheidenen Ansprüchen ganz gut; meine gastrischen Beschwerden halten sich seit Locarno in erträglichen Grenzen, und die Grippe haben wir in leichter Form noch im alten Jahr absolviert, sodass wir hoffen dürfen, von einem weiteren Anfall verschont zu bleiben (wenn Gott will). Und wie geht es Ihnen? Ihre Schilderung, wie Sie mit Strickjacken u. s. w. die Kälte ertragen haben, erinnerte mich an das Buch von Wegeners letzter Grönland – Expedition. Die Fettflecke auf der Dnjepr – Ansichtskarte, mit denen Sie den Existenzbeweis für Butter geführt haben, waren im Anfang noch erkennbar, jetzt sind sie verschwunden, sodass eine quantitave Analyse auf $(C_{18}H_{35}O_2)_3C_3H_5$ = Stearin, Palmitin, Oleïn usw. nicht mehr durchführbar sein wird. Ich freue mich schon, Ihnen beim nächsten Besuch Schenkersche pâtisserie vorsetzen zu können, aber wann wird das sein? Dass Sie erst für den Winter 1933/34 oder gar für den Sommer 1934 damit rechnen, ist mir eine Enttäuschung! Unterdessen hoffe ich wenigstens auf einen Besuch in effigie; Sie vergessen doch das versprochene Bild nicht?

Wissen Sie, wie es Lusin geht? Vor einiger Zeit erhielt ich eine Karte, worin er schrieb, dass er vier Monate im Krankenhaus liege und sich noch schlecht fühle.

Meine Vorlesung hat mich viel Zeit gekostet, sodass ich weder die Bespre- [3]
chung von Menger gemacht, noch die Arbeit von Haar und Neumann gelesen, [4]
noch über Ihre Frage nach der Abbildung messbarer Mengen auf Komplexe
nachgedacht habe. Ich habe nachträglich eingesehen, dass Ihr Rat gut war, das
Integral auf die vorangehende Theorie des Masses zu gründen; der Abkürzungsweg (Young) über das Integral stetiger Funktionen bedeutet doch einen Verzicht
auf Allgemeinheit. Jetzt trage ich die Geschichte über Verteilung der Derivierten vor, aber nicht für stetige (Denjoy) oder messbare (G. Ch. Young), sondern
ganz willkürliche Funktionen (Saks, Fund. Math 5); ich habe den Beweis, eine
Art kürzester Linie durch Denjoy – Saks, sehr vereinfacht. (Auf Denjoy haben
Sie mich s. Z. hingewiesen). [5]

Die Angelegenheit Baer ruht augenblicklich vollständig. Ich freue mich, dass [6]
Kolmogoroff die fellowship bekommen hat, insbesondere auch dass ich das Gut- [7]
achten nicht zu machen brauche!

Threlfall und Seifert haben mir einen Teil des Manuskripts eines Buches,
das sie über komb. Top. schreiben wollen, zugeschickt; ich finde das Bisherige
recht hübsch und klar. Aber meine Haupt – Hoffnung ist doch auf Sie und Hopf [8]
gerichtet.

Nun, lieber Alexandroff, schreiben Sie bald wieder! Sehr herzliche Grüsse von
meiner Frau und von Ihrem

Felix Hausdorff

## Anmerkungen

[1] Im Sommer 1932 hatten sich HAUSDORFF und ALEXANDROFF in Locarno
getroffen.

[2] Zu seinen Lebzeiten galt ALFRED WEGENER (1880–1930) vor allem als
Pionier der Polarforschung. Aus heutiger Sicht ist die Theorie der Kontinental-
verschiebung seine bedeutendste Leistung; sie war die Grundlage für das Modell
der Plattentektonik, welches zahlreiche geologische Phänomene überzeugend
erklärt. Bei seiner letzten Grönland-Expedition kam WEGENER im November
1930 ums Leben. HAUSDORFF bezieht sich hier auf das Buch WEGENER, A.:
*Mit Motorboot und Schlitten in Grönland*. Mit Beiträgen von JOHANNES GE-
ORGI u. a. Velhagen & Klasing, Bielefeld und Leipzig 1930.

[3] HAUSDORFF hatte im Wintersemester 1932/33 vierstündig „Reelle Funktionen und Masstheorie" gelesen (NL HAUSDORFF : Kapsel 17 : Faszikel 53, 295
Blatt).

[4] HAUSDORFF hat sich eingehend mit MENGERs Buch *Kurventheorie* (s. Anmerkung [2] zum vorhergehenden Brief) auseinandergesetzt. In seinem Nachlaß
findet sich dazu ein Manuskript von 152 Blatt (Kapsel 47, Faszikel 985) mit
zahlreichen kritischen Bemerkungen, Vereinfachungen und eigenen Beweisen
HAUSDORFFs. Auf Blatt 1v dieses Manuskripts notiert HAUSDORFF folgende
„Allgemeine Bemerkung zu MENGERs Büchern": „Die Kurventheorie behandelt

abgeschlossene beschränkte Mengen Euklidischer Räume, gilt aber grossenteils für kompakte Räume (auch von nicht endlicher Dimension): sie scheint spezieller als sie ist. Die Dimensionstheorie behandelt separable reguläre Räume, diese sind aber metrisierbar: sie scheint allgemeiner als sie ist." Die letzte Bemerkung bezieht sich auf MENGER, K.: *Dimensionstheorie.* Teubner-Verlag, Leipzig-Berlin 1928. Eine publizierte Besprechung von MENGERs *Kurventheorie* aus HAUSDORFFs Feder existiert nicht.

Eine gemeinsame Arbeit von ALFRED HAAR (1885–1933) und JOHN VON NEUMANN (1903–1957) gibt es nicht. Vermutlich bezieht sich HAUSDORFFs Erwähnung dieser beiden Namen auf folgenden Vorgang: HAAR hatte 1932 gezeigt, daß jede lokal kompakte Gruppe ein invariantes Maß besitzt, welches auf allen offenen Mengen positive Werte annimmt (HAARsches Maß). Die Publikation erfolgte in Princeton Anfang 1933: HAAR, A.: *Der Massbegriff in der Theorie der kontinuierlichen Gruppen.* Annals of Mathematics **34** (1933), 147–169. Bereits 1932 hatte JOHN VON NEUMANN von diesen Ergebnissen Kenntnis erhalten. Er benutzte das Haarsche Maß, um das 5. Hilbertsche Problem für kompakte Gruppen zu lösen. Seine Arbeit wurde in den Annals unmittelbar nach HAARs Aufsatz abgedruckt: NEUMANN, J. VON: *Die Einführung analytischer Parameter in topologischen Gruppen.* Annals of Mathematics **34** (1933), 170–190. Die Moskauer topologische Schule knüpfte an diese Arbeiten unmittelbar an. Insbesondere erzielte PONTRJAGIN bald wesentlich weitergehende Ergebnisse; s. dazu ALEXANDROFF, P. S. (Hrsg.): *Die Hilbertschen Probleme.* Geest & Portig, Leipzig 1976, S. 126–144 (deutsche Übersetzung von *Problemy Gilberta,* Moskau 1969).

[5] Die in Anmerkung [3] genannte Vorlesung beginnt HAUSDORFF mit einem § 1 „Einiges aus der Mengenlehre" (Bll. 3–46). Er bringt dort grundlegende Begriffe und Sätze aus der Theorie der metrischen Räume, der deskriptiven Mengenlehre und der Theorie der reellen Funktionen. § 2 „Additive Mengenfunktionen (Masse)" (Bll. 47–141) enthält die Maßtheorie; im Mittelpunkt steht die Einführung von Maßen nach CARATHÉODORY. Im § 3 „Lineare Funktionale" (Bll. 142–184) definiert HAUSDORFF einen sehr allgemeinen Integralbegriff als additives lineares Funktional auf einem Funktionensystem $\Phi$. Dieses System $\Phi$ der „integrablen Funktionen" genügt gewissen naheliegenden Axiomen. Der im Brief erwähnte „Abkürzungsweg" findet sich in YOUNG, L. C.: *The Theory of Integration.* Cambridge Tracts in Mathematics and Mathematical Physics No. 21. Cambridge University Press 1927. In diesem kleinen Büchlein stellt L. C. YOUNG die von seinem Vater W. H. YOUNG entwickelte Integrationstheorie dar. Am Ende des Semesters, als HAUSDORFF den vorliegenden Brief schrieb, war er in seiner Vorlesung bei § 5 „Die Verteilung der Derivierten" (Bll. 260–283) angelangt (§ 4 (Bll. 185–259) ist mit „Integration und Differentiation" überschrieben; es geht ab § 4 um reelle Funktionen einer reellen Variablen). Das Ziel des § 5 ist ein neuer und gegenüber den Arbeiten von DENJOY, G. CH. YOUNG und SAKS wesentlich vereinfachter Beweis des Denjoyschen Verteilungssatzes; die hier von HAUSDORFF erwähnten Arbeiten sind die fol-

genden: DENJOY, A.: *Mémoire sur les nombres dérivés des fonctions continues.* Journal de Math. **7** (1915), 105–240; YOUNG, G. CH.: *On the derivates of a function.* Proceedings of the London Math. Society **15** (1917), 360–384; SAKS, S.: *Sur les nombres dérivés des fonctions.* Fundamenta Math. **5** (1924), 98–104.

[6] Siehe dazu Anmerkung [1] zur Postkarte ALEXANDROFFs an HAUSDORFF vom 27. 10. 1932. BAER hat kein Stipendium der Rockefeller Foundation erhalten; s. dazu SIEGMUND-SCHULTZE, R.: *Rockefeller and the Internationalization of Mathematics Between the Two World Wars.* Birkhäuser, Basel 2001, S. 99.

[7] Für KOLMOGOROFF hatte die Rockefeller Foundation ein Stipendium für einen Aufenthalt in Göttingen bei RICHARD COURANT ab Mai 1933 genehmigt. Auf Grund der Entlassung COURANTs im April 1933 durch die nationalsozialistischen Behörden schlug die Rockefeller Foundation einen Aufenthal bei HADAMARD in Paris vor. Schließlich verweigerten aber die sowjetischen Behörden das Ausreisevisum, so daß KOLMOGOROFFs fellowship nicht realisiert wurde; s. dazu das in der vorigen Anmerkung genannte Buch, S. 131–132.

[8] Es handelt sich um Manuskriptteile zu SEIFERT; H.; THRELFALL, W.: *Lehrbuch der Topologie.* Teubner-Verlag, Leipzig 1934. Gegenüber THRELFALL muß sich HAUSDORFF distanziert über das ihm zugesandte Material geäußert haben, denn THRELFALL schreibt ihm am 27. 3. 1933:

> Ihr freundlicher Brief läßt mir wenig Hoffnung darauf, daß weitere Manuskriptsendungen erwünscht sind.

(Es gibt im Nachlaß HAUSDORFFs nur diesen einen Brief THRELFALLs an HAUSDORFF; er ist in diesem Band vollständig abgedruckt).

**Brief** PAUL ALEXANDROFF ⟶ FELIX HAUSDORFF

2. VII. 1933.

Lieber Herr Hausdorff!

Obgleich Sie kein grosser Freund persönlicher Schreibmaschinenbriefe sind, und ich, seitdem ich diese Antipathie kenne, sie auch immer achte, benutze ich zur Herstellung dieses Briefes dieses Instrument – leider auf Grund einer dringenden Vorschrift meines Augenarztes, der meine Kurzsichtigkeit als Myopia maligna qualifizieren will und mir die strengsten Forderungen in puncto Augenhygiene stellt – ich muss auf Lesen und Schreiben bei künstlichem Licht überhaupt wenn nur irgendmöglich verzichten, muss mich in allen Fällen, wo das geht, der Schreibmaschine bedienen, mich aller grösseren körperlichen Anstrengungen fernhalten usw. Alles, weil Erscheinungen einer Netzhautentzündung eingetreten sind, die bei so hochgradiger Kurzsichtigkeit wie bei mir eine häufig auftretende Komplikation ist, die aber mit sich die schlimmen Gefahren von Gefässrissen (im Auge) und von Netzhautabtrennung bringt. Es scheint also, dass ich meine Augen tatsächlich mehr schonen muss, als ich dies bis jetzt tat, und ich versuche es jetzt zu tun.

Dass ich Ihnen so lange nicht geschrieben habe, liegt jedoch nicht an der Verschlimmerung meiner Augen, sondern ausschliesslich daran, dass ich nicht sicher war, ob meine Briefe imstande sind, Sie jetzt zu erfreuen, oder ob es vielmehr angebracht ist, in Ihrem Interesse meine freundschaftlichen Gefühle
[1] Ihnen gegenüber doch etwas zurückzuhalten ... Aber Ihnen überhaupt mehr nicht zu schreiben, war mir doch zu arg, und ich hoffe, ich darf es doch auch jetzt noch wagen, Sie dann und wann von mir etwas hören zu lassen ... Schreiben Sir mir bitte, wenn das anders ist.

Ich kann Sie nur versichern, dass ich niemals öfter an Sie gedacht habe, dass ich niemals alle die Stunden, die ich in Ihrer Nähe habe erleben dürfen, so intensiv und gleichzeitig so schmerz- und sehnsuchtsvoll wiederempfunden habe, als gerade alle diese letzten Monate, die die Hoffnung auf unser baldiges Wiedersehen so trübe, so unsicher gemacht haben.

Es war mir überhaupt ein schweres Erlebnis, sich mit der Tatsache abzufinden, dass ein Land, welches mir beinahe zur zweiten Heimat geworden ist, vor
[2] mir nun so gut wie verschlossen liegt. Vielleicht noch schwerer ist mir der Gedanke, dass ein grosser Kreis meiner Freunde und nächsten Kollegen sich jetzt
[3] ausserhalb seines Wirkungsbereiches befindet. Sie können sich ja vorstellen, wie schwer mir das alles fällt ...

Nun möchte ich wenigstens hören, dass es Ihnen persönlich, lieber Herr Hausdorff, doch noch verhältnismässig gut geht, sowie auch Ihrer Familie. Wenn möglich, schreiben Sie mir hierüber. Insbesondere interessiert mich natürlich alles, was Ihre Gesundheit betrifft, sehr. Teilen Sie mir bitte auch Ihre Sommerpläne mit.

Dieser Winter war für mich sehr anstrengend. Ich hatte sehr viel zu tun – organisatorisch und pädagogisch leider mehr als wissenschaftlich – und am Ende des Semesters war ich eigentlich zum ersten mal so ziemlich erschöpft. Es ist jetzt das alles viel besser geworden, nachdem ich eine 12 Tage lange Paddelfahrt auf einem mittelrussischen Fluss (er heisst Zna!) gemacht habe. Wasser und Sonne, und schöne Eichenwälder haben sehr viel zu meiner Erholung beigetragen, so dass ich jetzt hoffe, im Laufe dieses Monats meinen Teil am topologischen Buche, welches Hopf und ich schreiben, endlich zuendezuführen. Im August fahre ich dann nach der Krim, wo ich baden, aber auch mathematisch etwas nachdenken und für mich lesen möchte (der letzte Fundamentaband enthält übrigens viele Sachen, die mich sehr interessieren).

Alles, was sich auf Sie bezieht, interessiert mich sehr; schreiben Sir mir bitte, soviel Sie die Lust und die Gelegenheit dazu finden.

Mit vielen herzlichen Grüssen auch an Ihre Frau Gemahlin

Ihr

P. Alexandroff.

## Anmerkungen

[1] ALEXANDROFF versucht hier sehr vorsichtig, in Erfahrung zu bringen, ob es für HAUSDORFF als Professor und zumal als Jude Repressionen der nationalsozialistischen Behörden nach sich ziehen könnte, wenn er mit einem Wissenschaftler aus der Sowjetunion freundschaftliche Kontakte aufrechterhält.

[2] Hier deutet ALEXANDROFF an, daß es einem sowjetischen Wissenschaftler unmöglich war, in das nationalsozialistische Deutschland zu reisen.

[3] Dies ist eine Anspielung auf die in Deutschland erfolgten Entlassungen jüdischer und politisch unliebsamer Mathematiker auf der Grundlage des am 7. April 1933 erlassenen „Gesetz zur Wiederherstellung des Berufsbeamtentums".

**Brief** PAUL ALEXANDROFF $\longrightarrow$ FELIX HAUSDORFF

9. III. 1935.

Lieber Herr Hausdorff!

Ich will Ihnen schon längst schreiben, aber die Korrekturen machen einem das Leben dermassen sauer, dass man zu nichts Vernünftigem konmt. Ihre Karte [1] habe ich bekommen, aber mit so grosser Verspätung, dass ich auf sie nicht mehr direkt reagieren konnte. Dass wir uns so lange nicht gesehen haben, und, wer weiss, wann einander wiedersehen werden, ist mir ausserordentlich schmerzlich. Umsogrösser war meine Freude, als ich von Ihnen wieder hörte. Hoffentlich geht es Ihnen und Ihrer Frau Gemahlin gesundheitlich wohl. In meinem Leben hat sich nichts Wesentliches geändert; alles geht verhältnismässig gut ...

Die beiden Verfasser sind Ihnen für Ihre Teilnahme am Lesen der Korrekturen wirklich ausserordentlich dankbar. Es freut mich sehr, dass Sie wenigstens die ersten Kapitel gut finden. Die weiteren Kapitel haben in der ersten Fahnenkorrektur eine gründliche Reorganisation erfahren; ich hoffe sehr, dass diese Kapitel in der zweiten Korrektur Ihnen besser gefallen werden als in der ersten! Insbesondere ist das ehemalige Kap. VI, allerdings mehr in seiner zweiten Hälfte, ganz umgearbeitet.

Jetzt bezüglich Ihrer Einzelbemerkungen zum Kap. VI! Mit der Kritik am 3. Erhaltungssatz haben Sie natürlich vollkommen recht; die Stelle ist in Ordnung gebracht.

Was die „modifizierten kanonischen Eckpunktzuordnungen" betrifft, so lassen sie sich tatsächlich viel einfacher definieren, als ich das ursprünglich getan habe: eine modifizierte kanonische Eckpunktzuordnung ist einfach eine solche, bei der jedem Eckpunkt von $Q$ ein Eckpunkt seines Trägers in $K$ zugeordnet wird. Der Beweis dieser Behauptung ist ganz trivial: ist $a'$ ein Eckpunkt von $Q$, $/x/$ sein

Träger, $a''$ der „verschobene Eckpunkt $a'$ ", d. h. ein solcher Punkt von $\overline{K}$, welcher *nur* zu baryzentrischen Sternen gehören kann, die ihre Mittelpunkte in den Eckpunkten von $/x/$ haben, so ist der Eckpunkt $a = f(a')$, von dem bei einer modif. kan. Versch. die Rede ist, der Mittelpunkt eines der soeben genannten Sterne, d. h. ein Eckpunkt von $/x/$. Ist umgekehrt $a = f(a')$ ein beliebiger Eckpunkt von $/x/$, so kann man $a$ durch eine mod. kan. Versch. erhalten: es genügt für $a''$ den Schwerpunkt von $/x/$ zu wählen, der ja in jedem baryzentrischen Stern mit einem zu $/x/$ gehörenden Eckpunkt enthalten ist. Dementsprechend schaffe ich den Ausdruck „modifizierte kanonische Eckpunktzuordnung" überhaupt ab und ersetze ihn durch *„natürliche* Eckpunktzuordnung".[1] Sie sehen aber, die Dinge verhalten sich nicht ganz so, wie Sie es vermuteten. Die Lücke in Ihrer Schlussweise (mit dem an $/x/$ anstossenden Simplex) besteht darin, dass Sie die Forderung: $a''$ gehöre *nur* zu solchen baryzentrischen Sternen, deren Mittelpunkte Eckpunkte von $/x/$ sind, nicht beachtet haben. Nicht destoweniger hat Ihre Kritik den Kern der Sache getroffen und eine wesentliche Vereinfachung der Darstellung hervorgerufen.

Dagegen teile ich nicht Ihre Abneigung gegen die „unter Umständen gar nicht existierende" Bettische Gruppe $\mathcal{L}^r(F)$ – sie wird jetzt in Analogie zu den Bettischen $N$-Zahlen die Bettische $N$-Gruppe genannt. Sie gehört zu einem anderen Ideenkreis als die „vollen" Bettischen Gruppen eines Kompaktums. Sie können natürlich mir mit den Worten des alten Bonner Uhrmacher (lebt er noch?) antworten: „In ihrer Art mögen ja diese Gruppen ganz schön sein, aber die ganze Art ist Schunt und Mischt!" Aber auch diesen Standpunkt würde ich nicht teilen. Die Bettischen $N$-Gruppen gehören genau zu derselben Kategorie der topologischen Invarianten, wie die Bettischen $N$-Zahlen. Zu derselben Art gehört auch der Zerlegungssatz und überhaupt alles, was auf Nerven beliebigfeiner Überdeckungen beruht, andererseits aber vom Begriff des Projektionsspektrums noch keinen Gebrauch macht. Es ist dies eine durchaus bemerkenswerte Kategorie von topologischen Begriffsbildungen. Den Satz, dass für ein Polyeder die Bettischen $N$-Gruppen überhaupt existieren, ist ein interessanter Satz (von Hopf). An seinem Interesse wird nichts geändert, wenn man auch noch so viele und noch so einfache Invarianzbeweise für die Bettischen Gruppen von Polyedern hätte. Selbstverständlich wird auch der von Ihnen erwähnte Beweis in unserem Buche gebracht, aber er gehört in den zweiten Band des Buches, wo alles, was mit Voll- bzw. Projektionszyklen zusammenhängt, dargestellt wird. Dort wird auch die Dimensionstheorie systematisch entwickelt. Dagegen liegt den Methoden des ersten Bandes die Betrachtung der Projektionsspektra, -zyklen usw. noch fern. Im Ganzen werden im 1. Band vier, im zweiten Bande mindestens ein Beweis für die Invarianz der Bettischen Gruppen gebracht. Hoffentlich findet unter diesen fünf Beweisen jeder Leser einen, der seinem Geschmack entspricht; allerdings werden dabei manche Leser auf das Erscheinen des zweiten Bandes warten müssen (der aber wirklich schneller

---

[1] [Handschriftliche Randbemerkung an dieser Stelle:] Hoffentlich nimmt uns die katholische Kirche nicht übel, daß das Kanonische ein Spezialfall des Natürlichen ist. Schlimmer wäre es, wenn das Kanonische ein Gegensatz zum Natürlichen wäre!

fertig sein wird als der erste!) [2]

Lieber Herr Hausdorff, soviel über das Buch. Ich möchte aber auch von Ihnen persönlich etwas hören. Schreiben Sir mir vor allem von Ihrer Gesundheit, dann von Ihren Sommer- bzw. Ferienplänen, falls solche existieren. Vielleicht komme ich gegen das Ende der Frühjahrsferien nach der Schweiz; ich weiss noch immer nicht, ob diese Reise gelingt; das Reisen ist bei mir mit immer größeren Schwierigkeiten verbunden. Was lesen Sie dieses Semester? Aus Ihrem Briefe erfahre [3] ich, daß Sie im Sommer 1933 Topologie gelesen haben. Äußerlich wird sich in [4] Ihrem Leben wohl kaum etwas geändert haben? Unser Abschied in Locarno bleibt ganz lebendig in meiner Erinnerung ... Es sind bald drei Jahre, daß wir einander nicht gesehen haben. Ich hoffe auch zum Kongreß nach Oslo 1936 zu kommen. [5]

Viele herzliche Grüsse an Sie und Ihre Frau Gemahlin

von Ihrem

P. Alexandroff

## Anmerkungen

[1] HAUSDORFFS Mitwirkung an den Korrekturen der *Topologie* von ALEXANDROFF/HOPF sowie die in diesem Brief angesprochenen mathematischen Fragen sind eingehend analysiert in den Abschnitten 6 und 7 von E. SCHOLZ: *Hausdorffs Blick auf die entstehende algebraische Topologie*, Band III dieser Edition, S. 879–888.

[2] Wie bereits erwähnt, haben es die Zeitumstände verhindert, daß weitere Bände der *Topologie* von ALEXANDROFF/HOPF erschienen sind.

[3] Ab Mitte der dreißiger Jahre, der Zeit zunehmendem stalinistischen Terrors, wurde es für sowjetische Wissenschaftler immer schwieriger, ins Ausland zu reisen.

[4] HAUSDORFF hielt im Sommersemester 1933 die Vorlesung „Einführung in die kombinatorische Topologie". Sie ist im Band III dieser Edition, S. 893–953, vollständig abgedruckt.

[5] Der Internationale Mathematikerkongreß 1936 fand in Oslo statt. Aus der Sowjetunion nahmen 11 Mathematiker am Kongreß teil, darunter ALEXANDROFF. Aus den USA, einem Land vergleichbarer Größe, nahmen 86 Wissenschaftler teil (*Comptes Rendus du Congrès International des Mathématiciens. Oslo 1936*. Tome I, A. W. Brøggers, Oslo 1937, S. 29 u. 39).

Paul Urysohn

Alexandroff und Urysohn

Alexandroff, Brouwer
und Urysohn

Urysohn und Brouwer

# Reinhold und Marianne Baer

## Korrespondenzpartner

REINHOLD BAER wurde am 22.7.1902 in Berlin als Sohn eines jüdischen Fabrikanten geboren. Nach zwei Semestern Maschinenbaustudium in Hannover studierte er von 1921 bis 1925 Mathematik in Freiburg, Göttingen und Kiel und promovierte 1925 bei H. KNESER in Göttingen. Ab 1926 war er Assistent bei A. LOEWY in Freiburg und habilitierte sich dort 1928 mit einer Arbeit über Mischgruppen. Im selben Jahr ging er als Privatdozent nach Halle/Saale, um mit H. HASSE zu arbeiten. 1933 emigrierte er mit seiner Familie nach Manchester, wurde 1935 für zwei Jahre Mitglied des Institute for Advanced Study in Princeton und 1937 für kurze Zeit Assistant Professor an der University of North Carolina in Chapel Hill. Ab 1938 war er an der University of Illinois in Urbana tätig, zunächst als Associate Professor und seit 1944 als Full Professor. 1956 nahm er einen Ruf an die Universität Frankfurt/Main an, wo er bis zu seiner Emeritierung 1967 als Ordinarius wirkte. REINHOLD BAER verstarb am 22.10.1979 in Zürich.

BAERs Hauptarbeitsgebiet war die Algebra, vor allem die Gruppentheorie. Er leistete aber auch bedeutende Beiträge zur Geometrie und Topologie und zur Kardinalzahlarithmetik. Auf dem Gebiet der abelschen Gruppen lieferte BAER grundlegende Untersuchungen über Torsionsgruppen, torsionsfreie Gruppen, Mischgruppen und Gruppenerweiterungen. Wichtige Beiträge leistete er zum Problem, inwieweit die Struktur einer abelschen Gruppe durch die Idealstruktur ihres Endomorphismenringes determiniert ist, und zum berühmten BAER-KULIKOV-KAPLANSKY-Theorem. Das Studium der abelschen Gruppen führte BAER zu einer neuen algebraischen Grundlegung der projektiven Geometrie. Er faßte eine projektive Geometrie auf als einen speziellen Verband, den Verband aller Unterräume eines Vektorraumes. Es war dann naheliegend, den Untergruppenverband einer abelschen Gruppe als eine verallgemeinerte projektive Geometrie aufzufassen (BAER, R.: *Linear Algebra and Projective Geometry.* Academic Press, New York 1952). In der Topologie gab BAER die Klassifikation der Homotopieklassen geschlossener Kurven auf einer geschlossenen orientierbaren Fläche vom Geschlecht $> 1$, ferner einen besonders durchsichtigen Beweis des KUROSHschen Untergruppensatzes. Zur immensen Fülle weiterer Resultate BAERs, insbesondere auf dem Gebiet der Gruppentheorie, s. GRUENBERG, K. W.: *Reinhold Baer.* Bull. London Math. Soc. **13** (1981), 339–361. Für die mathematikhistorische Forschung besonders wertvoll ist seine mit zahlreichen Anmerkungen versehene Neuausgabe der klassischen Arbeit *Algebraische Theorie der Körper* von ERNST STEINITZ (Berlin 1930, gemeinsam mit H. HASSE). BAER war ein faszinierender akademischer Lehrer, dessen Anregungen die Arbeit vieler Mathematiker bestimmt haben; zahlreiche seiner Schüler sind angesehene Forscher geworden.

MARIANNE BAER wurde am 15. 8. 1905 in Leipzig geboren. Sie war die Tochter des Leipziger Verlegers (Kunstverlag Seemann) GUSTAV KIRSTEIN (1870–1934) und seiner Frau THERESE CLARA („CLÄRE"), geborene STEIN (1885–1939). MARIANNE KIRSTEIN heiratete 1929 den Mathematiker REINHOLD BAER. Sie verstarb am 8. 10. 1981 in Zürich.

## Quelle

Die Briefe von REINHOLD und MARIANNE BAER, die sie HAUSDORFF zum 70. Geburtstag gesandt hatten, befinden sich im Nachlaß HAUSDORFFs in der Universitäts- und Landesbibliothek Bonn, Abt. Handschriften und Rara (Kapsel 61).

## Danksagung

Ein herzlicher Dank geht an Herrn Prof. Dr. EGBERT BRIESKORN (Bonn) sowie an den Vorsitzenden des Leipziger Bibliophilen-Abends, Herrn HERBERT KÄSTNER (Leipzig), für Hilfe bei Recherchen.

KLAUS BAER 1938 (s. den Brief von MARIANNE BAER an FELIX HAUSDORFF)

**Brief** REINHOLD BAER $\longrightarrow$ FELIX HAUSDORFF

26. X. 1938.

Reinhold Baer.
UNIVERSITY OF ILLINOIS
Department of Mathematics.
Urbana, Ill. (U. S. A.)

Hochverehrter Herr Professor,

nehmen Sie meine allerherzlichsten Glückwünsche zu Ihrem 70. Geburtstage. Ich möchte diese Gelegenheit nicht vorübergehen lassen, ohne Ihnen zu sagen, wie sehr ich Ihnen für das zu danken habe, was ich von Ihnen – leider nur durch das Medium Ihrer Schriften – gelernt habe. Als bescheidenes Zeichen dieser Verbundenheit habe ich mir erlaubt, Ihnen eine Arbeit zu widmen, die leider erst in der Januarnummer des American Journal of Mathematics wird erscheinen können. Einen Sonderdruck dieser Arbeit habe ich vorzeitig erhalten [1] und habe ihn gleichzeitig an Sie abgesandt.

Von unserem Ergehen und Herumwandern werden Sie ja sicher durch meine Schwiegermutter gehört haben. Ich bin hier in meiner neuen Stellung recht [2] zufrieden, scheinen doch die Arbeitsbedingungen vergleichsweise gut zu sein. Auch sonst sind die Lebensbedingungen recht gut hier; nur fürchte ich sagen zu müssen, dass bei der Erschaffung dieses Ortes die Grazien nicht um Rat gefragt worden sind. [3]

Ich hoffe, dass es Ihnen und den Ihren den Umständen entsprechend gut ergeht, und insbesondere, dass Sie Ihren 70. Geburtstag in Heiterkeit zu verbringen vermögen.

Mit herzlichen Grüssen und Wünschen<br>bin ich stets Ihr ergebener<br>Reinhold Baer.

### Anmerkungen

[1] BAER, R.: *The significance of the system of subgroups for the structure of the group.* American Journal of Mathematics **61** (1939), 1–44. Die Arbeit trägt die Widmung: „Dedicated to Felix Hausdorff On his 70 th Birthday, November 8, 1938.“

[2] Gemeint ist CLÄRE KIRSTEIN. Nachdem die nationalsozialistischen Behörden ihren Paß beschlagnahmt hatten, nahm sie sich am 29. Juni 1939 das Leben.

[3] REINHOLD BAER liebte die Berge. Deshalb sagte ihm die flache Landschaft um Urbana nicht besonders zu.

**Brief** MARIANNE BAER ⟶ FELIX HAUSDORFF

[Dem Brief ist ein Photo ihres Sohnes Klaus beigefügt; auf der Rückseite des Photos steht:] „Klaus   North Carolina, August 1938"

310, W. Hill St.
Champaign, Ill.
26. Oktober 1938

[1]    Lieber Onkel Felix,

dieser Brief hat weit zu reisen, ehe er meine Glückwünsche zu Dir bringen kann. Ich wünschte, wir würden etwas näher bei unseren Freunden wohnen – oder noch besser, unsere Freunde würden näher bei uns wohnen – dann würden wir alle drei zu Deinem Geburtstag zu Dir kommen und Dich feiern helfen. So kann ich Dir nur schreiben und auf diese Art sagen, wie sehr ich wünsche, dass Ihr in der Lage seid, diesen Festtag feierlich und vergnügt zu begehen.

[2]    Als Vertreter der Baerenfamilie sende ich Klaus nach Bonn – leider nur im Bild – aber vielleicht kann er auch so in der Reihe der Gratulanten erscheinen. Ich bin überzeugt, der Junge würde solch eine richtige Geburtstagsfeier von Herzen geniessen – diese Eigenschaft und den Sinn für Humor hat er von seinem Grossvater ererbt.

Dass es uns gut geht, werdet Ihr ja gehört haben. Morgen werden wir endgültig sesshaft in Amerika, d. h. unsere Möbel aus Deutschland werden hier ankommen. Du kannst Dir ja denken, was das nach beinah 6 jährigem Vagabundendasein bedeutet. Urbana ist nicht gerade ein idealer Platz zum Sesshaftwerden, aber die Universität ist relativ gut und Reinholds Arbeitsbedingungen sind erfreulich. Sonst gleicht der Wechsel von Chapel Hill nach Urbana ungefähr dem

[3]    von Freiburg nach Halle!

Tausend innige Grüsse und Wünsche Euch beiden!

Deine Marianne.

## Anmerkungen

[1]    FELIX HAUSDORFF verkehrte, insbesondere in seiner Leipziger Zeit, freundschaftlich mit GUSTAV KIRSTEIN und dessen Familie. MARIANNE KIRSTEIN nannte HAUSDORFF seit ihren Kindertagen „Onkel Felix".

[2]    KLAUS BAER (1930–1987) war mehr als 20 Jahre bis zu seinem frühen Tod Professor für Ägyptologie an der Universität Chicago.

[3]    Anspielung auf den Wechsel R. BAERs aus dem in bergiger Landschaft liegenden Freiburg in das in völlig ebener Umgebung liegende Halle (s. Anmerkung [3] zum vorhergehenden Brief).

# Erna Bannow, verehl. Witt

## Korrespondenzpartnerin

ERNA BANNOW wurde am 6. Oktober 1911 in Schlawe (Pommern) geboren. Nach dem Abitur am Oberlyzeum Merseburg studierte sie ab Sommersemester 1930 zwei Semester in Marburg Mathematik, danach zwei Semester in Bonn und anschließend bis 1934 in Göttingen. Nach einer Studienunterbrechung von 1934 bis 1938 setzte sie ihre Studien in Hamburg fort und promovierte dort 1939 mit der Arbeit *Die Automorphismengruppen der Cayley-Zahlen* (publ. in Abhandlungen Math. Seminar der Hansischen Universität Hamburg **13** (1940), 240–256). 1940 heiratete sie den Mathematiker ERNST WITT, seit 1937 Professor in Hamburg. Die Familie hatte zwei Kinder. Frau WITT verstarb 2007 in Hamburg.

ERNA BANNOW hörte im Sommersemester 1931 bei HAUSDORFF „Wahrscheinlichkeitsrechnung" und im Wintersemester 1931/32 „Zahlentheorie" (laut Studienbuch; briefliche Mitteilung von Frau WITT an EGBERT BRIESKORN vom 6.7.1999. Der Besuch der „Zahlentheorie" ist auch durch einen Belegbogen für das Wintersemester 1931/32 im Archiv der Universität Bonn dokumentiert; Belegbögen für das Sommersemester 1931 existieren nicht). Das Sommersemester 1932 absolvierte sie bereits in Göttingen. Die vorliegenden Briefe HAUSDORFFs an ERNA BANNOW sind nach Göttingen adressiert. Wie aus verschiedenen Zeugnissen hervorgeht, hatte HAUSDORFF ein gutes persönliches Verhältnis zu seinen Studenten. ERNA BANNOW beispielsweise besuchte ihn zu Hause, um sich vor ihrem Weggang nach Göttingen persönlich zu verabschieden.

## Quelle

Frau WITT schenkte die an sie gerichteten Briefe HAUSDORFFs Herrn Prof. Dr. EGBERT BRIESKORN, der sie für die Publikation in diesem Band zur Verfügung stellte.

## Danksagung

Wir sind Frau WITT herzlich dankbar für die Übereignung der Briefe und Karten sowie für persönliche Mitteilungen zu dieser Korrespondenz.

**Brief** FELIX HAUSDORFF $\longrightarrow$ ERNA BANNOW

Bonn, Hindenburgstr. 61

14. 6. 32

Liebes Fräulein Bannow!

[1] Ihr Bildnis hat mich sehr erfreut. Hoffentlich haben Sie keinen Augenblick geglaubt, dass ich Ihr Versprechen vergessen hätte: im Gegenteil wollte ich Sie schon mahnen, aber Ihre freiwillige Erfüllung ist mir natürlich viel lieber.

Sie werfen einen ungemein schlanken Schatten; ich schliesse daraus, dass Sie selbst nur noch zweidimensional sind und sich bei der Aufnahme so gestellt haben, dass Ihre Ebene durch die Sonne ging.

[2] Ihre Aufnahme von mir wurde hier allgemein so vorzüglich befunden, dass ich für meine Freunde und Angehörigen 20 Abzüge machen liess (wofür ich nachträglich Ihre Erlaubnis erbitte). Auch unter den Studenten hat sie „in rauhen Mengen" Absatz gefunden, wie Frl. Kraemer sagte (die neulich einen

[3] recht hübschen Seminarvortrag gehalten hat).

[4] Bei Zahlentheorie II vermisse ich Sie als Hörerin sehr!

Herzliche Grüsse, auch von meiner Frau!

Ihr F. Hausdorff

**Anmerkungen**

[1] Bei ihrem Abschiedsbesuch, bei dem Frau WITT HAUSDORFF Abzüge des Photos brachte, das sie kurz zuvor von ihm aufgenommen hatte (vgl. Anm [2]), versprach sie auch, ihm aus Göttingen ein Bild von sich zu schicken. Für dieses Bild bedankt sich HAUSDORFF hier; es zeigt sie vor dem Göttinger Mathematischen Institut.

[2] In HAUSDORFFs Nachlaß (Kapsel 65, Nr. 08) finden sich fünf Exemplare eines Photos (Format 5 × 8 cm), welches HAUSDORFF an der Südecke des Universitäts-Hauptgebäudes zeigt (das Photo ist in diesem Band und im Band III dieser Edition, jeweils auf S. II, vergrößert wiedergegeben). Eines dieser fünf Exemplare trägt auf der Rückseite die Widmung „Zur freundlichen Erinnerung an Ihre dankbare Erna Bannow". Im Besitz von Frau WITT befand sich ebenfalls ein Abzug; auf der Rückseite stand von HAUSDORFFs Hand: „Zur freundlichen Erinnerung an Ihren dankbaren F. Hausdorff" mit der Datierung „Bonn, 29. 2. 32".

Mit diesem Photo und den Widmungen hat es folgende Bewandtnis: Vor ihrem Weggang aus Bonn wollte ERNA BANNOW ein Erinnerungsphoto von HAUSDORFF machen. Sie paßte ihn zu diesem Zweck vor dem Hauptgebäude der Universität ab („ich lauerte ihm vor der Uni auf"; Brief an E. BRIESKORN vom 14. 2. 1993). Den Austausch der Widmungen in HAUSDORFFs Studierzimmer schildert Frau WITT in einem Brief an E. BRIESKORN vom 9. 3. 1999 folgendermaßen:

[···] ich erinnere mich wieder an den einen Augenblick im Hause Hausdorff, den ich nie vergessen werde. Wir saßen beide an einem Tisch, irgendwie übereck, und Hausdorff hatte gerade seine Widmung auf mein
Photo geschrieben. Dann sagte er, nun müsse auch ich ihm etwas auf *sein*
Photo schreiben. Ich geriet in eine unbeschreibliche Verlegenheit, wurde
sicherlich blutrot, blickte hilflos auf das Photo vor mir und spürte mehr
als ich sah, das amüsierte Lächeln auf seinem Gesicht. Dann hörte ich
ihn sagen: Schreiben Sie doch einfach das, was *ich* geschrieben habe. Ich
schrieb also ··· Ihre dankbare ··· und war ihm wirklich sehr dankbar in
diesem Augenblick.

Daß das von ERNA BANNOW aufgenommene Bild HAUSDORFFs besonders ge-
fiel, wird auch dadurch unterstrichen, daß HAUSDORFFs Frau CHARLOTTE
einen Abzug an die Witwe THEODOR POSNERs geschickt hat. POSNER war
ein guter Freund HAUSDORFFs aus Greifswalder Tagen (zu POSNER s. auch
Band VIII dieser Edition, S. 256–257).

[3]   HEDY KRÄMER studierte zur selben Zeit Mathematik in Bonn wie ERNA
BANNOW; beide waren befreundet. Sie blieb über das Wintersemester 1931/32
hinaus in Bonn; die Beziehungen der beiden Freundinnen wurden durch einen
regen Briefwechsel fortgesetzt. Aus diesem geht hervor, daß HEDY KRÄMER
Ende 1932 das Studium aufgegeben hat. Sie hat später geheiratet und lebte
unter dem Namen MÄRKER in Mühlhausen in Thüringen. Weitere Angaben zu
ihrer Person waren nicht zu ermitteln.

[4]   HAUSDORFF las im Sommersemester 1932 die Fortsetzung seiner „Zahlentheorie" mit dem Schwerpunkt algebraische Zahlentheorie. ERNA BANNOW
hatte zum Ende des Sommersemesters ihre Freundin HEDY KRÄMER gebeten,
ihr eine Nachschrift dieser Vorlesung zu besorgen. In einem Brief vom 30. 7. 1932
schreibt HEDY KRÄMER an ihre Freundin:

Über die Zahlentheorie freust Du dich sicher sehr und noch ganz besonders, wenn ich Dir jetzt sage, daß es Hausdorffs Exemplar ist. Die anderen
brauchten ihre alle selbst.

(Kopie des Briefes im Besitz von E. BRIESKORN, der Kopien einiger Briefe
HEDY KRÄMERs aus dem Jahre 1932 von Frau WITT erhalten hat.)

**Ansichtskarte**  Felix Hausdorff ⟶ Erna Bannow

[Die Karte zeigt den Eingang zum Hofgarten mit dem Hauptgebäude der Bonner Universität im Hintergrund]

Bonn, Hindenburgstr. 61
21. 12. 32

Liebes Fräulein Bannow!

[1] Der 8. Nov. ist zwar schon im Plusquamperfectum, aber Ihr freundlicher Glückwunsch und Ihr Blumenstrauss ist unvergessen. Haben Sie für Beides herzlichen Dank! Wie geht es Ihnen? hat Sie Göttingen nun schon assimiliert? Herzliche Weihnachts- und Neujahrswünsche, auch von meiner Frau

Ihr F. Hausdorff

**Anmerkung**

[1] Hausdorff hatte am 8. November Geburtstag. Seine Studenten pflegten ihm aus diesem Anlaß Blumen zu schenken. Auch Erna Bannow hatte aus Göttingen Glückwünsche und einen Blumenstrauß geschickt; in einem Brief vom 14. 2. 1993 an E. Brieskorn erinnert sie sich:

> Zu seinem Geburtstag bekam Hausdorff von uns einen riesigen Blumenstrauß (wir mochten ihn eben) und ich erinnere mich noch, als ich dann Bonn verließ und nach Göttingen ging, daß ich einen Brief von meinen damaligen Freunden erhielt, mit der Mitteilung, sie hätten Hausdorff auch diesmal einen großen Strauß geschenkt, und der wäre noch viel größer gewesen als meiner damals.

**Brief**  Felix Hausdorff ⟶ Erna Bannow

Bonn, Hindenburgstr. 61
16. 11. 33

Sehr geehrtes Fräulein Bannow!

[1]   Heute erhielt ich durch Herrn Weiss Ihren Brief und einen Strauss fabelhaft schöner Chrysanthemen. Dieses Zeichen Ihrer unerschütterlichen Treue und Anhänglichkeit hat mich ausserordentlich erfreut, und ich bin Ihnen dafür von Herzen dankbar. Ihren Geburtstagswunsch, dass ich noch lange in Gesundheit mein Amt verwalten möge, empfehle ich dem Wohlwollen der himmlischen Mächte!

Kommen Sie in Göttingen gut vorwärts? es würde mich sehr interessieren, einmal etwas von Ihren Studien zu hören.

Also tausend Dank und herzliche Grüsse!

Ihr     F. Hausdorff

# Anmerkung

[1] ERNST AUGUST WEISS (1900–1942) promovierte 1924 bei EDUARD STUDY und war seit 1923 Assistent des Bonner Mathematischen Seminars. Er habilitierte sich 1926 mit Unterstützung von STUDY und HAUSDORFF. 1932 wurde er zum außerplanmäßigen außerordentlichen Professor ernannt. WEISS war überzeugter Nationalsozialist, SA-Rottenführer und Sturmbannadjutant. Dieser Briefstelle nach zu urteilen pflegte er Ende 1933 gegenüber HAUSDORFF noch persönlichen Kontakt; später empfand HAUSDORFF seinen Antisemitismus und sein Verhalten ihm gegenüber als schändlich. Nach mehreren vergeblichen Anläufen, eine höhere Position zu erreichen, wurde WEISS schließlich am 23. 12. 1941 mit Wirkung zum 1. 10. 1941 zum Ordinarius an die neu gegründete Reichsuniversität Posen berufen. Wegen einer Kriegsverletzung trat er diese Stelle aber nicht mehr an und starb an dieser Verletzung am 9. 2. 1942.

\* \* \*

FELIX HAUSDORFF vor dem Hauptgebäude der Universität Bonn

# Erich Bessel-Hagen

## Korrespondenzpartner

ERICH BESSEL-HAGEN wurde am 12. 9. 1898 als Sohn eines bekannten Chirurgen in Berlin-Charlottenburg geboren. Er studierte in Berlin Mathematik und promovierte 1920 bei CONSTANTIN CARATHÉODORY mit einer Arbeit aus der Variationsrechnung. Anschließend setzte er seine Studien in Göttingen fort und war von 1921 bis 1924 Privatassistent von FELIX KLEIN; in dieser Funktion war er Mitherausgeber des 3. Bandes von KLEINs Gesammelten Mathematischen Abhandlungen. 1925 habilitierte er sich in Göttingen und gab gemeinsam mit RICHARD COURANT und OTTO NEUGEBAUER KLEINs *Vorlesungen über die Entwicklung der Mathematik im 19. Jahrhundert* heraus. 1927 ging er zu HELMUT HASSE nach Halle/Saale, um dort in der Lehre auszuhelfen. 1928 verschaffte ihm OTTO TOEPLITZ in Bonn einen Lehrauftrag für Mathematik unter besonderer Berücksichtigung ihrer Geschichte und Didaktik. Gemeinsam mit TOEPLITZ und OSKAR BECKER baute BESSEL-HAGEN in Bonn die Historisch-didaktische Abteilung des Mathematischen Seminars auf. Er hielt aber auch regelmäßig mathematische Vorlesungen. 1931 wurde er zum nichtbeamteten außerordentlichen Professor ernannt. Nach der Amtsenthebung von TOEPLITZ durch die nationalsozialistischen Behörden im Jahre 1935 übernahm er von diesem die Leitung der Historischen Abteilung des Mathematischen Seminars, die er bis zu seinem Tode innehatte. 1939 wurde er zum Extraordinarius berufen. ERICH BESSEL-HAGEN verstarb am 29. 3. 1946 in Bonn.

BESSEL-HAGEN hat nur wenig publiziert; in seinem Nachlaß findet sich jedoch eine erstaunliche Fülle unpublizierter Arbeiten. Von seinen mathematischen Veröffentlichungen haben eine über die Erhaltungssätze der Elektrodynamik und eine über das Waringsche Problem einigen Einfluß gehabt. Er war jedoch hauptsächlich Mathematikhistoriker, besaß breitgefächerte Interessen und Kenntnisse und hat in seinen Vorlesungen und im Seminar über ein weites Spektrum mathematikhistorischer Themen vorgetragen. Mit O. SPIES schrieb er zwei bedeutende Arbeiten über arabische Mathematik, wirkte an der Herausgabe der Werke von GAUSS mit und verfaßte über 200 Besprechungen für das von seinem Freund O. NEUGEBAUER begründete „Zentralblatt für Mathematik und ihre Grenzgebiete". Große Verdienste erwarb er sich um die Historische Abteilung des Mathematischen Seminars der Universität Bonn sowie um die Sicherung und Rettung wertvoller Archiv- und Bibliotheksbestände über die Kriegsjahre. BESSEL-HAGEN verabscheute die Ideologie und Politik der Nationalsozialisten und half seinen verfolgten jüdischen Kollegen, wo er nur konnte.

## Quelle

Die Karten und der Brief HAUSDORFFs an BESSEL-HAGEN befinden sich im Nachlaß BESSEL-HAGEN. Dieser befand sich im Archiv der Universität Bonn und wurde im Jahre 2009 an die Abteilung Handschriften und Rara der Universitäts- und Landesbibliothek Bonn, welche auch die Nachlässe von HAUSDORFF, KÄHLER, LIPSCHITZ und TOEPLITZ besitzt, übergeben; zum Inhalt des Nachlasses s. NEUENSCHWANDER, E.: *Der Nachlass von Erich Bessel-Hagen im Archiv der Universität Bonn.* Historia Mathematica **20** (1993), 382–414.

**Ansichtskarte** FELIX HAUSDORFF ⟶ ERICH BESSEL-HAGEN
[Die Karte zeigt den Wenzelsplatz in Prag.]

Prag, 21. 6. 36 [1]
Lieber Herr Kollege, wie Sie sehen, hat Ihre Karte den gewünschten Erfolg gehabt. Im Übrigen fahren wir Mitte dieser Woche nach Jena und werden Anfang [2] Juli in Bonn sein, wo wir Sie bald zu sehen hoffen. Mit den besten Grüssen Ihr F. Hausdorff.

Auch von mir herzlichste Grüsse
Ihre Ch. H. [3]

Ebenfalls einen schönen Gruss!
Meinen letzten Brief haben Sie gewiss schon?!
Ihr H. S. [4]

## Anmerkungen

[1] HAUSDORFFs Schwestern MARTHA und VALLY lebten beide mit ihren Familien in Prag; s. dazu Anmerkung [1] zum Brief HAUSDORFFs an ALEXANDROFF vom 4. 1. 1929 in diesem Band.

[2] Man kann nur vermuten, was BESSEL-HAGEN mit seiner Karte, auf die HAUSDORFF hier Bezug nimmt, angeregt haben könnte. Die Grüße von „H. S." (s. u., Anm. [4]) stammen wahrscheinlich von HANS SCHWERDTFEGER. BESSEL-HAGEN könnte ein Treffen HAUSDORFFs mit dem eben nach Prag emigrierten SCHWERDTFEGER vorgeschlagen und vielleicht die Adresse in Prag übermittelt haben.
In Jena lebte HAUSDORFFs Tochter LENORE (NORA) KÖNIG (1900–1991); ihr Mann Dr. ARTHUR KÖNIG (1897–1969) hatte eine Anstellung bei der Firma Carl Zeiss.

[3] Ch. H. sind die Initialen von HAUSDORFFs Frau CHARLOTTE, geb. GOLDSCHMIDT (1873–1942).

[4] H. S. sind vermutlich die Initialen von HANS SCHWERDTFEGER (1902–1990). SCHWERDTFEGER hatte in Göttingen bei HILBERT, HERGLOTZ, COURANT, BORN und VAN DER WAERDEN und in Bonn bei HAUSDORFF und TOEPLITZ studiert und 1934 bei TOEPLITZ promoviert. 1936 emigrierte er nach Prag und 1939 nach Australien, wo er von 1940 bis 1957 an den Universitäten Adeleide und Melbourne wirkte. Von 1960 bis zu seiner Emeritierung 1983 war er Professor an der McGill University in Montreal. Seine Hauptarbeitsgebiete waren Gruppentheorie und ihre Anwendung in der Geometrie, Matrizentheorie, Galoistheorie und komplexe Analysis (s. J. ACZÉL: *Hans Schwerdtfeger. Obituary.* Aequationes Mathematicae **53** (1997), 2–3).

**Postkarte** FELIX HAUSDORFF $\longrightarrow$ ERICH BESSEL-HAGEN

8/11 40

Lieber Herr B-H!

Für Ihr Gedenken an meinen Geburtstag danke ich Ihnen herzlich. Auf Ihren Besuch freuen wir uns sehr und bitten Sie – das ist eigentlich der Zweck dieser
[1] Zeilen – schon um vier zu einer Tasse Muckefuck-Ersatz zu kommen. Also auf Wiedersehen! Bestens grüsst Ihr

FH

**Anmerkung**

[1] HAUSDORFF wurde am 8.11.1940 72 Jahre alt. ERICH BESSEL-HAGEN war der einzige unter den Bonner Mathematikern, der sich nach dem Novemberpogrom 1938 (der sog. „Reichskristallnacht") noch um seine verfolgten jüdischen Kollegen kümmerte. Er hat HAUSDORFFs regelmäßig besucht und den Hausherrn mit Literatur aus der Bibliothek des Mathematischen Seminars versorgt. Über die bedrückende Situation, in der sich HAUSDORFFs befanden, und die immer neuen Schikanen gegen die Juden berichtet BESSEL-HAGEN in Briefen an Freunde (s. dazu NEUENSCHWANDER, E.: *Felix Hausdorffs letzte Lebensjahre nach Dokumenten aus dem Bessel-Hagen-Nachlaß*. In: BRIESKORN, E.: *Felix Hausdorff zum Gedächtnis. Aspekte seines Werkes*. Vieweg, Braunschweig/Wiesbaden 1996, 253–270).

**Brief** FELIX HAUSDORFF $\longrightarrow$ ERICH BESSEL-HAGEN

Bonn, 21.8.41

Lieber Freund B-H!

Für Ihren Brief mit Ansichtskarte danken wir Ihnen herzlich. Aus Ihrem Reisebericht ersehe ich, dass Sie für Ihren wohlwollenden Charakterzug, to make the best of it, Gelegenheit zur Betätigung gefunden, nämlich einige unfreiwillige Nachtquartiere als dankenswerte Bereicherung Ihrer geographischen Kenntnisse betrachtet haben. Hoffentlich sind Sie, was Aufenthalt, Wetter, Verpflegung u. dgl. anbetrifft, nicht auf so nachsichtige Beurteilung angewiesen, sondern können dies alles als absolut erfreulich geniessen. Die Landschaft scheint ja sehr grossartig zu sein, für uns jedenfalls sehnsuchterweckend. Wie gern möchte
[1] man einmal 1900 Meter über allem stehen! – Dass Sie sich in Ausflügen zuerst mässigen, ist sehr vernünftig; Erholung ist doch der Hauptzweck der Unternehmung. Dazu tragen die ruhigen Nächte jedenfalls das Meiste bei. Wir hatten deren auch eine Reihe, aber leider weiss man's nicht voraus! Neulich wurden
[2] wir einmal beinahe zu Kellerasseln ($4\frac{1}{4}$ Stunde). Im Übrigen nichts Neues – das ist ja das Beste, was man sagen kann.

Also sammeln Sie körperliche und seelische Kräfte für den Winter und kommen Sie als winddurchwehter sonnengebräunter Alpinist wieder!
Wir alle grüssen Sie herzlichst!     Ihr     F.H.

## Anmerkungen

[1]  HAUSDORFF liebte das Hochgebirge. Er hatte früher gern Hochgebirgslandschaften bereist wie die Dolomiten und die Walliser und Berner Alpen. Ein Bild des Matterhorns hing in seiner Bonner Wohnung. Der hier geäußerte Wunsch, einmal über allem zu stehen, ist sicher im übertragenen Sinne gemeint – einmal den existentiellen Nöten und Bedrohungen jüdischer Menschen im nationalsozialistischen Deutschland des Jahres 1941 enthoben zu sein.

[2]  HAUSDORFF spielt hier auf alliierte Luftangriffe (die seit Ende 1940 systematisch erfolgten) und die dadurch ausgelösten Fliegeralarme an. Im Sommer 1941 waren HAUSDORFFs direkt betroffen. In einem Brief vom 1. August 1941 an die TOEPLITZ-Schülerin ELISABETH HAGEMANN (1906–1989) schreibt BESSEL-HAGEN:

> In einer scheusslichen Alarmnacht bekamen H's eine Brandbombe in ihr Haus. Glücklicherweise fiel sie an eine unschädliche Stelle im Treppenhaus, und es gelang leicht sie zu löschen; der Schreck bleibt aber doch. (NEUENSCHWANDER, s. Anm. [1] zur vorigen Postkarte, S. 257)

# Ludwig Bieberbach

## Korrespondenzpartner

LUDWIG BIEBERBACH wurde am 4. Dezember 1886 in Goddelau (Hessen) als Sohn eines Arztes geboren. Er studierte von 1905 bis 1910 in Heidelberg und Göttingen, promovierte 1910 in Göttingen und habilitierte sich dort im gleichen Jahr. Nach Privatdozenturen in Zürich und Königsberg war er von 1913 bis 1915 Ordinarius in Basel und von 1915 bis 1921 in Frankfurt/Main. 1921 wurde er an die Berliner Universität berufen. Nach 1933 wurde BIEBERBACH ein überzeugter Nationalsozialist. Er trat der NSDAP und der SA bei und beteiligte sich aktiv an der Diskriminierung und Verfolgung jüdischer Kollegen. In mehreren Artikeln versuchte er eine „Deutsche Mathematik" zu begründen, die sich von der dem deutschen Geist angeblich wesensfremden „jüdischen Mathematik" grundlegend unterscheiden sollte. Als Organ dieser Bewegung gründete er 1936 die Zeitschrift „Deutsche Mathematik", die er bis zu ihrer kriegsbedingten Einstellung herausgab. 1945 wurde BIEBERBACH aus allen Ämtern entlassen. Er verstarb am 1. September 1982 in Oberaudorf (Bayern).

BIEBERBACH begann seine wissenschaftliche Laufbahn mit bedeutenden Beiträgen zur Geometrie. HILBERT hatte in seinem 18. Problem die Frage aufgeworfen, ob es auch im $n$-dimensionalen euklidischen Raum für $n > 3$ nur eine endliche Anzahl nichtisomorpher Bewegungsgruppen mit Fundamentalbereich gibt. Diese Frage hat BIEBERBACH mit ja beantworten können. Sein Hauptarbeitsgebiet wurde dann die Funktionentheorie, insbesondere die Theorie der konformen Abbildungen; hier beschäftigte er sich besonders erfolgreich mit Extremalproblemen. 1916 konnte er zeigen, daß für jede schlichte Abbildung $f(z) = z + \sum_{n=2}^{\infty} a_n z^n$ von $|z| < 1$ gilt: $|a_2| \leq 2$. Er vermutete darüber hinaus $|a_n| \leq n$ für alle $n$. Dies ist die berühmte BIEBERBACHsche Vermutung, die zahlreiche bedeutende Arbeiten angeregt hat und die erst 1984 von LOUIS DE BRANGES bewiesen werden konnte. Ferner zu nennen sind seine Drehungs- und Flächensätze und seine Beiträge zur Uniformisierungstheorie. In der Topologie gehen Untersuchungen zum MENGER-NÖBELINGschen Einbettungssatz und zu den topologischen Typen euklidischer Raumformen auf ihn zurück. BIEBERBACH leistete auch Beiträge zur Elementargeometrie und zur Differentialgeometrie, zur algebraischen Geometrie, zum 13. Hilbertschen Problem (Superposition von Funktionen) und zur angewandten Mathematik (Nomographie). Weitreichende Wirksamkeit erlangte er als Lehrbuchautor. Besonders zu nennen sind sein zweibändiges *Lehrbuch der Funktionentheorie* (Bd. I 1921, Bd. II 1926), seine *Einführung in die konforme Abbildung* (1915), die *Theorie der Differentialgleichungen* (1923) und seine *Theorie der gewöhnlichen Differentialgleichungen auf funktionentheoretischer Grundlage* (1953). Diese Werke und eine Reihe weiterer Lehrbücher erlebten zahlreiche Nachauflagen und Übersetzungen.

## Quellen

Der hier abgedruckte Brief befindet sich im Nachlaß BIEBERBACH in der Handschriftenabteilung der Niedersächsischen Staats- und Universitätsbibliothek zu Göttingen. Die Postkarte vom 9. 10. 1930 befindet sich im Abraham Halevi Fraenkel Archive (Arc 4* 1621) in der Jewish National and University Library in Jerusalem.

## Bemerkungen

Der Brief HAUSDORFFs an BIEBERBACH ist schon einmal im Band IV dieser Edition, S. 374–375, abgedruckt. Auf den dort von Prof. Dr. REINHOLD REMMERT gegebenen Kommentar stützen sich die Anmerkungen. Ein Gegenbrief BIEBERBACHs ist im Nachlaß HAUSDORFFs nicht vorhanden.

## Danksagung

Wir danken der Leitung der Handschriftenabteilung der SUB Göttingen und dem Manuscripts and Archives Department der Jewish National and University Library in Jerusalem für die Erlaubnis, die Schriftstücke hier abzudrucken.

Bonn, Hindenburgstr. 61
24. 7. 22

Sehr geehrter Herr College!

Als ich mir kürzlich Ihren Beweis des Verzerrungs- und Drehungssatzes genauer [1]
ansah, um einen Seminarvortrag darüber halten zu lassen, bemerkte ich, dass
da noch merkliche Vereinfachungen zu erzielen sind. Herr Study meinte, dies
sei der Veröffentlichung werth, aber ich denke darüber nicht so optimistisch
und möchte es jedenfalls Ihnen zuvor mittheilen. Mein Ausgangspunkt ist Ihre [2]
Entdeckung, dass für ein in $|z| < 1$ reguläres und schlichtes

$$f(z) = z + a_2 z^2 + \cdots$$

$|a_2| \leqq 2$ ist; diese Thatsache kann man eben noch besser ausnutzen.

I. Der Bildbereich enthält die Kreisscheibe $|\omega| < \frac{1}{4}$. Denn ist $c$ irgend ein Werth,
den $f(z)$ nicht annimmt, so ist auch

$$\frac{f(z)}{1 - \frac{f(z)}{c}} = z + \left(a_2 + \frac{1}{c}\right) z^2 + \cdots$$

für $|z| < 1$ regulär und schlicht, demnach $\left|a_2 + \frac{1}{c}\right| \leqq 2$, $|a_2| \leqq 2$, daraus $\left|\frac{1}{c}\right| \leqq 4$,
$|c| \geqq \frac{1}{4}$. Das Extrem $|c| = \frac{1}{4}$ ist nur für $|a_2| = 2$, d.h. die Schlitzabbildung er-
reichbar. Dieser Weg von der Bieberbachschen Constante 2 zur Koebeschen
Constante $\frac{1}{4}$ ist doch wirklich einfach !

II. Wie in Ihrer Arbeit über den Drehungssatz kommt man durch lineare Trans- [3]
formation des Einheitskreises in sich zu

$$\left|\frac{f''(z)}{f'(z)}(1 - z\bar{z}) - 2\bar{z}\right| \leqq 4$$

Hier kann man einfacher und schärfer so weiterschliessen: Sei $z = re^{i\varphi}$ und
$\log f'(z) = \rho + i\sigma$ der in $|z| < 1$ reguläre, für $z = 0$ verschwindende Zweig;
$e^\rho = |f'(z)|$ der Verzerrungsmodul, $\sigma$ der Drehungswinkel. Da bei constantem $\varphi$

$$\rho_r + i\sigma_r = \frac{f''(z)}{f'(z)}e^{i\varphi}, \quad \left(\rho_r = \frac{\partial\rho}{\partial r}\right)$$

so ergibt sich

$$\left|\rho_r + i\sigma_r - \frac{2r}{1 - r^2}\right| \leqq \frac{4}{1 - r^2}.$$

Also für die Drehung:

$$|\sigma_r| \leqq \frac{4}{1 - r^2}$$

und integrirt

$$|\sigma| \leqq 2\log\frac{1 + r}{1 - r};$$

153

für die Verzerrung

$$\frac{2r-4}{1-r^2} \leqq \rho_r \leqq \frac{2r+4}{1-r^2},$$

$$\log\frac{1-r}{(1+r)^3} \leqq \rho \leqq \log\frac{1+r}{(1-r)^3}$$

$$\frac{1-r}{(1+r)^3} \leqq |f'(z)| \leqq \frac{1+r}{(1-r)^3}$$

und durch nochmalige Integration

$$|f(z)| \leqq \frac{r}{(1-r)^2}.$$

Auch dies scheint mir von äusserster erreichbarer Einfachheit. Hübsch wäre es, wenn man den Drehungssatz auf diesem Wege noch verschärfen könnte. Jedenfalls ist es erstaunlich, was alles, und zwar fast unmittelbar, in Ihrer Ungleichung $|a_2| \leqq 2$ steckt.

Mit besten Grüssen

Ihr ergebenster F. Hausdorff

## Anmerkungen

[1]   Die Ungleichung $|a_2| \leq 2$ für in $|z| < 1$ reguläres und schlichtes $f(z) = z + a_2 z^2 + \cdots$ findet sich in BIEBERBACH, L.: *Über die Koeffizienten derjenigen Potenzreihen, welche eine schlichte Abbildung des Einheitskreises vermitteln.* Sitzungsberichte der Preußischen Akademie der Wissenschaften **38** (1916), 940–955. Der Drehungssatz ist formuliert und bewiesen in BIEBERBACH, L.: *Aufstellung und Beweis des Drehungssatzes für schlichte konforme Abbildungen.* Math. Zeitschrift **4** (1919), 295–305; s. auch ders.: *Bemerkung zu meinem Beweis des Drehungssatzes für schlichte und konforme Abbildungen.* Math. Zeitschrift **9** (1921), 161–162.

[2]   HAUSDORFFs elegante Anwendungen der BIEBERBACHschen Ungleichung $|a_2| \leq 2$ waren schon bekannt (s. den Kommentar von R. REMMERT, Band IV dieser Edition, S. 375). Deshalb ist eine Veröffentlichung unterblieben.

[3]   Gemeint ist die Arbeit in Math. Zeitschrift **4** (1919) (s. Anmerkung [1]); die folgende Formel steht dort S. 296.

**Postkarte** FELIX HAUSDORFF ⟶ LUDWIG BIEBERBACH


Bonn, Hindenburgstr. 61     9. 10. 30

Sehr geehrter Herr Kollege! Ihre Aufforderung, Mengers Dimensionstheorie zu besprechen, ist mir nicht sehr willkommen. Möchten Sie es nicht lieber mit Fraenkel versuchen, der die Sache gewiss mit der ihm eigenen Unparteilichkeit und Verbindlichkeit erledigen würde? Sollten Sie absolut Niemanden finden, so [1] will ich schliesslich Ihren Wunsch erfüllen, denn ich bin wie Sie der Meinung, dass das Buch besprochen werden muss.

Mit den besten Grüssen         Ihr     F. Hausdorff

### Anmerkung

[1] Es handelt sich um das Buch MENGER, K.: *Dimensionstheorie*. Teubner-Verlag, Leipzig–Berlin 1928. BIEBERBACH ist HAUSDORFFs Rat gefolgt und hat ABRAHAM FRAENKEL für eine Rezension im Jahresbericht der DMV gewinnen können: FRAENKEL, A.: *Karl Menger, Dimensionstheorie*. Jahresbericht der DMV **40** (1931), Abschnitt Literarisches, S. *94–96*. Gleichwohl hat sich HAUSDORFF eingehend mit Dimensionstheorie beschäftigt; mit MENGERs *Dimensionstheorie* hat er sich teilweise recht kritisch auseinandergesetzt (vgl. dazu den Essay *Hausdorffs Studien zur Dimensionstheorie* und die im Anschluß daran abgedruckten Studien aus dem Nachlaß, Band III dieser Edition, S. 840–864).

# Wilhelm Blaschke

## Korrespondenzpartner

WILHELM BLASCHKE wurde am 13. September 1885 in Graz geboren. Sein Vater war Professor für darstellende Geometrie an der Landes-Oberrealschule in Graz. BLASCHKE studierte vier Semester Bauingenieurwesen an der TH Graz, danach Mathematik in Graz und schließlich in Wien, wo er 1908 bei WIRTINGER promovierte. Nach Studienaufenthalten in Pisa und Göttingen habilitierte er sich 1910 bei STUDY in Bonn. Von 1911 bis zum WS 1912/13 wirkte er als Privatdozent in Greifswald. 1913 erhielt er einen Ruf als Extraordinarius nach Prag; 1915 bis 1917 war er Extraordinarius in Leipzig. Nach kurzen Stationen als Ordinarius in Königsberg und Tübingen wurde BLASCHKE 1919 an die neu gegründete Universität Hamburg berufen. BLASCHKE verstand es, durch seine eigene Tätigkeit und durch die Berufung so herausragender Mathematiker wie EMIL ARTIN und ERICH HECKE das Mathematische Seminar der Universität Hamburg zu einem weltweit bekannten Zentrum mathematischer Forschung und Lehre zu entwickeln. 1953 wurde er emeritiert. Er hatte zahlreiche Schüler, unter ihnen SHIING-SHEN CHERN. WILHELM BLASCHKE verstarb am 17. März 1962 in Hamburg.

BLASCHKE begann seine wissenschaftliche Tätigkeit mit Studien zur Kinematik. 1911 entdeckte er die sogenannte kinematische Abbildung, auf die er später in seinen Büchern *Ebene Kinematik* (Leipzig 1938), *Nichteuklidische Geometrie und Mechanik* (Leipzig 1942) und *Kinematik und Quaternionen* (Berlin 1960) zurückkam. Von 1912 bis etwa 1916 war die Geometrie der konvexen Bereiche BLASCHKEs Hauptarbeitsgebiet. Er gab Beweise für die isoperimetrische Eigenschaft von Kreis und Kugel, fand den nach ihm benannten Auswahlsatz und entwickelte auf dieser Basis eine Theorie der konvexen Körper; eine zusammenfassende Darstellung ist sein Buch *Kreis und Kugel* (Leipzig 1916). Ab etwa 1916 begann BLASCHKE ein großangelegtes Forschungsprogramm, dessen Ziel es war, die Ideen von FELIX KLEINs Erlanger Programm für die Differentialgeometrie fruchtbar zu machen. Die daraus resultierenden dreibändigen *Vorlesungen über Differentialgeometrie* (Berlin 1921, 1923, 1929) gelten als sein Hauptwerk; sie blieben lange Zeit die bestimmende Monographie auf diesem Gebiet. Ab etwa 1928 widmete sich BLASCHKE gemeinsam mit einer Reihe von Schülern topologischen Fragen der Differentialgeometrie. Die Ergebnisse dieser Forschungen sind in den Büchern *Geometrie der Gewebe* (Berlin 1938, gemeinsam mit GERRIT BOL) und *Einführung in die Geometrie der Waben* (Basel 1955) niedergelegt. Ein weiteres Interessengebiet BLASCHKEs entstand aus der Betrachtung geometrischer Wahrscheinlichkeiten. Man ordnet bei diesen Untersuchungen geometrischen Objekten äußere Differentialformen bestimmter Art, sogenannte Dichten zu, die über geeignete Gesamtheiten von Objekten integriert werden. BLASCHKE nannte dieses Gebiet Integralgeometrie; auch hierüber legte er eine Monographie vor: *Vorlesungen über Integralgeometrie I,*

*II* (Leipzig 1935, 1937). Seine Lehrbücher über projektive Geometrie und über analytische Geometrie waren sehr beliebt und erschienen in mehreren Auflagen. BLASCHKE gilt als einer der führenden Geometer des 20. Jahrhunderts.

## Quelle

Der Brief HAUSDORFFs an BLASCHKE befindet sich im Nachlaß BLASCHKEs im Mathematischen Institut der Universität Hamburg.

## Danksagung

Wir danken der Leitung des Fachbereichs Mathematik der Universität Hamburg für die Erlaubnis, den Brief abzudrucken. Ein herzlicher Dank geht an den Bearbeiter des Nachlasses, Herrn Dr. ALEXANDER ODEFEY, der den Brief herausgesucht hat und eine Kopie zur Verfügung stellte. Wie Herr ODEFEY mitteilte, sind weitere Schriftstücke HAUSDORFFs in dem Nachlaß nicht enthalten; auch der in Hamburg aufbewahrte Nachlaß von ERICH HECKE enthält keine Schriftstücke HAUSDORFFs.

**Brief** FELIX HAUSDORFF $\longrightarrow$ WILHELM BLASCHKE

Gryps, Arndtstr. 11    29. X. 13    [1]
Lieber Herr College Blaschke!

Sie waren so freundlich, mir noch weitere figürliche Hülfe zu versprechen: darf [2]
ich Sie beim Worte nehmen? In dem beiliegenden Bogen 16 ist die Fig. 8 auf
S. 255 (die, glaube ich, nicht von Ihnen gezeichnet ist) schändlich missglückt.
Kann man sie besser machen, oder bereiten die Punkte zu grosse Schwierigkeiten? Um was es sich handelt, geht ja aus dem Text hervor, nur soll $n$ nicht,
wie dort gesagt, die natürlichen Zahlen durchlaufen (was die Figur noch mehr
compliciren würde), sondern auf 1, 2, 4, 8, ... beschränkt bleiben.                [3]
   Doppelt hilft, wer schnell hilft! Den Bogen senden Sie mir, bitte, zurück (es
ist erst 2. Correctur), ohne ihn weiterer Durchsicht zu würdigen. Ich lasse Ihnen
jetzt vom Verlage die III. Correctur aller bisher erschienenen Bögen (von Bogen
7 an in 2 Abzügen, damit Sie einen behalten können) zusenden. Für die bereits
durchgesehenen Bögen 1–6 besten Dank. Ihre Bemerkungen kann ich, da ich
eingreifende Änderungen oder Zusätze nicht mehr machen will, theilweise erst
im Anhang verwerthen, der den Schluss des Ganzen bilden und litterarische
Angaben, Nachträge, ev. Berichtigungen u. dgl. enthalten soll.
   Auch bezüglich der Rücksendung weiterer Bögen, nach Durchsicht, von 7 an,
würden Sie mich durch ein einigermassen fröhliches Tempo sehr verpflichten;
auf Wunsch des Verlages habe ich nämlich doch, um die Druckerei nicht an
Typenmangel leiden zu lassen, mit Druckfertigerklärung begonnen und schon
den ersten 5 Bögen das Imprimatur ertheilt.                                        [4]
   Für Bisheriges und Künftiges herzlichen Dank!
   Viele Grüsse von uns Beiden an Sie und Ihre Frau Gemahlin. Wie spiegelt
sich in der Moldau die cima des Mŏndes?                                            [5]
                         Ihr ergebener
                                              F. Hausdorff

### Anmerkungen

[1]   Die Greifswalder pflegten ihre Stadt häufig „Gryps" zu nennen.

[2]   HAUSDORFF hatte etwa im August 1912 mit der Arbeit an seinem Buch
*Grundzüge derMengenlehre* begonnen (s. Bd. II dieser Edition, S. 15). Das Manuskript war größtenteils vollendet, als er im März 1913 als Ordinarius nach
Greifswald berufen wurde. Er hat dort das Manuskript nochmals gründlich
überarbeitet und den dort wirkenden Privatdozenten BLASCHKE für das Zeichnen der Figuren gewinnen können. Im am 15. März 1914 gezeichneten Vorwort
der *Grundzüge* heißt es am Schluß: „Herr J. O. MÜLLER (Bonn) hat sich der
aufopferungsvollen Mühe unterzogen, eine Korrektur des Buches mitzulesen,
und Herr W. BLASCHKE (Prag) den größten Teil der Figuren gezeichnet; beiden Kollegen fühle ich mich zu herzlichem Danke verpflichtet."

[3]  Figur 8 auf S. 255 der *Grundzüge* (Band II dieser Edition, S. 355) zeigt einen Ausschnitt der Punktmenge $J$ aller Punkte mit den rechtwinkligen Koordinaten $x = \dfrac{m}{n}$, $y = \dfrac{1}{n}$ mit $m$ ganzzahlig und $n = 1, 2, 4, 8, \ldots$, so wie es HAUSDORFF in seinem Brief gewünscht hat.

[4]  Der Nachlaß HAUSDORFFs gibt einigen Aufschluß über die Abfolge der Korrekturen und die Insatzgabe der Bögen ab Bogen 7 (S. 97); vgl. dazu Band II dieser Edition, S. 16, Fußnote 79.

[5]  „cima" heißt auf italienisch auch „die Leuchte". BLASCHKE hielt sich nach seiner Promotion einige Zeit bei LUIGI BIANCHI in Pisa auf und konnte Italienisch.

# Ludwig und Marta Brandeis

### Korrespondenzpartner

LUDWIG BRANDEIS, geboren am 5. Januar 1898, war der Sohn von ANTON BRANDEIS (1852–1931) und von FELIX HAUSDORFFs Schwester MARTHA, geb. 19. 12. 1869, verehelichte BRANDEIS, gestorben am 29. 4. 1932 in Prag. Er wohnte zuletzt in Prag, Provaznická 13. Er wurde am 13. 7. 1943 mit dem Transport Di-573 nach Thresienstadt deportiert und von dort am 28. 10. 1944 mit dem Transport Ev-1267 nach Auschwitz. In Auschwitz wurde er vermutlich ermordet; in der Kartei der Föderation jüdischer Gemeinden in der Tschechischen Republik heißt es nur: „Nevrátil se" (er ist von dort nicht zurückgekehrt).

MARTA BRANDEIS, geboren am 5. Oktober 1894, war die Ehefrau von LUDWIG BRANDEIS. Sie wohnte zuletzt in Prag, Krásnohorská 11. Sie wurde am 6. 3. 1943 mit dem Transport Cv-4 nach Theresienstadt deportiert und von dort am 28. 10. 1944 mit dem Transport Ev-170 nach Auschwitz. Dort wurde sie vermutlich ermordet („Nevrátila se").

### Quelle

Der Brief von LUDWIG und MARTA BRANDEIS an FELIX und CHARLOTTE HAUSDORFF befindet sich im Nachlaß HAUSDORFFs in der Universitäts- und Landesbibliothek Bonn, Abt. Handschriften und Rara (Kapsel 61).

### Danksagung

Ein herzlicher Dank geht an Herrn Doc. Dr. LEO BOČEK, Karls-Universität Prag, der auf Bitte von Herrn BRIESKORN die Daten über LUDWIG und MARTA BRANDEIS bei der Föderation jüdischer Gemeinden in der Tschechischen Republik recherchierte.

**Brief** LUDWIG und MARTA BRANDEIS ⟶ FELIX und CHARLOTTE HAUSDORFF

LUDWIG BRANDEIS                                             Prag, 10.III. 31.

Lieber Onkel, liebe Tante!

Durch Rivierareise und Leipziger Messe reichlich verzögert, kommt unser Dank für die bereitwillige Erfüllung unserer Bibliothekwünsche. Da ich Grund zur Annahme zu haben glaube, daß Ihr unsere Nietzscheausgabe gar nicht selbst sahet, so will ich verraten, daß sie sehr prächtig und unsere Freude doppelt groß ist. Durch große Bestände bei beiden Partnern haben wir schon [1] eine hübsche Bibliothek beisammen und die Befürchtung, unser Riesenkasten würde leer sein, war grundlos. Allerdings fehlt Goethe und ich unterstehe mich, Dich zu bitten, Deine Spinner- und Weberrabatte mir zugute kommen lassen [2] zu wollen. Möchtest Du erfragen wollen, was etwa die Insel-Ausgabe auf diesem Wege kosten würde? Oder darf ich direkt mit dem Spinner korrespondieren?

Mutter hat mir Eure neue Adresse gegeben. Ich lese Schloss und Neckar und bin im Bilde. Hoffentlich habt Ihr besseres Wetter als meine Eltern in Baden und genießet die Ferien. Ist von dort weit nach Prag XIX., Dostalova 798?

Mit herzlichsten Grüßen
Ludwig.


Liebe Tante u. lieber Onkel!

Auch ich danke Euch vielmals für Euer schönes Geschenk, Bücher sind meine Schwäche und Ihr habt wirklich das Richtige getroffen. – Ich würde mich riesig freuen Euch bald in unserm neuen Heim begrüßen zu können u. bleibe bis dahin mit vielen herzlichen Grüßen u. bestem Dank

Eure   Marta

### Anmerkungen

[1] Aus dem Brief geht hervor, daß die Familie BRANDEIS in Prag ein neues Haus oder eine neue Wohnung bezogen hatte und daß ihnen HAUSDORFFs vermutlich aus diesem Anlaß eine NIETZSCHE-Ausgabe zusenden ließen.

[2] Am 4. Januar 1896 wurde in Leipzig die Firma „Spinner & Weber, Hausdorff & Co." in das Handelsregister eingetragen. Als Inhaber werden der Vater von FELIX HAUSDORFF, LOUIS HAUSDORFF (1843–1896), und der Kaufmann SIEGFRIED HEPNER angegeben. Es handelte sich bei dieser Firma um einen Verlag, dessen einziges Produkt die Zeitschrift „Spinner & Weber" war. Diese Zeitschrift war anfangs ein Anzeigenblatt für die Textilindustrie, vor allem für Textilmaschinen. Nach dem Tode von LOUIS HAUSDORFF am 15. Mai 1896

wurde FELIX HAUSDORFF Mitinhaber der Firma; der entsprechende Eintrag im Handelsregister vom 29. Juli 1896 lautet: „Dr. phil. Felix Hausdorff, Privatdocent in Leipzig, ist Mitinhaber der Firma, lt. Anzeige vom 22. Juli und Erbezeugnisses vom 29. Juni 1896“. Ab 4. November 1916 lautete der Name der Firma „Der Spinner und der Weber, Hausdorff & Co.“. Die Zeitschrift „Der Spinner und der Weber“ entwickelte sich im Laufe der Jahre zu einer der führenden Fachzeitschriften für die Textilindustrie. Am 1. Oktober 1935 verkauften die damaligen Gesellschafter Prof. Dr. FELIX HAUSDORFF, FRANZ JOSEPH HEPNER, Dr. HEINRICH HEPNER, DR. ARTHUR KÖNIG (Schwiegersohn HAUSDORFFs) und ELISABETH HEPNER die unverändert unter dem Namen „Der Spinner und der Weber, Hausdorff & Co.“ geführte Firma an die Verleger GUSTAV und LUDWIG VOGEL aus Pössneck, die das Konkurrenzunternehmen „Der Textilbetrieb“ herausgaben. Man kann vermuten, daß die überwiegend jüdischen Inhaber zum Verkauf gedrängt wurden. Die ursprüngliche Firma erlosch zwar 1937, „Der Spinner und der Weber“ erschien aber weiter bis 1943, ab 1939 vereinigt mit VOGELs „Der Textilbetrieb“. Nach dem Krieg erschien „Der Spinner und der Weber“ wieder ab 1955 und ab 1971 bis 1987 unter dem Namen „Der Textilbetrieb“.

# Franz Brümmer

## Korrespondenzpartner

FRANZ BRÜMMER wurde am 17. November 1836 in Wusterhausen an der Dosse als Sohn eines Schuhmachermeisters geboren. Nach Besuch des Lehrerseminars in Köpenick war er Lehrer in Zehdenick und nach der 1859 erfolgten zweiten Lehramtsprüfung ab 1860 Lehrer und Kantor in Trebbin. 1863 wurde er Organist und Lehrer (zunächst an der Knabenschule, seit 1869 an der höheren Bürgerschule und seit 1879 als Konrektor der Knabenschule) in Nauen. 1905 ließ er sich pensionieren. BRÜMMER verstarb am 30. Januar 1923 in München.

BRÜMMER betätigte sich neben seinem Beruf als Organist und Lehrer auch als pädagogischer Schriftsteller (*Leitfaden für den deutschen Sprachunterricht in mehrklassigen Schulen.* 2 Curse 1871, 1872) und als Herausgeber (*Das Evangelium von Christo aus dem Munde unserer neueren Dichter* (1871), *Hausschatz deutscher Lyrik seit 1849. Aus den Quellen* (1878/79), Gedichtsammlungen von AUGUST KOPISCH (1887–90) und JOSEPH VON EICHENDORFF (1888), *Deutschlands Helden in der deutschen Dichtung. Eine Sammlung historischer Gedichte und ein Balladenschatz für Schule und Haus* (1891)). Ferner verfaßte er in den Jahren 1889–1890 Einleitungen zu (z. T. neu von ihm herausgegebenen) Werken von FRIEDRICH LUDWIG JAHN, EDUARD HELMER, MARIE PETERSEN, BETTINA VON ARNIM und KARL JOHANN PHILIPP SPITTA. Am bekanntesten wurde BRÜMMER jedoch durch seine Arbeit als Lexikograph. 1876 kam sein *Deutsches Dichter-Lexikon* heraus. Bei Reclam erschien 1884 das *Lexikon der deutschen Dichter und Prosaisten von den ältesten Zeiten bis zum Ende des 18. Jahrhunderts.* 1885 erschien die Fortsetzung für das 19. Jahrhundert. Dieses letztere Werk erweiterte und aktualisierte BRÜMMER in jahrzehntelanger Arbeit und richtete dabei sein Hauptaugenmerk zunehmend auf noch lebende Personen, über die es noch keine gedruckten Unterlagen gab. In der Darstellung konzentrierte er sich auf die reinen Daten und vermied jede Beurteilung. Sein Ziel war es, neben den verstorbenen Schriftstellern auch jeden lebenden Schriftsteller biographisch und bibliographisch zu erfassen. Die 5. Auflage des *Lexikon der deutschen Dichter und Prosaisten vom Beginn des 19. Jahrhunderts bis zur Gegenwart* erschien 1901 in vier Bänden, die sechste, „völlig neu bearbeitete und stark vermehrte Auflage" 1913 in acht Bänden. BRÜMMER verfaßte auch eine Reihe von Artikeln für die *Allgemeine Deutsche Biographie* (ADB).

## Quelle

Der Brief HAUSDORFFs an BRÜMMER befindet sich in der Staatsbibliothek zu Berlin, Stiftung Preußischer Kulturbesitz, Nachlaß Brümmer: Biographien II.

## Danksagung

Wir danken der Handschriftenabteilung der Staatsbibliothek zu Berlin für die Übersendung einer Kopie des Briefes und für die Genehmigung, den Brief abzudrucken.

**Brief** FELIX HAUSDORFF $\longrightarrow$ FRANZ BRÜMMER

28. 2. 03

Sehr geehrter Herr,

Wie ich zu meinem Schrecken bemerke, habe ich Ihre frdl. Karte vom 5. Januar noch nicht beantwortet. Mit der Bitte um eine ausführliche Biographie setzen Sie mich allerdings in Verlegenheit, denn die „Ereignisse" meines Daseins sind zu zählen: ich bin 8. Nov. 1868 in Breslau geboren, wohne seit meiner Kindheit in Leipzig, habe dort Schule und Universität besucht, bin seit 1891 Dr. phil., wurde 1895 Privatdocent für Mathematik und Astronomie, 1901 ausserordentlicher Professor. Unter dem Pseudonym Paul Mongré habe ich folgende Bücher veröffentlicht:

*Sant' Ilario*, Gedanken aus der Landschaft Zarathustras (Leipzig, C. G. Naumann 1897)

*Das Chaos in kosmischer Auslese*, ein erkenntnisskritischer Versuch (Leipzig, C. G. Naumann 1898)

*Ekstasen* (Leipzig, Herm. Seemann Nachf. 1900)

In der Hoffnung, dass diese Angaben einigermassen genügen und zur neuesten [1] Auflage Ihres Schriftstellerlexikons noch zurechtkommen, begrüsst Sie hochachtungsvoll

Leipzig, Leibnizstr. 4

Ihr ergebenster
Felix Hausdorff

## Anmerkung

[1] Der Eintrag über HAUSDORFF im *Lexikon der deutschen Dichter und Prosaisten vom Beginn des 19. Jahrhunderts bis zur Gegenwart*, 6. Aufl. (1913), Band 3, S. 104, lautet folgendermaßen (in der 5. Aufl. von 1901 kommt HAUSDORFF noch nicht vor):

> Hausdorff, Felix, pseud. Paul Mongré, wurde am 8. Novbr. 1868 in Breslau geboren, kam in seiner Kindheit nach Leipzig und erhielt hier seine Gymnasial- und Universitätsbildung. Im Jahre 1891 erwarb er sich die Würde eines Dr. phil., habilitierte sich 1895 in Leipzig als Privatdozent für Mathematik und Astronomie und wurde 1901 außerordentlicher Professor.
>
> S.: Sant' Ilario (Andenken [sic!] a. d. Landschaft Zarathustras), 1897. – Ekstasen, 1900.

Im Band 5 steht unter Mongré, Paul: „Psd. für Felix Hausdorff; s. d.!" Im Nachtragsband 7/8, der am 31. 12. 1912 abgeschlossen wurde, gibt es den Eintrag „Hausdorff, Felix (III, S. 104). S.: Der Arzt seiner Ehre (Groteske), 1912." Dieser Eintrag bezieht sich auf die Ausgabe des *Arzt seiner Ehre* bei Fischer (vgl. Band VIII dieser Edition, S. 814).

# Constantin Carathéodory

## Korrespondenzpartner

CONSTANTIN CARATHÉODORY wurde am 13. September 1873 in Berlin als Sohn eines griechischen Diplomaten in türkischen Diensten geboren. Sein Vater wurde 1875 Botschafter des osmanischen Reiches in Brüssel, so daß CONSTANTIN dort seine schulische Ausbildung erhielt. Von 1891 bis 1895 absolvierte er die École Militaire de Belgique und wurde Ingenieur-Offizier. Von 1898 bis 1900 arbeitete er als Ingenieur in britischen Diensten in Ägypten. Danach studierte er bis 1904 in Berlin und Göttingen Mathematik, promovierte 1904 und habilitierte sich 1905 in Göttingen. Nach Umhabilitierung und einer Titularprofessur in Bonn wurde er 1909 ordentlicher Professor an der TH Hannover; 1910 wechselte er an die TH Breslau. 1913 wurde CARATHÉODORY Nachfolger FELIX KLEINs in Göttingen. 1918 wechselte er an die Berliner Universität und 1920 folgte er einem Ruf der griechischen Regierung an die neu gegründete Universität Smyrna (Izmir). Nach der Rückeroberung von Smyrna durch die Türken ging er nach Athen. 1924 wurde er an die Universität München berufen, wo er bis zu seiner Emeritierung im Jahre 1938 wirkte. Er starb am 2. Februar 1950 in München.

CARATHÉODORYs Hauptarbeitsgebiete waren Variationsrechnung, Funktionentheorie und die Theorie der reellen Funktionen einschließlich Maß- und Integrationstheorie. Bereits in seiner Dissertation und in seiner Habilitationsschrift schuf er eine umfassende Theorie der diskontinuierlichen Lösungen von Variationsproblemen, indem er die notwendigen und hinreichenden Bedingungen für das Auftreten geknickter Extremalen aufstellte und die Existenz eines Feldes von Extremalen in der Umgebung eines Knickpunktes nachwies. Durch die Aufhellung der Beziehungen zwischen Variationsrechnung und der Theorie der partiellen Differentialgleichungen erster Ordnung schuf er einen neuen Zugang zur Variationsrechnung, niedergelegt in seiner bekannten Monographie *Variationsrechnung und partielle Differentialgleichungen erster Ordnung*. Seine feldtheoretischen Methoden erlaubten ihm die Behandlung freier Randwertprobleme in der Variationsrechnung mehrfacher Integrale und die Lösung von Variationsproblemen für $m$-dimensionale Flächen im $n$-dimensionalen Raum. Praktisch bedeutsam waren seine Anwendungen der Variationsrechnung auf Probleme der geometrischen Optik (Spiegelteleskop von B. SCHMIDT). Seine Hauptleistungen auf dem Gebiet der Funktionentheorie sind neue Beweise des Riemannschen Abbildungssatzes und vor allem die Klärung der Ränderzuordnung: Bei der konformen Abbildung des Einheitskreises $K$ auf ein beliebiges einfach zusammenhängendes Gebiet $G$ entsprechen bei stetiger Fortsetzung der Abbildung auf den Rand die Randpunkte von $K$ eineindeutig den von CARATHÉODORY eingeführten Primenden von $G$. Weitere wichtige Beiträge CARATHÉODORYs betreffen den Satz von Picard, Koeffizientenbeziehungen bei Potenzreihenentwicklungen, das Schwarzsche Lemma und die Theorie der Funktionen mehrerer Variabler. Die Maßtheorie bereicherte er durch den allgemeinen Begriff des $k$-dimensionalen Maßes im $n$-dimensionalen Raum; an diese Überlegungen knüpft HAUSDORFFs fundamentale Arbeit [H 1919a] unmittelbar an (vgl. Bd. IV dieser Edition, S. 21–54). Auf dem Gebiet der reellen Funktionen darf die klassische Monographie *Vorlesungen über reelle Funktionen* (1918) als sein wichtigster Beitrag betrachtet werden. Auch zur Mechanik, Thermodynamik und zur speziellen Relativitätstheorie hat CARATHÉODORY viel beachtete Arbeiten publiziert. Er sprach fließend eine ganze Reihe von Sprachen und war ein Kosmopolit im besten Sinne des Wortes.

## Quelle

Der Brief CARATHÉODORYs an HAUSDORFF befindet sich im Nachlaß HAUSDORFFs in der Universitäts- und Landesbibliothek Bonn, Abt. Handschriften und Rara (Kapsel 61).

## Bemerkungen

Auf den hier abgedruckten Brief geht MARIA GEORGIADOU in ihrer Biographie *Constantin Carathéodory – Mathematics and Politics in Turbulent Times* (Springer 2004) auf S. 76 und S. 79 kurz ein.

BRESLAU XVIII
SCHARNHORSTSTRASSE 30
30 März 1913.

Sehr geehrter Herr Professor,

Entschuldigen Sie, wenn ich erst heute Ihren freundlichen Brief vom 8. 2. beantworte und erst heute Ihnen meine herzlichsten Glückwünsche zur Berufung nach Greifswald sende. [1]

Ich habe mich über Ihre Begriffe $L$, $M$, $\overline{L}$, $\overline{M}$, $\underline{L}$, $\underline{M}$ sehr gefreut; sie erlauben [2] gewiss eine grosse Reihe hübscher Sachen abzuleiten und ich hoffe, dass wir nicht zu lange auf Ihre angekündigte Arbeit werden zu warten brauchen.

Um meine und Ihre Definition des Kerns in Einklang zu bringen, müsste man [3] sagen: Der Kern ist die Vereinigung von $\{\text{Nullpunkt} + \underline{L}^0\}$ wo $\underline{L}^0$ dasjenige zusammenhängende Gebiet von $\underline{L}$ bedeutet, das den Nullpunkt in seinem *inneren* enthält, falls es existiert.

Man kann dagegen sehr leicht Beispiele machen, wo in meinem Sinne die Gebietsfolge gegen den Kern konvergiert und $\underline{L} \neq \underline{M}$ ist. In der Figur ist das Gebiet $G_n$ abgebildet; es besteht aus der längs eines Teiles des Einheitskreises

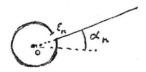

und einer Halbgeraden aufgeschnittenen Ebene. Die Öffnung $\varepsilon_n$ sei gleich $\dfrac{1}{n}$, der Winkel $\alpha_n$ soll eine überall dichte Menge von Richtungen durchlaufen, dann ist

$$\underline{L} = \text{Inneres von } |z| = 1, \qquad \underline{M} = \text{Inneres } + \text{ Äusseres von } |z| = 1$$

Dagegen scheint mir notwendig und hinreichend zu sein, dass $\underline{L}^0 = \underline{M}^0$, damit die Konvergenz in meinem Sinne stattfinde.

Würde ein Grenzpunkt von $\underline{L}^0$ zu $\underline{M}$ gehören, so konvergiert die Gebietsfolge *nicht;* und ist zweitens kein Grenzpunkt von $\underline{L}^0$ zugleich Punkt von $M$, so bleibt $\underline{L}^0$ unverändert, wenn man die ursprüngliche Folge durch eine beliebige Teilfolge ersetzt. Dass aber die Grenze von $\underline{L}^0$ und $M$ keine gemeinsamen Punkte haben sollen ist äquivalent mit $\underline{L}^0 = \underline{M}^0$.

Mit herzlichen Grüssen von Haus zu Haus
Ihr
C. Carathéodory

P. S.  Ich schicke Ihnen meine Arbeit über die Begrenzung von Gebieten. Vor Kurzem habe ich beweisen können, dass ein Gebiet das aus lauter Primenden [4]  $2^{\underline{ter}}$ Art besteht (S. p. 325 oben) nicht existieren kann. In diesen Fragen ist aber beinahe noch Alles zu machen und das Dumme ist, dass eine allgemeine Methode um hier systematisch vorzugehen bis jetzt nicht vorhanden ist.

## Anmerkungen

[1]  HAUSDORFF hatte den Ruf auf ein Ordinariat in Greifswald am 8. 3. 1913 angenommen; er begann seine Tätigkeit dort zum Sommersemester 1913.

[2]  Im März 1913, als dieser Brief CARATHÉODORYs geschrieben wurde, hatte HAUSDORFF noch nichts über seine Limesbildungen $L$, $M$, $\overline{L}$, $\overline{M}$, $\underline{L}$, $\underline{M}$ publiziert. Er muß diese Begriffe brieflich an CARATHÉODORY übermittelt haben. In seinem Buch *Grundzüge der Mengenlehre* ([H 1914a], erschienen im April 1914) ist der §5 „Punkt- und Mengenfolgen" des Kapitels VII „Punktmengen in allgemeinen Räumen" diesen Limesbildungen gewidmet (S. 233–239; Band II dieser Edition, S. 333–339). Die vorab erfolgte Information CARATHÉODORYs über diese Limesbildungen war vermutlich durch dessen Definition des Kerns einer Folge von Gebieten (vgl. Anm. [3]) motiviert, denn HAUSDORFF vermerkt in den Anmerkungen zu Kap. VII, §5:

> Wir hoffen hier in die Limesbildungen etwas System gebracht zu haben; die abgeschlossenen Limites [···] sind, mehr oder minder klar, schon vielfach behandelt worden, [···] während mir zu den Limesgebieten nur ein Ansatz von C. CARATHÉODORY bekannt ist: Untersuchungen über die konformen Abbildungen von festen und veränderlichen Gebieten, Math. Ann. **72** (1912), S. 124. (*Grundzüge*, S. 457, Band II dieser Edition, S. 557)

Die HAUSDORFFschen Begriffsbildungen haben später in der Theorie der Limesräume eine Rolle gespielt (s. dazu Band II dieser Edition, S. 608, Anm. [62] und S. 732).

[3]  Den Begriff „Kern einer Folge $G_1$, $G_2$, ... von einfach zusammenhängenden Gebieten" definiert CARATHÉODORY auf S. 124 seiner Arbeit *Untersuchungen über die konformen Abbildungen von festen und veränderlichen Gebieten*, Math. Annalen **72** (1912), 107–144.

[4]  Es handelt sich um die Arbeit *Über die Begrenzung einfach zusammenhängender Gebiete*, Math. Annalen **73** (1913), 323–370. In dieser Arbeit definiert CARATHÉODORY den wichtigen Begriff „Primende" (S. 336). Die von CARATHÉODORY für die Ebene begründete Primendentheorie wurde von dem ROSENTHAL-Schüler BORIS KAUFMANN auf den dreidimensionalen Raum ausgedehnt (*Über die Berandung ebener und räumlicher Gebiete (Primendentheorie)*, Math. Annalen **103** (1930), 70–144). Zur historischen Wertschätzung der Primendentheorie s. M. GEORGIADOU: *Constantin Carathéodory – Mathematics and Politics in Turbulent Times* (2004), S. 79–80.

# Richard Courant

RICHARD COURANT wurde am 8. Januar 1888 in Lublinitz in Oberschlesien
in der Familie eines kleinen jüdischen Geschäftsmannes geboren. Im Wintersemester 1906/07 begann er in Breslau ein Studium der Physik und Mathematik, studierte dann ein Semester in Zürich und ab Wintersemester 1907/08
in Göttingen, wo er endgültig zur Mathematik wechselte. 1908 wurde er HIL-
BERTs Assistent und promovierte ein Jahr später bei HILBERT mit der Arbeit
*Über die Anwendung des Dirichletschen Prinzipes auf die Probleme der kon-
formen Abbildung.* 1912 habilitierte er sich mit der Arbeit *Über die Methode
des Dirichletschen Prinzips* und wurde in Göttingen Privatdozent. Mit Beginn des 1. Weltkrieges wurde COURANT eingezogen; er wurde im September
1915 schwer verwundet und arbeitete nach seiner Genesung erfolgreich an der
Einführung der Erdtelegraphie im deutschen Heer. 1918 kehrte er als Privatdozent nach Göttingen zurück. 1920 wurde er Professor in Münster, wurde
aber bereits im selben Jahr als Ordinarius nach Göttingen zurückberufen. Wie
vorher FELIX KLEIN war COURANT in den zwanziger Jahren die bestimmende Persönlichkeit bei der Organisation des mathematischen Lebens in Göttingen. Er gründete 1922 das Mathematische Institut, führte das Anfängerprak-
tikum mit Übungsaufgaben und deren Korrektur ein und erreichte, daß die
Rockefeller-Foundation ein neues Institutsgebäude für die Göttinger Mathematiker finanzierte. Das neue Gebäude wurde am 2. Dezember 1929 eingeweiht. Bis
zu seiner Entlassung durch die Nationalsozialisten im Mai 1933 war COURANT
Direktor des Instituts. Nach einem Gastaufenthalt in Cambridge emigrierte er
1934 in die USA und erhielt dort eine Stelle an der New York University. Es
gelang ihm innerhalb weniger Jahre, das vormals wissenschaftlich bedeutungs-
lose Mathematikdepartment der New York University zu einem bedeutenden
mathematischen Zentrum zu entwickeln, dessen Direktor er von 1935 bis zu seiner Emeritierung im Jahre 1958 war. 1964 wurde dieses Zentrum in „Courant
Institute of Mathematical Sciences" umbenannt. RICHARD COURANT verstarb
in New Rochelle am 27. Januar 1972.

COURANTs Hauptarbeitsgebiet war die Analysis, vor allem die Theorie der
partiellen Differentialgleichungen und die Variationsrechnung. Zu nennen sind
insbesondere das nach ihm benannte Maximum-Minimum-Prinzip, welches eine
independente Darstellung der Eigenwerte symmetrischer vollstetiger Operatoren im Hilbertraum liefert, seine für die Entwicklung der numerischen Analysis richtungsweisende Anwendung von Differenzenverfahren zur Lösung von
Rand- und Anfangswertproblemen für partielle Differentialgleichungen (mit
K. O. FRIEDRICHS und H. LEWY), seine Beiträge zur Entwicklung der Methode
der finiten Elemente im Anschluß an das RITZsche Verfahren und seine Bestimmung der asymptotischen Verteilung der Eigenwerte der Schwingungsgleichung.
Wie ein roter Faden zieht sich durch sein Lebenswerk die Beschäftigung mit

dem von HILBERT rehabilitierten DIRICHLETschen Prinzip und dessen Anwendung in der mathematischen Physik, in der Theorie der konformen Abbildung und in der Theorie der Minimalflächen; zusammenfassend dargestellt hat er den Großteil dieser Forschungen in dem Buch *Dirichlet's Principle, Conformal Mappings, and Minimal Surfaces* (1950). COURANT hat sich auch stets lebhaft für die Anwendungen der Mathematik interessiert und sein New Yorker Institut bewußt auch darauf ausgerichtet; ein Ergebnis dieser Bemühungen ist das Buch COURANT/FRIEDRICHS: *Supersonic Flow and Shock Waves* (1948).

Zwei außerordentlich einflußreiche Lehrbücher sind mit COURANTs Namen verbunden: das erste ist unter dem Kurztitel HURWITZ/COURANT: *Funktionentheorie* bekannt geworden; der genaue Titel lautet A. HURWITZ: *Vorlesungen über allgemeine Funktionentheorie und elliptische Funktionen*, herausgegeben und ergänzt durch einen Abschnitt über geometrische Funktionentheorie von R. COURANT (1922). Die besondere Bedeutung des HURWITZ/COURANT besteht darin, daß hier erstmals die beiden historischen Zugänge zur Funktionentheorie, der von WEIERSTRASS und der von RIEMANN, in einem Lehrbuch dargestellt sind. Das zweite Lehrbuch beruht z. T. auf Vorlesungen von HILBERT, ist aber von COURANT verfaßt: COURANT/HILBERT: *Methoden der Mathematischen Physik*, zwei Bände 1924, 1937. Dieses Werk ist besonders dadurch berühmt geworden, daß darin u. a. genau die Mathematik antizipiert wird, die für die präzise Fassung der gerade entstandenen Quantenmechanik notwendig war. Ein außerordentlicher Erfolg war auch das populäre Werk COURANT/ROBBINS: *What is Mathematics?* (1941) mit zahlreichen Auflagen und Übersetzungen in verschiedene Sprachen. Gemeinsam mit dem Verleger FERDINAND SPRINGER begründete COURANT Ende 1918 die Serie „Die Grundlehren der Mathematischen Wissenschaften in Einzeldarstellungen", die berühmte „Gelbe Reihe".

## Quelle

Das Original des Briefes von COURANT an HAUSDORFF ist nicht mehr vorhanden. Ein Durchschlag befindet sich in Box II (H-Misc. 1939–1960) der COURANT Papers in der Bobst Library der New York University.

## Danksagung

Ein herzlicher Dank geht an Herrn Prof. Dr. REINHARD SIEGMUND-SCHULTZE (Kristiansand), der den Brief entdeckte und ihn uns zugänglich machte. Er machte uns auch die anderen Schriftstücke aus den VEBLEN Papers und den COURANT Papers zugänglich. Ferner danken wir Frau NANCY M. CRICCO vom Universitätsarchiv der New York University für die Genehmigung, den Brief hier abzudrucken.

February 10, 1939

Professor F. Hausdorff,
Hindenburgstr. 61,
Bonn, Germany.

Dear Colleague:

I just received your letter of January 31, 1939, and I am dictating my answer [1]
in a hurry, because there is a boat leaving tonight.

Of course, every mathematician in the world is under a great obligation to
you and I certainly always have felt this way. If I could be of any help to
you I should be only too glad. However, the circle of my personal influence is
extremely narrow and offhand I do not see within it any concrete possibility, [2]
but I have immediately communicated with Weyl, hoping that through a cer- [3]
tain connection he has something can be done. Unfortunately, everything here [4]
usually develops rather slowly, and therefore please do not think the matter
has been forgotten if you should not hear from Weyl for a time. [5]

I remember quite well our meeting in Italy years ago, and it would be a great
satisfaction to me if I could see you and Mrs. Hausdorff in this country some
time.

With kindest regards to you both, I am,
Sincerely yours,
R. Courant

### Anmerkungen

[1] Herr SIEGMUND-SCHULTZE konnte den Brief HAUSDORFFs an COURANT
weder in den COURANT Papers noch in den VEBLEN- oder SHAPLEY Papers
finden.

[2] RICHARD COURANT hat viel für aus Deutschland vertriebene Mathematiker getan; das gleiche gilt für HERMANN WEYL und OSWALD VEBLEN. Im
einzelnen sei auf das für die gesamte Thematik grundlegende Werk von REIN-
HARD SIEGMUND-SCHULTZE: *Mathematicians Fleeing from Nazi Germany. In-
dividual Fates and Global Impact*, Princeton University Press 2009, verwiesen.
Daß es auch in einem so reichen Land wie den Vereinigten Staaten nicht leicht
war, die vielen Emigranten aus Deutschland und aus den von den Nazis be-
setzten Ländern Europas aufzunehmen und angemessen einzugliedern, zeigt
SIEGMUND-SCHULTZE in den Kapiteln 8 „The American Reaction to Immi-
gration: Help and Xenophobia" und 9 „Acculturation, Political Adaption, and
the American Entrance into the War", a. a. O., S. 186–266. Speziell zu COU-
RANTs Bemühungen um jüdische Emigranten und zu den Schwierigkeiten, die

auch er hatte, s. CONSTANCE REID: *Richard Courant 1888–1972. Der Mathematiker als Zeitgenosse.* Berlin, Heidelberg 1979, S. 250, 252–254, 257, 259–261.

[3]   COURANT hat am selben Tag, am 10. Februar 1939, einen Brief an HERMANN WEYL geschrieben; dieser lautet folgendermaßen:

> Professor Hermann Weyl,
> The Institute for Advanced Study,
> Fine Hall,
> Princeton, New Jersey.
>
> Dear Weyl:
>
>     I just received the enclosed short and very touching letter from Professor F. Hausdorff (which please return), who is seventy years old and whose wife is sixty-five years old. He certainly is a mathematician of very great merit and still quite active. He asks me whether it would be possible to find a research fellowship for him. I refer the matter to you because it may be that Shapley, with whom you are in touch, might conceivably be interested in the case.
>
>     With kindest regards, I am,
>
>                                        Sincerely yours,
>                                        R. Courant

Das Schriftstück befindet sich in den VEBLEN Papers, Library of Congress, cont. 31, folder Hausdorff. HARLOW SHAPLEY (1885–1972) war seit 1921 Direktor des Havard College Observatory. Als Astronom wurde er besonders bekannt durch die Berechnung der Größe unserer Galaxis. 1938 rief er, gemeinsam mit HERMANN WEYL und OSWALD VEBLEN, den „Asylum Fellowship Plan" ins Leben, dessen Aufgabe die Unterstützung älterer Flüchtlinge war (SIEGMUND-SCHULTZE, a. a. O., S. 198–199).

[4]   WEYL ist wenige Tage nach dem Brief COURANTs an ihn tätig geworden. In den VEBLEN Papers, cont. 31 (vgl. Anm. [3]), findet sich ein Schriftstück des „Emergency Committee" vom 17. Februar 1939 mit Einschätzungen HAUSDORFFs durch WEYL und JOHN VON NEUMANN; der Wortlaut ist folgender:

> FELIX HAUSDORFF
> Address – Hindenburstr. 61, Bonn, Germany
> Born Nov. 8, 1868, Breslau, Germany – German, Jew
> Married (wife 65 years old) no other dependents.
> Ph. D. 1891 University of Leipzig
>
> References
> Prof. S. Lefschetz, Princeton University, Princeton, N.J.
> Prof. J. von Neumann, Institute for Advanced Study, Princeton, N.J.
> Prof. R. L. Moore, University of Texas, Austin, Texas

Field:
Analysis, mathematical astronomy, but above all theory of point sets and set theoretic topology. List of publications since 1900 available.

Positions held:
Privatdozent, Leipzig 1895–1910
Ausserordentlicher Prof., Bonn 1910–13
Ordentlicher Prof., Greifswald 1913–21
Ordentlicher Prof., Bonn 1921–35, Emeritus since 1935

Remarks:

Hausdorff is known the world over as the author of the classical work on theory of sets in general, and point sets in particular. On this foundation set-theoretic topology has built ever since. Much of his research work is along the same lines. His other important papers are on such diverse subjects as Waring's problem, bi-linear forms of infinitely many variables, problem of momentum, astronomy etc. In spite of his seventy years he is still a creative mathematician.

A man with a universal intellectual outlook, and a person of great culture and charm.

H. Weyl

Hausdorff is a many-sided mathematician who has made contributions in widely varying fields, so that his activities even outside of his main field – set theory – would put him in a very respectable place among mathematicians. His contributions to set theory are of the very first order; especially concerning the foundations of topology, point-set topology, theory of analytic sets, theory of measure, etc. His book on set theory is probably the best ever written on the subject. In spite of his age he still keeps up production of absolutely first quality. I feel that the mathematical community is under great obligation to him.

John von Neumann

Ebenfalls am 17. Februar 1939 schrieb WEYL an SHAPLEY einen Brief mit erfreulichen Mitteilungen über OTTO NEUGEBAUER und ERICH FRANK. Der Beginn des Briefes betrifft HAUSDORFF und hat folgenden Wortlaut:

I should like to draw your (or his [Stone's]) particular attention to one case, that of the seventy-year old mathematician Hausdorff. He is a man of high reputation, and greatly admired by all the topologists in this country. I am at a complete loss to think what one could do for him – and yet men even of his age are „informally advised" by the police to clear out as soon as possible. (VEBLEN Papers, cont. 31 (vgl. Anm. [3]))

Die Passage deutet schon an, daß WEYL selbst keine Möglichkeit sah, HAUSDORFF zu helfen; daran wird auch eine wenig später erfolgte weitere Intervention zu HAUSDORFFs Gunsten nichts geändert haben: Am 29. Mai 1939 nämlich schrieb GEORGE PÓLYA aus Zürich einen Brief an WEYL, in dem er diesen um ein Gutachten für die Habilitation von PAUL BERNAYS bat. In dem Brief gibt es auch eine Passage, die HAUSDORFFs Schicksal betrifft; diese lautet folgendermaßen:

> Ein Fall, der mir sehr nahe geht, ist Hausdorff. Er hat zuerst an Schwerdtfeger, dann an mich ein paar Zeilen geschrieben, aus welchen jedem, der ihn näher kennt, klar sein muss, dass es ihm sehr schlecht geht. Eine Hoffnung, die ich auf Grund einer Mitteilung von Toeplitz hatte, und worüber ich unvorsichtigerweise auch Hausdorff geschrieben habe, hat sich als völlig illusorisch herausgestellt. Er ist über 70 – und er ist einer der nettesten und angenehmsten Leute, die ich kenne – seine unmittelbaren und mittelbaren Schüler (durch sein Buch) sind überall dicht verteilt: Wäre nicht etwas für ihn zu machen? (VEBLEN Papers, Manuscript Division, Library of Congress, container 30, folder Bernays (1939))

Ob SHAPLEY etwas unternommen hat oder ob das Schreiben des „Emergency Committee" etwas ausgelöst hat, ist nicht bekannt.

[5] COURANT hat sich im Mai 1941 noch einmal in einem Rundbrief („To Whom It May Concern") für HAUSDORFF eingesetzt. Dieser Rundbrief hat folgenden Wortlaut:

May 21, 1941.

To Whom It May Concern:

> Professor F. Hausdorff of Bonn, Germany is unquestionably one of the most distinguished scholars of his time in the mathematical field. His contributions to the theory of sets and to topology have profoundly influenced the development of these branches of mathematics during the last twenty years. His name will for a long time to come be unforgotten.

> Beyond his specific important contributions, Professor Hausdorff is a scientific personality of unusually broad culture and originality. In spite of his age, his presence would be an asset to any institution of higher learning.

Very truly yours,

R. Courant<br>Head of the Department of Mathematics

Der Brief befindet sich in Box II (H-Misc. 1939–1960) der COURANT Papers in der Bobst Library der New York University. Unter dem Brief steht mit anderen Schrifttypen: „This letter was sent to O. Lowenstein, 477 First Ave., New York University Medical College, 26th Street Building." Der Neuropsychiater Prof. Dr. OTTO LÖWENSTEIN (1889–1965) gründete die Rheinische Landesklinik für Jugendpsychiatrie und das Pathopsychologische Institut an der Universität Bonn. 1933 emigrierte er in die Schweiz und 1939 in die USA. LÖWENSTEIN und seine Frau gehörten zum Freundeskreis der Familie HAUSDORFF in Bonn (vgl. die Korrespondenz LÖWENSTEIN in diesem Band). Ob LÖWENSTEIN nur einer der Empfänger von COURANTs Rundbrief war oder ob er diesen verbreiten sollte, ist nicht klar. Selbst wenn diese Aktion in den USA mehr Erfolg als die Bemühungen von WEYL und VON NEUMANN gehabt hätte, wäre eine Ausreise der Familie HAUSDORFF aus Deutschland zu diesem Zeitpunkt nicht mehr möglich gewesen.

# Richard und Ida Dehmel

## Korrespondenzpartner

RICHARD DEHMEL wurde am 18. November 1863 in Hermsdorf bei Wendisch Buchholz (Spreewald) als Sohn eines Försters geboren. Nach dem Abitur studierte er ab 1882 in Berlin und Leipzig Naturwissenschaften, Nationalökonomie und Philosophie. 1887 promovierte er in Leipzig mit einer versicherungsmathematischen Arbeit. Danach erhielt er eine Anstellung beim „Verband der Privaten Deutschen Versicherungsgesellschaften" in Berlin. Diese Stellung gab er 1895 auf und lebte seitdem als freier Schriftsteller. 1901 siedelte er nach Hamburg in die Nähe seines engen Freundes DETLEV VON LILIENCRON (1844–1909) über; 1912 zog er in ein nach seinen Vorgaben gebautes Haus in Blankenese (Dehmel-Haus). Bei Kriegsausbruch 1914 meldete er sich freiwillig zum Militärdienst und diente als Leutnant zunächst an der Front, nach einer Erkrankung dann als Presseoffizier in Kowno bei Wilna. Ende 1916 schied er aus dem aktiven Dienst aus, rief aber seine Landsleute noch 1918, kurz vor Kriegsende, zum äußersten Widerstand gegen die alliierten Truppen auf; er selbst wolle auch wieder kämpfen. RICHARD DEHMEL starb am 8. Februar 1920 in Blankenese an einem Venenleiden, das er sich an der Front zugezogen hatte.

DEHMEL ist besonders als Lyriker berühmt geworden. Gedichte DEHMELs wurden von bekannten Komponisten wie CONRAD ANSORGE, ARMIN KNAB, MAX REGER, HEINRICH KASPAR SCHMID, ARNOLD SCHÖNBERG, RICHARD STRAUSS und KURT WEILL vertont. Sein erster Gedichtband *Erlösungen. Eine Seelenwandlung in Gedichten und Sprüchen* (1891) trug ihm die Freundschaft LILIENCRONs ein. Die Liebe zu der Dichterin HEDWIG LACHMANN (1865–1918), der späteren Frau von GUSTAV LANDAUER (1870–1919), fand ihren Niederschlag in *Aber die Liebe. Ein Ehemanns- und Menschenbuch* (1893). 1895 lernte er im „Friedrichshagener Dichterkreis" in Berlin IDA AUERBACH (1870–1942) kennen, die er nach der Scheidung von seiner ersten Frau PAULA, geb. OPPENHEIMER (1862–1918), heiratete. Das leidenschaftliche Verhältnis zu IDA AUERBACH spiegelt sich in *Weib und Welt. Gedichte und Märchen* (1896) wider. Dieses Werk und vor allem *Zwei Menschen. Roman in Romanzen* (1903; bestehend aus dreimal 36 Romanzen zu je 36 Versen) begründeten DEHMELs Ruhm; er galt nun den liberalen Intellektuellen als bedeutendster Repräsentant deutschsprachiger Lyrik. Aus dem späteren lyrischen Werk sind besonders *Verwandlungen der Venus. Erotische Rhapsodie mit einer moralischen Ouvertüre* (1907) und *Schöne wilde Welt. Neue Gedichte und Sprüche* (1913) zu erwähnen. Aus DEHMELs Werk für das Theater ragt sein Drama *Die Menschenfreunde* (1917) heraus; es wurde auf zahlreichen Bühnen aufgeführt. DEHMEL hat auch, gemeinsam mit seiner ersten Frau PAULA, erfolgreiche Kinderbücher verfaßt wie *Fitzebutze* (1900) und *Der Buntscheck* (1904). In der Literaturgeschichte gilt er, obwohl noch bis zu einem gewissen Grade dem Naturalismus nahestehend, als einer der Vorbereiter des Expressionismus.

IDA DEHMEL wurde als IDA COBLENZ am 14. Januar 1870 in Bingen in der Familie eines wohlhabenden jüdischen Weinhändlers geboren. Nach dem frühen Tod der Mutter wurde sie auf Mädchenpensionaten erzogen und führte dann zusammen mit ihrer Großmutter den Haushalt des Vaters. Sie widmete sich in ihrer Freizeit dem Klavierspiel und der Literatur, besonders den Werken von NIETZSCHE, IBSEN und STRINDBERG. Unter den Pseudonymen „Coba Lenz" und „I. S. I." (später nannten sie ihre Freunde und Bekannten meist „Frau Isi") schrieb sie für die „Neue Badische Landeszeitung" ihres Schwagers Artikel und Rezensionen. Ferner pflegte sie eine enge Freundschaft mit dem ebenfalls in Bingen aufgewachsenen Dichter STEFAN GEORGE (1868–1933). 1895 heiratete sie auf Druck ihres Vaters den Berliner Kaufmann LEOPOLD AUERBACH. Er ermöglichte ihr die Führung eines Salons, in dem zahlreiche Literaten und Künstler verkehrten. Im selben Jahr lernte sie RICHARD DEHMEL kennen (s. o.). Ihre Ehe mit AUERBACH war unglücklich und wurde nach dessen Bankrott 1898 von IDA beendet. Seit 1899 lebte sie mit DEHMEL zusammen, unternahm mit ihm lange Reisen nach Italien und Griechenland und heiratete ihn 1901 in London. In Blankenese (zunächst in der Parkstraße, später im neu erbauten „Dehmel-Haus") versammelte sie die künstlerische Bohème zu Soirées und anderen Veranstaltungen. Sie engagierte sich in der Frauenbewegung und gründete 1916 mit ROSA SCHAPIRE den „Frauenbund zur Förderung Deutscher Bildender Kunst". Nach RICHARD DEHMELs Tod übernahm sie die Ordnung und Pflege seines Nachlasses. Der Aufbau des Dehmel-Archivs und die Herausgabe der beiden Briefbände *Richard Dehmel. Ausgewählte Briefe aus den Jahren 1883 bis 1902* und *Richard Dehmel. Ausgewählte Briefe 1902–1920* (beide Berlin 1923) gelten aus Sicht der Literaturwissenschaft als ihre wichtigste Leistung. In den zwanziger Jahren baute sie auf regionaler und nationaler Ebene die „Gemeinschaft deutscher und österreichischer Künstlerinnenvereine aller Kunstgattungen" auf, die GEDOK, die bis heute arbeitet und alle drei Jahre den „Ida Dehmel Literaturpreis" für das Gesamtwerk einer deutschsprachigen Autorin vergibt. 1933 wurde IDA DEHMEL als Jüdin vom Vorsitz der Reichs-GEDOK verdrängt und in den Folgejahren zunehmend isoliert. Als die Deportation bevorstand, nahm sie sich am 29. September 1942 mit einer Überdosis Schlaftabletten das Leben.

## Quelle

Die Briefe FELIX HAUSDORFFs an RICHARD bzw. IDA DEHMEL sowie das Glückwunschtelegramm an RICHARD DEHMEL befinden sich im Dehmel-Archiv in der Staats- und Universitätsbibliothek Hamburg Carl von Ossietzky unter den Signaturen DA: Br.: 1907:74, DA: Br.: 1911:205 und DA: Br.: H:276.

## Danksagung

Wir danken der Leitung der Abteilung Historische Bestände der Staats- und Universitätsbibliothek Hamburg Carl von Ossietzky für die Bereitstellung von Kopien und für die Erlaubnis, die Briefe HAUSDORFFs und das Glückwunschtelegramm hier abzudrucken.

**Brief** FELIX HAUSDORFF $\longrightarrow$ RICHARD DEHMEL

Leipzig, Lortzingstr. 13

3. Dec. 1907

Sehr geehrter Herr, mit freudiger Überraschung erfahre ich, dass ich zu den Wenigen, Erlesenen gehöre, die Sie eines unverstümmelten Exemplares Ihrer „Verwandlungen der Venus" für würdig halten, und es ist mein Wunsch Ih- [1] nen sofort zu sagen, wie stark ich diese Auszeichnung empfinde. Es wäre mein Wunsch Ihnen noch viel mehr zu sagen, zum Beispiel, dass Sie für mich Einer der ganz Wenigen sind, die wirklich die Elemente aus einem letzten Dissociationszustande heraus zu neuen Formen zwingen, im Gegensatze zu den Vielen, die nur die vorhandenen Gestaltungen mosaikartig combiniren. Aber ein solches Bekenntniss würde sich vielleicht aus Zeitmangel und dergleichen Gründen zu sehr verspäten, während Sie das augenblickliche Recht haben zu wissen, dass Ihr Geschenk in die Hände eines dankbaren Empfängers gekommen ist. [2]

Unser gemeinsamer Freund Hezel machte mir Hoffnung, Sie nächstens einmal [3] in Leipzig zu sehen – oder eigentlich wiederzusehen, da ich schon vor vielen Jahren, durch den Papa Heilmann eingeschleppt, in Berlin Ihr Gast war. [4]

Mit besonderer Hochachtung begrüsst Sie

Ihr sehr ergebener

Felix Hausdorff

## Anmerkungen

[1] In dem in *Weib und Welt* publizierten Gedicht „Venus Consolatrix" erscheint dem Dichter eine Frauengestalt, die ihm zunächst tröstend zuredet und sich dann so zu erkennen gibt:

> Und schweigend lüpfte sie die rote Rüsche
> und nestelte an ihren seidnen Litzen
> und öffnete das Kleid von weißem Plüsche
> und zeigte mir mit ihren Fingerspitzen,
> die zart das blanke Licht des Sternes küßte,
> die braunen Knospen ihrer bleichen Brüste,
> dann sprach sie weiter: Sieh! dies Fleisch und Blut,
> das einst den kleinen Heiland selig machte,
> bevor ich an sein großes Kreuz ihn brachte,
> Maria ich, die Nazarenerin –
> o sieh, es ist des selben Fleisches Blut,
> für das der große Heiland sich erregte,
> bevor ich in sein kleines Grab ihn legte,
> Maria ich, die Magdalenerin –
> komm, stehe auf, und sieh auch Meine Wunden,
> und lerne dich erlösen und gesunden!

Der Schriftsteller BÖRRIES V. MÜNCHHAUSEN erstattete wegen „Venus Consolatrix" Anzeige gegen DEHMEL wegen „Gotteslästerung" und „Verbreitung unzüchtiger Schriften". Es kam im Sommer 1897 zur Verurteilung mit der Folge, daß in allen greifbaren Exemplaren von *Weib und Welt* Schwärzungen vorgenommen werden mußten. DEHMEL hatte 1907 „Venus Consolatrix" unverstümmelt in die 150 Exemplare der *Verwandlungen der Venus* aufgenommen, die er für den eigenen Bedarf bei Drugulin in Leipzig drucken ließ. Von dieser „Ausgabe im vollständigen Wortlaut" hatte HAUSDORFF ein Exemplar als Geschenk erhalten.

[2]  Vgl. zu dieser Passage die Bemerkungen von FRIEDRICH VOLLHARDT im Band VIII dieser Edition, S. 34–35.

[3]  Der Leipziger Jurist Dr. KURT HEZEL (1865–1921) gehörte seit HAUSDORFFs Studententagen zu dessen engerem Bekanntenkreis. Er war ein glühender Verehrer NIETZSCHEs und WAGNERs und Organisator eines Leipziger Kreises von Literaten und Künstlern, in dem auch HAUSDORFF verkehrte. HAUSDORFF bezeichnet ihn in einem Brief an HEINRICH KÖSELITZ (PETER GAST) vom 17. Oktober 1893 als „fascinirenden Prachtmenschen" und – an NIETZSCHE angelehnt (*Jenseits von Gut und Böse*, Nr. 295) – als „unser ‚Genie des Herzens' " (vgl. die Briefe HAUSDORFFs an KÖSELITZ in diesem Band). Als Mitglied der bekannten Leipziger Rechtsanwaltskanzlei des Dr. FELIX ZEHME hat HEZEL u. a. auch RICHARD DEHMEL in Auseinandersetzungen mit der Zensur juristisch vertreten. Genauere Ausführungen zur Person HEZELs und zu seiner Rolle in den Leipziger Künstler- und Intellektuellenkreisen findet man in EGBERT BRIESKORNs Biographie HAUSDORFFs im Band I dieser Edition, Kapitel 3, Abschnitt „Studentenleben".

[4]  Der Lektor HANS HEILMANN (1859–1930) war in Künstlerkreisen vor allem als Gastgeber, Vermittler und helfender Freund bekannt;

> [···] er hatte die siebzig Jahre, die ihm beschieden waren, in ständigem Umgang mit Malern, Dichtern, Musikern verbracht, genießend, kritisierend, helfend, mitlebend, sich, seine Mittel, sein Können einsetzend, wo es ihm notwendig und richtig schien [···],

so beschreibt der Redakteur und Literaturhistoriker PAUL FECHTER (1880–1958) HEILMANN in seinem Buch *Menschen und Zeiten* (Bertelsmann, Gütersloh 1948, S. 154). OTTO ERICH HARTLEBEN (1864–1905) hatte HEILMANN seine Komödie *Erziehung zur Ehe* (S. Fischer, Berlin 1898) mit den Worten gewidmet „Dem freundlichsten der Freunde, dem nörglichsten der Nörgler – dem lieben Papa Heilmann gehöre dieses Buch". Seitdem war HEILMANN für alle seine Bekannten und Freunde der „Papa Heilmann". HEILMANN hat nur ein einziges eigenes Werk herausgebracht, die Anthologie *Chinesische Lyrik vom 12. Jahrhundert v. Chr. bis zur Gegenwart* (Piper, München 1905). Es handelte sich dabei aber nicht um Übertragungen aus den Originalen, sondern aus französischen Übersetzungen des Sinologen MARQUIS D'HERVEY-SAINT-DENYS aus dem Jahre 1862. Gleichwohl hatte das Werk einigen Einfluß, z. B.

hat sich FRANZ KAFKA eingehend damit beschäftigt. 1913 übernahm HEIL-
MANN die Redaktion der Zeitschrift *Licht und Schatten. Wochenschrift für
Schwarzweißkunst und Dichtung*, die aber im I. Weltkrieg ihr Erscheinen bald
wieder einstellte (zur Gründung von *Licht und Schatten* s. Band VIII dieser
Edition, S. 759). FELIX HAUSDORFF hat 1913 seinen letzten Essay *Biologisches*
([H 1913], Band VIII dieser Edition, S. 757–758) in *Licht und Schatten* pu-
bliziert. Eine Begegnung HAUSDORFFs mit RICHARD DEHMEL im Hause des
„Papa Heilmann" schildert FECHTER in seinem o. g. Buch, S. 156–159.

**Brief** FELIX HAUSDORFF $\longrightarrow$ IDA DEHMEL
[Undatiert. Oben von fremder Hand: Juli 1911]

Bonn, Händelstr. 18
Verehrte und gnädige Frau Dehmel,
Es ist schön, dass Sie Ihr Versprechen gehalten haben. Leider können wir
Sie erst für *Dienstag Abend* zu uns bitten, da meine Frau noch an dem Finale
einer Ohrenentzündung laborirt, die schmerzhaft und unbequem ist, bis dahin
aber sicher vorbei sein wird. Wir erwarten Sie also bestimmt Dienstag Abend
8 Uhr und werden Ihnen unseren bis jetzt noch kärglichen Vorrath an besseren
Menschen präsentiren. Wenn es mir irgend möglich ist, suche ich Sie inzwischen [1]
einmal im Hôtel auf. Mit herzlichen Grüssen von uns Beiden
Ihr ergebenster
Felix Hausdorff

**Anmerkung**

[1] HAUSDORFF war zum Sommersemester 1910 als planmäßiger Extraordinarius nach Bonn berufen worden. Die Bemerkung über den „noch kärglichen
Vorrath an besseren Menschen" scheint anzudeuten, daß nach etwa einem Jahr
sein Freundeskreis in Bonn, etwa gegenüber Leipzig, noch recht begrenzt war.
Wahrscheinlich assoziierte HAUSDORFF bewußt „bessere Menschen" mit der
Art von Menschen, die NIETZSCHE „vornehm" genannt hatte. Das Wort „vornehm" war aber um 1910 im Sprachgebrauch zu sehr auf die Bezeichnung
„höherer Stände" reduziert. Unter NIETZSCHE-Kennern wie IDA DEHMEL dürfte aber der Bezug auf NIETZSCHE klar gewesen sein.

**Telegramm** FELIX und CHARLOTTE HAUSDORFF $\longrightarrow$ RICHARD DEHMEL
[datiert vom 18. 11. 1913]

aufrichtigsten glückwunsch in sehr herzlicher verehrung [1]
felix und charlotte hausdorff

**Anmerkung**

[1] RICHARD DEHMEL beging am 18. 11. 1913 seinen 50. Geburtstag.

# Louise Dumont

## Korrespondenzpartnerin

LOUISE DUMONT wurde als HUBERTINE MARIA LOUISE HEYNEN am 22. Februar 1862 in Köln in der Familie eines Kaufmanns geboren. DUMONT war der Mädchenname ihrer Mutter, den sie später als Künstlernamen annahm. Nach dem Besuch einer höheren Töchterschule und einer Fachschule mußte sie nach dem Bankrott des Vaters als Näherin und Verkäuferin zum Unterhalt der Familie beitragen. Sie fühlte sich jedoch zum Theater hingezogen, sprach in Berlin vor, nahm Schauspielunterricht und debütierte 1882 am Berliner Ostendtheater. Nach Auftritten und Engagements in Hanau, Berlin, Reichenberg, Graz und Wien ging sie an das Königliche Hoftheater in Stuttgart, wo ihr der Durchbruch in großen Rollen, insbesondere in Stücken von HENRIK IBSEN, gelang; mehrmals gastierte sie in dieser Zeit auch in Moskau und Sankt Petersburg. Seit 1895 spielte sie in Berlin am Lessingtheater unter OSCAR BLUMENTHAL und später auch am Deutschen Theater unter OTTO BRAHM. Gemeinsam mit MAX REINHARDT gründete sie das Kabarett „Schall und Rauch". In Berlin lernte sie auch den Regisseur GUSTAV LINDEMANN (1872–1960) kennen, der 1900 die „Internationale Tournée Gustav Lindemann" gegründet hatte, die insbesondere dem Werk IBSENs verpflichtet war. Ab 1903 beteiligte sich LOUISE DUMONT an der Arbeit der Tournée. Ihr Eintreten für einen psychologisch tiefgehenden realistischen Schauspielstil, der dem Werk des Dichters möglichst gerecht wird, für ein „literarisches Theater", ging ganz mit LINDEMANNs Intentionen konform. Der Versuch, gemeinsam in Darmstadt bzw. in Weimar eine private Musterbühne ins Leben zu rufen, scheiterte zunächst. Ein dritter Anlauf in Düsseldorf war von Erfolg gekrönt. 1905 wurde das neu erbaute „Schauspielhaus Düsseldorf" in der Kasernenstraße mit „Judith" von HEBBEL eröffnet. Als Privattheater sollte es, unabhängig von staatlichen oder städtischen Subventionen, in Stil und Programmgestaltung autonom sein, neue Strömungen der dramatischen Literatur aus aller Welt aufnehmen und in werkgetreuen Inszenierungen mit hohem künstlerischen Anspruch umsetzen. Wenn auch in der Folgezeit des öfteren Zugeständnisse an den Publikumsgeschmack gemacht werden mußten, galt das Schauspielhaus Düsseldorf unter der Leitung von DUMONT und LINDEMANN, die 1907 auch ein Ehepaar wurden, weit über die Grenzen des Rheinlandes hinaus als eine der führenden Bühnen Deutschlands. An das Theater angeschlossen war eine Schauspielschule, seit 1914 „Hochschule für Bühnenkunst", aus der große Schauspieler wie GUSTAV GRÜNDGENS und LEON ASKIN hervorgingen. LOUISE DUMONT verkörperte während ihrer Karriere fast alle großen Frauenrollen der Weltliteratur, führte Regie, engagierte sich an der Hochschule für Bühnenkunst und publizierte in der hauseigenen Programmzeitschrift „Masken" eine Reihe von Aufsätzen über Literatur und Theater. Sie gehörte zu den bedeutendsten Theaterschaffenden des 20. Jahrhunderts und wurde nicht selten mit der Neuberin verglichen. LOUISE DUMONT verstarb am

16. Mai 1932 in Düsseldorf. Ihr Grabmal schuf kein Geringerer als ERNST BAR-
LACH. GUSTAV LINDEMANN stiftete 1932 im Andenken an seine Frau den *Louise
Dumont Topas* als Auszeichnung für eine bedeutende Schauspielerin. Der Topas
war das Lieblingsschmuckstück seiner Frau, ein Geschenk der Königin CHAR-
LOTTE VON WÜRTTEMBERG aus der Stuttgarter Zeit. Die Auszeichnung wird
vom Kuratorium des Dumont-Lindemann-Archivs auf Lebenszeit verliehen; das
Schmuckstück geht nach dem Ableben der Trägerin an das Archiv zurück.

## Quelle

Die Briefe FELIX HAUSDORFFs an LOUISE DUMONT sowie das Glückwunschtelegramm befinden sich im Nachlaß Schauspielhaus in den Sammlungen des
Theatermuseums Düsseldorf unter der Signatur SHD VII, 16858, 1–6.

## Danksagung

Wir danken Herrn Dr. MICHAEL MATZIGKEIT vom Theatermuseum der Lan-
deshauptstadt Düsseldorf für die Bereitstellung der Kopien, die Genehmigung
zum Abdruck der Schriftstücke, für kritische Durchsicht der biographischen
Skizze und der Anmerkungen sowie für eine Reihe wertvoller Ergänzungen.

**Brief** Felix Hausdorff ⟶ Louise Dumont

Greifswald, Graben 5
28. 12. 16

Liebe und verehrte Frau Dumont!

Die Menschen sind seltsam. Zum Beispiel Sie (im Dual) und wir. Wir sind [1]
uns begegnet, haben uns kennen gelernt, haben – wie ich ohne Unbescheiden-
heit sagen darf – eine gewisse Seelenverwandtschaft entdeckt, und nun, statt
ein schriftliches Siegel darauf zu drücken, lassen wir es so hingehen, als hätten
wir Kalpas, Aeonen, Cyklen von Zeit vor uns, statt des kurzen kläglichen Men-
schenlebens. Warum schreiben Sie nicht? warum schreiben wir nicht? Ist es wie
bei Kriegen, dass Keiner angefangen haben will? Wartet Jeder auf die Offensive des Andern? Warten Sie auf ein Zeugniss, dass wir, von Helene Blavatsky
geleitet, den Weg nach Damaskus gefunden haben, oder dass die Recepte Ih- [2]
res Kochbuchs tief und fein erdacht, aber in diesen Zeiten nicht realisirbar [3]
sind? Warte ich auf Vorschuss für mein neues Drama? Oder wartet Keiner auf [4]
Nichts, haben wir beiderseits die tröstliche Sicherheit, dass unsere Begegnung,
mit Spieldienerschem Kaffee geweiht (es war noch wirklicher Kaffee!), auch [5]
ohne schriftliche Bestätigung ein unverlierbarer Gewinn dieses Jahres ist und
bleibt? Ich persönlich neige zu dieser letzten Auffassung, möchte aber doch [6]
aus der Rolle fallen und besagtes Jahr nicht zu Ende gehen lassen, ohne jenen Gewinn ordentlich gebucht zu haben; dann hab ich doch „der Bewîs", dass
Alles wirklich war – ich meine, die Thatsache, dass ich an Luise Dumont schreibe, lässt selbst mich als Mathematiker mit einer gewissen Wahrscheinlichkeit
darauf schliessen, dass ich Luise Dumont nicht nur geträumt oder, der Massen-
suggestion eines Fakirs erliegend, hallucinirt habe. In der Annahme also, dass
Sie wirklich sind – was man so wirklich nennt – möchte ich Ihnen auch mich
als wirklich, sogar als Normalmenschen und Philister in Erinnerung bringen
und zum neuen Jahr, als ob dies einen wesentlichen Einschnitt in der Zeitflut
bedeutete, herzliche Wünsche und treues Gedenken aussprechen. Wenn ich das
noch etwas specialisiren darf, so würde ich wünschen, dass Ihrem Herrn Gemahl
die Kur in Reichenhall, trotz meinen Cigarren, guten Erfolg gebracht habe und [7]
dass Sie um seine Lungen und Bronchien keine Sorge mehr zu haben brauchen. Mehr als solche individuell begrenzten Hoffnungen und Wünsche kann
man ja in dieser grauenvollen Zeit kaum hegen; gerade weil das Schicksal des
Einzelnen, wie uns täglich in den Zeitungen gepredigt wird, heute völlig Null
und gleichgültig geworden ist, muss man in das Ohr des lieben Gottes, das [8]
durch Trommelfeuer taub geworden ist, nur persönliche Bitten für sich und die
durch Sympathie Verbundenen hineinschreien. Hoffentlich vergelten Sie Glei-
ches mit Gleichem und schliessen, wenn Sie Sich an den schwerhörigen alten
Herrn wenden, auch uns in Ihre Gebete ein! Und nun, liebe Frau Dumont,
nachdem ich die Offensive ergriffen oder wenigstens einen Patrouillen-Streifzug
gewagt habe, lassen Sie auch einmal etwas von Sich hören, auch vom Theater,

von Allem, was Sie bewegt oder beruhigt: Sie dürfen sogar Politik treiben und auf die hochwohllöbliche Regierung schimpfen, obwohl ich annehme, dass unsere Friedensnote bei Ihnen wie bei den übrigen Neutralen einen guten Eindruck gemacht haben muss.

Herzliche Grüsse von uns Beiden an Sie Beide!        Ihr F. Hausdorff

## Anmerkungen

[1]    Gemeint sind LOUISE DUMONT und GUSTAV LINDEMANN.

[2]    HELENA PETROVNA BLAVATSKY (1831–1891) war eine bekannte Okkulti-stin und Schriftstellerin. Sie hatte auf zahlreichen Reisen in die verschiedensten Länder Beziehungen zu Mystikern, Spiritisten, Schamanen, Voodoo-Priestern und allen Schattierungen von Okkultisten unterhalten und 1875 gemeinsam mit HENRY STEEL OLCOTT und WILLIAM QUAN JUDGE die „Theosophische Gesellschaft" gegründet. Ihr 1888 erschienenes Hauptwerk *The Secret Doctrine (Die Geheimlehre)* enthält die Grundlagen der theosophischen „Weltanschau-ung". BLAVATSKYs Lehren beeinflußten u. a. MAHATMA GANDHI und JAWA-HARLAL NEHRU, eine Reihe bedeutender Schriftsteller und Künstler sowie den Begründer der Anthroposophie RUDOLF STEINER, der von 1902 bis 1913 die deutsche Sektion der theosophischen Gesellschaft geleitet hatte, dann aber nach Differenzen mit der Nachfolgerin BLAVATSKYs seine eigene Lehre entwickelte. HAUSDORFF war ein Gegner von Mystik, Okkultismus, Spiritismus und der-gleichen und hat solche Lehren oder Praktiken in seinen Publikationen des öfteren zurückgewiesen oder sich darüber lustig gemacht, z. B. in den Essays *Das unreinliche Jahrhundert* ([H 1898c], Band VIII dieser Edition, S. 341–352), *Strindbergs Blaubuch* ([H 1909c], Band VIII, S. 691–695) und *Der Komet* ([H 1910a], Band VIII, S. 723–727). LOUISE DUMONT dagegen fühlte sich von Ok-kultismus und Mystizismus angezogen, las intensiv theosophische und anthro-posophische Schriften und interessierte sich für Astrologie und fernöstliche Re-ligionen.

HAUSDORFF spielt in dieser Briefstelle darauf an, daß die Übereinstimmung mit LOUISE DUMONT wohl vollkommener würde, wenn er in Bezug auf My-stik, Okkultismus, Theosophie usw. ein „Damaskuserlebnis" hätte. (Nach der Überlieferung der Apostelgeschichte erschien dem Feind und Verfolger der Ur-christen PAULUS auf dem Wege nach Damaskus JESUS CHRISTUS selbst, wo-durch PAULUS zu einer radikalen Umkehr bewogen und zum Anhänger und Apostel JESU wurde.) Die Erwartung, daß ausgerechnet HELENA BLAVATSKY die HAUSDORFFsche Umkehr bewirken solle, wird LOUISE DUMONT natürlich nicht ernsthaft unterstellt – diese Briefstelle ist vielmehr eine witzige Anspie-lung auf die Differenz der beiden Parteien in dieser Frage.

[3]    LOUISE DUMONT war nicht nur eine hervorragende Schauspielerin, son-dern auch eine excellente Köchin. Von dieser Leidenschaft kündet ihr gemein-sam mit einer Freundin verfaßtes Kochbuch: EMMY ROTTH; LOUISE DUMONT-LINDEMANN: *Für zwei in einem Topf. Küchenphilosophie und -praxis in sechs*

*Gängen darunter der zweite Gang die Pièce de résistance.* Ernst Ohle, Düsseldorf 1912. Nach der Briefstelle zu urteilen könnten HAUSDORFFs ein Exemplar erhalten haben; die Rezepte waren aber wegen der Notlage im Krieg wohl nicht alle realisierbar. Bezüglich näherer Einzelheiten zu LOUISE DUMONTs Kochbuch s. MATZIGKEIT, M.: *Von einer, die – statt zu schauspielern – auch viel lieber gekocht hätte.* In: EMMY ROTTH; LOUISE DUMONT-LINDEMANN: *Für zwei in einem Topf. Küchenphilosophie und -praxis in sechs Gängen.* Neu herausgegeben von MICHAEL MATZIGKEIT mit kulturgeschichtlichen Aperçus von GERTRUDE CEPL-KAUFMANN und einer veredelten Menüfolge von DIETER L. KAUFMANN. Droste-Verlag, Düsseldorf 2003, S. 13 ff.; s. auch die Einführung des Herausgebers.

[4]  Es gibt keinerlei Hinweise darauf, daß HAUSDORFF 1916 oder 1917 plante, ein Drama zu verfassen.

[5]  Spieldiener war ein bekanntes Café in Bad Reichenhall. Es existiert bis heute in der Salzburger Straße 5.

[6]  Diese Passage deutet darauf hin, daß eine nähere Bekanntschaft zwischen HAUSDORFFs und der Familie DUMONT-LINDEMANN erst 1916 zustande kam, obwohl HAUSDORFFs Einakter *Der Arzt seiner Ehre* in der Spielzeit 1905/06 im Schauspielhaus Düsseldorf aufgeführt worden ist. Die Premiere fand am 24. April 1906 statt; es gab in dieser Spielzeit insgesamt 11 Aufführungen. Neun weitere Aufführungen des *Arzt seiner Ehre* gab es in der Spielzeit 1911/12. Die Kritiken der regionalen Presse anläßlich der Premiere 1906 waren mehrheitlich positiv („Kölnische Zeitung", „General-Anzeiger", „Neueste Nachrichten"); ambivalent war die Kritik des „Tageblatt" und eindeutig negativ die der „Düsseldorfer Zeitung" (Theatermuseum, Sammlungen: Pressearchiv, SHD 1/63, 1/64 und 1/78).

[7]  HAUSDORFFs Frau CHARLOTTE stammte aus Bad Reichenhall. Ihr Vater, der Arzt Dr. SIGISMUND GOLDSCHMIDT (1844–1914), war ein bekannter Spezialist für Erkrankungen der Atmungsorgane, der auf diesem Gebiet auch eigene Publikationen vorgelegt hatte. Aus seiner Feder stammt der Reiseführer *Der Kurort Bad Reichenhall und seine Umgebung. Ein Handbuch für Besucher*, Leipzig 1892; GOLDSCHMIDT gehörte ohne Zweifel zu den Honoratioren seiner Heimatstadt. HAUSDORFFs weilten auch nach dessen Tod öfters zu Ferienaufenthalten in Bad Reichenhall, zumal CHARLOTTE HAUSDORFFs Schwester SITTA dort lebte (vgl. auch Anm. [1] zum Brief vom 13. Mai 1918). Es ist gut möglich, daß sich die Familien HAUSDORFF und DUMONT-LINDEMANN im Sommer oder Frühherbst 1916 in Bad Reichenhall näher kennenlernten.

[8]  HAUSDORFF hat in seinen Aphorismen und Essays stets die Rechte des Individuums gegenüber Ansprüchen des Staates oder jedweder Art von Institutionen hervorgehoben und verteidigt. Für ihn ist wie für NIETZSCHE der

Einzelne keine bloße Figur in einem historischen Prozeß, welcher seine Individualität einer „höheren Bestimmung" unterzuordnen hat, wie es gerade im Krieg in extremer Weise verlangt wird. Der Einzelne, zumal der Schöpferische, steht im Mittelpunkt – seine Einmaligkeit ist unersetzlich. Dazu heißt es z. B. in *Sant' Ilario* ([H 1897b]), Aphorismus Nr. 35 (S. 37, Band VII dieser Edition, S. 131):

> Fruchtbar ist Jeder, der etwas sein eigen nennt, im Schaffen oder Geniessen, in Sprache oder Gebärde, in Sehnsucht oder Besitz, in Wissenschaft oder Gesittung; fruchtbar ist alles, was weniger als zweimal da ist, jeder Baum, der aus *seiner* Erde in *seinen* Himmel wächst, jedes Lächeln, das nur einem Gesichte steht, jeder Gedanke, der nur einmal Recht hat, jedes Erlebniss, das den herzstärkenden Geruch des Individuums ausathmet.

Ähnliche Gedanken wie hier im Brief an LOUISE DUMONT äußert HAUSDORFF auch in einem Gedicht, das er handschriftlich seinem Freund THEODOR POSNER zu dessen 50. Geburtstag am 18. Februar 1921 einem Exemplar seines *Sant' Ilario* beilegte. Dort heißt es (nach einem verklärenden Rückblick auf die Zeit der Entstehung des *Sant' Ilario*) über die Gegenwart des Jahres 1921:

> Nun ist's vorbei mit Geistesspielen,
> Der einzeln-Einz'ge wird entthront,
> Vom Massentritt der Viel-zu-Vielen
> Wird Blüte nicht noch Frucht verschont.
>
> Kopflos vielköpf'ge Ungeheuer,
> Sie haben Geist und Glück zermalmt.
> Reich, Staat und Volk: Kein Opferfeuer,
> Das nicht den neuen Göttern qualmt.

(Das Gedicht ist im Band VIII dieser Edition, S. 255–256, abgedruckt.)

[9]  Am 12. Dezember 1916 unterbreiteten die Mittelmächte auf Drängen Österreich-Ungarns der Entente eine Friedensnote mit dem Angebot „alsbald in Friedensverhandlungen einzutreten". Die Note ließ jedoch jeden konkreten Inhalt vermissen und endete mit den Worten:

> Wenn trotz dieses Anerbietens zu Frieden und Versöhnung der Kampf fortdauern sollte, so sind die vier verbündeten Mächte entschlossen, ihn bis zum siegreichen Ende zu führen. Sie lehnen aber feierlich jede Verantwortung dafür vor der Menschheit und der Geschichte ab.

Ein Zweck dieser Note war es, die Position der Mittelmächte gegenüber den Neutralen zu stärken. Die Entente lehnte am 30. Dezember 1916 das Angebot mit der Begründung ab, es sei völlig unbestimmt und es sei eher ein Kriegsmanöver als ein wirkliches Friedensangebot.

LOUISE DUMONT verabscheute den Krieg; sie wird sich vielleicht von der „Friedensnote" etwas erhofft haben, während HAUSDORFF – offenbar völlig zu Recht – sehr skeptisch war. Das Paar DUMONT - LINDEMANN war übrigens in seiner Haltung zum Krieg tief gespalten. GUSTAV LINDEMANN war ganz der patriotischen Begeisterung erlegen. Er hatte sich als Kriegsfreiwilliger gemeldet und empfand es als Zurücksetzung, daß er nur in der Etappe eingesetzt war und nicht an der Front kämpfen durfte (näheres zu diesem Gegensatz zwischen LOUISE DUMONT und GUSTAV LINDEMANN in LIESE, W.: *Louise Dumont – Ein Leben für das Theater*, Hamburg u. Düsseldorf 1971, S. 294–299).

**Brief** FELIX HAUSDORFF $\longrightarrow$ LOUISE DUMONT

Greifswald, Graben 5
10. Oct. 1917

Liebe Frau Luise Dumont,

Nach der vorjährigen Tradition, wonach für die Partei Lindemann Sie und für die Partei Hausdorff ich als Sprecher fungire, greife ich zur Bremer Börsenfeder, [1] um festzustellen, dass beide Parteien nun wohl in ihren respectiven Heimathen angekommen sind, und um von Norden nach Westen, vom agrarischen Ostelbien nach dem rheinischen Industrieland die herzlichsten Grüsse zu senden. Was besagte Rückkehr in die Heimath anbetrifft, so haben wir uns über Ihre Wanderschicksale noch etwas die Köpfe zerbrochen: als wir nämlich den Zug mit den griechisch grüssenden Handtellern verliessen und in Betrübniss unseren Schiffmannschen Kaffee schlürften, fiel mir ein, dass dieser Nachmittagszug über Mühldorf ging, während Sie in Übersee aussteigen wollten. Hoffentlich hat eine Bahrsche „Stimme" Sie in Freilassing rechtzeitig zum Wagenwechsel [2] kommandirt, sonst dürften die Schinkenbrote, die in Marquartstein auf Sie warteten, ihre Einverleibung an diesem Tage nicht erlebt haben. Was uns betrifft, so hat die Tiefstandsebene, auf der ich diesmal leider mehr kroch als wandelte, sich nachträglich noch mehr gesenkt. Gleich am Abend unserer Ankunft in Greifswald (23. Sept.) bekam ich wieder Fieber, Lippen- und Nasenschwellung, Rippenschmerzen u. s. w., wurde ins Bett gesteckt, sogar zur Beobachtung in die Klinik gebracht: glücklicherweise war aber doch nichts an Lungen und Rippenfell nachweisbar, das Ganze wohl nur Nachklang der niederträchtig infectiösen Angina, die ich in Reichenhall gehabt hatte. Jetzt bin ich wieder fieberfrei und betrachte mich seit gestern als wiederhergestellt – dieser Brief ist eine der ersten Handlungen der neuen Regierung – aber im ganzen Leibe steckt noch ein Gefühl der Matschigkeit, und dass ich mich in der gegenwärtigen Welt sehr behaglich und zum Mitthun aufgelegt fände, kann ich nicht behaupten; aber diese Welt ist ja auch wenig dazu angethan, einem Appetit und Muth zu machen. In einem Briefe von Heine aus dem Jahr 48 fand ich folgende Worte: „Über die Zeitereignisse sag' ich nichts; das ist Universalanarchie, Weltkuddelmuddel, sichtbar gewordener Gotteswahnsinn! Der Alte muss eingesperrt werden, wenn das so fort geht." – Was müsste da erst heute mit „dem Alten" geschehen? Und [3] es giebt noch Menschen (wie unseren Reichskanzler), die ihn für einen vernünf- [4]

tigen und wohlwollenden alten Herrn halten. Ich möchte diese metaphysische Gelegenheit nicht vorbei gehen lassen, ohne nochmals zu betonen, dass Sie und ich in dem Grad Unverdaulichkeit, den wir der gegenwärtigen *Welt* beilegen, wohl vollkommen einig sind; wenn wir es in Bezug auf das gegenwärtige *Deutschland* nicht so ganz waren, so hat das, wie wir uns nun wohl hinlänglich klar sind, auf unsere gute Freundschaft keinen Einfluss, nicht wahr? Und nun schreiben Sie bald ein paar Zeilen: wie es Ihnen und dem Herrn Kameraden geht, was Sie im Theater Schönes schaffen u. s. w. Tausend herzliche Grüsse, auch von Weib und Kind, an Sie Beide!    Ihr getreuer F. Hausdorff

## Anmerkungen

[1]   Die Bremer Börsenfeder war eine weitverbreitete und qualitativ hochwertige Stahlschreibfeder aus der Kategorie der Spitzfedern.

[2]   Vermutlich Anspielung auf HERMANN BAHR: *Die Stimme. Schauspiel in drei Aufzügen*. S. Fischer, Berlin 1916. Dieses Stück ist am Schauspielhaus Düsseldorf uraufgeführt worden. Die Premiere war am 18. Oktober 1916. In der Spielzeit 1916/17 gab es 10 Aufführungen.

[3]   Zitat aus einem Brief HEINRICH HEINEs an JULIUS CAMPE vom 9. Juli 1848. In: Heinrich-Heine-Säkularausgabe, Werke, Briefwechsel, Lebenszeugnisse. 53 Bände, hrsg. von der Nationalen Forschungs- und Gedenkstätte der klassischen deutschen Literatur in Weimar und dem CNRS Paris, Akademie-Verlag Berlin, 1970 ff., Band 22, S. 287.

[4]   Vom 14. Juli 1917 bis 31. Oktober 1917 war GEORG MICHAELIS (1857–1936) Reichskanzler und Preußischer Ministerpräsident. Er war nach dem Rücktritt des Reichskanzlers BETHMANN HOLLWEG faktisch von der Obersten Heeresleitung eingesetzt worden, erwies sich aber bald als völlig überfordert und trat am 31. Oktober 1917 zurück. MICHAELIS war ein engagierter Christ. Er unterstützte später die Arbeit des Christlichen Studenten-Weltbundes und war führend in der Generalsynode und im Kirchenrat der Evangelischen Kirche der altpreußischen Union tätig.

## Brief  FELIX HAUSDORFF ⟶ LOUISE DUMONT

Gr., Graben 5
14. Nov. 1917

Liebe und verehrte Frau Luise Dumont!

[1]   Ich weiss nicht, ob ich so anfangen soll: wenn ich ein Werfel wär' und auch zwei Flügel hätt'! – oder: o dass ich tausend Zungen hätte! jedenfalls wünsche ich mir eine Sprachfülle und Ausdrucksgewalt sonder Gleichen, um Ihnen und

dem Kameraden für die „Urdenbacher Geistergrüsse" zu danken. Aber Ihr lieben guten Menschen, Bienenvater und Bienenmutter, was habt Ihr für ein unglaubliches Format gewählt! Das sind ja nicht Geistergrüsse, sondern „der dröhnende Massentritt der Arbeiterbataillone" (Arbeiterinnen-Bataillone!), ein Trommelfeuer von Wonne und Süssigkeit, ein blüthenduftender Niagarafall, der aufgehäufte Bienenfleiss von tausend und einer Sommernacht – ist es überhaupt menschenmöglich, dass es soviel Honig zu gleicher Zeit in demselben Raume giebt? Gesegnet seien die Lindenbäume und die Lindemänner, von denen uns solche Fülle des Segens kam. Wir haben ihn schon aufgethaut, und jeder Trop- [2] fen weckt unsere frömmste Andacht (ich bin in grosser Versuchung, jetzt ein paar Seiten aus Maeterlinck abzuschreiben!). Wie lieblich geheimnisvoll er duf- [3] tet! und wie er einem durch Cigarren denaturirten Halse das Evangelium der [4] Unschuld predigt und Mysterien der Heilung enthüllt! Ein Vierteljahr lang, vielleicht länger, wird an Sie Beide zweimal täglich mit Dank und Lieb gedacht werden. Vielleicht länger!!

Nun aber kommt noch eine Gegenrechnung. Sie sagten in Reichenhall einmal, wir wären fiese Kerle, weil wir uns nichts schenken lassen wollten. Sie sollen sehen, dass wir das doch wollen und können, wenigstens in erheblichem Umfang. Nämlich das verabredete Tauschgeschäft – Gramm für Gramm, Pfund für Pfund – lässt sich unsererseits nicht innehalten, da es geeignete Substanzen hier nicht mehr giebt. Auch jene, die den beklagenswerthen Namen „Käse" führt und eigentlich im Briefwechsel zweier Intellectuellen nicht vorkommen sollte, wird uns nur noch in Rationen von 35 Gramm zugewogen. Sie werden also mit einer Gegengabe fürlieb nehmen müssen, bei der Sie im Gewichtspunkt Schaden leiden: sie wird wenig von einem Geistergrusse haben und nicht einmal dem Pflanzen- geschweige Geisterreiche angehören, doch ist auch ihr Duft nicht unlieblich (wenn sie zuvor gebraten wird). Und wenn sie ankommen sollte, was ja bei unseren Postverhältnissen zwar möglich, aber nicht gewiss ist, so melden Sie es, bitte, mit einer Viertelzeile.

Nun habe ich wahrhaftig drei Seiten von Angelegenheiten des Magens (doch auch des Herzens) geredet und Ihnen noch kein Wort des Dankes für Ihren lieben Brief gesagt. Als Sie ihn schrieben, waren Sie noch gar nicht in guter Verfassung; hoffentlich haben Sie die Nachwehen Ihrer Influenza überwunden – ich schliesse das wenigstens aus dem, was in den Zeitungen bisweilen über Ihre Thätigkeit zu lesen steht. Mir geht es längst wieder gut. Im Übrigen ist ja die Welt so finster wie nur möglich, und auch in Ihrem geliebten Russland [5] dämmert kein Tag, sondern zuckt Höllenflammenschein. (Gut gesagt, beinahe alldeutsch!) In Demmin existirt ein Pferd, das sich selbst die elektrische [6] Stallaterne anknipst. Völker Europas, lernt von diesem Pferde! Ich glaube, das Reich des Antichrist ist gekommen und der metaphysische Buchhalter, der die „Karmas" abschliesst und auf neue Rechnung vorträgt, ist zum Hilfsdienst [7] eingezogen.

Nochmals tausend Dank und herzliche Grüsse an Sie Beide von uns Dreien.

Ihr getreuer

Felix Hausdorff

# Anmerkungen

[1]  Dies könnte eine Anspielung darauf sein, daß genau an dem Tage, an dem HAUSDORFF diesen Brief schrieb, am 14. November 1917, im Schauspielhaus Düsseldorf FRANZ WERFELS *Die Troerinnen des Euripides* gegeben wurde. Die Premiere hatte am 18. Mai 1917 stattgefunden; die Wiederaufnahme erfolgte am 3. November 1917.

[2]  LOUISE DUMONT und GUSTAV LINDEMANN wohnten in ländlicher Umgebung in Urdenbach südlich von Düsseldorf. Sie hatten dort einen großen Garten und GUSTAV LINDEMANN hatte dort auch Bienenstöcke. Er war ein begeisterter Imker, der sogar einen Lehrbienenstand betrieb, um junge Menschen an diese Tätigkeit heranzuführen. Bienenkörbe sind auch in seinem Exlibris zu sehen. HAUSDORFFs hatten offenbar ein größeres Gefäß mit Honig geschenkt bekommen.

Heute ist Urdenbach ein Stadtteil von Düsseldorf.

[3]  Anspielung auf MAURICE MAETERLINCK (1862–1949): *La vie des abeilles (Das Leben der Bienen)* (1901).

[4]  HAUSDORFF war ein leidenschaftlicher Zigarrenraucher.

[5]  LOUISE DUMONT fühlte sich Rußland und seiner Kultur verbunden. Sie hatte auf ihren Gastspielreisen in Rußland große Erfolge gefeiert; später bemühte sie sich, russische Autoren wie GOGOL und GORKI dem deutschen Publikum nahe zu bringen. HAUSDORFF spielt hier auf die russische Oktoberrevolution an, die in den Tagen vor Abfassung dieses Briefes die Bolschewiki unter LENIN an die Macht gebracht hatte.

[6]  Der Alldeutsche Verband wurde 1891 gegründet und hatte besonders in der Zeit des I. Weltkrieges starken Zulauf. Sein Programm der Schaffung eines „Großdeutschen Reiches", sein Antisemitismus, seine expansionistischen Ziele, sein Pangermanismus und Militarismus dienten den Nationalsozialisten als Vorbild; aus dem Alldeutschen Verband gingen zahlreiche Mitglieder der nationalsozialistischen Führungsschicht hervor. Die Propaganda der Alldeutschen benutzte oft eine martialische Sprache; darauf spielt HAUSDORFF hier an. 1939 wurde der Alldeutsche Verband, der neben der NSdAP nur noch ein Schattendasein führte, von HEYDRICH mit der Begründung aufgelöst, sein Ziel, die Vereinigung aller Deutschen in einem Großdeutschen Reich, sei erfüllt.

[7]  Karma ist – etwa im Buddhismus – jede gewollte Tat, wobei „Tat" Gedanken, Worte und Werke umfaßt. Gutes Karma trägt in diesem oder in einem der zukünftigen Leben gute Früchte oder beeinflußt die Art der Wiedergeburt positiv, schlechtes Karma hat entsprechend böse Folgen. Allerdings gibt es im Buddhismus nicht die Vorstellung, daß ein Gott oder ein anderes überirdisches

Wesen über das Karma sozusagen „Buch führt". HAUSDORFFs Bemerkung, daß der entsprechende Buchhalter in dieser schlimmen Kriegszeit nicht mehr am Werke, sondern abkommandiert sei, ist mehr eine ironische Anspielung auf die Vorstellung jenseitiger Strafe im christlichen Kulturkreis. HAUSDORFF hat sich an anderer Stelle über die jüdisch-christliche Vorstellung lustig gemacht, daß Gott als eine Art „himmlischer Buchhalter" alle guten und bösen Taten der Menschen registriert; in *Sant' Ilario* heißt es im Aphorismus Nr. 66 u. a. (S. 67–68; Band VII dieser Edition, S. 161–162):

> Was Peter gethan und Paul gelassen hat, Hänschens Augenlust und Gret-chens Fleischeslust, der böse Esau und der fromme Jacob und wie all die Struwwelpetergeschichten heissen mögen – nicht genug, dass dieses Menschliche, Ueberflüssige, Beiläufige da war, hundert- und tausendfach da war: nun soll es auch noch zum Schluss verarbeitet und recapitulirt werden, in Plaidoyers und Richtersprüchen, in schauderhaft umständ-lichem Für und Wider, ohne Abzug, ohne Strich, ohne Kürzung! Und das soll Unsereiner aushalten? dabei soll er ernsthaft bleiben? – Um ge-recht zu sein, muss daran erinnert werden, dass diese Taktlosigkeit in göttlichen Dingen, die sich Gott als Aufpasser und Polizisten mit einem fabelhaft genauen Gedächtniss oder Notizbuch vorstellt, nicht eigentlich dem Christenthum zur Last fällt; die ganze Möglichkeit so kleinlicher Anthropomorphismen erbte es vom Judenthum. Ohne die jüdische Be-griffsverschmelzung zwischen dem Schöpfer Himmels und der Erden und einem beschränkten Nationalgotte, der nicht verschmäht den Speisezet-tel seines auserwählten Volkes zu entwerfen, ist jenes christliche Zeugma unverständlich, das der ewigen Weltordnung ein Sichbefassen mit dem alltäglichen Gerede und Gethue alltäglicher Menschen zumuthet.

**Brief** FELIX HAUSDORFF ⟶ LOUISE DUMONT

19. 12. 17

Liebe und verehrte Frau Dumont, was werden Sie und der Kamerad von uns denken? Erst haben wir Ihnen den Mund wässerig gemacht (wenn so ein physi-calisches Phänomen bei occulten Seelenmenschen überhaupt möglich ist) und dann Sie in Tantalosqualen verschmachten lassen; erst chimärische Hoffnun-gen auf eine Gans, mindestens eine Ente erregt und dann statt ambrosischen Wohlgeschmackes die Bitterkeit der Enttäuschung auf Ihre Zünglein gestrichen! Aber wir haben besagte Vögel nicht etwa selber gefressen, sondern unsere Le-bensmittelschieber liessen uns im Stich, und als wir in den letzten Wochen ein einziges Mal ein präsentables Geflügel erwischten, war die Witterung so mild, dass wir es nicht auf die lange Reise zu schicken getrauten. Jetzt endlich ist es uns geglückt, eine Kleinigkeit für Sie zu ergattern; nicht das, was wir wollten, aber hoffentlich doch auch etwas nicht Verwerfliches! Eine kleine Gänsebrust, die wir, weil sie so klein war, um eine noch kleinere Entenbrust zu verstärken für angemessen erachteten. Ob die Sendung wirklich ankommt, ist eine andere Frage; wir konnten sie, da vom 17. Dec. an Werthpackete nicht angenommen wurden, nur als einfaches Packet schicken, sind also der Gnade oder Ungnade der wohlorganisirten Posträuber ausgeliefert. Wir wünschen Ihnen gutes Weihnachten und grüssen Sie herzlichst! Ihr getreuer

F. Hausdorff

## Brief FELIX HAUSDORFF ⟶ LOUISE DUMONT

Greifswald, Graben 5
13. Mai 1918

Liebe, verehrte Frau Luise Dumont!

[1] Wir hören heute innerhalb einer Stunde zweimal (durch einen Brief von Sitta und mündlich durch Fräulein Buchkremer), dass Ihr Mann krank ist; und dass es anscheinend nichts ganz Unerhebliches ist, schliessen wir aus der vorläufigen Verschiebung Ihrer Gastspielreise. Welchen Antheil wir an Ihrer Sorge nehmen und wie von Herzen wir baldige Besserung hoffen, brauche ich Ihnen nicht zu sagen. Wenn Sie Zeit und Ruhe dazu finden, würden Sie uns dann, nur mit einer Postkartenzeile, mittheilen, wie es geht? Ist es wieder der chronische Stirnhöhlenkatarrh oder etwas an den Athmungsorganen? Vielleicht gehen Sie nun bald nach Reichenhall, das Ihrem Manne doch eigentlich gut gethan hat.

Sie werden heute nicht in der Stimmung sein, meine Entschuldigung wegen der monatelangen Nichtbeantwortung Ihres lieben herzlichen Weihnachtsbriefes anzuhören. Wenn wir, wie wir sehr hoffen, von Ihnen eine beruhigende Zeile haben, will ich auch diesen Brief endlich beantworten. Einstweilen nur das Eine:

[2] aus Ihrer Anfrage wegen des Buches (Entschleierte Isis I) ersehe ich, dass dies Werk Ihnen tausendmal werthvoller ist, als es uns je werden kann, und dass wir den Rausch der ersten Begegnung, in dem Sie es uns, wie Sie schrieben, „an den Kopf warfen", in ungerechtester Weise missbrauchen würden, wenn wir es behalten wollten. Schliesslich war es ja Ihr schenkender Wille, nicht das Geschenk selbst, wofür wir Ihnen dankbar sind und sein werden; und wenn Sie diesem Willen, wie Sie liebenswürdig schrieben, dadurch Ausdruck geben wollen, dass Sie das Buch gegen ein anderes eintauschen, so nehmen wir auch dies nur als Symbol dankbar an – aber wir bitten Sie, dass Sie uns damit erst persönlich in Reichenhall überraschen. Einstweilen also darf ich Ihnen die Isis zurücksenden, und Ihr Versprechen wie meine Interpretation bürgt mir dafür, dass Sie Sich dadurch auch nicht in leisestem Masse gekränkt fühlen – nicht wahr?

Hoffentlich, ach hoffentlich können Sie uns bald mit einer Zeile sagen, dass Sie wieder ohne Sorge sein dürfen.

Tausend herzlichste Grüsse von uns Allen an Sie und den Herrn Patienten.
Ihr getreuer

Felix Hausdorff

## Anmerkungen

[1]  SITTA GOLDSCHMIDT (geb. am 19. September 1874 in Berlin) war die Schwester von HAUSDORFFs Frau CHARLOTTE. Sie litt an Asthma; ihr Vater (vgl. Anm. [7] zum Brief vom 28. 12. 1916) versuchte, durch den Einsatz von Morphium die Krankheit zu lindern, unterschätzte dabei aber die Suchtgefahr. SITTA war schließlich Morphinistin und mußte entsprechend behandelt werden. Sie lebte in Bad Reichenhall und verstarb dort im Jahre 1930.
Bei „Fräulein Buchkremer" handelte es sich vermutlich um MARIELUISE BUCH-KREMER (1885–1976), später verehelichte WYSS, eine Freundin des Schauspielhauses Düsseldorf.

[2]  *Isis Entschleiert* (Band I: Wissenschaft, Band II: Theologie), New York 1877, war das erste Standardwerk zur Theosophie von HELENA BLAVATSKI (s. auch Anm. [2] zum Brief HAUSDORFFs vom 28. 12. 1916).

**Telegramm**  FELIX und CHARLOTTE HAUSDORFF ⟶ LOUISE DUMONT
[Datum: 23. 2. 1932]

[Empfänger: Dumont Lindemann, Schauspielhaus Duesseldorf]    [1]

Herzliche Glueckwuensche = Felix Charlotte Hausdorff    [2]

## Anmerkungen

[1]  LOUISE DUMONT führte seit ihrer Heirat 1907 den Doppelnamen DUMONT-LINDEMANN, insbesondere im offiziellen Verkehr.

[2]  LOUISE DUMONT hatte einen Tag vor diesem Telegramm, am 22. Februar 1932, ihren 70. Geburtstag gefeiert.

# Friedrich Engel

## Korrespondenzpartner

FRIEDRICH ENGEL wurde am 26. 12. 1861 in Lugau (Sachsen) als Sohn eines evangelischen Pastors geboren. Er studierte von 1879 bis 1883 in Leipzig und Berlin und promovierte 1883 bei A. MAYER in Leipzig. 1884 ging er auf Anregung von KLEIN und MAYER 9 Monate zu SOPHUS LIE nach Christiania (Oslo). 1885 habilitierte er sich in Leipzig, wurde dort 1889 außerordentlicher Professor und 1899 ordentlicher Honorarprofessor. 1904 wurde er Ordinarius in Greifswald und 1913 in Gießen, wo er bis zu seiner Emeritierung 1931 wirkte. Er blieb weiter wissenschaftlich aktiv bis zu seinem Tode am 29. 9. 1941.

In die Mathematikgeschichte ist ENGEL vor allen Dingen durch seine großen Verdienste bei der Erschließung der LIEschen Ideenwelt eingegangen. LIE lag es nicht, seine von genialer Intuition geleiteten Ideen so darzustellen, daß sie dem breiten mathematischen Publikum verständlich waren und dem damaligen Standard an Exaktheit genügten. Hier half ihm ENGEL seit dem Aufenthalt in Oslo über viele Jahre; in gemeinsamer Arbeit entstand LIEs fundamentales dreibändiges Werk *Theorie der Transformationsgruppen*, Teubner, Leipzig 1888–1893. ENGELs eigene wissenschaftliche Arbeiten bewegen sich hauptsächlich im Gedankenkreis LIEs, indem sie dessen Schöpfungen weiter ausbauen und vertiefen, an manchen Stellen vereinfachen und durch exakte Beweise sichern. Er bearbeitete auch eine Reihe von interessanten Sonderfällen und Anwendungen von LIEs allgemeinen Theorien. Besonders hervorzuheben sind seine Arbeiten zur Invariantentheorie von Systemen Pfaffscher Gleichungen, über die Differentialinvarianten der projektiven Gruppen, über die zehn Integrale der klassischen Mechanik und das $n$-Körperproblem und über partielle Differentialgleichungen erster Ordnung. Über letzteres Thema wollte LIE selbst eine zusammenfassende Darstellung seiner Integrationstheorien schreiben, konnte dies aber wegen seiner Krankheit nicht mehr leisten. ENGELs unter Mitwirkung von K. FABER entstandenes Buch *Die Liesche Theorie der partiellen Differentialgleichungen 1. Ordnung*, Teubner, Leipzig 1932, füllt diese Lücke aus. ENGEL erwarb sich große Verdienste bei der Herausgabe der Werke bedeutender Mathematiker. An erster Stelle steht hier die mustergültige Ausgabe von LIEs Gesammelten Abhandlungen (s. auch Anmerkung [3] zum vorletzten der hier abgedruckten Briefe). ENGEL besorgte eine dreibändige Ausgabe der Werke HERMANN GRASSMANNs und wirkte als Herausgeber der Bände 11 und 13 von EULERs *Opera omnia*. Auch als Mathematikhistoriker machte sich ENGEL einen Namen. Gemeinsam mit P. STÄCKEL publizierte er 1895 unter dem Titel *Die Theorie der Parallellinien von Euklid bis auf Gauß* eine Quellensammlung zur Vorgeschichte der nichteuklidischen Geometrie. Er unternahm auch eigene Forschungen zum Werk LOBATSCHEWSKIs und übersetzte Arbeiten LOBATSCHEWSKIs aus dem Russischen.

## Quellen

Die Briefe HAUSDORFFs an Engel befinden sich im Nachlaß ENGELs, der sich im Mathematischen Institut der Universität Gießen befand und im Jahre 2000 dem Archiv der Universität Gießen übergeben wurde. Dieser Nachlaß, der ca. 4700 Briefe (hauptsächlich von Mathematikern) enthält, ist von Prof. Dr. PETER ULLRICH und GABRIELE WICKEL vorbildlich erschlossen worden.

## Bemerkungen

Die Briefe und Postkarten HAUSDORFFs an ENGEL vom 13. 5. 1904, 4. 4. 1910, 21. 2. 1911, 27. 12. 1912, 8. 2. 1913, 15. 2. 1913, 11. 3. 1913, 15. 3. 1913, 27. 3. 1913, 2. 4. 1913, 8. 4. 1913, 26. 5. 1913, 24. 5. 1914, 11. 2. 1921 sind bereits publiziert in: EICHHORN, E.; THIELE, E.-J.: *Vorlesungen zum Gedenken an Felix Hausdorff.* Heldermann Verlag, Berlin 1994, S. 70–87. Die dortigen Wiedergaben enthalten allerdings einige Lesefehler.

## Danksagung

Wir danken dem Archiv der Universität Gießen für die Genehmigung zum Abdruck der Briefe HAUSDORFFs an ENGEL. Ein herzlicher Dank geht an Herrn Prof. Dr. CHRISTOPH J. SCRIBA (Hamburg) für eine Reihe wertvoller Hinweise sowie an Herrn Prof. Dr. PETER SCHREIBER (Greifswald) für Hilfe bei den Anmerkungen [3] zum Brief vom 15. 3. 1913 und [2] zum Brief vom 26. 5. 1913.

6. Dec. 99

Sehr geehrter Herr Prof., Ich habe bei Lie Folgendes gehört:
1) Analytische Geometrie  4 st.  SS. 1887                                                    [1]
2) Projective Geometrie  4 st.  W. S. 1887/88                                             [2]
3) Theorie der Transformationsgruppen  2 st. (Mi, Do)  SS 1889          [3]
4) Anwendungen der Berührungstransformationen  2 st. (Mo, So)  SS 1889  [4]
5) Theorie der Berührungstransformationen  2 st. (Mo, So)  W. S. 1889/90
(letzte Vorlesung 11. Nov. 89).                                                                  [5]
Bei 2) bin ich meiner Sache nicht ganz sicher.
Ihrer Frau Gemahlin baldige Besserung wünschend grüsst herzlichst
Ihr    F. Hausdorff

## Anmerkungen

[1]   Etwa die Hälfte von NL HAUSDORFF : Kapsel 57 : Faszikel 1179 besteht aus der (größtenteils stenographischen) stichpunktartigen Mitschrift dieser Vorlesung. Die Belegung der unter 1) und 2) genannten Vorlesungen wird HAUSDORFF in einem Studienzeugnis der Universität Leipzig vom 31. 3. 1888 bestätigt (UA Leipzig, Film Nr. 60, Dokument Nr. 460).

[2]   Notizen zu dieser Vorlesung (stichpunktartig, stenographisch) finden sich in NL HAUSDORFF : Kapsel 57 : Faszikel 1181.

[3]   Stenographische Mitschrift in NL HAUSDORFF : Kapsel 57 : Faszikel 1166. Die Belegung der unter 3) und 4) genannten Vorlesungen aus dem Sommersemester 1889 wird HAUSDORFF in einem Studienzeugnis der Universität Leipzig vom 6. 7. 1891 bestätigt (UA Leipzig, Rep. I/XVI/C/VII 52, Bd. 2; auch Film Nr. 67).

[4]   Stenographische Mitschrift in NL HAUSDORFF : Kapsel 57 : Faszikel 1167.

[5]   Diese Vorlesung hat LIE wegen seiner schweren Erkrankung früh abbrechen müssen. Sie wird deshalb im Studienzeugnis für HAUSDORFF vom 6. 7. 1891 (s. Anmerkung [3]) nicht erwähnt. Die stenographische Mitschrift (19 Seiten) findet sich in NL HAUSDORFF : Kapsel 57 : Faszikel 1168.

**Brief** FELIX HAUSDORFF ⟶ FRIEDRICH ENGEL

Leipzig, Lortzingstr. 13

13. Mai 1904

Sehr geehrter Herr Professor Engel,

Seit vier Wochen versuche ich die Zeit zu einem Lebenszeichen zu erübrigen, aber ich bin in diesem Semester wirklich sehr mit Arbeit überhäuft. 4 Stunden analytische Geometrie, 1 Stunde Seminar, welches eine Erfindung des Satans ist, 2 Stunden nichteuklidische Geometrie und 4 Stunden Handelshochschule: [1] das giebt ein solides Grundgerüst, um das sich dann die sonstigen Beschäftigungen anzukrystalliren haben. Aber endlich muss ich Ihnen doch danken, für [2] die freundliche Dedication der Hölderschen Antrittsrede, und mein herzliches Bedauern aussprechen, dass Ihr Abschiedsbesuch gerade in die Zeit der (länger als ursprünglich geplant, ausgedehnten) Berliner Reise fiel. Obwohl wir uns hier in Leipzig selten genug gesehen und gesprochen haben, so kann ich doch aufrichtig sagen, dass Sie mir fehlen: die Möglichkeit persönlicher Aussprache war doch immer da, die Möglichkeit verständnisvoller Anregung und Berathung auf [3] *allen* Gebieten unserer Wissenschaft, die – mit dem weisen Papa von Effi Briest zu reden – eigentlich ein recht „weites Feld" geworden ist. Unter allen hiesigen [4] Docenten waren Sie doch der vielseitigste (muss man mit Wustmann besser sagen: der meistseitige?) und am wenigsten Fanatiker irgend einer besonderen Richtung, sodass ich gerade diese Ausrede der Massgebenden – man wolle Ihre Richtung nicht durch ein Ordinariat stabilisiren – für die unglücklichste aller [5] möglichen halte.

Dass wir jetzt entschiedene Baisse haben (analytische Geometrie z. B. haben nur 42 belegt), schiebe ich theilweise auf Ihren Fortgang, theilweise natürlich wird wohl auch das Schoenflies'sche Warnungssignal in den Zeitungen gewirkt [6] haben.

Wie gefällt Ihnen denn ultima Thule, genannt Grips oder Greifswald? Ist es wirklich eine der kleinen wissenschaftlichen Garnisonen, wo man aus Verzweiflung dicke Bücher schreibt?

[7] Die Geometrie der Dynamen Ihres dortigen Vorgängers habe ich endlich durchgearbeitet; es ist doch ein mächtiges und genussreiches, wenn auch nicht [8] bequemes Werk. Mein Referat darüber wird, hoffe ich, Study nicht missfal- [9] len; nur fürchte ich, dass es etwas länglich gerathen ist und Schotten eine Verkürzung wünschen wird. Das Buch hat mich übrigens in meiner von Clifford entlehnten Überzeugung bestätigt, dass es keinen dunkleren, struppigeren, widerhaarigeren Raum giebt als den euklidischen mit seinen ewigen Ausnah- [10] mefällen und „dreary infinities", dass der Lobatschefskij'sche schon in höherem Masse unserem Bedürfniss nach Symmetrie und Dualität entgegenkommt, dass aber die wahre logische Beruhigung und Paradieseswonne in der alleinseligmachenden elliptischen Geometrie blüht. Wir wollen eine Eingabe an den Reichstag richten, dass diese allein in den Klipp- und höheren Schulen gelehrt

werden darf, schon damit in 30 Jahren die Philosophen (die ja bekanntlich alles, was sie vor der Confirmation gelernt haben, als angeborene Ideen bezeichnen) die endliche Länge der Geraden als *Anschauung a priori* auf den Altar der indiscutiblen Wahrheiten stellen und gegen die Verfechter „Nicht-Riemannscher Metageometrie" die Unvorstellbarkeit sogenannter Parallelen behaupten.          [11]

Wenn Ihre neuen Pflichten Ihnen Zeit lassen, so werden Sie, wie ich hoffe, auch mir einmal schreiben. Ihre Frau Gemahlin hoffen wir vor der Übersiedlung noch einmal zu sehen. Wenn Frau Study noch in Gr. ist, grüssen Sie sie doch auch von meiner Frau und mir, ebenso nehmen Sie selbst von uns Beiden die herzlichsten Grüsse!

Ihr sehr ergebener

Felix Hausdorff

## Anmerkungen

[1]   Neben seiner Tätigkeit an der Universität las HAUSDORFF an der Handelshochschule Leipzig ab Wintersemester 1901/02 jedes Semester bis zu seinem Weggang aus Leipzig „Politische Arithmetik". Die Ausarbeitungen dieser Vorlesung und der anderen im Brief genannten Vorlesungen befinden sich in HAUSDORFFs Nachlaß; zu Einzelheiten s. den Artikel *Felix Hausdorff als akademischer Lehrer* im Band I dieser Edition.

[2]   OTTO HÖLDER (1959–1937) wurde zum 1. 4. 1899 als Nachfolger von SOPHUS LIE (1849–1899) nach dessen Rückkehr 1898 nach Norwegen an die Universität Leipzig berufen. HÖLDER hielt seine Antrittsvorlesung *Anschauung und Denken in der Geometrie* am 22. Juli 1899. Sie wurde, mit Zusätzen, Anmerkungen und einem Register versehen, im Jahre 1900 bei Teubner in Leipzig publiziert.

[3]   Anspielung auf THEODOR FONTANES Roman *Effi Briest*, der erstmals 1894 und 1895 in zwei Teilen erschien.

[4]   Anspielung auf GUSTAV WUSTMANN (1844–1910): *Allerhand Sprachdummheiten. Kleine deutsche Grammatik des Zweifelhaften, des Falschen und des Häßlichen. Ein Hilfsbuch für alle, die sich öffentlich der deutschen Sprache bedienen.* 3. Aufl., W. Grunow, Leipzig 1903 (1. Aufl. 1891; erlebte in 70 Jahren 14 Auflagen).

[5]   Schon bei der Wiederbesetzung des Lehrstuhls von SOPHUS LIE (s. Anm. [2]) war auch FRIEDRICH ENGEL in Betracht gezogen worden. Für ihn hatten sich in einem Separatvotum CARL NEUMANN (1832–1925) und WILHELM SCHEIBNER (1826–1908) eingesetzt, LIE selbst aber hatte sich gegen ihn ausgesprochen (s. dazu PURKERT, W.: *Zum Verhältnis von Sophus Lie und Friedrich Engel.* Wiss. Zeitschrift der Ernst-Moritz-Arndt-Universität Greifswald, Math.-Naturwiss. Reihe **33** (1984), 29–34). 1904 sollte in Leipzig der Lehrstuhl von ADOLPH MAYER (1839–1908) wiederbesetzt werden. MAYER war

1900 aus Gesundheitsgründen für dauernd beurlaubt worden, hatte seine Ruhebezüge jedoch für ENGEL zur Besoldung einer ordentlichen Honorarprofessur zur Verfügung gestellt. Als klar wurde, daß ENGEL in Leipzig keine Chance hatte, nahm er 1904 einen Ruf an die Universität Greifswald an. Nach Leipzig wurde der Geometer KARL ROHN (1855–1920) von der TH Dresden berufen.

[6]   ARTHUR SCHOENFLIES (1853–1928) hatte als Leiter einer von der Deutschen Mathematiker-Vereinigung eingesetzten Kommission im Band 12 (1903) des Jahresberichts der DMV einen Artikel *Zur Statistik des mathematischen Studiums* veröffentlicht (S. 218–221). Darin wird festgestellt, daß sich als Reaktion auf einen gewissen Lehrermangel zeitlich verschoben eine starke Zunahme der Mathematikstudenten eingestellt habe. Im Sommer 1902 habe die Zahl der deutschen Studenten der Mathematik allein an den preußischen Universitäten etwa 1200 betragen. Deshalb schien es SCHOENFLIES

> · · · dringend notwendig, *vor dem übermäßigen Zudrang zum Studium der Mathematik allen Ernstes bereits jetzt zu warnen.* (S. 219)

Man schätzte, daß die Normalzahl an Studierenden der Mathematik etwa 600 betragen solle. In den letzten zwei Jahren habe aber allein die Zunahme 400 betragen. Als Schlußfolgerung formulierte SCHOENFLIES die folgende Mahnung:

> Angesichts dieser Tatsache ist sicherlich die dringende und ernste Mahnung am Platz, daß in Zukunft nur diejenigen sich dem Studium der Mathematik widmen, die eine besondere Neigung dazu treibt. (S. 221)

SCHOENFLIES' Warnungen waren auch Gegenstand von Artikeln in Tageszeitungen.

[7]   Der Vorgänger von ENGEL auf dem Lehrstuhl in Greifswald war EDUARD STUDY (1862–1930), der 1904 nach Bonn berufen worden war. STUDYs Buch *Geometrie der Dynamen. Die Zusammensetzung von Kräften und verwandte Gegenstände der Geometrie* (603 Seiten) erschien bei Teubner in Leipzig in zwei Lieferungen (1901 und 1903).

[8]   HAUSDORFFs Referat über STUDYs *Geometrie der Dynamen* erschien unter dem Titel *Eine neue Strahlengeometrie* in: Zeitschrift für mathematischen und naturwissenschaftlichen Unterricht 35 (1904), 470–483 ([H 1904b], Wiederabdruck im Band VI dieser Edition).

[9]   Der Hallenser Oberrealschuldirektor HEINRICH SCHOTTEN (1856–1939) war Herausgeber der Zeitschrift für mathematischen und naturwissenschaftlichen Unterricht (s. vorhergehende Anmerkung).

[10]   W. K. CLIFFORD hatte in seinen *Lectures and Essays*, vol. I (2. Aufl., herausgegeben von L. STEPHEN und F. POLLOCK, London 1886) die Räume konstanter Krümmung diskutiert. Den gewöhnlichen euklidischen Raum bezeichnet er als „homaloidal space". CLIFFORD zählt in dieser Diskussion die

Vorteile auf, die es seiner Ansicht nach hätte, wenn der physikalische Raum ein Raum konstanter positiver Krümmung wäre. Dann heißt es:

> In fact, I do not mind confessing that I personally have often found relief from the dreary infinities of homaloidal space in the consoling hope that, after all, this other [d. h. ein Raum konstanter positiver Krümmung – W. P.] may be the true state of things. (*Lectures and Essays*, vol. I, p. 323)

[11]  Die Schöpfer und Verteidiger nichteuklidischer Geometrien wurden gelegentlich, vor allem in philosophischen Diskussionen, „Metageometer" genannt; vgl. z. B. MELCHIOR PALÁGYI: *Neue Theorie des Raumes und der Zeit. Die Grundbegriffe einer Metageometrie*. Engelmann, Leipzig 1901. Sogar G. CANTOR bezeichnete in einem Brief an G. VERONESE vom 17. 11. 1890 „Riemann, Helmholtz und Genossen" als „Metageometer" (s. PURKERT, W.; ILGAUDS, H.-J.: *Georg Cantor*. Birkhäuser, Basel 1987, S. 202). HAUSDORFF dreht hier scherzhaft den Spieß um und nennt in Anspielung auf KANT Leute, welche nur die euklidische Geometrie gelten lassen wollen, Verfechter „Nicht-Riemannscher Metageometrie".


**Brief**  FELIX HAUSDORFF $\longrightarrow$ FRIEDRICH ENGEL

Leipzig, Lortzingstr. 13$^{III}$
29. Dec. 1905

Sehr geehrter Herr Professor,

Da Sie doch keinen Augenblick zweifeln werden, dass mein Brief eine egoistische Neben- oder Hauptabsicht hat, so will ich lieber mit der Thür ins Haus fallen und Ihnen eine Bitte um litterarischen Beirath vortragen. Bei Gelegenheit meiner gegenwärtigen Vorlesung über Gruppentheorie (14 Mann, bei einer [1] Gesamtzahl von 183 Studiosen der Mathematik!!) bin ich auf die von Ihnen nicht sehr geschätzten symbolischen Darstellungen gerathen, wo z. B. eine von der inf. Tf. $X$ erzeugte endliche Tf. durch $e^X$ bezeichnet wird, und habe nach [2] vieler Mühe eine ausserordentlich elegante Formel für die Zusammensetzung zweier Tf. zu einer dritten ($e^X e^Y = e^Z$) gefunden, die fast „unmittelbar" zu [3] den Schur'schen Formeln (auch zu Ihren Diffgl. Leipz. Ber. 1891) für die inf. [4] Tf. der Parametergruppen führt und, wie mir scheint, den kürzesten und directesten Beweis für den zweiten und dritten Fundamentalsatz in sich schliesst. [5] Natürlich (pereant qui ante nos nostra dixerunt!) haben sich schon andere mit [6] dieser Sache abgegeben, und nun wollte ich Sie fragen, ob Ihnen, bei Ihrer sowohl im Allgemeinen als speciell in der Gruppentheorie eminenten Litteraturkenntniss, vielleicht noch etwas bekannt ist, was mir entgangen wäre. Ich kenne [7]
1) zwei Arbeiten von *Campbell*, Lond. Math. Soc. Proc. 28 (1897) und 29

(1898), nebst dem betr. Auszug in C's Theory of Contin. Groups (1903)

2) die Sachen von *Pascal*, Ist. Lomb. 34 (1901) und 35 (1902)

3) die Notiz von *Poincaré* (C. R. 128 (1899)); von P's Stokesfestschrift (1900) und der Arbeit in Palermo Rend. 15 nur das Referat in den Fortschr.

4) H. F. *Baker*, on the exponential theorem ... Lond. M. S. 34.

Wie Sie bemerken, ist diese Litteraturkenntniss wesentlich „fortschrittlich" gefärbt; Ihre eigenen Referate spielen eine Hauptrolle darin. In den genannten Arbeiten ist das, was ich gefunden habe, glücklicherweise nicht oder nur zum Theil anticipirt, wenigstens hat keiner die vollständige und dabei ganz übersichtliche Entwicklung von $Z$ gegeben. Aber in den letzten Jahren könnte ja noch Etwas dieser Art erschienen sein; namentlich dieser Poincaré, der immer schon Alles gemacht hat, erweckt meinen Verdacht. Natürlich muthe ich Ihnen nicht zu, umständlich suchen oder nachschlagen zu sollen; sondern nur, wenn Ihnen zufällig – vielleicht unter den Sachen, die Sie für die Fortschr. zum Referat übernommen haben – etwas begegnet sein sollte, so würden Sie mich durch eine *möglichst schnelle* Mittheilung sehr verpflichten; denn ich möchte die kleine Arbeit gerne in der Sitzung unserer Gesellsch. d. Wissensch. vom 8. Januar vorlegen lassen.

Bei dieser Arbeit sind mir noch einige Kleinigkeiten aufgefallen: z. B. sind [8] die der „derivirten" Gruppe analogen Gruppen schon betrachtet worden, die von den dreigliedrigen Klammerausdrücken $((X_i X_k) X_l)$, von den viergliedrigen u. s. w. gebildet werden, und die sämtlich invariante Untergr. der gegebenen Gruppe sind? Ferner fand ich zu jeder $r$-gliedrigen Zusammensetzung $G_r$ ei- [9] ne lineare homogene Gruppe, deren Gliederzahl $\leq r^2$ ist (= $r^2$ kann sie nur bei *einfachen* Gruppen $G_r$ werden) und von der die adjungirte Gruppe eine Untergruppe ist; allerdings weiss ich damit vorläufig nichts anzufangen.

Ich hoffe sehr, dass es Ihnen und den Ihrigen im rauhen Norden gut geht, und wünsche Ihnen ein glückliches neues Jahr. Bei uns ist Alles unverändert; das Kränzchen will, trotz Gutzmers Rückkehr nach Halle, nicht zu Stande kommen; [10] Sie und Grassmann waren eben doch die spiritus rectores!

Indem ich Ihnen für Ihre Bemühung im Voraus bestens danke, bin ich mit herzlichen Grüssen von Haus zu Haus

Ihr ergebenster

Felix Hausdorff

## Anmerkungen

[1]  Im Wintersemester 1905/06 las HAUSDORFF dreistündig „Einführung in die Theorie der Transformationsgruppen (nach Sophus Lie)". HAUSDORFFs handschriftliche Ausarbeitung dieser Vorlesung ist im Nachlaß vorhanden: Kapsel 05 : Faszikel 20.

[2]  inf. Tr. = infinitesimale Transformation. Der Begriff der infinitesimalen Transformation spielt in der LIEschen Theorie eine fundamentale Rolle. LIE

ordnet jedem System gewöhnlicher Differentialgleichungen

$$\frac{dx_i}{dt} = \xi_i(x_1, \ldots, x_n), \qquad i = 1, \ldots, n \tag{1}$$

eine infinitesimale Transformation

$$\delta x_i = \xi_i(x_1, \ldots, x_n)\,\delta t, \qquad i = 1, \ldots, n \tag{2}$$

zu; diese bildet den Punkt $(x_1, \ldots, x_n)$ auf $(x_1 + \delta x_1, \ldots, x_n + \delta x_n)$ ab. Sie läßt sich deuten als infinitesimale Verschiebung von $(x_1, \ldots, x_n)$ längs einer Bahnkurve des Systems (1). Der infinitesimalen Transformation (2) ordnet LIE einen Differentialoperator zu, das sogenannte Symbol $X(\cdot)$:

$$X(\cdot) = \sum_{i=1}^{n} \xi_i(x_1, \ldots, x_n)\,\frac{\partial}{\partial x_i}\,;$$

$X(f)\,\delta t$ ist gerade der Zuwachs $f(x_1 + \delta x_1, \ldots, x_n + \delta x_n) - f(x_1, \ldots, x_n)$ von $f$ bei der infinitesimalen Transformation (2). Die allgemeine Lösung von (1) hat die Gestalt $x_i = f_i(t; x_{10}, \ldots, x_{n0})$ mit $f_i(0; x_{10}, \ldots, x_{n0}) = x_{i0}$. Die Funktionen $f_i$ definieren eine einparametrige Schar $S_t$ von endlichen Transformationen:

$$S_t : \qquad x_i' = f_i(t; x_1, \ldots, x_n), \qquad i = 1, \ldots, n$$

Aus dem Eindeutigkeitssatz für (1) folgt die Gruppeneigenschaft der $S_t$:

$$S_{t_1 + t_2} = S_{t_1}(S_{t_2})\,.$$

LIE sagt, daß die infinitesimale Transformation die Gruppe „erzeugt"; dahinter steht die Vorstellung, daß man eine endliche Verschiebung längs einer Bahnkurve durch unendlich häufige Wiederholung einer infinitesimalen Transformation erzielt. Um auf die von HAUSDORFF erwähnte symbolische Darstellung zu kommen, betrachtet man die Wirkung von $S_1$ auf eine Funktion $\varphi$. Die Reihenentwicklung von $\varphi(x_1', \ldots, x_n')$ ergibt

$$\varphi(x_1', \ldots, x_n') = \varphi(x_1, \ldots, x_n) + \sum_{k=1}^{\infty} \frac{1}{k!} X^k(\varphi)\,;$$

dabei ist $X^k(\cdot)$ der $k$ mal iterierte Operator der infinitesimalen Transformation. Das kann als symbolische Exponentialfunktion geschrieben werden:

$$\varphi(x_1', \ldots, x_n') = e^X(\varphi(x_1, \ldots, x_n))\,.$$

[3]  Es handelt sich um den für die Theorie der freien Lie-Algebren fundamentalen, heute nach BAKER, CAMPBELL und HAUSDORFF benannten Satz. HAUSDORFF hat seine Ergebnisse 1906 publiziert: HAUSDORFF, F.: *Die symbolische Exponentialformel in der Gruppentheorie*. Berichte über die Verhandlungen der Königl. Sächs. Ges. der Wiss. zu Leipzig. Math-phys. Classe **58** (1906),

19–48 ([H 1906a]). Die Arbeit ist mit einem Kommentar von W. SCHARLAU wiederabgedruckt im Band IV dieser Edition, S. 429–465.

[4]  SCHUR, F.: *Beweis für die Darstellbarkeit der infinitesimalen Transformationen aller transitiven endlichen Gruppen durch Quotienten beständig konvergenter Potenzreihen.* Berichte über die Verhandlungen der Königl. Sächs. Ges. der Wiss. zu Leipzig. Math-phys. Classe **42** (1890), 1–7, dort Formeln (2)–(4) auf S. 2. Ausführliche Darstellung in: SCHUR, F.: *Neue Begründung der Theorie der endlichen Transformationsgruppen.* Math. Annalen **35** (1890), 161–197, dort § 3 „Bestimmung der Componenten der infinitesimalen Transformationen der Parametergruppe", insbes. der zusammenfassende Satz 3, S. 179. Bei HAUSDORFF finden sich die SCHURschen Formeln in [H 1906a], S. 34, Formeln (10) und (11) (Band IV dieser Edition, S. 446).

Der Verweis auf ENGEL betrifft: ENGEL, F.: *Kleinere Beiträge zur Gruppentheorie. IV. Die kanonische Form der Parametergruppe.* Berichte über die Verhandlungen der Königl. Sächs. Ges. der Wiss. zu Leipzig. Math-phys. Classe **43** (1891), 308–315; Ders.: *Kleinere Beiträge zur Gruppentheorie. VI. Nochmals die kanonische Form der Parametergruppe.* Ebenda **44** (1892), 43–53.

[5]  In moderner Terminologie ist der Inhalt der beiden hier genannten LIEschen Fundamentalsätze die Aussage, daß jede endlichdimensionale Lie-Algebra über $\mathbb{R}$ (oder $\mathbb{C}$) die Lie-Algebra einer geeigneten analytischen Gruppe ist. LIE selbst hat die Theorie der von ihm so genannten „endlichen kontinuierlichen Transformationsgruppen" in einem dreibändigen, unter Mitwirkung von F. ENGEL verfaßten Werk niedergelegt: LIE, S.: *Theorie der Transformationsgruppen.* Drei Bände, Teubner, Leipzig 1888, 1890, 1893. Die drei LIEschen Fundamentalsätze finden sich in Kapitel 25 „Die Fundamentalsätze der Gruppentheorie" im Band III, S. 545–606. Man kann ihren Inhalt in LIEscher Terminologie ungefähr folgendermaßen umreißen:

Grundlage der Betrachtung ist eine $r$-parametrige Gruppe von Transformationen

$$x_i' = f_i(x_1, \ldots, x_n; a_1, \ldots, a_r), \qquad i = 1, \ldots, n \qquad (3)$$

des $\mathbb{R}^n$ in sich. Es sei $f_i(x_1, \ldots, x_n; 0, \ldots, 0) = x_i$ und (3) sei für alle hinreichend kleinen $a_i$ erklärt. LIE nennt solche Gruppen endliche ($r$-gliedrige) kontinuierliche Transformationsgruppen. Die Fundamentalsätze begründen den Zusammenhang zwischen einer solchen speziellen Lie-Gruppe und einem rein algebraischen Objekt, das von den infinitesimalen Transformationen der Gruppe gebildet wird und welches man heute als eine $r$-dimensionale Lie-Algebra bezeichnet. Die LIEschen Fundamentalsätze lauten:

I.   Bilden die Transformationen (3) eine Gruppe, so genügen die $x'$ als Funktionen der $a$ den Differentialgleichungen

$$\frac{\partial x_i'}{\partial a_k} = \sum_{j=1}^{r} \psi_{jk}(a_1, \ldots, a_r)\, \xi_{ji}(x_1', \ldots, x_n'), \quad i = 1, \ldots, n, \quad k = 1, \ldots, r \quad (4)$$

mit gewissen Funktionen $\psi_{jk}$, $\xi_{ji}$ und $\psi_{jk}(0,\ldots,0) = \delta_{jk}$. Die infinitesimalen Transformationen

$$X_k(f) = \sum_{i=1}^{n} \xi_{ki}(x_1,\ldots,x_n)\frac{\partial f}{\partial x_i}, \qquad k = 1,\ldots,r \tag{5}$$

sind linear unabhängig; der von ihnen aufgespannte $r$-dimensionale Vektorraum erzeugt in folgendem Sinne die Gruppe: Jedes Element der Gruppe (3) gehört genau einer derjenigen einparametrigen Gruppen an, deren zugehörige infinitesimale Transformation die Gestalt $\lambda_1 X_1 + \cdots + \lambda_r X_r$ mit konstanten $\lambda_k$ hat.

Besitzt umgekehrt ein System der Form (4) Lösungen $f_i(x_1,\ldots,x_n; a_1,\ldots,a_r)$ mit den Anfangsbedingungen $f_i(x_1,\ldots,x_n; 0,\ldots,0) = x_i$ bei beliebigem $x_i$, so bilden diese eine $r$-parametrige Gruppe. Die infinitesimalen Transformationen

$$X_k(f) = \sum_{i=1}^{n} \xi_{ki}(x_1,\ldots,x_n)\frac{\partial f}{\partial x_i}$$

bestimmen sich aus

$$X_k(f) = \sum_{i=1}^{n} \frac{\partial f_i}{\partial a_k}\bigg|_{a_1=\cdots=a_r=0}\frac{\partial f}{\partial x_i}$$

und erzeugen die Gruppe im oben angegebenen Sinn.

**II.** $r$ linear unabhängige inf. Transformationen $X_1(f),\ldots,X_r(f)$ erzeugen genau dann auf die in **I.** beschriebene Weise eine $r$-parametrige Gruppe, wenn gilt

$$(X_i, X_j)(f) = \sum_{k=1}^{r} c_{ijk}\, X_k(f)\,. \tag{6}$$

Dabei sind $c_{ijk}$ Konstante (die sog. Strukturkonstanten) und $(X_i, X_j)(f)$ ist die Jacobische Klammer $X_i(X_j(f)) - X_j(X_i(f))$.

**III.** Sind $X_1(f),\ldots,X_r(f)$ linear unabhängige inf. Transformationen einer Gruppe, so gilt für die Strukturkonstanten $c_{ijk}$:

$$c_{ijk} + c_{jik} = 0, \qquad \sum_{l=1}^{r}(c_{ijl}c_{lhk} + c_{jhl}c_{lik} + c_{hil}c_{ljk}) = 0\,. \tag{7}$$

Erfüllen umgekehrt $r^3$ Konstanten $c_{ijk}$ die Bedingungen (7), so gibt es in einem $\mathbb{R}^n$ mit hinreichend großem $n$ linear unabhängige inf. Transformationen $X_1(f),\ldots,X_r(f)$, die (6) erfüllen und somit eine $r$-parametrige Gruppe erzeugen.

[6] pereant qui ante nos nostra dixerunt: zugrunde gehe (verschwinden möge), wer vor uns schon das gleiche gesagt hat.

[7]   Die genauen bibliographischen Daten der im folgenden unter 1)–4) angegebenen Literatur sind: CAMPBELL, J. E.: *On a law of combination of ope-*
*rators bearing on the theory of continuous transformation groups.* Proc. London
Math. Society **28** (1897), 381–390; Ders.: *On a law of combination of operators.*
*(Second paper).* Proc. London Math. Society **29** (1898), 14–32; Ders.: *Introduc-*
*tory treatise on Lie's theory of finite continuous transformation groups.* Oxford
University Press 1903; PASCAL, E.: *Sopra alcune identità fra i simboli opera-*
*tivi rappresentanti trasformazioni infinitesime.* Lombardo Istituto Rendiconti
(2) **34** (1901), 1062–1079; Ders.: *Sulla formola del prodotto di due trasforma-*
*zioni finite e sulla dimostrazione del cosidetto secondo teorema fondamentale*
*di Lie nella teoria dei gruppi.* Ebenda, 1118–1130; Ders.: *Del terzo teorema*
*di Lie sull'esistenza dei gruppi di data struttura.* Lombardo Istituto Rendiconti (2) **35** (1902), 419–431; Ders.: *Altre ricerche sulla formola del prodotto di*
*due trasformazioni finite e sul gruppo parametrico di un dato.* Ebenda, 555–
567; POINCARÉ, H.: *Sur les groupes continus.* Comptes Rendus Acad. Paris
**128** (1899), 1065–1069; Ders.: *Sur les groupes continus.* Transactions of the
Cambridge Phil. Society **18** (1900), 220–255; Ders.: *Quelques remarques sur les*
*groupes continus.* Rendiconti del Circolo Mat. di Palermo **15** (1901), 321–368;
BAKER, H. F.: *On the exponential theorem for a simply transitive continuous*
*group, and the calculation of the finite equations from the constants of struc-*
*ture.* Proc. London Math. Society **34** (1901), 91–127.

[8]   Erzeugen $r$ linear unabhängige infinitesimale Transformationen $X_1, \ldots, X_n$
eine Gruppe $G_r$ (s. Anm. [5]), so erzeugen alle Jacobischen Klammern $(X_i, X_k)$
eine $s$-parametrige Untergruppe ($s \leq r$) von $G_r$, welche Normalteiler in $G_r$ ist.
Das folgt unmittelbar aus den Beziehungen (6) und (7) aus Anmerkung [5]. LIE
nennt diesen Normalteiler von $G_r$ die „derivierte Gruppe der $G_r$" (vgl. LIE, S.:
*Theorie der Transformationsgruppen*, Band I, S. 261–262 und Band III, S. 678
ff.).

[9]   Diese Überlegungen hat HAUSDORFF in seiner Arbeit [H 1906a], § 8 (S. 47–
48; Band IV dieser Edition, S. 459–460) kurz dargestellt.

[10]   Zum mathematischen Kränzchen, einer gemeinsamen Veranstaltung von
Mathematikern der Universitäten Halle/Saale und Leipzig, s. PURKERT, W.:
*Grundzüge der Mengenlehre – Historische Einführung*, Band II dieser Edition,
S. 1–89, dort S. 6–7. AUGUST GUTZMER (1860–1924) war von 1896 bis 1899 Pri-
vatdozent in Halle, dann außerordentlicher Professor in Jena und ab 1905 bis zu
seinem Tode Ordinarius in Halle. HERMANN ERNST GRASSMANN (1857–1922)
war von 1899 bis 1902 Privatdozent und danach bis 1904 außerordentlicher
Professor in Halle, danach bis zu seinem Tode Ordinarius in Gießen.

Leipzig, Lortzingstr. 13
7. Jan. 1906

Sehr geehrter Herr Professor,

Haben Sie vielen Dank für die rasche und ausführliche Beantwortung meiner Frage, über die ich mich um so mehr gefreut habe, als ich nun wohl nicht mehr fürchten muss, offene Thüren einzurennen. Das Beste, was über das Exponentialtheorem bisher geleistet ist, steht übrigens in Poincarés Stokes-Festschrift, [1] die ich inzwischen noch zu Gesicht bekommen habe; die Arbeit in den Rend. Palermo hat wenig mit meinem Thema zu schaffen. Campbell unterschätzen Sie vielleicht ein wenig; über Pascal aber haben Sie vollkommen Recht, und ich wundere mich, wie Jemand 4 Arbeiten mit so wüsten Rechnungen durch Dick und Dünn veröffentlichen kann. [2]

Was Ihre Bemerkung über den Zusammenhang zwischen den Funct. $\psi_{ik}$ und den Coeff. $\rho_{ik}$ der adjungirten Gruppe anbelangt, so weiss ich nicht, ob ich Sie richtig verstanden habe: steht das denn nicht schon in Trf.gr. III, S. 649? In [3] meiner Darstellung erscheint dieser Zusammenhang natürlich auch und zwar in grösster Einfachheit, insofern die 3 Functionensysteme $\rho_{ik}$, $\psi_{ik}$, $\alpha_{ik}$ aus (symbolischen) Entwicklungen der Gestalt

$$\mathrm{e}^x, \qquad \frac{\mathrm{e}^x - 1}{x}, \qquad \frac{x}{\mathrm{e}^x - 1}$$

entstehen. Dass die $\rho_{ik}(ta_1, ta_2, \ldots, ta_r)$ die Diff.quot. der $t\,\psi_{ik}(ta_1, ta_2, \ldots, ta_r)$ [4] sind, kommt dabei so selbstverständlich heraus, dass ich es für längst bekannt und nicht sonderlich beachtenswerth hielt. Wenn es das nicht ist, so will ich natürlich sehr gern in einer Anmerkung sagen, dass Sie Ihrerseits die Sache gefunden und mir einen brieflichen Beweis davon mitgetheilt hätten. Wenn Sie [5] auf die Publication des Beweises selbst Werth legen, so würde ich vorschlagen, dass Sie ihn eigenhändig redigiren und in derselben Sitzung (die erst am 15. Januar ist) vorlegen; ich getraue mich nicht, die Redaction auf Grund Ihres Briefes vorzunehmen, zumal da er zu meiner Arbeit ganz heterogen ist und ich noch die Bezeichnungen umschreiben müsste – ich habe mich, so gut es ging, aber doch nicht durchweg, an die gebräuchlichen gehalten.

Die Arbeit von Ranke und Greiner sehe ich mir bei nächster Gelegenheit an [6] und werde Ihnen Bericht erstatten.

Über den oben besprochenen Punkt Ihren baldigen Bescheid erwartend bin ich mit nochmaligem herzlichen Danke für Ihre Auskunft und schönsten Grüssen v. H. z. H.

Ihr sehr ergebener

Felix Hausdorff

# Anmerkungen

[1]  POINCARÉ, H.: *Sur les groupes continus*. Transactions of the Cambridge Phil. Society **18** (1900), 220–255.

[2]  Die bibliographischen Daten von PASCALs Arbeiten finden sich in Anmerkung [7] zum vorhergehenden Brief.

[3]  Es sei eine $r$-parametrige Gruppe $G_r$: $x_i' = f_i(x_1, \ldots, x_n; a_1, \ldots, a_r)$ mit den $r$ linear unabhängigen infinitesimalen Transformationen

$$X_k(f) = \sum_{i=1}^{n} \xi_{ki}(x_1, \ldots, x_n) \frac{\partial f}{\partial x_i}, \qquad k = 1, \ldots r$$

gegeben. Führt man in $\sum_k e_k X_k(f)$ die $x_i'$ als neue Variable ein, so ergibt sich

$$\sum_{k=1}^{r} e_k X_k(f) = \sum_{k=1}^{r} e_k' X_k'(f),$$

wobei sich die $e_k'$ als lineare homogene Funktionen der $e_k$ ergeben:

$$e_k' = \sum_{j=1}^{r} \rho_{kj}(a_1, \ldots, a_r) e_j, \qquad k = 1, \ldots, r \tag{8}$$

Man kann zeigen, daß (8) eine Gruppe linearer Transformationen ist, welche LIE die zu $G_r$ adjungierte Gruppe nennt (*Theorie der Transformationsgruppen*, Band I, S. 270 ff.). Den Zusammenhang der $\rho_{kj}$ aus (8) mit den $\psi_{kj}$ aus Formel (4) (Anmerkung [5] zum vorigen Brief) gibt LIE in der Tat in *Theorie der Transformationsgruppen*, Band III, S. 649 an:

$$\int_0^t \rho_{kj}(t\,a_1, \ldots, t\,a_r)\,dt = t \cdot \psi_{kj}(t\,a_1, \ldots, t\,a_r).$$

[4]  Diese Entwicklungen finden sich im § 5 von [H 1906a], S. 33–38 (Band IV dieser Edition, S. 445–450). Zur Definition der $\rho_{kj}$ und $\psi_{kj}$ s. Anmerkung [3]; die $\alpha_{kj}$ sind folgendermaßen definiert: Löst man die Formel (4) (aus Anmerkung [5] zum vorhergehenden Brief) nach den $\xi_{ki}$ auf, so erhält man mit gewissen Funktionen $\alpha_{kj}$

$$\xi_{ki}(x_1', \ldots, x_n') = \sum_{j=1}^{r} \alpha_{kj}(a_1, \ldots, a_r) \frac{\partial x_i'}{\partial a_j}; \qquad k = 1, \ldots, r, \quad i = 1, \ldots, n.$$

[5]  Auf Seite 46 (Band IV dieser Edition, S. 458) seiner Arbeit [H 1906a] erläutert HAUSDORFF, wie die Beziehung

$$\rho_{kj}(ta_1, \ldots, ta_r) = \frac{d}{dt}\, t\, \psi_{kj}(ta_1, \ldots, ta_r)$$

(letzte Formel in Anmerkung [3]) sofort aus seinen symbolischen Rechnungen mit den Exponentialausdrücken folgt. Dann heißt es:

212

Eine andere begriffliche Erklärung hat mir F. ENGEL brieflich mitgeteilt und gedenkt sie bei Gelegenheit zu veröffentlichen.

Eine Veröffentlichung ist jedoch nicht erfolgt.

[6]  Der Internist (Spezialist für Lungentuberkulose) und Anthropologe KARL ERNST RANKE (1870–1926) lernte in der Klinik in Arosa den jungen tuberkulosekranken Mathematiker RICHARD GREINER (1878–1908) kennen. GREINER hatte 1901 über das Hamiltonsche Prinzip promoviert und sich dann der FECHNER-BRUNSschen Kollektivmaßlehre zugewandt. Eine diesbezügliche größere Arbeit erschien erst nach seinem Tode: GREINER, R.: *Über das Fehlersystem der Kollektivmaßlehre.* Zeitschrift für Mathematik und Physik **57** (1909), 121–158, 225–260, 337–373. GREINER hat mit seinem Therapeuten RANKE viel über mathematische Statistik diskutiert; aus der schließlich erfolgten Zusammenarbeit ging die im Brief HAUSDORFFs erwähnte gemeinsame Arbeit hervor: RANKE, K. E.; GREINER, R.: *Das Fehlergesetz und seine Verallgemeinerungen durch Fechner und Pearson in ihrer Tragweite für die Anthropologie.* Archiv für Anthropologie **30** (1904), 295–332. Zu den Verallgemeinerungen der Normalverteilung durch FECHNER und PEARSON s. Band V dieser Edition, S. 573–574. RANKE und GREINER hatten PEARSONs Ansatz kritisiert. In einer Replik *„Das Fehlergesetz und seine Verallgemeinerung durch Fechner und Pearson".* A Rejoinder (Biometrica 4 (1905), 169–212) beklagte PEARSON

... the needlessly hostile tone of Dr. K. E. Ranke and Dr. Greiner's review of my memoir on skew variation ... (S. 169)

**Brief** FELIX HAUSDORFF $\longrightarrow$ FRIEDRICH ENGEL

Leipzig, Lortzingstr. 13
27. März 1906

Sehr geehrter Herr Professor,

Ich beantworte Ihren Brief lieber sofort und kurz, weil ich fürchte, dass eine ausführliche Antwort sich über Gebühr verzögern könnte. Ich bin nämlich aus den gruppentheoretischen Sachen schon wieder etwas herausgekommen, da ich unmittelbar nach Abschluss dieser Arbeit eine ziemlich umfangreiche Sache über Mengenlehre verübt und am 26. Febr. in der Sächs. Ges. d. W. habe vorlegen lassen. Sie sehen, dass ich diesen Winter sozusagen „gestrebt" habe, wie [1] Pennäler und Studenten sich ausdrücken würden.

Ihre Formeln I stimmen dem Inhalt nach mit meinen (27) (28) überein und [2] würden sich bei mir so ableiten lassen. Denkt man sich in

$$\mathrm{e}^z = \mathrm{e}^{tx}\,\mathrm{e}^{\tau y}$$

213

$z$ als F. von $t$ und $\tau$ und setzt

$$z_t = \frac{\partial z}{\partial t}, \qquad z_\tau = \frac{\partial z}{\partial \tau},$$

so folgt

$$\frac{\partial e^z}{\partial t} = x\,e^{tx}\,e^{\tau y} = x\,e^z,$$

andererseits

$$\frac{\partial e^z}{\partial t} = z_t\,\frac{\partial}{\partial z}\,e^z = \psi(z_t, z)\,e^z,$$

also $x = \psi(z_t, z)$, folglich

$$z_t = \omega(x, z) \quad \text{und ebenso} \quad z_\tau = \chi(y, z) \tag{I}$$

Demnach wären Sie 1892 schon ziemlich „nahe dran" gewesen; wenn Sie noch bemerkt hätten, dass eine der Gl. I (in der Art, wie ich S. 12 unten und S. 13

[3] oben hervorgehoben habe) die Entwicklung von $z$ nach Pot. von $t$ und $\tau$ successiv aufzustellen gestattet, so hätten Sie bei der Besprechung von Pascals ellenlangen Rechnungen andeuten können, dass Sie das Geheimniss schon in einer kurzen Formel comprimirt bei Sich trügen.

Ich war natürlich auch *erst* zu der Formel (27) gekommen, ehe ich die ex-

[4] pliciten und viel übersichtlicheren Formeln (21) fand. Gerade die Bedeutung der Operatoren $v\,\frac{\partial}{\partial y}$ und $u\,\frac{\partial}{\partial x}$ für die Construction der *ganzen* Reihe $z$ betrachtete ich als den glücklichsten Fund; denn das Anfangsglied, jene Reihe mit den Bernoulli'schen Zahlen, hatte schon Campbell einigermassen sauber aus dem Rohmaterial der Schur'schen Entwicklungen extrahirt. Auch in dieser Hinsicht übrigens, d. h. in der Ableitung der grundlegenden Formeln (15) und

[5] (16), glaube ich den einfachen Kern der Sache getroffen und alle Rechnungen (mit denen auch Ihre Herleitung operirt) vermieden zu haben.

Der Beweis, dass die Gl. I die Integr.bed. erfüllen, ist in meiner Formel II,

[6] (28) enthalten, aus der ja folgt:

$$\omega(x, z)\,\frac{\partial}{\partial z}\,\chi(y, z) = \chi(y, z)\,\frac{\partial}{\partial z}\,\omega(x, z) \qquad \text{oder}$$

$$z_t\,\frac{\partial}{\partial z}\,\chi(y, z) = z_\tau\,\frac{\partial}{\partial z}\,\omega(x, z) \qquad \text{oder}$$

$$\frac{\partial}{\partial t}\,\chi(y, z) = \frac{\partial}{\partial \tau}\,\omega(x, z).$$

Ich ging darauf – resp. überhaupt auf die Frage, ob die verschiedenen Formeln

[7] für $z$ stets dasselbe liefern – nicht ein, weil ja nach den Bemerkungen S. 8 oben die Existenz und Eindeutigkeit von $z$ von vornherein feststand.

An der Entwicklung für $S\,T\,S^{-1}\,T^{-1}$, d. h. des durch

$$e^x\,e^y\,e^{-x}\,e^{-y} = e^u$$

definirten $u$, habe ich auch schon gelegentlich herumprobirt ($u$ gehört der deriv. Gr. an), glaube aber nicht, dass irgend eine besondere Vereinfachung zu erwarten ist.

Jedenfalls ist es sehr schade, dass Sie Sich durch die allzugewissenhafte Erwägung der Convergenzfrage von der weiteren Verfolgung und Veröffentlichung Ihrer Ergebnisse zurückhalten liessen, denn soweit wie Campbell, Pascal und Poincaré waren Sie mit bedeutendem Zeitvorsprung auch schon gekommen.

Wenn wir im Sommer nach der Ostsee gehen sollten (vorläufig haben wir allerdings alpine und südfranzösische Absichten), so freue ich mich sehr, mit Ihnen einmal diese und andere Sachen besprechen zu können. Vielleicht aber kommen Sie vorher einmal nach Leipzig? Eine Wiederbelebung des Kränzchens thäte dringend Noth!                                                                    [8]

Mit herzlichen Grüssen von Haus zu Haus

Ihr ergebenster

Felix Hausdorff

## Anmerkungen

[1]   Es handelt sich um HAUSDORFF, F.: *Untersuchungen über Ordnungstypen I, II, III.* Berichte über die Verhandlungen der Königl. Sächs. Ges. der Wiss. zu Leipzig. Math-phys. Klasse **58** (1906), 106–169 ([H 1906b]).

[2]   In der einzigen einschlägigen Arbeit ENGELs aus dem unten erwähnten Jahr 1892 (*Kleinere Beiträge zur Gruppentheorie. VI. Nochmals die kanonische Form der Parametergruppe.* Berichte über die Verhandlungen der Königl. Sächs. Ges. der Wiss. zu Leipzig. Math-phys. Classe **44** (1892), 43–53) kommen römisch numerierte Formeln nicht vor. HAUSDORFF bezieht sich hier vermutlich auf Formeln mit der Nummer I in einem Brief ENGELs, welcher nicht mehr vorhanden ist. Mit den Formeln (27), (28) sind die so bezeichneten Formeln im Teil I von [H 1906a] gemeint (S. 30–31, Band IV dieser Edition, S. 442–443).

[3]   HAUSDORFF bezieht sich hier vielleicht auf ein Korrekturexemplar oder einen eigens paginierten Sonderdruck seiner Arbeit; jedenfalls geht er davon aus, daß die Paginierung mit S. 1 beginnt. Sie beginnt aber im Abdruck in „Berichte über die Verhandlungen ..." mit S. 19; es ist also hier S. 30 unten und S. 31 oben gemeint (s. Anm. [2]).

[4]   Formel (21) im Teil I von [H 1906a] (S. 28; Band IV dieser Edition, S. 440).

[5]   Formeln (15) und (16) im Teil I von [H 1906a] (S. 26 und 27; Band IV, S. 438–439).

[6]   Es handelt sich hier um Formel (28) im Teil II von [H 1906a] (S. 45; Band IV, S. 457).

[7]   Gemeint ist S. 26 von [H 1906a], Band IV, S. 438 (s. dazu Anm. [3]).

**Postkarte** FELIX HAUSDORFF ⟶ FRIEDRICH ENGEL

Leipzig, Lortzingstr. 13

16/6 06

Sehr geehrter Herr Professor, für Ihre Karten bestens dankend möchte ich
Sie bitten, mir noch einmal die Zeitschrift zu nennen, wo die Arbeit von *Ranke
und Greiner* stand. Bruns interessirt sich nämlich dafür und möchte sie lesen.

[1] Ist dieser Ranke mit dem Münchener Anthropologen identisch oder verwandt?
Mit herzlichen Grüssen v. H. z. H.

Ihr ergebenster

F. Hausdorff

**Anmerkung**

[1] S. dazu zunächst Anmerkung [6] zum Brief vom 7. Januar 1906. HAUS-
DORFFs Doktorvater HEINRICH BRUNS (1848–1919) hatte die von GUSTAV
THEODOR FECHNER (1801–1887) begründete Kollektivmaßlehre weiterentwik-
kelt und darüber seit 1880 regelmäßig Vorlesungen gehalten. 1906 erschien bei
Teubner in Leipzig sein Buch *Wahrscheinlichkeitsrechnung und Kollektivmass-
lehre*. Es war also ganz natürlich, daß er sich für die Arbeit von RANKE und
GREINER und sicher auch für die dadurch ausgelöste Kontroverse interessierte.

KARL ERNST RANKE war der Sohn des Münchener Anthropologen JOHAN-
NES RANKE (1836–1916). Letzterer war auch der Herausgeber des „Archiv für
Anthropologie".

**Brief** FELIX HAUSDORFF ⟶ FRIEDRICH ENGEL

1907 März 9.                                             Leipzig, Lortzingstr. 13

Sehr geehrter Herr Professor,

Die Arbeit von H. F. Baker (Alternants and continuous groups, Proc. Lond.
Math. Soc. (2) 3 (1905), 24–47) habe ich auf Ihre dankenswerthe Anregung
sofort nachgesehen und leider bemerkt, dass sich ihr Inhalt wirklich grossen-

[1] theils mit dem meiner Abhandlung deckt. Offenbar lag dieses Problem in der
Luft, da es gerade in den letzten Jahren von Campbell, Pascal, Poincaré und
mir aufgegriffen und mit mehr oder weniger Geschick erledigt worden ist; aber
speciell die letzte Baker'sche Arbeit – die einzige, die mir gänzlich unbekannt

geblieben ist – hat mit der meinigen die meisten Berührungspunkte. Übrigens aber hätte ich, wenn ich sie damals gekannt hätte, meine Arbeit, wenn auch mit etwas gedämpfter Freude, doch veröffentlicht, da ich doch von Allen, Baker eingerechnet, den einfachsten und durchsichtigsten Beweis gefunden habe. Bei [2] B. tritt als recht überflüssige Complication ein doppeltes Symbolsystem auf, das der Basen $a$ und das der „capitals" und Alternanten $A$; die Basen sind aber entbehrlich, wenn man meine Zeichen [  ] benutzt. Ausserdem gestehe ich, dass seine Beweisführung, obwohl sie vermuthlich in Ordnung sein wird, Einen nicht ganz überzeugt, weil der Sinn des Symbols $y \frac{\partial}{\partial x}$ nicht immer klar ist; bei zweimaliger oder mehrmaliger Anwendung ist nämlich zu unterscheiden, welche Variablen ausser $x$ sozusagen als constant angesehen werden sollen (genau wie bei gewöhnlichen partiellen Differentialquotienten). Ich meine so: wenn $y$ selbst Funct. von $x$ ist, z. B. $y = \varphi(u,x)$, so muss gesagt werden, ob $(y \frac{\partial}{\partial x})^2$ bei constantem $y$ oder constantem $u$ auszuführen ist, d. h. ob nach der ersten Operation $y \frac{\partial}{\partial x}$ jetzt überall $y = \varphi(u,x)$ gesetzt werden und dann erst wieder $y \frac{\partial}{\partial x}$ ausgeführt werden soll oder nicht. (Vgl. meine Arbeit S. 29 und S. 38 unten). Jedenfalls glaube ich, dass meine „partielle Diffgl." (19) resp. (21) [3] den Kern der Sache auf die einfachste Weise blosslegt.

Ich habe s. Z. meine Arbeit an Baker geschickt; mich wundert unter diesen Umständen, dass er mir nicht geantwortet hat.

Wie steht es eigentlich mit der Gruppentheorie, die Sie mit Kowalewski zusammen herausgeben wollten? [4]

Ich habe in der letzten Zeit nur Mengenlehre getrieben und in der letzten Sitzung der Ges. d. Wiss. wieder ein ziemlich dickes Heft „Untersuchungen über Ordnungstypen" vorlegen lassen. [5]

Mit bestem Grusse von Haus zu Haus

Ihr sehr ergebener

F. Hausdorff

## Anmerkungen

[1]   S. dazu das Zitat aus BAKERs Arbeit im Kommentar von W. SCHARLAU zu [H 1906a], Band IV dieser Edition, S. 463–464.

[2]   Zur Wertung der spezifischen Leistung HAUSDORFFs s. den Kommentar zu [H 1906a], Band IV dieser Edition, S. 461–465.

[3]   Die Seitenangaben beziehen sich hier auf die endgültige Veröffentlichung von [H 1906a] in den Leipziger Berichten (vgl. dazu Anmerkung [3] zum Brief vom 27. März 1906).
Gemeint sind die Formeln (19) und (21) im Teil I von [H 1906a], S. 28 (Band IV dieser Edition, S. 440).

[4]   Ein gemeinsames Buch von F. ENGEL und G. KOWALEWSKI über Gruppentheorie ist nicht erschienen.

[5] HAUSDORFF, F.: *Untersuchungen über Ordnungstypen IV, V:* Berichte über die Verhandlungen der Königl. Sächs. Ges. der Wiss. zu Leipzig. Math.-phys. Klasse **59** (1907), 84–159 ([H 1907a]).

### Postkarte FELIX HAUSDORFF ⟶ FRIEDRICH ENGEL

Leipzig, 4. 4. 1910

Lieber Herr Professor Engel, Ihnen und Ihrer Frau Gemahlin unseren herzlichsten Dank für die freundlichen Glückwünsche, und Ihnen speciell den meinigen für Ihren causalen Antheil an der Sache – möge er nun, wie Sie schrieben, ganz klein oder etwas grösser oder sehr gross gewesen sein. Ich habe natürlich angenommen, obschon es mir (allerdings nicht aus akademischen Gründen!!) schwer fällt, Leipzig zu verlassen.

[1]

Herzliche Grüsse von Haus zu Haus! Ihr ergebener

F. Hausdorff

### Anmerkung

[1] HAUSDORFF dankt hier für die Glückwünsche der Familie ENGEL zu seiner Berufung als planmäßiger Extraordinarius an die Universität Bonn zum Sommersemester 1910. In den Berufungsakten ist eine Einflußnahme ENGELs nicht nachweisbar. Die Berufung HAUSDORFFs geht auf die Bemühungen EDUARD STUDYs zurück, der 1910 die maßgebliche Persönlichkeit der Bonner Mathematik war. ENGEL und STUDY verkehrten freundschaftlich miteinander, und es ist sehr wohl denkbar, daß sich ENGEL bei STUDY für HAUSDORFF verwendet hat.

### Brief FELIX HAUSDORFF ⟶ FRIEDRICH ENGEL

Bonn, Händelstr. 18
21. Febr. 1911

Sehr geehrter Herr Professor,

seit einigen Wochen ist Ihnen dieser Brief zugedacht, nämlich seitdem ich durch Study und London erfahren habe, dass ich in Greifswald auf der Liste war, noch dazu primo loco und allein über ein ganzes Aggregat von Gliedern zweiter Ordnung dominirend. Für diese grosse Auszeichnung, die ich Ihnen zu verdanken habe, möchte ich Ihnen meine herzliche Erkenntlichkeit aussprechen, die natürlich nicht im mindesten dadurch verringert wird, dass die hochwohllöbliche Regierung in der Wilhelmstrasse ein Anderes beschlossen hat. Ich

[1]

wäre sehr gern nach Greifswald gekommen und das Zusammenwirken mit Ihnen hätte mich aufrichtig gefreut; da nun nichts daraus geworden ist, habe ich immerhin das Vergnügen gehabt, erstens zu wissen, dass Sie etwas von mir halten, zweitens nach jahrelangem Stillstand auf dem toten Geleise in Leipzig endlich wieder in Circulation zu sein und überhaupt in Betracht zu kommen. Das war mir doppelt wohlthuend angesichts der schnöden Behandlung, die ich in Leipzig erfahren habe und von der Sie ja auch ein Lied mit mehreren Strophen zu singen wissen. Erst hier in Bonn ist mir das fatal Bonzenhafte und Unerfreuliche der Leipziger Hierarchie recht zu Bewusstsein gekommen – hier, wo auch der Privatdocent als Mensch gilt, dessen Besuche erwidert werden und der zum Rectoressen eingeladen wird. In Bonn kommt man sich, auch als Nicht-Ordinarius, förmlich existenzberechtigt vor, eine Empfindung, zu der ich mich an der Pleisse nie habe aufschwingen können. Übrigens brauche ich [2] nicht hinzuzufügen, dass ja speciell die mathematischen Collegen in Bonn an meinem Wohlgefühl im hiesigen Milieu den hervorragendsten Antheil haben. [3] – Besonderes Vergnügen macht mir noch die Selbstverleugnung, mit der die Leipziger sich jetzt der Präcisionsmathematik in die Arme werfen und jüngste Göttinger Wickelkinder an ihrem Busen nähren, bei denen sie für ihren eigenen [4] traditionellen Wissenschaftsbetrieb wenig Gegenliebe finden werden.

Ihnen und den Ihrigen geht es hoffentlich gut. Wir, wie gesagt, befinden uns in Bonn vortrefflich und werden uns noch besser befinden, wenn ich mir im nächsten Semester etwas weniger Vorlesungen aufbürde als bisher. In diesem Semester habe ich wieder einmal zweistündig Gruppentheorie gelesen, die mir [5] viel Mühe gemacht hat und sicher nicht sehr pädagogisch gerathen ist. – Wie steht's denn mit Ihrem Buche in der Teubner'schen Sammlung? – Hin und wie- [6] der, in einer freien halben Stunde, stelle ich einige vergebliche Überlegungen hinsichtlich des alten Problems an, ob es lineare Gruppen beliebiger Zusammensetzung giebt. Wissen Sie darüber etwas Neues? [7]

Nun noch einmal herzlichen Dank für Alles und viele Grüsse von Haus zu Haus!

Ihr     stets ergebener

F. Hausdorff

## Anmerkungen

[1]  Neben dem Ordinariat von ENGEL gab es in Greifswald ein zweites Ordinariat, das seit 1874 WILHELM THOMÉ (1841–1910) innehatte. Nach THOMÉS Tod 1910 stand HAUSDORFF auf der Berufungsliste für die Wiederbesetzung des Lehrstuhls an erster Stelle. Das preußische Kultusministerium, welches seinen Sitz in der Wilhelmstraße in Berlin hatte, setzte sich jedoch über den Wunsch der Greifswalder philosophischen Fakultät hinweg und berief THEODOR VAHLEN (1869–1945) zum Ordinarius. VAHLEN war seit 1904 Extraordinarius in Greifswald gewesen. Er sympathisierte bereits in den frühen zwanziger Jahren mit der nationalsozialistischen Bewegung, wurde 1924 der erste NSDAP-Gauleiter in Pommern und spielte im dritten Reich als Wissenschaftsfunktionär, SS-Mitglied und Vertreter der „Deutschen Mathematik" eine unrühmli-

che Rolle (s. dazu SIEGMUND-SCHULTZE, R.: *Theodor Vahlen – zum Schuldanteil eines deutschen Mathematikers am faschistischen Mißbrauch der Wissenschaft.* NTM **21** (1984), No. 1, 17–32).

[2]  Der Fluß Pleiße mündet in Leipzig in die Weiße Elster, einen Nebenfluß der Saale.

[3]  Ordinarius in Bonn war neben STUDY seit 1911 FRANZ LONDON (1863–1917), der seit 1904 als Extraordinarius die Stelle innehatte, die für einen zweiten Ordinarius in Bonn vorgesehen und auch zeitweise schon vor 1904 mit einem Ordinarius besetzt war..

[4]  FELIX KLEIN hatte 1902 eine autographierte Vorlesung „Anwendung der Differential- und Integralrechnung auf Geometrie (Eine Revision der Prinzipien)" herausgegeben (2. Aufl. 1907), in welcher ein leitender Gedanke die Unterscheidung von Präzisionsmathematik und Approximationsmathematik war. Die Vorlesung erschien in dritter Auflage in Springers gelber Reihe als Band III von „Elementarmathematik vom höheren Standpunkte aus" mit dem Untertitel „Präzisions- und Approximationsmathematik" (Springer-Verlag, Berlin 1928). KLEINs Einteilung ist nicht durch die mathematischen Inhalte gegeben, sondern geht „sozusagen vom erkenntnistheoretischen Standpunkt aus" (3. Aufl., S. 1):

> Die Unterscheidung zwischen absoluter und beschränkter Genauigkeit, die sich als roter Faden durch die ganze Vorlesung ziehen wird, bedingt nun eine *Zweiteilung der gesamten Mathematik.* Wir unterscheiden:
>
> 1. *Präzisionsmathematik* (Rechnen mit den reellen Zahlen selbst),
>
> 2. *Approximationsmathematik* (Rechnen mit Näherungswerten).
>
> In dem Worte Approximationsmathematik soll keine Herabsetzung dieses Zweiges der Mathematik liegen, wie sie denn auch nicht eine approximative Mathematik, sondern die präzise Mathematik der approximativen Beziehungen ist. Die *ganze* Wissenschaft haben wir erst, wenn wir die beiden Teile umfassen:
>
> *Die Approximationsmathematik ist derjenige Teil unserer Wissenschaft, den man in den Anwendungen tatsächlich gebraucht; die Präzisionsmathematik ist sozusagen das feste Gerüst, an dem sich die Approximationsmathematik emporrankt.* (3. Aufl., S. 5)

HAUSDORFFs Anspielung geht nicht auf KLEINs Intentionen ein, sondern identifiziert gleichsam die Vertreter der Präzisionsmathematik mit Leuten, die aus KLEINs Umgebung kommen.

Mit der Bemerkung über „Göttinger Wickelkinder" spielt HAUSDORFF vermutlich auf die 1911 erfolgte Berufung des damals 29 Jahre alten Göttinger Privatdozenten PAUL KOEBE (1882–1945) auf das planmäßige Leipziger Extraordinariat an. Es schwingt in dieser Bemerkung sicher auch noch die Enttäuschung mit, die HAUSDORFF empfunden haben muß, als 1909 der damals erst 28-jährige

GUSTAV HERGLOTZ (1881–1953) zum Ordinarius für Mathematik an die Universität Leipzig berufen wurde. HERGLOTZ hatte sich 1904 bei FELIX KLEIN in Göttingen habilitiert, war dann Privatdozent und ab 1907 außerordentlicher Professor in Göttingen und 1908 kurzzeitig außerordentlicher Professor in Wien. HAUSDORFF war 1909 in Leipzig im Alter von 41 Jahren immer noch außerplanmäßiger (d. h. nichtbeamteter und nicht fest besoldeter) Extraordinarius. Es ist deshalb verständlich, daß er weiter oben in diesem Brief von dem „toten Geleise in Leipzig" spricht.

[5]  Die eigenhändige Ausarbeitung dieser Vorlesung ist im Nachlaß vorhanden: NL HAUSDORFF : Kapsel 08 : Faszikel 32 (116 Blatt).

[6]  Von ENGEL ist 1911 und unmittelbar danach kein Buch im Teubner-Verlag herausgekommen. Erst 1932 erschien bei Teubner ENGELs Werk *Die Liesche Theorie der partiellen Differentialgleichungen erster Ordnung* (unter Mitwirkung von K. FABER).

[7]  Es ist nicht ganz klar, was HAUSDORFF hier meint. Den Begriff der Zusammensetzung einer durch die infinitesimalen Transformationen $X_1 f, \ldots, X_r f$ bestimmten $r$-gliedrigen Gruppe $G$ (vgl. Anm. [5] zum Brief vom 29. Dezember 1905) führt LIE folgendermaßen ein, motiviert durch die Tatsache, daß man alle Untergruppen von $G$ allein aus der Kenntnis der Strukturkonstanten $c_{iks}$ bestimmen kann:

> Es erhellt hieraus, dass die Constanten $c_{iks}$ an und für sich schon gewisse Eigenschaften der Gruppe $X_1 f \ldots X_r f$ abspiegeln. Für den Inbegriff dieser Eigenschaften führen wir eine besondere Bezeichnung ein, wir nennen ihn die *Zusammensetzung* der Gruppe und sagen daher, dass *die Constanten* $c_{iks}$ *in den Relationen*
>
> $$(X_i X_k) = \sum_{s=1}^{r} c_{iks} \cdot X_s f$$
>
> *die Zusammensetzung der r-gliedrigen Gruppe* $X_1 f \ldots X_r f$ *bestimmen.* (LIE, S.: *Theorie der Transformationsgruppen*, Band I, Teubner, Leipzig 1888, S. 289)

In HAUSDORFFs Nachlaß sind keine Aufzeichnungen über die hier von HAUSDORFF genannten Bemühungen vorhanden.

**Postkarte**  FELIX HAUSDORFF $\longrightarrow$ FRIEDRICH ENGEL

27. 12. 12

Sehr geehrter Herr Professor! Nehmen Sie meinen herzlichen Glückwunsch zu dem Ruf nach Kiel! Ich freue mich sehr, dass Jemand, den die tückischen [1]

Leipziger zu Gunsten von Göttinger Wickelkindern schlecht behandelt haben,
[2] ausserhalb der grünweissen Grenzpfähle seine Anerkennung findet.

Ihnen und den Ihrigen ein gutes neues Jahr wünschend bin ich mit herzlichen Grüssen von Haus zu Haus

Ihr

F. Hausdorff

### Anmerkungen

**[1]** In Kiel war im September 1912 der ein Jahr vorher zum Ordinarius berufene GEORG LANDSBERG (1865–1912) verstorben. ENGEL hat die Nachfolge LANDSBERGs in Kiel nicht angetreten, weil er fast gleichzeitig einen Ruf nach Gießen erhielt (s. die folgende Postkarte). In Kiel wurde 1913 HEINRICH JUNG (1876–1953) berufen.

**[2]** Zu den „Göttinger Wickelkindern" s. Anmerkung [4] zum vorhergehenden Brief. ENGEL war bei Berufungen in Leipzig mehrfach nicht berücksichtigt worden. „ausserhalb der grünweissen Grenzpfähle" bedeutet außerhalb Sachsens; grün-weiß sind die sächsischen Landesfarben.

**Postkarte** FELIX HAUSDORFF ⟶ FRIEDRICH ENGEL
Undatiert, Poststempel kaum leserlich, vermutl. 8. 2. 1913

Sehr geehrter Herr Professor, ich freue mich, Ihnen schon wieder gratuliren zu
[1] können. Das vorige Mal war es nur eine Affinität, bei der der Bundesstaat als unendlich ferne Gerade in Ruhe blieb, und Sie haben sofort die inverse Trans-
[2] formation ausgeübt. Wenn Sie diesmal nicht wieder die Identität herstellen, so sehen wir vielleicht bei der nächsten Math.zusammenkunft in Frankfurt Sie
[3] und Grassmann, letzteren mit der Mappe, auftauchen. Herzliche Grüsse von Haus zu Haus

Ihr F. Hausdorff

### Anmerkungen

**[1]** ENGEL wurde zum Sommersemester 1913 nach Gießen berufen.

**[2]** S. Anmerkung [1] zur vorhergehenden Postkarte; Kiel und Greifswald gehörten damals beide zum Bundesstaat Preußen.

**[3]** HERMANN GRASSMANN (d. J.) (1857–1922) war seit 1904 Ordinarius in Gießen.

Bonn, Händelstr. 18
15. 2. 13

Sehr geehrter Herr Professor!

Study hat mir Ihr langes Telegramm gezeigt, wonach Sie mich abermals an erster Stelle vorgeschlagen haben. Ich möchte Ihnen gern sagen, wie tief [1] mich dieser wiederholte Beweis Ihres Vertrauens ehrt und erfreut, und wie aufrichtig dankbar ich Ihnen dafür bin. Die gute Meinung, die Sie und Study von mir haben, hat mein an sich nicht sehr entwickeltes Selbstgefühl, das in Leipzig bereits unter jedes positive $\varepsilon$ zu sinken im Begriff war, wieder auf den Punkt gehoben, der zur wissenschaftlichen Bethätigung die nothwendige untere Grenze ist. Falls das Ministerium Ihrem wiederholten Werben um mich Gehör giebt, will ich meine Kraft daran setzen, dass keine zu tiefe Kluft zwischen Ihnen und Ihrem Nachfolger constatirt werde. [2]

Übrigens hoffe ich sehr, dass diesmal etwas aus der Sache wird. Noch viel lieber wäre es mir natürlich gewesen, wenn ich vor zwei Jahren zum Zusammenwirken mit Ihnen berufen worden wäre; jetzt werden wir uns wohl, gegebenen Falls, in Greifswald zuerst sehr einsam fühlen. Sie wundern Sich vielleicht, dass ich anscheinend so gern von Bonn fortgehe: die akademischen Verhältnisse sind hier ja vortrefflich, und einen so freundschaftlichen und herzlichen Verkehr wie den mit Studys und Londons werden wir sicher, nachdem der gute Engel Greifswalds fort ist, so schnell nicht wieder finden. Trotzdem fühlen wir uns hier nicht behaglich und zwar aus „technischen" Gründen, mit deren häufiger protestirender Erwähnung ich mir hier schon ein Renommee als Querulant erworben habe: nämlich wegen des nervenzerrüttenden Lärms, den diese verkehrsarme aber geräuschvolle Stadt Bonn verübt. Das Wohnen in diesen dünn gebauten Einfamilienhäusern ohne Doppelfenster, neben allerdings ausgesucht rücksichtslosen Nachbarn und in Strassen mit tobenden, pfeifenden, rollschuhenden und „holländernden" Kindern, von denen man sich hier alles gefallen lässt, hat unsere Nerven gehörig heruntergebracht. Ich hoffe inbrünstig, dass man in Gr. besser existiren kann – obwohl mich Study allerdings bereits auf die Holzpantinen der pommerschen Kinder schonend vorbereitet hat.

Trotz alledem habe ich mich im letzten Halbjahr einmal aufgerafft und ein Buch über Mengenlehre grösstentheils vollendet, das hoffentlich im Lauf dieses Jahres erscheinen und, wie ich mir einbilde, ganz anständig ausfallen wird. [3] Vielleicht sind Sie aber so freundlich, nicht darüber zu sprechen (nur Study, London und Schoenflies wissen davon), denn ich fände es fatal, eine That anzukündigen, ehe sie vollständig gethan ist.

Wie gesagt, ich würde mich herzlich freuen, von der hochwohllöblichen Staatsregierung zum Übersiedeln nach der Ostsee veranlasst zu werden. In jedem Falle aber lassen Sie mich Ihnen nochmals meine allergrösste Dankbarkeit aussprechen.

Mit herzlichen Grüssen von Haus zu Haus

Ihr sehr ergebener

F. Hausdorff

## Anmerkungen

[1]  ENGEL hatte in Greifswald dafür gesorgt, daß die philosophische Fakultät auf der Berufungsliste für seinen Nachfolger HAUSDORFF an erster Stelle nannte.

[2]  Das preußische Kultusministerium berief HAUSDORFF zum Sommersemester 1913 als ordentlichen Professor nach Greifswald.

[3]  Es handelt sich um HAUSDORFFs Hauptwerk *Grundzüge der Mengenlehre* (Abdruck mit einer historischen Einführung und ausführlichen Kommentaren im Band II dieser Edition).

**Brief**  FELIX HAUSDORFF ⟶ FRIEDRICH ENGEL

11. 3. 13

Lieber und verehrter Herr Vorgänger! mein Übergang in die Sphäre der Ordinarien hat sich unter dem Zeichen eines Schreibfehlers vollzogen, den ich bei einem Kgl. Preussischen Ministerium eigentlich nicht für denkbar gehalten hätte. Am Freitag bekam ich wahrhaftig einen Ruf nach *Kiel* und am Sonnabend ein Telegramm von Elster, dass es sich um *Greifswald* handle. Die Sache war mir natürlich sofort verdächtig, da ich in Kiel gar nicht vorgeschlagen war (obwohl man dort sich bei Study nach mir erkundigt hatte); aber ich hielt in meiner sofortigen Antwort es nicht für richtig, die Möglichkeit eines Irrthums überhaupt in Betracht zu ziehen, sondern nahm, mit Unterstreichung des Wortes Kiel, den Ruf an; das Telegramm von Elster war erst eine Folge meiner Antwort. Eine Komödie der Irrungen, die mir verdoppelte Firmenangebote u. s. w. zugezogen hat.

Ich freue mich herzlich, meinen Dank für *Ihren* Antheil an meiner Rangerhöhung nun aus der hypothetischen in die kategorische Form übersetzen zu können: dem Grade nach war diese meine Dankempfindung vorher nicht geringer, als sie jetzt ist.

Der nächste Erfolg wird leider eine Behelligung für Sie sein, die Ihnen bei Ihrem eigenen Umzug doppelt ungelegen kommen wird: dass ich Sie nämlich, als einzige mir bekannte Seele in Greifswald, mit einigen Fragen in Anspruch nehmen muss. Erstens habe ich keine Ahnung, was ich im Sommersemester lesen muss; ich möchte gleich bemerken, dass ich mir diesmal und für den Anfang nicht zu viel aufladen kann, schon um endlich mein Buch abschliessen zu können. Zweitens: geht Blaschke weg? und wenn, erledigen Sie dann

[1]

224

noch die Beschaffung seines Nachfolgers, oder muss ich mich bereits darum mitbekümmern? Drittens die Wohnungsfrage. Wenn möglich, wollten wir die [2] weite Reise von Bonn nach Greifswald nur einmal, nicht dreimal machen; dann würden wir erst nach Mitte April dort eintreffen und, falls wir dann nicht sofort eine passende Wohnung fänden, uns im Sommersemester mit einem Provisorium behelfen. Wenn Sie aber das für sehr unzweckmässig halten, oder wenn Sie zufällig irgend eine Wohnung von geradezu praestabilirter Harmonie wissen, die wir uns für sofort sichern müssten, dann kommen wir natürlich auch früher (zumal da es mein eigener Wunsch wäre, Sie zu sehen und zu sprechen[1]). Wir müssen bei unserer Wohnung verschiedene Wünsche durchzusetzen suchen, die in Gr. vielleicht schwer zu erfüllen sind, z. B. elektrisches Licht; möglichst auch, aber nicht unbedingt, Centralheizung; vor allem aber wirkliche Ruhe, vor Kindern, Hunden, Klavieren u. s. w. Also, was rathen Sie als Ortskenner?

Mit nochmaliger Versicherung meiner herzlichen Dankbarkeit und den besten Grüssen von Haus zu Haus

Ihr    F. Hausdorff

## Anmerkungen

[1]   Es handelt sich um das Buch *Grundzüge der Mengenlehre* (s. Anmerkung [3] zum vorhergehenden Brief).

[2]   WILHELM BLASCHKE (1885–1962) hatte seit 1911 einen Lehrauftrag in Greifswald. Er erhielt zum Wintersemester 1913 einen Ruf auf ein Extraordinariat an der Deutschen Technischen Hochschule in Prag, dem er Folge leistete. Im Sommersemester 1913, dem ersten Semester HAUSDORFFs in Greifswald, wirkte BLASCHKE noch dort.

**Brief**  FELIX HAUSDORFF ⟶ FRIEDRICH ENGEL

Bonn, Händelstr. 18

15. 3. 13

Lieber Herr Engel,  schönsten Dank für Ihren so sehr ausführlichen Brief. Ihrem Rathe gemäss werden wir uns nun doch entschliessen, nach Greifswald zu kommen, und gedenken Dienstag (18. 3.) mit dem Berliner Tagesschnellzug dort einzutreffen; ich sage *wir*, nicht im pluralis modestiae sive majestatis, sondern [1] weil ich ohne meine Frau die Wohnungsfrage nicht in Angriff nehmen möchte. Wir werden uns am Nachmittag erlauben, bei Ihnen vorzusprechen.

In der Blaschke-Sache hat Vahlen bereits an mich geschrieben. Ich meinerseits [2] hätte gegen Thaer nichts einzuwenden. Study nannte mir noch Vogt (Karlsruhe); ausserdem Weyl, der aber wohl schon eine ähnliche Sache mit Lehrauftrag

---

[1]Können wir uns vielleicht bei Ihrer ev. Reise nach Giessen irgendwo treffen?

in Göttingen hat und schwerlich zu haben sein dürfte; endlich noch Boehm
(Heidelberg), welch letzterer Fall mir nicht ganz klar ist, da B. schon ao. Pro-
fessor seit längerer Zeit ist, allerdings unbesoldet. Ich werde in diesem Sinne an
Vahlen schreiben.

[3]

Bezüglich der Vorlesungen möchte ich doch noch nichts ankündigen, ehe ich
meine Ernennung habe; wir haben also Zeit, noch darüber zu sprechen.

Nun also auf Wiedersehen am Dienstag; sollten Sie in diesen Tagen verhindert
sein, so bitte ich Sie, mir abzutelegraphiren. Inzwischen herzliche Grüsse von
uns Beiden an Sie und Ihre Frau Gemahlin

Ihr dankbarer

F. Hausdorff

## Anmerkungen

[1]   pluralis modestiae sive majestatis: Mehrzahl der Bescheidenheit oder der
Majestät („wir" statt „ich").

[2]   S. Anmerkung [2] zum vorhergehenden Brief.

[3]   Der Mathematikhistoriker CLEMENS THAER (1883–1974) hatte sich 1906
in Jena habilitiert. Er erhielt in der Nachfolge BLASCHKE 1913 einen Lehrauftrag und wurde 1916 nichtbeamteter außerordentlicher Professor in Greifswald.
1921 wechselte er als Studienrat an das Friedrich-Ludwig-Jahn-Gymnasium in
Greifswald, hielt aber weiter an der Universität Vorlesungen. 1935 wurde er
wegen seiner aufrechten Gesinnung von den NS-Behörden nach Cammin straf-
versetzt; damit endete auch seine Lehrtätigkeit an der Greifswalder Universität
(s. SCHREIBER, P.: *Clemens Thaer – ein Mathematikhistoriker im Widerstand
gegen den Nationalsozialismus.* Sudhoffs Archiv 80 (1996), 78–85).

WOLFGANG VOGT war 1913 Privatdozent an der TH Karlsruhe; er ist im 1.
Weltkrieg gefallen. HERMANN WEYL (1885–1955) war Privatdozent in Göttingen, wurde aber bereits 1913 als Ordinarius an die ETH Zürich berufen. KARL
BOEHM (1874–1958) war von 1904 bis 1914 Extraordinarius in Heidelberg, danach Ordinarius in Königsberg.

**Brief**  FELIX HAUSDORFF ⟶ FRIEDRICH ENGEL

Bonn, Händelstr. 18

27. 3. 13

Lieber und verehrter Herr Engel! Heute ist es schon acht Tage her, dass wir
von Ihnen Abschied nahmen. Wir sind dann etliche Tage in Berlin geblieben,
um uns – im Vorgefühl unseres künftigen provincialen Daseins – noch ein bischen Theater u. s. w. zu Gemüthe zu führen. Nun, nach der Heimkehr, sei es
aber das Erste, dass wir Ihnen und Ihrer Frau Gemahlin für die liebenswürdige

Aufnahme herzlichst danken, mit der Sie uns in der neuen Heimath bewillkommnet haben. Nicht nur, dass Sie etwas Grosses und Entscheidendes für mich gethan haben, wofür ich Ihnen immer dankbar sein werde, haben Sie dem auch noch zahlreiche Gaben und Hülfen sozusagen secundärer Art hinzugefügt; wir haben Ihre Gastfreundschaft genossen und Ihre Zeit in erheblichem Masse mit Beschlag belegt. Dies alles hat uns äusserst wohlgethan und uns die Anpassung an das fremde Milieu sehr erleichtert. Wenn ich dabei eines bedaure, so ist es dies, dass ich als Ihr Nachfolger und nicht als Ihr College nach Greifswald komme, dass also die freundschaftliche Geneigtheit, mit der Sie Beide uns entgegengekommen sind, nur ein Schwanengesang und nicht ein Praeludium sein konnte.

Hoffentlich sehen wir uns wenigstens einmal in den Ferien oder bei Gelegenheit eines Congresses.

Gestern habe ich auch endlich meine Bestallung bekommen, sodass die Sache nunmehr dem Bereiche weiterer Irrungen und Schreibfehler wohl entrückt ist. Muss man sich dafür eigentlich nochmals bei dem Minister oder bei Elster bedanken? Vielleicht sind Sie (zu allem Übrigen) auch noch so freundlich, mir darüber nur mit einer Zeile auf einer Postkarte Auskunft zu geben.

Die Vorlesungsankündigung sende ich in den nächsten Tagen an das Dekanat; ich denke, dass ich – wie verabredet – 4 stündig Flächentheorie und 2 stündig publice Elemente der Zahlentheorie lese. Ich möchte aber noch ein paar Tage [1] warten, da sich inzwischen die Blaschke-Frage vielleicht entscheidet.

Für heute nur noch herzliche Grüsse von uns Beiden an Sie und Ihre verehrte Frau Gemahlin

Ihr

dankbar ergebener

F. Hausdorff

## Anmerkung

[1] Nach den eigenen Angaben auf den Vorlesungsmanuskripten im Nachlaß hat HAUSDORFF im Sommersemester 1913 in Greifswald gelesen: 1. Zahlentheorie (NL HAUSDORFF: Kapsel 07: Faszikel 26, 127 Blatt); 2. Differentialgeometrie (NL HAUSDORFF: Kapsel 11: Faszikel 38, 230 Blatt).

**Brief** FELIX HAUSDORFF ⟶ FRIEDRICH ENGEL

2/4 13

Lieber und verehrter Herr College,  manchmal bringt ein bischen Schreibfaulheit doch Gewinn, denn nun kann ich Ihre Mittheilungen vom 28. 29. und 31. gleich zusammen beantworten.

Zunächst Ihrer Frau Gemahlin den herzlichen Dank meiner Frau für Beschaffung jenes Wesens, das nun einmal das πρῶτον ψεῦδος, das δός μοι ποῦ

[1] στῶ (Accente richtig?), der absolute Kegelschnitt, das einzige Axiom der Anordnung und Verknüpfung jedes Haushalts darstellt und das in diesem Falle Helene Radke heisst. Da Sie Ihrer Frau die Bürde abgenommen haben, uns dieses Wesen menschlich näher zu bringen, psychologisch zu analysiren und mit Vorgeschichte und Gebrauchsanweisung zu versehen, so darf auch ich für diesmal meiner Frau Stellvertreter sein und Ihnen Beiden für Ihre Bemühung den besten Dank aussprechen. Zugleich nehme ich zur Kenntniss, dass ich Ihnen für Inserat und Miethsgeld 3,25 + 3,00 M schuldig bin.

[2] Ihre sonstigen Vorschläge, betreffend die Übernahme einiger Sachen, acceptire ich sämtlich. Wir nehmen also einen Waschkessel (wenn es Ihnen gleichgültig ist, den kleineren[1] zu 8 M), die verschiedenen Gartengewächse und Utensilien zu 25,45 M, die Esszimmerklingel zu 3 M und das Küchenlinoleum zu 26 M. Ich habe übrigens bei diesen Preisen den Eindruck, dass sie, selbst mit Rücksicht auf Abnutzung, zu niedrig gestellt sind.

Ist es Ihnen recht, dass wir die Bezahlung dieser verschiedenen Sächelchen bis nach Vollziehung der ganzen Transformation verschieben? Vielleicht kommt doch noch ein oder der andere Posten hinzu.

Nun aber noch eine wichtige Frage: können Sie schon jetzt den genauen Termin angeben, zu dem Ihre Wohnung leer sein wird, sodass die nöthigen von Frau Ritschel versprochenen Ausbesserungen gemacht werden können? Wir müssen uns ja mit unserem eigenen Umzug und der Abreise danach richten. Wir gedenken, sobald die Wohnung geräumt ist, in Gr. einzutreffen, um ev. bei der Reparatur einige Wünsche äussern zu können.

Ich habe Frau Ritschel übrigens um einen Plan der Wohnung gebeten, sie hat aber noch nichts dergleichen geschickt. Haben Sie selbst etwa einen? Wir möchten gern die Aufstellung der Möbel (die ich in Millimeterpapier ausgeschnitten habe) im Voraus disponiren.

Mit herzlichen Grüssen von Haus zu Haus

Ihr

F. Hausdorff

## Anmerkungen

[1] πρῶτον ψεῦδος (proton pseudos): erste Lüge, Grundirrtum; bei ARISTO-TELES eine falsche Grundvoraussetzung als Quelle anderer Irrtümer.

δός μοι ποῦ στῶ (dos moi pou sto): gib mir einen festen Punkt (einen Punkt, wo ich hintreten kann) [und ich bewege die Erde]. Der Legende nach ist dies ein Ausspruch des ARCHIMEDES, um die Wirkung des Hebelgesetzes zu illustriren.

Der absolute Kegelschnitt (Fundamentalkegelschnitt) ist ein grundlegendes Objekt in dem 1871 von FELIX KLEIN gegebenen Aufbau der nichteuklidischen ebenen Geometrien (Cayley-Kleinsche Maßbestimmung; s. KLEIN, F.: *Vorlesungen über Nicht-Euklidische Geometrie*. Springer-Verlag, Berlin 1928, S. 163 ff.).

---

[1]Meine Frau meint, Sie hätten uns ursprünglich beide angeboten; ev. ist uns auch das recht.

HAUSDORFF setzt hier scherzhaft eine Haushaltshilfe mit drei für die jeweiligen Gebiete oder Anwendungen fundamentalen Dingen in Beziehung, um mit diesen Wortspielen anzudeuten, wie wichtig ihm eine gute Kraft für seinen Haushalt ist.

[2] HAUSDORFF hatte zunächst die Wohnung seines Vorgängers in der Arndtstraße 11 übernommen; später kaufte er das Haus „Am Graben 5", an dem sich heute eine Erinnerungstafel befindet.

### Brief FELIX HAUSDORFF $\longrightarrow$ FRIEDRICH ENGEL

8. 4. 13

Lieber Herr Engel!

Besten Dank für Ihre Karte vom 3.4. Wir haben hier also auf Grund des Axioms disponirt, dass Ihre Wohnung etwa am 17. leer sein wird.

Frau Ritschel hat mir inzwischen einen Plan geschickt.

Was Herr Koch von mir will, weiss ich nicht. Dass ich mir die Angelegenheit mit dem Haus in der Wolgaster Str. noch sehr gründlich überlegen will, habe ich Frau von Kathen selbst mitgetheilt. Übrigens habe ich auch gestern erst den Anschlag über die Umbaukosten vom Maurermeister Eggebrecht bekommen.

Ich muss nun doch wohl endlich die Vorlesungen ankündigen. Wenn Blaschke gegangen und zunächst kein Ersatz für ihn gekommen wäre, hätte ich ganz gern Diff.rechnung gelesen, welche mir weniger Mühe verursacht hätte als Differentialgeometrie; aber es scheint doch, als ob die Entwicklung dieser Schicksale noch zu lange dauern könne. Wenn ich also von Ihnen nichts Gegentheiliges höre, so nehme ich an, dass Bl. noch bleibt, und werde Flächentheorie und (publ.) Elemente der Zahlentheorie ankündigen. [1]

Sie wollten so freundlich sein, mir Ihr Vorlesungsmanuscript über Differentialgeometrie zu überlassen; darf ich Sie daran erinnern? (Sie könnten es vielleicht Frau Ritschel oder irgendwem, den Sie mir bezeichnen wollen, aushändigen). Ich will Ihnen freilich keinen absoluten Anschluss versprechen, werde mich aber nach Möglichkeit an Ihr Vorbild halten (excl. $D, D', D''$!)

Haben Sie die Polemik zwischen Schoenflies und Young verfolgt? „Leser wie Schoenflies, denen dieser Beweis zu schwer ist . . ." das ist doch reizend! [2]

Herzliche Grüsse von Haus zu Haus!

Ihr ergebenster

F. Hausdorff

# Anmerkungen

[1]  S. dazu Anmerkung [2] zum Brief vom 11. 3. 1913 und Anmerkung [1] zum Brief vom 27. 3. 1913.

[2]  Die Kontroverse zwischen W. H. YOUNG und A. SCHOENFLIES entzündete sich am Beweis des Heine-Borelschen Überdeckungssatzes. YOUNG hatte in seiner Arbeit *A note on sets of overlapping intervals*, Rendiconti del Circolo Matematico di Palermo **21** (1906), 125–127, einen Beweis für den eindimensionalen Fall gegeben. Im zweiten Teil seines Mengenberichts (SCHOENFLIES, A.: *Die Entwickelung der Lehre von den Punktmannigfaltigkeiten, II. Teil*, Teubner, Leipzig 1908) bemerkte SCHOENFLIES, auf eine einfache Beweisidee von F. BERNSTEIN verweisend:

> Den obigen Grundgedanken hat bereits W. H. YOUNG auf Grund einer brieflichen Mitteilung von BERNSTEIN veröffentlicht; Palermo Rend. 21 (1906) S. 125. Der Beweis des Satzes, den W. H. YOUNG dort selber gibt, ist nicht richtig. (S. 80, Fußnote 1)

YOUNG hat daraufhin den kritisierten Beweis ausführlicher dargestellt, ihn aber nicht abgeändert, und zwar in der Arbeit: YOUNG, W. H.: *A note on functions of two or more variables which assume all values between their upper and lower bounds.* The Messenger of Mathematics (2) **39** (1909), 69–72. Die von HAUSDORFF in Übersetzung zitierte Passage stammt aus YOUNG, W. H.: *A note on the theory of the first variation in the calculus of variations.* Rendiconti del Circolo Matematico di Palermo **30** (1910), 27–32. Am Schluß dieser Arbeit hatte YOUNG folgende Fußnote angefügt:

> I take this opportunity of referring the readers of the Rendiconti who may have read the remarks of SCHOENFLIES on a former paper of mine in the present Rendiconti, Tomo XXI (1906), pp.125–127 to my reply in the Messenger of Mathematics, New Series, n° 461, September 1909. Readers who, like SCHOENFLIES, may have found the argument difficult to follow, will find it there expanded, though in no other way altered. (S. 32)

SCHOENFLIES ist erst einige Zeit später auf diese Arbeit aufmerksam geworden; er reagierte promt: SCHOENFLIES, A.: *Über einen Beweis des Herrn W. H. Young.* The Messenger of Mathematics (2) **42** (1912), 59–62. Darin heißt es im Hinblick auf YOUNGs Fußnote in den Rendiconti:

> Zu diesen Worten, die mir erst unlängst zu Gesicht kamen, kann ich unmöglich schweigen; um so weniger, als der Youngsche Beweis *auch in der ausführlichen Form, die er ihm in seiner zweiten Darstellung gegeben hat, unrichtig ist.* (S. 59)

YOUNG antwortete hierauf im selben Band des Messenger: YOUNG, W. H.: *On a proof of a theorem on overlapping intervals.* The Messenger of Mathematics (2) **42** (1912), 113–118. Mit einer Entgegnung von SCHOENFLIES und einem Zusatz des Herausgebers des Messenger, der als Zitat eine weitere Entgegnung YOUNGs enthielt, endete die Polemik (SCHOENFLIES, A.: *Entgegnung.* The Messenger of Mathematics (2) **42** (1912), 119–121), ohne daß eine Einigung zustande gekommen wäre.

**Brief** FELIX HAUSDORFF ⟶ FRIEDRICH ENGEL

26/5 13

Lieber und verehrter Herr Amtsvorgänger!

Zunächst besten Dank für Ihre Karte vom 8. Mai. Für die Univ.chronik bitte ich Sie, mir mitzutheilen, welche Übungen Sie im Seminar abgehalten haben (S. S. 1912 und W. S. 1912–13) und ob Sie ausserdem sonst noch irgendwelche wichtigen Vorgänge im Seminar verzeichnet wissen wollen.

Ferner müssen Sie mir noch das Geheimniss einiger Schüssel aufklären. An dem Schlüsselbunde, den Sie bei Mie deponirt haben, befanden sich die Schlüssel: [1] 1) zum Locus im phys. Institut, 2) zum Bücherzimmer neben dem „Kleinen Hörsaal“, 3) zum Bibl.schrank, 4) zum Modellschrank, 5) zur Fakultätsmappe und ausserdem 6) 7) 8) 9) 4 kleine Schlüssel, deren Bestimmung mir unbekannt ist (hingegen nicht, wie Sie schrieben, ein Hauptschlüssel zum phys. Institut). Vielleich gehören diese Schlüssel Ihnen privatim? Wenn der zu Ihrem Geldschrank dabei ist, nützt er mir ja leider nichts, solange Sie mir nicht sagen, wo der Geldschrank ist.

Über die Führung der Seminarbibl. werde ich Sie auch noch ein andermal befragen müssen. Für heute nur: die letzten Büchereingänge sind nicht mit Nummerzetteln beklebt, und die zugehörigen Nummerzettel kann ich nirgends finden (die vorhandenen fangen erst mit einem späteren Hundert an).

Sie waren so liebenswürdig, Sich nach unserer Zufriedenheit mit der Wohnung zu erkundigen. Die Verbindungen stören relativ wenig; dagegen finde ich doch den Spielplatz mit seinen zahllosen Horden von Kindern wenig erfreulich, obwohl viel erträglicher als in Bonn. Das Klavierspiel von Frl. Römstedt ist quantitativ erträglich (über die Qualität will ich mich lieber nicht aussprechen); überhaupt sind unsere Übermenschen aus der 2. Etage viel angenehmer, als man durchschnittlich erwarten darf.

Diese Woche wird endlich den Besuchen gewidmet sein; Lohndiener Franz ist bereits engagirt. Ich verspreche mir von der Besuchsfahrt auf dem Greifswalder Pflaster viel Genuss.

In den Vorlesungen scheinen Sie sich ja verschlechtert zu haben. Ich zähle in der Diff.geom. etwa 30 Köpfe, in der Zahlentheorie etwas weniger. – Thaer hat vorgestern seine Antrittsvorlesung gehalten, für mein Gefühl sehr fein und durchdacht, obwohl ich ihm widersprechen würde (Existenz der Irrationalzah- [2] len). Hoffentlich komme ich mit ihm in etwas näheren Verkehr, denn mit Vahlen scheint nicht viel anzufangen. Wir sind in dieser Beziehung allerdings durch [3]

231

Studys und Londons verwöhnt; und die Freundlichkeit, mit der Sie uns aufgenommen haben, verschärft unsere Betrübniss darüber, dass Sie nicht mehr hier sind.

Gestern waren wir das 1. Mal in Sassnitz und Stubbenkammer; das ist allerdings ein Edelstein in der Krone Greifswald!

Wie fühlen Sie Sich denn im Hessenlande? Bekommt Ihrem Kinde das Klima [4] besser?

Herzliche Grüsse von Haus zu Haus!

Ihr ergebenster<br>F. H.

[5] Grüssen Sie, bitte, auch Pasch's, Schlesinger, Grassmann.

## Anmerkungen

[1] GUSTAV MIE (1868–1957) war von 1902 bis 1917 Extraordinarius für theoretische Physik in Greifswald.

[2] Prof. PETER SCHREIBER (Greifswald), der beste Kenner von THAERs Biographie und Werk, der auch den Nachlaß THAERs besitzt, teilte dem Herausgeber mit, daß es von der Antrittsvorlesung keine Spur gibt; nicht einmal der Titel ist bekannt.

[3] Zu VAHLEN s. Anmerkung [1] zum Brief vom 21. Februar 1911. Der Brieftext ist hier korrekt wiedergegeben; das „zu sein" hat HAUSDORFF vergessen.

[4] ENGELs einziges Kind, eine Tochter, war chronisch krank und ist im Alter von 19 Jahren gestorben.

[5] HERMANN GRASSMANN (d. J.) (1857–1922) war seit 1904 bis zu seinem Tod 1922 Ordinarius in Gießen. MORITZ PASCH (1843–1930) war von 1875 bis zu seinem Eintritt in den Ruhestand 1911 Ordinarius in Gießen, blieb aber bis ins hohe Alter wissenschaftlich aktiv. Sein Nachfolger wurde LUDWIG SCHLESINGER (1864–1933), der von 1911 bis zu seiner Emeritierung 1930 als Ordinarius in Gießen wirkte.

**Brief** FELIX HAUSDORFF ⟶ FRIEDRICH ENGEL

Gr., Graben 5    16/1 14

Sehr geehrter und lieber Herr College,

Hoffentlich sind Sie auf das Attentat, das ich gegen Ihre Zeit plane, nicht allzu böse – ich denke, dass ich Ihnen nicht mehr als eine Viertelstunde zu stehlen brauche. Es handelt sich um die beiliegende Prüfungsarbeit von Paul Marienfeld, in die ich Sie einen Blick zu werfen bitten möchte, und zwar aus [1] folgendem Grunde. Ich bin sehr gestimmt, ihr das Prädicat ungenügend zu geben. Aber da der Mann ein specieller Schüler von Ihnen und Ihnen nach seinen Qualitäten wohl ungefähr bekannt ist, da ferner das Thema von Ihnen, noch dazu im Anschluss an ebenfalls von Ihnen angeregte Dissertationen gestellt ist und mir dieses ganze Gebiet etwas ferner liegt, so wäre es mir eine Beruhigung, wenn Sie mir bestätigten, dass ich Herrn M. nicht Unrecht thue, oder auch, wenn Sie mir sagten, dass ich die Arbeit doch noch als genügend censiren könnte (was ich dann selbstverständlich gern thun würde).

Mein Urtheil ist in Kurzem: die Aufsuchung derjenigen part. Dg., deren Integralvereine als Punktorte 2-dimensional sind, hat M. wohl ziemlich genau aus der Diss. von Steingräber übernommen, und seine eigentliche Aufgabe, [2] darunter die Dg. mit charakteristischen *Geraden* zu bestimmen, überhaupt nicht behandelt. Was er S. 9 darüber sagt, ist doch einfach kindisch; $\omega_i$ und $\omega - \sum \omega_i p_i$ brauchen doch nicht Constanten zu sein, sondern Integrale des Diff.systems der char. Streifen. Der Verf. hat auch wohl gefühlt, dass das Unsinn ist, diese Bedingungen schwimmen lassen und erst am Schluss S. 41 noch einmal hingeschrieben. Ebenso falsch ist S. 7 die Aufstellung der Dg. mit $\mathcal{E}_2$ als Integralgebilden.

Vielleicht aber finden Sie, dass die Wiedergabe der Steingräber'schen Diss. doch nicht so unselbständig ist, wie sie mir nach flüchtigem Anblick erscheint; eine genauere Vergleichung habe ich allerdings nicht vorgenommen, während Sie ja auf den ersten Blick sehen werden, wie es sich damit verhält.

Ich bin Ihnen im Voraus für Ihren freundlichen Beistand sehr dankbar: auch wenn Ihr Urtheil anders als das meinige ausfällt – mir wäre es sogar lieber, wenn ich die Arbeit durchlassen könnte. Darf ich noch die Bitte hinzufügen, mir die Arbeit möglichst in ein paar Tagen wiederzuschicken? (ich habe sie natürlich schon seit langem in meinem Schreibtisch, aber erst jetzt angesehen, und nächste Woche ist die Prüfung.)

Mein Buch wird hoffentlich bis zum 1. März gedruckt sein. [3]

Mit herzlichen Grüssen von Haus zu Haus

Ihr wie immer ergebener

F. Hausdorff

## Anmerkungen

[1] Aus der weiter unten stehenden Passage „Wiedergabe der Steingräber'schen Dissertation" geht hervor, daß es sich hier vermutlich um die Examensarbeit eines Lehramtskandidaten gehandelt hat.

[2] WILHELM STEINGRÄBER promovierte 1906 bei ENGEL mit der Arbeit *Über partielle Differentialgleichungen erster Ordnung im $R_4$*. Die Arbeit wurde in Greifswald gedruckt (46 S.). Eine relativ eingehende Besprechung von ENGEL findet sich im *Jahrbuch über die Fortschritte der Mathematik* **37** (1906) (erschienen 1909), S. 370–371. STEINGRÄBER hat außer der Dissertation keine

weiteren mathematischen Arbeiten veröffentlicht.

[3]  Die *Grundzüge der Mengenlehre* müssen spätestens Mitte April 1914 vor-
gelegen haben, denn am 20. April 1914 dankt HAUSDORFF in einem Brief an
HILBERT für dessen freundliche Worte über das Buch (vgl. die Briefe HAUS-
DORFFs an HILBERT in diesem Band).

## Brief  FELIX HAUSDORFF $\longrightarrow$ FRIEDRICH ENGEL

Greifswald, 24/5 14

[1]   Lieber und verehrter Herr College,  haben Sie vielen Dank für Ihre freundlichen Worte über mein Buch. Ich hoffe, dass es wirklich eine relativ anständi-
ge Leistung ist und als solche auch Ihnen, der Sie mich in den erleuchteten
Kreis der Ordinarien befördert haben, eine nachträgliche Rechtfertigung ertheilt. Was Sie von Cantor befürchten, muss ich vollkommen unterschreiben;
ich glaube nicht, dass er seit 10 Jahren oder mehr an der Entwicklung der
von ihm begründeten Wissenschaft noch activen oder auch nur receptiven An-
[2] theil nehmen kann. Dennoch hoffe ich, dass meine Widmung ihm wenigstens
persönliche Freude gemacht hat; er hat mir zweimal ein paar Zeilen geschrieben, als ich ihn um Annahme der Dedication bat und dann nach Empfang des
[3] Buches.
Bei Ihnen müssen sich doch Berge von Correcturen anhäufen! Nachträglich
danke ich Ihnen noch für das Referat über Berührungstf.
Ich muss Sie übrigens wieder einmal mit einer Anfrage belästigen. Neulich
holte ich von der Bibliothek die uns überwiesenen Atti dell' Academia dei
Lincei; dabei stellte sich heraus, dass folgendes fehlt:
Bd. 18 (1909) beide Semester
Bd. 19 (1910)     ”          ”
Bd. 20 (1911)     ”          ”
Bd. 21 (1912) bis auf 1. Sem. Heft 8 und 2. Sem Heft 10–12.
Ferner die adunanze solemni fehlen seit 1904 bis auf 1 Heft 1913.
Kuhnert behauptete, es sei ausgeschlossen, dass die Hefte noch in der Bibl.
lägen; vielmehr hätten Sie sie regelmässig abgeholt. Haben Sie eine Vorstellung,
wo die Sachen sein könnten? Auch im Katalog ist nur das Vorhandene (bis 1908)
verzeichnet.
Wie geht es Ihnen und den Ihrigen? Uns macht das Haus immer noch Vergnügen, obwohl jetzt im Sommer die Nachbarschaft geräuschvoller ist und der Graben schon manchmal sehr deutlich wird.
Herzliche Grüsse v. H. z. H., auch an Herrn und Frau Pasch und ans Hand-
[4] werk.

Ihr getreuer     F. Hausdorff

## Anmerkungen

[1]  HAUSDORFF hatte ENGEL ein Exemplar der *Grundzüge der Mengenlehre*, mit einer handschriftlichen Widmung versehen, zugesandt. Die Widmung lautet: „Herrn Prof. Dr. Engel in dankbarer Hochschätzung d. V." ENGEL hat auf dem Vorsatzblatt des Buches notiert: „F. Engel Erh. Giessen 6. 5. 1914." Dieses Exemplar der *Grundzüge* ging später an Prof. EGON ULLRICH (1902–1957), der ab 1935 bis zu seinem Tode den ENGELschen Lehrstuhl innehatte, dann an Prof. CHRISTOPH J. SCRIBA (Hamburg), der es 2004 dem Herausgeber schenkte.

[2]  CANTORs letzte mathematische Veröffentlichung war seine in zwei Teilen erschienene große Arbeit *Beiträge zur Begründung der transfiniten Mengenlehre*, Math. Annalen **46** (1895), 481–512; **49** (1897), 207–246 (s. dazu auch Band II dieser Edition, S. 16–22). CANTOR litt ab 1900 zunehmend an seiner manisch-depressiven Erkrankung; z. B. war er in den Wintersemestern 1905/06, 1907/08, 1908/09 wegen Krankheit beurlaubt (s. PURKERT, W.; ILGAUDS, H.-J.: *Georg Cantor*. Birkhäuser-Verlag, Basel 1987, S. 162 ff.).

[3]  HAUSDORFF hatte die *Grundzüge der Mengenlehre* CANTOR gewidmet. Die Widmung war auf einem extra für diesen Zweck eingebundenen Blatt angebracht und lautete: „Dem Schöpfer der Mengenlehre, Herrn Georg Cantor, in dankbarer Verehrung gewidmet."

[4]  Mit den Grüßen „ans Handwerk" sind vermutlich Grüße an alle aktiven Mitglieder des Gießener Mathematischen Seminars gemeint (PASCH war schon Emeritus).

**Postkarte**  FELIX HAUSDORFF ⟶ FRIEDRICH ENGEL

Gr., 11. 4. 21

Lieber Herr College,  für Ihren Glückwunsch zu Bonn (wohin ich mit einem heiteren, zwei bis drei nassen Augen gehe) danke ich Ihnen herzlich. Die Nachfolgerfrage ist freilich schwer, und ich werde s. Z. vermuthlich Ihren Rath erbitten. Einstweilen ist Zeit gewonnen, da ich, die mir vom Min. gewährte Wahlfreiheit benutzend und nach Verständigung mit Study, mein neues Amt erst zum 1. Oct. antrete. Heute bin ich im Begriff, mit meiner Frau nach Bonn zu fahren, um das Wohnungsproblem ins Auge zu fassen (dies ist das nässeste der oben genannten!).  [1]  [2]  [3]

In einem Punkte hoffe ich sichere Verbesserung: nämlich Klima!

Mit herzlichen Grüssen v. H. z. H.

Ihr getreuer

F. Hausdorff

# Anmerkungen

[1]  HAUSDORFF wurde zum Sommersemester 1921 zum Ordinarius an die Universität Bonn berufen.

[2]  Zum Nachfolger HAUSDORFFs auf dem Lehrstuhl in Greifswald wurde 1922 JOHANN RADON (1887–1956) berufen.

[3]  Da die Personalsituation in Greifswald ziemlich angespannt war, kam HAUSDORFF mit dem preußischen Kultusministerium und mit der Universität Bonn überein, seine Lehrtätigkeit in Bonn erst zum Wintersemester 1921/22 aufzunehmen und im Sommersemester noch in Greifswald zu lesen (Brief HAUSDORFFs vom 2.4.1921 an die philosophische Fakultät der Universität Bonn; Universitätsarchiv Bonn, PF-PA 191).

## Brief  FELIX HAUSDORFF ⟶ FRIEDRICH ENGEL

Bonn, Hindenburgstr. 61
14. 5. 27

Lieber Herr Kollege!

Bei einem Versuch, Korrespondenzschulden abzutragen, finde ich auch Ihren Brief vom 15. Februar vor, für dessen bisherige Nichtbeantwortung ich Sie sehr um Entschuldigung bitte; der Grund war wohl, wenn ich mich richtig psycho-analysiere, dass die Aufsuchung Ihrer Briefe von 1906, um die Sie mich baten, mir ein hoffnungsloses Unternehmen zu sein schien und ich deshalb die ganze Sache „verdrängte". Nun habe ich aber heute in einem Anfall von Wagemut doch einen Griff in das verstaubte Chaos meiner früheren Korrespondenzen gethan und das unwahrscheinliche Glück gehabt, schon nach wenigen Minuten
[1]  die beiden Briefe (2.1. und 8.1.06) zu finden, die sich auf den Zusammenhang der adjungirten Gruppe mit den Parametergruppen beziehen und wohl die von Ihnen gewünschten sein werden. Ich sende sie Ihnen mit der Bitte um gelegent-liche Rückgabe.
[2]  Für Ihre freundlichen Worte über mein Buch danke ich Ihnen besonders, ebenso für die liebenswürdigerweise angebotene Dedication von Lie VI. Band, den ich aber, wie Sie richtig vermuten, als Subskribent sowieso in diesen Tagen bekommen habe. Ich bewundere die erstaunliche Arbeitsleistung, die Sie in den
[3]  bisher erschienenen drei Bänden investiert haben; leider bin ich auch schon zu alt, um mich noch mit der Gründlichkeit, die diese Sachen verdienen, in das Studium zu vertiefen. Überhaupt finde ich, dass mir die Mathematik über den Kopf wächst und dass ich mit jedem neuen Tage weniger weiss, erstens relativ, weil viel mehr producirt wird, als man noch fassen kann, und zweitens absolut, indem ich jeden Tag mehr vergesse als ich hinzulerne. Es ist mir ein Trost,

236

anzunehmen, dass es Anderen auch nicht anders geht, aber diese Annahme ist vielleicht eine Selbsttäuschung. Leider gehört auch die Gruppentheorie zu den Dingen, von denen ich das Meiste wieder vergessen habe.

Dass Study am 1. April (8 Tage nach seinem 65. Geburtstag) emeritiert, aber vorläufig noch im Amt ist, werden Sie wissen. Die Wahl eines Nachfolgers, der Geometrie kann, wird uns noch grosses Kopfzerbrechen kosten. [4]

Hoffentlich geht es Ihnen und Ihrer Frau Gemahlin gesundheitlich gut. Unsere Tochter ist seit zwei Jahren verheiratet (ihr Mann ist Assistent an der hiesigen Sternwarte) und beabsichtigt uns nächstens in die Generation der Grosseltern zu versetzen. [5]

Mit besten Grüssen von Haus zu Haus
Ihr ergebenster
F. Hausdorff

Viele Grüsse an Schlesinger, Kalbfleisch und Papa Pasch! [6]

### Anmerkungen

[1]  Die Briefe ENGELs sind verloren; die Antwort HAUSDORFFs auf den Brief ENGELs vom 2. 1. 1906 ist sein Brief vom 7. 1. 1906, der weiter vorn abgedruckt ist.

[2]  Die Rede ist von HAUSDORFFs Buch *Mengenlehre* ([H 1927a]; Abdruck mit historischer Einführung und Kommentaren im Band III dieser Edition, S. 1–408).

[3]  SOPHUS LIEs *Gesammelte Abhandlungen* erschienen in 6 Bänden zwischen 1922 und 1937 bei Teubner, Leipzig und Aschehoug & Co., Oslo. Herausgeber waren FRIEDRICH ENGEL und PAUL HEEGAARD. Die Hauptarbeit bei der ausführlichen und sorgfältigen Kommentierung der LIEschen Arbeiten leistete ENGEL. Er schuf damit eine Werkausgabe, die vorbildlich für zukünftige Ausgaben gesammelter Werke von Mathematikern wurde. Bei ENGELs Tod lag auch das Manuskript für den siebenten und letzten Band (Arbeiten aus dem Nachlaß) vor; dieser Band erschien erst 1960.

[4]  Zum Nachfolger STUDYs wurde OTTO TOEPLITZ (1881–1940), damals Ordinarius in Kiel, berufen. Er wirkte in Bonn vom Sommersemester 1928 bis zu seiner zwangsweisen Versetzung in den Ruhestand durch die nationalsozialistischen Behörden zum Ende des Jahres 1935.

[5]  FELIX HAUSDORFFs einziges Kind, die Tochter LENORE (NORA) (1900– 1991) heiratete im Juni 1924 den Astronomen ARTHUR KÖNIG (1897–1969). Das erste Kind der Familie KÖNIG war der Sohn FELIX, geb. am 19. 5. 1927. FELIX KÖNIG ist am 4. April 1973 gemeinsam mit seiner Frau ELLEN bei einem Autounfall ums Leben gekommen.

[6]  Zu SCHLESINGER und PASCH s. Anmerkung [5] zum Brief vom 26. 5. 1913. KARL KALBFLEISCH ( 1868–1946) war Ordinarius für Klassische Philologie in Gießen.

**Brief**  FELIX HAUSDORFF ⟶ FRIEDRICH ENGEL

Bonn, Hindenburgstr. 61
7. 1. 30

Lieber Herr Kollege!

[1]  Toeplitz und ich beabsichtigen im Mathematischen Seminar eine Trauerfeier für Study zu veranstalten. Wir sind Beide der Ansicht, dass persönlich wie sachlich Niemand geeigneter ist, die Gedenkrede zu halten, als Sie, der Sie wohl Studys ältester Freund sind und ihm in seinen Hauptarbeitsgebieten
[2]  am nächsten standen. Dürfen wir Sie herzlich dazu einladen? Den Zeitpunkt überlassen wir Ihnen; natürlich soll die Feier nicht allzuweit hinausgeschoben werden, aber andererseits kann man so etwas auch nicht in ein paar Tagen improvisieren. Wir hoffen sehr auf Ihre freundliche Zusage.

Sollten Sie vielleicht die Sache nicht *allein* übernehmen, sondern Sich mit einem anderen Fachgenossen in die Würdigung der Studyschen Arbeiten teilen wollen, so bitten wir Sie um einen dahingehenden Vorschlag. Vielleicht käme da unser E. A. Weiss in Betracht, den Study sehr geliebt hat; ich nehme an, dass
[3]  er gegebenen Falls von Paris herüberkommen würde. Aber wir geben Ihnen völlig freie Hand, und wenn Sie allein sprechen wollen, sind wir Ihnen um so dankbarer.

Vielleicht sehen wir uns übermorgen bei der Bestattung in Mainz und können
[4]  dann sogleich etwas verabreden.

Mit herzlichen Grüssen und Empfehlungen an Ihre Frau Gemahlin, auch von meiner Frau, bin ich                          Ihr sehr ergebener

F. Hausdorff

**Anmerkungen**

[1]  EDUARD STUDY ist am 6. Januar 1930 verstorben.

[2]  Die Trauerfeier für STUDY im Mathematischen Seminar der Universität Bonn fand am 8. 2. 1930 statt. ENGEL hielt die Gedächtnisrede; eine erweiterte Fassung dieser Rede ist unter dem Titel „Eduard Study" im Jahresbericht der DMV **40** (1931), 133–156, veröffentlicht.

[3]  ERNST AUGUST WEISS (1900–1942) hatte 1924 bei STUDY promoviert und sich 1926 in Bonn habilitiert. Er hielt sich vom Wintersemester 1928 an

für ein Jahr mit einem Rockefeller-Stipendium in Paris auf und danach ein Semester in Toulouse. 1932 wurde er außerordentlicher Professor in Bonn. WEISS war überzeugter Nationalsozialist und wurde 1941 auf ein Ordinariat der neu gegründeten „Reichsuniversität Posen" berufen. Diese Stelle trat er aber nicht mehr an, da er am 9.2.1942 in einem Feldlazarett an der Ostfront starb. HAUSDORFF war von WEISS tief enttäuscht, als dieser nach 1933 seinen Antisemitismus offen betätigte.

[4]  HAUSDORFF hielt zur Beerdigung STUDYs eine Trauerrede: *Eduard Study*. Worte am Sarge Eduard Studys, 9. Januar 1930. Chronik der Rheinischen Friedrich-Wilhelms-Universität zu Bonn für das akademische Jahr 1929/30. Bonner Universitäts-Buchdruckerei Gebr. Scheur, Bonn 1932 ([H 1932], Wiederabdruck im Band VI dieser Edition).

# Paul Fechter

## Korrespondenzpartner

PAUL FECHTER wurde am 14. September 1880 in Elbing als Sohn eines Zimmermeisters geboren. Er studierte zunächst Architektur an der TH Dresden und der TH Berlin-Charlottenburg, danach Mathematik, Naturwissenschaften und Philosophie an der Berliner Universität. 1905 promovierte er an der Universität Erlangen mit der Arbeit *Die Grundlagen der Realdialektik* zum Dr. phil. Danach war er von 1905 bis 1911 zunächst Volontär, dann kulturpolitischer Redakteur bei den „Dresdner Neuesten Nachrichten". Von 1911 bis 1915 war er Feuilletonredakteur bei der „Vossischen Zeitung". Nach Einsatz an der Front wurde er 1916 zur „Wilnaer Zeitung" abkommandiert. Nach dem Kriege leitete er ab 1918 das Feuilleton der „Deutschen Allgemeinen Zeitung". Diese Stellung gab er im Herbst 1933 auf und gründete mit FRITZ KLEIN und PETER BAMM die Wochenzeitung „Deutsche Zukunft", der es gelang, eine gewisse geistige Unabhängigkeit zu wahren, bis sie 1940 schließlich in die nationalsozialistische Wochenschrift „Das Reich" eingegliedert wurde. FECHTER war als Mitherausgeber schon 1939 ausgeschieden. Neben der „Deutschen Zukunft" gab er von 1932 bis 1942 mit RUDOLF PECHEL die „Deutsche Rundschau" heraus. Von 1937 bis 1939 arbeitete er als Feuilletonredakteur des „Berliner Tageblatts" und ab 1939 bis 1945 in der gleichen Stellung bei der „Deutschen Allgemeinen Zeitung". Nach dem Krieg war er u. a. für das Feuilleton der „Zeit" tätig. PAUL FECHTER verstarb am 9. Januar 1958 in Berlin.

Neben seiner Tätigkeit als Redakteur, Theater- und Kunstkritiker in den genannten Zeitungen und Zeitschriften war FECHTER auch als Schriftsteller sowie Literaturhistoriker außerordentlich produktiv. Da sind zunächst seine „Berlin-Romane" zu nennen, die Menschen und ihr Leben in der Hauptstadt zum Thema haben: *Die Kletterstange* (1925), *Der Ruck im Fahrstuhl* (1926), *Die Rückkehr zur Natur* (1929) und *Der Herr Ober* (1940). Erinnerungen an seine Heimat Westpreußen und an seine dort verbrachte Jugendzeit verarbeitete FECHTER in den Romanen *Das wartende Land* (1931) und *Die Fahrt nach der Ahnfrau* (1935). Ein Entwicklungsroman, der die Zeit vor dem I. Weltkrieg idealisiert, ist *Die Gärten des Lebens* (1939). Nach dem II. Weltkrieg erschien der politisch-satirische Zukunftsroman *Alle Macht den Frauen* (1950). FECHTERs Theaterstück *Der Zauberer Gottes* (1940) sollte 1941 in Königsberg uraufgeführt werden. Nach der Generalprobe wurde die Aufführung untersagt; das Stück wurde erst 1948 in Hamburg uraufgeführt. Von seinen literatur- und kunsthistorischen Schriften seien zunächst genannt *Der Expressionismus* (1914), *Frank Wedekind. Der Mensch und sein Werk* (1920), *Das graphische Werk Max Pechsteins* (1921), *Gerhard Hauptmann* (1922), *Deutsche Dichtung der Gegenwart. Versuch einer Übersicht* (1929) und *Der Zeichner Ernst Barlach* (1933). 1932 erschien seine umfangreiche Literaturgeschichte *Dichtung der Deutschen. Eine Geschichte der Literatur unseres Volkes von den Anfängen bis zur Gegenwart.*

Von diesem Werk gab es 1941 eine Neubearbeitung unter dem Titel *Geschichte der deutschen Literatur von den Anfängen bis zur Gegenwart*. Diese Neuausgabe war bezüglich der von den Nationalsozialisten verfehmten Schriftsteller ganz systemkonform und ging sogar soweit, HITLERs *Mein Kampf* unter die literarischen Kunstwerke einzureihen. Nach dem Krieg erschien, von den ideologischen Entgleisungen bereinigt, die dritte Version der Literaturgeschichte unter dem Titel *Geschichte der deutschen Literatur*. In die Zeit nach dem Krieg fallen auch FECHTERs autobiographisch geprägte Bücher *Menschen und Zeiten* (1948), *An der Wende der Zeit* (1949), *Zwischen Haff und Weichsel* (1954) und *Menschen auf meinen Wegen* (1955). Einen besonderen Namen hat sich FECHTER über Jahrzehnte als Theaterkritiker gemacht. Diese Erfahrungen gingen in sein Buch *Große Zeit des deutschen Theaters. Gestalten und Darsteller* (1950) ein. Kurz vor seinem Tode vollendete er noch sein dreibändiges Werk *Das europäische Drama. Geist und Kultur im Spiegel des Theaters* (1956–1958).

## Quelle

Der Brief und die Postkarte FELIX HAUSDORFFs an PAUL FECHTER befinden sich im Deutschen Literaturarchiv Marbach, Nachlaß Fechter, Handschriften-Abt. A unter der Signatur HS 1993.0002.

## Danksagung

Wir danken dem Literaturarchiv Marbach für die Bereitstellung der Kopien und für die Genehmigung zum Abdruck der Schriftstücke.

**Brief** FELIX HAUSDORFF —→ PAUL FECHTER

Leipzig, den 7. Juni 1906

Sehr geehrter Herr Dr.,

Ihre freundliche und für mich ehrenvolle Absicht, einen Aufsatz über meine Sachen zu schreiben, soll meinerseits alle erforderliche Unterstützung finden. Nicht in dieser *Absicht* (etwas dergleichen wurde mir schon einmal angekündigt), aber in der Ausführung würden Sie übrigens der Erste sein, vor allem auch der Erste, der mich nicht nur belletristisch, sondern zugleich philosophisch nimmt. Ich persönlich lege auf das „Chaos" mehr Werth als auf alles Übrige zusammengenommen, womit nicht geleugnet werden soll, dass ich dieses Buch heute wahrscheinlich etwas anders schreiben würde.  [1] [2]

Die unter dem Namen „der Schleier der Maja" gesammelten Skizzen gehören keinem grösseren Werke an. Ausser den Sachen, die Sie nennen, sind in der Neuen Rundschau oder früheren Neuen Deutschen Rundschau noch einige erschienen: „Massenglück und Einzelglück", „Das unreinliche Jahrhundert", „Tod und Wiederkunft", „Sprachkritik", „Der Wille zur Macht", „Gottes Schatten". Die Jahreszahlen weiss ich augenblicklich nicht (seit 1897 oder 98); wenn Ihnen die Zeitschrift nicht zugänglich sein sollte, so könnte ich Ihnen von einem oder zweien der Aufsätze Sonderabzüge geben. Ferner sind in der früheren Wiener Wochenschrift „die Zeit" ein paar Sächelchen erschienen, eines über Stirner und zwei Aufsätze über Nietzsches Wiederkunft-Fragment bei Gelegenheit des Streites um den zwölften Nachlassband (Koegel – Horneffer). Das wird dann wohl Alles sein.  [3]

Eine Aufzählung meiner Lebensdaten können Sie eigentlich dem verehrten Publico schenken; ich finde, das Biographische versteht sich von selbst. Man wird geboren, besucht Gymnasium und Universität, promovirt u. s. w. Wenn Sie dies aber für äusserst belangreich halten, so bin ich auch zur Lieferung eines vorschriftmässigen curriculum vitae bereit. Übrigens irrt sich der unfehlbare Kürschner um 2 Tage: ich bin 8. Nov. (nicht 6. Nov.) 1868 geboren.

Nun, verehrter Herr Dr., versuchen Sie Ihr Heil; meinen Beistand, falls Sie dessen bedürfen, will ich Ihnen gern versprechen. Und wenn ich noch einen Wunsch aussprechen darf: bekämpfen Sie mich ohne Bedenken, schimpfen Sie auf mich, aber so, dass der Leser Appetit bekommt! Es giebt gewiss Vieles, worin Sie nicht mit mir übereinstimmen werden, aber das gerade erzeugt Reibung und Funken.

Mit hochachtungsvollen Grüssen

Ihr ergebener
Felix Hausdorff

# Anmerkungen

[1]  PAUL FECHTER scheint als Student oder als junger Redakteur auf HAUS-
DORFFs unter dem Pseudonym PAUL MONGRÉ erschienene Schriften aufmerk-
sam geworden zu sein. Über eine spätere persönliche Begegnung mit RICHARD
DEHMEL und HAUSDORFF im Hause des „Papa" HEILMANN in Berlin (zu HEIL-
MANN s. Anm. [4] zum Brief HAUSDORFFs an DEHMEL vom 3. Dezember 1907
in diesem Band) berichtet FECHTER in *Menschen und Zeiten. Begegnungen aus
fünf Jahrzehnten*, Gütersloh 1948, S. 156–159. Dieser Bericht beginnt mit den
Sätzen:

> Paul Mongré, von den jüngeren Generationen heute zu Unrecht verges-
> sen, war eine der merkwürdigsten Erscheinungen der ersten Jahrzehnte
> des zwanzigsten Jahrhunderts. Er hieß eigentlich Felix Hausdorf [sic!],
> war Professor der Mathematik in Greifswald, später in Bonn, und in jun-
> gen Jahren ein leidenschaftlicher Verehrer Nietzsches, ohne sich in der
> Selbständigkeit seines Weltbilds durch ihn beirren zu lassen. (S. 156)

FECHTER hat erst als Feuilletonredakteur der „Vossischen Zeitung", also viele
Jahre nach dem hier vorliegenden Brief, einen Artikel über MONGRÉ geschrie-
ben: In der Morgenausgabe der „Vossischen Zeitung" vom 13. Dezember 1912
(Nr. 634) erschien ein mit PAUL FECHTER gezeichneter Artikel unter dem Titel
*Gedanken über Paul Mongré*. Was der unmittelbare Anlaß für den Aufsatz war,
läßt sich nicht mehr feststellen. Vielleicht war es der Erfolg von HAUSDORFFs
Theaterstück in Berlin im Winter 1911/12, vielleicht auch die Begegnung im
Hause des „Papa" HEILMANN, die man auf etwa diese Zeit datieren kann. Da
FECHTERs Aufsatz schwer zugänglich ist, sei er hier vollständig wiedergegeben:

### Gedanken über Paul Mongré

> Der Träger dieses eigenwilligen Pseudonyms wurde einem größeren Pu-
> blikum erst jetzt durch ein kleines Drama bekannt, das, nachdem Brahm
> es vor ein paar Jahren zuerst am Lessingtheater brachte, im letzten Win-
> ter in Berlin eine erfreulich dauerhafte Auferstehung erlebt hat. Außer
> diesem „Arzt seiner Ehre", in dem das alte Spiel ums Ewig-Weibliche mit
> der Ironie und Ueberlegenheit Shaws und der Skepsis eines frei Gewor-
> denen neu gestaltet ist, hat Mongré ein paar Bücher geschrieben, deren
> Verbreitung bisher in keinem Verhältnis zu ihrem Wert und Reichtum
> stand, obwohl gerade innerhalb unseres Klimas an Menschen dieser kla-
> ren Geistigkeit kein besonderer Ueberfluß herrscht.[1]

> Es ist kein Zufall, daß Paul Mongré, einer der wenigen souveränen Gei-
> ster unserer Tage, in seinem nicht pseudonymen Dasein Professor der
> höheren Mathematik an einer deutschen Universität ist. Die Summe von
> Intelligenz, die im Umkreis unseres heutigen Kulturbezirks am Werk ist,

---

[1] Außer dem genannten Einakter, den S. Fischer verlegt, veröffentlichte Paul Mongré bei
C. G. Naumann in Leipzig 1897 den Aphorismenband „Sant' Ilario. Gedanken aus der Land-
schaft Zarathustras", 1898 ebenda „Das Chaos in kosmischer Auslese, ein erkenntniskritischer
Versuch" und 1900 bei Hermann Seemann in Leipzig den Gedichtband „Ekstasen".

steht in einem eigentümlichen Verhältnis zu dem Quantum reinen Intellekts, das man innerhalb aller nicht rein praktischen Betätigungsgebiete auftreiben kann. Trotz alles Formel- und Zahlenaberglaubens wickelt sich das geistige Dasein im wesentlichen in den Regionen der „Kommunionsprovinz" von Intellekt und Willen ab: ein intellektuell orientiertes Gefühl, ein vom Gefühl infizierter Intellekt sind die typischen Erscheinungsformen heutiger Geistigkeit. Und wenn das reine Gefühl noch wenigstens in den alten Abgründen mystisch-religiöser Existenzvertiefung anzutreffen ist: der reine Intellekt hat sich aus den Regionen, wo die Dinge des Lebens selbst zur Diskussion stehen, in die Schattenreiche des Begriffsspiels mathematischer Symbolik zurückgezogen und die Betrachtung der Welt in der Hauptsache mehr oder weniger artistisch gestimmten Seelen überlassen.

In den wenigen Büchern, die Paul Mongré geschrieben hat, herrscht ein sehr männlicher Geist, wenn anders man die Fähigkeit reinlicher Sonderung der erlebenden und der betrachtenden Schichten der Seele männlich zu nennen geneigt ist. Das leicht Machende, Sicherung Gebende in den Aeußerungen dieses Mannes beruht auf seiner Fähigkeit unsentimentalischer Selbstobjektivierung, auf der Möglichkeit, sich in seinen Reaktionen aufs stärkste zu erleben, das Erlebnis festzustellen und zugleich als Intellekt von sich als dem Erlebenden völlig frei zu bleiben. Was ihn in seinen Anfängen zu Friedrich Nietzsche und gleich diesem zu Wagner zog, war dieses Verwandte in der seelischen Struktur, diese Anlage, die gleicherweise zu Räuschen künstlerisch gefühlmäßiger, hingebender wie intellektuell beherrschender Art die Bedingungen bot. Nietzsche besaß die stärkere dichterische Potenz; sie verdarb, von den Zonen des Intellekts nur oberflächlich gesondert, dem Denker das Konzept. Das Erlebnis blieb der Herr, nicht der Geist, noch in seiner kühlsten Zeit, in der er sich an der eigenen Kühle berauschte. Bei Mongré bleibt das Pathos der Dichtung gedämpfter; den Betrachtenden aber trägt und trügt kein gefühlsmäßig seelisches Bedürfnis. Nietzsche war Philologe; Mongré liest über Funktionentheorie.

Die höhere Mathematik hat vor anderen Disziplinen eines voraus: sie besitzt die Möglichkeit, ihre Begriffe bis zu den grundlegenden hinab je nach Bedarf bald zu bejahen, bald zu verneinen und doch zu eindeutigen Resultaten zu gelangen. Sie „baut auf dem Unsinn auf" und umschreibt zugleich die Weltgesetze. Sie beherrscht das Reich des Konkreten und weiß ihre Begriffe doch so weit zu destillieren, daß ihnen jeder Rest von Anschaulichkeit nicht nur, sondern fast von gedanklich Vorstellbarem genommen wird. Sie ist die Wissenschaft, die sich von selbst versteht – und zugleich reinstes Symbol der Weltdialektik, die hier im absolut Abstrakten noch einmal sich selbst zugleich aufhebt und am stolzesten manifestiert.

Die Sublimierung, der das begriffliche Material im Mathematischen unterzogen wird, setzt Mongré aus der Diskussion des rein Abstrakten in die der konkreteren Begrifflichkeit fort. Die souveräne Herrschaft, die der Denkprozeß als solcher in der Mathematik über die Symbole, an denen er in die Erscheinung tritt, ausübt, wird auf die Regionen der Weltbetrachtung ausgedehnt, auf das Gebiet, in dem die Willkür des Wortes beginnt. Aus einem durch eigene dichterische Anlagen und Erlebnisse geschärften Instinkt für die Neigung des Wortes, sich zur irgendwie gearteten Wesenheit zu hypostasieren und zum Mittelpunkt eines gefühlsmäßigen Weltbildes zu machen, unternimmt Mongré den Versuch einer kritischen Untersuchung des Erkenntnisproblems, mit dem Ziel einer exakten Grenzbestimmung – und mit der Methode mathematischer Begriffsbehandlung. Nicht daß er die Ergebnisse der antieuklidischen Geometrien oder der Raumanalysis als Hilfsmittel heranzieht, ist das Besondere, sondern der mathematische Gang der Diskussion, die Freiheit gegenüber auch den bereits von der Anschauung abgezogenen Begriffen, die das Material philosophischer Weltbehandlung bilden.

Dieses Besondere im Methodischen, das Mongrés „Chaos in kosmischer Auslese" von anderen antimetaphysischen Versuchen der Gegenwart scheidet, wird um so fruchtbarer, als dieser Feind aller Hinterwelten zugleich ein tiefes Gefühl für das, was metaphysisch heißt, besitzt – als dieser Markscheider des Transzendenten aufs intensivste erlebt hat, was er vom Diesseits zu sondern bestrebt ist. Seine Grenzsetzung zwischen Empirie und Jenseits wächst nicht wie bei der Mehrzahl anderer Erfahrungsanalysen aus Mangel an Blickweite, aus dem Fehlen des Instinkts für die Probleme, sondern aus dem Erlebnis der Gefahren. Er sucht die Lösung nicht im Negieren der Aufgabe, sondern unternimmt die Abtrennung durch Zerstören der Zugänge. Er dekretiert nicht die Nichtexistenz des einen zugunsten der Alleinherrschaft des anderen, sondern unterbindet die Möglichkeit unberechtigter Uebergänge. Die persönliche Seelenstruktur wird auf das Weltganze projiziert: die Scheidung von Erlebnis und Betrachtung dort wird hier zur Sonderung von Weltgefühl und Weltwissen. Philosophie ist weder Begriffsdichtung noch Allwissenschaft, sondern vor allem einmal Grenzbestimmung und damit Reinigung und Befreiung beider Seiten von Uebergriffen.

Dem Einwand, daß einer solchen Grenzsetzung nur negative Bedeutung zukomme, steht die Tatsache gegenüber, daß für Mongré selbst von hier aus sich eine Bereicherung beider Weltseiten, des Empirischen wie des Metaphysischen, ergibt. Die Möglichkeit, intellektuell sich über beide zu erheben, der scheinbar kosmischen Bewußtseinswelt ein transzendentes Chaos zu unterlegen, ohne den empirischen Effekt im mindesten zu verändern, ja, das registrierende Bewußtsein selbst aus seiner zeitlichen Geschlossenheit herauszureißen und in die Ungewißheit einer vielleicht punktuellen metaphysischen Zufallsexistenz, die ihm doch wieder ewige Notwendigkeit sichert, zu werfen: dieser logische Absolutismus des Denkens, das damit noch zum Herrn des Bewußtseins wird, gibt nicht nur der persönlichen Haltung des Vortrags etwas von dem Glanz und dem Strahlenden eines Sieges und dem Stil die helle Klarheit heiteren Selbstbesitzens: er schließt die Beziehungen zum Diesseits wie zum Jenseits nur um so enger. Mongré scheut auch vor der Konsequenz eines transzendenten Nihilismus nicht zurück: das Ergebnis aber ist das Gegenteil von Verarmung. Indem er alle kosmische Ordnung aus der Transzendenz in die Illusion der Bewußtseinsexistenz verlegt, gewinnt er die Möglichkeit eines Weltbildes, das in seiner Losgelöstheit von allen menschlichen Anschauungen und Begriffen, von Zeit, Raum und Kausalität, von Ordnung und Werden, in seiner eleatisch chaotischen Zeit- und Raumlosigkeit mit der sinnlos tiefsinnigen Eventualität ewiger Wiederkunft etwas von arktischer Luft bekommen hat. Denn auch dieser Antimetaphysiker scheut sich nicht, zuletzt doch wieder irgendwie das Wesen des An-Sich zu bestimmen: indem er die primitiven Ordnungsformen dessen, was wir überheblich Kosmos nennen, dem Absoluten abzusprechen unternimmt, gewinnt er die Möglichkeit, das An-Sich der Welt zum Träger aller Möglichkeiten überhaupt zu machen, zum Chaos, das Sein und Werden zugleich umspannend, in zeitloser Existenz potentiell alle irgendwie gearteten kosmischen Gebilde von beliebig vielen Dimensionen umfaßt, Welteventualitäten, die sich jeder menschlichen Vorstellungsfähigkeit entziehen. Indem er die Berechtigung irgendwelcher Aussagen über das Wesen des Transzendenten überhaupt verneint, kommt er plotinisch dazu, ihm schlechthin alle Qualitäten essentieller wie existentieller Natur zuzuschreiben, ohne daß die Sehnsucht nach irgendeiner heimlichen Grenzüberschreitung die Mutter des Unternehmens wird. Seine Liebe ist von dieser Welt, in der unsere Wahrheit zu Hause, unser Sein undurchbrechbar eingesponnen, an die unser Wissen und Wollen gebunden ist. Dem mathematischen Erkenntniskritiker ist diese Welt des kosmischen Scheins ein Produkt indirekter Auslese: dem Menschen ist sie einziger Besitz und zugleich etwas, dem er sich so unentrinnbar verflochten fühlt, daß noch der Gedanke der ewigen Wiederkehr als Sinnbild dieses Weltgefühls kaum stark genug ist.

Dieses Verhältnis zum Dasein schuf sich in den beiden andern Büchern Mongrés seinen Ausdruck. Der Analytiker der Welt wird zum Analytiker seines Lebensempfindens und zugleich zum Gestalter. Ein ekstatisches Daseinsgefühl und darüber herrschende Bewußtheit: „Schmelztropfen, die in Eiswasser fallen und das Gefühl selbst in immer neuer Glut nacherzeugt": das gibt die Atmosphäre dieser Verse und Aphorismen. Gedanken aus der Landschaft Zarathustras – von einem auch in Gefühlbetrachtungen zur Exaktheit und Distanz mathematischen Denkens fähigen Geiste eingefangen. Sehr Persönliches sehr sachlich betrachtet und wieder sehr persönlich formuliert: das wäre etwa die Formel der Aphorismen. Relativismus auf intensivem Erlebnis, getragen von der Fähigkeit simultan wechselnder Distanzierung, die den Aussagenden sich gleichzeitig nahe und fern sein läßt. Zuweilen klingt die Freude am Glanz des Wortes mit, am dauernden Konstatieren von Wahrheiten, die nur für Augenblicke richtig und wichtig sind; das Sein aber wird niemals nur verstanden, sondern in jeder Fassung gelebt – und so wenig die Bedürfnisse des Ekstatikers, der jeden romantischen Rausch zu erleben weiß, die Unpersönlichkeit des analytischen Mathematikers berühren, so wenig sondert umgekehrt die Betrachtung den Kontakt zwischen Anschauung und Bewußtheit. Der Begriff bleibt das Sekundäre, die Bewegung zentrifugal, von innen nach außen gerichtet. Und hier liegt das Vorbildliche, über den Einzelfall Hinausgreifende, das noch die Dünne der Verse, deren Stärkstes die schönen Pierrot Lunaire-Uebertragungen bleiben, nur als die Kehrseite eines beispielhaften Vorzuges auffassen läßt.

[2]  *Das Chaos in kosmischer Auslese – Ein erkenntnisskritischer Versuch* (H 1898a]), Wiederabdruck im Band VII dieser Edition, S. 587–807.

[3]  Im folgenden werden die den einzelnen genannten Essays entsprechenden Siglen des HAUSDORFFschen Schriftenverzeichnisses in der Reihenfolge, wie sie hier von HAUSDORFF genannt werden, angegeben; jeweils in Klammern erfolgen die Seitenangaben des Wiederabdrucks in den Bänden VII bzw. VIII dieser Edition: [H 1902a] (Band VIII, S. 451–466), [H 1898b] (Band VIII, S. 273–288), [H 1898c] (Band VIII, S. 339–352), [H 1899b] (Band VIII, S. 413–429), [H 1903b] (Band VIII, S. 549–580), [H 1902b] (Band VII, S. 901–909), [H 1904c] (Band VIII, S. 661–666), [H 1898d] (Band VIII, S. 379–390), [H 1900c] (Band VII, S. 887–893), [H 1900d] (Band VII, S. 895–902).

**Postkarte**  FELIX HAUSDORFF ⟶ PAUL FECHTER

Bonn, Hindenburgstr. 61  5/7 23

[1]  Sehr geehrter Herr Dr.! Es ehrt und freut mich sehr, dass Sie bei dem Mauthner-Aufsatz an mich gedacht haben, aber ich musste nein sagen, wie Sie aus meinem Telegramm vom 1. 7. inzwischen ersehen haben. Litteratur und Philosophie war einmal, jetzt bin ich ganz und gar der Mathematik verfallen; und ich finde, wenn man in meine Jahre kommt, soll man (im Leben und in der Arbeit) bei der Stange bleiben und keine Seitensprünge mehr machen. – Übrigens weiss ich (da ich nur eine Lokalzeitung lese) nicht einmal den Anlass:
[2]  ist Mauthner gestorben oder wird er 80 Jahre alt?
    Wie geht es Ihnen, dem Papa Heilmann, dem „einsamen Menschen" nebst
[3]  respectiven Familien?
Herzliche Grüsse von Ihrem erg. F. Hausdorff

**Anmerkungen**

[1]  HAUSDORFF hatte 1903 FRITZ MAUTHNERs (1848–1923) Hauptwerk *Beiträge zu einer Kritik der Sprache* (3 Bände, 1901–1902) in der „Neuen Deutschen Rundschau (Freie Bühne)" besprochen ([H 1903b]). Dieser Essay unter dem Titel *Sprachkritik* ging über eine übliche Rezension weit hinaus. Sie hat MAUTHNER sehr zugesagt und man kann annehmen, daß sie von ihm zu den „nur fünf oder sechs Aufsätzen" gezählt wurde, die er im Vorwort zur zweiten, neubearbeiteten Auflage seines Werkes (1906–1913) als diejenigen genannt hat, die „eine Beziehung zu meinen Gedanken hergestellt haben" (*Beiträge zu einer Kritik der Sprache*, 2. Auflage, Band 1 (1906), S. VIII; vgl. Band VIII dieser Edition, S. 549–660, ferner die Briefe HAUSDORFFs an MAUTHNER in diesem Band).

[2]  FRITZ MAUTHNER war am 23. Juni 1923 in Meersburg am Bodensee verstorben.

[3]  Zu HEILMANN s. Anm. [1] zum vorangehenden Brief. Mit dem „einsamen Menschen" könnte GERHART HAUPTMANN (1862–1946) gemeint sein unter Anspielung auf sein 1890 entstandenes Drama *Einsame Menschen*, S. Fischer, Berlin 1891 (Uraufführung am 11. Januar 1891 am Berliner Residenztheater). HAUPTMANN war mit FECHTER persönlich bekannt.

# Leopold Fejér

## Korrespondenzpartner

LEOPOLD (LIPÓT) FEJÉR wurde am 9. Februar 1880 in Pécs geboren. Er gewann bereits als Schüler einen zweiten Preis in dem seit 1894 bestehenden Loránd-Eötvös-Wettbewerb für Mathematik. Von 1897 bis 1902 studierte er in Budapest, unterbrochen durch ein Jahr in Berlin, wo ihn HERMANN AMANDUS SCHWARZ besonders beeinflußte. FEJÉR promovierte 1902 in Budapest und weilte danach ein Jahr in Göttingen und Paris. Ab 1905 wirkte er in Kolozsvár (Cluj). Von 1911 bis zu seinem Tod am 15. Oktober 1959 war er ordentlicher Professor an der Universität Budapest. Zu seinen Schülern zählen zahlreiche weltweit bekannte ungarische Mathematiker wie PAUL ERDÖS, JOHN VON NEUMANN, GEORGE PÓLYA, TIBOR RADÓ, MARCEL RIESZ, OTTO SZÁSZ, GABOR SZEGÖ und PÁL TURÁN.

Die Hauptarbeitsgebiete von FEJÉR waren die Theorie der Orthogonalreihen, insbesondere der trigonometrischen Reihen, und die Interpolationstheorie. Bereits als Student publizierte FEJÉR 1900 ein Theorem, welches ihn berühmt machte und heute als Satz von FEJÉR bezeichnet wird: Ist $f(x)$ eine beschränkte (Riemann)-integrierbare Funktion mit Periode $2\pi$, so ist ihre Fourierreihe $C_1$-summierbar und die verallgemeinerte Summe ist gleich $\dfrac{f(x+) + f(x-)}{2}$ an jedem Punkt $x$, wo dies existiert, also insbesondere $= f$ an jedem Stetigkeitspunkt von $f$. Ist $f$ überall stetig, so konvergieren die arithmetischen Mittel $S_n(x)$ der Partialsummen der Reihe ($C_1$-Mittel) sogar gleichmäßig gegen $f$. Beim Beweis spielt die Integraldarstellung der $S_n(x)$ mittels des sog. FEJÉRschen Kerns eine entscheidende Rolle. 1905 erzielte LEBESGUE ein wesentlich allgemeineres Ergebnis, welches alle im FEJÉRschen Satz enthaltenen Fälle umfaßt: Ist $f(x)$ Lebesgue-integrierbar, so konvergieren die $C_1$-Mittel der Fourierreihe von $f$ fast überall gegen $f$. Die Ergebnisse von FEJÉR und LEBESGUE waren Ausgangspunkt neuer Entwicklungen in der Theorie der trigonometrischen Reihen und anderer Orthogonalentwicklungen und gleichzeitig ein nachdrücklicher Hinweis auf die Bedeutung der Limitierungstheorie, die sich in der Folgezeit lebhaft entwickelte, nicht zuletzt durch Beiträge HAUSDORFFs. FEJÉR selbst untersuchte auch für die Mathematische Physik interessante Orthonormalentwicklungen wie die Laplace-Reihe einer auf der Einheitssphäre stetigen Funktion; er zeigte, daß diese Reihen $C_2$-summierbar sind. 1910 fand FEJÉR eine neue Methode zur Untersuchung der Singularitäten von Fourierreihen, welche eine einheitliche Behandlung verschiedener Typen von Divergenzphänomenen erlaubte. In die Interpolationstheorie führte er die sog. Treppenparabeln (FEJÉR-Polynome) ein und fand verschiedene neue Interpolationsverfahren im Reellen und für analytische Funktionen im Komplexen. Ferner lieferte er einen Konvergenzbeweis für mechanische Quadraturverfahren (Satz von STEKLOW-FEJÉR). Wichtige Resultate erzielte er auch über das asymptotische Verhalten der LAGUERREschen Polynome sowie in der Theorie der konformen Abbildung im Anschluß an Ergebnisse von CARATHÉODORY. FEJÉR hat auch Beiträge zu verschiedenen weiteren Gebieten der Analysis sowie zur Mechanik, Algebra und Elementargeometrie geleistet.

## Quelle

Die Briefe HAUSDORFFs an FEJÉR befanden sich im Besitz von Prof. Dr. BARNA SZÉNÁSSY (Debrecen), der über die Geschichte der Mathematik in Ungarn und insbesondere über FRIEDRICH RIESZ gearbeitet hat, und waren nach seinem Tod im Besitz seiner Witwe, Frau VALERIA SZÉNÁSSY BARNÁNÉ.

## Danksagung

Frau SZÉNÁSSY BARNÁNÉ hat den Herausgeber über die Existenz der Briefe HAUSDORFFs an FEJÉR informiert, die Kopien zur Verfügung gestellt und den Abdruck erlaubt, wofür ihr ganz herzlich gedankt sei. Ein besonders herzlicher Dank geht an Herrn Prof. S. D. CHATTERJI (Lausanne), der die beiden Briefe HAUSDORFFs an FEJÉR kommentiert hat.

**Brief** Felix Hausdorff ⟶ Leopold Fejér

Greifswald, Graben 5
5. Nov. 1917

Sehr geehrter Herr College!

Für die Menge interessanter Abhandlungen, die Sie mir zugesandt haben, spreche ich Ihnen meinen besten Dank aus. Dass Mathematik ein selbst im Kriege unausrottbares Laster ist (wie sich einer unserer deutschen Collegen einmal ausdrückte), haben Sie sehr schön bewiesen. – Ich möchte die Gele- [1] genheit benutzen, Sie als Meister im Gebiet der Fourierschen Reihen über den Stand eines Problems zu befragen, das mich mächtig interessirt (leider! denn es scheint sehr schwer zu sein) und mich hin und wieder zu eigenen erfolglosen Versuchen gereizt hat, nämlich: Kann aus der Convergenz von $\sum(|a_n|^2 + |b_n|^2)$ geschlossen werden, dass die trigonometrische Reihe $\sum(a_n \cos nx + b_n \sin nx)$ *fast überall* convergirt? (d. h. bis auf eine Menge vom Lebesgueschen Masse 0). [2] Von Kriterien, die für die Convergenz der trigonometrischen Reihe in diesem Sinne hinreichend sind, sind mir bekannt (der Einfachheit wegen denke ich an eine Cosinusreihe mit reellen Coefficienten):

$$na_n \to 0 \quad \text{(Fatou)}$$

$$\sum n^{\frac{1}{2}} a_n^2 \quad \text{convergent} \quad \text{(Weyl)}$$

$$\sum n^{\frac{1}{3}} a_n^2 \quad \text{convergent} \quad \text{(Weyl)}$$

$$\sum n^{\varepsilon} a_n^2 \quad \text{für irgendein } \varepsilon \text{ convergent} \quad \text{(Hobson)}$$

$$\sum (\log n)^3 a_n^2 \quad \text{convergent} \quad \text{(Plancherel)}$$

$$\sum (\log n)^2 a_n^2 \quad \text{convergent.}$$

Das letzte, schärfste kann durch eine kleine Modification der Schlussweise von Plancherel (C. R. 157, p. 539) gewonnen werden und folgt auch aus dem Satze von Hardy (Lond. Math. Soc. Proc. (2) 12, p. 365), dass für *jede Fouriersche* Reihe $\sum u_n$ die Reihe $\sum \frac{u_n}{\log n}$ fast überall convergirt; denn wenn $\sum (a_n \log n)^2$ convergirt, so ist nach Riesz-Fischer $\sum a_n \log n \cdot \cos nx$ die Fourierreihe einer (sogar quadratisch integrirbaren) Function und $\sum a_n \cos nx$ fast überall convergent.

In umgekehrter Richtung, die auf Widerlegung des fraglichen Satzes zielt, sind mir nur die Beispiele von Lusin und Steinhaus bekannt, dass $\sum a_n \cos nx$ trotz $a_n \to 0$ fast überall resp. ausnahmslos divergiren kann.

Ist das nun der bisherige Stand der Dinge, oder sind mir wesentliche Fortschritte entgangen? Haben Sie selbst einmal die Stacheln des Problems zu

253

fühlen bekommen? Meine Versuche sind, wie gesagt, resultatlos oder doch nahezu; ich kann z. B. zeigen, dass, wenn $\sum a_n \cos nx$ trotz Convergenz von $\sum a_n^2$ in einer Menge positiven Masses divergiren kann, es dann auch *fast überall* divergiren kann – aber das scheint nichts Erhebliches zu sein.

Ihrer Antwort mit grossem Interesse entgegen sehend grüsst Sie bestens

Ihr hochachtungsvoll ergebener

F. Hausdorff

## Anmerkungen

[1]   In den Kriegsjahren 1914–1917 hat Fejér folgende Arbeiten veröffentlicht: *Über konjugierte trigonometrische Reihen.* Journal Crelle **144** (1914), 48–56. *Über gewisse durch die Fouriersche und Laplacesche Reihe definierten Mittelkurven und Mittelflächen.* Rendiconti Palermo **38** (1914), 79–97. *Nombre des changements de signe d'une fonction dans un intervall et ses moments.* Comptes Rendus Acad. Sci. Paris **158** (1914), 1328–1331. *Über die Konvergenz der Potenzreihe an der Konvergenzgrenze in Fällen der konformen Abbildung auf die schlichte Ebene.* Schwarz-Festschrift 1914, 42–53. *Über trigonometrische Polynome.* Journal Crelle **146** (1915), 53–82. *Über Interpolation.* Göttinger Nachrichten 1916, 66–91. *Über Kreisgebiete, in denen eine Wurzel einer algebraischen Gleichung liegt.* Jahresbericht der DMV **26** (1917), 114–128. *Fourierreihe und Potenzreihe.* Monatshefte für Mathematik **28** (1917), 64–76.

[2]   Im Band IV dieser Edition, S. 305–314, ist aus Hausdorffs Nachlaß die Studie *Beispiele divergenter trigonometrischer Reihen* publiziert (datiert etwa 1914), in der Hausdorff die Existenz einer fast überall (f. ü.) divergenten Fourierreihe, deren Koeffizienten quadratisch summierbar sind, zu beweisen sucht. Natürlich konnte er dieses Ziel nicht erreichen; das Beste, was er erreichen konnte, war die Konstruktion einer f. ü. divergenten Reihe der Form

$$\sum_{n \geq 1} a_n \sin nx \quad \text{mit} \quad \sum |a_n|^p < \infty$$

für alle $p > 2$.[1] In S. D. Chatterjis Kommentar zu dieser Studie (S. 315–316) ist ausgeführt, daß heute solche Reihen ziemlich leicht konstruiert werden können, wenn man die allgemeine Theorie der lakunären (lückenhaften) trigonometrischen Reihen heranzieht, wie sie in den wohlbekannten Büchern von N. Bary oder A. Zygmund dargestellt ist.[2] Im genannten Kommentar wurde ferner ausgeführt, daß aus Carlesons berühmtem Satz von 1966 sofort folgt, daß Hausdorffs Suche fruchtlos bleiben mußte. Carleson hatte 1966 nämlich bewiesen, daß die Fourierreihe einer jeden $L^2$-Funktion (etwa definiert auf $[0, 2\pi]$) f. ü. konvergiert. Zu den kommentierenden Bemerkungen im Band

---

[1]Im Band IV, S. 315, Zeile 9–10 v. o. findet sich ein Druckfehler: statt „··· such that $\sum |a_n|^p < \infty$ for all $p > 1$;" muß es heißen: „··· such that $\sum |a_n|^p < \infty$ for all $p > 2$;".

[2]Bary, N. K.: *A treatise on trigonometric series.* 2 vols. Pergamon Press, Oxford 1964. Zygmund, A.: *Trigonometric series.* 2 vols. Cambridge University Press, Cambridge 1959.

IV können wir noch folgendes hinzufügen: Spätere Arbeiten von HUNT und anderen haben das CARLESONsche Resultat auf alle Funktionen eines jeden $L^p$ ($p > 1$) und auf andere allgemeinere Klassen von Funktionen ausgedehnt (s. Y. KATZNELSON: *An introduction to Harmonic analysis*. Cambridge, 3. Aufl. 2004). Ferner sei erwähnt, daß A. N. KOLMOGOROV schon 1926 gezeigt hat, daß eine $L^1$-Funktion existiert, deren Fourierreihe *überall* divergiert (nachdem er 1923 bereits gezeigt hatte, daß solche Reihen f. ü. divergieren können); vgl. dazu die o. g. Werke. Aus dem Vorhergehenden können wir schließen, daß HAUSDORFFs Beispiel, das er am Ende des Briefes erwähnt hat, auf einem Irrtum beruhen muß.

HAUSDORFF muß in seinem Glauben an die Existenz von $L^2$-Funktionen mit f. ü. divergenter Fourrierreihe besonders bestärkt worden sein durch die überraschend einfachen Beispiele von Fourierreihen stetiger Funktionen, die divergent auf einer dichten Teilmenge von $[0, 2\pi]$ sind. Solche Beispiele hatte FEJÉR in einer Arbeit von 1910 konstruiert; LUSIN hatte auch Beispiele von *trigonometrischen* Reihen (nicht Fourierreihen irgendeiner integrablen Funktion) angegeben, die f. ü. divergieren. So war HAUSDORFFs Hoffnung auf Erfolg nicht unbegründet.

In Anbetracht der Konvergenzkriterien, die HAUSDORFF in seinem Brief aufgelistet hat, wäre hinzuzufügen, daß gerade die Konvergenz von $\sum a_n^2 \log n$ für die f. ü.-Konvergenz der entsprechenden Fourierreihe hinreicht; dies wurde sowohl von KOLMOGOROV und SELIVERSTOV (1925–1926) als auch von PLESSNER (1926) bewiesen (für genaue Nachweise s. ZYGMUND, vol. 2, Ch. XIII). Unter der von HAUSDORFF erwähnten stärkeren Bedingung $\sum |a_n|^2 (\log n)^2 < \infty$ hat man in der Tat f. ü.-Konvergenz der Reihe $\sum a_n \varphi_n$ für jede Orthonormalfolge $\{\varphi_n\}$ auf jedem endlichen Maßraum; in der wahrscheinlichkeitstheoretischen Literatur wird dieser Satz oft mit RADEMACHER (1922) und MENSHOV (1923) in Verbindung gebracht (für detaillierte Angaben s. die Monographie von B. S. KASHIN und A. A. SAAKYAN: *Orthogonal series*. Translation of mathematical monographs, vol. 75, American Math. Soc., Providence (RI), 1989).

**Brief** FELIX HAUSDORFF $\longrightarrow$ LEOPOLD FEJÉR

Bonn, Hindenburgstr. 61     28. 9. 22

Lieber Herr College Fejér!  Sie waren so freundlich, Sich für meinen vereinfachten Beweis des Hardy-Littlewoodschen Satzes über Potenzreihen mit positiven Coefficienten zu interessiren, und ich versprach Ihnen die Sache ausführlich mitzutheilen. Die Originalarbeit der beiden „unheimlichen Kerle" habe ich nicht zur Hand, sondern nur die Darstellung bei Landau, Ergebn. d. Fktth. S. 50, mit dem ekligen Hülfssatz 3, S. 48, auf den sich meine Vereinfachung bezieht. [1] [2]

Für $\alpha > 0$ werde

$$(1-x)^{-\alpha} = 1 + \alpha x + \binom{\alpha+1}{2} x^2 + \cdots = \sum_0^\infty \alpha_n x^n$$

gesetzt ($\alpha_n > 0$). Nun erhält man elementar

$$\alpha x (1-x)^{-\alpha-1} = \sum_0^\infty n \alpha_n x^n,$$

$$\alpha x (1-x)^{-\alpha-1} + \alpha(\alpha+1)x^2(1-x)^{-\alpha-2} = \sum_0^\infty n^2 \alpha_n x^n,$$

$$\sum_0^\infty \left(n - \frac{\alpha x}{1-x}\right)^2 \alpha_n x^n = \alpha x (1-x)^{-\alpha-2} \qquad (1)$$

und nochmals differenzirt

$$\sum_0^\infty \left(n - \frac{\alpha x}{1-x}\right)^2 n \alpha_n x^n = \alpha x (1 + (\alpha+1)x)(1-x)^{-\alpha-3}. \qquad (2)$$

Wir spalten, $0 < x < 1$ vorausgesetzt, die ganzen Zahlen $n = 0, 1, 2, \ldots$ in zwei Klassen[1]

(I) $\left| n - \dfrac{\alpha x}{1-x} \right| < \alpha^{\frac{2}{3}} \dfrac{x}{1-x}$    (II) $\left| n - \dfrac{\alpha x}{1-x} \right| \geq \alpha^{\frac{2}{3}} \dfrac{x}{1-x}.$

Aus (1) folgt dann

$$\alpha x (1-x)^{-\alpha-2} \geq \overset{\text{II}}{\sum} \left(n - \frac{\alpha x}{1-x}\right)^2 \alpha_n x^n > \alpha^{\frac{4}{3}} \left(\frac{x}{1-x}\right)^2 \overset{\text{II}}{\sum} \alpha_n x^n,$$

$$\overset{\text{II}}{\sum} \alpha_n x^n < \frac{(1-x)^{-\alpha}}{x} \, \alpha^{-\frac{1}{3}},$$

ebenso aus (2)

$$\overset{\text{II}}{\sum} n \alpha_n x^n < \frac{(1-x)^{-\alpha-1}}{x} \left[1 + (\alpha+1)x\right] \alpha^{-\frac{1}{3}}.$$

Nehmen wir von nun $\frac{1}{2} < x < 1$, $\alpha > 3$ an und setzen $\alpha^{-\frac{1}{3}} = \delta$, so kommt

$$\overset{\text{II}}{\sum} \alpha_n x^n < (1-x)^{-\alpha} \cdot 2\delta, \qquad \overset{\text{II}}{\sum} n \alpha_n x^n < \alpha(1-x)^{-\alpha-1} \cdot 2\delta \qquad (3)$$

---

[1]Natürlich könnte hier statt $\alpha^{\frac{2}{3}}$ irgend ein $\alpha^{\vartheta}$ mit $\frac{1}{2} < \vartheta < 1$ stehen, oder ein $\beta$ derart, dass mit $\alpha \to \infty$ zugleich $\frac{\beta}{\alpha}$ und $\frac{\alpha}{\beta^2}$ nach 0 convergiren.

(Das ist der wesentliche Inhalt des genannten Hülfssatzes).

Sei nunmehr $f(x) = \sum_0^\infty a_n x^n$ für $|x| < 1$ convergent und bei radialer Annäherung $x \to 1$ $f(x) \sim (1-x)^{-1}$; alle $a_n \geq 0$. Es ist zu zeigen: $s_n = a_0 + \cdots + a_n \sim n$.

Wie bei Landau findet sich $s_n \leq cn$,

$$\sum_0^\infty s_n x^n \sim (1-x)^{-2}, \quad \sum_0^\infty n s_n x^n \sim 2(1-x)^{-3}, \ldots, \sum_0^\infty n^{\alpha-1} s_n x^n \sim \alpha!(1-x)^{-\alpha-1}$$

oder durch lineare Combination

$$\sum_0^\infty \alpha_n s_n x^n \sim \alpha(1-x)^{-\alpha-1}. \tag{4}$$

Ist $\alpha$ so gross, dass $2\delta$, $2c\delta < 1$, so wird nach (3)

$$\sum^{II} \alpha_n s_n x^n \leq c \sum^{II} n \alpha_n x^n < \alpha(1-x)^{-\alpha-1} \cdot 2c\delta$$

$$\sum^{I} \alpha_n s_n x^n > \sum_0^\infty \alpha_n s_n x^n - \alpha(1-x)^{-\alpha-1} \cdot 2c\delta,$$

ebenso

$$\sum^{I} \alpha_n x^n > (1-x)^{-\alpha}(1-2\delta).$$

$\sum^{I}$ ist über $\alpha(1-\delta)\frac{x}{1-x} < n < \alpha(1+\delta)\frac{x}{1-x}$ zu erstrecken; die kleinste und grösste ganze Zahl dieses Intervalls sei $\lambda$ resp. $\mu$, also

$$\lambda \sim \frac{\alpha(1-\delta)}{1-x}, \qquad \mu \sim \frac{\alpha(1+\delta)}{1-x}.$$

Nun folgt

$$s_\lambda \sum^{I} \alpha_n x^n \leq \sum^{I} s_n \alpha_n x^n \leq s_\mu \sum^{I} \alpha_n x^n,$$

$$\frac{s_\lambda}{\lambda} \leq \frac{\sum_0^\infty s_n \alpha_n x^n}{\lambda(1-x)^{-\alpha}(1-2\delta)} \sim \frac{1}{(1-\delta)(1-2\delta)},$$

$$\frac{s_\mu}{\mu} \geq \frac{\sum_0^\infty s_n \alpha_n x^n - \alpha(1-x)^{-\alpha-1} \cdot 2c\delta}{\mu(1-x)^{-\alpha}} \sim \frac{1-2c\delta}{1+\delta},$$

also

$$\frac{1-2c\delta}{1+\delta} \leq \underline{\lim} \frac{s_n}{n} \leq \overline{\lim} \frac{s_n}{n} \leq \frac{1}{(1-\delta)(1-2\delta)}$$

und da $\delta$ beliebig klein ist: $\lim \frac{s_n}{n} = 1$. Q. e. d.

Sind Sie nun wirklich der Meinung, dass man eine solche Kleinigkeit – Abkürzung eines bereits gebahnten und betretenen Weges um eine kleine Strecke, die allerdings bisher durch dickes Gestrüpp führte – veröffentlichen solle? Ich werde es vielleicht, nach Hardy und Ihnen, noch Landau mittheilen.

Ihr Beispiel einer Reihe $\sum_0^\infty a_n$, die in keiner Ordnung $C$-summirbar ist, obwohl $a_n \to 0$ und bei radialer Annäherung $f(x) = \sum_0^\infty a_n x^n \to \lambda$, gefällt mir immer besser, je mehr ich darüber nachdenke. Nach den neuen Resultaten der beiden unheimlichen Kerle müsste andererseits folgendes richtig sein: wenn $a_n = O(n^k)$ und bei *beliebiger* Annäherung $x \to 1$ aus dem Innern des Einheitskreises $\lim f(x)$ existirt, so ist $\sum_0^\infty a_n$ in irgendwelcher Ordnung $C$-summirbar. Haben Sie eine Idee, in welcher Art die Voraussetzung der beliebigen Annäherung zu verwerthen ist?

Einen Theil dieses neuen Hardy-Littlewoodschen Satzes verstehe ich. Wenn $\sum a_n$ $C_\alpha$-summirbar ist und

$$g(x) = \frac{1}{1-x} \int_x^1 f(x)\,dx = \sum_0^\infty b_n x^n$$

gesetzt wird, so ist $\sum b_n$ $C_{\alpha-1}$-summirbar, und umgekehrt. Man gelangt durch Wiederholung dieses Schrittes einmal zu einer Function $h(x) = \sum_0^\infty c_n x^n$, für die sozusagen $\sum c_n$ $C_{-2}$-summirbar ist (das bedürfte einer Erklärung; es ist gleichbedeutend mit Convergenz von $\sum c_n$ und $n^2(c_n - c_{n-1}) \to 0$) und für die alsdann, wie man leicht zeigen kann, der Abelsche Grenzwerth

$$\lim_{x \to 1} h(x)$$

bei beliebiger Annäherung existirt. Dass aber diese nothwendige Bedingung auch hinreichend sein soll, habe ich bisher nicht reconstruiren können.

Nun wird es aber Zeit zu schliessen. Wie sehr ich mich gefreut habe, lieber Herr Fejér, Sie endlich persönlich kennen zu lernen, brauche ich Ihnen nicht zu [3] sagen, da Sie mir diese Freude gewiss angemerkt haben. Schade, dass Leipzig für eine Congressstadt doch etwas zu gross und unbequem war, sodass man einander, trotz der festen Pole Felsche und Deutsches Haus, doch häufig verfehlte. [4] Nächstes Jahr in Bonn hoffe ich Sie noch intensiver zu geniessen.

Mit herzlichen Grüssen, auch von meiner Frau, bin ich

Ihr ergebenster

Felix Hausdorff

## Anmerkungen

[1] Dieser Brief wurde ein Jahr nach der Publikation von HAUSDORFFs zwei wohlbekannten Arbeiten über Summationstheorie geschrieben (*Summationsmethoden und Momentfolgen I, II*, Math. Zeitschrift 9 (1921), I: 74–109, II: 280–299, wiederabgedruckt als [H 1921] I, II im Band IV dieser Edition, S. 107–162). Beide Arbeiten wurden, zusammen mit einer späteren Veröffentlichung zur Summationstheorie (*Die Äquivalenz der Hölderschen und Cesàroschen Grenzwerte negativer Ordnung*, Math. Zeitschrift **31** (1930), 186–196, als [H 1930a]

abgedruckt im Band IV, S. 257–267) von S. D. CHATTERJI im Band IV, S. 163–171 eingehend kommentiert. Es sollte erwähnt werden, daß HAUSDORFF die Summationstheorie in allen ihren Aspekten über viele Jahre studiert hat, beginnend spätestens 1914 bis mindestens 1930; im Nachlaß finden sich hunderte von Seiten zu diesem Gebiet, darunter substantielle Notizen (betitelt „Divergente Reihen") für seine Vorlesungen an der Universität Bonn (Fasz. 45 für Sommersemester 1925, Wintersemester 1929/30; Fasz. 56 für Wintersemester 1933/34). Wir werden uns auf diese Vorlesungsausarbeitungen im folgenden mehrfach beziehen.

Im ersten Teil seines Briefes skizziert HAUSDORFF einen vereinfachten Beweis des wohlbekannten HARDY-LITTLEWOODschen Theorems: Ist

$$f(x) = \sum_{n \geq 0} a_n\, x^n$$

konvergent für $|x| < 1$ und $a_n \geq 0$ mit $f(x) \sim (1-x)^{-1}$ für $x \to 1-$, dann ist $s_n = a_0 + \cdots + a_n \sim n$ für $n \to \infty$. Wie HARDY in seinem Buch *Divergent Series*, S. 154–155 (s. die Literaturangaben zu dem o. g. Kommentar, Band IV, S. 171) zeigt, ist dieses Theorem im Kern äquivalent mit verschiedenen anderen TAUBER-Sätzen (einschließlich dem LITTLEWOODschen Satz von 1911 mit der Bedingung $a_n = O\left(\dfrac{1}{n}\right)$, welcher der Ausgangspunkt einer langen Zusammenarbeit mit HARDY über die verschiedensten Aspekte der Summationstheorie war, aus der dann zahlreiche gemeinsame Publikationen hervorgingen). Sätze dieser Art interessierten HAUSDORFF sehr und er ging in seinen o. g. Vorlesungen im Detail auf sie ein; in der Vorlesung von 1925 (Fasz. 45) verwendete er die Beweismethode, die er im vorliegenden Brief skizziert hat, wenngleich er diese Version des Beweises nie publizierte. Später, als KARAMATAS Beweis von 1930 zur Verfügung stand, verwendete er diesen in seiner Vorlesung von 1933/34 (Fasz. 56).

Wir kommen nun zu dem besonders interessanten letzten Teil des Briefes, in welchem HAUSDORFF FEJÉR das Beispiel einer Reihe $\sum_{n \geq 0} a_n$ zuschreibt, so daß $a_n \to 0$ gilt, die Reihe aber für kein $k \, (> -1$, eine Bedingung, die nicht explizit gefordert wird) $C_k$-summierbar ist, wohl aber ABEL-summierbar in dem Sinne, daß

$$f(x) = \sum_{n \geq 0} a_n\, x^n \to \lambda \quad \text{für} \quad x \to 1-$$

bei radialer Annäherung von $x$ an 1 (d. h. entlang der reellen Achse). Daß ein solches Beispiel schwer zu finden sein würde, war allen Spezialisten bekannt; HARDY und LITTLEWOOD diskutieren in ihrer bewundernswerten Arbeit *Abel's theorem and its converse*, Proc. London Math. Society (2) **18** (1920), 205–235 (eingegangen 1917–18; HARDY, G. H.: *Collected Papers*, vol. VI, Oxford 1974, 640–680) die Angelegenheit ausdrücklich und in allen Einzelheiten. Es scheint so, daß weder HAUSDORFF noch LANDAU noch andere Autoren dies gelesen haben, denn viele der Fragen, die HAUSDORFF in seinem Brief stellt, werden dort behandelt. Aus HAUSDORFFs Arbeiten schließen wir, daß er nicht den HARDY-LITTLEWOODschen Arbeiten aus den 20-er Jahren gefolgt ist, ungeachtet der großen Bewunderung, die er offenbar für das Werk der zwei „unheimlichen Kerle" empfand. Das in seinem Brief FEJÉR zugeschriebene Beispiel erscheint in keiner von FEJÉRs publizierten Arbeiten. HAUSDORFF selbst gibt ein solches Beispiel in seinen Vorlesungsausarbeitungen (sowohl in Fasz. 45 als auch in Fasz. 56). Wir ziehen hier nun Fasz. 56 (Bll. 75–80) in Betracht, wo *das Beispiel einer Reihe* $\sum a_n$ *angegeben ist mit* $a_n = O(n^\gamma)$ *($\gamma$ beliebig $> -1$), welche* ABEL-*summierbar ist, ohne für irgendein* $k > -1$ $C_k$-*summierbar zu sein.* Solch ein explizites Beispiel haben wir nirgends in der Literatur gefunden. Um die Bedeutung dieses Beispiels zu verstehen, müssen wir den Hintergrund ein wenig skizzieren. Es ist wohlbekannt, daß aus der $C_k$-Summierbarkeit von $\sum a_n$ für irgendein $k > -1$ die ABEL-Summierbarkeit von $\sum a_n$ folgt, und tatsächlich konvergiert dann $f(x) = \sum_{n \geq 0} a_n x^n$ gegen eine Zahl $s$ bei $x \to 1$ nicht nur bei Annäherung von $x$ an 1 entlang reeller Werte $x < 1$, sondern die Annäherung kann innerhalb eines beliebigen STOLZ-Gebietes erfolgen, d. h. $x$ verbleibt im Einheitskreis innerhalb eines kegelförmigen Gebietes mit Spitze in $x$, welches von zwei Sehnen innerhalb des Einheitskreises begrenzt wird. Es sei auch daran erinnert, daß $C_0$-Summierbarkeit von $\sum a_n$ mit der Konvergenz von $\sum a_n$ äquivalent ist und daß aus verschiedenen Gründen die $C_k$-Summierbarkeit im allgemeinen nur für $k > -1$ in Betracht gezogen wird (obwohl HAUSDORFF den Fall $k \leq -1$ in allen Einzelheiten in seiner Arbeit [H 1930a] diskutiert hat; diese Arbeit ist anscheinend aber nur wenig studiert worden); $C_k$-Methoden sind nur für $k > -1$ regulär (d. h. sie summieren konvergente Reihen in konvergente Reihen mit derselben Summe). Ferner gilt: Wenn eine Reihe $C_k$-summierbar ist mit $k > -1$, dann ist sie für $\beta > k > -1$ auch $C_\beta$-summierbar. Das erste Beispiel einer Reihe $\sum a_n$, die ABEL-summierbar, aber für kein $k > -1$ $C_k$-summierbar ist, scheint auf LANDAU zurückzugehen (s. LANDAU, E.: *Darstellung und Begründung einiger neuerer Ergebnisse der Funktionentheorie*, Springer 1916, 3. erweiterte Auflage, besorgt von D. GAIER, Springer 1986; auf diese Ausgabe verweisen wir im folgenden als LANDAU-GAIER). Das Beispiel ist folgendes:

$$ f(x) = \exp \left( \frac{1}{1+x} \right) = \sum_{n=0}^{\infty} a_n x^n \, . $$

Es ist $f(x) \to \frac{1}{2}$ für $x \to 1-$, aber $\sum a_n$ erweist sich als nicht $C_k$-summierbar, weil die $|a_n|$ zu groß werden ($a_n$ ist hier für kein $k$ von der Ordnung $O(n^k)$). Dasselbe Beispiel erscheint in HARDYs Buch *Divergent Series* (S. 109) und auch in HAUSDORFFs Vorlesungsausarbeitungen (Fasz. 45, Fasz. 56); ein etwas einfacheres Beispiel wird in LANDAU-GAIER, S. 128, angegeben. Der springende Punkt bei diesen Beispielen ist, daß $f$ eine wesentliche Singularität an $x = -1$ besitzt (immer angenommen, daß $f$ im offenen Einheitskreis $|x| < 1$ analytisch ist). HAUSDORFFs neues Beispiel ist

$$f(x) = \exp\{\log(1 - x) - i\alpha\,[\log(1 - x)^2]\} = \sum_{n=0}^{\infty} a_n\, x^n\,,$$

wobei $\alpha$ eine passend gewählte positive Zahl mit $\alpha\pi > 1$ ist und

$$\log(1 - x) = \log\rho - i\psi, \quad \rho > 0, \quad |\psi| < \pi\,;$$

$x$ bewegt sich in der aufgeschnittenen komplexen Ebene $D = \mathbb{C} \setminus [1, \infty[$. HAUS-DORFF zeigt dann, daß $\sum a_n$ ABEL-summierbar zu 0 ist, für $a_n$ aber gilt: $a_n = O(n^{\beta-1} \log n)$ mit $\beta = \alpha\pi - 1 > 0$, was $a_n = O(n^{\beta+\varepsilon-1}) = O(n^{\gamma})$ liefert für $\beta + \varepsilon < \gamma + 1$, was möglich ist (bei passender Wahl von $\alpha$), falls $\gamma > -1$. Es stellt sich jedoch heraus, daß

$$|f(x)| = \rho^{1-2\alpha\psi} \quad (|\psi| < \frac{\pi}{2} \text{ im Inneren des Einheitskreises}),$$

was gegen Null geht, wenn $\psi < \dfrac{1}{2\alpha}$ ist, aber gegen $\infty$, wenn $\dfrac{1}{2\alpha} < \psi < \dfrac{\pi}{2}$; somit kann nach dem oben zitierten Theorem $\sum a_n$ für kein $k > -1$ $C_k$-summierbar sein.

Dasselbe Beispiel erscheint auch fast 10 Jahre früher in Fasz. 45 (HAUS-DORFFs Vorlesung von 1925). Es wäre nützlich und wünschenswert, dieses Beispiel in die Standardtexte aufzunehmen.

HAUSDORFFs etwas skeptische Bemerkungen über die Bedeutung des „bei *beliebiger* Annäherung $x \to 1$" waren gerechtfertigt, insoweit der Kontext nicht näher geklärt ist. In der Tat haben HARDY und LITTLEWOOD selbst (in ihrer oben zitierten Arbeit) auseinandergesetzt, daß sogar im ABELschen Theorem (wenn $\sum a_n = s$ konvergent ist, so gilt $f(x) = \sum a_n\, x^n \to s$ für $x \to 1$) die Annäherung von $x$ gegen 1 innerhalb des Einheitskreises nicht völlig beliebig sein darf; sie zeigen dies an einem überraschend einfachen Beispiel. Diese Tatsache tritt in den Standardtexten in den Hintergrund und ist nicht genügend bekannt gemacht worden. HARDY und LITTLEWOOD liefern eine gründliche Diskussion aller verschiedenen Möglichkeiten der Annäherung von $x$ gegen 1, und nur ein einziges ihrer Theoreme (das wir hier nicht zitiert haben) betrifft die beliebige Annäherung von $x$ gegen 1. Die im letzten Teil des HAUSDORFFschen Briefes erwähnten, aber nicht genau angegebenen Sätze von HARDY-LITTLE-WOOD bleiben freilich etwas unklar, und die Einführung der $C_{-2}$-Summierbarkeit, wie sie HAUSDORFF in seinen Überlegungen andeutet, scheint in bezug auf die uns bekannten Arbeiten von HARDY und LITTLEWOOD doch recht fremdartig zu sein. In der Literatur findet sich kein Ansatz in dieser Richtung.

[2] LANDAU, E.: *Darstellung und Begründung einiger neuerer Ergebnisse der Funktionentheorie.* Springer, Berlin 1916, § 9. *Der Hardy-Littlewoodsche Satz für Potenzreihen mit positiven Koeffizienten*, S. 45–52. Die Originalarbeit ist

folgende: HARDY, G. H.; LITTLEWOOD, J. E.: *Tauberian Theorems concerning Power Series and Dirichlet's Series whose Coefficients are Positive.* Proceedings of the London Math. Society, Ser. 2, **13** (1914), 174–191.

[3]  Die Jahresversammlung der Deutschen Mathematiker-Vereinigung für das Jahr 1922 fand vom 17.–24. September 1922 in Leipzig statt.

[4]  Die zunächst für Bonn ins Auge gefaßte Jahresversammlung der DMV für das Jahr 1923 fand vom 20.–25. September in Marburg statt. Dort haben laut Anwesenheitsliste weder HAUSDORFF noch FEJÉR teilgenommen.

# Elisabeth Förster-Nietzsche

## Korrespondenzpartnerin

ELISABETH NIETZSCHE wurde am 10. Juli 1846 in Röcken bei Lützen als Tochter des dortigen Pfarrers CARL LUDWIG NIETZSCHE (1813–1849) geboren. Nach dem frühen Tod des Vaters zog die Mutter mit den Kindern FRIEDRICH und ELISABETH nach Naumburg. ELISABETH erhielt im Elternhaus, in der Schule in Naumburg und in einem Pensionat in Dresden eine solide Ausbildung. Das in den siebziger Jahren überwiegend gute, wenn auch nicht spannungsfreie Verhältnis zu ihrem Bruder, dem sie in Basel zeitweise den Haushalt geführt hatte, verschlechterte sich 1882/83 wegen ihrer Attacken gegen NIETZSCHEs Freundin LOU ANDREAS-SALOMÉ; es wurde zusätzlich erheblich belastet, als ELISABETH im Mai 1885 den ehemaligen Gymnasiallehrer Dr. BERNHARD FÖRSTER (1843–1889) heiratete. FÖRSTER war deutschnational und ein eingefleischter Antisemit; er war wegen aggressiver antisemitischer Agitation aus dem Schuldienst entfernt worden. NIETZSCHE verachtete ihn, nicht zuletzt wegen seines Antisemitismus. ELISABETH folgte ihrem Mann 1886 nach Paraguay, wo er mit Gesinnungsgenossen die Kolonie „Nueva Germania" gegründet hatte. Das Kolonieprojekt scheiterte schließlich und FÖRSTER beging 1889 Selbstmord. 1893 kehrte ELISABETH FÖRSTER aus Paraguay zurück. FRIEDRICH NIETZSCHE lebte nach seinem 1889 in Turin erfolgten Zusammenbruch in geistiger Umnachtung in der Obhut seiner Mutter FRANZISKA NIETZSCHE (1826–1897). ELISABETH, die ihren Bruder schon früh sehr bewundert hatte, von seinem philosophischen Werk aber wenig verstand, gründete 1894 in Naumburg das Nietzsche-Archiv. 1895 erhielt sie die amtliche Genehmigung, den Doppelnamen FÖRSTER-NIETZSCHE zu führen. In diesem Jahr gingen die Besitzrechte an NIETZSCHEs Werken und Nachlaß vollständig an das Archiv unter Ihrer Leitung über, welches seit 1896 in Weimar untergebracht war, ab 1897 in der Villa „Silberblick". Dort lebte auch FRIEDRICH NIETZSCHE als Pflegefall bis zu seinem Tod im Jahre 1900. ELISABETH FÖRSTER-NIETZSCHE fand eine Reihe prominenter und finanzkräftiger Unterstützer für das Archiv. Sie strebte nun danach, mit dem Archiv die Deutungshoheit über NIETZSCHEs Leben und Werk zu gewinnen. Dem diente auch die dreibändige NIETZSCHE-Biographie aus ihrer Feder: *Das Leben Friedrich Nietzsches*, Band I 1895, Band II/1 1897, Band II/2 1904. Den ersten Band, den ihre Mutter noch lesen konnte, charakterisierte diese als „Dichtung und Wahrheit". Als vorrangige Aufgabe des Archivs betrachtete ELISABETH FÖRSTER-NIETZSCHE die Herausgabe der gesammelten Werke NIETZSCHEs unter Einschluß der zahlreichen nachgelassenen Papiere und Briefe. Mit dieser Aufgabe war sie jedoch völlig überfordert, da sie die Edition nicht nur organisatorisch leiten sondern auch inhaltlich mitbestimmen wollte. Zunächst ließ sie die von HEINRICH KÖSELITZ (PETER GAST), NIETZSCHEs Freund und zeitweiligem Sekretär, bereits vor ihrer Rückkehr aus Übersee begonnene Edition 1894 kassieren und einstampfen.

Sie stellte danach den Schriftsteller und Kunstwissenschaftler FRITZ KOEGEL als Herausgeber im Nietzsche-Archiv an. Nachdem die KOEGELsche Edition gut voankam, überwarf sie sich 1897 mit ihm und entließ ihn. Die von ihm verantworteten Nachlaßbände wurden ebenfalls zurückgezogen und eingestampft. Mit weiteren Herausgebern, unter ihnen später auch PETER GAST, wurde eine neue Ausgabe begonnen. Um die Herausgebertätigkeit des Archivs kam es 1900 zu heftigen, öffentlich ausgetragenen Auseinandersetzungen, an denen sich auch FELIX HAUSDORFF beteiligte. Die NIETZSCHE-Forschung der letzten Jahrzehnte wirft ELISABETH FÖRSTER-NIETZSCHE insbesondere vor, nachgelassene Schriften NIETZSCHEs verfälscht und willkürlich kompiliert zu haben. Besonders verhängnisvoll war die Kompilation von Notizen, die NIETZSCHE teilweise verworfen hatte, zu einem Werk, dessen Gliederung und dessen Titel („Der Wille zur Macht") von den Herausgebern stammte und das sogar als NIETZSCHEs Hauptwerk ausgegeben wurde (erschienen 1901, erw. Ausgabe 1906). HAUSDORFF schrieb darüber eine sehr hellsichtige kritische Rezension ([H 1902b]). Vor allem dieses „Werk" NIETZSCHEs mißbrauchten später die Nationalsozialisten für ihre Propaganda. ELISABETH FÖRSTER-NIETZSCHE etablierte in Weimar auch einen NIETZSCHE-Kult, der teilweise pseudoreligiöse Züge annahm. Zu ihren unbestreitbaren Verdiensten gehört es, weder Kosten noch Mühe gescheut zu haben, um Nietzscheana für das Archiv zu erwerben, und so eine einmalige Sammlung von Dokumenten zusammengebracht zu haben. Im ersten Weltkrieg nahm das Archiv an der allgemeinen Kriegsbegeisterung teil und gab billige Kriegsausgaben NIETZSCHEscher Schriften heraus. Nach dem Krieg vertrat FÖRSTER-NIETZSCHE die Dolchstoßlegende, positionierte sich durch Eintritt in die Deutschnationale Volkspartei gegen die Weimarer Republik und knüpfte um 1925 Kontakte zu BENITO MUSSOLINI an, der das Archiv später finanziell unterstützte. Sie lernte Anfang 1932 auch ADOLF HITLER persönlich kennen und sah das Archiv in der Folgezeit „in Verbundenheit zu den Idealen des Nationalsozialismus". HITLER besuchte das Archiv mehrfach. ELISABETH FÖRSTER-NIETZSCHE verstarb am 8. November 1935 in Weimar. Sie wurde an der Stirnseite der Pfarrkirche zu Röcken neben ihrem Bruder bestattet; an der Trauerfeier nahm auch HITLER teil.

An eigenen Schriften FÖRSTER-NIETZSCHEs sind neben der Streitschrift *Das Nietzsche-Archiv, seine Freunde und Feinde* (1907) noch zu nennen: *Das Leben Friedrich Nietzsches*, Band 1 *Der junge Nietzsche* (1912), Band 2 *Der einsame Nietzsche* (1914); *Friedrich Nietzsche und die Frauen seiner Zeit* (1935).

## Quelle

Die Briefe und Postkarten HAUSDORFFs an ELISABETH FÖRSTER-NIETZSCHE sowie die Entwürfe der Briefe von ELISABETH FÖRSTER-NIETZSCHE an HAUSDORFF befinden sich im Goethe- und Schiller-Archiv (GSA) in Weimar, in welches die Dokumente des Nietzsche-Archivs nach dem 2. Weltkrieg eingegliedert wurden. Die Signatur der Schriftstücke HAUSDORFFs ist GSA 72/BW 2098; die beiden Briefentwürfe ELISABETH FÖRSTER-NIETZSCHEs sind in den Mappen GSA 72/720c und GSA 72/720d enthalten.

## Bemerkungen

In den beiden Briefentwürfen ELISABETH FÖRSTER-NIETZSCHEs sind zahlreiche Wörter abgekürzt. Im Abdruck sind hier die fehlenden Buchstaben in eckigen Klammern ergänzt. Z. B. wird die Passage „Ihre Vertheidigung v. Dr. K. ist deshalb nicht glücklich, weil Dr. Horneff. s. niemals auf d. Philologen aufgespielt hat" im Abdruck so wiedergegeben: "Ihre Vertheidigung v.[on] Dr. K.[oegel] ist deshalb nicht glücklich, weil Dr. Horneff.[er] s.[ich] niemals auf d.[en] Philologen aufgespielt hat".

## Danksagung

Wir danken der Leitung und den Mitarbeitern der Klassik-Stiftung Weimar für Hilfe bei Recherchen, für die Bereitstellung von Kopien und für die Genehmigung, die Schriftstücke hier abzudrucken.

## Postkarte FELIX HAUSDORFF ⟶ ELISABETH FÖRSTER-NIETZSCHE

Sehr geehrte Frau Dr. Förster! Lassen Sie mich zunächst Ihnen herzlich danken für die Einladung, mit der Sie den Ihnen persönlich Unbekannten beehrt haben. Nachdem ich mich die ganze Woche darauf gefreut habe, das Nietzsche-Archiv und Diejenige, die es ins Leben gerufen, kennen zu lernen, muss ich Sie [1] in letzter Stunde bitten, mich für diesmal zu entschuldigen; eine Erkältung, mit der ich seit Tagen kämpfe, hat sich statt zu bessern verschlimmert. Indem ich ihr das Opfer bringe, zu Hause zu bleiben, tröste ich mich mit der einen Hoffnung, Sie, hochgeehrte Frau Dr., durch mein Nichterscheinen in keine Verlegenheit zu versetzen, und mit der anderen, diesen Winter das Versäumte nachholen zu können. Die nächste Gelegenheit, die Herrn Naumann nach Naumburg führt, [2] nehme ich, wenn irgend möglich, wahr, Sie zu begrüssen und Ihnen für alles Das zu danken, wofür schon jetzt – und mit jedem Tage mehr – ein Verehrer Nietzsches seiner Schwester zu danken hat.

In grösster Ergebenheit
der Ihrige
Leipzig, 12. X. 1895                                            Dr. F. Hausdorff

## Anmerkungen

[1] Diese Einladung HAUSDORFFs zum Besuch des Nietzsche-Archivs markiert den Beginn seiner Beziehungen zum Archiv und zu dessen Leiterin ELISABETH FÖRSTER-NIETZSCHE. Das Standardwerk zur wechselvollen Geschichte des Archivs ist DAVID MARC HOFFMANN: *Zur Geschichte des Nietzsche-Archivs. Elisabeth Förster-Nietzsche, Fritz Kögel, Rudolf Steiner, Gustav Naumann, Josef Hofmiller. Chronik, Studien und Dokumente*, de Gruyter, Berlin

1991, im folgenden zitiert als [HOFFMANN 1991]. HAUSDORFFs Eingreifen in die öffentliche Auseinandersetzung um eine sachgemäße NIETZSCHE-Edition wird dort auf den Seiten 372–376 behandelt. Zu HAUSDORFFs Verehrung NIETZSCHEs und zu seiner Auseinandersetzung mit dessen Philosophie s. seine Essays zu NIETZSCHE ([H 1900c], [H 1900d], [H 1902b]) im Band VII dieser Edition, S. 887–909, ferner die Einleitung zu Band VII von WERNER STEGMAIER (die Beziehungen zum Nietzsche-Archiv sind dort im Abschnitt „Felix Hausdorffs Beziehungen zum Nietzsche-Archiv", S. 66–70, behandelt); weiter sei auf die Kapitel 3 und 4 in EGBERT BRIESKORNs HAUSDORFF-Biographie im Band I B dieser Edition verwiesen und auf die Briefe HAUSDORFFs an PAUL LAUTER-BACH, HEINRICH KÖSELITZ, FRANZ MEYER und JOHANNES KÄFER in diesem Band.

[2]   Neben Verlegern wie FRITZSCH und SCHMEITZNER trat der Leipziger Verleger CONSTANTIN GEORG NAUMANN zunehmend mit der Publikation von NIETZSCHES Schriften hervor. Am 13. April 1891 sicherte ihm ELISABETH FÖRSTER-NIETZSCHE bei einem Aufenthalt in Deutschland das Verlagsrecht an allen NIETZSCHE-Werken zu. Der Neffe des Verlegers, GUSTAV NAUMANN, fungierte ab Ende 1891 als Verbindungsmann zwischen FÖRSTER-NIETZSCHE und dem Verlag. GUSTAV NAUMANN war Mitarbeiter im Verlag und designierter Nachfolger seines Onkels; er hatte sich auch inhaltlich eingehend mit NIETZSCHES Werk befaßt. In der Archivkrise des Jahres 1896 (s. dazu [HOFFMANN 1991], S. 203–232) stellte er sich gegen ELISABETH FÖRSTER-NIETZSCHE. Da sein Onkel zur Archivleiterin hielt und seinem Neffen im Juni 1897, als dieser Mitbesitzer des Verlags werden sollte, die Bedingung stellte, sich künftig gegenüber ELISABETH FÖRSTER-NIETZSCHE loyal zu verhalten, trat GUSTAV NAUMANN aus der Firma aus. In der Archivkrise des Jahres 1900 (s. dazu [HOFFMANN 1991], S. 337–406) trat er wieder als Kritiker hervor (s. dazu [HOFF-MANN 1991], S. 348–349, 380 und zu NAUMANNs Wirken im allgemeinen den Abschnitt „Gustav Naumann und das Nietzsche-Archiv (1891–1940)" in [HOFF-MANN 1991], S. 233–246).

**Postkarte**   FELIX HAUSDORFF ⟶ ELISABETH FÖRSTER-NIETZSCHE

Sehr geehrte Frau Dr., Durch Herrn Gustav Naumann wurde mir Ihre freundliche Einladung zum nächsten Sonntag ausgerichtet, die ich mit herzlichstem Danke annehme. Diesmal wird sich, wie ich hoffe, dem Besuche des Nietzsche-Archivs und seiner verehrten Begründerin nicht noch in letzter Stunde eine vis

[1]   major entgegenstellen.
Mit grösster Hochschätzung begrüsst Sie
Leipzig, 24. 6. 96                                                             Dr. F. Hausdorff

**Anmerkung**

[1]   vis major – höhere Gewalt.

**Brief** Felix Hausdorff ⟶ Elisabeth Förster-Nietzsche

Leipzig, am 12. Juli 1896

Hochzuverehrende Frau Dr.!

Als Dank für genossene Gastfreundschaft kämen diese Zeilen wohl schon zu spät. Aber ich mochte mich nicht zu wohlfeil loskaufen, und der Dank, den ich Ihnen schulde, hat nicht die Eile einer blossen gesellschaftlichen Form. Sie sind die Begründerin des Nietzsche-Archivs, und dafür gehört Ihnen ein Mass Erkenntlichkeit, zu dem persönliche Beziehungen nur unwesentlich beitragen können.

Dass ein Nietzsche-Archiv heutigen Tages schon möglich und nothwendig wurde, damit hat man sich einfach abzufinden, mit allem Raffinement von [1] amor fati und Lebensillusion, das der Einzelne zur Austragung von Zwisten mit dem „Schicksal" aufzubieten hat. Es giebt gewisse Würfe und Wendungen des Lebens, auf die hin man gelegentlich versucht ist, zur gesamten tellurischen Weltgeschichte summarisch und kurzer Hand Nein zu sagen; hierzu rechne ich die Erkrankung Friedrich Nietzsches, wie vielleicht Andere die Thatsache Golgatha oder den Untergang der Griechenwelt dazu rechnen – ich bin noch jung genug zu dieser Überschwänglichkeit von Daseinskritik. Derartiges „durfte" nicht sein, um es auf kindische und revolutionäre Art zu sagen · · · aber verzeihen Sie mir, Sie, die dieser Undenkbarkeit von Fügung näher ins Angesicht geschaut haben als irgend ein Anderer! Wenn *Sie* dieser Blick nicht versteint hat, so ist es Niemandem erlaubt, hier zu erstarren und dem Leben abzusagen: der Wahnmechanismus, der bei Ihnen verschleiernd und heilend eingriff, wird auch bei uns verfangen müssen. Sie retteten Sich, indem Sie Ihres Bruders Wort und Werk retten – das ist ein Fingerzeig für uns Alle, für den wir Ihnen zu danken haben, wie Sie den heimlichen Berathern und Seelsorgern Ihres Lebens. Es ist ein Weg gewiesen, von den Schrecken des Untergangs loszukommen und den Triumph des Bleibenden mitzufeiern: Sie haben diesen Weg beschritten, der darum nicht minder zum Ruhme führt, weil er der einzige zur Rettung war.

Diese etwas emphatische Deutung, die ich Ihrem Wirken gebe, verträgt sich sehr wohl mit der vollkommensten Selbstbescheidung hinsichtlich der Rolle, die wir, Nietzsches Verehrer, aller Voraussicht nach dabei zu spielen haben werden. In Ihrem Archiv habe ich mir stillschweigend eingestanden, wie wenig neben dem „Von Ihm" alles „Über Ihn" zu bedeuten hat, und wie einstweilen der tiefste Nietzschekenner klug und ehrlich daran thäte, dem Meister selbst das Wort zu gönnen. Noch für geraume Zeit erübrigen sich Apostel und Evangelisten, [2] da von der grossen Bergpredigt selbst noch verhallende Laute zu erlauschen sind. Zu den Eilfertigen, die durchaus heute drucken lassen müssen, damit das „Archiv" sie morgen Lügen strafe, weiss ich mir keinen erquicklicheren Gegen-

satz als Sie, die Erzählerin des ächten Lebens Friedrich Nietzsche's. Dem ersten Band Ihrer Biographie ist als Geringstes und Höchstes zum Ruhme nachzusa-
[3] gen, dass man darüber die Biographin vergisst. Sie lassen die Dinge sich selber erzählen, in ihrer eigenen schlichten Folgerichtigkeit, mit dem stillen Hang zur Lyrik und Episode, der nun einmal von Kind und Genie nicht zu trennen ist. Entwicklungsfäden und Beziehungen sind da, man kann sich an ihnen entlang fühlen – aber es ist kein psychologisches Teppichmuster damit gewoben, keine
[4] Lou'sche Interpretationskunst fälscht und zwängt das natürliche Bild in ein con-struirtes Gradnetz. Es wird uns kein schematischer Nietzsche a priori deducirt, sondern der wirkliche in ehrfürchtiger Objectivität erschlossen; diese scheinba-re conditio sine qua non wird angesichts unserer biographischen Litteratur zu
[5] einem supererogativum von Verdienst!

Ich hoffe, hochverehrte Frau Dr., das Nietzsche-Archiv nicht zum letzten Male
[6] betreten zu haben und grüsse Sie, mit der Bitte, mich dem Herrn Dr. Kögel freundschaftlichst zu empfehlen, als

Ihr dankbar ergebener
Dr. F. Hausdorff

## Anmerkungen

[1]  HAUSDORFF spielt hier auf NIETZSCHES irreversiblen geistigen Zusam-menbruch an, der es ihm unmöglich machte, weiter zu arbeiten oder sich um seine Werke oder seine noch unpublizierten Manuskripte zu kümmern. So wur-de ein Archiv „möglich und nothwendig", welches sonst erst nach dem Tode einer bedeutenden Persönlichkeit eingerichtet zu werden pflegt.

[2]  In Anbetracht der weiteren Arbeit des Archivs mit seinen willkürlichen In-terpretationen und Kompilationen ist dies ein sehr hellsichtiger Appell, NIETZ-SCHE selbst so zu Wort kommen zu lassen, wie er es in seinen Manuskripten und Notizen hinterlassen hat. Diesen Standpunkt hat HAUSDORFF später in seinem Essay *Nietzsches Wiederkunft des Gleichen* ([H 1900c], Band VII, S. 889–893) mit großem Nachdruck vertreten (vgl. dazu auch seinen Brief an ELISABETH FÖRSTER-NIETZSCHE vom 3. August 1900).

[3]  Gemeint ist ELISABETH FÖRSTER-NIETZSCHE: *Das Leben Friedrich Nietz-sches*, Band 1, C. G. Naumann, Leipzig 1895.

[4]  LOU ANDREAS-SALOMÉ hatte in den Jahren 1891–1893 in verschiedenen Zeitschriften fünf Aufsätze veröffentlicht, in denen sie auf der Grundlage ihrer Begegnungen und zahlreichen Gespräche mit NIETZSCHE ein Bild NIETZSCHEs und seiner Ideenwelt entwarf. Aus diesen Arbeiten entstand ihr Buch *Friedrich Nietzsche in seinen Werken*, Carl Conegen, Wien 1894. HAUSDORFF hatte die-ses Buch kurz nach Erscheinen gelesen (vgl. seine Postkarte an PAUL LAUTER-BACH vom 3. Juni 1894 in diesem Band), aber auch mindestens einen der Zeit-schriftenaufsätze, wie aus dem unten erwähnten Brief an HEINRICH KÖSELITZ hervorgeht. ANDREAS-SALOMÉ war für ELISABETH FÖRSTER-NIETZSCHE eine

Unperson, und alle ihre Veröffentlichungen und insbesondere ihr Buch wurden vom Archiv entschieden abgelehnt. HAUSDORFF wußte dies und seine Stellungnahme gegen die „Lou'sche Interpretationskunst", die „fälscht", war zu einem guten Teil Opportunismus. Denn in bezug auf ANDREAS-SALOMÉs Darlegungen zu NIETZSCHEs Lehre von der ewigen Wiederkunft des Gleichen schrieb er in einem Brief an KÖSELITZ vom 17. Oktober 1893 (Briefe an KÖSELITZ in diesem Band), er wolle „für Frau Andreas-Salomé eine Lanze brechen" und er fände „die Mystik der Frau Andreas nicht zu hoch gegriffen" (zum Inhalt der Diskussion s. in der Einleitung zu Band VII dieser Edition den Abschnitt „Aufnahme und Kritik des Gedankens der ewigen Wiederkunft des Gleichen", S. 37–49; s. dazu auch EGBERT BRIESKORNs Biographie im Band I B, Kapitel 3, Abschnitt „Zwischen Promotion und Habilitation"). Auch später, in seinem Essay *Nietzsches Lehre von der Wiederkunft des Gleichen* (H 1900d]), greift HAUSDORFF auf LOUs Ausführungen zurück und verteidigt sie gegen das Archiv:

> Hat Nietzsche gewußt, daß sein Problem im Grunde ein physikalisches ist? Lou Salomé behauptet, er sei mit dem Plan eines zehnjährigen Studiums der Naturwissenschaften umgegangen, um die Wiederkunft exact zu begründen; weil es Lou Salomé behauptet, wird es vom Nietzsche-Archiv bestritten, und Herrn Horneffer fällt die Rolle zu, in einem Athem zu versichern, Nietzsche habe zwar Naturwissenschaft treiben, aber sie nicht für die ewige Wiederkunft verwenden wollen, obwohl er sich natürlich über deren naturwissenschaftliche Bestätigung „gefreut haben würde". Nietzsches Herausgeber also bemüht sich, Nietzsches klares Bewußtsein über Tragweite und Giltigkeitsbereich seines Gedankens in Zweifel zu ziehen, denn – Lou Salomé muß um jeden Preis gelogen haben. ([H 1900d], S. 151; Band VII, S. 898–899)

[5] conditio sine qua non – wörtlich: Bedingung, ohne die nicht · · ·; notwendige Bedingung, absolut unerläßliche Bedingung.

supererogativum: kommt meist in der Zusammensetzung opus supererogativum – überverdienstliches Werk vor; gemeint ist eine Leistung, die moralisch verdienstlich ist, aber nicht gefordert werden kann. HAUSDORFF verwendet den Ausdruck auch in seinem Aphorismus Nr. 159 von *Sant' Ilario. Gedanken aus der Landschaft Zarathustras* ([H 1897b]); dieser lautet:

> Treue ist ein opus supererogativum der Liebe: als *Forderung* besteht sie zu Unrecht. ([H 1897b], S. 115; Band VII dieser Edition, S. 209)

Vgl. dazu auch die Erläuterung in Band VII, S. 523.

[6] Zur Biographie FRITZ KOEGELs s. [HOFFMANN 1991], S. 135–140. Diesem Werk sind die folgenden Angaben entnommen: FRITZ KOEGEL wurde am 2. August 1860 in Hasseroda (Sachsen) in einer Pastorenfamilie geboren. Er studierte Philosophie, Germanistik und Geschichte und promovierte 1883 in Halle mit der Dissertationsschrift *Die körperlichen Gestalten der Poesie.* 1886 publizierte er ein Buch über LOTZEs Ästhetik. KOEGEL arbeitete ab 1886

erfolgreich im Konzern seiner Vettern MANNESMANN und erhielt schließlich die hoch dotierte Stelle als Direktor des Berliner Zentralbüros des Konzerns. Nachdem Mannesmann in juristische Schwierigkeiten gekommen war, mußte er diese Stelle aufgeben und widmete sich seinen Kompositionen und seinem schriftstellerischen Werk. Es erschien anonym *Vox humana*, ein Aphorismen-band im Nietzscheschen Stil, und unter seinem Namen *Gastgaben, Sprüche eines Wanderers*. Im April 1894 wurde KOEGEL von ELISABETH FÖRSTER-NIETZSCHE im Nietzsche-Archiv angestellt. Innerhalb von $3\frac{1}{2}$ Jahren gab er 12 Bände einer Nietzsche-Gesamtausgabe heraus. Als er nach Differenzen mit ELISABETH FÖRSTER-NIETZSCHE 1897 entlassen wurde, ging er wieder in die Industrie, war aber weiter nebenher als Komponist (*Fünfzig Lieder*, Breitkopf und Härtel, Leipzig 1901) und als Lyriker (*Gedichte*, Leipzig 1898) tätig. FRITZ KOEGEL verstarb am 20. Oktober 1904 an den Folgen eines Fahrradunfalls. HOFFMANN charakterisiert aus seiner Kenntnis der verstreuten Quellen KOEGEL als Persönlichkeit folgendermaßen:

> Fritz Koegel war eine leidenschaftliche, draufgängerische, ja hitzköpfi-ge Natur; begeisterter Bergsteiger, sportlicher Radfahrer, jugendlicher Herzensbrecher, Dichter, Komponist, erfolgreicher Geschäftsmann, un-ermüdlich engagierter Nietzsche-Herausgeber.

HAUSDORFF war mit KOEGEL befreundet; in einem Brief an FRITZ MAUTHNER entschuldigt er eine Abwesenheit von Leipzig damit, er habe seinen „Freund Fritz Koegel in Jena begraben" müssen (Brief an MAUTHNER vom 2. November 1904 in diesem Band).

**Gedruckte Visitenkarte** FELIX HAUSDORFF ⟶ ELISABETH FÖRSTER-NIETZSCHE

*DR. PHIL. FELIX HAUSDORFF*
*Privatdocent an der Universität*

dankt Ihnen, sehr verehrte Frau Doctor, für die gütige Zusendung der Hornef-
[1] ferschen Schrift.
*Leipzig*, 19. 12. 99.                                                      *Nordstrasse 58*

## Anmerkung

[1]   Gemeint ist die Anfang Dezember 1899 bei C. G. Naumann in Leipzig er-schienene Broschüre von ERNST HORNEFFER: *Nietzsches Lehre von der Ewigen Wiederkunft und deren bisherige Veröffentlichung*. ERNST HORNEFFER (1871–1954) war seit 1896 mit Vorträgen über NIETZSCHE in verschiedenen deutschen Städten in Erscheinung getreten. Am 1. August 1899 wurde er am Nietzsche-Archiv als Herausgeber angestellt. Die o. g. Schrift war eine vernichtende Kritik am eingestampften Band XII der von KOEGEL besorgten Ausgabe; HORNEFFER machte darin auch vor persönlichen Angriffen und Diffamierungen nicht halt. Alle Fehler, die HORNEFFER KOEGEL bei der Edition der „Wiederkunft des

Gleichen" im Band XII vorwarf, beging er später selbst (gemeinsam mit HEIN-
RICH KÖSELITZ und ELISABETH FÖRSTER-NIETZSCHE) in erheblicherem Um-
fang bei der Kompilation von „Der Wille zur Macht". HORNEFFERs Broschüre
war der Ausgangspunkt des im Jahre 1900 öffentlich ausgetragenen Streites
um die Herausgebertätigkeit des Nietzsche-Archivs (eingehend dargestellt bei
[HOFFMANN 1991], S. 337 ff., dort sind insbesondere auch die Angriffe HOR-
NEFFERs gegen KOEGEL mit umfangreichen Zitaten dokumentiert). In diesen
Streit griff auch HAUSDORFF ein (s. den folgenden Briefentwurf).

Am 1. November 1901 sandte HORNEFFER ein Telegramm an ELISABETH
FÖRSTER-NIETZSCHE mit folgendem Wortlaut:

> Erkläre meine Beziehungen zum Archiv für gelöst. Bitte Vorrede nur
> so drucken, dass mein Name ausgeschlossen ist. (Goethe-Schiller-Archiv
> Weimar GSA 72/BW 2839)

In der 1907 von ELISABETH FÖRSTER-NIETZSCHE publizierten Schrift *Das
Nietzsche-Archiv, seine Freunde und Feinde* zählt ERNST HORNEFFER bereits
zu den Feinden des Archivs (vgl. [HOFFMANN 1991, S. 69). In der Folgezeit versuchte HORNEFFER, eine an NIETZSCHE angelehnte antichristliche Pseudoreli-
gion zu popularisieren; auch für die Freimaurerei sollte NIETZSCHE fruchtbar
gemacht werden. In den zwanziger Jahren forderte er dazu auf, NIETZSCHEs
Ideen politisch zu nutzen; diese Bemühungen verstärkte er nach 1933 im Sinne
der Vereinnahmung NIETZSCHEs durch die Nationalsozialisten.

**Briefentwurf** ELISABETH FÖRSTER-NIETZSCHE $\longrightarrow$ FELIX HAUSDORFF

6/VII 00.

S.[ehr] g.[eehrter] H.[err] Dr.,

da ich durch Herrn P. Gast
hörte, daß Sie in Italien wären, so habe ich Ihnen meinen Artikel „Der Kampf
um die N.[ietzsche]-Ausgabe" nicht geschickt. Vielleicht hatte ich auch d.[as] [1]
Gefühl, daß Ihnen der Inhalt nicht gerade Vergnügen machen würde. Immerhin kann ich Ihnen gegenüber nicht ein gewisses Gefühl v.[on] Zutrauen unter-
drücken; ich glaube nämlich an Ihre aufrichtige Verehrung m.[eines] Br[u]d[er]s
u. deshalb glaube ich auch daran, daß Sie aufrichtig für e.[ine] sorgfältige Ausgabe seiner Werke bemüht sein müßen. Nun hat man mir inzwischen Ihre Artikel i.[n] d.[er] „Zeit" geschickt, v.[on] denen ich gern annehmen möchte, daß [2]
sie bona fide geschrieben sind, wenn ich auch eine gewisse Animosität beklagen
muß, u. daß Sie, ehe Sie diese Art.[ikel] schrieben, Sich nicht besser unterrichtet
haben. Die Aufzählung z. B. der verschiedenen Herausgeber ist offenbar nicht
wohlwollend f.[ür] mich gemeint, denn Sie konnten es eigentlich wissen, daß Dr.
Seidl überhaupt noch kaum als Mitarbeiter ausgeschieden war, jedenfalls seit
1900 in voller Arbeit ist, daß schon seit Monaten Herr P. Gast wieder als Mitarbeiter an d.[er] Ges.[amt-]Ausg.[abe] arbeitet u. außerdem daß Dr. Zerbst u.
Dr. v.[on] d.[er] Hellen nur Dr. Koegel's wegen das Archiv verlassen haben. Vor [3]

271

allen Dingen aber ist jene Commission, die Sie mir am Schluß anrathen, bereits seit Weihnachten nicht nur in Aussicht genommen, sondern z.[um] Th.[eil]

[4] schon in Thätigkeit. Es sind also mindestens 6 Personen, darunter 2 Autoritäten, theils zu Rathe gezogen, theils an d.[er] Arbeit betheiligt; wozu nun mit solchen Rathschlägen nachhinken? Und ich würde auch gern Sie für einige naturwissenschaftl.[iche] Dinge daran betheiligt haben, wenn Sie mir es nicht durch diese Art.[ikel] meinen beiden Herrn Herausgebern gegenüber, Herrn Dr.

[5] E. u. A. Horneffer (Beide sind verantwortlich) ganz unmöglich gemacht hätten.

Was mich an Ihren Art.[ikeln] am meisten gewundert hat, ist, daß Sie gerade das Gegentheil v.[on] dem behaupten, was wirkl.[ich] vorliegt: wir werfen Dr. K.[oegel] nicht vor, daß er in s.[einer] „Wiederk.[unft] d.[es] Gl.[eichen]" zu wenig Zettel gebracht hat, sondern viel zu viel, u. zwar hat er manche Zettel sogar

[6] 3 mal gebracht. Prof. Riehl sagte mir, es wäre ihm vorgekommen, als ob Dr. K.[oegel] eine Schublade mit Zetteln ausgeschüttet hätte u. alles ohne Wahl u. Ziel in die Bände gestopft habe. Überh.[aupt], s.[ehr] g.[eehrter] H.[err] Dr., der ganze Angriff gegen Dr. Horneffer, denn schließl.[ich] soll das Ihr Art.[ikel] sein, das ist kein Zweifel, u. Ihre Vertheidigung v.[on] Dr. K.[oegel] ist deshalb nicht glücklich, weil Dr. Horneff.[er] s.[ich] niemals auf d.[en] Philologen aufgespielt hat, dagegen Dr. K.[oegel] gerade im Kampf gegen P. Gast immer seine peinliche Philologie u. ausgezeichnete philolog.]ische] Methode betont hat. Dafür

[7] habe ich bogenlange Beweise. Auch Geheimr.[ath] Heinze und Oberbürgermei
[8] ster Oehler sind die besten Zeugen dafür, wie s.[ich] Dr. K.[oegel] m.[it] seiner philolog.[ischen] Methode aufgespielt hat. Herzlich haben wir aber alle gelacht, als wir Ihre Entschuldigung Koegel's lasen, daß diese Arbeit eine momenta

[9] ne Geistesverwirrung gewesen sei. Leider, leider hat diese Geistesverw.[irrung] schon während der ganzen Zeit seiner Arbeit im N.[ietzsche]-A.[rchiv] bestanden, ich will vielleicht die ersten beiden Monate ausnehmen. Ein süddeutscher Professor der in die Manuscripte genaue Einsicht nahm, flößt die „Buchwurstelei Dr. Koegels wirkliches Grauen ein."

Ich muß gestehen, es ist mir unbegreifl.[ich], warum Sie S.[ich] aus e.[iner] gewissen Kameraderie od.[er] augenblicklichen Rechthaberei so bloß stellen. Es thut mit leid, denn wenn Sie S.[ich] wirkl.[ich] unterrichtet hätten, wie d.[ie] Sachen liegen u. welche prachtv.[ollen] ungeahnten Schätze wir in den Manuscripten m.[eines] Br[u]d[er]s jetzt haben, so würd.[en] Sie S.[ich] wohl hüten, jetzt e.[in] einzig.[es] Wort z.[u] sagen. In kurzer Zeit fragt kein Mensch mehr nach Dr. Koeg.[el], wie schon jetzt kein Mensch mehr e.[inen] Band kauft den Dr. K.[oegel] gezeichnet hat. Es müssen nach genauer Prüfung die Bände IX, X, XI u. XII sämtl.[ich] aus d.[em] Buchhandel zurückgezogen (gegen 7000 Ex[emplare]) u. neu bearbeitet werden. Koeg.[el] hat unverantwortl.[ich] leichtsinnig gehandelt; ein Dilletant, der e.[in] Feuilleton zusammenstellt – das ist ungefähr der Standpunkt seiner Arbeit gewesen. Für mich ist diese Neubearbeit[un]g mit enormen Opfern verknüpft; jeder neu z.[u] bearbeitende Band kostet mich 2–3000 M (ich zahle jetzt jed.[en] Monat 1150 M Mitarbeiter-Gehalte) u. wenn ich jetzt nicht d.[as] feste Zutrauen hätte, daß alles in d.[en] besten Händen ist, so könnte mir b.[ei] dies.[en] Ausgaben schon angst werden.

Aber ich darf wirkl.[ich] sagen, es ist alles jetzt auf das Beste eingerichtet u. ich bin oft v.[on] e.[inem] so tiefen Glücksgefühl erfüllt, wie wunderbar sich Alles gefügt hat, daß ich all dieser Opfer u. lächerlichen Angriffe eigentlich nur mit einer gewissen beglückenden Genugthuung gedenke. Es ist mir mein ganzes Leben so unendl.[ich] viel Schönes durch m.[einen] gel.[iebten] Br[u]d.[er] zu theil geword.[en] u. wird es jetzt noch alle Tage, denn d.[as] N.[ietzsche]-A.[rchiv] ist jetzt zu dem geworden, was mir immer vorschwebte: e.[in] Mittelpunkt hochgesinnter edler Menschen u. auserlesener Geister, sodaß es mir e.[ine] stolze Freude [10] ist, daß ich auch etw.[as] Schwieriges f.[ür] d.[en] gel.[iebten] Br.[uder] z.[u] ertragen habe. Alle d.[ie] gr.[oßen] Geldopfer u. die so boshaft gemeinten Angriffe habe ich ja nur deshalb z.[u] erleiden, weil ich mir auf d.[as] ernsteste bewußt war, was e.[ine] Ges.[amt]-Ausg.[abe] d.[er] Werke m.[eines] Br[u]d[er]s, vor allen Dingen seiner Nachlaß-Bände z.[u] bedeuten haben. In dies.[en] letzten Bänden soll etw.[as] gemacht werden, was noch kaum i.[n] d.[er] Geschichte d.[er] Philosophie vorgekommen ist: das Hauptwerk e.[ines] Philosophen soll in s.[einen] Hauptzügen aus e.[iner] Fülle v.[on] Material auf d.[as] sorgfältigste zusammengestellt werden. Einer solch ungeheuer schwierigen Aufgabe ist e.[in] Einzelner gar nicht gewachsen, es war einfach e.[ine] Lächerlichkeit zweier unwissenschaftlicher Dilettanten, daß Dr. Koeg.[el] u. G. Naumann dies durch Drohungen m.[it] Duell u. Schmähschriften erzwingen wollten. Nun kommt jetzt bei dies.[er] [11] wunderv.[ollen] harmonischen u. gewissenhaften Zusammenarbeit d.[er] Mitarbeiter etw.[as] so Großes u. Schönes zu Stande, daß d.[as] N.[ietzsche]-A.[rchiv] nicht nur äußerlich, sondern auch innerlich beständig v.[on] e.[iner] Höhenluft umweht ist.

## Anmerkungen

[1]  Eine erste Reaktion auf HORNEFFERs Broschüre (vgl. die Anmerkung zur Karte HAUSDORFFs vom 19. 12. 1899) war eine radikale Kritik GUSTAV NAUMANNs in der vom 13. Januar 1900 datierten Vorrede zum Teil II seines Zarathustra-Kommentars (G. NAUMANN: *Zarathustra-Commentar. Zweiter Theil*, Haessel, Leipzig 1900). Diese Publikation erreichte allerdings nur wenige Leser. Weitaus publikumswirksamer war RUDOLF STEINERs ungewöhnlich scharfe Erwiderung auf HORNEFFERs Broschüre in einer weit verbreiteten literarischen Zeitschrift: R. STEINER: *Das Nietzsche-Archiv und seine Anklagen gegen den bisherigen Herausgeber. Eine Enthüllung*. Magazin für Litteratur, 10. Februar 1900, Sp. 145–158. Auf diese Streitschrift antwortete HORNEFFER am 14. April 1900 in der gleichen Zeitschrift, Sp. 377–383, mit dem Artikel *Eine Verteidigung der sogenannten ‚Wiederkunft des Gleichen‘ von Nietzsche*. STEINER meldete sich umgehend mit einer „Erwiderung" zu Wort (Magazin für Litteratur, 14., 21. und 28. 4. 1900). ELISABETH FÖRSTER-NIETZSCHE griff ihrerseits am 21. 4. 1900 in der Zeitschrift „Die Zukunft" in den Streit ein: ELISABETH FÖRSTER-NIETZSCHE: *Der Kampf um die Nietzsche-Ausgabe*. Die Zukunft, 21. April 1900, S. 110–119. Die gesamte hier skizzierte Auseinandersetzung ist ausführlich dokumentiert in [HOFFMANN 1991], S. 348–371, insbesondere der hier im Briefentwurf erwähnte Artikel von ELISABETH FÖRSTER-NIETZSCHE auf S. 368–371.

**[2]** Es handelt sich um die folgenden beiden Artikel HAUSDORFFs: MON-GRÉ, PAUL: *Nietzsches Wiederkunft des Gleichen.* Die Zeit, Nr. 292 vom 5. Mai 1900, S. 72–73 ([H 1900c], WA: Band VII dieser Edition, S. 889–893); MONGRÉ, PAUL: *Nietzsches Lehre von der Wiederkunft des Gleichen.* Die Zeit, Nr. 297 vom 9. Juni 1900, S. 150–152 ([H 1900d], WA: Band VII, S. 897–902).

**[3]** HAUSDORFF spricht sich in seinem ersten Beitrag in der „Zeit" für die „Papierschnitzelmethode" bei der Herausgabe des NIETZSCHEschen Nachlasses aus, d. h. alles soll in chronologischer Abfolge gedruckt werden, so wie NIETZSCHE es hinterlassen hat. Man solle sich von der „Willkür ‚denkender' Herausgeber" lösen. Das Nietzsche-Archiv habe

> mit der Durchsiebung und Gruppierung der Nachlaßfragmente zu über-sichtlichen Gebilden ein ungewöhnlich hohes Lehrgeld gezahlt. [···] Peter Gast, Zerbst, von der Hellen, Koegel, Seidl, Horneffer – das ist, für eine spärliche Zahl von Jahren, eine stattliche Zahl von Herausgebern. Daß die Publication des Nachlasses in geordneter Auswahl, wie das Archiv sie versucht, jedem einzelnen Herausgeber eine weitgehende und schwer ab-zugrenzende Vollmacht einräumen muß, war vorauszusehen; daß häufiger Herausgeberwechsel die Stetigkeit und einheitliche Disposition gefährdet, ist nicht minder begreiflich. Aber *das* wäre bei einiger Vorsicht zu ver-meiden gewesen, daß ein Herausgeber den andern desavouiert, und daß ganze Bände aus dem Buchhandel wieder zurückgezogen werden müssen. ([H 1900c], S. 72; Band VII, S. 890)
>
> [···] Und unser Mißtrauen, das durch die neueste Publication des Nietz-sche-Archivs [gemeint ist HORNEFFERs Broschüre – W. P.] nun einmal rege geworden ist, verlangt noch eine weitere Beruhigung, nämlich die Einsetzung einer Herausgeber-Commission statt eines einzelnen Heraus-gebers. ([H 1900c], S. 73; Band VII, S. 892)

Mit der Aufzählung der Herausgeber war HAUSDORFF nicht ganz auf dem Lau-fenden. Er entschuldigt das in seinem Antwortbrief an ELISABETH FÖRSTER-NIETZSCHE vom 3. August 1900 (s. u.) damit, daß sein Artikel bereits im Januar vorlag, aber bei der „Zeit" bis zum Mai liegen geblieben ist. Im Januar sei ihm nur ERNST HORNEFFER als Herausgeber bekannt gewesen und sein Vorschlag, statt nur eines einzigen Herausgebers eine Kommission einzusetzen, sei damals noch nicht zu spät gekommen.

**[4]** Im Januar 1900, als HAUSDORFF seinen ersten Artikel für die „Zeit" fertig-stellte, waren ERNST und AUGUST HORNEFFER im Archiv angestellt. Am 1. April 1900 kam HEINRICH KÖSELITZ (PETER GAST) hinzu (zu HEINRICH KÖSELITZ (PETER GAST) s. die Rubrik „Korrespondenzpartner" bei den Brie-fen HAUSDORFFs an KÖSELITZ in diesem Band). Mit den beiden Autoritäten meint ELISABETH FÖRSTER-NIETZSCHE vermutlich Geheimrat Prof. Dr. MAX HEINZE (vgl. Anm. [7]) und Prof. Dr. ALOIS RIEHL (vgl. Anm. [6]). Da sie von mindestens sechs Personen spricht, müßte im Juli 1900 mindestens eine weitere

Person „zu Rathe gezogen" oder an „der Arbeit betheiligt" gewesen sein. Sie meint hier vermutlich ERNST HOLZER (1856–1910), seit 1887 Gymnasialprofessor für klassische Philologie in Ulm. HOLZER war Schüler von NIETZSCHES Freund ERWIN ROHDE (1845–1898) und begeisterter Nietzscheaner. Er hat von Ulm aus als freier Mitarbeiter für das Nietzsche-Archiv gewirkt und wurde am 8. Juli 1902 als Herausgeber der Neubearbeitung der Bände IX und X der Großoktavausgabe am Archiv vertraglich angestellt, aber ohne permanent in Weimar anwesend zu sein. Obwohl er später dem Archiv und seiner Leiterin sehr kritisch gegenüberstand, hat er die Philologica NIETZSCHES herausgegeben (vgl. dazu [HOFFMANN 1991], S. 61, 312–315, 414–416).

[5]  HAUSDORFF hatte in seinem Artikel *Nietzsches Wiederkunft des Gleichen* besonders die persönlichen Angriffe gegen KOEGEL in HORNEFFERs Broschüre scharf kritisiert:

> [···] wie früher die von Peter Gast bearbeiteten Ausgaben, so ist neuerdings einer der Koegel'schen Bände, der zwölfte der Gesammtausgabe, vom Nietzsche-Archiv für ungiltig erklärt worden, mit der Cassation oder Neubearbeitung des elften wird gedroht, und zur Rechtfertigung dieser Maßregel hat der augenblickliche Herausgeber ein Heft [hier wird in einer Fußnote HORNEFFERs Broschüre *Nietzsches Lehre von der Ewigen Wiederkunft und deren bisherige Veröffentlichung* genannt – W. P.] geschrieben, das einen sachlichen Titel trägt und im Grunde eine sehr persönliche Anklage gegen den vorletzten Herausgeber Koegel vertritt. Das Philologengezänk um Nietzsche geht frühzeitig los! Und es fehlt dem Angreifer nicht an schlechten Manieren, wie sie unter Gelehrten üblich sind, die mit kleinem Witz eine große Bosheit sagen wollen; es fehlt nicht an subalternen Verdächtigungen der Gesinnung, die mala fides wird bis zum Beweis des Gegentheils vorausgesetzt, der Versuch einer Handschriftenimitation herausgeschnüffelt, und was dergleichen Einfälle einer gereizten Pedantenseele mehr sind. Auch an dem unkritischen sich Erbrüsten, „wie man so völlig Recht zu haben meint", mangelt es nicht, und eine Naivität wie die folgende wird kein wissenschaftlicher Mensch ohne Lächeln lesen: „Will ich beweisen, daß Koegel den Entwurf nicht verstanden hat, bleibt mir nichts übrig, als meinerseits darzulegen, was der Entwurf denn bedeutet." Solche Logik war man bisher nur bei Kanzelrednern gewöhnt, deren Metier es mit sich bringt, nicht auf Widerspruch zu rechnen. Und das alles wird in einem Stile gesagt, der die Distanz zwischen Nietzsche und Nietzsche-Archiv schmerzlich fühlbar macht; dem Verein zur Erhaltung des Conjunctivus praesentis, dessen Ehrenmitglied Nietzsche war, scheint Horneffer grundsätzlich *nicht* beigetreten zu sein. ([H 1900c], S. 72; Band VII, S. 890–891)

AUGUST HORNEFFER erwähnt HAUSDORFF in seinem Artikel nicht, da er von dessen Mitarbeit im Archiv im Januar 1900 noch nichts wußte.

[6]  ALOIS RIEHL (1844–1924) hatte Philosophie, Geographie und Geschichte studiert und sich 1870 in Graz habilitiert. Nach Ordinariaten in Graz (1878),

Freiburg (1882) und Kiel (1896) wurde er 1898 Ordinarius in Halle/Saale. 1905 wurde er auf den Lehrstuhl für Philosophie an die Universität Berlin berufen. RIEHL beschäftigte sich vor allem mit Erkenntniskritik in der Nachfolge KANTs unter besonderer Berücksichtigung aktueller Ergebnisse der Mathematik und der Naturwissenschaften. Als sein Hauptwerk gilt: *Der philosophische Kritizismus und seine Bedeutung für die positive Wissenschaft. Geschichte und System*, drei Bände, Leipzig 1876, 1879, 1887. Über NIETZSCHE hat RIEHL den Essay *Friedrich Nietzsche. Der Künstler und Denker* publiziert (Stuttgart 1897). Dem Nietzsche-Archiv und ihrer Leiterin war er besonders verbunden. Er gehörte 1907 zu einer Gruppe von Professoren, die ELISABETH FÖRSTER-NIETZSCHE für die Auszeichnung mit dem Literatur-Nobelpreis für das Jahr 1908 vorgeschlagen haben.

[7] MAX HEINZE (1835–1909) studierte Theologie, Philosophie und Klassische Philologie in Leipzig, Halle, Erlangen, Tübingen und Berlin. Nach der Promotion 1860 in Berlin wurde er Lehrer in Schulpforta, wo NIETZSCHE einer seiner Schüler war. Von 1863 bis 1872 wirkte er als Erzieher der Söhne des Großherzogs von Oldenburg. 1872 habilitierte er sich in Leipzig mit der vielbeachteten Schrift *Die Lehre vom Logos in der griechischen Philosophie*. Nach Lehrtätigkeit in Basel und Königsberg wurde er 1875 Ordinarius für Geschichte der Philosophie an der Universität Leipzig. 1882/83 war er Rektor der Universität. Er war seit 1872 Mitglied der Königlich-Sächsischen Gesellschaft der Wissenschaften zu Leipzig. 1888 wurde er zum großherzoglich-oldenburgischen Geheimen Hofrat ernannt. HEINZE wurde mit Arbeiten zur antiken Philosophie und mit Schriften über LEIBNIZ, DESCARTES, SPINOZA und KANT bekannt. Als sein bedeutendstes Verdienst gilt seine Neubearbeitung von UEBERWEGS *Grundriß der Geschichte der Philosophie*.

ELISABETH FÖRSTER-NIETZSCHE hatte mit HEINZE bereits zu Beginn des Jahres 1894 über eine NIETZSCHE-Ausgabe beraten. HEINZE blieb dem Archiv verbunden und wurde nach dem Tod von NIETZSCHEs Mutter FRANZISKA (20.4.1897) zweiter Vormund FRIEDRICH NIETZSCHEs. Er gehörte zu den Professoren, die 1907 ELISABETH FÖRSTER-NIETZSCHE für den Literatur-Nobelpreis vorgeschlagen haben (vgl. die vorhergehende Anmerkung). Er war auch Mitglied des Vorstands der 1908 gegründeten „Stiftung Nietzsche-Archiv" (s. dazu [HOFFMANN 1991], S. 81).

[8] ADALBERT OEHLER (1860–1943) war ein Vetter FRIEDRICH NIETZSCHES. Sein Vater war ein Bruder von NIETZSCHEs Mutter FRANZISKA, geb. OEHLER. ADALBERT OEHLER hatte Jura studiert und 1881 promoviert. Danach trat er in den Verwaltungsdienst ein. Er war von 1900 bis 1905 Oberbürgermeister von Halberstadt, 1905 bis 1911 Oberbürgermeister von Krefeld und 1911 bis 1919 Oberbürgermeister von Düsseldorf. Danach war er u.a. als Professor an verschiedenen Verwaltungshochschulen tätig. OEHLER wurde im Juni 1892 zweiter Vormund FRIEDRICH NIETZSCHES (neben NIETZSCHEs Mutter). Er hatte mehrfach im Streit zwischen ELISABETH FÖRSTER-NIETZSCHE und ihrer Mut-

ter zu vermitteln (vgl. [HOFFMANN 1991], S. 23, 28 f.; zu seiner Rolle beim Erwerb der Villa Silberblick s. ebenda, S. 49, 55). Nach dem Tod von FRANZISKA NIETZSCHE am 20. April 1897 wurde OEHLER bis zu NIETZSCHEs Tod dessen erster Vormund. Ab Gründung der „Stiftung Nietzsche-Archiv" im Jahre 1908 fungierte OEHLER als Vorsitzender des Vorstands. 1923 trat er von dieser Funktion nach einem Streit mit ELISABETH FÖRSTER-NIETZSCHE zurück. 1940 publizierte er eine Biographie FRANZISKA NIETZSCHEs (*Nietzsches Mutter*, Beck, München 1940); sein Hauptziel war es, mit dieser Schrift das teilweise negative Bild, welches ELISABETH FÖRSTER-NIETZSCHE von ihrer Mutter gezeichnet hatte, zu korrigieren.

[9]  ELISABETH FÖRSTER-NIETZSCHE bezieht sich hier auf HAUSDORFFs Entschuldigung der Fehler KOEGELs, die HAUSDORFF durchaus klar benannt hatte; die Entschuldigung ist in der Tat fragwürdig. Die entsprechende Passage lautet bei HAUSDORFF:

> Wenn man aus der langwierigen Schnitzerjagd und Zeugflickerei der Broschüre [HORNEFFERs – W. P.] schließlich die Hauptsachen heraussucht, so bleibt folgender erschrecklicher Thatbestand übrig. Koegel glaubt ein zusammenhängendes, nicht aphoristisches Buch, „Die Wiederkunft des Gleichen", entdeckt zu haben; das Manuscript, das er für dessen ersten Entwurf nimmt, läßt sich aber, unbefangen betrachtet, nur als bloße Aphorismensammlung und Vorarbeit zur „Fröhlichen Wissenschaft" deuten. Es enthält einige der bei Nietzsche so häufigen mehrtheiligen Dispositionen; eine unter diesen legt Koegel irrthümlicherweise dem ganzen Manuscript als Buchdiposition in fünf Capiteln zugrunde und zwängt die losen Aphorismen des Heftes in diese fünf construierten Capitel eines construierten Buches. Das ist zweifellos ein wissenschaftlicher Fehler in der Grundauffassung, und war er einmal begangen, so mußte er im einzelnen eine Menge Irrthum, Leichtsinn und Gewaltsamkeit nach sich ziehen: ein Chaos unverbundener Gedanken einer ihnen fremden Disposition unterordnen, verlangt schon die Hand des Prokrustes. Wie aber kam Koegel zu diesem verhängnisvollen Mißgriff? Wer einigermaßen billig und psychologisch denkt, wird hier im kleinen einen Fall wissenschaftlicher Monomanie und Entdecker-Autohypnose sehen, wie er in der Geschichte der Erkenntnis oft genug eine Rolle spielt. Für Koegel muß einmal, in einem Augenblick synthetischer Erfassung, jenes Manuscript die Gestalt eines systematischen Buchplanes angenommen haben; diese fixe Idee blendete ihm alle Gegenvorstellungen ab, er hat seitdem das Heft nie wieder mit unbefangenen Augen angesehen. Ist das etwas so Unerhörtes? Erleben wir das nicht jeden Tag, bei Baconianern, bei Spiritisten, bei Darwinianern und Teleologen, Materialisten und Energetikern – und wie alle die wissenschaftlichen oder phantastischen Parteibildungen heißen, wo jedes Gramm pro einen Centner und jeder Centner contra ein Gramm wiegt? Nein, Koegels Irrthum ist begreiflich, wenn auch nicht für das Archiv; er hat seine „Entdeckung", die angebliche Wiederkunft des Gleichen, zu lieb gehabt, um sie den widersprechenden Thatsachen zu opfern, er hat den Widerspruch der Thatsachen nicht einmal empfunden. Ich gestehe

zu, daß wir uns einen so phantasiestarken Menschen, der Intuitionen und autosuggestive Eingebungen hat, schwer als philologischen Arbeiter und Nachlaßordner denken können, und wenn der jetzige Herausgeber sich in diesem Punkte geschützt fühlt, so gereicht uns das zu großer Beruhigung. ([H 1900c], S. 72–73; Band VII, S. 891)

HAUSDORFF wendet sich bei aller Kritik an KOEGELs Vorgehen aber gegen HORNEFFERs Behauptung,

> man dürfe sich über jenen Gedanken Nietzsches vorläufig nicht ausspre-
> chen, denn man wisse nichts weiter, als daß Nietzsche den Gedanken
> gehabt habe; über seine Auffassung, Begründung, Verwertung sei man
> durch Koegels zwölften Band völlig irregeführt und habe auch kein Recht
> mehr, sich auf diesen zurückgezogenen Band zu berufen. ([H 1900c], S. 73;
> Band VII, S. 892)

Er bestreitet entschieden, „daß ein urtheilsfähiger Leser durch Koegels ver-
unglückte Anordnung gehindert sei, ein klares Bild von Nietzsches Wiederkunftslehre zu gewinnen", und er bestreitet ebenso entschieden, „daß Horneffers Deutung des fünftheiligen Entwurfs irgend etwas inhaltlich Neues bringe." (ebenda)

[10]  Diese Passage deutet an, wozu ELISABETH FÖRSTER-NIETZSCHE das
Nietzsche-Archiv in Weimar auch benutzte, nämlich für die Heroisierung ihres
Bruders, für die Etablierung eines NIETZSCHE-Kults. Eine ähnliche Rolle wie
Bayreuth damals für WAGNER spielte, sollte Weimar für NIETZSCHE spielen,
nämlich eine Kult- und Pilgerstätte sein. Diesem NIETZSCHE-Kult dienten auch
ELISABETH FÖRSTER-NIETZSCHEs Biographien, ihre Luxus-Editionen des Za-
rathustra und weiterer Werke, ihre Aufträge an Künstler und ihre Veranstal-
tungen in den Räumen der Villa Silberblick und nicht zuletzt auch ihre Ein-
griffe, wie die Retuschierung der Totenmaske und die Kompilation von NIETZ-
SCHEs angeblichem Hausptwerk *Der Wille zur Macht*. Eine kulthafte Verehrung NIETZSCHEs gab es aber auch unabhängig von ELISABETH FÖRSTER-
NIETZSCHE (s. dazu: HENNING OTTMANN (Hrsg.): *Nietzsche-Handbuch: Leben,
Werk, Wirkung.* Metzler, Stuttgart u. Weimar 2000, S. 485–486).

[11]  Mit „Schmähschriften" im Zusammenhang mit den hier genannten Namen kann sich ELISABETH FÖRSTER-NIETZSCHE nur auf eine Schrift beziehen,
nämlich auf GUSTAV NAUMANNs „Der Fall Elisabeth". Den ersten Teil dieser
Schrift hatte NAUMANN in die Vorrede zum zweiten Teil seines Zarathustra-
Kommentars aufgenommen (vgl. Anm. [1]). FRITZ KOEGEL hat nie eine Schrift
gegen das Archiv veröffentlicht.

Auf Grund einer Intrige ELISABETH FÖRSTER-NIETZSCHEs kam es im Dezember 1896 zu einer Kontroverse zwischen KOEGEL und STEINER, in der KOE-
GEL laut einem Brief an STEINER vom 8. Dezember 1896 „alle Konsequenzen
ziehen" wollte, „die Ihr Verhalten fordert". Möglicherweise hatte KOEGEL auch
an eine Forderung zum Duell gedacht; erwiesen ist das nicht, obwohl ELISA-
BETH FÖRSTER-NIETZSCHE hier den Eindruck erweckt, als habe es eine solche

Forderung gegeben (vgl. dazu ausführlich [HOFFMANN 1991], S. 203–232, insbesondere 213–216).

**Brief** FELIX HAUSDORFF $\longrightarrow$ ELISABETH FÖRSTER-NIETZSCHE

Sehr geehrte Frau Dr. Förster-Nietzsche!

Sie haben meine Artikel in der „Zeit" einer eigenen brieflichen Kritik gewürdigt, der neuerdings noch die Erwiderung von Herrn Dr. Horneffer in Nr. 304 der „Zeit" gefolgt ist. Die Redaction dieser Zeitschrift fragte an, ob ich zu einer [1] kurzen Duplik im unmittelbaren Anschluss an den Hornefferschen Aufsatz das Wort wünschte: ich habe darauf verzichtet, weil ich nicht mit Herrn Dr. H. um philosophisches Verständniss und Nietzsche-Verständniss streiten will. Ihnen selbst gegenüber, verehrte gnädige Frau, befinde ich mich insofern in anderer Lage, als ich Ihnen nicht gern den Eindruck eines muthwilligen und leichtfertigen Opponenten machen möchte; denn auch ich habe zu Ihnen (mögen Sie auf diese Anerkennung Werth legen oder nicht) das Zutrauen, dass Sie nach bestem Gewissen um eine klassische Nietzsche-Ausgabe bemüht sind und dass Ihr Verfahren durchweg sachliche Gründe hatte. Dass Sie trotz alledem in der Wahl der Mittel der Möglichkeit eines Irrthums ausgesetzt sind, das brauche ich Ihnen doch nicht zu beweisen: das ist ja eben Ihre Erfahrung mit den bisherigen Herausgebern, eine Erfahrung mit dem Schlussresultat Null – sämtliche Nachlassbände sind zurückgezogen, und wir wären glücklich wieder soweit wie zur Zeit, da es noch kein Archiv gab. Sie sagen: nein! diesmal ist endlich das Richtige getroffen, jeder Irrthum ausgeschlossen, und weisen hin auf das Zusammenwirken von zwei verantwortlichen Herausgebern mit zwei befreundeten Helfern bei der Manuscriptentzifferung, zu denen noch zwei ungenannt bleibende Autoritäten letzter Instanz treten. Zu der Zeit, als meine beiden Zeitartikel geschrieben wurden (im *Januar* dieses Jahres! dass sie bis zum Mai liegen bleiben würden, habe ich nicht vorausgesehen), war mir nur Herr Dr. Ernst Horneffer als verantwortlicher Herausgeber bekannt, und meine Empfehlung einer Herausgebercommission kam noch nicht verspätet. Dass sie jetzt verspätet kommt, ist mir das Erfreulichste von der Welt, nicht minder erfreulich als der von Herrn Dr. H. ausgesprochene Vorsatz, künftig zu arbeiten und nicht mehr zu polemisiren. Was anderes wünschen wir denn, wir Verehrer Nietzsches, als dass endlich wieder einmal Nietzsche herausgegeben und nicht ewig nur zurück gezogen werde? Wir hätten ja kein Wort gesagt, wenn uns durch eine wirkliche Leistung des Archivs, durch eine neue wissenschaftliche Ausgabe des Nachlasses der Geschmack an den Koegelschen Bänden verdorben worden wäre; aber diese sittliche und philologische Entrüstung auf Grund der *blossen Vornahme*, es besser zu machen, dieses Triumphgeschrei *vor* der Schlacht – das ist weder menschlich noch wissenschaftlich angemessen. Ich fürchte, die jetzigen Herausgeber sind dadurch von vornherein in eine unwissenschaftliche, nämlich durch Absicht entstellte Position gedrängt, insofern jetzt die eingestandene oder uneingestandene Tendenz herrschen wird, den Nachlass in einer von der Kögelschen *möglichst abweichenden* Anordnung zu bringen; denn diese geräuschvolle Zurückziehung aller vier Bände wäre doch eine überflüssige Kraftentfaltung, wenn sich hinterher vielleicht die Correctur von einigen Dutzend Lesefehlern als genügend herausstellen sollte. Es liegt mir ausserordentlich fern, sehr geehrte Frau Doctor, Ihr Vertrauen zu der jetzigen Herausgeber-Constellation erschüttern zu wollen; ich sage nur, bis auf Weiteres ist es eben auch nur ein Vertrauen, so gut wie Ihr Vertrauen zu Koegel, und ehe Sie Sich über die Täuschung des einen beklagen, hätten Sie die Bewährung des anderen abwarten sollen. Ich darf Sie vielleicht, gnädige Frau, an die beiden Male erinnern, da ich die Ehre hatte, Gast des Nietzsche-Archivs zu sein. Das erste Mal, im Sommer 1896, wurde Herr Köselitz als Philologe und eigenmächtiger Umarbeiter Nietzsches hingerichtet, Herr Dr. Koegel war der Executor; das

[2] zweite Mal, im Herbst 1899, spielte mit wahrhaft-lächerlicher Genauigkeit die gleiche Scene, nur in anderer Rollenbesetzung – Herr Dr. Horneffer richtete, und Koegel wurde executirt. Wer steht Ihnen dafür, dass nicht eine dritte Situation dieser Art Ihnen als peinliche Überraschung des Schicksals zugedacht ist, dass nicht noch einmal der Henker zum Delinquenten, und der Delinquent zum rehabilitirten Unschuldigen wird? Ist das, bei aller Buchstabencorrectheit des Herrn Dr. Horneffer, eine absolute Unmöglichkeit, zumal da Sie von der bisherigen Methode der Herausgabe nicht abgehen und nicht die berühmte

[3] Zettelwirtschaft treiben wollen? In diesem meinem Vorschlage hat Herr Dr. H. offenbar ein besonders kränkendes Misstrauensvotum gefunden, und während er früher, laut Ihrer belobenden Briefstelle, sich niemals auf den Philologen aufgespielt hat, holt er nun dieses Versäumniss nach und belehrt mich mit geheimnissvoller Fachmannsüberlegenheit, dass künftig „Nietzsche selbst", in

[4] „sachgemässer Anordnung", und doch ohne Zettelwirtschaft erscheinen werde – lauter schöne Dinge, die man aber lieber geleistet als angekündigt sieht. Was ist Nietzsche selbst? was ist sachgemäss? Darüber wird es immer mehr als Eine Meinung geben, und wenn erst wieder eigene Meinung, eigene Interpretation, eigene subjective Auffassung des Herausgebers in Frage kommt, so ist auch dem Irrthum und seiner späteren Entlarvung wieder Spielraum gegönnt. Und ob Sie, hochgeehrte Frau Dr., gerade in dieser Beziehung (ich meine, was Blick für Sachgemässheit, Zusammenhang, mit einem Wort *Verständniss* Nietzsches anbetrifft) in Herrn Horneffer einen so glänzenden Tausch gegen Herrn Koegel gemacht haben, das muss auch erst die Zukunft lehren; vorläufig hat Herr Dr. Horneffer nur gezeigt, dass er Buchstaben lesen kann, dass er das Distanzhalten zwischen Nietzsche und Nietzschearchiv als Pflicht betreibt (übrigens könnte er immerhin besser schreiben, ohne gleich befürchten zu müssen, dass „die Typen

[5] verwischt werden"), und dass er das Hinrichten à la chinoise versteht.

Ich wiederhole nochmals, dass ich in keiner Weise Ihre optimistische Zuversicht in betreff der jetzigen Herausgeberschaft und der Exactheit der künftigen Gesamtausgabe trüben will; ich glaube auch meinerseits, dass die Zahl der Mitarbeiter, vor allem die Mitwirkung des *trefflichen* Peter Gast, eine gewisse Garantie bietet, und hätte es nur in jedem Sinne zweckmässiger gefunden, wenn erst in der fertig vorliegenden neuen Ausgabe ein kritischer Nachbericht die Mängel der alten aufgedeckt hätte. Am allerwenigsten aber, sehr geehrte Frau Doctor, möchte ich meiner Opposition gegen die jetzige *negative* Archivthätigkeit einen persönlichen Anlass substituirt wissen, wie ihn eine Stelle Ihres Briefes anzudeuten scheint: Sie hätten, wie Sie schreiben, auch mich gern an der Ausgabe betheiligt, wenn nicht u. s. w. Sie setzen bei allen Gegnern ohne Weiteres die offene oder heimliche Absicht voraus, Nietzsche-Herausgeber zu werden; ich glaube Ihnen dazu nicht den geringsten Grund gegeben zu haben, nicht einmal Grund zu der Annahme, dass ich Ihren ev. Antrag mit einer Zusage beantwortet haben würde. [6]

Mit aufrichtigen Wünschen für den gedeihlichen Fortgang der Arbeiten am Nietzsche-Archiv bin ich

Ihr hochachtungsvoll ergebener

Leipzig, 3. 8. 1900                                   Felix Hausdorff

## Anmerkungen

[1] Die Artikel in der „Zeit" sind die in der Anmerkung [2] zum vorhergehenden Briefentwurf genannten. Die „eigene briefliche Kritik" ist vermutlich der Brief gewesen, dessen Entwurf vorstehend abgedruckt ist. Mit der Erwiderung HORNEFFERs auf die beiden Artikel HAUSDORFFs in der „Zeit" ist der folgende Aufsatz gemeint: HORNEFFER, ERNST: *Die Nietzsche-Ausgabe.* „Die Zeit" (Wien), Nr. 304 vom 28. 7. 1900, S. 58–59.

[2] Der erste Besuch HAUSDORFFs im Nietzsche-Archiv muß Ende Juni 1896 stattgefunden haben (vgl. seine Postkarte vom 24. 6. 1896 und seinen Brief vom 12. 7. 1896 an ELISABETH FÖRSTER-NIETZSCHE). Die Passage mit der Randnote [2] in seinem Brief vom 12. 7. 1896 scheint bereits eine vorsichtige Reaktion auf die „Hinrichtung" von KÖSELITZ durch KOEGEL gewesen zu sein. Der zweite Besuch HAUSDORFFs im Archiv fand am 8. Oktober 1899 statt, und zwar im Rahmen einer Besprechung zwischen dem Verleger C. G. NAUMANN, ELISABETH FÖRSTER-NIETZSCHE, ERNST HORNEFFER und weiteren Personen (vgl. [HOFFMANN 1991], S. 41). Zu dieser Zeit arbeitete HORNEFFER bereits an seinem Aufsatz gegen KOEGEL, der im Dezember 1899 fertig war (vgl. die oben abgedruckte Karte HAUSDORFFs an ELISABETH FÖRSTER-NIETZSCHE vom 19. 12. 1899 und die zugehörige Anmerkung).

[3] Vgl. Anmerkung [3] zum vorhergehenden Briefentwurf von ELISABETH FÖRSTER-NIETZSCHE.

[4] Dies bezieht sich auf folgende Passage in HORNEFFERs „Erwiderung" (vgl. Anm. [1]):

> Wir werden nur Nietzsche selbst geben, ihn nirgends, auch nicht an einem Punkt vergewaltigen. Wenn aber Mongré glaubt, dass man damit auf eine

sachgemäße Anordnung verzichtet, dass man dann Zettelwirtschaft treiben muss, dass man damit die Lesbarkeit der Bücher preisgibt, so irrt er sehr. Er beweist damit sein Unverständnis in philologischen Fragen. Es soll das kein Vorwurf sein. Aber er sollte sich dann auch in solchen Sachen zurückhalten. Die wissenschaftliche Anordnung ist in jedem Falle auch die vernünftigste, sachgemäßeste, die in jedem Sinne *beste* und also auch die am leichtesten lesbare. Gerade die mangelhafte Lesbarkeit der Koegel'schen Anordnung hat man beklagt und mit Recht. Ich hoffe, wir werden die unveröffentlichten Sachen Nietzsches erst lesbar machen. (HORNEFFER, a. a. O., S. 59)

[5]   Hier bezieht sich HAUSDORFF auf folgende Passage in HORNEFFERS „Erwiderung" (vgl. Anm. [1]):

Da ich mich nun doch soweit mit Mongré beschäftigt habe, will ich noch eines sagen. Mongré bemerkt eine große Distanz zwischen Nietzsche und dem jetzigen Nietzsche-Archiv, womit er offenbar die jetzigen Herausgeber treffen will. Von allen Bemerkungen, die Mongré macht, ist mir diese die räthselhafteste. Andere lassen einen Mangel an philologischem Verständnis durchblicken. Hier aber scheint mir ein unverzeihlicher Mangel an Verständnis Nietzsches selbst vorzuliegen, der mir bei Mongré besonders auffällt. Ist es denn nicht *selbstverständlich*, dass diese Distanz da ist? Und ist es nicht achtbar, dass sie auch sichtbar wird, dass wir sie nicht verleugnen? Kann darin jemals ein Vorwurf liegen? Wir haben eine andere Aufgabe als die Nietzsches: so brauchen wir auch andere Mittel. Hier Einwände machen, heißt die ganze Lage verkennen, bedeutet eine schlimme Herabwürdigung Nietzsches. Dass die Typen nicht verwischt werden, ist der oberste Grundsatz Nietzsches. Nietzsche im kleinen nachmachen, Miniatur-Nietzsches darstellen – ich gestehe, ich finde es an keiner Stelle geschmackvoll. Hier aber wäre es gänzlich unwürdig. – Weil man nichts vorzubringen weiß, deshalb verfällt man auf derartige Vorwürfe. Ob ich einen guten oder schlechten Stil schreibe, ist für die Frage, ob ich Koegel mit Recht anklage, ist für meine ganze Stellung in Bezug auf die Ausgabe vollkommen gleichgiltig. (HORNEFFER, a. a. O., S. 59)

[6]   Vgl. die Textpassage mit der Randnote [5] im vorhergehenden Briefentwurf von ELISABETH FÖRSTER-NIETZSCHE.

**Gedruckte Visitenkarte**   FELIX HAUSDORFF $\longrightarrow$ ELISABETH
FÖRSTER-NIETZSCHE
undatiert

*Dr. Felix Hausdorff*

*Privatdocent an der Universität*

bittet Sie, sehr geehrte Frau Dr. Förster-Nietzsche, für die freundliche Über-
[1]   sendung der Erinnerungsblätter seinen herzlichsten Dank entgegenzunehmen.
*Leipzig*

## Anmerkung

[1]   Die Karte liegt zwischen den Briefen HAUSDORFFs vom 3. 8. 1900 und vom 31. 8. 1900. Ob sie zeitlich dort einzuordnen ist und worauf sie sich bezieht, ist unklar.

**Brief**   FELIX HAUSDORFF ⟶ ELISABETH FÖRSTER-NIETZSCHE

Lohme auf Rügen, 31. Aug. 1900

Sehr verehrte Frau Dr. Förster-Nietzsche,

In der Abgeschiedenheit eines Ostseebades, zugleich in freiwilliger Absperrung gegen Zeitungen und Neuigkeiten, empfing ich die Kunde vom Tode Friedrich Nietzsches – zu spät, um rechtzeitig zur Bestattung eintreffen zu können, erst recht zu spät, um der Trauerfeier in Weimar beizuwohnen. Für Ihre gütige [1] Gesinnung, hochverehrte Frau, die auch mich mit einer Einladung des Archivs zu dieser Trauerfeier im engsten Kreise der Verehrer bedachte, bin und bleibe ich Ihnen tief dankbar verpflichtet.

Sie erwarten gewiss kein Wort des Trostes gerade jetzt, nachdem Sie mehr als ein Jahrzehnt das unausdenkbar Trostlose eines Menschenschicksals in furchtbarster Nähe miterlebt haben. Seltsam, dass Einen dieser Tod überhaupt noch [2] erschüttern kann, während das wirklich Grauenerregende, die zwölfjährige langsame Zerrüttung eines weltüberfliegenden Geistes, schon beinahe wie eine Art Naturnothwendigkeit ins Bewusstsein der Europäer übergegangen ist. Diese nie zu überbietende Sinnlosigkeit, keinem Weltverlauf zu verzeihen, durch keine künftige Harmonie wieder gutzumachen, schlief wie etwas Gewöhnliches, Verjährtes, mit dem man sich abgefunden hat, in einer Ecke unseres Wissens – und erst der alltägliche Tod, wie ihn jeder Beliebige stirbt, der Tod, von dem die Sprüchwörter und philosophischen Gemeinplätze reden, erinnert uns wieder daran, dass hier eine ungeheure Tragödie, ein für keine Seelenkraft auflösbarer Missklang und Widerspruch, ein Schreckniss *über* alle Tode sein zeitliches Ende gefunden hat.

Vielleicht werden Sie, sehr verehrte Frau, dieses scheintröstliche Argument, das zu wiederholen nicht meine Absicht war, in den letzten Tagen öfter haben hören müssen: Nietzsche starb, als sein leuchtender Geist sich trübte, und wer ihn so lange schon betrauert, den kann jetzt das Aufhören seines Herzschlages, seiner rein animalischen Existenz nicht mehr erschrecken. Ich weiss, so empfinden Sie nicht, so können Sie nicht empfinden, Sie, die auch zu dem zerstörten Seelenleben des Kranken noch Zugänge wusste, Sie, für die er immer noch unvergleichlich lebendiger war als tausend Schattenexistenzen geistig gesunder Normalmenschen, Sie, die wohl selbst die Hoffnung auf seine Wiederherstellung, aller Wissenschaft und Wahrscheinlichkeit zum Trotz, nie ganz aufgegeben hat. Sie waren nicht die Einzige, die von einer letzten Wiederkehr Zarathustras aus seiner Höhle zu träumen wagte, – sei es, dass der atypische Character dieses Krankheitsfalles und der Widerspruch der Diagnosen, sei es, dass die zähe Widerstandskraft und ungeheure Vitalität des Nietzsche'schen Organismus eine beglückende Möglichkeit offen zu lassen schien. Darüber ist nun auch die schmerzliche Entscheidung gefallen, und wenn Sie weiter nichts verloren haben als jene allerfernste allertraumhafteste Hoffnung, so haben Sie genug verloren.

Ich bitte Sie, hochgeehrte Frau Doctor, den Ausdruck inniger Theilnahme und eigener schmerzlicher Ergriffenheit entgegenzunehmen

Ihres sehr ergebenen

Felix Hausdorff

## Anmerkungen

[1]  FRIEDRICH NIETZSCHE verstarb am 25. August 1900 in Weimar. Am 27. August fand im Nietzsche-Archiv eine Trauerfeier statt. Einen Tag später wurde NIETZSCHE an der Stirnwand der Pfarrkirche zu Röcken, der ehemaligen Wirkungsstätte seines Vaters, beerdigt (zu Trauerfeier und Beerdigung wurde eine Broschüre gedruckt: *Zur Erinnerung an Friedrich Nietzsche*, o. O., o. J. [Leipzig 1900]; diese ist wiederabgedruckt in GILMAN, S. L. (Hrsg.): *Begegnungen mit Nietzsche*, Bonn 1987, S. 741–758).

[2]  NIETZSCHEs Dahinsiechen in geistiger Umnachtung seit seinem Zusammenbruch Anfang 1889 in Turin thematisierte HAUSDORFF auch in Briefen an HEINRICH KÖSELITZ und in einem Rondel, das er 1894 aus Anlaß des 50. Geburtstages NIETZSCHES geschrieben hatte und von dem er KÖSELITZ auch eine Abschrift schickte (s. die Briefe HAUSDORFFs an KÖSELITZ in diesem Band). HAUSDORFF hat das Rondel später unter dem Titel „Katastrophe" in seinen Gedichtband *Ekstasen* aufgenommen ([H 1900a], S. 158; Band VIII dieser Edition, S. 147).

Ein Standardwerk zu NIETZSCHEs Krankheit ist VOLZ, PIA DANIELA: *Nietzsche im Labyrinth seiner Krankheit*. Würzburg 1990. Zur Krankheit NIETZSCHES s. auch: PODACH, ERICH: *Nietzsches Zusammenbruch. Beiträge zu einer Biographie auf Grund unveröffentlichter Dokumente*. Heidelberg 1930; Ders.: *Der kranke Nietzsche. Briefe seiner Mutter an Franz Overbeck*. Wien 1937.

29/XI 00.

S.[ehr] g.[eehrter] H.[err] Dr.

Als ich gestern in m.[einer] Briefmappe blätterte, fand ich e.[inen] langen an Sie gericht.[eten] Brief, der wenige Tage vor d.[em] Tode m.[eines] Br[uder]s geschrieb.[en] u. desh.[alb] unbeachtet lieg.[en] geblieb.[en] ist. Er [1] scheint d.[ie] Antwort auf e.[inen] Ihrer Briefe z.[u] sein, der mir aber nicht zur Hand ist u. v.[on] dessen Inhalt ich auch keine Vorstell[un]g mehr habe, denn alles, was d.[ie] letzte Zeit betrifft, ehe d.[as] unbeschreibl.[iche] Herzeleid üb.[er] mich kam, ist v.[on] e.[inem] dichten Nebel d.[er] Vergessenh.[eit] bedeckt. Und dann habe ich in d.[en] letzt.[en] Monat.[en] mehr als 1200 Briefe bekommen, sodaß auch dadurch d.[er] Inhalt früherer Briefe im Gedächtniß verwischt ist. Aus m.[einer] Antwort sehe ich nun aber, daß ich es f.[ür] nöthig fand, 2 gr.[oße] Irrthümer Ihres Briefes z.[u] berichtigen: d.[er] 1. betr.[ifft] P. Gast, d.[er] 2. d.[ie] Ges.[amt]-Ausg.[abe]. –

Sie haben offenb.[ar] d.[ie] Erlebnisse m.[it] P. G.[ast] u. d.[ie] m.[it] Dr. Koeg.[el] auf eine Linie gestellt, ab.[er] diese Beiden dürfen nicht in ein.[em] Athem gen.[annt] werd.[en] u. ihr Verhalten z.[u] d.[en] W.[erken] m.[eines] B[rude]rs u. d.[er] Ges.[amt]-Ausg.[abe] ist überh.[aupt] gar nicht z.[u] vergleichen. Wahrscheinlich sind Ihnen d.[ie] Vorgänge m.[it] P. G.[ast], dies.[em] besten aller Freunde, vollst.[ändig] falsch mitgetheilt u. Ihre Erinnerung trügt, wenn Sie behaupten, Aehnliches hätte Dr. K.[oegel] Gast vorgeworfen, was wir jetzt an Dr. K.[oegels] Verhalten so empörend finden. Es scheint mir m.[eine] [2] Pflicht z.[u] s.[ein], d.[ie] damaligen Vorgänge wahrheitsgetreu darzustell.[en], damit nicht solche unangenehme Verwechselungen, wie die zw.[ischen] P. G[ast]'s u. Dr. K[oegel]'s Handlungsweis.[e] vorkom.[men] können.

Als ich i.[m] J.[ahre] 92 noch einmal als Wittwe f.[ür] 1 Jahr nach Parag.[uay] hinüberging, wurde ausdrückl.[ich] m.[it] d.[er] Firma N.[aumann] ausgem[acht], daß keine Zeile ohne m.[eine] Einwill[igun]g. gedruckt werden dürfe; trotzd.[em] fand ich b.[ei] m.[einer] Rückkehr 93 4 Bände e.[iner] vollst.[ändig] unrechtmäß.[igen], weil v.[on] d.[er] Vormundsch.[aft] nicht erlaubt.[en] Ges.[amt]-Ausg.[abe] vor, e.[in] 5. Bd. war bereits halb i.[m] Druck fertig. H[er]r G. Naum.[ann], mit dem ich damals allein verhandelte, da er für das frühere geschäft.[liche] Verhalten der Firma C. G. N.[aumann] gegen meinen erkrankten Bruder wie ich jetzt glaube fälschlicher Weise seinen Onkel Constantin allein verantwortlich gemacht hatte, schob damals d.[ie] ganze Schuld d.[er] mißrathen.[en] Ges.[amt]-Ausg.[abe] auf Her[rn] P. G.[ast], sodaß ich in e.[ine] s.[ehr] berechtigt.[e] Entrüstung gerieth. Erst später, eigentl.[ich] erst nach d.[em] Tode m.[einer] Mutter, fand ich d.[ie] Beweise, daß d.[ie] Behaupt[un]g v.[on] G. N.[aumann] unwahr gewes.[en] ist: Hr. Gast hatte überh.[aupt] gar nicht gewußt, wessen m.[an] ihn beschuldigt hatte, kann es aber heute noch durch Briefe beweisen, wie er mir noch vor wenig Tagen sagte, daß er v.[on] Naum.[ann] zu dies.[er] Ges.[amt]-Ausg.[abe] *gedrängt* word.[en] ist, er selbst habe gar nicht daran gedacht. Uebrigens hatte ihm m.[eine] Mutt.[er] erklärt, daß außer d.[en] M[anu]s[cri]pten, die Hr. P. G.[ast] in d.[er] Hand hatte, nichts weiter existirte. Uns.[ere] l.[iebe] Mutt.[er] hatte kein gütes Gedächtniß, was sie auch oftmals betonte; es kann ab.[er] auch sein, daß sie wirkl.[ich] keine Ahnung gehabt hat v.[on] d.[er] Kiste m.[it] M[anu]s[cri]pten u. Brief.[en], die ich v.[on] früher Jugend an gesammelt hatte. Hr. Gast hatte also 1) e.[in] ganz unvollst.[ändiges] Material z.[ur] Ges.[amt]-Ausg.[abe] u. 2.) e.[in] falsch.[es] Prinzip: er wollte schriftl.[ich] u. mündl.[ich] ausgesproch.[ene] Wünsche m.[eines] Br[uder]s, näml.[ich] d.[ie] Umarbeit[un]g von „Menschl.[iches] Allzum.[enschliches]“ in pietätv.[oller] Verehrung ausführen, was nun freilich geg.[en] alle Gesetze d.[er] Philologie u. d.[er] Philosophie ist, obgl.[eich] in früheren naiveren Zeiten dies sicherlich e.[in] oft geübter Gebrauch gewes.[en] ist. Hr. G. Naum.[ann] u. Dr. Koeg.[el] haben es damals z.[u] verhindern gesucht, daß ich mich mit Hrn. P. G.[ast] üb.[er] d.[ie] Prinzipien d.[er] Ges.[amt]-Ausg.[abe] verständigte; übrigens war Gast viell.[eicht] auch damals noch nicht ganz v.[on] d.[er] Fehlerhaftigkeit s.[eines] Prinzips überzeugt. Das was er aber damals falsch gemacht hat, ist heute genau noch so falsch wie damals, was er in s.[einer] edlen Treuherzigkeit auch stets betont. Es klingt rührend u. komisch z.[ur] gleich.[en] Zeit, wenn er eifrig versichert: „Das habe ich damals aus reiner Dummheit gethan.“ Dummh.[eit] ist ab.[er] gar kein Wort, das auf dies.[e] Angeleg.[enheit] paßt, sond.[ern] es muß heißen „Liebe, Begeisterung u. Unkenntniß d.[er] philolog.[ischen] Forderungen.“ Dabei ist ab.[er] hervorzuheben: was P. G.[ast] gearbeitet hat, ist m.[it] d.[er] peinlichst.[en] Gewissenhaftigk.[eit] u. Sorgfalt gemacht u. d.[ie] Hefte m.[eines] Br[uder]s hat er mit e.[iner] Zartheit ja wie e.[in] Heiligthum behandelt. Wenn er hie u. da einmal e.[in] schwer entzifferb.[ares] Wort m.[it] Bleistift od.[er] Rothstift an e.[ine] leere Stelle darunt.[er] od.[er] ebenso e.]ine] Aphorism.[en]-Nummer daneben schrieb, so ist das jederzeit auszulöschen; außerd.[em] stehen natürl.[ich] P. Gast Vorrechte zu, die s.[ich] kein anderer nehmen dürfte.

Wenn Sie nun in Ihrem Brief v.[on] e.[iner] Rehabilitirung G[ast]'s gesprochen haben, so weiß ich nicht recht, was Sie damit meinen, noch dazu ich Ihren Brief jetzt nicht nachl.[esen] kann, jedenf.[alls] hatten uns.[erer] freundschaftl.[ichen] Verständigung nur d.[ie] falsch.[en] Behauptungen v.[on] G. Naum.[ann] u. Dr. Koeg.[el]'s Hetzereien im Wege gestand[en]. Sobald wir uns gesprochen haben (P. G.[ast] kam wenige Tage, nachd.[em] Sie hier gewes.[en] waren) fühlten wir Beide, daß das, was G. N.[aumann] u. Dr. K.[oegel] v.[on] uns gegenseitig behauptet hatt.[en], vollst.[ändiger] Unsinn war. Die Schilderung G[ast]'s, wie G. Naum.[ann] auch noch späterhin, näml.[ich] vorigen Winter, versucht hat, ihn v.[on] hier fern z.[u] halten u. s.[ich] dazu zu Handlungen hinreißen ließ, die v.[on] jedermann verachtet werd.[en], näml.[ich] Veröffentl.[ichung] vertraulich.[er] Briefe, erregt immer gr.[oße] Heiterkeit. Es war ab.[er] wied.[er] einmal e.[in] Beweis, wie wenig Hrn. G. N.[aumann] an d.[er] Sache selbst liegt: wenn er wirkl.[ich] Verehrung u. e.[ine] Ahnung v.[on] Verständniß f.[ür] m.[einen]

Br.[uder] hätte, so würde er i.[m] Gegenth.[eil] alles gethan hab.[en], um P.
G.[ast] zu dem Eintritt ins N.[ietzsche]-A.[rchiv] z.[u] veranlassen. Sobald P.
G.[ast] das richtige phil.[osophische] Prinzip verfolgt, ist er m.[it] s.[einer] genauen Kenntniß d.[er] Entstehung d.[er] Schriften m.[eines] Br[uder]s d.[er] beste aller Herausgeb[er]. Ich darf wohl sagen: wir sind in Bezug auf alles was
m.[einen] Br.[uder] betr.[ifft] ein Herz u. 1 Seele u. uns.[er] Wissen u. Erinnerung stimmen bis auf d.[ie] Einzelheiten geradezu wundervoll zusammen. Auch
die kleine liebe Lou, die so ganz in der Verehrung meines Bruders aufgewachsen [3]
ist, passt vortrefflich hierher. Ein besond.[erer] Reiz liegt noch darin, daß wir
uns gegenseitig allerh.[and] unangenehme Worte, die bei jener unberecht.[igten]
Ges.[amt]-Ausg.[abe] gefall.[en] sind, z.[u] verzeihen haben; das gab besond.[ers]
i.[m] Anfang manch.[en] Scherz.

[Sodann ist noch e.[in] 2. Punkt in Ihrem Br[ie]f enthalt.[en] gewes.[en], [4]
der mir ganz unbegreifl.[ich] scheint, näml.[ich] daß Sie jemals geglaubt haben, daß, nachd.[em] ich mir solche Unannehmlichkeit.[en] u. Schwierigk.[eiten]
bereitet hatte um e.[inen] 2. geschult.[en] Herausgeb.[er] z.[u] d.[er] Ges.[amt]-
Ausg.[abe] wieder hinzu[zu]ziehen, ich wirkl.[ich] daran gedacht haben könnte,
Dr. E. Horneff.[er] *allein* d.[ie] ganze Ges.[amt]-Ausg.[abe] z.[u] überg.[eben].
In d.[em] Vertrag, den ich m.[it] ihm abschloß, war nicht nur v.[on] e.[inem] 2.$^{t}$
gleichberechtigt[en] H[e]r[au]sgeb[er] d.[ie] Rede, sond.[ern] außerd.[em] noch
v.[on] mindest.[ens] 3 Sachverständig.[en], die ich b.[ei] d.[er] Prüf[un]g d.[er]
Ges.[amt]-Ausg.[abe] hinzuziehen wollte. Außerd.[em] hatte ich mir auch aus-
gemacht, daß ich einige Theile d.[er] Ges.[amt]-Ausg.[abe] selbst zeichnen wolle.

Und hier möchte ich noch e.[ine] Hauptsache erwähnen: Sie hab.[en] näml.[ich]
allesamt keine Ahnung, wie unendl.[ich] schwierig d.[ie] Ges.[amt]-Ausg.[abe] ist
u. wie ich d.[ie] Einzige u. Erste gewes.[en] bin, die d.[ie] Schwierigkeiten d.[er]
ganz.[en] Bearbeit[un]g vollständ.[ig] erkannt hat. Alle Unannehmlichkeiten, die
d.[ie] Ausg.[abe] mir bereitet hat, liegen nur an d.[em] Mangel an Selbstvertrau-
en, das ich eine Reihe v.[on] Jahren hindurch nach m.[einer] Rückkehr v.[on]
P.[araguay] all.[en] wissensch.[aftlichen] Dingen gegenüb.[er] besess.[en] habe.
Ich glaubte immer, durch m.[eine] lange Abwesenh.[eit] wäre ich den Dingen
ganz entfremdet u. mißtraute desh.[alb] m.[einen] eigenen Ansichten u. Ueber-
zeugungen. Meine gelehrten Autoritäten können mir ab.[er] jetzt immer nicht
genug versichern, wieviel ich v.[on] dem weiß u. daß b.[ei] d.[er] Herausg.[abe] alle and.[eren] Herausgeb.[er] z.[u] ersetz.[en] wären – nur ich nicht. Deshalb sind
m.[eine] Handlung.[en] instinktiv auch immer die richtigen gewesen, worüb.[er]
s.[ich] immer alle Leute so erstaunt haben.

Immerhin darf ich wohl sagen, daß ich jahrelang kein Glück m.[it] d.[en] Herausgeb[er]n gehabt habe, erst jetzt haben s.[ich] alle zusammengefund.[en], die
mir v.[on] Anfang an als Hsg. vorgeschwebt haben. Ich weiß nicht, ob ich es
Ihnen mittheilte, daß mir Geh.[eim] R[a]th Rohde schon 94 einen s.[einer] ausgezeichnet.[en] Schüler als d.[en] Einzig.[en] bezeichnete, der ebenso tüchtig.[er]
Philolog als N.[ietzsche]-Kenner sei; was mich abhielt, war nur d.[ie] Rücks.[icht], [5]
daß dies.[er] Schüler R[ohde]'s in fester, ihn ausfüllend.[er] Stellung s.[ich] befand, während Dr. K.[oegel] damals seit Monaten frei u. stellungslos war. Und

auch vor 4 Jahr.[en] als mir Geh.[eim] R[a]th Rohde im Vertrauen nach d.[em] 9. u. 10 Bd. geschrieb.[en] hatte, daß er d.[ie] Arbeit Dr. K.[oegel]'s f[ür] liederl.[ich] u. oberflächl.[ich] hielte u. mir dringend empfahl, mind.[estens] e.[inen] 2. H[erau]sgeb.[er] z.[u] nehmen, wagte ich nicht, mich an dies.[en] s.[einen] ausgez.[eichneten] Schüler] z.[u] wend.[en], weil er s.[ich] in fester Stell[un]g befand

[6]  u. griff zu Steiner, der so brennend gern N.[ietzsche]-Herausg.[eber] werden wollte. Als nachher Rohde b.[ei] dies.[em] ausgez.[eichneten] Schüler vermitteln sollte, starb ihm erst d.[as] Kind u. dann er selbst. An dies.[en] ganz.[en] Kämpfen vor 4 Jahren war außer m.[einem] eigenen Mißtrauen Geh.[eim] R[a]th R.[ohde] schuld; ich habe mich aber wohl gehütet, weder den Namen R.[ohde]'s noch den [des] v.[on] ihm empfohl.[enen] Schülers zu nennen, weil es mir ja damals schreckl.[ich] unbequem gewes.[en] wäre, Dr. K.[oegel] z.[u] entlass.[en] u. R.[ohde] sowohl als s.[ein] Schüler v.[on] Dr. K[oegel]'s wissensch.[aftlichen] Leistungen ganz verächtlich sprachen. Durch e.[inen] Zufall bin ich nun doch schließl.[ich] noch m.[it] dies.[em] v.[on] R.[ohde] empfohlenen u. gerühmt.[en] Gelehrt.[en] in Verbind[un]g gekommen u. er ist es, der mir in Verbind[un]g m.[it] Geh.[eim] Ra]th Heinze in d.[er] rührendst.[en] u. freundschaftlichst.[en] Weise an d.[er] Ges.[amt]-Ausg.[abe] u. Briefbänden hilft. Ich schreibe Ihnen das alles, damit Sie nicht glauben, daß 2 so junge Leute wie Dr. E. u. A. Horneff.[er] dieser unbeschreibl.[ich] schwierige[n] Aufgabe d.[er] H[e]r[au]sgabe d.[er] unveröffentl.[ichten] Schrift.[en] m.[eines] Br[uder]s allein gerecht werd.[en] können. Nur d.[er] Leichtsinn u. d.[ie] Oberflächlichk.[eit] Koegel's hat es f.[ür] mögl.[ich] gehalt.[en], daß e.[in] Einzelner dies.[e] Aufgabe lösen könnte, während wir jetzt zu 6 noch unt.[er] d.[er] Last d.[er] Verantwortung u. d.[er] Schwierigkeit seufzen.]

## Schluß[1]

Und wie edelmüthig hat s.[ich] P. Gast gerade da benommen, als er sich noch nicht überzeugt hatte, daß s.[ein] Prinzip ein falsches gewes.[en] war u. er deshalb annehmen mußte, daß man ihm zu Unrecht d.[ie] Herausgeberschaft entzogen habe. Er war glückl.[ich], daß d.[ie] Ges.[amt]-Ausg[abe] nun trotzd.[em], wie wir damals alle glaubten, in gute Hände gekommen sei, er verfolgte auf d.[as] eifrigste u. mit d.[em] größten Wohlwollen d.[as] Erscheinen d.[er] Nachlaßbände ebensowohl wie d.[er] Biographie. Ihm lag es eben, gerade wie mir, nur daran, daß d.[ie] Sache selbst gut gemacht wird, ganz gleichgültig, ob wir d.[ie] Werkzeuge dazu sind od.[er] andere besser geeignete. Und nachher selbst, als er anfing einzusehen, daß er im Unrecht gewesen war, hat er sich nicht verbittern lassen u s.[ein] Unrecht um jeden Preis vertheidigt, sondern er hat m.[it] d.[er] liebenswürdigst.[en] Freimüthigkeit selbst auf s.[eine] Fehler hingewiesen. Es ist näml.[ich] bedeutend leichter, Unannehmlichkeiten z.[u] ertragen, wenn man Recht gehabt hat, als wenn m.[an] im Unrecht gewes.[en] ist.

    Und nun betrachten Sie als Gegenbild d.[as] Verhalten v.[on] Koeg.[el]! Es wird ihm nichts weiter zugemuthet, als daß er einen 2. gewissenh.[aften] Heraus

[7]  geb.[er] an d.[er] Ges.[amt]-Ausg.[abe] mitarbeiten läßt. In der Besorgniß aber,

---

[1][Am Rande steht „(Hausdorff 29. XI. 00"]

daß s.[eine] unglaubl[ich] liederl.[iche] Arbeit entdeckt u. dadurch s.[eine] Eitelkeit verletzt u. ihm das Prestige des Nietzsche-Archivs entzogen werden könnte,
läßt er s.[ich] zu Drohungen hinreißen, die von jedem anständigen Menschen u.
vor allen Dingen v.[on] jedem N.[ietzsche]-Verehrer einfach als verächtlich bezeichnet werden. Er dachte nie an d.[as] Werk m.[eines] Br[uder]s, sondern nur
an s.[eine] Eitelkeit u. an s.[eine] bezahlte Stellung. Diesen beiden gegenüber
war es ihm ganz gleichgültig, in welcher ungeheuren Weise er d.[em] Verständniß u. d.[em] Ruhm m.[eines] Br[uder]s schadete. –
    Ich habe noch einen Irrthum Ihrerseits z.[u] berichtigen: Es hat niemals d.[ie]
Absicht bestand.[en], Dr. E. Horneff.[er] allein die Nachlaßschriften herausgeb.[en] z.[u] lassen u. ich begreife wirkl.[ich] nicht, wie man annehmen konnte,
daß ich nach d.[en] Schwierigkeiten, die ich mir eines 2. Herausgeb[er]s wegen
gemacht hatte, daß ich einem einzigen und dazu so jungen Manne dies.[e] au-
ßerordentl.[ich] schwierige Aufgabe anvertrauen könnte. Sie haben eben alle
keine Vorstellung, welche Schwierigkeiten diese Nachlaßschriften bereiten, nur
d.[ie] Oberflächlichkeit u. d.[er] unglaubl.[iche] Leichtsinn Dr. K[oegel]'s hielt es
für mögl.[ich], daß ein Einzelner dies.[er] Aufgabe gewachsen sei. Wir sind jetzt
6 Herausg.[eber] u. Hr. Geh.[eim] Rath Heinze m.[it] s.[einen] vorzügl.[ichen]
Rathschlägen hilft uns auch noch u. d.[ie] Bände werden unter uns vertheilt
(immer 2 Herausg.[eber] einen Bd. zusamm.[en]), damit jeder frische Kräfte
genug hat, sich dem begränzten Gebiet z.[u] widmen. An d.[er] Spitze d.[er]
ganzen Herausg.[eber] steht jener ausgezeichn.[ete] Schüler E. Rohde's u. ich.
    Es dauert s.[icher] s.[ehr] lange Zeit, ehe ich d.[as] Ziel m.[einer] Wünsche:
die Beendigung d.[er] Ges.[amt]-Ausg.[abe] erreiche. Manchmal wird mir ganz
ängstl.[ich] zu Muthe, ob ich es auch m.[it] m.[einen] Mitteln fertig bringe: Ich
habe von Aug.[ust] 98 an f.[ür] d.[ie] neubearbeitete Ausg.[abe] d.[er] W.[erke]
m.[eines] Br[uder]s bis jetzt bereits über 24000 M Herausgebergehalte bezahlt,    [8]
dazu haben wir geg.[en] 7000 B[än]de d.[er] alt.[en] Ausg.[abe] einzustamp-
fen, was auch noch gr.[oße] Verluste m.[it] s.[ich] bringt, u. trotzd.[em] sind
wir äußerl.[ich] noch nicht wied.[er] so weit wie vor 4 Jahren u. haben noch
nicht wied.[er] alles gut gemacht, was Dr. K.[oegel] verdorben hat. Freilich
sind inzwisch.[en] alle bedeutend.[en] Entzifferungen gemacht word.[en], da wir
nicht eher m.[it] d.[er] Neuausg.[abe] d.[er] W.[erke] beginnen wollten, ehe uns
nicht d.[er] Inhalt derselb.[en] bekannt war. Ehe die Neubearbeit[un]g der v.[on]
Koeg.[el] so schlecht herausgegeb.[enen] 12 Bände vorliegt, habe ich gewiß 30000
M dafür ausgegeben; u. dabei giebt es noch Leute, die s.[ich] einbilden, ich hätte
diese neue Ausg.[abe] nur mir z.[um] Vergnügen angestellt!

### Anmerkungen

[1]  Es wird sich um eine Antwort auf HAUSDORFFs Brief vom 3.8.1900 gehandelt haben, die ELISABETH FÖRSTER-NIETZSCHE nun offenbar nachholen
wollte. Ob sie den hier vorliegenden Brief vom 29.11.1900 abgeschickt hat,
läßt sich nicht mehr feststellen. Eine Antwort HAUSDORFFs darauf gibt es im
Nachlaß ELISABETH FÖRSTER-NIETZSCHEs nicht.

[2]  ELISABETH FÖRSTER-NIETZSCHE lastet hier und im folgenden die Schuld am Zerwürfnis mit GAST KOEGEL und NAUMANN an und verharmlost ihre eigene Rolle dabei (vgl. dazu ausführlich [HOFFMANN 1991], S. 11–18 u. 142–152). Angesichts der bei HOFFMANN zitierten Auszüge aus Briefen GASTs ist es erstaunlich, daß sich Gast im April 1900 wieder mit ELISABETH FÖRSTER-NIETZSCHE versöhnt hat und ins Archiv eingetreten ist; über die Motive ist in der Tat viel spekuliert worden (vgl. den Abschnitt „Das Rätsel von Köselitz' Eintritt ins Archiv" in [HOFFMANN 1991], S. 42–46).

[3]  Der Name ist schwer lesbar; die Lesart „Lou" ist nicht sicher. Es könnte sich um HEINRICH KÖSELITZ' Nichte gehandelt haben, die bei ihm lebte.

[4]  Die folgende in eckige Klammern gesetzte Passage ist im Original mit Bleistift durchgestrichen.

[5]  Mit dem ROHDE-Schüler ist Prof. ERNST HOLZER gemeint (vgl. Anm. [4] zum Briefentwurf ELISABETH FÖRSTER-NIETZSCHES vom 6. 7. 1900).

[6]  Auch hier werden die Tatsachen nicht korrekt dargestellt. Es war ELISABETH FÖRSTER-NIETZSCHE selbst, die RUDOLF STEINER gern für das Archiv gewonnen hätte und die sich dementsprechend um ihn bemühte. Dieser schien auch zunächst gegenüber einer Mitarbeit im Archiv nicht ganz abgeneigt zu sein (vgl. [HOFFMANN 1991, S. 170–178). Später, als STEINER einer der schärfsten Kritiker des Archivs und dessen Leiterin geworden war, hat er entschieden bestritten, daß er selbst gern NIETZSCHE-Herausgeber geworden wäre oder daß er je „in irgend einem offiziellen Verhältnis zum Nietzsche-Archiv" gestanden habe ([HOFFMANN 1991, S. 349–360, 365–368, 384).

[7]  Es trifft zu, daß FRITZ KOEGEL mit seinen Mitherausgebern MAX ZERBST und EDUARD VON DER HELLEN in Konflikte geriet. Beide zogen sich nach relativ kurzer Tätigkeit vom Archiv zurück (vgl. [HOFFMANN 1991], S. 156–170).

[8]  ELISABETH FÖRSTER-NIETZSCHE spricht hier von neu bearbeiteten Nachlaßbänden der sog. Großoktavausgabe, die in insgesamt 19 Bänden zwischen 1894 und 1913 zunächst bei Naumann, später bei Kröner, erschien.

# Abraham Fraenkel, Michael Fekete

## Korrespondenzpartner

ADOLF (ABRAHAM HALEVI) FRAENKEL wurde am 17. Februar 1891 in München als Sohn des jüdischen Wollhändlers SIGMUND FRAENKEL geboren. Er studierte in München, Marburg, Berlin und Breslau und promovierte 1914 bei KURT HENSEL in Marburg. 1916 habilitierte er sich während eines Fronturlaubs in Marburg und wirkte dort ab 1919 als Privatdozent und ab 1922 als außerordentlicher Professor. 1928 wurde er zum Ordinarius an die Universität Kiel berufen. FRAENKEL war überzeugter Zionist; er ließ sich ab 1.10.1929 in Kiel beurlauben, um zwei Jahre an der Hebräischen Universität in Jerusalem zu wirken. 1933 emigrierte er nach Jerusalem und wirkte dort bis zu seiner Emeritierung im Jahre 1959. FRAENKEL war an der Hebräischen Universität Dekan und von 1938 bis 1940 Rektor und erwarb sich große Verdienste um den Aufbau des Bildungswesens in Israel. Er hat sich auch in vielen sozialen und kulturellen Projekten engagiert. Mit der Einbürgerung in Palästina ließ FRAENKEL seinen deutschen Geburtsnamen ADOLF amtlich tilgen und benutzte nur noch seinen jüdischen Namen ABRAHAM HALEVI. Er starb am 15. Oktober 1965 in Jerusalem.

FRAENKEL begann seine Laufbahn mit Arbeiten zur abstrakten Algebra, insbesondere zur Theorie der Ringe. Diese Untersuchungen können, ebenso wie ERNST STEINITZ' Arbeit über Körper, als Vorläufer der modernen Algebra im Sinne von E. ARTIN, E. NOETHER und B. L. VAN DER WAERDEN betrachtet werden. FRAENKELS bedeutendste Leistungen betreffen die axiomatische Grundlegung der Mengenlehre. Er erkannte, daß in der 1908 von E. ZERMELO vorgeschlagenen Axiomatisierung das sogenannte Aussonderungsaxiom, welches auf dem etwas vagen Begriff der „definiten Eigenschaft" beruhte, eine schwache Stelle war. Er verallgemeinerte dieses ZERMELOsche Axiom zum sogenannten Ersetzungsaxiom (s. dazu den Kommentar von U. FELGNER in ZERMELOS *Gesammelten Werken*, Band 1, Berlin 2010, S. 174–175 und 178–179). Ihm gelang auch eine Präzisierung des Begriffs der definiten Eigenschaft, die in etwas allgemeinerer Form auch T. SKOLEM fand. Schließlich bewies FRAENKEL, daß das Auswahlaxiom von den anderen Axiomen des so modifizierten Axiomensystems unabhängig ist; eine in diesem Beweis noch enthaltene schwache Stelle konnte erst PAUL J. COHEN 1963 endgültig beseitigen. Auf der Basis dieses heute nach ZERMELO, FRAENKEL und SKOLEM benannten Axiomensystems entwickelte er in systematischer Weise die Ordnungs- und Wohlordnungstheorie sowie die Kardinalzahlarithmetik. Großen Einfluß übte FRAENKEL durch seine Lehrbücher aus. Noch während des Militärdienstes im ersten Weltkrieg schrieb er die *Einleitung in die Mengenlehre* (1919). Erweiterte Auflagen erschienen 1923 und 1928. 1927 erschien sein Buch *Zehn Vorlesungen über die Grundlegung der Mengenlehre* und 1953 seine *Abstract Set Theory* (1966²). Erwähnt seien auch *Axiomatic Set Theory* (1958, mit P. BERNAYS) und *Foundations of*

*Set Theory* (1958, mit Y. BAR-HILLEL). Aus FRAENKELs Feder stammt die erste biographische Skizze über GEORG CANTOR (1930). Mehrere seiner Schüler gehörten zu den bedeutendsten Grundlagenforschern des 20. Jahrhunderts.

MICHAEL FEKETE wurde am 19. Juli 1886 in Zenta (Ungarn) als Sohn eines jüdischen Buchhändlers und Zeitungsverlegers geboren. Er studierte in Budapest bei FEJÉR, promovierte dort 1909 und setzte danach seine Studien bei LANDAU in Göttingen fort. Von 1910 bis 1928 unterrichtete er an verschiedenen höheren Schulen und an der Handelsschullehrer-Bildungsanstalt in Budapest. Von 1928 an wirkte er bis zu seiner Emeritierung 1955 an der Hebräischen Universität in Jerusalem. Von 1931 bis 1955 war er Direktor des dortigen Einstein-Instituts für Mathematik. Er starb am 13. Mai 1957 in Jerusalem.

FEKETEs Hauptarbeitsgebiete waren die Summationstheorie divergenter Reihen, die Funktionentheorie und die Interpolationstheorie. Auf allen diesen Gebieten hat er bei der Behandlung zahlreicher konkreter Probleme wesentliche Fortschritte erzielt. Besonders bekannt wurde er durch die Einführung des Begriffs des transfiniten Durchmessers einer beschränkten und abgeschlossenen unendlichen Punktmenge der komplexen Ebene. Für den transfiniten Durchmesser $d(E)$ einer solchen Menge $E$ gilt $d(E) = e^{-\gamma}$, wo $\gamma$ die sogenannte Robinkonstante des Komplements von $E$ ist. Der transfinite Durchmesser spielt eine wichtige Rolle in der Theorie des harmonischen Maßes, der Potentialtheorie und in der Theorie der konformen Abbildung. FEKETE selbst hat den Begriff später noch wesentlich verallgemeinert.

## Quelle

Die hier abgedruckten Schriftstücke befinden sich im Abraham Halevi Fraenkel Archive (Arc 4* 1621) in der Jewish National and University Library in Jerusalem.

## Bemerkungen

Die ersten drei Postkarten sind an FRAENKEL in Marburg bzw. Kiel adressiert, der Brief ist an FRAENKEL und FEKETE in Jerusalem adressiert.

## Danksagung

Ein herzlicher Dank geht an Herrn REINHARD SIEGMUND-SCHULTZE (Kristiansand), der uns auf diese Korrespondenz hingewiesen hat. Wir danken dem Manuscripts and Archives Department der Jewish National and University Library in Jerusalem, insbesondere Frau BARBARA WOLF und Frau RIVKA PLESSER, für die Bereitstellung der Kopien und für die Erlaubnis, die Schriftstücke hier abzudrucken.

**Postkarte** FELIX HAUSDORFF $\longrightarrow$ ABRAHAM FRAENKEL

9. 6. 24

Sehr geehrter Herr College!

Für die freundliche Dedication der 2. Auflage Ihrer „Einleitung i. d. Mengenlehre" sage ich Ihnen herzlichen Dank, zugleich mit bestem Glückwunsch zu dem
buchhändlerischen Erfolg Ihres Werkes. Sie haben mir für die 2. Aufl. meines [1]
Buches (die ich gänzlich neu bearbeiten will) einen grossen Dienst geleistet, insofern ich für verschiedene wichtige Dinge, die mir nicht liegen, auf Ihre ausgezeichnete Darstellung verweisen kann, z. B. für die Axiomatik (in der Sie einen [2]
wesentlichen Fortschritt über Zermelo hinaus erzielt haben betr. das Axiom
der Aussonderung) und für die Behandlung der Antinomien. Es ist Ihnen sogar
geglückt, die Orakelsprüche der Herren Brouwer und Weyl verständlich zu machen – ohne dass sie mir nun weniger unsinnig erscheinen! Sowohl Sie als auch [3]
Hilbert behandeln den Intuitionismus zu achtungsvoll; man müsste gegen die
sinnlose Zerstörungswuth dieser mathematischen Bolschewisten einmal gröbe-
res Geschütz auffahren! Mit besten Grüssen, auch an Herrn Geh. R. Hensel [4]

Ihr ergebenster F. Hausdorff

## Anmerkungen

[1]  Die zweite, wesentlich erweiterte Auflage von FRAENKELs *Einleitung in
die Mengenlehre* erschien 1923 als Band IX der Springer-Reihe „Die Grundlehren der mathematischen Wissenschaften in Einzeldarstellungen mit besonderer
Berücksichtigung der Anwendungsgebiete" („Gelbe Reihe").

[2]  HAUSDORFF begann die Arbeit an seinem Buch *Mengenlehre* ([H 1927a])
etwa Mitte 1923. Das Werk war als „zweite, neubearbeitete Auflage" der *Grundzüge der Mengenlehre* (1914) deklariert, in Wahrheit aber ein vollkommen neues
Buch. Zur Entstehung des Buches und zu den Schwerpunkten, die HAUSDORFF
bei der Berücksichtigung der seit 1914 erzielten Fortschritte setzte, vgl. die
*Historische Einführung* zum Wiederabdruck des Werkes im Band III dieser
Edition, dort insbesondere S. 1–19.

[3]  LUITZEN EGBERTUS JAN BROUWER (1881–1966) entwickelte die Ideen
seiner intuitionistischen Philosophie der Mathematik bereits in seiner Dissertation von 1907. Nach grundlegenden Arbeiten zur Topologie widmete er sich im
Jahrzehnt von 1918 bis 1928 hauptsächlich der weiteren Ausgestaltung der intuitionistischen Mathematik. HERMANN WEYL (1885–1955) hat sich besonders
in seiner Schrift *Das Kontinuum* (1918) dem Intuitionismus BROUWERs angeschlossen. WEYL hat allerdings die Tabus der Intuitionisten in seiner eigenen
Forschungsarbeit nicht allzu ernst genommen und sich später in Grundlagenfragen dem Standpunkt HILBERTs wieder angenähert.

FRAENKEL hatte in der zweiten Auflage seiner *Einleitung in die Mengenlehre*
einen § 12 „Einwände gegen die Mengenlehre. Notwendigkeit einer veränderten

Grundlegung und Wege hierzu" eingefügt. Dieser Paragraph enthielt die Abschnitte a) Die Paradoxien der Mengenlehre, b) Einige philosophische Standpunkte zur Mengenlehre, c) Die Intuitionisten, namentlich Brouwer, d) Andere Methoden zur Überwindung der Paradoxien. FRAENKELs eigener Weg zur Grundlegung der Mengenlehre war die Präzisierung des von ZERMELO vorgeschlagenen Axiomensystems; diesen Weg legte er im abschließenden § 13 seines Buches dar, betitelt „Der axiomatische Aufbau der Mengenlehre. Die axiomatische Methode". Dieser Paragraph enthält die Abschnitte a) Die Axiome und ihre Tragweite, b) Unabhängigkeit, Vollständigkeit und Widerspruchslosigkeit des Axiomensystems. In seiner Autobiographie *Lebenskreise* schildert FRAENKEL seine Auseinandersetzung mit dem Intuitionismus kurz folgendermaßen:

> Für meine Entwicklung beruht die Bedeutung Brouwers, mit dem ich besonders in Amsterdam oft zusammentraf, darauf, daß ich einer der ersten, vielleicht der erste Mathematiker außerhalb Hollands war, der von 1923 an Brouwers intuitionistische Anschauungen in Vorträgen, Aufsätzen und Büchern in undogmatischer, vielfach kritischer Form behandelte und dafür von Brouwer bald begeistertes Lob, bald leidenschaftliche und kränkende Ablehnung erntete. Meine Darstellungen des Intuitionismus waren zwar die frühesten, doch keineswegs die tiefstgehenden. Von 1930 ab haben viele bedeutende Mathematiker aus Holland, Amerika und anderen Ländern aus Brouwers Gedanken das herausdestilliert, was ohne dogmatisches Vorurteil auch innerhalb der klassischen Mathematik sinnvoll und aufschlußreich ist und zum Teil neue Wege weist.

(ABRAHAM A. FRAENKEL: *Lebenskreise. Aus den Erinnerungen eines jüdischen Mathematikers*. Deutsche Verlags-Anstalt Stuttgart 1967, S. 162.)

[4] KURT HENSEL (1861–1941) wirkte seit 1902 als Ordinarius für Mathematik in Marburg. Er wurde 1929 emeritiert. HENSEL ist der Begründer der Theorie der *p*-adischen Zahlkörper und damit weitreichender neuer Methoden in der Zahlentheorie und der algebraischen Geometrie. FRAENKEL begann seine Laufbahn mit der Arbeit *Axiomatische Begründung von Hensels p-adischen Zahlen* (1912).


**Postkarte**  FELIX HAUSDORFF ⟶ ABRAHAM FRAENKEL

Bonn, Hindenburgstr. 61    20/2 27

Sehr geehrter Herr Kollege,

[1] Sie vergessen ganz, dass ich bereits in Ihrer Schuld war; nun habe ich einen neuen Debet-Saldo. Nehmen Sie für Ihr Büchlein den schönsten Dank; es ist so spannend-dramatisch geschrieben, dass ich bereits einen grossen Teil davon verschlungen habe. Ich hege immer noch die Hoffnung, dass Sie, als bester Kenner dieser Litteratur, noch einmal einen kräftigen und witzigen Angriff auf den Intuitionismus machen werden – wenn es nicht vielleicht ratsamer ist, diese

Kastratenmathematik an ihrem eigenen komplizierten Stumpfsinn ersticken zu [2]
lassen. Es ist doch nachgerade stupide, in jeden mathematischen Satz, wie die
Schlupfwespe ihr Ei, eine aus der Decimalbruchentwicklung von $\pi$ geschöpfte
unbekannte Zahl einzulegen und dann zu sagen: von dieser konstanten Funktion
wissen wir nicht, ob sie messbar ist; von dieser alg. Gleichung wissen wir nicht,
ob ihre Discriminante Null ist; von dieser Zahl wissen wir nicht, ob sie eine
Decimalbruchentwicklung hat.

Also nochmal herzlichen Dank!

Mit den besten Grüssen
Ihr ergebenster
F. Hausdorff

## Anmerkungen

[1]   Es handelt sich um FRAENKELs Buch *Zehn Vorlesungen über die Grundlegung der Mengenlehre*, Leipzig 1927.

[2]   Ein Kernpunkt des BROUWERschen intuitionistischen Programms war die
Ablehnung des Satzes vom ausgeschlossenen Dritten für unendliche Mengen.
Diese und weitere Einschränkungen hätten, konsequent durchgeführt, zur Folge, daß große Teile der klassischen Mathematik und insbesondere auch der
Mengenlehre als ungesichert wegfallen müßten. Darauf spielt HAUSDORFF an,
wenn er in der vorhergehenden Postkarte von „Zerstörungswut" der Intuitionisten spricht und hier sogar den drastischen Ausdruck „Kastratenmathematik" verwendet. Zu HAUSDORFFs Stellung zu den Grundlagenfragen der Mathematik und zu seiner Zurückweisung einschränkender philosophischer Einflüsse
auf die Mathematik vgl. den Kommentar zu seiner Rezension von RUSSELLs
*The Principles of Mathematics* im Band I dieser Edition, ferner seine Leipziger Antrittsvorlesung *Das Raumproblem* und sein nachgelassenes Fragment *Der
Formalismus* im Band VI dieser Edition.

Postkarte   FELIX HAUSDORFF $\longrightarrow$ ABRAHAM FRAENKEL

Bonn, Hindenburgstr. 61
19. 11. 28

Sehr geehrter Herr Kollege!
Für die freundliche Zusendung Ihrer „Einleitung in die Mengenlehre" spreche
ich Ihnen meinen herzlichsten Dank aus, indem ich Sie gleichzeitig zum Erscheinen der dritten Auflage bestens beglückwünsche. Ich freue mich sehr auf
die Lektüre der beiden so stark angewachsenen letzten Kapitel und hoffe, dass
sie meine herzliche Abneigung gegen den Intuitionismus unerschüttert lassen
werden, nicht trotz, sondern wegen der glänzenden Darstellung!

Mit den besten Grüssen
Ihr sehr ergebener
F. Hausdorff

# Brief Felix Hausdorff —→ Abraham Fraenkel und Michael Fekete

Bonn, 23. Nov. 1938

Sehr geehrte Herren Kollegen Fraenkel und Fekete!

Darf ich, wie manchmal bei mathematischen Beweisen, auch diesmal meinem Trieb zur Vereinfachung folgen und Ihnen Beiden gleichzeitig den herzlichsten
[1] Dank für Ihre Geburtstagswünsche aussprechen? Ihre freundlichen Zeilen und die von Herrn Fekete als Widmung angekündigte Arbeit haben mich sehr erfreut; die Worte wissenschaftlicher Anerkennung, die Sie mir zuteil werden lassen, bitte ich wie einen Bumerang zu Ihnen Beiden zurückschleudern zu dürfen.

[2] Ich möchte Sie auch bitten, Herrn Dr. Motzkin meinen besten Dank auszurichten.

Mit vielen Grüssen an die ganze Mathematiker-Gilde Ihrer Universität bin ich

Ihr dankbar ergebener

F. Hausdorff

## Anmerkungen

[1] Felix Hausdorff hatte am 8. November 1938 seinen 70. Geburtstag gefeiert.

[2] Es handelt sich um Theodore Samuel Motzkin (1908–1970), Sohn des bekannten zionistischen Politikers Leo Motzkin (1867–1933). T. S. Motzkin wirkte ab 1935 an der Hebräischen Universität in Jerusalem; während des II. Weltkriges arbeitete er als Kryptograph für die britische Regierung.

# Anton Glaser

## Korrespondenzpartner

ANTON GLASER wurde am 1. Juni 1865 in einer jüdischen Familie geboren. Er war der Ehemann von HAUSDORFFs Schwester VALERIE (VALLY) (s. Anm. [1]). GLASER betrieb im Prager Stadtteil Karlin eine Firma für Eisenkonstruktionen. Er wohnte zuletzt in der Hoower-Straße 3 in Prag II. ANTON GLASER wurde mit dem Transport AAp-247 in das Konzentrationslager Theresienstadt deportiert. Er ist dort am 22. Juli 1944 verstorben.

## Quelle

Der Brief von ANTON GLASER an FELIX HAUSDORFF befindet sich im Nachlaß HAUSDORFFs in der Universitäts- und Landesbibliothek Bonn, Abt. Handschriften und Rara (Kapsel 61).

## Danksagung

Ein herzlicher Dank geht an Herrn Doc. Dr. LEO BOČEK, Karls-Universität Prag, der auf Bitte von Herrn BRIESKORN die Daten über ANTON und VALERIE GLASER bei der Föderation jüdischer Gemeinden in der Tschechischen Republik recherchierte.

**Brief** ANTON GLASER ⟶ FELIX HAUSDORFF

[Auf Kopfbogen der Firma Anton Glaser, Eisenkonstruktionen, Praha-Karlin]

PRAHA-KARLIN, 5/XI 1926

Lieber Felix!

Im Büro wird täglich so viel Papier verschwendet u. bei Privatbriefen spart
Vally so, noch dazu bei einem Geburtstagsbrief für den großen Bruder. Lotte's [1]
Brief war ganz „Lotte", hatte aber keine Berechtigung. Lessing hält hier einige [2]
Vorträge, wir waren bei einem mit ausschließlich jüd. Publikum, bumm voll. Er
leugnet Volk u. Nation u. lobt doch zuletzt den Zionismus. Es war eigentlich kein [3]
Vortrag, eine angenehme, ungezwungene Plauderei. Nun empfange noch meine
besten Wünsche, in gleicher großen Herzlichkeit und Zuneigung wie immer. [4]

Viele, viele Grüße!

Euer Anton

### Anmerkungen

[1] FELIX HAUSDORFF hatte zwei Schwestern, MARTHA (geb. am 19. Dezember 1869 in Breslau) und VALERIE (VALLY) (geb. am 21. Juni 1874 in Leipzig). VALERIE war mit dem Fabrikanten ANTON GLASER verheiratet. Auch die Schwester MARTHA lebte mit ihrem Mann in Prag (vgl. Korrespondenz BRANDEIS in diesem Band). HAUSDORFF hatte zu beiden Schwestern ein gutes Verhältnis. VALERIE GLASER wohnte zuletzt in Prag II, Richard-Wagner-Straße 3. Sie wurde mit dem Transport AAp-248 in das Konzentrationslager Theresienstadt deportiert, wo sie am 5. Juli 1944 gestorben ist.

[2] Es ist nicht klar, wer hier mit Lotte gemeint ist.

[3] THEODOR LESSING (1872–1933) war in den zwanziger Jahren einer der bekanntesten politischen Publizisten in Deutschland. Er schrieb vor allem für linksliberale und republikanische Blätter Essays, Feuilletons und Glossen. LESSING, Sohn eines jüdischen Arztes, hatte Medizin, Philosophie und Psychologie studiert und über den russischen Logiker AFRIKAN SPIR promoviert. Ab 1907 wirkte er als Privatdozent für Philosophie an der TH Hannover. Eine weitergehende akademische Karriere blieb ihm als Jude, Sozialist und Pazifist versagt. Im I. Weltkrieg arbeitete er als Lazarettarzt und als Lehrer und schrieb nebenbei sein philosophisches Hauptwerk *Geschichte als Sinngebung des Sinnlosen* (erst 1919 wegen eines Verbots der Militärzensur veröffentlicht). Der Grundgedanke dieses kulturpessimistischen und pazifistischen Werkes geht dahin, daß die Geschichte selbst keinen verborgenen Sinn hat und keiner kausal bestimmten Entwicklungslinie folgt, sondern daß erst die Geschichtsschreibung im Nachhinein einen Sinn hineinkonstruiert. 1930 erschien LESSINGs Schrift *Der jüdische Selbsthaß*. Sie hat die Ambivalenz einer im deutschen Bürgertum häufig anzutreffenden jüdischen Existenz zum Thema, welche Assimilation durch Aufgabe der jüdischen Identität versucht und doch in den Augen

der Umwelt keine wirklich neue Identität erreicht, eine Existenz, die ein spezifisches, auf alles Geschehen außerordentlich empfindlich reagierendes Bewußtsein erzeugt. Dieses Bewußtsein führte bei LESSING selbst zu einer „Philosophie der Tat", zu Engagement für Umwelt- und Tierschutz, für Erwachsenenbildung, für soziale Gerechtigkeit und Feminismus, gegen Krieg und später auch gegen den Nationalsozialismus. LESSINGs Berichterstattung und Stellungnahme zum Prozeß gegen den Massenmörder HAARMANN, der Polizeispitzel war, und ein 1925 erschienener kritischer Artikel über HINDENBURG anläßlich dessen Nominierung zum Reichspräsidenten zogen ihm den besonderen Haß der mehrheitlich deutschnationalen Studentenschaft und „völkischer" Kreise zu. Er mußte 1926 die Hochschule verlassen und lebte fortan vom Schreiben und von Vortragshonoraren. Nach der Machtergreifung der Nationalsozialisten emigrierte LESSING in die Tschechoslovakei. Am 30. August 1933 wurde er von zwei sudetendeutschen Nationalsozialisten in seinem Arbeitszimmer angeschossen; einen Tag später erlag er im Marienbader Krankenhaus seinen Verletzungen. Zu THEODOR LESSING s. RAINER MARWEDEL: *Theodor Lessing 1872–1933. Eine Biographie.* Luchterhand, Frankfurt/M. 1987. Zu LESSINGs Stellung zum Zionismus, die hier im Brief angesprochen wird, s. LAWRENCE BARON: *Theodor Lessing. Between Jewish Self-Hatred and Zionism.* Leo Baeck Institute Year Book **26** (1981), 323–340.

[4]  HAUSDORFF beging am 8. November 1926 seinen 58. Geburtstag.

# Karl Gross

## Korrespondenzpartner

KARL GROSS wurde am 13. September 1879 in Budapest in einer jüdischen Familie geboren. 1899 bestand er das Abitur am Maximiliangymnasium in Wien und studierte anschließend Medizin an der Wiener Universität. Die Promotion zum Dr. med. erfolgte am 4. Juli 1905 in Wien. GROSS habilitierte sich später in Wien für Neurologie und Psychiatrie und wurde Privatdozent an der Wiener Universität. 1914 erschien bei Springer in Berlin das gemeinsam mit seinem Freund und Kollegen MARTIN PAPPENHEIM (1881–1943) verfaßte Buch *Die Neurosen und Psychosen des Pubertätsalters*. Die durch die verheerende Grippe 1918/19 bei Grippepatienten verursachten neurologischen Schäden untersuchten GROSS und PAPPENHEIM in der Arbeit *Zur Frage der durch die Grippe verursachten Nervenschädigung mit Berücksichtigung des Liquorbefundes*, Braunmüller, Wien u. Leipzig 1919 (Auszug aus der Wiener medizinischen Wochenschrift). 1922 erschien bei Deuticke, Leipzig und Wien, GROSS' Schrift *Über Vaccine-Behandlung der multiplen Sklerose* (Auszug aus dem Jahrbuch für Psychiatrie und Neurologie). Nach der Annexion Österreichs durch das Deutsche Reich am 12. März 1938 wurde KARL GROSS, zu diesem Zeitpunkt Professor für Psychiatrie und Neurologie an der Medizinischen Fakultät der Universität Wien, wegen seiner jüdischen Herkunft entlassen (vg. JUDITH MERINSKY: *Die Auswirkungen der Annexion Österreichs durch das Deutsche Reich auf die Medizinische Fakultät der Universität Wien im Jahre 1938. Biographien entlassener Professoren und Dozenten*, Dissertation, Universität Wien, 1980). Über sein weiteres Schicksal konnte nichts ermittelt werden; auch die genannte einschlägige Dissertation enthält darüber nichts.

## Quelle

Der Brief HAUSDORFFs an GROSS befindet sich in der Sammlung von Handschriften und alten Drucken der Österreichischen Nationalbibliothek in Wien unter der Signatur Autogr. 1138/18-1.

## Danksagung

Wir danken der Leiterin der Abteilung Kundendienst der Sammlung von Handschriften und alten Drucken der Österreichischen Nationalbibliothek, Frau Dipl.-Ing. INGEBORG FORMANN, für die Übersendung einer Kopie des Briefes und für die Abdruckgenehmigung.

# Brief FELIX HAUSDORFF $\longrightarrow$ KARL GROSS

Bonn, Hindenburgstr. 61

3. 12. 28

Sehr geehrter Herr Kollege!

[1]    Ich kann Ihnen über die Sache leider nichts sagen, da ich selbst nichts weiss; die Vorgänge im „Buschroom" der Medizinischen Fakultät entziehen sich meiner Kenntnis. Nach Gesprächen mit einem medizinischen Nichtordinarius habe ich allerdings den Eindruck, dass alles noch in der Schwebe ist.

[2]    Mit besten Grüssen, auch an Edith,

Ihr ergebener    F. Hausdorff

## Anmerkungen

[1]    Es ist unklar, worum es hier ging; man kann vermuten, daß GROSS HAUSDORFF um Informationen über ein Berufungsverfahren in der Medizinischen Fakultät der Universität Bonn gebeten hatte, denn er war 1927 immer noch Privatdozent, wie aus einer mit ERNST STÄUSSLER verfaßten Arbeit in der Zeitschrift für die Gesamte Neurologie und Psychiatrie **111** (1927), 485–494, hervorgeht. Er war deshalb gewiß an Möglichkeiten einer Berufung nach außerhalb interessiert.

[2]    Mit EDITH ist EDITH PAPPENHEIM, geborene GOLDSCHMIDT, gemeint. Sie war HAUSDORFFs Schwägerin (s. zu EDITH PAPPENHEIM die Korrespondenz PAPPENHEIM in diesem Band). EDITH und MARTIN PAPPENHEIM waren seit 1919 geschieden; GROSS hatte aber auch zu EDITH weiterhin ein freundschaftliches Verhältnis.

# Helmut Hasse

## Korrespondenzpartner

HELMUT HASSE wurde am 25. August 1898 in Kassel als Sohn eines Richters geboren. Nach dem Notabitur diente er im I. Weltkrieg in der Kriegsmarine und besuchte als Soldat in Kiel 1917/18 Vorlesungen von OTTO TOEPLITZ. Nach dem Krieg studierte er zunächst in Göttingen und ab 1920 in Marburg, wo er 1921 bei KURT HENSEL promovierte. Nach der Habilitation 1922 ging er als besoldeter Privatdozent nach Kiel und 1925 als Ordinarius nach Halle/Saale. Nach der Emeritierung HENSELs im Jahre 1930 wurde er als dessen Nachfolger nach Marburg berufen. 1934 wurde er Ordinarius in Göttingen. Während des II. Weltkrieges war er Leiter eines Forschungsinstituts beim Reichsmarineamt in Berlin. 1945 von der Britischen Militäradministration in Göttingen entlassen, fand HASSE 1946 eine Anstellung bei der Deutschen Akademie der Wissenschaften in Berlin. 1949 wurde er Professor an der Humboldt-Universität. Von 1950 bis zu seiner Emeritierung 1966 wirkte er als Ordinarius in Hamburg. Er starb am 26. Dezember 1979 in Ahrensburg bei Hamburg.

HASSE gilt als einer der führenden Zahlentheoretiker und Algebraiker des 20. Jahrhunderts. Er begann seine Laufbahn mit der Untersuchung der Darstellbarkeit rationaler Zahlen durch rationale quadratische Formen. Dabei griff er auf HENSELs $p$-adische Zahlkörper zurück und zeigte, daß eine quadratische Form mit rationalen Koeffizienten die Null im rationalen Zahlkörper genau dann nichttrivial darstellt, wenn sie die Null in jedem $p$-adischen Zahlkörper und im reellen Zahlkörper ($p = \infty$) nichttrivial darstellt. Dies ist die ursprüngliche Form des HASSEschen Lokal-Global-Prinzips, welches sich in seinen und seiner Nachfolger Händen bald als fundamental für die ganze algebraische Zahlentheorie und die algebraische Geometrie erweisen sollte. Auf HILBERTs Anregung hin verfaßte HASSE für die DMV einen Bericht über die Entwicklung der Klassenkörpertheorie von den Anfängen bei KRONECKER und WEBER über die Beiträge von HILBERT, FURTWÄNGLER und TAKAGI bis zum allgemeinen Reziprozitätsgesetz von ARTIN. HASSE selbst gab eine durchgreifende Neubegründung der Klassenkörpertheorie einschließlich der Reziprozitätsgesetze und der Normenrestsymbole, indem er die Theorie der nichtkommutativen Algebren und die der $p$-adischen Zahlkörper einsetzte (u. a. Entwicklung der lokalen Klassenkörpertheorie). Wichtige Ergebnisse erzielte HASSE auch zur komplexen Multiplikation in Zahlkörpern und über die Klassenzahlen abelscher Zahlkörper. 1936 bewies er ein Analogon zur RIEMANNschen Vermutung für die sog. Kongruenzzetafunktionen; er eröffnete damit ein Gebiet, in dem später F. K. SCHMIDT, A. WEIL u. a. weitere wesentliche Fortschritte erzielten. In der Theorie der Algebren untersuchte er insbesondere die Gruppe der zentral einfachen Algebren (Brauer-Gruppe) über $p$-adischen Grundkörpern; auch hier fand er ein Lokal-Global-Prinzip (Satz von BRAUER-HASSE-NOETHER). HASSE schuf mit seinem Buch *Zahlentheorie* ein Standardwerk der algebraischen

Zahlentheorie auf divisorentheoretischer Grundlage. Er war ein anregender akademischer Lehrer; eine Reihe bedeutender Mathematiker waren seine Schüler. Große Verdienste erwarb sich HASSE auch als Mitherausgeber des *Journal für die reine und angewandte Mathematik* (Crellesches Journal) über einen Zeitraum von 50 Jahren (1929–1979).

## Quellen

Die Briefe HAUSDORFFs an HASSE befinden sich in der Abteilung Handschriften und seltene Drucke der Niedersächsischen Staats- und Universitätsbibliothek zu Göttingen unter Cod. Ms. H. Hasse 33:2.

## Bemerkung

Der Brief vom 8.1.1931 und die Postkarte vom 28.8.1931 betreffen die Entstehung von HAUSDORFFs Arbeit *Zur Theorie der linearen metrischen Räume* ([H 1931]); sie sind anläßlich des Wiederabdrucks dieser Arbeit im Band IV dieser Edition dort auf den Seiten 301 und 302 im Faksimile wiedergegeben.

## Danksagung

Wir danken der Abteilung Handschriften und seltene Drucke der Niedersächsischen Staats- und Universitätsbibliothek zu Göttingen für die Bereitstellung von Kopien und für die Erlaubnis, die Schriftstücke hier abzudrucken.

**Brief** FELIX HAUSDORFF $\longrightarrow$ HELMUT HASSE

Bonn, Hindenburgstr. 61
8. 1. 31

Sehr geehrter Herr Kollege!

Für die freundliche Aufforderung zu einem Beitrag für das Hensel-Heft des Crelleschen Journals danke ich Ihnen bestens. Sie haben gewiss schon aus Hen- [1] sels Munde den Spruch gehört: Selig sind die Einfältigen, wenn ihnen etwas einfällt. Wenn ich innerhalb der gegebenen Frist zu diesen Seligen gehören soll- [2] te, werde ich Ihnen sehr gern einen Beitrag liefern.

Mit besten Grüssen

Ihr ergebenster
F. Hausdorff

## Anmerkungen

[1] KURT HENSEL vollendete am 29. Dezember 1931 sein 70. Lebensjahr. Aus diesem Anlaß plante HASSE, seinem hochverehrten Lehrer und dem langjährigen Herausgeber des Crelleschen Journals den Band 167 zu widmen, und er bat Anfang 1931 Kollegen um Beiträge. Der Band wurde Ende Dezember 1931 fertiggestellt und kam im Januar 1932 heraus. Er trägt die folgende Widmung: Kurt Hensel, dem Herausgeber dieses Journals seit 1902 widmen Schüler, Freunde und Kollegen die in diesem Bande vereinigten Arbeiten zum 70. Geburtstag am 29. Dezember 1931.

Die Reaktion auf HASSEs Bitte um Beiträge war beträchtlich; die Autoren des Bandes sind: E. ARTIN, R. BAER, L. BIEBERBACH, R. BRAUER, G. DOETSCH, A. FRAENKEL, R. FUETER, PH. FURTWÄNGLER, G. H. HARDY, H. HASSE, O. HAUPT, F. HAUSDORFF, R. HAUSSNER, E. HECKE, H. W. JUNG, G. KOWALEWSKI, M. KRAFFT, W. KRULL, J. E. LITTLEWOOD, L. J. MORDELL, T. NAGELL, E. R. NEUMANN, E. NOETHER, Ö. ORE, H. RADEMACHER, K. REIDEMEISTER, T. RELLA, R. REMAK, A. ROSENTHAL, K. RYCHLÍK, L. SCHLESINGER, W. SCHMEIDLER, I. SCHUR, C. L. SIEGEL, N. TSCHEBOTARÖW, E. ULLRICH, G. E. WAHLIN, J. H. M. WEDDERBURN.

[2] Die Abgabefrist für Beiträge war der 31. August 1931.

**Brief** FELIX HAUSDORFF $\longrightarrow$ HELMUT HASSE

Bonn, Hindenburgstr. 61
19. 6. 31

Sehr geehrter Herr Kollege!

[1]     Die Arbeit von B. Juhos: „Wann sprechen wir von Nichtabzählbarkeit?" die
Sie mir zur Begutachtung oder Beschlechtachtung geschickt haben, lässt sich
sehr rasch im letzteren Sinne erledigen. Ich beurteile natürlich nur das Mathematische daran; ob die Philosophen etwas damit anfangen können, weiss ich
nicht.

Eine Funktion $f(x_1, \ldots, x_n)$, worin jedes $x_k$ die beiden Werte 0 und 1 annehmen kann, heisst symmetrisch (asymmetrisch), wenn sie ihren Wert bei keiner
(jeder) Vertauschung von zwei ungleichen Argumenten $x_i \neq x_k$ ändert.
Beispiele: $f = x_1 + \cdots + x_n$ symmetrisch, $f = \frac{x_1}{10} + \cdots + \frac{x_n}{10^n}$ asymmetrisch.
„Bei unbegrenzt vielen Variablen" sagen wir (nach Juhos), dass die Wertmenge
von $f$ höchstens abzählbar (nicht abzählbar) ist.

Was heisst aber „bei unbegrenzt vielen Variablen"? Das leere Gerede S. 4
lässt das ganz im Unklaren. Mir scheinen drei Interpretationen möglich:
(1)   In $f(x_1, x_2, \ldots)$ sollen nur Folgen $x_1, x_2, \ldots$ mit *schliesslich verschwin-*
*denden* $x_n$ zugelassen werden (aus dem Beispiel $f = x_1 + \cdots + x_n$ wäre zu
schliessen, dass dies dem Verf. vorschwebt). Aber dann ist auch die Wertmenge
einer asymmetrischen Funktion nur abzählbar.
(2) (3)   Oder es sollen alle Folgen $x_1, x_2 \ldots$ aus Nullen und Einsen zugelassen
werden (wie daraus zu schliessen wäre, dass S. 7 von unendlichen Dezimalbrüchen gesprochen wird).
(2)   Nimmt man dann die Erklärungen des Verf. für Symmetrie und Asymmetrie wörtlich, d. h. betrachtet nur Vertauschungen von zwei Variablen und dem-
zufolge nur endliche Permutationen ($x'_1, \ldots, x'_n$ Permutation von $x_1, \ldots, x_n$,
während $x'_{n+1} = x_{n+1}, x'_{n+2} = x_{n+2}, \ldots$), so giebt es symmetrische Funktionen mit unabzählbarer Wertmenge, z. B. $f = \overline{\lim} \frac{x_1 + \cdots + x_n}{n}$, wie auch asymmetrische mit abzählbarer Wertmenge (man rechne zwei schliesslich überein-
stimmende Folgen zur selben Klasse; den abzählbar vielen Folgen derselben
Klasse ordne man irgendwie die Funktionswerte $1, 2, \ldots$ zu. Oder, um bei den
Dezimalbrüchen des Verf. zu bleiben: man definiere in jeder Klasse für eine
ausgewählte Folge $a_1, a_2, \ldots$ $f(a_1, a_2, \ldots) = 0$ und für jede Folge derselben
Klasse $f(x_1, x_2, \ldots) = \sum_n \frac{x_n - a_n}{10^n}$.)
(3)   Man lässt als mutmassliche Meinung des Verf. die Betrachtung *aller* (auch
unendlicher) Permutationen gelten, wobei eine symmetrische Funktion stets un-
geändert bleiben, eine asymmetrische bei verschiedenen Permutationen (d. h.
wenn mindestens eine Ungleichung $x'_k \neq x_k$ gilt) verschiedene Werte haben soll.
Bei dieser Interpretation allein ist es richtig, dass die Wertmenge einer symm.
(asymm.) Funktion höchstens abz. (nicht abz.) ist. Was mit dieser Trivialität
zur Aufklärung des Begriffs nichtabzählbar gewonnen werden soll, vermag ich

nicht zu sehen; die Unabzählbarkeit liegt doch in der Menge der zugelassenen Folgen $x_1, x_2, \ldots$ und wird durch die asymmetrische Funktion bloss *nicht zerstört*. Schliesslich ist es Pflicht eines Verfassers, deutlich zu schreiben, und nicht Aufgabe des Lesers, den Sinn des Geschriebenen zu erraten. Schon aus diesem Grunde glaube ich, die *Ablehnung* der Arbeit wärmstens empfehlen zu können. [2]

Mit besten Grüssen, auch an Herrn Hensel,

Ihr ergebener

F. Hausdorff

## Anmerkungen

[1]  BELA JUHOS (1901–1971) hatte seit 1920 in Wien Mathematik, Physik und vor allem Philosophie studiert. Er promovierte 1927 bei MORITZ SCHLICK mit der Arbeit *Inwieweit ist Schopenhauer der Kantischen Ethik gerecht geworden?* und schloß sich dann dem Wiener Kreis an. 1948 habilitierte er sich an der Wiener Universität, kam aber nie über eine Stellung als Privatdozent hinaus. 1955 erhielt er den Titel eines außerordentlichen Professors. JUHOS verfaßte, vom Standpunkt des Neopositivismus ausgehend, mehrere Bücher zur Erkenntnistheorie und zur Wissenschaftstheorie. Mathematische Fragen werden in seinem Buch *Wahrscheinlichkeit als Erkenntnisform* (1970) tangiert.

[2]  JUHOS' Arbeit *Wann sprechen wir von Nichtabzählbarkeit?* wurde vom Crelleschen Journal abgelehnt und ist auch sonst in keiner mathematischen Zeitschrift erschienen. Die einschlägigen Bibliographien weisen sie auch in keiner philosophischen oder sonstigen Zeitschrift nach.

**Postkarte**  FELIX HAUSDORFF $\longrightarrow$ HELMUT HASSE

Bonn, Hindenburgstr. 61

28. 8. 31

Sehr geehrter Herr Kollege!

Ich sende Ihnen in den nächsten Tagen einen Beitrag für den Hensel-Festband; es kann aber vielleicht ein paar Tage später als 31. Aug. sein, da ich gesundheitlich nicht ganz auf der Höhe bin. [1]

Mit besten Grüssen

Ihr ergebenster

F. Hausdorff

## Anmerkung

[1]  HAUSDORFFs Beitrag *Zur Theorie der linearen metrischen Räume* ging am 3. September 1931 bei der Redaktion des Crelleschen Journals ein. Sie ist im Band 167 auf den Seiten 294–311 abgedruckt. Zu ihrer Bedeutung für die

Funktionalanlysis s. den Kommentar von S. D. CHATTERJI im Band IV dieser Edition, S. 289–300; s. ferner ALBRECHT PIETSCH: *History of Banach Spaces and Linear Operators*, Boston 2007, S. 5, 73, 192.

Brief  FELIX HAUSDORFF $\longrightarrow$ HELMUT HASSE

[1]                                                                                12. 3. 3?
Sehr geehrter Herr Kollege!

[2]    Das beiliegende Ms. von Latzin ist konfuses Geschwätz, das noch nicht einmal eine Vermutung darüber zulässt, was sich der Verfasser gedacht haben mag. Er hat sicher keinen der aufgeschnappten mathematischen Ausdrücke verstanden. Schreiben Sie ihm doch, er möchte es an eine philosophische Zeitschrift schicken!
Bestens grüsst Ihr
F. Hausdorff

## Anmerkungen

[1]  Die zweite Ziffer in der Jahresangabe ist durch eine Lochung beschädigt; es kann sich um eine 2 oder eine 3 handeln.

[2]  Es handelt sich vermutlich um HERMANN LATZIN (biographisch nicht nachgewiesen). Dieser hatte 1931 bei Braumüller in Wien eine 32-seitige Schrift *Analysis des Unendlichen im Psychischen und Physischen* publiziert mit vier folgendermaßen überschriebenen Abschnitten: (1) Ordnungen und Mengen, (2) Gestalten, (3) Die „Welt" als Gesamtheit aller Ordnungsstufen, (4) Die „Welt" als Beziehungstotalität einer Ordnung. Er strebte in dieser Schrift eine „Erweiterung der Mengentheorie klassischer Prägung zu einer allgemeinen Ordnungslehre" an. G. NÖBELING bemerkte dazu in einer kurzen Rezension in *Monatshefte für Mathematik* 39 (1932):

> Sinn und Erfolg sind zweifelhaft. Anstatt die mathematische Symbolik in ganz äußerlicher Weise anzuwenden, hätte Verfasser besser daran getan, sich die Klarheit mathematischer Begriffsbildungen zum Vorbild zu nehmen.

Vermutlich hatte LATZIN auch an das Crelle-Journal etwas die Mengenlehre betreffendes eingereicht; das würde auch erklären, warum HASSE das Manuskript an HAUSDORFF schickte.

**Brief** Felix Hausdorff $\longrightarrow$ Helmut Hasse

Bonn, Hindenburgstr. 61
7. 4. 1936

Sehr geehrter Herr Kollege!

Ich danke Ihnen bestens für Ihren Brief vom 31.3. und für den Hinweis auf [1]
die Arbeit von Ihnen und Herrn Davenport. Es wird allerdings einige Zeit [2]
dauern, bis ich diese nebst allem, was vorangeht, gelesen habe, und ich möchte
meine Antwort nicht bis dahin vertagen. Bei flüchtigem Anblick Ihrer Arbeit
habe ich gesehen, dass ausser den von mir selbst angeführten Spezialfällen der
Charaktersummen $[\chi, \sigma]$ noch andere in der Literatur auftreten; ist aber der
Begriff in der Allgemeinheit wie bei mir schon aufgestellt worden? Herrn Hensel
war er jedenfalls nicht bekannt, und das gab mir Anlass und Mut, Ihnen Beiden
mein kleines Manuskript zu schicken. Ich schrieb dabei an Herrn Hensel, dass es
nicht zur Veröffentlichung bestimmt sei und dass ich zuvor noch mehr über die
Multiplikation der Charaktersummen sowie über die Reduktion der endlichen
Ringe auf Normalformen herausbringen wolle; in dieser Hinsicht stimme ich
Ihrer Kritik also durchaus bei. [3]
Zu Ihren einzelnen Bemerkungen möchte ich noch folgendes sagen:
1) Die formelle Asymmetrie des Ausdrucks $(\chi_0 = \chi_1 \chi_2 \cdots \chi_n)$

$$C = \sum_{\gamma_2 \ldots \gamma_n} \chi_2(\gamma_2) \cdots \chi_n(\gamma_n) \, \overline{\chi}_0(\beta_1 + \beta_2 \gamma_2 + \cdots + \beta_n \gamma_n)$$

kann man durch

$$C = \frac{1}{h} \sum_{\gamma_1 \gamma_2 \ldots \gamma_n} \chi_1(\gamma_1) \chi_2(\gamma_2) \cdots \chi_n(\gamma_n) \, \overline{\chi}_0(\beta_1 \gamma_1 + \beta_2 \gamma_2 + \cdots + \beta_n \gamma_n)$$

beseitigen; ich weiss nicht, ob es das ist, was Sie als erwünscht bezeichnen.
3) Die Strukturtatsachen über endliche kommutative Ringe, die in meinem
Ms. ohne Beweis angegeben sind, kann ich natürlich begründen und will Ihnen,
wenn Sie es wünschen, gelegentlich eine kurze Darstellung schicken. Nicht jeder
endliche kommutative Ring ist mit dem Restklassenring eines Ideals in einem
algebraischen Zahlkörper isomorph; denn im Restklassenring sind eigentliche
und wesentliche Charaktere identisch. Wie es im Fall eines algebraischen Funk-
tionenkörpers mit endlichem Konstantenkörper steht, habe ich mir noch nicht
überlegt. Die Isomorphie mit Restklassenringen und die dann vielleicht bestehende Möglichkeit einer Verbindung mit Dirichletschen Reihen ist jedenfalls
ein verlockendes Problem.

Ich danke Ihnen für das Interesse, das Sie meinen bisherigen Untersuchungen
entgegenbringen und für die späteren in Aussicht stellen; hoffentlich kann ich
bald Gebrauch davon machen.

Mit besten Grüssen

Ihr sehr ergebener
F. Hausdorff

## Anmerkungen

[1]  HAUSDORFF hatte am 16. Februar 1936 ein Manuskript betreffend seine Untersuchungen über endliche kommutative Ringe an KURT HENSEL geschickt (s. dazu den im folgenden abgedruckten Brief HAUSDORFFs an HENSEL und die dort gegebenen Anmerkungen); er hatte auch erwähnt, daß es ihm recht ist, wenn HENSEL das Manuskript an HASSE weitergibt. HASSEs Brief vom 31. 3. 1936 war offenbar eine Reaktion darauf; der Brief ist nicht mehr vorhanden.

[2]  DAVENPORT, H.; HASSE, H.: *Die Nullstellen der Kongruenzzetafunktionen in gewissen zyklischen Fällen.* Journal für die reine und angewandte Mathematik **172** (1934), 151–182.

[3]  Zum mathematischen Inhalt der einschlägigen Untersuchungen HAUSDORFFs s. den Essay von W. SCHARLAU: *Hausdorffs Untersuchungen über endliche kommutative Ringe* im Band IV dieser Edition, S. 487–490.

# Kurt Hensel

## Korrespondenzpartner

KURT HENSEL wurde am 29. Dezember 1861 in Königsberg als Sohn des Gutsbesitzers SEBASTIAN HENSEL geboren. Dessen Mutter war die Schwester von FELIX MENDELSSOHN-BARTOLDY. SEBASTIAN HENSEL wurde als Autor einer Geschichte der Familie Mendelssohn bekannt. KURT HENSEL wurde auf dem Friedrich-Wilhelms-Gymnasium in Berlin von dem berühmten Mathematik-Pädagogen KARL SCHELLBACH für die Mathematik begeistert. Er studierte in Bonn bei LIPSCHITZ und vor allem in Berlin, wo KRONECKER und WEIERSTRASS seine wichtigsten Lehrer waren. 1884 promovierte er bei KRONECKER und wurde nach der 1886 erfolgten Habilitation Privatdozent an der Berliner Universität. 1892 wurde er in Berlin außerordentlicher Professor. 1901 wurde er zum Ordinarius nach Marburg berufen, wo er bis zu seiner Emeritierung im Jahre 1930 wirkte. Er starb am 1. Juni 1941 in Marburg.

HENSEL erwarb sich bereits mit seiner Dissertation hohe Anerkennung, da er dort das von KRONECKER nicht bewältigte Problem der außerwesentlichen Diskriminantenteiler vollständig löste. Seine Hauptleistung ist die Schöpfung der Theorie der $p$-adischen Zahlkörper und damit weitreichender neuer Methoden in der Zahlentheorie und der algebraischen Geometrie. KRONECKER hatte in seiner Kummer-Festschrift 1882 die Arithmetik in algebraischen Zahlkörpern auf den Begriff des Divisors gegründet. Diese Theorie war auch für algebraische Funktionenkörper anwendbar. HENSELs Ausgangspunkt waren einerseits diese Ideen KRONECKERs, andererseits der systematische Aufbau der Funktionentheorie mittels Potenzreihen durch WEIERSTRASS. Der Gedanke, in Analogie zu den Funktionenkörpern die Theorie der algebraischen Zahlkörper auch auf Potenzreihenentwicklungen zu gründen, führte HENSEL 1899 auf die Einführung der $p$-adischen Zahlen, die er zunächst als formale Potenzreihen nach den Potenzen einer Primzahl $p$ auffaßte. Eine systematische Darstellung mit vielen interessanten Anwendungen gab er in seinen Büchern *Theorie der algebraischen Zahlen* (1908) und *Zahlentheorie* (1913). In der Folgezeit hat HENSEL viel Kraft darauf verwandt, seine Theorie weiter auszugestalten und, teils in der Zusammenarbeit mit Schülern, ihre Tragweite durch neue Anwendungen deutlich zu machen. HENSELs originelle Ideen haben außerordentlich anregend gewirkt. E. STEINITZ' algebraische Theorie der Körper ging von HENSELs Schöpfungen aus. Die exakte Begründung der $p$-adik lieferten J. A. KÜRSCHAK und A. OSTROWSKI mit der Theorie der bewerteten Körper. H. HASSE entwickelte, auf HENSELs $p$-adik fußend, das Lokal-Global-Prinzip mit weitreichenden Anwendungen in der Theorie der Algebren über algebraischen Zahlkörpern und in der Klassenkörpertheorie (s. die vorhergehende Korrespondenz). HENSEL erwarb sich auch große Verdienste bei der Herausgabe der Gesammelten Werke seines Lehrers KRONECKER und als Herausgeber des Crelleschen Journals von 1902 bis 1936. Einflußreich waren auch seine Arbeiten über algebraische

Funktionen und Abelsche Integrale, die in das mit G. LANDSBERG verfaßte Standardwerk *Theorie der algebraischen Funktionen einer Variabeln und ihre Anwendung auf algebraische Kurven und Abelsche Integrale* (1902) eingeflossen sind.

## Quelle

Der Brief HAUSDORFFs an HENSEL befindet sich in der Abteilung Handschriften und seltene Drucke der Niedersächsischen Staats- und Universitätsbibliothek zu Göttingen unter Cod. Ms. H. Hasse 33:2.

## Bemerkung

Der Brief betrifft HAUSDORFFs Untersuchungen über endliche kommutative Ringe. Auszüge aus diesen Untersuchungen aus HAUSDORFFs Nachlaß sind im Band IV dieser Edition, S. 492–497, abgedruckt. Erläuterungen zu diesen Untersuchungen gibt dort W. SCHARLAU in seinem Essay *Hausdorffs Untersuchungen über endliche kommutative Ringe* (S. 487–490). In Ergänzung dieses Essays ist auf S. 491 auch der Brief HAUSDORFFs an HENSEL abgedruckt.

## Danksagung

Wir danken der Abteilung Handschriften und seltene Drucke der Niedersächsischen Staats- und Universitätsbibliothek zu Göttingen für die Bereitstellung einer Kopie und für die Erlaubnis, den Brief hier abzudrucken.

**Brief** FELIX HAUSDORFF ⟶ KURT HENSEL

Bonn, Hindenburgstr. 61
16. Febr. 1936

Lieber und verehrter Herr Geheimrat!

Bei Ihrem letzten Besuch haben Sie sich freundlicherweise für meine Untersuchungen über endliche kommutative Ringe interessiert, worauf ich Ihnen, wenn [1] ich nicht irre, einen kurzen Bericht über meine Ergebnisse versprach. Der beifolgende ist allerdings sehr kurz, fast gänzlich ohne Beweise, behandelt nur einige Hauptpunkte und ist nicht zur Veröffentlichung bestimmt; es liegt mir nur daran, Ihnen als kompetentem Beurteiler zu zeigen, wie weit – oder wie wenig [2] weit – ich gekommen bin. Wenn Sie Herrn Hasse, der sich nach Ihrer Angabe ebenfalls mit dem Gegenstand beschäftigt hat, mein Manuskripterl schicken wollen, so ist mir das sehr lieb; aber ich überlasse das vollkommen Ihrem Ermessen. Vor einer etwaigen Publikation (vielleicht in der Compositio mathematica) [3] möchte ich gern noch mehr über die arithmetischen Eigenschaften der Zahlen herausbringen, die bei der Multiplikation der Charaktersummen entstehen und [4] die ich mit $C$, $C(\chi, n)$, $C(\chi)$ bezeichnet habe. Auch mit der Herstellung von Normalformen, wobei ich die S. 12 angegebene Basis der singulären Elemente benutze, bin ich noch nicht zu befriedigenden Ergebnissen gekommen; die niedrigsten Fälle bis $k = 4$ habe ich (wenn $K$ ein Körper, $R$ ein hyperkomplexes System ist) durch Überlegungen ad hoc erledigt, aber ich denke mir, dass es in der Darstellungstheorie oder in irgendwelcher Elementarteilertheorie ein allgemeines Prinzip geben muss. Noch möchte ich bemerken, dass die Arbeiten von [5] Mignosi in Rend. Palermo 56, 57 – die einzigen über diesen Gegenstand, die ich kenne – fast lauter Falsches enthalten. [6]

Hoffentlich geht es Ihnen und Ihrer verehrten Frau Gemahlin gut. Wie funktioniert Ihr Haushalt? Wir sind in dieser Beziehung ziemlich zufrieden. Haben Sie Reisepläne? wir vorläufig nicht.

Herr Kr. hat mich nicht besucht. Neulich war Herr Neugebauer hier, bedeu- [7] tend netter, als er damals in Levanto war.

Mit herzlichen Grüssen von uns Beiden und der Bitte um Empfehlung an Ihre Frau Gemahlin bin ich

Ihr ergebenster
F. Hausdorff

## Anmerkungen

[1]  Das erste datierte Manuskript mit Untersuchungen über endliche kommutative Ringe und insbesondere über die zugehörigen Charaktersummen datiert vom 29. 7. 1932 (NL HAUSDORFF, Fasz. 429; mit einem Zusatz vom 10. 1. 1933). Es folgen im Januar und Februar 1933 eine ganze Reihe von Studien zu dieser Thematik (Fasz. 440–448, Fasz. 1056). Von Mai und Oktober 1933 und aus dem Frühjahr und Sommer 1934 stammen Manuskripte, die HAUSDORFF

in einer Mappe „Endliche kommutative Ringe mit Einselement" aufbewahrte (Fasz. 1051–1055, 132 Blatt). Im Sommersemester 1934 hielt er ein Seminar zum Thema „Endliche kommutative Ringe" ab; eine Ausarbeitung dazu von 61 Blatt Umfang ist ebenfalls im Nachlaß vorhanden (Fasz. 1106; vgl. den Auszug in Band IV dieser Edition, S. 494–497).

[2] HAUSDORFF scheint 1935 die Thematik der endlichen kommutativen Ringe nicht weiter verfolgt zu haben; zumindest gibt es aus diesem Zeitraum keine Studien im Nachlaß. Erst Anfang 1936, nach Unterhaltungen mit HENSEL, ist er darauf zurückgekommen. Eine von HAUSDORFF paginierte und mit Unterschrift versehene Ausarbeitung trägt das Datum 16. 2. 1936 (Fasz. 564, 15 Blatt); eine fast identische Abschrift davon ist der undatierte Fasz. 583, der den Vermerk trägt „An Hensel geschickt". Fasz. 564 bzw. Fasz. 583 sind im Faksimile abgedruckt in [H 1969], Bd. I, S. 414–428 bzw. [H 1969], Bd. II, S. 73–84; Auszüge aus letzterem Manuskript auch im Band IV dieser Edition, S. 492–493.

[3] HENSEL hat das Manuskript an HASSE geschickt und HASSE hat darauf offenbar reagiert; vgl. HAUSDORFFs Brief an HASSE vom 7. 4. 1936 und die danach von HAUSDORFF notierten „Bemerkungen zur Theorie der endlichen kommutativen Ringe" vom 8.–10. 4. 1936 (Fasz. 565, im Faksimile publiziert in [H 1969], Bd. I, S. 429–441).

[4] Eine Publikation von HAUSDORFFs Untersuchungen über endliche kommutative Ringe ist nicht erfolgt. Es finden sich auch keine weiteren Studien dazu im Nachlaß.

[5] Vgl. dazu Band IV dieser Edition, S. 489 oben.

[6] MIGNOSI, G.: *I campi d'integrità finiti di I^a specie contenenti un corpo.* Rendiconti di circolo mathematico di Palermo **56** (1932), 161–208; MIGNOSI, G.: *Sui campi d'integrità di specie qualunque e su quelli di 2^a specie contenenti un corpo.* Rendiconti di circolo mathematico di Palermo **57** (1934), 357–401.

[7] Es ist unklar, wer mit Kr. gemeint ist. Sollte es sich um jemand aus HENSELs Marburger Kollegenkreis gehandelt haben, käme MAXIMILIAN KRAFFT (1889–1972), ab 1927 nichtbeamteter außerordentlicher Professor in Marburg, in Frage. OTTO NEUGEBAUER (1899–1990) hatte sich 1927 für Mathematikgeschichte in Göttingen habilitiert und wurde dort 1932 außerordentlicher Professor. Er emigrierte 1936 nach Kopenhagen und wirkte ab 1939 bis zu seiner Emeritierung an der Brown University in Providence (Rhode Island). NEUGEBAUER leistete grundlegende Beiträge zur Erforschung der babylonischen und ägyptischen Mathematik und Astronomie und ist Begründer der bedeutenden mathematischen Referatenorgane *Zentralblatt für Mathematik und ihre Grenzgebiete* und *Mathematical Reviews.*

# Richard Herbertz

## Korrespondenzpartner

RICHARD HERBERTZ wurde am 15. August 1878 in Köln in der Familie eines wohlhabenden Industriellen geboren. Ab April 1896 studierte er drei Semester Chemie in Bonn. Danach absolvierte er ein Dienstjahr als Einjährig-Freiwilliger, verbrachte einige Zeit auf Reisen im Ausland und arbeitete ein reichliches Jahr in der Firma des Vaters. Von Wintersemester 1902/03 bis Wintersemester 1904/05 studierte er Philosophie, Physik und Mathematik in Bonn und promovierte 1905 bei BENNO ERDMANN (1851–1921) mit der Arbeit *Die Lehre vom Unbewussten im System des Leibniz.* 1907 habilitierte er sich in Bonn mit der Schrift *Das Unbewusste. Eine psychologische Untersuchung auf erkenntnistheoretischer Grundlage* und wurde Privatdozent. Im April 1910 wurde HERBERTZ zum Ordinarius für allgemeine Philosophie an die Universität Bern berufen. In dieser Stellung wirkte er bis zu seiner Emeritierung im Jahre 1948. Er hielt aber auch nach der Emeritierung noch zahlreiche Vorlesungen, die letzte im Sommersemester 1958. HERBERTZ verstarb am 7. Oktober 1959 in Thun. Seit 1939 war er Schweizer Staatsbürger.

HERBERTZ' philosophisches Selbstverständnis leitete sich hauptsächlich von JOHANN GOTTLIEB FICHTE (1762–1814) her, der gelehrt hatte, daß die Philosophie eines Individuums entscheidend davon bestimmt werde, wie das Individuum „beseelt" sei, über welche Charaktereigenschaften es verfüge. Erlebtes und Erdachtes sollen laut HERBERTZ eine Einheit bilden; Ziel der Philosophie ist es demnach, mit Hilfe des individuellen Denkens und Urteilens eine Gesamtauffassung der erlebten Wirklichkeit zu erlangen. Dieses philosophische Selbstverständnis kommt bereits in seinen *Studien zum Methodenproblem und seiner Geschichte* (1910) deutlich zum Ausdruck. Es folgten Studien zum Wahrheits- und Wirklichkeitsproblem (*Das Wahrheitsproblem in der griechischen Philosophie* [1913], *Prolegomena zu einer realistischen Logik* [1916]). Sein philosophisches Hauptwerk erschien 1921 unter dem Titel *Das philosophische Urerlebnis.* Darin versuchte HERBERTZ unter anderem, den philosophisch unentscheidbaren Streit um die Einstellung zum Gegebenen, der sich etwa im Gegensatz von Realismus und Idealismus manifestiert, zu erklären und damit gewissermaßen zu entschärfen, indem er als dessen Ursprung die unterschiedlichen Bildungserlebnisse herausarbeitet, welche jede der beiden Richtungen zur rationalen Bewältigung des gleichen Urerlebnisses erfahren bzw. sich erarbeitet hat (zum Urerlebnis des „Progressus-Regressus-in-indefinitum" und dessen Bewältigung durch HERBERTZ selbst s. den folgenden Brief und die Anmerkungen). In den zwanziger und dreißiger Jahren wandte sich HERBERTZ hauptsächlich der Psychologie zu, insbesondere der Kriminalpsychologie. Seine zahlreichen einschlägigen Publikationen behandeln ein breites Spektrum von Themata: die Psychogramme von Tätern bei spektakulären Verbrechen (z. B. das des Massenmörders FRITZ HAARMANN), psychische Probleme von

Strafgefangenen, die Reform des Strafvollzugs, Alkoholismus, das Verbrechen im Spiegel der Sprache, psychische Probleme bei Arbeitslosen, die Rolle der Psychologie bei Vernehmungen und vieles andere mehr. Nebenbei arbeitete er auch als Psychotherapeut. 1932 erschien seine Monographie *Die Psychologie des Unbewussten*. Leben und Werk von HERBERTZ sind weitgehend in Vergessenheit geraten; erst 1989 wurde eine einschlägige Arbeit fertiggestellt, aber leider nicht publiziert, die Dissertation von PHILIPP BALSIGER: *Richard Herbertz, Leben und Werk*, Universität Bern 1989.

## Quelle

Der Brief von RICHARD HERBERTZ an FELIX HAUSDORFF befindet sich im Nachlaß HAUSDORFF, Kapsel 61, in der Handschriftenabteilung der Universitäts- und Landesbibliothek Bonn.

## Danksagung

Wir danken Herrn Prof. BALSIGER (Erlangen) für Auskünfte über die weitgehende Vernichtung des Nachlasses von HERBERTZ, aus denen hervorgeht, daß der Brief HAUSDORFFs, auf den der vorliegende Brief eine Antwort ist, als verloren gelten muß.

**Brief** RICHARD HERBERTZ $\longrightarrow$ FELIX HAUSDORFF

Thun den 10 ten August 1921
Beau Rivage.

Sehr geehrter Herr Kollege,
    Verzeihen Sie bitte, wenn ich erst heute dazu komme Ihnen für Ihren
liebenswürdigen Brief vom 5 ten Mai und die freundl. Korrektur der Fehler des
mathematischen Teiles meines Buches zu danken.
    Ich beglückwünsche Sie aufrichtig zu Ihrer Berufung nach dem schönen Bonn
(wo ich promovierte und als Privatdozent dozierte). Prof. Study bitte ich bestens von mir grüssen zu wollen. [1]
    Sie haben sehr recht, sehr geehrter Herr Kollege, ich hätte mich *vor* Publi-
kation meiner Schrift an Sie mit der Bitte um Korrektur der Fehler wenden [2]
sollen. Ich tat es nicht weil ich gar nicht an die Möglichkeit schwererer Fehler
in meiner Darstellung glaubte: ein neues Beispiel für die verhängnissvolle psychologische Tatsache, dass oft auch subjektiv stärkstes Gültigkeitsbewusstsein
objektiv trügerisch sein kann.
    Nun zu den einzelnen Korrekturen.
    Ist es nicht allzu hart geurteilt, sehr geehrter Herr Kollege, wenn Sie – S. 113
meines Buches kritisierend – schreiben, ich hätte „das Bildungsgesetz der Ordnungszahlen und Zahlenklassen *vollkommen missverstanden*"? Nach aufmerk-
samem Durchlesen der mir gütigst zum Nachlesen aufgegebenen Stellen Ihres
Werkes kann ich mich nicht davon überzeugen, dass ich wirklich Cantors geniale Idee und den tiefen Gedankengehalt, der in dem Bildungsgesetz der Ordnungszahlen und Zahlenklassen steckt, „vollkommen missverstanden" hätte. Es [3]
will mir vielmehr fast scheinen, als ob mein Fehler im wesentlichen nur darin
bestände, dass ich nicht aufmerksam genug auf die von Ihnen gegebenen *Definitionen* und die dadurch bestimmte *Terminologie* geachtet hätte. So kam
ich dazu, als „zweite Zahlenklasse" das zu bezeichnen, was nach Ihrer Definition des Begriffes Zahlenklasse nur *der Anfang* der zweiten Zahlenklasse ist.
Gewiss, ich sehe ein, dass – wenn man, mit Ihnen, die Menge aller verschiedenen Ordnungszahlen von einer gegebenen Mächtigkeit eine Zahlenklasse *nennt*,
dann freilich *alle* Ordnungstypen wohlgeordneter abzählbarer Mengen in *einer*
(der zweiten) Zahlenklasse zusammenzufassen sind. Dann gehören freilich alle
Polynome

$$\omega^m \nu_m + \omega^{m-1} \nu_{m-1} + \cdots + \omega \nu_1 + \nu_0$$

mit endlichen Koeffizienten, zur zweiten Zahlenklasse, ebenso limes $\omega^\omega$ aller
dieser usf., auch noch

$$\omega^{\omega^{\omega^{\omega^{\cdots}}}}$$

Ist es jedoch gerechtfertigt, ein Abweichen von dieser Terminologie als vollkommenes Missverständnis des gesamten Bildungsgesetzes der Zahlenklassen

zu bezeichnen?? Hessenberg schreibt (Grundbegriffe der Mengenlehre, Göttingen 1906, S. 555): „Die Gesamtheit aller gleichmächtigen Ordnungszahlen wird als eine Zahlenklasse bezeichnet. *Abweichend davon* fasst man alle.endlichen Zahlen zur ersten Zahlenklasse zusammen ... ". Sie selbst erwähnen Fussnote S. 125 Ihres Werkes diese auch von Cantor begangene Abweichung und weisen darauf hin dass man konsequenterweise exdefinitione „Zahlenklasse", jede endliche Zahl für sich eine Zahlenklasse bilden lassen müsse. Cantors „Abweichung" ist also – von jener Definition aus gesehen – ein schwerer Fehler, genau so wie meine „Abweichung", bereits den *Anfang* der zweiten Zahlenklasse als die ganze zweite Zahlenklasse zu bezeichnen. Per analogiam müssten Sie also urteilen dass auch Cantor das Bildungsgesetz der Zahlenklassen vollkommen

[4] missverstanden habe, was Sie doch gewiss nicht tuen werden.

Ich bitte Sie, nicht zu übersehen, dass *für mich*, d. h. für meine Problemstellung (Petitio oder Metabasis bei der Rationalisierung eines Progressus in

[5] indefinitum?) der Gegensatz zwischen den beiden sog. „Erzeugungsprinzipien" von grösster Bedeutung war. Hessenberg schreibt a. a. O. S. 646: „Erstes Erzeugungsprinzip: Hinzufügen eines Elementes zu einer bereits erzeugten Zahl. Zweites Erzeugungsprinzip: Bildung des Limes über eine Reihe vom Typus $\omega$ bereits erzeugter Zahlen. Das zweite Prinzip ist notwendig *und hinreichend* für die zweite Zahlenklasse." Für mich ist nun das erste Erzeugungsprinzip der mathematische Ausdruck für die Petitio, das zweite Erzeugungsprinzip der mathemat. Ausdruck für die Metabasis und es liegt für mich der dringendste Anlass vor, genau den Finger auf die Stelle zu legen, wo die Metabasis stattfindet und hervorzuheben, dass man alsdann in ein ἄλλο γένος gelangt. Liegt es da nicht nahe, an die Stelle des philosophischen Begriffes γένος den mathematischen Begriff und Terminus „Klasse" zu setzen und also beispielsweise etwa folgendes durch Definition festzulegen:

**A. Sphäre** der endlichen Zahlen: 1, 2, 3, 4, ...

**B. Sphäre** der „Zahlenklassen"

    1. Zahlenklasse: $\omega$, $\omega + 1$, $\omega + 2$, $\omega + 3$, ...      Nunmehr metabasis zur:

    2. Zahlenklasse: $\omega 2 + 1$, $\omega 2 + 2$, $\omega 2 + 3$, ...      Nunmehr metabasis zur:

    3. Zahlenklasse: $\omega 3 + 1$, $\omega 3 + 2$, $\omega 3 + 3$, ...

    usw.

Polynom, deren Limes $\omega^\omega$,    usw.    endlich $\omega^{\omega^{\omega^{\omega^{\cdots}}}}$    ......

**C. Neue Zahlensphäre**, nämlich Sphäre der Zahlen mit (nächst) höherer Mächtigkeit als die aller Ordnungstypen wohlgeordneter abzählbarer Mengen usw usw.

Ich bitte ferner zu beachten, dass ich auf S. 113 unten den von mir entwickelten ersten Anfang der zweiten Zahlenklasse nicht *den* Gesamtzahlenkörper sondern ausdrücklich *einen* Gesamtzahlenkörper nenne, so wie ich etwa auch in der Physik sagen würde: „wir haben hier *einen* Gesamtkörper vor uns, dessen Teilstücke usw usw." und damit gewiss nicht meinen würde, dass dieser Gesamtkörper der Inbegriff alles Körperlichen überhaupt sei. So habe ich selbstverständlich auch den Anfang der zweiten Zahlenklasse nicht für *den* mathe-

[6] matischen Gesamtkörper χατ᾽ ἐξοχήν gehalten. Es ist mir selbstverständlich

bekannt, dass z. B. der Gesamtzahlenkörper des – auch die Irrationalzahlen enthaltenden – *Zahlenkontinuums* nicht abzählbar ist.                                    [7]

Unverständlich ist mir ferner folgender Satz Ihres Briefes: „Da Sie infolge des obigen Missverständnisses jeder Menge von diskreten Dingen die Höchstmächtigkeit $\aleph_0$ zuschreiben, konnten Sie das Kontinuum, das von höherer Mächtigkeit ist, in Ihrem System natürlich nicht unterbringen." Hierzu bemerke ich    [8] zunächst, dass ich tatsächlich in meinem philosophischen „System" (insoweit ich so anspruchsvoll sein darf, von einem solchen zu reden) das Kontinuum sehr wohl unterbringen kann. Nach meiner Ueberzeugung hängen die drei Probleme des Kontinuum, des Irrationalen und des Infinitesimalen in ihrer Wurzel mit einander zusammen. So wie nun die „Bildungserlebnisse" des Petitionismus und der Metabatik in dem ersten und dem zweiten „Erzeugungsprinzip" ihren mathematischen Ausdruck finden, so symbolisiert der Uebergang aus der Sphäre der „Zahlenklassen" in die des Zahlen*kontinuums* und umgekehrt, trefflich die Irrationalisierung des „Bildungserlebnisses" (das Erdachte aufs Erlebte, das immer Kontinuum und irrational ist, zurückzuführen) und umgekehrt die Rationalisierung des Urerlebnisses (begriffliche Einfangung des Erlebens im Denken) Ich kann also das Kontinuum in meinem System sehr wohl unterbringen und in den ersten Kapiteln meines Buches spielt diese Unterbringung eine grosse Rolle. Es ist mir nun ganz unerfindlich, wie ich hieran gehindert sein soll durch mein Missverständnis, dass ich jeder Menge von *diskreten* Dingen die Höchstmächtigkeit $\aleph_0$ zuschrieb. Das Kontinuum erschöpft sich ja eben *nicht* (und das ist das Irrationale in ihm) in Mengen *diskreter* Dinge (abstrakter vollendeter Individuationen – wie ich lieber sagen möchte). Ein Irrtum meinerseits in Bezug auf letztere Mengen brauchte also keineswegs einen Irrtum oder auch nur eine Unzulänglichkeit in meiner Auffassung des Kontinuums nach sich zu ziehen. Tatsächlich habe ich mich ja auch hinsichtlich der Mächtigkeit des Kontinuums nicht geirrt und sehr wohl eingesehen, dass dieselbe höher ist als $\aleph_0$.

Zum Schlusspassus Ihres Briefes bemerke [ich] noch, dass ich als Petitionist keineswegs die unendlichen Mengen *überhaupt* verwerfe sondern nur das *Ultrafinite*.                                                                          [9]

Es würde mich sehr freuen, geehrter Herr Kollege, wenn Sie Zeit und Lust hätten mir noch einmal zu antworten. In diesem Falle bitte ich Sie noch, mir gütigst (etwa durch Hinweis auf entsprechende Stellen Ihres Werkes) anzugeben, wie ich mir am leichtesten die Tatsache klar machen kann, dass die zweite Zahlenklasse – also die Menge aller Ordnungstypen wohlgeordneter *abzählbarer* Mengen – selbst nicht mehr abzählbar ist.                                          [10]

Mit nochmaligem verbindlichem Dank und den besten Grüssen

Ihr hochachtungsvoll ergebener

R Herbertz

# Anmerkungen

[1] HAUSDORFF wurde zum 1. April 1921, d. h. zu Beginn des Sommerseme-sters 1921, nach Bonn berufen. In einem Brief vom 7. 4. 1921 an die philosophi-sche Fakultät der Universität Bonn (UA Bonn, PF-PA 191) teilt HAUSDORFF mit, daß das Kultusministerium ihm freigestellt habe, sein Amt in Bonn sofort oder erst zum 1. 10. 1921 anzutreten. Er habe sich für letzteres entschieden, da im Sommersemester in Greifswald sonst nur VAHLEN allein lesen würde.

EDUARD STUDY (1862–1930) war seit 1904 Ordinarius für Mathematik in Bonn. Er hatte sich sowohl für HAUSDORFFs Berufung zum Extraordinarius 1910 als auch für die Rückberufung aus Greifswald 1921 eingesetzt. HAUSDORFF und STUDY pflegten ein freundschaftliches Verhältnis; bei STUDYs Beerdigung hielt HAUSDORFF die Grabrede (Wiederabdruck im Band VI dieser Edition).

[2] Es handelt sich um HERBERTZ, R.: *Das philosophische Urerlebnis.* Verlag Ernst Bircher, Bern und Leipzig 1921 (im folgenden mit [HERBERTZ 1921] zi-tiert).

[3] Die Theorie der Klassen von transfiniten Ordinalzahlen (Zahlklassen) als Repräsentanten der sukzessive aufsteigenden Mächtigkeiten ist der Kern von CANTORs Theorie der transfiniten Zahlen; sie ist für CANTOR das entschei-dende Bindeglied zwischen Ordinal- und Kardinalzahlen. Als erste Zahlklasse bezeichnet CANTOR die Menge der natürlichen Zahlen, d. h. die Menge der end-lichen Ordinalzahlen. Ihre Mächtigkeit bezeichnet er mit $\aleph_0$. Alle Ordinalzahlen der Mächtigkeit $\aleph_0$, d. h. alle abzählbaren Ordinalzahlen, bilden die zweite Zahl-klasse. Ihre Mächtigkeit bezeichnet CANTOR mit $\aleph_1$, und er beweist, daß $\aleph_1$ die nächstgrößere Mächtigkeit nach $\aleph_0$ ist. Die Ordinalzahlen der Mächtigkeit $\aleph_1$ bilden die dritte Zahlklasse; deren Mächtigkeit $\aleph_2$ ist die nächstgrößere nach $\aleph_1$ usw. (vgl. CANTOR, G.: *Grundlagen einer allgemeinen Mannigfaltigkeitsleh-re*, Leipzig 1883. In: CANTOR, G.: *Gesammelte Abhandlungen mathematischen und philosophischen Inhalts.* Hrsg. von E. ZERMELO, Berlin 1932, S. 167; die Bezeichnungen $\aleph_0$, $\aleph_1$, ... kommen noch nicht vor, diese führte CANTOR erst 1895 ein). HERBERTZ möchte nun, wie unter Punkt B. auf der nächsten Seite des Briefes ausgeführt (*Das philosophische Urerlebnis*, S. 113), die Zahlklassen ganz anders definieren. Es ist HERBERTZ natürlich unbenommen, eine neue Terminologie einzuführen; sie sollte aber nicht zu einer bereits eingeführten und bewährten im Widerspruch stehen. Die neuen Definitionen bringen ma-thematisch gar nichts; alle HERBERTZschen Zahlklassen haben dieselben men-gentheoretischen Charakteristiken: sie haben alle den Ordungstypus $\omega$ und die Mächtigkeit $\aleph_0$ und der ganze Bildungsprozeß der Zahlklassen endet bei der ersten $\varepsilon$-Zahl der zweiten CANTORschen Zahlklasse. HERBERTZ würde mit sei-ner Zahlklassenbildung niemals zur Anfangszahl $\omega_1$ der dritten CANTORschen Zahlklasse vorstoßen können. HAUSDORFF hatte also vollkommen recht mit seinem Urteil, daß HERBERTZ „Cantors geniale Idee und den tiefen Gedanken-gehalt, der in dem Bildungsgesetz der Ordnungszahlen und Zahlklassen steckt,

volkommen missverstanden" hat.

[4] CANTORS Idee der sukzessiven Zahlklassen und ihrer aufsteigenden Mächtigkeiten ist nur für unendliche Mengen mathematisch interessant, da erst für unendliche Mengen zu vorgegebener Mächtigkeit $\aleph_\alpha$ eine unendliche Menge $Z(\aleph_\alpha)$ von Ordinalzahlen dieser Mächtigkeit existiert, und die Mächtigkeit dieser Menge $Z(\aleph_\alpha)$ ist gerade die nächstgrößere nach $\aleph_\alpha$. Zu jeder endlichen Mächtigkeit, d. h. zu jeder natürlichen Zahl $n$, existiert nur eine einzige Ordinalzahl dieser Mächtigkeit, die auch mit $n$ identifiziert werden kann. Man könnte also jede endliche Ordinalzahl als eine Zahlklasse auffassen, wie HAUSDORFF es in *Grundzüge der Mengenlehre*, Fußnote auf S. 125, der Homogenität seines Aufbaus wegen auch tut. Die Zahlklassen $Z(1)$, $Z(2)$, ... sind jedoch mengentheoretisch nicht von Interesse und kommen in der weiteren Theorie auch nicht vor; erst bei $Z(\aleph_0)$ beginnen interessante Fragen, und CANTORS Konvention, die natürlichen Zahlen als erste Zahlklasse zu bezeichnen und dann mit $Z(\aleph_0)$ weiter zu gehen, ist völlig gerechtfertigt. CANTORS „Abweichung" – wenn man das überhaupt so nennen will – ist mathematisch völlig folgenlos im Gegensatz zu HERBERTZ' „Abweichung" von der Definition der Zahlklassen, durch welche die gesamte Theorie aufgegeben wird.

[5] HERBERTZ bezeichnet als sein wichtigstes philosophisches Urerlebnis das „Progressus-Regressus-in-indefinitum-Erlebnis", mit anderen Worten die Konfrontation des menschlichen Geistes mit dem Gedanken des Unendlichen. Der Hauptteil seines Buches *Das philosophische Urerlebnis* ist den Möglichkeiten der rationalen Verarbeitung dieses Urerlebnisses gewidmet. Vorausblickend auf die Ausführungen dieses Hauptteils heißt es bei HERBERTZ:

> Bei den Lösungsversuchen der Vernunft, bei den Versuchen der „Rationalisierung" des Urerlebnisses des Progressus-Regressus-in-indefinitum, lassen sich – wie bei den früher erörterten Urerlebnissen – wiederum zwei typisch von einander verschiedene Bildungserlebnisse unterscheiden: die Metabasis εἰς ἄλλο γένος und die petitio principii; und die Philosophen dementsprechend in – sit venia verbo – Metabatiker und die Petitionisten. Die folgenden Untersuchungen werden diesen typischen Gegensatz zunächst in einem ideengeschichtlichen Ueberblick nachzuweisen und zu erläutern suchen. Dann wird eine mathematisch-mengentheoretische Untersuchung diese beiden typischen Entscheidungsmöglichkeiten begrifflich genau festlegen und zu umgrenzen suchen. Denn die Mathematik – insbesondere die Mengenlehre – wird sich uns als das tauglichste Mittel und Werkzeug für diese Arbeit herausstellen. Und zuletzt wird dem Leser die Entscheidung zwischen beiden Möglichkeiten ins metaphysische Gewissen hinein geschoben, getreu unserem Anfangszitat: „Was für eine Philosophie man wähle, hängt davon ab, was man für ein Mensch ist." ([HERBERTZ 1921], S. 40)

Unter μετάβασις εἰς ἄλλο γένος (metabasis eis allo genos; Übergang in eine andere Gattung) versteht man einen Beweisfehler, bei dem eine Aussage aus einem anderen Gegenstandsbereich als Beweismittel verwendet wird. Der Ausdruck kommt bereits bei ARISTOTELES an verschiedenen Stellen vor. Eine Petitio principii (Forderung bzw. Inanspruchnahme des Beweisgrundes) ist ein Beweisfehler, bei dem das zu Beweisende selbst in versteckter Form oder eine zum zu Beweisenden äquivalente Aussage als Prämisse verwendet wird. Auch diesen Beweisfehler hat bereits ARISTOTELES beschrieben.

HERBERTZ verwendet diese Begriffe abweichend von ihrer üblichen Bedeutung, wo sie negativ besetzt sind, und besetzt sie positiv als Mittel zur rationalen Bewältigung des Unendlichkeitsproblems. Er hat diese Begriffe, so wie er sie verstehen will, aber nirgends präzise definiert. Am deutlichsten ist seine Intention aus seinem Text *Erkenntnistheorie* zu entnehmen (abgedruckt in: SCHNASS, F. (Hrsg.): *Einführung in die Philosophie*, Osterwieck-Harz, Zickfeldt 1928; im folgenden zitiert als [HERBERTZ 1928]). Den „Progressus-Regressus-in-indefinitum" versinnbildlicht er hier durch die Metapher einer endlosen Kette, deren Glieder ohne Ende „durch die Hände laufen". Der Petitionist bewältigt die endlose Kette dadurch, daß er

> sich mit energischem Entschluss dazu aufrafft, diesem Davonlaufen des Geistes vor sich selbst, dieser nie enden wollenden Kette der sich aneinander reihenden Begriffe gleichsam durch ein Machtwort ein Ende zu machen. [Er] schlägt [· · ·] schliesslich einen Nagel in die Wand, hakt irgendein Glied der Kette darin ein und sagt: ‚Dies soll das erste (letzte) Glied der Kette sein.' ([HERBERTZ 1928], S. 60)

Als Beispiel für einen Petitionisten sieht HERBERTZ ARISTOTELES, der etwa den unendlichen Regressus von Ursache und Wirkung bei der Bewegung durch das Setzen eines ersten Bewegers abschneidet. „Petitio principii" übersetzt HERBERTZ für seine Zwecke mit „Heischen eines Anfangspunktes". Der Metabatiker sucht den Halt der Kette von außen; er löst das Problem ebenso wie der Petitionist durch einen „Machtspruch des Geistes". Dieser hat aber jetzt die Form:

> Dies soll der ausserhalb ihrer selbst liegende Halt der Kette sein. ([HERBERTZ 1928], S. 60)

Einen Metabatiker sieht HERBERTZ in PLATON, der etwa die unendliche Menge der individuellen Dreiecke bewältigt, indem er in eine neue Sphäre, die der Ideen, übergeht, und mit der Idee des Dreiecks arbeitet, z. B. Sätze beweist. μετάβασις εἰς ἄλλο γένος übersetzt HERBERTZ für seine Zwecke mit „Hinüberschreiten in eine andere Sphäre".

Innerhalb der Mengenlehre sieht HERBERTZ in den beiden CANTORschen „Erzeugungsprinzipien" geradezu typische Realisierungen für die beiden verschiedenen Herangehensweisen Petitio und Metabasis:

> Das erste Erzeugungsprinzip kann geradezu als Typus der petitio principii gelten.

> Das zweite Erzeugungsprinzip kann also geradezu als Typus der Metabasis εἰς ἄλλο γένος angesehen werden. ([HERBERTZ 1921], S. 121)

CANTOR hatte 1883 die beiden Erzeugungsprinzipien eingeführt, um die transfiniten Ordinalzahlen unabhängig vom Begriff der Ableitungsordnung von Punktmengen einzuführen (vgl. PURKERT, W.; ILGAUDS, H.-J.: *Georg Cantor 1845–1918*. Basel 1987, S. 63 ff.). Das erste Erzeugungsprinzip erzeugt aus einer Ordinalzahl $\alpha$ durch Addition von 1 die nächstfolgende Ordinalzahl $\alpha+1$. Das zweite Erzeugungsprinzip ordnet jeder aufsteigenden wohlgeordneten Menge von Ordnungszahlen ohne letztes Element eine darauf nächstfolgende Ordnungszahl, ihre Limeszahl zu.

HERBERTZ selbst entscheidet sich in [HERBERTZ 1921] für den Petitionismus, weil das zweite Erzeugungsprinzip zum „Ultrafiniten" führe (darunter versteht er die antinomischen Mengenbildungen; vgl. Anmerkung [10]).

[6]  Was ein „Gesamtzahlenkörper" ist, wird nirgends definiert. Der Gesamtkörper κατ᾿ ἐξοχήν (Gesamtkörper schlechthin) ist, wie aus dem Zusammenhang hervorgeht, die Klasse aller Ordnungszahlen. *Ein* Gesamtzahlenkörper ist auf S. 113 von [HERBERTZ 1921] ein Abschnitt der Klasse der Ordinalzahlen, hier konkret der Abschnitt bis zur ersten $\varepsilon$-Zahl der zweiten Zahlklasse (vgl. auch die nächste Anmerkung).

[7]  Das „Zahlenkontinuum" wird als mathematischer Begriff nirgends behandelt; die Bezeichnung dieser Menge als Gesamtzahlenkörper harmoniert nicht mit der sonstigen Verwendung dieses Begriffes.

[8]  Wie in Anmerkung [3] erwähnt, kommt HERBERTZ bei seiner Konstruktion nicht über ein Anfangsstück der zweiten Zahlklasse und damit nicht über die Mächtigkeit $\aleph_0$ hinaus. Das Folgende sind bestenfalls mathematische Ausdrucksweisen für gewisse philosophische Gedanken, z. B. „Kontinuum" für die Sphäre des Erlebten; einen mathematischen Sinn hat der „Uebergang aus der Sphäre der ‚Zahlklassen' in die des Zahlen*kontinuums* und umgekehrt" nicht.

[9]  Als das „Ultrafinite" bezeichnet HERBERTZ die antinomischen „Mengen", z. B. die „Menge aller Mengen", die „Menge aller Mengen, die sich nicht als Element enthalten", die „Menge aller Ordinalzahlen", die „Menge aller Kardinalzahlen".

[10]  Einen ersten Beweis gab CANTOR 1883 im § 12 von *Grundlagen einer allgemeinen Mannigfaltigkeitslehre*, Leipzig 1883 (*Gesammelte Abhandlungen*, [s. Anm. [3]], S. 197–199). In HAUSDORFFs *Grundzüge der Mengenlehre* steckt der Beweis in der allgemeinen Konstruktion der sukzessiven Alephs und Zahlklassen (Kap. V, § 5, S. 122–129) und wird nicht extra für die zweite Zahlklasse geführt.

# David Hilbert

## Korrespondenzpartner

DAVID HILBERT wurde am 23.1.1862 in Königsberg als Sohn eines Juristen geboren. Nach Studium in Königsberg und Heidelberg promovierte er 1885 in Königsberg und habilitierte sich dort 1886. 1892 wurde er Extraordinarius und bereits 1893 Ordinarius in seiner Vaterstadt. 1895 wurde er nach Göttingen berufen, wo er bis zu seiner Emeritierung 1930 wirkte. Er hatte wesentlichen Anteil daran, daß Göttingen im ersten Drittel des 20. Jahrhunderts ein führendes Lehr- und Forschungszentrum auf dem Gebiet der Mathematik wurde. DAVID HILBERT verstarb in Göttingen am 14.2.1943.

HILBERT war einer der bedeutendsten und vielseitigsten Mathematiker aller Zeiten. Sein wissenschaftliches Wirken kann in etwa in sechs Schaffensperioden eingeteilt werden, in denen er sich jeweils fast ausschließlich einem Teilgebiet der Mathematik gewidmet hat. Er begann seine wissenschaftliche Laufbahn mit grundlegenden Arbeiten zur Invariantentheorie. Mit vollkommen neuen, bereits Ideen der modernen Algebra vorwegnehmenden Methoden bewies er den Endlichkeitssatz der Invariantentheorie (zu jedem System algebraischer Formen in $n$ Variablen gibt es ein endliches volles Invariantensystem) und den heute nach ihm benannten Basissatz für Ideale. Seine erfolgreichen Bemühungen um die wirkliche Berechnung voller Invariantensysteme führten ihn um 1893 zur algebraischen Zahlentheorie. Er erzielte bahnbrechende Ergebnisse in der Klassenkörpertheorie und beim Beweis allgemeiner Reziprozitätsgesetze. Sein 1897 der DMV vorgelegter *Bericht über die Theorie der algebraischen Zahlkörper* ist als „Hilbertscher Zahlbericht" in die Geschichte der Mathematik eingegangen; er war von größter Wirkung und hat die neuere Entwicklung der algebraischen Zahlentheorie begründet. Die nächste Schaffensperiode HILBERTs war den Grundlagen der Geometrie gewidmet. Das Hauptergebnis war die 1899 anläßlich der Enthüllung des Gauß-Weber-Denkmals in Göttingen erschienene Schrift *Grundlagen der Geometrie*. Die Bedeutung dieser Schrift geht weit über die axiomatische Begründung der euklidischen Geometrie, wodurch die in der Antike begonnenen Bemühungen vollendet wurden, hinaus. HILBERT lehrte die Mathematiker axiomatisches Denken und schuf damit eine der Voraussetzungen für die moderne, mengentheoretisch-axiomatisch begründete Mathematik des 20. Jahrhunderts. Die von ihm an Hand der geometrischen Axiome aufgeworfenen Fragen nach der Widerspruchsfreiheit, Vollständigkeit und Unabhängigkeit von Axiomensystemen wurden zu wichtigen methodologischen Problemen der Grundlegung der Mathematik. Ab 1900 arbeitete HILBERT für etwas mehr als ein Jahrzehnt auf dem Gebiet der Analysis. Er gab einen strengen Beweis des DIRICHLETschen Prinzips und trieb daran anschließend den Ausbau der Variationsrechnung voran. Die FREDHOLMsche Theorie der Integralgleichungen entwickelte er zu einer Theorie der linearen Operatoren im Hilbert-Raum und ihrer Spektren weiter und wurde so zum Mitbegründer

der Funktionalanalysis. Mit zahlreichen Anwendungen der Theorie der Integralgleichungen auf gewöhnliche und partielle Differentialgleichungen, Variationsrechnung, Funktionentheorie und Geometrie zeigte HILBERT die Fruchtbarkeit des neu erschlossenen Gebietes. Die nächste Schaffensperiode bis etwa 1920 war der Mathematischen Physik gewidmet. Auf diesem Gebiet ragen besonders seine Beiträge zur kinetischen Gastheorie und zur allgemeinen Relativitätstheorie heraus. In den zwanziger Jahren befaßte sich HILBERT vor allem mit Problemen der Grundlegung der Mathematik. Er entwickelte gemeinsam mit Schülern einen allgemeinen Logikkalkül und eine Beweistheorie, welche die Basis jener Richtung in der Debatte um die Grundlagen der Mathematik wurde, die man als Formalismus bezeichnete. HILBERTs Hoffnung, man würde die Vollständigkeit der elementaren Zahlentheorie beweisen können, wurde 1931 durch den GÖDELschen Unvollständigkeitssatz enttäuscht. Zwei singuläre Ereignisse fallen aus dem Schema der sechs HILBERTschen Schaffensperioden heraus: Die Lösung des WARINGschen Problems der additiven Zahlentheorie 1909 und sein Vortrag *Mathematische Probleme* auf dem zweiten Internationalen Mathematikerkongreß 1900 in Paris. In diesem Vortrag formulierte HILBERT 23 offene Probleme aus allen Teilgebieten der Mathematik und präsentierte seine Ansichten über die Einheit der Mathematik, ihre Beziehungen zu anderen Wissenschaften und über die Bedeutung „gut gestellter" Probleme für die Arbeit des Mathematikers. Dieser Vortrag hatte einen großen Einfluß auf die Entwicklung der Mathematik im 20. Jahrhundert; jeder, der eines der HILBERTschen Probleme löste oder zur Lösung wesentlich beitrug, ist in die Geschichte der Mathematik eingegangen.

## Quelle

Die Briefe FELIX HAUSDORFFs an DAVID HILBERT befinden sich im Nachlaß HILBERTs in der Niedersächsischen Staats- und Universitätsbibliothek zu Göttingen, Abteilung Handschriften und seltene Drucke. Gegenbriefe HILBERTs sind im Nachlaß HAUSDORFFs nicht vorhanden.

## Danksagung

Wir danken dem Leiter der Abteilung Handschriften und seltene Drucke der SUB Göttingen, Herrn Dr. Helmut Rohlfing, für die Bereitstellung von Kopien der Briefe HAUSDORFFs an HILBERT sowie für die Erlaubnis, die Schriftstücke hier abzudrucken.

**Brief** Felix Hausdorff ⟶ David Hilbert

Leipzig, Leibnizstr. 4$^{II}$
12. Oktober 1900

Sehr geehrter Herr Professor!

Gestatten Sie mir einige Bemerkungen zu Ihrer Festschrift-Abhandlung über die „Grundlagen der Geometrie": zu deren aufrichtigen Bewunderern ich mich [1] zählen darf. Sie müssen es dem höchstgesteigerten Kriticismus zuschreiben, den die Lectüre Ihrer Schrift als philosophische Grundstimmung hinterlässt, wenn sogar an Ihren eigenen überaus scharfsinnigen und vorsichtigen Formulirungen irgend eine Kleinigkeit nicht völlig correct erscheint.

**(1)** Ihr Axiom I 2 stellt als äquivalent folgende beiden Sätze auf: [2]

α. Irgend zwei von einander verschiedene Punkte einer Geraden bestimmen diese Gerade.

β. Wenn $AB = a$ und $AC = a$ und $B \neq C$, so ist auch $BC = a$.

Aber α verlangt *mehr* als β, weil es von *irgendzwei* Punkten der Geraden a spricht, während in β der Punkt C in seiner Beliebigkeit dadurch eingeschränkt ist, dass er gerade mit A (statt mit irgend einem vierten Punkte D) wieder die Gerade a bestimmen soll. Man kann demgemäss eine Geometrie aufstellen, in der β gilt, nicht aber α, beispielsweise: unter *Punkten* verstehen wir die Punkte der Ebene mit Ausschluss zweier fester Punkte M, N; unter *Geraden* im Allgemeinen die euklidischen Geraden, jedoch nur solange AB nicht durch M geht; in diesem Ausnahmefall soll der durch ABN bestimmte Kreis (oder auch das Geradenpaar AN, BN) als Gerade AB gelten.

**(2)** Bezüglich der Unabhängigkeitsbeweise für die Axiome der ersten Gruppe verweisen Sie auf die autographirte Vorlesung. Der dort gegebene Beweis (Seite 10, 6), dass das Axiom 5 keine Folge der übrigen ist, trifft insofern nicht [3] zu, als im fingirten Beispiel auch die Axiome 3 und 4 umgestossen werden. Die folgende Festsetzung führt hoffentlich zum Ziele. In einer beliebigen Ebene ε werde ein Linienzug l angenommen, der von jeder beliebigen Geraden in ε entweder gar nicht oder in mindestens zwei Punkten geschnitten wird (das ist nothwendig, um das Axiom 6 aufrechtzuerhalten). Die einfachste Annahme dürfte sein, für l ein Paar paralleler Geraden zu setzen; oder l ein Tripel einander schneidender Geraden, jedoch mit Ausschluss der drei Schnittpunkte. Hiernach verstehen wir unter *Punkten* unserer Geometrie die Punkte des Raumes, mit Ausschluss von ε, jedoch wieder mit Hinzunahme der Punkte von l; *Gerade* seien die gewöhnlichen Geraden und der als *eine* Gerade betrachtete Linienzug l; *Ebenen* die gewöhnlichen Ebenen mit Ausschluss von ε. Dann haben Ebenen, deren Schnittgerade nach gewöhnlicher Auffassung in ε liegt, nach unserer Festsetzung entweder keinen Punkt oder zwei Punkte der „Geraden" l gemein, ohne doch alle Punkte von l gemein zu haben; es gelten also 3, 4, 6, nicht aber 5.

**(3)** Ihr Axiom I 7 halte ich, bis auf den vom Raum handelnden Schlusssatz, [4] für einen Pleonasmus. Nach Ihrer Definition heisst doch „ein Punkt $A$ liegt auf einer Geraden $a$" nichts anderes als „es existirt ein Punkt $B \neq A$, derart dass $A, B$ die Gerade $a$ bestimmen"; dann „liegt" aber auch $B$ „auf $a$", und $a$ trägt mindestens die zwei Punkte $A, B$. Dasselbe gilt von der Ebene. Ihr Axiom sagt also nur, dass jedes Individuum des Geraden- resp. Ebenensystems in Beziehung zu den Individuen des Punktsystems steht, oder dass es keine punktlosen Geraden und Ebenen giebt.

– Mit einigen Betrachtungen, die sich auf den Dreieckssatz $AB + BC > AC$ beziehen, bin ich noch nicht zum Abschluss gekommen. Sie bringen ihn in der autogr. Vorlesung hinter dem ebenen Congruenzaxiom, das er doch nicht [5] voraussetzt (ich erinnere Sie an Ihr eigenes Beispiel in Math. Ann. 46, p. 91); andererseits ist er auch keine blosse Folge der übrigen Axiome. Für das ebene Congruenzaxiom schlage ich seiner Wichtigkeit wegen einen eigenen Namen: „Axiom der freien Beweglichkeit", vor.

Falls Sie diese Andeutungen, ev. in etwas breiterer Ausführung, der Veröffent-[6] lichung für werth hielten, würde ich mich aufrichtig freuen. Hochachtungsvoll grüsst Sie

Ihr ergebener

F. Hausdorff

## Anmerkungen

[1]  Es handelt sich um DAVID HILBERT: *Grundlagen der Geometrie*. In: *Festschrift zur Feier der Enthüllung des Gauss-Weber-Denkmals in Göttingen. Herausgegeben von dem Fest-Comitee.* Teubner, Leipzig 1899, S. 1–92. Die späteren 13 Auflagen sind als eigenständige Monographie *Grundlagen der Geometrie* erschienen.

HAUSDORFF hat sich, insbesondere im Zusammenhang mit seinen erkenntniskritischen Überlegungen, eingehend mit Grundlagenfragen der Geometrie (Raumproblem, nichteuklidische Geometrien) beschäftigt (s. dazu vor allem Band VI dieser Edition, ferner in HAUSDORFFs *Das Chaos in kosmischer Auslese* ([H 1898a]) das Kapitel 5 „Vom Raume", Band VII dieser Edition, S. 667–717 und zugehörige Kommentare, ebd., S. 847–869). Es verwundert deshalb nicht, daß er HILBERTs *Grundlagen der Geometrie* genauestens studierte. Zum möglichen Einfluß der HILBERTschen Ideen auf sein späteres Werk zur Topologie s. auch Band II dieser Edition, S. 53–55 und S. 692–699.

[2]  Der Wortlaut von I.2 in der Festschrift ist folgender:
„I 2. *Irgend zwei von einander verschiedene Punkte einer Geraden bestimmen diese Gerade; d. h. wenn $AB = a$ und $AC = a$, und $B \neq C$, so ist auch $BC = a$.*"

[3]  Gemeint ist die HILBERTsche Vorlesung *Elemente der Euklidischen Geometrie* vom Wintersemester 1898/99. Sie wurde von H. VON SCHAPER ausgearbeitet und autographiert vertrieben. Wiederabdruck in: M. HALLETT; U. MAJER (Ed.): *David Hilbert's Lectures on the Foundations of Geometry 1891–1902.*

Springer-Verlag, Berlin etc. 2004, S. 302–406 (einschließlich der von HILBERT in das autographierte Exemplar eingetragenen handschriftlichen Notizen). Die hier von HAUSDORFF erwähnten Axiome I.3–I.6 lauten in der Festschrift folgendermaßen:

„I 3. Drei nicht auf ein und derselben Geraden liegende Punkte A, B, C bestimmen stets eine Ebene α; wir setzen ABC = α.

I 4. Irgend drei Punkte A, B, C einer Ebene α, die nicht auf ein und derselben Geraden liegen, bestimmen diese Ebene α.

I 5. Wenn zwei Punkte A, B einer Geraden a in einer Ebene α liegen, so liegt jeder Punkt von a in α.

I 6. Wenn zwei Ebenen α, β einen Punkt A gemein haben, so haben sie wenigstens noch einen weiteren Punkt B gemein." (S. 5)

HILBERT gab in der autographierten Vorlesung folgenden Beweis für die Unabhängigkeit von I.5:

„Als Punkte nehmen wir die Punkte des Euklidischen Raumes, mit Ausnahme eines einzigen Punktes O; als Graden nehmen wir die durch O gehenden Kreise; als Ebenen die gewöhnlichen Ebenen. Es braucht nicht näher ausgeführt zu werden, daß alle Axiome der ersten Gruppe, mit Ausnahme von 5. gültig sind."

[4]    Axiom I.7 hat in der Festschrift folgenden Wortlaut:

„I 7. Auf jeder Geraden giebt es wenigstens zwei Punkte, in jeder Ebene wenigstens drei nicht auf einer Geraden gelegene Punkte und im Raum giebt es wenigstens vier nicht in einer Ebene gelegene Punkte. (S. 5)

[5]    DAVID HILBERT: Ueber die gerade Linie als kürzeste Verbindung zweier Punkte. (Aus einem an Herrn F. Klein gerichteten Briefe). Mathematische Annalen 46 (1895), 91–96. HILBERT entwickelt dort eine Geometrie, welche lediglich die Axiome der Verknüpfung, der Anordnung und das Stetigkeitaxiom erfüllt. Er beweist auf dieser Grundlage u. a. auch die Dreiecksungleichung (S. 95).

[6]    Eine Veröffentlichung der HAUSDORFFschen Bemerkungen ist nicht erfolgt. In das in Anm. [3] erwähnte Exemplar seiner Vorlesung Elemente der Euklidischen Geometrie notierte HILBERT: „Vgl. die an mich gerichteten Briefe von Hausdorff u. Liebmann." (s. HALLETT/MAJER, a. a. O., S. 396). HILBERT hat aber in der zweiten Auflage der Grundlagen der Geometrie (Teubner, Leipzig 1903) auf alle drei von HAUSDORFF kritisierten Punkte reagiert: 1. Im Axiom I.2 ist der Nebensatz „d. h. wenn AB = a ..." getilgt. 2. Die Fußnote, welche bezüglich des Beweises der Unabhängigkeit von I.5 von den übrigen Axiomen der Gruppe I auf die autographierte Vorlesung verweist, ist weggelassen. 3. Das Axiom I.7 ist in zwei Axiome aufgespalten. HAUSDORFF wird aber nicht erwähnt.

Was LIEBMANN geschrieben hat, wissen wir nicht; der Brief ist im Nachlaß HILBERTs nicht mehr vorhanden.

Leipzig, 29. Sept. 1904

Sehr geehrter Herr Professor,

[1] Vorgestern von meiner Reise heimgekehrt fand ich Ihre Abhandlungen vor und beeile mich Ihnen dafür den herzlichsten Dank abzustatten. Die freigebige, beinahe verschwenderische Art, in der Sie meinen Wunsch erfüllt und Ihr Versprechen eingelöst haben, erfreut und verpflichtet mich ganz besonders.

[2] Nachdem das Continuumproblem mich in Wengen beinahe wie eine Monomanie geplagt hatte, galt hier mein erster Blick natürlich der Bernsteinschen Dissertation. Der Wurm sitzt genau an der vermutheten Stelle, S. 50: „jede Theilmenge von der Mächtigkeit $\aleph_\nu$, gebildet aus den Elementen von $\aleph_\mu$, befindet sich [falls $\aleph_\mu > \aleph_\nu$] in einem *Abschnitt* der wohlgeordneten Menge von Zahlen $\{\alpha_\mu\}$." Das ist falsch, wie das einfache Gegenbeispiel (für $\aleph_\mu = \aleph_\omega$, $\aleph_\nu = \aleph_0$) lehrt: $\aleph_\omega$ ist die Mächtigkeit der Menge aller Zahlen der 1., 2., 3., ... Zahlenklasse; eine abzählbare Theilmenge davon gehört aber im Allgemeinen keinem Abschnitt an, da sie Zahlen aus immer steigenden Zahlenklassen enthalten kann. Bernsteins Betrachtung giebt eine Recursion von $\aleph_{\mu+1}$ auf $\aleph_\mu$, versagt aber für solche $\aleph_\mu$, die keinen Vorgänger haben, also gerade für die Alephs, für die Herr J. König sie nothwendig braucht. Ich hatte in diesem Sinne, soweit ich es ohne Benutzung der Bernsteinschen Arbeit konnte, schon von unterwegs an Herrn König geschrieben, aber keine Antwort erhalten, bin also um so mehr geneigt, den König'schen Beweis für falsch und den König'schen Satz für den Gipfel des Unwahrscheinlichen zu halten. Andererseit werden wohl auch Sie kaum den Eindruck gewonnen haben, dass Herr Cantor das, was er seit 30 Jahren vergeblich sucht, in den letzten Wochen gefunden haben sollte, und so scheint Ihr Problem Nr. 1 nach dem Heidelberger Congress genau dort zu stehen, wo Sie es auf dem Pariser Congress verlassen haben.

[3] Aber vielleicht ist, während ich dies schreibe, doch schon eine der streitenden Parteien im Besitze der Wahrheit. Ich bin sehr gespannt auf die gedruckten Verhandlungen des Congresses.

[4] Mit der Bitte um freundliche Empfehlung an Ihre Frau Gemahlin begrüsst Sie

[5]

[6]

Ihr hochachtungsvoll ergebener
F. Hausdorff

## Anmerkungen

[1] Es wird sich um Abhandlungen HILBERTs gehandelt haben, deren Erscheinen noch nicht allzulange zurücklag. In den Jahren 1902–1904 hat HILBERT neben der 2. Auflage der *Grundlagen der Geometrie* (1903) folgende Arbeiten veröffentlicht: *Über die Grundlagen der Geometrie*. Göttinger Nachrichten 1902, 233–241. *Über die Grundlagen der Geometrie*. Math. Annalen **56**

(1902), 381–422. *Über den Satz von der Gleichheit der Basiswinkel im gleichschenkligen Dreieck.* Proc. London Math. Society **35** (1903), 50–68. *Neue Begründung der Bolyai-Lobatschefskijschen Geometrie.* Math. Annalen **57** (1903), 137–150. *Grundzüge einer allgemeinen Theorie der linearen Integralgleichungen.* Göttinger Nachrichten 1904, 49–91 und 213–259.

[2] Der Brief nimmt Bezug auf ein Ereignis auf dem Internationalen Mathematikerkongreß in Heidelberg (8.–13. August 1904). Dort hatte der ungarische Mathematiker JULIUS KÖNIG (1849–1913) am 10. August einen Vortrag „Zum Kontinuumproblem" gehalten, in dem er „bewies", daß die Kardinalzahl $\aleph$ des Kontinuums in der CANTORschen Alephreihe $\aleph_0, \aleph_1, \ldots, \aleph_\omega, \ldots$ nicht vorkommt, d. h. daß das Kontinuum nicht wohlgeordnet werden kann. Dieses Ergebnis hätte CANTORs Vorstellung von der „Denknotwendigkeit" der Wohlordnungsfähigkeit einer jeden Menge umgestoßen und seine Kontinuumshypothese $\aleph = \aleph_1$ widerlegt. Nach dem Kongreß trafen sich einige Teilnehmer (u. a. CANTOR, HAUSDORFF, HILBERT, SCHOENFLIES) in Wengen (Schweiz), wo die lebhafte Diskussion über KÖNIGs Vortrag fortgesetzt wurde (zu Einzelheiten s. Band II dieser Edition, S. 9–12 und PURKERT, W.: *Kontinuumproblem und Wohlordnung – die spektakulären Ereignisse auf dem Internationalen Mathematikerkongreß 1904 in Heidelberg.* In: *Form, Zahl, Ordnung.* Boethius, Band 48, Steiner-Verlag, Wiesbaden 2004, 223–241; ferner EBBINGHAUS, H.-D.: *Ernst Zermelo.* Springer-Verlag, Berlin-Heidelberg 2007, S. 50–53.)

[3] BERNSTEIN, F.: *Untersuchungen aus der Mengenlehre.* Dissertation, Universität Göttingen 1901. In Halle/Saale als Manuskript gedruckt. Fast unverändert nachgedruckt in Math. Annalen **61** (1905), 117–155.

[4] BERNSTEIN hatte in seiner Dissertation eine Rekursionsformel für die Alephexponentiation angegeben, nämlich $\aleph_\mu^{\aleph_\nu} = \aleph_\mu \cdot 2^{\aleph_\nu}$. Diese ist jedoch für Limeszahlen $\mu$ falsch. KÖNIGs Überlegungen fußten auf der BERNSTEINschen Rekursionsformel, und zwar benötigte er diese gerade für Limeszahlen $\mu$. Mit dem Nachweis des Fehlers bei BERNSTEIN war auch KÖNIGs Resultat hinfällig. Eine korrekte Rekursionsformel hat HAUSDORFF im Herbst 1904 veröffentlicht ([H 1904a]; s. dazu auch den Kommentar in Band I dieser Edition). Im Nachdruck der BERNSTEINschen Dissertation in den Mathematischen Annalen (s. Anm. [3]) ist die Rekursionsformel $\aleph_\mu^{\aleph_\nu} = \aleph_\mu \cdot 2^{\aleph_\nu}$ nur für endliche $\mu$, $\nu$ ausgesprochen und bewiesen (S. 150–151).

[5] HAUSDORFF bezieht sich hier auf HILBERTs berühmten Vortrag „Mathematische Probleme" auf dem Internationalen Mathematikerkongreß 1900 in Paris (publiziert in Göttinger Nachrichten 1900, 253–297, ferner in HILBERT, D.: *Gesammelte Abhandlungen*, Band III, Springer-Verlag, Berlin 1935, 290–329). HILBERT hatte dort den Mathematikern an der Schwelle des neuen Jahrhunderts 23 Probleme unterbreitet, deren Lösung er für besonders wichtig hielt. Problem Nr. 1 war überschrieben mit „Cantors Problem von der Mächtig-

keit des Kontinuums". HILBERT wünschte dort einen Beweis der CANTORschen Kontinuumshypothese sowie einen Beweis, daß das Kontinuum wohlgeordnet werden kann, „etwa durch wirkliche Angabe einer solchen Ordnung der Zahlen, bei welcher in jedem Teilsysteme eine früheste Zahl aufgewiesen werden kann. "

[6] KÖNIG hat im Abdruck seines Vortrages im Kongreßbericht seinen Schluß, den er aus der BERNSTEINschen Rekursionsformel für das Kontinuum gezogen hatte, ausdrücklich zurückgenommen. HAUSDORFF hat er dort nicht erwähnt (KRAZER, A. (Hrsg.): *Verhandlungen des dritten Internationalen Mathematiker-Kongresses in Heidelberg vom 8.–13. August 1904.* Teubner, Leipzig 1905, S. 147).

**Brief** FELIX HAUSDORFF ⟶ DAVID HILBERT

Leipzig, Lortzingstr. 13
15. Juli 1907

Sehr geehrter Herr Geheimrath,

Herr Professor Cantor, mit dem ich vor 14 Tagen längere Zeit zusammen war, regte mich an, von meinen „Untersuchungen über Ordnungstypen" ein knappes Exposé auszuarbeiten und Ihnen zum Abdruck in den Math. Annalen anzubieten. Er hielt es für wünschenswerth, dass die Sachen einem weiteren Leserkreise als dem der Leipziger Berichte unter die Augen kämen; auch ging er von der nicht unrichtigen Voraussetzung aus, dass die etwas lang gerathene Arbeit durch eine verkürzte, systematische und auf das Wesentlichste eingeschränkte Darstellung an Verständlichkeit gewinnen würde.

Sie werden, sehr geehrter Herr Geheimrath, durch einen Blick in die Arbeiten
[1] (Leipz. Berichte 1906 und 1907), die ich Ihnen als Separata zu übersenden die Ehre hatte, leicht darüber schlüssig werden können, ob der Vorschlag von Herrn Cantor, auf den mich zu beziehen ich ausdrücklich ermächtigt bin, Beachtung verdient. Ich erlaube mir also die Anfrage, ob Sie *principiell* geneigt wären, einen Artikel, etwa „Theorie der Ordnungstypen" betitelt und im Umfange von 2–3 Bogen, in die Annalen aufzunehmen.

Sie finden vielleicht dies Ansinnen, über eine noch ungeschriebene Arbeit ein Votum abzugeben, etwas voreilig; natürlich soll es sich eben nur um eine principielle Erklärung handeln, die Sie nicht verpflichtet, sondern Ihnen seiner Zeit die Prüfung der wirklich vorliegenden Arbeit als unverkürztes Recht vorbehält. Nur möchte ich mir die Mühe sparen, falls etwa die Redaction der Annalen von vornherein das jetzt so vielfach (und mit so mittelalterlichen Waffen!) be-
[2] strittene Gebiet der Mengenlehre zu excludiren geneigt sein sollte. Ausserdem spielt für mich noch die Zeitfrage mit: soviel ich weiss, sind die Annalen immer so reichlich mit Stoff versehen, dass an eine baldige Publication meiner Arbeit kaum zu denken wäre. Dann aber könnte sich bis zum Zeitpunkt der Drucklegung noch eins oder das andere der bisher dunkel gebliebenen Proble-

me aufklären (einige Nachträge zu der Arbeit über Pantachietypen habe ich schon jetzt fertig), und es wäre vorzuziehen, die Arbeit erst kurz vor diesem Zeitpunkt abzuschliessen. Ich würde Sie also sehr bitten, falls Sie die erhoffte principielle Zustimmung zu geben in der Lage sind, mir *ungefähr* den Zeitpunkt zu bezeichnen, zu dem das Manuscript vorliegen müsste, um dann etwa im Laufe des nächsten Viertel- oder Halbjahrs das Licht der Welt zu erblicken. [3]

In der Hoffnung, dass Sie, sehr geehrter Herr Geheimrath, den von Poincaré todtgesagten „Cantorismus" noch für einigermassen lebendig halten und einer [4] Arbeit, die der Mengenlehre inhaltlich etwas Neues hinzufügt, Ihr Interesse nicht versagen werden, bin ich

Ihr hochachtungsvoll ergebener

Felix Hausdorff

## Anmerkungen

[1]   Es handelt sich um die Arbeiten [H 1906b] und [H 1907a].

[2]   Diese Briefstelle spielt auf die kritische Situation an, in die die Mengenlehre nach dem Bekanntwerden der Antinomien und durch die Auseinandersetzungen um das Auswahlaxiom (nach ZERMELOs erstem Beweis des Wohlordnungssatzes 1904) geraten war (s. dazu MOORE, G. H.: *Zermelo's Axiom of Choice. Its Origins, Development, and Influence.* Springer-Verlag, New York-Heidelberg-Berlin 1982, S. 85–141, und FERREIRÓS, J.: *Labyrinth of Thought. A History of Set Theory and Its Role in Modern Mathematics.* 2. Aufl., Birkhäuser-Verlag, Basel 2007, S. 299–336. Zu HAUSDORFFs Position zu den Grundlagenfragen der Mathematik s. den Essay von P. KOEPKE im Band I dieser Edition).

[3]   Eine große zusammenfassende Arbeit über HAUSDORFFs Ergebnisse in der Theorie der geordneten Mengen erschien 1908 unter dem Titel „Grundzüge einer Theorie der geordneten Mengen" in den Mathematischen Annalen (Band 65, S. 435–505). Zu Entstehung, Bedeutung und Einfluß der HAUSDORFFschen Beiträge zur Theorie der geordneten Mengen s. Band II dieser Edition, S. 602–607, 645–674 und die Kommentare in Band I dieser Edition, ferner PLOTKIN, J. M. (Ed.): *Hausdorff on Ordered Sets.* AMS Print, Providence (RI) 2005.

[4]   POINCARÉ hat sich mehrfach kritisch mit der Mengenlehre und insbesondere mit ZERMELOs erstem Beweis des Wohlordnungssatzes auseinandergesetzt, vor allem in *Les mathématiques et la logique*, Revue de métaphysique et de morale **13** (1905), 815–835, **14** (1906), 17–34, 294–317 (zur Auseinandersetzung POINCARÉs mit ZERMELOs Beweis s. MOORE, G. H., a. a. O. (Anm. [2]), S. 104–106). Vor allem lehnt POINCARÉ die höheren Alephs CANTORs ab und spricht im Zusammenhang mit der allgemeinen Mengenlehre vom „Cantorismus". Besonders bekannt wurde der Ausdruck „Cantorismus" durch seinen Vortrag „L'avenir des mathématiques" auf dem 4. Internationalen Mathematikerkongreß in Rom (*Atti del IV Congresso Internazionale dei Matematici*

*(Roma, 6–11 Aprile 1908)*. Tipografia della R. Accademia dei Lincei, Roma 1909, Vol. I, 167–182). In diesem Vortrag folgen auf einen allgemein gehaltenen Einführungsteil Abschnitte über Arithmetik, Algebra, gewöhnliche und partielle Differentialgleichungen, Abelsche Funktionen, Funktionentheorie, Gruppentheorie und Geometrie. Die Mengenlehre kommt nicht vor, dafür aber ein etwa eine halbe Seite umfassender Abschnitt unter dem Titel „Le cantorisme". Darin heißt es:

> Un des traits caractéristiques du cantorisme, c'est qu'au lieu de s'élever au général en bâtissant des constructions de plus en plus compliquées et de définir par construction, il part du *genus supremum* et ne définit, comme auraient dit les scholastiques, que *per genus proximum et differentiam specificam.* De là l'horreur qu'il a quelque temps inspirée à certains esprits, à HERMITE par exemple, dont l'idée favorite était de comparer les sciences mathématiques aux sciences naturelles. Chez la plupart d'entre nous ces préventions s'étaient dissipées, mais il est arrivé qu'on s'est heurté à certains paradoxes, à certaines contradictions apparentes, qui auraient comblé de joie ZÉNON d'Elée et l'école de Mégare. Et alors chacun de chercher le remède. Je pense pour mon compte, et je ne suis pas seul, que l'important c'est de ne jamais introduire que des êtres que l'on puisse définir complètement en un nombre fini de mots. Quel que soit le remède adopté, nous pouvons nous promettre la joie du médecin appelé à suivre un beau cas pathologique. (*Atti* ⋯, a. a. O., S. 182.)

CANTOR reagierte, wenn auch nicht öffentlich, sehr scharf. In einem Brief an HILBERT vom 24. 6. 1908 schrieb er u. a.:

> Was sagen Sie zu dem römischen Vortrag des Herrn Poincaré? *Welch verblendeter Hochmuth!* Wie schaal, oberflächlich, *trivial all' sein Gerede*, auch abgesehen von dem *dummen Zeug über den „Cantorismus"!* Er weiss offenbar nicht, dass Hermite, mit dem ich sehr befreundet war, in seinem letzten Lebensjahrzehnt von seinem anfänglichen, durch Kronecker aufgestachelten und genährten Vorurtheil gegen das Transfinite und die Mengenlehre ganz abgekommen ist. (Cod. Ms. David Hilbert, Niedersächsische Staats- und Universitätsbibliothek Göttingen, Handschriftenabt., Nr. 54, Bl. 57.)

## Brief FELIX HAUSDORFF ⟶ DAVID HILBERT

Leipzig, 3. März 1909

Sehr geehrter Herr Geheimrath,

[1]     Herzlichen Dank für die Zusendung Ihrer Lösung des Waring'schen Problems. Das ist ja wieder einmal ein Ereigniss! und eines, das man nach der Lectüre
[2]     der letzten Arbeiten von Hurwitz, Landau u. s. w. noch in weiter Ferne glauben musste. Besonders die Vergleichung mit der Arbeit von Hurwitz (Math. Ann. 1908) giebt einen Begriff von der Tiefe Ihrer Untersuchung: wie merkwürdig ist

die Herleitung Ihres Satzes II aus der Integralformel, und wie vergrössert sich bei Ihnen die Tragweite der fraglichen Identität, aus der Sie, kurz gesprochen, nicht nur die von Hurwitz bemerkte Übertragung der Waring'schen Hypothese von $n$ auf $2n$, sondern von $n$ auf $2n + 1$ gewinnen!

Darf ich mir noch erlauben, Sie auf eine Vereinfachung des Satzes I hinzuweisen: soviel ich sehe, kann man statt des 25-fachen Integrals das 5 fache   [3]

$$(x_1^2 + \cdots + x_5^2)^m = C \int \cdots \int (t_1 x_1 + \cdots + t_5 x_5)^{2m} \, dt_1 dt_2 \cdots dt_5 \, ,$$

erstreckt über das Gebiet

$$t_1^2 + t_2^2 + \cdots + t_5^2 \leq 1 \, ,$$

setzen, von dem noch unmittelbar klar ist, dass es orthogonale Invariante ist, resp. das man durch eine orthogonale Substitution

$$t_1' = (x_1 t_1 + \cdots x_5 t_5) : \sqrt{x_1^2 + \cdots + x_5^2} \, ,$$

direct in die gesuchte Form

$$(x_1^2 + \cdots + x_5^2)^m \times \text{ const.}$$

überführt.

Mit hochachtungsvollen Grüssen

bin ich     Ihr sehr ergebener

F. Hausdorff

### Anmerkungen

[1]  HILBERT, D.: *Beweis für die Darstellbarkeit der ganzen Zahlen durch eine feste Anzahl n-ter Potenzen (Waringsches Problem)*. *Dem Andenken an Hermann Minkowski gewidmet*. Göttinger Nachrichten 1909, 17–36. Leicht verändert wieder abgedruckt in Math. Annalen **67** (1909), 281–300. Diese Version ist auch abgedruckt in HILBERT, D.: *Gesammelte Abhandlungen*, Band I, Springer-Verlag, Berlin 1932, 510–527. HAUSDORFF hatte von HILBERT den Erstabdruck aus den Göttinger Nachrichten erhalten.

[2]  HURWITZ, A.: *Über die Darstellung der ganzen Zahlen als Summen von $n^{ten}$ Potenzen ganzer Zahlen*. Math. Annalen **65** (1908), 424–427. LANDAU, E.: *Über die Darstellung einer ganzen Zahl als Summe von Biquadraten*. Rendiconti Circolo Mat. di Palermo **23** (1907), 91–96; Ders.: *Über eine Anwendung der Primzahltheorie auf das Waringsche Problem in der elementaren Zahlentheorie*. Math. Annalen **66** (1908), 102–105.

[3]  HILBERT hat diese Anregung im Wiederabdruck seiner Arbeit in den Mathematischen Annalen aufgegriffen. In einer Fußnote heißt es an dieser Stelle:

In meiner ursprünglichen Veröffentlichung (Nachr. der Ges. der Wiss. zu Göttingen 1909) habe ich mich hier eines gewissen 25-fachen Integrales bedient; daß man dasselbe für den vorliegenden Zweck durch das obige 5-fache Integral ersetzen kann, ist eine sehr dankenswerte, mir von verschiedenen Seiten (F. HAUSDORFF, J. KÜRSCHÁK, u. A.) gemachte Bemerkung. (HILBERT, D., a. a. O. (Anm. [1]), S. 282.)

## Brief FELIX HAUSDORFF ⟶ DAVID HILBERT

Leipzig, Lortzingstr. 13
16. März 1909

Sehr geehrter Herr Geheimrath,

Ihre wunderbare Arbeit über das Waring'sche Problem hat sich meiner Gedanken derart bemächtigt, dass ich dem Reiz, einigen Punkten darin noch auf eine andere Weise als die Ihrige beizukommen, nicht widerstehen konnte. Insbesondere lockte mich Ihr Satz II zur Aufsuchung eines Beweises, der gleichzeitig einen Fingerzeig über die passende Wahl der betreffenden Linearformen gäbe. Nachdem ich schliesslich etwas Derartiges gefunden habe, wobei die Nullstellen

[1] der Ableitungen von $e^{-x^2}$ eine Rolle spielen, erlaube ich mir Ihnen beifolgend ein kleines Manuscript darüber zur Ansicht zu senden. Wenn Sie es der Ehre für würdig halten, im Kielwasser Ihrer Arbeit mitzuschwimmen, so liesse es sich vielleicht bei Gelegenheit des Abdruckes Ihrer Abhandlung in den Math.

[2] Annalen als kleines Anhängsel von 2–3 Seiten miteinschieben. Wenn nicht, so bitte ich um freundliche Rücksendung und werde es dann in den Berichten unserer Sächs. Gesellsch. d. Wiss., deren nächste Sitzung allerdings erst am 26. April ist, unterbringen.

Ich möchte die Gelegenheit wahrnehmen, Ihnen für die Einladung der Com-

[3] mission der Wolfskehlstiftung zu den Vorträgen von Poincaré meinen herzlichsten Dank zu sagen. Ob ich ihr werde Folge leisten können, wie ich ausserordentlich gern möchte, erscheint mir allerdings noch etwas zweifelhaft, da mit

[4] Rücksicht auf das Leipziger Universitätsjubiläum diesmal ein besonders frühzeitiger Beginn der Sommervorlesungen erwartet wird.

Hochachtungsvoll begrüsst Sie

Ihr sehr ergebener

Felix Hausdorff

## Anmerkungen

[1] HAUSDORFF hatte bereits 1901 die Hermiteschen Orthogonalpolynome benutzt, um die heute in der Stochastik als Gram-Charlier-Reihen vom Typ A bezeichneten Entwicklungen kurz und sehr elegant herzuleiten ([H 1901a]; s. Band V dieser Edition, S. 551–555 u. S. 579). Er war also mit diesem Werkzeug bestens vertraut und hat es hier zur Herleitung von HILBERTs Satz II in sehr origineller Weise eingesetzt.

[2] HAUSDORFFs Note *Zur Hilbertschen Lösung des Waringschen Problems* ([H 1909b]) erschien, wie von ihm hier vorgeschlagen, im unmittelbaren Anschluß an HILBERTs Arbeit (s. [Anm [1] zum vorigen Brief) in den Mathematischen Annalen **67** (1909), 301–305 (Wiederabdruck mit Kommentar von W. SCHARLAU im Band IV dieser Edition, S. 503–509).

[3] PAUL FRIEDRICH WOLFSKEHL (1856–1906) hatte für den Beweis des Großen Fermatschen Satzes testamentarisch den Betrag von 100.000 Goldmark gestiftet. Der Preis wurde 1908 von der Königlichen Gesellschaft der Wissenschaften zu Göttingen ausgeschrieben. Aus den Zinsen der Stiftung wurden Vorträge auswärtiger Wissenschaftler in Göttingen finanziert. Die offizielle „Bekanntmachung des Kuratoriums der Wolfskehl-Stiftung" über die Vorträge von POINCARÉ hat folgenden Wortlaut:

> Es ist möglich gewesen, Herrn H. POINCARÉ für eine Serie von Vorträgen zu gewinnen, die derselbe vom 22.–28. April dieses Jahres in Göttingen über verschiedene Gegenstände der Mathematik halten wird, und zu denen die Fachgenossen hiermit eingeladen werden. Gleichzeitig sind für diese Tage einige Sitzungen der Göttinger Mathematischen Gesellschaft in Aussicht genommen.
> Göttingen, Januar 1909.             Im Auftrage: HILBERT
> (Jahresbericht der DMV **18** (1909), Abt. Mitteilungen und Nachrichten, S. *27*.

Im folgenden Heft des Jahresberichts (ebd., S. *39*) wird unter dem Stichwort „Poincaré-Vorträge" vermerkt, daß POINCARÉ beabsichtige, „über Integralgleichungen und deren Anwendung auf Physik und Astronomie (Flutbewegung und HERTZsche Wellen), auch über den Begriff der transfiniten Kardinalzahlen vorzutragen." Die Vorträge fanden wie angekündigt statt. Ob HAUSDORFF teilnahm, ist nicht bekannt. 1910 wurden POINCARÉs Vorträge als selbständige Broschüre veröffentlicht: POINCARÉ, H.: *Sechs Vorträge über ausgewählte Gegenstände aus der reinen Mathematik und mathematischen Physik*. Teubner, Leipzig und Berlin 1910 (60 S.). Eine kurze Inhaltsangabe findet sich in *Jahrbuch über die Fortschritte der Mathematik* **41** (Jahrgang 1910), Reimer, Berlin 1913, 376–377.

[4] Die Leipziger Universität feierte 1909 den 500. Jahrestag ihrer Gründung.

## Brief FELIX HAUSDORFF ⟶ DAVID HILBERT

Leipzig, Nordplatz 5
16. 4. 1910

Sehr verehrter Herr Geheimrath,

[1]    für Ihre freundlichen Glückwünsche zu meiner Berufung nach Bonn möchte ich Ihnen vor meiner Übersiedelung noch den herzlichsten Dank aussprechen. Ich weiss nicht, ob ich Ihnen Unrecht thue, wenn ich diesen Dank mit einem unbekannten Factor > 1 multiplicire, für den Fall, dass Ihnen ein unmittelbarer oder inducirender Einfluss auf diese Wendung meines Schicksals zugeschrieben
[2]    werden müsste; ich würde es jedenfalls als hohe Auszeichnung empfinden, wenn es sich so verhielte.

Mit hochachtungsvollen Grüssen

Ihr sehr ergebener

F. Hausdorff

### Anmerkungen

[1]    HAUSDORFF wurde zum Sommersemester 1910 zum planmäßigen Extraordinarius an die Universität Bonn berufen. In Leipzig war er seit 1901, also ungewöhnlich lange, nur außerplanmäßiger Extraordinarius gewesen. Das bedeutete u. a., daß er dort kein festes Gehalt bezog, sondern nur die Kolleggelder für seine Vorlesungen erhielt. Bonn war aber nicht nur in finanzieller Hinsicht ein Gewinn, denn HAUSDORFF hatte sich in Leipzig überhaupt nicht wohlgefühlt (vgl. seine Briefe an FRIEDRICH ENGEL in diesem Band).

[2]    Aus den Berufungsakten geht keine Beteiligung HILBERTs an der Bonner Berufung hervor, was natürlich nicht ausschließt, daß HILBERT sich in Gesprächen für HAUSDORFF eingesetzt hat.

## Brief FELIX HAUSDORFF ⟶ DAVID HILBERT

Greifswald, Graben 5
27. Febr. 1914

Sehr verehrter Herr Geheimrath!

Darf ich Sie um freundliche Aufnahme der beiliegenden Arbeit in die Math.
[1]    Annalen bitten? Ein möglichst baldige Publication wäre mir natürlich sehr erwünscht, und da die Sache nur kurz ist (ich veranschlage sie auf 3–4 Seiten), so lässt sich das vielleicht einrichten.
[2]    Ich hoffe Ihnen nächstens ein Buch über Mengenlehre dediciren zu können, an dem ich seit $1\frac{1}{2}$ Jahren gearbeitet habe und von dem augenblicklich die

letzten Bogen im Satz sind. Leider ist mir Schoenflies zuvorgekommen, dessen zweite Auflage immerhin wesentlich besser ist als die erste. [3]

Greifswald ist von der mathematischen Welt abgeschieden: in Bonn hörte ich [4] wenigstens durch J. O. Müller allerlei Interessantes aus Göttingen.

Waren Sie, sehr geehrter Herr Geheimrath, im Sommer 1912 im Engadin? Ich glaube Sie einmal auf der S. Moritzer Landstrasse gesehen zu haben; aber ich fuhr im Wagen, und ehe ich mich besinnen konnte, war die Entfernung schon zu gross.

Mit ergebensten Grüssen und der Bitte um freundliche Empfehlung an Ihre Frau Gemahlin

Ihr

F. Hausdorff

## Anmerkungen

[1]   Es handelt sich um HAUSDORFFs Arbeit *Bemerkung über den Inhalt von Punktmengen*, Math. Annalen **75** (1914), 428–433. Diese Arbeit enthält HAUS-DORFFs berühmtes Kugelparadoxon (s. den Kommentar von S. D. CHATTERJI im Band IV dieser Edition, S. 11–18).

[2]   Gemeint ist HAUSDORFFs Hauptwerk *Grundzüge der Mengenlehre*, Veit & Co., Leipzig 1914 (wiederabgedruckt und ausführlich kommentiert im Band II dieser Edition).

[3]   Die Deutsche Mathematiker-Vereinigung hatte in den 1890-er Jahren AR-THUR SCHOENFLIES beauftragt, einen Bericht über „Curven- und Punktman-nigfaltigkeiten" zu verfassen. Dieser erschien in zwei Teilen in den Jahren 1900 und 1908 (SCHOENFLIES, A.: *Die Entwickelung der Lehre von den Punktman-nigfaltigkeiten*. Jahresbericht der DMV **8** (1900), Heft 2; Ders.: *Die Entwicke-lung der Lehre von den Punktmannigfaltigkeiten*. Teil II. Jahresbericht der DMV, 2. Ergänzungsband, Teubner-Verlag, Leipzig 1908). 1913, wenige Mo-nate vor Erscheinen von HAUSDORFFs *Grundzüge der Mengenlehre*, brachte SCHOENFLIES eine vollkommen überarbeitete und stark erweiterte Fassung des ersten Teiles seines Mengenberichts heraus (SCHOENFLIES, A.: *Entwickelung der Mengenlehre und ihrer Anwendungen. Erste Hälfte: Allgemeine Theorie der unendlichen Mengen und Theorie der Punktmengen.* (Umarbeitung des im VIII. Bande der Jahresberichte der DMV erstatteten Berichtes). Teubner-Verlag, Leipzig-Berlin 1913). Zum Vergleich dieses Werkes mit HAUSDORFFs *Grundzügen* s. Band II dieser Edition, S. 48–55; zu den SCHOENFLIESschen Be-richten von 1900 und 1908 s. ebenda, S. 26–27 und S. 42–45.

[4]   FELIX HAUSDORFF wurde zum Sommersemester 1913 zum Ordinarius nach Greifswald berufen.

**Brief** FELIX HAUSDORFF $\longrightarrow$ DAVID HILBERT

Gr., 20/4 14

Sehr geehrter Herr Geheimrath!

Für Ihre freundlichen Worte über mein Buch danke ich Ihnen sehr.
Die Arbeit von Leopold Löwenheim vermag ich innerhalb kürzerer Zeit nicht
zu beurtheilen, da sie vom ersten Buchstaben an Kenntnis von Schröders Algebra der Logik voraussetzt. Das Einzige, was ich thun konnte, war, Löwenheims
[1]  Arbeiten in Math. Ann. 68 und 73 einmal anzusehen. Diese geben zwar, da
sie den Gebietekalkül und nicht wie die gegenwärtige den Relativkalkül behandeln, keinen Schlüssel zum Verständnis der jetzigen Arbeit, machen aber
doch einen so verständigen Eindruck, dass man vielleicht Herrn L. persönlichen
Credit gewähren kann. Ich würde also meinerseits dafür plaidiren, nach A und
[2]  B auch C zu sagen und die dritte Arbeit ebenfalls aufzunehmen. Eine andere
Frage ist, ob sie mehr als zwei Menschen lesen werden. Wenn Ihnen, was ich
durchaus begreiflich fände, meine Auskunft unzureichend erscheint, so würde
[3]  ich als Begutachter Herrn Korselt vorschlagen. Übrigens macht das Ms. einen
noch nicht sehr druckfertigen Eindruck.
Die Arbeit von Th. Kaluza finde ich für das Niveau der Annalen doch zu kind-
lich. Es handelt sich, von den speciellen Constructionen des Verf. abgesehen,
darum, jeder positiven Zahl $x$ ein einschliessendes Intervall $(a_x, b_x)$ zuzuordnen
$(a_x < x < b_x)$ und $x$ dann mit $y$ äquivalent zu nennen, wenn $y$ in diesem
Intervall liegt; dabei kann z. B. $2x \sim x$ sein, was K. als Analogon zur Alefglei-
chung $2\aleph = \aleph$ ansieht. Er betrachtet speciell die mit Hülfe iterirter Logarith-
men (für die Basis 2) definirten Intervalle $|l^n y - l^n x| < 1$ resp. Äquivalenzen
$x \sim_n y$, zeigt, dass die Äquivalenz $\sim_n$ mit immer grösserer Wahrscheinlichkeit
(je grösser man $x, y, z$ wählt) das Transitivitätsgesetz erfüllt u. dgl. Auf diese
Weise kommen ein paar unvollkommene Analogien mit Mächtigkeitsgleichun-
gen zu Stande; aber diesem heiteren Spiel drei Bogen Math. Ann. einzuräumen
[4]  wäre doch eine Zumuthung.
Indem ich beide Arbeiten eingeschrieben zurücksende, bin ich mit besten
Grüssen

Ihr hochachtungsvoll ergebener
F. Hausdorff

## Anmerkungen

[1]  LÖWENHEIM, L.: *Über die Auflösung von Gleichungen im logischen Ge-
bietekalkul.* Math. Annalen **68** (1910), 169–207. Ders.: *Über Transformationen
im Gebietekalkül.* Math. Annalen **73** (1913), 245–272.

[2]  Die Arbeit erschien 1915: LÖWENHEIM, L.: *Über Möglichkeiten im Relativkalkül.* Math. Annalen **76** (1915), 447–470.

[3] ALWIN REINHOLD KORSELT (1864–1947) war Gymnasiallehrer in Plauen (Vogtland). Unter Logikern und Mathematikern bekannt wurde er vor allem durch eine öffentlich geführte Diskussion mit FREGE (KORSELT, A.: *Über die Grundlagen der Geometrie*. Jahresbericht der DMV **12** (1903), 402–407). Dort hatte KORSELT den HILBERTschen Standpunkt hinsichtlich der Axiomatik, daß nämlich ein Axiomensystem die Grundbegriffe implizit definiere, gegen FREGEs Kritik verteidigt.

[4] KALUZAs Arbeit erschien nicht in den Mathematischen Annalen. Die hier von HAUSDORFF erwähnten Inhalte finden sich in: KALUZA, TH.: *Eine Abbildung der transfiniten Kardinalzahltheorie auf das Endliche*. Schriften der Physik.-ökonomischen Gesellschaft zu Königsberg **57** (1916), 49 Seiten (s. das Referat von ROSENTHAL in *Jahrbuch über die Fortschritte der Mathematik* **46** (1916–1918) (erschienen 1923/24), S. 307).

**Brief** FELIX HAUSDORFF ⟶ DAVID HILBERT

Greifswald, Graben 5
14. März 1916

Sehr geehrter Herr Geheimrath!

Über Ihre Arbeit „Die Grundlagen der Physik", für deren freundliche Zusendung ich Ihnen verbindlichst danke, habe ich mit Mie mehrere eingehende Besprechungen gehabt. Der mathematische Theil, den ich naturgemäss übernommen habe, macht mir einige nicht unerhebliche Schwierigkeiten; insbesondere habe ich die *Tensor*natur gewisser Ausdrücke, die Sie ohne Beweis angeben, nur mit umständlichen Rechnungen bestätigen können (mit Benutzung der Multiplication und Erweiterung von Tensoren), während ich zugleich überzeugt bin, dass Sie selbst auf weniger dornenvollen Wegen jene Grössen als Tensorcomponenten zu erkennen vermögen, sei es durch ihre geometrische oder physicalische Bedeutung oder vielleicht durch Transformation von Integralvariationen o. dgl. Doch hoffe ich auch auf meinem Wege, wenn auch langsamer, ans Ziel zu kommen und für die Grösse und Kühnheit Ihres restlos durchgeführten allgemeinen Relativitätsprincips Verständniss zu gewinnen. Für heute möchte ich nur eine Frage stellen: fehlt in dem Ausdruck für $B^k_{\mu\nu}$, oben S. 7, rechterhand nicht das Glied [1] [2]

$$-\frac{1}{2g}\sum_l \frac{\partial g}{\partial \omega_l}\frac{\partial H}{\partial g^{\mu\nu}_{kl}}\ ?$$

Es tritt bei mir sowohl beim Nachrechnen Ihres Ausdrucks

$$P_g(\sqrt{g}\,H) - \sum_l \frac{\partial \sqrt{g}\,a^l}{\partial \omega_l}$$

341

auf, als auch bei der Rechnung, durch die ich die $B^k_{\mu\nu}$ als Tensorcomponenten nachzuweisen im Stande bin. Es würde mich gewissermassen beruhigen, wenn Sie mir mit einer Zeile entweder die Richtigkeit meiner Vermuthung bestätigen oder den Grund der Abweichung erklären würden.

[3]

Mit den besten Grüssen

Ihr hochachtungsvoll ergebener

F. Hausdorff

### Anmerkungen

[1] HILBERT, D.: *Die Grundlagen der Physik (Erste Mitteilung).* Göttinger Nachrichten 1915, 395–407. Die zweite Mitteilung erschien in Göttinger Nachrichten 1917, 53–76.

[2] GUSTAV MIE (1868–1957) war von 1902 bis 1917 Extraordinarius für Theoretische Physik an der Universität Greifswald. Danach war er Ordinarius in Halle/Saale und in Freiburg i. Br. MIE lieferte u. a. bedeutende Beiträge zur allgemeinen Relativitätstheorie.

[3] HILBERT hat die beiden Mitteilungen aus den Göttinger Nachrichten (Anm. [1]) später überarbeitet und in den Mathematischen Annalen **92** (1924), 1–32, publiziert. Diese Version ist auch in den Gesammelten Abhandlungen, Band III, Springer-Verlag, Berlin 1935, 258–289, wieder abgedruckt. Den Weg über die Berechnung der $B^k_{\mu\nu}$ vermeidet HILBERT hier, d. h. die von HAUSDORFF hinterfragte Formel kommt nicht mehr vor.

HILBERTs Rolle bei der Entwicklung der allgemeinen Relativitätstheorie wurde unter Wissenschaftshistorikern kontrovers diskutiert (s. etwa CORRY, L.: *Hilbert and the Axiomatization of Physics (1898–1918): From „Grundlagen der Geometrie" to „Grundlagen der Physik".* Kluwer Academic Publishers, Dordrecht 2004, und die darin angegebene umfangreiche Literatur).

**Brief** FELIX HAUSDORFF $\longrightarrow$ DAVID HILBERT

Bonn, 21. Januar 1932

Sehr geehrter Herr Geheimrat!

[1]

[2]

Zu Ihrem 70. Geburtstag sprechen meine Frau und ich Ihnen die herzlichsten Glückwünsche aus, vor allem den Hauptwunsch, dass Ihre glücklicherweise wiederhergestellte Gesundheit noch einige Jahrzehnte fest bleiben und die Grundlage einer unerschütterlichen Arbeitskraft bilden möge.

Die Dankbarkeit für alles, was Sie der Mathematik und jedem einzelnen Mathematiker geschenkt haben, wird Ihnen in diesen Tagen mit tausend Zungen ausgesprochen werden. Auch ich möchte es tun, aber nicht mit einer „systematischen Würdigung" Ihres Schaffens wie in einer offiziellen Festrede, sondern –

nun etwa so, wie wenn man in einer Enquête nach seiner Lieblingsspeise gefragt wird. Meine Lieblingsspeise unter all den Delikatessen, mit denen Sie uns bewirtet haben, ist der Zahlbericht. Das ist die glücklichste Mischung von Vergangenheit, Gegenwart und Zukunft (den drei Dimensionen der Zeit, nach Hegel): vollendete Beherrschung und Darstellung des bereits Geleisteten, Lösung neuer Probleme, und feinstes Vorgefühl für die kommenden Dinge – ich denke z. B. an Ihren Begriff des Klassenkörpers. Nun ja, inzwischen ist Einiges hinzugekommen; nicht jeder Gipfel ist von Ihnen selbst erreicht worden, aber kein Gipfel wäre ohne Sie erreicht worden! [3]

Was wäre nun an zweiter Stelle zu nennen? an dritter? Nein, damit geriete ich doch in die systematische Würdigung hinein, und diese in einem Briefe zu wagen, dazu ist die Universalität Ihres Wirkens zu gross. Der Hilbertsche Raum hat unendlich viele Dimensionen, und die Hilbertsche Mathematik hat nicht viel weniger.

Da der Titel princeps mathematicorum bereits vergeben ist, würde ich vorschlagen, Sie zum dux mathematicorum zu ernennen, wenn nicht der Name dux, duce, Führer heute politisch so diskreditiert wäre durch Leute, die sich auf Grund selbst erteilten Führerscheins zur Führung des deutschen Volkes anbieten. Ich möchte Sie lux mathematices nennen, und beim Licht lässt sich nicht vermeiden, an das Auge zu denken, sei es an das „sonnenhafte" Auge oder an Turandots Rätsel vom Krystall: [4] [5]

> Und doch ist, was er von sich strahlet,
>
> Oft schöner, als was er empfing. [6]

Diese Zeilen scheinen mir Ihr Verhältnis zur Mathematik nicht unsachgemäss zu bezeichnen.

Aber mit Goethe- und Schillerzitaten kommt die Gefahr des Pathos. Ich möchte nicht pathetisch sein – ich möchte nur dankbar sein.

Ihr sehr ergebener

F. Hausdorff

## Anmerkungen

[1] HILBERT beging am 23. 1. 1932 seinen siebzigsten Geburtstag.

[2] 1925 war HILBERT an perniciöser Anämie erkrankt, die damals als tödliche Krankheit galt. Er war der erste Patient in Europa, der mit einem neu entwickelten Medikament (Vitamin B 12) des amerikanischen Arztes G. R. MINOT geheilt wurde (s. C. REID: *Hilbert*. Springer-Verlag, Berlin etc. 1970, S. 179–180).

[3] *Die Theorie der algebraischen Zahlkörper. Bericht, erstattet der Deutschen Mathematiker-Vereinigung von David Hilbert*. Jahresbericht der DMV 4 (1897), 175–546. Wiederabdruck in HILBERT, D.: *Gesammelte Abhandlungen*, Band I, Springer-Verlag, Berlin 1932, 63–363. Dieses Werk HILBERTs ist unter der Kurzbezeichnung „Zahlbericht" in die Geschichte der Mathematik eingegangen. Der Zahlbericht hatte einen immensen Einfluß; mit ihm beginnt die

moderne algebraische Zahlentheorie. In seinem Nachruf auf HILBERT schrieb HERMANN WEYL über den Zahlbericht:

> What Hilbert accomplished is infinitely more than the Vereinigung could have expected. Indeed, his report is a jewel of mathematical literature. Even today, after almost fifty years, a study of this book is indispensable for anybody who wishes to master the theory of algebraic numbers. Filling the gaps by a number of original investigations, Hilbert welded the theory into an imposing unified body. (WEYL, H.: *David Hilbert and His Mathematical Work*. Bulletin of the AMS **50** (1944), 612-654).

[4]   Der Ehrentitel *princeps mathematicorum* für CARL FRIEDRICH GAUSS geht auf die Gedenkmedaille zurück, welche der König von Hannover im Jahre 1855, dem Todesjahr von GAUSS, prägen ließ; darauf wird GAUSS als „Mathematicorum princeps" bezeichnet.

[5]   Zitat aus J. W. GOETHE, *Alterswerke, Weltanschauliche Gedichte*, in: GOETHE, J. W.: *Werke*. Hamburger Ausgabe in 14 Bänden, hgg. v. ERICH TRUNZ, Beck München, 13. Aufl. 1982, S. 367.

[6]   Zitat aus F. SCHILLER, *Gedichte 1788–1805, Parabeln und Rätsel*, in: SCHILLER, F.: *Sämtliche Werke* in 5 Bänden, DTV, München 2004, Bd. 1, S. 443.

# Wilhelm His und Lili His-Astor

## Korrespondenzpartner

WILHELM HIS (jr.) wurde am 29. Dezember 1863 als Sohn des bekannten Anatomen und Physiologen WILHELM HIS (sen.) in Basel geboren. Er studierte von 1883 bis 1888 in Leipzig, Genf, Bern und Straßburg Medizin und promovierte 1889 in Leipzig. Danach wurde er Assistent an der Medizinischen Universitätsklinik in Leipzig unter HEINRICH CURSCHMANN (1846–1910). 1891 habilitierte er sich und wurde bereits 1895 zum außerordentlichen Professor an der Universität Leipzig ernannt. 1901 ging er als Oberarzt an das Krankenhaus Dresden-Friedrichstadt. Von 1902 bis 1906 wirkte er als ordentlicher Professor für Innere Medizin in Basel, danach kurze Zeit in der gleichen Stellung in Göttingen und von 1907 bis zu seiner Emeritierung 1932 war HIS Ordinarius und Direktor der 1. Medizinischen Klinik an der Charité in Berlin. Während des I. Weltkrieges war er beratender Internist im Range eines Generaloberarztes. Er bereiste alle Fronten bis nach Syrien und Palästina und sorgte vor allem für die Bekämpfung bzw. Verhinderung von kriegstypischen Seuchen in den Lazaretten durch entsprechende Hygienemaßnahmen. In diesem Zusammenhang beschrieb er erstmals das periodische „Fünftagefieber", heute als HIS-Krankheit bekannt. Die Erlebnisse und Erfahrungen des Kriegseinsatzes verarbeitete er in dem Buch *Front der Ärzte,* Bielefeld 1931. Von 1918 bis 1919 war er Dekan der Berliner Medizinischen Fakultät und von 1928 bis 1929 Rektor der Berliner Friedrich-Wilhelms-Universität. Nach der Emeritierung zog er sich nach Brombach bei Lörrach zurück, wo er am 10. November 1934 verstarb.

HIS' bedeutendste Entdeckung ist die des Atrioventrikularbündels als Teil des Erregungsleitungssystems des Herzens (zwischen Herzvorhof und Kammer). Es wird heute als HISsches Bündel bezeichnet. Diese Entdeckung gelang ihm nach Studien zur Entwicklung des Herznervensystems und Untersuchungen am embryonalen Herzen (s. dazu HIS, W.: *Zur Geschichte des Atrioventrikularbündels nebst Bemerkungen über die embryonale Herztätigkeit.* Klinische Wochenschrift **12** (1933), 569). Ein Schwerpunkt seiner Tätigkeit war die Untersuchung und Behandlung von Herzrythmusstörungen (Tachykardien, Bradykardien, „Herzblock"). Er publizierte aber auch über Untersuchungen auf den verschiedensten Gebieten der inneren Medizin, z. B. über Harnsäurestoffwechsel, Pathogenese von Krämpfen, Röntgendiagnostik, Pharmakologie von Kardiaka, Bewußtseinsstörungen, den ADAM-STOKEschen Symptomenkomplex u. a. m. (eine vollständige Bibliographie findet sich in „Schweizer Medizinisches Jahrbuch 1936", XXIII–XXXIV). Von HIS stammt auch eine Biographie seines Vaters: *Wilhelm His. Der Anatom. Ein Lebensbild,* Berlin u. Wien 1931. Über ihn selbst s.: LECHNER, ANNA M.: *Leben und Lebenswerk von Wilhelm His dem Jüngeren.* Dissertation Univ. Heidelberg 1999; http://www.ub.uni-heidelberg.de/archiv/235.

His' Ehefrau LILI ASTOR (geb. 1873) war die Tochter des Verlegers EDMUND ASTOR (1845–1918), Geschäftsführer der Leipziger Dépendance des Schweizer Musikverlags Rieter-Biedermann.

## Quelle

Der Brief befindet sich in der Abteilung Handschriften und alte Drucke der Universitätsbibliothek Basel unter der Signatur Autogr allg H.

## Danksagung

Wir danken Herrn Dr. UELI DILL, Leiter der Abteilung Handschriften und alte Drucke der Universitätsbibliothek Basel, der uns auf diesen Brief aufmerksam machte, eine Kopie zur Verfügung stellte und den Abdruck erlaubte.

Brief FELIX HAUSDORFF —→ WILHELM HIS (jr.) und LILI HIS-ASTOR

Nun lasst uns rothe Flaggen hissen!
Es kam ein Kind zur Welt bei His'n [1]
Und hat in seine Windelkissen
Den ersten Daseinsgruss ge–liefert.
Oh mag von Lebens Bitternissen,
Von Schicksals Stichen oder Bissen
Spät oder nie dies Kindlein wissen!
Mag es das Nichtsein nie vermissen,
Aus dem es glühend und beflissen
Der Lebensdrang emporgerissen!
Auf, lasst uns rothe Flaggen hissen!
.......................................................
P. S.   Wann wird der Sekt geschmissen?

Herzlichen Gruss und die besten Wünsche
für das Wohlergehen von Mutter und Kind!
                    Ihr Bungo [2]
                  Felix Hausdorff


## Anmerkungen

[1]   Das Ehepaar HIS-ASTOR hatte drei Kinder: HILDEGARD EVA MARIA
(geb. 8. 1. 1901 in Leipzig), ANDREA ELISABETH (geb. 25. 3. 1905 in Basel) und
HANS PETER (geb. 5. 10. 1906 in Basel). Das Gedicht ist vermutlich ein Glückwunsch zum ersten Kind.

[2]   Es existierten in Leipzig verschiedene Stammtische von Literaten und
Künstlern, einer unter der Bezeichnung „Die Bungonen". HAUSDORFFs Tochter
LENORE hat in Gesprächen mit Herrn Prof. BRIESKORN berichtet, daß HAUS-
DORFF Mitglied der Bungonen gewesen sei. Die Unterschrift „Ihr Bungo Felix
Hausdorff" ist die einzige bisher bekannte schriftliche Quelle, die dies bestätigt.
Der Leipziger Germanist und Literaturhistoriker GEORG WITKOWSKI (1863–
1939) hinterließ seinen Erben ein Manuskript *Erzähltes aus sieben Jahrzehnten
(1863–1933)*, aus dem unter dem Titel *„Eierkiste" und „Bungonen". Stamm-
tische der Literaten und Künstler in Leipzig* ein Auszug in „Leipziger Blätter",
Heft 27 (1995), S. 72–73, abgedruckt ist. Darin heißt es zu den Bungonen:

> Dieses an fast jedem Abend der „Eierkiste" aufflackernde Gefühl der Frei-
> heit von aller Konvention und des Widerwillens gegen den bürgerlichen
> Pferch feierte wirkliche Orgien – die der „Eierkiste" nur nachgesagt wur-
> den – bei den Bungonen.
>
> Ich weiß nicht, woher der Name stammte. Die Runde versammelte sich
> jeden Donnerstag nach dem Gewandhauskonzert in einem eigenen Raum

des Ratskellers. Hier wurde bis in den Morgen hinein kräftig getrunken, und die Geister befeuerten sich, bis manchmal mit gewaltigem Schall die Sektflaschen an den Wänden zerschellten. Ebenso gewaltig flogen auch die Reden von allen Seiten über den runden Tisch, geladen mit kühnen Gedanken und oft in deutschen, noch öfter in lateinischen und griechischen Versen sich ergießend (a. a. O., S. 73).

Als Gründer und Seele des Stammtisches der Bungonen nennt WITKOWSKI KURT HEZEL (vgl. Anmerkung [3] zum Brief HAUSDORFFS an RICHARD DEHMEL vom 3. Dezember 1907 unter Korrespondenz DEHMEL in diesem Band).

# Heinz Hopf

## Korrespondenzpartner

HEINZ HOPF wurde am 19. November 1894 in Gräbschen bei Breslau als Sohn eines jüdischen Brauereibesitzers geboren. 1913 begann er sein Mathematikstudium in Breslau. Mit Kriegsbeginn zog er als Freiwilliger an die Front und diente bis Kriegsende als Offizier. Einen Urlaub nach schwerer Verwundung konnte er 1917 für Studien bei E. SCHMIDT in Breslau nutzen. Nach dem Krieg studierte er in Heidelberg und vor allem in Berlin, wo er 1925 bei E. SCHMIDT promovierte. Danach ging er nach Göttingen, wo er insbesondere bei EMMY NOETHER hörte; 1926 konnte er sich bereits habilitieren. In Göttingen lernte er den russischen Topologen P. S. ALEXANDROFF kennen, mit dem ihn seitdem eine lebenslang währende Freundschaft verband. Gemeinsam verfaßten sie die Monographie *Topologie I* (1935), ein für die Entwicklung der Topologie außerordentlich einflußreiches Buch. 1931 wurde HOPF Ordinarius an der ETH Zürich als Nachfolger von H. WEYL. Er wirkte dort bis zu seiner Emeritierung im Jahre 1965. HOPF verstarb am 3. Juni 1971 in Zollikon bei Zürich.

Bereits in seiner Dissertation leistete HOPF wichtige Beiträge zum Studium der Zusammenhänge zwischen Topologie und Metrik von Mannigfaltigkeiten. In seiner Habilitationsschrift klassifizierte HOPF die Homotopieklassen der Abbildungen $n$-dimensionaler Mannigfaltigkeiten in die $n$-Sphäre. Damit in engem Zusammenhang steht die Untersuchung der Abbildungsklassen von Vektorfeldern auf solchen Mannigfaltigkeiten. HOPF bewies, daß die Summe der Indizes eines Vektorfeldes mit isolierten Singularitäten auf einer Mannigfaltigkeit unabhängig vom Feld ist; sie ist gleich der EULER-POINCARÉ-Charakteristik und damit topologisch invariant. Der HOPFsche Satz ist einer der Ausgangspunkte der modernen Hindernistheorie. In dies Gebiet gehört auch das von HOPF aufgeworfene Problem, wieviele überall linear unabhängige Vektorfelder es auf einer gegebenen $n$-dimensionalen Mannigfaltigkeit gibt; es führte zur Theorie der STIEFEL-WHITNEY-Klassen. In die Hindernistheorie gehört auch der HOPFsche Satz, daß die Homotopieklassen stetiger Abbildungen eines $n$-dimensionalen Polyeders in die $n$-Sphäre eindeutig den Elementen der $n$-ten Kohomologiegruppe des Polyeders mit ganzzahligen Koeffizienten entsprechen. Abbildungen der Sphäre $S^m$ in die Sphäre $S^n$ sind für $m > n$ algebraisch trivial. HOPF entdeckte, daß die bekannten hyperkomplexen Systeme (komplexe Zahlen, Quaternionen, CAYLEY-Zahlen) Abbildungen $S^3 \to S^2$, $S^7 \to S^4$, $S^{15} \to S^8$ liefern, die wesentlich, d. h. nicht homotop zur konstanten Abbildung sind. Für den Nachweis benutzte er die nach ihm benannte Invariante. Die genannten Abbildungen sind Faserungen; HOPF gilt deshalb auch als einer der Begründer der Theorie der gefaserten Räume. Durch LEFSCHETZ angeregt entwickelte HOPF seine Methode des Umkehrhomomorphismus für Abbildungen $M \to N$ von Mannigfaltigkeiten mit Anwendungen auf die von ihm $\Gamma$-Mannigfaltigkeiten genannten speziellen Mannigfaltigkeiten. Diese Anwendungen waren der Ausgangspunkt für die Theorie der $H$-Räume und der HOPFschen Algebren. In den vierziger Jahren begründete er mit seinen Arbeiten zur Homologietheorie diskreter Gruppen die Homologische Algebra. HOPF leistete auch wichtige Beiträge zur Differentialgeometrie. Er hatte eine Reihe bedeutender Schüler. Von 1954 bis 1958 war er Präsident der Internationalen Mathematischen Union (IMU).

## Quelle

Die Briefe HAUSDORFFs an HOPF befinden sich im Archiv der ETH Zürich unter der Signatur Hs 621, 658–661.

## Danksagung

Wir danken der Leitung des Archivs der ETH Zürich für die Bereitstellung der Kopien und für die Erlaubnis, die Briefe HAUSDORFFs an HOPF hier abzudrucken.

**Brief** FELIX HAUSDORFF $\longrightarrow$ HEINZ HOPF

Bonn, Hindenburgstr. 61
3. 7. 31

Sehr geehrter Herr Kollege!

Die beiliegende Arbeit von Borsuk wurde mir von Herrn Blumenthal zur Be- [1]
gutachtung für die Annalen übergeben. Obwohl das Hauptresultat (Korollar 12,
S. 14) nur ein Teil des Brouwerschen Satzes und dieser ein Teil des Alexandroffschen Dualitätssatzes ist, fand ich doch die Methode des Verf. sympathisch, die
ohne kombinatorische Topologie und mit möglichst geringer Verwendung simplizialer Approximationen zu Wege geht. Da es sich dabei um *Abbildungsklassen*
(einer kompakten Menge $E$ des $R_n$ auf die $(n-1)$-dimensionale Sphäre) handelt, und da ich die Litteratur hierüber, zu der Sie besonders wertvolle Beiträge
geliefert haben, nicht so gründlich kenne, so machte ich Herrn Blumenthal den
Vorschlag, die Arbeit auch Ihnen zur Ansicht zu schicken. Er ist damit einverstanden und will selbst Sie um die Begutachtung bitten.

Ich setze dabei voraus, dass die Arbeit in Ordnung ist. Einen Hauptpunkt
(S. 12 unten: Nichterweiterungsfähigkeit der Abbildung $\varphi_0$ von $E$ auf den $R_n$),
bezüglich dessen auf eine anscheinend noch ungedruckte Arbeit des Verf. in den
Monatsheften verwiesen ist, habe ich noch nicht kontrollieren können; aber zu
Herrn Knaster, dessen Schüler B. ist, habe ich das Vertrauen, dass auch dieser
Punkt richtig ist.

Alexandroffs Besuch bei Ihnen hat mich leider um den in Bonn gebracht; [2]
als ein gewisses Äquivalent für diesen Verlust begrüsse ich die Nachricht, dass
der erste Band des gemeinsamen Buches von Ihnen und Alexandroff in den
nächsten Monaten druckfertig werden soll. Ich habe die Zuversicht, dass damit [3]
endlich eine – die erste! – klare, strenge und vernünftige Darstellung der komb.
Top. vorliegen wird; alles was es bisher gab (Tietze, Veblen, Alexander, van
Kampen, Lefschetz u. s. w.), hat meine unglückliche Liebe zu dieser Disziplin
mehr abgeschreckt als gefördert. [4]

Mit den besten Grüssen

Ihr ergebenster
F. Hausdorff

## Anmerkungen

[1] OTTO BLUMENTHAL (1876–1944) war geschäftführender Redakteur der
„Mathematischen Annalen". Es handelt sich um die Arbeit von KAROL BOR-
SUK: *Über Schnitte der n-dimensionalen Euklidischen Räume.* Math. Annalen
**106** (1932), 239–248; s. dazu auch ALEXANDROFFs Brief an HAUSDORFF vom
22. 11. 1931, dieser Band, S. 106–109. BORSUKs Arbeit war am 12. 6. 1931 bei
den Annalen eingereicht worden.

[2] S. dazu den Beginn des Briefes von ALEXANDROFF an HAUSDORFF vom
15. 6. 1931, dieser Band S. 105.

[3] In dem in der vorigen Anmerkung genannten Brief schreibt Alexandroff:
„Ich hoffe, dass der erste Band des Buches von Hopf und mir in den nächsten 4 Monaten endlich druckfertig wird." Der Band erschien als *Topologie I* erst 1935 bei Springer; weitere Bände konnten wegen der Zeitereignisse nicht erscheinen (vgl. auch die folgenden Briefe an HOPF).

[4] S. dazu SCHOLZ, E.: *Hausdorffs Blick auf die entstehende algebraische Topologie.* Band III dieser Edition, S. 865–892, ferner HAUSDORFFs Vorlesung *Einführung in die kombinatorische Topologie* vom Sommersemester 1933, abgedruckt im Band III dieser Edition, S. 893–953.

**Brief** FELIX HAUSDORFF ⟶ HEINZ HOPF
(auf Kopfbogen des Hotel Beau-Rivage, Locarno)

Locarno, 18. 9. 34

Sehr geehrter Herr Kollege!
Gerade vor einigen Tagen hatte ich eine Karte an Alexandroff – mit dem ich vor zwei Jahren hier in Locarno zusammen war – geschrieben und mich nach dem Schicksal des Topologie-Buches erkundigt. Ihr Brief mit der Mitteilung, dass der Satz beginnen soll, hat mich natürlich sehr erfreut. Meine Mitwirkung
[1] beim Korrekturlesen halte ich, wie versprochen, aufrecht und hoffe, bei dieser Gelegenheit zu der Erkenntnis zu kommen, dass die Kombinatorische Topologie eine glaubwürdige Wissenschaft ist! Ich bitte Sie noch, Springer zur Zusendung von *zwei* Korrekturexemplaren zu veranlassen. Bis Ende September ist meine Adresse die obige, von Anfang Oktober an wieder Bonn.

Mit den besten Grüssen                    Ihr ergebenster
                                          F. Hausdorff

**Anmerkung**

[1] S. dazu den Brief ALEXANDROFFs an HAUSDORFF vom 9. 3. 1935 und die zugehörige Anmerkung [1], dieser Band, S. 129–131.

**Brief** FELIX HAUSDORFF ⟶ HEINZ HOPF

Boon, Hindenburgstr. 61
31. 12. 35

Sehr geehrter Herr Kollege!
Für den freundlich übersandten ersten Band der Topologie möchte ich beiden Verfassern den herzlichsten Dank aussprechen. Es ist – wenn ich bloss an die

Preise bei Springer denke – ein kostbares Geschenk, eigentlich zu kostbar für den geringen Beistand, den ich Ihnen bei der Korrektur geleistet habe. Dass mein Name, mit Umgebungssystemen, Räumen, Zerlegungen verknüpft, durch Ihr Werk eine Art Unsterblichkeit erlangen wird, ist mir eine grosse Freude. [1]
Zu einem gründlichen Studium werde ich augenblicklich wohl keine Zeit finden, da Kinder und Kindeskinder bei uns zu Besuch sind. Ich hoffe aber bald dazu zu gelangen und Ihnen dann nochmals einen inhaltlich etwas mehr substanziierten Dank zu sagen. Einstweilen möchte ich aber wenigstens diesen kurzen Dank noch im alten Jahre abstatten. An beide Verfasser herzliche Grüsse und gute Wünsche für 1936.

Ihr egebenster
F. Hausdorff

Haben Sie im Oktober meine Karte aus Montreux bekommen? Es wäre hübsch gewesen, wenn wir uns hätten treffen können, aber wahrscheinlich waren Sie damals gerade im Riesengebirge.

## Anmerkung

[1] Im Vorwort von *Topologie I* danken die Verfasser u. a. auch HAUSDORFF für „wertvolle Ratschläge" und Hilfe bei den Korrekturen. In der Einleitung führen sie aus, daß FRÉCHET als erster abstrakte Räume betrachtet habe, in denen ein Begriff von Nachbarschaft existiert, so daß stetige Abbildungen definiert werden können. Dann heißt es:

> Natürlich ist es, um konkrete Resultate zu erhalten, nötig, die sehr große Allgemeinheit der topologischen Räume durch geeignet gewählte Axiomensysteme einzuschränken. Als ein besonders glücklich gewähltes Axiomensystem muß man dasjenige von HAUSDORFF ansehen. HAUSDORFFs Buch „Grundzüge der Mengenlehre" (1914) ist ein Markstein in der Entwicklung der topologischen Raumtheorie. (S. 6)

HAUSDORFF wird in der Einleitung auch mit seinen Beiträgen zur deskriptiven Mengenlehre erwähnt. Im Text des Buches sprechen die Autoren vom HAUSDORFFschen Gleichwertigkeitskriterium (S. 31; *Grundzüge der Mengenlehre*, S. 261), von den HAUSDORFFschen Umgebungsaxiomen (S. 43), dem HAUSDORFFschen Trennungsaxiom (S. 43, 47) und dem HAUSDORFFschen Raum (= $T_2$-Raum) (S. 43, 67 ff., 89 ff.) [alles *Grundzüge*, S. 213 ff.], schließlich vom Satz von BAIRE-HAUSDORFF (S. 79; *Grundzüge*, S. 276). Die HAUSDORFFsche Zerlegung eines Raumes (S. 69 f., 97 f.) ist kein von HAUSDORFF selbst eingeführter Begriff. Eine Zerlegung $X = \sum A$ eines $T_1$-Raumes $X$ in disjunkte abgeschlossene Mengen $A$ heißt HAUSDORFFsch, falls der zugehörige Zerlegungsraum $Z$ (*Topologie I*, S. 62–64) ein HAUSDORFFscher Raum ist.

**Postkarte** Felix Hausdorff $\longrightarrow$ Heinz Hopf

Bonn, Hindenburgstr. 61
14. 11. 38

Lieber Herr Hopf!

Ihnen und Ihren Kollegen Bernays, Finsler, Plancherel, Pólya spreche ich für
[1] Ihr liebenswürdiges Glückwunschtelegramm den herzlichsten Dank aus. Die
„Dankbarkeit für mein Werk", die mir von fünf Meistern so verschiedener mathematischer Disziplinen ausgesprochen wird, hat meinem Herzen sehr wohlge-
tan!

Mit den besten Grüssen an Sie alle
Ihr F. Hausdorff

**Anmerkung**

[1] Hausdorff beging am 8. November 1938 seinen siebzigsten Geburtstag.
Paul Bernays (1888–1977), Michel Plancherel (1885–1967) und Ge-
orge Pólya (1887–1985) waren Kollegen von Hopf an der ETH Zürich; Paul
Finsler (1894–1970) wirkte an der Universität Zürich.

# Johannes Käfer

## Korrespondenzpartner

JOHANNES KÄFER wurde am 27. August 1899 in Salnau (heute Zelnava, tschechische Republik) geboren. Er verstarb am 23. April 1974 in Wien. Seinen Lebensunterhalt hat er als Angestellter, Bankbeamter und Musiker bestritten, wobei er des öfteren unter finanziellen Engpässen und Entbehrungen zu leiden hatte. Im zweiten Weltkrieg war er Sanitätsfeldwebel. KÄFER war vielseitig interessiert und betätigte sich nebenbei als Komponist, Lyriker und Schriftsteller. In mehreren Kulturperiodika der Nachkriegszeit erschienen zwischen 1945 und 1960 mit Johannes Käfer gezeichnete Aufsätze zur Literatur und Kunst, z. B. in „Der Ring" und in der „Wiener Bühne". 1959 erschien im Europäischen Verlag Wien *Signale um Mitternacht*. Gedichte von Johannes Käfer (32 S.). In „Il Diapason, rivista di musica contemporanae" 4 (1953), Heft 3–4, S. 30–32 erschien von ihm der Artikel *Hans Erich Apostel*. Ein unpublizierter Artikel *Egon Schiele als Dichter* befindet sich im Egon Schiele-Archiv unter ESA 508/45–47. In dem unten unter „Quelle" genannten Konvolut befinden sich die Typoskripte *Alfred Kubins Welt und unsere Zeit* und *James Joyce – sein Leben und Werk*. Veröffentlichte Kompositionen von KÄFER sind nicht bekannt. Die „Klarinettenstücke" für FRIEDRICH WILDGANS werden von diesem lobend erwähnt. Auch die Komponisten HANS ERICH APOSTEL und ANTON VON WEBERN erwähnen Kompositionsstudien von KÄFER. KÄFER war Mitglied der „Gesellschaft für freie Philosophie" und hatte, ohne Mitglied zu sein, ein intensives Verhältnis zu herausragenden Persönlichkeiten der „Internationalen Gesellschaft für neue Musik" (APOSTEL, KRENEK, POLNAUER, VON WEBERN, WILDGANS). Die Bedeutung von KÄFER für die Nachwelt liegt in seiner regen Korrespondenz und in seinem z. T. jahrzehntelangem Verkehr mit bedeutenden Künstlern und Gelehrten; die Aufarbeitung dieser Beziehungen steht noch am Anfang. Zu seinen Korrespondenzpartnern gehörten u. a. THEODOR W. ADORNO, HANS ERICH APOSTEL, SAMUEL BECKETT, THOMAS BERNHARD, ETIENNE COLOMB, ERNST FUCHS, ERNST JÜNGER, ERNST KRENEK, JOSEF POLNAUER, ARMAND QUINOT, ARTHUR ROESSLER, WERNER SCHOLZ, ANTON VON WEBERN, FRIEDRICH WILDGANS und FRIEDRICH WÜRZBACH.

## Quelle

Das Auktionshaus Dorotheum in Wien hat 2005 Briefe an JOHANNES KÄFER angeboten. Darunter befand sich der im folgenden abgedruckte Brief HAUS-DORFFs. Aus dem Brief selbst geht nicht hervor, daß er an KÄFER gerichtet war. Da aber sämtliche übrigen Schriftstücke des angebotenen Konvolutes entweder die persönliche Anschrift von JOHANNES KÄFER trugen oder mit dessen Prägestempel versehen waren, ist anzunehmen, daß sämtliche Schriftstücke aus KÄFERs Nachlaß stammen. Das Konvolut wurde von Herrn JOHANN GRÖSSING (Kalwang) erworben. Er hat uns auf HAUSDORFFs Brief aufmerksam gemacht und eine Kopie für die Edition zur Verfügung gestellt. Der Brief wurde schließlich von Herrn Prof. EGBERT BRIESKORN erworben und befindet sich in dessen Privatbesitz.

## Danksagung

Ein herzlicher Dank geht an Herrn GRÖSSING für die Bereitstellung der Kopie und an ihn und Frau ANNEMARIE MODER (Kalwang), die uns Ihre Recherchen über JOHANNES KÄFER zur Verwendung überlassen haben; alle Angaben unter der Rubrik „Korrespondenzpartner" gehen auf diese Recherchen zurück.

**Brief** FELIX HAUSDORFF ⟶ JOHANNES KÄFER

Bonn, Hindenburgstr. 61
Sehr geehrter Herr! 2. Jan. 1941

Ich danke Ihnen herzlich für Ihre enthusiastischen Bekenntnisse, die mir gros- [1]
se Freude bereitet haben. Noch grössere hätten sie mir bereitet, wenn sie – was
freilich nicht in Ihrer Macht lag – einige Jahrzehnte früher gekommen wären.
Meine philosophische Schriftstellerei liegt vierzig Jahre hinter mir; sie wurde [2]
durch meine mathematische Arbeit zum Stillstand gebracht, und zwar nicht
nur, weil die amtliche Tätigkeit meine ganze Zeit beanspruchte, sondern mehr
noch, weil die Mathematik mich innerlich auf höhere und höchste Forderungen
an wissenschaftliche Präzision umstellte. Ich halte mich heute nicht mehr für [3]
einen Philosophen (das Chaos in kosmischer Auslese, das allenfalls zur Philosophie gerechnet werden könnte, würde ich heute auch anders schreiben als
damals); ich darf hinzufügen, dass ich auch Nietzsche oder Schopenhauer zwar
für gewaltige Dichter, aber nicht für wissenschaftliche Philosophen halte. Sie [4]
sehen also, Ihre Verehrung gilt einem längst von mir zurückgelegten Stadium,
einer Vergangenheit, die nicht mehr Gegenwart ist – und die ich auch, aus
zeitlich bedingten Gründen, gar nicht mehr zur Gegenwart aufgeweckt wissen möchte. Ich sage wie Hebbels Meister Anton: „ich verstehe die Welt nicht [5]
mehr", und überdies würde die Welt mich nicht verstehen. Also, lassen wir das
Vergangene vergangen sein.
Nun habe ich wohl viel Wasser in Ihren Wein gegossen. Ihre gute Meinung
und die grosse Mühe, die Sie Sich, sogar unter Anrufung von Einwohner-
Meldeämtern, zur Ermittlung meiner Existenz gegeben haben, hätte einen besseren Dank verdient. (Allerdings drückt Pseudonymität eigentlich den Wunsch
aus, solchen Nachspürungen nicht ausgesetzt zu sein.) Meiner Tochter werde
ich durch Zusendung Ihrer Briefe gewiss Freude machen; sie ist übrigens seit
16 Jahren nicht mehr Fräulein H., sondern verheiratet und seit 12 Jahren von
Bonn abgemeldet. Meine Frau lebt glücklicherweise noch; ohne sie hätte ich es [6]
nicht bis jetzt ausgehalten.
Trotz alledem danke ich Ihnen für Ihr Glaubensbekenntnis, und es darf Sie
nicht enttäuschen, dass mein Dank nicht so hell klingt, wie Sie vielleicht hoff-
ten. Von einem Strauch, der Jahre lang mit Lauge begossen wird, darf man
keine süssen Beeren erwarten. Nietzsche hat immer gefürchtet, dass Europa an [7]
einer Hysterie des Mitleidens zugrunde gehen würde: man kann nicht behaupten, dass diese Diagnose sehr zutreffend war. [8]

Mit den besten Grüsse Ihr ergebener
F. Hausdorff

# Anmerkungen

[1] Da HAUSDORFF im folgenden davon spricht, daß seine philosophische Schriftstellerei vierzig Jahre zurückliegt, scheinen sich KÄFERS „enthusiastische Bekenntnisse" vor allem auf die Bücher *Sant' Ilario* und *Das Chaos in kosmischer Auslese* bezogen zu haben, vielleicht auch auf die frühen Essays und die *Ekstasen*. KÄFER selbst hatte ja lyrische Ambitionen und er scheint sich auch für NIETZSCHE interessiert zu haben, denn er hatte Korrespondenz mit ARMAND QUINOT (Begründer der „Société Francaise d'Etudes Nietzscheennes") und mit FRIEDRICH WÜRZBACH (Mitbegründer des Vereins „Nietzsche-Gesellschaft e. V.").

[2] Das gesamte unter dem Pseudonym PAUL MONGRÉ erschienene philosophische und literarische Werk HAUSDORFFs ist wiederabgedruckt in den Bänden VII „Philosophisches Werk" und VIII „Literarisches Werk" in dieser Edition. Es erstreckt sich zeitlich von 1897 bis 1913, wobei das Schwergewicht in den Jahren 1897 bis 1904 liegt (drei Bücher, ein Theaterstück, fünfzehn Essays, zwei Selbstanzeigen; vgl. das Schriftenverzeichnis in diesem Band). Von 1905 bis 1908 gibt es keine Veröffentlichungen unter dem Pseudonym PAUL MONGRÉ. 1909 publizierte HAUSDORFF noch drei Essays, wobei zwei davon den Charakter von Rezensionen haben. Das letzte unter Pseudonym Erschienene ist der kurze Essay „Biologisches" aus dem Jahr 1913.

[3] Auf einer Ansichtskarte an den Bibliothekar FRANZ MEYER vom 24. 12. 1908 schreibt HAUSDORFF:

> Also die Production schon eingestellt? Du lieber Gott, ich bin schon so weit, auch die Reception einzustellen. Rom, Neapel gleitet ohne Seelentumult vorüber. Winterschlaf, ohne Stoffwechsel, ganz eingeschneit in reine Mathematik. (Korrespondenz FRANZ MEYER in diesem Band)

S. dazu auch den Abschnitt „Doppelleben" im Kapitel 4 der Biographie HAUSDORFFs im Band I B; ferner die Anmerkung zur oben zitierten Passage in der Korrespondenz FRANZ MEYER.

[4] Seinen eigenen Weg zur Philosophie beschreibt HAUSDORFF ebenfalls in einem Brief an FRANZ MEYER:

> Aber lassen wir endlich die erste Verlegenheit und wenden uns zur zweiten: welchen Rath soll ich Ihnen geben? Sie wollen Philosoph werden. Wenn ich das wörtlich nehme und an den wissenschaftlichen Philosophen, den Fachphilosophen denke, so kann ich Ihnen mich selbst nur als abschreckendes Gegenbeispiel empfehlen. Eine Tendenz oder Entwicklungslinie, die für mich persönlich viel bedeutete und einzig, nothwendig schien, aber von aussen gesehen doch Zufall war, hat mein sporadisches philosophisches Wissen bestimmt: von Wagner zu Schopenhauer, von da zurück zu Kant und vorwärts zu Nietzsche, dazu von der Mathematik her einige Berührungen mit der Philosophie der exacten Wissenschaften

– das ist Alles! (Brief HAUSDORFFs an FRANZ MEYER vom 22. 2. 1904; Korrespondenz MEYER in diesem Band)

EGBERT BRIESKORN hat diese Entwicklungslinie in seiner Biographie HAUS-DORFFs im Band I B dieser Edition, insbesondere im Kapitel 3, eingehend nachgezeichnet.

[5] In FRIEDRICH HEBBELs (1813–1863) Trauerspiel *Maria Magdalena* (1843) stürzt sich am Ende Klara, die Tochter des Tischlermeisters Anton, in einen Brunnen, weil sie den strengen bürgerlichen Moralvorstellungen ihres Vaters nicht mehr gerecht werden kann. Das Stück endet mit Meister Antons Worten: „Ich verstehe die Welt nicht mehr!".

[6] HAUSDORFFs Tochter LENORE (NORA) hatte im Juni 1924 den Astronomen ARTHUR KÖNIG geheiratet; seit 1928 lebte die Familie KÖNIG in Jena (vgl. die Korrespondenz KÖNIG in diesem Band).

[7] Dies ist eine Anspielung auf die immer schrecklicher werdende Lebenssituation für Juden unter der nationalsozialistischen Diktatur und die daraus resultierende Verbitterung (vgl. dazu: ERWIN NEUENSCHWANDER: *Felix Hausdorffs letzte Lebensjahre nach Dokumenten aus dem Bessel-Hagen-Nachlaß*. In: EGBERT BRIESKORN (Hrsg.): *Felix Hausdorff zum Gedächtnis. Aspekte seines Werkes*. Vieweg, Braunschweig/Wiesbaden 1996, S. 253–270; ferner seinen Abschiedsbrief an den Rechtsanwalt WOLLSTEIN in diesem Band).

[8] Die Wortwahl „Hysterie des Mitleidens" findet sich bei NIETZSCHE nicht. Gleichwohl durchzieht das Thema „Mitleid" NIETZSCHEs Werk vom Beginn an. Seine Kritik an der Moral seiner Zeit ist zu einem guten Teil Kritik des Mitleids als einer (christlichen) Tugend, eine Kritik, die besonders im Spätwerk zunehmend radikalisiert wird (vgl. TEVENAR, G. V.: *Nietzsche's Objections to Pity and Compassion*. In: TEVENAR, G. V. (Hrsg.): *Nietzsche and Ethics*. Bern 2007, S. 263–281). Der Ausgangspunkt von NIETZSCHEs Mitleidskritik ist die Auseinandersetzung mit SCHOPENHAUERs Fundierung der Ethik auf dem Mitleid. Mitleid ist für NIETZSCHE keine Tugend, sondern eine Schwäche; es schadet dem Mitleidenden, weil es seine Lebenskräfte schwächt. Das Mitleid schadet auch dem Bemitleideten, weil es ihm seine Ohnmacht und Schwäche zeigt und damit sein Leiden verstärkt. Im Bemitleidetwerden steckt darüber hinaus ein Moment von Grausamkeit und Verachtung (*Morgenröthe*, Nr. 135). Mitleid und Helfen sind keine altruistischen Handlungen, da sie der Beseitigung des eigenen negativen Gefühls dienen und in den Genuß von Dankbarkeit kommen wollen (*Morgenröthe*, Nr. 138). Ferner handelt es sich beim Mitleid um ein entpersönlichtes Gefühl, das die Gründe für das Leiden und die mögliche „persönliche Nothwendigkeit des Unglücks" nicht berücksichtigt (*Fröhliche Wissenschaft*, Nr. 338). Die genannten Gefahren des Mitleids für das Individuum betont NIETZSCHE immer wieder, sie sind aber nicht der Kern seiner Mit-

leidskritik. Sein Haupteinwand richtet sich gegen die Erhebung des Mitleidens zum Prinzip moralischen Handelns, vor allem durch die christliche Religion. Dazu heißt es in *Der Antichrist*, Nr. 7:

Man nennt das Christenthum die Religion des *Mitleidens*. – Das Mitleiden steht im Gegensatz zu den tonischen Affekten, welche die Energie des Lebensgefühls erhöhn: es wirkt depressiv. Man verliert Kraft, wenn man mitleidet. Durch das Mitleiden vermehrt und vervielfältigt sich die Einbusse an Kraft noch, die an sich schon das Leiden dem Leben bringt. Das Leiden selbst wird durch das Mitleiden ansteckend; unter Umständen kann mit ihm eine Gesammt-Einbusse an Leben und Lebens-Energie erreicht werden, die in einem absurden Verhältniss zum Quantum der Ursache steht [···] Das ist der erste Gesichtspunkt; es giebt aber noch einen wichtigeren. Gesetzt, man misst das Mitleiden nach dem Werthe der Reaktionen, die es hervorzubringen pflegt, so erscheint sein lebensgefährlicher Charakter in einem noch viel helleren Lichte. Das Mitleiden kreuzt im Ganzen Grossen das Gesetz der Entwicklung, welches das Gesetz der *Selection* ist. Es erhält, was zum Untergange reif ist, es wehrt sich zu Gunsten der Enterbten und Verurtheilten des Lebens, es giebt durch die Fülle des Missrathnen aller Art, das es im Leben *festhält*, dem Leben selbst einen düsteren und fragwürdigen Aspekt. Man hat gewagt, das Mitleiden eine Tugend zu nennen (– in jeder *vornehmen* Moral gilt es als Schwäche –); man ist weiter gegangen, man hat aus ihm *die* Tugend, den Boden und Ursprung aller Tugenden gemacht, – nur freilich, was man stets im Auge behalten muss, vom Gesichtspunkte einer Philosophie aus, welche nihilistisch war, welche die *Verneinung des Lebens* auf ihr Schild schrieb. Schopenhauer war in seinem Rechte damit: durch das Mitleid wird das Leben verneint, *verneinungswürdiger* gemacht, – Mitleiden ist die *Praxis* des Nihilismus. Nochmals gesagt: dieser depressive und contagiöse Instinkt kreuzt jene Instinkte, welche auf Erhaltung und Werth-Erhöhung des Lebens aus sind: es ist ebenso als *Multiplikator* des Elends wie als *Conservator* alles Elenden ein Hauptwerkzeug zur Steigerung der décadence – Mitleiden überredet zum *Nichts*! (FRIEDRICH NIETZSCHE: *Werke*. Kritische Gesamtausgabe. (Hrsg. von GIORGIO COLLI und MAZZINO MONTINARI). Sechste Abteilung, Dritter Band. Berlin 1969, S. 170–171)

Weitere Belegstellen bei NIETZSCHE sind *Die fröhliche Wissenschaft*, Nr. 338 „Der Wille zum Leiden und die Mitleidigen", *Also sprach Zarathustra* II, Abschnitt „Von den Mitleidigen" und zahlreiche weitere (vgl. dazu SVEN WERNER: *Mitleid*. In: CHRISTIAN NIEMEYER (Hrsg.): *Nietzsche-Lexikon*. Darmstadt 2009, S. 229–230, ferner WILHELM ROSKAMM: *Mitleid*. In: HENNING OTTMANN (Hrsg.): *Nietzsche-Handbuch*. Stuttgart/Weimar 2000, S. 283–284).

# Felix Klein

## Korrespondenzpartner

FELIX KLEIN wurde am 25. April 1849 in Düsseldorf als Sohn eines preußischen Beamten geboren. 1865 begann er sein Studium in Bonn unter J. PLÜCKER, wurde bereits 1866 dessen Vorlesungsassistent und half PLÜCKER bei der Ausarbeitung seines grundlegenden Werkes über Liniengeometrie. 1868 promovierte er in Bonn, setzte dann seine Studien in Göttingen und Berlin fort, wo er mit dem jungen SOPHUS LIE Freundschaft schloß. Gemeinsam mit LIE besuchte er 1870 in Paris die führenden französischen Mathematiker. 1871 habilitierte er sich in Göttingen und wurde 1872 mit 23 Jahren Ordinarius in Erlangen. Von 1875 bis 1880 wirkte er als Ordinarius an der TH München, danach bis 1886 an der Universität Leipzig. Von 1886 bis zu seiner Emeritierung 1913 war KLEIN Ordinarius in Göttingen. Unter seiner Leitung wurde Göttingen erneut das führende mathematische Zentrum Deutschlands. Klein verstarb nach längerer Krankheit am 22. Juni 1925 in Göttingen.

KLEIN begann seine wissenschaftliche Laufbahn mit grundlegenden Arbeiten zur nichteuklidischen Geometrie. An CAYLEY anknüpfend erhielt er die euklidische und die verschiedenen nichteuklidischen Geometrien durch Einführung geeigneter Metriken in der projektiven Ebene bzw. im projektiven Raum. LIE und KLEIN erkannten früh die Bedeutung des Gruppenbegriffs für die Geometrie. In seinem „Erlanger Programm" von 1872 faßt KLEIN eine Geometrie als Invariantentheorie bezüglich einer geeigneten Gruppe auf und findet so im Gruppenbegriff ein ordnendes und klassifizierendes Prinzip für die verschiedenen Geometrien. Z. B. ergibt sich die affine Geometrie als Invariantentheorie derjenigen Untergruppe der Gruppe aller projektiven Abbildungen, deren Elemente die unendlich ferne Ebene fest lassen. Das „Erlanger Programm" hat bis in die theoretische Physik hinein einen nachhaltigen Einfluß ausgeübt. Bedeutende Beiträge leistete KLEIN zur Funktionentheorie. Mittels der fünf platonischen Körper gelang ihm die Charakterisierung der endlichen Untergruppen der Gruppe der linearen Transformationen einer komplexen Variablen. Die zum Ikosaeder gehörende Gruppe gewann entscheidende Bedeutung in KLEINs Theorie der algebraischen Gleichungen 5. Grades, niedergelegt in seinem Buch „Vorlesungen über das Ikosaeder und die Auflösung der Gleichungen vom fünften Grade" (1884). Auch in der Theorie der elliptischen Modulfunktionen war ihm die „Gruppentheorie ordnendes Prinzip im Wirrsal der Erscheinungen"; sein gemeinsam mit R. FRICKE verfaßtes Buch (2 Bände: 1890, 1892) über die elliptischen Modulfunktionen blieb über viele Jahrzehnte ein Standardwerk auf diesem Gebiet. KLEIN selbst sah seine Ergebnisse auf dem Gebiet der automorphen Funktionen (Grenzkreistheorem, KLEINsche Uniformisierungssätze) als seine wichtigste Leistung an. Er erzielte diese Resultate in einem wissenschaftlichen Wettstreit mit POINCARÉ, dem er wegen eines gesundheitlichen

Zusammenbruchs schließlich das Feld überlassen mußte. Auch über automorphe Funktionen schrieb KLEIN gemeinsam mit FRICKE ein zweibändiges Standardwerk (1897, 1901–1912). In der Physik galt KLEINs besonderes Interesse der Mechanik, insbesondere der Kreiseltheorie (gemeinsame Monographie mit A. SOMMERFELD), der speziellen und allgemeinen Relativitätstheorie und dem Zusammenhang von Symmetriegruppen und Erhaltungssätzen. KLEIN erwarb sich als Wissenschaftsorganisator bleibende Verdienste um die mathematische Lehre an Schulen und Hochschulen, um die Förderung der angewandten Mathematik und Physik und um eine ausgewogene Berufungspolitik in Preußen (vgl. auch die Anmerkungen zum folgenden Brief). Ein Projekt KLEINs von bleibendem Wert ist auch die „Encyclopädie der mathematischen Wissenschaften mit Einschluß ihrer Anwendungen".

## Quelle

Der Brief HAUSDORFFs an KLEIN befindet sich in der Abteilung Handschriften und seltene Drucke der Niedersächsischen Staats- und Universitätsbibliothek zu Göttingen unter Cod. Ms. F. Klein.

## Danksagung

Wir danken der Abteilung Handschriften und seltene Drucke der Niedersächsischen Staats- und Universitätsbibliothek zu Göttingen für die Bereitstellung einer Kopie des Briefes und für die Erlaubnis, ihn hier abzudrucken. Dem Leiter dieser Abteilung, Herrn Dr. HELMUT ROHLFING, danken wir darüber hinaus für Recherchen zur Anmerkung [4] zum Brief HAUSDORFFs an KLEIN.

# Brief Felix Hausdorff $\longrightarrow$ Felix Klein

Hochverehrter Herr Geheimer Rath!

Mit einigen Zeilen wenigstens möchte ich Ihnen meinen Dank aussprechen für das liebenswürdige Entgegenkommen, das ich bei meinem Eintagsbesuch [1] in Göttingen von Ihrer Seite gefunden, und die Unterstützung, die Sie mir bei der Anknüpfung von Beziehungen mit Ihren Herren Collegen gewährt haben. Ich darf wohl, ohne als unbescheidener Kritiker zu gelten, der grossen Befriedigung Ausdruck geben, mit der ich Einblick in ein Institut und Unterrichtswesen gewonnen habe, das überall die Spuren eines universalen Geistes und einer organisatorischen Hand ersten Ranges zeigt. Dieses Bild eines Forschers, der nicht [2] dem modernen Götzen der alleinseligmachenden Specialisirung opfert, sondern mit synthetischem „Bindegeist" auf Überblick, Zusammenhang und gegenseitige Befruchtung der Einzelgebiete hinstrebt, wurde mir noch verdeutlicht durch die Aufsätze, die Sie mir mitzugeben die Güte hatten, und in denen Sie über [3] Ziel und Aufgabe Ihres Wollens keinen Zweifel lassen. Ich würde mich glücklich schätzen, wenn es mir noch einmal vergönnt sein sollte, auch meine bescheidene Thätigkeit in den Rahmen eines so umfassenden Programms einzugliedern, wie Sie es für den Unterricht an der Universität Göttingen entworfen und grossentheils durchgeführt haben.

In Ihren Vorlesungen über Mechanik habe ich eine Stunde geblättert und [4] mich am Spiel der Lichter erfreut, die Sie von einem Gebiet aufs andere gleiten lassen. Die Deutung des Actionsintegrales als Bogenlänge in einem allgemeineren Raume, die Beziehungen zwischen geodätischen Gebilden, Optik und Mechanik scheinen mir werthvolle Analogien zu geben, werthvoll zum mindesten für die Belebung und Veranschaulichung der sonst so abstracten Betrachtungen der Dynamik.

Ich will Ihre Zeit nicht länger in Anspruch nehmen – vielleicht darf ich hoffen, in Zürich ein paar Worte mit Ihnen zu wechseln. Sie würden mich zu grossem [5] Danke verpflichten, wenn Sie gelegentlich Ihren Herren Collegen, insbesondere denen, die ich nicht angetroffen habe, mich freundlichst empfehlen wollten. Ihnen selbst in erster Linie sich bestens empfehlend grüsst Sie

hochachtungsvoll

Ihr ergebener

Leipzig, 28. Juli 1897.                                        Dr. F. Hausdorff

## Anmerkungen

[1] Hausdorffs Besuch in Göttingen und seine Vorstellung bei Klein hatte vermutlich folgenden Hintergrund: In Göttingen wirkte seit 1860 Ernst Schering (1833–1897; seit 1869 als Ordinarius). Er vertrat die Gebiete theoretische Astronomie, Geodäsie und Geophysik unter besonderer Berücksichtigung des Erdmagnetismus. Als 1897 wegen schwerer Erkrankung Scherings die Notwendigkeit eines Ersatzes absehbar war, faßte man ins Auge, das Ordinariat

in zwei Extraordinariate umzuwandeln, eines für theoretische Astronomie und Geodäsie und eines für Geophysik. Im Juni oder Anfang Juli 1897 muß sich KLEIN bezüglich der Besetzung des ersten Extraordinariats an HAUSDORFFs Doktorvater HEINRICH BRUNS gewandt haben und ihn nach seiner Meinung zu MARTIN BRENDEL (1862–1939), RUDOLF LEHMANN-FILHÉS (1854–1914) und FELIX HAUSDORFF gefragt haben. In einem Brief von BRUNS an KLEIN vom 7. Juli 1897 heißt es:

> Lieber Kollege. Von den drei Namen, die Sie genannt haben, ist m. E. Brendel von vornherein auszuscheiden. Was ich bisher von ihm gesehen habe, ist doch recht dürftig. Von den beiden anderen steht Hausdorff, den ich auch in rein menschlicher Beziehung sehr hoch schätze, weit über Lehmann-Filhes, und zwar sowohl an mathematischer Begabung, als auch an mathematischer Ausbildung.

Nachdem BRUNS sein negatives Urteil über LEHMANN-FILHÉS noch eingehender begründet hatte, schrieb er weiter:

> Nach der praktischen Seite sind Beide nicht besonders veranlagt. L-F hat den Dienst einer Sternwarte niemals aus eigener Anschauung kennen gelernt, und H. hat hier vorzugsweise als Rechner gearbeitet, nachdem er erst kurze Zeit beobachtet, dann aber die Sache mit meiner Zustimmung aufgesteckt hatte, um sich theoretischen Studien hinzugeben.
>
> H. ist hier für Astronomie und Mathematik habilitirt. Er hat seinen regelrechten Antheil an den rein mathematischen Vorlesungen, ausserdem haben wir ihm die theoretischen Vorlesungen über Versicherungswesen zugewiesen. Für die letztgenannte Aufgabe kommen ihm unzweifelhaft die specifischen Anlagen seiner Rasse (ungetauft) zu statten. Seine bisherigen Arbeiten finden Sie in den Berichten unserer Ges. d. Wiss. (über Refraktion, Absorption und geometrische Optik). (Abteilung Handschriften und seltene Drucke der Niedersächsischen Staats- und Universitätsbibliothek zu Göttingen, Cod. Ms. F. Klein, Nr. 8)

Am 12. Juli 1897 schickte BRUNS HAUSDORFFs Dissertation, dessen Vita sowie ein Verzeichnis von HAUSDORFFs bisherigen Vorlesungen an KLEIN.

Als SCHERING im November 1897 starb, schlug die Fakultät für das erste Extraordinariat an erster Stelle BRENDEL, an zweiter Stelle HAUSDORFF vor. Da BRENDEL annahm, kam die Berufung von HAUSDORFF nach Göttingen nicht zustande (vgl. ILGAUDS, H. J.: *Zur Biographie von Felix Hausdorff.* Mitteilungen der Mathematischen Gesellschaft der DDR, Heft 2–3/1985, 59–70). Ob der Vorschlag, HAUSDORFF auf die Liste zu setzen, von KLEIN herrührt, läßt sich nicht sagen; daß KLEIN ihn gebilligt hat, ist sicher, denn er war in Berufungsfragen, welche die Mathematik direkt betrafen oder tangierten, die ausschlaggebende Persönlichkeit in der Göttinger Philosophischen Fakultät.

[2] Seit seiner Berufung nach Erlangen setzte sich KLEIN an allen seinen Wirkungsstätten für eine Verbesserung der Lehre ein. Da die Absolventen des

Mathematikstudiums an den Universitäten zum größten Teil Mathematiklehrer an Gymnasien wurden, lagen ihm die Lehrerbildung und die Weiterbildung der Lehrer besonders am Herzen. KLEIN suchte Kontakt zu für das Gymnasialschulwesen maßgeblichen Kreisen, trat 1894 dem „Verein zur Förderung des mathematischen und naturwissenschaftlichen Unterrichts" bei, leitete im 1908 gegründeten „Deutschen Ausschuß für mathematischen und naturwissenschaftlichen Unterricht" den Unterausschuß für Lehrerbildung und wurde im Gründungsjahr 1908 auch Vorsitzender der „Internationalen Mathematischen Unterrichtskommission" (IMUK). Er sorgte dafür, daß die Lehramtskandidaten nicht nur in reiner, sondern auch in angewandter Mathematik ausgebildet wurden und schuf selbst ein Meisterwerk der Mathematikdidaktik, die dreibändige *Elementarmathematik vom höheren Standpunkt aus.* KLEIN betonte stets die Wichtigkeit mathematikhistorischer Kentnisse für Lehrer und hielt selbst mitreißende Vorlesungen über die Mathematikgeschichte des 19. Jahrhunderts, die nach seinem Tod unter dem Titel *Vorlesungen über die Entwicklung der Mathematik im 19. Jahrhundert* in zwei Bänden erschienen (1926, 1927). Über die Organisation der Lehre in Göttingen, auf die HAUSDORFF hier anspielt, berichtete KLEIN in dem Aufsatz: *Ueber den mathematischen Unterricht an der Göttinger Universität im besonderen Hinblick auf die Bedürfnisse der Lehramtscandidaten.* Zeitschrift für mathematischen und naturwissenschaftlichen Unterricht **26** (1895), 382–388.

[3]  Neben dem eben genannten Aufsatz könnte es sich um folgende Veröffentlichungen gehandelt haben: KLEIN, F.: *Ueber die Beziehungen der neueren Mathematik zu den Anwendungen* (Antrittsrede, Leipzig, 25. Oktober 1880). Zeitschrift für mathematischen und naturwissenschaftlichen Unterricht **26** (1895), 534–540 (der Abdruck erfolgte anläßlich der Göttinger Hauptversammlung des Vereins zur Förderung des mathematischen und naturwissenschaftlichen Unterrichts); KLEIN, F.: *Die Anforderungen der Ingenieure und die Ausbildung der mathematischen Lehramtscandidaten.* Zeitschrift für mathematischen und naturwissenschaftlichen Unterricht **27** (1896), 305–310.

[4]  KLEINs Vorlesungen wurden in der Regel von begabten Schülern ausgearbeitet und dann hektographiert verbreitet. Im Wintersemester 1895/96 hatte KLEIN in Göttingen eine Vorlesung über die Theorie des Kreisels gehalten; sie war Ausgangspunkt für die Zusammenarbeit mit ARNOLD SOMMERFELD, aus der schließlich die vierbändige Monographie über die Theorie des Kreisels hervorging (1897–1910). In dieser Vorlesung hatte KLEIN auch die Prinzipien der Mechanik behandelt; vermutlich hatte HAUSDORFF eine hektographierte Ausarbeitung dieser Vorlesung erhalten.

[5]  HAUSDORFF hat hier den ersten internationalen Mathematikerkongreß im Blick, der vom 9. bis 11. August 1897 in Zürich stattfand. KLEIN hielt dort einen Plenarvortrag „Zur Frage des höheren mathematischen Unterrichts". Auch HAUSDORFF nahm am Kongreß in Zürich teil.

# Max Klinger

## Korrespondenzpartner

MAX KLINGER wurde am 18. Februar 1857 in Plagwitz (heute zu Leipzig gehörig) als Sohn eines wohlhabenden Seifensieders geboren. Er studierte ab 1874 an der Kunstschule in Karlsruhe und an der Kunstakademie in Berlin, vor allem bei KARL GUSSOW (1843–1907). 1876 schloß er die Ausbildung mit dem Zeugnis „Außerordentlich" ab und leistete danach seinen Militärdienst als Einjährig-Freiwilliger. Bereits 1878 konnte er auf der 52. Ausstellung der Berliner Kunstakademie der Öffentlichkeit zwei Gemälde präsentieren. 1879 ging er nach Brüssel, wo er bei EMILE CHARLES WAUTERS (1846–1933) studierte. Ab 1881 unterhielt KLINGER in Berlin ein eigenes Atelier. Im Sommer 1883 ging er nach Paris, wo er Klassiker der Malerei im Louvre studierte und sich neben Graphik und Malerei auch in der Plastik versuchte. 1887 kehrte er für kurze Zeit nach Berlin zurück; dort schloß er Bekanntschaft mit ARNOLD BÖCKLIN (1827–1901). Im Februar 1888 mietete er sich in Rom ein Atelier. In den fünf Jahren seines Aufenthaltes in Italien hat er mit Freunden das Land bereist und sich ansonsten zurückgezogen seiner Arbeit gewidmet. Nach der Rückkehr aus Italien ließ er sich endgültig in Leipzig nieder, wo er bereits 1894 eine erste Sonderausstellung seiner Werke veranstalten konnte. Im selben Jahr wurde KLINGER ordentliches Mitglied der Akademie der Künste in Berlin. In Leipzig entwarf er für sich einen Wohn- und Atelierbau, den er im Frühjahr 1896 beziehen konnte. Dieses Atelier, in dem auch eine Sammlung zeitgenössischer Gemälde ausgestellt war, wurde zum Treffpunkt bedeutender Künstler, Intellektueller und kunstbegeisterter Leipziger Bürger. Ausgedehnte Reisen führten KLINGER in den Leipziger Jahren u. a. nach Österreich, Griechenland, Italien, Holland, England und Spanien. 1897 wurde KLINGER zum Professor an der Leipziger Akademie der graphischen Künste ernannt und zum korrespondierenden Mitglied der Wiener Secession gewählt. 1903 wurde er Vizepräsident des Deutschen Künstlerbundes, in dessen Auftrag er 1905 die „Villa Romana" in Florenz als Atelierhaus für junge Stipendiaten des Künstlerbundes einrichtete. 1903 kaufte er in Großjena bei Naumburg einen Weinberg mit zugehörigem Weinberghaus, wo er in der Folgezeit oft mit seiner Lebensgefährtin (seit 1898) ELSA ASENIJEFF (1867–1941) weilte. 1909 ließ er das Weinberghaus zu einem komfortablen Wohnhaus umbauen. In Großjena lernte er GERTRUD BOCK (1893–1932) kennen, die sein neues Modell und nach der Trennung von ELSA ASENIJEFF seine Lebensgefährtin und 1919 schließlich seine Frau wurde. Nach einem Schlaganfall zog KLINGER Anfang 1920 ganz nach Großjena, wo er am 4. Juli 1920 starb.

MAX KLINGER war ein vielseitiger Künstler; er wirkte als Graphiker, Maler und Bildhauer. Sein graphisches Werk, seine „Griffelkunst", umfaßt vierzehn Zyklen von Radierungen, die er als Opus I–XIV bezeichnete und jeweils mit eigenen Titeln versah. Der erste Zyklus „Radierte Skizzen" entstand 1878. Hier greift er bereits die Themen auf, die ihn immer wieder beschäftigt haben: Liebe, Tod und Kunst. Eine Reihe graphischer Zyklen vollendete er in den achtziger Jahren, darunter *Eva und die Zukunft* (1880), *Amor und Psyche* (1880), *Dramen* (1883), *Ein Leben* (1884), *Eine Liebe* (1887), *Vom Tode I* (1889). Mit dem Radierzyklus *Dramen*, der sozialkritische Themen verfolgte und z. B. KÄTHE KOLLWITZ stark beeindruckte, hatte KLINGER auf Ausstellungen in München und Berlin besonderen Erfolg; in München erhielt er die Silberne, in Berlin die Goldene Medaille. 1894 schuf er den Radierzyklus *Brahmsphantasie*; dieser begeisterte BRAHMS so, daß er KLINGER vier Lieder widmete. Die letzten beiden Radierzyklen schuf KLINGER 1909 und 1916: *Vom Tode II* und *Das Ziel*. Als Maler debütierte KLINGER 1878 mit dem Gemälde „Der Spaziergänger". 1883 erhielt er den Auftrag, vierzehn Wandbilder zur Ausgestaltung eines Saales der Villa ALBERS in Berlin-Steglitz zu schaffen. Großaufträge dieser Art erhielt er später auch von der Universität Leipzig und von einem Unternehmer aus Chemnitz: 1896 schuf er für die Aula der Universität Leipzig das gigantische Gemälde „Die Blüte Griechenlands" $(6, 15 \times 20, 3\,m)$, 1918 stellte er für den Stadtverordnetensaal des Chemnitzer Rathauses das Gemälde „Arbeit = Wohlstand = Schönheit" $(3, 75 \times 13, 5\,m)$ fertig. Auf der 59. Ausstellung der Akademie der Künste 1887 präsentierte KLINGER das Monumentalgemälde „Das Parisurteil" $(3, 3 \times 7, 2\,m)$, welches er mit einer Predella und einer plastischen Umrahmung mit farbigem Marmor versehen hatte, um seine Vorstellung von einer „Raumkunst" zu verwirklichen. Aus seiner Zeit in Rom ist besonders das Gemälde „Die blaue Stunde" bekannt. 1893 stellte KLINGER in Dresden „Die Kreuzigung Christi" aus, ein Gemälde, das menschlichen Schmerz und Leiden thematisiert und heftige Angriffe kirchlicher Kreise auslöste, da CHRISTUS völlig nackt dargestellt war. 1897 folgte das Monumentalgemälde „Christus im Olymp" $(3, 62 \times 7, 22\,m)$, das christliche und antike Glaubensvorstellungen verbindet. Er schuf auch einige Landschaftsgemälde und ein Bild von ELSA ASENIJEFF im Abendkleid. KLINGER begann sein bildhauerisches Schaffen 1882/83 mit einer Porträtbüste FRIEDRICH SCHILLERs. Seine berühmteste Skulptur ist sein „Beethoven", der 1902 das bestimmende Ereignis der Wiener Sezession war (s. dazu Anm. [1] zur zweiten unten abgedruckten Ansichtskarte). Er schuf ferner das ABBE-Denkmal in Jena, das BRAHMS-Denkmal in Hamburg und Büsten von GEORG BRANDES, KARL LAMPRECHT, FRANZ LISZT, FRIEDRICH NIETZSCHE, WILHELM STEINBACH, RICHARD STRAUSS, RICHARD WAGNER und WILHELM WUNDT. Weitere bedeutende plastische Arbeiten KLINGERs sind „Die neue Salome" (1883), „Kassandra" (1896), die „Badende, die sich im Wasser spiegelt" (1897), der „Athlet" (1899), die Figurengruppe „Dramen" (1899) sowie eine farbige Porträtbüste von ELSA ASENIJEFF (1900). KLINGER ist keiner der zeitgenössischen Kunstrichtungen zuzuordnen. Er vertrat das Ideal vom „Gesamtkunstwerk", das Malerei, Plastik und Architektur zu einem harmonischen Ganzen vereinigen sollte. Sein „Beethoven", in einem im Leipziger Museum eigens dafür entworfenen Rundbau thronend, repräsentiert dieses Ideal in besonderer Weise.

## Quelle

Die beiden Karten befinden sich in der Abteilung Handschriften und alte Drucke der Universitätsbibliothek Basel unter der Signatur Autogr Menzel K. RICHARD MENZEL (1890–1981) war ein Autographensammler; woher er die Karten an HAUSDORFF hatte, wissen wir nicht.

## Danksagung

Wir danken Herrn Dr. UELI DILL, Leiter der Abteilung Handschriften und alte Drucke der Universitätsbibliothek Basel, der uns auf die Karten aufmerksam machte, eine Kopie zur Verfügung stellte und den Abdruck erlaubte.

**Ansichtskarte** MAX KLINGER ⟶ FELIX und CHARLOTTE HAUSDORFF

Herzl. Grüsse M. Klinger [1]

### Anmerkung

[1] Die Karte ist adressiert an Herrn Prof. Hausdorff u. Gemahlin, Leipzig, Lortzingstrasse 13 III. Sie ist nicht datiert; das Datum auf dem Poststempel ist unleserlich. Die Rückseite zeigt ein Foto aus dem Innern eines Nadelwaldes mit einem außergewöhnlich dicken Baumstamm. Am rechten weißen Rand befindet sich der Aufdruck: „Gruss aus Bayrisch Eisenstein. Grosse Tanne". Darunter steht von KLINGERs Hand der obige Gruß.

**Ansichtskarte** MAX KLINGER ⟶ FELIX und CHARLOTTE HAUSDORFF [1]

Verehrteste! Ihr Gedanke ist viel zu schön um sich zu verwirklichen! Wenigstens heuer! Ich mit Umstehendem und Frau Asenijeff mit Umzug (1. Oct.) dicht beschäftigt. Ach Gott wäre das schön. Vergessen Sie Ischia nicht. [2]
Herzliche Grüße von uns beiden                                  Ihr M. Klinger

### Anmerkungen

[1] Die Karte ist adressiert an Herrn Prof. Dr. F. Hausdorff und Gemahlin, Napoli, Hotel Metropol, Italia. Sie ist nicht datiert; das Datum auf dem Poststempel ist schlecht lesbar; die Jahreszahl ist vermutlich 1908. Auf der Rückseite der Karte ist eine der vier Genien abgebildet, die auf dem Brahmsdenkmal in Hamburg um die Figur von BRAHMS gruppiert sind und zu ihr emporblicken. Die Figur auf der Karte unterscheidet sich nur noch wenig von der fertigen Ausführung auf dem 1909 fertiggestellten Denkmal.

Es gibt außer den beiden hier abgedruckten Karten einige weitere Belege dafür, daß HAUSDORFF ein freundschaftliches Verhältnis zu KLINGER hatte und in dessen Haus verkehrte. So berichtet der Leipziger Mediziner ERNST EGGEBRECHT, Arzt von MAX REGER in dessen Leipziger Zeit, in seinen privat verlegten autobiographischen Aufzeichnungen *Vom Jungsein und Altern* über eine durchfeierte Nacht bei KLINGER, an der er gemeinsam mit REGER und HAUSDORFF teilnahm:

> Klingers Haus lag still in Gärten auf einer Landzunge, die halbinselartig von der Pleiße umfaßt war. An das Haus gelehnt lagerten Marmorquadern oder auch aufgegebene oder überflüssig gewordene Gips- und Tonentwürfe. Von der Flußseite sah man weit über die damals leeren Felder bis nach den Wäldern im Norden Leipzigs. Es war ein schönes Fleckchen in dieser schönheitsarmen, flachen Gegend. Ich war zu einer etwa 30 Herren zählenden Gesellschaft geladen. In feierlicher Weise saß man um die große Tafel. Meister Klengel spielte wunderschön Cello. Allmählich schwand die Förmlichkeit. Dann ward es schnell Tag (wir hatten Juli), und schließlich saßen nur noch Klinger, Reger, der Mathematikprofessor Hausdorff und ich bei der aufgehenden Sonne zusammen. Nun darf man sich Göttergespräche zwischen den Großen nicht zu ambrosisch vorstellen. Man wandelte zwar in Arkadien, aber betrieb einen Tauschhandel wie auf dem Brühl. Die beiden Maxe hatten Brüderschaft getrunken. Dann ging Reger zum Angriff über. „Max, schenk mir doch das Modell der Lisztbüste!" Nach einigem Hin und Her war Klinger breitgeschlagen. Weiter erbat sich Reger die Totenmaske von Brahms und versprach, Klinger sein nächstes opus zu widmen. Schließlich waren wir so um acht Uhr abschiedsfertig. Man fuhr in der Pferdedroschke zur Regerschen Wohnung – eine illustre Gesellschaft: zwei Tote und drei nicht mehr sehr Lebendige. Vor Regers Haus wurden die Rollen verteilt. Ich übernahm es, das Droschkenpferd zu bewachen, obgleich es wie ein lebendiges Halt wirkte. Liszt wurde vom Kutscher geschultert, Brahms fand unter dem Arm Regers seine Ruhestätte, und Hausdorff ging als Führer mit hinauf. Mir dämmerte von einem Auftrag, Regers Hüter sein zu sollen. Als ich wieder im Besitz meines Freundes Hausdorff war, enteilten wir. Die Nacht war weg, und ich trank irgendwo einen Mokka. (Die Passage ist zitiert in: KONRAD HUSCHKE : *Max Klinger und die Musik, Teil 4, Klinger und Reger.* Zeitschrift für Musik **105** (1938), S. 861–866, dort S. 863; vgl. auch: EGBERT BRIESKORN: *Felix Hausdorff – Paul Mongré 1868–1942.* Katalog einer Ausstellung vom 24. Januar bis 28. Februar 1992 im Mathematischen Institut der Rheinischen Friedrich-Wilhelms-Universität Bonn, S. 56–57)

Weitere Belege finden sich in zwei (leider undatierten) Briefen KLINGERs an ELSA ASENIJEFF. In einem heißt es:

> Hier schicke ich Dir die Goya's. Frl. K. wollte sie gern mit Dir ansehen. Bitte aber wieder zurück.

> Ausserdem machte sie den Vorschlag, wir möchten heut Abend mit Hausdorff zusammen bei Steinmann sein. (Stadtgeschichtliches Museum Leipzig, Signatur A/2011/589-1)

In einem zweiten Brief schreibt Klinger:

Nun höre. Eben ging Merian fort, der von Steinbach (Meininger Kapelle) fragen liess ob er mir morgen Sonntag früh das Brahmssche Clarinetten-Quintett hier im Atelier spielen dürfe. Ich habe noch Hausdorffs und Merian gebeten. Kommst Du mit? 1/2 2 kommen sie und ich dachte ein kaltes Frühstück zu servieren. Es wäre lieb von Dir. (Stadtgeschichtliches Museum Leipzig, Signatur A/2011/589-2)

KLINGER war wie HAUSDORFF ein großer Musikliebhaber und in der schöngeistigen und historischen Literatur außerordentlich belesen; es gab also viele gemeinsame Interessen. Als die Auseinandersetzungen um KLINGERs Beethoven entbrannten (das Werk wurde teils enthusiastisch gefeiert, teils entschieden abgelehnt), sprang HAUSDORFF auf KLINGERs Seite in die Bresche und publizierte 1902 in der „Zeitschrift für bildende Kunst" den Aufsatz *Max Klingers Beethoven* ([H 1902c], wiederabgedruckt im Band VIII dieser Edition, S. 489–500). Nachdem HAUSDORFF darin das Kunstwerk und seine Entstehung beschrieben (er gehörte zu den wenigen, die auch schon das Modell von 1886 kannten) und KLINGERs Auffassung vom künstlerischen, insbesondere plastischen Schaffen analysiert hatte, rühmte er die kongeniale Verwandtschaft des Meisters mit dem dargestellten Heros und stimmte zum Schluß eine enthusiastische Lobeshymne an:

Denkt euch immerhin den Beethoven anders: aber lasst es auf die Kraftprobe ankommen und stellt eure innere Anschauung dem Klinger'schen Bildwerke gegenüber – welches von beiden wird das andere auslöschen? Klinger ist der psychisch Stärkere; wie jene indischen Magier kann er euch zwingen zu sehen, was er will, nicht was ihr wollt oder was die realistische Wirklichkeit vorschreibt. Auch seine Bildhauerei ist eine Griffelkunst, und die Seele muss so willig wie die Kupferplatte die Spuren aufnehmen, welche der Meister ihr einätzt. Darin, wie in vielen anderen Dingen, ist Klinger seinem Heros Beethoven verwandt, dass er in einer neuen Sprache den zwingenden Ausdruck findet, ohne erstarrte Symbole und gewohnheitsmässige Associationen dennoch Eindeutiges und Bestimmtes hervorruft, ohne eingefahrene Geleise immer geradlinig ans Ziel kommt. [···]
Heute ist „Stimmung" unser drittes Wort, ein Bekenntnis der Passivität, die mit weichen Fischflossen im Gallert herumfährt und amorphe Symbole der eigenen Unzulänglichkeit knetet: vergebns mühen sich die Lieder, vergebns quälen sie den Stein. Aber ein Höheres ist „Gestaltung", innerlich Geschautes mit derb zupackenden Händen in hartem Material abgeformt: Manneswille quantum satis, der dem Chaos einen Kosmos abtrotzt. Solch ein Gestaltetes ist Klinger's Beethoven, aus Stein und Metall heraufgeholt wie die geordnete Welt aus dem „Grenzenlosen" des Anaximander, wie die Zeusherrschaft aus Titanenkämpfen, wie Beethoven's scharfumschriebene Toncharaktere aus labyrinthischem Gefühlswirrsal, wie jedes beseelte Kunstwerk aus den ungeschieden wirbelnden, sinnlos durcheinander brausenden Elementen der Wirklichkeit. Wie hier Marmor- und Erzatome in einen neuen Reigentanz gezaubert sind, dessen Figuren und Verschlingungen dem Auge zu geistbezeugenden Offenbarungen werden, so ist unserer modernen Seele, in ihrer chaotisch

fiebernden halbtraumhaften Übergangsunruhe, eine klare Signatur, eine weithinragende Lichtgestalt und Bestimmtheit gewonnen: „der grosse gesammelte Ausdruck unserer Lebensanschauung". ([H 1902c], S. 188–189; Band VIII dieser Edition, S. 497–498)

[2] Welchen Gedanken HAUSDORFFs KLINGER gern verwirklicht sähe, ist unklar; vielleicht war es die Idee eines gemeinsamen Urlaubs in Italien. Es gibt in Italien verschiedene Gemeinden mit Namen Ischia; hier ist aber wohl die Insel Ischia im Golf von Neapel gemeint.

# Arthur König

## Korrespondenzpartner

ARTHUR KÖNIG wurde am 13. Oktober 1896 in Berlin als Sohn des Physikers
ARTHUR PETER KÖNIG (1856–1901) geboren. Nach dem frühen Tod des Vaters
zog die Mutter, eine Bibliothekarin, nach Bonn. Nach deren Tod 1911 wuchs
er bei den Geschistern seiner Mutter auf. 1915 legte KÖNIG das Notabitur ab
und wurde Soldat. 1918 begann er eine technische Lehre und studierte ab 1919
Astronomie in Bonn. Er promovierte dort 1923 mit einer Arbeit zur Vermes-
sung der Plejaden. Danach war er bis 1928 Assistent an der Sternwarte Bonn.
1928 nahm er ein Angebot der Firma Carl Zeiss in Jena an, die Leitung der
Astronomie-Abteilung des Werkes zu übernehmen. Kurz vor Ende des zweiten Weltkrieges wurde er in ein Zwangsarbeitslager eingewiesen, aus dem er
nach Intervention von Freunden nach drei Monaten wieder entlassen wurde.
Bei Kriegsende überführten die amerikanischen Besatzungstruppen Spezialisten der Firma Zeiss nach Westdeutschland; im Rahmen dieser Aktion kam
KÖNIG mit seiner Familie in die Nähe von Heidenheim, wo er zunächst als
Volksschullehrer arbeitete. 1947 wurde er Observator und ab 1959 Hauptobser-
vator an der Landessternwarte Heidelberg. Ab 1963 hatte er einen Lehrauftrag
für Astronomie an der Universität Mainz, die ihm 1968 den Titel eines Honorar-
professors verlieh. ARTHUR KÖNIG verstarb am 24. September 1969 (Nachruf
von OTTO HECKMANN in „Astronomische Nachrichten" **292** (1970), S. 191).

KÖNIGs Hauptarbeitsgebiet war die Astrometrie. Hier sind vor allem seine
astrometrischen Beiträge in verschiedenen Handbüchern und seine kritische
Analyse des Koordinatenmeßapparates der Firma Zeiss zu nennen.

ARTHUR KÖNIG war FELIX HAUSDORFFs Schwiegersohn. Er hatte im Juni
1924 HAUSDORFFs Tochter LENORE (NORA) (1.2.1900 – 8.9.1991) geheiratet.

## Quelle

Der Brief HAUSDORFFs an KOENIG befindet sich im Nachlaß HAUSDORFFs,
Kapsel 63, Nr. 05 in der Handschriftenabteilung der Universitäts- und Landesbibliothek Bonn.

## Danksagung

Wir danken der Handschriftenabteilung der ULB Bonn für freundliche Hilfe
bei Recherchen und für die Genehmigung, den Brief abzudrucken.

**Brief** FELIX HAUSDORFF ⟶ ARTHUR KÖNIG

Bonn, 26. 7. 33

Lieber Arthur!

Anbei die gewünschten Angaben, soweit ich sie weiss: [1]

*Ich.*

Felix Hausdorff, ord. Professor an d. Univ. Bonn, isr. Konfession, geb. 8. Nov. 1868 in Breslau, verheiratet 25. Juni 1899 (in Bad Reichenhall).

*Müllapü.* [2]

*Charlotte* Sophie Friederike Hausdorff, geb. Goldschmidt, ev. ref. (früher isr.) Konfession, geb. 7. Sept. 1873 in Berlin.

*Mein Vater.*

Louis Hausdorff, Kaufmann, isr. Konfession, geb. 27. Juni 1843 in Breslau, verheiratet 17. Sept. 1867 (wo, weiss ich nicht), gestorben 15. Mai 1896 in Bärenfels bei Kipsdorf (Erzgebirge).

*Meine Mutter.*

Hedwig Hausdorff geb. Tietz, isr. Konfession, geb. 26. Mai 1848 in Birnbaum (Provinz Posen), gestorben 5. Dez. 1902 in Leipzig.

*Müllapüs Vater.*

Sigismund Goldschmidt, Arzt, K. Sächs. Stabsarzt a. D. (Kriegsteilnehmer 1870), isr. Konfession, geb. 13. März 1844 in Warschau, verheiratet 15. Sept. 1871 (in Leipzig), gestorben 25. Febr. 1914 in Wien.

*Müllapüs Mutter.*

Cölestine Goldschmidt, geb. Bendix, isr. (vor der Verheiratung evang.) Konfession, geb. 27. Juli 1850 in Leipzig, gestorben 7. April 1886 in Innsbruck.

Müllapü bittet mich hinzuzufügen, dass die Angaben über ihre Eltern um einen Tag oder ein Jahr unsicher sein mögen; ich glaube übrigens nicht, dass ein Fehler darin ist.

Ich habe bisher keinen Fragebogen bekommen, der auch Angaben über die [3] Abstammung der Ehefrau verlangte; hoffentlich wird das auch bei Dir so sein, wenn überhaupt die Sache an Dich herankommt. Getreu Deinem Rat will ich mich jedenfalls nicht auf Vorrat beunruhigen und teile Deine Zuversicht, dass für Dich als Arier und Kriegsteilnehmer nichts zu besorgen ist.

Wir werden nun wahrscheinlich auch nach Reichenhall gehen und damit ist also die freudige Hoffnung auf ein Wiedersehen mit Euch gegeben.

Herzliche Grüsse von uns Beiden an Euch Alle!

Dein Pepper

### Anmerkungen

[1] Der Hintergrund dieses Wunsches war vermutlich die Sorge von ARTHUR KÖNIG, er könne seitens der nationalsozialistischen Behörden oder seitens seines Arbeitgebers aufgefordert werden, Angaben zur Abstammung seiner Ehefrau zu machen.

[2]   HAUSDORFF hatte für seine Frau die Kosenamen „Fröschle" und „Müllapü"; sie hatte für ihn die Namen „Reh" und „Pepper". „Fröschle" bezieht sich vermutlich darauf, daß CHARLOTTE HAUSDORFF oft kalte Hände hatte; den Namen „Reh" bekam HAUSDORFF seiner Augen wegen. Der Hintergrund der beiden anderen Namen ist nicht bekannt (vgl. EGBERT BRIESKORN: *Felix Hausdorff – Elemente einer Biographie*. Katalog zur Ausstellung vom 24. Januar bis 28. Februar 1992 im Mathematischen Institut der Universität Bonn, S. 87).

[3]   Das berüchtigte „Gesetz zur Wiederherstellung des Berufsbeamtentums" wurde von der nationalsozialistischen Regierung am 7. April 1933 erlassen. Nach § 3 der Ersten Durchführungsverordnung galten als „Beamte nichtarischer Abstammung" alle verbeamteten Personen, die mindestens einen jüdischen Großelternteil hatten. Um gegebenenfalls eine „nichtarische Abstammung" festzustellen, wurden an alle Beamten Fragebögen ausgegeben, in denen u. a. nach der Konfession bzw. früheren Konfession (bei Konvertiten) der Eltern und der Großeltern gefragt wurde (ein solcher Fragebogen, ausgefüllt von dem Mathematiker REINHOLD BAER, unterzeichnet am 30. Juni 1933, ist als Beispiel für diese Aktion der Nationalsozialisten abgedruckt in: EPPLE, M.; BERGMANN, B. (Hrsg.): *Jüdische Mathematiker in der deutschsprachigen akademischen Kultur*. Springer, Berlin/Heidelberg 2009, S. 202–205). Beamte „nichtarischer Abstammung" wurden entlassen mit Ausnahme solcher, die schon vor 1914 deutsche Beamte waren oder die auf Seiten der Mittelmächte am ersten Weltkrieg teilgenommen hatten. Aufgrund dieser Ausnahmeregelung war HAUSDORFF 1933 noch nicht von Entlassung betroffen. Mit der Verabschiedung der Nürnberger Rassengesetze 1935 wurde auch diese Ausnahmeregelung aufgehoben.

# Heinrich Köselitz (Peter Gast)

## Korrespondenzpartner

HEINRICH KÖSELITZ wurde am 10. Januar 1854 in Annaberg im Erzgebirge als Sohn des dortigen Vizebürgermeisters und Färbereibesitzers GUSTAV HERMANN KÖSELITZ (1822–1910) geboren. 1871 begann er eine kaufmännische Lehre in Leipzig, wechselte aber bereits 1872 zum Studium der Komposition an das Konservatorium, wo der Leipziger Thomaskantor und Professor für Harmonie- und Kompositionslehre ERNST FRIEDRICH RICHTER (1808–1879) sein wichtigster Lehrer war. Mit Begeisterung las er 1874 NIETZSCHEs erstes größeres Werk *Die Geburt der Tragödie aus dem Geiste der Musik* und ging 1875 nach Basel, um an der dortigen Universität NIETZSCHE zu hören. Es entwickelte sich bald eine freundschaftliche Beziehung zu NIETZSCHE; KÖSELITZ war für NIETZSCHE nicht nur Diskussionspartner und Freund, sondern eine Art Sekretär. Er fertigte die Reinschriften der Druckvorlagen von NIETZSCHES Schriften an, las Korrekturen und machte Vorschläge für die Verbesserung von Formulierungen. Diese Arbeit für NIETZSCHE setzte er auch in Venedig fort, wo er seit April 1878 für mehr als 10 Jahre lebte. Bei einem gemeinsamen Aufenthalt im Thermalbad Recoaro erhielt KÖSELITZ von NIETZSCHE den Namen PETER GAST, unter dem er fortan auftrat. In Venedig widmete sich KÖSELITZ auch seiner kompositorischen Arbeit. Er schuf ein Singspiel, eine Symphonie, ein Septett, ein Streichquartett, Märsche und Lieder. Als sein Hauptwerk gilt die Komische Oper *Der Löwe von Venedig*, die 1891 unter ihrem ursprünglichen Titel *Die heimliche Ehe* in Danzig uraufgeführt wurde; erst 1930 gab es weitere Aufführungen in Chemnitz. KÖSELITZ' kompositorischem Schaffen war insgesamt kein Erfolg beschieden. NIETZSCHE allerdings glaubte eine Verwandtschaft zwischen seiner Philosophie und KÖSELITZ' Musik entdeckt zu haben; er sah in geradezu maßloser Überschätzung in KÖSELITZ einen neuen MOZART. Nach NIETZSCHEs Zusammenbruch 1889 teilten sich FRANZ OVERBECK und KÖSELITZ mit Zustimmung von NIETZSCHEs Mutter die Nachlaßverwaltung (s. dazu auch DAVID MARC HOFFMANN (Hrsg.): *Franz Overbeck, Heinrich Köselitz (Peter Gast): Briefwechsel*, Berlin 1990). In den Jahren 1892 bis 1894 erschienen die ersten fünf Bände der von KÖSELITZ edierten NIETZSCHE-Ausgabe mit von ihm verfaßten Vorworten (s. dazu RALF EICHBERG: *Freunde, Jünger und Herausgeber. Zur Geschichte der ersten Nietzsche-Editionen.* Verlag Peter Lang, Frankfurt/Main 2009). ELISABETH FÖRSTER-NIETZSCHE ließ diese Ausgabe nach ihrer Rückkehr aus Paraguay und der Übernahme der Verantwortung für NIETZSCHES Nachlaß durch das von ihr gegründete Nietzsche Archiv 1894 einstampfen; mit KÖSELITZ kam es zu einem vollständigen Bruch. Dieser lebte nun wieder in seiner Vaterstadt und betätigte sich als Schriftsteller; unter verschiedenen Pseudonymen verfaßte er Beiträge zu Zeitungen und Zeitschriften, darunter Essays und Erzählungen. Im Oktober 1899 kam es zu einer unerwarteten Versöhnung mit ELISABETH FÖRSTER-NIETZSCHE. KÖSELITZ wurde im

Nietzsche-Archiv Mitarbeiter an der sog. Großoktavausgabe von NIETZSCHES Schriften und Nachlaß. Insbesondere war er mitverantwortlich für die Kompilation von NIETZSCHES angeblichem „Hauptwerk" *Der Wille zur Macht* (1901, ²1906). Nach einem erneuten Bruch mit ELISABETH FÖRSTER-NIETZSCHE im Sommer 1909 zog sich KÖSELITZ wieder nach Annaberg zurück und hat nie wieder etwas über NIETZSCHE oder die NIETZSCHE-Ausgaben publiziert (zu allen diesen Vorgängen s. das Standardwerk zur Geschichte des Nietzsche-Archivs: DAVID MARC HOFFMANN: *Zur Geschichte des Nietzsche-Archivs. Elisabeth Förster-Nietzsche, Fritz Kögel, Rudolf Steiner, Gustav Naumann, Josef Hofmiller. Chronik, Studien und Dokumente*, de Gruyter, Berlin 1991; s. dazu ferner den Briefwechsel HAUSDORFFs mit ELISABETH FÖRSTER-NIETZSCHE in diesem Band und die zugehörigen Anmerkungen). In Annaberg wirkte KÖSELITZ wieder als Komponist und Schriftsteller; insbesondere lag ihm die Pflege der erzgebirgischen Mundart am Herzen, in der er auch Gedichte und Kurzgeschichten publizierte und für deren Reinheit und Verbreitung er sich engagierte. Er verstarb am 15. August 1918 in Annaberg. Zu NIETZSCHES gelegentlich auch ambivalentem Verhältnis zu KÖSELITZ s. auch die Studie: LOVE, F. R.: *Nietzsche's Saint Peter. Genesis and Cultivation of an Illusion*. Berlin/New York 1981.

## Quelle

Die Briefe und Postkarten HAUSDORFFs an HEINRICH KÖSELITZ befinden sich im Goethe- und Schiller-Archiv (GSA) in Weimar, in welches die Dokumente des Nietzsche-Archivs nach dem 2. Weltkrieg eingegliedert wurden. Die Signatur der Schriftstücke HAUSDORFFs ist GSA 102/355.

## Danksagung

Wir danken der Leitung und den Mitarbeitern der Klassik-Stiftung Weimar für Hilfe bei Recherchen, für die Bereitstellung von Kopien und für die Genehmigung, die Schriftstücke hier abzudrucken.

**Brief** FELIX HAUSDORFF $\longrightarrow$ HEINRICH KÖSELITZ

Sehr geehrter Herr!

Sonnabend empfing ich Ihren liebenswürdigen Brief, und heute besuchte mich
der angedrohte Herr Naumann, ebenfalls liebenswürdig und doch ein Verhäng- [1]
niss, denn er beraubte mich meiner besten Gesellschaft. Mit Ihnen hoffe ich,
dass der gegenwärtige Stand der Angelegenheit nicht der letzte bleibe; zum
Danke fühle ich mich ihr aber schon jetzt verbunden, da sie die Anknüpfung
zu einer längst ersehnten und geplanten Beziehung hergiebt. Seit 1889, wo ich
Ihren Namen zum ersten Male unter der „Fall Wagner"-Betrachtung im Kunstwart las, gehörte es zu meinem Programm, Ihnen einmal näher zu kommen; [2]
die Eroberung, die mir aber vermuthlich missglückt wäre, hat ein fasciniren-
der Prachtmensch, unser „Genie des Herzens" Kurt Hezel für sich und mich [3]
vollbracht, – in das günstige allzugünstige Vorurtheil, das er mir bei Ihnen
bereitet und von dem Ihr Brief zeugt, muss ich ganz gewiss erst noch sehr hin-
einwachsen. Das will nicht heissen, ich sei auf einen blossen Empfänger-Posten
zu befehligen und fühle mich unfähig, Ihnen auch nur das Geringste zu sagen:
mit dergleichen Bescheidenheit wäre ich anmassend, je an eine Beziehung zwischen Ihnen und mir gedacht zu haben. Lassen Sie mich, dem zur Erläuterung,
und zum Zeichen dass wir uns bei der „Verbündung zu höchsten Zwecken" das
Widereinander vorbehalten, gleich zum ersten Male eine fröhliche Gegnerschaft
eröffnen, indem ich für Frau Andreas-Salomé eine Lanze breche. Herr Naumann [4]
sagt mir, dass Sie Ihr Urtheil bereits zu mildern begännen; dieser Wandlung
hat gewiss Niemand zu Hülfe zu kommen, und darum greife ich nur Eins heraus, das mir von eignen metaphysischen Versuchen her besonders am Herzen
liegt: die Lehre von der *ewigen Wiederkunft*. In der Vorrede zu Menschl. Allzum. (für deren Widmung ich Ihnen den durch Hezel entbotenen Dank noch
einmal persönlich wiederhole) weisen Sie dieser esotatischen Lehre eine rein
mechanistische Bedeutung zu, als einer Lehre von der Erschöpfbarkeit, also
Repetition, der kosmischen Molecularcombinationen. Es wäre von Interesse, ob [5]
dies der zufällige speculative Weg war, auf dem sich Nietzsche in jenes Mysterium hineingrübelte; dass er dabei aber nicht geblieben ist und nicht bleiben
konnte, scheint mir von viel höherer Bedeutung zu sein. Rein mechanistisch betrachtet ist der Gedanke einer Erschöpfbarkeit der Weltzustände sogar falsch
und beruht auf einer Amphibolie des Unendlichkeitsbegriffes, die man ganz
nach Kantischem Schema kritisiren könnte. Nur soviel: die Zeit ist eine eindi-
mensionale Mannigfaltigkeit, ein $\infty^1$, die Gesamtheit aller Weltzustände eine
unendlichdimensionale, ein $\infty^\infty$; jene kann also diese nur partiell realisiren,
keinesfalls erschöpfen. Bestünde die Weltgeschichte aus der Bewegung eines
blossen Punktdreiecks im Raume, so hätten wir $\infty^3$ mögliche Weltzustände
(denn die relative Lage dreier Punkte gegen einander hängt von drei Bestim-
mungsstücken, z. B. den drei Dreiecksseiten, ab) und zu ihrer Unterbringung
nur $\infty^1$ Zeitaugenblicke; es würden also $\infty^2$ Weltzustände unrealisirt bleiben, [6]

geschweige dass Zeit zu Wiederholungen übrig wäre. So also lässt sich die Periodicität des Weltverlaufs nicht erweisen; sie lässt sich in diesem Sinne überhaupt nicht erweisen, wohl aber lässt sich zeigen, dass Nietzsches metaphysischer Gedanke erkenntnisstheoretisch denkbar ist, und zwar ohne Rücksicht auf mechanistische, spiritualistische, solipsistische oder sonstwelche Interpretation des *Weltinhalts*, denkbar also als rein formalistische Beziehung zwischen einer

[7] beliebigen Welt und den Bedingungen, unter und in welchen sie sich kundgiebt. Dies auszuführen verbietet die Gelegenheit; ich wollte nur die Umdeutung der grössten Zarathustra-Lehre zu einer bloss speculativen, noch dazu bedenklichen und dann ganz anders zu wendenden Gehirnphantasie befehden. Für das aber, was Nietzsche eigentlich dem Übermenschen als Geschenk in dieser Lehre mit

[8] auf den Weg gegeben, ist vor allem das Kapitel „Vom Gesicht und Räthsel" zu Rathe zu ziehen; und dafür finde ich die Mystik der Frau Andreas nicht zu

[9] hoch gegriffen. Eine persönlichste Frage: was sollte uns schliesslich, wenn nicht

[10] diese „schwarze schwere Schlange", für das – Kreuz entschädigen? –

Herr Naumann stellte Ihren Besuch in Leipzig schon für die nächste Zeit in Aussicht; ich habe bereits mit ihm verabredet, wie ich Ihrer habhaft werde. Etwas vom Himmel, wenn der nichts dagegen hat, sollen Sie zu sehen bekommen: befehlen Sie den Jupiter, oder $\beta$ Herculis, des Antichristen neuen Weihnachts-

[11] stern?

Bringen Sie Hezel mit? Wenn nicht, so grüssen Sie ihn wenigstens und empfangen Sie selbst die herzlichsten Grüsse Ihres

Sie hochschätzenden

Leipzig, 1893 Oct. 17.                                              *Felix Hausdorff*

## Anmerkungen

[1]  Zu GUSTAV NAUMANN s. Anm. [2] zur Postkarte HAUSDORFFs an ELISABETH FÖRSTER-NIETZSCHE vom 12.10.1895, ferner Anm. [1] zum Brief von ELISABETH FÖRSTER-NIETZSCHE an HAUSDORFF vom 6.7.1900 in diesem Band; s. auch die Korrespondenz PAUL LAUTERBACH in diesem Band.

Bei der in den folgenden Zeilen erwähnten „Angelegenheit" spielt HAUSDORFF vermutlich darauf an, daß ELISABETH FÖRSTER-NIETZSCHE kurz nach ihrer im September 1893 erfolgten endgültigen Rückkehr aus Paraguay den Beschluß gefaßt hatte, die von KÖSELITZ begonnene NIETZSCHE-Ausgabe abbrechen zu lassen. Am 5. Oktober 1893 teilte sie KÖSELITZ mit, ihr Rechtsanwalt werde ihn auffordern, alle in seinem Besitz befindlichen Manuskripte NIETZSCHEs auszuhändigen (HOFFMANN, a, a, O., S. 13; vgl. auch die Korrespondenz HAUSDORFF – FÖRSTER-NIETZSCHE in diesem Band).

[2]  HAUSDORFF meint hier folgenden Artikel: GAST, PETER: *Nietzsche – Wagner*. Der Kunstwart, 2. Jahrgang, 4. Stück, 2. Heft vom November 1888, S. 52–55. Der Text ist vollständig wiederabgedruckt in: NIETZSCHE: *Briefwechsel*, Kritische Gesamtausgabe, Dritte Abteilung, Band VII (hrsg. von NORBERT MILLER, ANNEMARIE PIEPER, RENATE MÜLLER-BUCK), Dritter Teilband, Zweiter Halbband, S. 1068–1076. Der Artikel von GAST ist eine Be-

sprechung von NIETZSCHEs Schrift *Der Fall Wagner. Ein Musikantenproblem.* C. G. Naumann, Leipzig, September 1888. Der Wiederabdruck des GASTschen Aufsatzes im Briefband der NIETZSCHE-Werke ist u. a. dadurch motiviert, daß sich NIETZSCHE im Dezember 1888 in einem Brief an GAST begeistert über diesen Artikel geäußert hat.

[3]   Der Leipziger Jurist Dr. KURT HEZEL (1865 – 1921) gehörte seit HAUS-DORFFs Studentenzeit zu dessen engerem Bekanntenkreis. Er war ein glühender Verehrer NIETZSCHEs und WAGNERs und Organisator eines Leipziger Kreises von Literaten und Künstlern, in dem auch HAUSDORFF verkehrte. Der Ausdruck „Genie des Herzens" ist eine Anspielung auf FRIEDRICH NIETZSCHE: *Jenseits von Gut und Böse. Vorspiel einer Philosophie der Zukunft.* C. G. Naumann, Leipzig 1886, Neuntes Hauptstück: was ist vornehm? Nr. 295. Dort heißt es:

> Das Genie des Herzens, wie es jener grosse Verborgene hat, der Versucher-Gott und geborene Rattenfänger der Gewissen, dessen Stimme bis in die Unterwelt jeder Seele hinabzusteigen weiss, welcher nicht ein Wort sagt, nicht einen Blick blickt, in dem nicht eine Rücksicht und Falte der Lockung läge, zu dessen Meisterschaft es gehört, dass er zu scheinen versteht – und nicht Das, was er ist, sondern was Denen, die ihm folgen, ein Zwang *mehr* ist, um sich immer näher an ihn zu drängen, um ihm immer innerlicher und gründlicher zu folgen: – das Genie des Herzens, das alles Laute und Selbstgefällige verstummen macht und horchen lehrt, das die rauhen Seelen glättet und ihnen ein neues Verlangen zu kosten giebt, – still zu liegen wie ein Spiegel, dass sich der tiefe Himmel auf ihnen spiegele –; das Genie des Herzens, das die tölpische und überrasche Hand zögern und zierlicher greifen lehrt; das den verborgenen und vergessenen Schatz, den Tropfen Güte und süsser Geistigkeit unter trübem dickem Eise erräth und eine Wünschelruthe für jedes Korn Goldes ist, welches lange im Kerker vielen Schlamms und Sandes begraben lag; das Genie des Herzens, von dessen Berührung Jeder reicher fortgeht, nicht begnadet und überrascht, nicht wie von fremdem Gute beglückt und bedrückt, sondern reicher an sich selber, sich neuer als zuvor, aufgebrochen, von einem Thauwinde angeweht und ausgehorcht, unsicherer vielleicht, zärtlicher zerbrechlicher zerbrochener, aber voll Hoffnungen, die noch keinen Namen haben, voll neuen Willens und Strömens, voll neuen Unwillens und Zurückströmens ... (FRIEDRICH NIETZSCHE: *Werke.* Kritische Gesamtausgabe. (Hrsg. von GIORGIO COLLI und MAZZINO MONTINARI). Sechste Abteilung, Zweiter Band. Berlin 1968, S. 247)

Genauere Ausführungen zur Person HEZELs und zu seiner Rolle im Akademisch-philosophischen Verein und in den Leipziger Künstler- und Intellektuellenkreisen findet man in EGBERT BRIESKORNs Biographie HAUSDORFFs, Kapitel 3, Abschnitt „Studentenleben". Erwähnt sei noch, daß nicht alle, die HEZEL näher kannten, seine Persönlichkeit mit solcher Bewunderung gesehen haben, wie sie HAUSDORFF hier im Brief an KÖSELITZ zum Ausdruck bringt.

[4]   Zu LOU ANDREAS-SALOMÉ s. zunächst Anm. [4] zum Brief HAUSDORFFs an ELISABETH FÖRSTER-NIETZSCHE vom 12. Juli 1896 in diesem Band. In ihrem Buch *Friedrich Nietzsche in seinen Werken*, Wien 1894, S. 224–225, hatte ANDREAS-SALOMÉ davon berichtet, daß NIETZSCHE die Verkündigung seiner Wiederkunftsidee davon abhängig machen wollte, ob sie sich naturwissenschaftlich werde begründen lassen. Um eine solche Begründung zu finden, habe er in Wien oder Paris zehn Jahre Naturwissenschaften studieren wollen. Er habe aber bald gesehen, daß eine auf atomistischen Theorien fußende Begründung der Wiederkunftslehre nicht möglich ist:

> Schon ein oberflächliches Studium zeigte ihm bald, dass die wissenschaftliche Fundamentirung der Wiederkunftslehre auf Grund der atomistischen Theorie nicht durchführbar sei; er fand also seine Befürchtung, der verhängnisvolle Gedanke werde sich unwiderleglich als richtig beweisen lassen, nicht bestätigt und schien damit von der Aufgabe seiner Verkündigung, von diesem mit Grauen erwarteten Schicksal befreit zu sein. (ANDREAS-SALOMÉ, a. a. O., S. 224–225)

In NIETZSCHEs Nachlaß finden sich eine Reihe von Notizen, die man als einen Versuch deuten kann, eine naturwissenschaftliche Begründung der Wiederkunftslehre zu geben (s. dazu einige Quellenzitate im Band VII dieser Edition, S. 44–45). Da es solche Notizen auch aus der Zeit 1886–1888 gibt, ist LOUs Behauptung, NIETZSCHE habe von solchen Versuchen sehr bald Abstand genommen, sehr fragwürdig.

[5]   Zur durchaus problematischen Vorrede KÖSELITZ' zur zweiten Auflage von *Menschliches, Allzumenschliches*, C. G. Naumann, Leipzig, August 1893, s. das im Abschnitt „Korrespondenzpartner" genannte Buch von EICHBERG, S. 97–105. In dieser Vorrede, von der HAUSDORFF vermutlich einen Separatabdruck erhielt, hatte KÖSELITZ eine mechanistische Interpretation der NIETZSCHEschen Versuche einer naturwissenschaftlichen Begründung der Wiederkunftslehre gegeben, die auf folgenden Gedanken hinausläuft: Der Kosmos besteht aus einer endlichen Anzahl von Atomen oder Molekülen und folglich gibt es nur eine endliche Anzahl möglicher Kombinationen dieser elementaren Objekte, d, h. es gibt nur endlich viele „Weltzustände". Die Zeit ist aber unendlich, folglich ist der Weltinhalt zu arm, um die Zeit mit immer neuem auszufüllen, woraus die ewige Wiederholung des Gleichen folgt.

[6]   KÖSELITZ' mechanistische Deutung der NIETZSCHEschen Fragmente (s. die Anm. [4] und [5]) weist HAUSDORFF hier mit mathematischen Argumenten zurück. Eingehender hat er die hier im Brief an KÖSELITZ nur knapp skizzierten Gedanken in seinem *Sant' Ilario* ([H 1897b]), Aphorismus 406 (S. 349–354, Band VII dieser Edition, S. 443–448), auseinandergesetzt. Dort heißt es, nun aber direkt auf NIETZSCHE bezogen:

> Soviel sich nämlich aus dem Entwurf „Die Wiederkehr des Gleichen" ersehen lässt, scheint Nietzsche der Unendlichkeit der Zeit eine materialistisch

gefasste Endlichkeit des Zeitinhalts gegenüberzustellen und daraus die nothwendige Wiederholung gleicher Zeitstrecken zu folgern. Wenn Raum, Kraft, Materie, Anzahl der Atome und ihrer möglichen Gruppirungen endliche Grössen sind, die Zeit aber eine unendliche, so ist in der That der Weltinhalt zu arm, um durch einmaliges Abrollen die Zeit auszufüllen, und der Dirigent müsste, um weiter zu spielen, das Stück ewig repetiren. An diesem Schluss ist weiter nichts hinfällig als die Voraussetzung, dass der mögliche Zeitinhalt gegenüber der unendlichen Zeit eine endliche Grösse sei; er ist in Wirklichkeit ebenfalls eine unendliche, und zwar eine viel umfassendere, umfänglichere, eine Unendlichkeit *höherer Dimension*. ([H 1897b], S. 349–350; Band VII dieser Edition, S. 443–444)

Es folgt dann auf drei Seiten der Versuch einer mathematischen Widerlegung des NIETZSCHE zugeschriebenen Schlusses; der Grundgedanke besteht darin, daß die Zeitlinie eine geringere Unendlichkeit aufweist als der Raum und folglich gar nicht genug Zeit vorhanden ist, um alle möglichen „Weltzustände" zu realisieren, geschweige denn, sie unendlich oft zu realisieren:

Bezeichnen wir [···] die lineare Unendlichkeit mit dem Symbol $\infty$, so ist $\infty^2$ das Symbol der flächenhaften, $\infty^3$ das der körperlichen Unendlichkeit, oder, indem wir geradezu $\infty$ als eine Zahl auffassen, es sind in der Linie $\infty$, in der Fläche $\infty^2$, im Körper $\infty^3$ Punkte enthalten. [···] Nach diesen Ausblicken ins mathematische Gebiet ist die Herleitung der ewigen Wiederkunft aus der angeblichen Erschöpfbarkeit der Atomgruppirungen mit zwei Worten zu widerlegen. Die Zeit hat $\infty$ Augenblicke, in jedem Augenblick ist ein „Weltzustand" unterzubringen – und unter Weltzustand verstehen wir einmal, indem wir die ganz primitive Annahme des demokritischen Atomismus zu Grunde legen, die Lage der materiellen Atome im Raume. Wieviel solche Lagen, solche Weltzustände giebt es? Machen wir die allereinfachste Voraussetzung: nur *drei* kugelförmige Atome, die sich beliebig bewegen. Ferner möge es nur auf ihre *relative* Lage zu einander ankommen; dann ist jeder „Weltzustand" durch ein gewisses Atomdreieck charakterisirt, und da ein Dreieck durch drei unabhängige Variable $x, y, z$ [···] bestimmt ist, so giebt es $\infty^3$ solcher Dreiecke. Also $\infty^3$ Weltzustände und nur $\infty$ Augenblicke: d. h. der mögliche Zeitinhalt hat in der Zeit weder einmal, noch gar unendlich viele Male Platz, sondern es kann von ihm nur ein unendlich kleiner Theil (unter $\infty^3$ Weltzuständen nur ein Ausschnitt von $\infty$) zeitlich realisirt werden, oder es wären $\infty^2$ Zeiten gleich der unserigen erforderlich, um die Gesammtheit der Atomgruppirungen zu erschöpfen. ([H 1897b], S. 351–353; Band VII, S. 445–447)

Diese Argumentation ist mathematisch fragwürdig, da sie die von CANTOR bereits 1879 bewiesene Gleichmächtigkeit von $\mathbb{R}$ und $\mathbb{R}^n$ nicht berücksichtigt (s. dazu auch Band II dieser Edition, S. 3–5). Dies bemerkte HAUSDORFF wenig später: In seinem Nachlaß findet sich eine Notiz, in der er CANTORs Satz nennt und dann fortfährt:

Hiernach meine Bemerkungen über Nietzsches ewige Wiederkunft zu revidiren. (NL HAUSDORFF : Kapsel 49 : Fasz. 1076, Bl. 52)

In seinem erkenntniskritischen Versuch *Das Chaos in komischer Auslese* ([H 1898a]) hat HAUSDORFF seine Widerlegung einer atomistischen Begründung der ewigen Wiederkunft unter Berücksichtigung der Erkenntnisse CANTORS präzisiert (S. 193–194; Band VII dieser Edition, S. 787–788).

Zum Schluß des Aphorismus Nr. 406 von *Sant' Ilario* bringt HAUSDORFF zum Ausdruck, daß die Unmöglichkeit eines naturwissenschaftlichen Beweises dem „Mysterium" der ewigen Wiederkunft keinen Abbruch tut (s. u., Anm. [8]).

[7] HAUSDORFFs eigener Weg, die Denkbarkeit ewiger Wiederkunft darzutun, und zwar im Sinne einer „transzendenten Möglichkeit" ganz unabhängig davon, ob ein naturwissenschaftlicher Beweis gegeben werden kann oder nicht, wird in *Das Chaos in kosmischer Auslese* vorgestellt, insbesondere im dritten Kapitel „Gegen die Metaphysik" (Band VII, S. 624–649). Angedeutet hatte er ihn schon im Aphorismus 378 von *Sant' Ilario* ([H 1897b], S. 312–315; Band VII, S. 406–409). In mehr populärer Weise erläutert er sein Konzept der ewigen Wiederkunft einer fiktiven wißbegierigen Freundin in seinem Essay *Tod und Wiederkunft* ([H 1899b]; Band VIII dieser Edition, S. 415–429); dort heißt es:

> Um zunächst von *meiner* ewigen Wiederkehr zu sprechen (ich nehme unbedenklich den Vortritt vor Nietzsche wie jener englische Botschafter vor Ludwig dem Vierzehnten: gerade das Gegentheil wäre Verletzung der Höflichkeit und verriethe eine anmaßlich vorausgesetzte Ranggleichheit!): wenn Sie das Schmückende und Nebensächliche meiner Betrachtungen bei Seite lassen, so bleibt als Ur-, Grund-, Erz-, Hauptgedanke übrig, daß die Realität durch zeitlichen Ablauf nicht erschöpft und aufgezehrt wird, sondern immer wieder mit unverminderter Frische reproducirt werden kann. Jede Zeitspanne ist unbegrenzt häufiger Wiederholung, aber *identischer* Wiederholung, bis in die kleinste Kleinigkeit getreuer Wiederholung fähig; sie erscheint dabei den in sie verflochtenen Bewußtseinssubjecten jedesmal als neu, zum ersten Male und nur dies eine Mal vorhanden. Wir merken nichts von dieser ewigen Wiederkehr, eben weil sie identische und nicht bloß angenäherte Wiederkehr ist, und haben für die verschiedenen Reproductionen keinen Index, keine Zählmarke, keinen Stellenzeiger: darin liegt gerade die *Möglichkeit* des Ganzen, weil das uns allein Zugängliche, unsere Bewußtseinswelt, nicht davon betroffen wird. Die Hypothese der Wiederkehr leistet, zur Erklärung des uns vorliegenden Weltphänomens, genau dasselbe wie die einfachere, aber auch viel beschränktere naiv-realistische Hypothese vom einmaligen unwiderruflichen Ablauf der Dinge. Mehr kann ich Ihnen hier nicht verrathen; sollten diese seltsamen und abseitigen Speculationen Ihnen den Schlummer rauben, so müssen Sie als Narcoticum ein Buch zu Rathe ziehen, das ich unter dem Titel „das Chaos in kosmischer Auslese" veröffentlicht habe. ([H 1899b], S. 1282; Band VIII, S. 420–421)

[8] Im Teil III von *Also sprach Zarathustra*, im Abschnitt „Vom Gesicht und Räthsel", läßt NIETZSCHE Zarathustra selbst in einer Art Traum (Gesicht) den Gedanken der ewigen Wiederkunft aussprechen; er redet von einem „Thorweg", der „Augenblick" heißt, und zu dem nach der einen Seite alles in gleicher Folge

wiederkommt, was nach der anderen Seite fortgegangen ist:

„Siehe diesen Thorweg! Zwerg! sprach ich weiter: der hat zwei Gesichter. Zwei Wege kommen hier zusammen: die gieng noch Niemand zu Ende. Diese lange Gasse zurück: die währt eine Ewigkeit. Und jene lange Gasse hinaus – das ist eine andre Ewigkeit. [···]

Muss nicht, was laufen *kann* von allen Dingen, schon einmal diese Gasse gelaufen sein? Muss nicht, was geschehn *kann* von allen Dingen, schon einmal geschehn, gethan, vorübergelaufen sein?

Und wenn Alles schon dagewesen ist: was hälst du Zwerg von diesem Augenblick? Muss auch dieser Thorweg nicht schon – dagewesen sein?

Und sind nicht solchermaassen fest alle Dinge verknotet, dass dieser Augenblick *alle* kommenden Dinge nach sich zieht? *Also – –* sich selber noch?

Denn, was laufen *kann* von allen Dingen: auch in dieser langen Gasse *hinaus – muss* es einmal noch laufen! –

Und diese langsame Spinne, die im Mondscheine kriecht, und dieser Mondschein selber, und ich und du im Thorwege, zusammen flüsternd, von ewigen Dingen flüsternd – müssen wir nicht Alle schon dagewesen sein?

– und wiederkommen und in jener anderen Gasse laufen, hinaus, vor uns, in dieser langen schaurigen Gasse – müssen wir nicht ewig wiederkommen? – " (NIETZSCHE: *Werke*. Kritische Gesamtausgabe. Herausgegeben von GIORGIO COLLI und MAZZINO MONTINARI. Sechste Abteilung, Band I, Berlin 1968, S. 195–196)

Zu NIETZSCHEs Gedanken der ewigen Wiederkunft und HAUSDORFFs Position dazu s. auch den Abschnitt „Aufnahme und Kritik des Gedankens der ewigen Wiederkehr des Gleichen" in WERNER STEGMAIERs Einführung in Band VII dieser Edition, dort S. 37–49, ferner HAUSDORFFs Essay *Nietzsches Lehre von der Wiederkunft des Gleichen* ([H 1900d]; Band VII, S. 897–902).

[9]  Nachdem LOU ANDREAS-SALOMÉ berichtet hat, NIETZSCHE habe eingesehen, daß ein auf atomistischen Theorien fußender Beweis der ewigen Wiederkunft nicht möglich sei (vgl. obige Anm. [4]), spricht sie von der Mystik einer geoffenbarten Wiederkunftslehre:

Was wissenschaftlich erwiesene Wahrheit werden sollte, nimmt den Charakter einer mystischen Offenbarung an, und fürderhin giebt Nietzsche seiner Philosophie überhaupt als endgiltige Grundlage, anstatt der wissenschaftlichen Basis, die innere Eingebung – seine eigene persönliche Eingebung. [···] Daher wird auch der theoretische Umriss des Wiederkunfts-Gedankens eigentlich niemals mit klaren Strichen gezeichnet; er bleibt blass und undeutlich und tritt vollständig zurück hinter den praktischen Folgerungen, den ethischen und religiösen Consequenzen, die Nietzsche scheinbar aus ihm ableitet, während sie in Wirklichkeit die innere Voraussetzung für ihn bilden. (LOU ANDREAS-SALOMÉ: *Friedrich Nietzsche in seinen Werken*, S. 225–226)

Am Schluß seines Aphorismus Nr. 406 (vgl. obige Anm. [6]) äußert HAUSDORFF einen ähnlichen Gedanken:

> Nietzsches materialistischer Beweis für die Nothwendigkeit der ewigen Wiederkunft darf damit als widerlegt gelten – etwas ganz anderes ist die *Denkbarkeit* dieser Hypothese, und wiederum etwas anderes ihr dichterischer, ethischer, speculativer Werth. Die ewige Wiederkunft ist eine gewaltige Conception, ein Mysterium, das schon als Möglichkeit aufregt, erschüttert, ungeheure Folgerungen zulässt. Wir treten diesem „abgründlichen Gedanken" nicht zu nahe, wenn wir seinen oberflächlichen Beweis verwerfen. ([H 1897b], S. 354; Band VII, S. 448)

HAUSDORFF blieb aber auch später, im Gegensatz zur Auffassung des Nietzsche-Archivs, bei seiner Meinung, NIETZSCHE habe „auf eine mathematisch-naturwissenschaftliche Begründung seiner Lehre entscheidenden Wert gelegt". ([H 1900d], S. 151; Band VII, S. 901)

[10]  Zarathustra wird aus seinem Traum (vg. Anm. [8]) durch einen heulenden Hund gerissen und fährt fort zu reden:

> Wohin war jetzt Zwerg? und Thorweg? Und Spinne? Und alles Flüstern? Träumte ich denn? Wachte ich auf? Zwischen wilden Klippen stand ich mit Einem Male, allein, öde, im ödesten Mondscheine.
>
> *Aber da lag ein Mensch!* Und da! Der Hund, springend, gesträubt, winselnd, – jetzt sah er mich kommen – da heulte er wieder, da *schrie* er: – hörte ich je einen Hund so Hülfe schrein?
>
> Und, wahrlich, was ich sah, desgleichen sah ich nie. Einen jungen Hirten sah ich, sich windend, würgend, zuckend, verzerrten Antlitzes, dem eine schwarze schwere Schlange aus dem Munde hieng.
>
> Sah ich je so viel Ekel und bleiches Grauen auf Einem Antlitze? Er hatte wohl geschlafen? Da kroch ihm die Schlange in den Schlund – da biss sie sich fest.
>
> Meine Hand riss die Schlange und riss: – umsonst! sie riss die Schlange nicht aus dem Schlunde. Da schrie es aus mir: „Beiss zu! Beiss zu!
>
> Den Kopf ab! Beiss zu!" – so schrie es aus mir, mein Grauen, mein Hass, mein Ekel, mein Erbarmen, all mein Gutes und Schlimmes schrie mit Einem Schrei aus mir. –
>
> Ihr Kühnen um mich! Ihr Sucher, Versucher, und wer von euch mit listigen Segeln sich in unerforschte Meere einschiffte! Ihr Räthsel-Frohen!
>
> So rathet mir doch das Räthsel, das ich damals schaute, so deutet mir doch das Gesicht des Einsamsten!
>
> Denn ein Gesicht war's und ein Vorhersehn: – *was* sah ich damals im Gleichnisse? Und *wer* ist, der einst noch kommen muss?
>
> *Wer* ist der Hirt, dem also die Schlange in den Schlund kroch? *Wer* ist der Mensch, dem also alles Schwerste, Schwärzeste in den Schlund kriechen wird?

– Der Hirt aber biss, wie mein Schrei ihm rieth; er biss mit gutem Bisse!
Weit weg spie er den Kopf der Schlange –: und sprang empor. –

Nicht mehr Hirt, nicht mehr Mensch, – ein Verwandelter, ein Umleuch-
teter, welcher *lachte*! Niemals noch auf Erden lachte je ein Mensch, wie
*er* lachte. (NIETZSCHE: *Werke*, a. a. O. [vgl. Anm. [8]], S. 197–198)

LOU ANDREAS-SALOMÉ hat in ihrem Buch (vgl. Anm. [4]) das Rätsel des Hirten
so gedeutet:

Die Schlange der im Kreise verlaufenden ewigen Wiederkehr ist es, von
der Zarathustra den Menschen erlöst, indem er ihr den Kopf abbeisst:
indem er das Sinnlose und Grauenhafte an ihr aufhebt und den Menschen
zu ihrem Herrn macht – zum Verwandelten, Umleuchteten, lachenden
Uebermenschen. (LOU ANDREAS-SALOMÉ, a. a. O., S. 234)

[11]  HAUSDORFF war vom Februar 1893 bis Februar 1895 als Rechner an der
Leipziger Sternwarte beschäftigt. Er lädt hier KÖSELITZ zu einem Besuch in
der Sternwarte ein; er wolle ihm Jupiter oder den Stern $\beta$ Herculis zeigen. Dieser Stern, auch Kornephoros (Keulenträger) genannt, ist der hellste Stern im
Sternbild Hercules. Die Erwähnung des „Antichristen" ist vermutlich eine Anspielung auf NIETZSCHES *Antichrist*; ob HAUSDORFF selbst den Keulenträger
zu des „Antichristen Weihnachtsstern" ernannt hat oder ob er dies irgendwo
hergenommen hat, konnte nicht ermittelt werden.

**Brief**  FELIX HAUSDORFF $\longrightarrow$ HEINRICH KÖSELITZ

Sehr geehrter Herr Köselitz!

Durch Abschluss einer astronomischen Arbeit zu einem bestimmten Termi-
ne, darnach durch Nebendinge war ich bisher verhindert, Ihnen einige Wor-  [1]
te des Dankes für Ihren Herbst-Besuch zu sagen. Auch die jetzige Stunde ist
nicht günstig gewählt, da ich meinen Wintersolstiz-Katarrh diesmal besonders
pünktlich und gründlich begehe; trotzdem möchte ich Ihr neues Jahr nicht ohne
meinen Gruss und Glückwunsch anheben wissen.
      Aus meiner herzlichen Freude über Ihre Anwesenheit, von der auch auf mich
ein freundlich gewährter Antheil fiel, habe ich gewiss kein Hehl gemacht. Im Falle grosser Männer leide ich immer noch an Personen-Verehrung, und Nietzsches
Freund hat Nietzsches Lesern noch Vieles zu sagen. Eben als Freund, – dann
als Herausgeber, als Erklärer, endlich als selbstschaffender, einen Süden in der
Musik erfindender Meister Pietro Gasti. Vielleicht bekomme ich auch in dieser
Eigenschaft etwas von Ihnen zu hören. Um Sie durch Anzapfung meinerseits zu
ermuthigen, sende ich Ihnen ein paar „Lieder", die gerade zur Verfügung sind.  [2]
Diejenigen, auf die ich besonderen Werth lege, befinden sich nicht darunter;
ihre Reinschriften sind in eines Weibleins Hand, und die Concepte kann nur ich

entziffern. Von denen, die anbei folgen, bitte ich auch nur das erste, kleinere mir ganz zuzurechnen; das „Hochzeitslied" war mir in einer Effectlaune entschlüpft und musste sich Umguss gefallen lassen. So wie es hier steht, verlangt es auch vom Pianisten zuviel.

Darf ich Sie um Rücksendung und unhöfliches Urtheil bitten?

Wir haben hier schon viel Musik verrichtet. Als Dirigenten gab es Wein-
[3] gartner, Siegfried Wagner, Richter; jene Beiden modern, geistreich, gewaltig, dieser ein gediegener Musikkorporal, nüancenlos bis zum Eigensinn, nur im Klanglichen raffinirt; bajuvarische Tölpelei mit englischer „Ruschlichkeit". Das Meistersinger-Vorspiel habe ich nie so hinrichten hören wie von Hans Richter; besser spielt er Beethoven und Schumann. – Von neuen Werken interessirte mich ein Oratorium „Franciscus" von Tinel, worin ein schönes Stück Murillo
[4] Musik geworden ist; kennen Sie es? – Das Liebste waren mir ein paar leider schlecht aufgeführte Cantaten von Bach. Erzählen Sie mir auch etwas vom musikalischen Annaberg?

Von der ewigen Wiederkunft sprechen wir ein andermal, wenn das Hirn ent-
nebelt ist. Giebt es von Nietzsches Nachlass Neues zu berichten?

Herrn Naumann habe ich erst ein- oder zweimal wiedergesehen; dagegen pflege ich regelmässigen Umgang mit Herrn Lauterbach, zu englischen und philo-
[5] sophischen Zwecken. Hezel hat wohl Annaberg schon verlassen?

Herzlich grüsst Sie

Ihr ergebenster

*Dr. F. Hausdorff*

Leipzig, Brüderstr. 61$^I$.   29. XII. 93

## Gedicht

[6]
[Das Gedicht liegt zwischen dem Brief vom 29. 12. 1893 und der Postkarte
vom 31. 12. 1894)]

15. October 1894.

Held, dein letzter Wille ist vollstreckt:
Rissest selber ihn in Fetzen!
Hat ein Irrlicht dich zu Schätzen
In des Grauens tiefsten Grund geneckt?

Nacht, daraus kein Sonnenaufgang weckt,
Fing dich ein in schwarzen Netzen.
Held, dein letzter Wille ist vollstreckt:
Rissest selber ihn in Fetzen!

Jäger einst, dem sie die Hand geleckt,
Wild nun, das die Hunde hetzen!
Um dein Ende schwebt Entsetzen,
Die dir folgen, hast du heimgeschreckt.
Held, dein letzter Wille ist vollstreckt.

F. H.

## Anmerkungen

[1]  Es handelt sich um die Arbeit *Zur Theorie der astronomischen Strahlenbrechung III* (Teil 2 von [H 1893], abgedruckt im Band V dieser Edition, S. 136–182). Die Arbeit war im Dezember 1893 von HEINRICH BRUNS der Königlich-Sächsischen Gesellschaft der Wissenschaften zu Leipzig vorgelegt worden und erschien 1894 in deren Berichten.

[2]  Im Nachlaß von HEINRICH KÖSELITZ im Goethe- und Schiller-Archiv in Weimar befindet sich ein umfangreiches Konvolut mit Noten (GSA 102/157). HAUSDORFFs Lieder befinden sich dort nicht und müssen wohl als verloren gelten.

[3]  FELIX WEINGARTNER (1863–1942) war Dirigent, Komponist und Schriftsteller. Nach Anstellungen in Mannheim und Berlin war er von 1898 bis 1905 Chefdirigent des Philharmonischen Orchesters in München. Von 1908 bis 1927 wirkte er in Wien (Hofoper, Volksoper, Leiter der Philharmonischen Konzerte, Lehre an der Musikakademie). Von 1927 bis 1935 war er in Basel tätig, dann wieder in Wien. Gastdirigate hatte er in zahlreichen Städten, u. a. in Bayreuth. WEINGARTNER komponierte zwei Opern, sieben Symphonien, zwei symphonische Dichtungen, Lieder und Kammermusik. Aus seiner Feder stammen mehrere Bücher, darunter *Die Symphonie nach Beethoven* (1897), *Ratschläge für Aufführungen klassischer Symphonien* (3 Bände 1906–1923) und *Lebenserinnerungen* (2 Bände 1923, 1929).
SIEGFRIED WAGNER (1869–1930), Sohn von RICHARD WAGNER und COSIMA VON BÜLOW, trat seit 1886 als Dirigent bei den Bayreuther Festspielen auf. Ab 1908 bis zu seinem Tod am 4. August 1930 hatte er die Leitung der Festspiele inne. SIEGFRIED WAGNER betätigte sich auch als Komponist; von ihm stammen 17 Opern und einige Konzertstücke, die aber zu seiner Zeit keinen großen Erfolg hatten. Er war Antisemit und früher Anhänger und Unterstützer HITLERs und der „völkischen Bewegung"; er gehörte zu den wenigen Menschen, die HITLER duzten.
HANS RICHTER (1843–1916) wurde nach Besuch des Wiener Konservatoriums Hornist an der Hofoper und schließlich Kapellmeister. RICHARD WAGNER wurde auf ihn aufmerksam; RICHTER arbeitete für ihn die Druckvorlagen verschiedener Partituren aus und wurde 1868 auf Empfehlung WAGNERs Chordirektor der Münchener Oper. Von 1871 bis 1875 war er Kapellmeister am Nationaltheater in Budapest. Von 1875 bis 1900 wirkte er in Wien (Kapellmeister

an der Hofoper, Dirigent der Philharmonischen Konzerte, Hofkapellmeister). In Wien engagierte sich RICHTER besonders für die Verbreitung der Musik WAGNERs. Von 1900 bis 1911 leitete er das Hallé-Orchester in Manchester. Danach setzte er sich in Bayreuth zur Ruhe.

[4]   EDGAR TINEL (1854–1912) begann nach Studien in Brüssel als Pianist. 1881 wurde er Direktor des „Mechelener Instituts für Kirchenmusik", war ab 1889 Inspektor der Musikschulen Belgiens und ab 1896 Professor am Brüsseler Konservatorium. Er komponierte zwei Opern, zahlreiche Chöre und Kantaten, Klavier- und Orchestermusik. 1890 entstand nach einem Libretto von LODEWIJK DE KONINCK das Oratorium *Franciscus* (opus 36).
HAUSDORFF sieht hier vermutlich einen Zusammenhang der Musik TINELs mit Werken des spanischen Barockmalers BARTOLOMÉ ESTEBAN MURILLO (1618–1682). Dieser schuf in den Jahren 1645/46 für das Kloster des HL. FRANZISKUS in Sevilla elf Gemälde franziskanischer Heiliger.

[5]   Vgl. die Korrespondenz PAUL LAUTERBACH in diesem Band.

[6]   Das folgende Rondel schrieb HAUSDORFF aus Anlaß des 50. Geburtstages von FRIEDRICH NIETZSCHE (15. Oktober 1894). Unter dem Titel „Katastrophe" hat er es in seinem Gedichtband *Ekstasen* ([H 1900a], S. 158) veröffentlicht. Das Rondel thematisiert NIETZSCHES furchtbares Schicksal, sein Dahinsiechen in geistiger Umnachtung. Es deutet vielleicht auch eine gewisse Distanz HAUSDORFFs zum späten NIETZSCHE an, welcher er Jahre später in seiner Besprechung von *Der Wille zur Macht* ([H 1902b]) Ausdruck verliehen hat. Diese Besprechung endet mit den Worten:

> Nur das darf noch gesagt werden, daß eben da, wo wir die Unruhe und Ungerechtigkeit des allerletzten Nietzsche beklagen, der kritische Maßstab von keinem Anderen hergenommen ist als von Nietzsche selbst: von dem gütigen, maßvollen, verstehenden Freigeist Nietzsche und von dem kühlen, dogmenfreien, systemlosen Skeptiker Nietzsche und von dem Triumphator des Ja- und Amenliedes, dem weltsegnenden, allbejahenden Ekstatiker Zarathustra. ([H 1902b], S. 1338; Band VII dieser Edition, S. 909)


**Postkarte**   FELIX HAUSDORFF ⟶ HEINRICH KÖSELITZ

Die herzlichsten Glückwünsche zum neuen Jahre nebst dem Versprechen, demnächst ausführlich zu schreiben, sendet Ihnen, sehr geehrter Herr Köselitz,

Ihr ergebenster

Leipzig, 31. Dec. 94                                                                  Dr. F. Hausdorff

**Postkarte** FELIX HAUSDORFF ⟶ HEINRICH KÖSELITZ

[Am oberen Rand steht von Hezels Hand: Wir leben! Kurt Hezel
Die Karte ist nicht datiert.]

Seit Neujahr 1895 (oder 94?) schulde ich Ihnen Schriftliches; damit habe ich
mir eine Briefquelle zugeschüttet, wie sie nicht häufig rieselt. Inzwischen dachte
ich dennoch von Ihnen zu hören, aber immer noch ist Ihr Bestes ungeschrieben.
Wann enthüllen Sie uns Ihre Schreine?
Mahnend grüsst Sie                                                  F. Hausdorff


**Ansichtskarte** KURT HEZEL, FELIX HAUSDORFF ⟶ HEINRICH KÖSELITZ

[Die Karte zeigt die Isola Bella, die Perle der Borromäischen Inseln im Lago
Maggiore.]

Îles Borromées,
15 août 96.

Il faut méditerraniser la musique! (2 jours après Bayreuth)     Kurt Hezel    [1]

Wir Südländer, nicht der Abkunft, sondern dem Glauben nach, grüssen Sie     [2]
aus hängender Reben heiligstem Schatten!

Felix Hausdorff

### Anmerkungen

[1] „Il faut méditerraniser la musique" ist ein Satz FRIEDRICH NIETZSCHES
aus seiner Schrift *Der Fall Wagner*, C. G. Naumann, Leipzig 1888. Dort heißt
es:

Endlich: diese Musik [die Musik GEORGES BIZETs – W. P.] nimmt den
Zuhörer als intelligent, selbst als Musiker, – sie ist auch *da* mit das Ge-
genstück zu Wagner, der, was immer sonst, jedenfalls das *unhöflichste*
Genie der Welt war (Wagner nimmt uns gleichsam als ob – –, er sagt Ein
Ding so oft, bis man verzweifelt, – bis man's glaubt).

Und nochmals: ich werde ein besserer Mensch, wenn mir dieser Bizet
zuredet. [···]

Sie sehen bereits, wie sehr mich diese Musik *verbessert*? – Il faut méditerraniser la musique: ich habe Gründe zu dieser Formel (Jenseits von Gut
und Böse, S. 220). Die Rückkehr zur Natur, Gesundheit, Heiterkeit, Jugend, *Tugend*! – Und doch war ich Einer der corruptesten Wagnerianer
... Ich war im Stande, Wagnern ernst zu nehmen ... Ah dieser alte Zauberer! was hat er uns Alles vorgemacht! (FRIEDRICH NIETZSCHE: *Werke*.
Hrsg. von GIORGIO COLLI und MAZZINO MONTINARI, Sechste Abteilung,
Dritter Band, Berlin 1969, S. 8, S. 10)

Mit dem Hinweis auf seine Schrift *Jenseits von Gut und Böse. Vorspiel einer Philosophie der Zukunft*, C. G. Naumann, Leipzig 1886, hatte NIETZSCHE vermutlich folgende Stelle im Auge:

> Auch jetzt noch giebt es in Frankreich ein Vorverständniss und ein Entgegenkommen für jene seltneren und selten befriedigten Menschen, welche zu umfänglich sind, um in irgend einer Vaterländerei ihr Genüge zu finden und im Norden den Süden, im Süden den Norden zu lieben wissen, – für die geborenen Mittelländler, die „guten Europäer". – Für sie hat *Bizet* Musik gemacht, dieses letzte Genie, welches eine neue Schönheit und Verführung gesehn, – der ein Stück *Süden der Musik* entdeckt hat. (FRIEDRICH NIETZSCHE: *Werke*. Hrsg. von GIORGIO COLLI und MAZZINO MONTINARI, Sechste Abteilung, Zweiter Band, Berlin 1968, S. 208)

[2] Auch HAUSDORFFs Gruß enthält ein Zitat aus NIETZSCHE; die eben zitierte Passage aus *Jenseits von Gut und Böse* wird nämlich folgendermaßen fortgesetzt:

> Gegen die deutsche Musik halte ich mancherlei Vorsicht für geboten. Gesetzt, dass Einer den Süden liebt, wie ich ihn liebe, als eine grosse Schule der Genesung, im Geistigsten und Sinnlichsten, als eine unbändige Sonnenfülle und Sonnen-Verklärung, welche sich über ein selbstherrliches, an sich glaubendes Dasein breitet: nun, ein Solcher wird sich etwas vor der deutschen Musik in Acht nehmen lernen, weil sie, indem sie seinen Geschmack zurück verdirbt, ihm die Gesundheit mit zurück verdirbt. Ein solcher Südländer, nicht der Abkunft, sondern dem *Glauben* nach, muss, falls er von der Zukunft der Musik träumt, auch von einer Erlösung der Musik vom Norden träumen und das Vorspiel einer tieferen, mächtigeren, vielleicht böseren und geheimnissvolleren Musik in seinen Ohren haben, einer überdeutschen Musik, welche vor dem Anblick des blauen wollüstigen Meers und der mittelländischen Himmels-Helle nicht verklingt, vergilbt, verblasst, wie es alle deutsche Musik thut, einer übereuropäischen Musik, die noch vor den braunen Sonnen-Untergängen der Wüste Recht behält, deren Seele mit der Palme verwandt ist und unter grossen schönen einsamen Raubthieren heimisch zu sein und zu schweifen versteht . . . . (FRIEDRICH NIETZSCHE: *Werke*. Hrsg. von GIORGIO COLLI und MAZZINO MONTINARI, Sechste Abteilung, Zweiter Band, Berlin 1968, S. 208–209)

**Postkarte**  FRITZ KOEGEL, GUSTAV NAUMANN, KURT HEZEL, FELIX HAUSDORFF ⟶ HEINRICH KÖSELITZ

Leipzig 30. October 96.

[1]  A. Pietro Gasti          sincere saluti

*Fritz Koegel*

Dopo una conferenza del conferenziere sopra detto trattando al tema Federico

N e Riccardo W, non si più far altro che applaudire pure caldamente l'amico del Federico, il conoscitore del Riccardo, il maestro P. G.

*G. Naumann*

Saluti molto sincere

del    D<sup>tt</sup> Kurt Hezel

[von HEZELs Hand]          lo stes[s]o per D<sup>tt</sup> Felix Hausdorff

## Anmerkung

[1]  Die deutsche Übersetzung lautet:
An Peter Gast        herzliche Grüße          Fritz Koegel

Nach einem Vortrag des oben genannten Vortragenden, der das Thema Friedrich N[ietzsche] und Richard W[agner] behandelte, konnte man nichts mehr anderes tun, als auch warmen Beifall spenden dem Freund Friedrichs, dem Kenner Richards, dem Meister P.[eter] G.[ast]

G. Naumann

Sehr herzliche Grüße          von Dr. Kurt Hezel

[von HEZELs Hand]:          Das Gleiche für Dr. Felix Hausdorff

**Brief**  FELIX HAUSDORFF ⟶ HEINRICH KÖSELITZ

Sehr geehrter Herr Köselitz!
Sie werden in diesen Tagen mein Buch Sant' Ilario erhalten haben, dem ein [1] Geleitwort mitzugeben Ihnen gegenüber wohl überflüssig ist. Besser als irgend ein Anderer werden Sie – der Sie im Sonnensystem Nietzsche der innerste, dem Centrum nächste Planet sind – herausfinden, was bei mir Stärke, was Schwäche, was vielleicht als Stärke drapirte Schwäche ist. Ihrem musikalischen Ohr wird meine enge Zugehörigkeit zu Nietzsche ebensowenig entgehen wie meine behutsame Zurückhaltung von Nietzsche, obwohl ich keins von beiden mit biederer Ausdrücklichkeit austrommle; und wenn Sie mir dies latente Verhalten [2] im Falle der Gegnerschaft vielleicht härter anrechnen, so dürfte es im Falle der Anhängerschaft gerade dem Wesen der Sache angemessen sein. Uns, die wir Nietzsche'n in erster Reihe die souveraine Skepsis, den Ekel vor Moraltrompetern und Gesinnungsschreihälsen und bayreuthisch blinzelnden Parteischafen [3] abgelernt haben, uns stünde es schlecht an, in dem unausstehlichen Wolzogen'schen Tonfall von unserem „Meister" zu reden, ihn systematisiren und uns [4] katechisiren zu lassen. Wir bekommen heute auch um Nietzsche ein Bayreuth, ein Delphi, dessen Pythia Sie kennen; dieselbe steife, pedantische, weihevoll [5]

393

bornirte Partei-Atmosphäre, die Nietzsche'n von Wagner vertrieb, will sich als
[6]  Weihrauchwolke um das Götterbild Zarathustra legen. Da scheint es nicht un-
zeitgemäss, einmal den Sachbeweis zu erbringen, dass es eine Species Nietzscheaner in demselben Sinne, wie es Wagnerianer giebt, nie geben wird und
geben soll, wenigstens dass *wir* uns nicht zu gedrückten, kniefälligen, ängstlich
nach Meisterin und Tradition schielenden Anbetern einschüchtern lassen.

Im Übrigen, verehrter Herr Köselitz, habe ich bei meinem Buch etwa den
[7]  Gedanken, den Nietzsche im Epilog der Sorrentiner Papiere ausspricht: es wäre
schön, wenn ich einem Berufeneren Lust gemacht hätte, das Wort zu ergreifen.
Sie sind uns seit Jahren ein Buch schuldig, das sich zu den nothwendigen zählen
[8]  dürfte, während meines – die Vorrede verräth es – im Grunde „überflüssig" ist.

Noch möchte ich die Bitte nicht versäumen, Personen gegenüber, die mit der
Öffentlichkeit in Beziehung stehen, über meine Autorschaft (die ich als Privatdocent für Mathematik und Astronomie zweifellos hinter einem Pseudonym
[9]  verbergen muss) Discretion zu bewahren.

Begegnen Sie meinem heiligen Hilarius mit Nachsicht und nehmen Sie herzliche Grüsse

von Ihrem sehr ergebenen

Leipzig, Nordstr. 58$^{II}$

*F. Hausdorff*

8. Oct. 1897.

## Anmerkungen

[1]  Es handelt sich um die erste Publikation HAUSDORFFs, die unter dem
Pseudonym PAUL MONGRÉ erschienen ist, den Aphorismenband *Sant' Ilario.
Gedanken aus der Landschaft Zarathustras*, C. G. Naumann, Leipzig 1897 ([H
1897b]; Wiederabdruck im Band VII dieser Edition, S. 87–473).

[2]  HAUSDORFF veröffentlichte am 20.11.1897 in der Zeitschrift „Die Zukunft" eine Selbstanzeige des *Sant' Ilario*; darin spricht er von seiner Nähe
zu NIETZSCHE und deutet auch seine „behutsame Zurückhaltung von Nietzsche" an:

> Mein Buch, das sich äußerlich als Aphorismensammlung giebt und gern
> aus dieser stilistischen Noth eine Tugend machen möchte, ist aus einem
> andauernden Ueberschuß guter Laune, guter Luft, hellen Himmels ent-
> standen: seine unmittelbare Heimath, von der es den Namen führt, wäre
> am ligurischen Meer zu suchen, halbwegs zwischen dem prangenden Ge-
> nua und dem edelgeformten Vorgebirge von Portofino. An diesem seligen
> Gestade, das vor der eigentlichen Italia diis sacra den milden Winter und
> die berühmten Palmen voraus hat, bin ich dem Schöpfer Zarathustras
> seine einsamen Wege nachgegangen, – wunderliche schmale Küsten- und
> Klippenpfade, die sich nicht zur Heerstraße breittreten lassen. Wer mich
> deshalb einfach zum Gefolge Nietzsches zählen will, mag sich hier auf
> mein eigenes Geständniß berufen. Anderen wieder, den Verehrern Nietz-
> sches, werde ich zu wenig ausdrückliche Huldigung in mein Buch gelegt
> haben; vielleicht tröstet sie, daß diese Schrift im Ganzen nicht auf den

anbetenden Ton gestimmt ist und auf keinen Ruhm lieber verzichtet als auf den weihevoll beschränkter Gesinnungstüchtigkeit. ([H 1897c], S. 361; Band VII, S. 477)

S. zur vorliegenden Briefpassage auch den Abschnitt „Sant' Ilario. Gedanken aus der Landschaft Zarathustras (1897)" in WERNER STEGMAIERs Einleitung zu Band VII, S. 25–37, mit den Unterabschnitten „Der Titel: Nähe zu Nietzsche" und „Das Werk: Distanz zu Nietzsche".

[3]   Mit den „bayreuthisch blinzelnden Parteischafen" spielt HAUSDORFF auf die Anhänger eines gewissen Wagner-Kultes an, der in Bayreuth unter COSIMA WAGNERS Leitung zelebriert wurde.

[4]   Anspielung auf den Freiherrn HANS VON WOLZOGEN (1848–1938), der 1877 von WAGNER nach Bayreuth geholt worden war und der von 1878 bis 1938 die Zeitschrift „Bayreuther Blätter" zunächst redigierte und dann herausgab. Nach WAGNERS Tod war VON WOLZOGEN der spiritus rector des „Wahnfried-Kreises", der eine pseudoreligiöse Verehrung für den „Meister" WAGNER und sein Werk in Szene setzte. Die „Bayreuther Blätter" waren ein Sprachrohr der „völkischen Bewegung" und des Rassenantisemitismus (vgl. dazu: ANETTE HEIN: *Es ist viel Hitler in Wagner. Rassismus und antisemitische Deutschtums-ideologie in den Bayreuther Blättern (1878–1938)*. Niemeyer, Tübingen 1996); allerdings macht HEIN den Fehler, WAGNER völlig in den geistigen Sumpf einiger seiner Apologeten hinabzuziehen.

[5]   Hier spielt HAUSDORFF darauf an, daß vom Nietzsche-Archiv in Weimar versucht wurde, einen Nietzsche-Kult ähnlich dem Wagner-Kult in Bayreuth zu etablieren (s. dazu auch Anm. [10] zum Briefentwurf von ELISABETH FÖRSTER-NIETZSCHE an HAUSDORFF vom 6. 7. 1900 in diesem Band). Mit der „Pythia" ist ELISABETH FÖRSTER-NIETZSCHE gemeint.

[6]   NIETZSCHE hatte sich mit seiner Schrift *Der Fall Wagner. Ein Musikantenproblem* (1888) vollständig von WAGNER und jedem Kult um ihn abgewandt (vgl. auch Anm. [2] zum ersten Brief HAUSDORFFs an KÖSELITZ).

[7]   Von Oktober 1876 bis April 1877 hielt sich NIETZSCHE in Sorrent, einer kleinen Stadt am Golf von Neapel, auf. Dort entstand der größte Teil von *Menschliches, Allzumenschliches*. In den nachgelassenen Papieren aus der Sorrenter Zeit gibt es nur eine Passage, die mit „Epilog" überschrieben ist; sie lautet:

> *Epilog.* – Ich grüße euch Alle, meine Leser, die ihr nicht absichtlich mit falschen und schiefen Augen in dies Buch seht, ihr, die ihr mehr an ihm zu erkennen vermögt als eine Narrenhütte, in welcher ein Zerr- und Fratzen-bild geistiger Freiheit zur Anbetung aufgehängt ist. Ihr wißt, was ich gab und wie ich gab; was ich konnte und wie viel mehr ich wollte – nämlich ein elektrisches Band über ein Jahrhundert hin zu spannen, aus einem

Sterbezimmer heraus bis in die Geburtskammer neuer Freiheiten des Geistes. Mögt ihr nun für alles Gute und Schlimme, was ich sagte und that, eine schöne Wiedervergeltung üben! Es sind solche unter euch, welche Kleines mit Grossem und Gewolltes mit Gekonntem vergelten sollten: – mit welcher Empfindung ich an Jeden von diesen denke, soll hier am Ende des Buches als rythmischer Gruß ausgesprochen werden:

> Seit dies Buch mir erwuchs, quält Sehnsucht mich
> und Beschämung,
> Bis solch Gewächs dir einst reicher und schöner erblüht.
> Jetzt schon kost' ich des Glücks, dass ich dem Größeren
> nachgeh',
> Wenn er des goldnen Ertrags eigener Ernten sich freut.

(NIETZSCHE: *Werke.* Kritische Gesamtausgabe. Herausgegeben von GIORGIO COLLI und MAZZINO MONTINARI. Vierte Abteilung, Band II, Berlin 1967, S. 576)

[8]  In der launigen Vorrede zu *Sant' Ilario* schreibt HAUSDORFF:

Wie, wenn einmal der Versuch gemacht würde, heiter zu sein ohne Gezappel und nachdenklich ohne Steifigkeit? wenn man eine unwahrscheinliche Mischung von Nüchternheit und Rausch, von Gauklertanz und Fakirschlaf ausfände und festhielte? Aber das klingt wie ein Programm, und dies Buch hat keines; es füllt keine Lücke aus, kommt keinem tiefgefühlten Bedürfnisse entgegen, es ist stolz darauf, überflüssig zu sein und zu überflüssigen, müssiggehenden, von Arbeit und Amt noch nicht zerriebenen und verbrauchten Menschen zu reden. Dies Buch will alles vermeiden, was wie Zweck, Formel, Willenskrampf aussieht, jede Art Absichtlichkeit im Liegen, Stehen, Springen, Tanzen; giebt es nicht das beste Portrait, wenn man gar kein bestimmtes Gesicht macht? ([H 1897b], S. VII; Band VII dieser Edition, S. 93)

[9]  Unter seinen Kollegen an der Leipziger Universität konnte HAUSDORFF sein Pseudonym nicht allzu lange geheim halten. Im Entwurf des Gutachtens der Philosophischen Fakultät zur Berufung HAUSDORFFs zum außerplanmäßigen außerordentlichen Professor, datiert vom 5. November 1901, heißt es:

So hat er, wie hier nicht unerwähnt bleiben darf, neben seinen mathematischen Arbeiten in der als Buch unter dem Pseudonym Paul Mongré veröffentlichten Untersuchung „Das Chaos in kosmischer Auslese" (Leipzig 1898) einen geistvollen und originellen Versuch unternommen, dem Grundproblem der Erkenntnistheorie vom Standpunkte des Mathematikers aus neue Seiten abzugewinnen. (Archiv der Universität Leipzig, PA 547, Blatt 12)

**Brief** FELIX HAUSDORFF $\longrightarrow$ HEINRICH KÖSELITZ

Verehrter Herr Köselitz!                                    12. Oct. 1898.

Mein neues Buch, das Sie dieser Tage empfangen, möge mich bei Ihnen noch
nicht um den Ruf eines Oligographen bringen; seine eigentliche Entstehung   [1]
liegt, wie die des S. Ilario, um Jahre zurück. Die diesmalige, gedruckte Niederschrift ist, schlecht gerechnet, die dritte, und wenn ich mir nicht endlich Zwang
angethan und das Manuscript abgestossen hätte, wäre es vielleicht einer noch-
maligen Umarbeitung anheimgefallen. Nun, als Provisorium kann es sich, wie
ich hoffe, sehen lassen; für ein Definitivum lässt es einige Fragen zuviel noch
unbeantwortet. Auch Sie, lieber Herr Peter Gast, werden kaum alle Aufschlüsse
darin finden über die Probleme, denen Ihr Brief vom 15. October des verflos-
senen Jahres vorsichtigen Ausdruck gab. Vielleicht erscheint Ihnen, wenn Sie
meinen Betrachtungen zuzustimmen vermögen, ebenso wie mir das „Schwergewicht" der Wiederkunftlehre einigermassen gemildert, wenn nicht gar völlig   [2]
compensirt. Für die normative Ausbeutung (die ich aber für missbräuchlich
halte) würde *mein* Wiederkunftsbegriff dieselben Dienste thun wie der zwei-
felhafte annulus aeternitatis, den Nietzsche bei Silvaplana aufblitzen sah. Und
was die wissenschaftliche Begründung anlangt, so hat mein Gedanke (identische
Wiederkehr jeder beliebigen empirischen Zeitstrecke in der absoluten Zeit) von   [3]
keiner empirischen Wissenschaft etwas zu fürchten – während zur Wiederkunft
Zarathustras das Placet der theoretischen Physik kaum zu haben sein wird. Sie   [4]
vollends in der Art zu beweisen, wie die Aphorismen aus dem Sommer 1881
(Bd. XII, p. 115–30) sich abquälen, halte ich nach wie vor für ausgeschlossen.   [5]
Ich habe meine Ausführungen aus dem S. Ilario diesmal nicht wiederholt, sondern nur angedeutet, wie sie im Sinne einer strengeren Mannigfaltigkeitslehre
zu vervollständigen wären. Wenn Nietzsche, wie Sie damals mir schrieben, an   [6]
die Endlichkeit der Welt geglaubt hat, so erführe ich gern, wie er das gemacht
hat; aus den oben citirten Aphorismen wird mir's nicht klar. Nein, *wenn* der
Weltverlauf cyklisch ist, so ist er's freiwillig, nicht weil ihn seine Endlichkeit
gegenüber der unendlichen Zeit zur Wiederholung nöthigte, und die Erfahrung,
nicht die Speculation, hat davon Zeugniss und Rechenschaft zu geben.
Aber das ist graues Gegrübel, in das ich Sie hineinspinne, während Sie lieber
in „hellen Nächten" allerhand Lebendiges belauschen. Hoffentlich findet sich
für mich Gelegenheit, Ihre Symphonie kennen zu lernen.   [7]

Mit herzlichstem Grusse bin ich                    Ihr ergebenster
Leipzig, Nordstr. 58$^{II}$                          Felix Hausdorff

P. S. Vor Absendung dieser Zeilen erfahre ich soeben durch Herrn Naumann,
dass Sie mein Buch bereits erhalten und mir einen Brief zugedacht haben, dem
ich mit Freude entgegensehe!

# Anmerkungen

[1]  Es handelt sich um MONGRÉ, PAUL: *Das Chaos in kosmischer Auslese. Ein erkenntnisskritischer Versuch.* C. G. Naumann, Leipzig 1898 ([H 1898a]; Wiederabdruck in Band VII dieser Edition, S. 589–807).

Ein Oligograph ist das Gegenteil eines Vielschreibers, ein „Wenigschreiber".

[2]  NIETZSCHE hat seinen Gedanken der ewigen Wiederkunft erstmals am Ende des IV. Buches der *Fröhlichen Wissenschaft* (Nr. 341) veröffentlicht, ohne ihn so zu benennen:

> *Das grösste Schwergewicht.* – Wie, wenn dir eines Tages oder Nachts, ein Dämon in deine einsamste Einsamkeit nachschliche und dir sagte: 'Dieses Leben, wie du es jetzt lebst und gelebt hast, wirst du noch einmal und noch unzählige Male leben müssen; und es wird nichts Neues daran sein, sondern jeder Schmerz und jede Lust und jeder Gedanke und Seufzer und alles unsäglich Kleine und Grosse deines Lebens muss dir wiederkommen, und Alles in der selben Reihe und Folge – und ebenso diese Spinne und dieses Mondlicht zwischen den Bäumen, und ebenso dieser Augenblick und ich selber. Die ewige Sanduhr des Daseins wird immer wieder umgedreht – und du mit ihr, Stäubchen vom Staube!' – Würdest du dich nicht niederwerfen und mit den Zähnen knirschen und den Dämon verfluchen, der so redete? Oder hast du einmal einen ungeheuren Augenblick erlebt, wo du ihm antworten würdest: 'du bist ein Gott und nie hörte ich Göttlicheres!' Wenn jener Gedanke über dich Gewalt bekäme, er würde dich, wie du bist, verwandeln und vielleicht zermalmen; die Frage bei Allem und Jedem 'willst du diess noch einmal und noch unzählige Male?' würde als das grösste Schwergewicht auf deinem Handeln liegen! Oder wie müsstest du dir selber und dem Leben gut werden, um nach Nichts *mehr zu verlangen*, als nach dieser letzten ewigen Bestätigung und Besiegelung? (NIETZSCHE: *Werke*. Kritische Gesamtausgabe. Herausgegeben von GIORGIO COLLI und MAZZINO MONTINARI. Fünfte Abteilung, Band II, Berlin 1973, S. 250)

[3]  S. dazu Anm. [7] zum Brief HAUSDORFFs an KÖSELITZ vom 17. Oktober 1893.

[4]  HAUSDORFF hat sich in seinem Essay *Nietzsches Lehre von der Wiederkunft des Gleichen* ([H 1900d]; Band VII dieser Edition, S. 897–902) mit der physikalischen Möglichkeit eines zyklischen Weltverlaufs auseinandergesetzt. Dort argumentiert er u. a. mit dem zweiten Hauptsatz der Thermodynamik:

> Wenn Nietzsches Versuch, die mathematisch-mechanische *Nothwendigkeit* der Wiederkehr zu beweisen, abzulehnen ist, so haben wir hinzuzufügen, daß auch im bescheideneren Sinne einer *Thatsache* oder *Möglichkeit* diese Hypothese nur auf geringe Unterstützung von Seite der Naturwissenschaft zu rechnen hat. Der Verlauf der Dinge ist *einsinnig*, und ein späterer Zustand kann in einen früheren weder auf dem einfachen Rückwege, noch auf irgend einem anderen Wege übergeführt werden; in

einem sich selbst überlassenen System sind vollkommene Kreisprocesse unmöglich. Der Kosmos „altert", vorausgesetzt, daß er ein sich selbst überlassenes System ist. Das sind Wahrheiten, die man fühlt, auch ohne Physiker zu sein, deren scharfe Formulierung aber heute noch allerhand Schwierigkeiten bereitet; vielleicht ist man eines Tages genöthigt, sie unter die Principien der Naturerkenntnis aufzunehmen, und damit wäre definitiv gegen die ewige Wiederkunft entschieden. Einstweilen findet diese Nichtumkehrbarkeit der Naturvorgänge ihre provisorische Stelle im zweiten Hauptsatz der Wärmelehre und den sich daran schließenden Formeln, die unter verschiedener Gestalt (Wachsthum der Entropie, Zerstreuung der Energie, Ausgleichung der Intensitätsdifferenzen) immer wieder das Eine exact auszudrücken suchen, was wir inexact die fortschreitende Richtung des Geschehens, oder die Vorliebe der Natur für den Endzustand nennen würden. ([H 1900d], S. 151; Band VII, S. 900)

[5]  Vgl. dazu die Zitate aus Nietzsches nachgelassenen Papieren im Band VII dieser Edition, S. 44–45.

[6]  S. dazu Anm. [6] zum Brief Hausdorffs an Köselitz vom 17. Oktober 1893.

[7]  Köselitz' Symphonie „Helle Nächte" ist nie veröffentlicht worden.


**Gedruckte Verlobunganzeige** Sigismund Goldschmidt, Felix Hausdorff ⟶ Heinrich Köselitz


Die Verlobung meiner Tochter Charlotte mit Herrn Dr. Felix Hausdorff, Privatdocenten an der Universität Leipzig, beehre ich mich hierdurch anzuzeigen.

Reichenhall, den 22. Mai 1899

Dr. Sigismund Goldschmidt

[Die rechte Seite der Klappkarte hat folgenden Wortlaut:]

Meine Verlobung mit Fräulein Charlotte Goldschmidt, Tochter des Herrn Dr. med. Goldschmidt und seiner verstorbenen Gemahlin Frau Cölestine geb. Bendix, beehre ich mich hierdurch anzuzeigen. [1]

Leipzig, den 22. Mai 1899

Dr. Felix Hausdorff

## Anmerkung

[1]   Zu SIGISMUND GOLDSCHMIDT s. Anm. [7] zum Brief HAUSDORFFs an LOUISE DUMONT vom 28.12.1916 in diesem Band. HAUSDORFF heiratete CHARLOTTE GOLDSCHMIDT am 25. Juni 1899 in Bad Reichenhall.

# Franz von Krbek und Margarete Flandorffer

## Korrespondenzpartner

FRANZ VON KRBEK wurde am 12. März 1898 in Komárom als Sohn eines österreich-ungarischen Offiziers geboren. Er studierte ab 1915 (mit Unterbrechung durch Fronteinsatz im Krieg) Mathematik, Physik und Astronomie an der Universität Budapest, wo er 1921 bei LEOPOLD FEJÉR promovierte. Mitte 1925 erhielt er für 12 Monate auf Antrag von FEJÉR ein Rockefeller-Stipendium und verbrachte 6 Monate in Göttingen und 6 Monate in Paris. Von 1931 bis 1935 lebte er in Bonn und war einige Zeit Assistent am Physikalischen Institut. Danach lebte er in Berlin. Seit 1942 war er Lehrbeauftragter für Geschichte der exakten Wissenschaften am Physikalischen Institut der Universität Greifswald. Dort habilitierte er sich im März 1945 mit der Arbeit „Das Prinzip von d'Alembert, historisch kritisch entwickelt". 1946 wurde er als kommissarischer Direktor des Mathematischen Instituts der Universität Greifswald eingesetzt und 1948 zum Professor mit Lehrauftrag und 1953 zum Ordinarius berufen. Er wurde 1963 emeritiert und verstarb am 3. Juni 1984 in Greifswald.

VON KRBEK ist vor allem als akademischer Lehrer und Buchautor hervorgetreten. 1936 erschien in Berlin sein Buch *Die Grundlagen der Quantenmechanik und ihre Mathematik*, in dem er sich vor allem um möglichst klare Herausarbeitung der grundlegenden Begriffe bemühte. Ein Bestseller mit Übersetzungen in mehrere Sprachen war VON KRBEKs Buch *Erlebte Physik – Wandlungen in den Grundlagen der Naturwissenschaft*, Berlin 1942. Nach dem Krieg publizierte er das Lehrbuch *Grundzüge der Mechanik. Lehren von Newton, Einstein, Schrödinger* (Leipzig 1954, ²1961) sowie die für breite Kreise mathematisch Interessierter gedachten Bücher *Eingefangenes Unendlich. Bekenntnis zur Geschichte der Mathematik* (Leipzig 1952), *Geometrische Plaudereien* (Leipzig 1962), *Über Zahlen und Überzahlen* (Leipzig 1964) und *Formen und Formeln* (Leipzig 1967). Die letztgenannten mehr populären Werke erlebten durchweg mehrere Auflagen.

MARGARETE FLANDORFFER stammte aus Greifswald und war eine Freundin von HAUSDORFFs Tochter LENORE (NORA) aus der Greifswalder Zeit. FRANZ VON KRBEK hat während seiner Bonner Zeit im Hause HAUSDORFFs verkehrt; eine fachliche Zusammenarbeit ist allerdings nicht zustande gekommen. Vermutlich hat VON KRBEK in HAUSDORFFs Haus MARGARETE FLANDORFFER kennengelernt. 1940 hat er sie in Berlin geheiratet. MARGARETE FLANDORFFER hat auch Ende 1941 noch an HAUSDORFFs geschrieben, zu einer Zeit, als nur noch wenige mutige Menschen es wagten, Beziehungen zu Juden zu unterhalten (Brief von CHARLOTTE HAUSDORFF an ihre Tochter LENORE vom Anfang November 1941; Nachlaß KÖNIG, Handschriftenabteilung der Universitäts- und Landesbibliothek Bonn). MARGARETE FLANDORFFER ist 1964 in der Universitätsklinik Leipzig an einem Hirntumor verstorben.

## Quelle

Die Briefe von FRANZ VON KRBEK und MARGARETE FLANDORFFER, die sie HAUSDORFF zum 70. Geburtstag gesandt hatten, befinden sich im Nachlaß HAUSDORFFs in der Universitäts- und Landesbibliothek Bonn, Abt. Handschriften und Rara (Kapsel 61).

## Danksagung

Ein herzlicher Dank geht an die Herren Prof. Dr. JOACHIM BUHROW und Prof. Dr. PETER SCHREIBER (beide Greifswald) für Hilfe bei den Recherchen über FRANZ VON KRBEK.

**Brief** FRANZ VON KRBEK $\longrightarrow$ FELIX HAUSDORFF

NW 7 Marienstr. 21.I, 7.11.1938

Hochverehrter Herr Professor,

zu Ihrem 70. Geburtstage
das Beste – vor allem eine Sie und uns alle zufriedenstellende Gesundheit, damit
Sie sich ungetrübt am Gedeihen Ihrer internationalen wissenschaftlichen Saat
erfreuen können!

Ueber meine Pläne informiert Sie das Schreiben von Greta. So möchte ich [1]
Ihnen lieber anliegende Note, zugleich als kleinen Gruss überreichen. Darin
habe ich vor einiger Zeit die sp. RT neuartig begründet und nehme an, dass [2]
Sie daran einiges Interesse finden. Es liegt noch eine kurze Veröffentlichung aus
Jahresber. D. M. V. bei, die in einem Punkte überholt ist: die in der dritten [3]
Fussnote angekündigte Arbeit erscheint *nicht* in der Deutschen Mathematik. [4]

Mit den besten Empfehlungen an Ihre verehrte Frau Gemahlin und den herzlichsten Grüssen an Sie, den Jubilar, selbst, bin ich Ihr sehr ergebener

F. v. Krbek

### Anmerkungen

[1] Es handelt sich um den folgenden Brief von MARGARETE FLANDORFFER
an FELIX HAUSDORFF.

[2] Es handelt sich um ein Schreibmaschinenmanuskript von einer Seite Länge,
in dem ein Zugang zur speziellen Relativitätstheorie skizziert wird, ausgehend
von einem Ausdruck $E = c_1 m$ für die Energie, der EINSTEINs Formel $E = m c^2$
($c$ die Lichtgeschwindigkeit) verallgemeinern soll.

[3] VON KRBEK, F.: *Nichtlineare nichtholonome Bindungen in der Mechanik.* Jahresbericht der DMV **48** (1938), 165–168.

[4] VON KRBEK nimmt in der in Anm. [3] genannten Arbeit Bezug auf „allgemeinere Variationen, die HÖLDER einführte, und bei denen die Zeit mitvariiert
wird. Da ich diesen Gegenstand bereits ausführlich behandelt habe [3]), sei hier
nur folgendes angeführt." Die Fußnote 3) lautet „Im Erscheinen Deutsche Mathematik". Falls die hier angekündigte Arbeit überhaupt irgendwo erschienen
ist, kann es sich nur um den folgenden Aufsatz handeln: *Die Integralprinzipe
der Mechanik.* Acta Math. **74** (1941), 101–108. Diese Arbeit erfuhr eine scharfe
Kritik durch den renommierten Mathematiker GEORG HAMEL (1877–1954) im
„Jahrbuch über die Fortschritte der Mathematik" **67** (1941) (erschienen 1943),
S. 767–768.

Die Zeitschrift „Deutsche Mathematik" wurde 1936 von LUDWIG BIEBER-
BACH (s. zu BIEBERBACH auch den Brief HAUSDORFFs an BIEBERBACH in die-

sem Band) 1936 gegrüdet und bis zur Einstellung 1945 als Schriftleiter herausgegeben. Hauptsächliches Ziel dieser Zeitschrift war die Propagierung der angeblich auf Anschauung und „Intuition" basierenden „Deutschen Mathematik", die ein Gegenbild zur axiomatisch-mengentheoretisch fundierten modernen Strukturmathematik sein sollte, welche angeblich jüdisch sei (vgl. dazu HELMUT LINDNER: *„Deutsche" und „gegentypische" Mathematik. Zur Begründung einer „arteigenen" Mathematik im „Dritten Reich" durch Ludwig Bieberbach*. In: MEHRTENS, H.; RICHTER, S. (Hrsg.): *Naturwissenschaft, Technik und NS-Ideologie. Beiträge zur Wissenschaftsgeschichte des Dritten Reiches*. Suhrkamp, Frankfurt am Main 1980, S. 88–115).

**Brief** MARGARETE FLANDORFFER ⟶ FELIX HAUSDORFF

Berlin, den 6. November 38.

Sehr geehrter Herr Professor!

Zu Ihrem 70. Geburtstag sende ich Ihnen meine herzlichsten Glückwünsche. Hoffentlich halten Sie sich gesundheitlich im folgenden Jahrzehnt so, dass Sie selbst damit zufrieden sind. Das hilft Ihnen auch am besten über die Zeiten hinweg! Für uns sind diese auch nicht die leichtesten. Die Aussichten – vor allen Dingen was Geldverdienen anbelangt – sind nicht für alle rosig. Da mit einem evtl. Dr. habil., wofür er gar keinen Protektor hat, in dieser Beziehung noch lange nichts gewonnen wäre, ist es lebensklüger sich anderweitig umzusehen.

[1] So sucht ja die Industrie heute Physiker, es fragt sich natürlich, wieweit ein Theoretiker, und insbesondere von Fuis abstrakter Einstellung, dort Aussichten haben würde. Jedenfalls bemüht Fui sich in dieser Richtung. Das Heiraten zieht er jetzt allem anderen vor, er glaubt, sonst könnte es ihm noch ergehen wie

[2] Herrn Rehbock. Wie mögen wohl die Aussichten bei Zeiss sein?

In Berlin sind wir sonst gern, sehen uns viel Theater und Oper an, heute abend hören wir die „Meistersinger". – Auch an einem netten Bekanntenkreis fehlt es uns nicht, Freunde von Fui, die er von früher her kennt, die zum Teil verheiratet und z. Tl. Junggesellen sind, mit denen wir häufig zusammen sind

[3] ausser den jungen und alten Kuhnerts. Auch bei Frau Posner waren wir öfter draussen in ihrem entzückenden Häuschen am Wannsee. Mein Dienst ist sehr angenehm, durchgehend von 8 – 3/4 4 Uhr, so dass ich nachmittags immer etwas unternehmen kann. Mein Beruf gefällt mir jetzt wieder sehr.

Was macht Bonn?

Nochmals wünsche ich Ihnen, sehr geehrter Herr Professor und Ihrer lieben Frau alles Gute fürs kommende Lebensjahr und verbleibe mit herzlichen Grüssen an Sie Beide

Ihre
Margarete Flandorffer

## Anmerkungen

[1]  FRANZ VON KRBEK hatte die Spitznamen Ferry oder Fui.

[2]  FRITZ REHBOCK (1896–1989) hatte sich 1932 in Bonn habilitiert. Er schlug sich einige Jahre als Privatdozent durch, von 1936 bis 1939 mit einem besoldeten Lehrauftrag. 1939 wurde er zum Ordinarius an die TH Braunschweig berufen, wo er bis zu seiner Emeritierung 1964 wirkte.

[3]  ELSE POSNER war die Witwe des Greifswalder Chemikers THEODOR POSNER (1871–1928). Die Familien HAUSDORFF und POSNER waren gut befreundet. Zum 50. Geburtstag von THEODOR POSNER am 18. Februar 1921 hatte ihm HAUSDORFF ein bemerkenswertes Gedicht gewidmet, eingelegt in ein Exemplar seines Aphorismenbandes *Sant' Ilario. Gedanken aus der Landschaft Zarathustras*. Das Gedicht ist erstmalig publiziert im Band VIII dieser Edition, S. 255–256. Frau POSNER blieb der Familie HAUSDORFF bis zum bitteren Ende eine treue Freundin; sie war es, die HAUSDORFFs in den letzten Stunden ihres Lebens beistand (vgl. EGBERT BRIESKORN: *Felix Hausdorff – Paul Mongré 1868–1942. Elemente einer Biographie*. In: Katalog zur Ausstellung vom 24. Januar bis 28. Februar 1992 im Mathematischen Institut der Universität Bonn; vgl. ferner die Biographie im Band I B dieser Edition).

# Gustav Landauer

## Korrespondenzpartner

GUSTAV LANDAUER wurde am 7. April 1870 in Karlsruhe als Sohn eines jüdischen Kaufmanns geboren. Er studierte von 1888 bis 1892 Germanistik und Philosophie in Heidelberg, Straßburg und Berlin. Ab 1892 schrieb er für die Zeitschrift „Der Sozialist", deren Redaktion er im Februar 1893 übernahm. Die Zeitschrift war das Organ des „Vereins unabhängiger Sozialisten", einer Oppositionsgruppe, die aus der SPD ausgeschlossen worden war. In dieser Gruppe war LANDAUER der Kopf des anarchistischen Flügels; er nahm an internationalen Anarchistenkongressen teil und verbüßte wegen „politischer" Delikte zwei mehrmonatige Gefängnisstrafen. 1897 trat er von der Redaktion des „Sozialist" zurück, unterstützte die Zeitschrift aber weiter mit Beiträgen bis zu deren Einstellung 1899. Danach zog er sich aus der aktiven Politik zurück und versuchte, seinen gewaltfreien anarchistischen Sozialismus philosophisch und kulturhistorisch zu begründen. Ab 1908 wurde er mit der Gründung des „Sozialistischen Bundes" wieder politisch aktiv. 1909 begründete er die Zeitschrift „Der Sozialist" als Organ des Bundes neu und lieferte selbst bis zur Einstellung der Zeitschrift im März 1915 zahlreiche Beiträge, vor allem Übersetzungen der Schriften bekannter Anarchisten. Sein „Aufruf zum Sozialismus", seit 1908 in Vorträgen verbreitet und 1911 als Buch publiziert, war eine scharfe Kritik am Marxismus der SPD, dessen Ziel es sei, einen autoritären, bürokratischen und zentralistischen Staat zu errichten. LANDAUER forderte dagegen, schon innerhalb des Kapitalismus einen praktischen Sozialismus zu beginnen, der in ländlichen Genossenschaften, in „kleinen Bünden", entstehen sollte. Den Weltkrieg bekämpfte er als überzeugter Pazifist und geriet dabei in scharfen Gegensatz zu seinem Freund FRITZ MAUTHNER. 1918 übernahm LANDAUER die Redaktion der Hauszeitschrift „Masken" des Schauspielhauses Düsseldorf von LOUISE DUMONT und GUSTAV LINDEMANN. Im November 1918 folgte er einem Ruf des bayerischen Ministerpräsidenten KURT EISNER, um den Aufbau des Freistaates Bayern zu unterstützen. Nach EISNERs Ermordung wurde am 7. April 1919 die Münchener Räterepublik gegründet; in deren Regierung wurde LANDAUER „Volksbeauftragter für Volksaufklärung" (Kultusminister). Er trat aber nach der Übernahme der Macht durch die Kommunisten bereits am 13. April wieder aus der Regierung aus. Am 1. Mai 1919 wurde LANDAUER verhaftet und einen Tag später im Zuchthaus München-Stadelheim von Freikorpssoldaten ermordet.

Neben seiner politischen Tätigkeit hat sich LANDAUER auch als Schriftsteller, Philosoph, Kritiker und Übersetzer einen Namen gemacht. Unter dem Einfluß NIETZSCHEs entstanden der Roman *Der Todesprediger* (1893) und die Novelle *Arnold Himmelheber* (1894). 1900 erschien die z. T. autobiographische Erzählung *Lebendig tot*, in der LANDAUER auch auf seine Beziehung zur Lyrikerin und Übersetzerin HEDWIG LACHMANN, die 1903 seine zweite Ehefrau wurde, anspielt. Ab der Jahrhundertwende wandte sich LANDAUER verstärkt der mittelalterlichen Mystik zu. Er übersetzte *Meister Eckharts Mystische Schriften* ins Hochdeutsche (1903); ebenfalls 1903 erschien *Skepsis und Mystik. Versuche im Anschluß an Mauthners Sprachkritik* (um den mittleren Teil dieser Schrift geht es in dem folgenden Brief HAUSDORFFs). Die Hinwendung zur Mystik beeinflußte auch sein politisches Denken: In dem Essay *Die Revolution* (1907) entwickelte er eine mystische und voluntaristische Theorie der Revolution. Neben MEISTER ECKHART übersetzte LANDAUER Werke von ÉTIENNE DE LA BOÉTIE, PETER KROPOTKIN, OCTAVE MIRBEAU, WILLIAM SHAKESPEARE, RABINDRANATH TAGORE, WALT WHITMAN, OSCAR WILDE und anderen. MARTIN BUBER, ein enger Freund LANDAUERs, publizierte nach dessen Tod Vorträge, Essays und nachgelassene Schriften in Sammelbänden, z. B. entstanden so zwei Bände über SHAKESPEARE (1920).

## Quelle

Der Brief HAUSDORFFs an LANDAUER befinden sich im Nachlaß LANDAUER im Leo Baeck Institute New York.

## Danksagung

Wir danken dem Leo Baeck Institute New York für die Bereitstellung einer Kopie und für die Genehmigung, den Brief abzudrucken.

**Brief** FELIX HAUSDORFF ⟶ GUSTAV LANDAUER

2. Aug. 1902

Sehr geehrter Herr Landauer, Anderthalb Monat liegt Ihr Brief und wartet
auf Erwiderung! Sie sehen, welche demoralisirenden Folgen eine allgemeine Ver- [1]
wandlung von Raum in Zeit haben würde, d. h. in die Form a priori des War-
tenlassens und der Saumsäligkeit. Im Zeitflusse schwimmt man so apathisch
neben einander her und denkt „das hat ja noch Zeit", während man im räumlichen Nebeneinander sich beeilen würde, die Contactmöglichkeit auszunutzen.
Aber Sie entschuldigen mich hoffentlich, wenn Sie hören, dass ich in diesem
Sommersemester wöchentlich 11 Stunden Vorlesung zu halten hatte: Differentialgleichungen, höhere complexe Zahlen und politische Arithmetik. Selbst die
kleine Zuschrift in der Zukunft, die Sie mit soviel Feinheit zu beantworten die
Güte hatten, wäre wohl kaum entstanden, wenn nicht gerade Pfingsten mir
die Bekanntschaft Ihres Artikels und einige freie Tage zur Versenkung in diese
Dinge gebracht hätte. Eigentlich bin ich auch jetzt noch nicht so verfasst, dass
ich an eine klare geradlinige Fortführung unserer Debatte denken dürfte; aber
es ist sehr fraglich, ob die nächsten Wochen mehr philosophische Stimmung
bringen werden (ich fürchte, weniger), und so schreibe ich Ihnen lieber aufs
Gerathewohl, hauptsächlich damit mir die angesponnene Beziehung zu Ihnen
nicht durch mein Versäumniss wieder verloren gehe.

Obwohl ich in meiner Zuschrift viel von Activität, Gestaltung und solchem
Zeug geredet habe wie einer der heute nachgerade zu üppig ins Kraut schies-
senden Menschheitserzieher und Lebensreformer, so haben Sie in Ihrer Replik
doch auch den Punkt errathen, auf den es mir im Grunde mehr ankam: die Entlastung und Automatisirung des Bewusstseins. Ich kann es mir nur als entsetz-
lichen Ballast und hoffnungslose Erschwerung alles Denkens, Redens, Bildens,
Empfindens ausmalen, wenn Sie das ganze menschliche Bewusstsein wieder unter Zeit setzen und damit das wenige Festland überfluthen wollen, das sich –
als Welt des Raumes, der Materie, der Dinge – im Laufe millionenjähriger Gei-
stesentwicklung aufgeschichtet hat. Nicht einen Augenblick zögere ich, Ihnen [2]
rein erkenntnisstheoretisch zuzugeben, dass die Zeit als forma formalissima alles
umspannt und dass die scheinbar zeitlose Raumgestalt, eines Krystalls etwa, ein
verwickeltes Zusammenspiel von Wahrnehmungen, zeitlichen Erlebnissen also,
oder wie Sie sagen, Intensitätsschwankungen ist; aber irgend einen Grad der
Auszeichnung müssen Sie doch haben, ein knapp orientirendes Symbol, das zum
Ausdruck bringt, inwiefern sich etwa ein solcher Krystall als Inbegriff zeitlicher
Erlebnisse von einer Qualle oder einem geträumten Gegenstand unterscheidet.
Ich kann das heute nicht mit vollem Rüstzeug des Breiteren ausführen und
will nur ein Beispiel nennen, das freilich, wie Sie sagen werden, wieder mehr
ins Hygienische schlägt. Die reinsten zeitlichen Gebilde sind doch wohl unsere
psychologischen Zustände, die „Affectionen des inneren Sinnes", Kantisch ausgedrückt, also Gefühle, Willensregungen, „Stimmungen". So eine Stimmung, [3]
d. h. die Zuordnung einer qualitativ und intensiv veränderlichen Nüance zu je-

dem Zeitpunkt – was fängt man nun damit an? Nichts; Sie können als blosser Zeitmensch nicht einmal ein Mittel angeben, wie man eine solche Stimmung erzeugt oder verlängert oder los wird, Sie sind passiver Zuschauer dieses in Ihnen ablaufenden Rhythmus, wehrlos Erlebender ohne Handhabe und Steuerung. Jetzt aber, nehmen Sie an, wir kennen das materielle Substrat so einer Stimmung, sei es zu hoher osmotischer Druck in den Blutgefässen, Wassermangel, Überfüllung der Samenbläschen – und noch weiter in den Raum, ins Äussere hineinprojicirt: Alkohol, Hitze, gute oder schlechte Luft, ein Parfüm, das unsere Nerven zur Reaction zwingt, die Nähe eines Weibes, Lectüre, Musik, Wald, Gebirge, Gott weiss was – – : jetzt sind Sie auf einmal Meister Ihrer Innerlichkeit, nämlich bis zum selben Grade, in dem Sie Herr der Aussenwelt sind; jetzt wissen Sie, warum Sie deprimirt oder exaltirt, gehemmt oder entfesselt sind, und können Sich, durch kräftigen Griff aus der lähmenden Zeitsphäre heraus, das Fördersame heranholen und das Unerwüschte vom Leibe halten! Und das ist, wenn Sie dieses grobe Beispiel in nicht grober Weise ausdeuten, schliesslich die typische Aufwärtsentwicklung vom passiven Erleben zum activen Beherrschen: heraus aus der schwülen Innerlichkeit und die Dinge von der kalten Objectseite angefasst; dort allein lassen sie sich packen und reguliren! Das macht das niederste Wasserthier, wenn es vom Angewachsensein und Nahrungsaugen (wo es vollkommenes Zeitthier ist und noch nichts kennt als die Schwankungen seines Gemeingefühls) zum freien Herumschwimmen und Beutesuchen übergeht; das macht noch der höchstentwickelte Mensch, wenn er den Einfluss des Milieus auf sich oder experimenti causa fingirte Menschen im Roman studirt und dann mit Socialpolitik und Erziehungsvorschlägen anrückt. Wir müssen im Raume säen, um in der Zeit zu ärnten; und wenn wir niedergeschlagen und höchst missvergnügt sind, so ist dieses rein zeitliche Phänomen unter Umständen durch die rein räumliche Wirkungsweise eines Klystiers zu beseitigen. Das Missgeschick und unsere relative Hülflosigkeit beruht nur darauf, dass es *noch so wenige* innerliche Verstimmungen giebt, deren verstopfende Ursache wir räumlich und materiell bezeichnen können; und da muss eben die Wissenschaft im Laufe der Zeit helfen und immer mehr von den Handhaben und Angriffspunkten der Dinge in ihren Kenntnissbereich ziehen. Aber ich glaube nicht, dass z. B. die Medicin dadurch vorwärts kommen würde, dass sie auf eine immer detaillirtere Beschreibung der Unlustempfindungen des Kranken hinarbeitete.

Es kann ja sein, dass man in dieser „Exteriorisirung" der bedingenden Factoren heute zu weit geht; aber die frühere rein zeitliche, rein innerliche Behandlungsart (wohinein die ganze fruchtlose Selbstbearztung des religiösen Menschen gehört mit seinem Kampf gegen die Versuchung, Stärkung zum Widerstand gegen das Böse, Fassung guter Vorsätze u. dgl. Kindereien) hat doch nicht gerade sehr verlockende Erfolge aufzuweisen. Predigen Sie dem Neurastheniker Energie, so beschwören Sie umsonst Bewusstsein gegen Bewusstsein, Innerliches gegen Innerliches; aber füttern Sie ihn gut, geben Sie ihm Sauerstoff zu schlucken und seiner Netzhaut erquickliche Landschaftsbilder zu umspannen, so hat das schon eher Chance.

Ich fühle selber, dass ich hier sehr ins vulgär Praktische gerathe, aber dies alles hat noch eine symbolische, erkenntnisstheoretische Seite. Die Verdinglichung, Objectivirung, Materialisation ist eine Rettung aus dem Chaos des zeitlichen Wellenspiels von Erregungen und Seelenzuständen, ein Schritt zur Gliederung, Differenzbildung, zum Weltverständniss – und doch keine blosse Willkür unsererseits, sondern von einem merklichen Entgegenkommen seitens der Aussenwelt beantwortet und gerechtfertigt. Wir haben auch Fehlschläge auf diesem Eroberungszuge zu verzeichnen gehabt, auch Symbole ersonnen, in die sich kein lebendiges Ding gutwillig hineinfügte: aber alle diese Schemata wieder preisgeben und nur die letzte leerste blässeste Gemeinsamkeit aller Dinge, Zeit, zurückbehalten wäre doch eine zu traurige Resignation.                    [4]

Und es wäre nicht einmal erkenntnisstheoretisch consequent. Wenn schon, dann zerreissen Sie auch noch den Zeitschleier; diese universelle Illusion wird ja dadurch nicht weniger Illusion, dass sie universell ist. Diesen Schritt habe ich selber gethan in einem Buch, das den Titel trägt „Das Chaos in kosmischer Auslese"; dort bin ich allerdings so weit ins nördliche Eismeer vorgedrungen, dass ich vor Wärmebedürfniss Eskimos lieben und aus Anschauungshunger in Erde beissen könnte. Darum ist mir Ihre Verwandlung von Raum in Zeit praktisch zu radical und theoretisch noch viel zu zahm!                    [5]

Ob wir uns nach diesen rhapsodischen Andeutungen näher gekommen sind? Vieles ist ja auch façon de parler; ob z. B. Straussens Musik ein Überfluthen der Innerlichkeit zur Raumwelt oder ein Hineinstrudeln der Aussenwelt ins Seelenhafte ist, wird wohl auf die berühmte Frage hinauskommen, ob die Via Appia von Norden nach Süden oder von Süden nach Norden führt.

Wenn Sie mit Herrn Fritz Mauthner in brieflicher Verbindung stehen, sagen Sie ihm einen Gruss von mir! Ich habe ihm voriges Jahr, nach der Lectüre des   [6] ersten Bandes der Sprachkritik, geschrieben und auch eine freundliche Ant-   [7] wort von ihm erhalten, auf die weiter einzugehen mir dann wieder Zeit und „Stimmung" fehlte; aber sein zweiter Band steht jetzt auf meinem Ferienplan. Sie sehen, ich bleibe auf diese Weise einigermassen in Ihrer Nähe, da auch Sie nicht ohne Zertrümmerung der alten Worttafeln Ihren neuen Glauben bekannt haben!

Es grüsst Sie                              Ihr ergebenster

                                                  Felix Hausdorff

Leipzig, Leibnizstr. 4

### Anmerkungen

[1]   Ausgangspunkt für die Kontroverse zwischen FELIX HAUSDORFF und GUSTAV LANDAUER war ein Artikel LANDAUERs in der Zeitschrift „Die Zukunft" vom 17. Mai 1902 unter dem Titel *Die Welt als Zeit*. HAUSDORFF kritisierte LANDAUERs Artikel in der Ausgabe der „Zukunft" vom 14. Juni 1902 in einem offenen Brief (abgedruckt im Band VIII dieser Edition, S. 527–533; genaueres zum entstehungsgeschichtlichen Kontext dieses offenen Briefes s. ebd., S. 534–537). In dem 1903 erschienenen Buch *Skepsis und Mystik. Versuche im Anschluß an Mauthners Sprachkritik*, Egon Fleischel & Co., Berlin 1903, hat

LANDAUER seinen Artikel auf den Seiten 97–128 eingearbeitet; nach dieser Ausgabe wird im folgenden zitiert.

Ein Ausgangspunkt von LANDAUERs *Die Welt als Zeit* ist FRITZ MAUTHNERs Sprachkritik (vgl. dazu HAUSDORFFs Briefe an MAUTHNER in diesem Band). Daran anknüpfend formuliert LANDAUER als zentrale These:

> Nicht mehr absolute Wahrheit können wir suchen, seit wir erkannt haben, daß sich die Welt mit Worten und Abstraktionen nicht erobern läßt. Wohl aber drängt es uns, so stark, daß kein Verzicht möglich ist, die mannigfachen Bilder, die uns die Sinne zuführen, zu einem einheitlichen Weltbild zu formen, an dessen symbolische Bedeutung wir zu glauben vermögen. [···] In der Wissenschaft [···] findet man überall zerstreut die Bruchstücke der Symbolik, die einmal an die Stelle des angeblich positiven Teils unserer abstrakten Erkenntnisse treten wird. Bevor es aber dazu kommt, bevor es möglich zu sein scheint, aus den Ergebnissen der wissenschaftlichen Forschung eine Weltgestalt zu formen, scheint eine große Umnennung nötig: der Verzicht auf eine uralte Metapher und ihr Ersatz durch eine andere. Der Raum muß in Zeit verwandelt werden. (*Skepsis und Mystik*, S. 107–108)

Um zu verstehen, was LANDAUER damit meint, muß ein weiterer Ausgangspunkt von *Die Welt als Zeit* in Betracht gezogen werden, LANDAUERs Beschäftigung mit der Mystik, insbesondere mit MEISTER ECKHART. Nach LANDAUER ist Wahrheit „ein durchaus negatives Wort, die Negation an sich"; sie fällt „mit dem ‚Ding an sich' zusammen"(S. 99/100). Also:

> Was steckt hinter unserer Wirklichkeit? Etwas anderes! Wie ist die Welt an sich? Anders! (S. 100)

Die Grundfrage für LANDAUER ist demnach: Wie soll sich der Mensch zu dieser unüberbrückbaren Kluft von innerem Erleben des Ich, welches ein rein zeitliches Phänomen ist, und der „Dinglichkeit" außer mir, dem Anderssein, welches erst durch die Vorstellung von „Raum" entstehen kann, stellen? Hier knüpft er an MEISTER ECKHART an:

> Es war ihm [ECKHART – W. P.] sicher, daß, was wir in uns selbst als seelisches Erleben finden, dem wahren Wesen der Welt näher stände als die außen wahrgenommene Welt. (S. 103)

Um diesem Wesen der Welt überhaupt näher kommen zu können, muß Raum in Zeit verwandelt werden (s. dazu den Abschnitt 3.3 „Zeit und Raum" in THORSTEN HINZ: *Mystik und Anarchie. Meister Eckhart und seine Bedeutung im Denken Gustav Landauers.* Dissertation, Universität Basel WS 1998/99, S. 182–191).

In seinem offenen Brief in der „Zukunft" polemisiert HAUSDORFF gegen LANDAUERs Ansichten u. a. so:

> Leiden wir nicht Alle heute an der Verinnerlichung oder, wie Sie sagen, an der Verzeitlichung? Und nachträgliche Propheten wie Maeterlinck verheißen ein „Erwachen der Seele": ich finde, wir haben entschieden Ueberproduktion an Seele und sollten trachten, diese an freier Luft leicht

verderbliche Waare schleunigst loszuwerden. Die Zeitkünste, Musik und Lyrik, packen so viel Seele aus, wie gar nicht beisammen bleiben will; [ ··· ] Sie wollen noch mehr Seele, noch mehr Form der inneren Anschauung, noch mehr „Zeit"? ([H 1902d], S. 442; Band VIII dieser Edition, S. 529)

Diese Polemik offenbart eine gewisse innere Wandlung HAUSDORFFs. Mitte der neunziger Jahre, als er Gedichte aus den *Ekstasen* ([H 1900a]) schrieb (vgl. die Briefe an PAUL LAUTERBACH in diesem Band) oder Aphorismen für seinen *Sant' Ilario* ([H 1897b]), feierte auch er den ekstatischen Augenblick, die Eigenzeit des schöpferischen Künstlers, das zeitliche Fließen des inneren Erlebens, und er hätte LANDAUER vielleicht zugestimmt, bei dem es heißt: „ [ ··· ] die Extensität der äußeren Dinge muß uns ein Bild sein für die Intensität unserer Ichgefühle." (*Skepsis und Mystik*, S. 120). Nun, 1902, überwiegt bei HAUSDORFF das Streben nach sicherer wissenschaftlicher Erkenntnis, das Nachdenken über den mathematischen Raumbegriff und die transfiniten Mengen; diese Sphäre ist zeitlos und Gefühle sind darin nichtig. Freilich gibt es für HAUSDORFF nach wie vor weite Bereiche, die dem wissenschaftlichen Zugriff entzogen sind und entzogen bleiben sollen, aber die Rigorosität LANDAUERs, der im Kampf gegen den Reduktionismus einer materialistischen Wissenschaft dem „wahren Wesen der Welt" durch die Reduktion auf das innere Erleben nahe kommen wollte und die Wissenschaft als das „Wissen von dem, was nicht ist" abtat (S. 106), konnte er nun keinesfalls mehr teilen (vgl. dazu Kapitel 4 der Biographie HAUSDORFFs im Band I B, insbesondere den einleitenden Abschnitt „Doppelleben", ferner BRIESKORN, E.: *Gustav Landauer und der Mathematiker Felix Hausdorff*. In: DELF, H.; MATTENKLOTT, G. (hrsg.): *Gustav Landauer im Gespräch. Symposium zum 125. Geburtstag*, Tübingen 1997, S. 105–128).

[2]  Diese Passage macht viel deutlicher als HAUSDORFFs offener Brief in der „Zukunft", worauf es ihm eigentlich ankam, nämlich die Wissenschaft als ein wirkungsvolles Instrumentarium zur Orientierung des Menschen in der Welt gegen eine zu weitgehende, weil zerstörerische Skepsis zu verteidigen. Diese Zielstellung wird auch in einer weiter unten folgenden Passage des Briefes besonders deutlich („Die Verdinglichung [bis] Aussenwelt beantwortet und gerechtfertigt"). Die hier vorgetragenen Gedanken HAUSDORFFs erinnern – auch in der Formulierung – an eine Sentenz in NIETZSCHEs Fragment *Über Wahrheit und Lüge im aussermoralischen Sinne* (Sommer 1873); dort heißt es:

Alles, was den Menschen gegen das Thier abhebt, hängt von dieser Fähigkeit ab, die anschaulichen Metaphern zu einem Schema zu verflüchtigen, also ein Bild in einen Begriff aufzulösen; im Bereich jener Schemata nämlich ist etwas möglich, was niemals unter den anschaulichen ersten Eindrücken gelingen möchte: eine pyramidale Ordnung nach Kasten und Graden aufzubauen, eine neue Welt von Gesetzen, Privilegien, Unterordnungen, Grenzbestimmungen zu schaffen, die nun der anderen anschaulichen Welt der ersten Eindrücke gegenübertritt, als das Festere, Allgemeinere, Bekanntere, Menschlichere und daher als das Regulirende und Imperativische. [ ··· ]

Man darf hier den Menschen wohl bewundern als ein gewaltiges Baugenie, dem auf beweglichen Fundamenten und gleichsam auf fliessendem Wasser das Aufthürmen eines unendlich complicirten Begriffsdomes gelingt; freilich, um auf solchen Fundamenten Halt zu finden, muss es ein Bau, wie aus Spinnefäden sein, so zart, um von der Welle mit fortgetragen, so fest, um nicht von dem Winde auseinandergeblasen zu werden. (NIETZSCHE, F.: *Sämtliche Werke. Kritische Studienausgabe in 15 Bänden*, hrsg. von G. COLLI und M. MONTINARI, Band 1, S. 881–882)

[3]    HAUSDORFF hat sich mehrfach, wie er es im folgenden recht spöttisch tut, mit dem zeitgenössisch sehr in Mode gekommenen Begriff „Stimmung" auseinandergesetzt. Am Ende seines offenen Briefes in der „Zukunft" beispielsweise schreibt er, er

> glaube einstweilen nur, daß sich noch mancherlei Zeit (nicht alle!) in Raum verwandeln, mancherlei Seelisches zu Dinglichkeit kristallisiren läßt und daß wir nach den ewigen Innerlichkeiten und molluskenhaften „Stimmungen" der letzten Jahrzehnte gut thun, zur Abwechselung wieder einmal uns nach der Objektseite, in klaren Gestalten und scharf gezeichneten Bildern, recht räumlich und substantiell auszuleben. ([H 1902d], S. 445; Band VIII dieser Edition; S. 533)

1902, im Jahr der Kontroverse mit LANDAUER, erschien in der „Zeitschrift für bildende Kunst" HAUSDORFFs Essay *Max Klingers Beethoven* ([H 1902c]), eine Apotheose der berühmten Plastik seines Freundes. Dort schreibt HAUSDORFF am Schluß:

> Heute ist „Stimmung" unser drittes Wort, ein Bekenntnis der Passivität, die mit weichen Fischflossen im Gallert herumfährt und amorphe Symbole der eigenen Unzulänglichkeit knetet: vergebens mühen sich die Lieder, vergebens quälen sie den Stein. Aber ein Höheres ist „Gestaltung", innerlich Geschautes mit derb zupackenden Händen in hartem Material abgeformt: Manneswille quantum satis, der dem Chaos einen Kosmos abtrotzt. Solch ein Gestaltetes ist Klinger's Beethoven, aus Stein und Metall heraufgeholt wie die geordnete Welt aus dem „Grenzenlosen" des Anaximander, [···] ([H 1902c], S. 189; Band VIII dieser Edition, S. 498)

[4]    Deutlicher noch und ausführlicher als in dem offenen Brief HAUSDORFFs in der „Zukunft" und in seinem hier vorliegenden Brief an LANDAUER hat er sich in seinem Essay *Sprachkritik* ([H 1903b]; Band VIII dieser Edition, S. 551–580) mit Angriffen auf die Wissenschaft in FRITZ MAUTHNERs *Beiträgen zu einer Kritik der Sprache* (3 Bände, 1901–1902) kritisch auseinandergesetzt, so sehr er auch sonst MAUTHNERs Werk geschätzt hat (vgl. dazu die Briefe HAUSDORFFs an MAUTHNER in diesem Band, insbesondere Anmerkung [2] zum Brief vom 17. Juni 1904). LANDAUERs Schrift *Skepsis und Mystik* erwähnt er in dem Essay *Sprachkritik* nur kurz. MAUTHNER habe – so HAUSDORFF – mit dem stolzen Märtyrerwort „qui potest mori non potest cogi" den Selbstmord der Sprache verkündet. Dann heißt es weiter:

Hier hat Mauthners Freund Gustav Landauer, dessen seltsames Schrift-chen „Skepsis und Mystik" auf die Sprachkritik folgt wie auf die Kritik der reinen Vernunft die der praktischen, die Grundlinien einer neuen In-nerlichkeit gezogen und auf den Trümmern der Wissenschaft ein okkul-tistisches Tempelchen errichtet. ([H 1903b], S. 1241; Band VIII, S. 561)

In dem erwähnten Brief an MAUTHNER vom 17. Juni 1904 läßt HAUSDORFF LANDAUER grüßen und schreibt dann:

Von seiner „Skepsis und Mystik" trennt mich freilich eine tiefe Kluft. Ich habe meine antilogische Periode hinter mir, meine erste wenigstens; [···]

Der zweite Satz deutet auf die innere Wandlung hin, von der in Anmerkung [1] die Rede ist. Die Grüße wurden übrigens umgehend ausgerichtet: Am 21. Juni 1904 schrieb MAUTHNER an LANDAUER: „Lieber Freund, ich soll Dir einen Gruß von Hausdorff (brieflich) bestellen." (HANNA DELF; JULIUS H. SCHOEPS: *Gustav Landauer – Fritz Mauthner. Briefwechsel 1890–1919*, München 1994, S. 97).

[5]   PAUL MONGRÉ: *Das Chaos in kosmischer Auslese. Ein erkenntnisskri-tischer Versuch*, Leipzig 1898 ([H 1898a]; Band VII dieser Edition, S. 589–807). S. dazu insbesondere EGBERT BRIESKORNs Analyse dieses Werkes im Kapitel 4 seiner Biographie HAUSDORFFs, Band I B dieser Edition; s. auch Band VII, S. 49–61 und 809–886.

[6]   Einige Wochen später, am 24. September 1902, schrieb LANDAUER an MAUTHNER:

Von Paul Mongré (Felix Hausdorff, *Mathematik*professor in Leipzig) habe ich Briefe, die Dir auch Freude machen werden. (*Gustav Landauer – Fritz Mauthner. Briefwechsel* [vgl. Anm. [4]], S. 72)

[7]   Gemeint ist vermutlich der Brief HAUSDORFFs an MAUTHNER vom 12. Sep-tember 1901 (erster Brief der MAUTHNER-Korrespondenz in diesem Band).

# Paul Lauterbach

## Korrespondenzpartner

PAUL LAUTERBACH wurde am 22. Januar 1860 in Christianstadt an der Bober (ehemals Brandenburg, heute Krzystkowice, Polen) als Sohn eines Kaufmanns geboren. Nach dem Besuch einer höheren Schule in Sorau studierte er ab Wintersemester 1876/77 am Laboratorium von Prof. Dr. R. FRESENIUS in Wiesbaden Chemie. Ab Sommersemester 1878 setzte er sein Chemiestudium am Eidgenössischen Polytechnikum in Zürich fort und immatrikulierte sich für das Wintersemester 1878/79 an der Universität Zürich für Philosophie. Als er über eine Erbschaft verfügen konnte, hat er das Studium ohne Abschluß beendet und sich auf Reisen begeben. Er hielt sich längere Zeit in England und dann in Genf auf. Dort heiratete er eine Witwe, die drei Söhne aus erster Ehe mitbrachte. Die Familie zog nach Leipzig, wo LAUTERBACH sich, nachdem das ererbte Vermögen aufgebraucht war, durch Übersetzungen und Bearbeitungen von Neuauflagen für den Verlag Philipp Reclam jun. sowie durch Stundengeben und Vorträge mühsam über Wasser hielt. Auch seine Frau hat durch Übersetzungen und Sprachunterricht zum Lebensunterhalt beigetragen. LAUTERBACH übersetzte z. B. LEO TOLSTOIs *Kurze Darlegung des Evangeliums* aus dem Russischen; er erhielt ein eigenhändiges Dankschreiben von TOLSTOI, der mit der Arbeit sehr zufrieden war. Von nachhaltigem Einfluß war LAUTERBACHs Neuausgabe von MAX STIRNERs *Der Einzige und sein Eigentum* bei Reclam mit einer von ihm verfaßten achtseitigen „Kurzen Einführung" (1893). Diese Ausgabe leitete, nachdem STIRNERs Werk (Erstauflage 1844) fast vergessen war, eine Neurezeption des „Einzigen" ein, an der sich später auch HAUSDORFF beteiligte (vgl. [H 1898d]). An eigenen Schriften hat LAUTERBACH nur eine einzige publiziert, die Aphorismensammlung *Aegineten. Gedanke und Spruch.* Sie erschien 1891 im Verlag von C. G. NAUMANN, der auch NIETZSCHE verlegte, und enthielt die Widmung „Dem Meister des Zarathustra". LAUTERBACH gehörte zu den frühen Verehrern NIETZSCHEs und hatte den Plan gefaßt, dessen Werke ins Französische zu übersetzen. Gemeinsam mit seinem Verwandten ADRIAN WAGNON, der französischer Muttersprachler war, gab LAUTERBACH unter dem Titel *A travers l' oeuvre de Frédéric Nietzsche* 1893 in Paris eine Auslese aus NIETZSCHE-Texten heraus. Er übersetzte auch NIETZSCHEs *Der Fall Wagner*, aber zu seiner großen Enttäuschung gab ELISABETH FÖRSTER-NIETZSCHE die Übersetzungsrechte an HENRI ALBERT in Paris. LAUTERBACH beherrschte eine Reihe von Sprachen, neben Griechisch und Latein auch Englisch, Französisch, Italienisch und Russisch. Er verstarb am 24. März 1895 an einem Rückenmarksleiden, das vermutlich tuberkulöser Natur war.

Die biographische Quelle, die hier zugrunde liegt, ist ein siebenseitiges Manuskript *Paul Lauterbach zum Gedächtnis* aus der Feder seines Freundes GUSTAV NAUMANN (Universitätsbibliothek Basel, NL NAUMANN II,4).

## Quelle

Der Brief und die Postkarten HAUSDORFFs an PAUL LAUTERBACH befinden sich im Nachlaß LAUTERBACH (Nr. III) in der Universitätsbibliothek Basel. Dort befindet sich auch ein Exemplar des Porträts HAUSDORFFs, welches der Leipziger Photograph N. PERSCHEID um das Jahr 1894 aufgenommen hat (abgedruckt jeweils auf Seite II im Band V und im Band VII dieser Edition).

## Bemerkungen

Die hier abgedruckten Schriftstücke sind bereits publiziert in: EICHHORN, E.; THIELE, E.-J. (Hrsg.): *Vorlesungen zum Gedenken an Felix Hausdorff*. Heldermann Verlag, Berlin 1994, S. 53–60. Allerdings enthält dieser Abdruck einige kleinere Versehen.

Die Freundschaft HAUSDORFFs mit PAUL LAUTERBACH und insbesondere der Inhalt des Briefes und der Postkarten HAUSDORFFs an LAUTERBACH werden eingehend behandelt im Kapitel 3 in der HAUSDORFF-Biographie von EGBERT BRIESKORN im Band I B dieser Edition, Abschnitt „Zwischen Promotion und Habilitation". Darauf wird im folgenden mehrfach verwiesen (unter der Sigle [BRIESKORN], a. a. O.).

## Danksagung

Wir danken Herrn Dr. UELI DILL, Leiter der Abteilung Handschriften und alte Drucke der Universitätsbibliothek Basel, für die Übersendung von Kopien und für die Erlaubnis, die Schriftstücke hier abzudrucken.

**Brief** Felix Hausdorff $\longrightarrow$ Paul Lauterbach

Sehr geehrter Herr Lauterbach!

Damit Sie sehen, dass ich zu schlimmer Zeit auch gute Launen über „das" Weib gehabt habe, theile ich Ihnen ein Portrait meiner Privatgallerie mit; es stammt aus den Alpen, Sommer 1893. [1]

Dass ich von einem naufragium in eroticis herkomme, hätten Sie wohl endlich [2] von selbst errathen; insofern schäme ich mich wenig, den Mund nicht besser gehalten zu haben. Nach Derartigem hat man keine guten Manieren, man weiss z. B. nicht zu schweigen. Ich rechne darauf, zum Theil von Ihnen vergessen zu werden.

Mein Ressentiment ist nicht immer geschmacklos; zuweilen räche ich mich, indem ich absurd wissenschaftlich werde, alles begreife und alles verzeihe.

Man sollte sich für jede Unart, die man dem Weibe gegenüber begeht, die Zunge abbeissen. Denn wahrlich: wer Romantik säet, wird Desperation ärnten, ohne dass dabei böse Geister im Spiele wären. Einer Natürlichkeit sollte man nichts nachtragen.

Die armen Weiblein: wir legen ein Pathos auf sie, das sie durchaus nicht tragen können. Die genialsten Verrenkungen der männlichen Hyperphantastik sollen sie, als „Ideale", nachmachen; gelingts ihnen nicht, so lernt Perversität [3] noch brutal sein.

Auch unser Madonnenkultus ist eine Grausamkeit. Dagegen ist der nachfolgende „Salomismus" nur eine Kinderei. [4]

Alle litterarischen Weibsgestalten, von Eva bis zu Griseldis, sind Racheakte. Drei Ausnahmen: Goethes Mignon, Kellers Judith (ja nicht die Hebbel'sche), Wagners Isolde (und Brünnhilde). [5]

Verzeihen Sie dies rhapsodische Nachspiel zu unserer Klingerconferenz. Und es ist *doch* schön, dass das Museum die Salome gekauft hat! [6]

Mit herzlichem Gruss

2. II. 94                                        Ihr                FH.

### Anmerkungen

[1]   Gemeint ist das nachfolgend abgedruckte, dem Brief beiliegende Gedicht „Miss Ellen". Hausdorff hat dieses Gedicht unter dem Titel „Herbstwunsch" in seinen Gedichtband *Ekstasen* aufgenommen ([H 1900a], S. 210–211; Band VIII dieser Edition, S. 187–188). Das Gedicht ist in den *Ekstasen* in zwei Zeilen verändert: Zeile 28 lautet „Nicht klingt sie und strahlt gleich Winterschnee", Zeile 40 lautet „Ist Wärme, sanfte ruh'ge Wärme". Ferner sind die Zeilen 16, 27 und 43 in den *Ekstasen* zusätzlich eingerückt.

[2]   naufragium in eroticis: Schiffbruch in Liebesdingen. In diesem Brief, aber viel mehr noch in zahlreichen Aphorismen und Gedichten, geht es Hausdorff

um sein Verhältnis zum Erotischen, oder zeitgenössisch ausgedrückt, „zum Weibe". Die Auseinandersetzung mit diesem Thema wird oft von einem melancholisch-resignativen und manchmal auch distanzierten Ton beherrscht, ganz als wirke das eine oder andere „naufragium in eroticis" noch nach. Als Beispiel seien zwei Aphorismen aus dem Kapitel „Pour Colombine" von HAUSDORFFs Aphorismenband *Sant' Ilario. Gedanken aus der Landschaft Zarathustras* ([H 1897b]) zitiert:

> Nr. 120: Der Mann kann vom Weibe mindestens eine besondere Enttäuschung, eine persönliche Zurückweisung, ein individuell vernichtendes Nein verlangen; er will nicht en masse verschmäht und im Tross genarrter Anbeter mitgeschleppt sein. ([H 1897b], S. 102)
>
> Nr. 155: Wer einmal den Nervenanfall, genannt Liebe, in voller Schärfe und Gewaltsamkeit durchgemacht hat, der glaubt nicht mehr, was empfindsame Dichter von Harmonie der Seelen singen. Vielleicht ist Liebe die breiteste Kluft, die zwischen zwei Menschen gelegt werden kann. Alle verstehn einander zur Noth, Käufer und Krämer, Schüler und Lehrer, Freund und Feind – nur Liebende verstehn einander nicht. ([H 1897b], S. 113)

Das Frauenbild in den Aphorismen des *Sant' Ilario* ist zwiespältig: einerseits ist es dem zeitgenössischen Rollenbild der Frau und dem daraus resultierenden geistigen Überlegenheitsgefühl des Mannes verhaftet:

> Nr. 114: Das Berufsweib ist ein animal, das grundsätzlich verschmäht, den Daseinskampf mit seinen besten, ihm eigenthümlichen Waffen zu kämpfen. Von der Erwerbs-Frage, die alles fälscht, muss man natürlich absehen; aber ein Weib, das freiwillig dem Manne in seine Bureaux, Professuren und Bierhäuser nachläuft, ist widerlegt, ein faux pas der Natur. Freilich soll man Niemanden verhindern, sich nach seiner Façon lächerlich zu machen. ([H 1897b], S. 100)
>
> Nr. 108: Der geistige Mann hat Liebe als Pensum zu absolviren, um sodann zur nächsthöheren „Klasse" aufzurücken; er „bleibt sitzen", wenn er heirathet, das Weib umgekehrt. ([H 1897b], S. 98)

Andererseits dient auch alle Mühe des „geistigen Mannes" letztendlich nur einem Ziel, nämlich Frauen zu imponieren:

> Nr. 123: Dieser verzweifelten Mannmännlichkeit im geistigen Verkehr wird man zum Sterben satt. [· · ·] es lohnt nicht Geist zu haben, es sei denn für das Weib, es lohnt nicht verstanden zu werden, es sei denn vom Weibe. Wozu ward uns sonst das bunte Prachtgefieder, wenn nicht zum erotischen Bewerb? Unser geistiger Homosexualismus ist *auch* eine Verirrung! ([ H1897b], S. 103)

[3] Der hier ausgesprochene Gedanke findet sich fast wörtlich im Aphorismus Nr. 203 wieder:

> Das Weib, als „Ideal", soll allen Verrenkungen männlicher Hyperphantastik folgen: heisst das nicht zuviel verlangt? ([H 1897b], S. 130)

[4] Mit dem Wort „Salomismus" spielt HAUSDORFF auf die besonders intensive Auseinandersetzung von bildender Kunst, Dichtung und Musik mit der biblischen Gestalt der Salome im letzten Drittel des 19. Jahrhunderts an. Zu dieser Thematik sei auf [BRIESKORN], a. a. O., verwiesen.

[5] Griseldis ist eine Frauengestalt in BOCCACCIOs Hauptwerk, der Novellensammlung *Il Decamerone* (1348–1353). Mignon ist die rätselhafte Kindfrau, die in GOETHEs Roman *Wilhelm Meisters theatralische Sendung* (ab 1776) schließlich tragisch endet. Judith ist eine der zentralen Frauengestalten in GOTTFRIED KELLERs Entwicklungsroman *Der grüne Heinrich* (1854/55; umgearbeitete Version 1879/80). FRIEDRICH HEBBELs Drama *Judith* verarbeitet die Geschichte der Judith aus dem gleichnamigen Buch des Alten Testaments (Uraufführung Berlin 1840). Isolde ist die weibliche Hauptfigur in RICHARD WAGNERs Oper *Tristan und Isolde* (Uraufführung München 1865). Brünnhilde ist Wotans Lieblingstochter und eine der acht Walküren in WAGNERs Tetralogie *Der Ring des Nibelungen* (Uraufführung Bayreuth 1876).

[6] Zu MAX KLINGERs Marmorbüste „Die neue Salome" s. [BRIESKORN], a. a. O.

## Beilage zum Brief vom 2. 2. 1894

*Miss Ellen.*

Des Firnes und der Gletscher Freund,
Die Gruss und Botschaft treulich
Von Winter zu Winter entbieten, –
Nicht minder weisser Rosen Freund,
Der Winter-Todes-Gleichnisse, –

Wie lieb' ich nicht den Winter selbst
Und den klingenden Frost, die strahlende Kälte,
Des Himmels Schwärze sternbeschneit?
Doch vor des Herbstes verdriesslicher Feuchte,
Die Muth und Eisen rosten macht,
Dem grämlichen Grau, der triefenden Trübsal –
Wer flieht nicht, wo ein Ofen flammt,
Sucht Wärme nicht, wo er sie findet?

Das Kind an Mutter-Brüsten,
An der Geliebten Brust das and're Kind,
Bei Kühen Zarathustra –
Und wahrlich, letzter Sohn des Zeus:
Wer wehrte Dir Weisem die Kuh,

Da einst ein Stier zum Weibe ging? –
Mir, nebelfrostdurchschauert,
Dem jeder Nerv vor Nässe schlaff
Wie Saiten in der Wetteruhr,
Mir, kindisch, weise und verliebt,
Ward Wärme endlich, „inn're Wärme,
Seelenwärme, Mittelpunkt"
Bei einem Weiblein, bittersüss,
Geliebte, Mutter, Kuh in Einem · · ·
Nicht klingt sie wie der Winterschnee,
Nicht haucht sie weisser Rosen Duft,
Sie ist nicht schön, – nur warm,
Und was sie thut, ist Wärme:
Die Wolle, die sie sänftlich strickt,
Der Thee, den halbgebräunt sie schlürft
(Dass von der Blätter ganzem Gift
Nicht letzte Bitterkeit er lerne!)
Ihr graues Kleid und Aug' und Haar,
Der Hände Regung, träumend zart,
Und der Gedanken sanftes Schwärmen,
Der Gott selbst, den sie ruhig glaubt, –
Ist Wärme, ruhig sanfte Wärme,
In Liebes-Sommern nicht verschwendet,
Für Herbst und Fröste aufbewahrt.
In ihrer lieben Nähe leben,
Sie nicht berührend, nie ihr fern:
Wenn meine Sommerwünsche welken,
Heilt dieser Herbstwunsch mir das Herz.

**Postkarte** Felix Hausdorff ⟶ Paul Lauterbach
undatiert (Poststempel vom 3. 6. 1894)

Verehrter Herr L.! Ich denke, Sie waren durch mein Versprechen auf mein Nicht-
halten vorbereitet und verargen mir nicht, dass Dienst und daraus folgende
Gehirnschlappheit mir den Aufstieg zu Ihnen verboten. Um meinen Zustand
anzudeuten, betrübe ich Sie mit der Nachricht, dass ich diesmal das erhoffte Pendant zu den Falterflügen mir nicht erflattert, sondern nur mit feierlicher
Verbissenheit zwei Dutzend Rondels gedichtet habe, einige Kleinigkeiten, leider
[1]  immer erotischer Farbe, abgerechnet. Sie haben gut lachen und sollen Ihr Prae
(nicht Supra!) ausbeuten. Es würde mich gegen meine Fermate verzeihender
stimmen, erführe ich, dass Ihnen in dieser Zeit einige Tacte guter Aegineten-
[2]  Musik gelungen sind – doch ehe ich nach dem artificium frage, sollte mir der
[3]  artifex am Herzen liegen: Sind Sie wieder bei fester Gesundheit? Ich habe mir

in Ihrer Leidenszeit ein schlechtes Freundschafts-Zeugniss ausgestellt und rechne auf Ihre Vergeltung, wenn mich einmal Jemand unter das Messer nimmt. – Vor meiner Reise sehe ich Sie sicherlich noch: dies verspreche und halte ich. Wahrscheinlich geht's diesmal nach der Ostschweiz (Engadin und ev. Ortler); in diesem Falle werde ich nicht verfehlen, mich in Sils-Maria mit Einem zu confrontiren, das dort noch schweben und wirken muss, wie es auf unseren [4] Beinahe-Einzigen gewirkt hat. – Haben Sie Lou's Buch gelesen? Ich that. – [5] Empfehlung an Frau Gemahlin und Fräulein Käthe! Ihr FH [6]

## Anmerkungen

[1]   Mit „Falterflüge" ist der erste Teil von HAUSDORFFs Gedichtband *Ekstasen* ([H 1900a]) überschrieben. Die folgenden beiden Teile „Sonette" und „Rondels" enthalten 70 Sonette und 32 Rondels. Diese Passage legt nahe, daß HAUSDORFFs in den *Ekstasen* publizierte Gedichte zumindest teilweise viele Jahre vor der Publikation entstanden sind. Wirklich beweisen läßt sich das jedoch nur für einige wenige Gedichte, weil die mindestens 26 Hefte mit Manuskripten HAUSDORFFs (s. Zeile 2 der nächsten Postkarte) verloren sind.

[2]   Die Passage zeigt, daß LAUTERBACH vermutlich an einer Fortsetzung seiner *Aegineten* arbeitete. Eine solche Fortsetzung ist jedoch nicht erschienen. Nach GUSTAV NAUMANN waren die *Aegineten* kein literarischer Erfolg; es heißt bei ihm: „Ein Erfolg war den Ägineten nicht beschieden." (NL NAUMANN II,4, S. 3). HAUSDORFF schätzte die *Aegineten* jedoch sehr. Den neun Kapiteln seines *Sant' Ilario* hat er kurze Sprüche verschiedener Schriftsteller und Philosophen vorangestellt, dreien davon Sprüche aus den *Aegineten* LAUTERBACHs (vgl. [BRIESKORN], a. a. O.).

[3]   artificium – Kunstwerk; artifex – Künstler. LAUTERBACH litt 1894 schon an der Krankheit, an der er im März 1895 starb.

[4]   NIETZSCHE weilte in den Jahren 1881 bis 1888 sieben mal in Sils Maria im Engadin. Er liebte diesen Ort; dort war ihm erstmals der Gedanke der ewigen Wiederkunft des Gleichen gekommen (vgl. Band VII dieser Edition, S. 38).

[5]   HAUSDORFF spielt hier auf das Buch *Friedrich Nietzsche in seinen Werken* von LOU ANDREAS SALOMÉ an, welches 1894 bei C. Conegen erschienen war (ausführlicher dazu in [BRIESKORN], a. a. O.).

[6]   LAUTERBACHs Tochter KÄTHE wurde am 17. Oktober 1881 geboren (NL NAUMANN II,4, S. 2).

**Postkarte** FELIX HAUSDORFF ⟶ PAUL LAUTERBACH

[1] Bester Freund! Wollten Sie mir nicht eine Zeile nach Pontresina senden? Quer über den Weg von Kopf zu Hand liegt Ihnen gewiss mein Heft XXVI, über das Sie reden sollen und schweigen möchten. Nicht wahr, es ist gemischte Gesellschaft? zu viel Weib, am Ende gar Weiber; zu wenig Verschwiegenes, zu frisch Gepflücktes; zu viel Ablesungen, während der Zeiger noch pendelt. Sie müssen Geduld haben und mir beibringen. – Ich nahm dieser Tage meine ganze Nüchternheit zusammen und ging durch Sils-Maria, hatte aber doch eine rauhe Kehle und unmelodiöse Empfindungen. Träumen Sie einmal wider die Nothwendigkeit: suchen Sie einen Ausdruck für das, was Nietzsche noch wer-
[2] den könnte, wenn er dies gegenwärtige Inferno *überwände*. Ich komme auf meinen Klinger'schen Hohenpriester zurück; schieben Sie ihn einen Welttheil gen Osten und vier Jahrtausende zeitaufwärts, und dann sperren Sie das Geheimniss dieser Seele in ein Wort, lassen dies Wort wieder nach Europa und ins 19. Jahrhundert hinab: ist das der Übermensch oder ist er's nicht? – Ich mystificire Sie, weil ich Ihnen dankbar bin. Wir müssen irgendwie, irgendworin zusammenbleiben, zur Noth in einem Orte. Ich habe Vertrauen zu unserer Verbindung,
[3] weil sie bei niederer Temperatur geräth. Es grüsst Sie und die Ihrigen Pontresina, H. z. weissen Kreuz, 8. 7. 94                FH

## Anmerkungen

[1]  S. dazu Anm. [1] zur vorhergehenden Postkarte.

[2]  Das Wort „Inferno" ist hier eine Anspielung auf NIETZSCHEs damalige Lebensumstände, der sich seit Januar 1889 im Zustand geistiger Umnachtung befand. Diese Tragödie hat HAUSDORFF wenig später in einem Gedicht zu NIETZSCHEs 50. Geburtstag am 15. Oktober 1894 thematisiert. Das mit „15. October 1894" überschriebene Rondel hat er sechs Jahre danach unter dem Titel „Katastrophe" in seinen Gedichtband *Ekstasen* aufgenommen (S. 158; Band VIII dieser Edition, S. 147).

[3]  Der um acht Jahre ältere LAUTERBACH war HAUSDORFF ein wirklicher Freund. GUSTAV NAUMANN kannte die hier vorliegende Postkarte und deutete diese letzten Sätze sogar dahingehend, daß HAUSDORFF mit dem Freund zusammenziehen wollte:

> [···] auch Felix Hausdorf [sic!] schätzte Lauterbach so hoch ein, daß er sogar an ein Zusammenziehen mit ihm dachte, wie die der Universitätsbibliothek Basel überwiesene Postkarte beweist. (NL NAUMANN II, 4, S. 6)

In NAUMANNs kurzem Bericht über LAUTERBACHs Beerdigung heißt es:

> Felix Hausdorf und ich waren als die einzigen nicht durch Verwandtenschmerz gerufenen Leidtragenden bei der Beerdigung zugegen. (NL NAUMANN II, 4, S. 7)

**Postkarte** FELIX HAUSDORFF ⟶ PAUL LAUTERBACH

Geehrter Freund! Ich bin Ihnen, ausser Anderem, noch einen Dank für Ihren Brief nach Pontresina schuldig, mit dem Sie mich wieder eine Stufe verdorben haben. Ihre Anerkennung geht in die Moleküle; nicht umsonst waren Sie Chemiker. Mit dem Eheglückwunsch, den Sie mir abstatten, verderben Sie es allen künftigen; nun bin ich ermuthigter als genug. Aber, Sie bedenklichster der Rathgeber, Dialoge zwischen Mann und Weib als solchen erbitten Sie von mir? Und der Ernst, mit dem ich Ehe contemplire, wäre nicht in fund. Leichtsinn eines Abspringenden, der sich nach der ersten „Bekehrung" die zweite verbietet? Soviel habe ich doch durch Sie verlernt, um nicht mehr das *ganze* erotische Gebiet durchexperimentiren zu wollen. Nein, Bester, von der Ehe hoffe ich Immunität, hoffe freilich auch, dass sie nicht von Dauer sei. – Anfang August [1] besuche ich Sie; können Sie mit völlig befestigter Gesundheit und dem beendeten Heft II aufwarten? Es fehlten doch nur noch 50 Ihrer Pfeile, die mit Gesundheit verwunden. Dass Sie mir keine Aegineten auf die Reise mitgaben, dafür lassen Sie Sich von den Alpen danken. Ich bin recht gesund; meine Gesichtsfarbe erlaubte mir, „Gedanken über kaukasische Vorurtheile" zu haben. Herzlich grüsst Sie und die Ihrigen
Sulden in Tirol, 22. 7. 94.                                                    FH

### Anmerkung

[1]   Es ist unklar, worauf sich der „Eheglückwunsch" bezieht. Auf eine wirkliche Eheschließung sicher nicht – HAUSDORFF heiratete erst 1899. Die Ehe ist Gegenstand einer Reihe von Aphorismen in HAUSDORFFs *Sant' Ilario*; in allen diesen Aphorismen zeigt sich eine deutliche Distanz, obwohl der Autor auch 1897 noch keine eigenen Erfahrungen mit der Ehe hatte. Wir zitieren hier vier dieser Aphorismen:

> Nr. 109: Liebe und Ehe, welche compatibilitas incompatibilium! das Eine eine Idiosynkrasie, aus Grundquellen fliessend und in Grundzwecke mündend, das Andere eine Institution, die sich social ableitet und auf sociale Formen hinleitet. Beide, zusammengeschmiedet, leiden an einander; man soll die Perlen nicht vor die Säue werfen, um der Perlen willen nicht, und schliesslich auch um der Säue willen nicht! ([H 1897b], S. 98)

> Nr. 146: Man heirathet immer für Dritte, entweder für den Hausfreund oder für das Kind. Der Ehemann hat nur die Wahl, nach Lenaus Wortspiel en canaille [als Gesindel, verächtlich] oder en canal [als Durchgang, nebenbei] behandelt zu werden. ([H 1897b], S. 110)

> Nr. 171: Die Daseinsform des Ernsthaften ist der Augenblick; Wiederholung, Dauer, Gewohnheit sind bereits parodistisch. Auch die Ehe ist eine Parodie – auf die Liebe. ([H 1897b], S. 118)

> Nr. 223: Dass Zwei mit einander auskommen, dazu ist Liebe nicht gerade eine Erleichterung. Ehe heisst tausend Klugheiten erfinden, um Eine Thorheit zu verewigen. ([H 1897b], S. 135)

Aber vielleicht sollte man HAUSDORFFs Aphorismen über „das Weib" im allgemeinen und über die Ehe im besonderen nicht allzu ernst nehmen eingedenk seines spöttischen Spruches im Kapitel „Splitter und Stacheln" von *Sant' Ilario*:

Was jung Blut niederschrieb, dabei denkt sich grauer Kopf etwas. ([H 1897b], S. 277)

# Rudolf Lehmann-Filhés

## Korrespondenzpartner

RUDOLF LEHMANN-FILHÉS wurde am 12. April 1854 in Berlin als Sohn eines Lehrers geboren. Seine Mutter BERTHA, geb. FILHÉS, wurde als Schriftstellerin bekannt. Nach dem Abitur am Wilhelms-Gymnasium in Berlin studierte LEHMANN-FILHÉS an der Berliner Bauakademie einige Semester Architektur und Bauingenieurwesen und danach bis 1878 an der Berliner Universität Astronomie und Mathematik. 1878 promovierte er mit der Arbeit *Zur Theorie der Sternschnuppen*. Die Habilitation erfolgte im Februar 1881 mit einer Arbeit über die Bahnbestimmung von Meteoren; 1883 erschien bei G. Reimer in Berlin seine Schrift *Die Bestimmung von Meteorbahnen nebst verwandten Aufgaben*. 1891 wurde er Extraordinarius für Astronomie an der Berliner Universität. 1909 erfolgte seine Ernennung zum ordentlichen Honorarprofessor für Astronomie und Mathematik. LEHMANN-FILHÉS war stark in der Lehre engagiert: neben den astronomischen Vorlesungen las er vom Sommersemester 1898 bis zum Wintersemester 1913/14 regelmäßig analytische Geometrie, Infinitesimalrechnung und Mechanik für die Mathematiker; ferner wirkte er drei Jahrzehnte als Dozent an der Kriegsakademie. HAUSDORFF hörte während seines Berliner Semesters (WS 1888/89) bei ihm „Hansens Methode zur Berechnung absoluter Störungen". LEHMANN-FILHÉS' Arbeit *Bestimmung einer Doppelsternbahn aus spektroskopischen Messungen der im Visionsradius liegenden Geschwindigkeitskomponenten* (Astron. Nachrichten **136** (1894)) legte die bis heute gültige Grundlage zur Bahnbestimmung spektroskopischer Doppelsterne. Dies sind Systeme von zwei eng umeinander kreisender Fixsterne, die mit optischen Mitteln nicht voneinander zu trennen sind. LEHMANN-FILHÉS arbeitete auch über Störungstheorie, das Vielkörperproblem und Meteorströme. Mehrere Arbeiten schrieb er über Fehlerrechnung und Methode der kleinsten Quadrate; insbesondere setzte er sich mit abnormen Fehlerverteilungen und der Behandlung von Ausreißern („Verwerfung zweifelhafter Beobachtungen") auseinander (Astron. Nachrichten **117** (1887)). Eine längere Abhandlung widmete er der *Secularstörung der Länge des Mondes unter der Annahme einer sich nicht momentan fortpflanzenden Schwerkraft* (Sitzungsber. der Bayerischen Akademie 1895). LEHMANN-FILHÉS war von 1891 an bis zu seinem Tod Schriftführer der Astronomischen Gesellschaft und gab in dieser Eigenschaft die „Vierteljahresschrift" dieser Gesellschaft heraus. Er verstarb am 30. Mai 1914 in Berlin.

## Quelle

Der Brief HAUSDORFFs an LEHMANN-FILHÉS befindet sich in der Abteilung Handschriften und seltene Drucke der Niedersächsischen Staats- und Universitätsbibliothek zu Göttingen im Nachlaß K. SCHWARZSCHILD, Briefe, Nr. 309.

## Bemerkungen

LEHMANN-FILHÉS war 1902 aus der Redaktion der „Encyklopädie der Mathematischen Wissenschaften mit Einschluß ihrer Anwendungen" ausgeschieden; an seine Stelle trat KARL SCHWARZSCHILD (1873–1916), der seit 1901 Professor der Astronomie in Göttingen war. Dies erklärt, warum sich die Korrespondenz aus dem Besitz von LEHMANN-FILHÉS, welche die Enzyklopädie betrifft, im Nachlaß SCHWARZSCHILD befindet.

## Danksagung

Wir danken der Abteilung Handschriften und seltene Drucke der Niedersächsischen Staats- und Universitätsbibliothek zu Göttingen für die Bereitstellung einer Kopie des Briefes und für die Erlaubnis, ihn hier abzudrucken.

Brief FELIX HAUSDORFF $\longrightarrow$ RUDOLF LEHMANN-FILHÉS

Sehr geehrter Herr Professor!

Gestatten Sie mir, Ihnen für das freundliche Angebot der Mitarbeiterschaft
am astronomischen Theile der Math. Encyklopädie meinen verbindlichsten [1]
Dank auszusprechen. Leider kann ich Ihnen mit keiner Zusage antworten, aus
einem persönlichen Grunde – der mir übrigens in keiner Weise unwillkommen
ist. Die Herausgeber der Encyklopädie haben vor Jahren Referate, über die
bereits mit mir verhandelt war, schlankweg anderweitig vergeben; ohne ihnen [2]
das sonderlich übel zu nehmen, bin ich doch damit der Encyklopädie gegenüber
aus der Schreiber- in die Leserrolle gedrängt und befinde mich besser dabei. Ich
habe diesen Standpunkt schon bei Gelegenheit eines mir angebotenen Referats
über praktische Wahrscheinlichkeitsrechnung eingenommen und muss ihn da- [3]
her, der Consequenz zu Liebe, auch Ihrer freundlichen Anfrage gegenüber auf-
rechterhalten. Nehmen Sie aber nochmals für Ihren schmeichelhaften Antrag
den herzlichsten Dank! Hochachtungsvoll grüsst Sie

Ihr ergebenster

F. Hausdorff

Leipzig, 15. Nov. 1900

## Anmerkungen

[1]   Die Idee einer mathematischen Enzyklopädie entstand 1894 bei Unterre-
dungen zwischen FELIX KLEIN (1849–1925), FRANZ MEYER (1856–1934) und
HEINRICH WEBER (1842–1913). Zunächst stand ein alphabetisch geordnetes
Wörterbuch zur Debatte. Auf einer 1895 in Leipzig zu diesem Projekt durch-
geführten Sitzung wurde dieser Plan fallengelassen und eine Anordnung nach
Sachgebieten beschlossen; diese Änderung des Konzepts ging vor allen Dingen
auf KLEIN zurück. Man gewann ein Akademienkartell (Göttingen, München,
Wien) für die Unterstützung des Projekts (später kamen noch die Akademi-
en in Leipzig und Heidelberg hinzu). 1896 wurde der Verlagsvertrag mit dem
Teubner-Verlag unterzeichnet. Zur Geschichte des Projekts s. WALTHER VON
DYCK: *Einleitender Bericht über das Unternehmen der Herausgabe der Encyklopädie der mathematischen Wissenschaften.* Band I,1 (1898–1904), S. V–XX
(unterzeichnet im Juli 1904). Dort heißt es zu den Zielen der Enzyklopädie:

> Aufgabe der Encyklopädie soll es sein, in knapper, zu rascher Orientie-
> rung geeigneter Form, aber mit möglichster Vollständigkeit eine Gesamt-
> darstellung der mathematischen Wissenschaften nach ihrem gegenwärti-
> gen Inhalt an gesicherten **Resultaten** zu geben und zugleich durch sorg-
> fältige Litteraturangaben die geschichtliche Entwickelung der mathema-
> tischen **Methoden** seit dem Beginn des 19. Jahrhunderts nachzuwei-
> sen. Sie soll sich dabei nicht auf die sogenannte reine Mathematik be-
> schränken, sondern auch die **Anwendungen** auf Mechanik und Physik,

Astronomie und Geodäsie, die verschiedenen Zweige der Technik und andere Gebiete mit berücksichtigen und dadurch ein Gesamtbild der Stellung geben, die die Mathematik innerhalb der heutigen Kultur einnimmt. (S. IX)

Die Enzyklopädie erschien in sechs Bänden: I. Arithmetik und Algebra, II. Analysis, III. Geometrie, IV. Mechanik, V. Physik, VI. Geodäsie, Geophysik und Astronomie. Die einzelnen Artikel wurden heftweise ausgeliefert, die Hefte dann zu Bänden gebunden. Jeder Band war in mehrere Teilbände untergliedert, z. B. Band VI in drei Teilbände. Insgesamt sind 23 Teilbände erschienen. Die letzen Hefte von Band III und Band VI erschienen 1934; 1935 wurde das Projekt offiziell für abgeschlossen erklärt. Eine Neubearbeitung von Band I war vorher begonnen worden, kam aber nie zum Abschluß. Zur Enzyklopädie und ihrer Geschichte s. auch: TOBIES, R.: *Mathematik als Bestandteil der Kultur – Zur Geschichte des Unternehmens „Encyklopädie der Mathematischen Wissenschaften mit Einschluß ihrer Anwendungen"*. Mitteilungen der Österreichischen Gesellschaft für Wissenschaftsgeschichte **14** (1994), S. 1–90.

Der Band VI wurde erstmals auf einer Sitzung der Herausgeberkommission in Wien Ende Mai/Anfang Juni 1900 beraten. Die Stoffdisposition für diesen Band, welche KLEIN gemeinsam mit LEHMANN-FILHÉS erarbeitet hatte, wurde genehmigt. Danach konnte herangegangen werden, Mitarbeiter zu gewinnen. Die Anfrage von LEHMANN-FILHÉS an HAUSDORFF kann sich eigentlich nur auf das Thema Refraktion und Extinktion des Sternenlichts in der Atmosphäre bezogen haben. Zu anderen Themen der Astronomie hatte HAUSDORFF nie gearbeitet. Nach HAUSDORFFs Absage wurde diese Thematik von dem italienischen Astronomen AZEGLIO BEMPORAD (1875–1945; wirkte in Turin, Heidelberg, Potsdam, Catania und Neapel) bearbeitet: BEMPORAD, A.: *Besondere Behandlung des Einflusses der Atmosphäre (Refraktion und Extinktion)*. Band VI,2 (1905–1923), S. 287–334 (abgeschlossen im Dezember 1907).

[2]   Eine unmittelbare Reaktion auf HAUSDORFFs Absage findet sich in einem Brief von LEHMANN-FILHÉS an KLEIN vom 27. 11. 1900. Dort nennt LEHMANN-FILHÉS zunächst einige Astronomen, die zugesagt haben. Dann heißt es:

> Abgesagt haben u. A. auch Bruns und Hausdorff. Die Ablehnung des Letzteren kann mir nicht gleichgültig sein, da er mir schreibt, die Herausgeber der Enc. hätten vor Jahren Referate, über die [unleserlich] bereits mit ihm verhandelt war, schlankweg anderweitig vergeben. Deshalb wolle er nun an der Mitarbeit nicht theilnehmen. Wenn die Sache sich so verhält, kann ich ihm seine Verstimmung nicht verdenken, und mir wäre der Vorfall auch im höchsten Grade unlieb. (Abteilung Handschriften und seltene Drucke der Niedersächsischen Staats- und Universitätsbibliothek zu Göttingen, Nachlaß KLEIN, Teubner 29)

KLEIN antwortete zwei Tage später mit einem kurzen Brief; obige Passage betreffend schreibt er:

> Was das mit Hausdorff ist, ist mir unbekannt und zunächst auch nicht zu

sehen, wen – nach der Meinung von H – die Verantwortung trifft. (Abteilung Handschriften und seltene Drucke der Niedersächsischen Staats- und Universitätsbibliothek zu Göttingen, Nachlaß SCHWARZSCHILD, Briefe, Nr. 380)

HAUSDORFF schreibt in seinem Brief (im November 1900) davon, daß die Herausgeber „vor Jahren" Referate, über die bereits mit ihm verhandelt worden war, anderweitig vergeben hätten. Dies hätte dann zwischen 1895 und 1898 erfolgt sein müssen, sonst könnte es nicht „vor Jahren" heißen. Bis 1898 hatte HAUSDORFF drei astronomische Arbeiten ([H 1891], [H 1893], [H 1895]), eine Arbeit zur Optik ([H 1896]) und eine zur Anwendung der Wahrscheinlichkeitsrechnung auf Finanz- und Versicherungsmathematik ([H 1897a]) publiziert. Daß man ihn für Artikel über Arithmetik, Algebra oder Analysis in den zeitlich in Frage kommenden Bänden I und II zu gewinnen suchte, dürfte wenig wahrscheinlich sein, hatte HAUSDORFF doch bis 1898 zu diesen Gebieten nicht eine einzige Zeile veröffentlicht. Es gab nur drei Privatdozenten in HAUSDORFFs Alter, die Referate aus diesen Gebieten für die Bände I und II geschrieben haben, ARNOLD SOMMERFELD (1868–1951), THEODOR VAHLEN (1869–1945) und EDUARD VON WEBER (1870–1934); aber auch sie hatten bereits über die Gegenstände ihrer Artikel etwas publiziert. Alle übrigen Autoren waren bereits etablierte Wissenschaftler und ausgewiesene Fachleute zur Thematik der von ihnen verfaßten Artikel. Zu einem der Artikel über Anwendungen der Wahrscheinlichkeitsrechnung ist HAUSDORFF gefragt worden (s. Anm. [3]) und hat nach eigenen Worten die Mitarbeit aus demselben Grunde abgelehnt wie im vorliegenden Brief für die Astronomie. Es bliebe also die Möglichkeit, daß man ihn für ein Referat über geometrische Optik für den Band V vorgesehen hatte. Die erste Beratung über die Vorbereitung von Band V fand auf der Kommissionssitzung am 1. und 2. Juni 1898 in Göttingen statt; dort wurde auch über mögliche Autoren gesprochen (vgl. TOBIES, a. a. O., S. 23). Das Referat über Optik ist an ALBERT WANGERIN (1844–1933; Halle/Saale) vergeben worden; allerdings ist die Zeit der Vergabe nicht bekannt. Es war erst 1907 fertig: WANGERIN, A.: *Optik. Ältere Theorie.*, Band V,3, (1909–1926), S. 1–94 (abgeschlossen im November 1907). WANGERIN hatte zwar keine Forschungsleistungen zur Optik aufzuweisen wie HAUSDORFF; da der Artikel aber viel aus der Geschichte der Optik brachte, war die Wahl WANGERINs kein Fehlgriff, denn dieser hatte zur Geschichte der Optik schon einiges publiziert. Es ist also ganz unklar, worauf sich HAUSDORFFs Beschwerde bezieht.

Denkbar wäre immerhin auch, daß aus Sicht der Herausgeber unverbindliche Gespräche über eine mögliche Mitarbeit mit HAUSDORFF geführt wurden, auf die man dann doch nicht mehr zurückgekommen ist. Für diese Möglichkeit spräche auch KLEINs oben zitierte Reaktion auf den Brief von LEHMANN-FILHÉS. Die Enzyklopädie war KLEIN ein besonderes Anliegen, für das er sich stark engagierte und über das er immer den Überblick haben wollte. Die Verpflichtung eines Autors hätte er im Gedächtnis gehabt oder zumindest mittels seiner Unterlagen leicht feststellen können.

[**3**] Die Wahrscheinlichkeitsrechnung und ihre Anwendungen fanden ihren Platz im Band I,2 mit vier Artikeln: EMANUEL CZUBER (1851–1925): *Wahrscheinlichkeitsrechnung.* Band I,2, S. 733–767 (abgeschlossen August 1900); JULIUS BAUSCHINGER (1860–1934): *Ausgleichsrechnung.* Band I,2, S. 768–798 (abgeschlossen August 1900); LADISLAUS VON BORTKIEWICZ (1868–1931): *Anwendungen der Wahrscheinlichkeitsrechnung auf Statistik.* Band I,2, S. 821–851 (abgeschlossen April 1901); GEORG BOHLMANN (1869–1928): *Lebensversicherungs-Mathematik.* Band I,2, S. 852–917 (abgeschlossen April 1901). Die letzten beiden Autoren waren wie HAUSDORFF junge Privatdozenten, aber ohne Zweifel eine gute Wahl: VON BORTKIEWICZ hatte 1893 bei einem der führenden Statistiker, WILHELM LEXIS, in Göttingen promoviert und sich 1895 für Statistik und Versicherungsmathematik in Straßburg habilitiert. 1901 wurde er Extraordinarius für Statistik in Berlin. BOHLMANN hatte sich 1894 mit einer Arbeit über Differentialgleichungen habilitiert, vertrat dann aber ab 1895 die Versicherungsmathematik im Göttinger „Seminar für Versicherungswissenschaft". Ab 1903 wirkte BOHLMANN als „Chefmathematiker" einer großen Versicherungsgesellschaft.

# Sophus Lie

## Korrespondenzpartner

MARIUS SOPHUS LIE wurde am 17. Dezember 1842 in Nordfjordeide am Eidsfjord als Sohn eines Pastors geboren. Von 1859 bis 1865 studierte er Mathematik und Naturwissenschaften an der Universität Christiania (heute Oslo) und legte 1865 das Lehrerexamen ab. Angeregt durch das Werk von PLÜCKER begann er 1868 mit eigenen mathematischen Forschungen. 1869/70 konnte er mit einem Reisestipendium Berlin und Paris besuchen; aus dieser Zeit datiert LIEs Freundschaft und Zusammenarbeit mit FELIX KLEIN. 1872 wurde LIE Professor der Mathematik in Christiania und 1886 Nachfolger KLEINs in Leipzig. 1898 kehrte er auf einen eigens für ihn geschaffenen Lehrstuhl nach Christiania zurück, erlag aber bereits am 18. Februar 1899 einer perniciösen Anämie.

PLÜCKERs Idee, als Grundelemente der Geometrie statt der Punkte Geraden oder Ebenen zu benutzen oder allgemeiner die Elemente einer Kurven- oder Flächenschar, führte LIE auf den Begriff der Berührungstransformation. Eine spezielle solche Transformation war LIEs Geraden-Kugel-Transformation, welche die Eigenschaft besitzt, die Asymptotenlinien einer Fläche auf die Hauptkrümmungslinien der Bildfläche abzubilden. Diese Eigenschaft nutzend konnten LIE und KLEIN die Asymptotenlinien der Kummerschen Fläche bestimmen. Die Berührungstransformationen und die von LIE eingeführten infinitesimalen Transformationen waren die Grundlage für seine Integrationstheorie für partielle Differentialgleichungen erster Ordnung. Mitte der 1870-er Jahre wandte sich LIE zeitweise der Differentialgeometrie zu und erzielte wichtige Ergebnisse über Minimalflächen. LIEs Hauptleistung ist die Theorie der von ihm so genannten „endlichen kontinuierlichen Transformationsgruppen", die er (gemeinsam mit FRIEDRICH ENGEL) in dem großen dreibändigen Werk *Theorie der Transformationsgruppen* (1888, 1890, 1893) niederlegte. Solche Gruppen werden heute nach LIE benannt; der moderne Begriff der Liegruppe ist etwas allgemeiner als der ursprüngliche Begriff bei LIE. LIE klärte den Zusammenhang zwischen einer solchen Gruppe und einer rein algebraischen Struktur, die von den infinitesimalen Transformationen der Gruppe gebildet wird und heute als Lie-Algebra bezeichnet wird. Mittels dieses Zusammenhanges entwickelte er eine umfangreiche Theorie, deren Kern die drei LIEschen Fundamentalsätze bilden (*Theorie der Transformationsgruppen*, Band III, § 25; vgl. dazu auch die Briefe HAUSDORFFs an ENGEL in diesem Band). LIE selbst gab interessante Anwendungen seiner Theorie auf Differentialgleichungen und auf das Raumproblem (RIEMANN-HELMHOLTZ-LIEsches Raumproblem). Die Theorien von LIE haben einen tiefgreifenden Einfluß auf die moderne Mathematik gehabt und sind auch für die theoretische Physik von grundlegender Bedeutung. LIE gilt heute als einer der richtungsweisenden Mathematiker des 19. Jahrhunderts.

## Quelle

Die beiden Briefe HAUSDORFFs an LIE befinden sich im Nachlaß LIEs in der Norwegischen Nationalbibliothek in Oslo, Handschriftenabteilung, Brevs. 289.

## Bemerkungen

Die Briefe HAUSDORFFs an LIE sind bereits veröffentlicht in EICHHORN, E.; THIELE, E.-J. (Hrsg.): *Vorlesungen zum Gedenken an Felix Hausdorff*. Berliner Studienreihe zur Mathematik, Band 5, Berlin 1994, S. 62–65. Die dortigen Abdrucke enthalten allerdings einige kleinere Lesefehler.

## Danksagung

Wir danken der Handschriftenabteilung der Norwegischen Nationalbibliothek zu Oslo für die Bereitstellung der Kopien und für die Erlaubnis, die Briefe hier abzudrucken. Ein herzlicher Dank geht an Prof. Dr. EGBERT BRIESKORN für den Hinweis auf LIEs Brief an BJØRNSTJERNE BJØRNSON (Anm. [1] zum zweiten Brief).

**Brief** FELIX HAUSDORFF $\longrightarrow$ SOPHUS LIE

Hochzuverehrender Herr Professor!

Vorerst bitte ich Sie um Entschuldigung, dass ich so spät erst auf Ihr freundliches Anerbieten, die Herausgabe Ihrer Theorie der part. Differentialgleichungen betreffend, zurückkomme; ich war Anfangs durch vielen Dienst, späterhin [1] durch eine sechswöchentliche Erkrankung verhindert, um eine Unterredung mit Herrn Prof. Bruns zu bitten, von deren Ergebnisse ich damals meine Antwort abhängig gemacht hatte. Vor Kurzem habe ich diese Unterredung nachgeholt, und ich freue mich ausserordentlich, Ihnen mittheilen zu können, dass seitens meiner astronomischen Berufsarbeit sich Ihrem für mich so ehrenvollen Vorschlage kein Hinderniss in den Weg legt. Ich würde nach Ablauf meines Dienstjahres – vorher allerdings ist an kein energisches Arbeiten zu denken – die [2] mir von Ihnen zugedachte Beschäftigung zugleich mit dem zweiten Theil meiner Dissertationsschrift, der wesentlich nur Rechenarbeit erfordert, aufnehmen [3] können, vorausgesetzt, dass Sie mich nach wie vor mit jenem Vertrauensposten beehren wollen. Es versteht sich von selbst, dass Ihnen in dieser Hinsicht vollkommen freie Verfügung bleibt, wie ich denn überhaupt annehme, dass Sie nur faute de mieux auf meine doch noch ziemlich unfertige und unerprobte Arbeitskraft reflectiren.

Mit vorzüglicher Hochachtung
Ihr ergebenster
Dr. F. Hausdorff
Leipzig-Möckern, Albertstr. 8.

27/3 1892

## Anmerkungen

[1] SOPHUS LIE war ein außerordentlich schöpferischer und produktiver Mathematiker, der über eine lebhafte geometrische Intuition verfügte. Was ihm aber überhaupt nicht lag, war eine für das mathematische Publikum gut verständliche Darstellung seiner Ideen und insbesondere eine Ausarbeitung seiner geometrischen Gedankengebäude in exakter analytischer Form, wie sie damals zunehmend Standard wurde. Er war sich dieser Schwäche wohl bewußt und suchte deshalb begabte Schüler oder jüngere Kollegen dafür zu gewinnen, mit ihm gemeinsam seine Ideen und Theorien in monographischer Form auszuarbeiten. So entstanden die bereits erwähnten drei Bände über Transformationsgruppen mit ENGEL sowie die gemeinsam mit GEORG SCHEFFERS (1866–1945) erarbeiteten Werke *Vorlesungen über Differentialgleichungen mit bekannten infinitesimalen Transformationen* (1891), *Vorlesungen über continuirliche Gruppen mit geometrischen und anderen Anwendungen* (1893) und *Geometrie der Berührungstransformationen* (1896). Für ein Buch über seine Theorie der partiellen Differentialgleichungen erster Ordnung hatte LIE offenbar HAUSDORFF als Mitarbeiter ins Auge gefaßt.

**[2]** Vom 1.10.1891 bis 1.10.1892 leistete HAUSDORFF seinen Militärdienst als Einjährig-Freiwilliger in Leipzig-Möckern ab. Er hatte in dieser Zeit auch eine Wohnung in Möckern.

**[3]** Es handelt sich um die Arbeit *Zur Theorie der astronomischen Strahlenbrechung II*, Berichte über die Verhandlungen der Königl.-Sächs. Ges. der Wiss. zu Leipzig, Math.-phys. Classe **45** (1893), 120–162.

<br>

**Brief** FELIX HAUSDORFF ⟶ SOPHUS LIE

Hochverehrter Herr Professor!

Seit längerer Zeit glaube ich Ihnen eine tiefgehende Verstimmung gegen mich anzumerken, die ich mir nicht bewusst bin in vollem Umfange zu verdienen, obwohl ich mich nicht frei von Schuld weiss. Als Ihr ehemaliger Schüler, den Sie der Ehre wissenschaftlicher wie persönlicher Beziehungen in hervorragen-
[1] dem Masse gewürdigt haben, bin ich Ihnen viel zu eng verpflichtet, um nicht jede Trübung dieser Beziehungen schmerzlichst zu empfinden. Ich bitte Sie, hochverehrter Herr Professor, inständigst – vorausgesetzt, dass ich Ihre Unzufriedenheit mit Recht auf die unzulängliche Förderung der auf Ihren Wunsch übernommenen Arbeit zurückführe – mir einen, wenn auch sehr verspäteten, Rechtfertigungsversuch in Form einer kurzen Darlegung des Sachverhalts zu gestatten.

Die letzte Besprechung mit Ihnen betreffs der „partiellen Differentialgleichungen" hatte ich Ende Februar 1893, unmittelbar vor Antritt meiner ersten
[2] zweimonatlichen Militärübung. Nach deren Ablauf war ich die drei Monate Mai, Juni, Juli allerdings in Leipzig, aber fast ausser Stande, neben der rechnerischen und beobachtenden Thätigkeit an der Sternwarte noch einer anderen Beschäftigung obzuliegen. Insbesondere hat die Vormittagsarbeit im Rechenzimmer, zu deren Übernahme ich Herrn Professor Bruns gegenüber verpflichtet war, mich im Anfang ganz ausserordentlich angestrengt. Hierbei die Weiterführung des von Ihnen empfangenen Themas vorderhand zu vertagen, schien mir um so berechtigter, als Sie selbst, sehr geehrter Herr Professor, zu dieser Zeit von anderen Arbeiten stark in Anspruch genommen waren. Von Anfang August bis fast Ende September war ich verreist. Meine Verschuldung Ihnen gegenüber beginnt mit der Zeit nach meiner Rückkehr, wo ich, statt der part. Diff.gl.,
[3] zuerst den dritten Theil meiner Dissertationsarbeit zum Abschluss brachte, – eine Arbeit, von der ich nicht glaubte, dass sie mich so lange (bis Anfang December) in Anspruch nehmen würde. Hiernach machte ich für mich allein einige Versuche, Gegenstände aus der Theorie der pt. Diff.gl. auszuarbeiten, sah aber, dass ich in der langen Zwischenzeit ein wenig den Zusammenhang mit Ihren Disciplinen verloren hatte.

Zu einer systematischen Wiederaufnahme derselben wollte ich mich nun nicht eher entschliessen, als bis meine Habilitationsangelegenheit, die mir allmählich Sorge zu machen begann, in Fluss gekommen wäre. Anfang dieses Jahres erhielt ich von Herrn Prof. Bruns ein Thema, zu dem die Vorarbeiten mich bisher beschäftigt haben.                                                                                    [4]

Das warme Interesse für die von Ihnen, hochzuverehrender Herr Professor Lie, geschaffenen und Ihren Namen tragenden Theorien habe ich keineswegs eingebüsst, wie ich überhaupt, zur astronomischen Praxis minder neigend und [5] befähigt, den Ausblick von der Astronomie auf die reine Mathematik nie zu verlieren hoffe. Ich muss freilich darauf gefasst sein, dass Sie mit der mir zugedachten Arbeit längst einen Anderen, Geeigneteren beauftragt haben, würde aber ausserordentlich glücklich sein, wenn dies nicht der Fall wäre, wenn Sie trotz der geringen Dienste, die ich Ihnen bisher geleistet habe, immer noch auf mich zählten. Würden Sie alsdann, sehr geehrter Herr Professor, Ihre Güte und Geduld so weit erstrecken, mir bis nach Abschluss der Habilitationsschrift Zeit zu gönnen? Nach den Dimensionen, die das augenblickliche Urtheil ergiebt, hoffe ich nicht unnatürlich lange davon in Anspruch genommen zu sein. Nach meiner Habilitation – dies gelte als bindendes Versprechen – sind Ihre partiellen Differentialgleichungen das Erste, was ich in Angriff nehme.                          [6]

Sollten Sie aber auch auf diesen Vorschlag nicht eingehen können oder wollen, so hoffe ich doch, dass mir, wenigstens zum Theil, eine Abwälzung meiner Schuld auf ungünstige Umstände gelungen sei, und wage die herzliche Bitte auszusprechen, mir wenigstens einen Theil des Wohlwollens zu bewahren, mit dem Sie früher so reich ausgezeichnet haben

Ihren Sie hochschätzenden,
dankbaren Schüler
F. Hausdorff

Leipzig, Brüderstr. 61$^I$
1894 März 28.

## Anmerkungen

[1]   Am Beginn seiner Studien hat HAUSDORFF bei LIE die geometrischen Anfängervorlesungen gehört: „Einleitung in die analytische Geometrie des Raumes" (Sommersemester 1887) und „Projective Geometrie des Raumes" (Wintersemester 1887/88). Im Sommersemester 1888 und im Wintersemester 1888/ 89 studierte HAUSDORFF in Freiburg bzw. Berlin. Im Sommersemester 1889 hörte er bei LIE die Spezialvorlesungen „Theorie der Transformationsgruppen" und „Anwendungen der Berührungstransformationen auf Geometrie und Mechanik". Von diesen Vorlesungen existieren im Nachlaß HAUSDORFFs stenographische Nachschriften (Fasz. 1166 und 1167). LIE erlitt im Herbst 1889 einen gesundheitlichen Zusammenbruch und konnte erst im Wintersemester 1890/91 wieder Vorlesungen halten. Eine Vorlesung über seine eigenen Theorien hielt er erst wieder im Sommersemester 1891. Zu dieser Zeit hatte HAUSDORFF sich schon besonders eng an HEINRICH BRUNS angeschlossen, bei dem er 1891 über die Refraktion des Lichtes in der Atmosphäre promovierte.

Die „wissenschaftlichen und persönlichen Beziehungen" zwischen LIE und HAUSDORFF müssen anfangs auch für LIE vielversprechend erschienen sein.

Das ergibt sich aus folgendem Vorgang: 1892 begannen, getragen von bedeutenden norwegischen Persönlichkeiten wie dem Arktisforscher FRIDTJOF NANSEN, Norwegens berühmten Dichter BJØRNSTJERNE BJØRNSON und LIEs ehemaligem Schüler ELLING HOLST, ernsthafte Bemühungen, LIE für Norwegen zurückzugewinnen. BJØRNSON schrieb am 26. Februar 1893 an LIE und fragte an, ob er bei einem Gehalt von 8000 bis 10000 Kronen geneigt sei, als Professor nach Christiania zurückzukehren. In einem (nicht datierten, aber vermutlich wenig später geschriebenen) Brief an BJØRNSON schildert LIE u. a. die Verhältnisse, die ihn in wissenschaftlicher Hinsicht an Leipzig binden. Er nennt die hervorragende Bibliothek und die nicht weniger exzellente Modellsammlung. Ferner bezahle ihm der Staat zwei Assistenten, den Prof. ENGEL und den Privatdozenten SCHEFFERS. Noch wichtiger aber sei, daß er „drei außerordentlich ausgezeichnete junge Mitarbeiter (Engel, Scheffers, Hausdorff)" für seine „eigene wissenschaftliche Tätigkeit" gewonnen habe, Mitarbeiter, die in Norwegen schwerlich zu finden sein würden (zitiert nach ARILD STUBHAUG: *Es war die Kühnheit meiner Gedanken. Der Mathematiker Sophus Lie*, Springer, Berlin, Heidelberg 2003, S. 420). Bei STUBHAUG sind die schließlich erfolgreichen Versuche, LIE für Norwegen zurückzugewinnen, ausführlich dargestellt und dokumentiert (S. 418 ff.).

[2]   Die Reserveübung A absolvierte HAUSDORFF vom 1. 3. 1893 bis zum 25. 4. 1893.

[3]   HAUSDORFF, FELIX: *Zur Theorie der astronomischen Strahlenbrechung III*, Berichte über die Verhandlungen der Königl.-Sächs. Ges. der Wiss. zu Leipzig, Math.-phys. Classe **45** (1893), 758–804.

[4]   HAUSDORFF, FELIX: *Über die Absorption des Lichtes in der Atmosphäre* (Habilitationsschrift), Berichte über die Verhandlungen der Königl.-Sächs. Ges. der Wiss. zu Leipzig, Math.-phys. Classe **47** (1895), 401–482.

[5]   HAUSDORFF hat das Interesse an LIEs Theorien auch später nicht verloren. Im Wintersemester 1905/06 hielt er in Leipzig die Vorlesung „Einführung in die Theorie der continuirlichen Transformationsgruppen (nach Sophus Lie)" (NL HAUSDORFF, Fasz. 20). Im Zusammenhang mit dieser Vorlesung entstand seine berühmte Arbeit *Die symbolische Exponentialformel in der Gruppentheorie*, Berichte über die Verhandlungen der Königl.-Sächs. Ges. der Wiss. zu Leipzig, Math.-phys. Classe **58** (1906), 19–48, welche die heute nach BAKER, CAMPBELL und HAUSDORFF benannte, für die Theorie der Lie-Algebren fundamentale Formel enthält (vgl. dazu Band IV dieser Edition, S. 431–465).

[6]   Im Nachlaß HAUSDORFFs gibt es keine Hinweise auf die Arbeit an einem Buch über partielle Differentialgleichungen erster Ordnung. Es gibt lediglich die stenographische Mitschrift einer einschlägigen Vorlesung (Fasz. 1172). Dabei kann es sich nur um die Vorlesung von ADOLPH MAYER aus dem SS 1891

handeln, die HAUSDORFF laut Studienzeugnis der Universität Leipzig gehört hat. LIE hat in der Zeit, in der HAUSDORFF sie als Student hätte hören können, keine solche Vorlesung gehalten. Auch sonst gibt es keine Hinweise darauf, daß eine Zusammenarbeit HAUSDORFFs mit LIE an einem Buchprojekt der im Brief erwähnten Art zustande gekommen ist. Über Gründe des Scheiterns dieses Projekts kann man nur Mutmaßungen anstellen. HAUSDORFF war ein selbstbewußter junger Mann, der sich nach seiner Habilitation fachlich neu zu orientieren suchte und der gerade in dieser Zeit auch vielseitige philosophische und literarische Interessen intensiv verfolgte. Man kann es sich von ihm schwer vorstellen, in einem doch recht starken Abhängigkeitsverhältnis über längere Zeit an einem Buch zu arbeiten, das nicht sein eigenes sein würde. LIE andererseits war an perniciöser Anämie erkrankt, die möglicherweise ein Grund für die psychischen Veränderungen war, welche ihn reizbar und mißtrauisch machten. Insbesondere fürchtete er in zunehmendem Maße die Verletzung seiner Prioritätsrechte durch andere Mathematiker. Indirekt war HAUSDORFF von einem solchen Verdacht auch betroffen. In seiner Arbeit *Infinitesimale Abbildungen der Optik*, Berichte über die Verhandlungen der Königl.-Sächs. Ges. der Wiss. zu Leipzig, Math.-phys. Classe **48** (1896), 79–130 (abgedruckt mit Kommentar von S. HILDEBRANDT im Band V dieser Edition, S. 315–375) hatte HAUSDORFF zur Behandlung optischer Fragen ganz wesentlich infinitesimale Berührungstransformationen benutzt. Er hatte korrekt auch auf LIE/SCHEFFERS: *Geometrie der Berührungstransformationen* hingewiesen, ferner auf die Tatsache, daß es zwischen den „fruchtbaren LIE'schen Theorien" und der Optik außer dem von ihm betrachteten weitere Zusammenhänge gibt. Trotzdem ließ LIE in den Leipziger Akademieberichten unmittelbar nach HAUSDORFFs Arbeit eine knapp dreiseitige Note einrücken, deren vornehmliches Ziel es war, seine Prioritätsansprüche zu betonen. Es heißt dort:

In meinen vieljährigen Vorlesungen über die von mir begründeten Theorien an den Universitäten Christiania (1872 bis 1885) und Leipzig pflege ich regelmässig die Aufmerksamkeit meiner Zuhörer darauf zu lenken, dass verschiedene Gebiete der Mechanik und Physik (insbesondere der Optik) in schönster Weise die Begriffe eingliedrige Gruppe von Punktbez. Berührungstransformationen *illustriren* und gleichzeitig durch explicite Einführung dieser Begriffe gefördert werden.

Auch durch Vorträge (u. a. in dieser Gesellschaft im Jahre 1893) sowie durch mündliche Mittheilungen an mehrere Mathematiker, Astronomen, Physiker und Chemiker versuchte ich andere Forscher dazu zu veranlassen, meine Theorien für die Naturerklärung zu verwerthen.

Diese meine Bestrebungen sind nicht ganz ohne Erfolg geblieben. Da indess Vertreter der Astronomie, Physik und Chemie sich im Allgemeinen nur mit Mühe in neueren und höheren Zweigen der Mathematik orientiren können, halte ich es für richtig, in einer *besonderen*, allerdings knapp gefassten *Note* auf meine hier in Betracht kommenden Untersuchungen hinzuweisen. (Berichte über die Verhandlungen der Königl.-Sächs. Ges. der Wiss. zu Leipzig, Math.-phys. Classe **48** (1896), S. 131–132).

Es folgen auf etwas mehr als einer Seite inhaltliche Bemerkungen über Beziehungen von LIEschen Begriffsbildungen und Theorien zur Optik, die LIE in der Vergangenheit selbst hergestellt und untersucht hatte.

Es sei noch angemerkt, daß zu Lebzeiten LIEs kein Buch über seine Theorie der partiellen Differentialgleichungen erster Ordnung erschienen ist. Erst 1932 erschien das Werk von F. ENGEL und K. FABER: *Die Liesche Theorie der partiellen Differentialgleichungen 1. Ordnung.*

# Marta Löwenstein

## Korrespondenzpartnerin

MARTA LÖWENSTEIN wurde am 23. Juli 1889 als MARTA GRUNEWALD in Barmen (heute Wuppertal) als Tochter des jüdischen Arztes Dr. JULIUS GRUNEWALD geboren. Ihre Eltern waren aufgeklärte, liberal eingestellte und sozial denkende Menschen, hoch gebildet und kultiviert – Musik spielte in der musikalisch besonders talentierten Familie „eine überaus bedeutende, ja geradezu existentielle Rolle" (vgl. LEO PETERS (Hrsg.): *Eine jüdische Kindheit am Niederrhein. Die Erinnerungen des Julius Grunewald (1860 bis 1929)*, Böhlau, Köln 2009, S. 159). Von früher Kindheit an liebte auch MARTA GRUNEWALD die Musik; sie sang viel und spielte ausgezeichnet Klavier, z. B. mit ihrer Mutter vierhändig Beethoven. Die Eltern, insbesondere ihre Mutter JULIE GRUNEWALD, engagierten sich dafür, daß Mädchen auch das Abitur erwerben und studieren konnten. MARTA erhielt nach dem Besuch eines von ihren Eltern mit eingerichteten privaten Gymnasiums und nach der vorgeschriebenen Prüfung an einem staatlichen Gymnasium 1909 das Zeugnis der Reife. Anschließend studierte sie in München und Neapel Zoologie. Als der 1. Weltkrieg begann, meldete sie sich gemeinsam mit ihrer Schwester ELISABETH (LILI) zum Dienst als Krankenpflegerin. Nach mehrwöchiger Ausbildung arbeitete sie dann in einem Kriegslazarett in Ingolstadt als Pflegerin. 1915 promovierte sie am Zoologischen Institut der Universität München mit der Arbeit *Über Veränderungen der Eibildung bei Moina rectirostris var. Lilljéborgii* zum Dr. phil. Am 20. April 1920 heiratete sie ihren Cousin Dr. OTTO LÖWENSTEIN (LÖWENSTEINs Mutter HENRIETTE GRUNEWALD war eine Schwester von MARTAs Vater). Das Ehepaar LÖWENSTEIN hatte zwei Töchter, ANNEBET (geb. 2. 7. 1922) und MARIELI (geb. 13. 8. 1926); s. Anm. [8] zum folgenden Brief. LÖWENSTEINs führten ein gastfreies Haus in Bonn; MARTA LÖWENSTEIN trat auch als Sängerin auf und schrieb Gedichte.

OTTO LÖWENSTEIN (1889–1965) studierte in Göttingen und Bonn Medizin und promovierte 1914 in Bonn mit der Arbeit *Die Zurechnungsfähigkeit der Halluzinanten, nach psychologischen Prinzipien beurteilt.* Er arbeitete nach dem Examen als Arzt in der Provinzial-Heil- und Pflegeanstalt Bonn und während des 1. Weltkrieges als Erster Garnisonsarzt in der Militärnervenanstalt in Metz. Nach dem Krieg kehrte er nach Bonn zurück, habilitierte sich 1920 mit der Arbeit *Experimentelle Untersuchungen über das psychogene Zittern* und wurde 1923 nichtbeamteter außerordentlicher Professor an der Universität Bonn. 1926 wurde er zum Leitenden Arzt der neu gegründeten „Provinzial-Kinderanstalt für seelisch Abnorme" ernannt. LÖWENSTEIN entwickelte diese „Anstalt" (der Name war irreführend) zur ersten kinder- und jugendpsychiatrischen klinischen Einrichtung in Europa mit eigenem Gebäude und mit einem eigenen, von der Erwachsenenpsychiatrie abgegrenzten Konzept. 1931 wurde

LÖWENSTEIN zum persönlichen Ordinarius für Pathopsychologie in der medizinischen Fakultät der Universität Bonn ernannt (zu den heftigen Auseinandersetzungen um diese Berufung s. ANETTE WAIBEL: *Die Anfänge der Kinder- und Jugendpsychiatrie in Bonn. Otto Löwenstein und die Provinzial-Kinderanstalt 1926–1933*, Rheinland-Verlag Köln 2000, S. 61–80). Nach der „Reichstagsbrandverordnung" vom 28. Februar 1933 war LÖWENSTEIN unmittelbar gefährdet: seine Klinik wurde von der SA besetzt, seine Wohnung wurde durchsucht und er sollte in „Schutzhaft" genommen werden. Durch einen Kollegen aus der Klinik gewarnt, konnte er über das Saarland in die Schweiz flüchten, wohin ihm seine Familie bald folgte. In der Schweiz wirkte er von 1933 bis 1939 als neurologisch-psychiatrischer Consilarius im privaten Sanatorium „La Métairie" in Nyon am Genfer See. Auch dort gründete und leitete er eine Kinderklinik. Bei der Arbeit in dieser Klinik unterstützte ihn seine Frau MARTA tatkräftig; ihre Tochte ANNEBET berichtete in einem Brief an Frau WAIBEL: „Auch erinnern wir uns an das starke Mitwirken von Mutti, mit Musiktherapie, Bewegungstherapie, mit Sing- und Theaterspielen, Basteln aller Art, und auch mit Einzelstunden, um so viel wie möglich individuelle (z. B. mathematische) Talente zu fördern" (ANETTE WAIBEL, a. a. O., S. 158). 1939 erhielt LÖWENSTEIN einen Ruf als Klinischer Professor für Neurologie an die New York University und die Familie siedelte in die USA über. 1947 wechselte er an die Columbia University in New York und wirkte dort auch am Columbia Presbytarian Hospital. In den USA baute er insbesondere seine schon in Bonn begonnenen Forschungen über Pupillographie aus (s. Anm. [6] zum folgenden Brief). OTTO LÖWENSTEIN verstarb am 25. März 1965 in New York. Seine Frau MARTA verstarb am 12. Oktober desselben Jahres in Houston (Texas).

## Quelle

Der Brief von MARTA LÖWENSTEIN an FELIX HAUSDORFF befindet sich im Nachlaß HAUSDORFFs, Kapsel 61, in der Handschriftenabteilung der Universitäts- und Landesbibliothek Bonn.

## Danksagung

Wir danken der Handschriftenabteilung der ULB Bonn für freundliche Hilfe bei Recherchen und für die Genehmigung, den Brief abzudrucken. Ein herzlicher Dank geht an Frau MARIELI ROWE, geb. LÖWENSTEIN (Madison, Wisconsin) und an Frau ANNEBET PERLS, geb. LÖWENSTEIN (Pacific Palisades, Californien) für briefliche Mitteilungen über ihre Eltern.

# Brief MARTA LÖWENSTEIN ⟶ FELIX HAUSDORFF

6/XI 1938

Mein lieber alter Onkel Häuschen (wobei ich das „alt" auf die Freundschaft [1]
bezogen wissen will, denn 70 Jahre, das weiss ich von Mutter, das ist kein
Alter) – dies wäre ja nun eigentlich eine würdige Gelegenheit in Versen zu [2]
singen und zu sagen, wess das Herz voll ist. Es ist auch keineswegs Mangel
an Fülle des Herzens (doch jetzt hab ich sicher allerhand Anspielungen über
„Fülle" provoziert) – wenn die Verse nicht in Fluss kommen, und ganz gewiss
könnte die Schönheit alles dessen, was uns hier umgibt, und was jetzt nochmal
in einem vom traditionellen Novemberwetter völlig ungewohnten sommerlich
warmem Nachglanz erstrahlt, „poetischem Bemühen" nur förderlich sein – so
ist es vielleicht eben die Überfülle dessen, was zu sagen wäre, woran die gereimte
Unternehmung vorläufig scheitert; aber ich weiss, Sie, lieber Onkel Häuschen,
finden sich auch mit aller Art von Ungereimtheiten ab, und ganz gewiss, wie
wir hoffen können mit solchen wie diesen hier vorliegenden, von denen Sie wissen, dass sie aus treuester freundschaftlicher Gesinnung als Geburtstagsgruss
zu Ihnen kommen. Könnte ich das in Person tun, dann würde ich Sie zu einem
Gang auf dem Fortepiano bitten und so gut ich kann u. jedenfalls von ganzem
Herzen singen „Habe Dank" – (ob ich Ihnen dann auch noch heilig heilig ans
Herz sinken würde (bedenken Sie die Fülle und die Kilo) bleibe dahingestellt) –
aber Dank, lieber Onkel Häuschen, das ist meine Hauptempfindung, wenn ich
an Sie beide denke – Dank für alle Freundschaft, die wir von Ihnen empfangen,
für all den Reichtum des Geistes und des Herzens, mit denen Sie uns beschenkt
haben.                                                                          [3]
Ich habe jetzt wieder – nachdem vor einigen Monaten hier allerlei umorga-
nisiert worden ist, sodass ich mit dem Wirtschaftsbetrieb garnichts mehr zu
tun habe, Musse genug, um richtig zu üben und dann auch viel zu singen im
kleinen und ungefähr privaten Rahmen der „métairie" – aber nie wieder gab es [4]
ein Musizieren wie mit Onkel Häuschen, und wie oft auch jetzt die holde Kunst
den Himmel bessrer Welten mir erschliesst, das bedeutet für mich immer zugleich ein sehnsüchtiges Rückerinnern und den sehr lebhaften Wunsch nach der
Möglichkeit, uns in diesem gemeinsamen Himmel wieder gemeinsam mit Ihnen
aufhalten zu können. Wenn das auch einer von meinen Geburtstagswünschen [5]
ist, so werden Sie ihn gewiss teilen, und wie herzlich Sie Beide bei uns in unsrer
kleinen „Pierrettes" jeder Zeit von Herzen eingeladen sind (nich uffjefordert),
das bedarf wohl keiner Versicherung – ja, das wär schön, wenn Sie das einmal
möglich machen könnten! Ich müsste mich einmal in Genf erkundigen, ob nicht
bald einmal ein für Sie interessanter Mathematikerkongress ist, bei dem Sie
etwa ein Ehrenreferat hätten! Na, ich will keine Referate verteilen, über die
ich ja doch nicht zu verfügen habe – aber schön wär's, und Sie würden sehen,
wie schön u. behaglich man in der kleinen Pierrettes wohnt. Sie würden auch
sehn, dass aus Kindern inzwischen Leute geworden sind – dass das Annebet-

le mit ihren 16 Jahren in den Anfangsstadien der „jungen Dame" steckt, die täglich nach Lausanne ins Gymnasium fährt, würden Ihre Freude am Mariele haben, das noch immer ein Kleines ist, aber in der Schule, mit der Geige und vor allem mit ihrem Lebensmut u. Übermut ihren zwölf Jahren alle Ehre macht. Sie würden auch Ottos Arbeit sehen, dessen Pupillographie mehr und

[6]  mehr zu einem grossen, systematischen Werk sich erweitert, und Sie würden vor allem sehen (was Sie allerdings gewiss auch so glauben, wenn Sie [es] nicht unmittelbar sehen), dass unsere herzlichste und wärmste Freundschaft unvermindert und unverändert geblieben ist, u. dass wir nur wünschen würden, sie

[7]  auch wirklich betätigen zu können. Das beiliegende Bildchen, das ein bischen Illustration zu dem vorstehenden Text geben soll, ist leider schlecht abgezogen – ich lege es aber doch bei mit dem Versprechen baldiger Nachlieferung eines besser gelungenen Exemplars, auf dem Sie dann hoffentlich genau erkennen können, wie herzlich Ihnen gratulieren Ihre, Sie Beide und alle bei Ihnen gewiss versammelten Freunde und Verwandte grüssenden

[8]                          Marta, Otto, Annebet u. Hilo

[9]  Besondere Grüsse an Nora u. Arthur, die ja gewiss mit den Kindern bei Ihnen sind; über alle hoffe ich bald einmal gute Nachrichten zu bekommen.

### Anmerkungen

[1]  Zur Anrede „Onkel Häuschen" s. Anm. [1] zum Brief von EDITH LONDON an HAUSDORFF in diesem Band.

[2]  MARTA LÖWENSTEINs Mutter JULIE GRUNEWALD, geb. RUBENSOHN, geboren am 5. 11. 1864, war im Alter von 70 Jahren geistig und körperlich noch außerordentlich rege. Sie überlebte ihre Tochter MARTA und verstarb im 102. Lebensjahr am 23. 1. 1966.

[3]  Vom außerordentlich freundschaftlichen Verhältnis der Familie HAUSDORFF zu den LÖWENSTEINs zeugt nicht nur diese Briefstelle, sondern auch eine Passage in den Erinnerungen von MARTAs Mutter JULIE GRUNEWALD, die diese 1954 im Alter von 90 Jahren in den USA niedergeschrieben hat. Auszüge daraus hat LEO PETERS (s. o.) veröffentlicht. LÖWENSTEINs hatten im Sommer 1932 ein Haus in der Endenicher Allee in Bonn gekauft; über die Einzugsfeier berichtet JULIE GRUNEWALD:

> Da [nach der Rückkehr aus den USA, wo sie längere Zeit bei ihrer Tochter LILI LANDÉ verbracht hatte – W. P.] erfuhr ich alles über den Kauf des Hauses in der Endenicher Allee, auch daß ich durch eine Hypothek von 15000 Mark daran beteiligt war.
>
> Eines Tages wurde ich von Freunden in das Geheimnis eingeweiht, abends solle „house-warming" surprise party sein. Alle kamen sie an, die meisten sind nicht mehr oder in alle Weltgegenden verstreut. Musik, ernste und heitere Vorträge, und natürlich gute Bewirtung, teils von uns, teils von

den Freunden geliefert, machten den Abend zu einem mir unvergesslichen. Die lieben, feinen Hausdorffs, Franks, nun Nachbarn, Dr. Samuel, der mit den Töplitz-Söhnen ein Trio spielte. Ach, es war unheimlich schön, und wohl keiner sah das Mene Tekel, die „Zeichenschrift an der Wand". Obwohl Freund Hausdorff in seinem humorvollen Gedicht, in dem jeder seinen Vers bekam, sagte:

> „Man zieht gern um, auch Endenich
> ist noch vielleicht das Ende nicht".

Wie nah das war, wir hätten es doch ahnen sollen, können! Nun, wir haben diesen schönen Sommer genossen, und er lebt als gute Erinnerung in mir. (LEO PETERS, a. a. O., S. 140–141)

HAUSDORFFs launiger Spruch bekam für ihn selbst tragische Bedeutung; s. seinen Abschiedsbrief an den Rechtsanwalt WOLLSTEIN in diesem Band.

[4]    Als „métairie" bezeichnet man in Frankreich eine Meierei oder ein kleines Pachtgut. An der noch heute bestehenden Klinik „La Métairie" in Nyon arbeitete OTTO LÖWENSTEIN, unterstützt von seiner Frau (s. o.).

[5]    Über das gemeinsame Musizieren HAUSDORFFs mit MARTA LÖWENSTEIN schrieb ihre Tochter ANNEBET PERLS am 7. 3. 2012 an den Herausgeber:

Dass Onkel Häuschen ein berühmter Mathematiker, Philosoph, Schriftsteller war, konnte ich nicht wissen. [ANNEBET war etwa 10 Jahre alt – W. P.] Der Musiker ist mir unvergesslich. Er war ein ganz herrlicher Pianist – und Begleiter meiner Mutter, der Sängerin. So musizierten sie zusammen, dass jedes Lied, jede Arie ein Erlebnis war. Welch Glück für uns Kinder, in dieser Atmosphäre aufzuwachsen.

Zu dieser Passage des Briefes s. auch EGBERT BRIESKORN: *Felix Hausdorff – Elemente einer Biographie*, Katalog der Ausstellung zu HAUSDORFFs 50. Todestag, Mathematisches Institut der Universität Bonn 1992, S. 84.

[6]    OTTO LÖWENSTEINs Hauptinteresse in der Forschung galt der experimentellen Psychologie in der Tradition von WILHELM WUNDT. Er wollte exakte naturwissenschaftlich basierte Verfahren und Meßmethoden für die Psychiatrie, insbesondere die psychiatrische Diagnostik, fruchtbar machen. Zu diesem Zweck erfand und baute er eigene Apparaturen, insbesondere solche zur Registrierung von Sinneswahrnehmungen und der Reaktionen auf diese Wahrnehmungen. Im Zentrum dieser Bemühungen stand die Entwicklung des sog. Pupillographen. Dies war eine Apparatur zur fortlaufenden Registrierung des Pupillenspiels, gegebenenfalls bei gleichzeitiger Registrierung anderer Parameter, etwa des Gesamttonus der Körpermuskulatur. Besonders interessiert war LÖWENSTEIN am Status der Pupillen eines Menschen während spezifischer emotionaler oder psychologisch relevanter Zustände. Auch wollte er im Spiel der Pupillenbewegungen verschiedene Reflexformen erkennen, um charakteristische Abweichun-

gen vom Normalfall psychiatrischen oder neurologischen Erkrankungen zuzuordnen. Besonders in den USA setzte LÖWENSTEIN die in Bonn begonnenen und dann in der Schweiz weitergeführten Forschungen verstärkt fort. Es gelang ihm, zusammen mit seiner Assistentin IRENE LOEWENFELD, einen „elektronischen" Pupillographen zu konstruieren, der auf Infrarottechnologie beruhte und so die Pupillenbewegung beider Augen aufnehmen konnte, ohne daß die Pupillen durch das zur Aufnahme notwendige Licht eng und reaktionslos wurden. Die Ergebnisse dieser Forschungen und ihrer Anwendungen sind von IRENE LOEWENFELD in einem umfangreichen Werk niedergelegt worden: *The Pupil. Anatomy, Physiology and Clinical Applications. Based on cooperative work with Otto Lowenstein*, 2 Bände, Ames 1993 [LÖWENSTEIN nannte sich in den USA LOWENSTEIN]. LÖWENSTEINS Forschungen zur Pupillographie waren auch für die Ophthalmologie von Bedeutung; ein Nachruf auf LÖWENSTEIN erschien z. B. in „Survey of Ophthalmology" **10** (1965), 507–509.

[7]   Das „beiliegende Bildchen" ist nicht mehr vorhanden.

[8]   ANNEBET LÖWENSTEIN heiratete in den USA den Physiker Dr. THOMAS PERLS (1923–1982). Sie sang in verschiedenen Kirchenchören und wurde schließlich von HENRY HOLT als Sängerin entdeckt und an die West Bay Opera in Palo Alto engagiert, wo sie viele große Rollen der Opernliteratur verkörperte. Nebenbei studierte sie noch privat bei IVAN RASMUSSEN und trat später auch in zahlreichen Konzerten als Liedinterpretin auf.

MARIELI hieß eigentlich MARIELE, erst in der Schweiz wurde daraus MARIELI und dabei blieb es dann. Sie war FELIX HAUSDORFFs Patenkind. „Hilo" war ihr Kosename, den sie als kleines Kind selbst für sich erfunden hatte, zunächst in der Form „Hiele", abgeleitet von Mariele, später „Hiolo" oder „Hilo" (Mitteilung von Frau MARIELI ROWE an den Herausgeber vom 25. Februar 2012). MARIELI studierte Biologie und heiratete Dr. JOHN WESTEL ROWE (1924–2000), einen Chemiker, der in Zürich promoviert hatte und dann am Department of Chemistry an der University of Wisconsin in Madison wirkte. MARIELI ROWE engagierte sich früh, ausgehend von ihren Erfahrungen mit ihren eigenen Kindern, für kindgerechte Sendungen im Fernsehen und für die Organisation von Filmfestivals für Kinder. Anfang der 70er Jahre wurde sie von Gouverneur LEE DREYFUS in das „Cable Regulation Committee" berufen. In dieser Funktion wirkte sie entscheidend an der Einrichtung eines eigenen Kinderkanals mit. Seit 1978 ist sie Executive Director of the National Telemedia Council. Ein ursprünglich vierseitiges Informationsblatt entwickelte sie zum *Journal of Media Literacy*, einem führenden Journal für Bildung in den Medien.

[9]   Zu ARTHUR KÖNIG, HAUSDORFFs Schwiegersohn, und NORA KÖNIG, geb. HAUSDORFF, s. unter der Korrespondenz KÖNIG in diesem Band.

# Edith London

## Korrespondenzpartnerin

EDITH LONDON, geb. CASPARY, wurde am 20. April 1904 in Berlin in der Familie eines jüdischen Unternehmers geboren. Sie heiratete 1929 den Physiker FRITZ LONDON (1900–1954), der von 1928 bis 1933 (mit Unterbrechungen) Privatdozent der theoretischen Physik und zeitweise auch Assistent von ERWIN SCHRÖDINGER an der Universität Berlin war. EDITH LONDON studierte von 1929 bis 1930 Kunst am „Verein Berliner Künstlerinnen" bei WOLF ROEHRICHT. 1931/32 erhielt FRITZ LONDON ein Rockefeller-Stipendium für Rom; seine Frau begleitete ihn dorthin und setzte ihre Kunststudien an der „British Academy" in Rom fort. Nach der Rückkehr zum Herbstsemester 1932 studierte sie wieder bei ROEHRICHT in Berlin. 1933 emigrierten FRITZ und EDITH LONDON nach Großbritannien, wo FRITZ LONDON eine Arbeitsmöglichkeit an der Universität Oxford erhielt. Von 1936 bis 1939 lebten die LONDONs in Paris. FRITZ LONDON wirkte am Institut Henri Poincaré, EDITH LONDON setzte ihre Studien bei MARCEL GROMAIRE und an der „Academie Andre Lhote" fort. Nach einer Gastprofessur 1938 an der Duke University in Durham, North Carolina, erhielt FRITZ LONDON 1939 einen Ruf dorthin als Professor für theoretische Chemie, später für chemische Physik. Die Familie LONDON siedelte daraufhin 1939 in die Vereinigten Staaten über. FRITZ LONDON verstarb dort bereits am 30. März 1954. EDITH LONDON mußte nun ihre damals 15 und 10 Jahre alten Kinder allein großziehen. Sie war mittlerweile eine bedeutende Künstlerin; besonders bekannt wurden ihre abstrakten Gemälde und Collagen. 1955 erhielt sie eine Professur am Art Department der Duke University, die sie bis zu ihrer Emeritierung 1969 innehatte. Sie lehrte aber dort auch danach noch gelegentlich. EDITH LONDON hatte eine Vielzahl von Einzelausstellungen ihrer Werke, u. a. in: Kunstgalerie Biberach (1966), La Citadella, Ascona (Schweiz, 1966), Cecil Clark Davis Gallery, Marion (Massachusetts, 1968), Stetson University Art Gallery, Deland (Florida, 1970), Kunstgalerie Stadthalle Berlin (1971), The Art Gallery of the International Monetary Fund, Washington DC (1974), North Carolina Museum of Art Collector's Gallery, Raleigh (1978), Duke University Museum of Art, Durham (1980), Sommerhill Gallery, Durham (1982, 1984, 1985, 1989, 1992), St. John's Museum of Art, Wilmington (North Carolina, 1983), Gilliam & Peden Gallery, Raleigh (1984, 1986, 1988, 1990), North Carolina Gallery, Raleigh (1988), North Carolina Museum of Art, Raleigh (1988). Ihre letzte große Ausstellung war „Edith London. A Retrospective", Durham Art Guild (1992). Ihre Werke waren auch in bedeutenden Gruppenausstellungen zu sehen, z. B. in „200 Years of Visual Art in North Carolina", North Carolina Museum of Art, Raleigh (1976), „Art on Paper", Weatherspoon Gallery, Greensboro, North Carolina (1981), „Paintings in the South: 1564–1980", Virginia Museum of Art, Richmond (1983) und in einer Ausstellung in „American Academy and Institute of Arts and Letters",

New York City (1990). EDITH LONDON erhielt verschiedene Auszeichnungen, u. a. den „North Carolina award in fine arts" (1988). Sie verstarb hochbetagt am 26. September 1997 in Durham.

## Quelle

Der Brief von EDITH LONDON an FELIX HAUSDORFF befindet sich im Nachlaß HAUSDORFFs, Kapsel 61, in der Handschriftenabteilung der Universitäts- und Landesbibliothek Bonn.

## Danksagung

Wir danken der Handschriftenabteilung der ULB Bonn für freundliche Hilfe bei Recherchen und für die Genehmigung, den Brief abzudrucken.

**Brief** EDITH LONDON ⟶ FELIX HAUSDORFF

7. 11. 38

Lieber Onkel Häuschen. [1]
 Nehmen Sie meine innigsten Glückwünsche zu Ihrem so feierlichen Geburtstage. Ich kann Sie mir zwar noch garnicht als Träger einer so würdigen Al- [2]
terszahl vorstellen, aber man hat jetzt genug Übung, sich schnell an schwer
Vorstellbares zu gewöhnen. – Ich denke mit sehr grosser Dankbarkeit an Sie
und die gute Tante Häuschen, die Sie mir vom ersten Tage an als die väterlichen
Freunde meines Fritz mit der Ihnen eigenen Herzlichkeit und einem nie erlah-
menden Interesse entgegenkamen. Für Ihre liebe Frau, für Ihre Kinder und die
vielen nahen und fernen Freunde wünsche ich aus ganzem Herzen, dass Ihnen
noch ein reiches Leben in voller Gesundheit beschieden sein möge und Ihnen
immer wieder die Kraft geschenkt werde, sich zu erfreuen und aufzurichten an
all dem Positiven, das, neben dem schweren Ernst, jeder neue Tag doch bringt.
 Ich bin mit vielen innigen Grüssen u. aller Herzlichkeit Ihre getreue
Edith London

### Anmerkungen

[1]  Die freundschaftliche Verbindung von FRITZ und EDITH LONDON mit der
Familie HAUSDORFF geht auf den freundschaftlichen Verkehr HAUSDORFFs mit
den Eltern von FRITZ LONDON, FRANZ und LUISE LONDON, geb. HAMBURGER,
zurück. FRANZ LONDON (1863–1917) hatte sich 1889 an der Universität Breslau habilitiert und wirkte dort als Privatdozent, ab 1894 mit dem Titel Professor. 1904 wurde er auf ein planmäßiges Extraordinariat an die Universität
Bonn berufen, welches 1911 in ein Ordinariat umgewandelt wurde. 1916 trat
LONDON wegen eines Herzleidens in den Ruhestand; er verstarb bereits 1917.
LONDON engagierte sich in ungewöhnlicher Weise für die Lehre und für das Mathematische Institut. Er bezahlte aus eigener Tasche einen Assistenten, um das
Niveau des Übungsbetriebs zu heben, und veranlaßte 1917 seinen wohlhabenden Schwager, dem Institut 30.000 Mark zu spenden (Franz-London-Stiftung).
LONDON und STUDY gehörten in HAUSDORFFs erster Bonner Zeit (1910–1913)
zu den Kollegen, mit denen er freundschaftlich verkehrte. Als HAUSDORFF 1921
als Ordinarius nach Bonn zurückkehrte, war er LUISE LONDON, die als Witwe
weiter in Bonn lebte, ein enger und verständnisvoller Freund.
 Die Kinder von guten Freunden der Familie HAUSDORFF, aber auch wesentlich jüngere Freunde, durften FELIX HAUSDORFF Onkel Häuschen nennen. „Onkel Häuschen" ist vielleicht eine witzige Anspielung darauf, daß HAUSDORFF
größten Wert auf ein eigenes ruhiges "Häuschen" legte, in dem es sich gut leben
und vor allem ungestört arbeiten ließ.

[2]  FELIX HAUSDORFF beging am 8. November 1938 seinen 70. Geburtstag.

# Fritz Mauthner

## Korrespondenzpartner

FRITZ MAUTHNER wurde am 22. November 1849 in Hořice bei Königgrätz in der Familie eines jüdischen Webereibesitzers geboren. Er wuchs seit seinem 6. Lebensjahr in Prag auf und studierte dort von 1869 bis 1873 Rechtswissenschaften, ohne dieses Studium abzuschließen. Daneben hörte er Vorlesungen über Philosophie, Archäologie, Musikgeschichte, Medizin und Theologie. Nach dem Abbruch des juristischen Studiums arbeitete er zeitweilig in einer juristischen Kanzlei und war nebenbei schriftstellerisch und als Feuilletonist beim Prager „Tagesboten" tätig. Während seiner Zeit in Prag lernte er ERNST MACH (1838–1916) kennen, der dort Ordinarius der Physik war; MACH hat MAUTHNERs philosophische Ansichten maßgeblich mitgeprägt. 1876 siedelte MAUTHNER nach Berlin über, wo er ständiger Mitarbeiter und von 1895 bis 1905 Feuilletonredakteur des „Berliner Tageblattes" war. Er wirkte auch als Autor, Redakteur und Herausgeber an anderen Zeitungen und Zeitschriften mit. Besonders bekannt wurde er als Literatur- und Theaterkritiker; seine zahlreichen Feuilletons erschienen z. T. in Sammelbänden. 1905 gab er seine jounalistische Tätigkeit in Berlin auf und wirkte von da ab als Schriftsteller und Privatgelehrter in Freiburg i. Br. und ab 1909 in Meersburg am Bodensee. Er verstarb am 29. Juni 1923 in Meersburg.

MAUTHNER hat in seiner Berliner Zeit neben dem journalistischen Beruf und später in Freiburg und Meersburg als freier Schriftsteller ein äußerst umfangreiches und vielseitiges literarisches und philosophisches Werk geschaffen. Den Durchbruch beim Publikum erzielte er schon früh mit Parodien bekannter Autoren (ab 1878), die gesammelt unter dem Titel *Nach berühmten Mustern* 1879 als Buch herauskamen (30 Auflagen bis 1902). Die Parodien und weitere satirische Schriften wie die Travestie *Dilletantenspiegel* (1884) und die Pressesatire *Schmock oder die Karriere der Gegenwart* (1888) stellten u. a. den lügenhaften „Worthandel" der Journalisten und die Eitelkeit von Literaten bloß und machten sich über ideologische Eiferer lustig. MAUTHNER legte ferner eine stattliche Reihe von Romanen und Novellen vor, darunter als Erstling *Der arme Franischko* (1879), die historischen Romane *Xantippe* (1884) und *Hypathia* (1892) sowie die deutschnational angehauchten Bücher *Der letzte Deutsche von Blatna* (1886) und *Die böhmische Handschrift* (1897). Gesellschafts- bzw. sozialkritisch sind die Romantrilogie *Berlin W* (Bd. 1 *Das Quartett* [1886], Bd. 2 *Die Fanfare* [1888], Bd. 3 *Der Villenhof* [1890]), der Roman *Der neue Ahasver* (1882), der die typischen Schwierigkeiten von Juden im damaligen Berlin thematisiert, und der Kriminalroman *Kraft* (1894). Zu erwähnen sind noch *Die Geisterseher* (1894) und *Der letzte Tod des Gautama Buddha* (1913). Allerdings hat keines dieser zahlreichen Bücher literarischen Ruhm erlangt. MAUTHNERs weitaus bedeutendstes Werk ist die dreibändige Monographie *Beiträge zu einer Kritik der*

*Sprache* (Band 1: Sprache und Psychologie [1901], Band 2: Zur Sprachwissenschaft [1901], Band 3: Zur Grammatik und Logik [1902]; überarbeitete Nachauflage 1906–1913). Nach seinen eigenen Worten hat er daran 27 Jahre gearbeitet; die schließliche Niederschrift begann 1892, wobei ihm wegen eines schweren Augenleidens GUSTAV LANDAUER (1870–1919) behilflich war (zu den Intentionen dieses Werkes s. HAUSDORFFs Essay *Sprachkritik*, Band VIII dieser Edition, S. 551–580). Mit seinem zweibändigen *Wörterbuch der Philosophie - Neue Beiträge zu einer Kritik der Sprache* (1910, 1911) setzte er sein sprachkritisches Werk fort. MAUTHNERs Bedeutung als Philosoph beruht auf seinem sprachkritischen Werk. Es wird bis in die Gegenwart kontrovers diskutiert (vgl. dazu insbesondere E. LEINFELLNER; H. SCHLEICHERT (Hrsg.): *Fritz Mauthner. Das Werk eines kritischen Denkers*. Böhlau, Wien 1995, und die darin angegebene Literatur). Erwähnenswert sind auch MAUTHNERs philosophiehistorische Arbeiten *Aristoteles* (1904), *Spinoza* (1906), *Schopenhauer* (1911) sowie das vierbändige grandiose Alterswerk *Der Atheismus und seine Geschichte im Abendlande* (Band 1: *Teufelsfurcht und Aufklärung im sogenanten Mittelalter*, 1920; Band 2: *Entdeckung der Natur und des Menschen; Lachende Zweifler; Niederlande, England*, 1921; Band 3: *Aufklärung in Frankreich und Deutschland; Die große Revolution*, 1922; Band 4: *Die letzten hundert Jahre; Reaktion; Materialismus; Gottlose Mystik* 1923). Eine vollständige Bibliographie der Werke MAUTHNERs findet man in KÜHN, JOACHIM: *Gescheiterte Sprachkritik. Fritz Mauthners Leben und Werk*. W. de Gruyter, Berlin 1975, S. 299–337.

## Quelle

Die Briefe HAUSDORFFs an MAUTHNER befinden sich im Nachlaß MAUTHNER im Leo Baeck Institute New York.

## Danksagung

Wir danken dem Leo Baeck Institute New York für die Bereitstellung von Kopien und für die Genehmigung, die Briefe abzudrucken. Ein herzlicher Dank geht an Herrn Prof. Dr. FRIEDRICH VOLLHARDT (München) für die Hilfe bei den Anmerkungen [1] und [7] zum Brief HAUSDORFFs an MAUTHNER vom 17. Juni 1904 und an Herrn Dr. UDO ROTH (München) für die Hilfe bei den Anmerkungen zur Postkarte vom 2. Januar 1905 und zur Anmerkung [1] zum Brief vom 25. Februar 1911.

z. Z. Cortina, 12. Sept. 1901

Sehr geehrter Herr,
Ich habe Ihre Sprachkritik in die Sommerfrische mitgenommen und spüre
schon unterwegs, noch einige Schritte vor Seite 657, ein unwissenschaftliches
Bedürfniss zu danken, so wie man Jemandem, der Einem gute Gesellschaft
geleistet hat, das vielleicht einige Stunden vor dem Abschied sagt. Etwas sach-
licher wäre es ja, wenn ich damit bis zur völligen Einverleibung Ihres Buches
wartete; aber man kann das Eine thun und das Andre nicht lassen. Vorläufig ist
so etwas wie ein persönlicher Contact da, auf den hin telepathisch angeklingelt
zu werden Ihnen vielleicht nicht unwillkommen ist, denn sehr oft wird Ihnen das
ohnehin nicht passiren. Sie selber sprechen mit heiterer Resignation von Ihren
drei Lesern. Wir ernsthafte Autoren (das unbescheidene Wir muss ich Ihnen   [1]
ein ander Mal erklären, da Sie es aus meiner Namensunterschrift nicht errathen
werden) haben auf keinen vielstimmigen Widerhall zu rechnen, und geradezu   [2]
höllisch schwer haben es besonders Die, welche ein „Grenzgebiet" bearbeiten,
d. h. zwischen den conventionell abgetheilten und eingezäunten Specialwissen-
schaften als niederreissende und neu zusammenfassende Geister thätig sind.   [3]
Damit macht man es nicht nur den Bibliothekaren schwer, Einen unterzubringen. In der Leipziger Universitätsbibliothek sind Sie unter Linguistica placirt;
sehr viel dümmer konnte man Sie nicht einfächern – oder doch: Sie hätten
ja auf Ihre „Vergangenheit" hin sogar unter Belletristik oder Humor gera-   [4]
then können! Sie werden die Vermessenheit, als Publicist einen dilettantischen
Eingriff in professorale Wissensbezirke gewagt zu haben, noch angekreidet bekommen – vorausgesetzt, dass die Zünftler Sie überhaupt einer Abfertigung für
werth erachten. Denn dort ist das Princip der Inzucht in einem hohen Grade
durchgeführt, und die Folgen lassen so wenig wie in Monarchenhäusern auf sich
warten.   [5]
Einiges zur Sache hätte ich Ihnen doch gern gesagt und wollte mich dabei auf
Ihr Kleist'sches Motto „l' idée vient en parlant" verlassen; aber nun fällt mir   [6]
gerade das Triftigste nicht ein. Vielleicht ist es ein embarras de richesse (*Ihres*
Reichthums), der die Associationen so springen und gleiten macht, dass sie noch   [7]
nicht in die befahrenen Wortgleise einbiegen wollen. Zum Theil liegt es wohl
auch an der nicht scharf systematischen Art Ihres Buches, aus dem man sich die
Hauptpunkte nicht ohne einige umordnende Mühe erst herauslesen oder besser
noch herausschreiben muss. Sie missverstehen dies hoffentlich nicht als wohl-
feilen Tadel eines bequemen Recensenten; ein Lebenswerk wie das Ihrige, aus
ungleichartigen und ungleichalterigen Stücken langsam heraufwachsend, kann
wohl kaum anders entstehen, und meine Kenntnisse in Kunst und Schriftthum
reichen soweit zu wissen, dass die berühmtesten Dome, Epen, Tragödien und
Musikdramen nicht anders entstanden sind. – Muss ich somit heute darauf
verzichten, Ihnen etwas Eingehendes zu sagen, so will ich die Existenz dieses

Briefes wenigstens mit dem allgemeinen Geständnisse rechtfertigen, dass mir
[8] Ihre Grundtendenz brillant „in den Kram passt". Ich habe, wohl im Anschluss an Nietzsches Versuche, über Wortfetischismus viel nachgedacht, speciell über die Beherrschung unseres naturwissenschaftlichen Denkens durch sprachliche Kategorien, so über das gegenseitige Entsprechen von Substantivismus und Substantialismus, denen ich eine verbalistisch-functionalistische Weltbetrach-
[9] tung gegenüberstellte. Sie können Sich denken, wie mich verwandte Betrachtungen Ihres Buches, in dem Sie ja freilich viel weiter gehen, vergnüglich angelacht haben. Erfrischend aber wie ein kohlensaures Stahlbad wirkt auf mich die allgemeine skeptische Haltung Ihres Buches, mit der Sie Sich als ein eminent freier, spielender, schwebender Geist über dem mühseligen Denkgeschäft
[10] der Fach- und Sachmenschen hinbewegen. Sie haben die gaya scienza, die in Worten das Schwere und Fesselnde der Worte überwindet; ich rathe wohl recht, wenn ich daran die neueren Theile Ihres Werkes erkenne, während jene Stellen, wo Sie mit faustischer Verzweiflung und fast giftiger Rancune die Incongruenz zwischen Sprache und Wirklichkeit brandmarken, in jugendlichere Jahre hinaufreichen. Und dann, Sie haben das, was man die „iterative" Skepsis nennen kann, die Skepsis auf sich selbst angewandt, die Kritik der Kritik, besonders in der geradezu raffinirten Ausnützung des Gedankens, dass die Kritik der Sprache ja wieder mit den Mitteln der Sprache erfolgen muss; hier verstehen Sie wirklich über Ihren eignen Schatten zu springen und mit unvollziehbaren Vorstellungen
[11] in die Höhe zu bauen.

Nun hätte ich grosse Lust, den Brief umzuschreiben; aber dann bliebe er wohl ewig unabgesandt. Wenn Sie Stimmung und Zeit fänden, mir zu antworten, würde ich mich ehrlich freuen. In aufrichtiger Dankbarkeit für *I* und starker Spannung auf *II, III, IV* begrüsst Sie

Ihr hochachtungsvoll ergebener

Leipzig, Leibnizstr. 4                             Dr. F. Hausdorff

## Anmerkungen

[1] Im Band I (1901) von *Beiträge zu einer Kritik der Sprache* hatte MAUTHNER im Abschnitt X „Verstand, Sprache, Vernunft" geschrieben (S. 591):

> Nun wird man mir einwenden, dass in besonders berühmten Fällen ein Stern, bevor man ihn noch sah, durch wissenschaftliches Rechnen entdeckt worden ist, also durch die Vernunft. Und von meinen drei Lesern werden zwei lachend hinzufügen: Der Kerl hat ja ganz vergessen, dass alle diese positiven Wissenschaften nur mit Hilfe von Mathematik weiter gekommen sind, und dass diese unaufhörlich mit Zahlen und Buchstaben arbeitet. Also mit der Vernunft, mit der Sprache.

MAUTHNERs Pessimismus bezüglich der voraussichtlichen Anzahl seiner Leser bewahrheitete sich nicht; bereits 1906 konnte eine neu bearbeitete zweite Auflage des ersten Bandes der *Beiträge zu einer Kritik der Sprache* erscheinen. Es gab also genügend Leser (oder zumindest Käufer). Die Fachwissenschaft allerdings ignorierte das Werk zunächst weitgehend; am 14. Februar 1906 schrieb MAUTHNER an ERNST MACH:

Die Philosophen schweigen nach wie vor, weil sie mein Buch für philologisch halten; und die Philologen schweigen, weil ich ihre Zirkel gestört habe. (Zur Quelle s. Band VIII dieser Edition, S. 584)

[2] HAUSDORFF spielt hier auf sein unter dem Pseudonym PAUL MONGRÉ veröffentlichtes Buch *Das Chaos in kosmischer Auslese* ([H 1898a]) an. Das Pseudonym konnte MAUTHNER 1901 nicht kennen und er konnte deshalb nicht wissen, daß er im Absender dieses Briefes ebenfalls einen „ernsthaften Autor" vor sich hatte.

[3] Ebenso wie MAUTHNER sich in seinen *Beiträgen zu einer Kritik der Sprache* in einem Grenzbereich bewegte, dem von Philosophie, Psychologie und Sprachwissenschaft, hatte sich HAUSDORFF mit dem „Chaos" im Grenzbereich von Philosophie (Erkenntnistheorie) und Mathematik bewegt. Im Hinblick darauf heißt es im Vorwort des Buches:

> Ich würde es als einen erfreulichen Erfolg dieser Schrift begrüssen, sollte es mir gelingen, die Theilnahme der Mathematiker für das erkenntnisstheoretische Problem und umgekehrt das Interesse der Philosophen für die mathematischen Fundamentalfragen wieder einmal lebhaft anzuregen; hier sind Grenzgebiete zu betreten, wo eine Begegnung beider Wissenschaften unvermeidlich und die Ablegung des bisher gegenseitig gehegten Misstrauens unbedingte Nothwendigkeit ist. [···] Ob ich selbst jenes Grenzgebiet zwischen den beiden vornehmsten Wissenschaften mit Glück betreten habe, muss ich dem Urtheil meiner Leser überlassen: die Gefahr ist gross, dass man in solchem Fall nach beiden Seiten Anstoss errege. ([H 1898a], S. V–VI; Band VII dieser Edition, S. 593–594)

HAUSDORFF hatte bis zu dem Zeitpunkt, als er an MAUTHNER schrieb, bereits die Erfahrung machen müssen, daß sein Buch von beiden Seiten des „Grenzgebiets" vollkommen ignoriert worden war. Dieses Schicksal sieht er hier gewissermaßen auch für MAUTHNER voraus (vgl. dazu das zweite Zitat in Anm. [1]).

[4] Anspielung auf MAUTHNER als Verfasser von Romanen, Novellen sowie Parodien und Satiren.

[5] Diese Attacke gegen die „Zünftler" vor allem auf dem Gebiet der Philosophie erinnert an die souveräne Verachtung, mit der SCHOPENHAUER und NIETZSCHE auf die zeitgenössischen „Universitätsphilosophen" herabgesehen haben. Aus HAUSDORFFs Feder ist sie mehr geistvolle Spitze als grundsätzliche Meinung, denn einige Autoren aus dem Kreis der „Universitätsphilosophen", vor allem solche mit naturwissenschaftlichem Hintergrund wie RUDOLPH HERMANN LOTZE, HERMANN VON HELMHOLTZ und OTTO LIEBMANN, hat er selbst durchaus ernst genommen (s. Band VII dieser Edition, S. 17–20). Auch in bezug auf die universitäre Sprachwissenschaft hat HAUSDORFF in seinem Essay *Sprachkritik* ([H 1903b]; vgl. Anm. [5] zum Brief HAUSDORFFs an MAUTHNER vom 16. Dezember 1902) die Schärfe des Gegensatzes abzumildern gesucht:

Mir scheint, daß auch die Sprachwissenschaft ihre Romantik und Metaphysik hinter sich hat, daß man auch hier wie in anderen Wissenschaften exakt und nüchtern arbeitet, Mundarten erforscht, Entwicklungen vorsichtig zu rekonstruieren sucht und nebelhafte Ursprungshypothesen bescheiden ablehnt. Als gedankenreicher Mitarbeiter am Werke der modernen Wissenschaft mag Mauthner vielleicht den Linguisten willkommener sein, als er selbst denkt und als sie zunächst eingestehen werden: er soll nur die Dynamitkiste beiseite stellen und als friedlicher Reformer mit in Reih' und Glied treten. ([H 1903b], S. 1243; Band VIII dieser Edition, S. 563)

[6]   In seinem 1805 verfaßten Essay *Über die allmählige Verfertigung der Gedanken beim Reden. An R. v. L.* [RÜHLE VON LILIENSTERN] schrieb HEINRICH VON KLEIST:

> Der Franzose sagt, l'appétit vient en mangeant, und dieser Erfahrungssatz bleibt wahr, wenn man ihn parodirt und sagt, l'idée vient en parlant [die Idee kommt beim Sprechen]. (H. V. KLEIST: *Sämtliche Werke und Briefe*, Band 2, Hanser, München 2010, S. 284–289, dort S. 284).

MAUTHNER hatte vor der Einleitung zum Band I seiner Sprachkritik eine Seite mit Zitaten aus verschiedenen Autoren plaziert; das letzte dieser Zitate ist der KLEISTsche Ausspruch.

[7]   „embarras de richesse" ist die Verlegenheit, die aus dem Reichtum (dem Überfluß) entsteht, die Verlegenheit wegen zu reicher Auswahl. Eine Situation des „embarras de richesse" wird im Deutschen in etwa durch das Sprichwort „Wer die Wahl hat, hat die Qual" beschrieben.

[8]   HAUSDORFFs Essay *Sprachkritik* offenbart an vielen Stellen die große Sympathie, die er für MAUTHNERs Werk empfand. Das betraf z. B. MAUTHNERs Kampf gegen den „Wortaberglauben", das heißt gegen die Ansicht, daß jedem Wort, jedem Begriff, ein reales Objekt entspricht. Aus diesem Kampf resultierte MAUTHNERs Gegnerschaft gegen jedwede Form von Metaphysik. Einen Feldzug gegen die Metaphysik hatte HAUSDORFF selbst im *Chaos in kosmischer Auslese* mit anderen Mitteln auch geführt (vgl. Band VII dieser Edition, S. 49–61, 624–649). HAUSDORFF teilte MAUTHNERs Ekel vor der „Prostitution der Sprache" durch die „Überflüssigen und Vielzuvielen, die aus der Sprache ein Geschäft machen" und „die Sprache als Ausdruck und Mittel der allgemeinen Desorientierung" benutzen ([H 1903b], S. 1240; Band VIII, S. 558–559). Er verurteilte mit MAUTHNER den „Wortfetischismus", die Macht solcher Schlagworte wie Ehre, Rasse, Vaterland, Erbfeind, Gott, Engel, Teufel im Munde von politischen Demagogen oder religiösen Eiferern. HAUSDORFF schätzte in MAUTHNER insbesondere auch den „feinfühligen Stilisten und routinierten Kenner des Schreibhandwerks" ([H 1903b], S. 1239; Band VIII, S. 557), kurz, er fand großes Vergnügen an MAUTHNERs Werk:

> Mir hat Mauthners Buch außerordentliches Vergnügen gemacht, und aus Dankbarkeit oder Menschenliebe möchte ich recht viele Leser verführen,

sich dasselbe Vergnügen zu gönnen; [···] ([H 1903b], S. 1238; Band VIII, S. 556).

Die allgemeine Zustimmung zu MAUTHNERs Sprachkritik und die Sympathie für den Autor hinderten HAUSDORFF aber nicht daran, dort deutlichen Widerspruch geltend zu machen, wo er ungerechtfertigte Angriffe MAUTHNERs gegen die exakten Wissenschaften sah (vgl. Anm. [2] zum Brief HAUSDORFFs an MAUTHNER vom 17. Juni 1904).

[9] NIETZSCHE hat sich an verschiedenen Stellen seiner Werke sprachkritisch geäußert. Das Herzstück seiner Sprachkritik ist *Über Wahrheit und Lüge im außermoralischen Sinne*. Die so betitelten Aufzeichnungen entstanden 1873; sie waren der Öffentlichkeit seit 1896 zugänglich (*Nietzsche's Werke*, mit Nachberichten herausgegeben von FRITZ KOEGEL, Leipzig: Naumann, Abt. 2, Bd. 10). Da HAUSDORFF mit KOEGEL persönlich bekannt war, kann er von diesem Text auch schon früher erfahren haben. Er nennt in seinem Essay *Sprachkritik* NIETZSCHES *Über Wahrheit und Lüge im außermoralischen Sinne* „ein Programm und glänzendes Résumé der gesamten Sprachkritik", nur mühsam könne er der Verlockung widerstehen, „ganze Seiten aus dieser skeptischen Thronrede hierherzusetzen" ([H 1903b], S. 1243; Band VIII dieser Edition, S. 562). Allerdings sei es mit MAUTHNER zu beklagen, daß NIETZSCHE seine Angriffe auf die praktischen Begriffe (auf die „praktische Philosophie", die Ethik und Ästhetik, wie es bei MAUTHNER heißt) konzentriert habe und „gegen die theoretischen nur einige aufhellende Lichtblitze geschleudert" habe.

Bei HAUSDORFF findet man erste Hinweise auf seine eigenen sprachkritischen Überlegungen im *Sant' Ilario* ([H 1897b]) im Abschnitt „Denken, Reden, Bilden". Aphorismus 283 beginnt z. B. folgendermaßen:

> Im Leben sind wir schon so klug geworden, nicht mehr „aufs Wort" zu glauben, was man uns sagt; aus Misstrauen gegen das Wort an sich, nicht gerade gegen den Wortmacher selbst. Die Gründe, nach denen Einer gehandelt haben will, sind nicht die, nach denen er gehandelt hat; bei redlichster Bemühung, Thatbestände mit Worten zu decken, ist eine Congruenz eben doch nicht zu erzielen. ([H 1897b], S. 188; Band VII dieser Edition, S. 282)

Der Aphorismus thematisiert dann im weiteren die Inkongruenz von Sprache und Wirklichkeit in der Kunst. Im Aphorismus 327 polemisiert HAUSDORFF gegen die „Ungerechtigkeit" der Sprache, einer Sprache, die oft unangemessen überhöht und übertreibt und durch „Schneidigkeit" Autorität vorgaukelt:

> Die Sprache, das uralte Werkzeug der Ungerechtigkeit, hat um uns moderne Menschen einen Ballast von willkürlichen und anmasslichen façons de parler gehäuft, von wüthender Parteilichkeit und schnöder Ironie, von kategorischem Grossmaul und unverschämtem Superlativismus: es wimmelt in allen Sprachen von entschieden und unbedingt, von absolument und senza dubbio – nichts geht dem modernen Sprachton mehr wider die

Gewöhnung als ein wenig Ruhe, Bescheidenheit, Skepsis. Wer sich heute vorsichtig und gerecht ausdrücken will, hat einen förmlichen Kampf mit der barbarischen „Schneidigkeit" und Autoritätswuth unserer Parteihäuptlings-Fanfarensprache zu bestehen; er wird in den gewundenen umschweifenden ausweichenden Leisetreterstil verfallen, der so viele wissenschaftliche Arbeiten Derer, die nach „Gerechtigkeit" trachten, unlesbar macht. ([H 1897b], S. 224; Band VII, S. 318)

Weitere Beispiele finden sich in den Aphorismen 296 (S. 196) und 332 (S. 230) und in allegorischer Form in *Der Schleier der Maja* ([H 1902a]) im Abschnitt „Die Heimath der Worte" (Band VIII dieser Edition, S. 465–466). In seinem Essay *Gottes Schatten* ([H 1904c]), der zeitlich nach der Lektüre von MAUTHNERs *Sprachkritik* liegt, polemisiert HAUSDORFF gegen die „Modeworte des Kunstgeschwätzes" und gegen irrationalistische Wortfetische, die geeignet sind, das wenige feststehende, das der Mensch durch wissenschaftliche Erkenntnis mühsam errungen hat, wieder in konturlose Nebel aufzulösen:

Man lasse sie einmal der Reihe nach vorbeiziehen, die Lieblingsworte dieses Zeitalters, wie sie alle den irrationalistischen Stempel tragen, alle ein herausforderndes Nichtwissen und Nichtwissenwollen zur Schau stellen, alle den antilogischen Hochmut des Unzulänglichen, das Ereignis geworden ist, austrompeten! An ihrer Spitze das *Unbewußte*, das die einer Negation gebührende Bescheidenheit abgestreift und sich zum wahrhaften Weltkern aufgeschwellt hat; in seinem Gefolge der *Instinkt*, unbotmäßig gegen höhere Bewußtseinsinstanzen, das *Animalische* mit seiner angeblichen Triebsicherheit, die *Vitalität* als neueste Form der Moralität. In diese Gruppe gehört auch die Mystik des reinen *Blutes*, der *Rasse*, der *Vererbung*; [···] *Heimatgefühl*, *Erdgeruch* nicht zu vergessen, und jene Mystik des Bestehenden, die sich in der *historischen Würdigung* der Dinge feierlich hütet, von irgend etwas „geschichtlich Gegebenem" kraft vernünftiger Richtergewalt Rechenschaft und Legitimation zu fordern. Nun die Modeworte des Kunstgeschwätzes: *Stimmung*, die nachgerade unerträglich gewordene Etikette alles Unbeschreiblichen; wo nichts ist, nicht Gedanke noch Leidenschaft, nicht Charakter noch Entwicklung, nicht Farbe noch Zeichnung, da ist jedenfalls Stimmung, diese unvermeidlich zehnte Muse, Stimmung, die man immer noch kann, auch wenn man sonst gar nichts kann. Und wollen wir denn nichts von der *Sensation* sagen, deren Liebhaber mit lobenswerter Aufrichtigkeit nur noch den Reiz im physiologischen Sinne, den ungeformten, geistig unverwandelten Hautreiz sucht und das Berliozsche Requiem in der Art einer Rückenmarksdouche genießt? Nichts von der *Persönlichkeit*, dieser mythologischen Einheit, die alles logisch Unzusammenhängende eines zufälligen Menschen mit dem Mantel ihrer Epidermis umhüllen und singularisieren soll, von der Persönlichkeit, die jeder als Schild aushängt, als wäre sie schon da und müßte nicht erst durch bewußte Kultur geschaffen werden? Von der *Weltanschauung*, dem imaginären Kreis um einen imaginären Mittelpunkt, jener geheimnisvollen Ermächtigung, Erwünschtes zu „postulieren" und unerwünschte Konsequenzen abzulehnen – – o sie drängen sich in Scharen, die Wahl- und Wappensprüche der denkfeindlichen Zeit, aber ein Wort darf nicht ungenannt bleiben, unser drittes Wort, das *Leben*! dieser Abgrund des Irrationalen, in den hinein Zarathustras Ekstase verflatterte. Wie entzückt uns das, wenn nach jedem Schwerthieb des Geistes die Köpfe dieser Hydra nachwachsen, wie berauscht uns die unerschöpfliche, unaussprechliche, unergründliche Dummheit des Lebens! „So ist das Leben", sagt jedes Infusorium im Wassertropfen, das seine Sprünge und Zuckungen für Weltwirbel ansieht, und mit dem antilogischen Weltprinzip ist auch die kleinste persönliche Unvernunft gewissermaßen metaphysisch geadelt. Selig die Armen im Geiste! (Band VIII dieser Edition, S. 665–666)

MAUTHNER hat 1904 in einem Artikel in der Zeitschrift „Zukunft" zwei Schriften genannt, die bei ihm für den Beginn seiner sprachkritischen Überlegungen den Anstoß gegeben haben, OTTO LUDWIGs *Shakespearestudien* und NIETZSCHEs „zweite unzeitgemäße Betrachtung" *Vom Nutzen und Nachteil der Historie für das Leben*. Im Band I von *Beiträge zu einer Kritik der Sprache* hat er sich im Kapitel V „Zufallssinne" in einem eigenen Abschnitt „Nietzsches Sprachkritik" teils kritisch, teils zustimmend mit NIETZSCHE als Sprachkritiker auseinandergesetzt. MAUTHNER wirft NIETZSCHE hauptsächlich vor, daß dessen Sprachkritik zu wenig Erkenntniskritik sei:

Nietzsche wäre mit der Sprache fertig geworden, wenn er zwischen der Sprache als Kunstmittel und der Sprache als Erkenntniswerkzeug deutlich genug unterschieden hätte. Er hat uns keine Sprachkritik geschenkt, weil er sich von seiner eigenen Dichtersprache zu sehr verlocken liess. Oft streift er den Wortaberglauben ab, um ihn ebenso oft wieder aufzunehmen. (*Beiträge zu einer Kritik der Sprache*, Band I (1901), S. 331)

MAUTHNER unterscheidet aus Sicht der Sprache eine adjektivische, eine substantivische und eine verbale Welt. Die adjektivische ist die uns allein durch die Sinneseindrücke zugängliche Welt. Die substantivische ist die Welt der Metaphysik, sozusagen die Verdopplung der adjektivischen durch Zuweisung von „Dingen" einer abstrakten (metaphysischen) Sphäre zu den wahrnehmbaren Eigenschaften. Die verbale Welt ordnet die Sinneseindrücke, sie ist die Welt des Handelns, des Werdens und Vergehens. HAUSDORFF deutet in dieser Briefstelle eigene Überlegungen dazu an, die er in seinem Essay *Sprachkritik* folgendermaßen zum Ausdruck gebracht hat:

Das „Hauptwort" wird uns zunächst durch unseren Empfindungsfluß und den uns umgebenden Weltverlauf suggeriert, nämlich durch die relativ beständigen Empfindungsgruppen, die als Bilder von Objekten, Gegenständen aufgefaßt werden; [···] Ferner verschmilzt das Substantiv mit dem Subjektbegriff, der uns durch das Ichgefühl, die Einheit des Selbstbewußtseins gegeben und durch antropomorphe Analogie in die Außenwelt, in die leblosen Objekte hineingetragen wird. Hier beginnt dann die Mythologie nach zwei Richtungen zu spielen: sie beseelt das Objekt als Träger von Eigenschaften und als Täter von Handlungen. [···] Die in der Sprache schlummernde Dingheits- und Subjektskategorie erscheint endlich mit vollem Bewußtsein in der Philosophie: es bilden sich die Begriffe von Körpern, die einfachen und zusammengesetzten Substanzen, mit denen die Scholastik ihre Naturerkenntnis betrieb, Monaden, Moleküle, Atome, lauter ontologische Quidditäten und personenähnliche Substrate, die unter dem Wechsel der Accidentien beharren wie das Substantiv unter den verschiedenen angehefteten Attributen und Prädikaten, und von denen Tätigkeiten, Kraftwirkungen ausstrahlen wie vom Subjekt der Verbalsatz. Wie sehr das Alles unter dem Bann der abendländischen Sprachen steht, ist mit Händen zu greifen. ([H 1903b], S. 1250–1251; Band VIII dieser Edition, S. 571–572)

HAUSDORFF verweist dann direkt auf MAUTHNER, der bemerkt hatte, daß z. B. Chinesen das Wort „sein" nicht haben und deshalb unsere Seinsmetaphysiken nicht verstehen können. Dann fährt er fort:

> Und wenn es in unserer Welt nicht so nahezu starre Körper gäbe, so hätte sich vielleicht eine Sprache mit mehr *verbalistischem* Gepräge und als entsprechende Naturphilosophie eine Art *Funktionalismus* entwickelt, in dem nicht die fließenden Gestaltgrenzen der Naturdinge, sondern Wirkungsweise und gegenseitige Bezogenheit betont würden [· · · ]. (ebd., S. 1251; Band VIII, S. 572)

[10]   FRIEDRICH NIETZSCHEs *Die fröhliche Wissenschaft* erschien erstmals 1882 bei Ernst Schmeitzner in Chemnitz. 1887 erschien bei Fritzsch in Leipzig eine erweiterte Neuausgabe mit dem Untertitel „la gaya scienza" und einem Anhang „Lieder des Prinzen Vogelfrei".

[11]   HAUSDORFF wußte, wovon er sprach, wenn er hier unvollziehbare Vorstellungen ins Spiel brachte. In der Mengenlehre, mit der er sich spätestens ab 1898 eingehend beschäftigt hatte (vgl. Band II dieser Edition, S. 2–5) und über die er im Sommersemester 1901 in Leipzig eine Vorlesung hielt (Nachlaß HAUSDORFF, Kapsel 03, Faszikel 12), war etwa die „Gesamtheit" aller Kardinalzahlen solch eine unvollziehbare Vorstellung. Wenn man die Zusammenfassung aller Kardinalzahlen zu einer Menge „vollzieht", führt das zu einem Widerspruch, zu einer der Antinomien der Mengenlehre. In seinem Vorlesungsmanuskript von 1901 heißt es dazu:

> Mengen, die eine unvollziehbare Forderung enthalten und nicht als wohldefinirt angesehen werden können, sind z. B. die Bolzano'sche Gesamtheit aller wahren Urtheile, die Gesamtheit aller transfiniten Zahlen. (Fasz. 12, Blatt 8; s. Kommentar von U. FELGNER, Bd. I A, S. 459).

In seinem Essay *Sprachkritik* würdigt HAUSDORFF MAUTHNERs Umgang mit der Situation, daß die Kritik der Sprache mit keinem anderen Mittel als der Sprache selbst erfolgen kann:

> Mauthner war in einer ähnlichen Lage wie seit Kant alle schärferen Erkenntniskritiker: über das Denken denken zu müssen, die Grenzen der Vernunft mit Hilfe der Vernunft abzustecken, Sprachkritik mit den Mitteln der Sprache zu treiben. Das bedingt ein fortwährendes Hin- und Hergleiten des Standpunktes, eine reizbare Kunst des Sichselbstbelauschens und -ertappens, eine Akrobatik, die sich auf den eigenen Kopf

steigt und über die Achsel sieht, eine feinfühlige Abwehr des geistigen Zwanges, den die Sprache auf uns ausübt, eine besondere Technik der Skepsis, das Gesicherte immer wieder in ein Vorläufiges, das Definitivum in ein Interim aufzulösen. Der Zweifel kehrt sich gegen Grund und Ausdruck des Zweifels, der Spiegel wird selbst zum gespiegelten Schein, der archimedische Hebelpunkt, von dem aus die Erde gehoben werden soll, liegt auf dieser selben Erde. Es ist ein Gedankenspiel, das manchmal zur Gedankenqual wird. ([H 1903b], S. 1237; Band VIII, S. 555–556)

**Postkarte** FELIX HAUSDORFF ⟶ FRITZ MAUTHNER

29. Sept. 01
Leipzig, Leibnizstr. 4

Sehr geehrter Herr, Darf ich um nochmalige Absendung Ihres Briefes bitten? er wird mich jetzt erreichen. Das Missgeschick ist durch meine verspätete Heimkehr, verbunden mit den üblichen Adressen-Missverständnissen, verursacht: wahrscheinlich ist mir Ihr Brief erst nach Heiligenblut, dann nach Cortina nachgesandt worden und hat irgendwo verschlossene Hôtels oder unzuverlässige Postbureaux gefunden. Jedenfalls freue ich mich, dass ich ihn überhaupt noch haben soll, dass ihn die Tücke des Objects nicht gänzlich aus der Welt geschafft hat. Hochachtungsvoll grüsst Sie

Ihr ergebenster          F. Hausdorff

**Brief** FELIX HAUSDORFF ⟶ FRITZ MAUTHNER

Leipzig, Leibnizstr. 4          16. Dec. 02

Sehr geehrter Herr,   Die letzten Monate habe ich (durch die Krankheit und den Tod meiner Mutter) in einem Ausnahmezustande gelebt und die Beziehungen zur Aussenwelt sich etwas lockern lassen: auch von Ihnen liegt noch unbeantwortet ein freundlicher Brief vor mir, den ich unter anderen Verhältnissen sobald wie möglich dankbar erwidert hätte. Ich freue mich aufrichtig, mit Ihnen in einen Verkehr gerathen zu sein, der schon halb persönlich und insofern doch sachlich ist, als er durch Ihr sprachkritisches Werk inspirirt wurde. Übrigens ist, abgesehen vom Tonfall Ihres Briefes (dieses „abgesehen" ist übrigens ein prachtvolles Wippchen im Sinne von II, 514), schon die blosse Existenz dieses [2] Briefes eine Schmeichelei für mich: denn wenn Sie meine gelegentliche Äusserung an Herrn Landauer über die unübersichtliche Composition Ihres Buches mit seiner Entstehungsgeschichte beantworten, so darf ich den unbescheidenen [3] Schluss ziehen, dass mein Urtheil einen gewissen Werth für Sie hat.

[1]

Ihr dritter Band ist, Ihrem Versprechen gemäss, erschienen, und nach den skeptischen Worten, mit denen Sie die Möglichkeit eines vierten ankündigten,
[4] darf man wohl vorläufig eine Art Abschluss statuiren. Ich habe ihn noch nicht gelesen, wohl aber – ein Versprechen, das in jedem andern Falle unverzeihlicher Leichtsinn wäre – für die Neue Deutsche Rundschau ein Referat über das ganze
[5] Werk übernommen. Aber seien Sie ganz sicher, dass ich Sie auch ohne dieses ad hoc mit dem Ernste und der Gewissenhaftigkeit gelesen hätte, die Sie beanspruchen dürfen. Und mit der Freude, die Ihre souveräne Waffenführung einem Zuschauer macht, der gleich Ihnen ein Zerstörungswerk als seinen intellectuellen
[6] Beruf erkannt hat!

Aber ehe ich noch Ihren dritten Band aufschlage, sage ich: Hut ab! Wenn ich denke, wie Sie mit phrasenloser Schlichtheit nach jahrzehntelanger stiller Vorarbeit Ihr Lebenswerk in drei Jahren aufgerichtet haben – und mit welchem
[7] Korybantenlärm andererseits das Federvieh seine Wichtigkeiten in Scene setzt! Hut ab, und da Sie doch in gewisser Weise fertig geworden sind (immer jenen vierten historischen Band vorbehalten), so darf man Ihnen wohl so etwas wie einen Glückwunsch aussprechen. Ich stelle mir vor, dass Sie jetzt unter irgend einem griechischen, ägyptischen oder orientalischen Himmel Ihr otium summa
[8] cum dignitate feiern (im Sommer hat Sie einer meiner Bekannten in Norwegen gesehen) und also, wie Schopenhauer in seinem ähnlichen Falle bemerkt, da sind, wo Sie „das Nein, Nein, Nein aller Litteraturzeitungen nicht erreichen
[9] soll". Hoffentlich erreicht Sie aber mein theilnehmendes Ja, nebst den herzlichen Grüssen

Ihres sehr ergebenen                    Felix Hausdorff

## Anmerkungen

[1] HAUSDORFFs Mutter HEDWIG HAUSDORFF, geborene TIETZ, war geboren am 26. Mai 1848. Sie verstarb nach mehrmonatiger schwerer Krankheit am 5. Dezember 1902 in Leipzig. Persönliche Äußerungen HAUSDORFFs zur Krankheit und zum Tod seiner Mutter finden sich in einem Brief an FRANZ MEYER vom 5. Mai 1917 (s. die Briefe HAUSDORFFs an MEYER in diesem Band).

[2] Im Kapitel XI „Die Metapher" von Band I der *Beiträge zu einer Kritik der Sprache* gibt es einen Abschnitt „Wippchen" (S. 513–530), den MAUTHNER so beginnt:

> Das alte Wort Wippchen ist, seitdem der Kriegskorrespondent eines Witzblatts so genannt wurde, zur Bezeichnung geworden für die in seinen Berichten beliebten lächerlichen Zusammenstellungen widersprechender Sprachbilder. (S. 513)

Die Figur des Wippchen, auch Wippchen aus Braunau genannt, erfand der Journalist und Satiriker JULIUS STETTENHEIM (1831–1916). Er ließ diesen fiktiven Reporter in seinen „Berichten" das Publikum erheitern durch komische Wortverdrehungen und insbesondere durch Verbindungen von Worten, deren

Sprachbilder nicht zusammenpassen und die deshalb ulkig oder lächerlich wirken (*Wippchens sämtliche Berichte*, 16 Bände, Berlin 1873–1903). Für MAUTHNER sind Wippchen jedoch eine alltägliche Erscheinung weit über den Bereich des Komischen hinaus; sie ergeben sich ständig durch die Vermischung zweier nicht zusammenpassender Bilder bei der Zusammenstellung zweier Worte. In den meisten Fällen wird gar nicht mehr bemerkt, daß die Sprachbilder nicht zusammenstimmen, ja MAUTHNER meint sogar, daß überall ein Wippchen verborgen ist, wo je zwei Worte zu einem Gedanken verbunden werden. Denn jedes Wort bewahrt, wenn auch oft sehr schwach, die Erinnerung an die Sinneseindrücke, aus denen es ursprünglich hervorgegangen ist. HAUSDORFFs „abgesehen vom Tonfall" ist in der Tat ein prachtvolles Wippchen, denn im ursprüngliche Wortsinne will man etwas nur Hörbares nicht sehen.

[3] Ob diese Äußerung brieflich erfolgt ist oder ob sich HAUSDORFF und LANDAUER persönlich begegnet sind, wissen wir nicht. Der einzige erhalten gebliebene Brief HAUSDORFFs an LANDAUER, der in diesem Band abgedruckt ist, enthält keine Äußerung über die Komposition von MAUTHNERs Sprachkritik. In dem Brief, auf den HAUSDORFF hier antwortet und der leider nicht mehr vorhanden ist, dürfte MAUTHNER inhaltlich ungefähr so argumentiert haben, wie er es in bezug auf Kritik dieser Art in der zweiten Auflage seines Werkes getan hat:

> Nicht so sicher fühle ich mich bei der Abweisung des zweiten Vorwurfs: daß ich kein positives, kein rundes System biete und daß ich unsystematisch darstelle. Denn ein unbesiegbar schmerzliches Gefühl sagt mir, daß wenigstens der zweite Teil dieses Vorwurfs nicht unberechtigt sei. [···] Ein besserer Kopf, dessen Wissen nicht Stückwerk wäre, der die Studienarbeit von 300 Jahren, ohne zu altern oder zu sterben geleistet hätte und die Frucht dieser Arbeit unveraltet als präsentes Wissen besäße, [vorher hatte MAUTHNER ausgeführt, daß man für ein gründliches Studium aller der Gebiete, die er in seiner *Sprachkritik* berührt, mindestens 300 Jahre nötig hätte – W. P] – ein solcher Kopf hätte sich nie wiederholt, hätte sich nie widersprochen, hätte nie einen Umweg gemacht, hätte fein ordentlich alle Belege auf sein Paragraphenwerk verteilt. Ich bin da nur wenig ironisch. Ich kenne die Schwächen meines Werkes, die wahrscheinlich die Schwächen meiner Arbeitsweise sind. Meiner subjektiv notwendigen, für diese meine Aufgabe vielleicht objektiv notwendigen Arbeitsweise. (*Beiträge zu einer Kritik der Sprache*, Band I, 2. Aufl., Stuttgart 1906, S. XIII)

In seinem Essay *Sprachkritik* beklagt HAUSDORFF zwar den gewaltigen Umfang und die etwas unsystematische Komposition von MAUTHNERs Werk, argumentiert aber dann wie MAUTHNER selbst in seiner eben zitierten Verteidigung, nämlich daß es eigentlich gar nicht anders ging, ja HAUSDORFF sieht letztlich sogar beträchtliche Vorzüge in dieser Art zu schreiben:

> Mauthners Buch hat die Fehler seiner Vorzüge; es ist ein Lebenswerk, aus jahrzehntelang fortgeführten Aufzeichnungen erwachsen, von tausend As-

soziationen genährt, aus täglichen Erlebensquellen gespeist. Eines Tages ist alles reif und überreif, eine gebieterische Stunde drängt nach Entlastung der Seele; aber um jetzt ein Buch zu komponieren, müßte man Automat sein. Der gewöhnliche Buchschreiber hat seine Disposition, die er nachträglich füllen, mit Material ausstopfen muß; darum wirken ad hoc gemachte Bücher so armselig, weil der Rahmen eher da war, als das Bild, und das Schema mehr fragt, als der Autor eigentlich beantworten wollte. [···] Hier aber war der umgekehrte Fall: eine überquellende Stoffmenge, die notdürftig und ungefähr in einer nachträglichen Disposition untergebracht werden mußte. Sollen wir es Mauthner verdenken, daß er nicht energisch genug seine Niederschriften dezimiert hat und sich von manchem Blatt nicht trennen wollte, das wir für entbehrlich halten? Oder daß wir noch zuviel Werden statt des Gewordenen in Kauf nehmen müssen und statt durchgesiebter Schlußresultate allerhand Kreuz- und Querzüge, Selbstbefragungen, Gedankenexperimente, mit denen er sich zur Klarheit durchschreibt? Auch dieser Fehler wird zum Vorzug, weil sich im Danebendenken die Persönlichkeit des Denkers enthüllt. Mag er uns viele Umwege führen: zum Schluß sind wir doch in fesselnder Gesellschaft gewesen. Zweitausend Seiten sind gewiß keine Kleinigkeit, aber überall springen die Quellen des Lebens, der Beobachtung; im Verhältnis zu seiner Gedankenfrequenz ist es immer noch ein dichtes oder kurzes Buch, edles reiches goldfarbiges Erz mit wenig taubem Gestein. ([H 1903b], S. 1239; Band VIII dieser Edition, S. 557–558)

[4]  MAUTHNER hatte 1901 im Vorwort zum ersten Band der *Beiträge zu einer Kritik der Sprache* auf S. VII geschrieben:

Ich hoffe aber, den zweiten und dritten Teil binnen Jahresfrist vorlegen zu können. Ein vierter Teil, der die Geschichte des sprachkritischen Gedankens in einer Geschichte der Philosophie verfolgen sollte, wird wohl unvollendet bleiben.

Ein vierter Band ist in der Tat nie erschienen.

[5]  Es ist aus den Quellen nicht ersichtlich, ob HAUSDORFF aus eigenem Antrieb der Neuen Deutschen Rundschau eine Rezension von MAUTHNERs *Sprachkritik* angeboten hat oder ob sich der verantwortliche Redakteur OSKAR BIE (1864–1938) oder der Verleger SAMUEL FISCHER (1859–1934) an HAUSDORFF gewandt haben; letzteres könnte durch die Formulierung, HAUSDORFF habe „für die Neue Deutsche Rundschau ein Referat über das ganze Werk übernommen" nahegelegt werden. Das Referat unter dem Titel *Sprachkritik* hatte mehr den Charakter eines Essays als den einer üblichen Rezension und erschien im Heft 12 (Dezember) von „Neue Deutsche Rundschau (Freie Bühne)", Band XIV (1903), S. 1233–1258 ([H 1903b], Wiederabdruck im Band VIII dieser Edition, S. 551–580). Im vorhergehenden wurde schon mehrfach auf diesen Essay Bezug genommen.

[6]  HAUSDORFF hatte sich in seinem Buch *Das Chaos in kosmischer Aus-*

*lese* ([H 1898a]) ein „Zerstörungswerk" vorgenommen, nämlich die Zerstörung jedweder Metaphysik. Das Buch endet mit den folgenden Worten:

> Die ganze wunderbare und reichgegliederte Structur unseres Kosmos zer-
> flatterte beim Übergang zum Transcendenten in lauter chaotische Unbe-
> stimmtheit; beim Rückweg zum Empirischen versagt dementsprechend
> bereits der Versuch, die allereinfachsten Bewusstseinsformen als nothwen-
> dige Incarnationen der Erscheinung aufzustellen. Damit sind die Brücken
> abgebrochen, die in der Phantasie aller Metaphysiker vom Chaos zum
> Kosmos herüber und hinüber führen, und ist das *Ende der Metaphysik*
> erklärt, – der eingeständlichen nicht minder als jener verlarvten, die aus
> ihrem Gefüge auszuscheiden der Naturwissenschaft des nächsten Jahr-
> hunderts nicht erspart bleibt. ([H 1898a], S. 209; Band VII dieser Edition,
> S. 803)

[7]   Korybanten sind ursprünglich Vegetationsdämonen, welche die phrygische Muttergöttin Kybele begleiten; später wurden auch die Priester so genannt, die der Kybele mit rituellen Tänzen, lärmenden Trinkgelagen und Ausschweifungen huldigten. Im übertragenen Sinne steht „Korybanten" für Begeisterte oder Verzückte; Korybantismus ist ein Gemütszustand, der sich in Wildheit und Toben äußert (vgl. auch Anm. [5] zum Brief HAUSDORFFs vom 12. September 1901).

[8]   „otium summa cum dignitate" soviel wie „höchst ehrenvoller Ruhestand" oder „Muße in höchster Würde".

[9]   Zitat aus einem Brief ARTHUR SCHOPENHAUERs (1788–1860) an JOHANN WOLFGANG VON GOETHE (1749–1832). SCHOPENHAUER hatte vor, Dresden zu verlassen und nach Italien zu reisen. Am 2. Juni 1818 schrieb er darüber an GOETHE:

> Daher wende ich mich jetzt wieder von hier und will nunmehr ins Land,
> wo die Citronen blühen, *nel bel paëse, dove il Si suona,* sagt Dante,
> und „wo mich das Nein, Nein, Nein aller Litteraturzeitungen nicht errei-
> chen soll", setze ich hinzu. (*Goethe-Jahrbuch.* Hrsg. von LUDWIG GEIGER.
> Band IX, Frankfurt a. Main 1888, S. 71)

**Ansichtskarte**   FELIX HAUSDORFF ⟶ FRITZ MAUTHNER
[Blick auf das Strandhotel Zinnowitz]

Zinnowitz, Strandhôtel.   25. August 1903.
Sehr geehrter Herr Mauthner, Meine Frau und ich feiern mit einer Flasche Schäumling den endlich, endlich fertig gewordenen Essai über Ihre Sprachkritik. [1]
Er ist nicht frei von Widerspruch und, mit der Länge der Zeit, etwas nüchterner

geworden als er sollte. Ich wünsche mir nichts weiter, als dass meine Arbeit Ihrem tapferen Werke noch mehr Freunde werbe!

In Dankbarkeit    Ihr Felix Hausdorff

### Anmerkung

[1]   S. dazu Anm. [5] zum vorhergehenden Brief.


### Brief  FELIX HAUSDORFF ⟶ FRITZ MAUTHNER

Leipzig, Lortzingstr. 13

17. Juni 1904

Sehr geehrter Herr,   vor ungfähr einem halben Jahre schrieben Sie mir einige Zeilen, kurz nach Erscheinen meines Aufsatzes über Ihre Sprachkritik. Ich hätte früher antworten sollen, denn im Verhältniss zur Länge des Intervalls wird diese
[1] Antwort nicht sehr inhaltreich ausfallen. ἀλλα χαι ὡς ! (ich finde es eine schöne Sitte, bei griechischen Citaten die Accente wegzulassen, da man sie nicht immer genau weiss.)

Mein Essai trug mir, ausser von Ihrer Seite, wunderbarer Weise noch andere gute Worte ein: im Ganzen hatte ich doch das Bewusstsein, mehr eine Last niedergestellt als etwas Vollendetes aufgerichtet zu haben, und eine Zeitlang hasste ich Ihr Buch, in dessen Vielfachheit und Maschenwerk ich so mikrologisch hängen geblieben war. Ich hatte es auch technisch nicht geschickt angefangen, mit dem Koloss fertig zu werden. Meine Unbehülflichkeit war es, die Ihnen die 2000 Seiten nicht verzeihen konnte. Unterdessen dürfte ich über diesen Schmerz hinweggekommen sein.

Von meiner, wenn Sie wollen, rationalistischen Grundansicht aber kann ich nichts preisgeben – : das Gefühl erneuter Einsamkeit, dessen Sie mit einem Worte gedenken, nehme ich dabei so ernst, wie diese persönliche Wendung gestattet und fordert. Ich kann mich heute weniger als je überzeugen, dass Ihr Misstrauen gegen Worte den Nerv der Wissenschaft treffe. Ich kann als Mathematiker – die letzten Jahrzehnte werden in einer künftigen Geschichte der exacten Wissenschaften als Periode der vollständigen Logisirung oder Formali-
[2] sirung der Mathematik erscheinen – nicht zugeben, dass Denken Sprechen sei, und dass die Macht der Logik nicht weiter reiche als bis zur Feststellung, dass Chester ein Kas ist. Ich kann mich so wenig entschliessen, alles zu bezweifeln, wie alles zu glauben, und meine, dass abgewogene Wahrscheinlichkeiten so gut
[3] sind wie Gewissheiten oder vielmehr eine Art von Gewissheiten. Ich finde, dass die einzelne Beobachtung nichtssagend und unendlich vieldeutig, wohl aber ein geordnetes System von Beobachtungen mit einem geordneten System von Begriffen und Urtheilen interpretirbar ist. Endlich aber – das ist freilich ein ephemerer Standpunkt – halte ich es für gewagt, dieser pfäffischen unsauberen

trunkenboldigen Zeit ein agnostisches oder gar antignostisches Zugeständniss zu machen.

Im siebenten Bande der *Revue de métaphysique et de morale*, die ich nach Zeit- und Raumsachen durchblättern musste, fand ich eine Artikelserie von E. Le Roy, „Science et Philosophie", von der mir bei flüchtigem Hinblicken [4] schien, dass sie sich mit Ihren Anschauungen berühren könnte. Die Naturgesetze sind Conventionen; die Wissenschaft entdeckt nicht Thatsachen, sondern macht sie – solche zufällige Funken eines kühnen Nominalismus sprangen mir in die Augen. Wenn Sie in der kgl. Bibliothek den Band einmal durchsehen (oder kennen Sie die Arbeit schon?), so gedenken Sie meiner als Ihres wahrscheinlichen Vorgängers.

Zu einer unmittelbaren Begegnung aber sollte es nun doch auch einmal kommen. Ich hoffe immer, dass das unter Leitung des Zufalls an irgend welcher alpinen oder südländischen table d'hôte geschehen wird; sollte dieser Zufall aber übermässig lange auf sich warten lassen, so könnte man ihn ja corrigiren. Unter welcher geographischen Breite werden Sie diesen Sommer zu finden sein? Ich denke meinerseits an die Südwestecke der Schweiz, Zinal, Evolena oder so ähnlich.

Sagen Sie Herrn Gustav Landauer ein Wort freundlichen Gedenkens von mir? Ich hoffe, dass er mich so wenig als rationalistischen Oberflächling preisgiebt, wie ich ihn als occulten Schwärmer preisgebe. Von seiner „Skepsis und Mystik" trennt mich freilich eine tiefe Kluft. Ich habe meine antilogische Periode [5] hinter mir, meine erste wenigstens; womit ja nicht ausgeschlossen ist, dass ich durch eine Spiralwindung wieder dahin zurückkomme. Augenblicklich schwel- [6] ge ich noch im Grössenwahn des Denkens und prahle mit Petrarca: „pasco la mente d'un sì nobil cibo, ch'ambrosia e nectar non invidio a Giove ⋯ " [7]

Mit herzlichem Grusse                    Ihr hochachtungsvoll ergebener
                                                     Felix Hausdorff

### Anmerkungen

[1]  „alla kai hos"= „doch dessen ungeachtet, aber gleichwohl" ist eine feste Homerische Formel, stets am Versanfang gebraucht und bis zur ersten Zäsur reichend. Die Grundidee ist die zwischen edler Unbeirrbarkeit und verblendetem Trotz changierende Selbstbehauptung des Helden angesichts existenzieller Infragestellung. Die Formel kommt in der Ilias zehnmal, in der Odyssee siebenmal vor.

[2]  Dieser Abschnitt deutet noch einmal die grundsätzliche Differenz an, die zwischen HAUSDORFF und MAUTHNER in bezug auf die Konsequenzen der Sprachkritik für die Wissenschaft bestand. Auf diese Differenz war HAUSDORFF in seinem Essay *Sprachkritik* ausführlich eingegangen, gerade weil ihm an einer breiten Aufnahme und Wirksamkeit der MAUTHNERschen Sprachkritik gelegen war. Der entsprechende Abschnitt beginnt folgendermaßen:

Die Sprachkritik ist eine Tat; damit sie auch ein Ereignis werde, dürfen ihre Freunde eines nicht unversucht lassen, nämlich die notwendige *Abschwächung*, ohne die alle extremen Dinge lebloses Gedankenspiel werden, ohne die keine Weiterwirkung, kein fruchtbarer Austausch, keine Aufnahme in organische Zusammenhänge möglich ist. [···] Auf die Gefahr hin, das Tiefste und Eigenste der Sprachkritik scheinbar preiszugeben, muß ich gestehen, daß ich mit Mauthners letzten weltauflösenden Konsequenzen – Wortausläufern, sagbaren aber nicht vollziehbaren Urteilen der Schlußinstanz – nichts anzufangen weiß. Nichts mit der Herabsetzung der Wissenschaft zu Wortstreit und Talmudistik, nichts mit der Verzweiflung über das Denken als wertlose Tautologie, nichts mit dem Selbstmord der Sprache und ihrer Erlösung in sprachlose Mystik. ([H 1903b], S. 1253; Band VIII, S. 574)

HAUSDORFF räumt zwar gern ein, daß es berechtigt ist, die Grundlagen einer Wissenschaft immer wieder kritisch zu hinterfragen und sie von Zeit zu Zeit zu erneuern, „aber eine Wissenschaft aus dem blühenden Arbeitsfelde gerade um die Erntezeit herausdrängen an die fragwürdigen und bestreitbaren Grenzen ihres Bereichs, daß sie sich urkundlich als berechtigt gegen Nachbarn und Aufsichtsbehörden ausweise – das ist eine polizeimäßige Belästigung!" ([H 1903b], S. 1254; Band VIII, S. 576). In einer Wissenschaft wird lange Zeit gebaut, „ehe an die Fundamente überhaupt gedacht wird, die unkritische Sammlung und Ordnung der Tatsachen geht der strengen Systematisierung voraus." (Ebenda) Als Beispiel wählt HAUSDORFF die Mathematik, die im 17. und 18. Jahrhundert mit der Infinitesimalrechnung und ihren Anwendungen gewaltige Fortschritte gemacht hatte, obwohl die grundlegenden Begriffe reelle Zahl und Funktion erst im 19. Jahrhundert befriedigend geklärt werden konnten. Hätten die Mathematiker mit der kritischen Diskussion dieser Grundlagen angefangen – so HAUSDORFF – hätten wir wohl noch nicht einmal Logarithmentafeln.

Für HAUSDORFF ist es insbesondere die Mathematik, die MAUTHNERs zersetzende Kritik an der Wissenschaft widerlegt. Die Mathematik ist in HAUSDORFFs Augen „eine Wissenschaft von selbständigen, aber nicht platt selbstverständlichen Erzeugnissen des menschlichen Denkens" ([H 1903b], S. 1255; Band VIII, S. 577). Als Beispiel dafür, daß die Sätze der Mathematik im allgemeinen nicht tautologisch sind, sondern nach manchmal Jahrtausende währender Geistesarbeit wirklich Neues bringen, wählt HAUSDORFF den 1882 bewiesenen Satz, daß die Quadratur des Kreises mit Zirkel und Lineal nicht möglich ist. Das Problem war im antiken Griechenland im 5. Jahrhundert v. Chr. als geometrisches Problem gestellt worden und wurde erst nach mehr als 2000 Jahren auf arithmetischem Wege gelöst. MAUTHNERs Stellung zur Mathematik sei ihm nicht völlig klar geworden, so HAUSDORFF, und ihm scheine,

daß man auf ein klares Verhältnis zu dieser Wissenschaft von vornherein verzichtet, wenn man *Denken und Sprechen* gleichsetzt. Ist Sprechen und Denken dasselbe, so muß man entweder Zahlen, Symbole, Formeln zur Sprache rechnen oder der geistigen Tätigkeit des Mathematikers den Titel Denken vorenthalten, der bei Mauthner ja nicht einmal ein Ehrentitel ist. Eine zwecklose Wortrevolution. ([H 1903b], S. 1256; Band VIII, S. 577)

Die Kritik an MAUTHNERS „uferlosen Überschwemmung aller wissenschaftlichen Kulturen" ([H 1903b], S. 1256; Band VIII, S. 578) setzt HAUSDORFF dann mit Beispielen aus den exakten Naturwissenschaften fort.

Am Ende seines Essays warnt HAUSDORFF davor, daß MAUTHNER mit seinem Angriff auf die Wissenschaft gerade den Leuten in die Hände arbeiten könnte, die er – MAUTHNER – am meisten verabscheut. Nachdem er die großen Aufgaben und Leistungen der Sprachkritik zusammenfassend gewürdigt hat, heißt es bei HAUSDORFF zum Schluß:

> Dies alles ist ihres Amtes; aber dem herostratischen Ehrgeiz, den Tempel menschlicher Sprache und Vernunft niederzubrennen, möge sie beizeiten entsagen. Die Feinde der Erkenntnis werden auch diese neueste Skepsis wie jede andere in ihrem Sinne ausbeuten, und kirchliche wie okkultistische Pfaffen, die sich mit vorläufiger Vollstreckung noch nicht rechtskräftiger Todesurteile immer zu beeilen pflegen, werden ein erschröckliches Zeter- und Blutgeschrei über die gerichtete Hexe Wissenschaft erheben. Es wird der Sprachkritik wie einst der Reformation nicht erspart bleiben, die Schwarmgeister und Mordbrenner, die ihre nächste Gefolgschaft sein werden, um ihrer historischen Aufgabe willen kräftig und rücksichtslos abzuschütteln. ([H 1903b], S. 1258; Band VIII, S. 580)

[3]  HAUSDORFF hatte sich eingehend mit Wahrscheinlichkeitsrechnung, mathematischer Statistik und Versicherungsmathematik beschäftigt (vgl. Band V dieser Edition, S. 445–590). Er wußte z. B. aus der Mathematik der Lebensversicherung, daß die Lebensdauer eines einzelnen Individuums hier gar nichts aussagt, daß aber die statistischen Daten über eine große Anzahl von Individuen, die als Erlebenswahrscheinlichkeiten interpretiert werden können und die in den Sterbetafeln der Versicherungswirtschaft niedergelegt sind, „so gut sind wie Gewissheiten". Sie hatten zu seiner Zeit den Versicherungsunternehmen schon Jahrzehnte als zuverlässiges Werkzeug gedient. Auch die Fehler- und Ausgleichsrechnung für astronomische und physikalische Beobachtungen kannte er sehr genau und wußte um die Interpretation und Brauchbarkeit von Wahrscheinlichkeiten auf diesem Gebiet.

[4]  ÉDUARD LE ROY (1870–1954) studierte Mathematik an der École Normale Supérieure und promovierte 1898. Er vertrat bezüglich der Grundlegung der Mathematik einen konventionalistischen Standpunkt in Anlehnung an HENRI POINCARÉ und PIERRE DUHEM. Im Band 7 (1899) der „Revue de métaphysique et de morale" erschien von ihm eine Aufsatzserie unter dem Titel *Science et philosophie* (S. 375–425, 503–562, 706–731). Sie wurde unter dem gleichen Titel im Band 8 (1900) fortgesetzt (S. 37–72).

[5]  S. dazu Band VIII dieser Edition, S. 536–537 sowie den Brief HAUSDORFFs an GUSTAV LANDAUER in diesem Band und die dort beigefügten Anmerkungen. Die Grüße wurden prompt bestellt: am 21. Juni 1904 schrieb MAUTHNER aus Bad Neuenahr an LANDAUER: „Lieber Freund, ich soll Dir einen Gruß von Hausdorff (brieflich) bestellen." (HANNA DELF; JULIUS H. SCHOEPS (Hrsg.):

*Gustav Landauer – Fritz Mauthner. Briefwechsel 1890–1919*, München 1994, S. 97).

[6]  HAUSDORFF war am Beginn seiner wissenschaftlichen Karriere Astronom und angewandter Mathematiker, der sich deshalb naturgemäß mit Grundlegungsfragen der Mathematik nicht sonderlich zu befassen hatte. Das änderte sich 1899, nachdem er HILBERTs „Grundlagen der Geometrie" studiert hatte. In einem Brief an HILBERT bekennt er, daß er sich zu den „aufrichtigen Bewunderern" dieses Werkes zählt (vgl. die Briefe HAUSDORFFs an HILBERT in diesem Band). HILBERT hatte einen konsequenten axiomatischen Aufbau der Euklidischen Geometrie geliefert, der von den undefinierten Grundbegriffen „Punkt", „Gerade" und „Ebene" und einem System von Axiomen ausgeht; alle Sätze der Theorie werden dann aus den Axiomen und bereits bewiesenen Sätzen nach den Regeln der Logik deduziert. HAUSDORFF machte sich diese Auffassung vom Aufbau der Mathematik zu eigen; in seiner Vorlesung *Zeit und Raum*, die er im Wintersemester 1903/04 in Leipzig für Hörer aller Fakultäten hielt, heißt es z. B.:

> Die Mathematik sieht vollständig ab von der actualen Bedeutung, die man ihren Begriffen geben, von der actualen Gültigkeit, die man ihren Sätzen zusprechen kann. Ihre indefinablen Begriffe sind willkürlich gewählte Denkobjecte, ihre Axiome willkürlich, jedoch widerspruchsfrei gewählte Beziehungen zwischen diesen Objecten. Die Mathematik ist Wissenschaft des reinen Denkens, gleich der formalen Logik. (NL HAUSDORFF: Kapsel 24: Fasz. 71, Blatt 4)

Mit dem axiomatischen Aufbau der allgemeinen Topologie in seinem Buch *Grundzüge der Mengenlehre* ([H 1914a]) wurde HAUSDORFF später selbst einer der Pioniere der mathematischen Moderne (vgl. Band II dieser Edition).

[7]  Dies Zitat sind die ersten beiden Zeilen von FRANCESCO PETRARCAs (1304–1374) Gedicht Nr. 193 aus *Canzoniere* (F. PETRARCA: *Canzoniere*. Edizione commentata a cura di MARCO SANTAGATA, Mondadori, Milano 2008, S. 843). Eine deutsche Nachdichtung lautet: „Mich nährt so edle Kost, daß ich entbehre | Gern Nektar und Ambrosia dagegen;" (F. PETRARCA: *Canzoniere. Triumphe. Verstreute Gedichte*. Italienisch und Deutsch. Aus dem Italienischen von KARL FÖRSTER und HANS GROTE. Artemis, Düsseldorf und Zürich 2002, S. 299).

**Ansichtskarte**  FELIX HAUSDORFF ⟶ FRITZ MAUTHNER
[Ansicht von Wengen mit Kleiner Scheidegg und Eiger im Hintergrund. Undatiert, Poststempel vom 31. 8. 1904.]

Verehrter Herr, die Menschen zerschnattern die schöne Welt. Wir wollen, unter Ihnen als Ehrenpräsidenten, einen Verein gegen den Missbrauch der Sprache gründen!                                        Herzlichst Ihr F. Hausdorff

**Brief** FELIX HAUSDORFF ⟶ FRITZ MAUTHNER

*Reichenhall*, 21. Sept. 04
Wittelsbacher Str. 9

Sehr geehrter Herr, ich freue mich herzlich auf die Zusammenkunft, die Ihr Brief mir in Aussicht stellt. Allerdings werde ich wohl erst Montag (26. Sept.) in Leipzig eintreffen können, stehe aber sofort Dienstag zu Ihrer Verfügung; hoffentlich ist Ihr dortiger Aufenthalt nicht so kurz bemessen, dass Sie an diesem Tage schon wieder zurück sein müssen. Wenn es Ihnen unbequem ist, mich in meiner Wohnung aufzusuchen (Lortzingstr. 13$^{III}$), so geben Sie mir irgend ein Rendezvous, am Mittag, Nachmittag, Abend, ganz wie es Ihnen passt. Ich würde um die Ehre bitten, Sie und Ihre Tochter einladen zu dürfen, wenn ich nicht als Junggesell zurückkehrte; meine Frau bleibt hier noch einige Wochen.

Die Pensionen in Leipzig sind mir wenig bekannt; doch kennt meine Frau eine Dame, Frl. Minna Eckersdorff, König Johannstr. 22 part., die einen oder zwei Pensionäre aufnimmt und bei der Ihr Fräulein Tochter gewiss gut untergebracht wäre. Allerdings können wir Ihnen nicht bestimmt sagen, ob dort augenblicklich [1] ein Platz frei ist; wenn Sie an die Dame eine Anfrage richten wollen, so können Sie Sich natürlich auf uns berufen. Eine mir ebenfalls noch bekannte Pension, allerdings nur für ganz bescheidene Ansprüche, befand sich Turnerstr. 18 pt. und hiess s. Z. Pension Wohlfarth. Übrigens ist keine von beiden in der Conservatoriumsgegend gelegen. Ich fürchte, dass Ihnen diese Angaben wenig nützen werden, wollte aber wenigstens zu den hominibus bonae voluntatis gehören. [2]

In der Hoffnung auf eine Begegnung in Leipzig begrüsst Sie hochachtungsvoll

Ihr ergebenster
Felix Hausdorff

[Nach der Unterschrift ist mit Bleistift angefügt:]

Eben fällt uns noch *Pension Krieg* ein, Simsonstr. 8, in der Nähe des Conservatoriums. Bitte die Bleistiftnachschrift zu entschuldigen!

### Anmerkungen

[1] FRITZ MAUTHNER hatte im März 1878 die Pianistin JENNY EHRENBERG geheiratet. Am 27. Dezember 1878 wurde die Tochter GRETE geboren; sie blieb MAUTHNERs einziges Kind. 1896 starb seine Frau und MAUTHNER mußte sich nun allein um seine Tochter kümmern. GRETE war musikalisch sehr begabt. 1902 konnte MAUTHNER ENGELBERT HUMPERDINCK als Lehrer seiner Tochter gewinnen. Ab 1904 studierte sie einige Monate am Konservatorium in Leipzig. Sie trat in der Folgezeit auch mit einigen eigenen Kompositionen hervor. 1905 heiratete sie GEORG WARTENBERGER. Später leitete sie eine Schule für rythmische Bewegung und Körperkultur in Berlin.

[2] [···] wollte aber wenigstens zu den Menschen guten Willens gehören.

**Brief** FELIX HAUSDORFF —→ FRITZ MAUTHNER

Leipzig, Lortzingstr. 13<br>29. Sept. 04

Sehr verehrter Herr Mauthner, seit Mittwoch früh plagen mich infame Kopf-schmerzen, die wohl nicht von den paar Fingerhüten Josephshöfer, sondern vom Luftdruck des Flachlandes kommen; ich bin noch nicht akklimatisirt. Verzeihen Sie mir desshalb, wenn ich kurz bin und für die endlich geglückte Zusammen-kunft einfach und herzlich Ihnen danke; auch ich hoffe auf baldige Erneuerung, [1] sei es in Leipzig oder bei Forster Kirchenstück Nr. 8. Die „reactionären" Klüfte Ihres Inneren respectire ich und werde mich hüten, sie mit einem kurzen Brett [2] überbrücken zu wollen. Ihre Vatersorge, im Falle des Vierhändigspielens, ist mir sogar höchst willkommen, da sie meiner Pseudonymität Gesellschaft leistet [3] – das tertium comparationis darf ich Ihnen zu errathen überlassen und freue mich, selbst auf dem Gebiete des Allzumenschlichen etwas mit Ihnen gemein [4] zu haben.

Gedenken Sie des Aristoteles? Kennen Sie mein „Chaos in kosmischer Aus-[5] lese" und wollen Sie, falls Sie es nicht haben, es zur Erinnerung an den ersten Tag unserer persönlichen Bekanntschaft dedicirt haben?

Mit herzlichem Grusse bin ich

Ihr ergebenster<br>Felix Hausdorff

## Anmerkungen

[1]   Forster Kirchenstück heißt eine knapp 4 Hektar große Weinlage bei der Gemeinde Forst an der Weinstraße. Vermutlich hatte MAUTHNER bei einem Be-such HAUSDORFFs einen Wein der Bezeichnung „Forster Kirchenstück Nr. 8" ser-viert; die Weine aus dieser Lage gelten als qualitativ hochwertig.

[2]   Aus dem vorigen Brief geht hervor, daß HAUSDORFFs Frau mit der klei-nen Tochter noch für längere Zeit in Bad Reichenhall bei ihren Eltern weilte und HAUSDORFF „Strohwitwer" war. Es galt damals in bürgerlichen Kreisen als unschicklich, wenn eine junge Frau einen alleinstehenden Herrn in dessen Woh-nung besuchte. MAUTHNER akzeptierte offenbar diese Konvention und scheint sie im Gespräch selbstironisch als eine „reaktionäre Kluft" in seinem Innern bezeichnet zu haben.

[3]   Das „tertium comparationis" bezeichnet beim Vergleich zweier Objekte oder Sachverhalte die Gemeinsamkeit, die beiden eigen ist und die erst einen Vergleich gestattet. Hier spielt HAUSDORFF offenbar auf das Klavierspiel als Gemeinsamkeit von GRETE MAUTHNER und ihm an; er scheint hier mit ei-nem Schuß Humor andeuten zu wollen, daß er im diesbezüglichen Vergleich mit Fräulein MAUTHNER den Kürzeren ziehen würde und daß MAUTHNER dies wohl leicht erraten wird.

[4] Anspielung auf den Titel von NIETZSCHES *Menschliches, Allzumenschliches. Ein Buch für freie Geister* (mit zwei Fortsetzungen), 1878–1880.

[5] FRITZ MAUTHNER: *Aristoteles. Ein unhistorischer Essay.* Band II von
„Die Literatur. Sammlung illustrierter Einzeldarstellungen". Hrsg. von GEORG
BRANDES, Berlin 1904. PAUL MONGRÉ: *Das Chaos in kosmischer Auslese. Ein
erkenntnisskritischer Versuch.* Leipzig 1898 ([H 1898a]).


**Brief** FELIX HAUSDORFF ⟶ FRITZ MAUTHNER


Leipzig, 2. Nov. 1904
Lortzingstr. 13$^{III}$

Sehr geehrter Herr Hausbesitzer und Auscultator, [1]

Seit dem 27. September sind mehr als fünf Wochen vergangen, und ich habe Ihre Tochter noch nicht wiedergesehen! Zuerst kam Ihre von beiden Betheiligten
ehrfurchtsvoll respectirte Vatersorge, dann, nach der Rückkehr meiner Frau, ei- [2]
ne Zeit schwankenden Entschlusses, ob dieser Winter uns überhaupt geselliges
Verhalten ermöglichen würde (es bestand die Eventualität, dass meine Frau ihre Erkältung im Süden ausheilen müsste, glücklicherweise ist es vorläufig nicht
nothwendig): endlich, am ersten Sonntag, den uns Ihr Fräulein Tochter widmen
sollte, musste ich leider abwesend sein und meinen Freund Fritz Koegel in Jena
begraben. Wenigstens hat meine Frau das Vergnügen gehabt, und es scheint [3]
ja, dass beiderseits keine Barrièren vorhanden waren noch errichtet wurden; so
hoffe ich denn auch für meinen Theil, dass aus dem Verkehr zwischen Lortzingstrasse und „Fräuleinstift" noch mehr wird, als der Anfang versprach.

Ihren Aristoteles habe ich als Gedenkzeichen unserer ersten Zusammenkunft
dankbar begrüsst und sofort nach Empfang als sonntäglichen Leckerbissen ge-
schlürft. Es ist wieder ein Stück aus der grossen Einheit Ihres Denkens und
ein gutes Beispiel zu dem, was Nietzsche die *kritische* Historie im Dienste des
Lebens nennt. Alle Helligkeit und unerbittliche Wirklichkeitsliebe Ihrer Sprach- [4]
kritik trat mir wieder vor die Seele. Ob Sie gegen das Object als solches gerecht sind, ist in diesem Falle gleichgültig; übrigens kann ich das nicht einmal
beurtheilen, aus einer eigenen vielleicht ungerechten Antipathie gegen den sta-
giritischen Vielschreiber und Wortjongleur heraus, der ich eine fast lückenlose
Unkenntniss seiner opera omnia verdanke. Sehr spasshaft berührten mich die
Bilder vom Meermönch und Meerbischof, da ich mir damals, für meinen Essai,
eine darauf bezügliche Stelle des Paracelsus notirt hatte, die ich als Beispiel
zügellosesten „Wortrealismus" zu citiren gedachte. [5]

Mit einer vielleich allerneuesten Etappe englischer „symbolischer Logik" habe
ich jetzt nothgedrungen Bekanntschaft gemacht, durch ein Buch von Russell,

473

the principles of Mathematics. Ich erzähle Ihnen vielleicht mündlich, beim bewussten Forster Kirchenstück, Einiges von dieser gehirnmarternden Neoscholastik, in der Fragen discutirt werden wie die, ob es ebensoviele Begriffe wie Urtheile giebt, ob die Klasse der Prädicate, die nicht von sich selber prädicabel sind, ein Prädicat besitze, und in der die Conclusion: „aus ($x$ ist ein Mensch) folgt ($x$ ist sterblich)" auch auf den Fall ausgedehnt wird, dass man für $x$ ein
[6] Dreieck oder einen Plumpudding setzt. Trotz alledem wissen Sie, dass ich Ihrer Impotenzerklärung der Logik nicht zustimme, und gerade die symbolische oder algebraische Logik, die ich in meinem Rundschauaufsatz etwas zu suffisant behandelt habe, könnte berufen sein, sich vom Wortaberglauben und von den
[7] grammatischen Kategorien zu befreien.

Das „Chaos" also erlaube ich mir bei Gelegenheit Ihnen zu senden oder zu
[8] bringen, in Ermanglung neuerer erheblicher Leistungen. Ich möchte mal wieder etwas Grosses schaffen! sehr naiv, nicht wahr? denn „ich möchte" ist eben die Hemmungsempfindung, also das sicherste Zeichen von „ich kann nicht."

Mit herzlichen Grüssen, denen meine Frau sich anzuschliessen erlaubt, bin ich

Ihr sehr ergebener
Felix Hausdorff

## Anmerkungen

[1]  Der Auskultator war eine unbezahlte juristische Tätigkeit, die als erste praktische Ausbildungsstufe auf juristische Universitätsstudien folgte. Wahrscheinlich hatte MAUTHNER HAUSDORFF erzählt, daß er es in der Juristerei nur bis zum Auskultator in einer Prager Kanzlei gebracht hatte. HAUSDORFF spielt nun darauf an, daß sich MAUTHNER trotzdem ein Haus in guter Lage in Berlin hatte leisten können.

[2]  Vgl. Anm. [2] zum vorhergehenden Brief.

[3]  Zur Biographie FRITZ KOEGELs s.: DAVID MARC HOFFMANN: *Zur Geschichte des Nietzsche-Archivs. Elisabeth Förster-Nietzsche. Fritz Koegel. Rudolf Steiner. Gustav Naumann. Josef Hofmiller. Chronik, Studien und Dokumente.* Berlin, New York 1991, S. 135–140. Diesem Werk sind die folgenden Angaben entnommen: FRITZ KOEGEL wurde am 2. August 1860 in Hasseroda (Sachsen) in einer Pastorenfamilie geboren. Er studierte Philosophie, Germanistik und Geschichte und promovierte 1883 in Halle mit der Dissertationsschrift *Die körperlichen Gestalten der Poesie.* 1886 publizierte er ein Buch über LOTZES Ästhetik. KOEGEL arbeitete ab 1886 erfolgreich im Konzern seiner Vettern MANNESMANN und erhielt schließlich die hoch dotierte Stelle als Direktor des Berliner Zentralbüros des Konzerns. Nachdem Mannesmann in juristische Schwierigkeiten gekommen war, mußte er diese Stelle aufgeben und widmete sich seinen Kompositionen und seinem schriftstellerischen Werk. Es erschien anonym *Vox humana,* ein Aphorismenband im Nietzscheschen Stil, und unter seinem Namen *Gastgaben, Sprüche eines Wanderers.* Im April 1894 wurde

KOEGEL von ELISABETH FÖRSTER-NIETZSCHE im Nietzsche-Archiv angestellt. Innerhalb von $3\frac{1}{2}$ Jahren gab er 12 Bände einer Nietzsche-Gesamtausgabe heraus. Als er nach Differenzen mit ELISABETH FÖRSTER-NIETZSCHE 1897 entlassen wurde, ging er wieder in die Industrie, war aber weiter nebenher als Komponist (*Fünfzig Lieder*, Breitkopf und Härtel, Leipzig 1901) und als Lyriker (*Gedichte*, Leipzig 1898) tätig. FRITZ KOEGEL verstarb am 20. Oktober 1904 an den Folgen eines Fahrradunfalls. HOFFMANN charakterisiert aus seiner Kenntnis der verstreuten Quellen KOEGEL als Persönlichkeit folgendermaßen:

> Fritz Koegel war eine leidenschaftliche, draufgängerische, ja hitzköpfige Natur; begeisterter Bergsteiger, sportlicher Radfahrer, jugendlicher Herzensbrecher, Dichter, Komponist, erfolgreicher Geschäftsmann, unermüdlich engagierter Nietzsche-Herausgeber.

Im Oktober 1898 war der von KOEGEL besorgte Band XII der Nietzsche-Ausgabe, der eine Kompilation von Aufzeichnungen NIETZSCHEs zur ewigen Wiederkunft des Gleichen enthielt, zurückgezogen und eingestampft worden. Ende 1899 veröffentlichte der neue Herausgeber ERNST HORNEFFER unter dem Titel *Nietzsches Lehre von der Ewigen Wiederkunft und deren bisherige Veröffentlichung* eine vernichtende Kritik an KOEGELs Band XII, die auch persönliche Angriffe enthielt. Durch diese Schrift wurde eine heftig geführte öffentliche Auseinandersetzung ausgelöst, in der E. FÖRSTER-NIETZSCHE und E. HORNEFFER auf der einen Seite, R. STEINER und G. NAUMANN auf der anderen Seite die hauptsächlichen Akteure waren; KOEGEL selbst schwieg. (Die Auseinandersetzung ist ausführlich dokumentiert bei HOFFMANN, a. a. O., S. 337–406). In diesen Streit griff auch HAUSDORFF mit seinem Essay *Nietzsches Wiederkunft des Gleichen* ([H 1900c]) ein, der am 5. Mai 1900 in „Die Zeit" erschien (Band VII dieser Edition, S. 889–893). Als ein persönlicher Freund KOEGELs weist er zunächst die polemischen Angriffe HORNEFFERs zurück. An KOEGELs Herangehen sei in der Tat zu kritisieren, daß er NIETZSCHEs lose Aphorismensammlung zum Thema der ewigen Wiederkunft in die „fünf construierten Capitel eines construierten Buches" (Band VII, S. 891) gezwängt habe. HAUSDORFF entschuldigt dann das Vorgehen seines Freundes mit dessen Leidenschaft und Entdeckerfreude; „einen so phantasiestarken Menschen, der Intuitionen und autosuggestive Eingebungen hat", könne man sich eben schwer als „philologischen Arbeiter und Nachlaßordner" vorstellen (ebd.). Er weist aber entschieden die Behauptung HORNEFFERs zurück, man sei „durch Koegels zwölften Band völlig irregeführt und habe auch kein Recht mehr, sich auf diesen zurückgezogenen Band zu berufen." (Band VII, S. 892). Das Fazit von HAUSDORFFs Essay ist die Forderung, Zettelwirtschaft zu betreiben und die nachgelassenen Papiere „unter gänzlichem Verzicht auf eigene Anordnung und Interpretation" (Band VII, S. 891) so zu edieren, wie NIETZSCHE sie geschrieben hat. Dieser Forderung wurde erst mit der Kritischen Gesamtausgabe (vgl. Anm. [4]) Rechnung getragen. Zur hier angesprochenen Thematik sei auch auf den Abschnitt „Felix Hausdorffs Beziehungen zum Nietzsche-Archiv" in der Einführung zum Band VII dieser Edition, S. 66–70, sowie auf den Briefwechsel

HAUSDORFFs mit ELISBATH FÖRSTER-NIETZSCHE im vorliegenden Band verwiesen.

[4]   NIETZSCHE hatte in *Unzeitgemässe Betrachtungen. Zweites Stück: Vom Nutzen und Nachtheil der Historie für das Leben*, Leipzig 1874, eine „Dreiheit von Arten der Historie" in Betracht gezogen:

> Dass das Leben aber den Dienst der Historie brauche, muss eben so deutlich begriffen werden als der Satz, der später zu beweisen sein wird – dass ein Uebermaass der Historie dem Lebendigen schade. In dreierlei Hinsicht gehört die Historie dem Lebendigen: sie gehört ihm als dem Thätigen und Strebenden, ihm als dem Bewahrenden und Verehrenden, ihm als dem Leidenden und der Befreiung Bedürftigen. Dieser Dreiheit von Beziehungen entspricht eine Dreiheit von Arten der Historie: sofern es erlaubt ist eine *monumentalische*, eine *antiquarische* und eine *kritische* Art der Historie zu unterscheiden. (FRIEDRICH NIETZSCHE: *Werke. Kritische Gesamtausgabe.* Hrsg. von G. COLLI und M. MONTINARI. Band III.1, Berlin, New York 1972, S. 254)

Zu der dritten Art, der kritischen, heißt es (Ebd., S. 265):

> Hier wird es deutlich, wie nothwendig der Mensch, neben der monumentalischen und antiquarischen Art, die Vergangenheit zu betrachten, oft genug eine *dritte* Art nöthig hat, *die kritische*: und zwar auch diese wiederum im Dienste des Lebens. Er muss die Kraft haben und von Zeit zu Zeit anwenden, eine Vergangenheit zu zerbrechen und aufzulösen, um leben zu können: dies erreicht er dadurch, dass er sie vor Gericht zieht, peinlich inquirirt, und endlich verurtheilt; jede Vergangenheit aber ist werth verurtheilt zu werden – denn so steht es nun einmal mit den menschlichen Dingen: immer ist in ihnen menschliche Gewalt und Schwäche mächtig gewesen.

MAUTHNER hat in seinem *Aristoteles* (zu den bibl. Daten s. Anm. [5] zum vorhergehenden Brief) den antiken Philosophen als exzellentes Beispiel für blinden Wortaberglauben dargestellt, dessen Philosophie ein System mächtiger Worte gewesen sei, welches später jeden Erkenntnisfortschritt verhindert habe. Insbesondere machte er ARISTOTELES letztlich für das Jahrhunderte herrschende kosmologische Dogmengebäude der Kirche verantwortlich, welches Theologen und Philosophen seit THOMAS VON AQUINO mit Rückgriff auf ARISTOTELES errichtet hatten. HAUSDORFF enthält sich eines sachlichen Urteils, sieht aber in MAUTHNERs Herangehen ein Musterbeispiel dafür, was NIETZSCHE mit kritischer Historie im Dienste des Lebens gemeint hatte. Dem historischen ARISTOTELES ist MAUTHNERs Schrift nicht gerecht geworden; andererseits wurden die durchweg vernichtenden Rezensionen des *Aristoteles* den sprachkritischen Intentionen MAUTHNERs bei der Abfassung dieser Schrift, die HAUSDORFF in seinem Brief bewundernd hervorgehoben hat, auch in keiner Weise gerecht.

[5]   MAUTHNER hatte in seinem *Aristoteles* verschiedene Bilder abgedruckt,

die aus Werken des 15. und 16. Jahrhunderts stammen. Er begründete dies folgendermaßen:

> Einige beigebundene Bilder möchte ich als einen Buchschmuck betrachtet wissen.
>
> Die Zeichnungen zur Geographie und Zoologie sind sehr verbreiteten wissenschaftlichen Werken aus der ältern Zeit des Buchdrucks entnommen: einem Atlas zu der Erdbeschreibung des Ptolemäos, der Tierkunde des außerordentlich verdienstvollen Conrad Gesner und der populären Naturkunde von Megenberg. Durch den Abdruck der aus der Phantasie geschöpften Fabelwesen [···] sollte illustriert werden, wie unwissenschaftlich man unter der Herrschaft des Aristoteles der Natur gegenüberstand.
>
> Der Schule des Aristoteles widerfährt durch diese Zusammenstellung kein Unrecht. Ich wollte zeigen, wie die Augen der Aristoteliker beschaffen waren. Übrigens beruft sich Megenberg bei jedem seiner Fabeltiere auf Aristoteles selbst, Gesner wenigstens bei der Beschreibung des Einhorns. (A. a. O., S. 35–36)

Auf zwei dieser Fabelwesen nimmt HAUSDORFF hier Bezug; sie stammen beide aus GESNERs „Fischbuch" von 1598. Beide Abbildungen (zwischen S. 44/45 und zwischen S. 48/49) zeigen menschenähnliche Wesen, die wie Fische beschuppte Körper haben und flossenähnliche Füße besitzen und die mit Insignien ihres Standes (besonders der Bischof) ausgestattet sind. Die Bildunterschriften lauten „Der Meermönch" und „Der Meerbischof [Episcopas marinus]".

Einen Bezug auf PARACELSUS gibt es in HAUSDORFFs Essay *Sprachkritik* nicht. Es gibt auch im Nachlaß keine Aufzeichnungen zur Vorbereitung dieses Essays, so daß man nicht sagen kann, was sich HAUSDORFF aus PARACELSUS notiert hat.

[6] Eine kritische Rezension von BERTRAND RUSSELs *The Principles of Mathematics* (1903) hat HAUSDORFF in der „Vierteljahrsschrift für wissenschaftliche Philosophie und Sociologie" 29 (1905), S. 119–124, veröffentlicht ([H 1905]; vgl. den Wiederabdruck und den kommentierenden Essay *Hausdorff zu Grundlagenfragen der Mathematik* im Band I A dieser Edition).

[7] In seinem Essay *Sprachkritik* hat HAUSDORFF bei der Behandlung der Logik zunächst versucht, dem Leser mittels der „JEVONschen Denkmaschine" das Wesen der „symbolischen Logik" zu erklären ([H 1903b], S. 1246–1247; Band VIII dieser Edition, S. 566–567). Dann heißt es:

> Wir beherrschen nun wenigstens das Chaos logischer Prozesse von einem einheitlichen Gesichtspunkte, und das verzwickte System der Urteile, Schlüsse und Schlußketten mit ihren Figuren und Modi enthüllt sich als einfaches Spiel mit logischen *Gleichungen*, in denen wir nach Belieben Gleiches für Gleiches substituieren. Es ist kein Zufall, daß damit die Logik maschinenfähig, automatenreif geworden ist, und daß der geistige Aufwand, den Jahrhunderte an diese ihre einzige „Wissenschaft" verschwendeten, jetzt von Klaviertasten und Buchstabentableaus besorgt werden

kann; damit ist erst der Geist völlig herausgetrieben, und für den mephistophelischen Professor im Collegium logicum wird ein Denkmaschinenfräulein eintreten. Hier kann man denn mit Händen greifen, was Mauthner noch mit zuviel Gründlichkeit beweist: daß diese kombinatorische Logik keine neuen Erkenntnisse liefert, sondern nur die Prämissen anders gruppiert, und daß der Automat nichts anderes herausgibt, als was wir zuvor in ihn hineingesteckt haben. ([H 1903b], S. 1247; Band VIII, S. 567)

HAUSDORFF deutet im Brief an MAUTHNER an, daß die Bedeutung der von GEORGE BOOLE (1815–1864), ERNST SCHRÖDER (1841–1902), GOTTLOB FREGE (1848–1925), GUISEPPE PEANO (1858–1939) und anderen geschaffenen „algebraischen Logik" doch weiter reicht, als er es in seinem Essay zugestanden hatte. Man muß allerdings sagen, daß HAUSDORFF die Rolle der mathematischen Logik wohl stets etwas unterschätzt hat (vgl. den in der vorigen Anmerkung genannten Essay im Band I A).

[8]  Vgl. Anm. [5] zum vorhergehenden Brief.


**Postkarte**  FELIX HAUSDORFF ⟶ FRITZ MAUTHNER

Lortzingstr. $13^{III}$    19. Nov. 04

Sehr verehrter Herr Mauthner, wenn Ihre Pläne sich nicht geändert haben, so dürfte jetzt die Zeit Ihres Besuches in Leipzig herangerückt sein, und ich kann meiner Freude Ausdruck geben, Sie in den nächsten Tagen wiederzusehen. Ich hoffe, von Ihnen oder Ihrer Fräulein Tochter eine Nachricht zu haben; wenn es die Gelegenheit mit sich bringt, dass Sie Sich ohne vorherige Anmeldung zu mir bemühen wollten, so würde ich den Nachmittag (etwa von $\frac{1}{2}$ 5 an) empfehlen; Vormittags habe ich meist Colleg.

Mit herzlichen Grüssen

Ihr sehr ergebener    Felix Hausdorff


**Postkarte**  FELIX HAUSDORFF ⟶ FRITZ MAUTHNER
[Poststempel vom 29. 12. 1904]

Hôtel *Saxonia*, 29. Dec.

Sehr geehrter Herr, Wie Sie sehen, entrichte ich der dramatopoetischen Eitelkeit den Zoll, würde aber diesen Aufenthalt in B. trotzdem für missglückt halten, wenn es mir nicht beschieden sein sollte, Sie zu sehen. Darf ich morgen, Freitag, Nachmittag zwischen 5 und 6 den Versuch machen? Wenn Sie

[1]

verhindert sein sollten, bitte ich um freundliche Nachricht ins Hôtel Saxonia (am Potsdamer Platz). Entschuldigen Sie dieses Geschmier; ich habe einen so unhandlichen Bleistift, dass ich erst eine neue Coordination der Bewegungen erlernen muss. Mit herzlichen Grüssen und den besten Empfehlungen an Ihr Frl. Tochter                                    Ihr ergebenster    Felix Hausdorff

### Anmerkung

[1] Am Silvesterabend des Jahres 1904 hatte im Lessingtheater in Berlin HAUSDORFFs Groteske *Der Arzt seiner Ehre* ([H 1904d]; Band VIII dieser Edition, S. 767–820) Première. Zu diesem Zweck war HAUSDORFF nach Berlin gereist. Zwei Kritiken zu dieser Aufführung aus Berliner Tageszeitungen sowie eine aus „Bühne und Welt" sind im Band VIII, S. 840–842, wieder abgedruckt. Die Uraufführung des Stückes hatte am 12. November 1904 im Deutschen Schauspielhaus in Hamburg stattgefunden.

**Postkarte** FELIX HAUSDORFF ⟶ FRITZ MAUTHNER

Lortzingstr. 13    2. Jan. 05

Verehrter Herr Mauthner, Schade, dass Sie nicht „ausführlich schimpfen" konnten; hoffentlich hat die körperliche Störung, die der eine Grund Ihres Fernbleibens war, keine ernste oder dauerhafte Tendenz. Ihnen sowohl als Ihrer Tochter [1] wünsche ich rasche Besserung! – Im Übrigen bin ich ja recht glatt davongekommen. Unter 4 Augen gestehe ich Ihnen, dass die wichtigthuerische Art, mit der Herr F. E. mein Pseudonym lüftet, mir nicht sonderlich behagt hat. Wenn [2] solche Leute den Orientirten spielen wollen, so sollten sie was von meinen sonstigen Sachen sagen, statt die Kürschner-Notiz in alle Welt zu trompeten. – [3] Zum Trägheitsgesetz: 1) gleiche Zeiten sind solche, in denen ein weder verdursteter noch verkaterter Mensch je eine Mass trinkt. Das ist *Definition*! 2) In gleichen Zeiten werden gleich lange und gleich schwere Importen geraucht. Das ist *Thatbestand* oder Naturgesetz. Man kann aber auch 2) zur Definition, 1) zum Thatbestand machen!                          Herzlichst    Ihr FHausdorff

### Anmerkungen

[1] FRITZ MAUTHNER war durch eine Erkrankung verhindert, die Aufführung am Lessingtheater zu besuchen (vgl. Anm. [1] zur vorangehenden Postkarte).

[2] *Der Arzt seiner Ehre* erschien erstmals im Augustheft der Zeitschrift „Die neue Rundschau (Freie Bühne)" unter HAUSDORFFs Pseudonym PAUL MONGRÉ. Auch die beiden späteren Druckausgaben für den Leipziger Bibliophilen-Abend (1910) und im Berliner Fischer-Verlag (1912) erschienen unter diesem Pseudonym. Ebenso war bei den zahlreichen Aufführungen in über 30 Städten des In- und Auslandes als Autor stets PAUL MONGRÉ angegeben.

Mit F. E. meint HAUSDORFF FRITZ ENGEL (1867–1934), Theaterkritiker und Redakteur beim „Berliner Tageblatt". Er schrieb über die Silvesteraufführung der beiden Stücke *Im grünen Baum zur Nachtigall* von OTTO ERICH HARTLEBEN und *Der Arzt seiner Ehre* von PAUL MONGRÉ im „Berliner Tageblatt" vom 1. Januar 1905 folgendes:

> **F. E.** Tod und Leben – der rechte Jahresschlußgedanke. Auch der Berliner Theatergott zeigte gestern im engsten Rahmen eines Abends, wie Erwartungen verwelken, wie Hoffnungen entstehen können, wie Ruhm aufs Spiel gesetzt und wiederum schnell kann erworben werden. Leider war es Otto Erich Hartleben, der dem neidischen Gott diese Gelegenheit gab, das Stück eines uns lieben Dichters zu den anderen trüben Erfahrungen des verklingenden Jahres zu werfen. Der neue Ruhm aber, der im Silvestertrubel schnell geborene, von der nächsten Zeitwelle vielleicht schon schnell fortgeschwemmte, gehört dem Pseudonym Paul Mongré, hinter dem sich ein in Leipzig ansässiger, junger Mathematikprofessor namens Hausdorff verbirgt.
>
> Mongré-Hausdorff hatte mit seinem Duelleinakter „Der Arzt seiner Ehre" Erfolg; vielleicht den Erfolg des Mißerfolges, den vor ihm Hartlebens Duelldreiakter „Im grünen Baum zur Nachtigall" gehabt, und den auch die sehr handfeste Schar der Hartlebenianer sans phrase nicht ins Gegenteil hatte umkehren können. Man war eben sehr froh, wenigstens am Schluß des Abends noch lachen zu können, und man lachte sehr viel über die ungezogenen Spöttereien, die Mongré gegen das Duell losläßt. Es sind Scherze, so pfefferig und bissig, daß sie von Hartleben, dem Dichter der „Lore" hätten sein können. Mongré, mit dem ganzen Cynismus des modernen Witzblattes gerüstet, gibt ein Augenblicksbildchen, wie ein zu dutzendmalen betrogener Ehemann sich mit dem letzten Liebhaber der Frau schießen soll. Der Ehemann kaltblütig, lustig resigniert und froh in der Hoffnung, die schlechtere Hälfte, nachdem es zum öffentlichen Skandal gekommen, nun endlich los zu werden; der Liebhaber primanerhaft verliebt und sehr geneigt, in der Donna den Kern aller Tugend zu sehen. So sind die Rollen des französischen Ehebruchstückes amüsant vertauscht. Diesmal ist es nicht der Gatte, der als der Letzte erfährt, was er als Erster hätte merken müssen. Die beiden Duellparteien treffen sich in der Nacht vor der Schießerei im einzigen Hotel des Städtchens. Sie freunden sich an und verbrüdern sich. Das große „Gottesurteil" löst sich, noch ehe es unter Knall und Fall gesprochen, in eine gemeinsame heftige Sektschlemmerei auf. Durch die starren Standeskonventionen, durch das Phrasengewirr des Ehrenkodex bricht das Menschliche, vom Alkohol befreit, mit grotesker Gewalt heraus. Das ist sehr keck, aber künstlerisch in allen Einzelheiten glaubwürdig gemacht, und in der Karikatur so wirksam, daß einige äußere Unwahrscheinlichkeiten nicht mehr mitzählen. Und das Stückchen brauchte am Schluß nur so gedrungen zu sein wie am Anfang, um in seiner Art als eine ganz wertvolle Arbeit zu gelten.

[3] Gemeint ist „Kürschners Deutscher Literaturkalender auf das Jahr 1904", hrsg. von HEINRICH KLENZ, Göschen, Leipzig 1904. Der Eintrag unter „Hausdorff" lautet:

Hausdorff, Felix (Ps. Paul Mongré), Dr. phil., UPrf. Leipzig, Lortzingstr. 13. (Breslau 8/11 68.) B: Sant' Ilario 97; D. Chaos in kosmischer Auslese 98; Ekstasen 00. (S. 498)

Der Eintrag unter „Mongré" lautet:

Mongré, Paul, s. Hausdorff, Felix. (S. 887)

**Ansichtskarte** FELIX HAUSDORFF ⟶ FRITZ MAUTHNER

[Undatiert, Poststempel unleserl.; Ankunftstempel Grunewald 15. 4. 1905. Die Karte zeigt den Campanile di Giotto in Florenz]

Firenze [Rest unleserlich]

Lieber und verehrter Herr Mauthner, In diesem Augenblick hat der „Ehrentag des Cervantes" bei mir eingeschlagen. Das ist die Waffe, mit der Sie [1] commandiren! Ihr Felix Hausdorff

### Anmerkung

[1] Am 10. April 1905 erschien auf den Seiten 1 und 2 des „Berliner Tageblatts" MAUTHNERs Beitrag *Der Ehrentag des Cervantes. Aus den neuen Totengesprächen.* Darauf spielt HAUSDORFF vermutlich an, denn es ist gut möglich, daß er das „Berliner Tageblatt" einige Tage später in Florenz kaufen konnte oder im Hotel vorfand.

Der „Ehrentag des Cervantes" wurde am 23. April, vor allem in Spanien, begangen; der 23. April 1616 ist der Todestag von MIGUEL DE CERVANTES, Dichter des *Don Quijote*. Der 23. April 1616 ist auch das Todesdatum von WILLIAM SHAKESPEARE; dieser starb allerdings 10 Tage nach CERVANTES (in England galt damals noch der Julianische Kalender). Heute ist der 23. April der Welttag des Buches.

**Brief** FELIX HAUSDORFF ⟶ FRITZ MAUTHNER

Leipzig, Lortzingstr. 13
17. Oct. 1906

Sehr verehrter Herr Mauthner,

vorgestern erst kamen wir von unserer Reise zurück, deren Hauptpunkte Evolena, Zermatt, Chamonix, Avignon, Arles, Marseille und die Revieraorte bis Genua waren. Wir hatten ohne Unterbrechung geradezu unwahrscheinlich gutes Wetter. Den stärksten Eindruck gab die Provence, auch das am wenigsten fertige Bild, den fremdesten, unaufgelösten, irrationellen Zauber, der nur wie eine traumhafte Berührung wirkt und Sehnsucht nach Wiedersehen, Ergänzung, vielleicht Entzauberung weckt. Italien kam uns danach trivial und allzu vertraulich vor.

[1] Als erfreulichste Überraschung fand ich Ihren ersten Band Sprachkritik und will diesmal mit einer dankbaren Empfangsbestätigung nicht wieder so lange zögern, bis eine zufällige Begegnung für das schriftliche Versäumniss Amnestie bringt. Mehr als eine Empfangsanzeige kann es freilich im Augenblick

[2] nicht sein. Sobald ich meine „Zahlentheorie" eingerenkt und das Semesterrad in Schwung gesetzt habe (das dann hoffentlich durch eigenes „Beharrungsvermögen" weiterläuft), gedenke ich mir die Tage von Cortina zurückzurufen und mit liebevollem Spürsinn nachzusuchen, was sich von 1901 bis 1906 im Buche und beim Leser geändert haben möge. Einstweilen konnte ich mich nur an der vornehmen Haltung Ihrer neuen Vorrede erbauen, die wirklich otium cum dignitate vereinigt und aus hohen Stockwerken, ja aus der „höchsten rein-

[3] lichsten Zelle" auf die gelehrten Strassenjungen herabschaut.

Sie nehmen es hoffentlich nicht als Versuch einer Gegengabe, sondern nur als einfache Erfüllung meines Versprechens in Zermatt, wenn ich Ihnen meine

[4] „Untersuchungen über Ordnungstypen" nebst einigen Kleinigkeiten schicke, die

[5] möglicherweise für Sie Interesse haben. Was das „Raumproblem" anlangt, so schwebt mir eine dunkle Erinnerung vor, dass ich Ihnen dieses schon früher dedicirt haben könnte; sollte das der Fall sein, so bitte ich Sie um freundliche Rücksendung, da ich gerade von dieser Schrift nur noch wenige Abdrücke habe.

Am 23. August, einen Tag vor unserem Zusammentreffen in Zermatt, hat sich eine ausgezeichnete Freundin von mir und meiner Frau in Berlin aus dem Fenster gestürzt (wie ich höre, in einem durch rheumatische Schmerzen verursachten Paroxysmus): Frau Emily Koegel. Sie haben vielleicht durch Lilly

[6] Lehmann von ihr gehört; wenn ich nicht irre, fiel sie Ihnen in einem Concert auf, wo Frau Lehmann einige Lieder des verstorbenen Fritz Koegel sang. Eine naheliegende Reflexion knüpft sich mir unwillkürlich an solche sinnlosen

[7] Zufälle: bessere Menschen sollten eigentlich eine kleine Mühe nicht scheuen, einigermassen in Contact zu bleiben, da das Leben ein zu dummer Verschwender ist. Man geht mit den kostbarsten Möglichkeiten immer so leichtsinnig um, als

[8] ob man die 300 Jahre Zeit hätte, von denen Sie in Ihrer Vorrede sprechen.

Wie hat sich Ihre Grossvaterschaft entwickelt? Hoffentlich ist bei Ihnen und den Ihrigen Alles in bester Ordnung.

Mit herzlichen Grüssen, auch von meiner Frau, bin ich

Ihr dankbar ergebener

Felix Hausdorff

Darf ich Sie auf eine kleine Entgleisung in den „Totengesprächen" S. 38 hin-

[9] weisen? Vanini wurde doch in Toulouse verbrannt!

### Anmerkungen

[1] FRITZ MAUTHNER: *Beiträge zu einer Kritik der Sprache.* Band 1: Sprache

und Psychologie. 2., überarbeitete Auflage. Stuttgart und Berlin, Cotta 1906.

[2] Im Wintersemester 1906/07 hielt HAUSDORFF in Leipzig die Vorlesung „Zahlentheorie" (vierstündig). Das von HAUSDORFF ausgearbeitete Vorlesungsmanuskript (221 Blatt) ist vollständig erhalten: Nachlaß HAUSDORFF : Kapsel 05 : Faszikel 21.

[3] HAUSDORFF bringt hier zum Ausdruck, daß die neue Vorrede Ruhe mit Würde (otium cum dignitate) vereinigt. Die „höchste reinlichste Zelle" ist eine Anspielung auf GOETHEs *Faust*: In *Faust II* erhält Dr. Marianus die „höchste reinlichste Zelle" zugewiesen (Regieanweisung vor Vers 11989). Die „höchste reinlichste Zelle" kann als ein Sinnbild der Loslösung vom Irdischen in einem stufenweisen Prozeß der reinen Vergeistigung aufgefaßt werden (vgl. SCHMIDT, J.: *Goethes Faust. Erster und Zweiter Teil. Grundlagen – Werk – Wirkung.* C. H. Beck, München 2001, S. 296). Ein solch stufenweises „Höhersteigen" benutzt MAUTHNER bei seiner Verteidigung gegen den Vorwurf, er sei kein Fachmann:

> Auf den Vorwurf, kein Fachmann zu sein, möchte ich gerne, langsam emporsteigend, wie von drei oder vier wachsenden Stockwerken aus, antworten. (Band 1 [vgl. Anm. [1]], S. IX)

Im sozusagen niedersten Stockwerk angesiedelt ist der Vorwurf, daß MAUTHNER an keiner Hochschule lehrt und keinen wissenschaftlichen Grad besitzt. Das bezeichnet er ironisch als „das deutlichste Zeichen des Dilletantismus" (S. IX). Dann fährt er fort:

> Denn ein Dilletant ist, wer seine Arbeit aus Liebe tut, aus Liebe zur Arbeit, eben zu der Arbeit, die er tut.

> Ich steige etwas höher, werde etwas ernsthafter und fahre fort. Gewiß, ich bin nicht Fachmann in den vielen Wissenschaften, die ich zur Begründung und zur Exemplifizierung meiner Gedanken heranziehen mußte. Ich bin kein Fachmann auf dem Gebiete der Logik, Mathematik, Mechanik, Akustik, Optik, Astronomie, Pflanzenbiologie, Tierphysiologie, Geschichte, Psychologie, Grammatik, indischer, romanischer, germanischer, slawischer Sprachwissenschaft u. s. w. u. s. w. Ich habe vor vielen Jahren einen Überschlag gemacht. Ich brauchte für meine Arbeit Kenntnisse aus 50 bis 60 Disziplinen, in welche gegenwärtig Welterkenntnis auseinanderfällt. Für jede dieser Disziplinen braucht ein fähiger Kopf mindestens 5 Jahre, um sich auch nur die Grundlagen fachmännischen Wissens anzueignen. Ich hätte also etwa 300 Jahre rastloser Arbeit nötig gehabt, bevor ich mit der Niederschrift meiner eigenen Gedanken beginnen durfte; denn meine Gedanken haben die Unbequemlichkeit, daß sie die Möglichkeit von Welterkenntnis nicht durch das Mikroskop einer einzigen Disziplin betrachten. Ich bin nicht arbeitsscheu. Ich hätte ja gern die 300 jahre darangesetzt, wie man denn bei einer Aufgabe von solcher Größe das Maß des menschlichen Lebens nicht in Betracht zu ziehen

pflegt. Aber ich sagte mir: Es ist das Schicksal wissenschaftlicher Disziplinen – einige wenige ausgenommen –, daß ihre Sätze und Wahrheiten
selbst nicht 300 Jahre alt werden, daß ich also nach 300 jähriger Arbeit
immer nur in der zuletzt studierten Disziplin Fachmann gewesen wäre,
ein Dilletant in den Disziplinen, deren Studium auch nur 10 oder 20 Jahre
zurücklag, ein Ignorant in allen übrigen. So mußte ich mich entschließen,
auf Fachmännischkeit in allen diesen Hilfswissenschaften meiner Arbeit
zu verzichten; mußte mich bescheiden, in dreimal neun schweren Jahren
aus allen diesen Hilfswissenschaften eben nur soviel Kenntnisse anzueig-
nen, als mir gerade für die Erreichung meiner Aufgabe nötig schien.

Meiner Aufgabe. Ich hatte eine. Ich bin kein Fachmann. Eine selbstge-
stellte, große neue Aufgabe, die Kritik der Sprache. Und ich steige in
meiner Antwort wieder etwas höher und will ganz ernsthaft sein. Wollte
ich meinen Gedanken, daß Welterkenntnis durch die Sprache unmöglich
sei, daß eine Wissenschaft von der Welt nicht sei, daß Sprache ein un-
taugliches Werkzeug sei für die Erkenntnis, – wollte ich diesen Gedanken,
erschöpfend und überzeugend, klar und lebendig, nicht logisch und wort-
spielerisch, wachsen lassen und darstellen, so mußte ich als Kritiker der
Sprache eben diese Sprache kennen in ihren Tiefen und Höhen, mußte
dem Volke aufs Maul sehen können und den Forschern folgen können in
ihr Ringen um die wissenschaftlichen Begriffe. Auf allen Gebieten wissenschaftlicher Arbeit mußte ich die Prinzipien der Arbeit, der Methode, die
besondere Logik oder Sprache verstehen lernen. Und keiner der kleinen
Kärrner auf irgend einem der beschränkten Arbeitsgebiete hat in seiner
Gottähnlichkeit vielleicht so stark wie ich das Gefühl empfunden: Die
Prinzipien und die besondere Sprache jeder Disziplin sind nicht völlig
zu verstehen ohne Durcharbeitung des gesamten Schutt- und Arbeitsfel-
des. Nicht mehr lachend, in bitterster Resignation mußte ich mir jeden
Tag sagen, daß ich nicht gern bei den Prinzipien stehen blieb, daß ich
gern weiter gedrungen wäre, nicht bloß ein Spaziergänger in den Wissenschaften. Aber ich durfte nicht verweilen, wenn ich meine Arbeit leisten
wollte. Bei keiner Disziplin durfte ich als Fachmann verweilen. Ich habe
keine Rechenschaft darüber zu geben, ob mir das leicht fiel oder schwer.
(S. X–XI)

[4]  Es kann sich zu diesem Zeitpunkt nur um die ersten drei Teile der Aufsatzserie *Untersuchungen über Ordnungstypen* gehandelt haben, d. h. um [H
1906b]. Die letzten beiden Teile ([H 1907a]) waren erst am 27. Februar 1907
der Königlich Sächsischen Gesellschaft der Wissenschaften zu Leipzig vorgelegt
worden.

[5]  Es handelt sich um die Publikation von HAUSDORFFs am 4. Juli 1903
an der Universität Leipzig gehaltenen Antrittsvorlesung *Das Raumproblem* im
Band 3 (1903) von „Ostwalds Annalen der Naturphilosophie" ([H 1903a]).

[6]  FRITZ KOEGEL (vgl. Anm. [3] zum Brief HAUSDORFFs an MAUTHNER vom
2. November 1904) hatte sich am 26. November 1896 mit der neunzehnjähri-
gen EMILY GELZER (1877–1906) aus Jena verlobt. Nach einigen zeitgenössi-

schen Berichten soll dies eine der Ursachen für das Zerwürfnis mit ELISABETH FÖRSTER-NIETZSCHE gewesen sein. Nach der Heirat gab EMILY KOEGEL ihre Gesangsausbildung auf und gebar drei Kinder, einen Sohn (1899) und zwei Töchter (1901; Zwillinge). Etwa zwei Jahre nach KOEGELs Tod verlobte sie sich mit einem Dr. GUSTAV KÜHL. Während der Einrichtung des gemeinsamen Hauses stürzte sie sich am 23. August 1906 aus dem Fenster. EMILY KOEGEL war psychisch labil; sie hatte bereits zwei Selbstmordversuche überlebt.

LILLI LEHMANN (1848–1929; sie schrieb sich selbst immer Lilli) war königliche Hofopernsängerin in Berlin mit einer glänzenden internationalen Laufbahn: sie wirkte von 1885 bis 1890 an der Metropolitan Opera in New York und hatte längere Gastspiele in London, Paris, Wien und Salzburg. Sie verfügte über eine ungewöhnlich vielseitige Stimme und brillierte in großen Rollen wie Carmen, Norma, Traviata, Brünnhilde, Isolde; daneben war sie eine gefeierte Lied-Interpretin. LILLI LEHMANN hatte mit 55 Jahren öffentlichen Auftretens eine der am längsten währenden Karrieren als Sängerin; insgesamt hat sie 170 verschiedene Partien gesungen. Sie ist Autorin von *Meine Gesangskunst*, Berlin 1902, [3]1922; ferner schrieb sie die Autobiographie *Mein Weg*, Leipzig 1913. Beide Bücher wurden ins Englische übersetzt.

In der 1920 erschienenen wesentlich erweiterten zweiten Auflage von *Mein Weg* schildert LILLI LEHMANN ihre freundschaftlichen Beziehungen zu dem Publizisten und Politiker FRIEDRICH DERNBURG (1833–1911), zu FRITZ MAUTHNER und zu dem Publizisten, Kritiker und Journalisten MAXIMILIAN HARDEN (1861–1927). Über MAUTHNER heißt es:

> Sehr bald gesellte sich Fritz Mauthner hinzu; ein Prager, der fast gleichaltrig mit mir, seine Jugend dort verlebte. Wir kannten viele seiner Verwandten und waren ihm doch merkwürdigerweise in Prag niemals begegnet. Tausend Erinnerungen knüpften uns aneinander, wenn wir uns auf dem heimatlichen Boden des schönen alten Prag ergingen. Es war, als seien wir durch Fritz Mauthners nie von Übellaune getrübter Natur, stets gute Freunde gewesen. Trotzdem er behauptete, daß die Musik, zu der er von je in heftigster Leidenschaft entbrannt, die einzige unerwiderte Liebe seines Daseins geblieben wäre, schwelgten wir enthusiastisch in musikalischen Sphären oder in strenger Gelehrsamkeit, von der so mancher Brocken in meinen Schoß fiel. Wie viel danke ich ihm, seinem scharfen Geiste, an dem ich gerne meine Messer schärfte. Wie duldsam waren er und Dernburg gegen mein Unwissen! Erst durch Mauthner wurde vieles, das noch ahnungsvoll in mir schlummerte, oder auch lange bedacht, zum vollen Bewußtsein gekräftigt. Und mehr noch wurde durch sein einschneidendes, alte Denktheorien zerstörendes Werk, seine philosophische „Sprachkritik", in mir ausgelöst. Auch wenn ich später manchmal abseits von ihr denken wollte, immer wieder kam ich auf die Sprachkritik zurück, die der Wissenden standhielt.

[7] Der Ausdruck „bessere Menschen" ist hier eine Art Chiffre unter NIETZSCHE-Kennern; s. dazu Anm. [1] zum Brief HAUSDORFFs an IDA DEHMEL in diesem Band.

[8]   Vgl. obige Anmerkung [3].

[9]   FRITZ MAUTHNER: *Totengespräche*. Karl Schnabel, Berlin 1906. Darin
enthalten (S. 30–44) ist *Descartes. Ein Gespräch über sein Jubiläum* aus dem
„Berliner Tageblatt" vom 30. März 1896. In diesem Gespräch sagt Paolo, einer
der Gesprächspartner:

> Beim Auftreten Descartes waren die besten Köpfe schon lange skeptisch;
> sie bekämpften die beiden Autoritäten des Mittelalters, die Kirche und
> den alten Aristoteles. Bei uns in Italien wurden solche Männer noch gern
> verbrannt, so Vanini noch im Jahre 1619. [···] In Frankreich aber gehörte
> das Verbrennen nicht mehr zum guten Ton. (S. 38)

Der Italiener LUCILIO VANINI (1585–1619) war, wie GIORDANO BRUNO, Vertreter einer pantheistischen Naturphilosophie. Er wurde als Ketzer am 19. Februar
1619 in Toulouse nach besonders grausamen Foltern auf dem Scheiterhaufen
verbrannt.


**Ansichtskarte**   FELIX HAUSDORFF ⟶ FRITZ MAUTHNER
[Motiv am Spiegelsee, Ostseebad Heiligendamm]

Heiligendamm i/M, 23. Aug. 08

Lieber und verehrter Herr Mauthner,
am Jahrestage unserer Begegnung in Zermatt und auf dem Gornergrat grüsse
[1] ich Sie herzlich und danke für die freundliche Zusendung Ihres opusculum. Was
ist das für ein Hauptwerk, wo *dergleichen* nebenbei mit abfällt! Sie wissen, wie
ich Ihre freie lächelnde gütige Art (gütig auch noch, wo Sie den Philosophen
Bosheiten sagen) liebe und bewundere.                Ihr wie immer ergebener
FHausdorff

**Anmerkung**

[1]   In der Zeit zwischen dem 23. August 1906, der Begegnung in Zermatt, und
dem 23. August 1908, hat MAUTHNER außer einigen Aufsätzen und seinem *Spinoza* (vgl. Anm. [1] zur nächsten Ansichtskarte) ein Buch publiziert: *Die Sprache*. Rütten und Loening, Frankfurt 1907. Es könnte sein, daß er HAUSDORFF
dieses Werk geschickt hat. Die Zusendung des *Spinoza* scheidet wahrscheinlich
aus; das hätte HAUSDORFF in der folgenden Karte erwähnt.

**Ansichtskarte** FELIX HAUSDORFF ⟶ FRITZ MAUTHNER
[Undatiert; Poststempel Leipzig, 22.12.1908.
Blick auf das Hotel Schwarzsee und das Matterhorn]

Verehrter Herr Mauthner, Eben erhalte ich von Sch. & L. Ihren Spinoza, mit [1]
einer Aufforderung zur Recension in meinem geschätzten Blatte. Da ich in dieser Hinsicht ziemlich reines Gewissen habe, so nehme ich an, dass die Zettel
verwechselt worden sind und ich mich für ein „Überreicht vom Verfasser" zu
bedanken habe: dies geschieht hiermit herzlich und feierlich. Das Matterhorn
mahnt Sie an Ihr Versprechen, mir eine Nachricht zu geben, falls Weihnachten
Sie nach Berlin führt. Mögen Sie dort in Vater- und Grossvaterwonnen schwel- [2]
gen! Herzliche Grüsse, mit der Bitte um freundliche Empfehlung an Ihre Frau
Tochter!                                                            Ihr FHausdorff

## Anmerkungen

[1] FRITZ MAUTHNER: *Spinoza*. Schuster & Löffler, Berlin und Leipzig 1906.

[2] MAUTHNERs Tochter GRETE (vgl. Anm. [1] zum Brief HAUSDORFFs an
MAUTHNER vom 21. September 1904) hatte 1905 geheiratet. Nachdem MAUTH-
NER sie versorgt wußte, hatte er Berlin verlassen und war nach Freiburg i. Br.
gezogen.

**Brief** FELIX HAUSDORFF ⟶ FRITZ MAUTHNER

Bonn, Händelstr. 18
25. Febr. 1911

Sehr verehrter Herr Mauthner!

Die Adresse am Kopfe dieses Bogens ist die Zauberformel, die eine ganze Reihe sonst wohlbegründeter Anklagen entkräften muss und mich hoffentlich auch
Ihnen gegenüber für versäumte Briefpflicht freispricht. Schon vor langer Zeit,
als Ihr Verleger auf Ihre Veranlassung mir die Lieferungen des Philosophischen
Wörterbuchs zu senden begann, hatte ich den lebhaften Wunsch, Ihnen zu dan- [1]
ken; der Wunsch steigerte sich besonders zu der Zeit, da Sie im Wörterbuch
und Leben bis E - h gekommen waren (der Kalauer ist eigentlich furchtbar,
trotzdem er einen Klassiker zum Vater hat). Inzwischen wurde ich nach Bonn [2]
berufen, wo ich mich, gegen Leipzig, um einen Grad der akademischen Scala
und einige Einkommensteuerklassen erhöht, leider aber auch durch Vorlesungen, Seminare, Prüfungen u. dgl. viel stärker beansprucht sehe. Die unruhige
Zeit der Übersiedelung, die Mühe der Einarbeitung ins neue Lehramt, zuletzt
auch der zunächst unvermeidliche gesellschaftliche Verkehr – das alles muss
ich jetzt häufig als mildernde Umstände geltend machen, um ein gelockertes

Band wieder fester zu knüpfen. Auch Sie, verehrter und lieber Herr Mauthner, werden es nun einigermassen erklärlich finden, nicht nur dass jener Brief ungeschrieben blieb, sondern auch, dass ich in Ihrem Wörterbuch nur wenige Male geblättert und mich am Wiederaufmarsch der skeptischen Phalangen in neuer [3] Schlachtstellung erfreut habe. Die nächstens beginnenden Osterferien werden mir hoffentlich eine intime Bekanntschaft mit Ihrem Werke gestatten, dessen blosse Existenz ich einstweilen als Zeugniss einer unglaublichen Arbeitskraft und Jugendfrische bestaune.

Auf Ihren letzten Brief kann ich einstweilen keine befriedigende Antwort geben, sondern nur versprechen, die Sache „in ernsteste Erwägung zu ziehen" (Sie sehen, man lernt etwas im Verkehr mit Kultusministerien). Ich habe den Gegenstand hier einmal im Gespräch mit jüngeren Collegen angeregt und weiss noch nicht, ob Ihr Ruf Widerhall findet; einen Studenten, der sich geeignet erwiese, kenne ich einstweilen noch nicht. Übrigens ist Ihnen gewiss bekannt, dass Newtons Principia schon einen deutschen Übersetzer, Wolfers, haben (Berlin 1872), und dass das sehr umfangreiche Buch, meiner Meinung nach, sich doch wohl mehr an den Mathematiker als an den Philosophen und Naturforscher [4] wendet.

Meine Frau erwidert Ihre Grüsse herzlich, und wir bitten Sie, uns Ihrer Frau Gemahlin freundlichst zu empfehlen.

Ihr wie immer ergebener
[5]                                                                     F. Hausdorff

## Anmerkungen

[1] FRITZ MAUTHNER: *Wörterbuch der Philosophie. Neue Beiträge zu einer Kritik der Sprache.* 2 Bände. Georg Müller, München 1910–1911.

[2] Angespielt wird zunächst vermutlich darauf, daß MAUTHNER im Leben in einer neuen Ehe angekommen war: Am 26. Februar 1910 heiratete er die Ärztin HEDWIG SILLES O'CUNNINGHAM, geborene STRAUB (1872–1945) (näheres darüber und über die Rolle dieser bemerkenswerten Frau für MAUTHNERs weiteres Schaffen, insbesondere bei der Erarbeitung des *Wörterbuch der Philosophie*, s. in JOACHIM KÜHN: *Gescheiterte Sprachkritik. Fritz Mauthners Leben und Werk*, de Gruyter, Berlin 1975, S. 244 ff.). Das *Wörterbuch der Philosophie* erschien in 21 Lieferungen, beginnend Ende 1909. Es war vermutlich so, daß die Lieferung, welche die Stichworte mit den Anfangsbuchstaben E bis h enthielt, etwa um die Zeit der Heirat von MAUTHNER versandt wurde. Die Verknüpfung dieser beiden Ereignisse („da Sie im Wörterbuch und Leben bis E- h gekommen waren") ist schon ein „furchtbarer" Kalauer, aber HAUSDORFF (und sicher auch MAUTHNER) liebten den „Klassiker", den HAUSDORFF hier wohl als Vater im Auge hat: LAURENCE STERNE: *Leben und Ansichten von Tristram Shandy, Gentleman* (entstanden zwischen 1759 und 1767; zahlreiche deutsche Ausgaben, die letzte bei S. Fischer 2010). In diesem Werk, das GOETHE und auch NIETZSCHE begeisterte, benutzt der fiktive Erzähler TRISTRAM die Schilderung seines Lebenslaufs, um mit vielfältigsten gelehrten und philosophischen

Betrachtungen und Spekulationen die Welt zu „erklären". Er kommt im Leben dabei nur langsam voran; seine Geburt findet erst im dritten Bande statt, und man ahnt, daß auf diese Weise die Erzählung des Lebens, d. h. das Räsonieren über die Welt, länger dauern wird als das Leben selbst. Auf diese Parallelität von „welterklärendem" Buch und Leben spielt HAUSDORFF hier vermutlich an – als klassisches Vorbild seines „furchtbaren" Kalauers.

[3]  Das *Wörterbuch der Philosophie* bietet, von einem breitgefächerten kulturhistorischen Standpunkt aus, eine ausführliche Wort- und Begriffsgeschichte der jeweiligen Stichworte. MAUTHNER meinte, daß die Geschichte eines Wortes seine wahre Kritik sei; in diesem Sinne setzt das Wörterbuch seine Sprachkritik aus den *Beiträgen zu einer Kritik der Sprache* fort. MAUTHNERs philosophische Grundgedanken und Intentionen sind besonders in den Artikeln „adjektivische Welt", „substantivische Welt" und „verbale Welt" dargestellt (vgl. Anm. [9] zum Brief HAUSDORFFs an MAUTHNER vom 12. September 1901).

[4]  MAUTHNER hatte offenbar HAUSDORFF um Hilfe bei dem Vorhaben ersucht, eine deutsche Übersetzung von NEWTONs Hauptwerk *Philosophiae Naturalis Principia Mathematica* (1687) herauszubringen. Es gab bereits eine deutsche Übersetzung: *Mathematische Principien der Naturlehre*. Übersetzt und erläutert von JACOB PHILIPP WOLFERS, Verlag von Robert Oppenheim, Berlin 1872. Ob MAUTHNER die WOLFERS-Übersetzung kannte und damit nicht zufrieden war, oder ob er davon nichts wußte und dachte, man müsse das Werk ins Deutsche übersetzen, ist nicht klar; vermutlich trifft – wie HAUSDORFF schon vermutete – letzteres nicht zu. Die Übersetzung von WOLFERS blieb allerdings für mehr als 100 Jahre die einzige Übersetzung der *Principia* ins Deutsche; erst 1988 bzw. 1999 erschienen neue Übersetzungen: *Mathematische Grundlagen der Naturphilosophie*, ausgewählt, übersetzt, eingeleitet und herausgegeben von ED DELIAN. Meiner, Hamburg 1988 (Philosophische Bibliothek, Band 394); *Die mathematischen Prinzipien der Physik*, übersetzt und herausgegeben von VOLKMAR SCHÜLLER. de Gruyter, Berlin, New York 1999.

[5]  Obwohl man nicht ausschließen kann, daß weitere Briefe HAUSDORFFs existiert haben und verlorengegangen sind, ist es doch vermutlich so, daß dieser sehr freundschaftliche und inhaltlich reiche Briefwechsel nicht fortgesetzt wurde. Das mag einerseits damit zusammenhängen, daß MAUTHNER im *Wörterbuch der Philosophie* zunehmend zur Mystik neigt. Schon im dritten Band der *Beiträge zu einer Kritik der Sprache* hatte er, vermutlich auf Anregung LANDAUERs, auf die Beziehung von Sprachkritik und Mystik hingewiesen. HAUSDORFF mochte einer solchen Wendung ganz und gar nicht folgen (vgl. den Brief an LANDAUER und die zugehörigen Anmerkungen in diesem Band).

Was für einen Abbruch der Beziehungen jedoch weit mehr ins Gewicht gefallen sein dürfte, war die Tatsache, daß sich MAUTHNER nach dem Beginn des I. Weltkrieges in die Kriegspropaganda stürzte und sich bis zum bitteren Ende wie ein nationalistischer „Alldeutscher" gebärdete. Keiner von MAUTHNERs

Freunden – und gewiß auch nicht HAUSDORFF (vgl. seine Briefe an LOUISE DUMONT in diesem Band) – hat diese Wendung verstanden oder gar gutgeheißen. Vergeblich etwa versuchte LANDAUER, den Freund davon abzubringen; selbst als er ihn als Chauvinisten beschimpfte, ließ sich MAUTHNER nicht beeindrucken (näheres zu der hier angesprochenen Entwicklung MAUTHNERs in JOACHIM KÜHN, a. a. O. [Anm. [2]], S. 250–263).

Anläßlich von MAUTHNERs Tod (29. 6. 1923) hatte der Journalist PAUL FECHTER HAUSDORFF um einen Artikel über MAUTHNER gebeten, aber offenbar ohne den Anlaß zu nennen, weil er sich wohl nicht vorstellen konnte, daß HAUSDORFF diesen nicht kannte. HAUSDORFF lehnte mit der Begründung ab, daß er jetzt ganz und gar der Mathematik verfallen sei; dann heißt es:

> Übrigens weiss ich (da ich nur eine Lokalzeitung lese) nicht einmal den Anlass: ist Mauthner gestorben oder wird er 80 Jahre alt? (Postkarte HAUSDORFFs an FECHTER vom 5. 7. 1923 in diesem Band unter Korrespondenz FECHTER)

# Adolph Mayer

## Korrespondenzpartner

ADOLPH MAYER wurde am 15. Februar 1839 in Leipzig als Sohn eines Kaufmanns und Bankiers geboren. Er studierte von 1857 bis 1861 in Heidelberg und Göttingen Mathematik und Naturwissenschaften und promovierte 1861 bei OTTO HESSE in Heidelberg. Danach setzte er bis 1865 seine Studien in Königsberg bei FRANZ NEUMANN und FRIEDRICH RICHELOT fort. 1866 habilitierte er sich in Leipzig, wurde dort 1871 außerordentlicher Professor, 1881 ordentlicher Honorarprofessor und 1890 Ordinarius. Er starb am 11. April 1908 während eines Erholungsaufenthalts in Gries bei Bozen.

MAYERS Hauptarbeitsgebiete waren die Theorie der partiellen Differentialgleichungen erster Ordnung, die Variationsrechnung und die Mechanik. Für die sog. erste JACOBIsche Integrationsmethode der partiellen Differentialgleichungen erster Ordnung entdeckte MAYER die Ursache, warum sie in gewissen Ausnahmefällen nicht zum Ziel führt, und modifizierte die Methode so, daß auch diese Fälle erledigt werden. Die sog. zweite JACOBIsche Integrationsmethode, meist schlechthin JACOBIsche Methode genannt, führt die Integration eines beliebigen simultanen Systems von partiellen Differentialgleichungen erster Ordnung auf die Integration vollständiger Systeme linearer homogener Gleichungen zurück. MAYER fand, daß ein vollständiges System von $k$ linearen homogenen partiellen Differentialgleichungen erster Ordnung in $m$ unabhängigen Variablen auf die Integration eines Systems von $m - k$ gewöhnlichen Differentialgleichungen erster Ordnung zurückgeführt werden kann. Mit dieser Reduktion wurde die JACOBIsche Methode erheblich vereinfacht; man spricht heute von der JACOBI-MAYERschen Integrationsmethode für Systeme partieller Differentialgleichungen erster Ordnung. MAYER gab auch Vereinfachungen für LIEs Integrationsmethode und verwendete viel Mühe, LIEs Integrationstheorie zu popularisieren. Wichtige Beiträge leistete er auch zur Theorie des PFAFFschen Problems. In der Variationsrechnung untersuchte MAYER im Anschluß an JACOBI die zweite Variation von Lagrange-Problemen einfacher Integrale. Er fand für die zweite Variation eine möglichst einfache Normalform und leitete mittels der nach ihm benannten Determinante notwendige und hinreichende Optimalitätskriterien her. Seine Determinante führte ihn auf die Anfänge der Theorie der konjugierten Punkte. MAYER lieferte im Anschluß an HILBERTs in seinem Pariser Vortrag 1900 formuliertes 23. Problem erste Ansätze zu einer Theorie der Extremalenfelder (MAYERsche Extremalenscharen, MAYERsches Feld); auch zur Theorie der optimalen Steuerung finden sich bei MAYER gewisse Ansätze. Er gab ferner einen neuen Beweis der LAGRANGEschen Multiplikatorenregel für Variationsprobleme mit Differentialgleichungen als Nebenbedingungen. MAYER betrachtete auch Ungleichungen als Nebenbedingungen und führte diese durch Einführung neuer Variabler auf Gleichungsrestriktionen zurück. Die für diesen Fall von ihm hergeleiteten Optimalitätsbedingungen sind Vorläufer der späteren KUHN-TUCKER-Bedingungen in der Optimierungstheorie. MAYERS Arbeiten zur Mechanik betreffen die Beziehungen dieser Wissenschaft zur Variationsrechnung; insbesondere erforschte er die Geschichte des Prinzips der kleinsten Wirkung. Große Verdienste erwarb sich MAYER als Herausgeber der Mathematischen Annalen über fast 30 Jahre.

## Quelle

Der Brief befindet sich im Nachlaß MAYER in der Universitätsbibliothek Leipzig, Abt. Sondersammlungen unter der Signatur NL 235/12.

## Danksagung

Wir danken der Leitung der Abteilung Sondersammlungen der UB Leipzig für die Bereitstellung einer Kopie und für die Genehmigung, den Brief hier abzudrucken.

**Brief** FELIX HAUSDORFF $\longrightarrow$ ADOLPH MAYER

Sehr geehrter Herr Professor!

Da ich, zu meinem grössten Bedauern, bei meinem heutigen Besuche Sie
nicht zu Hause angetroffen habe, so erlaube ich mir hiermit, Ihnen schriftlich
meinen herzlichsten Dank auszusprechen für die Fülle von Belehrung und Anregung, die ich aus Ihren Vorträgen der letzten beiden Semester geschöpft habe
und noch schöpfen werde. Mit der lebhaftesten Freude darüber, dass es mir      [1]
vergönnt gewesen ist, persönlich Ihnen bekannt zu werden, verbindet sich in
mir eine Art von Reue, dass ich diesen Vorzug nicht gehörig zu meinen Gunsten, d. h. zu meiner wissenschaftlichen Förderung, benutzt habe; indessen fand
ich – Sie verzeihen mir gewisslich diese Kritik – bei der vollendeten Klarheit
und Verständlichkeit Ihrer Vorlesungen wirklich keine Gelegenheit, Ihre private
Hülfe in Anspruch zu nehmen. – Da ich Leipzig für ein, höchstens zwei Semester zu verlassen gedenke, empfehle ich mich Ihrem geneigten Wohlwollen und  [2]
bin mit der Versicherung aufrichtigster Ergebenheit            der Ihrige
                                                          Felix Hausdorff
23. 3. 88

## Anmerkungen

[1] MAYER war als akademischer Lehrer sehr beliebt. Er hielt hervorragende
Vorlesungen und kümmerte sich auch persönlich um seine Studenten. HAUS-
DORFF hat in seinen ersten beiden Semestern in Leipzig bei MAYER „Einleitung in die Algebra und die Lehre von den Determinanten" (SS 1887) sowie
„Einleitung in die Differential- und Integralrechnung" (WS 1887/88) gehört;
zu letzterer Vorlesung gehörten auch von MAYER selbst durchgeführte Übungen im „Königlichen Mathematischen Seminar". Vermutlich in diesen Übungen
wird HAUSDORFF aufgefallen und in persönlichen Kontakt mit MAYER gekommen sein. Auch in seinen späteren Leipziger Semestern (SS 1889 bis SS 1891)
hat HAUSDORFF regelmäßig bei MAYER gehört (Variationsrechnung mit Seminar, Dynamische Differentialgleichungen, Gewöhnliche Differentialgleichungen,
Analytische Mechanik, partielle Differentialgleichungen erster Ordnung); ferner
hat er von WS 1889/90 bis WS 1890/91 jedes Semester am von MAYER durchgeführten „Mathematischen Seminar" teilgenommen.

[2] HAUSDORFF ging im Sommersemester 1888 nach Freiburg; das folgende
Semester studierte er in Berlin. Er hatte offenbar die Absicht, sich vorher von
MAYER persönlich zu verabschieden.

# Karl Menger

## Korrespondenzpartner

KARL MENGER wurde am 13. Januar 1902 in Wien geboren. Sein Vater war der Nationalökonom und Mitbegründer der Grenznutzentheorie CARL MENGER (1840–1921), seine Mutter war eine bekannte Novellistin. MENGER studierte an der Universität Wien vor allem bei HANS HAHN von 1920 bis 1924. Nach der 1924 erfolgten Promotion ging er im März 1925 zu BROUWER nach Amsterdam. Er habilitierte sich 1926 und wurde 1927 Professor für Geometrie an der Universität Wien. Das akademische Jahr 1930/31 verbrachte er in den USA (Havard, Rice Institute). 1937 verließ er Österreich und wurde Professor an der University of Notre Dame, Indiana. Von 1946 bis zu seiner Emeritierung 1971 wirkte er am Illinois Institute of Technology in Chicago. Er starb am 5. Oktober 1985 in Highland Park, Illinois.

Bereits als Student entwickelte MENGER eine Dimensionstheorie für topologische Räume (kleine induktive Dimension oder MENGER-URYSOHN-Dimension; vgl. Band III dieser Edition, S. 840–864). 1928 publizierte er unter dem Titel *Dimensionstheorie* eine erste zusammenfassende Darstellung, welche auch seinen grundlegenden, später von seinem Schüler GEORG NÖBELING verallgemeinerten Einbettungssatz enthält (MENGER-NÖBELINGscher Einbettungssatz). 1932 erschien seine Monographie *Kurventheorie*. Zu seinen Studien über Kurven hatte ihn HAHN schon im ersten Semester angeregt. Eines der Resultate war die „MENGERsche Universalkurve", populär geworden unter der Bezeichnung „MENGERscher Schwamm", ein dreidimensionales Analogon der CANTOR-Menge. Ein Höhepunkt dieses Buches ist der MENGERsche $n$-Bogen-Satz, der heute unter der Bezeichnung „MENGER-Theorem" einer der fundamentalen Sätze der Graphentheorie ist. Auf MENGER geht die sog. metrische Geometrie zurück, d. h. die Einführung geometrischer Begriffe wie Krümmung von Kurven und Flächen oder geodätische Linien in metrischen Räumen. In diesen Ideenkreis gehören auch Sätze über isometrische Einbettungen metrischer Räume in Hilberträume. Besonders bekannt wurde MENGERs koordinatenfreie Definition der Krümmung. Auch die Anfänge der Theorie der probabilistischen metrischen Räume geht auf MENGER zurück; der Grundgedanke war die Ersetzung des Abstands $d(p,q)$ durch eine Verteilungsfunktion $F_{pq}(x)$, die die Wahrscheinlichkeit angibt, daß die Distanz zwischen $p$ und $q$ kleiner als $x$ ist. MENGER hatte breite philosophische Interessen. Er war Mitglied des Wiener Kreises um MORITZ SCHLICK und publizierte auch, angeregt durch die Auseinandersetzung mit dem Intuitionismus BROUWERs, über Mengenlehre und Grundlagenfragen der Mathematik. Auf ihn gehen erste Ansätze der Theorie der Fuzzy-Mengen zurück. In seinem Buch *Moral, Wille und Weltgestaltung* versuchte er, einfache mathematische Begriffe auf ethische Fragen anzuwenden. Dies war einer der Ausgangspunkte für JOHN VON NEUMANNs und OSKAR MORGENSTERNs Werk zur Spieltheorie. Auf seine didaktischen Bestrebungen zur Neuausrichtung des Analysis-Unterrichts geht sein Buch *Algebra of Analysis* zurück. Dort führte er die heute nach ihm benannten Algebren ein, die Anwendungen in der Logik und Geometrie fanden. Eine wissenschaftsorganisatorisch bedeutende Leistung MENGERs war die Einrichtung des Wiener Mathematischen Kolloquiums, in dem viele berühmte Mathematiker vortrugen; als Ergebnisbericht erschienen die von MENGER herausgegebenen *Ergebnisse eines mathematischen Kolloquiums*.

## Quelle

Der Brief befindet sich in der Rare Book, Manuscript and Special Collections Library, Duke University, Durham, North Carolina unter „Karl Menger Papers, Correspondence Box #1".

## Danksagung

Ein herzlicher Dank geht an Herrn BERNHARD BEHAM (Wien), der uns auf die Existenz dieses Briefes aufmerksam machte und eine Kopie besorgte. Wir danken ferner der Rare Book, Manuscript and Special Collections Library der Duke University für die Erlaubnis, den Brief hier abzudrucken.

**Brief** Felix Hausdorff $\longrightarrow$ Karl Menger

Bonn, Hindenburgstr. 61
20. 3. 29

Sehr geehrter Herr Kollege!

Für Ihren freundlichen Brief vom 6. 3. und für die zahlreichen Separata sage ich Ihnen den besten Dank. Diese Separata sind übrigens der Grund meiner etwas späten Antwort, da ich auf ihren Eingang wartete und erst vor einigen Tagen auf die Idee kam, dass sie wohl im Math. Seminar lagern würden.

In Ihrem Anerbieten einer Notiz für den Jahresbericht erkenne und anerkenne ich die Äusserung einer etwas zu weit getriebenen Loyalität und möchte lieber darauf verzichten, mit aller Dankbarkeit für die gute Absicht. Es würde für Unbeteiligte doch so aussehen, als ob ich Sie zu der Prioritätsfeststellung veranlasst und eine in jedem Fall nur kleine, vielleicht sogar *bestreitbare* Schuld einkassiert hätte; denn abgesehen davon, dass der Geist der deutschen Sprache Ihnen wie mir das Wort „Unmenge" eingegeben hat, sind meine sehr kurzen Bemerkungen doch mehr auf Vermeidung, die Ihrigen, ausführlichen, auf Besiegung der Antinomie gerichtet. Ich glaube Ihr Gewissen vollkommen beruhigen zu können, wenn ich Ihnen versichere, dass mir seiner Zeit bei der Lektüre Ihres Aufsatzes nicht einen Augenblick der Gedanke gekommen ist, dass ich an dem Wort Unmenge ein einklagbares Eigentumsrecht besässe. Also lassen wir die Sache, wie sie ist, nicht wahr? Ich nehme an, dass weder Sie noch ich unter unseren Fachgenossen für so arm gelten, um wegen einer Bagatelle in die Öffentlichkeit flüchten zu müssen. [1]

Übrigens freue ich mich, dass Sie die Sache erst jetzt bemerkt haben, weil Sie andernfalls – wie Sie schreiben – Ihre Publikation unterlassen hätten, und das wäre schade gewesen; denn Ihr Aufsatz ist ein hoffnungsvoller und mir sehr sympathischer Versuch, der Antinomie nicht durch ein generelles Verbot, sondern durch scharfe psychologische Einstellung auf den Punkt beizukommen, wo der Widerspruch *erwartungsgemäss* eintreten muss: nämlich, wenn man Unmengen wie Mengen behandelt. Wenn man nun noch ein Kriterion hätte, wann eine Gesamtheit eine Menge, wann eine Unmenge ist, wäre alles in bester Ordnung. [2]

Von Ihren andern „Grundlagen"-Arbeiten hat mir die über Verzweigungsmengen am meisten Vergnügen gemacht, weil ich dabei zum ersten Male den Brouwerschen Mengenbegriff verstanden habe. Wenn Sie es verwunderlich finden, dass die Analogie zwischen den Brouwerschen und den analytischen Mengen noch nirgends erwähnt wurde, so wird das wohl an der ganz unüberbietbaren Unverständlichkeit des Brouwerschen Mengenbegriffs liegen. [3]

Auch was Sie aus dem anscheinend so sterilen Begriff der Metrik herausgeholt haben, ist erstaunlich. Ihre Meisterleistung ist aber die Dimensionstheorie, bei der ich nur für eine – hoffentlich baldige – zweite Auflage Ihres Buches den Wunsch hätte, dass Sie durch formale (tatsächlich ja ohnehin schon vorhandene) Einschränkung auf metrische Räume die Darstellung vereinfachen und

verkürzen möchten; da Sie nicht an das Dogma von der allein seligmachenden
[4]  Topologie glauben, wäre das nur konsequent gehandelt.

Mit den besten Grüssen an Sie und die Wiener Mathematiker, insbesondere
an Hahn, Ihr ergebenster

F. Hausdorff

## Anmerkungen

[1]  In seiner Arbeit *Bemerkungen zu Grundlagenfragen II. Die mengentheoretischen Pardoxien*, Jahresbericht der DMV **37** (1928), 298–302, hatte MENGER folgende Betrachtung angestellt: Wenn $M$ eine endliche Menge natürlicher Zahlen ist, gibt es stets eine natürliche Zahl, die nicht in $M$ enthalten ist. Dieser Sachverhalt werde so ausgedrückt, daß man sagt, die natürlichen Zahlen bilden eine *unendliche* Menge. Ferner, wenn $M$ eine abzählbare Menge von Ordinalzahlen der zweiten Zahlklasse ist, so gibt es stets eine Ordinalzahl der zweiten Zahlklasse, die nicht in $M$ enthalten ist. Dies drücke man so aus, daß man sagt, die zweite Zahlklasse bilde eine *unabzählbare* Menge. Nennt man der Kürze halber eine Menge, die sich nicht selbst als Element enthält, normal, so kann man leicht zeigen: Zu jeder Menge $M$ normaler Mengen gibt es eine normale Menge, die nicht als Element in $M$ enthalten ist. In Analogie zu obiger Sprechweise wäre dann zu formulieren: Die normalen Mengen bilden eine *Unmenge*. Als weitere Beispiele für Unmengen führt MENGER die Gesamtheit aller Kardinalzahlen, die aller Ordinalzahlen und die aller Mengen an. Er argumentiert nun, daß man einen Widerspruch erhielte, wenn man z. B. von der endlichen Menge aller natürlichen Zahlen oder von der abzählbaren Menge aller Zahlen der zweiten Zahlklasse spräche. Ebenso erhält man einen Widerspruch, wenn man von der Menge aller normalen Mengen oder von der Menge aller Kardinalzahlen oder von der Menge aller Ordinalzahlen spricht. Die bekannten Antinomien haben also nach MENGER darin ihren Grund, daß man gewisse für Mengen gültige Sätze auf Unmengen ausdehnt.

Nun hatte MENGER offenbar nach Erscheinen seines Artikels bemerkt, daß das Wort „Unmenge" im Zusammenhang mit den Antinomien der Mengenlehre bereits von HAUSDORFF in seinem Buch *Mengenlehre*, Berlin 1927, verwendet worden war. Dort heißt es auf Seite 34:

> ··· da es zu jeder Menge von Kardinalzahlen eine noch größere gibt, so kann keine solche Menge *alle* Kardinalzahlen umfassen, und die „Menge aller Kardinalzahlen" ist undenkbar. Wir werden hier also vor die Tatsache gestellt, daß die Forderung, „alle" Dinge einer gewissen Art zu sammeln, nicht immer vollziehbar ist: wenn man sie alle zu haben glaubt, sind es doch nicht alle. Das Beunruhigende dieser Antinomie liegt nicht darin, daß sich ein Widerspruch ergibt, sondern daß man auf einen Widerspruch nicht gefaßt war: die Menge aller Kardinalzahlen scheint a priori so unverdächtig wie die Menge aller natürlichen Zahlen. Daraus entsteht nun die Unsicherheit, ob nicht auch andere, vielleicht alle unendlichen Mengen solche widerspruchbehafteten Scheinmengen, „Unmengen" sein mögen, und sodann die Aufgabe, diese Unsicherheit wieder zu beseitigen;

die Mengenlehre ist auf neuer (axiomatischer) Grundlage so aufzubauen, daß Antinomien ausgeschlossen sind. Wir können auf die dahin zielenden, von E. ZERMELO begonnenen und sicheren Erfolg versprechenden Untersuchungen in diesem Buche nicht eingehen und müssen unseren „naiven" Mengenbegriff festhalten.

MENGER glaubte nun, in einer Note im Jahresbericht auf HAUSDORFFs Priorität hinweisen zu sollen, was ihm HAUSDORFF mit diesem Brief offenbar erfolgreich ausgeredet hat.

[2] Ein axiomatischer Aufbau der Mengenlehre, der Unmengen im Sinne HAUSDORFFs oder MENGERs zuläßt, ist der Aufbau nach VON NEUMANN, BERNAYS und GÖDEL (NBG-Mengenlehre). In diesem System unterscheidet man Klassen und Mengen. Der Prozeß der Komprehension ist sozusagen in zwei Schritte zerlegt. Eine Zusammenfassung von Mengen einer bestimmten Eigenschaft ist immer vollziehbar; die entstehende „Gesamtheit" ist eine Klasse. In einem zweiten Schritt wird axiomatisch festgelegt, wann eine Klasse sogar eine Menge ist. Die „Unmengen" sind dann gerade Klassen, die keine Mengen sind. Der mengentheoretische Teil von NBG ist mit der ZERMELO-FRAENKEL-Mengenlehre ZF äquivalent (vgl. U. FELGNER (Hrsg.): *Mengenlehre*, Darmstadt 1979, S. 5).

[3] Die von HAUSDORFF angesprochenen „Grundlagen"-Arbeiten sind die MENGERschen Aufsätze *Bemerkungen zu Grundlagenfragen I–IV* im Jahresbericht der DMV **37** (1928). *I* (S. 213–226) hat den Untertitel *Über Verzweigungsmengen*. *II* ist der in Anm. [1] genannte Aufsatz. *III* (S. 303–308) trägt den Untertitel *Über Potenzmengen* und *IV* (S. 309–325) ist betitelt *Axiomatik der endlichen Mengen und der elementargeometrischen Verknüpfungsbeziehungen*. In dem ersten Aufsatz, den HAUSDORFF hier besonders erwähnt, hat MENGER sich bezüglich der analytischen Mengen (Suslin-Mengen) ganz auf HAUSDORFFs *Mengenlehre* gestützt. Es heißt dort in bezug auf die *Mengenlehre*:

Aus diesem Buche, in welchem von den mengentheoretischen Errungenschaften des letzten Jahrzehnts gerade die analytischen Mengen (Suslinschen Mengen) eingehende Berücksichtigung finden, stammt übrigens der Begriff der *abstrakten* analytischen Menge, während sonst bloß analytische Punktmengen untersucht wurden. (S. 213)

MENGER definiert in diesem Aufsatz den Begriff der Verzweigungsmenge ohne Rückgriff auf die intuitionistische Terminologie und führt den BROUWERschen Mengenbegriff darauf zurück. BROUWERsche Punktmengen des $\mathbb{R}^n$ entstehen aus dem allgemeinen BROUWERschen Begriff der Menge, wenn man als die zur Konstruktion benötigten erzeugenden Systeme gewisse Systeme aus abgeschlossenen Würfeln des $\mathbb{R}^n$ wählt. MENGER zeigt dann, daß jede BROUWERsche Punktmenge des $\mathbb{R}^n$ eine analytische Menge des $\mathbb{R}^n$ ist. Unter Benutzung des Satzes vom ausgeschlossenen Dritten gilt auch die Umkehrung: Jede analytische Menge des $\mathbb{R}^n$ ist eine BROUWERsche Punktmenge des $\mathbb{R}^n$.

[4]   Der erste Satz dieses Abschnitts bezieht sich vermutlich auf MENGERs umfangreiche Arbeit *Untersuchungen über allgemeine Metrik*, Math. Annalen **100** (1928), 75–163. Dann spielt HAUSDORFF darauf an, daß in MENGERs Buch *Dimensionstheorie* separable reguläre Räume zugrunde gelegt werden. Diese sind aber metrisierbar. MENGERs Buch scheint also allgemeiner zu sein als es ist und würde nach HAUSDORFFs Meinung dadurch gewinnen, wenn es von vornherein metrische Räume zugrunde legte (vgl. Band III dieser Edition, S. 801). Eine zweite Auflage ist allerdings nie erschienen. Ab 1941 war MENGERs Buch durch HUREWICZ, W.; WALLMANN, H.: *Dimension Theory*, Princeton 1941, überholt.

Die letzte Bemerkung über das „Dogma von der allein seligmachenden Topologie" erscheint merkwürdig aus der Feder eines Gelehrten, der 1914 in *Grundzüge der Mengenlehre* die allgemeine Topologie als eigenständige mathematische Disziplin selbst geschaffen und damit den in den zwanziger Jahren erfolgten starken Aufschwung dieser Wissenschaft erst ermöglicht hatte (vgl. Band II dieser Edition, S. 55–75). Andererseits hatte HAUSDORFF in den zwanziger Jahren den Eindruck gewonnen, daß für die meisten Anwendungen der abstrakten Raumtheorie die metrischen Räume genügten. So hatte er in seinem Buch *Mengenlehre* den topologischen Standpunkt fast vollständig verlassen und sich auf den Fall metrischer Räume konzentriert (vgl. dazu Band III dieser Edition, S. 15–19; ferner zur Reaktion der russischen topologischen Schule und den damit zusammenhängenden Merkwürdigkeiten der russischen Ausgabe der *Mengenlehre* ebd. S. 32–36).

# Franz Meyer

## Korrespondenzpartner

FRANZ MEYER wurde am 10. April 1880 in Erfurt geboren. Bereits als Gymnasiast las er das von FELIX HAUSDORFF unter dem Pseudonym PAUL MONGRÉ verfasste Buch *Sant' Ilario. Gedanken aus der Landschaft Zarathustras* sowie einige ebenfalls mit MONGRÉ unterzeichnete Aufsätze in der „Neuen Deutschen Rundschau (Freie Bühne)". Auf Wunsch seines Vaters begann MEYER, der nach dem Abitur eigentlich Malerei studieren wollte, in Erfurt eine kaufmännische Ausbildung. Nach dieser Ausbildung führte er in Wien ein ungebundenes Leben, saß in Kaffeehäusern, reiste viel und las JEAN PAUL, WILHELM RAABE, THEODOR STORM, ARTHUR SCHOPENHAUER und vor allem FRIEDRICH NIETZSCHE. Zum Wintersemester 1903/04 ließ sich MEYER an der Universität Jena immatrikulieren, wo er vor allem literaturhistorische und philosophische Vorlesungen hörte. Seine wichtigsten Lehrer waren die Philosophen OTTO LIEBMANN (1840–1912) und MAX SCHELER (1874–1928). Finanzielle Engpässe zwangen MEYER, sein Studium bereits nach vier Semestern abzubrechen und am 13. November 1905 als Volontär in die Universitätsbibliothek Jena einzutreten. Sechs Wochen später wurde er als wissenschaftliche Hilfskraft eingestellt und übernahm dann Schritt für Schritt verantwortungsvollere Aufgaben in der Bibliothek. Neben seiner Tätigkeit als Bibliothekar lehrte MEYER in den 1920er Jahren an der Jenaer Volkshochschule Philosophie und schrieb gelegentlich für die „Jenaische Zeitung". 1933 schied er krankheitshalber aus dem Bibliotheksdienst aus. Die schwere Krankheit war nur vorgeschoben; MEYER ließ sich in den Ruhestand versetzen, um unabhängig zu bleiben und allen politischen Loyalitätsbekundungen aus dem Wege zu gehen. Er zog sich in ein winziges Häuschen (12 qm) in einem verwilderten Garten in Lobeda bei Jena zurück und führte 40 Jahre lang ein stilles Künstler- und Gelehrtenleben. In Saaleck und Weimar nahm er bei HUGO GUGG (1878–1956) Zeichenunterricht, zeichnete und malte, übersetzte aus dem Englischen, veröffentlichte literarhistorische Skizzen und regionalgeschichtliche Studien. MEYERS vielfältige Interessen widerspiegeln sich auch in den Korrespondenzen, die er führte. In seinem Nachlaß liegt eine umfangreiche Briefsammlung, zu der neben den HAUSDORFF-Briefen auch Schreiben von STEFAN ANDRES (1906–1970), ALEXANDER CARTELLIERI (1867–1955), OTTO DOBENECKER (1859–1938), JULIUS GROBER (1875–1971), ROMANO GUARDINI (1885–1968), WILHELM HAUSENSTEIN (1882–1957), MARTIN HEIDEGGER (1889–1976), PAUL HEYSE (1830–1914), RICARDA HUCH (1864–1947), LUDWIG KLAGES (1872–1956), THEODOR MEYER-STEINEG (1873–1936), HERMAN NOHL (1879–1960), FRANZ OVERBECK (1869–1909), WILHELM RAABE (1831–1910), BENNO REIFEBERG (1892–1970) und THORNTON WILDER (1897–1975) gehören. FRANZ MEYER verstarb am 26. Oktober 1973 in Jena.

## Quelle

Die Briefe FELIX HAUSDORFFs an FRANZ MEYER befinden sich im Nachlaß FRANZ MEYER in der Thüringer Universitäts- und Landesbibliothek Jena unter der Signatur ThULB Jena, Nachlaß MEYER, Kasten 1.

## Bemerkungen

HAUSDORFFs Briefe an FRANZ MEYER wurden bereits veröffentlicht: UWE DA-THE: *„Philosophie als eigene Antwort auf die Frage Welt".* *Briefe Felix Hausdorffs an Franz Meyer.* NTM. Zeitschrift für Geschichte der Wissenschaften, Technik und Medizin N. S. **15** (2007), 137–147.

## Danksagung

Wir danken der Thüringer Universitäts- und Landesbibliothek Jena für die Genehmigung zum Abdruck der Schriftstücke. Ein herzlicher Dank geht an Herrn Dr. UWE DATHE (Jena), der die Briefe entdeckte, sie der HAUSDORFF-Edition zur Verfügung stellte und der auch die Kurzbiographie von FRANZ MEYER und die Kommentare beisteuerte.

**Postkarte** FELIX HAUSDORFF ⟶ FRANZ MEYER

Leipzig, Lortzingstr. 13
8/2 04

Sehr geehrter Herr,    Wenn Sie kein sonstiger Grund nach L. führt (in welchem Falle ich unter allen Umständen um Ihren Besuch bitte), sondern Sie nur meinetwegen kommen wollen, so wäre mir die *nächste* Woche bedeutend lieber. Bestimmen Sie, bitte, einen Tag; soviel ich voraussehe, ist mir jeder gleich recht.

Nach Ihren Briefen kann ich mir Sie schon ungefähr construiren. Bedenklicher und der Enttäuschung ausgesetzter ist das vergrösserte Bild, das Sie Sich von mir entworfen haben. Vielleicht thun Sie gut, Ihren Enthusiasmus *vorher* um einige Scalen herabzustimmen!

Herzlich grüsst                    Ihr ergebener                    Felix Hausdorff

**Brief** FELIX HAUSDORFF ⟶ FRANZ MEYER

Leipzig, Lortzingstr. 13
22. Febr. 1904

Sehr geehrter Herr,

Die erste Probe von Menschlichkeit, die ich Ihnen gegeben habe, indem ich Ihren Brief beinahe ein Vierteljahr unbeantwortet liess, dürfte mein Bild in Ihrem Geiste nicht merklich verschönert haben. Ich bitte Sie aufrichtig um Verzeihung dieses Versäumnisses, an dem stimmungmordende Semesterarbeit, verbunden mit häuslichem Besuch, gesellschaftlichen Verpflichtungen und sonstigen antiphilosophischen Dingen die Schuld trägt. Vielleicht hätte ich mich auch jetzt noch nicht zur Antwort aufgerafft, wenn nicht der Semesterschluss nahe bevorstände und ich fürchten müsste, Ihre Adresse auf Nimmerwiedersehen zu verlieren. Ich hoffe ernstlich, dass mein Brief nicht zu spät für Sie kommt – nicht in dem Sinne, dass von meinem Rath sachlich viel für Sie abhängen könnte, sondern einfach so, dass der persönliche Widerhall, auf den Sie durch Ihr vertrauendes Bekenntniss ein Recht hatten, Sie noch erreicht und sein langes Ausbleiben Sie nicht enttäuscht und entmuthigt habe. Wenn ich daran den Wunsch knüpfe, dass Sie mit mir in Contact bleiben mögen, so bitte ich im Voraus, Sich niemals durch das langsame Tempo meiner Briefstellerei beirren zu lassen. Gerade dies erste Mal hätte ich freilich von dieser meiner unberechtigten Eigenthümlichkeit noch keinen Gebrauch machen sollen.

Aber lassen wir endlich die erste Verlegenheit und wenden uns zur zweiten: welchen Rath soll ich Ihnen geben? Sie wollen Philosoph werden. Wenn ich das wörtlich nehme und an den wissenschaftlichen Philosophen, den Fachphilosophen denke, so kann ich Ihnen mich selbst nur als abschreckendes Gegenbeispiel empfehlen. Eine Tendenz oder Entwicklungslinie, die für mich persönlich viel bedeutete und einzig, nothwendig schien, aber von aussen gesehen doch Zufall war, hat mein sporadisches philosophisches Wissen bestimmt: von Wagner zu Schopenhauer, von da zurück zu Kant und vorwärts zu Nietzsche, dazu von der Mathematik her einige Berührungen mit der Philosophie der exacten Wissenschaften – das ist Alles! Dieselbe Rathlosigkeit vor der Fülle der Gesichte, die Sie empfinden, habe auch ich empfunden, dieselbe Unlust, um des wenigen Assimilirbaren willen mich in die Sprache, die Voraussetzungen, die Rücksichten und Absichten eines fremden Kopfes und einer fremden Zeit zu vertiefen: und derselben Versuchung wie Sie, von der Fachphilosophie zum Lebendigen, zu Kunst, Dichtung, Musik, Kulturgeschichte abzugleiten, habe auch ich nachgegeben. Also: so zu werden wie ich, das könnte Ihnen schon gelingen, aber Philosoph im wissenschaftlichen Sinne sind Sie damit nicht, und ich weiss nicht, ob Sie Sich mit dem Bewusstsein des Dilettantismus so gleichmüthig abfinden werden wie Ihr Vorbild.

[1]

Vielleicht aber habe ich Sie falsch verstanden: Sie wollen Philosoph *werden* – das könnte ja bedeuten, dass Sie es im tiefsten Grunde schon *sind*, dass Sie schon das Flügelbrausen eines grossen herrschenden Gedankens über Sich spüren, der Sie zum Verkünder will. Philosophie als eigene Antwort auf die Frage Welt, nicht als Wissen um die Antworten, die andere Seelen vor Ihnen gegeben haben: das könnte ja das Ziel sein, das Ihnen vorschwebt und nur verdeckt erscheint durch tausenderlei Zwischenwerk und Hülfswissenschaft, durch alle die Techniken und Vorbedingungen, mit denen der neue Gedanke sich die neue Sprache schafft. Wenn dies der Fall ist, wenn Sie für Ihre persönlichste Art, auf Welt und Dinge zu reagiren, – die Ihnen natürlich noch nicht einmal bewusst geworden sein muss – einen Ausdruck suchen, so könnte ich Ihnen eher einen Rath geben. Freilich müsste ich Sie dazu noch etwas besser kennen. Wenn Sie Ihre Heimreise von Jena über Leipzig führt, oder wenn Sie auch sonst es ermöglichen können, mich in den Osterferien zu besuchen, so könnten wir einmal de omnibus rebus et quibusdam aliis eine Stunde oder mehr verplaudern. Ich würde mich aufrichtig freuen, einen Menschen von Angesicht zu Angesicht zu begrüssen, für dessen Ernst und Leidenschaft in geistigen Dingen ich ein so beweiskräftiges – nebenbei für mich selbst so ehrenvolles – Document in Händen habe.

[2]

[3]

[4]

Mit herzlichen Grüssen bin ich

Ihr ergebenster
Felix Hausdorff

## Anmerkungen

[1]  Der Brief an MEYER vom 22. 2. 1904 ist eines der wichtigsten biographischen Selbstzeugnisse HAUSDORFFs. Er schildert hier seinen ganz individuellen Weg zur Philosophie; von diesem Selbstzeugnis hat sich EGBERT BRIESKORN bei der Darstellung der geistigen Entwicklung des Studenten FELIX HAUSDORFF im Kapitel 3 seiner Biographie HAUSDORFFs leiten lassen (vgl. Band I B dieser Edition).

Die Beziehungen von Mathematik und Philosophie sind besonders für HAUS-
DORFFs erkenntniskritischen Versuch *Das Chaos in kosmischer Auslese* ([H
1898a]) von Bedeutung. Hier wird insbesondere versucht, das damals ganz neue
mengentheoretische Denken für den philosophischen Diskurs fruchtbar zu machen. Im Vorwort des Werkes heißt es im Hinblick auf die Rolle der Mathematik:

> Damit endlich, dass ich unterlassen habe, meine Gedanken in den histo-
> rischen Zusammenhang des bisher Gedachten einzureihen, beraube ich
> mich selbst der Möglichkeit, diese Gedanken als absolut neu zu verbürgen.
> Wenn ich trotzdem in Bezug auf meine Priorität eine ziemliche Gewiss-
> heit (und jedenfalls das beste Gewissen) habe, so befestigt mich darin
> das Wesen der mir eigenthümlichen Betrachtungsweise, die nicht ohne
> Beeinflussung durch die Mathematik geblieben ist, [···] Ich würde es
> als einen erfreulichen Erfolg dieser Schrift begrüssen, sollte es mir gelin-
> gen, die Theilnahme der Mathematiker für das erkenntnisstheoretische
> Problem und umgekehrt das Interesse der Philosophen für die mathema-
> tischen Fundamentalfragen wieder einmal lebhaft anzuregen; hier sind
> Grenzgebiete zu betreten, wo eine Begegnung beider Wissenschaften un-
> vermeidlich und die Ablegung des bisher gegenseitig gehegten Misstrau-
> ens unbedingte Nothwendigkeit ist. ([H 1898a], S. IV–V; Band VII dieser
> Edition, S. 592–593)

Einige Berührungspunkte zwischen Mathematik und Philosophie finden sich
auch schon in *Sant' Ilario. Gedanken aus der Landschaft Zarathustras* ([H
1897b]) im Abschnitt „Zur Kritik des Erkennens" (S. 319 ff.), ferner später in
HAUSDORFFs Antrittsvorlesung *Das Raumproblem* ([H 1903a]) sowie in einer
Reihe einschlägiger Papiere aus dem Nachlaß, die im Band VI dieser Edition
„Geometrie, Raum und Zeit" abgedruckt sind.

[2]   Sowohl den im vorigen Absatz des Briefes erwähnten Dilletantismus als
auch „das Flügelbrausen eines großen herrschenden Gedankens" thematisiert
HAUSDORFF, auf sich selbst bezogen, in der Vorrede zu *Das Chaos in kosmischer Auslese*:

> Wer sich entschliesst, das uralte Problem vom transcendenten Weltkern
> noch einmal in Angriff zu nehmen, wird im Allgemeinen vor dem Ver-
> fasser dieser Schrift Vieles voraushaben. Er wird die Befugniss, in diesen
> Dingen mitzureden, als anderwärts erworbene fertig mitbringen, während
> sie mir erst auf Grund meines Buches zu- oder abgesprochen werden
> kann. Er wird Philosoph von Fach sein, der nicht zu sein ich um so mehr
> bedaure, als ich selbst über verbreitete Formen des philosophischen Dil-
> letantismus ein scharfes Urtheil fällen muss; damit hoffe ich gegen den
> Verdacht geschützt zu sein, als wolle ich aus der Noth eine Tugend, aus
> meiner Laienschaft ein Anzeichen höherer Berufung machen. Er wird vor
> allem Fühlung mit den Hauptwerken der Erkenntnisstheorie haben und
> mit dem heutigen Stande dieser Wissenschaft soweit vertraut sein, dass
> er seine eigene Lösung nicht nur als subjectiven Einfall aus sich her-
> ausspinnen, sondern auch zwischen ihr und den bisherigen Lösungen die
> Fäden geistiger Beziehung zu knüpfen vermag. Das ist der gewöhnliche

Weg, an ein wissenschaftliches Problem heranzutreten, und ich selbst bin der Letzte, der ein willkürliches und häufiges Verlassen dieses Weges, ein Improvisiren auf eigene Hand und ohne Anschluss an das Bestehende, für erspriesslich hielte. Aber setzen wir einmal den umgekehrten Fall: nicht ich trete an das Problem heran, sondern das Problem an mich! Ein Gedanke blitzt auf, der ungeheure Folgerungen zuzulassen scheint, verwandte Gedanken krystallisiren sich an: ein ganzer grosser philosophischer Zusammenhang entschleiert sich vor Demjenigen, der von Berufswegen gar nicht und durch persönliche Liebhaberei nur ungenügend zur Erfassung und Darstellung solcher Zusammenhänge ausgerüstet ist! Welcher Eigensinn von diesem Problem, sich ausserhalb des Faches seinem Löser aufzudrängen! ([H 1898a], S. III–IV; Band VII dieser Edition; S. 591–592)

[3] „Philosophie als eigene Antwort auf die Frage Welt" – das ist der Kern von HAUSDORFFs programmatischem Pseudonym: „Mongré" bedeutet so viel wie „mein Geschmack, meine Meinung, mein Wunsch und Wille"; vgl. dazu Band VII dieser Edition, S. 21–25.

[4] wörtlich: „über alle Dinge und einige weitere"; im übertragenen Sinne: „über alles und jedes", „über Gott und die Welt".

## Ansichtskarte FELIX HAUSDORFF ⟶ FRANZ MEYER
### Die Karte zeigt die Sellatürme in den Dolomiten
### Poststempel vom 14. 6. 1904, Leipzig

14. Juni

Lieber Herr Anhänger, Ich möchte Ihnen wieder ein Lebenszeichen senden und finde nur zu diesem Zeit. Ihr Pfingstbrief, in dem Sie reichlich apostelmässig und mit Feuerzungen redeten, verdiente eigentlich eine ergiebigere
[1] Antwort. Was ich Ihnen sagen könnte, sagt besser diese Dolomitwand, die sich auf Morgenlicht, silberne Klarheit, weltüberschauende Heiterkeit noch mehr versteht als mein S. Ilario.
Herzliche Grüsse, auch von meiner Frau Ihr FHausdorff

### Anmerkung

[1] Postkarte mit Reproduktion nach Naturfarbenfotografie: Die Dolomiten: Sellatürme, Abendstimmung.

**Ansichtskarte**  FELIX HAUSDORFF ⟶ FRANZ MEYER

Die Karte zeigt eine Ansicht von Bad Elgersburg       [1]

Poststempel vom 12. 8. 1905

Lieber Herr Meyer, ich muss Ihnen doch endlich sagen, wie sehr mich Ihr letzter Brief gefreut hat. Sie sind erfinderisch in zarten Dingen und verstehen auf eine vornehme Art Verehrung auszudrücken. – 

Wie Sie sehen, bin ich in Ihrem Heimathlande Thüringen, diesmal weniger nach grosser Landschaft als nach guter Luft und Ruhe *zum* Arbeiten begierig; ich habe mathematisches Zeug vor, das mich selbst in den Ferien nicht loslässt.   [2] Ich bin nun schon ziemlich resignirt, ob wieder einmal ein Anruf aus höherer Sphäre kommen wird. – Haben Sie einen überflüssigen Tag, so besuchen Sie mich und meine Frau doch! Wir sind uns seit langem ein Rendezvous schuldig!

Herzlich grüsst Ihr

Felix Hausdorff

*Elgersburg*, Hôtel Herzog Ernst

## Anmerkungen

[1] Elgersburg ist eine Gemeinde am Nordrand des Thüringer Waldes im heutigen Ilm-Kreis. Der Ort besitzt ein sehenswertes Schloß und war seit Mitte des 19. Jahrhunderts ein beliebter Kur- und Erholungsort. Zum historischen Bad Elgersburg vgl. BARWINSKI, OSKAR VALERIUS: *Bad Elgersburg im Thüringer Wald mit seiner nächsten und weiteren Umgebung.* 8. Aufl., Gotha 1892.

[2] Neben seinem schon 1901 begonnenen Studium der geordneten Mengen bereitete HAUSDORFF zu dieser Zeit vermutlich seine im Wintersemester 1905/ 06 gehaltene Vorlesung *Einführung in die Theorie der continuirlichen Transformationsgruppen* vor (NL HAUSDORFF, Kapsel 5, Faszikel 20; Wiederabdruck im Band IV dieser Edition, S. 431–460), aus der seine Publikation [H 1906a] hervorging. Das Hauptergebnis dieser Arbeit ist die heute nach BAKER, CAMPBELL und HAUSDORFF benannte Formel (vgl. dazu den Kommentar von W. SCHARLAU zu [H 1906a] im Band IV dieser Edition, S. 461–465).

**Postkarte**  FELIX HAUSDORFF ⟶ FRANZ MEYER

Poststempel vom 13. 4. 1908, Leipzig

Lieber Herr Meyer,   herzlichen Dank für Ihren Erstling! Ich sehe mit Vergnügen, [1] dass Sie meinen Rath befolgt und auf ein begrenztes Thema Ihre Kraft oder einen Theil davon concentrirt haben; Sie werden erst später das Hygienische [2] dieses Verfahrens spüren – im Gegensatz zum uferlosen Aphorismenschreiben, das sich mit späterer Unfruchtbarkeit bezahlt macht (crede experto!) Herzliche [3] Ostergrüsse von mir und meiner Frau; auf baldiges Wiedersehen!

Ihr FHausdorff

# Anmerkungen

[1]  FRANZ MEYER: *Friedrich von Nerly*. Mitteilungen des Vereins für die Geschichte und Altertumskunde von Erfurt, Heft 28 (1907), S. 45–144; MEYER wird HAUSDORFF die separat erschienene Ausgabe, Erfurt 1908, geschickt haben. NERLY (1807–1878), ein aus Erfurt stammender Maler, war zu Lebzeiten einer der deutschen Künstler, die es in Italien zu Ansehen gebracht hatten. Einige seiner italienischen Veduten wurden von prominenten Sammlern und großen Galerien gekauft. Die große Anzahl eher mittelmäßiger Werke ließ NERLY aber schnell in Vergessenheit geraten. MEYER weist mit feinen Strichen auf die verborgenen Schätze in NERLYs Werk hin und feiert ihn als einen Künstler der südlichen Sonne. Dem Italien-Liebhaber HAUSDORFF wird die mediterrane Stimmung der Arbeiten NERLYs und der Monographie MEYERs gefallen haben.

[2]  MEYER hat nicht nur HAUSDORFFs Rat für seine eigene Arbeit befolgt, sondern sich auch bei seiner Würdigung von NERLYs künstlerischem Gesamtwerk davon leiten lassen. NERLY, so MEYER, hätte bedeutende Werke schaffen können, hätte er sein Talent nicht so sehr vergeudet:

> Ihm fehlt wohl hauptsächlich die innere Muße, die Beschränkung auf ein Gebiet, die daraus resultierende Fähigkeit, an vielen Dingen der sichtbaren Welt gleichgültig vorüber zu gehen. (S. 89 der Separatausgabe)

[3]  crede experto! – glaube dem Fachmann!


### Ansichtskarte  FELIX HAUSDORFF ⟶ FRANZ MEYER
Ansicht des Tempio di Castore e Polluce in Rom
Poststempel vom 24. 12. 1908, Leipzig

Lieber Herr Meyer,    herzlichen Dank für Ihre Weihnachtsgrüsse, die wir bestens erwidern. Ich habe unverzeihlicher Weise Ihren Laclos noch (sogar nicht einmal ganz gelesen); wenn Sie seiner bedürfen, so ziehen Sie die Nothleine! – Also die Production schon eingestellt? Du lieber Gott, ich bin schon so weit, auch die Reception einzustellen. Rom, Neapel gleitet ohne Seelentumult vorüber. Winterschlaf, ohne Stoffwechsel, ganz eingeschneit in reine Mathematik. Herzlichen Gruss!

Ihr FHausdorff

# Anmerkungen

[1]  PIERRE AMBROISE FRANÇOIS CHODERLOS DE LACLOS: *Les Liaisons dangereuses*, Amsterdam/Paris 1782 (die Erstauflage erschien anonym). MEYER wird HAUSDORFF eine der beiden deutschen Ausgaben geliehen haben: *Gefährliche Liebschaften*. Aus dem Französischen von FRANZ BLEI, München 1901, oder *Gefährliche Freundschaften*. Aus dem Französischen von HEINRICH MANN, Leipzig 1905.

[2] Diese Passage ist ebenfalls ein wichtiges biographisches Selbstzeugnis HAUS-DORFFs insofern, als er hier durchblicken läßt, daß die Ära seiner philosophisch-literarischen Produktion im wesentlichen vorbei ist und daß er nun ganz in der mathematischen Forschung aufgeht. Die hier benutzte sprachliche Wendung „ohne Stoffwechsel, ganz eingeschneit in reine Mathematik" deutet an, daß er diesen Wandel sehr wohl als Einengung, als gewisse Abkopplung vom pulsierenden geistigen Leben empfand. Nach diesem Datum erschienen nur noch einige kleinere Essays ([H 1909c], Band VIII dieser Edition, S. 691–695; [H 1910a], Band VIII, S. 723–727; [H 1910b], Band VIII, S. 743–746; [H 1913], Band VIII, S. 757–758). Mathematisch arbeitete er zu dieser Zeit vermutlich an speziellen Untersuchungen aus der Theorie der geordneten Mengen, welche in die Publikation *Die Graduierung nach dem Endverlauf* ([H 1909a]) mündeten. Diese Arbeit enthält tiefliegende bis heute aktuelle Resultate HAUSDORFFs (vgl. dazu: VLADIMIR KANOVEI: *Gaps in partially ordered sets and related problems*. Commentary to [H 1909a] and [H 1936b], Band I dieser Edition).

**Postkarte** FELIX HAUSDORFF ⟶ FRANZ MEYER
Poststempel vom 28. 11. 1910

Bonn, Händelstr. 18
Lieber Herr Meyer! Herzlichen Dank für Ihre guten Worte über Raabe. Denken [1]
Sie, wir leben hier so ausserhalb von Zeit und Zeitung, dass ich erst aus Ihrem Nekrolog den Tod des alten Herrn erfuhr. Ich liebte ihn sehr, aber mit dem Gefühl, mich ihm nur selten nähern zu dürfen. Ein Gefühl, das bei mir natürlich nicht gegen ihn, sondern gegen mich sprach. – – Ihren missglückten Besuch in Leipzig bedauern wir sehr. Kommen Sie nicht einmal an den Rhein? Bonn liegt nicht im Kohlenrevier!

Herzlichst Ihr F. H.

**Anmerkung**

[1] Dies bezieht sich auf MEYERs Nachruf auf WILHELM RAABE, der unter dem Pseudonym CONSTANTIUS in der „Jenaischen Zeitung" vom 25. November 1910 erschienen ist.

**Ansichtskarte** FELIX HAUSDORFF ⟶ FRANZ MEYER
Die Karte zeigt die Piazza Colonna in Rom

Greifswald, Graben 5
4. Jan. 1916

Lieber Herr Meyer, haben Sie vielen herzlichen Dank für Ihren Neujahrsglück-
wunsch, den wir ebenso erwidern. Ihre Anhänglichkeit und Treue ist feuerfester
[1] als die der Herrschaften auf umstehender Piazza. Dass uns nun die Landschaft
Zarathustras ein Jahrzehnt verboten bleibt, nimmt dem Leben einen wesentli-
[2] chen Reiz! – Ich fange jetzt an, Ihren geliebten Raabe einmal im Zusammenhang
[3] zu lesen [seit es eine Gesamtausgabe giebt].
Mit herzlichen Grüssen                                                        wie immer Ihr F. H.

### Anmerkungen

[1]  HAUSDORFF spielt hier auf den Kriegseintritt Italiens auf Seiten der Entente an. Italien gab am 23. Mai 1915 seine Neutralität auf und erklärte Öster-
reich-Ungarn den Krieg; die Kriegserklärung an das Deutsche Reich erfolgte
erst am 28. August 1916.

[2]  HAUSDORFFs Aphorismenband *Sant' Ilario* ([H 1897b]) trägt den Untertitel *Gedanken aus der Landschaft Zarathustras*. Dieser Untertitel spielt zunächst
darauf an, daß HAUSDORFF sein Buch während eines Erholungsaufenthaltes an
der ligurischen Küste um Genua vollendet hat und daß FRIEDRICH NIETZSCHE
in eben dieser Gegend die ersten beiden Teile von *Also sprach Zarathustra*
schrieb; er spielt natürlich auch auf die geistige Nähe zu NIETZSCHE an. Zur
Kirche „Sant' Ilario" unweit des genuesischen Nervi und zur Beziehung NIETZ-
SCHES zu dieser Gegend s. WERNER STEGMAIER: *Einleitung des Herausgebers*,
Band VII dieser Edition, S. 1–83, dort S. 26–31.

[3]  WILHELM RAABE. *Sämtliche Werke*. 18 Bände, Berlin-Grunewald 1913–
1916.

**Brief** FELIX HAUSDORFF ⟶ FRANZ MEYER

Greifswald, 5.5.17

Lieber Herr Meyer,
    Ich möchte Ihnen gern ein Wort herzlicher Theilnahme sagen. Mir scheint,
Sie dürfen Sich glücklich preisen, dass Sie Ihre Mutter so lange behalten durften
und dass sie nach kurzem Leiden einen sanften Tod gefunden hat.
    Meine Mutter starb im 54. Lebensjahr an einem schweren Herzleiden, das
in den letzten Wochen auch ihren Geist trübte. Ich habe noch heute, nach

fünfzehn Jahren, bisweilen Schreckträume, in denen mir plötzlich auf die Seele
fällt, dass ich seit Jahren nichts von ihr gehört habe und nicht wisse, wo sie
sich, allein und hülflos, in der Welt befindet.

Vielleicht ist das eine in Traumformen verhüllte Erinnerung an Augenblicke,
wo ich nicht gut zu ihr war oder wo sie es wenigstens so empfand. Sie waren gewiss (nach dem Wenigen, was ich von Ihnen weiss) immer gut zu Ihrer Mutter.
Ich glaube, ich war es auch zu der meinigen; aber gegenüber dem unwiderbring-
lich Verlorenen beurtheilt man sich selbst nach unmöglichen und ungerechten
Massstäben.                                                                                      [1]

Nun sind Sie noch einsamer als zuvor, und die Einsamkeit ist eine Gefahr;
denken Sie auch daran!

    Herzlichst                      Ihr

                                       F. Hausdorff

## Anmerkung

[1]  HAUSDORFFs Mutter HEDWIG HAUSDORFF, geb. TIETZ, geb. am 26. Mai
1848, verstarb in Leipzig am 5. Dezember 1902.

Es gibt nur wenige Briefe HAUSDORFFs, in denen er persönliche Gefühle
preisgibt. Dieser Brief an MEYER zeigt, daß sich MEYER und HAUSDORFF
auch persönlich nahe gekommen sind.

    **Brief** FELIX HAUSDORFF $\longrightarrow$ FRANZ MEYER

                                                         Bonn, 6. 12. 38
Lieber Herr Meyer!

Ihr Glückwunsch war die allergrösste Überraschung, die ich an meinem Geburtstag erlebt habe! Ich hatte Ihr mehr als viertelhundertjähriges Verschwinden aus meinem Gesichtskreis mit allen möglichen Ursachen, sogar mit
dem Weltkrieg in Verbindung gebracht. Wie schön, dass Sie noch leben und an
mich denken! Wenn ich Ihnen einst etwas gewesen bin, was des Dankes wert bin     [1]
[sic!], so habe jetzt ich Ihnen zu danken für die Grüsse aus einer lichten Vergangenheit, die Sie mit der reizenden Zeichnung der Zypressen von Sant' Ilario
Ligure so wirksam symbolisieren. Im Herbst vorigen Jahres war ich mit meiner     [2]
Frau noch einmal in S. Margherita; am 26. Oktober gingen wir bei melancho-
lischem Abschiedswetter die Strandpromenade von Nervi auf und nieder. So
schliessen sich Anfang und Ende zu einer Kette zusammen, deren ewige Wiederkunft ich aber nicht mehr wünsche. Erinnerungen können schön sein, aber kein
Ersatz für Hoffnungen; ich bin auf Dantes „nessun maggior dolor[e]" gestimmt.     [3]
Wenn ich damit etwa meine Philosophie verleugne, so verleugne ich nicht minder meine philosophischen Vorbilder. Finden Sie nicht auch, dass Zarathustras
Meinung, Europa würde an einer Hysterie des Mitleids zugrunde gehn, eine
etwas verfehlte Prognose war?                                                                    [4]

Diese Zeilen, die Sie nicht erheitern werden, sind kein Äquivalent für die Freude, die mir Ihr Brief gebracht hat. – Grüsse aus Jena von Ihnen sind mir nicht bestellt worden, sonst wäre ich von Ihrem Lebenszeichen nicht so überrascht gewesen.

Meine Frau und ich grüssen Sie sehr herzlich! Ihr F. H.

[5] Meine Tochter lebt in Ihrer nächsten Nähe; ihr Gatte Dr. Arthur König (Jena, Reichardstieg 14) ist bei Zeiss.

## Anmerkungen

[1] Warum nach 1917, anscheinend auf beiden Seiten, das Interesse erlahmte und die Verbindung für mehr als 20 Jahre ganz abbrach, ist nicht bezeugt. Eine Erklärung wäre die Schwierigkeit des persönlichen Kontaktes über die größere Entfernung und das Auseinanderdriften der Interessen. HAUSDORFF war als Ordinarius mehr denn je „ganz eingeschneit in reine Mathematik". MEYER las immer seltener NIETZSCHE und beschäftigte sich in den zwanziger Jahren intensiv mit LUDWIG KLAGES, MAX SCHELER und HENRY DAVID THOREAU. Seine Erinnerungen an HAUSDORFF waren aber immerhin so lebendig, daß er ihm zum 70. Geburtstag gratulierte. Da MEYER den Nationalsozialismus ablehnte und wußte, wie die Juden unter dem Regime zu leiden hatten, war sein Glückwunsch vielleicht auch als ein Zeichen der Solidarität gedacht.

[2] Wie sehr die Zypressen von Sant' Ilario Ligure HAUSDORFFs Streben nach Klarheit, Heiterkeit und Freiheit symbolisieren, verdeutlichen auch die Bezüge auf sie in seinem Werk. Er erinnert sich ihrer in der „Vorrede" zu *Sant' Ilario* und in dem Sonett „Sant' Ilario" in dem Gedichtband *Ekstasen* ([H 1900a], S. 117, Band VIII dieser Edition, S. 125).

MEYER hat von den Orten, die er im Laufe seines Lebens gesehen hat, Ansichtskarten aufgehoben. Auf den Rückseiten hat er festgehalten, wann er dort war und gegebenenfalls mit wem er dort war; manchmal hat er auch seine dortigen Empfindungen beschrieben. Es gibt im Nachlaß auch eine Ansichtskarte mit der Aufnahme einer Zypressenreihe. Die aufgedruckte Beschreibung der Ansicht lautet: „Riviera di Levante – Nervi, cipressi". Auf die Schreibseite hat MEYER notiert: „1905 April vgl. Paul Mongré [Felix Hausdorff] Sant' Ilario 1897" und dann hat er noch hinzugefügt: „Mit Frau in den Tod gegangen 1945". (Das richtige Sterbedatum ist der 26. Januar 1942).

[3] Im 5. Gesang der „Hölle" von DANTEs *Göttlicher Komödie* heißt es:

E quella a mea: Nessun maggior dolore
che ricordasi del tempo felice
ne la miseria; e ciò sa l tuo dottore.
(Verse 121–123)

In der Übertragung von KARL VOSSLER: „Sie sprach: Im Elend sich vergangnen Glückes erinnern müssen, ist der größte Schmerz. Das weiß so gut wie ich dein Führer dort."

[4]  In NIETZSCHEs *Also sprach Zarathustra* läßt sich die Wortverbindung
„Hysterie des Mitleids" nicht nachweisen. HAUSDORFF bezog sich hier wahrscheinlich frei auf Gedanken NIETZSCHEs zur Rolle des Mitleids in der europäischen Kultur, die in dessen Werk an vielen Stellen vorgebracht werden,
besonders prägnant in der Vorrede von *Zur Genealogie der Moral*, wo NIETZ-
SCHE schreibt, daß er die „immer mehr um sich greifende Mitleids-Moral, welche selbst die Philosophen ergriff und krank machte, als das unheimlichste
Symptom unsrer unheimlich gewordnen europäischen Cultur" verstanden habe.
(G. COLLI; M. MONTINARI (Hrsg.): *Nietzsche Werke. Kritische Gesamtausgabe*, Band VI.2, S. 264). Detailliertere Ausführungen zum Mitleid bei NIETZSCHE
finden sich in Anmerkung [8] zum Brief HAUSDORFFs an JOHANNES KÄFER in
diesem Band.


[5]  HAUSDORFFs Schwiegersohn, der Astronom ARTHUR KÖNIG (1896–1969),
war von 1929 bis 1945 als Ingenieur bei Carl Zeiss in Jena beschäftigt. Von 1938
bis 1945 leitete er das Labor des Geschäftsfeldes „Astro".

# Richard von Mises

## Korrespondenzpartner

RICHARD EDLER VON MISES wurde am 19. 4. 1883 in Lemberg als Sohn eines österreichischen höheren Eisenbahnbeamten geboren. Nach Studium der Baumechanik an der TH Wien promovierte er dort 1908 und habilitierte sich im selben Jahr bei GEORG HAMEL in Brünn. 1909 wurde er außerordentlicher Professor für angewandte Mathematik in Straßburg und nach einem halben Jahr Lehre an der Universität Frankfurt 1919 ordentlicher Professor an der TH Dresden. Bereits 1920 wurde er nach Berlin berufen, wo er ein bedeutendes Institut für angewandte Mathematik gründete und bis 1933 leitete. Er war 1921 Begründer und bis 1933 Herausgeber der „Zeitschrift für angewandte Mathematik und Mechanik". 1933 emigrierte er nach Istanbul, wo er am Aufbau eines modernen türkischen Hochschulwesens mitwirkte. 1939 ging er in die USA und wirkte an der Havard University, wo er 1945 einen Lehrstuhl erhielt. Er verstarb am 14. 7. 1953 in Boston (Mass.).

R. VON MISES leistete bedeutende Beiträge zur Aerodynamik, insbesondere zur Theorie des Fliegens. Im ersten Weltkrieg war er an der Konstruktion von Flugzeugen beteiligt und wirkte als Testpilot im österreichischen Heer. Er arbeitete auch erfolgreich an Problemen der Elastizitäts- und Plastizitätstheorie (Mises-Vergleichsspannung) und der Hydrodynamik (Turbinentheorie). Auch auf dem Gebiet der numerischen Analysis war er vielseitig tätig (u. a. numerische Integration, Eigenwertberechnung von Matrizen). Besonders bekannt wurde er durch seine Begründung der Wahrscheinlichkeitstheorie. Sie fußte auf der Idee, die Wahrscheinlichkeit als Grenzwert der Folge der relativen Häufigkeiten aufzufassen, wobei dieser Grenzwert invariant bleiben sollte, wenn man unabhängig von den Versuchsergebnissen, sozusagen „regellos", eine Teilfolge auswählt (Regellosigkeitsaxiom). Dieses Axiom war stark umstritten; VON MISES' Begründung der Wahrscheinlichkeitstheorie wurde zunächst von der Mehrheit der Mathematiker abgelehnt. Unumstritten waren seine bedeutenden Beiträge zur mathematischen Statistik (Cramér-von Mises-Test, von Mises-Kalkül in der nichtparametrischen und robusten Statistik). Sein Buch *Wahrscheinlichkeitsrechnung und ihre Anwendungen in der Statistik und Theoretischen Physik* (1931) hat besonders im Kreis der Anwender große Resonanz gefunden. Weit verbreitet war auch sein mehr populär gehaltenes Werk *Wahrscheinlichkeit, Statistik und Wahrheit* (1928). In neuerer Zeit hat die MISESsche Auffassung des Zufälligen durch Einbeziehung von Methoden der Algorithmen- und Komplexitätstheorie eine gewisse Renaissance erfahren. VON MISES war auch philosophisch sehr interessiert. Sein *Kleines Lehrbuch des Positivismus. Einführung in die empiristische Wissenschaftsauffassung* präsentiert eine Wissenschaftsphilosophie, die teilweise von den Ideen des Wiener Kreises geprägt ist. Den Literaturwissenschaftlern gilt VON MISES als einer der besten Kenner des Frühwerkes von RAINER MARIA RILKE.

## Quelle

Die folgenden beiden Briefe HAUSDORFFs befinden sich im Nachlaß RICHARD VON MISES', Archiv der Havard University, Cambridge, Massachusetts (HUG 4574.5.3). Sie wurden dort von Prof. Dr. REINHARD SIEGMUND-SCHULTZE (Kristiansand) entdeckt und der Hausdorff-Edition zur Verfügung gestellt.

## Bemerkungen

Wie aus seinem Nachlaß hervorgeht, hat VON MISES mit mindestens drei Briefen geantwortet, die jedoch weder als Kopien in Cambridge noch als Originale im HAUSDORFF-Nachlaß überliefert sind. HAUSDORFFs Absicht, an den damals in Dresden wirkenden VON MISES zu schreiben, wurde vermutlich dadurch gefördert, daß VON MISES zuvor in seiner Arbeit *Grundlagen der Wahrscheinlichkeitsrechnung* (Mathematische Zeitschrift **5** (1919), 52-99, eingegangen am 15. März 1919, im folgenden als [MISES 1919b] zitiert) Kritik an HAUSDORFFs Auffassung von Wahrscheinlichkeit in seinem Buch *Grundzüge der Mengenlehre* (1914) geübt hatte. Er monierte daran, daß

> [···] das Wort ‚Wahrscheinlichkeit' schlechthin als Bezeichnung für den Quotienten des Maßes einer Punktmenge durch das Maß einer Menge [verwendet wird], in der sie enthalten ist. ([MISES 1919b], S. 66)

HAUSDORFF hat sich schon 1901 mit einigen grundlegenden Fragen der Wahrscheinlichkeitstheorie beschäftigt ([H 1901a]) und ist darauf, wie sein Nachlaß zeigt, immer wieder zurückgekommen. Besonders bemerkenswert ist seine Bonner Vorlesung über Wahrscheinlichkeitsrechnung vom Sommersemester 1923. Die nachgelassenen Materialien und auch die beiden Briefe an RICHARD VON MISES sind im Band V dieser Edition mit Kommentaren von S. D. CHATTERJI abgedruckt (S. 595–833).

Eine ausführliche Analyse der im folgenden abgedruckten Briefe HAUSDORFFs an VON MISES findet sich in: SIEGMUND-SCHULTZE, R.: *Sets versus trial sequences, Hausdorff versus von Mises: „Pure" mathematics prevails in the foundation of probability around 1920*, Historia Mathematica **37** (2010), 204–241.

## Danksagung

Wir danken dem Archiv der Havard University für die Genehmigung zum Abdruck der Briefe. Ein herzlicher Dank geht an Herrn Prof. REINHARD SIEGMUND-SCHULTZE für die Kommentierung der Briefe.

**Brief** Felix Hausdorff $\longrightarrow$ Richard von Mises

Greifswald, Graben 5
2. Nov. 1919

Sehr geehrter Herr College!

Für die freundliche Zusendung Ihrer interessanten Arbeiten über Wahrschein-lichkeitsrechnung danke ich Ihnen bestens. Ihre Ansicht, dass diese Disciplin einer besseren Grundlage bedarf als sie bisher hatte, theile ich durchaus; um [1] so weniger möchte ich Ihnen einige Zweifel und Fragen vorenthalten, die mir schon bei Ihren früheren Abhandlungen eingefallen und durch die letzte Arbeit (in Math. Zeitschr. 5) keineswegs gelöst worden sind.

(1)    In Ihrem Kollektiv ist jedem Element $e_n$ (oder jeder natürlichen Zahl $n$) ein Punkt $\bar{x}_n$ des „Merkmalraumes" zugeordnet. Die Menge $M$ der über-haupt auftretenden Merkmale ist also höchstens abzählbar und die Vertheilung nothwendig eine „arithmetische" (S. 71 Ihrer letzten Arbeit). Wie reimt sich [2] damit zusammen, dass Sie angeben (S. 56), $M$ könne den ganzen Merkmalraum umfassen, und dass Sie Ihrem Schema auch geometrische Vertheilungen unter-ordnen?

(2)    Für Ihre Mengenfunction $W_A$ ist *jede* Punktmenge messbar (S. 66). Das trifft allerdings für die arithmetischen Vertheilungen zu, aber auch nur für diese, sodass Sie auch hiermit die geometrischen Vertheilungen ausschliessen. [3] Denn (nehmen wir der Einfachheit wegen den Merkmalraum eindimensional) sei $W(x)$ der Werth von $W_A$ für die Menge $\xi \leq x$; es bedeute $y = \varphi(x)$ die Function, die an einer Stetigkeitsstelle von $W(x)$ gleich $W(x)$ ist, an einer Unstetigkeits- (Sprung-)stelle alle Werthe von $W(x-0)$ bis $W(x+0)$ durchläuft. Hierdurch wird die $x$-Achse monoton auf das Intervall $(0,1)$ der $y$-Achse abge-bildet, und

$$W_A = \int_A dW(x)$$

ist das Lebesguesche Mass der Menge $B = \varphi(A)$, die bei dieser Abbildung der Menge $A$ entspricht. Ist $A_1$ die Menge der Stetigkeits-, $A_2$ die höchstens abzähl-bare Menge der Unstetigkeitsstellen, $B_1$ und $B_2$ ihre Bilder, so hat bei geome-trischer Vertheilung $B_1$ positives Mass, besitzt also gewiss eine unmessbare Theilmenge $B$, die das Bild einer Menge $A$ ist, für die das Stieltjessche Integral $\int_A dW(x)$ nicht existirt.

(3)    Die schwersten logischen Bedenken erweckt mir Ihr Axiom der Regello-sigkeit. Was heisst das: eine Theilfolge von natürlichen Zahlen wird *ohne Be-nutzung der zugehörigen Merkmale* ausgewählt? Wählen Sie nach irgend einer Vorschrift eine Theilfolge: trifft es sich dann unglücklicherweise, dass die Grenz-werthe sich ändern, so müssen Sie sie nachträglich verwerfen. Sie müssten also Invarianz der Grenzwerthe für *jede* Theilfolge verlangen, und die giebt es nur bei ganz trivialen Vertheilungen (alle Merkmale bis auf endlich viele identisch).

Wenn Sie selbst sich (Satz 5) zu dem Zugeständniss genöthigt sehen, dass die
[4]  Angabe der Zuordnung nicht möglich ist, so ist m. E. der Begriff des Kollektivs
eben nicht widerspruchsfrei. – Übrigens liesse sich, wie mir scheint, das Axiom
der Regellosigkeit ganz entbehren. Wirklich gebraucht wird es nur für den Mul-
tiplicationssatz der Wahrscheinlichkeiten, und da liesse es sich durch eine als
*Definition* der „Unabhängigkeit" zweier Kollektive dienende Festsetzung ersetzen, etwa der Art: sind $(x_n), (y_n)$ die Merkmale zweier Collective, $W_{A_1}, W_{A_2}$
zwei Wahrscheinlichkeiten im ersten Collectiv, $\overline{W}_{A_1}, \overline{W}_{A_2}$ die entsprechenden,
falls man nur diejenigen $n$ beibehält, für die $y_n$ einer beliebigen Menge $B$ des
zweiten Merkmalraumes angehört, so ist $W_{A_1}\overline{W}_{A_2} - W_{A_2}\overline{W}_{A_1} = 0$; gilt dies
für alle $A_1, A_2, B$, so heisst das 1. Collectiv vom 2. unabhängig. – Ich sehe
eben, daß man die Betrachtung zweier Mengen $A_1, A_2$ sparen und sich auf eine
beschränken kann. Bezüglich $B$ muss man verlangen, dass $W_B$ im zweiten Collectiv $> 0$ ist. Wenn dann also stets $W_A = \overline{W}_A$ ist, so heisst das 1. Collectiv
vom zweiten unabhängig; es ist dann auch das zweite vom ersten unabhängig.
Denn sind $N_A, N_B, N_{AB}$ die Zahlen, die angeben, wieviele von den ersten $N$
Merkmalen $x_n, y_n, (x_n, y_n)$ zu $A, B, A \times B$ gehören, so wird verlangt, dass für

$$\lim \frac{N_B}{N} > 0$$

$$\frac{N_{AB}}{N_B} - \frac{N_A}{N} \to 0$$

und das ist gleichbedeutend damit, dass für alle Mengen (auch wenn $\dfrac{N_B}{N} \to 0$
oder sogar, wenn $N_B$ gar nicht über alle Grenzen wächst)

$$\frac{N_{AB}}{N} - \frac{N_A}{N}\frac{N_B}{N} \to 0 \,,$$

welche Bedingung in $A, B$ symmetrisch ist. Ich glaube, diese Invarianz der
Grenzwerthe bei Auswahl nach den Merkmalen eines vom ursprünglichen unabhängigen Collectivs ist das Einzige, was sich von Ihrem Axiom der Regellosigkeit retten lässt, und das Einzige, was auch wirkliche Anwendung findet.
Bezüglich Ihrer Fundamentalsätze (Gesetz der grossen Zahlen) möchte ich
[5]  auf einige von Ihnen nicht erwähnte Arbeiten von Liapounoff (Bull. Ac. Sc.
Petersb. (5) 13 (1900), S. 359–86; Comptes Rendus 132 (1900), S. 126–27, 814–
15) hinweisen, der wohl die einfachsten und weitesten Bedingungen giebt, unter
denen eine Vertheilung nach der des Gauss schen Gesetzes convergirt.

Es würde mich freuen, wenn meine Einwände und Ihre Antworten darauf zur
Klärung der Grundlagen der Wahrscheinlichkeitsrechnung beitragen könnten.

Hochachtungsvoll

Ihr ergebenster
F. Hausdorff

# Anmerkungen

[1] HAUSDORFF bezieht sich hierbei in erster Linie („letzte Arbeit") auf [MISES 1919b]. VON MISES hatte zuvor nur wenig über Wahrscheinlichkeitsrechnung publiziert; Hausdorff geht in seinem Brief auch kurz auf die vorhergehende Arbeit VON MISES' ein: MISES, R. VON: *Fundamentalsätze der Wahrscheinlichkeitsrechnung*, Mathematische Zeitschrift 4 (1919), 1-97 (Eingegangen am 31. August 1918, im folgenden zitiert als [MISES 1919a]).

[2] VON MISES strebte eine strenge Definition des Wahrscheinlichkeitsbegriffs durch zwei „Forderungen" an, die er selbst gleichzeitig auch „Axiome" nannte. Die erste Forderung ist die Definition der Wahrscheinlichkeit als Grenzwert relativer Häufigkeiten des Auftretens von Merkmalen in Zufallsfolgen (Kollektivs) in Bezug auf eine beliebige Teilmenge des Merkmalraumes. Die zweite Forderung (siehe weiter unten) sollte die Zufälligkeit der Versuchsfolge (Kollektiv) sichern. HAUSDORFF kritisierte beide Axiome als widersprüchlich. Im folgenden wird die erste Forderung wörtlich reproduziert, wie sie sich auf Seite 55 von [MISES 1919b] findet:

> Es sei (*e*) eine unendliche Folge gedachter Dinge, die wir kurz als ,Elemente' $e_1$, $e_2$, $e_3$, ... bezeichnen. Jedem Element sei als „Merkmal" ein bestimmtes Wertesystem der *k* reellen Veränderlichen $x_1$, $x_2$, ..., $x_k$ oder ein Punkt des *k*-dimensionalen ,Merkmalraums' zugeordnet, wobei nicht alle Elemente und auch nicht alle bis auf endlich viele dasselbe Merkmal aufweisen sollen. Wir nennen eine solche Folge von Elementen ein ,Kollektiv' (d. i. Sammelgegenstand) *K*, wenn die Zuordnung der Merkmale an die einzelnen Elemente den nachfolgend angeführten Forderungen (Axiomen) I und II genügt.
> **Forderung I. Existenz der Grenzwerte.** *Sei A eine beliebige Punktmenge des Merkmalraumes und $N_A$ die Anzahl derjenigen unter den ersten N Elementen der Folge, deren Merkmal ein Punkt von A ist; dann existiere für jedes A der Grenzwert*
>
> $$\lim_{N=\infty} \frac{N_A}{N} = W_A \qquad (1)$$
>
> Diesen Grenzwert nennen wir – vorausgesetzt daß auch die Forderung II erfüllt ist – die ,*Wahrscheinlichkeit* für das Auftreten eines zu *A* gehörigen Merkmales *innerhalb eines Kollektivs K* '.

Die in Absatz (1) enthaltene Kritik HAUSDORFFs wurde von VON MISES zweifellos als pedantisch und ungerechtfertigt empfunden, weil er ebenso wie HAUSDORFF wußte, daß in der Zufallsfolge nur abzählbar viele Merkmale „überhaupt auftreten" können, während eine allgemeine mathematische Theorie für stetige Verteilungen einen dahinter liegenden größeren Merkmalraum fordern muß. HAUSDORFF selbst scheint das Überspitzte an seiner Kritik zu fühlen, räumt dies teilweise am Anfang seines folgenden Briefes an VON MISES ein und liefert in Absatz (2) des ersten Briefes ein weiteres Argument gegen die Existenz stetiger Verteilungen in VON MISES' Theorie nach.

[3] HAUSDORFF geht hier ohne weiteres davon aus, daß VON MISES seine auf relativen Häufigkeiten basierende Mengenfunktion als ein Maß im $\mathbb{R}^n$ im Sinne der Lebesgue-Stieltjesschen Maßtheorie auffaßte. Dies würde laut HAUS-DORFF die Beschreibbarkeit stetiger Verteilungen durch VON MISES' Definition ausschließen, da VON MISES die Meßbarkeit (das heißt die Existenz der Wahrscheinlichkeit) für beliebige Mengen fordere. HAUSDORFF geht hier gar nicht auf die konkrete Gegebenheit der VON MISESschen Mengenfunktion als Grenzwert relativer Häufigkeiten ein, sondern zeigt im wesentlichen nur, daß Wahrscheinlichkeitsmaße, die stetige Verteilungen erfassen sollen, auf nichtmeß-baren Mengen im Sinne von H. LEBESGUE nicht definiert sind. Auch mit dieser Kritik konnte HAUSDORFF VON MISES' Intentionen nicht gerecht werden. Er bezieht sich auf Konstruktionen, die auf dem Auswahlaxiom basieren (VITALI) und die er selbst teilweise entwickelt hatte. Hier ist zum Beispiel das HAUS-DORFFsche Paradoxon zu nennen (HAUSDORFF, F.: *Bemerkungen über den Inhalt von Punktmengen*, Mathematische Annalen **75** (1914), 428-433, wieder abgedruckt mit Kommentar von S. D. CHATTERJI im Band IV dieser Edition, S. 5–18). Diese Konstruktionen waren für VON MISES Spitzfindigkeiten, die er für die Anwendungen nicht für relevant hielt. Ein „Relevanzkriterium" hat er allerdings nicht formuliert und wohl auch nicht formulieren können. Der Satz von G. VITALI (1905), wonach Mengen positiven Lebesgue-Maßes nichtmeßbare Teilmengen enthalten, wird VON MISES in seinen Implikationen auch für andere Maße im $\mathbb{R}^n$ bekannt gewesen sein. Aber er hoffte wohl, daß ein Maß konstru-ierbar sei, das auf den aus Sicht der Anwendungen ‚vernünftigen' Teilmengen mit seiner Definition numerisch übereinstimmen würde.

[4] Die folgenden Bemerkungen des Absatzes (3) sind die wichtigsten in HAUS-DORFFs erstem Brief, da sie konkrete Vorschläge für die mathematische Fassung des Verhältnisses von Zufälligkeit und Unabhängigkeit enthalten.

Mit der eher intuitiven und auf Beispiele gestützten Forderung II, die die In-varianz des Grenzwertes (Wahrscheinlichkeit) bei solchen „zulässigen" Auswah-len von Teilfolgen verlangt, die keine Information über die auftretenden Merk-male verwenden, wollte VON MISES die „zufallsartige Zuordnung von Merkma-len an die einzelnen Elemente" des Kollektivs, und damit die „Unmöglichkeit ei-nes Spielsystems" ([MISES 1919b], S. 58) sichern. VON MISES stand EMILE BO-RELs Theorie der „normalen Zahlen" (BOREL, E.: *Les probabilités dénombrables et leurs applications arithmétiques*, Rendiconti del Circolo Matematico di Paler-mo **270** (1909), 247–271) kritisch gegenüber, da man hier „höchstens von ‚unei-gentlichen Wahrscheinlichkeiten' sprechen" könne ([MISES 1919b], S. 66). Auch HAUSDORFFs Definition des Wahrscheinlichkeitsmaßes in seinen *Grundzügen der Mengenlehre* enthielt unmittelbar keine Formulierung der Zufälligkeit. Für VON MISES dagegen war es essentiell, die Regellosigkeit (Zufälligkeit) bereits in der Definition der Kollektivs zu fordern und dann gegebenenfalls Abhängigkeit von Zufallsgrößen (Kollektivs) durch zwischen ihnen geltende Relationen ab-zuleiten. Er nahm dabei in Kauf, wegen der Problematik der mathematischen

Formulierung des Begriffs von „zulässigen" Auswahlen von Teilfolgen, „die ‚Existenz' nicht durch eine analytische Konstruktion nachweisen" zu können und somit in einem gewissen Sinne „axiomatischer" vorzugehen, als die an der maßtheoretischen Begründung der Wahrscheinlichkeitstheorie interessierten Mathematiker:

> Wir müssen uns mit der abstrakten *logischen Existenz* begnügen, die allein darin liegt, daß sich mit den definierten Begriffen widerspruchsfrei operieren lässt. Auf die Frage der *Zweckmässigkeit* der Definitionen kommen wir im folgenden Paragraphen zurück. ([MISES 1919b], S. 60)

Es existiert eine umfangreiche mathematische und historische Literatur über die Entwicklung des VON MISESschen Begriffs der Regellosigkeit und seines Einflusses auf Wahrscheinlichkeitstheorie und mathematische Logik. Einiges von dieser Literatur, insbesondere Einflüsse VON MISES' auf W. FELLER und A. WALD, wird in dem eingangs genannten Kommentar von S. D. CHATTERJI besprochen (Band V dieser Edition, S. 829-833). Es mag hier genügen – auch weil HAUSDORFF auf die VON MISESsche Forderung II in seinen Briefen weniger eingeht als auf die Forderung I – zu erwähnen, daß selbst A. N. KOLMOGOROV, der weithin anerkannte Begründer der modernen maßtheoretischen Fassung der Wahrscheinlichkeitstheorie, VON MISES' Bemühungen, den Zufälligkeitsbegriff mit in die Grundbegriffe der Wahrscheinlichkeitstheorie hineinzunehmen, anerkannt hat. In den 1960er Jahren ist KOLMOGOROV in einem gewissen allgemeinen Sinne durch VON MISES' Forderung II zu seinen Arbeiten über algorithmische Aspekte der Komplexitätstheorie angeregt worden.

[5] HAUSDORFF bezieht sich hier auf die Arbeit [MISES 1919a], die wichtige Begriffe wie Verteilungsfunktion im Zusammenhang mit dem Stieltjes-Integral erstmals streng einführte und charakteristische Funktionen in den Beweisen verwendete. Ein Teil dieser Arbeit war einem Beweis des Zentralen Grenzwertsatzes gewidmet. Dieser Teil wurde von GEORG PÓLYA wegen seiner unzureichenden Methodik und deren mangelnder Reichweite kritisiert. Bereits PÓLYA hatte VON MISES auf die weiter reichenden und älteren Resultate des russischen Mathematikers A. M. LJAPUNOV hingewiesen. Eine ausführliche historische Erörterung der Kontroverse zwischen VON MISES und PÓLYA, die etwa zum selben Zeitpunkt stattfand, als HAUSDORFF seine Briefe an VON MISES schrieb, ist in der folgenden Arbeit enthalten: SIEGMUND-SCHULTZE, R.: *Probability in 1919/20: the von Mises-Pólya-Controversy*, Archive for History or Exact Sciences **60** (2006), 431-515.

Greifswald, Graben 5
10. 11. 19

Sehr geehrter Herr College!

Besten Dank für Ihre umgehende Antwort!

Bei meiner Behauptung, dass Ihr Collectivbegriff nur arithmetische Vertheilungen zulasse, hatte ich (was ich freilich ausdrücklich hätte sagen sollen)
[1] nicht nur Ihre Forderung I, sondern auch die von Ihnen angegebene, wenn auch
nicht unter die Voraussetzungen mit aufgenommene *Limeseigenschaft* (S. 66)
zu Grunde gelegt: für $A_n \to A$ ist $w(A_n) \to w(A)$. Insbesondere ist dann für
eine Summe von endlich *oder abzählbar vielen*, paarweise fremden Mengen

$$B = \sum B_n : \qquad w(B) = \sum w(B_n).$$

Ist dann $(x_1, x_2, \ldots)$ ein Collectiv, $x_n$ das der Zahl $n$ zugeordnete Merkmal,
und ist $M = \{\xi_1, \xi_2, \ldots\}$ die höchstens abzählbare Menge der thatsächlich auftretenden Merkmale, sodass jedes $x_n$ einem und nur einem $\xi_\nu$ gleich ist, ferner
$p_\nu = w(\xi_\nu)$, so ist, für jede Menge $A$, $w(A) = \sum p_\alpha$ erstreckt über die zu $A$
gehörigen $\xi_\alpha$. Das ist also eine arithmetische Vertheilung. Das Gegenbeispiel
mit geometrischer Vertheilung, das Sie mir citiren, hat eben die Limeseigenschaft nicht; hier ist jedes einzelne $p_\nu = 0$ und $w(M) = 1 > \sum p_\nu$.

Bei genauerer Überlegung fand ich, dass die Berufung auf die Limeseigen-
[2] schaft unnöthig ist und schon Ihre blosse Forderung I nur arithmetische Vertheilungen duldet. Man hat dann für $B = \sum B_n$ zunächst nur

$$w(B) \geq w\left(\sum_1^N B_n\right) = \sum_1^N w(B_n),$$

also $w(B) \geq \sum w(B_n)$. Mit den obigen Bezeichnungen wird also $\sum p_\nu \leq 1$.
Ich behaupte nun, dass bei Ihrer Forderung I sicher $\sum p_\nu = 1$ sein muss, dass
man nämlich bei $p = \sum p_\nu < 1$ eine Menge $A$ angeben kann, für die $w(A)$
nicht existirt. Sei $w_n(A)$ die relative Häufigkeit von $A$ in den ersten $n$ Gliedern
des Collectivs; ferner $K_n$ die von den ersten $n$ Merkmalen $x_1, \ldots, x_n$ gebildete
Menge, $w_n = w(K_n)$. Ich bestimme nun wachsende natürliche Zahlen $\alpha_1, \alpha_2, \ldots$
derart, dass $w_{\alpha_2}(K_{\alpha_1})$ beliebig nahe an $w_{\alpha_1}$, $w_{\alpha_3}(K_{\alpha_2} - K_{\alpha_1})$ beliebig nahe
an $w_{\alpha_2} - w_{\alpha_1}$, $w_{\alpha_4}(K_{\alpha_3} - K_{\alpha_2} + K_{\alpha_1})$ beliebig nahe an $w_{\alpha_3} - w_{\alpha_2} + w_{\alpha_1}$ liegt
u.s.f. und setze

$$A = K_{\alpha_1} + (K_{\alpha_3} - K_{\alpha_2}) + (K_{\alpha_5} - K_{\alpha_4}) + \cdots$$

(d. h. $x_1, \ldots, x_{\alpha_1}$ werden zu $A$ gerechnet, $x_{\alpha_1+1}, \ldots, x_{\alpha_2}$ zum Complement $B$,
soweit sie nicht schon zu $A$ gehören, $x_{\alpha_2+1}, \ldots, x_{\alpha_3}$ wieder zu $A$, soweit sie

nicht schon zu $B$ gehören u.s.w.) Es ist

$$w_{\alpha_1}(A) = 1, \quad w_{\alpha_2}(A) = w_{\alpha_2}(K_{\alpha_1}), \quad w_{\alpha_3}(A) = w_{\alpha_3}(K_{\alpha_1} + K_{\alpha_3} - K_{\alpha_2})$$

usw. und diese Zahlen liegen beliebig nahe an

$$1, \ w_{\alpha_1}, \ 1 - (w_{\alpha_2} - w_{\alpha_1}), \ w_{\alpha_3} - w_{\alpha_2} + w_{\alpha_1}, \ 1 - (w_{\alpha_4} - w_{\alpha_3} + w_{\alpha_2} - w_{\alpha_1}), \ldots$$

Die ungeraden Glieder dieser Folge convergiren nach

$$1 - [(w_{\alpha_2} - w_{\alpha_1}) + (w_{\alpha_4} - w_{\alpha_3}) + \cdots],$$

die geraden nach

$$w_{\alpha_1} + (w_{\alpha_3} - w_{\alpha_2}) + (w_{\alpha_5} - w_{\alpha_4}) + \cdots;$$

der Unterschied dieser beiden Grenzwerthe ist

$$1 - [w_{\alpha_1} + (w_{\alpha_2} - w_{\alpha_1}) + \cdots] = 1 - \lim w_n = 1 - p > 0;$$

also $\overline{\lim}\, w_n(A) - \underline{\lim}\, w_n(A) \geq 1 - p$.

Also: es muss $\sum p_\nu = 1$ sein. Für eine Menge $A$ ist dann $w(A) \geq \sum p_\alpha$ erstreckt über die zu $A$ gehörigen $\xi_\alpha$; für das Complement aber ebenso $w(B) \geq \sum p_\beta$ und wegen $1 = \sum p_\nu$ muss das Gleichheitszeichen gelten, also $w(A) = \sum p_\alpha$. Hier ist also Ihre Forderung I samt Limesbedingung erfüllt, aber die Vertheilung ist eben nur arithmetisch.

Man kann sogar Ihre Forderung I noch reduciren, ohne dass andere als arith- [3] metische Vertheilungen auftreten können. Nehme ich nur die Existenz jener Grenzwerthe $p_\nu$ (d. h. die Existenz der Wahrscheinlichkeiten für jedes einzelne Merkmal) an, so wie $\sum p_\nu = 1$, so geht der Schluss so weiter: wird

$$\underline{\lim}\, w_n(A) = \underline{w}(A), \qquad \overline{\lim}\, w_n(A) = \overline{w}(A)$$

gesetzt, so ist für Mengen $A, B$ ohne gemeinsame Punkte wegen $w_n(A + B) = w_n(A) + w_n(B)$:

$$\overline{w}(A) + \overline{w}(B) \geq \overline{w}(A + B) \geq \overline{w}(A) + \underline{w}(B) \geq \underline{w}(A + B) \geq \underline{w}(A) + \underline{w}(B).$$

Ist insbesondere $B$ das Complement von $A$ in Bezug auf den ganzen Merkmalraum, so ist nach den mittleren Formeln

$$\overline{w}(A) + \underline{w}(B) = 1.$$

Enthält nun wieder $A$ die Merkmale $\xi_\alpha$, so ist $\underline{w}(A) \geq \sum p_\alpha$, andererseits $\underline{w}(B) \geq \sum p_\beta$, $\overline{w}(A) \leq 1 - \sum p_\beta = \sum p_\alpha$, also $\underline{w}(A) = \overline{w}(A) = \sum p_\alpha$; es existirt $w(A)$ für jede Menge. Es bleibt also dabei (wenn, wie ich hoffe, die vorstehenden Überlegungen fehlerfrei sind), dass Ihr Collectivbegriff a priori nur arithmetische Vertheilungen zulässt. Um ihn also so auszudehnen, dass er auch geometrische Vertheilungen umfasst, müssen Sie die Forderung I in diesem [4]

Umfange fallen lassen und diejenigen Mengen $A$ näher charakterisiren, für die $w(A)$ existiren soll. Ferner hat dann $w(A)$ noch nicht die Limeseigenschaft, verhält sich also formal wie der Jordansche Inhalt, nicht wie das Lebesguesche Mass; und es wäre ev. eine weitere Aussonderung erforderlich, um einen Kreis von Mengen $A$ aufzustellen, für den $w(A)$ auch die Limeseigenschaft hat.

Ob mit allen diesen Schwierigkeiten, zu denen noch die des Axioms der Regellosigkeit kommen, Ihr Collectiv sich noch zum Grundbegriff eignet, oder ob es dann nicht gerathener ist, einfach eine Vertheilungsfunction an die Spitze zu stellen [mit der Definition $w(A)$ = Stieltjes-Integral, falls dieses existirt], scheint näherer Überlegung werth.

[5] Über die Schwierigkeit resp. Widersprüchlichkeit des Zufälligkeitsaxioms hat mich Ihre Darlegung nicht beruhigt. Das Ziel, das Ihnen vorschwebt, nämlich die Aussichtslosigkeit eines Spielsystems, ist ja gewiss billigenswerth; die Frage ist nur, wie es mathematisch zu erreichen ist. Sie haken Sich an das Wort zufälligerweise fest, das – zufälligerweise – in meinem Einwurf vorkommt, aber der Thatbestand ist doch einfach der: wählt man eine Theilfolge und ändert sich dabei ein Grenzwerth, so ist die Sache kein Collectiv gewesen; also muss man für ein Collectiv Invarianz der Grenzwerthe bei *jeder* Auswahl verlangen, was nur bei trivialer Vertheilung möglich ist. Ich selbst habe mir überlegt, wie Ihr Regellosigkeitsaxiom zu retten wäre: vielleicht so, dass man Invarianz der Grenzwerthe für *beinahe* alle Theilfolgen verlangte (man müsste dann für die Mengen aus Folgen natürlicher Zahlen etwa einen Massbegriff aufstellen, bei dem die Ausnahmefolgen eine Menge vom Masse Null bilden dürften, o. ä.) Unter allen Umständen würde das schwere Complicationen hineinbringen und die Einfachheit dieser Grundbegriffe rettungslos zerstören.

Ich sehe Ihrer Antwort mit grösstem Interesse entgegen. Mit besten Grüssen Ihr sehr ergebener

F. Hausdorff

## Anmerkungen

[1] HAUSDORFF geht in seinem zweiten Brief erstmals auf das Nichterfüllt-sein der $\sigma$-Additivität für VON MISES' Wahrscheinlichkeit ein, wenn man diese als Mengenfunktion im Merkmalraum auffaßt. Das Beispiel einer stetigen Verteilung, das VON MISES an HAUSDORFF als Antwort auf dessen Brief vom 2. November 1919 geschickt hatte, ist unbekannt. Es ist zu vermuten, daß VON MISES die Summation über den gesamten Merkmalsraum in irgendeinem Sinne als eine triviale Ausnahme von der $\sigma$-Additivität angesehen hat. Die $\sigma$-Additivität wurde ansonsten von ihm generell und in fehlerhafter Analogie mit existie-renden maßtheoretischen Modellen, insbesondere C. CARATHÉODORYs Theorie des „äußeren Maßes" (1914), angenommen (weitere Details hierzu finden sich in der eingangs unter „Bemerkungen" genannten Arbeit von R. SIEGMUND-SCHULTZE). So war für ihn die Ungleichung $W(M) = 1 > \sum p_\nu = 0$ wohl kaum beunruhigend, sondern vielmehr eine Bestätigung für den besonderen Charakter stetiger Verteilungen im Vergleich zu diskreten. Es steht jedenfalls fest, dass sich VON MISES der besonderen, nicht zu vernachlässigenden Rolle

von Mengen der Wahrscheinlichkeit 0 in einer künftigen strengen und allgemeinen Wahrscheinlichkeitstheorie durchaus bewußt war. Von Mises sagt beispielsweise „$W_A = 0$ ist nicht immer gleichbedeutend mit ‚Unmöglichkeit‘, $W_A = 1$ nicht immer mit ‚Sicherheit‘ von $A$.“ ([Mises 1919b], S. 56)

[2] Hausdorffs Konstruktion einer Menge (beziehungsweise Mengenfamilie) $A$, der keine Wahrscheinlichkeit nach von Mises' Forderung I zugeordnet werden kann, selbst wenn man nur endliche Additivität der $W$-Funktion voraussetzt, ist der zentrale Inhalt des Briefes. Hausdorff verwendete in seinem Beispiel nur Eigenschaften relativer Häufigkeiten und ihrer Grenzwerte wie Positivität, Monotonie und endliche Additivität. Da die Hausdorffsche Menge $A$ keine unmittelbare anschauliche Bedeutung hat, wird sie von Mises beim ersten Lesen des Briefes sicher „exotisch“ und für die Anwendungen wenig relevant erschienen sein. Dies wird aus von Mises' persönlichen Tagebüchern deutlich, die sich in seinem Nachlaß befinden. Diese zeigen aber auch, daß er seinem (zweiten) Antwortbrief an Hausdorff sofort einen dritten Brief folgen ließ und persönlich sehr niedergedrückt war, als er die wirkliche Bedeutung des Hausdorffschen Gegenbeispiels erkannt hatte. Es heißt im Tagebuch:

> 18.11.1919: Morgens neuerlichen Brief an Hausd. mit entsprechender Erklärung. Sehr unangenehm. Starke Störung des ganzen Selbstbewusstseins.

Es ist zu vermuten, dass von Mises erst allmählich den Widerspruch erkannte, der zwischen der Konvergenz der Wahrscheinlichkeiten der endlichen Merkmalmengen $K_n$ gegen 1 und der Beschränktheit dieser Wahrscheinlichkeiten durch die Summe der positiven Wahrscheinlichkeiten $\sum p_\nu < 1$ besteht. Daraus folgt, daß nicht nur die $\sigma$-Additivität der $W$-Funktion ungesichert war, sondern daß auch die Zuordnung von Wahrscheinlichkeiten zu beliebigen Merkmalsmengen nicht garantiert war. Das führte außerdem ummittelbar zu einer Einschränkung der Möglichkeit, die Wahrscheinlichkeiten beliebiger (abgeschlossener) Mengen als Stieltjes-Integrale über die Verteilungsfunktion darzustellen, was von Mises in seiner Arbeit [Mises 1919b] behauptet hatte. Von Mises sah sich deshalb zu einer Berichtigung gezwungen, die Hausdorff ausdrücklich dankt, die aber Hausdorffs Beispiel der Menge $A$ nicht erwähnt, sondern etwas verschleiernd nur von dem Nichterfülltsein der $\sigma$-Additivität spricht: Mises, R. von: *Berichtigung zu meiner Arbeit ‚Grundlagen der Wahrscheinlichkeitsrechnung‘*, Mathematische Zeitschrift **7** (1920), S. 323. Das für von Mises Demütigende an Hausdorffs Brief muß darin bestanden haben, daß der „reine Mathematiker“ Hausdorff die Eigenschaften des „konkreten“, durch von Mises verwendeten Begriffs des Grenzwertes relativer Häufigkeiten ganz offenbar besser durchschaut hatte als der Initiator von Mises selbst, daß Hausdorff mit klassischen Schlußfolgerungen über obere und untere Grenzwerte von Folgen einen Widerspruch in von Mises' Theorie nachgewiesen hatte.

[3] Hausdorffs an sein Beispiel der „nichtmessbaren“ Menge $A$ anschlie-

ßende „weitere Reduktion" der Forderung I, wo er etwas unmotiviert bereits $\sum p_\nu = 1$, also eine diskrete Verteilung, voraussetzt, war wohl ebenfalls geeignet, zunächst den Eindruck von „Spitzfindigkeit" bei VON MISES hervorzurufen und mag seine zögernde Akzeptanz des zweiten HAUSDORFFschen Briefes mitverschuldet haben. Streng genommen fordert HAUSDORFF ja hier, was er beweisen will. Jedoch kann das Argument auch als eine Art Umkehrung der vorangehenden Schlußweise verstanden werden, nämlich daß umgekehrt für diskrete Verteilungen zumindest keine Probleme für die Existenz der Grenzwerte relativer Häufigkeiten und damit für die Meßbarkeit beliebiger Teilmengen auftreten.

[4] HAUSDORFFs Beispiel der Menge $A$ schloß nicht unbedingt die Möglichkeit aus, daß die VON MISESsche Definition bei entsprechend reduzierter $\sigma$-Algebra der meßbaren Mengen auch nichtdiskrete Verteilungen beschreiben könnte. HAUSDORFF spricht hier ja von möglicher „weiterer Aussonderung". Die prinzipielle Unmöglichkeit wurde erst durch spätere allgemeine maßtheoretische Sätze, wie ein Lemma von O. NIKODÝM erwiesen. In dem eingangs erwähnten Kommentar von S. D. CHATTERJI (Band V dieser Edition, S. 829–833) sind weitere Ausführungen dazu enthalten.

[5] Der abschließende Abschnitt des HAUSDORFFschen Briefes ist wiederum VON MISES' Regellosigkeitssaxiom gewidmet. HAUSDORFF anerkennt erneut VON MISES' Bemühen um eine strenge Begründung der Wahrscheinlichkeitstheorie unter Einschluß des Zufälligkeitsbegriffes. Er sieht aber hinsichtlich des letztgenannten Begriffes anscheinend noch weniger Chancen, die in den Anwendungssituationen intuitiv auftretenden Grundbegriffe (relative Häufigkeit, notwendiger Ausschluß von Spielsystemen) streng mathematisch zu modellieren.

# Johann Oswald Müller

## Korrespondenzpartner

JOHANN OSWALD MÜLLER wurde am 28. Juni 1877 in Sohland (Sachsen) geboren. Er studierte 1897 für ein Semester in Leipzig, dann vier Semester an der Universität und an der ETH in Zürich und schließlich von 1899 bis 1902 in Göttingen, wo er bei HILBERT im Jahre 1903 promovierte. Die Dissertation enthält eine Verbesserung des SCHWARZschen Beweises der isoperimetrischen Eigenschaft der Kugel. Anschließend studierte er für ein Jahr in Paris. Danach setzte er seine mathematische Bildung in Göttingen fort, ohne immatrikuliert zu sein. 1909 habilitierte er sich in Bonn unter STUDY mit einer Arbeit aus der Variationsrechnung und wurde Privatdozent. Die mathematische Forschung gab MÜLLER vollständig auf und widmete sich ausschließlich der Lehre. Daneben war er als Studienrat in Köln tätig. 1917 wurde ihm der Titel „Professor" verliehen. 1921 erteilte ihm das preußische Kultusministerium auf Antrag der Philosophischen Fakultät einen unbefristeten und besoldeten Lehrauftrag für höhere Algebra, Zahlentheorie und Wahrscheinlichkeitsrechnung. Er wurde auch Mitglied der Prüfungskommission für das höhere Lehramt. Ende 1937 wurde ihm von den nationalsozialistischen Behörden die Lehrbefugnis entzogen, weil seine Frau Jüdin war und er sich nicht dem Druck beugte, sich von ihr zu trennen. Er starb im Sommer 1940.

## Quellen

Die Briefe HAUSDORFFs an MÜLLER befinden sich im Nachlaß von ERICH BESSEL-HAGEN, Archiv der Universität Bonn, nach Umlagerung jetzt in der Abt. Handschriften und Rara der Universitäts- und Landesbibliothek Bonn. BESSEL-HAGEN hatte 1940 nach dem Tod von MÜLLER einiges aus dessen Bibliothek und aus dessen Nachlaß übernommen.

## Danksagung

Wir danken dem Leiter der Abteilung Handschriften und Rara der Universitäts- und Landesbibliothek Bonn, Herrn Dr. MICHAEL HERKENHOFF, für die Erlaubnis zum Abdruck der Schriftstücke. Herrn Dr. MARTIN VOGT (Bonn) danken wir für die Auflösung des Zahlenrätsels (Anmerkung [6] zum Brief vom 6. 6. 1940).

**Postkarte** Felix Hausdorff ⟶ Johann Oswald Müller

Bonn, Hindenburgstr. 61

Lieber Herr Müller! 24. 10. 38

Nach den Forderungen $(\beta)\,(\gamma)$ S. 57 muss $A$ sicher zu $\mathfrak{K}$ gehören. Ist $S$ die Summe aller Mengen aus $\mathfrak{K}$, so kann nicht $S \subset A$ sein, weil dann mit $S$ auch

[1] $S_+$ zu $\mathfrak{K}$ gehören würde.

Auf baldiges Wiedersehen und herzliche Grüsse!

Ihr F. H.

### Anmerkung

[1] Es geht hier um ein Detail aus dem Beweis des Wohlordnungssatzes, wie ihn Hausdorff in seinem Buch *Mengenlehre* nach dem Vorgehen von Zermelo auf den Seiten 56–58 gegeben hat (Band III dieser Edition, S. 100–102). Ist $A$ die vorgegebene Menge, deren Wohlordnungsfähigkeit bewiesen werden soll, so wähle man zu jeder Teilmenge $P \subset A$ ein Element $a = f(P) \in A \setminus P$ aus; die Menge $P_+ = P \cup \{a\}$ heißt die Nachfolgerin von $P$. Ein System von Mengen $\subseteq A$ heißt eine Kette, wenn es 1) die leere Menge enthält, 2) mit beliebig vielen Mengen auch deren Vereinigung enthält, 3) mit jeder Menge $P \subset A$ auch $P_+$ enthält. $\mathfrak{K}$ sei nun der Durchschnitt aller Ketten; $\mathfrak{K}$ ist dann die kleinste Kette. Müller hatte offenbar gefragt, warum auch $A$ selbst zu $\mathfrak{K}$ gehört; das hat Hausdorff ihm hier kurz erläutert.

**Brief** Felix Hausdorff ⟶ Johann Oswald Müller

20. 5. 40

Lieber Herr Kollege!

Wir haben soeben zu unserer Genugtuung von Ihrer Frau gehört, dass Sie jetzt in guten Händen sind, weniger Schmerzen haben, wieder Nahrung zu sich

[1] nehmen. Wir haben den bestimmten Eindruck, dass der Tiefpunkt überwunden ist und Sie wieder auf dem aufsteigenden Ast sind. Sie müssen aber recht viel Stoa in Sich haben, dass Sie diese Überstrahlung so lange ausgehalten haben, ohne zu rebellieren! Der heilige Laurentius muss ja ein Frigidaire im Verhältnis

[2] zu Ihnen gewesen sein! Hoffentlich geht es auch mit dem Sprechen bald besser, sodass ich dann wieder das Vergnügen haben kann, mich mit Ihnen über Mathematik und Literatur zu unterhalten.

Mit herzlichen Wünschen und Grüssen von uns Allen

Ihr   F. Hausdorff

# Anmerkungen

[1] MÜLLER litt an einem Karzinom der Speiseröhre.

[2] Der heilige Laurentius († 258 in Rom) war ein christlicher Märtyrer, den Kaiser VALERIAN der Legende nach auf einem eisernen Gitterrost durch Grillen qualvoll hinrichten ließ.

## Brief FELIX HAUSDORFF ⟶ JOHANN OSWALD MÜLLER

Bonn, 6. 6. 40

Lieber Herr Müller,

Es tut uns Allen so schrecklich leid, dass Sie so viele Schmerzen ausstehen müssen. Hoffentlich aber wird alles, was in Ihren Drüsen nicht in Ordnung ist, in diesem langsamen Feuer hinweggeläutert, sodass Sie bald wieder mit geglättetem Schlunde reden, essen, trinken können. Denken Sie noch mit Sehnsucht an Doornkaat, oder haben Sie dabei die Vorstellung des Höllenbrandes? – Wenn der Schmerz wie die Energie ein Erhaltungsgesetz befolgt und bei der konstanten Schmerzensumme nur die Verteilung noch fraglich wäre und wenn ich über diese Verteilung zu bestimmen hätte, so würde ich Ihnen, der Sie ein so guter Kerl sind, die gegenwärtige Extrazulage gestrichen und anderweitig placiert haben. Und wenn ich bei der Erschaffung der Welt konsultiert worden wäre, so hätte ich geraten, sie überhaupt nicht zu erschaffen, oder wenn es durchaus sein musste, dann ohne Schmerz. Ich weiss wohl, die Physiologen glorifizieren den Schmerz und finden ihn eine vorzügliche teleologische Einrichtung, eine Art Warnungssignal. Wenn man in die Hände von Indianern gefallen ist, so wird man durch den Schmerz belehrt, dass der Aufenthalt am Marterpfahl für die Gesundheit nicht bekömmlich ist, und kann die entsprechenden Massregeln treffen. Ja, der Schmerz ist der grosse Warner, Erzieher, Kulturförderer, wie der Krieg nach Heraklit der Vater aller Dinge ist. [1]

Jetzt denken Sie gewiss: „ich habe den Schmerz, und er philosophiert über den Schmerz", und ärgern sich vielleicht. Aber Sie zu ärgern war sicherlich nicht meine Absicht, im Gegenteil!

Ich habe jetzt den Komplex-Komplex, d. h. befasse mich mit Kombinatorischer Topologie. Wissen Sie noch, wie wir in dem Büchelchen von Veblen [2] gemeinsam bis Seite 2 vordrangen? Leider sind auch die späteren Werke, Lefschetz, Threlfall-Seifert, Alexandroff-Hopf, gar nicht leicht zugänglich. Im Sommersemester 1933 habe ich noch eine zweistündige Einführungsvorlesung über [3] diesen Gegenstand gehalten; den letzten Paragraphen davon, den Beweis der topologischen Invarianz der Bettischen Gruppen, habe ich jetzt doch so vereinfacht, dass ich ein gewisses aesthetisches Wohlgefallen daran habe. [4] [5]

Mir fällt ein wunderschönes Exempel ein, das ich Ihnen, wie ich glaube, noch nicht mitgeteilt habe.

$$- \ - \ - \ - \ - \ - \ - : \quad = \ - \ - \ 8 \ - \ -$$
$$- \ -$$
$$- \ - \ -$$

Man soll also den 7-stelligen Dividenden (unter dem die bei den sukzessiven Divisionen verbleibenden Reste angedeutet sind), den Divisor (von dem gar nichts gesagt ist) und den Quotienten erraten, von dem man nur weiss, dass er 5-stellig ist und in der Mitte eine 8 hat. Die Lösung ist eindeutig!

Nun habe ich Sie, lieber Freund, mit meinem „Geplauder" hoffentlich nicht angestrengt. Wir alle Drei wünschen Ihnen von ganzem Herzen baldige Besserung und vor allem Schmerzfreiheit!

Herzlich grüsst Sie    Ihr<br>F.H.

## Anmerkungen

[1]  Ein kurzer philosophischer Exkurs über den Schmerz findet sich in HAUS-DORFFs Essay *Biologisches* (1913), Band VIII dieser Edition, S. 757–758.

[2]  Zu HAUSDORFFs Verhältnis zur kombinatorischen Topologie und zu ihrer Durchdringung mit algebraischen Methoden vgl. den Essay von E. SCHOLZ: *Hausdorffs Blick auf die entstehende algebraische Topologie*, Band III dieser Edition, S. 865–892.

[3]  HAUSDORFF bezieht sich hier auf folgende Werke: VEBLEN, O.: *Analysis Situs*. American Mathematical Society, New York 1922, ²1931; LEFSCHETZ, S.: *Topology*. American Mathematical Society, New York 1930, ²1956; SEIFERT, K. J. H.; THRELFALL, W. R. M. H.: *Lehrbuch der Topologie*. Teubner, Leipzig 1934. Nachdruck: Chelsea, New York 1947, 1968; ALEXANDROFF, P. S.; HOPF, H.: *Topologie I*. Springer, Berlin etc. 1935. Nachdruck: Chelsea, New York 1972. Zu SEIFERT/THRELFALL s. auch den Brief von THRELFALL an HAUSDORFF und zu ALEXANDROFF/HOPF den Briefwechsel zwischen ALEXANDROFF und HAUSDORFF in diesem Band.

[4]  NL HAUSDORFF: Kapsel 18: Faszikel 55: *Einführung in die kombinatorische Topologie. (SS 1933) 2st.* Die Vorlesung ist im Band III dieser Edition, S. 893–953 vollständig abgedruckt; Erläuterungen dazu finden sich in dem in Anm. [2] genannten Essay, insbesondere S. 875–877.

[5]  NL HAUSDORFF: Kapsel 43: Faszikel 742: *Die topologische Invarianz der Homologiegruppen (Vereinfachte Umarbeitung des §4 meiner Vorlesung vom SS 1933 nebst Zusätzen)*. Wesentliche Teile dieses Faszikels sind im Band III dieser Edition, S. 954–976 abgedruckt; Erläuterungen dazu finden sich in dem

in Anm. [2] genannten Essay, S. 883–888.

[6]  Der Divisor ist wegen des Restes in der 2. Zeile zweistellig $\geq 11$; einstellig oder 10 kann er nicht sein, sonst wäre der Dividend höchstens sechsstellig.

```
------- : -- = --8--
  --
  ---
```

Der Divisor teilt die Zahl, die aus den ersten drei Ziffern des Dividenden gebildet wird, ohne Rest. Das Ergebnis dieser Division ist die erste Stelle des Endresultats.

```
--- ---- : -- = --8--
(---)
  0 --
    ---
```

Die zweite Stelle des Resultats ist folglich 0, die dritte die 8 und die vierte wieder 0.

```
--- ---- : -- = -080-
(---)
  0 --
    ---
    ^ ^ (Diese Positionen ergeben 0 an 2.\,und 4.\,Stelle.)
```

Die 8 ergibt sich also aus der Division zweier 2-stelliger Zahlen, dem Rest in der 2. Zeile und dem zweistelligen Divisor. Wegen $13 \cdot 8 = 104$ bleiben für den Divisor die Möglichkeiten 11 oder 12.

Der Rest dieser Division der beiden zweistelligen Zahlen muss 1 sein, sonst wäre der Rest in der 3. Zeile mindestens 200 und würde bei Division durch 11 oder 12 ein zweistelliges Ergebnis liefern.

```
------- : 1{1;2} = -080-
  --
  1--
```

Für den Rest in der 3. Zeile gilt, dass die Zahl, die aus den ersten beiden Ziffern gebildet wird, kleiner als der Divisor sein muss. Wäre der Divisor 11, müsste der Rest in der 3. Zeile die Gestalt 10x haben und ohne Rest durch 11 teilbar sein, was nicht möglich ist. Also ist der Divisor 12. 108 ist die einzige dreistellige Zahl kleiner als 120, die durch 12 teilbar ist.

```
---97108 : 12 = -0809
   97
   108
```

Schließlich muß, um einen 7-stelligen Dividenden zu erreichen, die erste Stelle des Endresultats 9 sein. Die ersten drei Ziffern sind demnach 108.

```
1089708 : 12 = 90809
  97
 108
```

Aus der Herleitung folgt die Eindeutigkeit der Lösung.

## Brief Felix Hausdorff ⟶ Johann Oswald Müller

27/6 40

Lieber Herr Kollege!

Beim Blättern in einem alten Jahresbericht der DMV ersah ich kürzlich, dass Sie am 28. Juni 1877 in Sohland zur Welt gekommen sind. Wenn ich Ihnen demgemäss – zugleich im Namen meiner Frau und meiner Schwägerin – zu Ihrem morgigen Geburtstage die herzlichsten Glückwünsche ausspreche, so brauche ich den Begriff Glück nicht erst zu definieren; er bedeutet vor allem Befreiung von den infamen Schmerzen und baldige Wiedererlangung Ihrer Gesundheit! Dieser mein Wunsch ist nicht ganz frei von Selbstsucht, denn mit der Gesundheit wird ja hoffentlich auch Ihr Humor und Ihre über den Dingen schwebende Geisteshaltung wiederkehren, die ich in unseren Gesprächen immer so sehr geschätzt habe; kurzum – wir wollen doch endlich mal in den [1] „Gequetschten" gehen, zu dem Sie einstmals, an der Ecke Reuter- und Hindenburgstrasse, dem erlebnisgierigen Nachtwanderer den Weg gewiesen haben. Das ist nun auch schon wieder 17 Jahre her. Inzwischen ist der liebe Gott, als Chef der Weltregierung, dauernd verreist und hat die Geschäfte einem anscheinend weniger gutgesinnten Prokuristen übergeben, der den Kunden grundsätzlich liefert, was sie nicht bestellen, und nicht liefert, was sie bestellen. Auch Sie hat er recht schlecht bedient und Ihnen eine Krankheit geschickt, ausgerechnet in einer zeitlichen und räumlichen Situation, die zum Ertragen und Überwinden körperlichen Übelbefindens so ungeeignet wie möglich ist. Aber hoffentlich gelingt es Ihnen doch to make the best of it und unter Beihilfe Ihrer ausgezeichneten und tapferen Lebensgefährtin Sich von den brennenden Schmerzen und heulenden Sirenen zu erholen. Also, lieber Freund Müller, alles Gute, Bessere, Beste für morgen und weiterhin!

Herzliche Grüsse an Sie Beide von uns Dreien!

Ihr     F. H.

### Anmerkung

[1] Die Gaststätte „Zum Gequetschten" existierte seit 1578 unter verschiedenen Namen; seit 1850 hieß sie „Zum Gequetschten". Sie ist auch heute noch eine beliebte Adresse in der Bonner Innenstadt.

# Wilhelm Ostwald

## Korrespondenzpartner

WILHELM OSTWALD wurde am 2. September 1852 in Riga als Sohn eines Böttchermeisters geboren. Er studierte ab 1871 an der Universität Dorpat (Tartu) Chemie und Physik, wurde 1875 Kandidat, 1877 Magister und 1878 Doktor der Chemie. Der Doktorgrad entsprach im damals russischen Dorpat der deutschen Habilitation. Nach Assistenten- und Privatdozentenzeit in Dorpat wurde Ostwald 1882 Professor der Chemie in Riga. 1887 wurde er auf den neu eingerichteten Lehrstuhl für physikalische Chemie an die Universität Leipzig berufen. In Leipzig begründete er eine weltberühmte Schule der physikalischen Chemie, aus der mehr als 60 Professoren dieses Fachgebiets hervorgegangen sind. 1906 wurde in der Philosophischen Fakultät sein Antrag, in Zukunft nur noch Spezialvorlesungen abzuhalten und nur mit fortgeschrittenen Studenten im Labor zu arbeiten, abgelehnt. Er ließ sich daraufhin vorzeitig emeritieren und zog sich als Privatgelehrter auf seinen Landsitz „Energie" in Großbothen bei Grimma zurück. OSTWALD starb in einem Leipziger Krankenhaus am 4. April 1932.

OSTWALD bewegte sich von Beginn seiner wissenschaftlichen Laufbahn an im Grenzgebiet zwischen Chemie und Physik. Dabei zeigte er großes experimentelles Geschick und entwickelte und baute Geräte wie Pyknometer, Thermostaten, Rheostaten und Viskosimeter. In Dorpat und Riga führte er umfangreiche Serien von Experimenten an Lösungen organischer Säuren durch („Studien zur chemischen Dynamik", „Elektrochemische Studien"); gemeinsam mit SVANTE ARRHENIUS entwickelte er die Theorie der elektrolytischen Dissoziation. In Leipzig begründete er 1887 die *Zeitschrift für physikalische Chemie, Stöchiometrie und Verwandtschaftslehre*, die zum wichtigsten Publikationsorgan für Arbeiten aus dem Gebiet der physikalischen Chemie wurde. Ergebnisse seiner experimentellen Arbeit im Leipziger Institut waren das OSTWALDsche Verdünnungsgesetz (1888), die OSTWALDsche Stufenregel (1897), die OSTWALD-Reifung in der Feststoffchemie (1900) und das Verfahren der katalytischen Ammoniakoxydation (OSTWALD-Verfahren; 1902/03). Für seine grundlegenden Arbeiten zur Katalyse erhielt er 1909 den Nobelpreis für Chemie. OSTWALD verfaßte eine ganze Reihe richtungsweisender Lehrbücher: *Lehrbuch der allgemeinen Chemie* (2 Bde., 1885, 1887), *Hand- und Hilfsbuch zur Ausführung physiko-chemischer Messungen* (1893), *Die wissenschaftlichen Grundlagen der analytischen Chemie* (1894), *Die Elektrochemie. Ihre Geschichte und Lehre* (1896), *Grundlinien der anorganischen Chemie* (1900). Er gilt neben S. ARRHENIUS und J. H. VAN'T HOFF als einer der Begründer der physikalischen Chemie.

Ab der Jahrhundertwende wandte sich OSTWALD verstärkt der Philosophie zu. Er vertrat die Ansicht, daß der Energie das Primat zukomme und die Materie eine spezielle Erscheinungsform der Energie sei (OSTWALDsche Energetik). 1902 erschienen seine *Vorlesungen über Naturphilosophie*; bereits 1901 hatte er die Zeitschrift *Annalen der Naturphilosophie* begründet, die er bis 1921 herausgab. Er trat dem von ERNST HAECKEL ins Leben gerufenen Monistenbund bei, wurde 1910 Nachfolger HAECKELs als Präsident und beteiligte sich aktiv an der „Kirchenaustrittsbewegung". OSTWALD gilt auch als bedeutender Wissenschaftshistoriker. Er begründete 1889 die außerordentlich erfolgreiche Reihe *Ostwalds Klassiker der exakten Wissenschaften*, bei deren Herausgabe ihn später sein ehemaliger Physikprofessor ARTHUR VON OETTINGEN maßgeblich unterstützte. Ferner verfaßte er die wissenschaftshistorischen Bücher *Leitlinien der Chemie* (1906), *Große Männer* (1909) und *Die Entwicklung der Elektrochemie* (1910). OSTWALD versuchte auch, auf der Basis wissenschaftshistorischer Studien Leitlinien zur Bildungspolitik und Wissenschaftsorganisation zu formulieren. Sein Spätwerk ist der Farbenlehre gewidmet und war unter Künstlern recht populär (*Farbenlehre* [4 Bde., 1918–1922], OSTWALDscher Farbenkegel, OSTWALDscher Farbenatlas). Als letztes großes Werk erschien in den Jahren 1926 und 1927 seine Autobiographie *Lebenslinien* (3 Bände).

## Quelle

Die Briefe und Postkarten HAUSDORFFs an OSTWALD befinden sich im Archiv der Berlin-Brandenburgischen Akademie der Wissenschaften, Nachlaß Ostwald, Nr. 1114.

## Danksagung

Ein herzlicher Dank geht an den Leiter des Archivs der Berlin-Brandenburgischen Akademie der Wissenschaften, Herrn Dr. WOLFGANG KNOBLOCH, für die Bereitstellung von Kopien und für die Erlaubnis, die Schriftstücke hier abzudrucken.

**Brief** FELIX HAUSDORFF ⟶ WILHELM OSTWALD

Leipzig, Leibnizstr. 4
8. Juli 1903

Sehr geehrter Herr Geheimrath,

Ihr freundliches Anerbieten, meine Antrittsvorlesung in den Annalen der Naturphilosophie zu veröffentlichen, nehme ich dankbar und mit Vergnügen an. [1] Ich gedachte sie Veit & Co als Brochure anzubieten; aber als Artikel in Ihrer Zeitschrift wird sie jedenfalls mehr Leser finden. Es ist Ihnen hoffentlich recht, wenn ich für den Druck einige Anmerkungen, namentlich die nothwendigsten Litteraturverweise, hinzufüge; ich hoffe Ihnen in 2–3 Wochen das Ms. in dieser Gestalt übergeben zu können.

Mit verbindlichstem Dank begrüsst Sie

Ihr hochachtungsvoll ergebener
Felix Hausdorff

## Anmerkung

[1] HAUSDORFF wurde 1903 zum außeretatmäßigen außerordentlichen Professor in der Philosophischen Fakultät der Universität Leipzig ernannt (vgl. das Ernennungsdekret am Schluß des Abschnitts „Ministerielle Schreiben zu Berufungen" im Anhang zu diesem Band). Der Zusatz „außeretatmäßig" bedeutete, daß mit der Stelle kein festes Gehalt verbunden war. Die öffentliche Antrittsvorlesung unter dem Titel „Das Raumproblem" hielt er am 4. Juli 1903. Daß OSTWALD HAUSDORFF das Angebot machte, seine Antrittsrede in den „Annalen der Naturphilosophie" zu veröffentlichen, mag damit zusammenhängen, daß er sie als Ordinarius in der Philosophischen Fakultät vielleicht selbst gehört hat. Der Name des jungen Professors war ihm auf jeden Fall geläufig, hatte HAUSDORFF doch sein Buch *Vorlesungen über Naturphilosophie* in der „Zeitschrift für mathematischen und naturwissenschaftlichen Unterricht" besprochen ([H 1902e], Abdruck im Band VI dieser Edition). In dieser Besprechung hebt HAUSDORFF OSTWALDs Entwurf einer neuen ganzheitlichen Naturphilosophie als großes Ereignis in der Welt der Philosophie hervor:

> Es liegt hier, wohl zum ersten Male in dieser umfassenden Großartigkeit, der imposante Entwurf einer noch in keiner Weise abgeschlossenen, noch in leidenschaftlichen Kämpfen diskutierten Weltanschauung vor, einer wahrhaften philosophia militans: der *Energetik*, die ihre polemische Spitze in Sonderheit gegen die ältere materialistische oder mechanistische Weltauffassung kehrt. [···] Die Bedeutung des Werkes, das nicht nur von den Fachleuten, sondern auch von philosophisch und naturwissenschaftlich gebildeten Laien aufmerksam studiert zu werden verdient, mag es rechtfertigen, daß wir – ohne detaillierte Inhaltsangabe – einige Hauptgedanken der OSTWALDschen Weltansicht herausheben. (S. 190–191)

Nachdem HAUSDORFF versucht hat, dieses Versprechen so ausgewogen wie möglich zu erfüllen, läßt er aber doch durchblicken, daß ihm die an MACH orientierte positivistische Weltsicht OSTWALDs bei allen anerkennenswerten Aspekten nicht durchweg sympathisch ist, weil ihre „freiwillige Entsagung" von aller Naturerklärung „unseren philosophischen Erkenntnisdrang" nicht zu befriedigen vermag.

**Brief** FELIX HAUSDORFF $\longrightarrow$ WILHELM OSTWALD

Leipzig, Leibnizstr. 4
9. Aug. 1903

Sehr geehrter Herr Geheimrath,

Die Hinzufügung der Litteraturverweise zu meiner Antrittsvorlesung hat etwas länger gedauert, als ich dachte. Unterdessen werden Sie, wie ich annehme, verreist sein, und ich möchte daher, ehe ich Ihnen das Ms. schicke, mir die Anfrage erlauben, zu welcher Zeit Ihnen das genehm wäre. Natürlich läge mir
[1] daran, die Sache sobald wie möglich gedruckt zu wissen, da man von fertigen lagernden Arbeiten schwer loskommt und immer wieder – nicht zu ihrem Vortheil – daran herum corrigirt.

Mit vorzüglicher Hochachtung begrüsst Sie

Ihr ergebenster
F. Hausdorff

### Anmerkung

[1]   HAUSDORFFs Antrittsvorlesung „Das Raumproblem" ([H 1903a]) erschien in „Ostwald's Annalen der Naturphilosophie", Band 3 (1903), S. 1–23. (Wiederabdruck mit Erläuterungen im Band VI dieser Edition, ferner in: BECKERT, H.; PURKERT, W.: *Leipziger mathematische Antrittsvorlesungen.* Teubner-Archiv zur Mathematik, Band 8, Leipzig 1987, S. 83–105).

**Postkarte** FELIX HAUSDORFF $\longrightarrow$ WILHELM OSTWALD

Leibnizstr. $4^{II}$     18. 9. 03

Sehr geehrter Herr Geheimrath,   Heute früh erhielt ich eine *leere* Postkarte, aus deren Adresse ich der Handschrift nach vermuthe, dass Sie der Absender sein könnten. Da ich nicht an sympathetische Tinten glaube, so vermuthe ich, dass die Tücke des Objects im Spiele ist und dem Schreibenden eine durch

Adhäsion bewirkte Doppelkarte untergeschoben hat, deren eine Hälfte als mittheilungslose Adresse mich erreicht hat, während die andere als adressenlose Mittheilung in der Welt umherirrt. Darf ich Sie, verehrter Herr Geheimrath, um Wiederholung dieser Mittheilung bitten, die sich wahrscheinlich auf mein Ms. und meine Anfrage vom Anfang August d. J. bezieht? Immer vorausgesetzt, dass Ihre Autorschaft stimmt; andernfalls bitte ich diese Anfrage als gegenstandslos zu betrachten. Hochachtungsvoll grüsst

Ihr ergebenster

F. Hausdorff

**Postkarte** FELIX HAUSDORFF ⟶ WILHELM OSTWALD

Leipzig, 27. Sept. 07

Sehr geehrter Herr Geheimrath, Ihre freundliche Anfrage wegen eines Beitrages für die Annalen d. Naturphil. muss ich leider, für die nächste Zeit wenigstens, verneinend beantworten, da ich durch andere Arbeiten in Anspruch genommen bin. Für die Verspätung dieser Antwort bitte ich um Entschuldigung; ich war die letzten 14 Tage ohne angebbare Adresse verreist und fand Ihre Karte vom 13. erst heute nach meiner Rückkehr vor. [1]

Mit hochachtungsvollem Gruss                    Ihr ergebenster

Felix Hausdorff

**Anmerkung**

[1] HAUSDORFF hatte im Jahre 1903 nicht nur zu „Ostwalds Annalen der Naturphilosophie" beigetragen, sondern auch zur Serie „Ostwalds Klassiker der exakten Wissenschaften": Er gab CHRISTIAN HUYGENS' nachgelassene Abhandlungen *Über die Bewegung der Körper durch den Stoss. Über die Centrifugalkraft* heraus und versah sie mit detaillierten Anmerkungen (Band 138 von Ostwalds Klassikern; Wiederabdruck im Band V dieser Edition, S. 835–915). 1905 publizierte HAUSDORFF erneut in einer philosophischen Zeitschrift, und zwar in der „Vierteljahrsschrift für wissenschaftliche Philosophie und Sociologie" eine Besprechung von BERTRAND RUSSELLs *The Principles of Mathematics* ([H 1905]). OSTWALDs Anfrage zeigt, daß er HAUSDORFF als philosophischen Schriftsteller schätzte. Sie fiel jedoch in eine Zeit, in der HAUSDORFF mit der zusammenfassenden Darstellung seiner Theorie der geordneten Mengen für die Mathematischen Annalen intensiv beschäftigt war. In einem Brief an HILBERT vom 15. Juli 1907 hatte er angefragt, ob HILBERT angesichts der kritischen Diskussionen um die Mengenlehre eine längere Arbeit über geordnete Mengen für die Annalen akzeptieren würde (s. die Briefe HAUSDORFFs an HILBERT in diesem Band; vgl. ferner Band II dieser Edition, S. 13). Eine positive Antwort muß sehr bald erfolgt sein, denn das Manuskript war im November 1907 fertig. Es ist im Nachlaß HAUSDORFFs vorhanden (Kapsel 26b, Fasz. 89); Bl. 1

trägt den Vermerk von HILBERTs Hand: „Nov. 1907. Angenommen Hilbert“. Die Arbeit erschien 1908 in den Annalen ([H 1908]). Zu HAUSDORFFs weitgehender Abwendung von der philosophischen und literarischen Produktion und seiner verstärkten Hinwendung zur Mathematik vgl. auch seine Postkarte an FRANZ MEYER vom 24. Dezember 1908 (Briefe und Postkarten HAUSDORFFs an MEYER in diesem Band).

# Else Pappenheim

## Korrespondenzpartnerin

ELSE PAPPENHEIM wurde am 22. Mai 1911 in Salzburg als Tochter des jüdischen Arztes MARTIN PAPPENHEIM (1881–1943) geboren. Ihre Mutter EDITH, geb. GOLDSCHMIDT (1883–1942) war die jüngste Tochter des jüdischen Arztes SIGISMUND GOLDSCHMIDT (1844–1914) aus Bad Reichenhall. Deren Schwester CHARLOTTE (1873–1942) war seit 1899 die Ehefrau von FELIX HAUSDORFF. Die Eltern von ELSE PAPPENHEIM hatten keine Bindung mehr zum jüdischen Glauben; EDITH PAPPENHEIM war evangelisch getauft, MARTIN PAPPENHEIM konvertierte 1908 zum Protestantismus und war seit 1918 konfessionslos. Als ELSE acht Jahre alt war, ließen sich die Eltern scheiden. Sie wuchs bei ihrer Mutter auf, die als Erzieherin ein spärliches Einkommen bezog. Von 1921 bis 1929 besuchte ELSE PAPPENHEIM ein privates Gymnasium, die Schwarzwaldschule in Wien. Sie hatte dort einen Freiplatz, u. a. deshalb, weil die Gründerin der Schule, EUGENIE SCHWARZWALD, eine große Verehrerin ihrer Urgroßmutter, der Frauenrechtlerin und Vorschulpädagogin HENRIETTE GOLDSCHMIDT war. ELSE PAPPENHEIM studierte vom Wintersemester 1929/30 an in Wien Medizin. Ihre besonderen Interessengebiete waren Neurologie, Psychiatrie und Chemie. Im April 1935 promovierte sie zum Dr. med. Danach war sie Sekundarärztin an der Klinik für Neurologie und Psychiatrie unter Prof. OTTO PÖTZL (1877–1962). PÖTZL verhielt sich gegenüber der FREUDschen Psychoanalyse ambivalent, aber er akzeptierte wohlwollend, wenn sich seine Sekundarärzte psychoanalytisch ausbilden ließen. ELSE PAPPENHEIM begann 1936 eine solche Ausbildung am Wiener Psychoanalytischen Institut, nachdem sie bereits seit 1934 eine Lehranalyse bei OTTO ISAKOWER (1899–1972) durchlaufen hatte. Der Anschluß Österreichs an das nationalsozialistische Deutschland am 12. März 1938 beendete die Arbeit des Psychoanalytischen Instituts. An der Klinik wurden nun „Ariernachweise" verlangt, und ELSE PAPPENHEIM wurde am 25. April 1938 fristlos entlassen, ohne ihre Ausbildung zum Facharzt beenden zu können. Sie eröffnete eine Privatpraxis, die sie aber bald wieder schließen mußte, weil man ihr Ende September 1938 die Praxiserlaubnis entzog. Am 8. November 1938 verließ ELSE PAPPENHEIM Wien. Über Palästina, wo sie einige Zeit bei ihrem Vater wohnte, reiste sie nach Le Havre und von dort nach New York, wo sie am 20. Dezember 1938 ankam. Von Ende 1938 bis Januar 1941 arbeitete sie an der Henry Phipps Psychiatric Clinic der Johns Hopkins University in Baltimore bei Prof. ADOLF MEYER (1866–1950); zusätzlich war sie 1940 bis Januar 1941 als Oberassistenzärztin am Spring Grove State Hospital in Cantonsville bei Baltimore tätig. Im Januar 1941 siedelte ELSE PAPPENHEIM nach New York über. Sie hatte dort bis 1947 Stellen an mehreren Kliniken, u. a. an der New York University und am Goldwater Memorial Hospital. 1943 erwarb sie die (in den USA getrennten) Facharztdiplome für Neurologie und für Psychiatrie und graduierte im selben Jahr am New York

Psychoanalytic Institute bei ISAKOWER. 1944 wurde sie Mitglied der American Psychoanalytic Association. Sie betrieb in New York auch eine psychoanalytische Privatpraxis. 1946 heiratete sie den Ingenieur und Patentanwalt STEPHEN H. FRISHAUF, der ebenfalls aus Österreich emigriert war. Von 1947 bis 1952 lebte die Familie in Connecticut, zunächst in Stamford, dann in New Haven. ELSE PAPPENHEIM unterrichtete an der Yale University, ab 1948 als Associate Professor und ab 1950 als Assistant Clinical Professor für Psychiatrie. 1952 kehrte sie mit ihrem Mann nach New York zurück. Neben dem Betrieb ihrer Privatpraxis war sie an verschiedenen Kliniken ehrenamtlich als Konsiliarärztin mit wenigen Wochenstunden tätig. Daneben war sie zeitweise Lehrbeauftragte am Hunter College und an der City University. Von 1964 bis 1978 hatte sie eine bezahlte Festanstellung am Kings County Hospital des Downstate Medical Center der State University of New York und war dort gleichzeitig als außerordentliche Professorin für Psychiatrie und Neurologie in der Lehre tätig. Nach ihrer Pensionierung 1978 arbeitete sie noch ehrenamtlich bis 1985 als Visiting Consultant am Roosevelt Hospital Center. Ihre Praxis schloß sie 1986. ELSE PAPPENHEIM verstarb am 11. Januar 2009 in New York. Sie hat in ihrem langen Leben eine Reihe von Arbeiten publiziert, hauptsächlich neuropsychiatrische Arbeiten, psychiatrische Fallanalysen und Arbeiten zur Geschichte der Psychiatrie und der Psychoanalyse. Einen Überblick, z. T. mit kurzen Inhaltsangaben, findet man in: BERNHARD HANDLBAUER (Hrsg.): *Else Pappenheim. Hölderlin, Feuchtersleben, Freud – Beiträge zur Geschichte der Psychoanalyse, der Psychiatrie und Neurologie.* Graz – Wien 2004, S. 141–154. Diesem Werk sind auch die meisten hier skizzierten Angaben zum Leben und Wirken von ELSE PAPPENHEIM entnommen.

## Quelle

Die beiden im folgenden abgedruckten Schriftstücke befinden sich im Privatbesitz der Familie FRISHAUF.

## Danksagung

Ein herzlicher Dank geht an Herrn Prof. DAVID EISENBUD, der 2011 Herrn Prof. BRIESKORN Scans sämtlicher Briefe von EDITH PAPPENHEIM an ihre Tochter ELSE für dessen Arbeit an der Biographie HAUSDORFFs zur Verfügung stellte. Ebenfalls herzlich gedankt sei der Familie FRISHAUF, die das Kopieren der Quellen gestattete. Das erste hier abgedruckte Schriftstück ist eine Ergänzung zu einem dieser Briefe. Eine Kopie des Briefes von FELIX HAUSDORFF an ELSE PAPPENHEIM vom 9. Mai 1939 hat Frau PAPPENHEIM Herrn BRIESKORN dankenswerterweise schon vor vielen Jahren zugänglich gemacht.

Brief CHARLOTTE und FELIX HAUSDORFF → ELSE PAPPENHEIM
[Es handelt sich um Zusätze zu einem Brief von EDITH PAPPENHEIM an ihre
Tochter ELSE] [1]

d. 29. XI. 38

Meine Else, lebe wohl. Meine Gedanken begleiten Dich, meine Wünsche, meine Liebe. Vor Dir liegt ein neuer Tag, gehe ihm froh u. mutig entgegen – lass einen Vorhang fallen, der Alles verdeckt, was Dein junges Leben verdüstert hat. Vielleicht segnest Du noch einmal die Gewalten, die Dich in eine andre Bahn geschleudert haben. Noch einmal: lebe wohl.     Immer Deine Tante Lotte.

Liebe Else, auch ich sage Dir Lebewohl, hoffentlich ist es nicht für immer. Ich hab mich so sehr gefreut, Dich in Wiesbaden damals noch einmal zu sehen [2] und festzustellen, wie reizvoll, mutig und lebenstüchtig Du in den letzten Jahren geworden bist. Alle meine Wünsche begleiten Dich übers Meer.

Dein Dich liebender Onkel Felix.

Noch herzlichen Dank für Deinen Brief zum 70. Geburtstag! [3]

## Anmerkungen

[1] EDITH PAPPENHEIM hat am 8. November 1938 ihre Tochter ELSE auf dem Wiener Bahnhof verabschiedet und ist dann nach Bonn zu ihrer Schwester CHARLOTTE HAUSDORFF und ihrem Schwager FELIX HAUSDORFF gefahren, in deren Haus sie fortan lebte. Den Aufenthalt in Bonn muß sie schon vorher vorbereitet haben, denn sie war seit 28. September 1938 in Bonn gemeldet. Ihr Brief vom 29. 11. 1938 war ein Abschiedsbrief an ihre Tochter, die um den 14. Dezember herum von Le Havre die Seereise in die USA antrat (sie kam am 20. Dezember in New York an; eine Atlantiküberquerung dauerte damals etwas weniger als eine Woche). EDITH PAPPENHEIM schrieb an ihre Tochter u. a.:

> Mein geliebtes Kind! Jetzt bist Du also endlich so weit. Du weißt, daß meine heißesten Segenswünsche Dich begleiten. Auch ich hoffe fest auf eine bessere Zukunft. Je schwerer wir es jetzt haben, umso schöner wird es dann werden. [···] Jetzt heißt es wieder ewig lange auf Nachricht warten u. erst wenn die Überfahrt beginnt. [···] Mein Liebes sei tapfer behalte den Kopf oben alles wird noch gut werden.

CHARLOTTE und FELIX HAUSDORFF schlossen sich den guten Wünschen an. Die Hoffnung auf eine bessere Zukunft erfüllte sich für EDITH PAPPENHEIM nicht. Trotz vieler Bemühungen, auch von ihrer Tochter, gelang es ihr nicht zu emigrieren. Sie ging gemeinsam mit HAUSDORFFs in den Tod, als die Deportation drohte (s. den Abschiedsbrief HAUSDORFFs an Rechtsanwalt WOLLSTEIN und die zugehörigen Anmerkungen in diesem Band).

[2] Das Treffen in Wiesbaden kann nicht datiert werden. Weder in ihren autobiographischen Aufzeichnungen noch in Artikeln über ELSE PAPPENHEIM gibt es dazu Angaben. Möglicherweise fand es 1937 statt. Im Sommer dieses Jahres

besuchte ELSE PAPPENHEIM den Kongreß für Psychohygiene in Paris, und es ist gut möglich, daß die Hin- oder Rückreise über Wiesbaden erfolgt ist.

[3] HAUSDORFF feierte am 8. November 1938 seinen 70. Geburtstag. Am Abend dieses Tages betrat ELSE PAPPENHEIM in Triest das Schiff nach Palästina. Ihr Geburtstagsbrief an HAUSDORFF ist nicht mehr vorhanden.

**Brief** FELIX HAUSDORFF ⟶ ELSE PAPPENHEIM

9. Mai 1939

Meine liebe Else!

Obwohl ich meine Neigung zum Briefschreiben in jüngeren Jahren abreagiert habe und mich jetzt nur noch selten dazu entschliesse, hatte ich schon lange die Absicht, mit Dir eine Ausnahme zu machen. Ich wollte – denke Dir! – ganz spontan, ohne veranlassende Gelegenheit einmal zum Ausdruck bringen, wie sehr ich mich über Deine erstaunlich guten und schnellen Erfolge freue und – wenn ich als Onkel dazu ein Recht habe – wie stolz ich auf Dich bin. Das Bewusstsein, dies alles Deiner Arbeitskraft, Gewissenhaftigkeit und Begabung zu verdanken, muss Dich doch auch freudig und hoffnungsvoll stimmen. Ich habe Dir das bei unserem letzten Zusammensein in Wiesbaden gleich angesehen, dass Du Deine Sache gut machen würdest (das vorletzte Mal, vor einigen
[1] Jahren in Prag, warst Du noch etwas gehemmt und in Dein Schneckenhaus verkrochen). Well, dies ungefähr wollte ich Dir schon lange einmal sagen, und nun hat es sich doch solange hingezogen, dass ich gleich meine herzlichen Wünsche zu Deinem Geburtstag damit verbinden kann. Und noch etwas wollte ich Dir schreiben, nämlich wie sehr ich mich über Deine Mutter als Hausgenossin freue
[2] und wie ausserordentlich wohltätig ihre Anwesenheit auf mich wirkt. Sie hat entschieden psychiatrische Begabung, wahrscheinlich von Dir und Deinem Va-
[3] ter abgefärbt, und versteht glänzend mit mir umzugehen; sie und das Fröschlein haben es nicht immer leicht mit mir! Ich versuche, mich ihr dadurch etwas erkenntlich zu zeigen, dass ich sie über ihren Miko hinsichtlich der englischen
[4] Sprache durch meine nicht schnelleren Fortschritte tröste; übrigens haben wir Beide doch schon eine ganze Menge gelernt. Auch in diesem Punkte hast Du, wie ich höre, Überraschendes geleistet und wirst schon bisweilen für eine geborene Amerikanerin gehalten! Also, meine liebe Els, mögest Du selbst, und wir Alle mit Dir, noch viele Freude an Dir erleben! Herzlichst grüsst Dich

Dein Onkel Felix

### Anmerkungen

[1] HAUSDORFFs Schwestern MARTHA, verehelichte BRANDEIS, und VALERIE (VALLY), verehelichte GLASER, lebten mit ihren Familien in Prag (vgl. die Briefe von LUDWIG BRANDEIS und ANTON GLASER an FELIX und CHARLOTTE

HAUSDORFF in diesem Band).

[2]  Vgl. Anm. [1] zum vorangehenden Brief. Zum Zusammenleben von FELIX und CHARLOTTE HAUSDORFF und EDITH PAPPENHEIM bis zu ihrem tragischen Ende im Januar 1942 vgl. das letzte Kapitel in der Biographie HAUSDORFFs von EGBERT BRIESKORN im Band I B dieser Edition.

[3]  Einer der Kosenamen, den HAUSDORFF seiner Frau gab, war „Fröschlein", möglicherweise deshalb, weil sie oft an kalten Händen litt.

[4]  HAUSDORFF hatte Ende Januar 1939 einen Versuch unternommen, eine Stelle in den USA zu bekommen und zu emigrieren (vgl. dazu den Brief RICHARD COURANTs an HAUSDORFF und die zugehörigen Dokumente in diesem Band). Zur Vorbereitung auf einen solchen Schritt hat er offenbar noch Englisch gelernt bzw. wiederholt, denn wissenschaftliche Texte auf Englisch hat er von Beginn seiner Laufbahn an lesen können und auch rezipiert.

# George Pólya

## Korrespondenzpartner

GEORGE PÓLYA wurde am 13. Dezember 1887 in Budapest als Sohn eines Juristen geboren. Er studierte ab 1905 in Budapest ein Semester Jura, dann vier Semester Sprachen und Literatur und schließlich Philosophie, Physik und vor allem Mathematik. Das akademische Jahr 1910/11 verbrachte er an der Universität Wien. 1912 promovierte er bei FEJÉR in Budapest. Nach Studienaufenthalten in Göttingen und Paris wurde er 1914 Privatdozent an der ETH in Zürich. 1920 wurde er dort zum Titularprofessor ernannt. Das Jahr 1924 verbrachte er als Rockefeller-Stipendiat bei HARDY in England. 1928 wurde er Ordinarius an der ETH. 1940 wanderte PÓLYA in die USA aus und wurde nach zweijähriger Lehrtätigkeit an der Brown University 1942 Professor an der Stanford University, wo er 1953 emeritiert wurde. Er war weiter bis ins hohe Alter in Lehre und Forschung aktiv und verstarb am 7. September 1985 in Palo Alto (Californien).

PÓLYA war ein außerordentlich vielseitiger Mathematiker; seine Hauptarbeitsgebiete waren Wahrscheinlichkeitstheorie, Analysis, Geometrie und Kombinatorik. Er zeigte, daß die charakteristische Funktion das Wahrscheinlichkeitsmaß eindeutig bestimmt; ferner gab er hinreichende Bedingungen dafür an, daß eine Funktion $f(t)$ charakteristische Funktion eines Wahrscheinlichkeitsmaßes ist. Er leistete wichtige Beiträge zum Themenkreis Grenzwertsätze (von ihm stammt auch der Terminus „Zentraler Grenzwertsatz") und zum Momentenproblem. PÓLYAs Resultate zur Theorie der Irrfahrten gipfeln in Sätzen über die Rekurrenz oder Transienz von Irrfahrten, etwa der Brownschen Bewegung, in Abhängigkeit von der Dimension. In diesem Zusammenhang fand er erstmalig ein Null-Eins-Gesetz für abhängige Ereignisse und damit ein grundsätzlich neues Phänomen in der Wahrscheinlichkeitstheorie. Aus dem sog. PÓLYAschen Urnenschema entstand die nach ihm benannte multivariate Verteilung; sie hat zahlreiche Anwendungen, z. B. in der Statistik, der Genetik, in den Wirtschaftswissenschaften und bei der Modellierung von Epidemien. Die Entwicklung der stochastischen Analysis verdankt PÓLYA entscheidende Impulse (Kapazitätsbegriff). PÓLYAs wichtigste Beiträge zur Analysis gehören zur Funktionentheorie. Tiefliegende Resultate betreffen hier die Beziehungen zwischen den Eigenschaften der Koeffizientenfolgen von Potenz- oder Dirichletreihen und den Eigenschaften der dargestellten Funktionen, z. B. ihre Fortsetzbarkeit. PÓLYA ist einer der Begründer der Theorie der ganzen Funktionen; seine Beiträge betreffen vor allem die Verteilung der Nullstellen ganzer Funktionen. Sein in Zusammenarbeit mit GABOR SZEGÖ entstandenes zweibändiges Werk *Aufgaben und Lehrsätze aus der Analysis* (1925; zahlreiche Neuauflagen und Übersetzungen) hat auf die mathematische Lehre und Forschung einen außerordentlich großen Einfluß gehabt. Auch seine Bücher *Inequalities* (1934; mit G. H. HARDY und J. E. LITTLEWOOD) und *Isoperimetric inequalities in mathematical physics* (1951; mit G. SZEGÖ) sind Klassiker der mathematischen Literatur. Sein wichtigster Beitrag zum Grenzgebiet von Geometrie und Kombinatorik war die Arbeit *Kombinatorische Anzahlbestimmungen für Gruppen, Graphen und chemische Verbindungen*, Acta Math. 68 (1937), 145–254. Ausgangspunkt war die Frage nach der Anzahl der Isomeren einer organischen Verbindung mit vorgegebener Summenformel. Die PÓLYA-Abzählung ist heute ein fundamentales Prinzip der Graphentheorie mit zahlreichen Anwendungen, insbesondere auch in der organischen Chemie.

PÓLYA hatte ein lebenslanges Interesse an Fragen der mathematischen Ausbildung und an der Heuristik des Lösens mathematischer Probleme. Sein Buch *How to solve it: a new aspect of mathematical method* (1945) wurde mehr als eine Million mal verkauft und in 17 Sprachen übersetzt. Weitere sehr erfolgreiche Werke PÓLYAs waren *Mathematics and plausible reasoning* (2 Bde.; 1954) und *Mathematical discovery; on understanding, learning and teaching problem solving* (2 Bde.; 1962, 1965).

## Quelle

Die Briefe und Postkarten HAUSDORFFs an PÓLYA befinden sich im Archiv der ETH Zürich unter der Signatur Hs 89, 233–239.

## Bemerkungen

Die Schriftstücke aus dem Jahre 1917 stehen im Zusammenhang mit der Entstehung von HAUSDORFFs Arbeit *Zur Verteilung der fortsetzbaren Potenzreihen*. Math. Zeitschrift 4 (1919), 98–103 ([H 1919c]). Diese Arbeit und der mathematische Inhalt dieser Schriftstücke sind von REINHOLD REMMERT im Band IV dieser Edition, S. 73–75, eingehend besprochen worden. Die folgenden Anmerkungen basieren auf diesem Kommentar.

## Danksagung

Wir danken der Leitung des Archivs der ETH Zürich für die Bereitstellung der Kopien und für die Erlaubnis, die Briefe und Postkarten HAUSDORFFs an PÓLYA hier abzudrucken.

15. Sept. 1917
Greifswald, Graben 5
(bis 21. Sept. Bad Reichenhall, Bayern, Wittelsbacher Str. 11)

Sehr geehrter Herr College!

Ihre Arbeit „Über die Potenzreihen, deren Konvergenzkreis natürliche Grenze ist", hat mich sehr interessirt und ich danke Ihnen für die freundliche Zusen- [1] dung bestens. Wie mir scheint, kann man Ihren Satz III ganz elementar und ohne Berufung auf die tieferliegenden Sätze beweisen, die Sie herangezogen haben. Es gilt nämlich der [2]
Hilfsatz. Es sei $(\varepsilon_0, \varepsilon_1, \ldots)$ eine Folge *positiver* Zahlen mit

$$\lim \varepsilon_n^{\frac{1}{n}} = 1 \,.$$

Dann giebt es eine Potenzreihe $\sum b_n x^n$ mit $|b_n| \leq \varepsilon_n$, die den Einheitskreis zum Convergenzkreis und auf ihm einen einzigen singulären Punkt hat.

(Dass ich die $\varepsilon_n > 0$ annehme, während Sie nur $\varepsilon_n \geq 0$ fordern, bedingt eine kleine Vereinfachung.)

Sei $\delta_n = \min(\varepsilon_0, \varepsilon_1, \ldots, \varepsilon_n)$; dann ist $\delta_0 \geq \delta_1 \geq \cdots$, $0 < \delta_n \leq \varepsilon_n$. Ferner ist auch

$$\lim \delta_n^{\frac{1}{n}} = 1 \,.$$

Denn es existirt $\delta = \lim \delta_n \geq 0$; entweder ist $\delta > 0$, also $\delta_0 (= \varepsilon_0) \geq \delta_n \geq \delta > 0$ und $\delta_n^{\frac{1}{n}}$ liegt zwischen $\delta_0^{\frac{1}{n}}$ und $\delta^{\frac{1}{n}}$, oder es ist $\delta = 0$, also schliesslich $\delta_n < 1$, und da $\delta_n = \varepsilon_\nu$ ist, wo $\nu \leq n$ von $n$ abhängt und mit $n$ unbegrenzt wächst, so ist

$$1 > \delta_n^{\frac{1}{n}} = \varepsilon_\nu^{\frac{1}{n}} \geq \varepsilon_\nu^{\frac{1}{\nu}} \longrightarrow 1 \,.$$

Also hat $g(y) = \sum \delta_n y^n$ den Convergenzradius 1 und, weil die Coefficienten positiv sind, gewiss den singulären Punkt $y = 1$. Ist $\rho$ eine beliebige positive Zahl, so hat

$$f(x) = \frac{1}{1+\rho} \, g\left(\frac{x+\rho}{1+\rho}\right)$$

gewiss den singulären Punkt $x = 1$ und ist regulär im Kreise $\left|\frac{x+\rho}{1+\rho}\right| < 1$, also im Innern und in allen Punkten des Einheitskreises $|x| = 1$ bis auf $x = 1$. Die Potenzreihe

$$f(x) = \sum_n \delta_n \frac{(x+\rho)^n}{(1+\rho)^{n+1}} = \sum_{n,m} \frac{\delta_n}{(1+\rho)^{n+1}} \binom{n}{m} x^m \rho^{n-m} = \sum_m b_m x^m \,,$$

$$b_m = \sum_n \binom{n}{m} \delta_n \frac{\rho^{n-m}}{(1+\rho)^{n+1}} \qquad (n \geq m)$$

hat also den Einheitskreis zum Convergenzkreis und auf ihm nur den singulären Punkt $x = 1$. Zugleich ist wegen $\delta_0 \geq \delta_1 \geq \cdots$

$$0 < b_m \leq \delta_m \cdot \sum_n \binom{n}{m} \frac{\rho^{n-m}}{(1+\rho)^{n+1}} = \delta_m \,.$$

Also $|b_n| \leq \delta_n \leq \varepsilon_n$. Vertauscht man $x$ mit $xe^{-i\varphi}$, so erhält man eine Potenzreihe $\sum b_n x^n$, ebenfalls mit $|b_n| \leq \varepsilon_n$, die auf dem Convergenzkreis $|x| = 1$ nur den singulären Punkt $e^{i\varphi}$ hat.

Damit folgt nun Ihr Satz III unmittelbar: Ist $\sum a_n x^n$ über den Convergenzkreis $|x| = 1$ fortsetzbar und $e^{i\varphi}, e^{i\psi}$ zwei reguläre Punkte, so wähle man $\sum b_n x^n$ wie oben mit dem einzigen singulären Punkt $e^{i\varphi}$. Dann ist $\sum b_n x^n$ in $e^{i\psi}$ regulär, $\sum (a_n + b_n) x^n$ in $e^{i\varphi}$ singulär, aber in $e^{i\psi}$ regulär. Letztere Potenzreihe ist also fortsetzbar und liegt in der Umgebung $(\varepsilon_0, \varepsilon_1, \ldots)$ von $\sum a_n x^n$, aber nicht in der nächsten Umgebung.

Vorausgesetzt, dass ich mich bei dieser Darlegung nirgends geirrt habe – was Einem ja bei einer Improvisation in der Sommerfrische passiren kann –, werden Sie zugeben, dass dieser Beweis viel einfacher als der Ihrige ist; andererseits sind die von Ihnen benutzten Sätze auch an sich von grossem Interesse.

In einer früheren Arbeit, die Sie mir zu schicken die Güte hatten, stellten Sie ein interessantes Problem bezüglich Potenzreihen $\sum a_n x^n$ mit ganzen Coefficienten und dem Einheitskreis als Convergenzkreis. Wenn ich mich recht erinnere (ich habe die Arbeit nicht hier), handelte es sich um die Vermuthung, dass eine solche Potenzreihe, wenn fortsetzbar, eine rationale Function ist. Ich habe s. Z. ein paar Überlegungen darüber angestellt, aber nichts herausbekommen; ist es Ihnen inzwischen besser gegangen?

Mit bestem Grusse an Sie und Herrn Hurwitz

Ihr sehr ergebener
F. Hausdorff

## Anmerkungen

[1]  PÓLYA, G.: *Über Potenzreihen, deren Konvergenzkreis natürliche Grenze ist.* Acta Math. **41** (1918), 99–118 (PÓLYA, G.: *Collected Papers*, vol. 1, 64–83). Auf Band **40** (1916) der Acta folgt Band **41** (1918); die ersten Hefte von Band 41 erschienen aber bereits 1917.

[2]  Der Satz III in PÓLYAs Arbeit hat folgenden Wortlaut:

> Satz III. *Die Menge der fortsetzbaren Potenzreihen hat keinen isolierten Punkt.* (Acta Math. **41** (1918), S. 110)

Der nachfolgende Text ist im wesentlichen der Inhalt des § 1 von [H 1919c].

[3]  PÓLYA, G.: *Über Potenzreihen mit ganzzahligen Koeffizienten.* Math. Annalen **77** (1916), 497–513 (PÓLYA, G.: *Collected Papers*, vol. 1, 31–47). In dieser Arbeit formulierte PÓLYA die folgende Vermutung:

Insbesondere wäre es wünschenswert zu entscheiden, ob folgender Satz richtig ist oder falsch:

„Wenn eine Potenzreihe mit ganzzahligen Koeffizienten den Konvergenzradius 1 hat, so sind nur zwei Fälle möglich: entweder ist die dargestellte Funktion rational, oder sie ist über den Einheitskreis hinaus nicht fortsetzbar." (S. 510)

HAUSDORFFs Briefe und Postkarten aus dem Jahre 1917 zeigen, daß seine Motivation, sich mit der Fortsetzbarkeitsproblematik zu beschäftigen, das Bestreben war, PÓLYAs Vermutung zu beweisen.

**Postkarte** FELIX HAUSDORFF $\longrightarrow$ GEORGE PÓLYA

Greifswald, 21. Nov. 1917

Sehr geehrter Herr College, Für Ihren freundlichen Brief vom 21. Sept. und für die Zusendung Ihrer sehr interessanten Abhandlungen danke ich Ihnen vielmals. Dass dies erst so spät geschieht, kommt von der Beschäftigung mit Ihrem hypothetischen Satz, von der ich Ihnen gerne ein einigermassen beträchtliches Ergebniss mittheilen wollte. Damit ist es nun leider nichts; ich kann zwar beweisen, dass es höchstens abzählbar viele Functionen $f(x) = \sum a_m x^m$ mit ganzzahliger Potenzreihe giebt, die für $|x| < 1$ regulär und über dies Gebiet hinaus fortsetzbar sind (was für die Richtigkeit Ihres Satzes spricht), aber dass dies rationale Functionen sind, habe ich noch nicht heraus. – Ihre formale Vereinfachung der letzten Arbeit ist sehr sympathisch. Ich würde vorschlagen, Potenzreihen $A = \sum a_m x^m$ mit dem Convergenzradius $\geq 1$ zu betrachten, einen Äquivalenzbegriff $A \sim B$ zu definiren ($A$ gleichsingulär mit $B$), wenn $A - B$ einen Convergenzradius $> 1$ hat usw.; Ihr Raum erhält dann noch einen Punkt mehr, der durch die Function Null repräsentirt ist, d. h. durch die Gesamtheit der Potenzreihen mit Conv.radius $> 1$. Jedenfalls ist es sehr angenehm, dass man dann die gewöhnliche Mengenlehre anwenden kann. Eine Arbeit mit Ihnen zusammen zu publiciren wäre mir sehr recht, aber die Censurschwierigkeiten sind wohl zu gross.

[1]

[2]

[3]

Mit bestem Gruss Ihr erg. F. Hausdorff

## Anmerkungen

[1]   Bisher noch nicht genannte funktionentheoretische Arbeiten PÓLYAs vor 1917, die er HAUSDORFF gesandt haben könnte, sind folgende: *Sur une question concernant les fonctions entières.* Comptes Rendus Acad. Sci. Paris **158** (1914), 330–333; *Algebraische Untersuchungen über ganze Funktionen vom Geschlechte Null und Eins.* Journal f. reine und angewandte Mathematik **145** (1915), 224–249; *Über ganzwertige ganze Funktionen.* Rendiconti Circ. Mat. di Palermo **40** (1915), 1–16; *Bemerkungen zur Theorie der ganzen Funktionen.* Jahresbericht der DMV **24** (1915), 392–400; *Une série de puissances est-elle*

*en général non-continuable?* Enseignement Math. **17** (1915), 343–344; *Zwei Beweise eines von Herrn Fatou vermuteten Satzes* (mit A. HURWITZ). Acta Math. **40** (1916), 179–183.

[2]  Es handelt sich um den im folgenden Brief mitgeteilten Beweis; vgl. auch die dortige Anm. [2].

[3]  Gemeint ist die in Anm. [1] zum Brief vom 15. September 1917 genannte Arbeit.

**Brief** FELIX HAUSDORFF $\longrightarrow$ GEORGE PÓLYA

Greifswald, 25. 12. 1917

Sehr geehrter Herr College!

Für Ihre freundliche Karte vom 11. 12. und für die Zusendung der Correctur
[1] Ihrer neuen Annalenarbeit sage ich Ihnen besten Dank.

Mein Beweis, dass es nur abzählbar viele Functionen $\sum a_n x^n$ mit ganzen Coefficienten giebt, die für $|x| < 1$ regulär und darüber hinaus fortsetzbar sind,
[2] ist so einfach, dass es mir keine Mühe machen wird, ihn ganz mitzutheilen. Er beruht auf Folgendem: ist $G_x$ ein einfach zusammenhängendes Gebiet, das den Einheitskreis $|x| < 1$ enthält und darüber hinausgreift, so betrachte ich die schlichte Abbildung von $G_x$

$$y = \varphi(x) = \lambda_1 x + \lambda_2 x^2 + \cdots , \qquad \text{umgekehrt } x = \psi(y)$$

auf den Einheitskreis $|y| < 1$, bei der dem Punkt $x = 0$ der Punkt $y = 0$ entspricht; sie ist bis auf eine Drehung bestimmt, also eindeutig bestimmt, wenn man $\lambda_1 = \lambda > 0$ voraussetzt. Dabei ist nun $\lambda < 1$, da aus der Betrachtung der Fläche, die dem Kreis $|x| \leq \xi < 1$ entspricht, in bekannter Weise $\sum n |\lambda_n|^2 < 1$ folgt.

Ich kann meinen Satz, gleich etwas verallgemeinert, so formuliren:
*A sei eine Zahlenmenge, in der zwei verschiedene Zahlen einen Abstand $\geq$ $\sigma > 0$ haben. $c_0, c_1, \ldots$ sei eine feste Zahlenfolge mi $|c_n|^{\frac{1}{n}} \to 1$. Man bilde alle Potenzreihen*

$$f(x) = a_0 c_0 + a_1 c_1 x + a_2 c_2 x^2 + \cdots , \qquad (1)$$

*worin die $a_n$ Zahlen aus A sind. Unter ihnen giebt es höchstens abzählbar viele, die für $|x| < 1$ regulär und darüber hinaus fortsetzbar sind.*

Beweis. $G_x$ sei das Gebiet, das aus $|x| < 1$ durch Hinzufügung der Kreisscheibe $|x - \alpha| < \frac{1}{m}$ ($\alpha$ Einheitswurzel, $m = 1, 2, \ldots$) entsteht; es giebt nur abzählbar viele solche $G_x$ und jedes $f(x)$, das für $|x| < 1$ regulär und fortsetzbar ist, ist in einem $G_x$ regulär. Es braucht also nur bewiesen zu werden, dass es höchstens abzählbar viele in $G_x$ reguläre $f(x) = (1)$ giebt.

Wir machen die obige Abbildung; $g(y) = f(\psi(y)) = b_0 + b_1 y + b_2 y^2 + \cdots$ ist dann für $|y| < 1$ regulär und

$$f(x) = g(\varphi(x)) = b_0 + b_1(\lambda_1 x + \lambda_2 x^2 + \cdots) + b_2(\lambda_1 x + \lambda_2 x^2 + \cdots)^2 + \cdots,$$

also

$$a_0 c_0 = b_0, \ a_1 c_1 = b_1 \lambda, \ a_2 c_2 = b_1 \lambda_2 + b_2 \lambda^2, \ldots, a_n c_n = (b_1, \ldots, b_{n-1}) + b_n \lambda^n, \ldots$$

wo $(b_1, \ldots, b_{n-1})$ eine lineare homogene Function dieser $b$ mit Coefficienten ist, die von den $\lambda_m$ abhängen. Sei $\lambda < \eta < 1$, also $g(\eta)$ convergent, $b_n \eta^n \to 0$, also schliesslich $|b_n \eta^n| < \frac{1}{2}\sigma$; $G_p$ sei die Menge der Functionen $g(y)$, die diese Ungleichung für $n \geq p$ erfüllen, $F_p$ die Menge der entsprechenden $f(x)$. Nun ist schliesslich (für $n \geq \nu$) $|c_n|^{\frac{1}{n}} \geq \frac{\lambda}{\eta}$. Sei $p \geq \nu$ und $g(y), \overline{g}(y)$ zwei Functionen aus $G_p$, die überdies in den Werthen $b_0, b_1, \ldots, b_{p-1}$ übereinstimmen. Dann ist $(\overline{a}_p - a_p)c_p = (\overline{b}_p - b_p)\lambda^p$ und die rechte Seite dem Betrage nach $< \frac{\sigma \lambda^p}{\eta^p}$, die linke aber, falls $\overline{a}_p \neq a_p$ ist, $\geq \sigma|c_p| \geq \sigma \cdot \frac{\lambda^p}{\eta^p}$. Dieser Widerspruch zeigt, dass $\overline{a}_p = a_p$, also $\overline{b}_p = b_p$ sein muss; dann folgt ebenso weiter $\overline{a}_{p+1} = a_{p+1}$, $\overline{b}_{p+1} = b_{p+1}$ usw. D. h. eine Function $g(y)$ aus $G_p$ ist durch ihre Anfangscoefficienten $b_0, \ldots, b_{p-1}$, demnach eine Function $f(x)$ aus $F_p$ durch $a_0, \ldots, a_{p-1}$ eindeutig bestimmt. Da $A$ höchstens abzählbar ist, giebt es höchstens abzählbar viele Werthsysteme $a_0, \ldots, a_{p-1}$ und höchstens abzählbar viele Funktionen in $F_p$. Da nun $F_0 \subseteq F_1 \subseteq F_2 \subseteq \cdots$, so ist auch die Summe aller $F_p$, umsomehr die Gesamtheit der in $G_x$ regulären $f(x)$ höchstens abzählbar. Q. E. D.

Nimmt man insbesondere die $a_n$ als ganze Zahlen, so erhält man den Satz, dass aus einer Reihe $\sum c_n x^n$ mit $|c_n|^{\frac{1}{n}} \to 1$ durch Multiplication mit ganzen Zahlen Functionen $\sum a_n c_n x^n$ entstehen, von denen höchstens abzählbar viele für $|x| < 1$ regulär und fortsetzbar sind. Insbesondere trifft dies für die Functionen

$$\pm c_0 \pm c_1 x \pm c_2 x^2 + \cdots$$

zu, diese sind also *alle bis auf höchstens abzählbar viele nichtfortsetzbar*: eine Verschärfung der von Ihnen und Hurwitz bewiesenen Fatouschen Vermuthung. [3] (Wenn nur $\overline{\lim} |c_n|^{\frac{1}{n}} = 1$, stimmt das natürlich nicht, denn wenn z. B. $\sum c_{2n} x^{2n}$ den Convergenzradius 1 und $\sum c_{2n+1} x^{2n+1}$ den Convergenzradius $> 1$ hat, so sind zugleich mit $\sum c_{2n} x^{2n}$ alle Functionen $\sum c_{2n} x^{2n} + \sum \pm c_{2n+1} x^{2n+1}$ fortsetzbar, also unabzählbar viele.)

Nimmt man die $a_n$ als ganze Zahlen und $c_n = 1$, so erhält man den anfangs ausgesprochenen Specialfall. Von da bis zum Beweise Ihrer Hypothese, dass die fraglichen $f(x) = \sum a_n x^n$ rationale Functionen sind, scheint aber die längere Weghälfte zu sein. Ich habe es so, aber bisher resultatlos, versucht, dass ich einen Approximationssatz von folgender Art zu beweisen suchte: jede in $G_x$ reguläre Function $f(x) = \sum a_n x^n$ mit ganzen Coefficienten ($G_x$ sei etwa das Gebiet $|x| < 1$ plus $|x - 1| < \delta$) lässt sich durch eine rationale Function $R(x)$ derselben Art so approximiren, dass $|f(x) - R(x)| < \varepsilon$ für $|x| \leq \xi < 1$ und $|x - 1| \leq \eta < \delta$. Für jeden einzelnen dieser Bereiche ist das sehr leicht, aber für beide zusammen ist es mir nicht gelungen; die Mittag-Lefflerschen Polynome helfen natürlich nichts, da sie keine ganzen Coefficienten haben.

Mit besten Grüssen

Ihr ergebenster

F. Hausdorff

[4] Die C. R. halten wir seit Kriegsbeginn nicht mehr; vielleicht kann ich mir von Göttingen oder sonstwie die Note von Fréchet verschaffen. Ihre letzte Arbeit ist wieder sehr scharfsinnig!

## Anmerkungen

[1] Es handelt sich um PÓLYA, G.: *Über Potenzreihen mit endlich vielen verschiedenen Koeffizienten*. Math. Annalen **78** (1918), 286–293 (PÓLYA, G.: *Collected Papers*, vol. 1, 84–91).

[2] Die folgenden Ausführungen finden sich in etwas detaillierterer Ausarbeitung im §2 von HAUSDORFFs Arbeit [H 1919c] (s. Band IV dieser Edition, S. 69–72 u. 75).

[3] Das bezieht sich auf die in Anm. [1] zur vorhergehenden Postkarte genannte Arbeit von PÓLYA und HURWITZ.

[4] HAUSDORFF bezieht sich hier auf: FRÉCHET, M.: *Les fonctions prolongeables*, Comptes Rendus Acad. Sci. Paris **165** (1917), 669–670. In dieser Note äußert sich FRÉCHET skeptisch zum Inhalt von PÓLYAs Arbeit *Über Potenzreihen, deren Konvergenzkreis natürliche Grenze ist* (vgl. Anm. [1] zu ersten hier abgedruckten Brief).

## Postkarte FELIX HAUSDORFF ⟶ GEORGE PÓLYA

14. 5. 19

Sehr geehrter Herr College! Mit der Erwähnung meines Satzes durch Herrn
[1] Szegö bin ich sehr einverstanden; inzwischen aber wird hoffentlich meine Arbeit, die schon gedruckt ist, im 4. Bande der Mathematischen Zeitschrift erscheinen. Ich hatte die Sache längere Zeit liegen lassen, in der Hoffnung, mich dem Beweis
[2] Ihrer Vermuthung noch mehr zu nähern; da ich aber nichts weiter herausbekam, sandte ich im November 1918 eine kleine Note (zusammen mit einer zweiten, noch kleineren „Über den Werthvorrath einer Bilinearform", die schon gedruckt ist) an die Math. Ztschr. Beide sollten eigentlich im selben Heft stehen und sind nur aus technischen Gründen getrennt worden. In meiner Note gebe ich auch die kleine Vereinfachung Ihres Satzes, dass die Menge der fortsetzbaren
[3] Potenzreihen insichdicht ist, die ich Ihnen einmal brieflich mittheilte.

Mit besten Grüssen

Ihr ergebener<br>F. Hausdorff

## Anmerkungen

**[1]** Es geht um G. Szegös Arbeit *Über Potenzreihen, deren Koeffizienten zahlentheoretische Funktionen sind*, Math. Zeitschrift **8** (1920), 36–51 (eingereicht am 4. 8. 1919). In dieser Arbeit beschäftigt sich Szegö mit der Pólyaschen Vermutung, die auch Hausdorff zu beweisen suchte (vgl. Anm. [3] zum ersten der hier abgedruckten Briefe an Pólya). Szegö zeigt dort die Nichtfortsetzbarkeit über den Einheitskreis hinaus von solchen Potenzreihen, deren Koeffizienten gewisse bekannte zahlentheoretische Funktionen sind. Pólyas Vermutung sei noch nicht entschieden, so Szegö. „Die weitgehendsten Resultate, welche in dieser Hinsicht bisher erreicht wurden", seien ein Satz von Pólya (vgl. Anm. [2] zum o. g. Brief) sowie:

> Ein Satz von Herrn F. Hausdorff: *Die Potenzreihen mit lauter ganzzahligen Koeffizienten und dem Konvergenzradius 1, die über den Einheitskreis hinaus fortsetzbar sind, bilden eine abzählbare Menge.* (S. 36)

Hier verweist Szegö aber bereits auf die veröffentlichte Arbeit [H 1919c] und nicht auf den Brief Hausdorffs an Pólya vom 25. 12. 1917.

**[2]** Die Pólyasche Vermutung wurde erstmals 1921 von F. Carlson und 1922 auf einem anderen Wege von G. Szegö bewiesen; s. dazu Band IV dieser Edition, S. 75.

**[3]** Hausdorff bezieht sich an dieser Stelle auf den ersten der hier abgedruckten Briefe (vom 15. 9. 1917); vgl. insbesondere die Anm. [2] zu diesem Brief.

## Brief  Felix Hausdorff ⟶ George Pólya

Greifswald, Graben 5
6. 1. 1920

Sehr geehrter Herr College!

Besten Dank für Ihre Karte! Das darin ausgesprochene Urtheil über die Arbeit von Mises ist zwar hart, aber nicht ungerecht. Ein so unhaltbarer Begriff wie der des Collectivs ist lange nicht aufgestellt worden. Vor allem ist das Axiom der Regellosigkeit völlig sinnlos: was heisst das, es soll eine Theilfolge „ohne Benützung der Merkmalsunterschiede" gebildet werden? Nehme ich ad libitum [1] eine Theilfolge und tritt dann Änderung oder Nichtexistenz des Grenzwerths (der relativen Häufigkeit) ein, so müsste ich sie nach M. hinterher verwerfen. Er müsste also Invarianz der Grenzwerthe für *jede* Theilfolge verlangen, und das giebt es nur in dem ganz trivialen Falle, dass alle Merkmale von einem gewissen $n$ ab identisch sind. M. gelangt ja (S. 59) selbst zu dem Schluss, dass in seinem Collectiv $(x_1, x_2, \ldots)$ die *Angabe* der $x_n$ nicht möglich ist; mehr kann man doch von einem widerspruchsvollen Unbegriff nicht verlangen! [2]

Ich habe auch das Axiom I schärfer unter die Lupe genommen und gefunden, dass schon dies allein nur eine ganz specielle Klasse von Vertheilungen zulässt, nämlich solche: es giebt nur endlich oder abzählbar viele Punkte $\xi_1, \xi_2, \ldots$ des Merkmalraumes, für die $p_\nu = w(\xi_\nu) > 0$; dann ist $\sum p_\nu = 1$ und für jede Menge $A$ ist $w(A) = \sum p_\alpha$ erstreckt über diejenigen $\xi_\alpha$, die zu $A$ gehören. Also nur „discrete" Vertheilungen in diesem Sinne sind möglich, wenn man die Existenz von $w(A)$ für *jede* Menge $A$ verlangt.

M. hat sich diese Consequenzen nicht klar gemacht; leider gelang es auch mir brieflich nicht, sie ihm klar zu machen. Er behauptet auch ohne den Schatten eines Beweises, dass sein $w(A)$ die Limeseigenschaft hat (S. 66), wonach also z. B. für abzählbar viele Mengen $A_\nu$, die paarweise ohne gemeinsame Punkte sind, mit $A = \sum A_\nu$ auch $w(A) = \sum w(A_\nu)$ sein müsste; auch dies trifft nur [3] für die ebengenannten discreten Vertheilungen zu.

Es wäre noch Mancherlei darüber zu sagen. Auch der rein mathematische Theil (in den „Grundlagen" und den vorangehenden „Fundamentalsätzen der [4] Wahrscheinlichkeitsrechnung", ebenfalls in der Math. Zeitschr.) ist sehr unvollkommen. M. giebt sehr complicirte und unnöthig enge Bedingungen für die Convergenz von Vertheilungen nach dem Gaussschen Exponentialgesetz, während sich aus Arbeiten von Tschebyscheff, Stieltjes u. a. viel weitere und einfachere gewinnen lassen; eine besonders schöne und wenig verlangende stammt von [5] Liapunoff (1901!)

Nach meiner Ansicht ist die M.'sche Grundlegung der Wahrscheinlichkeitsrechnung total verunglückt und wir sind durch sie nicht besser gestellt, als wenn wir einfach direkt von einer Vertheilungsfunction und den zugehörigen Stieltjes-Integralen ausgehen. Es wäre mir sehr interessant, Ihre Meinung über die Sache ausführlicher, als es auf Ihrer letzten Postkarte geschah, kennen zu lernen.

Besten Dank für Ihre letzten Zusendungen!

Mit vielen Grüssen

Ihr ergebener

F. Hausdorff

## Anmerkungen

[1]  Richard von Mises hatte in seiner Arbeit *Grundlagen der Wahrscheinlichkeitsrechnung*, Math. Zeitschrift **5** (1919, 52–99, eine axiomatische Begründung der Wahrscheinlichkeitstheorie vorgeschlagen. Er geht von einer Folge $e_1, e_2, \ldots$ abstrakter Elemente aus; jedem $e_k$ sei als „Merkmal" ein Punkt des „Merkmalraumes" $\mathbb{R}^n$ zugeordnet, wobei nicht alle bis auf endlich viele der $e_k$ dasselbe Merkmal besitzen sollen. Eine solche Elementfolge nennt von Mises ein „Kollektiv" $K$, wenn folgende beiden Axiome erfüllt sind:

**Forderung I: Existenz der Grenzwerte.** *Sei $A$ eine beliebige Punktmenge des Merkmalraumes und $N_A$ die Anzahl derjenigen unter den ersten $N$ Elementen der Folge, deren Merkmal ein Punkt von $A$ ist; dann* *existiere für jedes A der Grenzwert*

$$\lim_{N=\infty} \frac{N_A}{N} = W_A. \qquad (1)$$

**Forderung II. Regellosigkeit der Zuordnung.** *Seien A und B zwei Punktmengen des Merkmalraumes ohne gemeinsame Punkte und die nach (1) gebildeten Grenzwerte $W_A$ und $W_B$ nicht beide null. Aus der Folge aller Elemente (e) von K streichen wir zunächst alle jene, die kein zu A oder zu B gehöriges Merkmal aufweisen, und versehen die übrigen mit den Indizes 1, 2, 3, ... Aus der so entstandenen unendlichen Folge werde eine unendliche Teilfolge (e') dadurch ausgewählt, daß über die Indizes der auszuwählenden Elemente ohne Benützung ihrer Merkmalunterschiede verfügt wird; dann sollen innerhalb der Teilfolge (e') die nach (1) gebildeten Grenzwerte $W_A'$ und $W_B'$ existieren und der Bedingung*

$$W_A' : W_B' = W_A : W_B$$

*genügen.* (S. 55, 57)

Dann heißt $W_A$ die „Wahrscheinlichkeit für das Auftreten eines zu $A$ gehörigen Merkmales innerhalb des Kollektivs $K$" (S. 55). VON MISES' Kollektivbegriff ist mathematisch höchst unpräzise und führte zu jahrelang anhaltenden Debatten (vgl. HOCHKIRCHEN, TH.: *Die Axiomatisierung der Wahrscheinlichkeitsrechnung und ihre Kontexte*, Göttingen 1999, und PLATO, JAN VON: *Creating Modern Probability. Its Mathematics, Physics and Philosophy in Historical Perspective*, Cambridge 1994). Andererseit war VON MISES' Konzept für eine Reihe bedeutender späterer Entwicklungen von großem heuristischen Wert (vgl. S. D. CHATTERJI im Band V dieser Edition, S. 832–833).

[2]   Auf Seite 59 seiner Arbeit heißt es bei VON MISES:

Wir fügen noch zur näheren Erläuterung der mit II geforderten „Regellosigkeit der Zuordnung" folgendes hinzu. Man könnte nach einem *Beispiel* einer der Forderung II genügenden Zuordnung fragen, etwa indem man eine vollständige Angabe verlangt, die gestattet, zu jedem Index $\alpha$ das dem Element $e_\alpha$ zugeordnete Merkmal explizite zu finden. Demgegenüber erklären wir:

Satz 5. *Ein Kollektiv wird durch seine Verteilung vollkommen bestimmt; die vollständige Angabe der Zuordnung im einzelnen ist nicht möglich.*

VON MISES begründet diesen Satz damit, daß aus der Annahme, man hätte eine Funktion $X_\alpha = f(\alpha)$, die jedem Index den Merkmalspunkt $X_\alpha = (x_{1,\alpha}, \ldots, x_{n,\alpha})$ zuordnet, ein Widerspruch zum Regellosigkeitsaxiom II folgt.

[3]   Vgl. dazu die Briefe HAUSDORFFs an VON MISES vom 2. und 10. 11. 1919 in diesem Band, auch abgedruckt im Band V dieser Edition, S. 825–829. VON MISES reagierte mit einer *Berichtigung zu meiner Arbeit „Grundlagen der Wahrscheinlichkeitsrechnung"*, Math. Zeitschrift **7** (1920), 323 (eingegangen am 5. 3. 1920). Dort heißt es zwar:

Die Bemerkung zu Beginn von § 3 (S. 66), wonach die Wahrscheinlichkeit $W_A$ *Maßfunktion für jede Menge* sein soll, beruht – worauf mich Herr Prof. HAUSDORFF in Greifswald freundlichst aufmerksam gemacht hat – auf Irrtum. In der Tat erfüllen die $W$ für eine abzählbare unendliche Reihe von Punktmengen $A_1, A_2, \ldots$, deren Vereinigungsmenge $A$ ist, nicht die Bedingung $W_A \leq W_{A_1} + W_{A_2} + \cdots$, vielmehr ist stets $W_A \geq W_{A_1} + W_{A_2} + \cdots$

Die volle Tragweite der HAUSDORFFschen Einwände war VON MISES aber nicht klar geworden (vgl. dazu Band V dieser Edition, S. 829–833).

[4]   R. VON MISES: *Fundamentalsätze der Wahrscheinlichkeitsrechnung*, Math. Zeitschrift **4** (1919), 1–97 (eingegangen am 31. 8. 1918).

[5]   HAUSDORFFs Kritik bezieht sich vor allem auf VON MISES' Formulierung und Beweis des Zentralen Grenzwertsatzes (bei VON MISES „Zweiter Fundamentalsatz der Wahrscheinlichkeitsrechnung") in der in Anm. [4] genannten Arbeit. Den Hinweis auf den Artikel von LIAPUNOFF aus dem Jahre 1901 gab HAUSDORFF am Ende seines Briefes an VON MISES vom 2. 11. 1919.

**Postkarte**   FELIX HAUSDORFF $\longrightarrow$ GEORGE PÓLYA
Poststempel vom 12. 4. 1925

[1]   12/4   Lieber Herr Pólya,   Ich antworte Ihnen postwendend, weil ich Ihre 500 g Wahrscheinlichkeitsrechnung doch haben möchte. Für Brief und Auskunft besten Dank. Seit Ihrer Abreise waren wir in Vira-Magadino, Pallanza (Isola Madre), Camedo, Contra, Lugano. Das Axiom: wenn Zürich, dann Pólya – steht für uns fest! – Hier ist jetzt Mathematikerkongress: Brouwer, Schoenflies, Ludwig (Geometer aus Dresden), Faber (dieser leider schon wieder weg). – Wie beweist man rasch, dass

$$\sum_{0}^{\infty} \frac{x_i x_k}{i + k + 1}$$

beschränkt ist (Hilbert)? Sie wissen stupend viel !!
Herzliche Grüsse                    $2 \to 2$                    Ihr F. Hausdorff

### Anmerkung

[1]   Es handelt sich vermutlich um PÓLYA, G.; RIEBESELL, P.: *Wahrscheinlichkeitsrechnung, Fehlerrechnung, Statistik. Biometrik und Variationsstatistik.* In: E. ABDERHALDEN (Hrsg.): *Handbuch der biologischen Arbeitsmethoden*, Abt. V, Teil 2, Heft 7, S. 669–830. Berlin und Wien 1925, und eventuell weitere einschlägige Arbeiten PÓLYAS aus den Jahren 1921 und 1923 (vgl. *George Pólya. Obituary*, Bull. London Math. Society **19** (1987), 559–608, insbesondere die Bibliographie, S. 597–607).

25/4 1926                                                    Lugano, Hôtel Ritschard.
Lieber Herr Pólya, besten Dank für Ihr Convolut über W. R., worunter viel
wunderhübsche Sachen sind (die ich teilweise schon besitze). Desgleichen für
die Karte. Wir sind schon eine Woche in Lugano, bei Regen und Kälte; wenn
wir noch länger bleiben, müssten wir wieder Sie herkommen lassen.
Herzl. Gr.                          $2 \to 2.$                          Ihr F. H.

# Alfred Pringsheim

## Korrespondenzpartner

ALFRED PRINGSHEIM wurde am 2. September 1850 in Ohlau (Schlesien) als Sohn eines wohlhabenden jüdischen Eisenbahn-Unternehmers geboren. Er studierte ab 1868 Mathematik und Physik in Berlin und ab 1869 in Heidelberg, wo er 1872 bei LEO KOENIGSBERGER promovierte. 1877 habilitierte er sich an der Universität München und wurde dort 1886 außerordentlicher und 1901 ordentlicher Professor der Mathematik. 1922 ließ er sich emeritieren. 1939 gelang dem 89-jährigen noch die Emigration nach Zürich, wo er am 25. Juni 1941 verstarb.

PRINGSHEIMs Hauptarbeitsgebiet war die Funktionentheorie. Er galt als einer der entschiedensten Propagandisten der Funktionentheorie WEIERSTRASS-scher Prägung und als einer der eifrigsten Verfechter der „WEIERSTRASSschen Strenge". In zahlreichen Arbeiten bemühte er sich um strenge und möglichst einfache Beweise; sein klassisch gewordener Beweis des CAUCHYschen Integralsatzes ist in die einschlägige Lehrbuchliteratur eingegangen. Auf PRINGSHEIM gehen eine Reihe von Sätzen über das Verhalten von Potenzreihen auf dem Konvergenzkreis zurück, z. B. der Satz, daß eine Potenzreihe mit positiven Koeffizienten im Schnittpunkt ihres Konvergenzkreises mit der positiven reellen Achse eine Singularität besitzt. Immer wieder interessierte er sich für Fragen nach der Konvergenz oder Divergenz unendlicher Prozesse. So hat er besonders einfache und weitreichende Konvergenzkriterien für Kettenbrüche aufgestellt und überhaupt die Theorie der Kettenbrüche wieder verstärkt in das Gesichtsfeld der Mathematiker gerückt. Sein Enzyklopädieartikel *Irrationalzahlen und Konvergenz unendlicher Prozesse* erschien 1898 bei Teubner als eigenständige Monographie. PRINGSHEIM hat viel Mühe auf die Ausarbeitung und Publikation seiner einschlägigen Vorlesungen verwandt. Sie erschienen unter dem Titel *Vorlesungen über Zahlen- und Funktionenlehre* in zwei Bänden mit fünf Abteilungen (also de facto in fünf Bänden) in den Jahren 1916 bis 1932 bei Teubner. In seinen mathematikhistorischen Untersuchungen (*Kritisch-historische Bemerkungen zur Funktionentheorie I–VI*, 1928–1933) ging er stets auf die Quellen zurück und beseitigte manche verbreiteten Irrtümer. Auch seine Enzyklopädieartikel zeichnen sich durch sehr sorgfältige Quellenangaben aus.

PRINGSHEIM war ein guter Musikkenner, exzellenter Pianist und großer Verehrer von RICHARD WAGNER; er veröffentlichte einige eigene Bearbeitungen von Werken WAGNERs. Er war auch ein Kunstsammler von Format und besaß die bedeutendste private Sammlung italienischer Majoliken der Renaissance-Zeit. Seine Villa in München war bis zur Machtergreifung der Nationalsozialisten ein beliebter Treffpunkt von Künstlern und Intellektuellen. PRINGSHEIMs Tochter KATJA wurde später die Ehefrau von THOMAS MANN.

## Quelle

Der Brief befindet sich im Privatbesitz von Herrn Prof. Dr. EGBERT BRIESKORN (Eitorf).

## Danksagung

Ein herzlicher Dank geht an Herrn Prof. Dr. INGO LIEB (Bonn) für die Kommentierung des Briefes.

**Brief** Felix Hausdorff $\longrightarrow$ Alfred Pringsheim

Bonn, Hindenburgstr. 61
17. Nov. 30

Sehr verehrter Herr Geheimrat!

Ihre letzte Arbeit (Krit.-hist. Bemerkungen zur Funkt.theorie IV) hat mich [1]
besonders erfreut, weil sie in so eleganter Weise ermöglicht, das Umkehrproblem
wenigstens existentialiter zu erledigen, *bevor* man in die schwierigeren Teile der
Theorie (Integrale auf Riemannschen Flächen oder Modulfunktionen) eintritt.
Nur Ihren § 3 empfinde ich noch als Schönheitsfehler, und ich meine, dass man
ihn durch folgende einfache Betrachtung, die noch ganz auf dem Boden der
eindeutigen Funktionen bleibt, ersetzen kann. [2]
*Jede meromorphe, nicht konstante Lösung der Differentialgleichung I ist von*
*der Form* $\wp(u+c)$ *(c konstant).* Denn aus der Tatsache, dass eine solche meromorphe Funktion $\varphi(u)$ *alle* einem Wert $a_0 = \varphi(u_0)$ hinlänglich benachbar-
ten Werte annimmt und $\wp(u)$ dem Wert $a_0$ beliebig nahe kommt, schliessen wir, dass $\varphi(u)$ und $\wp(u)$ gewiss einen Wert $a$ gemeinsam haben, etwa
$a = \varphi(u_1) = \wp(u_2)$; ist dann $b = \varphi'(u_1)$, $b^2 = 4a^3 - \mathfrak{g}_2 a - \mathfrak{g}_3$, so ist $\wp'(u_2) = \pm b$
und, ev. nach Ersetzung von $u_2$ durch $-u_2$, $\wp'(u_2) = b$; die Diff. gl. I besagt
dann, dass es *eine und dieselbe* Pozenzreihe $\mathfrak{P}(v) = a + bv + \cdots$ giebt, die
$\varphi(u) = \mathfrak{P}(u - u_1)$ und $\wp(u) = \mathfrak{P}(u - u_2)$ in einer Umgebung von $u_1$ resp. $u_2$
darstellt; d. h. in dieser Umgebung von $u_1$, und folglich in der ganzen Ebene,
ist

$$\varphi(u) = \wp(u + u_2 - u_1).$$

Nun ist

$$\varphi(u) = \mathfrak{e}_1 + \frac{(\mathfrak{e}_1 - \mathfrak{e}_2)(\mathfrak{e}_1 - \mathfrak{e}_3)}{\wp(u) - \mathfrak{e}_1},$$

wie man leicht nachrechnet, Lösung von I, meromorph und nicht konstant; sie
ist von der Form $\wp(u+c)$ und muss Pole haben, also muss $\wp(u) - \mathfrak{e}_1$ Nullstellen
haben. Und auf den Nachweis, dass $\wp(u)$ die Werte $\mathfrak{e}_1, \mathfrak{e}_2, \mathfrak{e}_3$ annimmt, gründet
sich ja die doppelte Periodizität von $\wp(u)$.

In Ihren Bemerk. zur Fkt.theorie III habe ich S. 294 nicht ohne Betrübnis
einen Hinweis auf meinen Beweis des Arzelàschen Satzes (Math. Zeitschrift 26
(1927), S. 135) vermisst, der ohne Arzelàs Lemma fondamentale operiert. [3]
In der Hoffnung, dass Sie Sich sehr gesund und in Folge dessen weniger alt
als ich fühlen, grüsst Sie herzlich

Ihr sehr ergebener
F. Hausdorff

## Anmerkungen

[1] Pringsheim, A.: *Kritisch-historische Bemerkungen zur Funktionentheo-*
*rie. IV. Über die Bezeichnung „Elliptische Funktionen" und die Umkehrung der*

*Weierstraßschen Pe-Funktion.* Sitzungsberichte der Bayerischen Akademie der Wissenschaften. Mathematisch-Naturwissenschaftliche Abteilung, Jahrg. 1930, S. 129–164.

[2]  1. Es seien $\mathfrak{g}_2, \mathfrak{g}_3 \in \mathbb{C}$ mit

$$\mathfrak{g}_2^3 - 27\mathfrak{g}_3^2 \neq 0.$$

Das Polynom

$$4x^3 - \mathfrak{g}_2 x - \mathfrak{g}_3 \tag{1}$$

hat dann die getrennten Nullstellen $\mathfrak{e}_1, \mathfrak{e}_2, \mathfrak{e}_3$. Zu lösen ist die Differentialgleichung

$$(\mathrm{I}) \qquad \left(\frac{dx}{du}\right)^2 = 4x^3 - \mathfrak{g}_2 x - \mathfrak{g}_3.$$

Der mittlerweile übliche Lösungsweg – siehe etwa HURWITZ, A.; COURANT, R.: *Vorlesungen über allgemeine Funktionentheorie und elliptische Funktionen.* Göttingen 1922 – verläuft folgendermaßen: Aus der Theorie der elliptischen Modulfunktionen ergibt sich die Lösbarkeit der Gleichungen

$$\mathfrak{g}_2 = 60 \sum \omega^{-4}, \qquad \mathfrak{g}_3 = 140 \sum \omega^{-6}, \tag{2}$$

wobei $\omega \neq 0$ ein geeignetes Gitter $\Omega$ in $\mathbb{C}$ durchläuft; dann löst die WEIERSTRASSsche $\wp$-Funktion zu $\Omega$ die Gleichung (I). Dieses Verfahren geht wohl auf HURWITZ (HURWITZ, A.: *Über die Theorie der elliptischen Modulfunktionen.* Math. Annalen **58** (1904), 343–360) zurück. PRINGSHEIM wählt in der in Anm. [1] genannten Arbeit einen anderen Weg, der die Lösbarkeit von (2) nicht benutzt, sondern im nachhinein mitbeweist. Dabei folgt er dem Vorbild der WEIERSTRASSschen Vorlesungen (WEIERSTRASS, K.: *Werke.* Band V, Berlin 1915). Es ist hier nicht die Aufgabe, PRINGSHEIMs Arbeit auf Originalität zu untersuchen; sie wird nur so weit dargestellt, daß HAUSDORFFs Brief verständlich wird.

2. Die Differentialgleichung (I) wird direkt durch Potenzreihenansatz gelöst:

$$\mathfrak{p}(u) = \frac{1}{u^2} + \sum_{\lambda=2}^{\infty} \mathfrak{c}_\lambda u^{2\lambda - 2}. \tag{3}$$

Dabei errechnen sich die $\mathfrak{c}_\lambda$ aus den Formeln

$$\mathfrak{c}_2 = \mathfrak{g}_2/20, \quad \mathfrak{c}_3 = \mathfrak{g}_3/28, \quad \mathfrak{c}_\lambda = \frac{1}{(\lambda-3)(2\lambda+1)} \sum_{\kappa=2}^{\lambda-2} \mathfrak{c}_\kappa \mathfrak{c}_{\lambda-\kappa}, \quad \lambda > 3. \tag{4}$$

Insbesondere zeigt (4), daß die $\mathfrak{c}_\lambda$ rationale Polynome in $\mathfrak{g}_2$ und $\mathfrak{g}_3$ sind, ebenso, daß die formale Reihe (3) positiven Konvergenzradius hat.

Es gilt nun, $\mathfrak{p}(u)$ als meromorphe Funktion auf ganz $\mathbb{C}$ zu erkennen und ein Gitter zu finden, bezüglich dessen $\mathfrak{p}$ periodisch ist, und zwar die $\wp$-Funktion des Gitters.

3. Hierzu beweist PRINGSHEIM zunächst das

**Additionstheorem** *Jede in einer Umgebung von 0 meromorphe Lösung $f(u)$ der Differentialgleichung* (I), *die in 0 einen Pol hat, genügt der Beziehung*

$$f(u+v) + f(u) + f(v) = \frac{1}{4} \left( \frac{f'(u) - f'(v)}{f(u) - f(v)} \right)^2 , \tag{5}$$

*solange beide Seiten der Gleichung einen Sinn haben.*

4. Nun werden die formalen Analoga der WEIERSTRASSschen $\zeta$- bzw. $\sigma$-Funktion eingeführt; PRINGSHEIM nennt sie $\mathfrak{z}$ bzw. $\mathfrak{s}$:

$$\mathfrak{z}'(u) = -\mathfrak{p}(u); \qquad \frac{\mathfrak{s}'(u)}{\mathfrak{s}(u)} = \mathfrak{z}(u). \tag{6}$$

Damit gilt

$$\mathfrak{p}(u) = \frac{\mathfrak{s}'(u)^2 - \mathfrak{s}(u)\mathfrak{s}''(u)}{\mathfrak{s}(u)^2}. \tag{7}$$

Die Funktionen werden durch Integration gemäß (6) aus $\mathfrak{p}(u)$ erhalten und sind somit in einer Umgebung von 0 definiert, insbesondere gilt

$$\mathfrak{s}(u) = u + \sum_{\lambda=2}^{\infty} \mathfrak{b}_\lambda u^{2\lambda+1}, \tag{8}$$

$$\mathfrak{b}_2 = -g_2/240, \quad \mathfrak{b}_3 = -g_3/890, \quad \mathfrak{b}_\lambda = -\frac{1}{2\lambda} \left( \sum_{\kappa=2}^{\lambda-2} \frac{c_\kappa}{2\kappa - 1} + \frac{c_\lambda}{2\lambda - 1} \right). \tag{9}$$

Aufgrund der Konstruktion konvergiert (8) dort, wo $\mathfrak{p}(u)$ konvergiert.

5. Das Additionstheorem (5) gilt insbesondere für $\mathfrak{p}(u)$. Mittels des Zusammenhanges zwischen $\mathfrak{p}(u)$ und $\mathfrak{s}(u)$ ergibt sich hieraus – nach kunstvoller Rechnung! – für $\mathfrak{s}(u)$ die folgende Funktionalgleichung:

$$\mathfrak{s}(u) = \mathfrak{s}\left(\frac{u}{2}\right) \left( 2\mathfrak{s}'\left(\frac{u}{2}\right) - 3\mathfrak{s}\left(\frac{u}{2}\right)\mathfrak{s}''\left(\frac{u}{2}\right) + \mathfrak{s}\left(\frac{u}{2}\right)^2 \mathfrak{s}'''\left(\frac{u}{2}\right) \right). \tag{10}$$

Sie gilt im Konvergenzkreis vom Radius $r$ der Reihe $\mathfrak{s}(u)$. Die rechte Seite von (10) konvergiert aber für $|u| < 2r$, die linke also auch. Wiederholt man das Spiel, so folgt:

*Die Reihe* (8) *konvergiert auf ganz* $\mathbb{C}$ *und stellt dort also eine holomorphe Funktion dar.*

Damit ergibt aber (7) die meromorphe Fortsetzung von $\mathfrak{p}(u)$ auf die ganze Ebene. Wir bezeichnen sie weiterhin mit $\mathfrak{p}(u)$ und bemerken, daß sie natürlich überall (außerhalb der Pole) der Differentialgleichung (I) genügt.

6. PRINGSHEIM beweist nun:

*Falls* $\mathfrak{p}$ *den Wert* $\mathfrak{e}_\lambda$ *– d. h. eine der Nullstellen von* (1) *– annimmt, etwa an der Stelle* $\omega_\lambda$, *so ist* $2\omega_\lambda$ *eine Periode von* $\mathfrak{p}$.

Das folgt in der Tat aus $\mathfrak{p}'(\omega_\lambda) = 0$ (aufgrund von (I)) und dem Additionstheorem (5), welches in diesem Fall $\mathfrak{p}(u + \omega_\lambda) = \mathfrak{p}(u - \omega_\lambda)$ ergibt.
Damit bleibt die Gleichung

$$\mathfrak{p}(u) = \mathfrak{e}_\lambda, \qquad \lambda = 1, 2, 3, \tag{11}$$

zu lösen. PRINGSHEIM wendet sich sofort der allgemeinen Aufgabe

$$\mathfrak{p}(u) = x, \qquad x \in \mathbb{C}, \tag{12}$$

zu, d. h. er definiert die Umkehrfunktionen der $\mathfrak{p}$-Funktion und studiert dazu das elliptische Integral

$$\int \frac{dx}{2\sqrt{(x - \mathfrak{e}_1)(x - \mathfrak{e}_2)(x - \mathfrak{e}_3)}}. \tag{13}$$

7. An dieser Stelle setzt HAUSDORFFs Brief an. Er zeigt zunächst:

*Jede nichtkonstante meromorphe Lösung* $\varphi$ *von* (I) *hat die Form*

$$\varphi(u) = \mathfrak{p}(u + c)$$

*für passendes c.*

Zum Beweis wählt HAUSDORFF zwei Punkte $u_1$ und $u_2$ mit

$$\varphi(u_1) = \mathfrak{p}(u_2);$$

solche Punkte existieren aufgrund der Abbildungseigenschaften meromorpher Funktionen. Dann gilt für $b = \varphi'(u_1)$ gemäß (I): $b = \pm\mathfrak{p}'(u_2)$, also nach eventuell nötigem Übergang zu $-u_2$: die Gleichheit $b = \mathfrak{p}'(u_2)$. Die Differentialgleichung zeigt dann weiter, daß die Taylorreihen von $\varphi$ um $u_1$ und von $\mathfrak{p}$ um $u_2$ übereinstimmen, und damit $\varphi(u) = \mathfrak{p}(u + u_2 - u_1)$.
Jetzt bemerkt HAUSDORFF, daß

$$\varphi(u) = \mathfrak{e}_1 + \frac{(\mathfrak{e}_1 - \mathfrak{e}_2)(\mathfrak{e}_1 - \mathfrak{e}_3)}{\mathfrak{p}(u) - \mathfrak{e}_1} \tag{14}$$

eine Lösung von (I) ist. Da sie nach obigem ein Transfer der $\mathfrak{p}$-Funktion ist, muß sie Pole $\omega_1$ haben, was

$$\mathfrak{p}(\omega_1) = \mathfrak{e}_1$$

zur Folge hat.

8. Durch HAUSDORFFs Brief kann der gesamte dritte Paragraph der PRINGS-HEIMschen Arbeit ersetzt werden. Im letzten Paragraphen beweist PRINGSHEIM dann, daß die Halbperioden $\omega_\lambda$ paarweise reell linear unabhängig sind und ein Gitter $\Omega$ liefern, dessen $\wp$-Funktion gerade $\mathfrak{p}$ ist. Auch die Modulargleichungen (2) sind damit gelöst. Die Einzelheiten sind hier nicht mehr ausgeführt, da HAUSDORFF hierzu keine Stellung nimmt.

9. Es ist ist nicht bekannt, ob und wie PRINGSHEIM auf HAUSDORFFs Brief reagiert hat. Auch scheint eine Bemerkung bei HURWITZ in der eingangs erwähnten Arbeit im Band **58** der Mathematischen Annalen darauf hinzudeuten, daß er – HURWITZ – seine Lösung von (2) mittels elliptischer Modulfunktionen als eine Vereinfachung älterer direkter Methoden ansieht!

[3] PRINGSHEIM, A: *Kritisch-historische Bemerkungen zur Funktionentheorie. III. Über einen Mittag-Lefflerschen Beweis des Cauchyschen Integralsatzes und einen damit zielverwandten des Herrn Lichtenstein.* Sitzungsberichte der Bayerischen Akademie der Wissenschaften. Mathematisch-Naturwissenschaftliche Abteilung, Jahrgang 1929, S. 281–306. Auf S. 294 verweist PRINGSHEIM auf verschiedene Beweise des Satzes von ARZELÀ und zitiert dabei ARZELÀs „Lemma fondamentale" aus der Arbeit ARZELÀ: *Un teorema intorno alle serie di funzioni.* Rendiconti Acc. dei Lincei (4) **1** (1885), 262–267. HAUSDORFFs Arbeit [H 1927b] (Wiederabdruck mit Kommentar von S. D. CHATTERJI im Band IV dieser Edition, S. 249–253) erwähnt er nicht.

# Friedrich Riesz

## Korrespondenzpartner

FRIGYES (FRIEDRICH) RIESZ wurde am 22. Januar 1880 in Györ als Sohn eines Arztes geboren. Er studierte an der ETH in Zürich und an den Universitäten Budapest und Göttingen. Nach der 1902 in Budapest erfolgten Promotion setzte er seine Studien in Paris und Göttingen fort und war dann einige Zeit als Gymnasiallehrer in Ungarn tätig. 1911 wurde er Professor in Kolozsvár (Cluj). 1920 wurde die dortige Universität in Folge des Verlusts von Kolozsvár an Rumänien nach Szeged überführt. 1945 wurde RIESZ an die Loránd-Eötvös-Universität Budapest berufen. Er starb am 28. Februar 1956 in Budapest.

RIESZ gilt als einer der Begründer der Funktionalanalysis. Seine Hauptleistung ist die Übertragung der Begriffe und Resultate der Theorie der Integralgleichungen von FREDHOLM, HILBERT und SCHMIDT auf allgemeinere Räume und Operatoren. 1906 führte er den Raum $L^2[a, b]$ ein und bewies 1907 dessen Vollständigkeit (Satz von FISCHER-RIESZ). Dies erlaubte es, HILBERTs Betrachtungen über das Spektrum von Integraloperatoren zu einer allgemeinen Theorie beschränkter selbstadjungierter Operatoren im Hilbertraum auszubauen. Die spätere Erweiterung dieser Theorie auf unbeschränkte selbstadjungierte Operatoren durch RIESZ' Landsmann JOHN VON NEUMANN war von grundlegender Bedeutung für die Quantenmechanik. RIESZ' Arbeiten über $L^p$-Räume waren einer der Ausgangspunkte für die axiomatisch begründete allgemeine Theorie der Banachräume. 1909 fand RIESZ seinen berühmten Darstellungssatz für stetige lineare Funktionale auf dem Raum $C[0, 1]$ der stetigen Funktionen: Jedes solche Funktional $A(f)$ ist ein Stieltjes-Integral $A(f) = \int_0^1 f(x) \, d(\varphi(x))$ mit einer Funktion $\varphi$ beschränkter Schwankung. RIESZ leistete auch bedeutende Beiträge zu den Anwendungen der Funktionalanalysis, z. B. auf die Ergodentheorie. Sein Buch *Les systèmes d'équations linéaires à une infinité d'inconnues* (1913) gibt eine zusammenfassende Theorie der unendlichen Matrizen mit Anwendungen auf bilineare und quadratische Formen, trigonometrische Reihen sowie gewisse Typen von Differential- und Integralgleichungen. Gemeinsam mit seinem Schüler BELA SZÖKEFALVI-NAGY verfaßte RIESZ ein Lehrbuch der Funktionalanalysis, das in mehrere Sprachen übersetzt wurde und als klassisches Werk der mathematischen Literatur gilt. RIESZ begründete auch die Theorie der subharmonischen Funktionen und fand interessante Anwendungen dieser Theorie auf die Funktionen- und Potentialtheorie. Unter RIESZ' Arbeiten zur Topologie ist insbesondere *Die Genesis des Raumbegriffs* (1907) hervorzuheben; RIESZ ließ sich hier auch von erkenntnistheoretischen Interessen leiten. Sein abstraktes Raumkonzept fußt auf einer Axiomatisierung des Prozesses des Ableitens einer Punktmenge. Als sekundärer Begriff ergibt sich der Begriff der Umgebung. Riesz wurde so zu einem der Wegbereiter der mengentheoretischen Topologie, wie sie HAUSDORFF schließlich in seinem Werk *Grundzüge der Mengenlehre* geschaffen hat (vgl. dazu Band II dieser Edition, S. 698–699 und 702–707).

## Quelle

Der Brief befand sich im Besitz von Prof. Dr. BARNA SZÉNÁSSY (Debrecen), der über die Geschichte der Mathematik in Ungarn und insbesondere über FRIEDRICH RIESZ gearbeitet hat, und war dann im Besitz seiner Witwe, Frau VALERIA SZÉNÁSSY BARNÁNÉ.

## Danksagung

Frau SZÉNÁSSY BARNÁNÉ hat den Herausgeber über die Existenz des Briefes HAUSDORFFs an FRIEDRICH RIESZ informiert, die Kopie zur Verfügung gestellt und den Abdruck erlaubt, wofür ihr ganz herzlich gedankt sei. Ein besonders herzlicher Dank geht an Herrn Prof. S. D. CHATTERJI (Lausanne), der diesen Brief HAUSDORFFs an RIESZ kommentiert hat.

Bonn, Hindenburgstr. 61
18. Nov. 1922

Lieber Herr College!

Besten Dank für Ihren sehr interessanten Brief. Ich habe Lichtenstein gebeten, Ihnen von meinen beiden Arbeiten (die ich bereits für druckfertig erklärt habe) einen Correcturabzug zu schicken. Aus der einen, die ich jetzt lieber Ausdehnung des Parsevalschen Satzes (statt des Riesz-Fischerschen Satzes) betitelt habe, werden Sie ersehen, dass der Haupttheil Ihres Beweises ziemlich genau so [1] ist, wie der des meinigen: Aufsuchung der Extremalfunction, daraus eine Beziehung zwischen $I_\beta$, $S_\alpha$, $I_{2\beta-2}$, $S_{2\alpha-2}$ und vermöge der Hölderschen Ungleichung eine zwischen $I_\beta$, $S_\alpha$, $I_{\beta_1}$, $S_{\alpha_1}$ ($\beta_1 = 2\beta - 2$, $\alpha_1 = \frac{\beta_1}{\beta_1-1}$). Nun haben Sie aber einen einfachen und sehr glücklichen Gedanken vor mir voraus gehabt, nämlich den Process mit $\beta_2 = 2\beta_1 - 2, \ldots$ bis $\beta_n \to \infty$ fortzusetzen, während ich ihn sozusagen nur bis zu einem ganzen geraden $\beta_n$ fortsetze ($\beta$ dyadisch rational) und damit auf den von Young erledigten Fall komme. So wird Ihr Verfahren ohne Weiteres auf beschränkte Orthogonalfunctionen ausdehnbar, während das meinige, wie Sie Sich richtig erinnern, nur auf trigonometrische Reihen passte; mein Stützpunkt, die Ergebnisse von Young, ist mir also gleichzeitig zum Hemmniss geworden, das mich die einfachere und weiter tragende Schlussweise übersehen liess. (Denn ausser dem Abschnitt B meines Beweises ist alles andere auch auf beliebige Orthogonalfunctionen anwendbar.)

Dies scheint mir das Verhältnis unserer Arbeiten zu sein, d. h. die übrigen Abweichungen sind secundär; sogar dass Sie direkt die Minimalfunction $f$ suchen, während ich mich zunächst auf „Polynome" $f = a_1\varphi_1 + \cdots + a_n\varphi_n$ beschränke, scheint mir von nebensächlicher Natur zu sein, und ich möchte sogar nach wie vor mein Verfahren für das einfachere halten.

Jedenfalls müssen Sie Ihre Sache veröffentlichen; sie ist sehr schön, so schön, dass ich mich ärgere, sie wegen meines Festklebens an Young nicht selbst gefunden zu haben. Wenn Sie sie Lichtenstein schicken, wird er sicher ihren baldigen Abdruck nach meiner Arbeit bewirken können.

Meine andere Arbeit steht, wie Sie Sich recht erinnern, in keinem Zusam- [2] menhang mit dieser. Principiell wird Ihnen wenig darin neu sein; das Beste daran dürfte sein, dass ich mit so einfachen Mitteln arbeite. Das Kriterium für Fourierkonstanten einer (nur in 1. Potenz) integrablen Funktion $f$, nämlich

$$\lim_{p,q} \int_0^{2\pi} |\varphi_p - \varphi_q| \, dt = 0$$

($\varphi_p$ die Fejérschen Mittel) hat übrigens, wie mir Neder mittheilte, schon Steinhaus 1916 gefunden. Meine Kriterien für das Stieltjessche Problem, mit den [3] $\lambda_{p,m}$, sind aber doch hübsch.

Mit den besten Grüssen

Ihr ergebenster  F. Hausdorff
Ich schrieb neulich einen langen Brief an Fejér und wundere mich ein bischen,
[4]  dass er mir nicht geantwortet hat.

## Anmerkungen

[1]  Dieser Brief betrifft HAUSDORFFs bekannte Arbeit *Eine Ausdehnung des Parsevalschen Satzes über Fourierreihen*, Math. Zeitschrift **16** (1923), 163–169 ([H 1923a]), wiederabgedruckt im Band IV dieser Edition, S. 175–181. Der dort gegebene Kommentar von S. D. CHATTERJI (S. 182–190) behandelt auch die einschlägige Arbeit von F. RIESZ (S. 185–187); darauf kann hier verwiesen werden. Es sei nur noch einmal kurz festgestellt, daß HAUSDORFFs Arbeit [H 1923a] F. RIESZ zu seiner Arbeit *Über eine Verallgemeinerung der Parsevalschen Formel*, Math. Zeitschrift **18** (1923), 117–124 angeregt hat, in der er HAUSDORFFs Satz auf beliebige *beschränkte* Orthonormalsysteme verallgemeinert. Dies führte dann zu MARCEL RIESZ' Interpolationstheorem von 1927, welches seinerseits der Ausgangspunkt von G. O. THORINs einschlägigem Ergebnis war, auf das heute als RIESZ-THORINsches Interpolationstheorem verwiesen wird. Letzteres wurde schließlich 1940 von A. WEIL benutzt, um seine finale Version der Theorie im Kontext der lokal kompakten abelschen Gruppen zu geben (Literaturangaben dazu im o. g. Kommentar). Weitere historische Bemerkungen zu diesem Problemkreis findet man in CHATTERJI, S. D.: *Remarks on the Hausdorff-Young inequality*. L'Enseignement Mathématique **46** (2000), 339–348, dort insbesondere auf den Seiten 344–345.

[2]  HAUSDORFF, F.: *Momentprobleme für ein endliches Intervall*. Math. Zeitschrift **16** (1923), 220–248 ([H 1923b]); wieder abgedruckt mit Kommentar von S. D. CHATTERJI im Band IV dieser Edition, S. 193–235.

[3]  STEINHAUS, H.: *Einige Eigenschaften der trigonometrischen und der Fourierschen Reihen*. (Polnisch). Bulletin international de l'Académie des Sciences de Cracovie **56** (1916), 176–225. LUDWIG NEDER (1890–1960) war von 1922–1924 Privatdozent und von 1924–1926 Extraordinarius in Leipzig. Nach kurzem Wirken als Extraordinarius in Tübingen wurde er 1926 Ordinarius in Münster, wo er bis zu seiner Emeritierung 1942 wirkte. Sein Hauptarbeitsgebiet war die Theorie der unendlichen Reihen.

[4]  Gemeint ist offenbar der zweite der in diesem Band abgedruckten Briefe HAUSDORFFs an FEJÉR, datiert vom 28. September 1922.

# Marcel Riesz

MARCEL RIESZ wurde am 16. November 1886 in Györ (Ungarn) als Sohn eines Arztes geboren. Er gewann als Gymnasiast den Loránd-Eötvös-Wettbewerb auf dem Gebiet der Mathematik und studierte in Budapest, wo er besonders von LEOPOLD FEJÉR beeinflußt wurde, ferner in Göttingen und Paris. 1911 lud ihn GÖSTA MITTAG-LEFFLER nach Stockholm ein, wo er an der Högskola lehrte. Von 1926 bis zu seiner Emeritierung 1952 war RIESZ Professor in Lund. Danach wirkte er noch zehn Jahre als Gastprofessor an verschiedenen Universitäten der USA. Er starb am 4. September 1969 in Lund.

RIESZ begann seine Laufbahn mit Untersuchungen über trigonometrische Reihen im Anschluß an FEJÉR. Er verallgemeinerte einen tiefliegenden Satz FEJÉRs über $(C, 1)$-summierbare Reihen auf den Fall der $(C, \alpha)$-Summierbarkeit für beliebiges $\alpha > 0$. 1911 bewies er einen weitreichenden Eindeutigkeitssatz: Zwei trigonometrische Reihen, die überall $(C, 1)$-summierbar mit demselben Grenzwert sind, haben gleiche Koeffizienten. Mit den von ihm schon 1909 eingeführten „typischen Mitteln" (heute Riesz-Mittel genannt) fand er ein Summationsverfahren, welches besonders auf Dirichlet-Reihen zugeschnitten ist. Eine Zusammenfassung der einschlägigen Ergebnisse publizierte er 1915 zusammen mit G. H. HARDY: *The General Theory of Dirichlet's Series*, Cambridge Tracts in Math. Nr. 18. In den 20-er Jahren leistete MARCEL RIESZ, nicht zuletzt angeregt durch seinen Bruder FRIGYES (FRIEDRICH) RIESZ, bedeutende Beiträge zur Funktionalanalysis. Zu jedem $f \in L^p(-\infty, \infty)$ konstruierte er eine sog. konjugierte Funktion $\overline{f}$, die auch zu $L^p$ gehört, so daß $f \to \overline{f}$ eine stetige Abbildung ist. Verallgemeinerungen der Sätze über konjugierte Funktionen führten später zur Theorie der singulären Integrale und der Pseudo-Differentialoperatoren. RIESZ' Konvexitätstheorem verallgemeinert neben Resultaten seines Bruders über Orthonormalreihen auch HAUSDORFFs Arbeit [H 1923a] (vgl. den Kommentar von S. D. Chatterji im Band IV dieser Edition, S. 182–190). Dieses Theorem war der Ausgangspunkt für die Ableitung abstrakter Interpolationstheoreme durch verschiedene Mathematiker. Ab Ende der 20-er Jahre wandte sich RIESZ vor allem der Theorie der partiellen Differentialgleichungen und der mathematischen Physik zu. Er schuf, ausgehend vom eindimensionalen Riemann-Liouville-Integral den Begriff des Potentials gebrochener Ordnung, welcher zum Ausgangspunkt einer Erneuerung der Potentialtheorie wurde. Das Riemann-Liouville-Integral auf einem $n$-dimensionalen Raum mit Lorentz-Metrik war für RIESZ die Basis für tiefgreifende Untersuchungen zum Cauchy-Problem für hyperbolische Differentialgleichungen mit variablen Koeffizienten.

RIESZ war ein exzellenter akademischer Lehrer. Viele bedeutende Mathematiker Schwedens waren seine Schüler.

## Quelle

Die Briefe HAUSDORFFs an MARCEL RIESZ befinden sich im Nachlaß von RIESZ im Mathematischen Institut der Universität Lund.

## Danksagung

Die Kopien der Briefe stellte Prof. LARS HÖRMANDER zur Verfügung. Dafür und für die Genehmigung zum Abdruck danken wir dem Mathematischen Institut der Universität Lund und insbesondere Herrn HÖRMANDER ganz herzlich. Ein herzlicher Dank geht auch an Herrn Prof. SRISHTI D. CHATTERJI (Lausanne), der die Kommentierung des mathematischen Inhalts (Anmerkung [1] zum ersten Brief) übernahm.

Greifswald, Graben 5   [1]
18. 7. 1920

Sehr geehrter Herr College!

Haben Sie herzlichen Dank für die Zusendung Ihrer werthvollen Abhandlungen! Ich erlaube mir, gleichzeitig mit diesen Zeilen, Ihnen meine letzten  [2]
Arbeiten zu schicken.  [3]

Nun hätte ich noch eine Bitte, der ich Folgendes voranschicken muss. Bei der Math. Zeitschrift (wo sie allerdings wohl noch ein halbes Jahr auf Druck warten muss) liegt eine Arbeit von mir über „Cesàro-Höldersche Grenzwerthe und Stieltjessche Momente", in der ich von der Bemerkung ausgehe, dass die  [4]
Beziehung zwischen einer Zahlenfolge $a_n$ und ihren Cesàroschen oder Hölderschen Mitteln $A_n$ irgendwelcher Ordnung (die ich auch bei den Hölderschen nicht ganzzahlig anzunehmen brauche) sich in den Differenzen

$$
\begin{aligned}
b_n &= a_0 - \tbinom{n}{1}a_1 + \tbinom{n}{2}a_2 - \cdots + (-1)^n a_n \\
B_n &= A_0 - \tbinom{n}{1}A_1 + \tbinom{n}{2}A_2 - \cdots + (-1)^n A_n
\end{aligned}
\tag{1}
$$

rein multiplicativ ausdrückt

$$
B_n = \mu_n \, b_n \,.
\tag{2}
$$

Ich habe dann allgemein die regulären Transformationen (d. h. so, dass aus $a_n \to a$ zugleich $A_n \to a$ folgt) dieser Art untersucht und gefunden, dass die Multiplicatoren $\mu_n$ die Momente

$$
\mu_n = \int_0^1 u^n \, \mathrm{d}\chi(u)
\tag{3}
$$

einer Function $\chi(u)$ von beschränkter Schwankung sind (die bei $u = 0$ stetig sein muss, überdies $\mu_0 = 1$). Ich mache davon verschiedene Anwendungen: Äquivalenz von Hölder und Cesàro für beliebige Ordnung $> -1$, Ausfüllung der Hölderschen zu einer logarithmischen Scala, Aufstellung von Exponentialfolgen wie

$$
\mu_n = \mathrm{e}^{-An^\alpha} \quad (A > 0, \quad 0 < \alpha \le 1),
$$

die z. Th. stärker sind als alle Hölderschen, u. dgl. Nun habe ich in letzter Zeit die Sache verallgemeinert und will gleich noch eine zweite kürzere Arbeit der ersten anhängen; an Stelle von (1) treten andere Beziehungen und an Stelle  [5]
von (3)

$$
\mu_n = \int_0^1 u^{t_n} \, \mathrm{d}\chi(u) \,,
$$

wo

$$
0 = t_0 < t_1 < t_2 < \cdots, \quad t_n \to \infty, \quad \sum_1^\infty \frac{1}{t_n} \quad \text{divergent.}
$$

Ich bin nun fest überzeugt, dass dieses Verfahren mit Ihrer Methode der typischen Mittel[1] (Compt. r. 1909) äquivalent ist, wobei Ihre $\lambda_n$ mit meinen $t_n$ durch Gleichungen wie

$$\lambda_n = \left(1 + \frac{1}{t_1}\right) \cdot \ldots \cdot \left(1 + \frac{1}{t_n}\right)$$

zusammenhängen. Aber der Zusammenhang – im Falle $\chi(u) = u$, wo es sich um die Methode $(R, \lambda, 1)$, das Analogon zu $(C, 1)$ handelt, ist es sicher – ist ein bischen schwierig zu verfolgen, und ich möchte zu dem Zweck einmal nachsehen, wie im Falle $\lambda_n = n$ die Äquivalenz Ihrer Mittel mit den Cesàroschen bewiesen worden ist. Steht das in der Arbeit von Ihnen und Hardy, Cambridge
[6] Tract in Math. 1915, oder anderswo, und könnten Sie mir davon einen Separatabzug wenigstens leihen? Wir haben hier nämlich, wie Sie wissen, die grössten Schwierigkeiten bei Beschaffung ausländischer Litteratur; z. B. versuche ich seit
[7] 6 Wochen vergeblich mir Bromwich, Infinite Series, zu verschaffen, wo ich auch etwas über die fragliche Sache zu finden hoffte.

Im Voraus bestens dankend

Ihr sehr ergebener

F. Hausdorff

## Anmerkungen

[1]  Gegenstand der beiden Briefe HAUSDORFFs an MARCEL RIESZ ist die Theorie der Summationsmethoden. HAUSDORFF hat 1921 zwei Artikel über Summationsmethoden veröffentlicht: *Summationsmethoden und Momentfolgen I*, Math. Zeitschrift 9 (1921), 74–109 und *Summationsmethoden und Momentfolgen II*, Math. Zeitschrift 9 (1921), 280–299 (Wiederabdruck mit Kommentar von S. D. CHATTERJI in Band IV dieser Edition, S. 105–171). Wir werden diese beiden Arbeiten im weiteren als (I) und (II) zitieren.

Um den Kontext der beiden Briefe zu verstehen, muß zunächst die Zeit der Fertigstellung von (I) und (II) in Betracht gezogen werden: (I) ist bei der Redaktion der Mathematischen Zeitschrift am 11.2.1920 eingegangen, (II) am 8.9.1920. Die beiden Briefe sind also in der Zeit zwischen der Vollendung der beiden Artikel geschrieben worden.

In (I) hat HAUSDORFF Summationsmatrizen des Typs

$$\lambda = \rho^{-1} \mu \rho \qquad (*)$$

studiert. Dabei ist $\mu$ eine Diagonalmatrix, $\mu = \mathrm{diag}\,(\mu_0, \mu_1, \ldots)$, und $\rho^{-1} = \rho$ hat die spezielle Form $\rho = (\rho_{mn})$ mit

$$\rho_{mn} = (-1)^n \binom{m}{n} \quad \text{für } 0 \leq n \leq m; \quad \rho_{mn} = 0 \quad \text{für } n > m\,.$$

---

[1]nämlich für $\mu_n = \alpha \int_0^1 u^{t_n} (1-u)^{\alpha-1}\,du$ mit $(R, \lambda, \alpha)$

574

Die Matrizen $\lambda$ sind also (untere) Dreiecksmatrizen. Eine Summationsmatrix $\lambda$ heißt eine C–Matrix, wenn bei $s = \{s_n\}$, $t = \{t_n\}$, $\lambda s = t$ die Existenz von $\lim_n s_n$ die von $\lim_n t_n$ nach sich zieht. Das Hauptresultat von (I) war, daß eine Matrix $\lambda$ vom Typ (*) genau dann eine C–Matrix ist, wenn die Folge $\{\mu_n\}$ eine Momentfolge ist, d. h.

$$\mu_n = \int_0^1 u^n \, d\chi(u), \qquad n = 0, 1, 2, \ldots,$$

wobei $\chi$ eine Funktion von beschränkter Schwankung in $[0,1]$ ist. Weiter zeigte HAUSDORFF, daß die bekannten Methoden der CESÀROschen Mittelbildungen $C_\alpha$ ($\alpha \geq 0$) und der HÖLDERschen Mittelbildungen $H^\alpha$ ($\alpha \geq 0$) (und gewisse weitere Summationsmethoden) Spezialfälle seiner Theorie sind. Aus dieser Analyse konnte HAUSDORFF in sehr einfacher Weise ableiten, daß $C_\alpha \cong H^\alpha$ ($\alpha \geq 0$), d. h. eine Folge $s = \{s_n\}$ ist $C_\alpha$-summierbar genau dann, wenn sie $H^\alpha$-summierbar ist (und die Limites sind dann auch gleich). Das letztgenannte Resultat war Ziel verschiedener schwieriger Arbeiten von KNOPP, SCHNEE, SCHUR und anderen.

Natürlich enthält die Arbeit (I) viel mehr; hier geht es uns nur um den folgenden Gesichtspunkt: HAUSDORFF war beim Abfassen von (I) aufgefallen, daß die ganze Theorie in einem viel allgemeineren Rahmen formuliert werden kann. Sei nämlich irgendeine Folge $\{t_n\}$ gegeben mit

$$t_0 = 0 < t_1 < \cdots, \qquad t_n \to \infty, \qquad \sum_n \frac{1}{t_n} = \infty,$$

so kann man eine geeignete Matrix $\rho = \rho(\{t_n\})$ so bestimmen, daß sich die ganze Theorie auch mit $\lambda = \rho^{-1} \mu \rho$ durchführen läßt; der Fall $t_n = n$, $n = 0, 1, 2, \ldots$ liefert die Theorie von Artikel (I) (im allgemeinen ist hier aber $\rho \neq \rho^{-1}$). Mit der Beschreibung dieser allgemeineren Theorie befaßt sich der Artikel (II). HAUSDORFF hegte die Hoffnung, daß er mit Hilfe dieser allgemeineren Theorie einige andere wichtige Summationsmethoden erledigen könne, insbesondere diejenigen, welche MARCEL RIESZ angegeben hatte. Das ist ihm aber nicht gelungen. Ob dies wirklich gemacht werden kann, bleibt eine offene Frage. HAUSDORFF hat in (II) sogar Fälle untersucht, wo die Folge $\{t_n\}$ viel allgemeiner sein kann (z. B. daß etwa nicht alle $t_n$ verschieden sind oder daß der sog. Konvergenzfall $\sum_n \frac{1}{t_n} < \infty$ vorliegt). In seinem Nachlaß finden sich zahlreiche Arbeiten in dieser Richtung, die teilweise im Band IV dieser Edition abgedruckt sind (S. 339–373). Im Kommentar zur Arbeit (II) (Band IV dieser Edition, S. 168–171) hat S. D. CHATTERJI hervorgehoben, daß den Resultaten von (II) wenig Aufmerksamkeit entgegengebracht wurde (mit Ausnahme der Charakterisierung der Momentfunktionen als total monotone Funktionen).

HAUSDORFF hat die Arbeiten von M. RIESZ sehr sorgfältig studiert; insbesondere hat er die Beweismethode von RIESZ für das Momentenproblem eingehend untersucht. Mehr über diesen Aspekt von HAUSDORFFs Beziehung zu RIESZ findet man im Kommentar von S. D. CHATTERJI zu HAUSDORFFs Arbeit *Momentprobleme für ein endliches Intervall*, Math. Zeitschrift **16** (1923),

220–248 ([H 1923b]) im Band IV dieser Edition, S. 222–235.

[2]   Es wird sich um Arbeiten von MARCEL RIESZ gehandelt haben, deren
Publikation noch nicht allzulange zurücklag. In den Jahren 1916–1920 hat
M. RIESZ folgende Arbeiten veröffentlicht: *Sur l'hypothèse de Riemann.* Ac-
ta Math. **40** (1916), 185–190; *Über einen Satz von Herrn Serge Bernstein.*
Acta Math. **40** (1916), 337–347; *Ein Konvergenzsatz für Dirichletsche Reihen.*
Acta Math. **40** (1916), 349–361; *Neuer Beweis des Fatouschen Satzes.* Göttin-
ger Nachr. 1916, 62–65; *Sätze über Potenzreihen.* Ark. för Mat., Astron. och
Fys. **11** (1916), Nr. 12 (16 S.). Mit seinem Bruder FRIEDRICH RIESZ schrieb
MARCEL RIESZ: *Über die Randwerte einer analytischen Funktion.* Quatrième
congrès des math. scand. 1916 (1920), 27–44.

[3]   Es handelt sich vermutlich um die vier Arbeiten HAUSDORFFs aus dem
Jahre 1919: [H 1919 a–d] (Wiederabdruck mit Kommentaren in Band IV dieser
Edition, S. 21–103). 1917 und 1918 hat HAUSDORFF nichts publiziert, 1916 die
Lösung des Kontinuumproblems für Borelmengen ([H 1916], Wiederabdruck
mit Kommentar im Band III dieser Edition, S. 429–442). Dies war eine The-
matik, die außerhalb der Interessen von RIESZ lag.

[4]   Es handelt sich um die Arbeit (I) (Teil 1 von [H 1921], Wiederabdruck in
Band IV dieser Edition, S. 107–142).

[5]   Dies ist geschehen; es handelt sich um den Artikel (II) (Teil 2 von [H
1921], Wiederabdruck in Band IV dieser Edition, S. 143–162).

[6]   HARDY, G. H.; RIESZ, M.: *The General Theory of Dirichlet's Series.*
Cambridge Tracts in Mathematics and Mathematical Physics, Nr. 18. Cambridge University Press 1915.

[7]   BROMWICH, T. J.: *An Introduction to the Theory of Infinite Series.* Mac-
millan & Co., London 1908.


**Brief**   FELIX HAUSDORFF ⟶ MARCEL RIESZ


Greifswald, Graben 5
17. 8. 20

Sehr geehrter Herr College!

Für Ihren liebenswürdigen Brief von unterwegs danke ich Ihnen ebenso herz-
[1]  lich wie für die Zusendung von C. R. 1911 und Cambridge Tract Nr. 18. Den
letzteren, der ja nach unserer Valuta ein kleines Vermögen werth ist, möchte
ich bloss als geliehen betrachten, bitte aber ihn einige Zeit behalten zu dürfen.

Die C. R. Note mit dem Äquivalenzbeweise hatte ich inzwischen schon selbst aufgefunden. Merkwürdigerweise sehe ich noch nicht, wie das auf den allgemeinen Fall zu übertragen ist, obwohl ich an der Möglichkeit davon keinen Zweifel hege. Da Sie Ihr Interesse daran in so freundlicher Weise bezeugt haben, möchte ich Ihnen meine Summationsmethoden kurz angeben. Ist

$$0 = t_0 < t_1 < t_2 < \cdots, \quad t_n \to \infty, \quad \sum \frac{1}{t_n} \text{ divergent,}$$

und bezeichnet

$$\begin{pmatrix} \mu_0 & \cdots & \mu_n \\ t_0 & \cdots & t_n \end{pmatrix} = \sum_{m=0}^{n} \frac{\mu_m}{\varphi'_n(t_m)} \quad [\text{mit } \varphi_n(t) = (t - t_0) \cdots (t - t_n)]$$

den Coefficienten von $t^n$ in dem Polynom

$$f\left(t \,\middle|\, \begin{matrix} \mu_0 & \cdots & \mu_n \\ t_0 & \cdots & t_n \end{matrix} \right)$$

vom Grade $n$ (höchstens), das an den Stellen $t_0 \cdots t_n$ die Werthe $\mu_0 \cdots \mu_n$ annimmt, so betrachte ich die linearen Substitutionen

$$A_p = \sum_{m=0}^{p} \lambda_{p,m} \, a_m \,, \qquad \lambda_{p,m} = (-1)^m \begin{pmatrix} \mu_m & \cdots & \mu_p \\ t_m & \cdots & t_p \end{pmatrix} t_{m+1} \cdots t_p \,;$$

die $t$ halte ich fest, die $\mu$ sind variabel. In Matricenform $A = \lambda \, a$; die Matrix $\lambda$ ist

$$\lambda = \rho^{-1} \mu \rho \,,$$

wo $\rho$ eine von den $t$ abhängige Matrix, $\mu$ die Diagonalmatrix

$$\begin{pmatrix} \mu_0 & & \\ & \mu_1 & \\ & & \ddots \end{pmatrix}$$

ist.[1] Dann und nur dann, wenn die $\mu_n$ die Momente mit den Exponenten $t_n$ einer Function $\chi(u)$ von beschr. Schwankung sind:

$$\mu_n = \mu(t_n), \qquad \mu(t) = \int_0^1 u^t \, \mathrm{d}\chi(u) \,,$$

ist $\lambda$ eine $C$-Matrix, d.h. folgt aus der Convergenz von $a_m$ $(\to \alpha)$ die von $A_p$ $(\to (\mu_0 - l_0)\alpha + l_0 \, a_0$, wo $l_0 = \lim_p \lambda_{p,0} = \chi(+0) - \chi(0) = \mu(0) - \mu(+0)$ ) und zwar nach dem gleichen Grenzwerth, wenn $l_0 = 0$, $\mu_0 = 1$. Für

$$\mu(t) = \int_0^1 u^{t+\beta-1}(1-u)^{\alpha-1} \, \mathrm{d}u : \quad B(\alpha, \beta) = \frac{\Gamma(\alpha+\beta)\,\Gamma(t+\beta)}{\Gamma(\beta)\,\Gamma(t+\alpha+\beta)} \qquad (\alpha, \beta > 0)$$

---

[1] also die $\lambda$ paarweise vertauschbar.

577

sei $\lambda = C_{\alpha,\beta}$ die zugehörige Matrix; speciell ist

$$C_\alpha = C_{\alpha,1} : \quad \mu(t) = \frac{\Gamma(\alpha+1)\,\Gamma(t+1)}{\Gamma(t+\alpha+1)}$$

die *Cesàro*sche Matrix der Ordnung $\alpha$ in diesem System (das der Folge $t_n$ zugehört); für $t_n = n$ haben wir die gewöhnliche. Auch eine *Hölder*sche Matrix $C^\alpha = H^\alpha$ ($\alpha$ Exponent, braucht nicht ganzzahlig zu sein) lässt sich definiren und die Äquivalenz von $C_\alpha$ und $H^\alpha$ einfach beweisen.

Nun meine ich ganz zweifellos, dass dieses $C_\alpha$ mit Ihrem $(D_{n-1}, \alpha)$ äquivalent ist, wo

$$D_n = \left(1 + \frac{1}{t_1}\right) \cdots \left(1 + \frac{1}{t_n}\right) \qquad (D_0 = 1,\ D_{-1} = 0).$$

Für $C_1 = C$ ergiebt sich nämlich, wenn man $D_n = d_0 + \cdots + d_n$ setzt, die Matrix: $\lambda_{p,m} = \dfrac{d_m}{D_p}$, also $A_p = (d_0 a_0 + \cdots + d_p a_p) : D_p$. Ferner ist, für convergentes $C_\alpha a_n : \quad a_n = o(t_n^\alpha)$, dieselbe Abschätzung, die bei Ihnen gilt. Aber das sind erst ein paar Pfeiler, die Brücke ist noch nicht geschlagen. Vielleicht finden Sie etwas, wenn Sie mit meinen, ohne nähere Motivirung freilich etwas complicirt erscheinenden Formeln etwas anfangen können.

Meine Betrachtungen ergeben auch zu vorgelegten Momenten $\mu_n$ die Functionen $\mu(t)$ und $\chi(u)$ sehr einfach, z. B.

$$\chi(u) = \lim_p \sum_{\frac{D_m}{D_p} \le u} \lambda_{p,m}\,;$$

ich füge diese Bemerkung hinzu, weil Sie Sich, wie Sie schreiben, mit dem Momentproblem befassen. Für das Momentproblem mit endlichem Intervall [2] kann ich demgemäss die Stieltjessche Theorie entbehren.

Kommen Sie bei der Rückreise nach Schweden hier vorbei? Ich werde in Gr. oder vielleicht in Sassnitz sein und würde mich sehr freuen, Sie kennen zu [3] lernen.

Ihr sehr ergebener

F. Hausdorff

## Anmerkungen

[1]   RIESZ, M.: *Une méthode de sommation équivalente à la méthode des moyennes arithmétiques.* Comptes Rendus Acad. Paris **152** (1911), 1651–1654.

[2]   Dies ist ausgeführt in [H 1923b] (Wiederabdruck mit Kommentar in Band IV dieser Edition, S. 191–235).

[3]   „Gr." steht für HAUSDORFFs Wirkungs- und Wohnort Greifswald. Eine persönliche Begegnung von HAUSDORFF und RIESZ hat im September 1920

in Sassnitz tatsächlich stattgefunden: In HAUSDORFFs Studie „Momentenproblem" (NL HAUSDORFF : Kapsel 45 : Faszikel 873) heißt es auf dem letzten Blatt, welches auf den 14. 10. 1920 datiert ist: „(vgl. M. Riesz und meine Ms. vom Oct. 20, nach Unterhaltung mit R. in Sassnitz, Sept. 20, reconstruirt)."

# Moritz Schlick

## Korrespondenzpartner

MORITZ SCHLICK wurde am 14. April 1882 in Berlin als Sohn eines Kaufmanns geboren. Er studierte von 1900 bis 1904 in Heidelberg, Lausanne und Berlin Mathematik und Naturwissenschaften, vor allem Physik, und promovierte 1904 in Berlin bei MAX PLANCK mit der Arbeit *Über die Reflexion des Lichtes in einer inhomogenen Schicht.* In den Jahren 1905 bis 1907 setzte er seine Studien in Göttingen, Heidelberg und Berlin fort. 1907 bis 1910 lebte er in Zürich; dort studierte er in den Jahren 1907 und 1908 Psychologie. SCHLICK habilitierte sich 1911 an der Universität Rostock mit der Schrift *Das Wesen der Wahrheit nach der modernen Logik* und wurde daselbst Privatdozent, ab 1917 mit dem Titel Professor. Von 1917 bis 1918 war er als Physiker im Labor der Königlichen Flugzeugmeisterei in Berlin-Adlershof im Kriegseinsatz. 1919 nahm er seine Lehrtätigkeit in Rostock wieder auf, wurde dort 1921 Extraordinarius und im Oktober desselben Jahres Ordinarius in Kiel. 1922 wurde SCHLICK mit Unterstützung des Wiener Mathematikers HANS HAHN auf den Lehrstuhl für „Philosophie der induktiven Wissenschaften" der Universität Wien berufen. Er war Gastprofessor in Stanford (1929), Berkeley (1931/32) und London (1932). Am 22. Juni 1936 wurde er von einem psychisch labilen ehemaligen Studenten in der Wiener Universität auf dem Weg zu einer Vorlesung erschossen.

Bereits 1908 publizierte SCHLICK sein erstes Buch unter dem Titel *Lebensweisheit. Versuch einer Glückseligkeitslehre.* Neben einem Aufsatz zur Erkenntnistheorie (1913) und je einer Arbeit zum Relativitätsprinzip (1915) und zur Idealität des Raumes (1916) schrieb er zahlreiche Rezensionen, mehr als 30 bis 1917. In diesem Jahr erschien seine Broschüre *Raum und Zeit in der gegenwärtigen Physik. Zur Einführung in das Verständnis der allgemeinen Relativitätstheorie.* Davon kamen bis 1922 drei weitere, jeweils überarbeitete und vermehrte Auflagen heraus; es gab Übersetzungen ins Englische, Spanische und Französische. SCHLICK war einer der ersten Philosophen, die sich eingehend mit den philosophischen Konsequenzen von EINSTEINs Theorien auseinandersetzte. EINSTEIN schätzte ihn sehr; zwischen beiden Gelehrten entwickelte sich ein freundschaftliches Verhältnis. 1918 erschien SCHLICKs Hauptwerk *Allgemeine Erkenntnislehre* (2., überarbeitete Aufl. 1925, Übers. ins Englische und Italienische). Darin begründet er ein zeichentheoretisch orientiertes Konzept von Erkenntnis, welches in gewissem Sinne an den kritischen Realismus ALOIS RIEHLs und OSWALD KÜLPEs anschließt; er hat dies Konzept später jedoch wesentlich modifiziert. 1924 rief SCHLICK einen interdisziplinären Diskussionszirkel ins Leben, der später unter dem Namen „Wiener Kreis" bekannt wurde. Regelmäßige Teilnehmer waren u. a. RUDOLF CARNAP, OTTO NEURATH, HERBERT FEIGL, HANS HAHN, KARL MENGER, PHILIPP FRANK und KURT GÖDEL. Der Wiener Kreis zog auch zunehmend ausländische Gelehrte wie WILARD VAN ORMAN QUINE und ALFRED TARSKI an. 1926 begegnete SCHLICK dem Philosophen

LUDWIG WITTGENSTEIN, der die Diskussionen im Wiener Kreis maßgeblich beeinflußte. SCHLICK publizierte in seiner Wiener Zeit zahlreiche Aufsätze und das Buch *Fragen der Ethik* (1930; Übers. ins Englische und Italienische); er wurde einer der bedeutendsten Repräsentanten des vom Wiener Kreis vertretenen „logischen Empirismus". Gemeinsam mit PH. FRANK gab er die „Schriften zur wissenschaftlichen Weltauffassung" (ab 1929) heraus und bemühte sich darum, die Positionen des Wiener Kreises über den „Verein Ernst Mach", dessen Vorsitzender er war, auch in weiteren Kreisen zu verbreiten. Die Ermordung SCHLICKs markierte das Ende des Wiener Kreises. Da der Wiener Kreis den Antisemiten an der Wiener Universität ein Dorn im Auge war, ist es nicht verwunderlich, daß SCHLICKs Mörder nach dem Anschluß Österreichs an das nationalsozialistische Deutschland schon nach zwei Jahren Haft freikam.

## Quelle

Die Briefe FELIX HAUSDORFFs an MORITZ SCHLICK befinden sich im Noord-Hollands Archief (Haarlem – NL) Wiener Kreis Archiv, (1888) 1924–1938 (1987), Inv.nr. 102.

## Danksagung

Wir danken dem Noord-Hollands Archief in Haarlem, Niederlande, und der Wiener Kreis Stiftung ganz herzlich für die Übersendung von Kopien der Briefe HAUSDORFFs an SCHLICK und für die Genehmigung, sie hier abzudrucken. Wir danken dem Noord-Hollands Archief ferner für die Übersendung von Kopien des Briefwechsels SELETY – SCHLICK. Ein herzlicher Dank geht weiterhin an Herrn Dr. TOBIAS JUNG (München), der uns seine bisher unveröffentlichten Studien über FRANZ SELETY zur Verfügung stellte. Darauf und auf der Arbeit JUNG, T.: *Franz Selety (1893–1933?). Seine kosmologischen Arbeiten und der Briefwechsel mit Einstein*, Acta Historica Astronomiae **27** (2005), 125–141, beruhen die Ausführungen zu SELETYs Biographie in Anmerkung [2] zum Brief HAUSDORFFs an SCHLICK vom 23. 2. 1919.

Greifswald, Graben 5
23. 2. 1919

Sehr geehrter Herr College!

Die freundliche Zusendung Ihrer Schrift „Erscheinung und Wesen" und Ihr [1]
liebenswürdiger Begleitbrief haben mich herzlich erfreut. Ich wollte Ihnen erst
dann antworten, wenn ich mich zuvor mit Ihrer Abhandlung innerlich so klar
auseinandergesetzt hätte, um Ihnen meine Ansicht darüber mittheilen zu können. Aber diese Seelensituation ist bei mir noch nicht eingetreten, obwohl ich
Ihren Aufsatz zweimal gelesen habe; das liegt offenbar an meiner Entwöhnung
vom philosophischen Denken: ich habe auch bei meiner Correspondenz mit
Herrn Dr. Selety die gleiche Erfahrung gemacht, dass philosophische Argumente [2]
zwar bei mir wirken, aber sehr langsam. So lange aber möchte ich meinen Dank
an Sie nicht aufschieben, und daher beschränke ich mich heute darauf, Ihnen zu
sagen, dass Ihre Abhandlung mir einen hoffnungsvollen Versuch zur Klärung des
Realitätsproblems und zur Vereinheitlichung des Realitätsbegriffes darzustellen
scheint, – einen Versuch, über den lange nachzudenken es sich lohnen wird.

Der Anlass, aus dem Herr Dr. Selety Sie gebeten hat, mir Ihren Aufsatz
zu schicken, war unsere Controverse über den Realitätsbegriff. In einem Briefe
bezeichnete Herr S. den Bewusstseinsvorgang als „Ding an sich" des Gehirnprocesses – diese extreme Ausdrucksweise schien mir das, was ich von Kant noch
weiss, auf den Kopf zu stellen, und darüber geriethen wir ins Disputiren. Wie [3]
mir scheint, dürften auch Sie diese Auffassung als psychomonistisch ablehnen.

Für meinen Hausgebrauch hatte ich, soweit ich über diese philosophischen
Grundprobleme überhaupt vernehmungsfähig bin, mir die „Dinge an sich" etwa
so zurechtgelegt. Es giebt (von den solipsistischen Schwierigkeiten, die sich übrigens ähnlich formalisiren lassen, abgesehen) Bewusstseinsvorgänge verschiedener Subjecte $A, B, C, \ldots$, oder desselben Subjects $A$ zu verschiedenen Zeiten,
die eine gewisse Beziehung auf etwas Gemeinsames enthalten, nach dem Schema $AX, BX, CX, \ldots, A'X, A''X, \ldots$ Hieraus wird der Begriff eines Dinges an
sich $X$ gebildet vermöge derselben „Definition duch Abstraction", vermöge deren man bei parallelen Geraden eine gemeinsame „Richtung", bei äquivalenten
Mengen eine gemeinsame „Kardinalzahl" u. dgl. statuirt.

Vor einiger Zeit las ich Ihre Arbeit „Raum und Zeit in der gegenwärtigen
Physik" und fand sie so gut, dass ich Sie daraufhin für einen Physiker hielt! [4]
Es würde mich eminent interessiren, was Sie zu meinem philosophischen Buch
(P. Mongré, Das Chaos in kosmischer Auslese) sagen, das ich freilich heute, nach
21 Jahren, anders und vor allem wesentlich kürzer schreiben würde. [5]
Mit nochmaligem Dank und herzlichen Grüssen

Ihr sehr ergebener
Felix Hausdorff

# Anmerkungen

[1] MORITZ SCHLICK: *Erscheinung und Wesen.* Kant-Studien **23** (1919), 188–208. HAUSDORFF scheint auf diese Schrift nicht mehr zurückgekommen zu sein; jedenfalls ist in dem einzigen noch vorhandenen Brief vom 17. Juli 1920 davon nicht mehr die Rede.

Die Zusendung von SCHLICKs Schrift *Erscheinung und Wesen* an HAUSDORFF geht auf eine Bitte von FRANZ SELETY (s. nächste Anmerkung) zurück, die er in einem Brief an SCHLICK vom 5. Februar 1919 geäußert hatte:

> Ferner habe ich an Sie noch eine Bitte. Mit Professor *Hausdorff* hatte ich, gerade in letzter Zeit, die in Ihrer Abhandlung behandelte Frage brieflich erörtert. Professor Hausdorff steht auf dem von Ihnen bekämpften Standpunkt, dass das Bewusstsein nicht als die eigentliche Realität zu bezeichnen ist und dass es ein Ding an sich gibt, das in einem ganz anderen und eigentlicheren Sinne reel ist. Ich möchte Sie daher sehr bitten, Prof. Hausdorff, wenn möglich, einen Sonderdruck Ihrer Abhandlung zu übersenden; sonst wäre ich genötigt dieselbe aus meinem Exemplar der Kantstudien herauszureissen und an Herrn Prof. Hausdorff zu schicken. Seine Adresse lautet: *Greifswald, Graben 5.* (Wiener Kreis Archiv, Inv.nr. 118/Sel.-1)

[2] FRANZ SELETY (1893–1933?) wurde am 2. März 1893 als FRANZ JOSEF JEITELES in Dresden geboren. Sein Vater war ein vermutlich wohlhabender jüdischer Privatier mit österreichischer Staatsbürgerschaft. SELETY studierte vom Wintersemester 1911/12 bis zum Sommersemester 1915 an der Universität Wien, unterbrochen durch ein Semester in Leipzig (WS 1913/14). Er promovierte 1915 in Wien mit der Arbeit *Die phänomenologischen Grundlagen der Psychologie. Eine Darstellung der Hauptsachen des Bewußtseins.* Den Inhalt dieser Arbeit hatte er bereits 1913 unter anderem Titel publiziert (s. u.). SELETY hat nach der Promotion beruflich nie Fuß gefaßt, sondern lebte als Privatgelehrter in Wien. 1918 ließ er seinen Namen „Jeiteles" amtlich in „Selety" umändern; seine Arbeiten hatte er auch früher schon unter dem Namen „Selety" publiziert. Seine letzten Lebensjahre von 1929 bis zu seinem frühen Tod liegen völlig im Dunkeln; auch die Umstände und das Datum seines Todes sind nicht bekannt. Ein Nachlaß konnte bisher nicht aufgefunden werden.

SELETY publizierte vor dem Datum des hier vorliegenden Briefes drei Arbeiten, die HAUSDORFF alle interessiert haben könnten: *Die wirklichen Tatsachen der reinen Erfahrung, eine Kritik der Zeit.* Zeitschrift für Philosophie und philosophische Kritik **152** (1913), 78–93; *Über die Wiederholung des Gleichen im kosmischen Geschehen, infolge des psychologischen Gesetzes der Schwelle.* Zeitschrift für Philosophie und philosophische Kritik **155** (1914), 185–205; *Die Wahrnehmung der geometrischen Figuren.* Archiv für systematische Philosophie **21** (1915), 49–58. Bereits 1917 hatte SELETY die ersten beiden Arbeiten an ALBERT EINSTEIN geschickt. 1922 publizierte er eine längere kosmologische Arbeit in den Annalen der Physik, aus der sich eine teils öffentliche, teils in

Briefen erfolgte Diskussion mit EINSTEIN ergab (vgl. dazu den Abschnitt „Seletys kosmologische Arbeiten und sein später Briefwechsel mit Einstein" in der in der Danksagung genannten Arbeit von JUNG).

In der ersten Arbeit SELETYs findet sich eine Formulierung, die an zentrale Argumentationen in HAUSDORFFs *Das Chaos in kosmischer Auslese* erinnert:

> Nehmen wir an, Jahrhunderte lägen zwischen unseren aufeinanderfolgenden Bewußtseinszuständen, indem diese selbst dabei unverändert sind, nehmen wir an, daß sie ihre Stelle in der Zeit in der unregelmäßigsten Weise verändert hätten, es wäre kein Unterschied in der Erfahrung. (SELETY: *Die wirklichen Tatsachen* ⋯, S. 85)

SELETY vertritt aber bezüglich des Realitätsbegriffs einen Psychomonismus, den HAUSDORFF ablehnte; es heißt in der genannten Schrift z. B.:

> Wenn jede Zeitvorstellung nichts anderes ist als eine gegenwärtige Vorstellung und wenn wir ernstlich meinen, daß nichts Bewußtseinstransscendentes existiert oder etwas bedeutet, so folgt unausweichlich, daß Zeit und Sukzession, Veränderungen und Geschehnisse nicht existieren. Die einzig existierenden, die letzten Tatsachen, die der Phänomenalismus zulassen muß, ist eine Vielheit einheitlicher Bewußtseinszustände und sonst nichts. (A. a. O., S. 82; der ganze Abschnitt ist gesperrt gedruckt)

Man vergleiche dazu auch die folgende Anmerkung [3] und die Anmerkung [2] zum Brief HAUSDORFFs an SCHLICK vom 17. Juli 1920.

[3] In seiner einschlägigen Arbeit *Die wirklichen Tatsachen* ⋯ (1913) spricht SELETY zwar nicht vom „Bewusstseinsvorgang als ‚Ding an sich' des Gehirnprocesses", aber der Gedanke wird schon angedeutet: Die spiritualistische Beschreibungsweise mache „einen Unterschied zwischen zwei Disjektionen des Bewußtseins, die beide auf eine einzige reduziert werden können." Dann heißt es weiter:

> Der Ausdruck Disjektion stammt von A. STÖHR, der dadurch das Verdienst hat, zuerst unter einen gemeinsamen Begriff subsumiert zu haben, was sich bei weiterer Untersuchung als identisch herausstellt, die Disjektion nämlich einerseits des Bewußtseins verschiedener Personen und andererseits *einer* Person in der Zeit. Meine Vielheit der zeitlosen Bewußtseinszustände reduziert beide auf *ein* Prinzip. (A. a. O., S. 91)

SELETY formuliert nun „als neue philosophische und, wenn man so will, metaphysische Grundlehre:"

> *Es gibt nichts als eine Vielheit einheitlicher Bewußtseinszustände,* von denen jeder wie ein selbständiges Individuum betrachtet wird. (A. a. O., S. 92)

Er gelangt so zu seiner „neuen Auffassung des Gegebenen, resp. der Welt"

> als einer Vielheit unserer *neuen Monaden,* als einer *Vielheit einheitlicher Bewußtseinszustände.* (A. a. O., S. 93)

Wie SELETY seine Monadologie verstanden wissen wollte, hat er in seinem in Anm. [1] genannten Brief an SCHLICK vom 9. 2. 1919 näher ausgeführt; darin heißt es:

> Der Gedanke, dass das uns unbekannte Wesen der physischen Dinge dem uns bekannten Psychischen mehr oder weniger analog ist, stammt von *Leibniz*. Ich selbst stimme mit dieser Auffassung überein, ich möchte aber in Übereinstimmung mit vielen Philosophen sogar sagen, dass jede eigentliche Realität, – auch das Wesen der anorganischen Dinge – „Bewusstsein" ist. [···]
>
> Ich drücke jetzt die in jener Abhandlung [SELETY: *Die wirklichen Tatsachen* ··· – W. P.] entwickelte Grundauffassung von der Welt mit etwas anderen Worten aus, indem ich meine Lehre mit der Leibnizschen vergleiche. Für Leibniz war die menschliche Person eine Monade und jedes andere Wesen in der Welt dachte sich Leibniz unserer Person mehr oder weniger analog. Die einzelnen Monaden dachte sich Leibniz nicht an sich in einem reellen Raum befindlich, sondern sie sollten an sich raumlos existieren, nur durch die qualitativen Inhalte der Monaden sollte eine ideale dreidimensionale Ordnung bestimmt sein. Die Leibnizsche Lehre, die sich jede *Person* als eine Monade denkt, nenne ich *Personalmonadologie*, und ebenso waren alle späteren Monadologieen von Herbart, Lotze u. s. w. Personalmonadologieen; im Gegensatz dazu nenne ich meine Auffassung, die jeden einheitlichen momentanen Gesamtzustand für eine selbstständige Monade ansieht, *Instantanmonadologie*. Meine Instantanmonaden existieren an sich *raum- und zeitlos*, aber durch ihre inneren Qualitäten ist eine bestimmte *vierdimensionale* Ordnung bestimmt. – So scheint mir, dass man von einem „positivistischen" Ausgangspunkt aus zu meiner „instantanmonadologischen" Weltauffassung gelangen muss. – (Wiener Kreis Archiv, Inv.nr. 118/Sel.-1)

[4]  1917 erschien in der Zeitschrift „Die Naturwissenschaften", Band 5, S. 161–167, 177–186, SCHLICKs Aufsatz *Raum und Zeit in der gegenwärtigen Physik. Zur Einführung in das Verständnis der allgemeinen Relativitätstheorie.* Im selben Jahr kam bei Springer unter dem gleichen Titel eine stark erweiterte Version als Broschüre heraus (63 Seiten). 1919 erschien eine zweite, „stark vermehrte" Auflage (86 Seiten); der Untertitel lautete jetzt und in den folgenden Auflagen *Zur Einführung in das Verständnis der Relativitäts- und Gravitationstheorie.* Die dritte „vermehrte und verbesserte" Auflage (90 S.) kam 1920 heraus; sie lag der im selben Jahr erschienenen englischen Übersetzung zugrunde. Die vierte ebenfalls „vermehrte und verbesserte" Auflage (107 S.) erschien schließlich 1922.

[5]  PAUL MONGRÉ (FELIX HAUSDORFF): *Das Chaos in kosmischer Auslese. Ein erkentnisskritischer Versuch.* C. G. Naumann, Leipzig 1898 ([H 1898a]). Wiederabdruck: Band VII dieser Edition, S. 587–807, mit einer Selbstanzeige HAUSDORFFs und Anmerkungen S. 811–886. Zu diesem Buch s. auch Band VI dieser Edition und Band VII, S. 49–61, ferner Kapitel 4 der Biographie HAUSDORFFs von EGBERT BRIESKORN im Band I.

Greifswald, Graben 5

17. Juli 1920

Sehr geehrter Herr College!

Die Zeit muss noch einige durch das Relativitätsprincip nicht aufgeklärte Structureigenthümlichkeiten haben, z. B. dass die objective Zeit immer ein Vielfaches der psychologischen ist. Wenigstens bemerke ich eben, dass seit Ankunft Ihres Briefes erheblich mehr Zeit verflossen ist, als meinem Bewusstsein vorschwebte. Meinen Dank hätte ich gern sofort ausgesprochen, andererseits konnte ich nicht der Versuchung widerstehen, die 3. Auflage Ihrer Schrift über Raum und Zeit (die ich schon von ihrem ersten Abdruck in den „Naturwissenschaften" her kannte und liebte) vorher zu lesen und womöglich meine der Philosophie etwas entwöhnten Gedanken zu einer Antwort auf den erkenntnistheoretischen Inhalt Ihres Briefes zu sammeln. Zu diesem letzten ist es nun [1] doch nicht gekommen, und ich muss das auf eine spätere, hoffentlich in den Ferien kommende Gelegenheit verschieben; aber nicht länger verschieben, sondern endlich – mit der Bitte um gütige Nachsicht für die Verspätung – aussprechen möchte ich meinen herzlichsten Dank für Ihre freundliche Dedication und insbesondere meine grosse Freude über die Anerkennung, die Sie in Ihrem Brief und in Ihrem Büchlein dem „Chaos in kosmischer Auslese" zu Theil werden [2] lassen. Da Sie selbst feststellen konnten, dass ich in dieser Beziehung durch die Fachphilosophen nicht verwöhnt worden bin, so werden Sie meine Freude über [3] die späte, aber doch schliesslich spürbare Wirkung meines damaligen Versuchs ermessen können. Von einigen, aber mehr künstlerisch als wissenschaftlich philosophisch gerichteten Seelen habe ich ja schon gelegentlich Äusserungen, die einen starken Eindruck meines Buches bezeugten, erhalten; aber mit den Fachphilosophen ging es mir doch so, wie es mir einer unter ihnen (Joël in Basel) [4] vorausgesagt hatte: diese Herren merken es nicht, wenn man sie in die Luft sprengt! Übrigens lesen Sie hieraus, bitte, durchaus keine Verstimmung oder gekränkte Autoreneitelkeit, denn dass mein Buch auf die Männer des Faches einen zunächst dilletantischen Eindruck machen und vom genaueren Kennenlernen abschrecken muss, begreife ich – selbst Fachmensch auf einem andern Gebiet – durchaus. Um so beglückender empfinde ich es, wenn trotzdem ein wissenschaftlicher Philosoph durch das Unzulängliche hindurch zum haltbaren Kern meiner Gedanken vordringt, und die höchst ehrenvolle und schmeichelhafte Form, in der Sie davon Zeugnis ablegen, ist das Maximum dessen, was mein Ehrgeiz sich je hat träumen lassen. Oder, um es pommerisch-allzupommerisch auszudrücken: Ihre Anmerkung auf S. 24 „geht mir lieblich ein"! [5]

Für heute möchte ich schliessen, hoffe aber, wie gesagt, auch auf die in Ihrem Briefe berührten philosophischen Fragen sehr bald eingehen zu können und bei dieser Gelegenheit auch auf Ihr Buch zurückzukommen. Wenn ich Ihnen [6] einstweilen sage, dass ich es vortrefflich finde, so werden Sie darin um so weniger eine billige Revanche sehen wollen, als ich Ihnen – meiner Erinnerung nach – schon im Februar v. J. bezüglich der ursprünglichen Fassung das Gleiche schrieb.

Mit den besten Grüssen                    Ihr sehr ergebener

F. Hausdorff

## Anmerkungen

[1]  Siehe dazu die bibliographischen Angaben in Anmerkung [4] zum vorhergehenden Brief. HAUSDORFF hatte sich im Jahr 1917, als SCHLICKs Schrift erstmalig erschien, auch gründlich mit der Relativitätstheorie beschäftigt. In seinem Nachlaß (Kapsel 44, Faszikel 796) findet sich eine Ausarbeitung zur Relativitätstheorie von 36 Seiten Länge, die auf 1917 zu datieren ist und vermutlich einem Vortrag zugrunde lag (vollständiger Abdruck im Band VI dieser Edition). Die Veröffentlichung SCHLICKs in der Zeitschrift „Die Naturwissenschaften" ist dort in einer Zusammenstellung einschlägiger Literatur auf Blatt 1 aufgeführt.

[2]  Briefe SCHLICKs an HAUSDORFF sind im Nachlaß HAUSDORFFs nicht mehr vorhanden; der hier genannte Brief SCHLICKs muß als verloren gelten. Im Kapitel „Die geometrische Relativität des Raumes" seiner Schrift *Raum und Zeit in der gegenwärtigen Physik* diskutiert SCHLICK die Frage, ob man etwas von einer ähnlichen Vergrößerung aller Körper, etwa um das Hundertfache, bemerken würde. Da sich alle Maßstäbe und Instrumente und auch der eigene Körper um denselben Faktor vergrößert hätten, „würde jedes Mittel fehlen, die gedachte Veränderung festzustellen" (*Raum und Zeit ...*, 3. Aufl., S. 24). Bei POINCARÉ, so SCHLICK, finde sich dieses Gedankenexperiment „besonders schön beschrieben". An dieser Stelle fügt er in der dritten Auflage seiner Schrift, S. 24, folgende Fußnote ein:

> Leider habe ich erst nach Erscheinen der zweiten Auflage dieser Schrift das höchst scharfsinnige und faszinierende Buch kennen gelernt: „Das Chaos in kosmischer Auslese", ein erkenntniskritischer Versuch von *Paul Mongré*, Leipzig 1898. Das fünfte Kapitel dieses Werkes gibt eine sehr vollkommene Darstellung der oben im Text folgenden Erörterungen. Nicht nur die Gedanken *Poincarés*, sondern auch einige der oben hinzugefügten Ergänzungen sind dort bereits vorweggenommen. (S. 28 in der vierten Auflage; in der englischen Übersetzung, die auf der dritten Auflage basiert, ist diese Fußnote weggelassen).

Die „hinzugefügten Ergänzungen" betreffen die Frage, wie sich bei einer solchen Transformation die physikalischen Konstanten verhalten würden, z. B. die Massen, die in das Gravitationsgesetz eingehen. Von POINCARÉ sind im Literaturverzeichnis zwei Werke angegeben: *Science et l'Hpothèse* (1902) und *La Valeur de la Science* (1905). Im *Chaos in kosmischer Auslese* wird die „gleichmässige Vergrösserung oder Verkleinerung aller Raumdimensionen" auf S. 84 (Band

VII dieser Edition, Band 678) diskutiert; HAUSDORFF zitiert in diesem Zusammenhang HELMHOLTZ' Vortrag *Über den Ursprung und die Bedeutung der geometrischen Axiome* von 1870 (s. dazu auch die Anmerkung zu S. 84 im Band VII, S. 853–854).

Auch in seinem Buch *Allgemeine Erkenntnislehre* erwähnt SCHLICK im Abschnitt 28 „Die Subjektivität der Zeit" HAUSDORFFs *Das Chaos in kosmischer Auslese*:

> Noch auf einen andern Gedankengang ist hier hinzuweisen, der wohl geeignet ist, die Subjektivität des Zeitlichen im erläuterten Sinne besonders anschaulich zu machen, und den wir scharfsinnig entwickelt finden bei P. Mongré (Das Chaos in kosmischer Auslese, Leipzig 1898[192]) und bei Franz Selety (Die wirklichen Tatsachen der reinen Erfahrung, eine Kritik der Zeit. Zeitschr. f. Philosophie und philos. Kritik Bd. 152, 1913[193]). Denken wir uns nämlich den Strom unserer Bewußtseinsinhalte in aufeinanderfolgende Abschnitte zerlegt und die einzelnen Abschnitte in beliebiger Weise miteinander vertauscht, so daß die Reihenfolge unserer Erlebnisse gänzlich durcheinander geworfen wird, und fragen wir uns, welchen Unterschied diese Umordnung für unser Erleben machen würde, so müssen wir antworten: gar keinen! (MORITZ SCHLICK: *Allgemeine Erkenntnislehre*, 2. Aufl., Springer, Berlin 1925, S. 229, in: MORITZ SCHLICK: *Gesamtausgabe*, Abteilung I, Band 1, Springer, Wien 2009, S. 569–570)

In Fußnote 192 zitiert SCHLICK zwei Passagen aus dem „Chaos", S. 66 und S. 158, in Fußnote 193 zitiert er genau die Passage aus SELETYs Arbeit, S. 85, die in Anm. [2] zum vorhergehenden Brief wiedergegeben ist.

Es war SELETY, der SCHLICK auf HAUSDORFFs Buch *Das Chaos in kosmischer Auslese* aufmerksam gemacht hat. In einem Brief an SCHLICK vom 15. April 1919 schreibt er:

> Sie stimmen mir, Herr Professor, darin zu, dass die Zeitordnung bloss auf den Relationen der Qualitäten gegründet ist, aber nicht darin, dass es zeitlich unausgedehnte Zustände gibt. Wie ich mehrere Jahre nach der Abfassung meiner Abhandlung erfahren habe, findet sich dieser Gedanke (ohne Annahme von momentanen Bewusstseinszuständen) bereits in *Paul Mongrés* Schrift: *„Das Chaos in kosmischer Auslese"*. Leipzig 1898. Paul Mongré ist nun niemand Anderer als Professor Hausdorff. Der Gedanke der Idealität unserer empirischen Zeitordnung ist nicht der Hauptinhalt jenes Büchleins, dessen Grundgedanke vielmehr ein erkenntnistheoretisch-metaphysisches Prinzip von grosser Kühnheit und Originalität ist. Jene Schrift ist nur sehr wenig bekannt geworden und ich möchte sie Ihrer Beachtung sehr empfehlen. Da Mongré-Hausdorff nicht die Realität der zeitlich unausgedehnten Zustände annahm und da er überhaupt nicht Bewusstseinsmonist (Positivist), sondern transzendenter Idealist im Sinne Kants ist, so ist er nicht zu meiner instantanmonadologischen Weltauffassung gelangt. – (Wiener Kreis Archiv, Inv.nr. 118/Sel.-2)

[3] HAUSDORFFs Buch *Das Chaos in kosmischer Auslese* wurde nach seinem Erscheinen zwar in vier Zeitschriften rezensiert (vgl. dazu Band VII dieser Edi-

tion, S. 73–74), im philosophischen Diskurs spielte es aber keine Rolle. Erst in neuerer Zeit wurde es, wenn auch nur von wenigen, wahrgenommen (vgl. dazu Band VII, S. 79–81, und den Schluß des Abschnitts „Das Chaos in kosmischer Auslese" im Kapitel 4 der Biographie HAUSDORFFs im Band I dieser Edition).

[4]  KARL JOËL, Sohn eines Rabbiners aus Hirschberg in Schlesien, hatte sich 1893 als Privatdozent an der Universität Basel habilitiert und wurde dort 1897 außerordentlicher Professor. Von 1902 bis zu seinem Tod wirkte er als Ordinarius für Philosophie in Basel. JOËL war ein anerkannter Fachmann für antike Philosophie; in seinem eigenen philosophischen Denken, insbesondere mit seinem Hauptwerk *Seele und Welt. Versuch einer organischen Auffassung*, stand er der Lebensphilosophie nahe.

[5]  HAUSDORFFs damaliger Wohnort Greifswald liegt in Vorpommern. „[P]ommerisch-allzupommerisch" ist eine witzige Anspielung auf NIETZSCHEs „Menschliches, Allzumenschliches". Die Anmerkung S. 24 ist oben in Anm. [2] wiedergegeben.

[6]  Ein weiterer Brief HAUSDORFFs findet sich im Archiv „Wiener Kreis" nicht. Der Abbruch der Korrespondenz mag auch damit zusammenhängen, daß beide, HAUSDORFF und SCHLICK, 1921 an andere Orte berufen wurden und sich so neuen Herausforderungen zu stellen hatten.

# Käthe Schmid

## Korrespondenzpartnerin

KÄTHE SCHMID (oft auch KÄTE geschrieben) wurde am 13. Mai 1899 als KÄTHE TIETZ in der Familie des jüdischen Kaufmanns ADOLF TIETZ (1856–1924) in Schwerin geboren. Ihr leiblicher Vater war ein Freiherr VON ALVENSLEBEN, mit dem ihre Mutter eine länger währende Affäre hatte, vermutlich ALBRECHT VON ALVENSLEBEN (1848–1915), seit 1909 Gutsbesitzer auf Tessenow bei Schwerin. ADOLF TIETZ erkannte KÄTHE als sein Kind an und wurde in der Geburtsurkunde als Vater eingetragen. Er war ein Bruder von HAUSDORFFs Mutter HEDWIG TIETZ (geb. 1848); KÄTHE SCHMID galt also als HAUSDORFFs Cousine. Sie erhielt eine gute Schulbildung, zunächst in Schwerin und ab dem 16. Lebensjahr auf einer Internatsschule in Dresden. Ihre Mutter liebte die Musik; sie war eine vorzügliche Sängerin, die auch öffentlich auftrat. Sie sang auch oft mit ihren Kindern und übertrug ihre tiefe Liebe zur Musik in besonderem Maße auf ihre Tochter. 1918 lernte KÄTHE in einem Lazarett WILHELM EDUARD (WILLI) SCHMID (1893–1934) kennen, der wegen einer schweren Kriegsverletzung behandelt wurde. Sie verliebte sich in ihn und heiratete ihn 1921. Vor der Hochzeit konvertierte sie zum katholischen Glauben. WILLI SCHMID studierte nach seiner Genesung an der Lehrerbildungsanstalt Pasing und war dann in München von 1921 bis 1924 als Hilfslehrer tätig. Daneben studierte er an der Universität München Romanistik, Kunstgeschichte, Musikwissenschaft und Pädagogik und promovierte 1923 bei dem Pädagogen ALOYS FISCHER (1880–1937) über den Präventivgedanken bei DON BOSCO. Er war seit 1924 Musikkritiker und Feuilletonist für das Gebiet der Musik bei den „Münchener Neuesten Nachrichten"; daneben schrieb er für Fachzeitschriften und versuchte sich als Schriftsteller. Besonders interessierte er sich für alte musikalische Werke, die er mit einem von ihm gegründeten Quintett auf Konzertreisen zur Aufführung brachte. Aus der Ehe von WILLI und KÄTHE SCHMID gingen zwei Töchter und ein Sohn hervor (s. u., Anm. [2] zur Briefkarte vom 27. 7. 1934). Das Heim der SCHMIDs in München war ein Treffpunkt von bekannten Künstlern und Intellektuellen.

Am Abend des 30. Juni 1934 wurde WILLI SCHMID von einem SS-Kommando verhaftet und in der Nacht im Konzentrationslager Dachau ermordet. Dieser Mord geschah im Rahmen der Ausschaltung der SA-Führung, des sog. Roehm-Putsches. WILLI SCHMID war einer Verwechslung mit einem SA-Führer gleichen Namens zum Opfer gefallen (zu den Details s. u., Anm. [1] zur ersten hier abgedruckten Karte). RUDOLF HESS persönlich entschuldigte sich bei KÄTHE SCHMID für das „Versehen"; trotzdem hatte sie lange zu kämpfen, bis sie eine Rente für die Kinder vom Staat erhielt (Geld von der NSdAP oder der SS hatte sie abgelehnt).

KÄTHE und WILLI SCHMID liebten die Berge und waren mit berühmten Bergsteigern wie WILLY MERKL (1900–1934) befreundet. Als MERKL 1934 die „Deutsche Himalaya-Expedition 1934" mit dem Ziel der Besteigung des Nanga

Parbat in Angriff nahm, übernahmen die SCHMIDs die Pressearbeit und richteten das Büro der Expedition in ihrer Wohnung ein. Mitte Juli 1934, nur zwei Wochen nach WILLI SCHMIDs tragischem Tod, erreichten KÄTHE erste Nachrichten vom Desaster der Expedition, dem zehn Bergsteiger, darunter MERKL, zum Opfer fielen. Obwohl sie erklärte, daß sie die versprochene Pressearbeit trotz aller Schicksalsschläge weiterführen würde, schickte ihr der Alpenverein sein Leitungsmitglied HERMANN HOERLIN (1903–1983) zu Hilfe. HOERLIN war Physiker und Extrembergsteiger, Spezialist auf dem Gebiet der kosmischen Strahlung (Promotion 1936) und der Photographie unter extremen Bedingungen. Er hatte neben zahlreichen Alpengipfeln im Rahmen einer internationalen Himalaya-Expedition 1930 den Jongsong und Gipfel des Kanchenjunga-Massivs bestiegen und sich 1932 in Peru mehrere Wochen in Höhen über 5000 Meter zu Forschungen über kosmische Strahlung aufgehalten. HOERLIN und KÄTHE SCHMID kamen sich bei der gemeinsamen Arbeit näher und wurden ein Paar, das jahrelang eine Fernbeziehung führen mußte (s. dazu BETTINA HOERLIN: *Steps of Courage. My Parent's Journey from Nazi Germany to America*, Author House, Bloomington 2011). Wegen des besonders in München virulenten massiven Antisemitismus siedelte KÄTHE SCHMID am 1. März 1937 mit den Kindern nach Salzburg über. HOERLIN arbeitete als Leiter des physikalischen Labors bei der Firma Agfa in Wolfen bei Dessau. Die 1935 erlassenen Nürnberger Rassengesetze verboten Ehen von „Ariern" mit Juden; Ehen zwischen „Mischlingen 1. Grades" (zwei Großelternteile jüdisch) und „Ariern" waren mit einer Sondergenehmigung in seltenen Ausnahmefällen möglich. HOERLIN und SCHMID führten einen langen Kampf mit der nationalsozialistischen Bürokratie, bis sie schließlich die Sondergenehmigung erhielten (s. dazu Anm. [1] zum letzten hier abgedruckten Brief). Sie heirateten am 12. Juli 1938 in Berlin und reisten am 9. August 1938 aus Deutschland aus. HOERLIN war bereits seit Frühjahr 1938 Leiter der Physikabteilung der Tochterfirma Agfa/Ansco in Binghamton, Staat New York. 1939 wurde die Tochter BETTINA geboren. KÄTHE gelang es auch in Binghamton sehr bald wieder wie in München einen Freundeskreis von Wissenschaftlern und Künstlern zu gewinnen, darunter war der Nobelpreisträger HANS BETHE. Auf dessen Anregung hin wurde HOERLIN 1953 Leiter einer Gruppe von Physikern und Technikern in der „Atomstadt" Los Alamos in New Mexico, und die Familie siedelte dorthin über. HOERLINs Forschungen zu den schädlichen Auswirkungen von Kernwaffentests in der Atmosphäre, insbesondere auf die Ozonschicht, trugen dazu bei, daß nach langen Verhandlungen zwischen den Großmächten schließlich ein Moratorium für solche Tests zustande kam. Seit 1963 lebten die HOERLINs in Santa Fe in der Nähe von Los Alamos. KÄTHE HOERLIN engagierte sich auch hier im sozialen und kulturellen Leben. Die HOERLINs initiierten einen regelmäßigen Opern-Sommer in Santa Fe und den sog. Santa Fe-Campus, eine Zweigstelle des St. John's College in Annapolis; KÄTHE hielt dort viele Jahre Kurse über GOETHEs *Faust* ab. HERMANN HOERLIN verstarb am 6. November 1983; die Grabrede hielt HANS BETHE. KÄTHE HOERLIN verstarb am 10. Juli 1985. Über HAUSDORFFs hatte sie in einem Brief vom 27. November 1935 an HOERLIN geschrieben: „Mit Hausdorffs habe ich es sehr gut, ich finde in ihnen die überlegenen, feinfühligen und mir sehr nahen Menschen, als die ich sie immer gekannt habe. Die Not hat sie nicht verzerrt, noch engt sie sie im Geistigen ein. Felix ist so der Mathematik verhaftet, dass er auf keine Weise herauszureissen ist – welch ein Glück ist das!" (Mitteilung von Frau DUSCHA WEISSKOPF an Herrn EGBERT BRIESKORN; vgl. auch BETTINA HOERLIN, a. a. O., S. 270).

### Quelle

Die Briefe und Karten befanden sich im Besitz von Frau DUSCHA S. WEISSKOPF (Newton Center, Massachusetts), der Tochter von WILLI und KÄTHE SCHMID. Sie schenkte die Briefe am 13. Januar 2012 Herrn Prof. EGBERT BRIESKORN, der sie der Handschriftenabteilung der Universitäts- und Landesbibliothek Bonn übereignete.

In einem Begleitbrief zu ihrer Schenkung schreibt Frau WEISSKOPF an Herrn BRIESKORN: „Ich bin sehr froh, dass diese Karten und Briefe Ihnen nützlich sind. Sie sind so liebevoll, dass man sicher ein besseres Bild von der Menschlichkeit der Autoren bekommt. Übrigens ist es auch so, dass meine Mutter vor ihrer Auswanderung viele Briefe verbrannt hat, weil sie ja nicht alles mitnehmen konnte. Die Hausdorff-Briefe hat sie aber sorgsam aufgehoben."

### Danksagung

Wir danken Frau WEISSKOPF sehr herzlich für das großzügige Geschenk dieser Briefe und Karten und für begleitende Anmerkungen, die uns für die Kommentierung sehr nützlich waren.


**Briefkarte** CHARLOTTE und FELIX HAUSDORFF ⟶ KÄTHE SCHMID

[Die Karte ist undatiert. Sie ist kurz nach dem 30. Juni 1934, dem Tag der Ermordung von WILLI SCHMID, geschrieben worden.]

Ihr armen Unglücklichen, dieser Schlag ist so entsetzlich, so furchtbar, dass [1] man erstarrt u. verstummt. Wir haben Tag u. Nacht nur den einen Gedanken – warum, warum? Können wir Euch äusserlich irgendwie helfen?

Eure Lotte

Käthe, Hedel, Ihr Ärmsten, wir sind ganz gelähmt von Entsetzen, Jammer [2] und Mitgefühl. Ich weiss kein Wort des Trostes. – Wenn Ihr etwa Geldschwierigkeiten habt, will ich helfen, soviel ich kann.

In tiefster Trauer Euer Felix

### Anmerkungen

[1] Eine eingehende Schilderung der Vorgänge um die Ermordung von WILLI SCHMID gibt KÄTHE HOERLIN, verw. SCHMID, in einer notariell beglaubigten

eidesstattlichen Erklärung vom 7. Juli 1945, welche in die Dokumente des Nürnberger Prozesses gegen die Hauptkriegsverbrecher vor dem Internationalen Militärgerichtshof, Nürnberg, 14. November 1945 – 1. Oktober 1946, eingegangen ist. Darin heißt es:

> On Saturday, June 30, 1934, I was living with my former husband Dr. WILLI SCHMID, and my three Children RENATE (DUSCHA) age 9, THOMAS age 7, and HEIDI age 2, in a third floor apartment at 3 Schackstrasse, Munich, Germany.
>
> At that time my husband, WILLI SCHMID, was the music critic for the „Muenchener Neuste Nachrichten", the leading newspaper in Munich.
>
> At 7.20 in the evening of June 30, while my husband was in his study playing the cello and while I was helping prepare supper and the children were playing around the living room and kitchen, the front door bell rang. My maid, ANNA BIELMEIER, answered the door. She went to my husband and said that there was a man at the door who wanted to talk with him about a job. I asked my husband why anyone would come around at this time on a Saturday evening – but he said that he would see him anyway. I followed my husband to the door and saw a man standing there in civilian clothing. Just as my husband reached the door the man in civilian clothing stepped aside, and four men dressed in the SS uniform, and fully armed, appeared from the side of the hall and pushed their way into our apartment and into my husband's study. I followed them in. My husband asked them what they wanted. They merely replied: „Come with us at once". My husband then asked them whether they had any warrant or identification and they replied that they did not need any. I said to them that there must be some mistake, and that I would get my husband's identification papers which were in a drawer in his desk. I turned around to go to the desk which was on the other side of the room when my husband shouted to me: „Don't move – they'll shoot you." I stopped where I was and looked back to see all four of the SS men with their guns pointed at me.
>
> They then grabbed my husband and pushed him out of the study door. As they reached the hall my husband asked whether he could take his hat which was hanging there. They permitted him to do this and proceeded to lead him away. I asked the SS men if I could go along, but they would not answer me. I followed them down the stairs and out into the street where there was a car waiting. I was, of course, at this point in a very worried state – and as they forced my husband into the car I kissed him. My husband, on the other hand, was completely calm and as he got into the car he said to me: „Be calm, dear – it can only be some mistake". Those were his last words to me and I remember them with complete clearness.
>
> The thought occurred to me at once that I schould catch the number of the car. This I did, and I wrote it down as soon as I had reached my apartment again.
>
> I at once telephoned Dr. ARTHUR HUEBSCHER, one of the editors of my husband's newspaper, and told him what had happened. He came over

to my apartment immediately. During that night I made innumerable other telephon calls, calling everyone I thought might be of assistence. I called the police, who simply told me that they knew nothing – and that there was nothing that they could do for me. I also called the Gestapo headquarters at various times during the night, and they also merely informed me that they knew nothing about it.

On Monday officials from the „Muenchener Neuste Nachrichten" contacted KARL HANIEL in Dusseldorf who was on the Board of Directors of my husband's paper, and who was a very prominent figure in German industry holding, among other positions, the presidency of the Board of Directors of the „*Gutehoffnungshuette"* the large German steel works. He came to Munich, arriving there about the third of July. He contacted the Gestapo at once, and because of his influence he was able to obtain for me the first information about my husband's death. He was told that my husband had been shot at Dachau „by accident". He was told that the body would be released as „the body of an innocent person" and he was given instructions as to how he could obtain it.

On July 4, KARL HANIEL, his cousin KURT HANIEL as well as Captain SCHENCK and another man from the „Muenchener Neuste Nachrichten" went as instructed to Dachau and picked up the body at an underpass just outside the camp. It was in a bare wooden box coffin which was firmly sealed and which had written on it in blue chalk „Dr. Willi Schmidt". It was delivered to KARL HANIEL et al by members of the Gestapo who, in a manner which left no doubt as to the consequences of disobeying, ordered that no one was under any circumstances to open the coffin.

The funeral was set for July 6th. I wanted to publish the usual death notice in my husband's newspaper, but I was informed by the official I contacted on the paper that they had been instructed by the Gestapo that no death notice could be published without the prior approval of the Gestapo. I contacted the Gestapo by telephone, requesting permission to publish the death notice. They told me that I might publish it provided that I made no mention of the date of the death or the time of the funeral as such mention might cause public unrest. I told them that I would not publish a lie, and hung up. However, without my assent the newspaper published the death notice in accordance with the Gestapo restrictions. I was also informed by the Gestapo that any music which was to be played at the funeral, as well as any speech contemplated in honor of Dr. SCHMID, would have to be first censored by them. [· · · ]

My former husband, WILLI SCHMID never had any political affiliations of any kind, and never engaged in any political activities. He was, however, strongly anti-Nazi in his sympathies, and this was known to the General Manager of the „Muenchener Neuste Nachrichten", SS *Gruppenfuehrer* HAUSLEITER, who since 1933 controlled the policies of my husband's newspaper. HAUSLEITER, if available, should be questioned concerning his knowledge of the circumstances resulting in the murder of my husband. On the same day that my husband was murdered, a prominent SA leader in Munich named WILLI SCHMIDT was also shot. It was thought by many that my husband's murder resulted from this similarity in names, but this fact was never established or admitted." (*Der Prozess gegen die Hauptkriegsverbrecher vor dem Internationalen Militärgerichtshof. Nürnberg 14. November 1945 – 1. Oktober 1946*. Veröffentlicht in Nürnberg, Deutschland 1949, Abschnitt III-L, Dokument 135-L, S. 581–586)

Es ist durchaus wahrscheinlich, daß WILLI SCHMID, der in offiziellen Dokumenten WILHELM EDUARD SCHMID hieß, mit dem SA-Führer WILHELM SCHMIDT (auch oft nur SCHMID geschrieben), der am 30. 6. 1934 im Gefängnis München-Stadelheim erschossen wurde, verwechselt worden ist. Dafür spricht, daß bei dem SA-Führer SCHMIDT auf der Liste der von der SS zu liquidierenden Personen (Institut für Zeitgeschichte München, Signatur MA 131) als Aufenthaltsort nur München und keine Adresse stand und ein Beamter der Bayerischen Politischen Polizei (später Gestapo) 1934 aussagte, er habe versehentlich aus dem Melderegister die Adresse von WILLI SCHMID herausgesucht und weitergegeben (LOTHAR GRUCHMANN: *Justiz im 3. Reich 1933–1940*, München 2001, S. 464). Die seit einem Artikel im „Spiegel" vom 15. Mai 1957 kursierende und seitdem immer wieder auch von namhaften Autoren kolportierte Version, WILLI SCHMIDT sei mit dem OTTO STRASSER nahestehenden Arzt Dr. LUDWIG SCHMITT verwechselt worden, ist wenig wahrscheinlich; LUDWIG SCHMITT stand gar nicht auf der o. g. Todesliste. Diese Version wird, obwohl es dafür keine Belege gibt, im Internet unaufhaltsam weiter als feststehende Tatsache verbreitet.

In dem Aufsatz *Gedenken an Willi Schmid*, Deutsche Rundschau **79** (1953), Heft 7, S. 717–719, äußerte OTTO VON TAUBE sogar den Verdacht, Kreise der „Münchener Neusten Nachrichten" hätten die „Verwechslung" absichtlich herbeigeführt, denn „in der Redaktion jener Zeitung waren seit der Machtübernahme so bösartige Zustände eingerissen, daß ein unabhängiger lauterer Charakter dort unbequem sein mußte." (A. a. O., S. 717). Immerhin war der Direktor des Blattes, HAUSLEITER, SS-Gruppenführer; Belege für ein solches Komplott gibt es jedoch nicht.

[2]  Mit „Hedel" ist KÄTHE SCHMIDs Mutter HEDWIG TIETZ gemeint, die zum Zeitpunkt der Verschleppung und Ermordung ihres Schwiegersohnes gerade bei der Familie SCHMID zu Besuch weilte.

**Briefkarten**  CHARLOTTE und FELIX HAUSDORFF  ⟶  KÄTHE SCHMID

d. 27. 7. 34.

[1]  Ach Käte, es ist zu viel, was Du tragen musst, und niemand kann Dir helfen. Vielleicht ist Dir unsere tiefe Mittrauer, unser Schmerz, unser innerstes Entsetzen ob so viel Unglück ein kleiner Trost, weil Du daraus siehst, Du bist

[2]  nicht verlassen in Deinem Leid. Du musst ja weiter leben, Du hast Kinder, ein schmerzlich heiliges Vermächtniss, das Du im Sinne Deines Toten verwalten

musst. Deiner Mutter gönne die Ruhe, die Erlösung aus einer Welt, die nicht mehr die ihre war. Arme Käthe, – ich bin so zerbrochen von Deinem Schicksal, dass ich keine Worte für Dich finde – alles ist leerer Schall.

Die Worte am Grabe sind schön, später geben sie Dir vielleicht doch einen [3] Halt. Rette Dich in die Liebe, die über das Grab reicht.

Deine Lotte

Liebste Käthe, ich weiss keinen Menschen, den das Unglück so schreckenerregend verfolgt wie Dich. Tag und Nacht denken wir an Dich und an Dein unbegreifliches, unentzifferbares Schicksal. Deine arme Mutter – wäre ihr wenigstens das Letzte noch erspart geblieben! Manchmal zweifeln wir, ob Du dies Alles tragen kannst; aber in Deiner Jugend, in Deiner Seele, in Deinem Geist sind so gewaltige Kräfte – wir hoffen von ganzem Herzen, dass sie Dich nicht sinken lassen werden.

In tiefer Mittrauer
Dein Felix

## Anmerkungen

[1]  Diese Karten sind aus Anlaß des Todes von KÄTHE SCHMIDs Mutter HEDWIG TIETZ geschrieben worden; HEDWIG TIETZ ist am 25. Juli 1934, weniger als einen Monat nach der Ermordung von WILLI SCHMID, in Schwerin verstorben.

[2]  KÄTHE SCHMIDs Kinder RENATE (DUSCHA), THOMAS und HEIDI waren zum Zeitpunkt der Ermordung ihres Mannes 9, 7 und 2 Jahre alt.

[3]  Die Grabrede für WILLI SCHMID hielt der mit ihm befreundete Schriftsteller, Pädagoge und katholische Pfarrer PETER DÖRFLER (1878–1955). Sie ist abgedruckt in der zweiten bei Müller in Salzburg 1937 erschienenen Version von WILLI SCHMID: *Unvollendete Symphonie* (zu diesem Buch s. Anm. [1] zum nächsten Brief) unter dem Titel *In memoriam Willi Schmid* (S. 319–322). Daß es sich wirklich um die Grabrede handelt, geht aus dem folgenden Satz hervor: „Jawohl – es ist nicht irgendein Dr. Schmid, den wir heute zur Ruhe bestatten, sondern ein ungewöhnlicher Mann." (A. a. O., S. 320). Es wird in einigen Wikipedia-Artikeln behauptet, der mit WILLI SCHMID befreundete Philosoph OSWALD SPENGLER (1880–1936) habe die Grabrede gehalten. Dies trifft vermutlich nicht zu; eine zweite Grabrede ist nirgends belegt und im Nachlaß SPENGLERs ist eine solche Rede nicht vorhanden. SPENGLER spielte jedoch eine wichtige Rolle bei der Entstehung des Werkes *Unvollendete Symphonie* (s. u.) und widmete dem Freund 1935 den Aufsatz *Gedicht und Brief*, der in der bei Oldenbourg 1935 erschienenen ersten Version des Werkes, S. 22–26, dem Abdruck der Gedichte SCHMIDs vorangestellt ist (Wiederabdruck mit dem Zusatz „Dem Gedächtnis Willi Schmids" in: SPENGLER, OSWALD: *Reden und Aufsätze*, hrsg. von HILDEGARD KORNHARDT, München 1937, S. 153–157).

**Brief** CHARLOTTE HAUSDORFF $\longrightarrow$ KÄTHE SCHMID

[Der Brief ist nicht datiert; er muß im Mai 1935, und zwar vor dem 13. Mai, geschrieben worden sein, da RENATE (DUSCHA) SCHMID im Mai 1935 Erstkommunion und KÄTHE SCHMID am 13. Mai Geburtstag hatte.]

[1] Meine liebe Käthe, vor mir steht das fromme liebreizende Bildchen von Renate als Kommunionkind, neben mir, in mir ist die unvollendete Symphonie u. tönt so süss u. schmerzlich, wie jene unvollendete andre. Felix ist nicht fähig in dem Buch zu lesen, er legt es immer wieder zu tief erschüttert aus der Hand. Ja, alle Wunden bluten wieder bei diesen Klängen. Was machst Du nun? Hast Du doch etwas Seelenfrieden gefunden nach dieser letzten, heiligen Pflicht und Arbeit? Du weisst Käthe, dass Du noch ein andres Erbe mit eben so heiliger Pflicht u. Arbeit herausgeben musst: die drei Kinder, die einst von Dir gefordert werden, u. die so voll *seines Geistes* sind, wie seine Schriften. Ob ich schreibe oder nicht, ich bin bei Dir u. Deinem Schicksal täglich und immer und ich denke Du weisst es. Wir haben es oft auch schwer und manche Sorge, die man im Alter schwerer trägt als in der Jugend, senkt sich herab, aber wir tragens halt zu zweit u. dies ist etwas, wofür die Dankbarkeit nie gross genug sein kann, u. an Deinem Schicksal gemessen, erscheint mir unseres sehr klein und unbeträchtlich. Ob wir uns einmal sehen? Wir kommen kaum nach München, – führt Dich Dein Weg nie in die Nähe hier her? Einst gingen wir um diese Zeit mit Dir durch

[2] die sieben Berge, es war ein herb süsser Frühlingstag – wir hatten alle noch in
[3] uns „dieses Stirb u. Werde", fühlten uns als *reiche* Gäste dieser schönen Erde – jetzt spüren wir nur das „Stirb" – trotzdem die Natur uns mahnt, u. zeigt wie immer u. immer wieder die Auferstehung kommt. Kannst Du fromm sein? Ich finde mich zurück zu Gott, zum Gott meiner Väter u. zum Gott meiner Kindheit, den ich im Kloster kennen u. lieben lernte – von beiden führt ein grader Weg zu Schicksal u. Erlebniss. So kann ich wohl oft schwer leiden, aber nie verzweifeln u. habe die Kraft Felix zu halten u. zu stützen. Sonderbar, dass ich so etwas Dir, der so viel Jüngeren sagen kann, was bestimmt noch nie über meine Lippen kam, – behalt es für Dich. Du hast am 13. Geburtstag – Dir da Glück zu wünschen wäre zu bitter für Dich, für mich, aber unsre Gedanken werden vereint ihn suchen, der nicht mehr ist u. mit ihm die Wege wandern, die einst voll Rosen standen, voll Erdbeeren u. Spargel – wie liebte er Alles, was liebens- u. lebenswert ist – war.                                          Grüsse. D. L.

## Anmerkungen

[1] Im Herbst 1934 begann KÄTHE SCHMID, unterstützt von OSWALD SPENGLER, aus Veröffentlichungen und nachgelassenen Papieren ihres Mannes ein Buch zusammenzustellen, das, nachdem die Gestapo den Text genehmigt hatte, 1935 erschien: *Unvollendete Symphonie. Gedanken und Dichtung von Willi Schmid*, Oldenbourg, München und Berlin 1935. Das Werk wird eingeleitet von einem Lebenslauf, verfaßt von PETER DÖRFLER, in dem natürlich kein Wort über die Umstände des Todes von WILLI SCHMID vorkommen durfte.

Darauf folgt der kurze Artikel *Gedicht und Brief* von OSWALD SPENGLER, der dem Abdruck von WILLI SCHMIDs Gedichten vorangestellt ist. Es folgen unter den Kapitelüberschriften „Landschaft", „Musik und Musiker" und „Aus der Zeit" drei Kapitel mit Essays, inspiriert durch WILLI SCHMIDs Reisen, durch aktuelle Ereignisse im Kulturleben, vor allem aber durch seine tiefe Liebe zur Musik und durch seine profunden Kenntnisse auf diesem Gebiet. Als Beispiele seien einige der Titel genannt (aus dem Kapitel „Musik und Musiker" sind alle aufgeführt). Aus „Landschaft": *Fünf Violen fahren durch Italien (Tagebuchblätter); In Chatres; Geliebtes Mecklenburg; Meister der Spätgotik in Landshut; Altbayerisches in Gmund; Deutsche Landschaft; Adalbert Stifter; Über Zeichnungen;* aus „Musik und Musiker": *Gesang der Kirche; Väter der Oper, Peri und Monteverdi; Jean Philippe Rameau; François Couperin; Bachs Kunst der Fuge; Das Katholische bei Mozart; Über Mozarts Opern; Beethoven. Zur hundertsten Wiederkehr seines Todestages; Die Interpretation von Beethovens Streichquartetten; Schopenhauer und die Musik; Wagner und Verdi; Über Wagners Musikdramen; Bayreuther Epilog;* aus „Aus der Zeit": *Hans Pfitzner; Das Münchnerische bei Richard Strauß; Othmar Schoeck; Konoye in München; Pablo Casals; Pariser Eindrücke; Neue Musik.* Das Buch endet mit einer Sammlung von Briefen WILLI SCHMIDs.

1937 erschien beim Verlag Otto Müller, Salzburg: WILLI SCHMID: *Unvollendete Symphonie. Gedanken und Dichtung. Mit einem Lebensbild und einem Nachruf von Peter Dörfler.* Der Nachruf DÖRFLERs ist die bereits in Anm. [3] zu den Briefkarten vom 27. 7. 1934 erwähnte Grabrede. Auf das Lebensbild von Dörfler folgt in dieser Version das Kapitel „Musik und Musiker", in dem zusätzlich auch alle Essays enthalten sind, die in der ersten Version von 1935 unter der Überschrift „Aus der Zeit" abgedruckt waren. Neu darin sind noch die folgenden Essays: *Musik des Mittelalters; Johann Sebastian Bach; Brucknerfest in München; Reger und Bruckner.* Dann folgen unverändert das Kapitel „Landschaft", die Gedichte und die Briefe. Der Aufsatz von SPENGLER fehlt in diesem Band.

[2]   Vermutlich Anspielung auf eine Wanderung im Siebengebirge bei Bonn.

[3]   Es handelt sich um eine Zeile aus GOETHEs Gedicht *Selige Sehnsucht* aus dem Zyklus „West-östlicher Divan". Der diese Zeile enthaltende Vers des Gedichtes lautet:

> Und so lang Du das nicht hast,
> Dieses: Stirb und Werde!
> Bist Du nur ein trüber Gast
> Auf der dunklen Erde.

**Brief** CHARLOTTE und FELIX HAUSDORFF ⟶ KÄTHE SCHMID

d. 16. 7. 38

[1] Liebste Katja, Glück u. immer nur Glück für Dich u. Deinen Mann u. die Kinder! Wer so gekämpft u. gerungen hat wie Ihr, dem wird der Siegespreis doppelt heilig sein. Möge nie, niemals von Aussen etwas geschehen, was die Ruhe in Euch selbst stört. Nun habe ich doch wohl bei unserem Abschied gefühlt, dass wir uns lange Zeit nicht mehr sehen – niemals will ich noch nicht glauben. Mehr als sonst lasse ich die Zeiten an mir vorbei gehen, die Dich uns nahe gebracht haben. In Schwerin, wo wir Dich zum ersten Male sahen, in Arendsee, wo ich so schwer unter Eurer Eifersucht mich durchwinden musste, in Greifswald, in Reichenhall. Welche Wandlungen durch Zeit u. Menschen haben Dich zu dieser Persönlichkeit gemacht, die Du nun bist u. doch erkenne ich in Allem was Du tust die kleine Käthe von früher Kindheit an, wieder. Ich hoffe, dass Ihr bald zu Ruhe u. Erholung in die Berge kommt u. dann gesund u. frisch in die neue Hei-

[2] mat reisen könnt. Danke Deinem Manne für seinen Gruss. Er ist wohl Deiner u. Du seiner werth. Gerne hätten wir ihn noch kennen gelernt u. gerne hätte ich die Kinder nochmal gesehen – sollten sie noch einmal mit uns zusammenkommen, so sind sie gewiss keine Kinder mehr. Aber wie gleichgiltig sind unsere Abschiedsschmerzen gegenüber dem Gefühl: Du hast Ruhe u. Glück gefunden. Welchen Platz Du in meinem Herzen hast, weisst Du!                  Deine Lotte.

Meine liebe Katja,

Alle meine herzlichen Wünsche begleiten Dich, Deine Kinder und Deinen Gatten in das neue Leben jenseits des atlantischen Ozeans. Trotz dieser räumlichen Trennung und trotz meinen 70 Jahren hoffe ich, Euch noch auf Erden wiederzusehen.

Am Seeufer in Luzern sagtest Du, der Mensch müsse grösser als sein Schicksal sein oder zugrunde gehen. Wie dankbar musst Du, müssen Deine Freunde sein, dass Du, aus Dir selbst und an einer hilfreichen Hand, aus dieser Alternative siegreich hervorgehen und Dein Schicksal bemeistern konntest.

Und was hast Du nicht alles sonst noch bemeistert! Das muss ja beinahe so

[3] schwer gewesen sein wie eine Himalaya-Expedition. Katja, Du bist ein grossartiges Mädchen und ich bewundere Dich.

Ausserdem habe ich Dich lieb!                  Dein Felix

### Anmerkungen

[1] KÄTHE SCHMID und HERMANN HOERLIN haben in den Jahren 1936 bis 1938 vor allem darum gekämpft, eine Heiratserlaubnis zu bekommen, um gemeinsam aus Deutschland ausreisen zu können. Dazu war es zunächst erforderlich, daß KÄTHE SCHMID entgegen den Angaben in ihrer Geburtsurkunde von den nationalsozialistischen Behörden als „Mischling 1. Grades" eingestuft wurde. Dies gelang ihr schließlich durch Vorlage eines Schreibens aus dem Besitz ihrer Mutter, in dem VON ALVENSLEBEN die Vaterschaft anerkannt hatte. Nun

konnte eine Ausnahmegenehmigung vom Heiratsverbot, welches in den Nürnberger Rassegesetzen festgelegt war, beantragt werden. Diese wurde schließlich
nach vielem Hin und Her erteilt; sie lautet (Schreiben des Reichsinnenministers
an den Österreichischen Reichsstatthalter in Wien):

> Dem jüdischen Mischling 1. Grades Käte Schmid geb. Tietz aus München,
> z.Zt. in Salzburg wohnhaft, erteile ich im Einvernehmen mit dem Stellver-
> treter des Führers die auf Grund des Paragraphen 3 der Ersten Verord-
> nung zur Ausführung des Gesetzes zum Schutze des deutschen Blutes und
> der deutschen Ehre vom 14. 11. 1935 (RGBl. IS. 1334) beantragte Geneh-
> migung zur Eheschließung mit dem deutschblütigen deutschen Staatsan-
> gehörigen Dr. Ing. Hermann Hoerlin aus Dessau, z. Zt. in Binghampton
> N.Y USA, wohnhaft. Ich ersuche ergebenst, die Antragstellerin so wie das
> zuständige Matrikenamt hiervon umgehend zu benachrichtigen. (BETTI-
> NA HOERLIN, a. a. O., S. 285)

Wichtig für die Ausreise war auch, daß es HOERLIN gelungen war, von seiner Firma Agfa/Wolfen in das USA-Zweigwerk nach Binghamton versetzt zu
werden. HOERLINs hatten in höchsten Kreisen der Nazi-Bürokratie einen Unterstützer, den persönlichen Adjutanten HITLERS, FRITZ WIEDEMANN. Dieser
war 1934 Adjutant von RUDOLF HESS und hatte ihn begleitet, als er nach
dem Mord an WILLI SCHMID die Witwe besuchte. WIEDEMANN war von ihrer
starken Persönlichkeit beeindruckt, und es war dann später vor allem KÄTHE
SCHMID, die oft nach Berlin gereist war, um mit ihm zu verhandeln und die
notwendigen Schritte zu beraten. Die Heiratserlaubnis kam gerade noch rechtzeitig, denn nach dem Novemberpogrom 1938 hatte HITLER die Erteilung von
Ausnahmegenehmigungen verboten.

[2]   HERMANN und KÄTHE HOERLIN und die drei Kinder kamen am 17. August
1938 in New York an.

[3]   Anspielung auf HOERLINs Teilnahme an der Himalaya-Expedition des
Jahres 1930, die der Schweizer GÜNTER DYHRENFURTH leitete und an der
neben dessen Frau HETTIE auch Bergsteiger aus Österreich, Deutschland und
England teilnahmen.

# Issai Schur

## Korrespondenzpartner

ISSAI SCHUR wurde am 10. Januar 1875 in Mohilew am Dnjepr in der Familie eines jüdischen Kaufmanns geboren. Er studierte ab 1894 an der Universität Berlin Physik und Mathematik und promovierte 1901 bei GEORG FROBENIUS. 1903 habilitierte er sich in Berlin und wurde dort Privatdozent, ab 1909 mit dem Titel Professor. 1913 wurde er als Nachfolger HAUSDORFFs Extraordinarius in Bonn, wo er bis 1916 wirkte. Danach erhielt er ein Extraordinariat in Berlin, wurde 1919 dort persönlicher Ordinarius und 1921 Akademiemitglied und etatmäßiger Ordinarius. Zum Wintersemester 1935 wurde er von den nationalsozialistischen Behörden zwangsemeritiert. Anfang 1939 emigrierte er nach Überwindung zahlreicher Schwierigkeiten nach Palästina. Er verstarb an seinem 66. Geburtstag, am 10. Januar 1941, in Tel-Aviv an einem Herzinfarkt.

SCHUR ist neben seinem Lehrer FROBENIUS einer der Begründer der Darstellungstheorie von Gruppen. Bereits in seiner Dissertation lieferte er die Grundlagen der Darstellungstheorie der allgemeinen linearen Gruppe; die Methoden dieser Arbeit haben in neuerer Zeit auch für die Theorie der algebraischen Gruppen besondere Bedeutung erlangt. Durch die Einführung des sog. SCHURschen Multiplikators von Gruppen konnte er das Problem der Darstellung der symmetrischen und der alternierenden Gruppe sowie anderer endlicher Gruppen durch gebrochen-lineare Substitutionen erfolgreich angreifen. Er untersuchte auch Darstellungen durch Kollineationen und Darstellungen über anderen Körpern als dem der komplexen Zahlen, insbesondere über algebraischen Zahlkörpern (Einführung des SCHURschen Index). Als grundlegendes Hilfsmittel der Darstellungstheorie erwies sich das später nach SCHUR benannte Lemma: Eine mit allen Matrizen einer absolut irreduziblen Darstellung vertauschbare Matrix ist Vielfaches der Einheitsmatrix. Seine einflußreichen Arbeiten aus den zwanziger Jahren über die rationalen und über die stetigen Darstellungen der allgemeinen linearen Gruppe knüpften unmittelbar an die Dissertation an. In seiner Arbeit *Neue Begründung der Theorie der Gruppencharaktere* (1904/05) gab er dieser Theorie eine Form, die ihre spätere Übertragung auch auf kompakte Lie-Gruppen ermöglichte. In der Matrizentheorie geht auf SCHUR das häufig benutzte Theorem zurück, daß sich jede quadratische Matrix mit komplexen Einträgen unitär auf eine Dreiecksmatrix mit den charakteristischen Wurzeln in der Hauptdiagonale transformieren läßt. Auf dem Gebiet der algebraischen Gleichungen untersuchte er die Lage der Wurzeln, Fragen der Reduzibilität und Irreduzibilität, Gleichungen ohne Affekt, d. h. mit der symmetrischen Gruppe als Galoisgruppe; ferner konstruierte er Gleichungen mit alternierender Galoisgruppe. SCHUR leistete auch bedeutende Beiträge zur Invariantentheorie (*Vorlesungen über Invariantentheorie*, posthum 1968), zur additiven, algebraischen und analytischen Zahlentheorie, zur Geometrie der Zahlen und zur Theorie der Kettenbrüche. Auf dem Gebiet der Analysis sind vor allem seine Arbeiten über Integralgleichungen, über Potenzreihen und über Summationstheorie hervorzuheben.

SCHUR war ein außerordentlich beliebter und erfolgreicher Hochschullehrer, der eine Reihe bedeutender Schüler hervorbrachte. Gemeinsam mit KONRAD KNOPP, LEON LICHTENSTEIN und ERHARD SCHMIDT gründete er 1918 die Mathematische Zeitschrift; in deren Redaktion war er bis 1938 (Bände 1–43) tätig.

## Quellen

Die Tochter ISSAI SCHURS, Frau HILDE ABELIN-SCHUR (Bern), hatte Herrn Prof. WALTER LEDERMANN (1911–2009; London) eine Reihe von Briefen aus dem Nachlaß SCHURS in Kopien zugänglich gemacht, die dieser für den Artikel LEDERMANN, W.; NEUMANN, P. M.: *The Life of Issai Schur through Letters and other Documents* in dem Buch JOSEPH, A.; MELNIKOV, A.; REUTSCHLER, R. (Editors): *Studies in Memory of Issai Schur*, Basel 2003, verwendete.

## Danksagung

Wir verdanken Herrn LEDERMANN die Kopien der beiden Briefe HAUSDORFFs an SCHUR; er hatte auch die Vollmacht, uns im Namen der Nachfahren ISSAI SCHURS den Abdruck zu erlauben.

# Brief FELIX HAUSDORFF ⟶ ISSAI SCHUR

Gr., 29. 4. 20

Sehr geehrter Herr College!

Darf ich Sie nochmals behelligen und Sie bitten, das beiliegende Blatt an den
Schluss des § 10 zu legen? In einem Punkt ist meine Arbeit sicher *famos*, denn [1]
sie gleicht der fama: crescit eundo! [2]
Landau theilte mir kürzlich mit, dass Hardy mir etwas zu meiner Arbeit,
die ihm sehr gut gefallen habe (d. h. die Andeutungen, die ich Landau darüber
gemacht hatte), schreiben wolle, aber bis jetzt ist es nicht geschehen.
Ich freue mich sehr, einmal was leidlich Anständiges gemacht zu haben, das
nicht Mengenlehre ist, und sehne mich mehr als sonst, bald gedruckt zu werden!
Im Zushg. mit der Sache auf beiliegendem Blatt kam ich auf das Problem,
eine für $x \geq 0$ unbeschränkt (bei $x = 0$ natürlich einseitig) differenzirbare
Funktion $f(x)$ zu finden derart, dass $f(x)$, $f'(x)$, $f''(x)$, ... $\geq 0$ und $f(0) =
f'(0) = f''(0) = \cdots = 0$. Es kann eine solche nicht geben (ausser $f(x) \equiv 0$), [3]
aber ich konnte dafür keinen direkten Beweis finden.
Mit herzlichen Grüssen                     Ihr ergebenster

F. Hausdorff

## Anmerkungen

[1] HAUSDORFF bezieht sich hier auf die Arbeit *Summationsmethoden und
Momentfolgen I*, Math. Zeitschrift **9** (1921), 74–109 (Band IV dieser Edition,
S. 107–142), eingegangen bei der Math. Zeitschrift am 11. 2. 1920. Das Ziel, wel-
ches er am Beginn des § 10 dieser Arbeit ankündigt, ist S. 102 Mitte erreicht.
Der hier erwähnte Zusatz ist vermutlich die Passage S. 102 Mitte – S. 103 unten
(Band IV, S. 135 Mitte – S. 136 unten).

[2] fama crescit eundo: wörtlich „Das Gerücht wächst, während es sich verbreitet", d. h. je mehr sich ein Gerücht verbreitet, um so mehr wird hinzu gedichtet (Sentenz aus VERGILs (70–19 v. Chr.) *Äneis*). HAUSDORFF spielt hier
selbstironisch mit dem Wort famos (von lat. „famosus" berühmt, berüchtigt; im
Deutschen synomym für ausgezeichnet, vortrefflich, großartig, hervorragend):
wenigstens in diesem Punkt, daß immer etwas neues hinzukommt, je länger
seine Arbeit liegt, sei sie famos.

[3] HAUSDORFF hatte ein Faible für Funktionen mit paradoxen oder zumindest ungewöhnlichen oder unerwarteten Wertverläufen; vgl. etwa Band IV dieser Edition, S. 329–330, 378–386 (Fasz. 820, 250, 251 des Nachlasses; weitere
Beispiele sind die Faszikel 118, 367, 809). Im vorliegenden Falle verhält sich die
Funktion allerdings wie erwartet.

## Brief Felix Hausdorff $\longrightarrow$ Issai Schur

Bonn, Hindenburgstr. 61
7. 8. 22

Lieber Herr College!

    Ich möchte Sie bitten, meine Arbeit „Momentprobleme für endliche Interval-

[1] le" vor der Drucklegung (wann?) mir noch einmal auf 8–14 Tage zurückzuge-
ben. Ich möchte doch noch einige Citate (Young, Carathéodory u. s. w.) und
das Wenige, was ich über Potenzreihen sagen kann und was eine besondere Note nicht lohnt, einfügen; der Umfang wird dadurch kaum vergrössert werden.
Allerdings muss ich Sie für diesen, schon das vorige Mal von mir verübten,
Missbrauch Ihrer redactionellen Arbeitsleistung um Entschuldigung bitten; ich
hoffe, dass bei den verlängerten Incubationszeiten für Manuscripte dieser Fall
heute öfter vorkommt.

[2]     Bezüglich der anderen Arbeit „Ausdehnung des Riesz-Fischerschen Satzes"
habe ich mich sehr gefreut, von Hardy zu hören, dass ihm meine Sätze ganz
neu and very beautiful erscheinen; er schreibt noch: On the main theorems I
congratulate you very heartily: I have often wished I could prove them myself!
But I knew nothing beyond W H Young's results. Sie werden mich nach der

[3] Mittheilung dieser Worte für einen miles gloriosus halten, aber ich bezweckte
auch damit, Ihre Neigung zu baldiger Publication dieser Arbeit – die mir nach

[4] Ihrer Empfangsbestätigung gering zu sein schien – zu verstärken. Eventuell
könnte ich in Leipzig die Sache vortragen, da ich einmal so leichtsinnig war,

[5] einen Vortrag anzukündigen. Sie kommen doch auch dorthin?

    Mit den besten Grüssen und Empfehlungen an Ihre verehrte Frau Gemahlin

Ihr ergebenster

F. Hausdorff

## Anmerkungen

[1]   Gemeint ist die Arbeit *Momentprobleme für ein endliches Intervall,* Math.
Zeitschrift **16** (1923), 220–248 (Band IV dieser Edition, S. 193–221), eingegangen bei der Math. Zeitschrift am 12. 4. 1922. Die hier vorgesehenen Ergänzungen erscheinen als „Zusätze bei der Korrektur", datiert vom 5. 10. 1922 (drei
Seiten) am Ende der Arbeit.

[2]   Diese Arbeit ([H 1923a]) erschien unter dem Titel *Eine Ausdehnung des
Parsevalschen Satzes über Fourierreihen* in Math. Zeitschrift **16** (1923), 163–
169 (Band IV dieser Edition, S. 175–181), eingegangen bei der Math. Zeitschrift
am 20. 5. 1922.

[3]   miles gloriosus: wörtlich „ruhmreicher Krieger". Gemeint ist der ruhmre-
dige Kriegsmann, der Prahler und Aufschneider, der Maulheld. Unter dem Titel

„miles gloriosus" verfaßte der römische Dichter PLAUTUS (254–184 v. Chr.) eine Komödie.

[4]   Sollte es wirklich zutreffen, daß SCHUR diese Arbeit für nicht besonders wichtig hielt, so wäre das merkwürdig, enthielt sie doch mit der HAUSDORFF-YOUNGschen Ungleichung einen grundlegenden Beitrag zur entstehenden Funktionalanalysis mit weitreichenden Folgen (vgl. den Kommentar von S. D. CHATTERJI zu [H 1923a] im Band IV, S. 182–190).

[5]   Gemeint ist die Jahrestagung der DMV, die vom 17. bis 24. September 1922 in Leipzig stattfand. HAUSDORFF hielt dort am 19. September den Vortrag „Über Fourierkonstanten", in dem er die wesentlichen Resultate von [H 1923a] vorstellte. HAUSDORFF und SCHUR haben sich in Leipzig getroffen. Beweis ist ein von Frau PÓLYA dort aufgenommenes Foto, auf dem SCHUR und HAUSDORFF in Begleitung ihrer Frauen zu sehen sind (*Pólya Picture Album*, Birkhäuser Basel 1987, S. 61).

# William Threlfall

## Korrespondenzpartner

WILLIAM THRELFALL wurde am 25. Juni 1888 in Dresden als Sohn eines englischen Botanikers und Forschungsreisenden geboren. Seine Mutter war die Nichte des Bakteriologen ROBERT KOCH. THRELFALL studierte seit 1907 in Jena Chemie, legte dort 1911 ein chemisches Examen ab und studierte ab Wintersemester 1911/12 Mathematik in Göttingen. 1914 wurde er als britischer Staatsbürger interniert und 1915 zum Kriegsdienst herangezogen. Von 1916 bis 1927 war er Privatgelehrter und Landwirt auf dem Gut seines Onkels bei Dresden. In den zwanziger Jahren hörte er als Gast Vorlesungen an der Universität Leipzig, wo er 1926 promovierte. 1927 habilitierte er sich an der TH Dresden und wurde dort wissenschaftliche Hilfskraft und Assistent, ab 1933 mit dem Titel außerordentlicher Professor. Zum Sommersemester 1936 wurde THRELFALL planmäßiger Extraordinarius in Halle/Saale und ab 1938 Ordinarius in Frankfurt/Main (ab 1943 beurlaubt zur Luftfahrtforschungsanstalt in Braunschweig). Ab August 1944 hielt er sich am Mathematischen Forschungsinstitut Oberwolfach (1944–1945 „Reichsinstitut für Mathematik") auf. 1946 wurde THRELFALL Ordinarius an der Universität Heidelberg an der Seite seines Schülers und Freundes HERBERT SEIFERT. Er starb am 4. April 1949 während einer Tagung in Oberwolfach.

THRELFALLs Hauptarbeitsgebiete waren die algebraische Topologie und die Variationsrechnung im Großen. In seiner Habilitationsschrift untersuchte er die durch Gruppenbilder vermittelten Beziehungen zwischen diskreten Gruppen und Topologie, wobei er auch ältere Untersuchungen VON DYCKs und DEHNs (VON DYCKsches bzw. DEHNsches Gruppenbild) in seine Theorie einzuordnen suchte. THRELFALLs bedeutendste und einflußreichste Publikation ist das mit SEIFERT gemeinsam verfaßte *Lehrbuch der Topologie* (1934), das seinen Ursprung in einer in Dresden gehaltenen Topologie-Vorlesung THRELFALLs hat. Dieses Werk war die damals beste Darstellung der sogenannten kombinatorischen Topologie mit besonderem Focus auf drei- und mehrdimensionale Mannigfaltigkeiten. Es war in bezug auf Verständlichkeit vorbildlich und enthielt insbesondere viele instruktive Beispiele und zahlreiche Abbildungen von großer Anschaulichkeit. Das Buch wurde in mehrere Sprachen übersetzt; Generationen von Mathematikern haben es als Einführung in die algebraische Topologie studiert. 1938 veröffentlichte THRELFALL gemeinsam mit SEIFERT das Buch *Variationsrechnung im Grossen (Theorie von Marston Morse)*. Es war die erste deutschsprachige Darstellung dieses wichtigen Gebietes mit vielen eigenen Beweisen; im Mittelpunkt standen Variationsprobleme auf geschlossenen Mannigfaltigkeiten. Später hat THRELFALL auch über Knotengruppen und Homologieinvarianten gearbeitet.

## Quellen

Der Brief THRELFALLs an HAUSDORFF befindet sich im Nachlaß HAUSDORFFs in der Universitäts- und Landesbibliothek Bonn, Abt. Handschriften und Rara (Kapsel 61).

## Danksagung

Ein herzlicher Dank geht an Herrn Prof. Dr. ERHARD SCHOLZ (Wuppertal), der die Anmerkungen [2] – [4] und [6] beisteuerte.

[Der mit 27. 3. 1933 datierte Brief enthält zwei Nachschriften vom 20. 4. 1933 und vom 11. 5. 1933 und wurde erst am 11. 5. oder danach abgeschickt.]

Dresden, den 27. März 1933.
Nordstraße 1.

Sehr geehrter Herr Professor Hausdorff!

Ihr freundlicher Brief läßt mir wenig Hoffnung darauf, daß weitere Manuskriptsendungen erwünscht sind. Denn allerdings beschränkt sich der weitere Text auf das Thema, dem das ganze Buch gewidmet ist: Die Topologie der Komplexe [1] und Mannigfaltigkeiten. Die kompakten Räume liegen außerhalb dieses Rahmens und werden hoffentlich in dem Konkurrenzunternehmen um so ausführlicher behandelt werden.

Unsere Definition der singulären Homologiegruppen ist durchaus auf die [2] Komplexe zugeschnitten. Angewendet auf Umgebungsräume, die nicht Komplexe sind, wäre sie unzweckmäßig, weil sie einen Widerspruch zum Alexanderschen Dualitätssatz ergibt, einem Satze, der doch so wichtig und folgenreich ist, daß man ihn für beliebige abgeschlossene Teilmengen des Zahlenraumes wird gelten lassen wollen. Die Punktmenge der Zahlenebene, die für $0 < x \leq \dfrac{1}{\pi}$ durch die Kurve $\sin \dfrac{1}{x}$, im übrigen durch einen dazu punktfremden, den Nullpunkt mit dem Punkte $x = \dfrac{1}{\pi}$, $y = 0$ verbindenden Kurvenzug gebildet wird, hat als Umgebungsraum betrachtet nach unserer Definition die Bettische Zahl $p^1 = 0$, da es auf ihr keine nichtnullhomologe 1-Kette gibt. Andererseits zerlegt sie die Ebene in zwei Gebiete, im Widerspruch zum Dualitätssatz.

Es würde mich sehr interessieren, wie Sie die Definition regeln; insbesondere ob Sie eine topologisch invariante Definition geben oder die Invarianz nachträglich beweisen, sodann ob Ihre Definition auch für unsere Komplexe brauchbar und zweckmäßig ist. Wollen Sie mir darüber Mitteilung machen?

Die Bezeichnungen machen uns das Leben schwer und gehören zu den Klippen, an denen das Buch noch scheitern wird. Statt des Gegensatzes simplizial - singulär hatten wir früher kombinatorisch - stetig stehen. Welche Bezeich- [3] nung schlagen *Sie* vor? Nicht im eigenen Interesse, aber in dem der Topologie würden wir uns gern mit Fachgenossen über die Bezeichnung verständigen, ehe wir etwas publizieren.

Was die Ausnahmestellung der Dimension 0 anlangt, so habe ich eine ähn- [4] liche Entwicklung hinter mir, wie Sie sie jetzt durchmachen. Ich hatte einmal daran gedacht, bis zu den Dualitätssätzen den Wert 0 der 0-ten Bettischen Zahl zu benutzen und danach zu 1 überzuwechseln. Zeitweilig bin ich sogar auf den verzweifelten Ausweg verfallen, die $n$-te Bettische Zahl einer orientierbaren Mannigfaltigkeit = 0 zu definieren, also immer sozusagen eine $(n + 1)$-dimensionale einzuspannen, um so den Dualitätssatz der Bettischen Zahlen mit

dem Werte 0 der 0-ten Bettischen Zahl zu vereinen. Jetzt rate ich, die Ausnahmestellung in den elementaren Teilen als das kleinere Übel in Kauf zu nehmen und möchte dies Verfahren der Einheitlichkeit wegen durch Polizeiverordnung geschützt wissen. Auch Sie werden es bereuen, dem consensus eruditorum omni-
[5]   um getrotzt zu haben. Denn Herr Alexandroff hat Recht. Beispielsweise gelten bei Ihrer Definition folgende Sätze nicht mehr ausnahmelos: Die Schnittkette zweier geschlossener Ketten ist geschlossen. – Eine Homologiebasis der Dimension $j$ des topologischen Produktes zweier Komplexe erhält man, wenn man eine $i$-Kette einer $i$-Basis des einen Faktors mit einer $k$-Kette einer $k$-Basis des anderen Faktors „multipliziert", $i$ und $k$ sind an die Bedingung $i + k = j$ gebunden und durchlaufen alle damit verträglichen Dimensionen.

[6]   Für den Formalismus des Grassmannschen Systems finde ich so wenig Neigung in mir wie für die Definition des Randes als einer „Ableitung". – Die fließende Buchstabenbezeichnung findet auch bei mir Verständnis. Ob wir aber von der halbstarren, zu der wir gelangen werden, abgehen, weiß ich noch nicht. Darf man Ihren Vorschlag kennen lernen? Finden Sie nicht, daß aus Rücksicht auf die Beispiele und die durch das ganze Buch gehenden Anwendungen der Hauptsätze eine gewisse Starrheit geboten ist?

Für die Reklame, die Sie für uns machen wollen, sind wir Ihnen sehr verbunden. Bevorzugen Sie aber dabei, bitte, Herrn Seifert und schreiben Sie gerechterweise *seinen* Namen an die Wandtafel, da auf ihn der betreffende Gedanke wie die meisten zurückgehen. Auch kann er nicht als Kavalier zierlich von seinen
[7]   Revenuen nach dem Grundsatze leben bene vixit qui bene latuit, und es wäre mir leid um die deutschen Universitäten, wenn dieser Mensch und Gelehrte ihnen entginge. Übrigens ist er jetzt vertretungsweise Assistent bei Herrn Prof.
[8]   van der Waerden.

Daß unser Buch seinen einzigen Leser verliert, tut mir leid. Ihre Bemerkungen waren uns wertvoll und entscheidend im Falle von Meinungsverschiedenheiten – ein Buch und zwei Verfasser und noch dazu Deutsche, wie könnte es da ohne die abgehen.

Mit hochachtungsvollem Gruße<br>
Ihr sehr ergebener<br>
W. Threlfall

PS. 20. 4. 33.

Ich sende Ihnen das weitere Manuskript doch noch zu für den Fall, daß Sie etwa gegen schlaflose Nächte davon Gebrauch machen wollen. Ich selbst be-
[9]   daure jeden, der sich durch das Kapitel Ap hindurchwürgen müßte. Ich bin sogar im Zweifel, ob das Buch erscheinen soll. Es entspricht den Idealen von
[10]  keinem der beiden Verfasser. Der eine, tief resigniert in Hinsicht philosophischer Erkenntnis und Verständigungsmöglichkeit, beschränkt sich auf die derzeitig übliche mathematische Sprache. Ihm schwebt als Vorbild ein nüchternes und fast gedankenüberladenes Buch vor, wie die Moderne Algebra von van der Waerden. Ein Dutzend neuer gutgearbeiteter Begriffe mehr, darauf kommt

es ihm nicht an. Gegen die pedantische Sprache der Landauschule hat dieser Autor nichts einzuwenden, soweit in ihr mathematische Gedanken sich ausgedrückt finden. Von Grundlagenkrise, von Spekulationen über den Gegenstand der Mathematik hält dieser Autor nichts; das muß man Gott und dem gesunden Gefühle überlassen. – Dem anderen haben die Bücher von Plücker, Klein, Weyl es angetan, obwohl er nicht verkennt, daß sie oft nur naheliegende Ideen und bloß geistreiche Einfälle bieten, und daß der Weg mathematischer Begründung von einer ganz anderen Seite an die Sätze heranführt und das eigentlich Mathematische erst noch zu leisten ist. Dafür möchte dieser Autor das Buch an das allgemeine Wissen anschließen und die Mathematik der universitas literarum eingliedern. Ihm ist die Scholastik so wenig tot wie die moderne Algebra. Verständliche Ungenauigkeit schätzt er höher als schwerverständliche Genauigkeit. Die Anschauung gelegentlich als Beweismittel zu benutzen, scheint ihm nicht durchaus verpönt, wenigstens nicht in der Kautschuk-Topologie der Komplexe (in der den Grundlagen näherliegenden Mengenlehre ist das anders). Er hält den Rückgang auf die Grundbegriffe bisweilen für überflüssig – für den Mathematiker, denn der kann den Eiertanz more geometrico selber aufführen [11] – für den Adepten, denn dem verbergen die Nebelschwaden der Epsilontik nur die einfachen anschaulichen Gedanken. Durch Wiederholungen, Einleitungen, Übersichten sucht dieser Autor die einzelnen Kapitel unabhängig voneinander lesbar zu gestalten. Er macht sich anheischig, einem Kollegen, der nichts von Fundamentalgruppe gehört hat, die Bestimmung der Fundamentalgruppe der Torusknoten in einer Stunde zu erklären, und ist danach unglücklich über den Apparat, den dies Ergebnis im Buche voraussetzt. – Wenn aber beide Autoren zusammen sind, so verlangen sie voneinander das Unmögliche, die Vereinigung ihrer beiden Standpunkte, und wer dann der eine Autor und wer der andere ist, das ist dann nicht mehr zu unterscheiden.

PS  11.V.33

Die weitere Verzögerung in der Absendung des MS. liegt nicht an dem politischen Umsturze, sondern an neuen Plänen und mathematischen Umsturzgedanken, die erst geprüft und ausgearbeitet werden mußten.

Das MS. ist jetzt fertig und muß nur noch auf die mit de Gruyter vereinbarten [12] 15 Bogen zusammengekürzt werden. Trotzdem erhalten Sie erst die anschließenden Kapitel Flächentopologie und Fundamentalgruppe, denn über den Umfang des gesamten MS. würden Sie, fürchte ich, zu heftig erschrecken.

An Änderungen früherer Teile füge ich nur die bei, die zum Verständnis der beiden Kapitel nötig und die, die auf Ihre Anregung vorgenommen sind.

An Bezeichnungsänderungen sind beschlossen, aber im MS. nicht durchgeführt: Punktmengen – deutsche Buchstaben, Ketten – lateinische; z. B. heißt das nichtorientierte Simplex in Zukunft $\mathfrak{E}$, statt $|S^n|$, das orientierte $E$, statt $S^n$.

Ihre Güte mißbrauchend erlaube ich mir noch folgende Fragen Ihnen vorzulegen: es ist vielfach üblich (z. B. v. d. Waerden, Hasse) statt Quotientengruppe Faktorgruppe zu sagen, ein Terminus, der da besonders mißweisend ist, wo direkte und freie Produkte von Gruppen auftreten. Was sollen wir tun? Soll ferner der prägnante Ausdruck invariante Untergruppe durch den farblosen Normalteiler ersetzt werden, der wohl auch heute üblicher ist. Sollen wir von konjugierten oder ähnlichen Untergruppen reden?

Übrigens werde ich, falls ich nicht wegen hartnäckiger Parteilosigkeit und [13] englischer Herkunft selbst abgebaut werde, in diesem Semester die Mengenleh-[14] re des mit der Physikvorlesung überlasteten Kollegen Wiarda vertretungsweise übernehmen. In diesem Falle hoffe ich das Zitat selbst wiederzufinden, das im Buche noch fehlt: eine kurze Begründung der beiden Tatsachen, daß eine nur stetige, aber nicht eineindeutige und ebenso eine eineindeutige, aber nicht steti-ge Abbildung die Dimension nicht erhält, während durch die Beschränkung auf topologische Abbildungen die Dimension „gerettet" wird. Für die erste Tatsa-che war die Peanokurve, für die zweite die Gleichmächtigkeit von Strecke und [15] Quadrat angegeben. In Ihrem Buche, von dem ich nur die erste Auflage bei Er-scheinen gelesen habe, habe ich die Stelle nicht wiedergefunden. Es mag sein, [16] daß ich es bei Kamke gelesen habe. Können Sie uns sagen, worauf zu verweisen wäre?

## Anmerkungen

[1]   Die Rede ist vom Manuskript des Buches SEIFERT, H.; THRELFALL, W.: *Lehrbuch der Topologie.* Teubner, Leipzig 1934. Nachdrucke: Chelsea, New York 1947, 1968, 1980. HAUSDORFF hat sich in einem Brief an ALEXANDROFF vom 18. Februar 1933 kurz zu dem Manuskript von SEIFERT/THRELFALL geäußert; er schreibt dort:

> Threlfall und Seifert haben mir einen Teil des Manuskripts eines Buches, das sie über komb. Top. schreiben wollen, zugeschickt; ich finde das Bis-herige recht hübsch und klar. Aber meine Haupt-Hoffnung ist doch auf Sie und Hopf gerichtet. (NL HAUSDORFF, Kapsel 62)

HAUSDORFF meinte hier das auf drei Bände veranschlagte Werk über Topo-logie, an welchem ALEXANDROFF und HOPF seit Ende der zwanziger Jahre arbeiteten. Wegen der Zeitumstände konnte schließlich nur ein Band erschei-nen: ALEXANDROFF, P.; HOPF, H.: *Topologie. Erster Band.* Springer-Verlag, Berlin 1935.

Das von ALEXANDROFF und HOPF geplante Werk meint auch THRELFALL, wenn er im nächsten Satz vom „Konkurrenzunternehmen" spricht.

[2]   In ihrem Buch erklärten SEIFERT und THRELFALL singuläre Simplizes im Raum $X$ ähnlich wie LEFSCHETZ, *Topology* 1930, als Äquivalenzklassen von Paaren $(\Delta_k, f)$, mit $\Delta_k \subset \mathbb{R}^n$ geometrisches Simplex, $f : \Delta_k \longrightarrow X$ stetige Abbildung (unsere Notation) (SEIFERT, H.; THRELFALL, W.: *Lehrbuch der Topologie*, S. 92f.). Sie betrachteten zwei Paare $(\Delta_k, f)$, $(\overline{\Delta}_k, \overline{f})$ als äquivalent, wenn es eine lineare (affine) Abbildung $u : \Delta_k \longrightarrow \overline{\Delta}_k$ gibt, sodass $f = \overline{f} \circ u$. Darauf bauten ihre Definition singulärer Ketten und singulärer Homologie auf.

Ein Nachteil dieser Definition war, dass der $\mathbb{Z}$-Modul singulärer Ketten nicht frei war. HAUSDORFF scheint dies bemerkt und kritisiert zu haben. – Diese unerwünschte Eigenschaft wurde anscheinend erst 1944 bei S. EILENBERG durch die seitdem üblicherweise verwendete Definition singulärer Ketten (ohne Äquivalenzen) beseitigt (vgl. DIEUDONNÉ, JEAN: *A History of Algebraic and Differential Topology, 1900–1960*, Birkhäuser, Basel 1989, S. 45f.).

[3]  Die terminologische Unterscheidung von *singulärer* und *simplizialer* Homologie hat sich trotz der von THRELFALL erwähnten Bedenken durchgesetzt und ist bis heute übliche Sprachverwendung.

[4]  In der simplizialen und in der singulären Homologie ist die 0-te Bettizahl $p^0$ der Anzahl $k$ der Zusammenhangskomponenten des Raumes gleich, $p^0 = k$. HAUSDORFF arbeitete in einer eigenständigen Algebraisierung der Homologietheorie mit einer freien Grassmann-Algebra über $\mathbb{Z}$ samt algebraisch definierter Derivation $\partial$ als Randoperator (siehe diese Edition, Band III, S. 875ff.). Damit ergab sich der Rand 0-dimensionaler ein-Punkt-Komplexe $x_i$ allerdings als $\partial x_i = 1$ anstelle der in simplizialer und singulärer Homologie geltenden Relation $\partial x_i = 0$. In HAUSDORFFs Definition war damit die 0-te Bettizahl um 1 kleiner als die sonst übliche. Werden etwa Punkte $x_1, \ldots, x_k$ in den paarweise verschiedenen Zusammenhangskomponenten gewählt, so ist $\{x_1 - x_2, x_2 - x_3, \ldots, x_{k-1} - x_k\}$ eine (freie) Basis der 0-Zyklen $\mathcal{Z}_k$ und damit $p^0 = k - 1$ (diese Edition, Band III, S. 922).

[5]  consensus eruditorum omnium: Konsens aller Gelehrten, Übereinstimmung zwischen allen Gelehrten.

[6]  Vgl. Anm. [4].

[7]  bene vixit qui bene latuit: Gut hat der sein Leben geführt, der sich gut verborgen hat (in dem Sinne: „der in der Öffentlichkeit nicht hervorgetreten ist"). Nach OVID, Tristien 3, 4, 25: Bene qui latuit, bene vixit.

[8]  B. L. VAN DER WAERDEN war zu dieser Zeit Ordinarius in Leipzig.

[9]  Es ist nicht ganz klar, welches Kapitel THRELFALL meint. Die zwölf Kapitelüberschriften des Buches lauten: 1. Anschauungsmaterial, 2. Simplizialer Komplex, 3. Homologiegruppen, 4. Simpliziale Approximation, 5. Eigenschaften im Punkte, 6. Flächentopologie, 7. Fundamentalgruppe, 8. Überlagerungskomplexe, 9. Dreidimensionale Mannigfaltigkeiten, 10. $n$-dimensionale Mannigfaltigkeiten, 11. Stetige Abbildungen, 12. Hilfssätze aus der Gruppentheorie. Demnach könnte man vermuten, daß er mit „Ap" das Kapitel 4 „Simpliziale Approximation" gemeint hat.

[10]  Nach dem, was über THRELFALLs Persönlichkeit bekannt ist, dürfte er

in der folgenden Beschreibung mit dem erstgenannten Verfasser SEIFERT, mit dem zweiten sich selbst gemeint haben.

[11]   more geometrico: Wörtlich „auf geometrische Art". Der Ausdruck wurde besonders durch B. DE SPINOZA (1632–1677) bekannt, der ihn im Sinne von „auf mathematische Art", „nach mathematischer Methode" häufig benutzte (im 17. und 18. Jahrhundert bedeutete „Geometer" soviel wie „Mathematiker").

[12]   Das Buch von SEIFERT und THRELFALL ist nicht bei de Gruyter erschienen, sondern bei Teubner. Dem Wechsel zu Teubner muß ein Zerwürfnis der Autoren mit dem Verlag de Gruyter vorausgegangen sein. Das ergibt sich aus folgendem: Als Mitte 1939 HAUSDORFFs Mengenlehre ausverkauft war, suchte man einen neuen Autor für dieses Gebiet, da man Schwierigkeiten fürchtete, das Werk eines Juden erneut aufzulegen. ROBERT HAUSSNER, der Berater de Gruyters für Göschens Lehrbücherei, hatte als möglichen neuen Autor neben TIETZE und BECK auch SEIFERT vorgeschlagen. Im Protokoll einer Verlagskonferenz vom 12. September 1939 heißt es zu diesem Vorschlag:

> Seifert scheidet aus, weil er der Mitarbeiter an der „Threlfallschen Topologie" ist, die wir nach Krach seinerzeit ablehnten. (Staatsbibliothek zu Berlin, Dep. 42 (Archiv de Gruyter), 227. Das vollständige Protokoll ist im Band III dieser Edition, S. 31–32, abgedruckt).

[13]   Anspielung auf die Entlassungen, die nach dem am 7. April 1933 von der nationalsozialistischen Regierung erlassenen „Gesetz zur Wiederherstellung des Berufsbeamtentums" erfolgten. Das Gesetz richtete sich vor allem gegen Beamte jüdischer Herkunft und politisch mißliebige Personen.

[14]   GEORG WIARDA (1889–1971) war ab 1925 außerordentlicher Professor an der TH Dresden. 1935 erhielt er vertretungsweise HAUSDORFFs Lehrstuhl in Bonn und wurde noch im selben Jahr Ordinarius an der TH Stuttgart.

[15]   Gemeint ist HAUSDORFF, F.: *Grundzüge der Mengenlehre*. Veit & Co., Leipzig 1914. HAUSDORFFs Buch *Mengenlehre*, de Gruyter, Berlin 1927, war als 2. Auflage der *Grundzüge* deklariert, war aber ein vollkommen neues Buch (s. dazu Band III dieser Edition, Teil 1).

[16]   KAMKE, E.: *Mengenlehre*. Sammlung Göschen Nr. 999. de Gruyter, Berlin-Leipzig 1928 (sechs weitere Auflagen nach dem 2. Weltkrieg).

# Hugo Tietz

## Korrespondenzpartner

HUGO TIETZ, geboren am 6. März 1859, war der Bruder von HAUSDORFFS Mutter Hedwig, geb. 26. 5. 1848. Er war das jüngste der acht Kinder von HAUS-DORFFS Großeltern mütterlicherseits MICHAELIS TIETZ (28. 5. 1818 – 18. 12. 1883) und PAULINE TIETZ, geb. BERLIN (26. 7. 1822 – 12. 12. 1884). HUGO TIETZ heiratete MARGARETE BLUMENTHAL (geb. 12. 4. 1864) und hatte einen Sohn RICHARD. Sonst ist über ihn nichts bekannt; auch sein Sterbedatum ist unbekannt. Zu näheren Einzelheiten zu HAUSDORFFS Vorfahren mütterlicher-seits s. EGBERT BRIESKORNS Biographie HAUSDORFFS im Band I B dieser Edition, Kap. 1, Abschnitt „Die Familie der Mutter".

## Quelle

Der Brief befindet sich im Nachlaß HAUSDORFF, Kapsel 61, in der Abteilung Handschriften und seltene Drucke der Universitäts- und Landesbibliothek Bonn.

## Danksagung

Ein herzlicher Dank geht an Herrn ALBERT U. TIETZ in Forest Hills, Staat New York, der uns einen Stammbaum der weitverzweigten Familie TIETZ aus dem Jahr 1904 zur Verfügung stellte.

Brief Hugo Tietz —→ Charlotte und Felix Hausdorff

Leipzig, d. 18. Febr. 1907

Meine Lieben!

[1] Nachdem ich von Hirth und Ostini auf meine telegraphische Anfrage den Bescheid erhalten habe, daß es von der Jugend auch alte Jahrgänge gibt, hat die
[2] mir von Ihnen, liebe Lotte, geschilderte Situation an Schrecken etwas verloren, und ich nehme Eure freundliche Einladung mit bestem Danke an.

Herzlich grüßend

Hugo.

**Anmerkungen**

[1] Georg Hirth (1841–1916) war Gründer und Herausgeber, Fritz von Ostini (1861–1927) leitender Redakteur der Zeitschrift „Jugend. Münchner illustrierte Wochenschrift für Kunst und Leben". Diese Zeitschrift erschien von 1896 bis 1940. Sie war zur Jahrhundertwende Namensgeber der Kunstrichtung Jugendstil. Eine liberale und modernen Strömungen von Kunst und Literatur gegenüber sehr offene Zeitschrift war sie bis zum ersten Weltkrieg und bis zum gewissen Grade noch von Mitte der zwanziger Jahre bis 1932. Nach 1933 paßte sie sich der völkischen Ideologie der Nationalsozialisten an.

[2] Worauf sich diese Bemerkung und die Einladung an Tietz bezieht, läßt sich aus den vorhandenen Quellen nicht mehr ermitteln.

# Otto und Erna Toeplitz

## Korrespondenzpartner

OTTO TOEPLITZ wurde am 1. August 1881 in Breslau als Sohn eines Gymnasiallehrers für Mathematik geboren. Er studierte ab 1900 Mathematik in Breslau und Berlin und promovierte 1905 mit einer Arbeit aus der algebraischen Geometrie. TOEPLITZ setzte dann seine Studien in Göttingen bei KLEIN und HILBERT fort, habilitierte sich 1907 in Göttingen und wurde dort Privatdozent. 1913 wurde er außerordentlicher und 1920 ordentlicher Professor in Kiel. 1927 erhielt er einen Ruf nach Bonn als Nachfolger STUDYs; ab Sommersemester 1928 wirkte er als Ordinarius in Bonn. 1935 wurde er als Jude von den nationalsozialistischen Behörden zwangsweise in den Ruhestand versetzt. In der Folgezeit arbeitete er im Vorstand der jüdischen Gemeinde, organisierte den Aufbau einer jüdischen Volksschule und half jüdischen Studenten bei der Emigration. Anfang 1939 emigrierten TOEPLITZ und seine Frau nach Palästina; dort engagierte er sich in der israelischen Hochschulverwaltung. Er verstarb am 15. Februar 1940 in Jerusalem.

TOEPLITZ' einflußreichste Arbeit, die auch heute noch sehr oft zitiert wird, ist eine knapp zweiseitige Note aus dem Jahre 1911. Dort zeigte er, daß eine reelle periodische Funktion $f$ genau dann positiv ist, wenn die aus ihren Fourierkoeffizienten $a_n$ hervorgehenden quadratischen Formen $\sum_0^n a_{k-i} x_k \overline{x_i}$ für alle $n$ positiv definit sind. Die HILBERTsche Theorie der linearen Integralgleichungen fortsetzend arbeitete TOEPLITZ, z. T. gemeinsam mit seinem Freund ERNST HELLINGER, über unendliche lineare, bilineare und quadratische Formen und die zugehörigen unendlichen Matrizen. Der 1927 erschienene gemeinsam mit HELLINGER verfaßte Enzyklopädieartikel *Integralgleichungen und Gleichungen mit unendlich vielen Unbekannten* stellte die erreichten Ergebnisse zusammenfassend dar; er erwies sich als wichtiger Impuls für die entstehende Funktionalanalysis und wurde schon wenig später in die Sprache der abstrakten Hilbertraumtheorie übersetzt. Die nach TOEPLITZ benannte Matrix bzw. der entsprechende Operator spielen eine wichtige Rolle in der Theorie der partiellen Differentialgleichungen, der statistischen Mechanik und in der Röntgenkristallographie. Der TOEPLITZsche Permanenzsatz ist ein grundlegendes Resultat in der Summationstheorie divergenter Reihen: er liefert hinreichende und notwendige Bedingungen dafür, daß ein durch eine unendliche Matrix gegebenes Summationsverfahren konsistent ist, d. h. einer konvergenten Reihe als verallgemeinerte Summe ihre gewöhnliche Summe zuordnet. In den dreißiger Jahren arbeitete TOEPLITZ mit GOTTFRIED KÖTHE über gewisse unendlichdimensionale nichtnormierbare Koordinaträume, sog. vollkommene Räume. Diese Arbeiten waren eine wichtige Vorstufe für die spätere Entwicklung der Theorie der lokalkonvexen Räume.

TOEPLITZ hatte großes Interesse für Geschichte der Mathematik, insbesondere für die des antiken Griechenland. Er führte in Kiel (gemeinsam mit HEIN-

RICH SCHOLZ und JULIUS STENZEL) und in Bonn (gemeinsam mit OSKAR BECKER und ERICH BESSEL-HAGEN) Seminare zur Geschichte der Mathematik durch. Gemeinsam mit STENZEL und OTTO NEUGEBAUER begründete er die Zeitschrift *Quellen und Studien zur Geschichte der Mathematik*. In der Lehre plädierte er für die „genetische Methode", die darin bestand, den historischen Gang der Entwicklung des gelehrten Gegenstandes nachzuvollziehen. Das Buch *Die Entwicklung der Infinitesimalrechnung* (1949 von KÖTHE aus dem Nachlaß herausgegeben) ist ein Anfängerkurs nach dieser Methode. Gemeinsam mit HANS RADEMACHER publizierte TOEPLITZ 1930 das Buch *Von Zahlen und Figuren. Proben mathematischen Denkens für Liebhaber der Mathematik*. Es ist eines der besten populärwissenschaftlichen Bücher über Mathematik und wurde in zahlreiche Sprachen übersetzt. Ein ständiges Anliegen von TOEPLITZ war die Ausbildung und die Weiterbildung von Gymnasiallehrern. Diesem Problemkreis widmete sich die von ihm und HEINRICH BEHNKE begründete Zeitschrift *Semester-Berichte zur Pflege des Zusammenhangs von Universität und Schule*.

ERNA TOEPLITZ, geb. HENSCHEL, wurde am 5. September 1886 als Tochter eines jüdischen Börsenmaklers in Berlin geboren. Sie war sehr musikalisch und sang schon als 19-jährige die Partie der Isolde in einer Privataufführung von WAGNERS *Tristan und Isolde*. Nach dem Abitur studierte sie in Berlin klassische Philologie. 1910 heiratete sie OTTO TOEPLITZ und gab das Studium auf. Sie widmete sich der Erziehung ihrer drei Kinder und der Führung des Hauses, in dem TOEPLITZ' Studenten und Kollegen oft zu Gast waren. Nach 1933 war sie in der jüdischen Gemeinde aktiv. Sie wurde in den Vorstand des Frauenvereins gewählt und rief eine Abteilung der Women's International Zionist Organization ins Leben, deren Vorstandsvorsitzende sie wurde. Zusammen mit Sozialarbeiterinnen aus Köln gründete sie die jüdische Sozialhilfe-Organisation „Hilfe und Aufbau", engagierte sich für den Hachschara-Kibbuz in Urfeld bei Bonn und organisierte Hebräischkurse. In Palästina mußte sich ERNA TOEPLITZ nach dem Tod ihres Mannes mit verschiedenen Tätigkeiten mühsam über Wasser halten. Erst ab 1953 bekam sie eine Witwenpension aus der Bundesrepublik Deutschland, zu der ihr die Universität Bonn verholfen hatte. Sie starb am 11. März 1973 in Haifa.

## Quelle

Die Briefe befinden sich im Teilnachlaß TOEPLITZ in der Abteilung Handschriften und Rara der Universitäts- und Landesbibliothek Bonn. Dieser Teilnachlaß, der vor allen Dingen Briefe enthält, geht zum größten Teil auf eine Schenkung von Herrn URI TOEPLITZ und Frau EVA WOHL, der Kinder von OTTO und ERNA TOEPLITZ, zurück.

Bonn, Hindenburgstr. 61
1. 10. 27

Lieber Herr Kollege!

Vorgestern von einer Reise heimgekehrt, wo ich zeitlos und zeitungslos gelebt habe, erfahre ich von Ihrer Berufung und beglückwünsche Sie und mich: Sie zur Übersiedlung in ein milderes Klima, mich dazu, dass ich nun unter lauter Geometern eine analytisch fühlende Brust an die meinige drücken kann. Ich [1] hoffe und glaube, dass wir uns recht gut vertragen werden.

Wenn ich Ihnen bei den Schwierigkeiten des Domicilwechsels irgendwie behülflich sein kann – was allerdings voraussetzt, dass Sie noch unpraktischer sind als ich – so bin ich dazu gern bereit.

Mit den besten Grüssen                                   Ihr
                                                    F. Hausdorff

## Anmerkung

[1]  STUDY selbst, der neben HAUSDORFF zweite Ordinarius HANS BECK und der Privatdozent ERNST-AUGUST WEISS waren Geometer. HAUSDORFF selbst betrachtete sich als Analytiker.

Brief  FELIX HAUSDORFF $\longrightarrow$ OTTO TOEPLITZ

Bonn, Hindenburgstr. 61
17. 10. 27

Lieber Herr Toeplitz!

Es wäre natürlich sehr erwünscht, wenn Sie den Etat unseres math. Seminars heraufdrücken könnten. Wir haben jetzt 600 M, mit denen wir meist schon in der Mitte des Geschäftsjahres auf dem letzten Loche pfeifen; nur die milden Spenden der Geffrub (= Gesellschaft der Freunde und Förderer der Universität Bonn) halten uns über Wasser. 1000 – 1200 M wäre das Existenzminimum. [1]

Ferner bekommen wir nach vollendetem Neubau der Universität einige Räume mehr; da wäre eine einmalige Beihilfe von 1000 – 2000 M zur Beschaffung neuer Bücherschränke oder -regale dringend notwendig.

Auf den angekündigten Bonner Besuch von Ihnen und Ihrer Frau Gemahlin freuen wir uns sehr (wir = meine Frau und ich). Dass Sie erst im nächsten [2] Sommersemester Ihr Amt antreten wollen, ist schade, aber Ihre Gründe sind stichhaltig und unsere Fakultät wird sie einsehen. [3]

Ich wünsche Ihnen und uns glücklichen Verlauf Ihrer Verhandlungen!

Herzlich grüsst Sie

Ihr
F. Hausdorff

## Anmerkungen

[1]  Bei den Berufungsverhandlungen konnte TOEPLITZ folgende jährliche Son-
derzahlungen aushandeln: 600 Reichsmark für Kongreßreisen und „Reisen zu
Zwecken der mathematischen Unterrichtsreform"; 600 Reichsmark für die Besoldung einer Schreibhilfe; 300 Reichsmark für die Anschaffung historischer und
didaktischer Werke. Ferner erhielt er die Zusage, daß ERICH BESSEL-HAGEN
einen besoldeten Lehrauftrag erhalten würde, falls er sich – wie von TOEPLITZ
gewünscht – von Halle nach Bonn umhabilitiert. (Universitätsarchiv Bonn, Ku-
ratoriumsakte S 820, Bll. 7–8)

[2]  Nach der Übersiedlung von TOEPLITZ nach Bonn entwickelte sich bald ein
freundschaftliches Verhältnis zwischen den Familien HAUSDORFF und TOEP-
LITZ. Über mindestens neun Semester hielten HAUSDORFF und TOEPLITZ ein
gemeinsames Seminar zur Analysis ab.

[3]  TOEPLITZ erhielt den Ruf nach Bonn im Herbst 1927. Er trat die Stelle
aber erst am 1. April 1928 an.

**Ansichtskarte**  FELIX HAUSDORFF u. a. ⟶ OTTO TOEPLITZ
Poststempel von Baden-Baden vom 26. 4. 1929

[Text von LANDAUs Hand]: Der Badener Mathematikerkongress grüsst.
Unterschriften: E. Landau, F. Hausdorff, Ch. Hausdorff, E. Hilb, W. Krull,
[unleserlich], Meyer

**Brief**  CHARLOTTE und FELIX HAUSDORFF ⟶ ERNA TOEPLITZ

d. 20. 3. 40

[1]  Liebe, liebe arme Erna, wir sind so durchgeschüttelt von Ihrem Unglück, u.
empfinden es besonders schmerzlich, so spät erst in der Lage zu sein, Ihnen ein
paar Worte zu sagen, – wir wissen auch, dass Worte angesichts Ihres Schicksals nur leerer Schall sein können. Aber Sie sollen doch wissen, dass wir mit
Ihnen, mit Ihren Kindern trauern, u. dass wir uns immer wieder fragen, wie Sie
nun Ihre Zukunft gestalten werden. Sie schreiben, dass Sie von viel Liebe und
Freundschaft umgeben sind, so hoffen wir, es wird ein Weg für Sie gefunden
werden, der nicht zu schwer u. anstrengend zu gehen ist. Vielleicht höre ich

wenigstens indirekt einmal von Ihnen, meine letzten Briefe, zum 1. Aug. u. 5. Sept. sind unbeantwortet geblieben, oder auch nicht angekommen. Dass Ihnen für immer unsere Liebe und Freundschaft gehört, müssen Sie wissen, ob nun ein Lebenszeichen zu Ihnen dringt, oder nicht.
Ihre Ch. H.

Liebe Freundin, auch ich bin tief erschüttert von der Trauerbotschaft. Welches Schicksal, dass der Weg in ein neues Leben für Ihren Gatten einen so jähen Abschluss haben musste! Von ganzem Herzen wünsche ich, dass für Sie und Ihre Kinder der Weg weiter gehen möge, und dass Sie die Seelenkraft haben, das Leben zu ertragen.                                    Ihr F. H.

## Anmerkung

[1] OTTO TOEPLITZ verstarb am 15. Februar 1940 im 59. Lebensjahr an Darmtuberkulose.

# Leopold Vietoris

## Korrespondenzpartner

LEOPOLD VIETORIS wurde am 4. Juni 1891 in Radkersburg in der Steiermark als Sohn eines Ingenieurs geboren. Er studierte ab Wintersemester 1910/11 in Wien Mathematik. Als Einjährig-Freiwilliger zog er 1914 in den Krieg, wurde im September 1915 an der russischen Front verwundet und nach Genesung an die Südtiroler Front geschickt. Nach dem Krieg kam er in italienische Gefangenschaft, in der er seine Dissertation, an der er während der Kriegszeit gearbeitet hatte, im wesentlichen fertigstellen konnte. Im Juli 1920 promovierte er an der Universität Wien. Nach kurzer Tätigkeit im Schuldienst wurde er 1920 Assistent an der TH Graz. Von 1922 bis 1927 arbeitete er in gleicher Stellung am Mathematischen Institut der Universität Wien, unterbrochen durch einen dreisemestrigen Aufenthalt bei BROUWER in Amsterdam im Rahmen eines Rockefeller-Stipendiums. Zuvor hatte er sich 1923 in Wien habilitiert. 1927 wurde VIETORIS außerordentlicher Professor an der Universität Innsbruck und schon ein Jahr später Ordinarius an der TH Wien. 1930 kehrte er als Ordinarius nach Innsbruck zurück, wo er bis zu seiner Emeritierung 1961 wirkte. Er starb am 9. April 2002 im Alter von 110 Jahren und 10 Monaten in Innsbruck.

VIETORIS ist vor allem als Topologe bekannt geworden. Sowohl zur allgemeinen Topologie als auch zur algebraischen Topologie leistete er bedeutende Beiträge. In seiner Dissertation *Stetige Mengen* (um deren Inhalt es in dem im folgenden abgedruckten Briefwechsel geht) führte er als erster gerichtete Mengen ein und definierte mit ihrer Hilfe verallgemeinerte Folgen, die man später nach MOORE und SMITH benannt hat, obwohl VIETORIS die Priorität zukommt. Der von ihm eingeführte Begriff des Kranzes ist nichts anderes als der später von anderen eingeführte Begriff der Filterbasis (zur Schaffung und Wiederentdeckung dieser Begriffe und zu ihrer Bedeutung für die Topologie s. Band II dieser Edition, S. 730–732). VIETORIS studierte in der Dissertation auch ein Trennungsaxiom, welches die regulären Räume charakterisiert. 1922 führte er in der Menge der abgeschlossenen nichtleeren Teilmengen eines topologischen Raumes die heute nach ihm benannte Topologie ein; für kompakte zusammenhängende metrische Räume stimmt sie mit der von der Hausdorff-Metrik erzeugten Topologie überein. In der algebraischen Topologie führte VIETORIS für metrische Räume die nach ihm und RIPS benannten Komplexe ein und definierte darüber die $n$.-ten Homologiegruppen. Ein wichtiges Hilfsmittel zu ihrer Bestimmung ist die MAYER-VIETORIS-Sequenz. Ein weiteres bedeutendes Resultat ist das VIETORIS-BEGLEsche Abbildungstheorem, welches VIETORIS für kompakte metrische Räume bewies und welches BEGLE auf kompakte Hausdorffräume verallgemeinerte. Auf VIETORIS geht auch eine Reihe bemerkenswerter Ungleichungen zurück (s. dazu: HEINRICH REITBERGER: *Leopold Vietoris zum Gedenken*. Jahresbericht der DMV **104** (2002), 75–87).

## Quelle

Alle im folgenden abgedruckten Briefe befanden sich im Privatbesitz von Herrn Prof. VIETORIS, der sie uns zugänglich machte und den Abdruck erlaubte.

## Bemerkungen

Die Originale der Briefe von VIETORIS an HAUSDORFF existieren nicht mehr. Vom Brief vom 27. 6. 1918 existierte in Herrn VIETORIS' Papieren nur eine Abschrift in Gabelsberger Stenographie, von den beiden weiteren eine Abschrift in deutscher Kurrentschrift. Herr VIETORIS hat sich im Alter von 103 Jahren noch der Mühe unterzogen, diese Briefe zu transkribieren und Herrn Prof. BRIESKORN die Ergebnisse in Maschinenschrift zur Verfügung zu stellen. Vom Brief HAUSDORFFs sandte er eine Kopie.

## Danksagung

Den persönlichen Dank für seine Mühe und sein Entgegenkommen hat Herr VIETORIS noch entgegennehmen können; den Abdruck der Korrespondenz im vorliegenden Band konnte er nicht mehr erleben.

Ein herzlicher Dank geht an Herrn Prof. Dr. HORST HERRLICH (Bremen), der folgende Anmerkungen beisteuerte: [12]–[21] zum Brief von VIETORIS an HAUSDORFF vom 27. 6. 1918, [3], [4] zum Brief HAUSDORFFs an VIETORIS vom 6. 7. 1918 und [3], [4] zum Brief von VIETORIS an HAUSDORFF vom 20. 7. 1918.

Wien, am 27.6.1918

Geehrter Herr Professor!

Verzeihen Sie mir die Kühnheit, Ihnen ohne Erlaubnis diesen Brief zu schreiben. Ich war zu Beginn des Krieges, d. i. beiläufig um die Zeit des Erscheinens [1] Ihrer „Grundzüge der Mengenlehre" Student und seither Soldat, ohne meine Studien beenden zu können, da ich fast immer im Feld gestanden bin. Daher kannte ich Ihr Buch nur oberflächlich und ich war erstaunt, als ich neulich darin Ihren *Zusammenhangsbegriff* sah, einen Begriff, den ich selbst seit 1913 [2] benützte und für dessen Alleinbesitzer ich mich bisher gehalten habe. Es fällt mir natürlich nicht ein, Ihnen die Priorität irgendwie streitig machen zu wollen; denn da Sie 1914 schon in der Lage waren, ihn samt einer Reihe anschließender Sätze zu veröffentlichen, müssen Sie ihn schon gekannt haben, als ich auf dem Gymnasium die Schulbank drückte.

Ich bin auf den Begriff von einer Problemstellung aus gekommen, welche sich in Ihrem Buch findet, und nenne ihn nicht Zusammenhang, sondern *Stetigkeit*.

Ich möchte diese Benennung auch allen Ernstes vorschlagen. Denn erstens ist Zusammenhang im Cantor-Jordanschen Sinn ein Begriff, der seine Bedeutung [3] hat und in gewissem Sinn auch behalten wird, zweitens deckt sich Zusammenhang in Ihrem Sinn mit der für lineare Mengen definierten Dedekindschen Stetigkeit, drittens ist es (wenigstens nach meinem Gefühl) die Idee der Stetigkeit, [4] d. h. das, was den Mathematikern vor der Definition irgendeiner Stetigkeit als Stetigkeit vorschwebte, daß für stetige Mengen der Satz gilt, den Sie auf S. 247 aussprechen, indem Sie anstatt stetig zusammenhängend sagen: „Enthält eine zusammenhängende Menge Punkte von Komplementärmengen $A$, $B$, so enthält sie auch einen Punkt der Grenze $A_g = B_g$." [5]

Weil ich hoffe, daß Sie daran Interesse haben, gebe ich im Folgenden eine kurze Darstellung meines Weges zu dem Begriff und dessen, wozu ich ihn verwendet habe.

Ähnlich wie *Zoretti*[1] und *Janiszewski*[2] stellte ich mir die Aufgabe, das *Lini-* [6] *enstück* als *irredizibles Kontinuum* zu definieren. Ich habe gefunden, daß dies am einfachsten auf folgende Weise geschieht:

Def.: Wir sagen, zwei Mengen $A$, $B$ *grenzen in einem Punkt $p$ an einander*, [7] wenn dieser der einen von beiden angehört und Häufungspunkt der anderen ist.

Def.: Eine Menge $M$ heißt *von $a$ nach $b$ stetig* oder *zwischen $a$ und $b$ stetig*, wenn sie $a$ und $b$ enthält und wenn je zwei einander auf $M$ ergänzende Teilmengen, von denen die eine $a$, die andere $b$ enthält, (in mindestens einem Punkt) an einander grenzen.

---

[1]La notion de ligne. Ann. de l'Ecole Normale 26 (1909) und Contribution à l'etude des lignes Cantoriennes. Acta Math. 36 (1912).

[2]Sur les continus irreductibles entre deux points. J. de l'Ecole Polytechnique (2) 16.

Def.: Eine Menge $M$ heißt (schlechtweg) *stetig*, wenn je zwei echte Teilmengen von $M$, deren Summe $M$ ist, aneinandergrenzen.

Zu den stetigen Mengen rechnen wir noch die Mengen, die aus nur einem Punkt bestehen, und die leere Menge.

Es ist klar, daß sich diese Stetigkeit mit Ihrem Zusammenhang deckt. In dieser Form ist auch ersichtlich, daß die Dedekindsche Stetigkeit einer linearen Menge ein Sonderfall der obigen Stetigkeit ist.

Eine stetige Menge ist also eine solche, welche zwischen je zweien ihrer Punkte stetig ist.

[8]     Def.: Eine Menge $L$ heißt ein *Linienstück von a nach b*, wenn sie selbst, aber keine ihrer echten Teilmengen von $a$ nach $b$ stetig ist.

Es folgt:

$L$ ist eine (schlechtweg) stetige Menge.

Ferner:

Ist $c \neq a$, $c \neq b$, $c \in L$, so zerfällt $L - c$ in zwei elementfremde Teile $L(a,c)$ und $L(b,c)$, welche nicht an einander grenzen und $L - c$ als Summe haben.

Def.: Wir nennen $c < d$ d. i. $d > c$, wenn $c \neq d$ und $c \in L(a,d)$ ist. Ferner definieren wir $a < x < b$ für $x \in L$, $x \neq a$, $x \neq b$.

Dann läßt sich zeigen, daß $d \in L(c,b)$ ist, d. h., daß $c < d$ und $d < c$ ein Widerspruch ist.

Ferner folgt aus $c \in L(a,d)$ und $d \in L(a,e)$, daß $c \in L(a,e)$ ist; d. h.: Es folgt aus $c < d$, $d < e$, daß $c < e$ ist. Damit ist die *natürliche* (d. h. in der Definition des Linienstücks liegende) *Anordnung der Elemente* der Hauptsache nach gezeigt.

Ein solches Linienstück hat also die Eigenschaft, daß es nicht aus einer Menge in die Komplementärmenge reichen kann, ohne mit der Grenze Punkte gemein zu haben. Außerdem ist es in bezug auf diese Eigenschaft irreduzibel, sobald die Endpunkte, das sind in der obigen Definition die Punkte $a$ und $b$, fest sind. Dies sind gerade die wichtigsten Eigenschaften, welche wir an einfachen Wegen von Punkten vorfinden. Doch ist ein solches Linienstück nicht immer abgeschlossen, wie das Beispiel der Kurve $y = f(x)$ zeigt, wenn wir

$$f(0) = 0 \text{ und } f(x) = \sin\left(\frac{1}{x}\right) \quad \text{für} \quad 0 < x \leq m$$

definieren. Sie ist ein Linienstück zwischen den Punkten $(0,0)$ und $(m, \sin\left(\frac{1}{m}\right))$.

Ein Vergleich mit den Arbeiten von *Zoretti* und *Janiszewski* zeigt, daß die vorstehende Definition des Linienstücks die bei Weitem einfachere ist. Dies ist nur der Verwendung der Stetigkeit zu danken.

Von diesem Stetigkeitsbegriff habe ich noch eine Reihe von Sätzen entwickelt, welche eine sehr allgemeine Gültigkeit haben.

Die oben geschilderten Überlegungen gelten schon, wenn für den Umgebungsbegriff nur die erste Gruppe von Axiomen, wie sie sich in Ihrem Buch finden,
[9]     feststeht. Doch verwende ich anstelle von $(C)$ das folgende Axiom $(\overline{C})$:

$(\overline{C})$ Zu jeder Umgebung $U_x$ von $x$ gibt es immer eine Umgebung $V_x$ von $x$, sodaß jeder Punkt von $V_x$ samt einer seiner Umgebungen in $U_x$ liegt.

Die Umgebungssysteme, welche $A$, $B$, $C$, $D$ und die, welche $A$, $B$, $\overline{C}$, $D$ genügen, sind jedoch gleichwertig. Nur gestattet $(\overline{C})$ auch die Verwendung von Umgebungen, die nicht lauter innere Punkte enthalten.

Ihre zweite Gruppe von Umgebungsaxiomen war für meine Untersuchungen [10] zu eng; D. h. diese ist dadurch nicht wesentlich länger geworden, daß ich zu allgemeineren Bereichen übergegangen bin.[3] Ich verwende als zweite Gruppe von Axiomen das folgende Axiom:

$(\overline{E})$ Zu jeder Umgebung $U_x$ von $x$ gibt es eine Umgebung $W_x$ von $x$, sodaß jeder Punkt der Komplementärmenge von $W_x$ samt einer seiner Umgebungen in der Komplementärmenge von $U_x$ liegt. [11]

Die Analogie von $\overline{E}$ und $\overline{C}$ ist deutlich. Doch besitze ich sehr einfache Beispiele, welche die gegenseitige Unabhängigkeit von $A$, $B$, $\overline{C}$, $D$, $\overline{E}$ zeigen.

Daß $\overline{E}$ aus allen Axiomen $A$, $B$, $C$, $D$, $E$, $F$ nicht folgt, zeigt das folgende Beispiel: Bereich sei die Menge der gemeinen komplexen Zahlen $x + iy$. Umgebung eines Punktes $x_0 + iy_0$ sei die Menge der Punkte $x + iy$, für welche

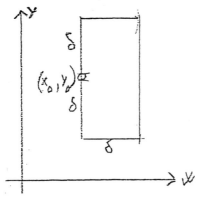

$x_0 < x < x_0 + \delta$ und $y_0 - \delta < y < y_0 + \delta$ $(\delta > 0)$ ist, vermehrt um den Punkt $(x_0, y_0)$.

Ich halte deshalb, weil solche Möglichkeiten doch ausgeschlossen werden müssen, das Axiom $\overline{E}$ für eine *notwendige Ergänzung* Ihres Axiomensystems.

*Geordnet* nenne ich eine Menge nur, wenn außer den allgemein üblichen Vor- [12] aussetzungen ausnahmslos entweder $a < b$ oder $a > b$ oder $a \equiv b$ (identisch) gilt. Ersetzt man hier $a \equiv b$ durch $a = b$ (gleich), dann heiße die Menge *geschichtet*. Zwei Elemente $a = b$ heißen dann in derselben *Schichte*, d. i. der Menge aller Punkte $x = a = b$ liegend. Die Menge der Schichten einer geschichteten Menge ist geordnet.

Gestattet man nun noch, daß auch der Fall möglich sein soll, daß weder $a < b$ noch $a > b$ noch $a = b$ gilt, dann heiße eine Menge *orientiert*, wenn es nur von je zwei Elementen entscheidbar ist, ob eine der drei Beziehungen und welche besteht.

---

[3]Das Wort Bereich soll hier immer nur im Sinn von Definitionsbereich, Geltungsbereich verwendet werden.

Während eine geordnete Menge höchstens ein erstes und höchstens ein letztes Element haben kann, kann eine geschichtete Menge eine ganze Schichte erster und eine ganze Schichte letzter Elemente haben. Der triviale Fall, daß diese beiden Schichten identisch sein können, stört uns nicht.

[13]

Beispiel einer orientierten Menge ist die Menge aller Untermengen einer beliebigen Menge. Sie ist durch die Beziehung $\subseteq$ „natürlich" orientiert. Ebenso ist die Menge der Umgebungen eines Punktes natürlich orientiert.

[14]

Daß dieser Begriff der Orientierung einer Menge von dem der Ordnung praktisch verschieden ist, geht daraus hervor, daß eine orientierte Menge $M$ ohne letztes Element nicht immer eine geordnete Teilmenge ohne letztes Element besitzt, sodaß der Durchschnitt zweier beliebiger Reste $R$ und $S_1$ von $M$ und $M_1$ von 0 verschieden ist.

Beispiel: $A$ sei der erste nicht abzählbare Abschnitt der Menge der transfiniten Zahlen, $B$ die Menge der ganzen positiven Zahlen. $A \cdot B$, d. h. die Menge der Zahlenpaare $(\alpha, \beta)$ ($\alpha \in A$, $\beta \in B$) ist orientiert, wenn wir $(\alpha, \beta) < (\alpha', \beta')$ definieren, sobald $\alpha < \alpha'$ und $\beta < \beta'$ ist. $A \cdot B$ besitzt aber keine geordnete Teilmenge der obigen Art.

Auch Umgebungssysteme lassen sich leicht definieren, welche $A$, $B$, $\overline{C}$, $D$, $\overline{E}$ genügen und sich nicht durch gleichwertige ersetzen lassen, in denen jeder Punkt eine geordnete Menge von Umgebungen hat, deren Durchschnitt dieser Punkt allein ist.

Aus diesem Grund halte ich es auch für eine sehr schwierige Sache, aus $A$, $B$, $\overline{C}$, $D$, $\overline{E}$ mit Hinzunahme des Auswahlaxioms jene Folgerungen zu ziehen, welche sich auf Ihre zweite Gruppe von Umgebungen stützen, wenn man sich nicht des Begriffs der Ordnung bedient.

[15]

Def.: Ein Punkt $r$ heißt *gänzlicher Grenzpunkt einer orientierten Menge zweiter Ordnung* $M = \{\ldots Q_\alpha, \ldots Q_\beta, \ldots\}$ ohne letztes Element, wenn es zu jeder Umgebung $V$ von $r$ ein $Q_v \in M$ gibt, sodaß jedes $Q_\alpha > Q_v$ Punkte von $V$ enthält.

Def.: Ein Punkt $r$ heißt *teilweiser Grenzpunkt einer orientierten Menge zweiter Ordnung* $M = \{\ldots Q_\alpha, \ldots Q_\beta, \ldots\}$ ohne letztes Element, wenn es zu jeder Umgebung $V$ von $r$ und zu jedem Element $Q_\beta$ von $M$ noch Elemente $Q_\alpha > Q_\beta$ von $M$ gibt, welche Punkte von $V$ enthalten.

Danach ist $r$ auch gänzlicher, beziehungsweise teilweiser Grenzpunkt von $M$, wenn es zu jedem $Q_\beta \in M$ ein $Q_\alpha \in M$ gibt, sodaß $r$ in allen beziehungsweise in irgendeinem $Q_\xi > Q_\alpha$ enthalten ist. Solche Grenzpunkte mögen uneigentliche heißen.

Diese zwei Definitionen erhalten einen einfacheren Sinn, wenn die Elementmengen von $M$ einzelne Punkte sind, d. h. wenn $M$ eine Menge erster Ordnung ist.

Beispiel eines gänzlichen Grenzpunktes ist ein beliebiger limes der Analysis. Beispiele von teilweisen Grenzpunkten sind limsup und liminf der Analysis, ferner ist die Menge der Punkte $(0, y)$ für $|y| \leq 1$ teilweiser Grenzpunkt der oben definierten Kurve $y = f(x)$, wenn man sie nach abnehmenden Abszissen ordnet.

Es gilt der folgende wichtige Satz:

*Jeder Punkt ist einziger und gänzlicher Grenzpunkt der in natürlicher Weise orientierten Menge seiner Umgebungen.*

Nun bin ich in der Lage, die letzte Voraussetzung für die oben erwähnte Reihe von Sätzen zu formulieren.

---

Def.: Eine Menge $M$ heißt in einer orientierten Menge $B$ *lückenlos*, wenn jede geordnete Teilmenge von $M$ ohne letztes Element mindestens einen zu $B$ gehörenden Grenzpunkt hat. Dieser braucht $M$ nicht anzugehören.[4] [16]

Damit ist auch gesagt, was *in sich lückenlos* heißt. Für einen Bereich ist lückenlos und in sich lückenlos dasselbe.

Nennen wir einen Bereich *extremal* (Frechet), wenn jede seiner Mengen von der Mächtigkeit $\mathfrak{m}$ mindestens eine Verdichtungsstelle der Mächtigkeit $\mathfrak{m}$ hat, so läßt sich der folgende Satz zeigen: [17]

*Jeder lückenlose Bereich ist extremal und umgekehrt.*

Eine Menge zweiter Ordnung der Art, daß der Durchschnitt je zweier Elementmengen wieder eine Elementmenge enthält, nenne ich im Anschluß an den Begriff des Ringes einen *Kranz*. Jeder Kranz ist durch die Beziehung $\subseteq$ [18] „natürlich" orientiert.

Mithilfe des Auswahlaxioms folgt, wenn wir *von nun an einen lückenlosen Bereich* voraussetzen: [19]

*Jeder Kranz von abgeschlossenen nicht leeren Mengen hat einen abgeschlossenen nicht leeren Durchschnitt.*

*Jeder Kranz hat einen nicht leeren Durchschnitt oder eine nicht leere Menge von Grenzpunkten.*

*Jede orientierte Menge ohne letztes Element hat eine Grenzpunktmenge $\neq 0$.*

Es ist hier, wo die nähere Darstellung fehlt, ein scheinbarer Widerspruch, daß in der Definition der Lückenlosigkeit nur geordnete Mengen auftreten und hier wieder Sätze über geordnete Mengen erscheinen. Der Grund für diese Erscheinung ist die Verwendung des Auswahlaxioms.

Def.: Wir sagen, eine Umgebung $U_A$ umgebe $A$, wenn jeder Punkt von $A$ samt einer seiner Umgebungen in $U_A$ liegt.

Es gelten die Sätze:

*Haben die abgeschlossenen Mengen $A$ und $B$ keinen Punkt gemein, so gibt es zwei $A$, beziehungsweise $B$ umgebende Mengen, welche mit einander keinen Punkt gemein haben.* [20]

Dasselbe in anderer Form:

Grenzen die Mengen $A$ und $B$ nicht an einander und haben sie keinen Punkt oder Häufungspunkt gemein, dann gibt es eine Teilung des Bereiches in zwei Teile $M \supset A$ und $N \supset B$, sodaß auf der Grenze zwischen $M$ und $N$ kein Punkt von $A$ oder von $B$ liegt.

Dieser Satz, der als Umkehrung Ihres oben erwähnten Satzes auf S. 247 aufgefaßt werden kann, scheint auf den ersten Blick eine Folge desselben zu sein.

---

[4] Damit ist ersichtlich, wie ich mir die allgemeine Definition einer Lückenlosigkeit vorstelle. Es handelt sich nur mehr um die vorteilhafteste Form.

Doch besitze ich den Beweis, daß für seine Gültigkeit alle angegebenen Voraussetzungen, insbesondere die der Lückenlosigkeit notwendig sind. Er spielt in allen folgenden Untersuchungen die Rolle eines unentbehrlichen Hilfssatzes. Besonders die folgenden Sätze stützen sich auf ihn.

*Stetigkeitssätze:*

Die Grenzpunktmenge $G$ einer orientierten Menge $M$ von zwischen zwei Punkten $a$ und $b$ stetigen Mengen ist selbst von $a$ nach $b$ stetig.

Jeder Kranz von stetigen Mengen hat eine stetige Grenzpunktmenge.

Jede Grenzpunktmenge einer orientierten Menge $M$ von stetigen Mengen ist selbst stetig, wenn $M$ mindestens einen gänzlichen Grenzpunkt hat.

Ist eine Menge $M$ abgeschlossen und von $a$ nach $b$ stetig, so hat sie eine (schlechtweg) stetige Teilmenge, welche $a$ und $b$ enthält.

Ist eine Menge $M$ abgeschlossen und von $a$ nach $b$ stetig, so besitzt jede Teilmenge $A$ von $M$, welche $a$ enthält, eine stetige Teilmenge, welche $a$ enthält und an $M - A$ grenzt.

Schließlich vermute ich den folgenden Satz, den zu beweisen ich noch nicht im Stande war:

[21] Eine zwischen zwei Punkten $a$ und $b$ stetige abgeschlossene Menge hat immer ein Linienstück $L$ von $a$ nach $b$ als Teil?

Es sei noch einmal erwähnt, daß von dem durch den Text laufenden großen Strich an nur mehr lückenlose Bereiche vorausgesetzt sind. Ein lückenloser Bereich hat, wie man sieht, die wichtigsten Eigenschaften eines *vollständigen Raumes.*

Der Beweis dieses Satzes ist logisch ziemlich einfach, doch erfordert er viel Schreibarbeit, sodaß ich hier auf ihn nicht eingehen kann.

Zur Aufstellung dieses Satzes bin ich gedrängt worden durch die Untersuchung von mehrdimensionalen Gebilden, welche ich als irreduzible Kontinua, jedoch mit einer anderen Randbedingung als der des Linienstücks (Forderung, zwei gegebene Punkte zu enthalten) definiere. Ob dazu die geschilderte Theorie der stetigen Mengen schon alle Mittel liefert, habe ich bis jetzt nicht erkennen können.

Zum Schluß bitte ich nochmals um Verzeihung für meine Zudringlichkeit, aber ich hoffe, Sie nicht gelangweilt zu haben. Ich bitte auch, die schlechte Schrift zu entschuldigen; ich habe in absehbarer Zeit unmöglich Muße, schöner zu schreiben.

Ihr ganz ergebener
Leopold Vietoris m. p.
Wien IX. Nußdorferstr. 21

## Anmerkungen

[1] Der gesamte Brief bezieht sich auf den Inhalt von VIETORIS' Dissertation *Stetige Mengen* (Monatshefte für Mathematik und Physik **31** (1921), 173–204;

im folgenden zitiert als [VIETORIS 1921]). Zur Entstehung dieser Arbeit schrieb VIETORIS am 27. 12. 1994 an EGBERT BRIESKORN:

> Während dieser fünf Jahre [Fronteinsatz und Gefangenschaft – W. P.] hatte ich viel Zeit, über Mengenlehre nachzudenken. Ich hatte sogar zur Vollendung meines Studiums für das Sommersemester 1916 und das Sommersemester 1918 Studienurlaube.
>
> Alle diese Umstände ermöglichten mir, über meine wissenschaftlichen Probleme, d. h. über mengentheoretische Topologie nachzudenken und die einschlägige Literatur, besonders das 1914 erschienene Buch von Hausdorff, zu studieren, sodaß ich von der italienischen Gefangenschaft, in der wir anständig behandelt wurden, mit meiner fast fertigen Dissertation „Stetige Mengen" heimkehrte. Ich reichte sie im Dezember 1919 bei der Universität Wien ein und promovierte im Juli 1920.
>
> Gegen Ende meines zweiten Studienurlaubs schrieb ich am 27. 6. 18 an Hausdorff einen langen Brief, in dem ich ihm mitteilte, was ich damals von meiner Dissertation hatte. Er antwortete mir am 6. 7. 18 sehr ausführlich und freundlich.

[2] HAUSDORFF definiert in *Grundzüge der Mengenlehre*, S. 244, den Begriff „zusammenhängend" folgendermaßen:

> Eine von Null verschiedene Menge $A$ heißt zusammenhängend, wenn sie sich nicht in zwei fremde, von Null verschiedene, in $A$ abgeschlossene Teilmengen spalten läßt.

In einer Fußnote zu dieser Definition heißt es:

> Für den Zusammenhang sind verschiedene Definitionen üblich; die im Text gegebene deckt sich mit keiner von ihnen, scheint uns aber die natürlichste und allgemeinste zu sein.

Stetige Mengen im Sinne von VIETORIS sind im Sinne von HAUSDORFF zusammenhängend und umgekehrt. Zu verschiedenen Zusammenhangsbegriffen vor HAUSDORFF s. den Artikel *Zusammenhang* von H. HERRLICH, M. HUŠEK und G. PREUSS im Band II dieser Edition, S. 752–756.

[3] Zu den Zusammenhangsbegriffen von CANTOR und JORDAN s. den Beginn des in der vorigen Anmerkung genannten Artikels, S. 752. Dort sind auch die Originalarbeiten von CANTOR und JORDAN angegeben.

[4] Eine geordnete Menge $A$ heißt stetig, wenn jede geordnete Zerlegung $A = P + Q$ ein Schnitt ist, d. h. wenn $P$ ein letztes und $Q$ kein erstes oder umgekehrt $P$ kein letztes und $Q$ ein erstes Element besitzt (*Grundzüge der Mengenlehre*, S. 90). Dieser Begriff geht auf RICHARD DEDEKIND: *Stetigkeit und irrationale Zahlen*, Braunschweig 1872, dort § 5: „Stetigkeit des Gebietes der reellen Zahlen", zurück.

[5] *Grundzüge der Mengenlehre*, S. 247, Satz VII.

[6] ZORETTI, L.: *La notion de ligne.* Annales de l'Ecole Normale (3) **26** (1909), 485–497; Ders.: *Contribution à l'étude des lignes cantoriennes.* Acta Mathematica **36** (1912–1913), 241–268; JANISZEWSKI, Z.: *Sur les continus irréductibles entre deux points.* Journal de l'Ecole Polytechnique (2) **16** (1912), 79–170. Auch in: *Œuvres choisies*, PWN, Warszawa 1962, 31–125.

[7] Die folgenden drei Definitionen bilden, mit zugehörigen näheren Erläuterungen, die hier im Brief weggelassen sind, den Inhalt des Abschnitts „Stetigkeit der Mengen" in [Vietoris 1921], S. 177–179. Daß VIETORIS auch in LENNES (LENNES, N.: *Curves in Non-Metrical Analysis Situs with an Application in the Calculus of Variations.* American Journal of Mathematics **33** (1911), 287–326) einen Vorgänger hatte, scheint er, als er an HAUSDORFF schrieb, nicht gewußt zu haben. HAUSDORFF macht ihn in seinem Antwortbrief vom 6. Juli 1918 darauf aufmerksam. In der Publikation [VIETORIS 1921] geht VIETORIS ausführlich auf LENNES ein.

[8] Der folgende Abschnitt bis „Dies ist nur der Verwendung der Stetigkeit zu danken." ist eine Kurzfassung des Anfangs des Abschnitts „Das Linienstück" aus [VIETORIS 1921, dort S. 179–181.

[9] Mit der ersten Gruppe von Axiomen meint VIETORIS die HAUSDORFFschen Umgebungsaxiome $(A)$, $(B)$, $(C)$, $(D)$ in *Grundzüge der Mengenlehre*, S. 213 (Band IV dieser Edition, S. 313). HAUSDORFFs Axiom $(C)$ lautet: „Liegt der Punkt $y$ in $U_x$, so gibt es eine Umgebung $U_y$, die Teilmenge von $U_x$ ist ($U_y \subseteq U_x$)". Die von VIETORIS vorgeschlagene Verallgemeinerung, die es vermeidet, nur offene Mengen als Umgebungen zuzulassen, hatte sich HAUSDORFF in einer Studie vom 10. September 1917 auch selbst überlegt (NL HAUSDORFF, Kapsel 33, Fasz. 224; vollständig abgedruckt im Band IV, S. 803–804). Dort zeigt HAUSDORFF auch, daß das neue System mit dem alten gleichwertig ist, d. h. dieselbe Topologie erzeugt, was VIETORIS im folgenden auch hervorhebt.

[10] Mit der zweiten Gruppe von Umgebungsaxiomen meint VIETORIS die HAUSDORFFschen Abzählbarkeitsaxiome $(E)$ und $(F)$ (*Grundzüge der Mengenlehre*, S. 263; Band IV, S. 363). $(E)$ besagt, daß jeder Punkt eine abzählbare Umgebungsbasis besitzt und $(F)$ besagt, daß der ganze Raum eine abzählbare Umgebungsbasis besitzt.

[11] Die Formulierung des Axioms $\overline{E}$ enthält ein Versehen, welches VIETORIS in dem rasch folgenden Brief vom 5. Juli 1918 korrigiert hat. Es muß richtig heißen: Zu jeder Umgebung $U_x$ von $x$ gibt es eine Umgebung $W_x$ von $x$, so daß jeder Punkt der Komplementärmenge von $U_x$ samt einer seiner Umgebungen in der Komplementärmenge von $W_x$ liegt. $\overline{E}$ charakterisiert, zusammen mit den Axiomen $(A)$, $(B)$, $(\overline{C})$, $(D)$ die regulären topologischen Räume. Das folgende

Beispiel zeigt, daß ein Hausdorffraum, der den Abzählbarkeitsaxiomen genügt, nicht regulär zu sein braucht.

[12]  Die heutige (allerdings immer noch nicht ganz einheitliche) Terminologie über geordnete Mengen weicht etwas von der VIETORISschen ab: Eine geordnete Menge bei VIETORIS heißt heute eine total geordnete oder linear geordnete Menge oder auch Kette; orientiert bei VIETORIS heißt heute geordnet, gelegentlich auch teilweise geordnet; geschichtet bei VIETORIS heißt heute prägeordnet oder auch quasigeordnet. Im Folgenden verwenden wir die heutige Terminologie.

[13]  Eine zweielementige, durch die Identität geordnete Menge liefert ein triviales Beispiel einer geordneten Menge ohne letztes Element, in der jede nichtleere linear geordnete Teilmenge ein letztes Element besitzt.

[14]  Dieser Absatz ist durch die verbesserte Formulierung 2) aus dem nachfolgenden Brief von VIETORIS an HAUSDORFF vom 5. Juli 1918 zu ersetzen.

[15]  Die Begriffe von gänzlichen und teilweisen Grenzpunkten einer geordneten Menge zweiter Ordnung (d. h. von Teilmengen der Menge) bzw. erster Ordnung (d. h. von Elementen der Menge) sind zu allgemein, um nennenswerten Eingang in die Literatur gefunden zu haben. Verlangt man von den geordneten Mengen jedoch zusätzlich, daß sie gerichtet sind, so gelangt man im Falle von Mengen erster Ordnung genau zur MOORE-SMITH-Konvergenz (MOORE, E. H.; SMITH, H. L.: *A general theory of limits.* Amer. Journal of Mathematics **44** (1922), 102–121; s. auch im Band II dieser Edition den Essay *Zum Begriff des topologischen Raumes*, S. 675–744, dort S. 728 ff.).

[16]  Mit dem Konzept der in sich lückenlosen Mengen ist VIETORIS ein großer Wurf gelungen. Hierdurch werden nämlich genau die kompakten Hausdorffräume beschrieben. Dieser fundamentale topologische Begriff („Compact spaces [· · ·] are one of the most important classes of topological spaces". ENGELKING, R.: *General Topology*, Heldermann, Berlin 1989, S. 122) wurde 1923 unter der Bezeichnung „bikompakte Räume" von P. S. ALEXANDROFF und P. URYSOHN unabhängig von VIETORIS entwickelt und später allgemein zugänglich gemacht (s. dazu den ersten Brief von ALEXANDROFF/URYSOHN an HAUSDORFF, dieser Band, S. 3 ff.; ferner ALEXANDROFF, P. S.; URYSOHN, P.: *Memoire sur les espaces topologiques compacts.* Verh. Nederl. Akad. Wetensch. Afd. Natuurk., Sect. **I, 1** (1929), 1–9). VIETORIS fehlte hier noch die Charakterisierung durch die Heine-Borelsche Überdeckungseigenschaft.

[17]  Die Definition eines extremalen Bereichs wird im nachfolgenden Brief von VIETORIS an HAUSDORFF vom 5. Juli 1918 unter Punkt 3) präzisiert.

[18]  Mit dem Konzept des Kranzes ist VIETORIS ein weiterer großer Wurf

gelungen. Kränze heißen heute Filterbasen und stellen zusammen mit den Filtern und den Ultrafiltern, die erst 1937 von H. CARTAN (*Theorie des filtres.* C. R. Acad. Paris **205** (1937), 595–598, und *Filtres et ultrafiltres.* C. R. Acad. Paris **205** (1937), 777–779) entwickelt und allgemein zugänglich gemacht wurden, das wichtigste Instrumentarium zur Beschreibung von Konvergenz dar (vgl. auch den in Anm. [15] erwähnten Essay, Band II dieser Edition, S. 731–732).

[19]  Kompaktheit kann, wie bereits VIETORIS zeigt, auf sehr unterschiedliche – aber in ZFC, d. h. in der ZERMELO-FRAENKELschen Mengenlehre einschließlich des Auswahlaxioms, äquivalente – Weisen beschrieben werden. In ZF, d. h. in der ZERMELO-FRAENKELschen Mengenlehre ohne Auswahlaxiom, hingegen sind nicht alle diese Beschreibungen zueinander äquivalent (s. z. B. HERRLICH, H.: *Axiom of Choice.* Springer Lecture Notes in Mathematics **1876** (2006), Chapter 3.3).

[20]  Diese Trennungseigenschaft charkterisiert die normalen Räume. VIETORIS zeigt, daß kompakte Hausdorffräume normal sind, und weist darauf hin, daß beliebige Hausdorffräume nicht notwendig normal sind.

[21]  Die Vermutung, daß jedes nicht-ausgeartete Kontinuum einen Bogen enthält, ist falsch. R. L. MOORE (*A connected and regular point set which contains no arc.* Bull. American Math. Society **32** (1926), 331–332) konstruierte ein nicht-ausgeartetes Teilkontinuum der Ebene, das keinen Bogen enthält (s. dazu auch HERRLICH, H.; HUŠEK, M.; PREUSS, G.: *Hausdorffs Studien über Kurven, Bögen und Peano-Kontinua.* Band III dieser Edition, S. 798–825, dort S. 810–811, insbesondere Fußnote 73).

**Brief**  LEOPOLD VIETORIS $\longrightarrow$ FELIX HAUSDORFF

Wien, am 5. Juli 1918.

Geehrter Herr Professor!

In dem Brief, welchen ich mir an Sie zu schreiben erlaubt habe, finden sich folgende Fehler:

1) Im angeführten Axiom $(\overline{E})$ habe ich aus Versehen die Komplementärmengen von $W_x$ und $U_x$ mit einander vertauscht.

2) Der dritte Absatz nach der Definition der orientierten Menge soll lauten:

„Daß dieser Begriff der Orientierung einer Menge von dem der Ordnung praktisch verschieden ist, geht daraus hervor, daß eine orientierte Menge $M$ ohne letztes Element nicht immer eine geordnete Teilmenge $M_1$ ohne letztes Element besitzt, sodaß in jedem Rest $R$ von $M$ ein Rest $R_1$ von $M_1$ enthalten ist."

3) Die Definition des *extremalen* Bereiches lautet klarer:

Wir nennen einen Bereich extremal, wenn jede seiner Mengen mindestens eine Verdichtungsstelle hat, deren Dichte gleich der Mächtigkeit von $M$ ist.

Diese Fehler konnten sich nur dadurch einschleichen, daß ich von der Vorbereitung auf eine bevorstehende Prüfung fast ganz in Anspruch genommen bin.

Bei 2) hatte ich mich verleiten lassen, das als richtig erkannte Alte durch etwas einfacheres zu ersetzen, was mir (jedoch ohne die unerläßliche Untersuchung) als ebenso richtig erschien. Das nachfolgende Beispiel wird durch diese Berichtigung erst verständlich.

Wenn ich durch diese Fehler Ihre kostbare Zeit vergeudet oder Sie geärgert habe, dann tut mir das herzlich leid und ich bitte vielmals um Verzeihung.

Ihr ergebener
Leopold Vietoris m. p.

## Brief  Felix Hausdorff $\longrightarrow$ Leopold Vietoris

Greifswald, 6. 7. 1918

Geehrter Herr Vietoris!

Ihr ausführlicher Brief hat mich sehr interessirt. Ich fasse die Tendenz Ihrer Untersuchungen dahin auf, dass Sie möglichste Allgemeinheit der Voraussetzungen möglichst lange festzuhalten suchen, während ich in meinem Buche, nach dem allgemein gehaltenen 7. Kapitel, dann durch die Abzählbarkeitsaxiome gleich sehr starke Specialisirungen einführe. Die Bestimmung des Punktes, von wo an Allgemeinheit auf Kosten der Einfachheit erkauft wird, ist natürlich individuell; ich habe den Plan, die Punktmengen ebenso allgemein wie die geordneten Mengen zu behandeln und z. B. Verdichtungspunkte beliebiger Mächtigkeit einzuführen, wohl gehegt, aber schliesslich aufgegeben. Ihre Arbeit zeigt, dass [1] man noch eine Strecke weit mit allgemeinen Voraussetzungen auskommt.

Der Zusammenhangs- oder Stetigkeitsbegriff hat gleich drei von einander unabhängige Entdecker gehabt: Sie, mich und *N. J. Lennes* (Am. J. of Math. 33 (1911), S. 303), auf welchen mich ein Citat bei A. Rosenthal aufmerksam mach- [2] te. Dass er der Dedekindschen Stetigkeit bei geordneten Mengen entspricht, ist ganz richtig. Dass die Theorie der geordneten Mengen und die der Punktmengen überhaupt einheitlicher verarbeitet werden könnten, namentlich in der Bezeichnungsweise, ist mir nicht entgangen; ich fand in meinem Buche nur nicht den Muth, an der eingebürgerten Terminologie soviel zu ändern. Aber Ihre Benennung „stetig", neben der man das Cantorsche „zusammenhängend" beibehalten kann, ist zweifellos gut.

Ihr Begriff *Linienstück* hat ebenfalls meinen Beifall. Dass Sie sein Zerfallen nach Tilgung eines Punktes beweisen können, ist ein Fortschritt gegen das „irreducible Continuum" Zorettis; ich setze das aber nicht auf Rechnung der Stetigkeit, sondern darauf, dass Ihre Irreducibilitätsforderung schärfer ist als die von Zoretti (bei Ihnen darf $C$ keine stetige, $a$ und $b$ enthaltende echte *Theilmenge*, bei Z. nur kein $a$ und $b$ enthaltendes Theil*continuum*, d. h. keine stetige, beschränkte, *abgeschlossene* Theilmenge besitzen).

Ob Ihr *Axiom* $(\overline{C})$ statt $(C)$ Vortheile bietet, und welche Rolle Ihr *Axiom* $(E)$ spielt, vermag ich nicht zu erkennen; da die Nichtbeachtung des letzteren [3] mich nirgends gehindert hat, halte ich es zunächst für überflüssig.

Ihre „orientirte" Menge kommt bei mir als „theilweise geordnete Menge" (S. 139) ebenfalls vor. Sollte es nicht auch in Ihrer Untersuchung möglich sein, diesen Begriff zu entbehren und nur Grenzpunkte von geordneten Mengen- [4] systemen zu benutzen? Ihre Grenzpunktmenge (d. h. Menge der theilweisen Grenzpunkte) dürfte im Princip mit meinem $\overline{Lim}\,sup$ (S. 236), die Menge der gänzlichen Grenzpunkte mit meinem $\overline{Lim}\,inf$ sich decken, die dem Borelschen [5] *ensemble limite complet*, *ensemble limite restreint* analog gebildet sind.

Ihre Forderung der *Lückenlosigkeit* schliesst, wenn ich nicht irre, die meinige der *Compactheit* ein, die sich nur auf Existenz von Häufungspunkten abzähl- barer Mengen bezieht, während Sie für jede Menge der Mächtigkeit m Verdich- tungsstellen von der Dichte m fordern (beim lückenlosen = extremalen Bereich). Das erklärt mir, dass Sie Sätze über Grenzmengen beliebiger Mengensysteme aussprechen können, die bei mir nur für *Mengenfolgen* bewiesen sind.

Ob eine abgeschlossene, zwischen $a$, $b$ stetige Menge ein Linienstück $L(a, b)$ enthält, ist eine interessante Frage. Bei einer nicht abgeschlossenen Menge glau- [6] be ich sie verneinen zu können.

Sie sehen an meinen Randbemerkungen, dass Ihr Schreiben mich interessirt hat; ich werde mich freuen, wenn Sie eine Publication mit ausführlichen Bewei- sen daraus machen werden.

Ihr ergebener

F. Hausdorff

### Anmerkungen

[1]  HAUSDORFF definiert auf Seite 219 von *Grundzüge der Mengenlehre* die Begriffe $\alpha$-Punkt (Berührungspunkt), $\beta$-Punkt (Häufungspunkt) und $\gamma$-Punkt (Verdichtungspunkt) einer Teilmenge $A$ eines topologischen Raumes. Im An- schluß daran merkt er in einer Fußnote folgendes an:

> Im Rahmen einer allgemein gehaltenen Theorie sind dies nur die ersten
> drei Glieder einer Skala, die der Skala der Alefs entspricht. Man würde
> also fortfahren können: $x$ heißt ein $\beta$-, $\gamma$-, $\delta$-, ... Punkt von $A$, wenn in
> jeder Umgebung $U_x$ mindestens $\aleph_0$, $\aleph_1$, $\aleph_2$, ... Punkte von $A$ liegen. Im
> euklidischen Raume würden wir mit der Wahrscheinlichkeit zu rechnen
> haben, daß alle Mengen $A_\delta$ und die folgenden Null sind, so daß die-
> se allgemeine Theorie kein positives Ergebnis vor der speziellen voraus
> hätte. Dagegen müßte man z. B. für eine Umgebungstheorie der geord-
> neten Mengen (S. 214) auch die Verdichtungspunkte höherer Ordnung in
> Betracht ziehen. (*Grundzüge der Mengenlehre*, S. 219–220; Band II dieser
> Edition, S. 319–320)

[2]  In ROSENTHAL, A.: *Teilung der Ebene durch irreduzible Kontinua*, Sitzungsberichte der Bayerischen Akademie der Wissenschaften, Mathematisch-physikalische Klasse, Jahrgang 1919, S. 91–109 (vorgelegt am 11. Januar 1919) heißt es auf Seite 96:

> Diese Sätze lassen sich noch verallgemeinern durch Heranziehung des folgenden Begriffes, der von den Herren N. J. LENNES und F. HAUSDORFF herrührt: Eine Punktmenge $M$ wird von N. J. LENNES „connected", von F. HAUSDORFF „zusammenhängend" genannt, wenn sie sich nicht in zwei nicht leere, elementenfremde, „in $M$ abgeschlossene" Teilmengen spalten läßt; dabei heißt eine Teilmenge $A$ von $M$ „in $M$ abgeschlossen", wenn jeder in $M$ enthaltene Häufungspunkt von $A$ auch Punkt von $A$ ist.

HAUSDORFF muß das Manuskript dieser Arbeit im Sommer 1918 gekannt haben, denn in den einschlägigen Arbeiten ROSENTHALs vor diesem Zeitpunkt kommt LENNES nicht vor.

[3]  HAUSDORFF benötigt das Regularitätsaxiom deshalb nicht, weil er an spezielleren Räumen vorwiegend metrisierbare, total ordnungsfähige und kompakte Hausdorffräume untersucht, also Räume, in denen das Regularitätsaxiom automatisch erfüllt ist. Darauf wies VIETORIS in seinem Antwortbrief vom 20. Juli 1918 hin (vgl. die dortige Anmerkung [3]).

[4]  Die Vermutung HAUSDORFFs, man könne bei Konvergenzuntersuchungen mit total geordneten Indexmengen anstelle geordneter Indexmengen auskommen, ist – wie VIETORIS in seinem Antwortbrief vom 20. Juli 1918 ausführt (vgl. die dortige Anmerkung [4]) – unberechtigt. Vielmehr gilt
(a) Die folgenbestimmten Räume (sequential spaces) bilden eine maximale Klasse topologischer Räume, deren Topologien durch konvergente Folgen beschreibbar sind.
(b) Die Quotienten total ordnungsfähiger Räume bilden eine maximale Klasse topologischer Räume, deren Topologien durch konvergente MOORE-SMITH-Folgen mit total geordneten Indexmengen beschreibbar sind (vgl. HERRLICH, H.: *Quotienten geordneter Räume und Folgenkonvergenz*. Fundamenta Math. **61** (1967), 79–81).

[5]  Zu den HAUSDORFFschen Limesbildungen s. Anmerkung [62] zu *Grundzüge der Mengenlehre*, Band II dieser Edition, S. 608, und Anmerkung [70] zu *Mengenlehre*, Band III dieser Edition, S. 371–373.

[6]  Mit der Vermutung, die VIETORIS am Ende seines Briefes vom 27. Juni 1918 äußerte (s. dazu die dortige Anmerkung [21]) hat sich HAUSDORFF eingehend beschäftigt. Es gibt im Nachlaß HAUSDORFFs (Kapsel 33, Faszikel 217) ein Manuskript mit der Überschrift „Zu einem Brief von L. Vietoris (27. 6. 1918)". HAUSDORFF beweist dort einen schwächeren Satz; die entsprechende Passage sei hier zitiert:

Enthält eine (beschränkte) *abgeschlossene* zusammenhängende Menge, die $a, b$ enthält, stets ein Linienstück von $a$ nach $b$? (Vermuthung von Vietoris)

Wird ein *Continuum* (d. i. beschränkte, abgeschlossene, zusammenhängende Menge), das $a$ und $b$ enthält und das kein ächtes Theil*continuum* besitzt, das $a$ und $b$ enthält (eine weniger scharfe Fassung als für das Linienstück), irreducibel von $a$ nach $b$ genannt (Zoretti), so gilt hingegen: Jedes $a, b$ enthaltende Continuum besitzt ein von $a$ nach $b$ irreduzibles Theilcontinuum.

Vorher hatte HAUSDORFF bemerkt, daß eine zusammenhängende Menge, die $a, b$ enthält, kein Linienstück von $a$ nach $b$ als Teilmenge zu enthalten braucht, und er hatte dafür ein Beispiel angegeben.

### Brief  LEOPOLD VIETORIS $\longrightarrow$ FELIX HAUSDORFF

Wien, am 20. Juli 1918

Geehrter Herr Professor!

Für Ihren gütigen Brief bin ich Ihnen zu großem Dank verpflichtet. Er hat mir gezeigt, wie wenig von meinen Untersuchungen wirklich neu ist, andererseits zeigt mir die Tatsache, daß das Meiste in teilweise anderer Form schon vorhanden ist, daß meine Überlegungen richtig sind und dem Grund der Sache nachgehen.

In der von Ihnen zitierten Arbeit von *N. J. Lennes* (Am. J. of Math. 33 (1911)) findet sich S. 308 auch eine Definition eines einfachen Bogens als dessen, was ich nach meiner Definition ein abgeschlossenes Linienstück nennen müßte. Ich glaube, es ist vorteilhafter, das Linienstück als solches zu definieren und erst im Einzelfall die Abgeschlossenheit hinzuzunehmen. Denn diese geht in die meisten Überlegungen, welche mit Linienstücken, Bögen etc. angestellt werden, nicht wesentlich ein. Bei Lennes selbst erst bei Theor. 8, welches aussagt, daß ein abgeschlossenes Linienstück, d. i. ein einfacher Bogen, nach der Terminologie *Hahns* zusammenhängend im Kleinen ist. Es ist nur schade, daß Lennes einen so speziellen Umgebungsbegriff verwendet. Doch gelten seine Überlegungen allgemeinerer Natur auch, wenn man sein „triangle" einfach mit „Umgebung" übersetzt. Vielleicht ist dieser Standpunkt in einer anderen Arbeit von Lennes (Curves and surfaces in analysis situs. Amer. Math. Soc. Bull. (2) 17 (525), welche ich aber nicht zu Gesicht bekommen habe, durchgeführt.

Daß Sie meine Bezeichnung stetig so schnell gut geheißen haben und in Ihrem ganzen Brief durchführen, hat mich außerordentlich, aber auch freudig überrascht. Eigentlich ist es zu verwundern, daß der Begriff der Stetigkeit erst im 20-ten Jahrhundert geschaffen worden ist, da er doch so natürlich ist. Definiert doch schon im 14. Jahrhundert *Bradwardinus* (Zeitschr. f. Math. u. Phys. XIII Suppl.): „Continuum est quantum cuius partes ad invicem copulantur", nur

weiß man natürlich nicht, was er unter copulari versteht. Auch die Ausführun-  [1]
gen von *Rieß* (Atti del IV congresso int. dei Mat., Roma 1908) geben über
Zusammenhangseigenschaften nichts konkretes; im Gegenteil findet sich dort
ein Satz, der zum Mindesten mißverstanden werden kann, daß sich nämlich
Zusammenhangseigenschaften durch den Begriff der Verdichtungsstelle nicht
mehr beschreiben lassen. Dagegen ist der Begriff der Verkettung, von dem das  [2]
„aneinander Grenzen" ein Sonderfall ist, ein wertvoller Begriff.

Das Axiom $(\overline{C})$ habe ich dem Axiom $(C)$ vorgezogen, weil es mitunter vorteil-
haft ist, jede Obermenge einer Umgebung eines Punktes wieder als Umgebung
desselben aufzufassen, wodurch man ein ganz allgemeines, dem ursprünglichen
gleichwertiges System von Umgebungen erhält. Dieser Vorgang ist aber für Ihr
Axiomensystem nicht brauchbar, weil auch $(E)$ und $(F)$ in ihrer Gültigkeit
gestört würden. Im übrigen gefällt mir lediglich die Symmetrie zwischen $(\overline{C})$
und $(\overline{E})$.

Daß Sie durch die Nichtbeachtung von $(\overline{E})$ nicht gestört werden, scheint mir
seinen Grund darin zu haben, daß $(\overline{E})$ aus Ihrem Axiomensystem folgt, wenn
man noch die Kompaktheit des Bereiches oder nur aller vorkommenden Mengen
voraussetzt. Diese Forderung bringt auch mit sich, daß der Bereich extremal  [3]
= lückenlos ist (ebenso zu beweisen, wie Ihr Satz I auf S. 268). Ich kann also
alle meine Ergebnisse auf Ihren Bereich anwenden, sobald ich ihn als kompakt
voraussetze. Im Übrigen beweisen Sie die fraglichen Sätze, wie Satz X des VII.
Kap. mit wesentlicher Benützung des Abstandsbegriffs.

„Orientiert" und „teilweise geordnet" ist tatsächlich dasselbe. Aber Ihre Frage, ob man diesen Begriff auch auf meinem allgemeineren Standpunkt nicht
entbehren kann, glaube ich verneinen zu müssen. In Ihrem Bereich gibt es nur  [4]
abzählbar viele Umgebungen. Ist also eine Menge $A$ von Punkten gegeben,
so gibt es immer eine (abzählbare) Folge von $A$ umgebenden Mengen, deren
Durchschnitt $A$ ist. In meinem Bereich sind die $A$ umgebenden Mengen durch
die Beziehung $\subset$ teilweise geordnet, im allgemeinen gibt es aber keine geordnete
Teilmenge $M$ von solchen umgebenden Mengen, welche dem Gesamtsystem $N$
der $A$ umgebenden Mengen gleichwertig ist, d. h. daß in jeder Elementmenge
von $M$ eine von $N$ enthalten ist und umgekehrt. Wollte man diese Schwierigkeit
ausschalten, so müßte man voraussetzen, daß erstens jeder Punkt eine geordnete und daher auch eine wohlgeordnete Menge von in einander geschachtelten
Umgebungen hat, deren Durchschnitt er allein ist, und daß diese Wohlord-
nungstypen alle dieselben sind. Da nun der Bereich zum mindesten kompakte
Mengen enthalten soll, muß es Punkte geben, für welche dieser Ordnungstypus
der der ganzen positiven Zahlen ist, d. h. Ihr erstes Abzählbarkeitsaxiom wäre
notwendig erfüllt.

Mir scheinen demnach hier nur zwei Wege gangbar zu sein. Entweder man
setzt Ihr Axiomensystem und, wo es notwendig ist, die Kompaktheit voraus.
Dann kommt man ohne den Begriff der teilweise geordneten Menge, insbesondere ohne deren Limits aus, oder man verwendet anstatt der Abzählbarkeitsaxiome und der Kompaktheit das Axiom $(\overline{E})$ und die Voraussetzung der
Lückenlosigkeit.

Was Sie von Ihrem $\overline{Lim}\,sup$, bezw. $\overline{Lim}\,inf$ sagen, muß ich anerkennen. Ein Unterschied liegt nur in der Bezeichnungsweise; während Ihre Bezeichnungen sich von einem allgemeineren Standpunkt aus auf die Mengen der Grenzpunkte beziehen, habe ich diese als solche benannt.

Ich habe diesen Brief nur in der selbstverständlichen Voraussetzung geschrieben, daß Herr Professor ihn nur dann beantworten werden, wenn Sie irgend ein höheres Interesse dazu veranlaßt, niemals aber aus reiner Höflichkeit oder Rücksichtnahme auf mich.

Indem ich mich nochmals für Ihren gütigen Brief bedanke, verbleibe ich Ihr ergebener

Leopold Vietoris m. p.

Wien IX, Nußdorferstr. 21

## Anmerkungen

[1]  In der „Zeitschrift für Mathematik und Physik", Band XIII (1868), im Teil „Supplement", S. 45–100, berichtet der Mathematikhistoriker MAXIMILIAN CURTZE (1837–1903), Lehrer am Königlichen Gymnasium zu Thorn, über eine umfangreiche Handschrift *Problematum Euclidis explicatio* (Sign. R. 4°. 2), die er in der dortigen Gymnasialbibliothek entdeckt hatte und die aus dem 14. Jahrhundert stammte. Die Stücke 10 und 11 dieser Handschrift bringen Auszüge aus einem Werk des THOMAS BRADWARDINUS (um 1290–1349), Mathematiker, Philosoph und Theologe, in den letzten Monaten seines Lebens Erzbischof von Canterbury. Das Stück 11 der Handschrift trägt den Titel *Tractatus de continuo Bratwardini*, umfaßt 40 Seiten der 222 Seiten langen Handschrift und beginnt mit der Definition (CURTZE, S. 85): „Continuum est quantum cujus partes ad invicem copulantur" (Ein Kontinuum ist eine Größe, deren Teile untereinander verbunden sind). Zur Kontinuumslehre des ARISTOTELES (von der auch BRADWARDINUS ausgeht) und mittelalterlicher Denker wie ORESME aus Sicht der Mathematik des 20. Jahrhunderts s. EGBERT BRIESKORN: *Gibt es eine Wiedergeburt der Qualität in der Mathematik?* In: NEUENSCHWANDER, E. (Hrsg.): *Wissenschaft zwischen Qualitas und Quantitas*, Basel 2003, S. 243–410.

[2]  Diese Passage bezieht sich auf F. RIESZ : *Stetigkeitsbegriff und abstrakte Mengenlehre.* Atti del IV. Congr. Internazionale dei Matematici, Roma 1908, vol. II, Roma 1909, S. 18–24. RIESZ betrachtet dort (S. 21) die beiden Punktmengen $\mathbb{R} \setminus \{0\}$ und $\mathbb{R} \setminus [0, 1]$ und stellt fest, daß sie beide vom selben „Verdichtungstypus" sind, d. h. es gibt eine Bijektion zwischen ihnen, so daß dabei die Verdichtungsstellen (= Häufungspunkte) der Teilmengen von $\mathbb{R} \setminus \{0\}$ auf die Verdichtungsstellen der Bildteilmengen abgebildet werden (man erhält also homöomorphe metrisierbare topologische Räume). Die eine Menge ist aber zusammenhängend, die andere nicht (im Sinne des CANTORschen Zusammenhangsbegriffes). Daraus schließt RIESZ:

> Wir erkennen somit, dass die Zusammenhangsverhältnisse, die man doch zu den Stetigkeitseigenschaften zählt, in unserem Falle durch den Begriff

der Verdichtungsstelle allein sich nicht mehr beschreiben lassen. (a. a. O., S. 21)

Zu RIESZ' Begriffsbildungen und Resultaten aus Sicht der modernen Topologie s. die Ausführungen von H. HERRLICH, M. HUŠEK und G. PREUSS im Band II dieser Edition, S. 725–728 und S. 753.

[3]   Dieser Hinweis von VIETORIS ist berechtigt; s. dazu Anm. [3] zum Brief von HAUSDORFF an VIETORIS vom 6. 7. 1918.

[4]   HAUSDORFFs Frage, ob man nicht mit total geordneten Indexmengen auskommen könne, wird von VIETORIS zu Recht verneint; s. dazu Anm. [4] zum Brief von HAUSDORFF an VIETORIS vom 6. 7. 1918.

# Otto Wiedeburg

## Korrespondenzpartner

OTTO WIEDEBURG wurde am 14. November 1866 in Prettin an der Elbe geboren. Er studierte von 1884 bis 1890 Physik in Tübingen, Leipzig und Berlin und promovierte 1890 in Berlin bei AUGUST KUNDT (1839–1894) mit der Arbeit *Über die Hydrodiffusion*. Ab 1. Oktober 1891 war er Assistent und ab März 1892 Privatdozent am Polytechnikum in Zürich. Am 1. Oktober 1892 trat er eine Assistentenstelle bei seinem ehemaligen Lehrer GUSTAV WIEDEMANN (1826–1899) an der Universität Leipzig an. Dort habilitierte er sich im Dezember 1893 mit der Arbeit *Über die Gesetze der galvanischen Polarisation und der Elektrolyse*. Ab Sommersemester 1894 hielt er regelmäßig Vorlesungen über ein breites Spektrum physikalischer Gegenstände. Im Dezember 1898 wurde er zum außeretatsmäßigen Extraordinarius ernannt. Zum 1. April 1901 wechselte er als Dozent für praktische Physik und Photographie mit dem Prädikat Professor an die TH Hannover. Er starb bereits wenige Wochen später am 30. Juni 1901 in Hannover.

WIEDEBURG publizierte einige Arbeiten über Diffusion und Elektrolyse, ferner über galvanische Polarisation, über Oberflächenspannung und über Potentialdifferenzen zwischen Metallen und Elektrolyten. Sein Hauptarbeitsgebiet war jedoch die Thermodynamik. Hier ist vor allem seine dreiteilige Arbeit *Ueber nicht-umkehrbare Vorgänge* zu nennen (zu den bibliographischen Angaben s. u., Anm. [1]); ferner die später einflußreiche Arbeit *Energetische Theorie der Thermoelektrizität und Wärmeleitung*, Annalen der Physik 1 (1900), 758–789. WIEDEBURG versuchte, die Sonderstellung, welche die zeitgenössische Thermodynamik, verglichen mit anderen physikalischen Disziplinen, im Hinblick auf die Rolle der Zeit innehatte, zu beseitigen. Die thermodynamischen Zustandsgrößen sollten ferner nicht mehr isoliert, sondern zusammen mit anderen Zustandsgrößen, wie z. B. den elektrischen, studiert werden. Seine Ideen wurden jedoch zu seinen Lebzeiten nicht beachtet. Weiterverfolgt wurden Gedanken dieser Art in PIERRE DUHEMS (1861–1916) *Traité d'Énergétique*, Paris 1911 (vgl. R. O. DAVIES: *The Macroscopic Theory of Irreversibility*, Progr. in Physics 19 (1956), 326–367) und vor allem in den dreißiger Jahren von LARS ONSAGER (1903–1976) (vgl. dazu: B. S. FINN: *Thermoelectricity*. In: L. MARTON, C. MARTON (Ed.): *Advances in Electronics and Electron Physics*, vol. 50, New York 1980, 175–240; dort S. 196).

## Quelle

Die Postkarte HAUSDORFFs an WIEDEBURG befindet sich in der Staatsbibliothek zu Berlin, Stiftung Preußischer Kulturbesitz, Nachlaß TWESTE-WIEDEBURG, K. 5.

## Danksagung

Wir danken der Handschriftenabteilung der Staatsbibliothek zu Berlin für die Übersendung einer Kopie der Postkarte und für die Genehmigung, sie hier abzudrucken.

18/5 98

Sehr geehrter Herr College,    Nehmen Sie meinen Dank für Ihre Abhandlungen, die mich ausserordentlich interessiren und die, wie mir scheint, in der philosophischen Discussion des Zeitbegriffs noch einmal eine Rolle spielen werden. [1]
Besonders merkwürdig ist Ihr allgemeines „Entwickelungsprincip" gegenüber [2]
dem unzulänglichen Entropiesatz. Würden aber bei Berücksichtigung von mehr
als zwei „Zustandsseiten" die Bedingungen vollständiger Kreisprocesse nicht eine mit der Erfahrung verträgliche Gestalt annehmen?

Mit bestem Grusse                    Ihr ergebenster              F. Hausdorff

## Anmerkungen

[1] Es handelt sich vermutlich um folgende Abhandlungen: *Ueber nicht-umkehrbare Vorgänge I*. Annalen der Physik und Chemie **61** (1897), 705–736; *Ueber nicht-umkehrbare Vorgänge II. Gesetze der Widerstandsgrössen*. Annalen der Physik und Chemie **62** (1897), 652–679; *Ein physikalisches Entwickelungsprincip*. Annalen der Physik und Chemie **63** (1897), 154–159; *Ueber nichtumkehrbare Vorgänge III. Die Stellung der Wärme zu den anderen Energieformen; Gesetze der spezifischen Wärme*. Annalen der Physik und Chemie **64** (1898), 519–548.

Die Auseinandersetzung mit der Problematik von Zeit und Raum ist ein zentraler Punkt in HAUSDORFFs philosophischem Werk, insbesondere in seinem erkenntniskritischen Versuch *Das Chaos in kosmischer Auslese* ([H 1898a]). Dies kann hier nicht ausgeführt werden; s. dazu Band VI dieser Edition, ferner Band VII, S. 49–60, 589–886, und EGBERT BRIESKORNs Biographie HAUSDORFFs im Band I, dort insbesondere Kap. 4.

[2]    Die beiden Hauptziele, die WIEDEBURG in seiner dreiteiligen Arbeit *Ueber nicht-umkehrbare Vorgänge* verfolgt, formuliert er eingangs folgendermaßen:

> Ich möchte nun in meinen folgenden Ausführungen einige allgemeine Gesichtspunkte aufstellen, nach denen es sich wohl verlohnt, eine einheitliche, gleichmässige formale Beschreibung des zeitlichen Geschehens auf den verschiedenen Gebieten der Physik anzustreben. [$\cdots$]

> Eine Hauptfrage, die sich bei dem Versuch einer solchen formal gleichen Behandlung der verschiedenen Erscheinungsarten sofort erhebt, ist die: Muss nicht doch etwa von vornherein der einen oder anderen „Energieform" eine Sonderstellung eingeräumt werden? Besitzt nicht insbesondere die *Wärme* Eigenthümlichkeiten, die sie in einen gewissen Gegensatz zu anderen Energiearten setzen, der in der Behandlung der physikalischen Vorgänge zu Tage treten muss? (*Ueber nicht-umkehrbare Vorgänge I.*, S. 706)

Diese Frage hat WIEDEBURG entschieden verneint:

Bei meinen folgenden Darlegungen gehe ich aus von dem Gedanken, dass *auch bei nicht-umkehrbaren Vorgängen die Wärme den anderen Energiearten formal ganz gleich zu behandeln sei.* (Ebd., S. 707)

Eine Zusammenfassung seiner Ansichten gibt WIEDEBURG in dem Artikel *Ein physikalisches Entwickelungsprincip* im Festband für GUSTAV WIEDEMANN zu dessen 50-jährigen Doktorjubiläum (Band 63 der Annalen der Physik und Chemie); auf diesen Artikel rekurriert HAUSDORFF hauptsächlich in der vorliegenden Postkarte. WIEDEBURG betrachtet hier als Beispiel seiner Theorie zwei „Zustandsseiten" eines festen Körpers, thermische und elastische Veränderungen. Wird etwa ein tordierter elastischer Stab thermisch einem Kreiprozeß unterworfen, so wird er sich dabei auch in den elastischen Zustandsgrößen verändern. Diese werden aber erfahrungsgemäß keinen Kreisprozeß beschreiben: sie werden eine Hysterese aufweisen und nicht exakt in den elastischen Zustand vor der thermischen Veränderung zurückkehren. In der von ihm entwickelten Theorie kommt es WIEDEBURG ganz allgemein darauf an, „mannichfache nicht-umkehrbare Erscheinungen näher behandeln und vor allem auch in quantitativen Zusammenhang miteinander bringen" zu können (a. a. O., vgl. Anm. [1], S. 158) und nicht nur einseitig in der Thermodynamik den Effekt der Nicht-umkehrbarkeit mittels der Entropiezunahme zu beschreiben. Es heißt bei ihm abschließend:

> Zusammenfassend können wir sagen, dass *vollständige* Kreisprocesse bei solchen Körpern, für die unsere Grundgleichungen gelten, nicht möglich sind. Nie werden die Verhältnisse *sämmtlicher* Zustandsseiten eines Körpers *gleichzeitig* wieder dieselben, die sie früher einmal waren; sie *verschieben* sich sozusagen gegeneinander. Der Körper als Ganzes tritt uns als ein immer neuer entgegen, was sein quantitativen Verhältnisse anlangt. Er „altert", um nie wieder einen früheren Gesammtzustand anzunehmen.

Nachdem WIEDEBURG argumentiert hat, daß dies auch für Flüssigkeiten und Gase gelten müsse, heißt es weiter:

> Dann können wir in dem geschilderten Verhalten der Körper wohl einen allgemeinen Grundzug physikalischer Vorgänge erblicken, können mit seiner Constatirung eine Art *physikalischen Entwickelungsprincips* aufstellen.

> Man hat schon immer sich bemüht, dem Princip von der Constanz der Energie, das die Bilanz alles Geschehens stets regelt, ein Princip der Entwickelung an die Seite zu setzen. Seit CLAUSIUS und THOMSON sucht man ein solches zu formuliren, indem man die Wärme in einen Gegensatz zu allen anderen Energieformen bringt. Während CLAUSIUS den Satz aufstellte, dass bei allen realen Veränderungen die Entropie der Welt sich nur vermehre, stets einem Maximum zustrebe, glaubte W. THOMSON eine fortwährende „Zerstreuung" aller anderen Energiearten zu Gunsten der thermischen constatiren zu können mit dem „Wärmetod" des Weltalls als Endziel.

Demgegenüber scheint es mir angemessener, die Entwickelung der Er-
scheinungswelt im Zeitenlaufe nicht so sehr einer besonderen Energieform
zu Liebe zu formuliren, indem man deren allmähliches Ueberwiegen behauptet: wir können in der oben angegebenen Weise die Thatsachen der
Erfahrung allgemeiner, directer, von Hypothesen freier und somit in einer
weniger angreifbaren Form darstellen. (a. a. O., vgl. Anm. [1], S. 158–159)

# Käte Wolff

## Korrespondenzpartnerin

KÄTE WOLFF wurde im Mai 1882 in Berlin in einer jüdischen Familie geboren. Sie studierte an der Unterrichtsanstalt des Berliner Kunstgewerbe-Museums und wurde eine anerkannte Meisterin des Scherenschnitts. Ihr Atelier hatte sie in Berlin-Schöneberg. Charakteristisch für ihre Arbeiten ist der ornamentale Rahmen, mit dem sie die figürlichen Darstellungen umgibt. Bekannte Werke sind ihre Mappen *Sechs Schattenbilder* (1915) und *Es war einmal* (1917). 1916 schuf sie den Bilderbogen *Die deutschen Frauen in der Kriegszeit* und beteiligte sich damit an der von Kronprinzessin CECILIE begründeten Kriegskinderspende deutscher Frauen. KÄTE WOLFF hat zahlreiche Kinder- und Märchenbücher illustriert, darunter *Das Schwesterchen, Aus Grimms Märchen, Der Sonnenbaum und andere Märchen, Unser Töchterchen: 14 Erzählungen für Mädchen von 7 – 10, Das Füllhorn der Fee.* 1933 emigrierte sie nach Paris. Sie arbeitete dort unter dem Namen „Lalouve" (Louve: franz. Wolf) für den traditionsreichen Verlag von ERNEST FLAMMARION und illustrierte Bücher wie *Les 12 signes du zodiaque, Théâtre d'ombres: du Père Castor, Images lumineuses* (auch auf Englisch: *Illuminated pictures*), *Contes de fées en images lumineuses, Le Beau Jeu des vitraux.* Während der deutschen Okkupation lebte KÄTE WOLFF im Untergrund. 1946 ging sie nach New York. Sie war gut befreundet mit JULIUS BAB (1880–1955) und seiner Familie. BAB hatte im Kunst- und Geistesleben Berlins eine bedeutende Rolle gespielt und war 1939 über Frankreich nach New York emigriert. KÄTE WOLFF verstarb in New York im September 1968.

## Quelle

Der Brief von KÄTE WOLFF an FELIX HAUSDORFF befindet sich im Nachlaß HAUSDORFFs, Kapsel 61, in der Handschriftenabteilung der Universitäts- und Landesbibliothek Bonn.

## Danksagung

Wir danken der Handschriftenabteilung der ULB Bonn für freundliche Hilfe bei Recherchen und für die Genehmigung, den Brief abzudrucken.

# Brief Käte Wolff ⟶ Felix Hausdorff

Paris, 7. XI. 38

Sehr verehrter, lieber Herr Hausdorff,

[1] wer hätte vor 25 Jahren, als ich auf einem schönen Pfingstausflug, in die Umgebung von Gryps, an meinem Knie ein hartes Ei aufschlug, gedacht, was sich alles in dieser Zeitspanne ereignen würde!

Wie vieles hat sich seit damals geändert! Nur Sie sind wohl noch immer „der schönste Bursch am ganzen Rhein!" wenigstens schrieb mir Elschen Pos-
[2] ner, daß sie Sie unverändert fand, als sie im September bei Ihnen war. – Wer hätte auch gedacht, daß ich mich, ohne es zur „Mutter" gebracht zu haben,
[3] mich seit Monaten „Großmutter" fühle! Mein Vicetöchterchen verriet mir, daß Sie Ihren 70. Geburtstag feiern, da möchte ich nicht verfehlen Ihnen meine allerherzlichsten Glückwünsche zu senden. Mögen Sie und Ihre liebe Frau nur gesund bleiben, dies ist heute ja noch wichtiger denn je, um allem Standhalten zu können. Ich freute mich stets von Elschen P. von Ihnen zu hören, und Sie sind sicher auch so ziemlich auf dem Laufenden über mein Ergehen.

Ich bin, wie von Anfang an, zufrieden im schönen Paris zu sein und arbeiten zu können.

Leben Sie herzlich wohl, verleben Sie einen recht schönen Tag mit Ihren Lieben, die ich alle schönstens grüßen lasse. In alter Freundschaft

Ihre Käte Wolff.

## Anmerkungen

[1]  Mit Gryps ist Greifswald gemeint. Pfingsten 1913 war Hausdorff frisch nach Greifswald berufen worden. Vermutlich hat er Käte Wolff schon früher in den Berliner Künstler- und Intellektuellenkreisen, in denen er gelegentlich auch verkehrte, kennengelernt.

[2]  Zu Else Posner s. Anm. [3] zum Brief von Margarete Flandorffer an Felix Hausdorff vom 6. November 1938 in der Korrespondenz Krbek / Flandorffer in diesem Band.

[3]  Es ist unklar, wen Käte Wolff hier meint.

# Hans (Lot) Wollstein

## Korrespondenzpartner

HANS WOLLSTEIN wurde am 7. März 1895 in Elberfeld als Sohn eines jüdischen Bankdirektors geboren. Die Eltern, die selbst zwei Jahre später aus der jüdischen Gemeinde austraten, ließen ihn evangelisch taufen. Nach dem 1913 bestandenen Abitur begann er eine Banklehre. Mit Beginn des 1. Weltkrieges meldete er sich freiwillig an die Front. Wegen einer Erkrankung war er vom März bis Oktober 1915 vom Kriegsdienst befreit; in dieser Zeit führte er seine Banklehre zu Ende. Danach war er bis Dezember 1918 wieder im Kriegseinsatz. Ab 1919 studierte er Rechts- und Staatswissenschaften in Bonn (vier Semester) und Göttingen (zwei Semester). Im Juni 1921 bestand er das Referendarexamen und im Juli 1921 promovierte er in Göttingen mit der Arbeit *Die rechtliche Natur des Eigentumsübergangs durch Absenden des Stückeverzeichnisses bei der Effekteneinkaufskommission.* Nach den obligatorischen Referendar- und Assessorjahren trat WOLLSTEIN 1926 als Sozius in die angesehene Anwaltskanzlei von Justizrat Dr. JOSEF SCHUMACHER (1848–1927) in der Gluckstraße 12 in Bonn ein. Nach dem Tode von SCHUMACHER führte er die Kanzlei allein weiter. WOLLSTEIN, der unverheiratet blieb, wird als lebensfroher geselliger Mensch geschildert, der in der Bonner Gesellschaft und insbesondere in der evangelischen Kirchengemeinde hoch angesehen war. Er war in den frühen dreißiger Jahren Erster Vorsitzender der „Bonner Liedertafel" und engagierte sich besonders in der kirchlichen Armenpflege. Durch die zunehmenden Schikanen gegen die Juden nach 1933 wurden seine Wirkungsmöglichkeiten mehr und mehr eingeschränkt. Seit 11. Oktober 1938 mußte er seinen jüdischen Vornamen LOT HIOB benutzen (Männer, die keinen der von den Nationalsozialisten als typisch jüdisch eingestuften Vornamen besaßen, mußten den zusätzlichen Vornamen „Israel" annehmen). Ende November 1938 wurde ihm die Anwaltszulassung entzogen. 1939 wurde sein Haus Gluckstraße 12 zu einem „Judenhaus" erklärt, in das Juden, die man aus ihren Wohnungen vertrieben hatte, eingewiesen wurden. Unter diesen neuen Mitbewohnern seines Hauses war der berühmte Bonner Geograph Prof. Dr. ALFRED PHILIPPSON mit Frau und Tochter. Die Familien HAUSDORFF und PHILIPPSON waren befreundet; PHILIPPSON wiederum spricht in seiner Rede zu seinem 80. Geburtstag, die er am 1. Januar 1944 im Konzentrationslager Theresienstadt vor einem kleinen Kreis von Vertrauten hielt, von „unserem lieben Dr. Wollstein, der mir schon in Bonn nahe gekommen ist und mir hier unverbrüchliche Treue bewahrt hat." So könnte die nähere Bekanntschaft HAUSDORFFs mit WOLLSTEIN über PHILIPPSON zustande gekommen sein. WOLLSTEIN blieb – wie HAUSDORFF – von der im Sommer 1941 beginnenden Internierung der Bonner Juden in das Endenicher Kloster „Zur ewigen Anbetung" zunächst verschont. Er wohnte noch in seinem Haus, als HAUSDORFF seinen Abschiedsbrief an ihn schrieb; das erklärt, warum der Brief

überhaupt überdauert hat. Im Frühjahr 1942 bot ein Anwaltskollege WOLL-
STEIN an, ihn nach Holland zu bringen, wo er bei den Jesuiten Unterschlupf
finden könne. WOLLSTEIN lehnte ab, vermutlich um seine Schwester LAURA
nicht allein zurückzulassen. Mit ihr zusammen wurde er am 27. Juli 1942 nach
Theresienstadt deportiert. Im Herbst 1944 wurde er nach Auschwitz verbracht
und dort ermordet. Sein Todesdatum ist nicht bekannt. Am 5. Mai 1945 wurde
er in Bonn für tot erklärt.

## Quelle

Der Abschiedsbrief FELIX HAUSDORFFs an HANS WOLLSTEIN befindet sich
im Nachlaß von ERICH BESSEL-HAGEN (zu BESSEL-HAGEN s. die Angaben bei
den Briefen HAUSDORFFs an ihn in diesem Band). Dieser Nachlaß befand sich
im Archiv der Universität Bonn; er befindet sich jetzt in der Handschriftenabteilung der Universitäts- und Landesbibliothek Bonn.

## Bemerkungen

Der Abschiedsbrief HAUSDORFFs wurde von Herrn Prof. Dr. ERWIN NEUEN-
SCHWANDER (Zürich) bei Arbeiten mit dem Nachlaß BESSEL-HAGEN entdeckt;
s. dazu: NEUENSCHWANDER, E.: *Felix Hausdorffs letzte Lebensjahre nach Dokumenten aus dem Bessel-Hagen-Nachlaß*. In: BRIESKORN, E. (Hrsg.): *Felix
Hausdorff zum Gedächtnis. Aspekte seines Werkes*, Braunschweig/Wiesbaden
1996, S. 253–270. Der Abschiedsbrief ist dort als Anhang 1 transkribiert (S. 263–
264) und als Faksimile (S. 265–267) abgedruckt.

Die biographischen Daten zu Dr. HANS WOLLSTEIN sind einer Kurzbiographie entnommen, welche in der „Gedenkstätte für die Bonner Opfer des Nationalsozialismus – An der Synagoge e. V." von Herrn KARL GUTZMER (1924–
2007) erarbeitet wurde.

## Danksagung

Ein herzlicher Dank geht an Frau ASTRID MEHMEL, Leiterin der „Gedenkstätte
für die Bonner Opfer des Nationalsozialismus – An der Synagoge e. V.", für
Hilfe bei den Recherchen und für die Bereitstellung von unveröffentlichten Manuskripten und Literatur.

**Brief** (Abschiedsbrief)  Felix Hausdorff ⟶ Hans (Lot) Wollstein

Bonn, 25. Jan. 1942

Lieber Freund Wollstein!

Wenn Sie diese Zeilen erhalten, haben wir Drei das Problem auf andere Weise gelöst – auf die Weise, von der Sie uns beständig abzubringen versucht haben. [1] Das Gefühl der Geborgenheit, das Sie uns vorausgesagt haben, wenn wir erst einmal die Schwierigkeiten des Umzugs überwunden hätten, will sich durchaus nicht einstellen, im Gegenteil:

auch Endenich
Ist noch vielleicht das Ende nich! [2]

Was in den letzten Monaten gegen die Juden geschehen ist, erweckt begründete Angst, dass man uns einen für uns erträglichen Zustand nicht mehr erleben lassen wird.

Sagen Sie Philippsons, was Sie für gut halten, nebst dem Dank für ihre [3] Freundschaft (der vor allem aber Ihnen gilt). Sagen Sie auch Herrn Mayer unseren herzlichen Dank für alles, was er für uns getan hat und gegebenenfalls noch getan haben würde; wir haben seine organisatorischen Leistungen und Erfolge aufrichtig bewundert und hätten uns, wäre jene Angst nicht, gern in seine Obhut gegeben, die ja ein Gefühl relativer Sicherheit mit sich gebracht hätte, – leider nur einer relativen. [4]

Wir haben mit Testament vom 10. Okt. 1941 unseren Schwiegersohn Dr. Arthur König, Jena, Reichardtstieg 14, zum Erben eingesetzt. Helfen Sie ihm, so- [5] weit Sie können, lieber Freund! helfen Sie auch unserer Hausangestellten Minna Nickol oder wer sonst Sie darum bittet; unseren Dank müssen wir ins Grab mitnehmen. Vielleicht können nun die Möbel, Bücher usw. noch über den 29. Jan. (unseren Umzugstermin) im Hause bleiben; vielleicht kann auch Frau Nickol noch bleiben, um die laufenden Verbindlichkeiten (Rechnung der Stadtwerke u.s.w.) abzuwickeln. – Steuerakten, Bankkorrespondenz u. dgl., was Arthur braucht, befindet sich in meinem Arbeitszimmer.

Wenn es geht, wünschen wir mit Feuer bestattet zu werden und legen Ih- [6] nen drei Erklärungen dieses Inhalts bei. Wenn nicht, dann muss wohl Herr Mayer oder Herr Goldschmidt das Notwendige veranlassen\*. Für Bestreitung [7] der Kosten werden wir, so gut es geht, sorgen; meine Frau war übrigens in einer evangelischen Sterbekasse – die Unterlagen dazu befinden sich in ihrem Schlafzimmer. Was augenblicklich an der Kostendeckung noch fehlt, wird unser Erbe oder Nora übernehmen.

Verzeihen Sie, dass wir Ihnen über den Tod hinaus noch Mühe verursachen; ich bin überzeugt, dass Sie tun, was Sie tun *können* (und was vielleicht nicht

---

\*Meine Frau und meine Schwägerin sind aber evangelischer Konfession.

sehr viel ist). Verzeihen Sie uns auch unsere Desertion! Wir wünschen Ihnen und allen unseren Freunden, noch bessere Zeiten zu erleben.

Ihr treu ergebener

Felix Hausdorff

## Anmerkungen

[1] Mitte Januar 1942 erhielten FELIX HAUSDORFF, seine Frau CHARLOT-TE (geb. 7. September 1873) und die seit September 1938 bei ihnen lebende Schwester seiner Frau, EDITH, geschiedene PAPPENHEIM (geb. 21. März 1883), die Aufforderung, am 29. Januar 1942 in das Sammellager für Juden in Endenich (vgl. Anm. [2]) umzuziehen. Am Abend des 25. Januar nahmen sie alle eine Überdosis Veronal. FELIX und CHARLOTTE HAUSDORFF verstarben am 26. Januar. EDITH PAPPENHEIM verstarb am 29. Januar, ohne das Bewußtsein wiedererlangt zu haben.

[2] Am 30. April 1941 beschlagnahmte die Bonner Gestapo das Kloster „Zur ewigen Anbetung", auch Kloster „Maria Hilf" genannt, in der Kapellenstraße 6 in Bonn-Endenich. Die dort lebenden Benediktinerinnen wurden in andere Klöster oder in umliegende Krankenhäuser verbracht. Das Kloster wurde dann in ein Sammellager umfunktioniert, in das ab Mitte Juni 1941 die Juden aus Bonn und Umgebung zwangsweise eingewiesen wurden. Das Lager war ständig überbelegt; zeitweise mußten sich über 380 Personen die Zellen teilen, in denen zuvor etwa 140 Nonnen gelebt hatten. Die Versorgungslage, insbesondere mit Lebensmitteln, war schlecht, die hygienischen Bedingungen und die medizinische Versorgung waren katastrophal. Die Strom- und Wasserversorgung waren häufig unterbrochen. Der Tagesablauf war streng reglementiert. Arbeitsfähige Männer und Frauen mußten Zwangsarbeit leisten. Der Kontakt zur übrigen Bevölkerung wurde weitgehend unterbunden. Im Juni 1942 begannen die Deportationen, teilweise direkt zu Ermordungsstätten in den Wäldern Weißrußlands oder in Vernichtungslager, teilweise in das KZ Theresienstadt. Nur elf der insgesamt 479 in Endenich internierten Juden überlebten den Holocaust. Zum Lager Endenich s. auch: „Deportiert aus Endenich", Katalog zur Ausstellung „··· auch Endenich ist noch vielleicht das Ende nich!" im Juli 1992 in Bonn, ferner MEHMEL, ASTRID; SEIDER, SANDRA: Katalog zur Ausstellung „Deportation von Kindern und Jugendlichen aus Bonn", Bonn 2009 (beide Kataloge herausgegeben vom Veranstalter der Ausstellungen, der „Gedenkstätte für die Bonner Opfer des Nationalsozialismus – An der Synagoge e. V."). Die Gedenkstätte bereitet zum Lager Endenich unter dem Titel "Auch Endenich ist noch vielleicht das Ende nich!" eine umfangreiche, sorgfältig recherchierte Dokumentation vor, die voraussichtlich 2012 erscheinen wird.

[3] ALFRED PHILIPPSON, Sohn des Rabbiners und Publizisten LUDWIG PHILIPPSON (1811–1889) wurde am 1. Januar 1864 in Bonn geboren. Nach dem Studium der Geographie, Geologie, Mineralogie und Nationalökonomie in Bonn und Leipzig promovierte er 1886 in Leipzig. 1891 habilitierte er sich in Bonn

und wurde Privatdozent, ab 1899 mit dem Titel Professor. Nach Ordinariaten in Bern (ab 1904) und Halle/Saale (ab 1906) übernahm er zum Sommersemester 1911 den Lehrstuhl für Geographie an der Universität Bonn. Hier wirkte er bis zu seiner Emeritierung im Jahre 1929. Das Geographische Institut in Bonn wurde unter seiner Leitung mit der mustergültigen Bibliothek, der Kartensammlung, den Seminarräumen und der umfangreichen Exkursionstätigkeit eines der modernsten geographischen Institute in Deutschland. Am 14. Juni 1942 wurden ALFRED PHILIPPSON, seine Frau MARGARETHE und seine Tochter DORA nach kurzen Aufenthalten in den Sammellagern Bonn-Endenich und Köln-Deutz in das Konzentrationslager Theresienstadt deportiert. Auf Intervention des schwedischen Geographen SVEN HEDIN (1865–1952) erhielten PHILIPPSONs gewisse Hafterleichterungen. Sie überlebten das Konzentrationslager und kehrten am 10. Juli 1945 nach Bonn zurück. ALFRED PHILIPPSON nahm ungeachtet seines hohen Alters seine Lehrtätigkeit an der Universität wieder auf. Hochgeehrt verstarb er am 28. März 1953.

PHILIPPSONs Hauptarbeitsgebiet war die Länderkunde, insbesondere Griechenlands und des Mittelmeerraumes (*Das Mittelmeergebiet, seine geographische und kulturelle Eigenart* (1904, ⁴1922), *Das byzantinische Reich als geographische Erscheinung* (1939), *Die Griechischen Landschaften. Eine Landeskunde* (vier Bände 1950–1952)). In Theresienstadt schrieb Philippson seine Lebenserinnerungen „Wie ich zum Geographen wurde", im Druck herausgegeben von H. BÖHM und A. MEHMEL, Bonn 1996, 2. Auflage mit vollständigem Schriftenverzeichnis, Bonn 2000. Zu PHILIPPSON s. ferner: MEHMEL, A.: *Alfred Philippson*, NDB **20** (2001), S. 399 f.; MEHMEL, A.: *Alfred Philippson (1. 1. 1864 – 28. 3. 1953) – ein deutscher Geograph*. Aschkenas. Zeitschrift für Geschichte und Kultur der Juden **8** (1998), 353–379.

[4]  SIEGMUND MAYER wurde am 6. Dezember 1883 in Graurheindorf bei Bonn als Sohn eines jüdischen Metzgermeisters geboren. Er studierte Jura und betrieb nach den bestandenen Examina in seinem Wohnhaus in der Meckenheimer Straße 30 in Bonn eine Rechtsanwaltskanzlei. Er war ein in Bonn bekannter Strafverteidiger und wirkte für die Bonner Jurastudenten auch als Repetitor. Bereits am 1. April 1933 wurde ihm die Anwaltstätigkeit verboten. MAYER und seine Frau HILDE gehörten zu den ersten Bonner Juden, die schon Mitte Juni 1941 in das Sammellager Endenich eingewiesen wurden. Wie auch in den anderen Sammellagern im Deutschen Reich waren die Juden in Endenich verpflichtet, sich selbst zu verwalten. Als Leiter dieser Selbstverwaltung setzte die Bonner Gestapo SIEGMUND MAYER ein; seine offizielle Bezeichnung war „Leiter der Judengemeinschaft Kapellenstraße 6". Zu seinen Aufgaben gehörte die Zimmerzuteilung an die neu eingewiesenen Bewohner, der Einkauf und die Verteilung von Lebensmitteln und Gebrauchsgegenständen, die Organisation eines geregelten Ablaufs des Lageralltags und die Erteilung von Genehmigungen zum zeitweiligen Verlassen des Lagers. Darüber hinaus war er für alle Verhandlungen mit der Gestapo und den städtischen Behörden sowie für die reibungslose Abwicklung der Transporte aus dem Lager zuständig und mußte für diese

Transporte Deportationslisten erstellen. Mit dem letzten Transport am 27. Juli 1942 wurde das Ehepaar MAYER nach Theresienstadt deportiert. Im Herbst 1944 wurde SIEGMUND MAYER nach Auschwitz verbracht und dort ermordet. Er wurde später mit Wirkung vom 17. Oktober 1944 für tot erklärt. Seine Frau HILDE (geb. 1915) kam über Auschwitz nach Bergen-Belsen. Sie überlebte das Konzentrationslager und kehrte nach ihrer Befreiung nach Bonn zurück.

[5] Zu ARTHUR KÖNIG s. die Rubrik Korrespondenzpartner beim Brief HAUS-DORFFs an KÖNIG in diesem Band.

[6] FELIX und CHARLOTTE HAUSDORFF sowie EDITH PAPPENHEIM wurden mit Feuer bestattet. Ihre letzte Ruhestätte befindet sich auf dem Friedhof in Bonn-Poppelsdorf.

[7] EMIL GOLDSCHMIDT (1873–1942) betrieb in Bonn einen Lebensmittel-handel. Er wurde im Rahmen der Einweisung der Juden in sogenannte „Ju-denhäuser" gezwungen, seine Wohnung aufzugeben und am 31. Mai 1940 in das zum „Judenhaus" erklärte Haus des Rechtsanwalts MAYER in der Mecken-heimer Straße 30 einzuziehen. Am 18. Juni 1941 erfolgte die Einweisung in En-denich. Es ist zu vermuten, daß er MAYER dort in der Verwaltung unterstützt hat, besonders was die Beschaffung von Lebensmitteln betrifft. GOLDSCHMIDT wurde am 14. Juni 1942 nach Theresienstadt deportiert und von dort aus am 19. September 1942 in das Vernichtungslager Treblinka verbracht. Dort wurde er ermordet.

# Wilhelm Wundt

## Korrespondenzpartner

WILHELM MAX WUNDT wurde am 16. August 1832 in Neckarau bei Mannheim in der Familie eines evangelischen Pastors geboren. Er studierte von 1851 bis 1856 Medizin in Tübingen und Heidelberg, vor allem bei dem Anatomen und Physiologen FRIEDRICH ARNOLD (1803–1890), einem Bruder seiner Mutter. In Heidelberg studierte er auch Chemie bei ROBERT BUNSEN und veröffentlichte bereits als Student 1853 eine Arbeit über den Kochsalzgehalt des Harns im „Journal für praktische Chemie". 1856 promovierte WUNDT mit der Arbeit *Untersuchungen über das Verhalten der Nerven in entzündeten und degenerierten Organen.* Danach studierte er noch ein Semester bei dem berühmten Physiologen JOHANNES MÜLLER in Berlin. Anschließend habilitierte er sich in Heidelberg (1857) und wurde dort Privatdozent; daneben arbeitete er von 1858 bis 1863 als Assistent bei HERMANN VON HELMHOLTZ. 1864 wurde er Extraordinarius in Heidelberg und 1874 Ordinarius für induktive Philosophie an der Universität Zürich. Nach einem Jahr in Zürich folgte er bereits 1875 einem Ruf als Ordinarius für Philosophie an die Universität Leipzig. Dort lehrte er bis ins hohe Alter; erst 1917 gab er sein Lehramt auf. Im akademischen Jahr 1890 war er Rektor der Leipziger Universität. WUNDT zog sich gegen Ende seines Lebens nach Großbothen bei Leipzig zurück, wo auch WILHELM OSTWALD seinen Alterssitz hatte. Er starb am 31. August 1920 in Großbothen.

WUNDT hatte sich am Beginn seiner Laufbahn eingehend mit der Physiologie beschäftigt. Drei seiner frühen Werke können diesem Gebiet zugeordnet werden: *Die Lehre von den Muskelbewegungen* (1858), *Lehrbuch der Physiologie des Menschen* (1865; vier Auflagen), *Handbuch der medizinischen Physik* (1867). Sein Lebenswerk ist jedoch die Begründung der Psychologie als eigenständige wissenschaftliche Disziplin. Schon als klinischer Assistent noch vor der Promotion beschäftigte er sich mit dem Tastsinn und als Assistent von HELMHOLTZ mit optischen Erscheinungen und dem Gesichtssinn. Aus diesen Studien gingen seine *Beiträge zur Theorie der Sinneswahrnehmung* hervor, die 1862 gesammelt als Buch erschienen. 1863 publizierte er seine *Vorlesungen über die Menschen- und Thierseele* und 1874 die *Grundzüge der physiologischen Psychologie.* Diese Werke gingen von der Forderung aus, daß die Psychologie eine exakte Wissenschaft auf der Grundlage naturwissenschaftlich fundierter Experimente sein müsse. Die Leipziger Universität, an die er 1875 kam, hatte in dieser Hinsicht mit ERNST HEINRICH WEBER und GUSTAV THEODOR FECHNER bedeutende Vordenker, und WUNDT schätzte sich glücklich, diese Gelehrten noch persönlich kennengelernt zu haben. 1879 gründete er in Leipzig das weltweit erste Institut für experimentelle Psychologie. Aus diesem Institut gingen zahlreiche bedeutende Gelehrte hervor. Die Arbeiten des Instituts gab WUNDT in einer Hausschrift heraus: „Philosophische Studien" (1881–1902; 20 Bände) und „Psychologische

Studien" (1905–1917; 10 Bände). Die *Grundzüge der physiologischen Psychologie* von 1874 wuchsen mit Hilfe der Mitarbeiter des Instituts bis zur 6. Auflage (1908–1911) auf drei umfangreiche Bände an.

Die Seele ist nach WUNDT keine eigene Substanz, kein vom Körper unabhängiges Wesen; es gibt keine Bewußtseinsvorgänge, die nicht an physische Vorgänge gebunden sind. Andererseits lehnt er den vulgärmaterialistischen Reduktionismus ab, der meint, psychische Erscheinungen auf gehirnphysiologische Vorgänge reduzieren zu können. Seiner Auffassung liegt das Prinzip des psychophysischen Parallelismus zugrunde: gewissen physischen Vorgängen entsprechen gewisse psychische Vorgänge, sie laufen sozusagen parallel, aber sie sind weder identisch noch können sie aufeinander zurückgeführt oder ineinander überführt werden. Psychische Vorgänge haben eine eigene Kausalität, die nicht aus körperlichen Vorgängen abgeleitet werden kann.

Schon früh hatte sich WUNDT über die Individualpsychologie hinaus mit der sogenannten Völkerpsychologie befaßt, mit Sprache, Mythos, Sitten, Riten, Kunst und Religion der verschiedenen Völker. Ab 1900 begann er diese Thematik systematisch auszuarbeiten; von 1900 bis 1920 erschien seine *Völkerpsychologie* in zehn Bänden. Zu erwähnen sind auf psychologischem Gebiet noch das Lehrbuch *Grundriß der Psychologie* (1896) und die mehr populäre *Einleitung in die Psychologie* (1911; zahlreiche Auflagen). WUNDT war auch ein sehr produktiver und beachteter philosophischer Autor; genannt seien *Logik. Eine Untersuchung der Principien der Erkenntniss und der Methoden wissenschaftlicher Forschung* (2 Bände, 1880, 1883); *Ethik. Eine Untersuchung der Thatsachen und Gesetze des sittlichen Lebens* (1886); *System der Philosophie* (1889); *Einleitung in die Philosophie* (1901); *Die Nationen und ihre Philosophie* (1915).

## Quelle

Die Karte befindet sich im Universitätsarchiv Leipzig im Nachlaß WUNDT unter der Signatur Briefe 1601/82.

## Danksagung

Wir danken dem Universitätsarchiv Leipzig für die Bereitstellung einer Kopie der Karte und für die Erlaubnis, sie hier abzudrucken.

# DR. FELIX HAUSDORFF
## A. O. PROFESSOR AN DER UNIVERSITÄT

spricht Ihnen, sehr verehrter Herr Geheimer Rath, zum 70. Geburtstage die
herzlichsten Glückwünsche aus.                                                    [1]

LEIPZIG                                                          LEIBNIZSTR. 4

## Anmerkung

[1]  WILHELM WUNDT feierte am 16. August 1902 seinen 70. Geburtstag. Eine nähere persönliche Bekanntschaft HAUSDORFFs mit WUNDT hat vermutlich
nicht bestanden; jedenfalls gibt es keine Quellen, die auf eine solche hinweisen. HAUSDORFF hat auch während seiner Leipziger Studienjahre keine Vorlesung bei WUNDT besucht. Beziehungen zur WUNDTschen Schule der experimentellen Psychologie gab es aber hier und da. So hat sich HAUSDORFF im
Sommersemester 1888 in Freiburg an Experimenten, die der WUNDT-Schüler
HUGO MÜNSTERBERG (1863–1916) mit dem von WUNDT konstruierten „Zeit-
gedächtnisapparat" durchführte, aktiv beteiligt (eine detaillierte Darstellung
dieser Experimente gibt EGBERT BRIESKORN in der Biographie HAUSDORFFs
(Band I B dieser Edition) im Kapitel 3, Abschnitt „Die zwei Semester in Freiburg und Berlin"). Später hat HAUSDORFF den bedeutendsten Statistiker der
WUNDTschen Schule, CHARLES SPEARMAN (1863–1945), bei wahrscheinlich-
keitstheoretischen Fragestellungen unterstützt (vgl. Band V dieser Edition, S.
559).

# Ernst Zermelo

## Korrespondenzpartner

ERNST ZERMELO wurde am 27. Juli 1871 als Sohn eines Gymnasialprofessors in Berlin geboren. Er studierte von 1889 bis 1894 in Berlin, Halle und Freiburg Mathematik, Physik und Philosophie und promovierte 1894 in Berlin bei HERMANN AMANDUS SCHWARZ mit einer Arbeit über Variationsrechnung. Von Dezember 1894 bis September 1897 arbeitete er als Assistent von MAX PLANCK am Institut für Theoretische Physik. Anschließend setzte er seine Studien in Göttingen fort, habilitierte sich dort 1899 und wurde Privatdozent, ab 1905 mit dem Titel Professor. 1910 wurde ZERMELO Ordinarius an der Universität Zürich. Diese Position mußte er bereits 1916 aus gesundheitlichen Gründen aufgeben. 1921 siedelte er nach Freiburg im Breisgau über, wo er 1926 Honorarprofessor wurde und in der Folgezeit ein breitgefächertes Pensum an Vorlesungen absolvierte. Da er dem nationalsozialistischen Regime kritisch gegenüberstand und den Hitlergruß verweigerte, wurde er 1935 zum Verzicht auf seine Honorarprofessur gezwungen. 1946 rehabilitiert, konnte er wegen seiner angegriffenen Gesundheit die Vorlesungstätigkeit nicht wieder aufnehmen. ZERMELO starb am 21. Mai 1953 in Freiburg.

In seiner Dissertation dehnte ZERMELO WEIERSTRASS' Methode, Extrema von Integralen über einer Klasse von Kurven $x = \varphi(t)$, $y = \psi(t)$ zu bestimmen, auf den Fall aus, daß der Integrand von Ableitungen von $x$ und $y$ bis zu einer beliebigen Ordnung $n$ abhängt. Diese Arbeit hat in der weiteren Entwicklung der Variationsrechnung eine bedeutende Rolle gespielt. In seiner Zeit als Assistent bei PLANCK wurde ZERMELO durch seinen „Wiederkehreinwand" gegen die BOLTZMANNsche auf der statistischen Mechanik beruhende Herleitung des zweiten Hauptsatzes der Thermodynamik unter Physikern schlagartig bekannt; allerdings hat in dieser Kontroverse BOLTZMANN schließlich recht behalten. In seiner Habilitationsschrift behandelte ZERMELO das Problem der Wirbelbewegung von Flüssigkeiten auf der Kugeloberfläche; er hatte dabei durchaus auch Anwendungen auf die Meteorologie im Sinn, wie er überhaupt sein Leben lang immer wieder Interesse an konkreten Anwendungen der Mathematik bezeugte und gelegentlich einschlägige Arbeiten publizierte. 1904 bewies ZERMELO den Wohlordnungssatz und löste damit eines der großen offenen Probleme der CANTORschen Mengenlehre. Das von ihm explizit formulierte und in dem Beweis wesentlich benutzte Auswahlaxiom löste heftige Kontroversen aus. ZERMELO ging 1908 auf alle ihm bekannt gewordenen Einwände ein und lieferte einen zweiten modifizierten Beweis des Wohlordnungssatzes. Im selben Jahr publizierte er seinen Vorschlag zur Axiomatisierung der Mengenlehre. Eine solche axiomatische Begründung gerade der Mengenlehre war deshalb von besonderer Bedeutung, weil sie geeignet war, die Antinomien der Mengenlehre, die CANTOR schon lange kannte und die unabhängig von ihm BURALI-FORTI, ZERMELO selbst und RUSSELL entdeckt hatten, zu vermeiden und das ganze Gebäude auf sichere

Fundamente zu stellen. Gewisse Schwächen des ZERMELOschen Systems, die insbesondere mit seinem Begriff der definiten Eigenschaft zusammenhingen, wurden später von A. FRAENKEL und TH. SKOLEM behoben. Das ZERMELO-FRAENKELsche Axiomensystem (ZF) ist heute einer der Standardzugänge zur Mengenlehre. Eine Arbeit ZERMELOs über das Schachspiel gilt als eine der Pionierarbeiten zur Spieltheorie. Besondere Verdienste erwarb sich ZERMELO als Herausgeber der Gesammelten Werke von GEORG CANTOR (1932). Seit 2007 existiert eine außerordentlich gründlich gearbeitete und detailreiche Biographie ZERMELOs: EBBINGHAUS, H.-D.: *Ernst Zermelo. An Approach to His Life and Work.* Springer, Berlin – Heidelberg 2007.

## Quelle

Der Brief HAUSDORFFs an ZERMELO befindet sich im Nachlaß ZERMELO im Archiv der Universität Freiburg.

## Danksagung

Wir danken der Leitung des Archivs der Universität Freiburg für die Bereitstellung einer Kopie des Briefes und für die Erlaubnis, ihn hier abzudrucken.

**Brief** Felix Hausdorff $\longrightarrow$ Ernst Zermelo

Bonn, Hindenburgstr. 61
17. 6. 23

Lieber Herr College!

Ich halte es nicht für Indiscretion, die Anfrage von Schoenflies im Original beizulegen; Sie sind wohl so freundlich, die Antwort an mich zu richten!　　[1]

Es wird Sie vielleicht interessiren, dass mein Buch über Mengenlehre ausverkauft ist und der Verleger eine zweite, allerdings verkürzte Auflage (in Göschens Lehrbücherei) vorschlägt. Das stimmt auch mit meinen eigenen Wünschen　[2] überein; ich hoffe die Sache beim zweiten Mal erheblich einfacher und eleganter zu machen (auch in den Bezeichnungen). Das Meiste über geordnete Mengen werde ich 'raus schmeissen und dafür mehr über Punktmengen bringen. Etwai-　[3] ge Rathschläge, die Sie mir ertheilen können oder wollen, werden mit grösstem Dank entgegen genommen (welches eigentlich der Zweck dieser Mittheilung ist)! Z. B. gedenke ich wahrscheinlich Ihr $\varepsilon$ ($a \varepsilon A$) wieder in Gnaden aufzunehmen, nachdem ich es damals nur wegen Collision mit dem traditionellen Epsilontik-$\varepsilon$ verschmäht hatte.　　[4]

Mit besten Grüssen, auch von meiner Frau,

Ihr ergebener

F. Hausdorff

### Anmerkungen

[1]　Es geht weder aus dem Brief noch aus anderen Quellen hervor, welche Anfrage Schoenflies an Hausdorff gerichtet haben könnte.

[2]　Zu den äußeren Umständen der Entstehung des Buches *Mengenlehre* ([H 1927a]), welches als zweite Auflage von *Grundzüge der Mengenlehre* ([H 1914a]) deklariert, aber ein vollkommen neues Buch war, s. Band III dieser Edition, S. 1 und S. 10–11.

[3]　Die gravierendsten Änderungen in *Mengenlehre* gegenüber den *Grundzügen* waren folgende:

1. Die gesamte, über Cantor weit hinausgehende, höhere Theorie der geordneten Mengen, die Hausdorff selbst in den Jahren 1904–1909 geschaffen hatte (s. dazu Teil I von Band I dieser Edition), und deren wesentlichste Resultate in die *Grundzüge* eingeflossen waren, fiel weg.

2. Die Theorie der topologischen Räume, die Hausdorffs originellste und einflußreichste Leistung in den *Grundzügen* war, wurde in *Mengenlehre* nur kurz in einem Paragraphen gestreift. Die Punktmengentheorie wurde fast ausschließlich nur für metrische Räume entwickelt. Dafür wurde aber in diesem Buch erstmals der aktuelle Stand der deskriptiven Mengenlehre monographisch

dargestellt; das hatte HAUSDORFF im Sinn, wenn er hier ankündigt, „mehr über Punktmengen bringen" zu wollen.

3. Die Maß- und Integrationstheorie entfiel ganz, weil es mittlerweile mehrere gute Lehrbücher für dieses Gebiet gab und HAUSDORFF mit der Umfangsbeschränkung zu kämpfen hatte.

Ausführlicher ist all dies dargestellt in der historischen Einführung zum Wiederabdruck der *Mengenlehre* im Band III dieser Edition, S. 1–40.

[4] In *Grundzüge der Mengenlehre* hatte HAUSDORFF für die Elementbeziehung $a \in A$ keine Formelsymbolik eingeführt, sondern diese Beziehung immer mit Worten ausgedrückt. In *Mengenlehre* verwendete er $a \, \varepsilon \, A$, wie hier im Brief angekündigt.

# Theodor Ziehen

## Korrespondenzpartner

THEODOR ZIEHEN wurde am 12. November 1862 in Frankfurt am Main geboren. Sein Vater leitete die literarische Unterhaltungsbeilage einer Frankfurter Zeitung und mußte sich nach deren Einstellung 1866 als Privatlehrer durchschlagen. ZIEHEN studierte von 1881 bis 1885 Medizin in Würzburg und Berlin und promovierte im Juli 1885 in Berlin mit der Dissertation *Über die Krämpfe in Folge elektrischer Reizung der Großhirnrinde*. Danach arbeitete er für einige Zeit als Voluntärarzt in einer Irrenanstalt in Görlitz. 1886 ging er als Oberarzt an die Nervenklinik der Universität Jena, wo er sich unter OTTO BISWANGER 1887 mit der Arbeit *Sphygmographische Untersuchungen an Geisteskranken* habilitierte. 1892 wurde er zum Extraordinarius ernannt. Von 1900 bis 1903 wirkte er als Ordinarius für Psychiatrie in Utrecht. 1903 wurde er als Professor für Psychiatrie und Neuropathologie nach Halle/Saale berufen, wechselte aber bereits 1904 als Ordinarius und Direktor der Nervenklinik der Charité an die Universität Berlin. 1912 bat er um Entlassung aus diesem Amt, um sich als Privatgelehrter in Wiesbaden der psychologischen Forschung und der Philosophie zu widmen. 1917 nahm er einen Ruf als ordentlicher Professor der Philosophie unter besonderer Berücksichtigung der Psychologie an die Universität Halle an. Dort wirkte er bis zu seiner Emeritierung im Jahre 1930. Er lebte danach wieder in Wiesbaden, wo er am 29. Dezember 1950 verstarb.

ZIEHEN befaßte sich zunächst mit Neurologie, insbesondere mit der Anatomie und Physiologie des Zentralnervensystems verschiedener Säugetiere und des Menschen (*Das Centralnervensystem der Cetaceen nebst Untersuchungen über die vergleichende Anatomie des Gehirns bei Placentaliern* (1889, mit W. KÜKENTHAL); *Das Centralnervensystem der Monotremen und Marsupialier* (1897); *Anatomie des Centralnervensystems*. In: *Handbuch der Anatomie des Menschen* (1899 ff.). Daneben widmete er sich der Psychologie und arbeitete sich insbesondere in das Gebiet der experimentellen Psychologie ein. 1891 erschien sein *Leitfaden der physiologischen Psychologie*, ohne Zweifel sein erfolgreichstes Buch (12 deutsche Auflagen, 7 Auflagen der englischen Übersetzung, Übersetzungen ins Holländische und Serbische). 1894 erschien das ebenfalls erfolgreiche Lehrbuch *Psychiatrie für Ärzte und Studierende* (vier Auflagen). Eine Verbindung von Psychologie und Erkenntnistheorie versuchte ZIEHEN in seinem Werk *Psychophysische Erkenntnistheorie* (1898) und in der 1914 publizierten *Erkenntnistheorie auf psychophysiologischer und physikalischer Grundlage* herzustellen. Eine zweite, völlig umgearbeitete Auflage des letzteren Buches erschien unter dem Titel *Erkenntnistheorie* in zwei Bänden (1934, 1939). Weitere Ergebnisse seiner philosophischen Studien sind u. a. die folgenden Werke: *Das Verhältnis der Logik zur Mengenlehre* (1917; um dieses Werk geht es in den vorliegenden Briefen); *Lehrbuch der Logik auf positivistischer Grundlage mit Berücksichtigung der Geschichte der Logik* (1920, 1974²); *Grundlagen der Naturphiloso-*

*phie* (1922); *Vorlesungen über Ästhetik* (2 Bände 1923, 1925); *Die Grundlagen der Religionsphilosophie* (1928)). Besonders bekannt wurde er auch durch seine kinder- und jugendpsychiatrischen Untersuchungen (*Die Geisteskrankheiten einschließlich des Schwachsinns und die psychopathischen Konstitutionen im Kindesalter* (2 Bände 1915, 1917); *Das Seelenleben der Jugendlichen* (1923)) und durch seine Arbeiten zur psychologischen Diagnostik (*Die Prinzipien und Methoden der Intelligenzprüfung* (1908); *Die Grundlagen der Charakterologie* (1930)). ZIEHEN verfaßte neben seinen Büchern eine Fülle von Zeitschriftenaufsätzen und zahlreiche Artikel in Sammelwerken, Handbüchern, Lexika und Enzyklopädien. Von 1899 bis 1944 war er Mitherausgeber der „Zeitschrift für Psychologie".

## Quelle

Die beiden Briefe HAUSDORFFs an ZIEHEN befinden sich im Nachlaß THEODOR ZIEHEN im Privatbesitz seiner Nachfahren.

## Danksagung

Herr AUGUST HERBST (Münster), der sich mit Leben und Werk THEODOR ZIEHENs eingehend befaßt hat, entdeckte die Briefe HAUSDORFFs im Nachlaß ZIEHEN und stellte uns Kopien dieser Briefe zur Verfügung. Er publizierte Transkriptionen der Briefe im Internet auf der homepage http://www.storkherbst.de und erlaubte uns den Wiederabdruck unter Hinweis auf Copyright ©August Herbst. Ferner konnten wir bei obigen Ausführungen zum Korrespondenzpartner auf seine Studien, insbesondere zur Biographie und Bibliographie ZIEHENs, zurückgreifen. Für all diese Unterstützung sagen wir Herrn HERBST herzlichen Dank.

Greifswald, Graben 5
27. Febr. 1917

Sehr geehrter Herr Geheimrath!

Es freut mich sehr, dass die von Ihnen wieder aufgenommenen philosophischen Forschungen Sie auch in die Nähe meiner geliebten Mengenlehre führen. Vor der Beantwortung Ihrer Fragen möchte ich nur bemerken, dass die Definition der „Folge" nicht meine Erfindung, sondern die in der Mathematik übliche ist. [1]

Meine Erklärung, dass *jeder* natürlichen Zahl *ein* Ding entspricht, möchte ich genau in diesem Sinne festhalten. Die Theilfolge

$$a_{p_1}, a_{p_2}, \ldots, a_{p_n}, \ldots$$

ist nichtsdestoweniger wieder eine Folge: insofern nämlich *jeder* natürlichen Zahl $n$ das Ding $a_{p_n}$ zugeordnet wird (nicht, insofern *gewissen* natürlichen Zahlen $p$, nämlich für $p = p_1, p_2, \ldots$, das Ding $a_p$ zugeordnet wird).

Bei einer Mengenfolge ferner

$$M_1, M_2, \ldots, M_n, \ldots$$

wird jeder natürlichen Zahl $n$ auch nur *ein* Ding zugeordnet, nämlich die Menge $M_n$; nur indirect werden dann, wenn $M_n = \{a_n, b_n, \ldots\}$ aus mehreren Elementen besteht, der Zahl $n$ mehrere Dinge $a_n, b_n, \ldots$ zugeordnet, aber diese vermittelte mehrdeutige Zuordnung ist nicht die, die mit der Mengenfolge gemeint ist. Wenn z. B. die Mengen $M_n = \{a_n, b_n\}$ sämtlich aus zwei Elementen bestehen, so ist zwischen der Mengenfolge

$$M_1, M_2, \ldots, M_n, \ldots$$

und der Elementenfolge

$$a_1, b_1, a_2, b_2, \ldots, a_n, b_n, \ldots$$

zu unterscheiden; in der ersten wird der Zahl $n$ das Ding $M_n$ zugeordnet, in der zweiten jeder ungeraden Zahl $2n - 1$ das Ding $a_n$, jeder geraden Zahl $2n$ das Ding $b_n$, also so:

$$
\begin{array}{cccccccc}
1, & 2, & 3, & 4, & \ldots, & 2n-1, & 2n, & \ldots \\
a_1, & b_1, & a_2, & b_2, & \ldots, & a_n, & b_n, & \ldots
\end{array}
$$

Und wieder etwas anderes ist das Paar von Folgen

$$
\begin{array}{llllll}
A: & a_1, & a_2, & \ldots, & a_n, & \ldots \\
B: & b_1, & b_2, & \ldots, & b_n, & \ldots,
\end{array}
$$

wobei jedem $n$ in der Folge $A$ das Ding $a_n$, in der Folge $B$ das Ding $b_n$ zugeordnet wird.

Bei einer Folge von Folgen

$$A, B, C, D, \ldots$$

[2] (hier wird also der Zahl 1 die Folge $A$, der Zahl 2 die Folge $B$ u. s. w. zugeordnet), die ich auf S. 18 Mitte untereinander geschrieben habe, ist natürlich die Vertauschung von Zeilen und Spalten nicht gestattet, ohne eine neue Folge

$$I, II, III, IV, \ldots$$

zu bilden, worin $I$ die Folge $a_1, b_1, c_1, d_1, \ldots$ ist, $II$ die Folge $a_2, b_2, c_2, d_2, \ldots$ usw. Von diesen beiden Folgen von Folgen ist wieder die Elementenfolge

$$a_1, a_2, b_1, a_3, b_2, c_1, \ldots$$

zu unterscheiden. Der Zahl 5 z. B. entspricht in der ersten Folgenfolge das Ding $E$ (in diesem Fall eine Folge), in der zweiten das Ding $V$ (wieder eine Folge), in der Elementenfolge das Ding $b_2$.

Vielleicht ist die dem Mathematiker geläufige Art, Mengen, Folgen, Functionen u. dgl. je nach Bedarf wieder als einfache Dinge zu betrachten und damit neue Mengen u. s. w. zu bilden, der tiefere Grund der Zweifel, die meine Darstellung Ihnen übrig gelassen hat. Hoffentlich sind diese Zeilen geeignet, jede Unklarheit zu beseitigen; aber ich bin natürlich sehr gern bereit, Ihnen weitere Stellen meines Buches „authentisch zu interpretiren" oder sonstige Fragen zu

[3] beantworten.

In vorzüglicher Hochachtung

Ihr sehr ergebener
F. Hausdorff

### Anmerkungen

[1]  ZIEHEN hatte sich in Vorbereitung seiner Schrift *Das Verhältnis der Logik zur Mengenlehre* eingehend mit den ersten Kapiteln von HAUSDORFFs *Grundzüge der Mengenlehre* beschäftigt; er verweist an 17 Stellen seiner Schrift auf die *Grundzüge*. Der Brief HAUSDORFFs vom 27. Februar 1917 ist offenbar die Antwort auf Fragen, die ZIEHEN hatte; ZIEHENs Brief ist nicht mehr vorhanden.

[2]  *Grundzüge der Mengenlehre*, S. 18 (Band II dieser Edition, S. 118); $a_1, a_2, b_1, a_3, b_2, c_1, \ldots$ ist die nach dem ersten CANTORschen Diagonalverfahren gewonnene Abzählung aller Elemente der Folgen $A, B, C, D, \ldots$.

[3]  Es ist etwas verwunderlich, daß HAUSDORFF „sehr gern bereit" war, einem mathematischen Laien weitere Stellen seines Buches „authentisch zu interpretiren". Das spricht dafür, daß ZIEHEN ihm als eine Autorität auf seinem

Gebiet bekannt war. ZIEHEN hat z. B. alle vier Hefte von HUGO MÜNSTER-
BERGS *Beiträge zur experimentellen Psychologie* besprochen; an den im Heft
2 beschriebenen Experimenten war HAUSDORFF als Student in Freiburg be-
teiligt gewesen (vgl. Anm. [1] zur Korrespondenz WILHELM WUNDT in diesem
Band). Es könnte mit HAUSDORFFs Wertschätzung für ZIEHEN auch folgende
Bewandtnis haben: Als FRIEDRICH NIETZSCHE nach seinem Zusammenbruch
in Turin nach kurzem Aufenthalt in einer Klinik in Basel Patient in der Je-
naer psychiatrischen Universitätsklinik war, war THEODOR ZIEHEN derjenige
Oberarzt, der ihn hauptsächlich behandelte. Auch später, als NIETZSCHE zu
Hause unter der Obhut seiner Mutter und dann seiner Schwester lebte, wurde
ZIEHEN hinzugezogen, wie Abrechnungen seiner Leistungen im NIETZSCHE-
Archiv bestätigen (Mitteilung von Herrn AUGUST HERBST). Es ist also sehr
gut möglich, daß HAUSDORFF dies wußte und der Geheimrat ZIEHEN für ihn
nicht ein beliebiger Psychiater, sondern einer der Ärzte NIETZSCHEs war.

**Brief** FELIX HAUSDORFF $\longrightarrow$ THEODOR ZIEHEN

Greifswald, Graben 5
12. Jan. 1918

Sehr geehrter Herr Geheimrath!

Für die freundliche Zusendung Ihrer Abhandlung „Das Verhältnis der Logik zur Mengenlehre" danke ich Ihnen bestens. Ich nehme an, dass es auch [1]
Ihnen erwünscht ist, wenn ich, statt mich auf eine blosse Empfangsanzeige zu
beschränken, Ihnen meinen Widerspruch gegen Ihre Auffassungen nicht vorent-
halte.

Gegen Ihre Abtrennung der Mengenlehre von der Logik habe ich gewiss nichts
einzuwenden; Sie selbst machen der Mengenlehre daraus keinen Vorwurf und
ich würde sogar einen Vorzug darin erblicken. Wann sollte die Mathematik je [2]
zu einem Anfang gelangen, wenn sie warten wollte, bis die Philosophie über
unsere Grundbegriffe zur Klarheit und Einmüthigkeit gekommen ist? Unsere einzige Rettung ist der formalistische Standpunkt, *undefinirte Begriffe* (wie
Zahl, Punkt, Ding, Menge) an die Spitze zu stellen, um deren actuelle oder psychologische oder anschauliche Bedeutung wir uns nicht kümmern, und ebenso
*unbewiesene Sätze* (Axiome), deren actuelle Richtigkeit uns nichts angeht. Aus [3]
diesen primitiven Begriffen und Urtheilen gewinnen wir durch Definition und
Deduction andere, und nur diese Ableitung ist unser Werk und Ziel; wir sagen
(wie es Russell ausdrückt): wenn $A$ ist, so ist $B$, halten es aber nicht für unsere
Aufgabe, zu ergründen, ob $A$ ist. Wenn Sie also (S. 24) die Untersuchung des
„Wesens" der Zahl für die Aufgabe der Logik erklären oder die Frage stellen
(S. 25), was die Ordnung im allgemeinsten Sinn bedeute, so machen wir diese [4]
Forschung nach Wesen, Sinn, Bedeutung nicht mit; wir wollen z. B. gar nicht
wissen, ob Ordnung räumlich, zeitlich, qualitativ gegeben oder willkürlich fi-
xirt ist, uns interessirt nur ihr Formalismus, und es ist uns ganz gleichgültig,

ob eine Menschenmenge nach Alter oder Beruf oder alphabetisch nach dem Namen oder, noch zufälliger, nach ihren Garderobenummern im Theater ge-
[5] ordnet wird. Wir wollen, wie Sie selbst es ausdrücken (S. 29), unter Umgehung einer Definition eine ausreichende formale Unterlage schaffen, und das Wesen des terminologisch Fixirten bleibt dabei ununtersucht und unerkannt.

Insoweit sind Sie und ich also ganz einig; nur verstehe ich nicht, wie Sie von diesem Standpunkt aus die Hauptsätze der Mengenlehre beanstanden können. Für uns ist Gleichheit der Kardinalzahlen $\mathfrak{a} = \mathfrak{b}$ per definitionem nichts anderes als Äquivalenz $A \sim B$, also, wenn Sie wollen (S. 64), eine leere Tautologie oder, freundlicher ausgedrückt, eine bequemere façon de parler. Ihr Satz (S. 63), dass aus der Äquivalenz nicht die Gleichheit der Mächtigkeit folge, ist für uns also total unverständlich. Wir haben nicht den Ehrgeiz, das Wesen der Kardinalzahl zu ergründen und in ihr, über die Äquivalenz hinaus, eine der Menge anhaftende Eigenschaft zu erblicken, deren Gleichheit für zwei äquivalente Mengen noch eines besonderen Beweises bedürfte; wir sind nicht in der glücklichen Lage, von den „uns wohlbekannten Kardinalzahlen" (S. 64) zu sprechen und deren Übereinstimmung oder Nichtübereinstimmung mit unseren Symbolen $\mathfrak{a}$ festzustellen. Dass die Menge $N$ der natürlichen Zahlen mit der Menge $P$ der Primzahlen äquivalent ist, drücken wir mit $\mathfrak{p} = \mathfrak{n} = \aleph_0$ aus, eine andere Bedeutung hat diese Gleichung für uns nicht, und der Einwand, es brauchte nicht $\mathfrak{p} = \mathfrak{n}$ zu sein (S. 63), weil die Mengen aus verschiedenen „Dingarten" bestehen oder nach verschiedenen „Richtungen" verlaufen, entbehrt für uns jeglichen Sinnes; dass $P = N$ sei, behaupten ja auch wir nicht, und bei der Relation $P \sim N$ oder $\mathfrak{p} = \mathfrak{n}$ wird eben von der individuellen oder generellen Beschaffenheit der
[6] Elemente beider Mengen abgesehen.

Genau so steht es mit der Gleichung $\aleph = 2^{\aleph_0} = 10^{\aleph_0}$; sie sagt aus, dass die Menge der reellen Zahlen, die der dyadischen Brüche, die der dekadischen äquivalent (nicht identisch) seien, und nichts weiter als dies. Eine davon losgelöste Eigenschaft, namens $\aleph$, des Zahlencontinuums ist uns nicht bekannt.

Genau so steht es mit den Ordnungstypen. Das Zeichen $\omega$ für den Typus der Reihe $\{0, 1, 2, \ldots\}$ ist nur erfunden, um die Ähnlichkeit dieser geordneten Menge mit einer andern in der bequemen Form ausdrücken zu können: beide haben
[7] den Typus $\omega$. Die von Ihnen (S. 57) citirte Erklärung Cantors ist allerdings nicht sehr suggestiv; in den späteren Beiträgen zur Begründung der transfiniten Mengenlehre (Math. Ann. 46 (1895) und 49 (1897)) ist m. E. diese Unklarheit
[8] völlig verschwunden.

Ihre Einwände scheinen mir also grösstentheils davon herzurühren, dass Sie uns informale, auf Ergründung des „Wesens" gerichtete Tendenzen zuschreiben, die wir nicht haben. Aus diesem Grunde müssen wir auch Ihre zweite Mengen-
[9] definition (S. 44) ablehnen. Die Art des Gegebenseins einer Menge, ob mittels eines „Bildungsgesetzes" oder anders, ist für die Frage, ob sie unendlich ist, ganz belanglos; eine nach Ihrer Vorschrift bildungsgesetzlich gegebene Menge, die also „keiner ferneren Vermehrung fähig ist", kann recht wohl endlich sein, wie z. B. die Menge aller Potenzen von $-1$, die nur aus den beiden Zahlen $+1$ und $-1$ besteht. Da übrigens die bildungsgesetzlichen Mengen nach Ihrer eige-

nen Ansicht vermindert (durch „Exemtionen") und vermehrt werden können (nach anderer „Richtung"), so stellen sie eben nur einen Specialfall dar, dessen besondere Hervorhebung eigentlich gar keinen Zweck hat wenn nicht den, die mathematische Freiheit der Begriffsbildung durch aussermathematische Normen einzuschränken.

Dieser letztgenannten Tendenz geben Sie schliesslich offenen Ausdruck, indem sie das Kantische Argument wiederholen, dass die Vorstellung der Totalität einer unendlichen Reihe mit einem Widerspruch behaftet und daher unzulässig sei (S. 49). Worin dieser Widerspruch besteht, habe ich weder bei Kant noch anderswo je ermitteln können; ich halte das für einen jener „Machtsprüche der Philosophie", über welche die Mathematiker in diesem wie in früheren Fällen (z. B. nichteuklidische Geometrie) hinwegschreiten mussten, um ihre eigene Freiheit zu wahren, – Machtsprüche, die nie begründet, sondern immer nur mit denselben oder andern (meist denselben) Worten wiederholt wurden. Aber hierüber werden wir, zumal im Rahmen eines Briefes, kaum einig werden. Mir scheint jenes Kantische Argument, das den Begriff einer unendlichen Menge überhaupt exstirpirt und insofern alle Ihre einzelnen Einwände überflüssig machen würde, auf einer Verwechselung zwischen der logischen Freiheit und der psychologischen, praktischen, technischen Gebundenheit zu beruhen; ich weiss nicht, was mich hindert, alle ganzen Zahlen $1, 2, 3, \ldots$ uno intellectus actu zusammenzufassen, obwohl ich weiss, was mich hindert, jede einzeln auszusprechen oder niederzuschreiben.

Ich habe mir zu Ihrer Arbeit noch eine Menge Einzelheiten notirt, die meinen Widerspruch erregen, aber der Brief ist bereits so lang geworden, dass ich es bei den besprochenen Hauptpunkten bewenden lassen möchte. Sie sehen jedenfalls, dass ich Ihre Schrift mit der Gründlichkeit gelesen habe, die ich einem Gegner wie Sie schuldig zu sein glaube.

Hochachtungsvoll

Ihr ergebener
F. Hausdorff

[10]

[11]

## Anmerkungen

[1] THEODOR ZIEHEN: *Das Verhältnis der Logik zur Mengenlehre.* Philosophische Vorträge, veröffentlicht von der Kant-Gesellschaft. Nr. 16. Reuter & Reichard, Berlin 1917.

[2] In der von ZERMELO 1908 vorgeschlagenen Axiomatisierung der Mengenlehre spielt das Komprehensionsaxiom eine grundlegende Rolle. In die Formulierung dieses Axioms geht der Begriff der Eigenschaft von Mengen wesentlich ein. Um diesen Begriff präzise zu fassen, muß man auf eine formale Sprache, den Prädikatenkalkül erster Stufe, zurückgreifen. Mit dieser Erkenntnis hat THORALF SKOLEM 1929 die Bemühungen ZERMELOS zu einem gewissen Abschluß gebracht. Die moderne Mengenlehre mit ihren spektakulären Widerspruchsfreiheits- und Unabhängigkeitsbeweisen ist mit der mathematischen Logik eng verbunden. HAUSDORFF hat die Rolle der Logik für die Untersuchung von Grundlagenfragen der Mathematik zeit seines Lebens etwas

unterschätzt. Obwohl er die Entwicklung auf verschiedenen Gebieten der Mengenlehre auch noch in den dreißiger Jahren verfolgt hat, wie zahlreiche Faszikel in seinem Nachlaß bezeugen, hat er etwa die fundamentalen Arbeiten GÖDELs aus den Jahren 1931 und 1938 nicht rezipiert; der Name GÖDEL kommt im gesamten Nachlaß überhaupt nicht vor (vgl. dazu auch den Essay zu HAUSDORFFs Stellung zu den Grundlagenfragen der Mathematik im Band I dieser Edition).

[3] HAUSDORFF war von DAVID HILBERTs *Grundlagen der Geometrie* (1899) zutiefst beeindruckt (vgl. seinen Brief an HILBERT vom 12. Oktober 1900 in diesem Band). Er selbst hat den „formalistischen Standpunkt", den er ZIEHEN hier kurz erläutert, bereits viele Jahre vor seiner in den *Grundzügen der Mengenlehre* niedergelegten axiomatischen Begründung der Theorie der topologischen Räume vertreten (vgl. dazu Band II dieser Edition, S. 53–55, Band V, S. 558–559; ferner den in Anm. [2] genannten Essay und den Abdruck des nachgelassenen Fragments „Der Formalismus" und der Vorlesung „Zeit und Raum" im Band VI dieser Edition).

[4]  Auf S. 24 seiner Schrift stellt ZIEHEN fest:

> Für die Logik ist, wenn sie überhaupt – etwa im Sinne Husserls reiner Logik – sich mit materialen Problemen beschäftigen will, gerade die Untersuchung des Wesens der Zahl die Hauptsache.

Besonders klar wird der Gegensatz zwischen den Standpunkten ZIEHENs und HAUSDORFFs in Anbetracht von ZIEHENs Ausführungen über den Begriff der Ordnung (S. 25–26):

> Ebenso grundlegend wie der Mächtigkeitsbegriff ist der Ordnungsbegriff für die Mengenlehre. [···] Eine ganz andere Frage ist, ob sie [die Mengenlehre – W. P.] zur Aufklärung des Wesens des Ordnungsbegriffes und der logischen Ordnung im Allgemeinen nennenswertes beigetragen hat. Diese Frage ist meines Erachtens für den Ordnungsbegriff ganz ebenso wie für den Mächtigkeitsbegriff verneinend zu beantworten.

> Vor allem fällt auch hier auf, daß der Ordnungsbegriff selbst von den Mengenforschern meist einfach als gegeben vorausgesetzt wird oder, wenn eine Definition versucht wird, nicht übereinstimmend und unausreichend definiert wird. Dabei liegt hier eines der wichtigsten und schwierigsten Probleme vor. Was bedeutet die Ordnung im allgemeinsten Sinn? Tautologische Erklärungen etwa durch Reihe, Reihenfolge u. dgl. sind selbstverständlich ganz unbrauchbar. Die alte scholastische, an Aristoteles anknüpfende Definition des ordo als determinata relatio partium invicem ist viel zu weit, da es noch viele andere bestimmte gegenseitige Relationen außer der Ordnung gibt. Aber auch die Verweisung auf die räumliche und zeitliche Ordnung führt uns nicht weiter. Schon die Tatsache, daß Ordnung beiden, sowohl dem Räumlichen wie dem Zeitlichen, zukommt, weist darauf hin, daß eine Zurückführung der Ordnung auf Raum oder Zeit nicht angängig ist. Man kann aber auch bezweifeln, ob jede Ordnung

räumlich oder zeitlich ist, Ordnung also allgemein an Raum oder Zeit gebunden ist. Ist uns nicht allenthalben auch eine qualitative und intensive Ordnung gegeben? Ist die Skala der Farben und der Töne, die Reihe der spezifischen Gewichte des Goldes, Quecksilbers u. s. f. nicht auch eine Ordnung?

[5]  Auf den Seiten 28 und 29 seiner Schrift hat ZIEHEN zunächst HAUSDORFFs Definition einer geordneten Menge mittels des allgemeinen Abbildungsbegriffs (*Grundzüge der Mengenlehre*, S. 70–71) dargestellt. Dann bemerkt er kritisch, daß ihm „die Hausdorffsche Antwort den allgemeinen Ordnungsbegriff in keiner Weise aufzuklären scheint" (S. 29). Weiter heißt es mit Blick auf HAUSDORFFs Definition:

> Man kann also dieser und anderen Definitionen bezw. Charakteristiken des Ordnungsbegriffs nur die Bedeutung zugestehen, daß sie bestimmte Termini einführen. In ausgezeichneter Weise wird unter Umgehung einer Definition oder Charakteristik eine ausreichende formale Unterlage für die weiteren Spezialuntersuchungen geschaffen. Das Wesen des terminologisch Fixierten bleibt dabei ununtersucht und unerkannt. Dieser Sachverhalt ist nun offenbar für die Frage des Verhältnisses zwischen Logik und Mengenlehre wiederum entscheidend. Für die Logik ist gerade das allgemeine Wesen dessen, was wir Ornung nennen, von dem größten Interesse, die Formulierung spezieller Lehrsätze für die Ordnungszahlen, wie sie von der Mengenlehre gegeben wird, kommt, wofern sie überhaupt in das Bereich der Logik fällt, erst sekundär für den Logiker in Betracht. (S. 29–30)

Der hier gegebenen Darstellung, was der Mathematiker tut, stimmt HAUSDORFF völlig bei, nur dem Anspruch des Philosophen, aus seinem Suchen nach dem „Wesen" der mathematischen Grundbegriffe oder aus seinen Vorstellungen über dieses Wesen heraus der mathematischen Forschung Vorschriften zu machen oder Grenzen zu setzen, lehnt er entschieden ab (vgl. dazu auch seine Postkarten an FRAENKEL in diesem Band).

[6]  Zu diesem Abschnitt des Briefes ist folgendes zu bemerken: In der ZERMELO-FRAENKELschen Mengenlehre gibt es nur einen undefinierten Grundbegriff, den der Menge, und nur eine undefinierte Relation, die binäre Relation $x \in y$. Begriffe wie Kardinalzahl oder Ordinalzahl müssen auf diese beiden Grundelemente zurückgeführt werden. Nachdem dies für die Begriffe geordnete Menge, transitive Menge und wohlgeordnete Menge gelungen ist, kann man z. B. definieren: Eine Ordinalzahl ist eine transitive, durch $\in$ wohlgeordnete Menge. Diesen Standpunkt konnte HAUSDORFF 1914 noch nicht erreichen; insofern sind seine Definitionen von Kardinalzahl, Ordnungstypus und Ordinalzahl in gewissem Sinne noch unbefriedigend (vgl. dazu FELGNER, U.: *Der Begriff der Kardinalzahl*, Band II dieser Edition, S. 634–644). ZIEHENs Kritik bezieht sich allerdings nicht darauf, sondern er geht in seiner Kritik noch hinter BOLZANO zurück, der in den posthum erschienenen *Paradoxien des Unendlichen* (1851) bereits die scheinbare Paradoxie aufgelöst hatte, daß bei einer un-

endlichen Menge die Menge selbst einer ihrer echten Teilmengen gleichmächtig sein kann. ZIEHEN stellt zunächst fest, daß die Mengentheoretiker folgendes Theorem aufstellen: „Jede unendliche (transfinite) Menge hat im Gegensatz zu den endlichen Mengen Teilmengen, die ihr äquivalent sind, und *eine solche äquivalente Teilmenge hat dieselbe Mächtigkeit wie die zugehörige ganze Menge*" (S. 61). Dann heißt es bei ihm weiter:

> Dedekind hat daher sogar die Aequivalenz mit einer echten Teilmenge zur Definition der unendlichen Mengen verwertet. Die Mengenforscher gestehen, wie schon erwähnt, ausdrücklich zu, daß sie damit „das geheiligte Axiom totum parte majus verletzen", behaupten aber [hier Verweis auf HAUSDORFF, *Grundzüge*, S. 48 – W. P.], daß hierin nicht der geringste Einwand gegen ihre Lehre zu erblicken sei, daß es sich nur um eine scheinbare Paradoxie handle. Dem Ganzen wird in der Tat hier dieselbe Kardinalzahl oder Mächtigkeit beigelegt wie einem seiner Teile. (S. 61)

Als Beispiel für solche Schlüsse der Mengentheoretiker führt ZIEHEN den Beweis dafür an, daß die Menge der natürlichen Zahlen der Menge der geraden Zahlen gleichmächtig ist, der darauf beruht, daß die Zuordnung $n \to 2n$ eine Bijektion ist. Die Paradoxie könne man noch „gröber veranschaulichen" (S. 62), wenn man statt der Menge der geraden Zahlen die der Primzahlen oder die der millionsten Potenzen der natürlichen Zahlen nimmt. Dann heißt es weiter:

> Auch in diesen Fällen behauptet die Mengenlehre Aequivalenz und gleiche Mächtigkeit der beiden Reihen. Ja selbst die Menge aller rationalen Zahlen soll gemäß demselben Theorem nicht mächtiger sein als die Menge der ganzen natürlichen Zahlen. Hausdorff, der selbst diesen Satz durchaus vertritt, hebt mit Recht hervor, daß das Paradoxe dann ganz besonders fühlbar wird, wenn man das entsprechende geometrische Bild – Zuordnung der Zahlen zu den Punkten einer geraden Linie – vor Augen hat und sich also einerseits die in endlichen Abständen isoliert liegenden „ganzzahligen" Punkte, andrerseits die über die ganze Linie „dicht" verteilten „rationalen" Punkte vergegenwärtigt. Die weitere Konsequenz, daß z. B. die Ebene nur dieselbe Mächtigkeit wie die Gerade hat, wurde oben bereits erwähnt.

Es frägt sich nun, ob wir wirklich gezwungen sind, dieses Theorem mit seinen paradoxen Konsequenzen zu akzeptieren und damit die alte Logik preiszugeben. Ich glaube, daß wir zu beidem keinen ausreichenden Grund haben. Das Theorem ist nicht bewiesen und, wie mir scheint, nicht beweisbar. Der übliche Beweis der Mengenlehre, wie ich ihn eben kurz angeführt habe, ist mit einem Fehler behaftet. Es muß allerdings zugegeben werden, daß – um bei dem ersten Beispiel zu bleiben – jeder natürlichen Zahl $a$ *bis zu einem beliebigen Glied* eine gerade Zahl $b = 2a$ eineindeutig in Gedanken im Sinn einer allgemeinen Regel zugeordnet werden kann, daß also die Aequivalenz in diesem Sinn ein zulässiger, widerspruchs- und einwandfreier Begriff ist. *Aus dieser Aequivalenz folgt aber nicht die Gleichheit der Mächtigkeit (der Kardinalzahl).* Hier liegt die Lücke des Beweises, hier rächt sich die unzureichende Definition des

Begriffs der Mächtigkeit. Die beiden Mengen $A$ und $B$ bestehen aus verschiedenen Dingarten oder, anders ausgedrückt, stehen unter verschiedenen „Bedingungen" (verlaufen nach verschiedenen „Richtungen"), daher braucht $\infty_a$ nicht gleich $\infty_b$ zu sein. Aequivalenz und Kardinalzahl stimmen nur im Endlichen *bis zu einem beliebigen Glied* überein. [···] Da der Unendlichkeitsbegriff nur negativ definiert ist, können wir über seine Mächtigkeitsverhältnisse aus ihm selbst heraus garnichts deduzieren. Bei seiner Unbestimmtheit verliert das Prädikat der Gleichheit jeden Sinn. (S. 62–64)

Konsequent zu Ende gedacht, wäre also das Aktual-Unendliche in der Mathematik abzulehnen und die gesamte CANTORsche Mengenlehre wäre zu verwerfen. Es ist klar, daß HAUSDORFF hier grundsätzlich widersprechen mußte, denn seine „geliebte Mengenlehre" (vgl. den Brief an ZIEHEN vom 27. Februar 1917) wäre schlicht nicht mehr vorhanden. ZIEHEN selbst zieht diesen radikalen Schluß merkwürdigerweise nicht. Er meint zwar, daß viele Sätze der Mengenlehre falsch oder nicht einwandfrei bewiesen seien, aber „viele andere Sätze der Mengenlehre sind solchen Einwänden nicht ausgesetzt" (S. 71). Die Trennlinie zwischen diesen beiden Klassen von Sätzen ist aber in seiner Schrift nicht erkennbar. Ein Vorwurf, den er der „neuesten Mengenlehre" ferner macht, ist ihr angeblicher Hang, lediglich „definitorisches Scheinwissen" zu produzieren:

In einem modernen Lehrbuch der Mengenlehre von knapp 500 Seiten [ohne Zweifel sind HAUSDORFFs *Grundzüge* gemeint – W. P.] zähle ich fast 100 Definitionen neuer Begriffe. Es ist nun ganz klar, daß sich bei diesem Verfahren, da es sich um verwandte Begriffe handelt, lediglich auf Grund der Definitionen vielfache Sätze ergeben müssen, die zunächst nur ein definitorisches Scheinwissen darstellen, aber keinen wirklichen Erkenntnisfortschritt bedeuten. Viele dieser definitorischen Neuschöpfungen sind zudem ziemlich willkürlich: sie ergeben sich nicht notwendig aus den schon gegebenen Begriffen. Schon die Definition des Produkts von Mengen – die Lehre von den Belegungen, die lexikographische Anordnung und vieles andere – scheinen mir von solcher Willkürlichkeit nicht ganz frei. Der Vergleich mit dem Schachspiel liegt nahe. (S. 71–72)

[7]   Es geht um CANTORs Erklärung der ersten transfiniten Ordinalzahl $\omega$. ZIEHEN zitiert folgende Passage:

So widerspruchsvoll es daher wäre, von einer grössten Zahl der Klasse (I) zu reden [(I) ist die erste CANTORsche Zahlklasse, die Menge der natürlichen Zahlen – W. P.], hat es doch andrerseits nichts Anstössiges, sich eine *neue* Zahl, wir wollen sie $\omega$ nennen, zu denken, welche der Ausdruck dafür sein soll, dass der ganze Inbegriff (I) in seiner natürlichen Succession dem Gesetz nach gegeben sei. (CANTOR, G.: *Ueber unendliche lineare Punctmannichfaltigkeiten.* Nr. 5. Math. Annalen **21** (1883), 545–586, dort S. 577. *Gesammelte Abhandlungen*, Springer, Berlin 1932, S. 195)

Ziehen kommentiert dies folgendermaßen:

Mir scheint diese neue Zahl den größten Anstoß zu erregen, insofern sie einen ganzen Inbegriff für die unendliche Reihe als eine gegebene bestimmte Größe aufstellt. Alle Bedenken, die Kant gegen eine solche Totalität erhoben hat, bleiben unwiderlegt. (S. 57–58)

Zu KANTs Argumentation s. unten, Anmerkung [10].

[8]  CANTOR, G.: *Beiträge zur Begründung der transfiniten Mengenlehre.* Mathematische Annalen **46** (1895), 481–512; **49** (1897), 207–246. *Gesammelte Abhandlungen*, Springer, Berlin 1932, 282–356. In dieser zweiteiligen Abhandlung gibt CANTOR einen systematischen Aufbau der transfiniten Mengenlehre, beginnend mit den Kardinalzahlen über die Theorie der geordneten und wohlgeordneten Mengen bis zur Theorie der Ordinalzahlen. Die zweite Zahlklasse besteht aus den Ordinalzahlen abzählbarer wohlgeordneter Mengen; deren kleinste Zahl bezeichnet CANTOR mit $\omega$. Diese Zahl ist dann gerade der Ordnungstypus der der Größe nach geordneten Menge der natürlichen Zahlen (*Ges. Abhandlungen*, S. 325).

[9]  Es geht um die Definition unendlicher Mengen, um die „Charakteristik des Unendlichen" (S. 43), wie ZIEHEN sich ausdrückt. Er führt verschiedene Definitionen an; die zweite lautet so:

> Nach der zweiten Definition ist eine unendliche Menge eine solche, die einem für alle ihre Elemente gültigen, allgemeinen Bildungsgesetz unterliegt, nach dem jedes Element aus den anderen abgeleitet werden kann, und die, abgesehen von bestimmten Exemtionen [unter einer Exemtion versteht ZIEHEN eine willkürliche, d. h. keinem Gesetz folgende Weglassung von Gliedern; s. S. 46 – W. P.], alle nach dem Bildungsgesetz innerhalb derselben Gattung denkbaren Elemente enthält, also auf Grund und im Bereich ihres Bildungsgesetzes nicht um ein weiteres nicht schon in ihr enthaltenes Element vermehrt werden kann. (S. 44)

[10]  KANT hat in der *Kritik der reinen Vernunft* bei der Behandlung der ersten „Antinomie der reinen Vernunft" die Thesis „Die Welt hat einen Anfang in der Zeit" folgendermaßen bewiesen:

> Denn, man nehme an, die Welt habe der Zeit nach keinen Anfang: so ist bis zu jedem gegebenen Zeitpunkte eine Ewigkeit abgelaufen, und mithin eine unendliche Reihe auf einander folgender Zustände der Dinge in der Welt verflossen. Nun besteht aber eben darin die Unendlichkeit einer Reihe, daß sie durch sukzessive Synthesis niemals vollendet sein kann. Also ist eine unendliche verflossene Weltreihe unmöglich, mithin ein Anfang der Welt eine notwendige Bedingung ihres Daseins; welches zuerst zu beweisen war. (*Kritik der reinen Vernunft*, B 456 / A 428)

ZIEHEN meint auf S. 49 seiner Schrift, daß der „bekannten Kantschen Argumentation in der Mengenlehre nicht immer die genügende Beachtung geschenkt worden ist". Dann heißt es:

Die Vorstellung der Totalität einer unendlichen Reihe ist mit einem Widerspruch behaftet und daher unzulässig. Die „Zusammenfassung" zu einer bestimmten Menge ist unmöglich. (S. 49)

HAUSDORFF trifft den Kern, wenn er feststellt, daß damit der „Begriff einer unendlichen Menge überhaupt extirpirt" wird und somit jede weitere ins Detail gehende Auseinandersetzung mit der transfiniten Mengenlehre vollkommen überflüssig ist.

[11]  uno intellectus actu – durch einen Akt des Verstandes.

# Gutachten und dienstliche Korrespondenz

## Gutachten zum Gesuch auf Umhabilitierung von Dr. Axel Schur

[Das Gutachten ist handschriftlich von HAUSDORFF verfaßt und befindet sich in den Akten der Philosophischen Fakultät der Universität Bonn, PF-PA 518.]

Das Gesuch des Privatdocenten Dr. Axel Schur in Hannover um Umhabilitierung an unsere philosophische Fakultät, unter Beschränkung der Habilitationsleistungen auf eine Antrittsvorlesung, möchte ich dringend befürworten. Seine bisherigen Arbeiten, von denen die erste analytisch-funktionentheoretischen Charakters, die zweite elementargeometrisch ist und die übrigen der Differentialgeometrie angehören, zeigen Vertrautheit mit verschiedenen Gebieten und liefern, ohne durch überraschende Originalität der Einfälle zu glänzen, doch eine gründliche und erfolgreiche Behandlung der aufgeworfenen Probleme. An einer umfänglicheren Produktion ist Herr Schur wohl durch seine zeitraubende Tätigkeit als Assistent an einer technischen Hochschule gehindert worden; seinem berechtigten Wunsche, durch Entlastung in dieser Hinsicht mehr Zeit für wissenschaftliche Arbeit zu gewinnen, entspringt sein Gesuch um Habilitation an einer Universität. Die ihm hier in Aussicht gestellte Assistentenstelle würde ihm grösseren Spielraum für Betätigung als Forscher und Lehrer gewähren. Ich nehme an, dass der hiesige mathematische Unterricht durch Herrn Dr. Schur eine schätzbare Bereicherung erfahren wird, und beantrage Erteilung der venia legendi – und zwar, mit Rücksicht auf seine mehrjährige Lehrtätigkeit in Hannover, unter Verzicht auf sonstige Habilitationsleistungen und Beschränkung auf eine Antrittsvorlesung.

Bonn, 22. Okt. 1927                                                        Hausdorff

Herr Beck ist bis 1. Nov. verreist; er ist, wie aus den Akten ersichtlich, einverstanden.

### Anmerkungen

AXEL SCHUR wurde am 9. Mai 1891 in Dorpat als Sohn des bekannten Geometers FRIEDRICH SCHUR (1856–1932; von 1888 bis 1892 Ordinarius in Dorpat) geboren. Er studierte vom Wintersemester 1909/10 an Mathematik und Naturwissenschaften in Straßburg und ab Wintersemester 1913/14 für ein Jahr in Heidelberg. Von 1915 bis 1918 mußte er das Studium wegen seines Einsatzes im 1. Weltkrieg unterbrechen. Im Frühjahr 1919 setzte er seine Studien in Würzburg fort, wo er 1920 bei EMIL HILB mit der Arbeit *Zur Entwicklung willkürlicher Funktionen nach Lösungen von Systemen linearer Differentialgleichungen* (Math. Annalen **82** (1921), 213–236) promovierte. 1921 erschien die von HAUSDORFF erwähnte elementargeometrische Arbeit (*Über die Schwarzsche Extremaleigenschaft des Kreises unter den Kurven konstanter Krümmung*. Math. Annalen **83** (1921), 143–148). Nach einem weiteren Studienaufenthalt in Göttingen war SCHUR vom 1.4.1921 bis 31.3.1922 Assistent am Mathematischen Seminar der Universität Münster. Am 1. Mai 1922 übernahm er eine planmäßige Assistentenstelle beim Lehrstuhl für Darstellende Geometrie und praktische Mathematik an der Technischen Hochschule Hannover. Dort habilitierte er sich im Februar 1923. Die von HAUSDORFF erwähnten differentialgeometrischen Arbeiten entstanden während der Tätigkeit in Hannover (*Über diejenigen Strahlensysteme, deren Brennflächen durch die Systemstrahlen isometrisch aufeinander bezogen werden*, Math. Zeitschrift **19** (1923), 114–127; *Über Lichtgrenzentangentensysteme und mit ihnen zusammenhängende Flächentransformationen*, Math. Zeitschrift **24** (1925), 530–558). Ab 1. November 1927 hatte SCHUR eine Stelle als außerplanmäßiger Assistent am Mathematischen Seminar der Universität Bonn inne. Die Umhabilitierung nach Bonn erfolgte am 18. November 1927. SCHUR konnte danach nur noch eine Arbeit publizieren (*Biegung punktierter Eiflächen*, Journal für Math. (Crelle) **159** (1928), 82–92); er verstarb bereits am 5. April 1930 in Bonn (vgl. Archiv der Universität Bonn, Akten der philosophischen Fakultät betreffend Dr. A. Schur, PF-PA 518).

# Gutachten für ein Rockefeller-Stipendium für Alfred Tarski

[Das Gutachten befindet sich in der Bodleian Library, Oxford University unter Refugee Files, Society for the Protection of Sceince and Learning, box 285, file 4 (Tarski), fol. 301. Es ist maschinenschriftlich ausgefertigt und enthält einige Tippfehler, die hier stillschweigend korrigiert sind. Wir danken Herrn Prof. ROLF NOSSUM, University of Agder, Kristiansand, der das Gutachten entdeckte und uns durch Vermittlung von Prof. REINHARD SIEGMUND-SCHULTZE eine Kopie zur Verfügung stellte. Ein herzlicher Dank geht ferner an die Leitung der Bodleian Library in Oxford, die den Abdruck genehmigte.]

*Dr. A. Tarski*                                                  *Testimonials*

Die zahlreichen Arbeiten des Herrn Tarski lassen sich in zwei (nicht völlig [1] getrennte) Gruppen scheiden: eine *philosophische*, welche die Grundlagen der deduktiven Wissenschaften, der Logik und der Mathematik behandelt, und eine *mathematische*, die sich mit Fragen der allgemeinen Mengen- und Abbildungstheorie und der Axiomatik befasst. Die folgenden Angaben beziehen sich auf die zweite Gruppe.

In der *Mengenlehre* hat sich Herr Tarski besonders für Mächtigkeitsprobleme interessiert und (Fund. Math. 7) das bemerkenswerte Ergebnis erzielt, dass [2] die Alefprodukte gleich Alefpotenzen sind, ferner (Fund. Math. 12, 14) die Beziehungen zwischen den Kardinalzahlen bestimmt, die bei der Zerlegung einer Menge in fast disjunkte Teilmengen auftreten, und in einer umfangreichen Arbeit (Fund. Math. 16) die Mächtigkeiten solcher Mengenklassen untersucht, die gegenüber gewissen Operationen abgeschlossen sind. [3]

Die Theorie der Abbildungen hat Herr Tarski mit einer allgemeinen Aequivalenztheorie (Bologna, Kongress) und mit Studien über additive Abbildungen [4] (Fund. Math. 6, gemeinsam mit Herrn Banach) bereichert. Die letztgenannte Arbeit, an ein von mir herrührendes "Kugelparadoxon" anknüpfend, bringt [5] höchst überraschende Resultate, z. B. dass im dreidimensionalen Raum zwei Kugeln verschiedener Grösse zerlegungsgleich sind. Hierher gehört noch ein Existenzbeweis (Fund. Math. 14 und C. R. Vars. 1929) für nicht triviale einfach additive Mengenfunktionen in jedem unendlichen Raum. [6]

Zur *Axiomatik* hat Herr Tarski eine vollständig ausgeführte Theorie der endlichen Mengen (Fund. Math. 6) beigesteuert, überdies aber in seinen Arbeiten [7] fast durchgängig auf das vielumstrittene Zermelosche Auswahlaxiom Bezug genommen und die Sätze, die ohne oder nur mit Auswahlaxiom beweisbar sind, methodisch unterschieden, auch einige mit diesem Axiom aequivalente Sätze der Kardinalzahlarithmetik aufgestellt (Fund. Math. 5). [8]

Schließlich ist noch ein zusammenfassender Bericht (C. R. Vars, 1926) von Herrn Lindenbaum und Herrn Tarski über mehrjährige gemeinsame Arbeit zu nennen, die sich auf das ganze Forschungsgebiet des Herrn Tarski erstreckt. [9]

Wie aus diesem kurzen Resume zu erkennen ist, hat Herr Tarski seine Arbeitskraft einem Problemkreis gewidmet, der an Gewissenhaftigkeit des Denkens und Darstellens, an Fähigkeit zur äussersten Abstraktion, an kritische Behandlung schwieriger Kontroversen die höchsten Forderungen stellt: Forderungen die nur durch Begrenzung und Konzentration zu erfüllen sind und von Herrn Tarski in vollem Masse erfüllt werden. Er hat sich damit als sehr begabter, scharfsinniger und ideenreicher Forscher erwiesen, von dem die Mengenlehre und die mathematische Logik noch wertvolle Fortschritte hoffen dürfen. Ich möchte ihn für ein Rockefeller-Stipendium bestens empfehlen und würde mich sehr freuen, einen Teil des Stipendiumjahres mit ihm zusammen zu arbeiten.

[10]

Bonn, 25 Nov. 1932. Prof. Dr. F. Hausdorff.

## Anmerkungen

[1] ALFRED TARSKI wurde als ALFRED TAJTELBAUM am 14. Januar 1901 in Warschau in der Familie eines jüdischen Kleinunternehmers geboren. Er studierte in Warschau Philosophie und Mathematik bei so bedeutenden Gelehrten wie S. LEŚNIEWSKI, T. KOTARBIŃSKI, J. LUKASIEWICZ, S. BANACH und W. SIERPIŃSKI. TARSKI promovierte 1924; im selben Jahr ließ er seinen Namen von TAJTELBAUM in TARSKI umändern. Ab 1925 war er Privatdozent mit dem Titel Professor an der Universität Warschau; sein Geld verdiente er aber hauptsächlich als Professor am Zeronski-Lyceum in Warschau. Als Nazi-Deutschland Polen überfiel, weilte er gerade auf einer Vortragsreise in den USA. Er blieb in den USA und wurde 1945 amerikanischer Staatsbürger. TARSKI wirkte von 1939 bis 1941 an der Havard University und von 1941 bis 1942 am Institute for Advanced Study in Princeton. Von 1942 bis zu seiner Emeritierung 1968 wirkte er an der University of California in Berkeley. Auch nach der Emeritierung hielt er noch fünf Jahre lang Vorlesungen; Doktoranden betreute er auch darüber hinaus. Er verstarb am 27. Oktober 1983 in Berkeley, Californien.

TARSKI gilt als einer der bedeutendsten Logiker und mathematischen Grundlagenforscher des 20. Jahrhunderts. Er leistete grundlegende Beiträge zur Logik, Mengenlehre, Maßtheorie und Algebra und stellte tiefliegende Beziehungen zwischen diesen Gebieten her. Bezüglich der Würdigung seines wissenschaftlichen Werkes und seines immensen Einflusses auf zahlreiche Schüler sei auf die Artikelserie bedeutender Mathematiker und Logiker im Jounal of Symbolic Logic **51** (1986), 866–868, 869–882, 883–889, 890–898, 899–906, 907–912 und **53** (1988), 2–6, 7–19, 20–35, 36–50, 51–79, 80–91 verwiesen, ferner auf den Artikel über TARSKI von GREGORY H. MOORE im *Biographical Dictionary of Mathematicians*, Vol. IV, Scribner's Sons, New York 1991, 2415–2418, und auf das Werk: ANITA BURDMAN FEFERMAN; SOLOMON FEFERMAN: *Alfred Tarski. Life and Logic*. Cambridge University Press, Cambridge etc. 2004.

[2] HAUSDORFF bezieht sich hier auf TARSKIs Arbeit *Quelques théorèmes sur les alephs*, Fundamenta Mathematicae **7** (1925), 1–14; WA: A. TARSKI: *Collected Papers*, vol. 1, Basel 1986, 155–170. In dieser Arbeit bewies TARSKI die Gültigkeit einer Formel, welche die Rekursionsformel von BERNSTEIN und

auch die allgemeinere Rekursionsformel von HAUSDORFF für die Alephexponentiation (vgl. [H 1904a], wiederabgedruckt mit Kommentar von U. FELGNER im Band I A dieser Edition, S. 29–37) als Spezialfälle enthält. TARSKIs Arbeit enthält ferner eine zur HAUSDORFFschen Formel analoge Formel, die auch für Limeszahlen gilt sowie weitere wichtige Ergebnisse zur Alephexponentiation. Der Publikation der Arbeit vorausgegangen war ein Briefwechsel TARSKIs mit HAUSDORFF im März und April 1924, der leider verloren ist, dessen mathematischen Inhalt man aber aus HAUSDORFFs Manuskript *Alefsätze* (Nachlaß HAUSDORFF, Kapsel 31, Faszikel 161) und aus TARSKIs Dank an HAUSDORFF in der o. g. Arbeit rekonstruieren kann (s. dazu den Abdruck von *Alefsätze* im Band I A dieser Edition, S. 469–471, und insbesondere den ausführlichen Kommentar von U. FELGNER, ebenda, S. 471–475).

[3]   HAUSDORFF bezieht sich hier auf folgende Arbeiten TARSKIs: *Sur la décomposition des ensembles en sous-ensembles presque disjoints*, Fundamenta Math. **12** (1928), 188–205 (A. TARSKI: *Collected Papers*, vol. 1, 205–224); *Sur la décomposition des ensembles en sous-ensembles presque disjoints*, Fundamenta Math. **14** (1929), 205–215 (Fortsetzung der vorigen Arbeit; A. TARSKI: *Collected Papers*, vol. 1, 253–265); *Sur les classes d'ensembles closes par rapport à certaines opérations élémentaires*, Fundamenta Math. **16** (1930), 181–304 (A. TARSKI: *Collected Papers*, vol. 1, 391–516).

[4]   A. TARSKI: *Über Äquivalenz der Mengen in Bezug auf eine beliebige Klasse von Abbildungen*. Atti del Congresso Internazionale dei Matematici, Bologna 3. – 10. 9. 1928, Tomo II, Bologna 1930, 243–252 (A. TARSKI: *Collected Papers*, vol. 1, 299–310). Eine gute Zusammenfassung des Inhalts gibt A. FRAENKEL in *Jahrbuch über die Fortschritte der Mathematik* **56** (1930), S. 844.

[5]   HAUSDORFF bezieht sich hier auf S. BANACH; A. TARSKI: *Sur la décomposition des ensembles de points en parties respectivement congruentes*, Fundamenta Math. **6** (1924), 244–277 (A. TARSKI: *Collected Papers*, vol. 1, 119–154). Diese berühmte Arbeit, deren Hauptergebnis später unter der Bezeichnung „Banach-Tarski-Paradoxon" bekannt wurde, schließt in ihrer Grundidee an HAUSDORFFs Kugelparadoxon an. HAUSDORFF veröffentlichte seine paradoxe Kugelzerlegung erstmals in seinem im April 1914 erschienenen Buch *Grundzüge der Mengenlehre*, und zwar in einem mit „Nachträge und Anmerkungen" überschriebenen Anhang, S. 469–472 (Band II dieser Edition, S. 569–572). Leicht verändert ist dieser Nachtrag 1914 auch als separate Arbeit erschienen: F. HAUSDORFF: *Bemerkung über den Inhalt von Punktmengen*. Math. Annalen **75** (1914), 428–433 ([H 1914b], Band IV dieser Edition, S. 5–10). Der im Band IV anschließende Kommentar von S. D. CHATTERJI (S. 11–18) zeigt die immense Wirkung dieser Arbeit und thematisiert auch das Werk von BANACH/TARSKI und die folgende Entwicklung; s. zu dieser Thematik auch die Monographie S. WAGON: *The Banach-Tarski paradox*. Cambridge University Press, Cambridge 1985, 1993$^2$.

[6] Hier ist HAUSDORFF ein Versehen unterlaufen; es handelt sich um die folgende Arbeit aus Band 15 von Fundamenta Math.: A TARSKI: *Une contribution à la théorie de la mesure*, Fundamenta Math. **15** (1930), 42–50 (A. TARSKI: *Collected Papers*, vol. 1, 275–285). Ferner bezieht sich HAUSDORFF auf A. TARSKI: *Sur les fonctions additives dans les classes abstraites et leur application au problème de la mesure*, Comptes rendus de séances de la Société des Sciences et de lettres de Varsovie **22** (1929), Classe III, 114–117 (A. TARSKI: *Collected Papers*, vol. 1, 243–248).

[7] A. TARSKI: *Sur les ensembles finis*, Fundamenta Math. **6** (1924), 45–95 (A. TARSKI: *Collected Papers*, vol. 1, 65–117).

[8] A. TAJTELBAUM-TARSKI: *Sur quelques théorèmes qui équivalent à l'axiome du choix*, Fundamenta Math. **5** (1924), 147–154 (A. TARSKI: *Collected Papers*, vol. 1, 39–48).

[9] A. LINDENBAUM; A. TARSKI: *Communication sur les recherches de la Théorie des Ensembles*. Comptes rendus de séances de la Société des Sciences et de lettres de Varsovie **19** (1926), Classe III, 299–330 (A. TARSKI: *Collected Papers*, vol. 1, 171–204).

[10] Der Vertreter der Rockefeller-Foundation, WILBUR E. TISDALE, führte am 22. Mai 1933 in Warschau ein Gespräch mit TARSKI. Aus dem Protokoll des Gesprächs geht hervor, daß Deutschland wegen der Machtübernahme durch die Nationalsozialisten nicht mehr in Frage kam, TARSKI aber lieber nach Wien gehen wollte als an die Havard University:

> Impossibility of an experience in Göttingen recognized by T. who felt however that the situation in Vienna was not so bad. Doubts expressed [durch TISDALE wegen der starken antisemitischen Stimmung in Wien – W. P] concerning willingness of Committee to send a Jew to Vienna at the present time. T. stated definitely that he would not have a great interest in the Havard group in Mathematical Logic, as suggested by Prof. Lukasiewicz. T. said that his field in Mathematical Logic is not exactly that of Prof. L. (SIEGMUND-SCHULTZE, R.: *Rockefeller and the Internationalization of Mathematics Between the Two World Wars*. Birkhäuser Basel-Boston-Berlin 2001, S. 53 und persönliche Mitteilung von Herrn SIEGMUND-SCHULTZE [erste beide Sätze des Zitats])

1935 erhielt TARSKI ein Rockefeller-Stipendium für neun Monate und hielt sich im Rahmen dieses Stipendiums in Wien und in Paris auf; die offiziellen Gastgeber waren K. MENGER in Wien und L. ROUGIER in Paris (SIEGMUND-SCHULTZE, a. a. O., S. 299).

## Ministerielle Schreiben zu Berufungen

[Die Schreiben befinden sich in den „Akten des Königlichen Curatoriums der Rheinischen Friedrich-Wilhelms-Universität, betr. den ord. Professor Dr. Hausdorff", PA 2908. In diesem Akt ist auch die Greifswalder Personalakte („Registratur des Universitäts-Kuratoriums Greifswald, Personalakte Felix Hausdorff") eingefügt. Bei den Schreiben handelt es sich um Abschriften; die Originale sind an HAUSDORFF gegangen und nicht mehr vorhanden.]


Der Minister der geistlichen,
Unterrichts- und Medizinal-          Berlin W. 64, den 15. April 1910
Angelegenheiten


Im Verfolg der in meinem Auftrage mit Ihnen geführten Verhandlungen habe ich Sie zum außerordentlichen Professor in der Philosophischen Fakultät der Universität zu Bonn ernannt. Indem ich Ihnen die darüber ausgefertigte Bestallung übersende, verleihe ich Ihnen in der genannten Fakultät das durch den Weggang des Professors KOWALEWSKI erledigte Extraordinariat mit der Verpflichtung, im Vereine mit den Fachprofessoren die mathematischen Disziplinen in Vorlesungen und Übungen umfassend zu vertreten.

Ich ersuche Sie, dieses Amt sogleich anzutreten und das Verzeichnis der von Ihnen für das laufende Semester zu haltenden Vorlesungen umgehend dem Dekan der Fakultät zu übersenden.

Unter Festsetzung Ihres Besoldungsdienstalters auf den 1. April d. Js. bewillige ich Ihnen von diesem Tage ab, zugleich unter Vorwegnahme der ersten Alterszulage, eine Besoldung von jährlich 3.100 M, in Worten: „Dreitausendeinhundert Mark" nebst dem gesetzlichen Wohnungsgeldzuschusse von jährlich 880 M, in Worten: „Achthundertachtzig Mark" welche Bezüge Ihnen die Königliche Universitätskasse zu Bonn in vierteljährlichen Teilbeträgen im voraus zahlen wird.

Daß die Honorare für Ihre Vorlesungen aller Art, soweit sie im Rechnungsjahre den Betrag von 3000 M übersteigen, bis zu 4000 M mit 25 v. H., von dem darüber hinausgehenden Betrage zur Hälfte in die Staatskasse fließen, ist Ihnen bekannt.

Die mit Ihnen vereinbarte Entschädigung für die besonderen Kosten Ihres beschleunigten Umzuges mit 750 M wird Ihnen nach Ihrem Eintreffen in Bonn von dem dortigen Herrn Universitätskurator zur Zahlung angewiesen werden.

Den Letzteren habe ich, zugleich zur Benachrichtigung der beteiligten akademischen Behörden, von Ihrer Ernennung in Kenntnis gesetzt.

Der Königlich Preußische Minister
der geistlichen, Unterrichts- und Medizinal-Angelegenheiten.
Unterschrift

An den außerordentlichen Professor Herrn Dr. Felix HAUSDORFF in Leipzig,
Nordplatz 5.

Der Minister
der geistlichen und Unterrichts-
Angelegenheiten

Berlin W 8, den 22. März 1913.

Es ist mir erfreulich, Sie im Verfolg der in meinem Auftrage mit Ihnen geführten Verhandlungen davon in Kenntnis zu setzen, daß Seine Majestät der Kaiser und König Allergnädigst geruht haben, Sie zum ordentlichen Professor in der Philosophischen Fakultät der Universität zu Greifswald zu ernennen.

Indem ich Ihnen die darüber ausgefertigte, unterm 17. März d. Js. Allerhöchst vollzogene Bestallung übersende, verleihe ich Ihnen in der genannten Fakultät das durch den Weggang des ordentlichen Professors Dr. ENGEL zur Erledigung kommende Ordinariat mit der Verpflichtung, die Mathematik in ihrem gesamten Umfange in Vorlesungen und, soweit erforderlich, in Übungen zu vertreten; zugleich bestelle ich Sie zum Mitdirektor des Mathematischen Seminars.

Ich ersuche Sie, dieses Amt zum Beginn des bevorstehenden Sommersemesters zu übernehmen und das Verzeichnis der von Ihnen für das letztere anzukündigenden Vorlesungen schleunigst an den Dekan der Fakultät einzusenden.

Unter Festsetzung Ihres Besoldungsdienstalters als etatsmäßiger Ordinarius auf den 1. April 1913 bewillige ich Ihnen von diesem Zeitpunkte ab anstelle Ihres bisherigen Diensteinkommens, eine Besoldung von jährlich 4200 M, in Worten: „Viertausend zweihundert Mark", neben dem tarifmäßigen Wohnungsgeldzuschuß von jährlich 720 M, in Worten: „Siebenhundert zwanzig Mark", welche Bezüge Ihnen die Königliche Universitätskasse zu Greifswald in vierteljährlichen Teilbeträgen im voraus zahlen wird.

Es ist Ihnen bekannt, daß die Honorare für Ihre Vorlesungen aller Art, soweit sie im Rechnungsjahre den Betrag von 3000 M übersteigen, nach wie vor bis 4000 M zu 25 v. H., von dem darüber hinausgehenden Betrage zur Hälfte in die Staatskasse fließen.

Andererseits werden die mit Ihrer Universitätsstellung zusammenhängenden Nebenbezüge, sofern sie hinter 1200 M jährlich zurückbleiben, auf diesen Betrag aus Staatsfonds ergänzt werden.

Nach erfogtem Umzuge wollen Sie die Ihnen zustehenden Reise- und Umzugskosten nach den gesetzlichen Bestimmungen bei dem Herrn Universitätskurator zu Greifswald zur Erstattung liquidieren.

Den letzteren und den Herrn Universitätskurator in Bonn habe ich, zugleich zur Benachrichtigung der beteiligten akademischen Behörden, von Ihrer Ernennung in Kenntnis gesetzt.

(Unterschrift)

An den Königlichen außerordentlichen Professor Herrn Dr. HAUSDORFF in Bonn Händelstraße 18.

Der Minister
für Wissenschaft, Kunst und          Berlin W. 8, den 13. April 1921
Volksbildung

In Verfolg der in meinem Auftrage mit Ihnen geführten Verhandlungen versetze ich Sie vom 1. Oktober ds. Js. ab in die Philosophische Fakultät der Universität zu Bonn und verleihe Ihnen in dieser Fakultät das durch das Ausscheiden des Professors HAHN freigewordene Ordinariat mit der Verpflichtung, die Mathematik in Vorlesungen und Übungen zu vertreten. Zugleich bestelle ich Sie zum Mitdirektor des Mathematischen Seminars.

Ich ersuche Sie, Ihr neues Amt rechtzeitig zum Beginn des Wintersemesters anzutreten und das Verzeichnis der von Ihnen für das letztere anzukündigenden Vorlesungen an den Dekan der Fakultät einzusenden.

Ihr auf den 1. April 1913 festgesetztes Besoldungsdienstalter bleibt unverändert. Ich bewillige Ihnen aber vom 1. Oktober ds. Js. ab unter Vorwegnahme sämtlicher Dienstalterstufen ein Grundgehalt von jährlich 16.200 M, in Worten: „Sechzehntausend zweihundert Mark", neben dem tarifmäßigen Orts- und Ausgleichszuschlag und der etwaigen Kinderbeihilfe. Diese Bezüge wird Ihnen die Universitätskasse zu Bonn in monatlichen oder bei Überweisung auf ein Bankkonto in vierteljährlichen Teilbeträgen im voraus zahlen.

Es ist Ihnen bekannt, daß die Honorare für Ihre Vorlesungen aller Art, soweit sie im Rechnungsjahre den Betrag von 4000 M übersteigen, nach wie vor bis zu 10.000 M mit 50 v. H., von dem darüber hinausgehenden Betrage mit 80 v. H. in die Staatskasse fließen. Es wird Ihnen aber Gewähr dafür geleistet, daß Ihnen eine Einnahme aus Vorlesungshonoraren von jährlich 4000 M verbleibt. Diese Zusicherung fällt fort mit dem Ablauf desjenigen Studiensemesters, in dem Sie von den amtlichen Verpflichtungen entbunden werden.

Nach bewirktem Umzuge wollen Sie die Ihnen zustehenden Reise- und Umzugskosten nach den gesetzlichen Bestimmungen bei dem Herrn Universitätskurator zu Bonn zur Erstattung anfordern. Ich behalte mir vor, Ihnen zu den tatsächlichen Kosten des Umzuges einen angemessenen Zuschuß zu gewähren. Zu diesem Zweck wollen Sie seinerzeit eine Aufstellung über die von Ihnen aufgewendeten Kosten durch Vermittlung des Herrn Universitätskurators hierher einreichen.

Den Herren Universitätskuratoren in Greifswald und Bonn habe ich, zugleich zur Benachrichtigung der beteiligten akademischen Behörden, von Ihrer Versetzung Mitteilung gemacht.

(Unterschrift)

An den ordentlichen Professor Herrn Dr. Hausdorff zu Greifswald.

## Anmerkung

Zur Berufung nach Greifswald und zu deren Vorgeschichte vgl. auch die Briefe HAUSDORFFs an FRIEDRICH ENGEL in diesem Band. Im übrigen wird zu den einzelnen Berufungen, ihrer Vorgeschichte, ihren Hintergründen und zu beteiligten Personen auf die detaillierte Darstellung in der HAUSDORFF-Biographie von EGBERT BRIESKORN (Band I B dieser Edition) verwiesen.

– – –

[Im Archiv der Universität Bonn, Akte PA-PF 191, Teil II „Nachfolge Hausdorff", befindet sich zudem eine am 20.12.1935 gefertigte Abschrift des Ernennungsschreibens zum außeretatsmäßigen außerordentlichen Professor in Leipzig]

Königlich Sächsisches Ministerium
des Kultus und öffentlichen Unterrichts.

Mit allerhöchster Genehmigung

hat das Ministerium des Kultus und öffentlichen Unterrichts den Privatdozenten an der Universität Leipzig

Dr. phil. Felix Hausdorff

zum ausseretatsmässigen ausserordentlichen Professor in der Philosophischen Fakultät an der Universität zu Leipzig ernannt und nachdem er als solcher heute verpflichtet worden, zu dessen Urkund gegenwärtiges

Dekret
unter gewöhnlicher Vollziehung ausgestellt
Dresden, am 4. Juli 1903

Ministerium des Kultus und öffentlichen Unterrichts.

gez. Unterschrift.

Für die Richtigkeit der Abschrift:
Bonn, den 20. 12. 1935
U. O. J.

# Briefe an die philosophische Fakultät der Universität Bonn

[Quelle: Archiv der Universität Bonn, PF-PA 191]

Leipzig, 18. April 1910

An die Philosophische Fakultät der Rheinischen
Friedrich-Wilhelms-Universität, Bonn.

Der Philosophischen Fakultät beehre ich mich die ergebenste Mittheilung zu machen, dass Se. Excellenz der Königlich Preussische Minister der geistlichen, Unterrichts- und Medicinal-Angelegenheiten mich zum ausserordentlichen Professor ernannt hat, und bitte der Fakultät meine aufrichtige Freude über diese mir zu Theil gewordene Auszeichnung aussprechen zu dürfen. Auf Weisung des Kgl. Ministeriums erlaube ich mir, der Fakultät das Verzeichnis der Vorlesungen zu übermitteln, die ich im bevorstehenden Sommersemester zu halten gedenke.

1) Differential- und Integralrechnung I, Dienstag, Mittwoch, Donnerstag, Freitag 8–9, privatim.
2) Übungen dazu, in einer zu bestimmenden Stunde, privatissime gratis.
3) Einführung in die Mengenlehre, Mittwoch 4–6, privatim.
4) Mathematisches Seminar für Mittel- und Oberstufe

Mit vorzüglicher Hochachtung

ergebenst
Prof. Dr. Felix Hausdorff

– – –

Bonn, Händelstrasse 18
7. März 1913

An die Hohe Philosophische Fakultät der Universität Bonn,
z. H. Sr. Spectabilität des Herrn Decans Prof. Dr. Steinmann.

Der Hohen Philosophischen Fakultät beehre ich mich mitzutheilen, dass ich einen Ruf als ordentlicher Professor nach Kiel erhalten und angenommen habe. Für das mir allezeit erwiesene Wohlwollen und Entgegenkommen spreche ich der Hohen Fakultät meinen verbindlichen Dank aus.

Hochachtungsvoll ergebenst
F. Hausdorff

– – –

Bonn, Händelstrasse 18
8. März 1913

An die Hohe Philosophische Fakultät der Universität Bonn.

Nach einer soeben eingetroffenen telegraphischen Mittheilung vom Kultusministerium ist meine Berufung nach Kiel irrthümlich erfolgt: es handelt sich vielmehr um ein Ordinariat in *Greifswald*. Ich muss also meine gestrige Anzeige an die hohe Fakultät dahin berichtigen, dass ich eine Berufung als Ordinarius in Greifswald erhalten und angenommen habe.

Hochachtungsvoll ergebenst
F. Hausdorff

### Anmerkung

Zu HAUSDORFFs irrtümlicher Berufung nach Kiel vgl. seinen Brief an FRIEDRICH ENGEL vom 11. März 1913 in der Korrespondenz ENGEL in diesem Band.

– – –

Greifswald, Graben 5
7. April 1921

Spectabilis!

Gestatten Sie mir die Mittheilung, dass ich einen Ruf nach Bonn erhalten und angenommen habe, und die Bitte, durch Ihre Vermittlung der Hohen Philosophischen Fakultät, deren Vorschlag diese Berufung ermöglicht hat, für die mir dadurch erwiesene ehrenvolle Auszeichnung meinen herzlichsten Dank aussprechen zu dürfen. Ich freue mich dieser Auszeichnung um so mehr, als ich daraus schliessen darf, dass meine frühere Thätigkeit als Extraordinarius die Anerkennung der Fakultät gefunden hat.

Die Regierung hat mir freigestellt, mein neues Amt sofort oder erst zum 1. Oktober anzutreten, und ich habe mich nach schriftlicher Berathung mit Herrn Geheimrath Study für den späteren Zeitpunkt entschieden. Herr Study hat mir zwar durchaus nicht verschwiegen, dass die Wünsche Ihrer Fakultät auf eine sofortige Neubesetzung der Lehrstelle gerichtet seien, und ich hätte mich ceteris paribus unter Zurückstellung aller sonstigen Gründe gewiss diesen Wünschen gefügt. Aber in diesem Falle liegen die Verhältnisse für den Unterrichtsbetrieb in meinem bisherigen Wirkungskreis besonders ungünstig. Wir haben in Greifswald zwei Ordinarien (Vahlen, ich) und einen Privatdocenten (Thaer); der letztere hat sich aber seit längerer Zeit um eine Stelle im Schuldienst beworben und kann, da er das Probejahr bereits absolvirt hat, jeden Tag mit seiner Anstellung ausserhalb Greifswalds rechnen, wird also mit höchster Wahrscheinlichkeit im Sommersemester nicht lesen. Bei meinem sofortigen Weggang würde also, da meine alsbaldige Ersetzung ausgeschlossen ist, hier nur ein einziger Docent übrig geblieben sein und der mathematische Unterricht an der hiesigen Universität eine erhebliche Einbusse erlitten haben. Eine ähnliche Nothlage tritt durch mein späteres Kommen für Bonn nicht ein, da dort immerhin drei Docenten (Study, Beck, Müller) zur Verfügung stehen und gerade für die Hauptvorlesungen *meines* Faches – Differentialrechnung, Funktionentheorie – im Sommersemester bereits vorgesorgt ist.

Unter diesen Umständen habe ich die mir vom Ministerium überlassene Entscheidung im Sinne des späteren Zeitpunktes treffen zu dürfen geglaubt, ohne die Fachinteressen der Fakultät zu schädigen, der ich künftig anzugehören die Ehre haben werde.

In vorzüglicher Hochachtung                        Ihr sehr ergebener
                                                                    F. Hausdorff

# Dienstliche Korrespondenz aus der Zeit der nationalsozialistischen Diktatur

[Quelle: Archiv der Universität Bonn, PF-PA 191, Teil II „Nachfolge Hausdorff".]


D.k.U.K.Nr. 2025            Bonn, den 11.3.1935
An Herrn Prof.Dr.Hausdorff, Hier

In der Anlage übersende ich Ihnen einen Erlass des Herrn Reichs- pp. Ministers vom 5.3.1935 W I p Hausdorff a.1 betr. Ihre Entpflichtung zum 31.3.1935.

## Anmerkung

Absender dieses Schreibens war der Universitätskurator. Die Anlage ist das folgende Schreiben des Ministers BERNHARD RUST (1883–1945).


Der Reichs- und            Berlin W 8, den 5. März 1935.
Preußische Minister für
Wissenschaft, Erziehung
und Volksbildung
W I p Hausdorff a.1

Kraft Gesetzes sind Sie mit Ende März 1935 von den amtlichen Verpflichtungen entbunden.

Der Abschied geht Ihnen noch besonders zu.

Über die Umgrenzung der Ihnen nach der Entpflichtung verbleibenden Rechte behalte ich mir die Entscheidung vor.

Unterschrift.
An den ordentlichen Professor Herrn Dr.Felix Hausdorff in Bonn.

## Anmerkung

Nach dem berüchtigten „Gesetz zur Wiederherstellung des Berufsbeamtentums" vom 7. April 1933 wurden alle nach der Definition der Nationalsozialisten jüdischen Beamten entlassen. Ausgenommen waren solche Beamte, die bereits vor 1914 deutsche Beamte waren und solche, die im 1. Weltkrieg an der Front für das Deutsche Reich gekämpft hatten oder deren Vater oder Söhne an der Front gefallen waren. Da HAUSDORFF vor 1914 schon deutscher Beamter war, war er von diesem Gesetz nicht betroffen und konnte weiter seine Vorlesungen halten. Die hier vorgenommene Entpflichtung bezieht sich auf das Erreichen der gesetzlich vorgeschriebenen Altersgrenze. Der angekündigte Abschied ist der folgende Vorgang.

D.k.U.K.Nr. 7092                                      Bonn, den 31.7.1935
An Herrn Prof. Dr. Hausdorff, Hier

In der Anlage übersende ich Ihnen die mir zugegangene Urkunde über Ihre Entbindung von den amtlichen Verpflichtungen in der Phil. Fakultät.

Der Reichs- und                              Berlin W 8, den 23. Juli 1935.
Preußische Minister für
Wissenschaft, Erziehung
und Volksbildung
W I p Hausdorff b

                        Im Namen des Reichs.

Kraft Gesetzes sind Sie mit Ende März 1935 von den amtlichen Verpflichtungen in der Philosophischen Fakultät der Universität Bonn entbunden worden.

Berchtesgaden, den 23. Juli 1935
                    Der Führer und Reichskanzler

### Anmerkung

Der hier vorliegende Text ist die Abschrift der Entpflichtungsurkunde. Der Brief des Ministeriums war an den Universitätskurator gerichtet und enthielt folgenden weiteren Text:
*Entpflichtungsurkunde* für den ordentlichen Professor Dr. Felix *Hausdorff* in Bonn.
Abschrift zur weiteren Veranlassung und Aushändigung der beiliegenden Entpflichtungsurkunde. Im Auftrage                              gez. *Vahlen.*

THEODOR VAHLEN (1869–1945) war seit 1904 Extraordinarius und seit 1911 Ordinarius für Mathematik an der Universität Greifswald und somit HAUS-DORFFs unmittelbarer Kollege während dessen Greifswalder Zeit. VAHLEN trat bereits 1923 in die NSDAP ein und wurde 1924 NSDAP-Gauleiter in Pommern. Von 1934 bis 1937 war er Leiter des Amtes für Wissenschaften im Reichs- und Preußischen Ministerium für Wissenschaft, Erziehung und Volksbildung. Von 1939 bis 1943 war er Präsident der Preußischen Akademie der Wissenschaften. Er war Mitglied der SS, zuletzt im Range eines SS-Brigadeführers.
Es ist bezeichnend, daß die Verantwortlichen für HAUSDORFF kein Wort des Dankes für 40 Jahre treue Dienste im deutschen Hochschulwesen fanden.

Die folgenden beiden Schriftstücke sind handschriftlich verfaßte Briefe HAUS-
DORFFs an den Kurator der Universität Bonn.

Bonn Hindenburgstr. 61

z. Z. Montreux, Hotel Beau Rivage

1. 10. 1935

An den Herrn Universitätskurator, Bonn.

Betr. Nr. 7891.

Die angegebene Verfügung vom 4. September 1935 betr. die Mitgliedschaft
bei der N.S.D.A.P. habe ich nicht erhalten. Ich nehme an, dass sich dies dadurch erledigt, dass ich Nichtarier bin.

F. Hausdorff

em. ord. Prof.

Bonn Hindenburgstr. 61

z. Z. Montreux, Hotel Beau Rivage

1. 10. 1935

An den Herrn Universitätskurator, Bonn.

Betr. Nr. 8345.

Ich erkläre mit Bezug auf meinen Diensteid, dass ich keiner Beamtenver-
einigung angehöre oder angehört habe. Dabei nehme ich an, dass der Deutsche Hochschulverband oder wissenschaftliche Vereinigungen wie die Deutsche
Mathematiker-Vereinigung nicht unter die gestellte Frage fallen.

F. Hausdorff

em. ord. Prof.

Die folgenden Briefe des Universitätskurators betreffen die Folgen des Reichs-
bürgergesetzes vom 15. September 1935 (Teil der Nürnberger Rassengesetze).

Nr. 10961 III                                           Bonn, den 17. Dezember 1935

An Herrn Prof. Dr. Hausdorff,

    Bonn.

    Hindenburgstrasse 61

Gegen Empfangsbescheinigung!

Im Auftrage des Herrn Reichs- und Preußischen Ministers für Wissenschaft,
Erziehung und Volksbildung eröffne ich Ihnen, dass Sie auf Grund des § 4 der
Ersten Verordnung zum Reichsbürgergesetz vom 14. November 1935 (RGBl. I
S. 1333) mit dem 31. Dezember 1935 in den Ruhestand treten.

Über die Ihnen etwa zustehenden Versorgungsbezüge bleibt die Entscheidung
vorbehalten.

## Anmerkung

Die ersten beiden, hier relevanten Absätze des § 4 der Ersten Verordnung zum Reichsbürgergesetz vom 14. November 1935 lauteten:

(1) Ein Jude kann nicht Reichsbürger sein. Ihm steht ein Stimmrecht in politischen Angelegenheiten nicht zu; er kann ein öffentliches Amt nicht bekleiden.
(2) Jüdische Beamte treten mit Ablauf des 31. Dezember 1935 in den Ruhestand.

Damit fielen die Ausnahmeregelungen des „Gesetzes zur Wiederherstellung des Berufsbeamtentums" von 1933 weg; Professoren, die jetzt davon betroffen waren, erhielten sog. Ruhestandsbezüge, die deutlich unter den Bezügen eines Emeritus lagen. Die Folge für HAUSDORFF war, daß seine Bezüge neu berechnet wurden (vgl. das folgende Schreiben).

Nr. 11103                 Bonn, den 19. Dezember 1935
An Herrn Prof. Dr. Hausdorff,
      Bonn.
      Hindenburgstrasse 61

Im Anschluss an mein Schreiben vom 17. Dezember 1935 – Nr. 10961 III – betreffend Ihre Versetzung in den Ruhestand, teile ich Ihnen mit, dass Ihnen auf Grund einer Anordnung des Herrn Ministers vom 1. Januar 1936 ab zunächst 35 v. H. der ruhegehaltsfähigen Dienstbezüge durch die Regierungshauptkasse in Köln gezahlt werden.

Ihr ruhegehaltsfähiges Diensteinkommen beträgt jährlich:

| | |
|---|---:|
| a) Grundgehalt | 13260.- RM |
| b) Ruhegehaltsfähige Zulage | 1000.- RM |
| c) Wohnungsgeldzuschuss der Tarifklasse II (Ortsklasse B) | 1440.- RM |
| zusammen | 15700.- RM |
| Davon 35 v. H. = | 5495.- RM |

Die allgemeinen Kürzungsbestimmungen werden angewendet.

Es handelt sich hierbei um eine vorläufige Versorgungsregelung; die endgültige Entscheidung über die Höhe des Ruhegehalts wird von dem Herrn Minister getroffen werden.

Um Verzögerungen in der Zahlung der vorläufigen Bezüge zu vermeiden, gebe ich anheim, Ihre Steuerkarte für das Steuerjahr 1936 – soweit sie noch nicht in Ihren Händen ist – von der hiesigen Steuerbehörde anzufordern, umgehend der Regierungshauptkasse in Köln einzusenden und dabei gleichzeitig Überweisungsanordnung zu treffen.

Nr. 11242 Bonn, den 23. 12. 1935
An Herrn Prof. Dr. Hausdorff,
  Bonn.
  Hindenburgstrasse 61

Die Verfügungen von 17. Dezember 1935 Nr 10961 III und vom 19. 12. 1935 Nr
11103 betr. Ihre Versetzung in den Ruhestand werden hiermit zurückgenommen, da nach einer neuerlichen Anordnung des Herrn Reichs- und Preussischen
Ministers für W.E.u.V. die emeritierten Hochschullehrer nicht von der Bestimmung des § 4 der Ersten Verordnung zum Reichsbürgergesetz vom 14. 11. 1935
erfasst werden.

### Anmerkung

Die „Zweite Verordnung zum Reichsbürgergesetz" vom 21. Dezember 1935 definierte im einzelnen, wer als „Beamter" im Sinne von § 4, Absatz (2) der „Ersten
Verordnung zum Reichsbürgergesetz" zu gelten hatte und demgemäß in den
Ruhestand zu versetzen war. Dort waren auch Personengruppen genannt, die
im rechtlichen Sinne gar keinen Beamtenstatus hatten wie z. B. Privatdozenten.
Diese seien durch Entzug der Lehrbefugnis in den Ruhestand zu versetzen.
Emeriti waren nicht genannt. Deshalb wurde mit diesem Schreiben des Universitätskurators die Versetzung HAUSDORFFs in den Ruhestand zurückgenommen
und er blieb Emeritus. In einer Mitteilung des Kurators an die Universitätskasse vom 23. 12. 1935 heißt es demgemäß: „Die Emeritenbezüge sind weiter zu
zahlen."
  Mit weiteren Verordnungen und Verfügungen wurden, insbesondere ab 1938,
die Bezüge jüdischer Emeriti und Beamter im Ruhestand schrittweise immer
mehr beschnitten. Schreiben, die sich darauf beziehen, sind in der Akte HAUSDORFFs nicht mehr vorhanden.

Bonn, Hindenburgstr. 61
28. Nov. 1938

Verlag B. G. Teubner, Leipzig.

Ich bitte zur Kenntnis zu nehmen, dass ich
(1) aus der Deutschen Mathematiker-Vereinigung austrete, [2]
(2) den Jahresbericht der D. M. V. von Band 49 an abbestelle (also nur noch
Heft 9–12 des Bandes 48 zu beziehen wünsche).

Hochachtungsvoll

Prof. Dr. Felix Hausdorff

### Anmerkungen

[1]  Der Brief wurde von Teubner an die DMV weitergegeben. Über HAUS-
DORFFs Briefkopf steht nämlich folgender Eintrag des Teubner-Verlages in
Schreibmaschinenschrift: „Herrn Prof. Dr. C. Müller zur Kenntnisnahme über-
sandt. In Berichtigungsblatt bereits nachgetragen. B. G. Teubner." Der Brief
befindet sich jetzt im Universitätsarchiv Freiburg im Bestand E4 „Deutsche
Mathematiker-Vereinigung 1889–1987" unter der Signatur E4/062 „Handak-
te des Schriftführers Conrad Müller: Mitgliederangelegenheiten (G–H), 1936–
1941". Herr Prof. VOLKER REMMERT hat bei der Katalogisierung des Bestan-
des E4 diesen Brief entdeckt und uns eine Kopie zur Verfügung gestellt, wofür
wir ihm ganz herzlich danken.

[2]  Ab 1938 wurde im Vorstand der DMV verstärkt darüber diskutiert, wie
mit den jüdischen und mit den emigrierten Mitgliedern zu verfahren sei. Man
war sich darüber einig, daß man sie nicht mehr als Mitglieder haben wollte, konnte sich aber nicht über konkrete Schritte einigen, da man vor allem internationale Reaktionen fürchtete. Nach dem antijüdischen Pogrom vom
9. November 1938 und dem sog. Akademieerlaß des Reichsministeriums für
Wissenschaft, Erziehung und Volksbildung vom 15. November 1938, der den
wissenschaftlichen Akademien Satzungsänderungen vorschrieb, welche die Mitgliedschaft von Juden, „jüdisch Versippten" und „Mischlingen" ausschlossen,
sah auch der Vorstand der DMV dringenden Handlungsbedarf, sich von den
jüdischen Mitgliedern zu trennen (eine detaillierte Darstellung findet sich im
Abschnitt „Die Judenfrage" in: VOLKER REMMERT: *Die Deutsche Mathematikervereinigung im Dritten Reich*, Teil 2: *Fach- und Parteipolitik*. Mitteilungen
der DMV 12–4 (2004), 223–245). Ob HAUSDORFF etwas von diesen Bestrebungen erfahren hatte und deshalb austrat oder ob er nach dem Pogrom von
sich aus den Beschluß zum Austritt faßte, läßt sich nicht klären. Im März
1939 erstellte der Vorstand der DMV eine Liste derjenigen „Nichtarier und
Emigranten", die noch Mitglied der DMV waren. Unter der Rubrik „Juden in

Deutschland" finden sich darin die folgenden Einträge:

Hartogs, München,

Korn, Berlin,

Remak, Berlin,

Pringsheim, München.

An diese Mitglieder wurden Briefe verschickt, die zum Austritt aufforderten; der Brief an Prof. HARTOGS, datiert vom 22. Juli 1939, hat folgenden Wortlaut:

> Sehr geehrter Herr Professor!
>
> Sie können in Zukunft nicht mehr Mitglied der Deutschen Mathematikervereinigung sein. Deshalb lege ich Ihnen nahe, Ihren Austritt aus unserer Vereinigung zu erklären. Andernfalls werden wir das Erlöschen Ihrer Mitgliedschaft bei nächster Gelegenheit bekannt geben.
>
> Mit vorzüglicher Hochachtung
>
> Der Vorsitzende

(Der Brief ist zitiert bei REMMERT, a. a. O., S. 226).

# Chronologische Liste der Korrespondenz

### 1888

| | |
|---|---|
| 23. 03. 1888 | F. Hausdorff ⟶ A. Mayer |

### 1892

| | |
|---|---|
| 27. 03. 1892 | F. Hausdorff ⟶ S. Lie |

### 1893

| | |
|---|---|
| 17. 10. 1893 | F. Hausdorff ⟶ H. Köselitz |
| 29. 12. 1893 | F. Hausdorff ⟶ H. Köselitz |

### 1894

| | |
|---|---|
| 02. 02. 1894 | F. Hausdorff ⟶ P. Lauterbach |
| 28. 03. 1894 | F. Hausdorff ⟶ S. Lie |
| 03. 06. 1894 | F. Hausdorff ⟶ P. Lauterbach |
| 08. 07. 1894 | F. Hausdorff ⟶ P. Lauterbach |
| 22. 07. 1894 | F. Hausdorff ⟶ P. Lauterbach |
| 31. 12. 1894 | F. Hausdorff ⟶ H. Köselitz |

### 1895

| | |
|---|---|
| 12. 10. 1895 | F. Hausdorff ⟶ E. Förster-Nietzsche |

### 1896

| | |
|---|---|
| 24. 06. 1896 | F. Hausdorff ⟶ E. Förster-Nietzsche |
| 12. 07. 1896 | F. Hausdorff ⟶ E. Förster-Nietzsche |
| 15. 08. 1896 | F. Hausdorff, K. Hezel ⟶ H. Köselitz |
| 30. 10. 1896 | F. Hausdorff, F. Kögel, G. Naumann, K. Hezel ⟶ H. Köselitz |

### 1897

| | |
|---|---|
| 28. 07. 1897 | F. Hausdorff ⟶ F. Klein |
| 08. 10. 1897 | F. Hausdorff ⟶ H. Köselitz |

### 1898

| | |
|---|---|
| 18. 05. 1898 | F. Hausdorff ⟶ O. Wiedeburg |
| 12. 10. 1898 | F. Hausdorff ⟶ H. Köselitz |

### 1899

| | |
|---|---|
| 22. 05. 1899 | F. Hausdorff, S. Goldschmidt ⟶ H. Köselitz |
| 06. 12. 1899 | F. Hausdorff ⟶ F. Engel |
| 19. 12. 1899 | F. Hausdorff ⟶ E. Förster-Nietzsche |

## 1900

| | |
|---|---|
| 06. 07. 1900 | E. Förster-Nietzsche $\longrightarrow$ F. Hausdorff |
| 03. 08. 1900 | F. Hausdorff $\longrightarrow$ E. Förster-Nietzsche |
| 31. 08. 1900 | F. Hausdorff $\longrightarrow$ E. Förster-Nietzsche |
| 12. 10. 1900 | F. Hausdorff $\longrightarrow$ D. Hilbert |
| 15. 11. 1900 | F. Hausdorff $\longrightarrow$ R. Lehmann-Filhés |
| 29. 11. 1900 | E. Förster-Nietzsche $\longrightarrow$ F. Hausdorff |

## 1901

| | |
|---|---|
| 12. 09. 1901 | F. Hausdorff $\longrightarrow$ F. Mauthner |
| 29. 09. 1901 | F. Hausdorff $\longrightarrow$ F. Mauthner |

## 1902

| | |
|---|---|
| 02. 08. 1902 | F. Hausdorff $\longrightarrow$ G. Landauer |
| 16. 08. 1902 | F. Hausdorff $\longrightarrow$ W. Wundt |
| 16. 12. 1902 | F. Hausdorff $\longrightarrow$ F. Mauthner |

## 1903

| | |
|---|---|
| 28. 02. 1903 | F. Hausdorff $\longrightarrow$ F, Brümmer |
| 04. 07. 1903 | Kultusministerium Dresden $\longrightarrow$ F. Hausdorff |
| 08. 07. 1903 | F. Hausdorff $\longrightarrow$ W. Ostwald |
| 09. 08. 1903 | F. Hausdorff $\longrightarrow$ W. Ostwald |
| 25. 08. 1903 | F. Hausdorff $\longrightarrow$ F. Mauthner |
| 18. 09. 1903 | F. Hausdorff $\longrightarrow$ W. Ostwald |

## 1904

| | |
|---|---|
| 08. 02. 1904 | F. Hausdorff $\longrightarrow$ F. Meyer |
| 22. 02. 1904 | F. Hausdorff $\longrightarrow$ F. Meyer |
| 13. 05. 1904 | F. Hausdorff $\longrightarrow$ F. Engel |
| 14. 06. 1904 | F. Hausdorff $\longrightarrow$ F. Meyer |
| 17. 06. 1904 | F. Hausdorff $\longrightarrow$ F. Mauthner |
| 31. 08. 1904 | F. Hausdorff $\longrightarrow$ F. Mauthner |
| 21. 09. 1904 | F. Hausdorff $\longrightarrow$ F. Mauthner |
| 29. 09. 1904 | F. Hausdorff $\longrightarrow$ D. Hilbert |
| 29. 09. 1904 | F. Hausdorff $\longrightarrow$ F. Mauthner |
| 02. 11. 1904 | F. Hausdorff $\longrightarrow$ F. Mauthner |
| 19. 11. 1904 | F. Hausdorff $\longrightarrow$ F. Mauthner |
| 29. 12. 1904 | F. Hausdorff $\longrightarrow$ F. Mauthner |

## 1905

| | |
|---|---|
| 02. 01. 1905 | F. Hausdorff $\longrightarrow$ F. Mauthner |
| 15. 04. 1905 | F. Hausdorff $\longrightarrow$ F. Mauthner |
| 12. 08. 1905 | F. Hausdorff $\longrightarrow$ F. Meyer |
| 29. 12. 1905 | F. Hausdorff $\longrightarrow$ F. Engel |

| 11. 03. 1913 | F. Hausdorff $\longrightarrow$ F. Engel |
| 15. 03. 1913 | F. Hausdorff $\longrightarrow$ F. Engel |
| 22. 03. 1913 | Kultusministerium Berlin $\longrightarrow$ F. Hausdorff |
| 27. 03. 1913 | F. Hausdorff $\longrightarrow$ F. Engel |
| 30. 03. 1913 | C Carathéodory $\longrightarrow$ F. Hausdorff |
| 02. 04. 1913 | F. Hausdorff $\longrightarrow$ F. Engel |
| 08. 04. 1913 | F. Hausdorff $\longrightarrow$ F. Engel |
| 26. 05. 1913 | F. Hausdorff $\longrightarrow$ F. Engel |
| 29. 10. 1913 | F. Hausdorff $\longrightarrow$ W. Blaschke |
| 18. 11. 1913 | F. und Ch. Hausdorff $\longrightarrow$ R. Dehmel |

### 1914

| 16. 01. 1914 | F. Hausdorff $\longrightarrow$ F. Engel |
| 27. 02. 1914 | F. Hausdorff $\longrightarrow$ D. Hilbert |
| 20. 04. 1914 | F. Hausdorff $\longrightarrow$ D. Hilbert |
| 24. 05. 1914 | F. Hausdorff $\longrightarrow$ F. Engel |

### 1916

| 04. 01. 1916 | F. Hausdorff $\longrightarrow$ F. Meyer |
| 14. 03. 1916 | F. Hausdorff $\longrightarrow$ D. Hilbert |
| 28. 12. 1916 | F. Hausdorff $\longrightarrow$ L. Dumont |

### 1917

| 27. 02. 1917 | F. Hausdorff $\longrightarrow$ Th. Ziehen |
| 05. 05. 1917 | F. Hausdorff $\longrightarrow$ F. Meyer |
| 15. 09. 1917 | F. Hausdorff $\longrightarrow$ G. Pólya |
| 10. 10. 1917 | F. Hausdorff $\longrightarrow$ L. Dumont |
| 05. 11. 1917 | F. Hausdorff $\longrightarrow$ L Fejér |
| 14. 11. 1917 | F. Hausdorff $\longrightarrow$ L. Dumont |
| 21. 11. 1917 | F. Hausdorff $\longrightarrow$ G. Pólya |
| 19. 12. 1917 | F. Hausdorff $\longrightarrow$ L. Dumont |
| 25. 12. 1917 | F. Hausdorff $\longrightarrow$ G. Pólya |

### 1918

| 12. 01. 1918 | F. Hausdorff $\longrightarrow$ Th. Ziehen |
| 13. 05. 1918 | F. Hausdorff $\longrightarrow$ L. Dumont |
| 27. 06. 1918 | L. Vietoris $\longrightarrow$ F. Hausdorff |
| 05. 07. 1918 | L. Vietoris $\longrightarrow$ F. Hausdorff |
| 06. 07. 1918 | F. Hausdorff $\longrightarrow$ L. Vietoris |
| 20. 07. 1918 | L. Vietoris $\longrightarrow$ F. Hausdorff |

### 1919

| 23. 02. 1919 | F. Hausdorff $\longrightarrow$ M. Schlick |
| 14. 05. 1919 | F. Hausdorff $\longrightarrow$ G. Pólya |
| 02. 11. 1919 | F. Hausdorff $\longrightarrow$ R. von Mises |
| 10. 11. 1919 | F. Hausdorff $\longrightarrow$ R. von Mises |

# 1920

| 06. 01. 1920 | F. Hausdorff $\longrightarrow$ G. Pólya |
|---|---|
| 29. 04. 1920 | F. Hausdorff $\longrightarrow$ I. Schur |
| 17. 07. 1920 | F. Hausdorff $\longrightarrow$ M. Schlick |
| 18. 07. 1920 | F. Hausdorff $\longrightarrow$ M. Riesz |
| 17. 08. 1920 | F. Hausdorff $\longrightarrow$ M. Riesz |

# 1921

| 07. 04. 1921 | F. Hausdorff $\longrightarrow$ Philosophische Fakultät Bonn |
|---|---|
| 11. 04. 1921 | F. Hausdorff $\longrightarrow$ F. Engel |
| 13. 04. 1921 | Kultusministerium Berlin $\longrightarrow$ F. Hausdorff |
| 10. 08. 1921 | R. Herbertz $\longrightarrow$ F. Hausdorff |

# 1922

| 24. 07. 1922 | F. Hausdorff $\longrightarrow$ L. Bieberbach |
|---|---|
| 07. 08. 1922 | F. Hausdorff $\longrightarrow$ I. Schur |
| 28. 09. 1922 | F. Hausdorff $\longrightarrow$ L. Fejér |
| 18. 11. 1922 | F. Hausdorff $\longrightarrow$ F. Riesz |

# 1923

| 18. 04. 1923 | P. Alexandroff, P. Urysohn $\longrightarrow$ F. Hausdorff |
|---|---|
| 17. 06. 1923 | F. Hausdorff $\longrightarrow$ E. Zermelo |
| 19. 06. 1923 | P. Alexandroff, P. Urysohn $\longrightarrow$ F. Hausdorff |
| 05. 07. 1923 | F. Hausdorff $\longrightarrow$ P. Fechter |

# 1924

| 21. 05. 1924 | P. Alexandroff, P. Urysohn $\longrightarrow$ F. Hausdorff |
|---|---|
| 09. 06. 1924 | F. Hausdorff $\longrightarrow$ A. Fraenkel |
| 28. 06. 1924 | P. Alexandroff, P. Urysohn $\longrightarrow$ F. Hausdorff |
| 11. 08. 1924 | F. Hausdorff $\longrightarrow$ P. Alexandroff, P. Urysohn |
| 18. 08. 1924 | P. Alexandroff $\longrightarrow$ F. Hausdorff |
| 23. 08. 1924 | F. und Ch. Hausdorff $\longrightarrow$ P. Alexandroff |
| 24. 08. 1924 | P. Alexandroff $\longrightarrow$ F. Hausdorff |
| 02. 09. 1924 | P. Alexandroff $\longrightarrow$ F. Hausdorff |

# 1925

| 12. 04. 1925 | F. Hausdorff $\longrightarrow$ G. Pólya |
|---|---|
| 02. 08. 1925 | P. Alexandroff $\longrightarrow$ F. Hausdorff |
| 18. 08. 1925 | P. Alexandroff $\longrightarrow$ F. Hausdorff |
| 27. 10. 1925 | P. Alexandroff $\longrightarrow$ F. Hausdorff |
| 10. 11. 1925 | P. Alexandroff $\longrightarrow$ F. Hausdorff |
| 29. 11. 1925 | P. Alexandroff $\longrightarrow$ F. Hausdorff |

## 1926

| | |
|---|---|
| 04. 04. 1926 | P. Alexandroff ⟶ F. Hausdorff |
| 25. 04. 1926 | F. Hausdorff ⟶ G. Pólya |
| 13. 05. 1926 | P. Alexandroff ⟶ F. Hausdorff |
| 04. 07. 1926 | P. Alexandroff ⟶ F. Hausdorff |
| 13. 07. 1926 | P. Alexandroff ⟶ F. Hausdorff |
| 05. 11. 1926 | A. Glaser ⟶ F. Hausdorff |
| 26. 12. 1926 | P. Alexandroff ⟶ F. Hausdorff |

## 1927

| | |
|---|---|
| 06. 03. 1927 | P. Alexandroff ⟶ F. Hausdorff |
| 14. 05. 1927 | F. Hausdorff ⟶ F. Engel |
| 25. 05. 1927 | P. Alexandroff ⟶ F. Hausdorff |
| 29. 05. 1927 | F. Hausdorff ⟶ P. Alexandroff |
| 20. 07. 1927 | F. Hausdorff ⟶ A. Fraenkel |
| 22. 07. 1927 | P. Alexandroff ⟶ F. Hausdorff |
| 01. 10. 1927 | F. Hausdorff ⟶ O. Toeplitz |
| 17. 10. 1927 | F. Hausdorff ⟶ O. Toeplitz |
| 22. 10. 1924 | Gutachten Hausdorffs für A. Schur |
| 25. 12. 1927 | P. Alexandroff ⟶ F. Hausdorff |

## 1928

| | |
|---|---|
| 20. 04. 1928 | P. Alexandroff ⟶ F. Hausdorff |
| 14. 06. 1928 | F. Hausdorff ⟶ P. Alexandroff |
| 18. 06. 1928 | P. Alexandroff ⟶ F. Hausdorff |
| 01. 07. 1928 | F. Hausdorff ⟶ P. Alexandroff |
| 09. 08. 1928 | P. Alexandroff ⟶ F. Hausdorff |
| 21. 08. 1928 | P. Alexandroff ⟶ F. Hausdorff |
| 01. 10. 1928 | P. Alexandroff ⟶ F. Hausdorff |
| 04. 10. 1928 | P. Alexandroff ⟶ F. Hausdorff |
| 19. 11. 1928 | F. Hausdorff ⟶ A. Fraenkel |
| 03. 12. 1928 | F. Hausdorff ⟶ K. Gross |
| 10. 12. 1928 | P. Alexandroff ⟶ F. Hausdorff |

## 1929

| | |
|---|---|
| 04. 01. 1929 | F. Hausdorff ⟶ P. Alexandroff |
| 20. 03. 1929 | F. Hausdorff ⟶ K. Menger |
| 26. 04. 1929 | F. Hausdorff ⟶ O. Toeplitz |
| 10. 07. 1929 | P. Alexandroff ⟶ F. Hausdorff |

## 1930

| | |
|---|---|
| 07. 01. 1930 | F. Hausdorff ⟶ F. Engel |
| 08. 03. 1930 | F. Hausdorff ⟶ P. Alexandroff |

| | |
|---|---|
| 30. 03. 1930 | P. Alexandroff $\longrightarrow$ F. Hausdorff |
| 27. 06. 1930 | P. Alexandroff $\longrightarrow$ F. Hausdorff |
| 07. 07. 1930 | P. Alexandroff $\longrightarrow$ F. Hausdorff |
| 31. 07. 1930 | P. Alexandroff $\longrightarrow$ F. Hausdorff |
| 08. 08. 1930 | P. Alexandroff $\longrightarrow$ F. Hausdorff |
| 13. 09. 1930 | P. Alexandroff $\longrightarrow$ F. Hausdorff |
| 09. 10. 1930 | F. Hausdorff $\longrightarrow$ L. Bieberbach |
| 24. 10. 1930 | P. Alexandroff $\longrightarrow$ F. Hausdorff |
| 25. 10. 1930 | P. Alexandroff $\longrightarrow$ F. Hausdorff |
| 02. 11. 1930 | P. Alexandroff $\longrightarrow$ F. Hausdorff |
| 17. 11. 1930 | F. Hausdorff $\longrightarrow$ A. Pringsheim |
| 30. 12. 1930 | P. Alexandroff $\longrightarrow$ F. Hausdorff |

### 1931

| | |
|---|---|
| 08. 01. 1931 | F. Hausdorff $\longrightarrow$ H. Hasse |
| 13. 01. 1931 | P. Alexandroff $\longrightarrow$ F. Hausdorff |
| 14. 01. 1931 | F. Hausdorff $\longrightarrow$ P. Alexandroff |
| 01. 02. 1931 | P. Alexandroff $\longrightarrow$ F. Hausdorff |
| 10. 03. 1931 | L. und M. Brandeis $\longrightarrow$ F. und Ch. Hausdorff |
| 15. 06. 1931 | P. Alexandroff $\longrightarrow$ F. Hausdorff |
| 19. 06. 1931 | F. Hausdorff $\longrightarrow$ H. Hasse |
| 03. 07. 1931 | F. Hausdorff $\longrightarrow$ H. Hopf |
| 28. 08. 1931 | F. Hausdorff $\longrightarrow$ H. Hasse |
| 22. 09. 1931 | P. Alexandroff $\longrightarrow$ F. Hausdorff |
| 07. 10. 1931 | F. Hausdorff $\longrightarrow$ P. Alexandroff |

### 1932

| | |
|---|---|
| 21. 01. 1932 | F. Hausdorff $\longrightarrow$ D. Hilbert |
| 23. 02. 1932 | F. und Ch. Hausdorff $\longrightarrow$ L. Dumont |
| 14. 06. 1932 | F. Hausdorff $\longrightarrow$ E. Bannow |
| 27. 10. 1932 | P. Alexandroff $\longrightarrow$ F. Hausdorff |
| 07. 11. 1932 | P. Alexandroff $\longrightarrow$ F. Hausdorff |
| 09. 11. 1932 | P. Alexandroff $\longrightarrow$ F. Hausdorff |
| 17. 11. 1932 | P. Alexandroff $\longrightarrow$ F. Hausdorff |
| 25. 11. 1932 | Gutachten Hausdorffs für A. Tarski |
| 12. 12. 1932 | P. Alexandroff $\longrightarrow$ F. Hausdorff |
| 21. 12. 1932 | F. Hausdorff $\longrightarrow$ E. Bannow |
| 27. 12. 1932 | P. Alexandroff $\longrightarrow$ F. Hausdorff |

### 1933

| | |
|---|---|
| 22. 01. 1933 | P. Alexandroff $\longrightarrow$ F. Hausdorff |
| 18. 02. 1933 | F. Hausdorff $\longrightarrow$ P. Alexandroff |
| 27. 03. 1933 | W. Threlfall $\longrightarrow$ F. Hausdorff |
| 02. 07. 1933 | P. Alexandroff $\longrightarrow$ F. Hausdorff |

| 26. 07. 1933 | F. Hausdorff $\longrightarrow$ A. König |
| 16. 11. 1933 | F. Hausdorff $\longrightarrow$ E. Bannow |

## 1934

| 30. 06. 1934 | F. und Ch. Hausdorff $\longrightarrow$ K. Schmid |
| 27. 07. 1934 | F. und Ch. Hausdorff $\longrightarrow$ K. Schmid |
| 18. 09. 1934 | F. Hausdorff $\longrightarrow$ H. Hopf |

## 1935

| 05. 03. 1935 | Kultusministerium Berlin $\longrightarrow$ F. Hausdorff |
| 09. 03. 1935 | P. Alexandroff $\longrightarrow$ F. Hausdorff |
| 11. 03. 1935 | Universitätskurator Bonn $\longrightarrow$ F. Hausdorff |
| 23. 07. 1935 | Reichskanzler $\longrightarrow$ F. Hausdorff |
| 31. 07. 1935 | Universitätskurator Bonn $\longrightarrow$ F. Hausdorff |
| 01. 10. 1935 | F. Hausdorff $\longrightarrow$ Universitätskurator Bonn |
| 01. 10. 1935 | F. Hausdorff $\longrightarrow$ Universitätskurator Bonn |
| 17. 12. 1935 | Universitätskurator Bonn $\longrightarrow$ F. Hausdorff |
| 19. 12. 1935 | Universitätskurator Bonn $\longrightarrow$ F. Hausdorff |
| 23. 12. 1935 | Universitätskurator Bonn $\longrightarrow$ F. Hausdorff |
| 31. 12. 1935 | F. Hausdorff $\longrightarrow$ H. Hopf |

## 1936

| 16. 02. 1936 | F. Hausdorff $\longrightarrow$ K. Hensel |
| 07. 04. 1936 | F. Hausdorff $\longrightarrow$ H. Hasse |
| 21. 06. 1936 | F. Hausdorff $\longrightarrow$ E. Bessel-Hagen |

## 1938

| 16. 07. 1938 | F. und Ch. Hausdorff $\longrightarrow$ K. Schmid |
| 24. 10. 1938 | F. Hausdorff $\longrightarrow$ J. O. Müller |
| 26. 10. 1938 | R. Baer $\longrightarrow$ F. Hausdorff |
| 26. 10. 1938 | M. Baer $\longrightarrow$ F. Hausdorff |
| 06. 11. 1938 | M. Flandorffer $\longrightarrow$ F. Hausdorff |
| 06. 11. 1938 | M. Löwenstein $\longrightarrow$ F. Hausdorff |
| 07. 11. 1938 | F. von Krbek $\longrightarrow$ F. Hausdorff |
| 07. 11. 1938 | E. London $\longrightarrow$ F. Hausdorff |
| 07. 11. 1938 | K. Wolff $\longrightarrow$ F. Hausdorff |
| 14. 11. 1938 | F. Hausdorff $\longrightarrow$ H. Hopf |
| 23. 11. 1938 | F. Hausdorff $\longrightarrow$ A. Fraenkel, M. Fekete |
| 28. 11. 1938 | F. Hausdorff $\longrightarrow$ Verlag B. G. Teubner |
| 29. 11. 1938 | F. und Ch. Hausdorff $\longrightarrow$ E. Pappenheim |
| 06. 12. 1938 | F. Hausdorff $\longrightarrow$ F. Meyer |

## 1939

| 10. 02. 1939 | R. Courant $\longrightarrow$ F. Hausdorff |
| 09. 05. 1939 | F. Hausdorff $\longrightarrow$ E. Pappenheim |

## 1940

| 20. 03. 1940 | F. und Ch. Hausdorff $\longrightarrow$ E. Toeplitz |
| 20. 05. 1940 | F. Hausdorff $\longrightarrow$ J. O. Müller |
| 06. 06. 1940 | F. Hausdorff $\longrightarrow$ J. O. Müller |
| 27. 06. 1940 | F. Hausdorff $\longrightarrow$ J. O. Müller |
| 08. 11. 1940 | F. Hausdorff $\longrightarrow$ E. Bessel-Hagen |

## 1941

| 02. 01. 1941 | F. Hausdorff $\longrightarrow$ J. Käfer |
| 21. 08. 1941 | F. Hausdorff $\longrightarrow$ E. Bessel-Hagen |

## 1942

| 25. 01. 1942 | F. Hausdorff $\longrightarrow$ H. (Lot) Wollstein |

## Undatierte Stücke, Stücke mit nicht komplett leserlichen Daten
### (In Klammern sind vermutliche Daten angegeben)

F. Hausdorff $\longrightarrow$ H. Köselitz    (1894 oder 1895)

F. Hausdorff $\longrightarrow$ E. Förster-Nietzsche    (August 1900)

F. Hausdorff $\longrightarrow$ W. und L. His-Astor    (kurz nach dem 8. 1. 1901)

M. Klinger $\longrightarrow$ F. und Ch. Hausdorff    (vor 1910)

M. Klinger $\longrightarrow$ F. und Ch. Hausdorff    (1908)

F. Hausdorff $\longrightarrow$ I. Dehmel    (Juli 1911)

F. Hausdorff $\longrightarrow$ H. Hasse    (12. 03. 1932)

Ch. Hausdorff $\longrightarrow$ K. Schmid    (kurz vor dem 13. 05. 1935)

# Personenregister

Abderhalden, Emil, 556
Abel, Niels Henrik, 260, 261
Abelin-Schur, Hilde, 604
Aczél, J., 147
Adorno, Theodor W., 355
Albert, Henri, 417
Alexander, James Weddell, 3, 53, 54, 71, 72, 87, 103–107, 110, 351
Alexandroff, Paul (Pawel Sergeje-witsch), 3–5, 7–9, 11, 12, 15, 16, 18–22, 25–29, 31, 33, 34, 36–39, 41–55, 57–59, 63, 64, 69, 70, 72–76, 79–82, 84, 85, 88–90, 92, 96–103, 105–108, 111–120, 122, 124–131, 133, 134, 147, 349, 351, 352, 529, 530, 612, 614, 635
Alvensleben, Albrecht von, 591, 600
Anaximander, 372, 414
Andreas-Salomé, Lou, 263, 268, 269, 379, 380, 382, 385, 387, 423
Andres, Stefan, 501
Ansorge, Conrad, 179
Apostel, Hans Erich, 355
Archimedes, 228
Arhangel'skiĭ, Alexander, 9
Aristoteles, 228, 322, 476, 477, 486, 642, 674
Arnim, Bettina von, 165
Arnold, Friedrich, 659
Arrhenius, Svante, 533
Artin, Emil, 157, 291, 303, 305
Arzelà, Cesare, 565

Asenijeff, Elsa, 367–370
Askin, Leon, 185
Astor, Edmund, 346
Astor, Lili, 346
Auerbach, Ida, 179
Auerbach, Leopold, 180

Böcklin, Arnold, 367
Böhm, Hans, 657
Bülow, Cosima von, 389
Bab, Julius, 651
Bach, Johann Sebastian, 120, 388
Baer, Klaus, 136, 138
Baer, Marianne, 113, 135, 136, 138
Baer, Reinhold, 113, 114, 116, 117, 127, 129, 135–137, 305, 376
Bahr, Hermann, 192
Baire, René 38, 44, 123
Baker, Henry Frederick, 206, 207, 210, 216, 217, 438, 507
Balsiger, Philipp, 316
Bamm, Peter, 241
Banach, Stefan, 115, 685–687
Bannow, Erna, 139–142
Bar-Hillel, Yehoshua, 291
Barlach, Ernst, 186, 241
Baron, Lawrence, 300
Barwinski, Oskar Valerius 507
Bary, Nina, 254
Bauer-Merinsky, Judith, 301
Bauschinger, Julius, 432
Beck, Hans, 616, 621, 683, 695
Becker, Oskar, 145, 620

König, Julius, 330–332
König, Lenore (Nora) → Hausdorff, Lenore
Koenigsberger, Leo, 559
Koepke, Peter, 41, 333
Köselitz, Gustav Hermann, 377
Köselitz, Heinrich, 182, 263, 264 266, 268, 269, 271, 272, 274, 275, 280, 281, 284–288, 290, 377–382, 387, 389–395, 397–399
Köthe, Gottfried, 619, 620
Kollwitz, Käthe, 368
Kolmogoroff, Andrei Nikolajewitsch, 4, 85, 86, 88, 99, 120–122, 127, 129, 255, 521
Koninck, Lodewijk de, 390
Kopisch, August, 165
Koppenfels, Werner von, 45
Kornhardt, Hildegard, 597
Korselt, Alwin Reinhold, 340, 341
Kotarbiński, Tadeusz, 686
Kowalewski, Gerhard, 217, 305, 689
Krämer, Hedy, 140, 141
Krafft, Maximilian, 305, 313, 314
Kramer, Jürg, 82
Krazer, Adolf, 332
Krbek, Franz von, 401–403, 405, 652
Krenek, Ernst, 355
Kronecker, Leopold, 41, 42, 303, 311, 334
Kropotkin, Peter, 408
Krull, Wolfgang, 305, 622
Kühl, Gustav, 485
Kühn, Joachim, 452, 488, 490
Kükenthal, Willi, 667
Külpe, Oswald, 581
Kürschák, Joseph Andreas, 311, 336
Kürschner, Joseph, 243
Kuhnert, 234, 404
Kundt, August, 645
Kuratowski, Kazimierz, 21, 53, 117
Kurosch, Alexander Gennadjewitsch, 3

Lachmann, Hedwig, 179, 407

Laclos, Pierre Ambroise François Choderlos de, 508
Laczkovich, Miklós, 122, 123
Laguerre, Edmond, 252
Lamprecht, Karl, 368
Landé, Lili, 444
Landau, Edmund, 12, 45, 51, 63, 64, 255, 257–261, 334, 335, 605, 622
Landauer, Gustav, 179, 407–409, 411, 413–415, 452, 461, 463, 467, 469, 489, 490
Landsberg, Georg, 222, 312
Latzin, Hermann, 308
Laurentius, 528, 529
Lauterbach, Käthe, 423
Lauterbach, Paul, 266, 268, 380, 388, 390, 413, 417–419, 422–425
Lebesgue, Henri, 38, 39, 44, 50, 52, 79, 251, 520
Lechner, Anna M., 345
Ledermann, Walter, 604
Lefschetz, Solomon, 3, 53, 54, 102–107, 174, 349, 351, 529, 530, 614
Lehmann, Lilli (Lilly), 482, 485
Lehmann-Filhés, Rudolf, 364, 427–431
Leibniz, Gottfried Wilhelm, 276, 586
Leinfeller, Elisabeth, 452
Lenau, Nikolaus, 425
Lenin, Wladimir Iljitsch, 194
Lennes, Nels Johann, 634, 637, 639, 640
Leśniewski, Stanisław, 686
Lessing, Theodor, 299, 300
Leube, Christiane, 4
Lewy, Hans, 49, 60, 171
Lexis, Wilhelm, 432
Liapunoff, Alexander Michailowitsch, 518, 521, 554, 556
Lichtenstein, Leon, 569
Lie, Sophus Marius, 199, 201, 203, 206–208, 210, 212, 221, 236, 237, 361, 433–440, 491
Lieb, Ingo, 560
Liebmann, Heinrich, 329

Schwarzwald, Eugenie, 539
Schwerdtfeger, Hans, 147, 176
Scriba, Christoph J., 200, 235
Seider, Sandra, 656
Seidl, Arthur, 271, 274
Seifert, Herbert, 127, 129, 529, 530, 609, 612, 614, 616
Selety, Franz, 582–586, 589
Seliverstov, Gleb Aleksandrovich, 255
Shakespeare, William, 408, 481
Shapley, Harlow, 174–176
Shaw, George Bernard, 244
Shiryaev, Albert H., 4
Siegel, Carl Ludwig, 305
Siegmund-Schultze, Reinhard, 129, 172–174, 220, 292, 516, 521, 524, 685, 688
Sierpiński, Wacław, 16, 23, 24, 32, 34, 35, 51, 52, 56, 58, 91, 117, 123, 686
Skolem, Thoralf, 291, 664, 673
Smith, H. L., 625, 635
Sommerfeld, Arnold, 362, 365, 431
Spearman, Charles, 661
Spengler, Oswald, 597–599
Sperner, Emanuel, 77–79
Spies, Otto, 145
Spinoza, Baruch, 276, 616
Spir, Afrikan, 299
Spitta, Karl Johann Philipp, 165
Springer, Ferdinand, 172
Stäckel, Paul, 199
Stäussler, Ernst, 302
Stegmaier, Werner, 266, 385, 395, 510
Stein, Therese Clara, 136
Steinbach, Wilhelm, 368, 371
Steiner, Rudolf, 188, 273, 278, 288, 290, 475
Steingräber, Wilhelm, 233
Steinhaus, Hugo, 253, 569, 570
Steinitz, Ernst, 135, 291, 311
Steinmann, Ernst, 371
Steinmann, Gustav, 693
Steklow, Wladimir Andrejewitsch, 251
Stenzel, Julius, 620

Stepanoff, Wjatscheslaw Wasiljewitsch, 32
Stephen, Leslie, 204
Sterne, Laurence, 488
Stettenheim, Julius, 462
Stieltjes, Thomas Jean, 554
Stirner, Max, 243, 417
Stöhr, Adolph, 585
Stokes, George Gabriel, 211
Stolz, Otto, 260
Stone, Marshall Harvey, 175
Storm, Theodor, 501
Strasser, Otto, 596
Strauss, Richard, 179, 368, 411
Strindberg, August, 180
Stubhaug, Arild, 438
Study, Eduard, 63, 89–93, 143, 153, 157, 202–204, 218, 223, 224, 232, 235, 237–239, 317, 320, 449, 527, 619, 621, 694, 695
Suslin, Michael Jakowlewitsch, 52
Szász, Otto, 251
Szegö, Gabor, 251, 545, 546, 552, 553
Szénássy Barnáné, Valeria, 252, 568
Szénássy, Barna, 252, 568
Szökefalvi-Nagy, Bela, 567

Tagore, Rabindranath, 408
Tajtelbaum, Alfred → Tarski, Alfred
Takagi, Teiji, 303
Tarski, Alfred, 115, 581, 685–688
Taube, Otto von, 596
Tauber, Alfred, 259
Teitelbaum, Alfred → Tarski, Alfred
Tevenar, Gudrun von, 359
Thaer, Clemens, 225, 226, 231, 232, 694
Thiele, Ernst-Jochen, 82, 200, 418, 434
Thomas von Aquino, 476
Thomé, Wilhelm, 219
Thomson, William, 648
Thoreau, Henry, 512
Thorin, G. Olof, 570
Threlfall, William, 127, 129, 529, 530, 609–612, 614–616